地盤環境工学
ハンドブック

嘉門 雅史
日下部 治
西垣　誠
[編集]

朝倉書店

序

　グローバリゼーションの進展とともに，産業界の大きな流れと関心は個別技術開発から総合科学技術へと向かっており，従来からの伝統的学問体系から学際的境界領域的総合科学の重要性の拡大とともに，学界でも新しい学問体系の確立が図られている．地盤に係わる分野でも従来の「地盤工学」の範囲にとらわれない，より広範な学問分野として，環境地盤工学や防災地盤工学，生態保全工学など，「環境」，「安全・安心」，「生態」，「サスティナビリティ」といったキーワードを中心テーマとして現出している．そこで，本書では地球環境と地域環境，生態系，景観，耐震，液状化，地盤沈下，インフラ，水域環境，地盤汚染，廃棄物など，地盤と環境との相互関連を体系的に解説するように努め，新しい「地盤環境工学」の本格的なハンドブックの刊行を目指して，それぞれの分野で第一線で活躍されている方々にご協力いただいた．地盤工学における環境の視点に焦点を当てた「環境地盤工学」が近年確立されつつあるが，ここではその範囲をより広げて，防災や生態系を包含する新しい地盤工学として「地盤環境工学」の確立を試みたものである．ただ，当初予定していた地盤環境の保全に係わる記述として，土の浄化作用と微生物の役割，さらには森・里山・水辺の生態系と地盤との相関，物質循環系における地盤の役割等については，十分深く掘り下げることが出来ずに終わってしまっている．これらは今後の課題として取り組む所存である．

　執筆方針として，本文の記述は極力簡潔に，わかりやすく記述することに努めた．また，現在は視覚化時代であることから，図は直観的・視覚的理解が得られやすいような工夫を各著者にお願いした．

　読者対象としては，土木・建築・農学・地質系の高専生・大学生・大学院生・研究者を始めとして，実務技術者・行政担当者の方にも役に立つものと考えており，それらの方々の座右の書として頂けると幸いである．

　当初刊行を 2004 年秋と考えたが，諸般の事情により約 3 年の遅れとなった．予定通り原稿を提出頂いた多くの執筆者の方々へ，編集者としてお詫びを申し上げる次第である．

　今後，地盤と環境問題の関係はより一層重要視されてくることは論を待たない．ここに 21 世紀の環境の時代に対応しうる「地盤と環境を総合的に解説したハンドブック」をひとまずは送り出すことが出来たと考えているが，時代の変革の速度は著しく早くなっていることから，適宜改訂を加えねばならないであろう．読者各位のご批判とご指摘を得て，より良いものへ仕上げていければ幸いである．

　　2007 年 8 月

編集者を代表して　嘉門雅史

■編集者

嘉門　雅史	京都大学大学院地球環境学堂・教授
日下部　治	東京工業大学大学院理工学研究科・教授
西垣　　誠	岡山大学環境理工学部・教授

■執筆者 (執筆順，＊は各章主査)

＊嘉門　雅史	京都大学大学院地球環境学堂	奥村　興平	応用地質（株）東京本社技術センター
森本　幸裕	京都大学大学院地球環境学堂	近藤　昭彦	千葉大学環境リモートセンシング研究センター
真常　仁志	京都大学大学院農学研究科	大里　重人	（株）土質リサーチ
＊小崎　　隆	京都大学大学院地球環境学堂	深見　和彦	（独）土木研究所水災害・リスクマネジメント国際センター
勝見　　武	京都大学大学院地球環境学堂	山本　幸次	国土交通省九州地方整備局
北川　隆司	広島大学大学院理学研究科	＊花村　哲也	岡山大学大学院環境学研究科
山下　隆男	広島大学大学院国際協力研究科	亀村　勝美	大成建設（株）原子力本部
向後　雄二	（独）農業・食品産業技術研究機構農村工学研究所	森　　孝之	鹿島建設（株）技術研究所
小峯　秀雄	茨城大学工学部	髙橋　美昭	原子力発電環境整備機構技術部
塚本　良道	東京理科大学理工学部	＊関口　秀雄	京都大学防災研究所
竹村　次朗	東京工業大学大学院理工学研究科	中川　　一	京都大学防災研究所
＊平山　光信	大成基礎設計（株）	芦谷　公稔	（財）鉄道総合技術研究所防災技術研究部
阿南　修司	国土交通省近畿地方整備局	井合　　進	京都大学防災研究所
稲垣　秀輝	（株）環境地質	＊西垣　　誠	岡山大学環境理工学部
小田部雄二	大成基礎設計（株）エンジニアリング事業本部	入江　　彰	中国電力（株）事業支援部門（水力）
進士　喜英	大成基礎設計（株）コンサルティング事業部	小松　　満	岡山大学大学院環境学研究科
関谷　堅二	基礎地盤コンサルタンツ（株）関東支社	高坂　信章	清水建設（株）技術研究所
中村　裕昭	（株）地域環境研究所	坪田　邦治	中部土質試験協同組合
井上　　誠	（有）地球情報・技術研究所	中山　俊雄	東京都土木技術センター
中島　　誠	国際航業（株）地盤環境エンジニアリング事業部	萩森　健治	（株）奥村組技術本部
菅原　紀明	応用地質（株）技術本部	津下　圭吾	日本植生（株）技術部

*平田	健正	和歌山大学システム工学部	*古市	徹	北海道大学大学院工学研究科
白鳥	寿一	DOWAエコシステム（株）ジオテック事業部	川口	光雄	（株）奥村組技術本部
今村	聡	大成建設（株）技術センター	石井	一英	北海道大学大学院工学研究科
保賀	康史	（株）鴻池組東京本店土木技術部	*寺師	昌明	（株）日建設計中瀬土質研究所
峠	和男	（株）大林組東京本社土木技術本部	古川	恵太	国土交通省国土技術政策総合研究所
井伊	博行	和歌山大学システム工学部	東山	茂	国土交通省
馬原	保典	京都大学原子炉実験所	中瀬	浩太	五洋建設（株）土木本部
阪本	廣行	（株）フジタ土木本部	辻	博和	（株）大林組土木技術本部
堀内	澄夫	清水建設（株）技術研究所			

目　　次

基　礎　編

1. **地盤を巡る環境問題** ……………………………………（主査：嘉門雅史）…2
   - 1.1 地球環境と地域環境 ……………………………………〔嘉門雅史〕…2
     - 1.1.1 地盤にかかわる地球環境問題 …………………………2
     - 1.1.2 地盤にかかわる地域環境問題 …………………………4
   - 1.2 生態環境と地盤 ……………………………………〔森本幸裕〕…6
     - 1.2.1 生物圏の構成要素としての地盤 ………………………6
     - 1.2.2 開発と保全と地盤 ………………………………………6
     - 1.2.3 景　観 ……………………………………………………7
     - 1.2.4 生物多様性の危機 ………………………………………9
     - 1.2.5 生物からみた開発と地盤 ………………………………10
     - 1.2.6 断片化，孤立化のなかの生息地 ………………………11
     - 1.2.7 自然再生への貢献 ………………………………………12
     - 1.2.8 順応的管理とモニタリング ……………………………12
   - 1.3 地盤環境工学の定義と対象 ……………………………〔嘉門雅史〕…12
     - 1.3.1 地盤環境工学の定義 ……………………………………12
     - 1.3.2 環境地盤工学のテーマの例 ……………………………14
     - 1.3.3 技術者倫理と地盤環境工学 ……………………………17

2. **地球環境の保全** ……………………………………（主査：小崎　隆）…19
   - 2.1 地盤にかかわる地球環境問題 ……………………〔真常仁志・小崎　隆〕…19
     - 2.1.1 地球環境問題とは ………………………………………19
     - 2.1.2 地球環境問題の複雑性と地盤の重要性 ………………19
     - 2.1.3 砂漠化／土地荒廃，土壌劣化 …………………………19
   - 2.2 土壌侵食 ……………………………………〔真常仁志・小崎　隆〕…25
     - 2.2.1 土壌侵食とは ……………………………………………25
     - 2.2.2 侵食の発生メカニズム …………………………………26
     - 2.2.3 侵食発生の制御因子 ……………………………………27
     - 2.2.4 侵食と土地利用 …………………………………………28
     - 2.2.5 侵食量測定の方法 ………………………………………29
     - 2.2.6 侵食量予測モデル ………………………………………32
     - 2.2.7 侵食許容量 ………………………………………………33

2.2.8　侵食の防止技術 …………………………………………………………34
　2.3　塩類化 ……………………………………………〔真常仁志・小崎　隆〕…36
　　　2.3.1　塩類化とは ……………………………………………………………36
　　　2.3.2　塩類化のメカニズム …………………………………………………36
　　　2.3.3　塩類化した土壌の特徴 ………………………………………………37
　　　2.3.4　塩類化の作物生育への影響 …………………………………………38
　　　2.3.5　塩類化した土壌の改良 ………………………………………………38
　2.4　酸性雨と地盤 ……………………………………〔嘉門雅史・勝見　武〕…41
　　　2.4.1　酸性雨問題 ……………………………………………………………41
　　　2.4.2　酸性雨と生成メカニズム ……………………………………………42
　　　2.4.3　酸性雨に対する土の緩衝作用 ………………………………………44
　　　2.4.4　酸性雨の地盤環境への影響 …………………………………………45

3. 地盤の基礎知識 …………………………………………（主査：日下部　治）…49
　3.1　地形・地質と鉱物特性 ………………………………………〔北川隆司〕…49
　　　3.1.1　日本列島の地形 ………………………………………………………49
　　　3.1.2　日本列島の成立 ………………………………………………………50
　　　3.1.3　日本列島の基盤岩 ……………………………………………………52
　　　3.1.4　花崗岩類 ………………………………………………………………53
　　　3.1.5　岩石の分解 ……………………………………………………………54
　　　3.1.6　深層風化 ………………………………………………………………56
　　　3.1.7　地すべり・斜面崩壊 …………………………………………………56
　3.2　気象・流域水象・海象と地盤 ………………………………〔山下隆男〕…57
　　　3.2.1　気象と地盤 ……………………………………………………………57
　　　3.2.2　流域水象と地盤 ………………………………………………………60
　　　3.2.3　海象と地盤 ……………………………………………………………62
　3.3　締固めと不飽和特性 …………………………………………〔向後雄二〕…67
　　　3.3.1　締固め曲線と最適含水比 ……………………………………………67
　　　3.3.2　締固め特性と影響因子 ………………………………………………68
　　　3.3.3　締固め土の性質 ………………………………………………………68
　　　3.3.4　不飽和土の体積変化挙動 ……………………………………………69
　　　3.3.5　不飽和土のせん断挙動 ………………………………………………72
　3.4　地盤中の流れと物質移動 ……………………………………〔小峯秀雄〕…75
　3.5　地盤の動的特性 ………………………………………………〔塚本良道〕…82
　　　3.5.1　土の動的問題の分類 …………………………………………………82
　　　3.5.2　環境振動 ………………………………………………………………82
　　　3.5.3　地震波の特徴 …………………………………………………………83
　　　3.5.4　微小ひずみ領域での動的性質 ………………………………………84
　　　3.5.5　砂地盤の液状化 ………………………………………………………86
　3.6　地盤の変形と安定 ……………………………………………〔竹村次朗〕…92

  3.6.1 土の強度，変形特性 …………………………………………………………92
  3.6.2 地盤の変形・破壊問題 ………………………………………………………97
  3.6.3 地盤の安定解析法 ……………………………………………………………98
  3.6.4 地盤変形を支配する土要素の特性 ………………………………………102

4. 地盤環境情報の調査 …………………………………………（主査：平山光信）…104
 4.1 はじめに …………………………………………………………〔平山光信〕…104
  4.1.1 地盤環境調査の目的と種類 ………………………………………………104
  4.1.2 地盤環境調査の計画と成果 ………………………………………………105
 4.2 資料等調査 ………………………………………………………〔阿南修司〕…105
  4.2.1 地盤調査 ……………………………………………………………………107
  4.2.2 履歴調査 ……………………………………………………………………108
  4.2.3 環境調査 ……………………………………………………………………109
 4.3 現地地盤調査 …………………………………………………………………………109
  4.3.1 現地踏査 ………………………………………………〔稲垣秀輝〕…109
  4.3.2 ボーリング …………………………………………〔小田部雄二〕…113
  4.3.3 サンプリング ………………………………………〔小田部雄二〕…116
  4.3.4 ボーリング孔を利用する透水層試験 ………………〔進士喜英〕…121
  4.3.5 ボーリング孔を利用しない原位置試験 ……………〔関谷堅二〕…125
  4.3.6 サウンディング ………………………………………〔中村裕昭〕…134
  4.3.7 物理探査・検層 ………………………………………〔井上　誠〕…139
 4.4 室内試験 …………………………………………………………〔中島　誠〕…146
  4.4.1 土質試験 ……………………………………………………………………146
  4.4.2 岩石試験 ……………………………………………………………………148
  4.4.3 土壌分析試験 ………………………………………………………………152
  4.4.4 水質分析試験 ………………………………………………………………156
  4.4.5 大気分析試験 ………………………………………………………………158
 4.5 モニタリング …………………………………………………………………………161
  4.5.1 モニタリングの対象 …………………………………〔菅原紀明〕…161
  4.5.2 地盤の計測 ……………………………………………〔菅原紀明〕…162
  4.5.3 土壌汚染のモニタリング ……………………………〔奥村興平〕…167
  4.5.4 地下水汚染のモニタリング …………………………〔奥村興平〕…168
  4.5.5 建設工事に伴い発生する大気汚染のモニタリング …〔奥村興平〕…169
 4.6 リモートセンシング ……………………………………………〔近藤昭彦〕…169
  4.6.1 定義と歴史 …………………………………………………………………169
  4.6.2 データの種類と入手方法 …………………………………………………170
  4.6.3 リモートセンシングの原理 ………………………………………………170
  4.6.4 解析方法 ……………………………………………………………………171
  4.6.5 情報抽出のテクニック ……………………………………………………173
  4.6.6 リモートセンシングに関する情報源 ……………………………………174

- 4.7 環境調査 …………………………………………………………………………175
  - 4.7.1 環境アセスメント調査 ……………………………〔中村裕昭〕…175
  - 4.7.2 地盤振動調査 ………………………………………〔大里重人〕…180
  - 4.7.3 土壌・地下水汚染調査 ……………………………〔中村裕昭〕…182
  - 4.7.4 植生調査 ……………………………………………〔稲垣秀輝〕…188
  - 4.7.5 動物調査 ……………………………………………〔稲垣秀輝〕…190
- 4.8 気象水文調査 ……………………………………………………………191
  - 4.8.1 気象水文調査 ………………………………………〔深見和彦〕…191
  - 4.8.2 地下水調査 …………………………………………〔阿南修司〕…195
  - 4.8.3 海岸調査 ……………………………………………〔山本幸次〕…197
- 4.9 地盤災害調査 ……………………………………………〔稲垣秀輝〕…200
  - 4.9.1 地盤災害の種類と対応 ……………………………………………201
  - 4.9.2 地盤変動調査 ………………………………………………………201
  - 4.9.3 豪雨土砂災害調査 …………………………………………………203
  - 4.9.4 地震災害調査 ………………………………………………………203
  - 4.9.5 火山噴火災害調査 …………………………………………………206
  - 4.9.6 ハザードマップと情報伝達・避難誘導 …………………………209

応 用 編

5. 地下空間環境の活用 ……………………………………（主査：花村哲也）…214
- 5.1 都市における地下空間環境の創造と活用 ……………〔花村哲也〕…214
  - 5.1.1 下水道と地下鉄から始まった近代的な都市地下空間の活用 ……214
  - 5.1.2 地下空間利用の背景とねらい ……………………………………215
  - 5.1.3 地上過密交通解消のための地下空間活用 ………………………216
  - 5.1.4 都市の衛生環境と安全確保のための地下空間活用 ……………218
  - 5.1.5 快適環境創造としての地下空間活用 ……………………………220
  - 5.1.6 大深度地下使用法と大都市圏の社会資本整備 …………………221
  - 5.1.7 地下空間のネットワーク化による都市機能の向上 ……………222
- 5.2 トンネルとしての地下空間 ……………………………〔亀村勝美〕…223
  - 5.2.1 地下空間活用の原点としてのトンネル …………………………223
  - 5.2.2 これからの地下空間活用とトンネル ……………………………226
  - 5.2.3 社会のニーズと地下空間活用技術としてのトンネル …………227
- 5.3 エネルギー貯蔵・備蓄施設としての地下空間活用 …〔森 孝之〕…229
  - 5.3.1 エネルギー供給施設としての地下発電所 ………………………229
  - 5.3.2 エネルギー備蓄施設としての石油，LPG地下備蓄 ……………234
- 5.4 放射性廃棄物処分における地下利用 …………………〔髙橋美昭〕…240
  - 5.4.1 放射性廃棄物の発生と地下への処分 ……………………………240

5.4.2 低レベル放射性廃棄物の地下への処分 …………………………………241
5.4.3 高レベル放射性廃棄物の地層処分 ………………………………………243
5.4.4 深地層の研究施設 …………………………………………………………244

6. 地盤環境災害 ………………………………………………（主査：関口秀雄）…248
6.1 広域の地盤沈下 ……………………………………………〔関口秀雄〕…248
6.1.1 現象の認識 …………………………………………………………………248
6.1.2 わが国の水収支と水資源としての地下水 ………………………………250
6.1.3 地盤沈下対策のソフトウェア ……………………………………………251
6.1.4 地盤沈下の事例 ……………………………………………………………252
6.1.5 地盤沈下モニタリング技術にかかわる最近の進歩 ……………………258
6.2 土砂災害・斜面の安定 ……………………………………〔中川　一〕…258
6.2.1 最近の土砂災害の実態 ……………………………………………………258
6.2.2 豪雨による表層斜面崩壊の予測法 ………………………………………259
6.2.3 土石流災害 …………………………………………………………………262
6.3 地盤振動（交通）と対策 …………………………………〔芦谷公稔〕…270
6.3.1 環境振動の評価方法 ………………………………………………………270
6.3.2 交通振動の特徴 ……………………………………………………………271
6.3.3 交通振動の対策 ……………………………………………………………276
6.4 地盤震動（地震）と対策 …………………………………〔井合　進〕…281
6.4.1 地震と地盤災害 ……………………………………………………………281
6.4.2 地盤の液状化 ………………………………………………………………281
6.4.3 液状化対策の原理 …………………………………………………………285
6.4.4 液状化対策としての地盤改良工法 ………………………………………285
6.4.5 構造的対策 …………………………………………………………………287
6.4.6 性能設計による対策 ………………………………………………………288

7. 建設工事に伴う地盤環境問題 ……………………………………（主査：西垣　誠）…292
7.1 はじめに ……………………………………………………〔西垣　誠・小松　満〕…292
7.2 建設工事における周辺地盤の沈下と変形 ………………〔西垣　誠・坪田邦治〕…294
7.2.1 軟弱地盤における工事の主要な問題点 …………………………………294
7.2.2 検討のながれ ………………………………………………………………294
7.2.3 盛土工事の事例 ……………………………………………………………295
7.2.4 盛土施工時の対策工法 ……………………………………………………300
7.2.5 対策工事施工に伴う留意点 ………………………………………………300
7.3 トンネル掘削による地下水問題 …………………………〔西垣　誠・入江　彰〕…301
7.3.1 総　説 ………………………………………………………………………301
7.3.2 地表植生への影響調査事例 ………………………………………………302
7.3.3 先進導坑にシールド工法を利用した事例 ………………………………303
7.3.4 灌漑用水・生活用水への影響の評価・対策の事例 ……………………305

- 7.3.5 トンネル構造設計における問題点 ……………………………………306
- 7.3.6 トンネル内湧水の有効利用 ……………………………………………309
- 7.4 地下構造物による地下水流動阻害 ……………………〔西垣　誠・高坂信章〕…309
  - 7.4.1 建設工事と地下水流動阻害 ……………………………………………309
  - 7.4.2 地下水流動阻害による環境影響 ………………………………………311
  - 7.4.3 地下水流動阻害の対策 …………………………………………………312
  - 7.4.4 地下水流動阻害による環境影響の評価 ………………………………312
  - 7.4.5 地下水流動保全工法 ……………………………………………………315
  - 7.4.6 モニタリングとメンテナンス …………………………………………318
- 7.5 建設工事による地下水汚染 ……………………………〔平山光信・進土喜英〕…319
  - 7.5.1 はじめに …………………………………………………………………319
  - 7.5.2 注入工による地下水汚染 ………………………………………………319
  - 7.5.3 杭施工や掘削工による地下水汚染 ……………………………………319
  - 7.5.4 セメント改良土からの重金属の溶出 …………………………………321
- 7.6 酸欠空気と地中ガス（可燃性ガス） ………………………………〔中山俊雄〕…321
  - 7.6.1 酸欠空気 …………………………………………………………………322
  - 7.6.2 地中ガス …………………………………………………………………323
- 7.7 建設工事の騒音，振動，大気汚染，濁水 …………………………〔萩森健治〕…324
  - 7.7.1 騒音，振動 ………………………………………………………………324
  - 7.7.2 大気汚染 …………………………………………………………………327
  - 7.7.3 濁　水 ……………………………………………………………………327
- 7.8 盛土，切土斜面の植生 ………………………………………………〔津下圭吾〕…329
  - 7.8.1 斜面緑化工の目的 ………………………………………………………329
  - 7.8.2 生育基盤の安定 …………………………………………………………329
  - 7.8.3 斜面の侵食防止 …………………………………………………………330
  - 7.8.4 土壌と生育基盤 …………………………………………………………331
  - 7.8.5 緑化目標 …………………………………………………………………331
  - 7.8.6 緑化植物種子の発芽・生育特性 ………………………………………332
  - 7.8.7 植生管理工 ………………………………………………………………333
- 7.9 そのほかの問題と対策 ………………………………………………〔中村裕昭〕…333
  - 7.9.1 都市化に伴う都市水害危険度増加 ……………………………………334
  - 7.9.2 都市化に伴う地下水涵養量減少（地下水位低下） …………………335
  - 7.9.3 都市化に伴う都市のヒートアイランド現象促進 ……………………335
  - 7.9.4 地下施設の過密輻輳化に伴う地下水の課題 …………………………336
  - 7.9.5 地下施設の過密輻輳化に伴う地盤の耐震性能変化 …………………337
  - 7.9.6 地下施設の大規模化・大深度化に伴う掘削土の大量発生 …………337
  - 7.9.7 搬出汚染土壌の浄化再資源化 …………………………………………338
  - 7.9.8 地下水位回復（上昇）地域における既設地下施設 …………………338
  - 7.9.9 地下水位回復（上昇）地域における既設構造物基礎 ………………338
  - 7.9.10 不圧地下水位上昇に伴う液状化危険度増加 …………………………339

8. 地盤の汚染と対策 ……………………………………（主査：平田健正）…340
8.1 地盤汚染の歴史的経緯 ……………………………〔平田健正〕…340
- 8.1.1 地盤汚染と法制度の変遷 ………………………………340
- 8.1.2 汚染の背景 ………………………………………………340
- 8.1.3 汚染物質の検出状況 ……………………………………341

8.2 重金属汚染と対策 …………………………………〔白鳥寿一〕…344
- 8.2.1 重金属汚染土壌対策技術の概要 ………………………344
- 8.2.2 重金属汚染土壌の性状の判定 …………………………344
- 8.2.3 調査結果と現地のデータ ………………………………345
- 8.2.4 処理適用性試験 …………………………………………345
- 8.2.5 対策技術の選択 …………………………………………346
- 8.2.6 土壌浄化技術 ……………………………………………346
- 8.2.7 管理対策 …………………………………………………350
- 8.2.8 重金属汚染土壌処理対策の課題 ………………………352

8.3 揮発性有機化合物汚染と対策 ……………………〔今村　聡〕…353
- 8.3.1 揮発性有機塩素系化合物汚染の特徴 …………………354
- 8.3.2 油類による汚染の特徴 …………………………………355
- 8.3.3 法規制と揮発性有機化合物に対する対策 ……………356
- 8.3.4 揮発性有機化合物による汚染の対策技術 ……………356

8.4 ダイオキシン類汚染と対策 ………………………〔保賀康史〕…363
- 8.4.1 ダイオキシン類による環境汚染 ………………………363
- 8.4.2 ダイオキシン類による土壌汚染の法規制 ……………363
- 8.4.3 ダイオキシン類の種類 …………………………………364
- 8.4.4 ダイオキシン類の性質 …………………………………364
- 8.4.5 ダイオキシン類の発生源 ………………………………364
- 8.4.6 土壌中のダイオキシン類調査 …………………………364
- 8.4.7 試料採取 …………………………………………………365
- 8.4.8 分　析 ……………………………………………………365
- 8.4.9 ダイオキシン類濃度の表示方法 ………………………366
- 8.4.10 ダイオキシン類汚染の浄化技術 ………………………366
- 8.4.11 土壌汚染対策の状況 ……………………………………367
- 8.4.12 和歌山県橋本市での土壌汚染対策事例 ………………367

8.5 油含有土壌による油汚染問題とその対応 ………〔峠　和男〕…372
- 8.5.1 油汚染問題に対するわが国と諸外国の対応 …………372
- 8.5.2 油汚染問題を生じる油とは ……………………………373
- 8.5.3 油分の土中での存在状況と曝露経路 …………………373
- 8.5.4 わが国の「油汚染対策ガイドライン」の概要 ………374

8.6 硝酸性窒素の汚染と対策 …………………………〔井伊博行〕…381
- 8.6.1 はじめに …………………………………………………381
- 8.6.2 硝酸性窒素汚染 …………………………………………383

8.6.3　起源の推定法 …………………………………………………………… 384
　　8.6.4　防止方法 ……………………………………………………………………386
　　8.6.5　汚染地下水の浄化方法 …………………………………………………386
　8.7　放射性物質による汚染 …………………………………………〔馬原保典〕…389
　　8.7.1　放射性物質と単位 ………………………………………………………389
　　8.7.2　土壌汚染源としての放射能の起源 ……………………………………389
　　8.7.3　環境汚染事例 ……………………………………………………………389
　　8.7.4　わが国における土壌汚染 ………………………………………………391
　　8.7.5　汚染土壌粒子を用いた土壌流出量評価と底質堆積速度測定 ………393

9. 建設発生土と廃棄物 ………………………………………（主査：嘉門雅史）…395
　9.1　資源循環型社会 …………………………………………………〔嘉門雅史〕…395
　　9.1.1　資源循環型社会とは ……………………………………………………395
　　9.1.2　産業廃棄物の特性と有効利用 …………………………………………398
　　9.1.3　発生土の特性と有効利用 ………………………………………………401
　　9.1.4　発生土の有効利用による地盤環境への影響 …………………………402
　9.2　建設発生土などの有効利用・リサイクル ……………………〔阪本廣行〕…408
　　9.2.1　建設発生土などの定義 …………………………………………………408
　　9.2.2　建設発生土などの土質区分および適用用途標準 ……………………409
　　9.2.3　建設発生土など利用のための考え方 …………………………………411
　　9.2.4　建設発生土などの有効利用 ……………………………………………414
　　9.2.5　建設発生土などのリサイクル …………………………………………417
　9.3　廃棄物の有効利用・リサイクル ………………………………〔堀内澄夫〕…427
　　9.3.1　廃棄物活用の概要 ………………………………………………………427
　　9.3.2　石炭灰 ……………………………………………………………………428
　　9.3.3　製紙スラッジ焼却灰 ……………………………………………………432
　　9.3.4　タイヤを活用した地盤材料 ……………………………………………433
　　9.3.5　廃プラスチック …………………………………………………………435
　　9.3.6　金属スラグ ………………………………………………………………435
　　9.3.7　都市ごみ溶融スラグ ……………………………………………………439

10. 廃棄物の最終処分と埋立地盤 …………………………………（主査：古市　徹）…443
　10.1　廃棄物の最終処分システム ……………………………………〔古市　徹〕…443
　　10.1.1　最終処分場の機能と構造 ………………………………………………443
　　10.1.2　最終処分場のリスク管理 ………………………………………………445
　　10.1.3　最終処分場のシステム化 ………………………………………………446
　　10.1.4　最終処分システムのコントロール＆コミュニティ …………………448
　　10.1.5　総合的アプローチの必要性 ……………………………………………450
　10.2　廃棄物最終処分場の遮水構造 …………………………………〔勝見　武〕…451
　　10.2.1　廃棄物最終処分場の機能と構造 ………………………………………451

	10.2.2	廃棄物最終処分場の遮水構造・遮水システム	452
	10.2.3	粘土ライナー	456
	10.2.4	ジオメンブレン・遮水シート	460
	10.2.5	そのほかの遮水材	462
	10.2.6	遮水工の評価	463
10.3	廃棄物最終処分場の修復と再生 〔石井一英〕		466
	10.3.1	地盤環境から見た最終処分場によるリスク	466
	10.3.2	地盤環境を考慮した最終処分場の建設と維持管理	468
	10.3.3	不適正最終処分場の修復と再生	470
10.4	廃棄物埋立地盤と跡地利用 〔川口光雄〕		479
	10.4.1	廃棄物最終処分場の安定化評価と廃止基準	479
	10.4.2	廃棄物最終処分場の跡地利用	482
	10.4.3	廃棄物最終処分場の安定化や跡地利用に関する今後の課題	488

11. 水域の地盤環境　　（主査：寺師昌明）…490

11.1	水域の水と地盤が果たす環境への貢献 〔古川恵太〕		490
	11.1.1	水の機能	490
	11.1.2	水際線	491
	11.1.3	干潟	492
	11.1.4	水底土砂の水環境における位置づけ	494
11.2	水域，水際線の水環境と地盤環境 〔古川恵太〕		495
	11.2.1	水域，水際線における物質の動きと底質へのインパクト	495
	11.2.2	予測手法と法規制	497
11.3	水域の開発利用と環境 〔東山　茂〕		500
	11.3.1	沿岸域・海洋の開発利用と環境	500
	11.3.2	港湾・海洋環境政策	502
11.4	水域の環境保全のコンセプトと保全のシステム		508
	11.4.1	ミティゲーション 〔森本幸裕〕	508
	11.4.2	人工養浜 〔中瀬浩太〕	511
	11.4.3	干潟・浅場 〔中瀬浩太〕	514
	11.4.4	底質汚染対策と汚染底質の浄化事業 〔辻　博和〕	520
	11.4.5	水域浄化・底質浄化の関連技術とその課題 〔辻　博和〕	522

付　録　〔勝見　武〕…527

1.	地盤環境工学に関連するわが国の法令	528
2.	土壌汚染に関する外国の法令の例	529
3.	地盤環境工学に関する環境基準	530
4.	地盤環境工学に関する略語	543

索　引 …………………………………………………………………………549
資　料　編 ………………………………………………………………………563

基 礎 編

1. 地盤を巡る環境問題
2. 地球環境の保全
3. 地盤の基礎知識
4. 地盤環境情報の調査

1. 地盤を巡る環境問題

1.1 地球環境と地域環境

1.1.1 地盤にかかわる地球環境問題

今日，環境問題は世界規模の広がりを見せており，世界の人々にとって早急に解決が迫られている最重要課題である．私たちが生を営む地球環境をいかにして保全し，次世代の人々にどうすれば良好な状態で引き継げるかについて，多くの取組みがなされつつある．

母なる大地である地球は気圏，水圏，岩石圏からなっており，この3つの中に生物圏（生命圏）として，多種多様な生物が生活を営む範囲が並存している．地球環境が直面している問題は，人間活動や生産活動の結果として現れた現象であるから，気圏，水圏，岩石圏，生物圏のすべてが存続の危機にいたっているといえるであろう．

いわゆる地球環境問題を分類すると，以下に示すような9つの課題となる．

① オゾン層の破壊：フロンガスの放出によって，地球成層圏のオゾン層が破壊され，太陽からの紫外線の遮へい効果を失う現象であり，極地地方で著しい．

② 地球の温暖化：CO_2ガスをはじめとするCH_4, N_2O, CFCsガスなど，温室効果ガスの過剰排出の結果，地表熱の大気圏への放出が抑制され，結果として地球表面温度が上昇する現象であり，海面上昇をはじめ，異常気象をもたらすとされる．COP 3の京都議定書が2005年に発効になっており，寄与度のもっとも大きいCO_2排出量の削減が急務になっている．

③ 酸性雨：NO_xやSO_xなどの排出によって大気環境が酸性化し，結果として酸性雨や酸性雪が地上に降り注ぎ，森林の枯死や湖沼の生態系の悪化などをもたらしている．

④ 熱帯林の減少：大規模な木材資源の採取や焼畑農業などによって，裸地化が進行した結果，土壌の侵食や流亡が著しい．

⑤ 砂漠化：乾燥気候帯における大規模な砂漠化現象が近年著しく進行している．

⑥ 開発途上国の公害問題：産業構造の変換と工業化が進む途上国において，数多くの公害問題が生じており，その対策の遅れが見られている．

⑦ 野生生物種の減少：生物多様性の減少が著しい．

⑧ 海洋汚染：世界の海が，各国の各種廃棄物の投棄によって著しく汚染が進行している．

⑨ 有害廃棄物の越境移動：廃棄物の処理は自国での適正処理が原則であるが，有害性の高いダイオキシン類などが他国に搬入されたことを経緯に，移動防止策がとられている．

これらの地球環境問題は相互に密接に関連しており，科学的な解明がむずかしいテーマである．対策が遅れたり放置されると，その結果として世界中の人々の生活に深く影響を及ぼすことになる．

これらの課題の中でも，地盤にかかわる問題として，広域にわたる廃棄物処理の問題，砂漠化の問題，土壌侵食の問題，などをあげることができるであろう．近年ではCO_2を分離・回収して，地中深くの地層に圧入して貯留しようとする技術なども開発されつつある．また，直接地盤にかかわるようには見えなくとも，野生生物種の減少は生物圏における生物多様性の危機として，地盤環境が深くかかわっている問題もある．さらに，酸性雨は内陸の湖沼や河川環境の破壊として問題視されることが多いが，地盤環境の変化要因として

無視できない作用を及ぼしている．地球の温暖化に伴う降水パターンの変化によって，大規模洪水災害や斜面崩壊による地盤災害の多発や，砂漠化による世界低緯度帯の森林の伐採・焼畑農業と植林事業との対立・過度の人口増加など，複雑に絡んでいる．地盤と環境の問題は，地球全体にわたってグローバルに対応しなければならなくなっていることがわかる[1]．

以下には，事象の例を簡単に示すこととする．

今日，地球環境に大きな影響を与えているものとして表土の侵食を挙げることができ，その結果として砂漠化を引き起こしている．これは世界規模で生じており，肥沃な大地がなくなりつつある．たとえば，南米のアマゾンやアフリカ・東南アジアの熱帯雨林のジャングルでは，森林の伐採が大規模にかつ急速に進んでいる．現地で焼畑によって農業を営む人々は，森林の伐採の後に耕作を行い，作物の育ちが悪くなると，別の場所に移って同様の焼畑農業を繰り返している．また，エネルギー源としての薪炭燃料の確保のために，樹木が伐採されることも多い．あるいは，日本を含めた先進工業国の木材やパルプ需要のためにも大規模に伐採されている．これらの伐採の跡地は，一般に植林などせず，そのままの状態に放置されることが多い．そのために，降雨などによって表層土が流出し，植物の生育には不適な基盤土が残され，荒廃することによって砂漠化にいたっている．さらに，地中海沿岸の一部地域など，降水量が相当大きい地域においてすら砂漠化現象が顕在化しており，これらの砂漠化の実体のほとんどが，環境への人間の過剰な圧力によって引き起こされている．中国における砂漠化の原因の主要なものは，焼畑と放牧，ならびに薪炭採取によるものであり，85％以上を占めている．世界の砂漠化の危険度と既砂漠化した地域について見ると，近年ではアフリカについでアジアの危険度が相当高くなっている．毎年九州地方に等しい面積の熱帯雨林が砂漠化をきたしているといわれている[2]．

さらに，表層土の侵食速度は世界平均値で平地部で 0.05 mm/年，山間部で 0.5 mm/年に及んでいる．ただし，この値は地域差がきわめて大きく，高低差と気候差とに大きく左右され，農地では収穫後に一時的に裸地となることから，わが国でも $1.5~2.0$ mm/年とされている．熱帯雨林の生態系は驚くほどぜい弱であるといわれるが，その理由は表層土壌厚が薄く，大部分の樹根の深さが地表下の約 1 m までにしか及ばないからである．このような熱帯雨林地帯が広範囲に伐採されると，当然のことであるが，著しい侵食が生じ，また降雨ごとの流出率もきわめて高い．斜面では，保水能力の低下も生じるために，大規模土石流の危険度を高めている．豊かに見えるアマゾンも表層土が一度流出してしまうと，不毛の地となるのにそれほど時間を要するわけでなく，東南アジア，インド，アフリカ，北米などでも同様に問題になっており，砂漠化は湿潤地帯においても発生している[3]．

一方，流れ出した土は海にも影響を及ぼす．わが国でも亜熱帯気候に属する沖縄では，表土の流亡がきわめて深刻になっている．沖縄では，大雨の後に流れ出した表層の赤土がサンゴ礁の海を真っ赤に染める現象が頻発している．とくに，沖縄本島では河川の河口部において，降雨時に大量に流出した赤土のために，海水が濁るとともにヘドロが周辺海底に沈積し，サンゴ礁の死滅が大規模に生じている．これは，沖縄特産の換金作物であるサトウキビやパイナップルの栽培のために畑地の開墾によって生じる裸地が，亜熱帯性気候に特有の大雨によって表土が侵食されるためである．さらに，リゾート開発の地域や米軍基地の訓練場の裸地からの侵食も，原因の一つに数えられている．

また，砂漠化した地盤では塩類の集積が生じている．世界の乾燥地域の国では，降雨量が極端に少なく，地表面からの蒸発散量が降雨量より多くなることがある．降雨量が年間 100 mm にも満たない乾燥気候の地域では，短い雨季の間のわずか $1~2$ カ月のみは降雨量が蒸発量を上回るが，乾季では蒸発量が著しい値に達する．このような地域では，地盤深部の地下水が数 m も上方へ移動し，それとともに地下水中に溶け込んでいる塩

分も地表面まで運ばれるため，水の蒸発によって地表面に塩分が残される．さらに，農業のために灌漑を実施すると，植物に摂取されなかった肥料分は水の蒸発とともに塩分として地中に残される．これらが塩類土の成因である．結果として，これらの地域では作物をはじめ植物の生育が不可能となり砂漠化が進行する．

およそ地球上の水はそのほとんどが海水であり，淡水は図1.1.1に示すように全体の3％にすぎない．水の惑星といわれる地球でもそのまま人間が利用できる水はきわめて限られている．しかも淡水の多くは南極と北極の氷であり，それ以外の淡水の約90％は地下水である．したがって，地球温暖化の影響による極地地方の融氷は多大の環境影響をきたすことになり，地下水の汚染は地盤環境の劣化に直接かかわるものであることがわかる．

わが国のように高温多雨気候の国では，年間降雨量が1500 mm以上に及んでおり，一般に降雨の1/3が蒸発散し，1/3が河川などを通じて海へ表面流出し，残りの1/3が地下へ浸透している．したがって，地下水が豊富に涵養されることから日本各地で，いわゆる名水と称される清祥な水に恵まれることになる．わが国では浸透した地下水の10％程度に相当する130億 m^3 を年間利用しており，飲用のみでなく農業用，工業用，その他多方面で有効利用されている．

しかしながら，大都会では道路の完全舗装の進行と下水道網の整備が進むことによって，降水が十分に地中に浸透することがむずかしくなっている．道路側の街路樹にとって，根元付近にしか土が残っていないようなことが多く見られる．降った雨は，道路の側溝へ流れて下水道へ導かれるから，街路樹の根の部分の土へは水がほとんど供給されない．そのために，街路樹の根は土中の水分を地下遠くから集めなければならなくなっている．この結果，周辺地盤中の土の乾燥化が進み，さらに植物の生育に必要な栄養素のみが地下水中から取り込まれ，不要な地下水中の残りの塩分は街路樹の根の周辺に残され，砂漠土と同じように塩類土の集積が起きている．これを避けるために，近年では東京都などの大都市を中心にして，歩道の部分に透水性舗装として空げきの大きな舗装を施し，降った雨はできるだけ地面へ返すような努力がなされている．

このように，われわれの生活の身近な場面で数多くの地盤環境にかかわる問題が存在していることがわかる．また，地球環境問題はグローバルな課題ではありながら，これを解決するための具体的な行動は，個別にかつ地道に一つずつ対応してゆかなければならないことが多いものである．したがって，"Think globally, act locally."をモットーに，すべての人々が継続的に取り組まなければならない課題である．

1.1.2 地盤にかかわる地域環境問題

わが国では，1960年代から各種の公害問題，へどろ汚染問題などが大きく取り上げられ，大気汚染，地盤沈下，河川・湖沼・内海・港湾などの汚染，土壌汚染問題などには早くから研究開発や対策がなされてきた．いわゆる典型7公害とされでいる，騒音・振動・水質汚濁・土壌汚染・地盤沈下・大気汚染・悪臭のうち，地盤振動，土壌汚染，地盤沈下などは地盤にかかわる地域環境問題の代表例といえるであろう．当時のこれらの課題は，あくまで地域の課題に過ぎなかったものである．しかしながら，汚染の範囲が広域になってくると，当該の地域全体として対応せざるを得ない事態に立ちいたっており，一つのイベントや事件が広範にわたって影響を及ぼすような事例が数多く見られるようになっている．

環境問題にかかわる現行の法体系の中心となるものに，従来の公害対策基本法（昭和42年に制

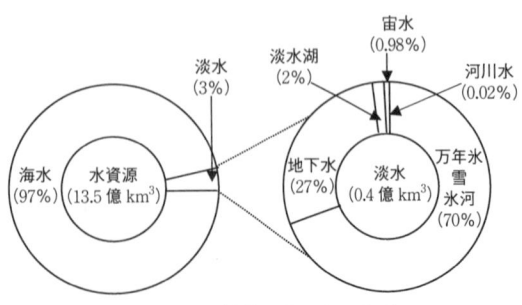

図1.1.1 地球の水のうちわけ

定された）を，より広範な内容に拡充して平成5年12月に制定された環境基本法があり，さらに平成6年12月には環境基本計画が閣議決定され，初めて法律用語としての「地盤環境」が定義された．したがって，大気環境や水環境と同様に，地盤環境保全に努めて人の健康に対する負の影響を低減し，生活環境を保全するための施策が求められる．

地盤環境の保全のテーマは，従来は地下水の過剰揚水によって広域にわたる地下水位の低下が生じ，これにもとづいた地盤沈下が中心課題であった．しかしながら，近年では地盤そのものが有害物質で著しく汚染されていることが判明しており，汚染の浄化が大きな課題となっている．

地盤環境の汚染にかかわる汚染物質の種類や汚染の状況はきわめて多種多様である．このような地盤環境の汚染などの影響を評価するための環境基準類は基本的に人への健康影響の防止を旨とするものであり，飲用水の基準にもとづいて土や地下水への展開が図られている．また，ダイオキシン類特別措置法が平成12年1月から施行され，いわゆる環境ホルモンへの監視を強めている．したがって，焼却工場などから大気へ放出されるダイオキシン量を厳しく制限するとともに，水質基準・土壌環境基準・底質環境基準などを新たに制定している．さらに，平成15年からは土壌汚染対策法が施行になり，特定有害物質を扱っていた工場跡地の形質改変時には，地盤汚染調査が義務づけられ，汚染の発覚時には自治体の長へ届け出て登録するとともに，浄化対策が求められるようになったことから，地盤汚染浄化ビジネスが新たな展開を見せている．

上記のような地盤環境の質にかかわる問題だけでなく，従来からの量にかかわる問題も新たな展開を見せている．たとえば，農作業に伴う灌漑用水としての揚水や，寒冷地における融雪用の地下水利用などに伴って発生する，経年ごとの地下水位の低下の繰返しが，周辺地域の軟弱地盤に繰り返し圧密現象をもたらして，継続的な地盤沈下を生じさせている．さらに，地下水の流れに直交して開削工事やシールドトンネル工事を施工して，地下鉄や掘り割り道路，地下共同溝などを設置したり，大規模地下街の建設工事などに伴って，地下水の流況を阻害することが明らかになり，地下水の流況保全対策なども地盤環境の保全上で重要な課題となっている．このような建設工事に伴う地盤環境影響についても，十二分の配慮が求められる．

大規模な建設工事そのものの実施に際しては環境アセスメント制度が適用され，環境基本法の主旨を具現化して，公害の防止および自然環境を保全することを目的としている．昭和58年に行政措置を講じるための「環境影響評価の実施について」が閣議決定がなされ，各省庁や地方自治体の協力のもとに環境アセスメントが実施されていたが，平成9年に環境影響評価法として正式の法整備がなされ，平成11年6月から施行されている．したがって，道路・河川をはじめ都市内における主要建設工事への取組みには，環境影響評価に則った適切な施工が求められている．なお，代替案をアセス時に導入しうる方策と厳密な事後評価の実施などは，依然として今後の課題として残されている．

生態系保全と地盤とは直接的に多くのかかわりを有している．都市周辺の里山の荒廃が近年では単に林野行政の問題だけでなく，自然災害の増大の大きな要因となっているほかに，森・川・里・都市・海と連関した環境課題となっていることから，地盤工学にかかわる技術者も森林保全や景観創出への貢献が必要であろう．地盤環境と生態環境との相関はしばしば対立軸で遭遇するから，適正な対処法の確立が求められる．環境地盤工学で取り扱うべき課題はこのようにきわめて多様で，かつ多彩なものであるから，適正な対処法をどのように設定するかはきわめてむずかしい課題であり，単に科学技術的な視点ではなく，心理学や社会科学や美学的な視点からアプローチが重要である．

環境保全の重要性が大きく叫ばれている今日，地盤にかかわる環境問題をおろそかにできない．

（嘉門雅史）

参 考 文 献

1) 嘉門雅史：環境地盤工学とは，環境地盤工学入門，pp.1-7, 地盤工学会, 1994.
2) 松本 聡：乾燥地土壌における人為因子の影響とその問題点，ペトロジスト, **26**, 173-186, 1982.
3) 地球環境工学ハンドブック編集委員会編：地球環境工学ハンドブック, pp.772-742, オーム社, 1991.

1.2 生態環境と地盤

1.2.1 生物圏 (biosphere) の構成要素としての地盤

　生物が生活を営む範囲を生物圏（生命圏）といい，地球の大きさからすればきわめて限られた表層に局限されている．人間の生活環境の保全と創造のために，地盤に手を加えることは必要不可欠であるが，その程度や方法などのいかんによって，生態環境への影響は大きく異なる．地球環境問題の深刻化が懸念されるなか，地盤環境工学はその生態環境のもっとも主要な部分である地球表層を取り扱うものであり，持続的な生態環境への配慮が必要不可欠となっている．

　この生物圏では，気相（大気），液相（川，湖，海），固相（土壌粒子，岩石）の無機物が混在するなか，多様な有機物，生命が存在し，ダイナミックな活動を続けている．自然的な地域から都市のような人工的な地域まで，人間を含む生物にとって，地盤の状態はきわめて大きな意味をもつ．地表面をはさんでせいぜい数十cmの層は，さまざまな物質と生物が往来し，変化し，相互に影響し合うという意味で，もっとも生物活性の高い部分といっても過言でない．それは自然地においては，目に見える植生だけでなく，土壌の地表に近いところで繰り広げられる，生態環境にとってきわめて重要な土壌動物と微生物による分解プロセスや，さまざまな物質のフィルタリングと環境インパクトのバッファリングの作用を含んでいる．

　植木鉢の土は植物にとっての一時的な単なる培地であるが，自然地の土壌は土壌体（soil body）と呼ばれ，その成層構造は気候，地質，地形，植生，動物と微生物，それまでの人間などによるインパクトと，それらの地質学的な時間の経過をも

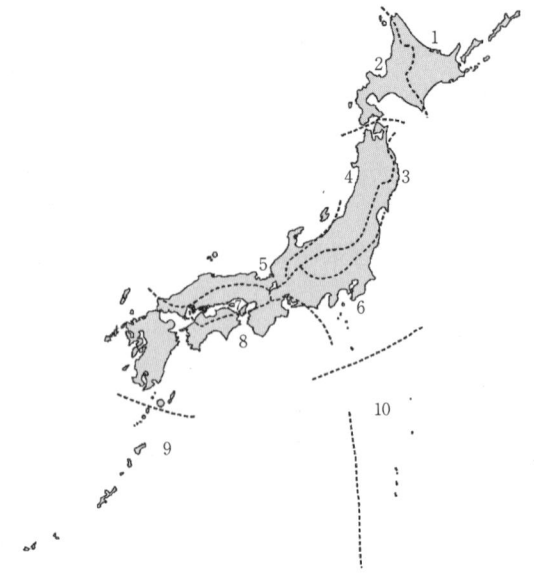

図1.2.1　生物多様性保全のための国土区分（試案）
（作成方法は図1.2.2に示す）（資料：環境庁）

反映した，その場所固有のものとなっていることを忘れてはならない．生物圏の構造と機能はそうした，立地の多様性にも依存している．また，こうした多様な地表に成立するフロラ（植物相）とフォーナ（動物相）の地理的な分布構造も環境条件とその履歴を反映しており，日本全体は図1.2.1に示したように10地区に区分されている．

1.2.2 開発と保全と地盤

　自然地盤に意図的，非意図的に手を加えるということは，そこに成立していた植生や土壌体の形態に影響を与えるだけでなく，本来もっていた，さまざまな機能にも影響を与えることになる．たとえば，森林を道路や宅地に土地造成することを例にとると，まず植生とそれに依存した動物の生息場所を減らし，土壌動物と微生物に大きく依存した物質循環の機能をなくし，水の浸透性が顕著に減ることから洪水流出がたいへん大きくなる．これまで，こうしたことに，防災面からの調整池の設置や地下砕石貯留などの対策や，芝草などの緑化による土壌侵食防止などの対策はとられてはきたが，生物相を中心とした自然環境へのインパクトについては，希少種でない限り，ほとんど配慮されてこなかった．とくに，自然地盤表層とそ

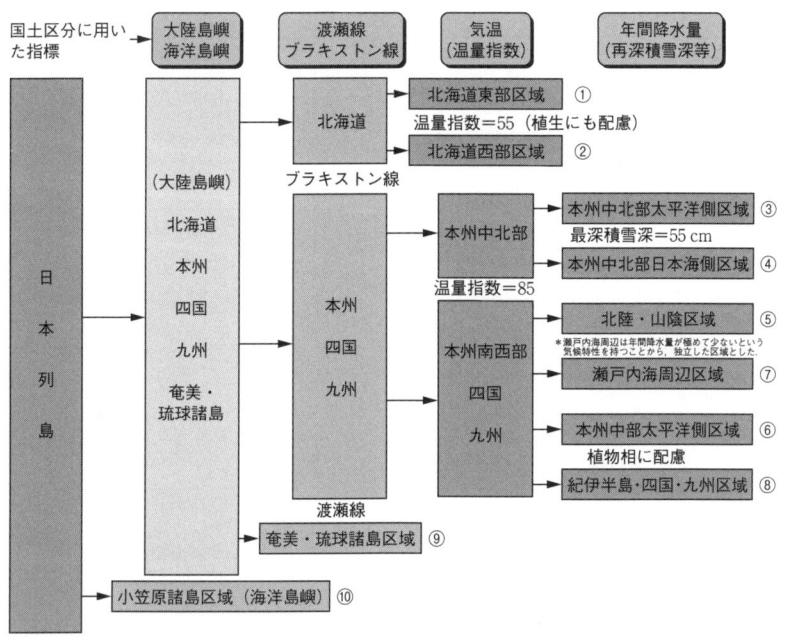

図 1.2.2 国土区分（試案）の作成手法（資料：環境庁）

の生物活性などにもとづく生物圏の多面的な機能の多くは無視されてきたのである．一つのプロジェクトのもつ生態環境全体へのインパクト自体は大きくなくとも，その集積が，多くの環境問題を引き起こしてきたのである．埋立てや切り盛りなどの土地造成，排水改良などがもつ，自然地盤機能へのインパクトの緩和が求められている．

1.2.3 景観 (landscape)

人間の活動が繰り広げられるこの生物圏の地表の状態を，もう少し狭い範囲，われわれが景観として直接に認識できるスケールを考えてみよう．厳密には二つと同じ場所はないものの，類型化することは可能である．たとえば，関東の谷戸といえば，なだらかな尾根のクヌギ・コナラの森やスギ植林地とそれに囲まれた棚田，農家とそのまわりの菜園や竹林などからなる里山景観が目に浮かぶ．また，わずかな保存緑地に囲まれてひな壇造成された新興住宅地の風景は，日本の大都市のアーバンフリンジ（都市の拡大最前線）につきものである．このように厳密に同じではないものの，景観全体として見れば，比較的よく似た秩序が存在する．この秩序のパターンとプロセス，その変化を対象とする科学を景観生態学という．自然科学のみならず人文・社会科学も含む学際的な分野である．

古典的な生態学や植生学では，森林や草原など，できるだけ均質な空間を対象として抽出し，できる限り純粋な構造と機能を追求する傾向が見られたが，現実の生態環境は，森と水田や宅地と孤立林など，明らかに異なる異質な要素のモザイク構造である．近年の研究では，こうしたモザイク構造やとくに林縁部分や水辺のエコトーン（水中から陸上へかけての推移帯）はそこに依存する生物も多くて活性が高いことが実証されてきている．自然地のなかの土地造成にあたっては，こうした構造と機能への配慮が求められる時代となった．つまり，生態環境として重要な部分の保全や再生，さまざまなインパクトの緩和などの工夫が計画，施工，管理の局面に必要とされる．

この目的のために，生態環境の情報化にあたっては，植生の種組成とか構造よりもまえに，こうしたモザイク構造自体の表現が必要となる．もっとも基本的な抽象化が，パッチ，コリドー，マト

表 1.2.1 景観生態学のキーワード

キーワード		定義	例，解説
景観，ランドスケープ (landscape)		景観要素のモザイク構造の繰り返し	散村景観，谷戸田景観，アーバンフリンジ
景観の要素	パッチ (patch)	他と明らかに区別できるかたまり状の群落	都市の孤立林，関東の屋敷林，湧水湿地
	コリドー (corridor)	線形の生態系	河川，ヘッジロー（生け垣），並木道など
	マトリックス (matrix)	背景となる土地の状態	山地の森林，都市域の建ぺい地
パッチの性質	内部 (interior)	あるパッチの中心部で周辺からの影響が少ない	深い森，砂漠
	エッジ (edge)	パッチの境界（boundary）部で，周囲の異質な要素の影響が大きい	林縁部，マント群落，ソデ群落など
	ギャップ (gap)	パッチ内部の穴	森林のなかの倒木でできた空間
構成種の生育・生息状態	ニッチ	生態系に占める種の地位	食物連鎖や環境条件における種の分布範囲
	ハビタット	種の生息地，生育場所	種の具体的な住み場所
	ギルド	同じ環境資源を利用する種のグループ	系統や形態の類似性でなく，利用資源からみた種群
保全目標種	キーストーン種	生態系の種関係の要となる種	食物連鎖の上位のものが多い
	アンブレラ種	分布範囲の広い種	保全することで，分布範囲の狭いほかの種も保全されることが期待される
	象徴種	知名度の高い，好まれる種	ホタルやメダカなど

リックスという概念である．単純すぎるようだが，生態環境の概要とその変化傾向，土地利用の種類やパターンとその程度が生物多様性に及ぼす影響などを検討し，最適化を図るときにきわめて有効な概念である．

「生態系」（ecosystem）とは，環境と生物群が相互関係をもっている系のことで，小さなスケールから非常に大きなスケールについて用いられることがある．ローカルなスケールでは，生態系とは比較的均質な広がりを指し，パッチやコリドーあるいはマトリックスなどの要素を示すことが多い．

地盤の状況の評価や計画などに際して，景観要素の地図化（マッピング）が必要である．気候図，地質図，地形図，植生図，土壌図など，個別の主題図とともに，それらも組み合わせた景観生態学的な観点からの評価図も有意義である．ただ，総合的な見方になるほど，これまでの事例や研究例ごとに固有性もある．実際の図化や分析にあたっては，以下を参考に事例ごとに有意義な方法を検討するのがよい．

「フィジオトープ」（physiotope）とは，地質，地形，気候など，地学的な性質が共通な広がりのことをいい，地盤の分類単位と考えてよい．たとえば，自然地盤では，大阪層群上部の丘陵地斜面上部とか，花崗岩山地一次谷底斜面など，ある気候区のなかでは，地質と地形を組み合わせた分類単位とすることが多く，最小単位は微地形単位となる．このフィジオトープは，ふつう潜在的な植生タイプに対応している．

バイオトープ（biotope）とエコトープ（ecotope）は類似の概念で，必ずしも明確な定義はないが，ほぼつぎのように用いられる．バイオトープは，指標とする生物の生息環境，分布範囲をいう．ドイツなどで行われているビオトープ（biotop）地図は，景観的に明らかに区分できる生態系，たとえば林分，草原，生け垣，湧水池など，ある立地に成立している生物群集全体を示すもので，都市

部に残存する緑地を分類して示す主題図となっており，フィジオトープとバイオトープの組合せによるマッピングの最小単位で立地条件の分類であるエコトープと同義に用いられることもある．一方で，ある両生類のバイオトープは水域と隣接した森，というようにハビタットモデル（ある種が存続するために必要な生息適地の類型）と同義に用いられることもある．さらに，野生生物生息環境の複合を呼ぶこともある．なお，一つのエコトープは複数の遷移段階の群落を含むこともある．

そのほか，フィジオトープの一種であるが，クリマトープ（水域気候，森林気候，市街地気候など）のように，微気候ないし小気候で類型的に地図化されることもある．

生物はこうした生態環境のどこにでも生息するのではなく，種によって分布が異なる．この分布はその種にとって必ずしも生理的に最適なところではない．たとえば，植栽されるスギは斜面下部でもっとも生育がよいが，天然スギは生育のよくない尾根や湿地に分布する．

また，現存の植生タイプや動物分布は，現在の環境条件のみならず，さまざまな履歴を反映しているため，生態環境の改変や保全にあたっては，本来の状態，つまり潜在植生やポテンシャルハビタット（潜在生息地）を配慮する必要がある．

1.2.4 生物多様性の危機

地球環境問題の一つに生物多様性の危機があり，地史的にこれまで地球が経験しなかった猛烈な速度で種の絶滅が進んでいるといわれる．生態環境の持続可能性の根源であり，人間生存の基盤でもあって，豊かな文化の根源ともなる生物多様性が危機に瀕している．この危機への国際的取組みの必要性から1992年の地球サミットで生物多様性条約が締結された．日本もこれを批准し，1995年に生物多様性国家戦略を策定し，さらに2002年にはこれを改訂し，新・生物多様性国家戦略を定めている．これは，生態環境を保全しつつ，人間と自然がバランスよく生活していくための，日本で唯一のもっとも基本的な提案である．

この改定中に日本でも，IUCN（国際自然保護連合）のカテゴリーにならい，すべての生物種の絶滅確率をもとにした評価が行われ，レッドリスト（絶滅の危機に瀕する生物種のリスト）がとりまとめられた．この結果，日本には3つの危機があると総括されている．

第1の危機は，古典的に指摘されてきたもので，人間の活動や開発が生物の生息環境の減少や分断を招いたことであって，森林の開発や埋立てなどがこの典型である．現代に入って，日本でもっともインパクトが大きかったのは干拓，埋立てなどによる干潟，浅海域であり，1945年から干潟は約4割が消失し，自然海岸は半分以下となった．農地から都市的土地利用への改変面積は昭和40年代が最大で，バブル期はその半分程度である．この種の危機と地盤工学は関係が深く，今後インパクトの少ない開発手法や劣化した自然地盤の再生への取組みが必要である．

第2の危機は上記とは逆に，自然に対する人間のはたらきかけが減ることによるもので，かつて，持続的に利用されてきた田園地帯，里地里山では大幅な生態環境の変動が発生している．レッドリストに掲載された種の，ほぼ5割は里地里山に生息しており，これらの多くは，日本列島が大陸と地続きであった氷河時代の生物相を反映しているといわれる．温暖湿潤で常緑広葉樹林が卓越する気候に追われるなか，薪炭林や秣場，畦など定期的な攪乱のあるところで存続してきたとされる．

第3の危機は，移入種（外来種）や化学物質など，本来存在していなかったものによる危機である．マングースやオオクチバス，ノヤギなどの外来動物が在来種を捕食したり，在来種と交雑することで，在来生態系へ大きな影響を与えている．造成地盤の緑化に多用されてきた外来芝草類も，この観点から大きな問題を抱えている．たとえば，シナダレスズメガヤ（ウィーピングラブグラス）はきわめて耐乾性に優れた外来種であるが，緑化地盤から河原に逸出し，在来のカワラノギクなどの生育地を奪っているという．また，毒性やホルモン作用をもつ物質による地盤や地下水汚染，河川，湖沼，浅海域の汚染は生物多様性のみ

1.2.5 生物からみた開発と地盤

上に述べた生物多様性の第1の危機は，とくに地盤工学とも関係が深い．まず，さまざまな建設工事が生物多様性の劣化に直接関与することがあげられる．これには，陸域や沿岸域での土地造成など，狭い意味での建設工事にとどまらず，土砂災害の防止などの防災工事もとくに攪乱依存型や遷移初期段階の生物種と生態系にマイナスの影響を与えることになることにも注目しなければならない．災害への対応はもちろん必要ではあるが，過剰な土砂移動防止や侵食防止，洪水防止が海浜，河原，湧水湿地などの生物多様性の危機をも招いている．今後，どのような持続可能で安全かつ快適な生活基盤を実現するための建設や防災のあり方を実現していくのか，単に土木工作物に頼らない，広域の生態環境に配慮した総合的な対応の検討が迫られている．

第3の危機に関連したものとしては，汚染された地盤の浄化や廃棄物処分地などからの汚染拡大の防止が課題となる．しかし，地盤や地下水汚染の問題は人為的なものだけでなく，ヒ素や鉛などの自然由来の汚染も人間とともに生物にも影響を与える．ホンモンジゴケなどのコケ類やヘビノネゴザなどのシダ類，ヤブムラサキなど高等植物でも特定の重金属をため込む性質をもっている種もある．人為的な汚染は，概してその地区の生態環境の劣化を招くが，もともと重金属の多い超塩基性岩の分布地域や，カルシウムの多い石灰岩地域では，耐性をもった種を含む特徴的な生物相が見られる．つまり，特殊な自然地盤が貴重な生物多様性を保証するものとなっており，保護の対象となっていることも多い．

a. 建設事業の生態環境へのインパクト

自然的環境から，都市化に伴う人工的な環境への変貌につれて，通常，生物生息環境の劣化が発生する．その原因としては，ハビタット（habitat：動物の場合は生息地，植物は生育地）自体が減少すること（habitat loss）とともに，生息場所の断片化（fragmentation）や孤立化（isolation）によって，広域を必要とする種の生息が制限されたり，移動が制限されることで，残されたパッチでの個体数が最小存続個体数（minimum viable population）を下回って絶滅に向かうことが指摘されている．

さらに，その景観パターン（土地利用モザイク）をより広域の見地から見たときに，広域種（umbrella species）や移動・拡散する生物種にとって通過することができるかどうかという性質，すなわち連結性（connectivity）も，土地利用パターンの変化の影響を受ける．この土地の空間的な変化過程が生物生息環境へ及ぼす影響について，つぎのように分類（Forman, 1995）されている．

① 穿孔（perforation）：広大な自然環境のパッチのなかに，点的なインパクトが発生することであり，改変のもっとも初期段階である．奥地の森林の皆伐とか，大草原のなかの住居のようにパッチの数はかわらないが，境界線は増加し，内部環境としては劣化する．だが，対象地を通って周囲の景観タイプ同士がつながる連結性は影響を受けない．たとえば，少し皆伐地のある森林パッチでもツキノワグマの移動経路として機能する．

② 分断（dissection）：林道や鉄道など線形の建設行為が大きなパッチを横切ることで，これも，人為的インパクトの最初の段階で発生する．自然保護地の道路建設がよく問題となる．分断によってパッチの数と周囲長の合計も増加することになるが，平均パッチサイズは減少し，内部環境が劣化する．連結性についても，マイナスの影響を受ける．

③ 断片化（fragmentation）：分断が進み，ほかの土地利用が卓越してきて，小さな複数のパッチに分かれることで，都市化による自然地の減少の過程としてふつうに見られる．パッチの数は増加し，パッチの周囲長の合計は増加していく．細分化された小パッチ間の連結性とともに，この周囲の景観タイプの間の連結性も低下することになる．また，内部環

境の質と量の減少が発生し，生息環境の全体の面積も減少する．

④ 縮小（shrinkage）：都市に残された樹林地が開発で徐々に小さくなっていくように，細分化したパッチが縮小することである．パッチの数は，変化しないが平均サイズが減少し，パッチ周囲長合計も減少する．

⑤ 消耗（attrition）：残されたパッチが消失することであり，通常，小さいパッチが消失しやすいので，パッチ数の減少と平均パッチサイズは増大する．また，トータルな周囲長は減少し，もちろん総面積も減少する．

これら五つのプロセスは，実際の土地利用の変遷の過程でオーバーラップして出現する．自然地から都市化に伴って，まず自然地が卓越している当初は「穿孔」や「分断」が，中程で「断片化」や「縮小」が，最後に「消耗」が主たる過程となる．

b．都市やアーバンフリンジにおける自然地の機能

上記のような生物生息環境の劣化は，都市開発や道路建設をはじめ，人間生活の利便性を高めるための事業が原因となっている．しかし一方で，都市でも豊かな自然環境と身近に触れあえることは，人間にとっても快適な都市生活を営むうえで，重要な要素でもある．

都市のなかに適切に配置され，適切に管理された森林や河川，湿地などの自然地（都市緑地）が配置されていることは，① ヒートアイランド現象を緩和し，② 震災，火災の軽減や雨水一時貯留による洪水流出ピークの軽減など，防災に役立ち，③ 生物多様性の保全に貢献し，④ 身近な自然とのふれあいの場となり，⑤ 都市の豊かな文化の基盤ともなる．すでに劣化した自然が卓越する都市域にあっても，本来そのような立地をハビタットとしていた生物種の絶滅が危惧される現在，その生息域の復元や創造は自然保護の見地からだけでなく，上述のような機能の向上にも役立つ．したがって，都市のなかに限られた自然地の配置の最適化や，その適切なデザインとマネジメントが重要な課題となる．

1.2.6 断片化，孤立化のなかの生息地

ひと続きの自然地から前述の劣化の過程を経て断片化，孤立化した生息地は，あたかも大洋にうかぶ孤島のようであって，著名な島嶼生物地理学（MacArthor & Wilson：1967）を応用して解析することができる．島嶼生物地理学では，ソースとなる大陸からの種の移入と島での絶滅という二つのプロセスのバランスによって島の種数が決まると考える．島と大陸の距離が短いほど移入しやすく，島の面積が大きいほど絶滅確率が低くなり，結果として動的平衡にいたったときの種数が多くなるという理論である．

この理論における大陸を都市の周囲の森林，島を孤立緑地と考えて，面積や森林からの距離を検討した研究によると，分類群によって，これらのパラメータの意義がかなり異なることが判明している．すなわち，木本種については，孤立林面積と種数の関係はきわめて顕著であるのに対し，周辺山地からの距離についてはそれほど明確な傾向はない．木本種に限らず，深い森林の安定した内部環境を好む種（ストレス耐性型が多い），つまり内部種と，攪乱の多い林縁部を好む陽性で成長の速い種や攪乱依存型のエッジ種に分けてみると，1 ha 程度より大きな孤立林になるとその形状の複雑さが増すほど，林縁を好む種（エッジ種）が増える．つまり，1 ha 以下では木本種にとってはほとんど林縁環境ということになる．

一方，シダ類では，面積とともに，微地形単位の数の影響を大きく受ける．尾根の頂部斜面に限られるコシダ，ウラジロや谷斜面に限られるイノデやリョウメンシダ，地形を選ばないベニシダなどがあって，種による立地選好性の違いが顕著である．また，軽量の胞子の散布で分布を広げるため，距離の影響は出にくいが，有性繁殖で他家受粉をするグループでは精子が泳ぐ必要があるため，湿った環境に乏しい孤立林では種数が少なくなる傾向が認められている．

これに対して，アリの仲間はたいへん異なっている．アリは食性が肉食，植物食などさまざまなタイプの種があり，また生息環境も樹上性のものや土壌中のものなど，多様なハビタットとニッチ

の種があるため，その種類相は環境指標性が高いと考えられる．孤立林におけるアリ相は面積とともに，林床の微環境が多様であることが種の多様性に貢献している．

1.2.7 自然再生への貢献

上述のように，生態環境への配慮の少ない開発によって劣化の進行した自然環境について，再生を図るための「自然再生推進法」が2003年に施行された．これは，豊かな自然地の保護とか，何らかの開発の環境影響評価の際のミティゲーション（自然環境保全措置）ではなく，過去に失われた自然環境を取り戻すことを目的として，関係行政機関，関係地方公共団体，地域住民，NPO，専門家らの地域の多様な主体が参加して，河川，湿原，干潟，藻場，里山，里地，森林その他の自然環境を保全し，再生し，創出し，またはその状態を維持管理すること，と定義されている．

この法律にもとづく事業は，まず，地域の発意により，「自然再生協議会」を実施しようとする多様な主体とともにつくる，地域住民や土地所有者，専門家などさまざまな活動に参加しようとする者，関係行政機関，関係地方公共団体を含めた組織である．これが，事業の実施に責任をもつことになる，という意味でたいへん重要な意味をもつ．

つぎに，この協議会は，自然再生の対象となる区域，自然再生の目的，参加者の役割分担を定めた「自然再生全体構想」をとりまとめる．

実施者はこれを受けて「自然再生事業実施計画」を策定し，これを主務大臣および都道府県知事に送付する．主務大臣は自然再生専門家会議の意見を踏まえて実施者に助言を与え，その計画を公表することになる．

その助言を踏まえて実際に事業を実施し，モニタリングを行い，評価し，その結果を事業に反映していく．

これが，法律にもとづく自然再生事業の流れである．2003年3月時点で，釧路湿原など11カ所でこの法律にもとづく事業と調査が進んでいる．湿原，干潟，海浜，その他の自然環境再生のための地盤工学が必要とされている．

1.2.8 順応的管理とモニタリング

ただし，とくに生物を含む自然環境については，科学的に不明なことも多いなかで，取り扱いを決定せざるを得ないことも多く，現状分析にもとづいて目標を定めて方法を検討し，実行の後に経過をモニタリングし，その成果の評価結果によっては方法や目標自体も見直すという，順応的管理が生態環境の取扱いでは必須となる．そのための方法論に，以下に述べるようなM-BARCIデザイン（Lake, 2001）がある．

これは，自然再生にあたっては，まず，採用しようとする再生操作が有意義であるという仮説を設定し，再生事業の後（after）だけでなく，まず事業をはじめる前（before），の状態を調べる．その操作の成果（impact）を確かめるには，これだけではやや不十分で，できれば二つの種類の比較対照が必要である．その一つは，もともと良好で劣化していないリファレンス（reference）であって，もう一つは再生操作を行わない（劣化したままの）コントロール地点（control）である．これらを複数（multiple）回，あるいは複数場所調べることによって，自然再生事業が評価できるのである．自然環境の性格上，同じ潜在的性質を備えた比較対照地点を設定するのは容易でないことも多く，とくに都市域ではリファレンスがないことも多いが，可能な限り追求すべきである．

（森本幸裕）

1.3 地盤環境工学の定義と対象

1.3.1 地盤環境工学の定義

「地盤工学」は，土木，建築，資源採掘，農業などの分野のなかで，主として人間生活を豊かにするために必要な基盤施設などを，力学的に安全かつ経済的につくるための工学である．過去数十年にわたる取組みにもとづいて基礎的必須学問分野として体系化され，発展を遂げてきた．その結果として，地盤の特性の解明と，それにもとづいた数値解析によって，地盤の挙動を巧みに表現す

ることに成功してきたものである．すべての構造物が地盤に立脚せざるを得ないことから必然であり，地盤工学は従来工学の一つとして，土質力学や基礎工学，農業工学などを取り扱い，実際の建設工事の場や生活基盤の保全の場において，安全で安心しうる社会基盤整備や防災のための設計施工に多大の貢献をしてきた．

狭隘な国土で軟弱地盤に富み，さまざまな自然災害に見舞われることの多いわが国では，地盤工学の水準は国際的にも高く，その期待される役割を十分に果たしてきた．しかし，このような建設あるいは開発という人間の営為が，知らず知らずのうちに環境面で地球に大きな負荷を与えてきたことが最近では大きな問題になっている．環境を考えるとき，大気圏，水圏と並んで，地圏（一般には，岩石圏と称される）は重要な役割を果たしている．平成12年に日本学術会議では，新たな工学領域として「地盤環境工学」の創設と体系化が必要であることを提言している[1]．地盤環境工学は，従来からの力学を基盤とした「地盤工学」に，土壌科学，微生物学，化学，化学工学，生態環境工学，毒物学などを援用統合するとともに，社会科学，人文科学とも広く連携して最適な社会システムの構築をめざす総合科学であると位置づけている．

そもそも地盤にかかわる工学は学際的であり，社会の要請に応えるために対象領域を広げてきた歴史がある．この工学領域の名称も，それにつれて，土質工学，土質基礎工学，地盤工学と変遷を遂げてきた．新たに提唱された地盤環境工学は，従来からの地盤工学を内包して，さらに環境にかかわるさまざまな問題に対処する学問であり，その対象とする領域はきわめて広範である．この新しい工学領域が体系化され社会に貢献するものとなるために，本ハンドブックは大いに役に立つことであろう．

一方，1.1で述べたように，近年は地球環境問題が重大な課題としてクローズアップされ，自然環境や社会環境の変化から土木工学全体のパラダイムシフトが求められるようになってきた．大量生産，大量消費の右肩上がりの社会経済発展の時代から，脱温暖化社会や循環型社会の構築が求められるようになって，生活スタイルの変革が必然となり，社会基盤整備の理念そのものに変革が求められている．

したがって，地盤環境工学の分野でも重点的に取り扱うべき領域にも大きな変化が生じており，また，先の社会基盤整備にかかわるパラダイムシフトに関連して，地盤環境保全の要素が大きな地位を占めるようになってきた．さらに，国民生活の安全・安心につながる基盤整備を，より自然環境に配慮した形で貢献することが求められるようになっている．このような視点から，従来の地盤工学や土質力学の範囲を包含して，より広い概念で自然環境・社会環境のバランスを取り込んだ学問分野である「地盤環境工学」に対して，地盤工学の視点から環境面の課題解決に特化して体系化したものを，より狭義な学問領域として，「環境地盤工学」と称しており[2]，英語名では"environmental geotechnics"あるいは"geoenvironmental engineering"などと呼んでいる．

環境地盤工学としての取り扱うべき課題は，汚染地盤の修復にかかわる問題，廃棄物処分場（有害廃棄物，一般廃棄物）にかかわる問題，核廃棄物貯蔵・処分にかかわる問題，酸性雨，酸性土壌にかかわる問題，砂漠化防止にかかわる問題，海面上昇と社会基盤にかかわる問題，地盤にかかわる環境影響物質循環，水循環問題，生物，生態系にかかわる地盤環境問題など，狭義といいながらきわめて広範な課題が該当する．

以上を総括して，「地盤環境工学」の取組みとして，つぎの4つの視点が重要である．

① 社会基盤の整備と再生：少子高齢化社会における社会基盤整備のあり方について，より効率的資本投下と既存社会基盤の維持管理・再生技術が求められ，広域的・国際経済防災拠点づくりなどが必要とされている．

② 循環型社会形成：廃棄物対策として3R（リデュース，リユース，リサイクル）を達成するためには，地盤材料としての受け入れが大きな貢献をはたすであろう．適切な廃棄物処理は地盤環境工学上の重要なミッションであ

る．
　　　循環型社会を省エネルギー，脱炭素化社会として確立していくためには，自然と都市の共生の取組みが求められる．
③ 自然環境の保全：地盤と生態系とは表裏一体のものとして把握してゆくことが必要となっており，森・川・里・都市・海の連環としての取組みが求められる．緑と水辺や景観の保全・再生には地盤工学として大きくかかわっていかなければならない．
④ 地球環境保全へのかかわり：地球規模での人間と自然環境との共生，生物多様性の確保に努める必要がある．

　地盤工学会では20年以上も前から，地盤工学と環境問題とのかかわりに関する研究に取り組んできた．環境保全と地盤工学（昭和58年），廃棄物埋立地盤の跡地利用（平成3年），土質工学と環境問題（平成4年）などのシンポジウムにおける研究発表をはじめ，平成5年度に設けられた「環境地盤工学と地球環境問題」と，「産業廃棄物の処理と有効利用」の二つの研究委員会が共同で平成6年に「第1回環境地盤工学シンポジウム」が開催され，その後2年ごとに継続的に開催されるなど，着実な取組みがなされている．

　一方国際的には，昭和52年（1977年）に開催された第9回東京会議以降の国際土質基礎工学会議では，4年ごとに開催される毎回の会議で主要テーマの一つとしてとりあげられ，多方面にわたる議論がなされてきている．平成6年（1994年）にはエドモントン市（カナダ）で第1回環境地盤工学国際会議（International Congress on Environmental Geotechnics：ICEG）が開催され，その後平成8年（1996年）には大阪で，平成10年（1998年）にはリスボン（ポルトガル）で第2回，第3回会議が開かれ，国際地盤工学会（ISSMGE）の技術委員会（TC 5）を中心とした多くの貢献などに反映されている．ICEGは，その後4年ごとの継続した国際会議として開催されることになり，第4回会議はブラジルのリオデジャネイロで2002年に開かれ，さらに第5回会議はイギリスのカーディフで2006年に開催された．これらの地盤環境問題に特化した研究成果は，「環境地盤工学」という学問分野にかかわるものとみなすことができるであろう．

1.3.2　環境地盤工学のテーマの例

　本書でとりあげる多様な地盤環境工学の課題のなかでも，環境に特化した環境地盤工学のテーマをあげると，つぎのとおりである．

a．地盤環境の汚染

　環境地盤工学のなかでも大きなテーマである，地盤や地下水の汚染は，その程度が深刻になって初めて発覚することも多く，環境の汚染が人の健康に甚大な影響を及ぼしかねない事例が生じている．地盤の汚染の原因は，一般に汚染物質を含む材料の貯蔵施設や埋設管などからの漏えい，ならびに廃棄物の投棄などの事業活動に伴って副次的に派生するものである．地盤汚染の調査は対象物質ごとに各種の方法を有機的に組み合わせて的確に実施する必要があり，地形と地盤条件とを加味して考察することが必須である．

　このような地盤環境の汚染に対して，従来地盤工学の分野で多用されてきた地盤中の流体・熱移動解析技術が，汚染機構の調査・解明にきわめて有力である．しかしながら，地盤の汚染物質である重金属や人工化学物質の種類は千差万別であり，地盤中での挙動も異なっている．したがって，汚染対策には汚染物質の種類に適合した新しい発想にもとづいた調査手法の開発が求められており，また対策後におけるモニタリングについても必ず実施して，汚染物質の広がりや防止効果を十分確認しなければならない．有害物質を管理するために，土壌環境基準が整備されつつあり，人の健康にかかわる汚染物質は今後さらに追加されるものと予想される．管理され得ない領域へ有害物質が漏出しないように十分な配慮を行うとともに，汚染された地盤の浄化に早急に着手する必要がある．

　地盤環境の汚染はわが国のみならず欧米諸国においても多発しており，汚染地盤の管理や修復に向けた取組みがなされている．

　汚染対策の手法は，汚染のレベルによって相違

する．対策手法を区分すると，汚染源を封じ込める方法と汚染地盤を浄化する方法とに分かれる．後者は本質的に地盤環境から汚染物を除去する点で修復技術としては望ましい．しかしながら，除去のレベルをどのように設定するかがむずかしい課題であり，効果の永続性の評価を考えると，むしろ前者の方法が有利となることもある．最近は，積極的に汚染物質を分解・除去するアクティブレメデーションが，浄化期間の長期化やコストが増大したり，しかも効果に限界があったりすることが問題となっている．そのため，封じ込めに重点をおいて公共域へ有害物質が漏出しないように，汚染サイトの境界部分に透水性の反応物質を設置して浄化をするといったパッシブレメデーションや，地盤そのものの自然浄化能力に期待して，注意深いモニタリングのもとでの科学的自然修復（MNA）を指向するようになっている[3]．いずれにしても，有害な物質が管理され得ない領域へ漏出しないように十分な配慮を行うとともに，汚染された地盤の浄化に早急に着手する必要がある．今後の法制度の整備に伴って，具体的な取組みも確実に進展するものと期待される．

ところで，地盤汚染問題は技術者倫理の問題にも深く関連し，今や社会問題としてもとらえなければならない課題となっている．汚染者としての企業は，自社のイメージが低下することを恐れて可能な限り汚染の事実を秘密にするように試みがちである．当初は汚染物質であるとはまったく認識されずに，逆に有用物質として用いられていたものも少なくないのである．地盤環境は一度汚染されてしまうと，汚染浄化費用は莫大である．地盤汚染の浄化への取組みを汚染企業へ求めることは当然のことであるが，汚染浄化を実施することは優良企業の証明であるといった世論の喚起も必要であろう．さらに，汚染の対象によっては複数の汚染者によることもあり，公的な資金を投入して積極的な汚染浄化の推進を行うなどの法制度の整備も必要であろう．地盤汚染は，20世紀における飛躍的な科学技術の発展の結果として生み出されたものであるが，このような負の遺産をできる限り少なくするために，環境地盤工学にかかわる多くの技術者の貢献が大いに期待されるところである．

b．環境リスク評価

わが国では，地盤の浄化目標値として，土壌や地下水の環境基準値を採用する「基準設計」的な手法がとられてきた．しかしながら，近年では米国におけるRBCA（risk-based corrective action）に代表されるような，地盤汚染対策における「性能設計」的な考え方として，対策の実施によって人の健康および環境への負の影響がどの程度解消されるのかを定量化する，環境リスク評価にもとづく設計手法が注目されている．この手法を導入することにより，対策方法の効果を人や環境に対するリスクの低減という観点で示すことができるため，対策の妥当性が明らかにできるとともに，もっとも効率的な対策方法を選択することができる．

環境リスク評価は，大きく三つの段階に分けられる．汚染物質が人を曝す経路（曝露経路）による汚染物質摂取量を算出する曝露評価（exposure assessment），汚染物質の毒性や発がん性定数を算出する毒性評価（toxicity assessment），そして最後に上記二つの評価から総リスク量を算出するリスク特定（risk characterization）である．地盤汚染サイトにおいて環境リスク評価を導入する際には，曝露評価に先立って汚染物質の輸送評価を行い，サイトに由来する汚染物質の輸送経路を同定し，地下水，大気，土壌といった媒体中の汚染物質の存在量を長期的に予測する必要がある．現状では，汚染物質の輸送経路として地下水のみが評価の対象となっていること，長期的な汚染物質の挙動評価が困難であるなど多くの課題がある．地盤汚染サイトを対象とした環境リスク評価にもとづく設計手法の確立，およびその信頼性を向上させることは喫緊の課題であり，それにもとづいた総合的なリスクマネジメントへ結実させなければならない[4]．

c．廃棄物の適正処理と地盤工学的有効利用

産業・社会構造の変遷に伴って，循環型社会の構築が国是となって，廃棄物対策としての3Rが強調されている．すなわち，廃棄物の排出量の削

減と，再利用，リサイクルの推進である．しかしながら，廃棄物の排出量そのものは平成元年以降低減はほとんど見られておらず，廃棄物の適正処理・処分の問題は依然として重要な課題であり，最終的には廃棄物の多くを地盤内に受け入れざるを得ないことから，その安全性・安定性に関する地盤工学的考察が必須となっている．

わが国の廃棄物処理は，「廃棄物の処理及び清掃に関する法律」（廃棄物処理法と略される）にもとづいて実施される．廃棄物処理法では家庭から出るごみやし尿，事務所から出る紙ごみなどの一般廃棄物と，事業活動に伴うもので特定の種類の産業廃棄物とに区分され，さらに，平成4年度から特別管理廃棄物として毒性・感染性・爆発性などから，より健康や生活環境に影響の与える恐れのある廃棄物の処理に関する規制強化が図られている．

一般廃棄物は管理型処分場に処分され，産業廃棄物は安定型・管理型・遮断型の処分場に処分される．処分場の分類のなかでは管理型がもっとも多く，浸出水の存在を前提として厳正な管理が求められるが，浸出水の遮水工構造は平成10年に改正命令が出ているものの，地盤工学的な見地からは必ずしも十分なものとはいえない．層厚5 m以上の粘土層（透水係数は10^{-5}cm/s以下）があればそれだけで遮水効果が得られるとしている．また，降雨の表面流出については処分の対象としているが，表面からの流入についてはほとんど考慮の対象外となっているし，発生ガスについての対策にも特別の基準がないなど，現在の遮水工構造基準は多くの課題を有している．処分場を埋め立てた後に，有害な浸出水の域外への流出事故が生じた場合，その流出箇所の検知手法の開発がなされているが，現状では耐久性の点で不十分であり，このような処分場の修復には莫大な時間と費用がかかるものである．したがって，遮水工の欠陥評価ならびに修復技術の確立のみでなく，浸出特性に関する二次元・三次元問題としての移流・拡散・吸着解析の実施と検証を通じて，確実に長期安定性を担保しうる構造の提案をしていく必要がある．

厳格な環境保全が今後ますます求められることになるであろう状況からみて，より一層厳格な地盤工学的管理と地盤工学的に適正な構造基準の策定が求められる．

最近は，家庭からの生活廃棄物や下水汚泥などの産業廃棄物は，そのほとんどが焼却処分されるようになっており，廃棄物の減量化の点で飛躍的な向上が見られている．焼却に伴う重金属の浸出水中への溶出やダストの飛散の問題，ダイオキシンの発生などの課題から，今後は溶融スラグ化の方向への一層の進展が見られるであろう．したがって，結果としてできるスラグ材料はきわめて良好な地盤材料といえる．さらに，産業廃棄物のうちでももっとも多量に発生する汚泥や建設廃材などについても，前処理を施してなるべく良質な埋立材料にするための技術開発と法制度の整備が課題である．さらに，建設工事に伴う発生土などは，元来地盤として存在していた材料であるから，積極的に再利用されるべきものであり，建設副産物（by-product）とみなされている．これらは廃棄物ではないことから，積極的な有効利用が図られつつあるが，産業廃棄物の一部と見なされる高含水比汚泥状態のものやアルカリ性の建設汚泥などは，現状では廃棄物と分類されており，今後の大深度地下空間の利用の拡大にともなって，掘削時の発生土が必然的に大量に生じることから，廃棄物から有用材料への転換を図らなければならない．

廃棄物の地盤工学的利用は広範囲にわたっており，セメントなどの建設材料や路盤材などの地盤材料の分野での貢献が期待されている．したがって，廃棄物の性状，特性，発生量，発生場所，時期的特徴などを考慮して，地盤工学的有効利用分野を選定しなければならない．さらに，利用形態としては廃棄物をふるい分け程度で利用する場合から，加工して利用する場合，あるいはほかの材料と混合して利用する場合などがある．

地盤工学的利用例の見られる廃棄物としては，製鋼スラグ，非鉄スラグ，石炭灰，廃プラスチック，廃タイヤ，ペーパースラッジ，一般廃棄物焼却灰，下水汚泥焼却灰などがあげられるが，環境

汚染との関連で注意が必要であり，二次利用することが地盤環境を汚すことにならないように，処理後の溶出性状の把握が求められる．用途としては，以下のようなものが代表的である．

① 埋立て，盛土への利用
② 路盤材，路床材などへの利用
③ 地盤改良材としての利用

このように，廃棄物の有効利用の促進にあたって，大量に活用できる分野として建設，とくに地盤工学的分野が注目される．この際に，物性改良のためにセメント系の固化材がきわめて有効であり，今後ますますこの分野への廃棄物利用が進むものと思われる．地盤工学的利用がリサイクル社会の柱となり，同時に地盤環境が他産業の廃棄物によって汚染されないためにも，地盤工学の側での受け入れのための条件提示が必要であり，そのための視点として以下の整備を早急に進めなければならない．

① 要求性能，品質の明確化
② 期待する効果の持続時間，耐用年数の明確化
③ 新材と廃棄物利用材のランク分け
④ 廃棄物利用を前提とした試験，基準の整備
⑤ 廃棄物利用先の追跡調査，モニタリング
⑥ 有害成分の排除

d. 地盤環境と酸性雨

地球環境問題の一つとなっている酸性雨は，わが国でも過去10年間の年度別の平均pH値が全国23カ所で4.3〜5.3と欧米なみの酸性を記録している．土には，酸性雨に対する緩衝作用により，地盤を浸透する過程で地下水や湧水などの流出水を中和化あるいは弱アルカリ性に変える役割がある．典型的な表土であるロームや黒ぼく土は緩衝作用が高く，土が酸性化するのを防いでおり，わが国の地盤環境に対する酸性雨の影響はそれほど目立っていない．しかし，セメントや石灰系安定材による処理土は，その固結度がコンクリート構造物などと比較して著しく小さいことから，酸性雨に直接さらされると劣化を避けがたい．

一般に，セメントや石灰系安定処理土は11〜12程度の高pHを呈することによって，浸出水のアルカリ性が地盤環境へ及ぼす影響が課題とされている．したがって，酸性雨の影響を考慮しなければならない状況とは，数十年から100年のオーダでのものである．人工酸性雨を長期間にわたって流下させたときの安定処理土の劣化の実験例では，酸性の程度に応じて処理土の中性化が進行し，併せてせん断強度が場合によっては1/6にまで低下すると報告されている[5]．この実験では，安定処理土が直接降雨に接する場合を示しており，実際の適用における被覆作用の重要性が理解されるものである．さらに，酸性雨の浸潤は固化処理土中のカルシウム分を溶出させ，その再結晶化によって側溝や排水路が閉塞される恐れがあり，今後の検討が求められる．

1.3.3 技術者倫理と地盤環境工学

地盤環境工学は，基本的に地表面以深を取り扱うものであるから，実務者にとっては技術者倫理にもとづいた厳格な対応が求められる．すなわち，地下の現象は肉眼では見ることができないから，表面が被覆されてしまうと詳しい状況を一般の人々が知ることはほとんど至難の業である．したがって，地盤環境工学に携わる技術者は，実際には見えない地下を対象にすることから，より一層慎重に調査を行って，得られた設計にもとづく施工を忠実に実施して，管理体制を確立する必要がある．コスト削減の努力は必要であるが，手抜き工事をするなどのことは絶対に回避しなければならない．

また，地盤汚染や廃棄物処理にかかわる分野では，環境問題に対する法制度などの整備が不十分であることから，地盤環境工学に携わる技術者自身の適切な判断が必要な局面に遭遇することが多い．廃棄物を管理する法律として，昭和45年に制定された廃棄物処理法は毎年のように改定されており，この法律によって廃棄物の中間処理業種が業態として確立したものであるにもかかわらず，適正対応のためには目覚しく変更しなければならないほど流動的であることを如実に示している．さらに，環境基準そのものが一般に考えられ

ているほど確かな根拠にもとづいて決まっているわけではない．飲料水にもとづいて定められた水質環境基準が，土壌環境基準や地下水環境基準，有害産業廃棄物の処分基準の定義などへ横滑りして決まっている．関連するマニュアルや指針もこれにもとづいて決まっているから，環境にかかわる多くの法令は必ずしもオールマイティではない．しかし，法律は一度定められると順法が義務づけられており，また基準は基準であるから，それらを軽んじることはできない．法律を遵守することによって資源のむだをしたり，逆に環境悪化を招くこともありうるが，そうだからといって法律違反をしたり，隠ぺいをしたりすればたいへんなことになる．平成15年から土壌汚染対策法が施行され，情報公開にもとづく汚染地盤の浄化が進むものと期待されている．土壌汚染対策法の施行以前に開発が進んだ箇所でも，新たな汚染の発覚によって対策が迫られる事例も多く，この場合でも法の精神に沿った対応が必要である．開発された土地の分譲の時点で汚染の事実を公表していなかったことから，宅建業法上の重要事項の不告知としての違反に問われて，不動産会社の宅建業免許停止にいたる事態も生じている．一度このような事態に遭遇すると解決はきわめて困難であり，違反行為に関する係争は司法の問題であるとはいえ，スティグマ（stigma）による不動産価値の著しい低下をきたすものである．担当する技術者による十分な情報公開への努力が，結果として甚大な企業リスクを未然に防ぐことになることを認識する必要がある．

また，地盤環境工学に携わる技術者としては，法律や基準に問題があるならば，そのことを訴え続けなければならない．つねに自己研さんを行うとともに，地盤中における現象把握に全力をあげて，その結果にもとづく最適設計と施工に努めなければならないであろう[6]．

いよいよ過密化する地球で生きて行くためには，環境の維持や汚染処理に高度な技術が必要である．今後の展望として，21世紀への人類文明の継承といった立場からサスティナブル（持続的な）発展システムの構築とそれにもとづいた解法が必要であり，従来の制約に拘束されない抜本的な発想が求められる．地盤工学に携わる私たちも，今後は地盤環境への各種の負荷をできる限り少なくし，地盤環境全体系の保全を図りながら，持続可能な開発・発展の道を進まなければならない．

地盤は黙して語らないが，いまこそ地盤環境工学の技術者の役割が厳しく問われているといえるであろう．

（嘉門雅史）

参 考 文 献

1) 寺師昌明：日本学術会議社会環境工学研究連絡委員会，土と基礎，**51**(12), 67-68, 2003.
2) 嘉門雅史ほか：環境地盤工学入門，地盤工学会，1994.
3) たとえば，R. N. Yong and C. N. Mulligan : Natural Attenuation of Contaminants in Soils, p. 319, Lewis Publishers, 2003.
4) 嘉門雅史：遭遇型地盤汚染対策への技術開発，土壌・地下水，新政策，pp. 8-11, 政策総合研究所，2004.
5) M. Kamon, C. Ying and T. Katsumi : *Soils and Foundations*, **36**(4), 91-99, 1996.
6) 嘉門雅史：土木学会誌，**89**(10), 34-35, 2004.

2. 地球環境の保全

2.1 地盤にかかわる地球環境問題

2.1.1 地球環境問題とは

　地球環境問題は，問題の対象によって二つのグループに大別することができる[1]．①気候変動，②成層圏のオゾン層破壊，③海洋汚染，④残留性有機化学物質による汚染のように，地球の大気や海といった地球的規模での公共財（グローバルコモンズ）にかかわる問題と，⑤砂漠化・土地荒廃，⑥生物多様性の減少，⑦森林減少，⑧淡水の悪化のように，地域的なスケールで発生したが，その対応には世界的に取り組む必要がある問題である．そこで森は，両者を統合する形で，地球環境問題とは，「地球に存在する『自然物』が有する何らかの『世界的価値』に関係した問題であり，その対応に『多くの国の協力』が必要な問題」と定義している[2]．現在，地球環境問題に対処するためのアクションが全世界で求められているが，多くの場合問題への対処は，経済活動の制限をともなうし，また問題を放置することで起こりうる将来の損失を正確に見積もることが非常にむずかしいこともあり，問題解決に向けた歩みは遅々としている．しかし，たとえばいったん絶滅した生物種を復活させることは不可能であるし，気候変動については現時点で取り決めが実行されても，その回復には数世紀以上かかると考えられており，手をこまねいて見ている時間はない．われわれがいまできることは，現時点でもっとも確からしいシナリオにもとづいて防止策を講じるとともに，シナリオの蓋然性向上のために科学的知見の収集を継続するということである．

2.1.2 地球環境問題の複雑性と地盤の重要性

　注意しなければならないのは，これら地球環境問題が相互に関係しあい，影響を及ぼしあっているということである．たとえば，砂漠化・土地荒廃によって植物の被覆が少なくなると，植物による二酸化炭素の固定量減少と土壌に有機物として蓄積された二酸化炭素の放出量増加が起こり，温暖化が促進されることが懸念される．また，植物の被覆が少なくなると，流失する土壌が増加し，農地の生産性が低下するばかりでなく，下流域にある淡水資源の荒廃や海洋汚染を引き起こしかねない．一方，気候変動が激化することで，干ばつの発生がより頻繁となり砂漠化が加速したり，温暖化により凍土が融解する際に侵食を引き起こすことも考えられる．森林減少による植被の減少は，土壌侵食などの土地荒廃を推し進める結果となる．このように，地球環境問題は互いに連関しており，そのなかで地盤が重要な役割を担っている問題は多い．本章では，地盤が明示的にかかわっている砂漠化・土地荒廃の問題とWatsonら[1]は触れていないが，大きな地球環境問題の一つである酸性雨と地盤の関係について解説する．

2.1.3 砂漠化/土地荒廃，土壌劣化
a. 砂漠化/土地荒廃

（ｉ）砂漠化とは　砂漠化（desertification）という言葉を初めて使ったのは，Auberévilleで[3]，西アフリカにおいてサハラ砂漠が砂漠周縁のサバンナ草地を飲み込むように拡大していく現象を砂漠化という言葉で表現しようとした（文献4）より引用）．砂漠化が世界的な環境問題の一つとしてとりあげられたのは，1972年に開かれた国連人間環境会議（United Nations Conference on Human Environment）であった．また，1970年代から激化したアフリカ・サヘル地域での飢饉を契機として開かれた1977年の国連砂漠

化会議（United Nations Conference on Desertification；UNCOD）において，国連は「砂漠化」を「土地のもつ生物生産性の減退あるいは破壊であり，最終的には砂漠のような状態になる．」と初めて定義した．しかしその後，湿潤な地域における森林の破壊や都市化による環境の荒廃現象まで「砂漠化」と呼ばれるようになり，その用法の広がりが誤解と混乱を招いた．そこで，1990年頃の専門家による会議において，「土地荒廃」（land degradation）という概念の導入と対象地域への言及が提案され，砂漠化は「人間による負の影響によって引き起こされた乾燥・半乾燥・乾燥亜湿潤地域における土地荒廃である」と再定義された．この定義においては，人間活動の影響に力点が置かれていたが，1992年にリオ・デ・ジャネイロで開かれた国連環境開発会議（UNCED；通称地球サミット）では，気候変動も砂漠化の要因に含める形に修正された．1994年採択，1996年12月26日発効した「深刻な干ばつまたは砂漠化に直面する国（とくにアフリカの国）において砂漠化に対処するための国連条約（砂漠化対処条約；United Nations Convention to Combat Desertification）」においてもそれを踏襲し，条約第1条において「乾燥・半乾燥・乾燥亜湿潤地域における種々の要因（気候変動および人間活動を含む）に起因する土地の荒廃」と定義されるにいたった．

ここで，「乾燥（arid）・半乾燥（semiarid）・乾燥亜湿潤（dry subhumid）地域」は，総称して感受性乾燥地（susceptible drylands）と呼ばれ，乾燥度（年降水量/可能蒸発散量）がそれぞれ0.05以上0.20未満，0.20以上0.50未満，0.50以上0.65未満となっている．乾燥度が0.05未満の極乾燥（hyperarid）地域は，現時点で人間の活動が活発でない砂漠であり，さらに砂漠化する余地が少ないことから，評価対象地域からはずされている．また，寒冷な乾燥地（たとえば，シベリアやチベット高原）も作物の生育が不可能であり，温暖な乾燥地とは異なる環境にあることから，対象地域とはなっていない．

「土地」とは，土壌，水資源，地表面，作物を含む植生からなる．

「荒廃」とは，土地にはたらきかける一つのプロセスあるいはその組合せによって，資源のポテンシャルが減少することを意味する．

（ii）砂漠化の評価 UNEP（United Nations Environment Program）は，世界の砂漠化の状況を評価・図示するものとして，世界砂漠化アトラス（World Atlas of Desertification）[4]を出版した（図2.1.1）．しかし，ここで図示された砂漠化は，GLASOD（global assessment of soil degradation）による世界の人為的土壌劣化状況図（World Status of Human-induced Soil Degradaiton）[5]（図2.1.2）を乾燥地域について焼きなおしたものであり，感受性乾燥地の土壌劣化にほかならない．土壌劣化については，b.で解説するが，砂漠化と土壌劣化の定義にはつぎの点で齟齬があるので，このアトラスを使用する際には注意が必要である．

① 要因の違い．砂漠化の定義には，人間活動のほかに気候変動も砂漠化の要因として入っているが，土壌劣化図では，人間活動のみを要因としてとりあげている．

② 対象の違い．土壌劣化図の対象が「土壌」のみであるため，砂漠化の対象に含まれる植生・水資源などへの影響が十分考慮されているとはいい難い．

以上の点に注意したうえで，公表されている数字を見ると，感受性乾燥地の全面積は5169万km^2で全陸地の約40％を占め，そのうち約20％の1035万km^2が砂漠化にさらされている．地域別砂漠化面積を表2.1.1に示したが，砂漠化の程度はつぎの5段階に分けられている．

なし：現時点では劣化の徴候が見られず，本来の生物的機能が維持されている

軽微：土地は，現行の農業システムでの利用に適しているが，いくらかの農業生産性の低下が見られる．完全な生産性へ回復するには，管理システムの修正が必要である．本来の生物的機能の多くがなお維持されている．

中度：土地は，なお現行の農業システムでの利

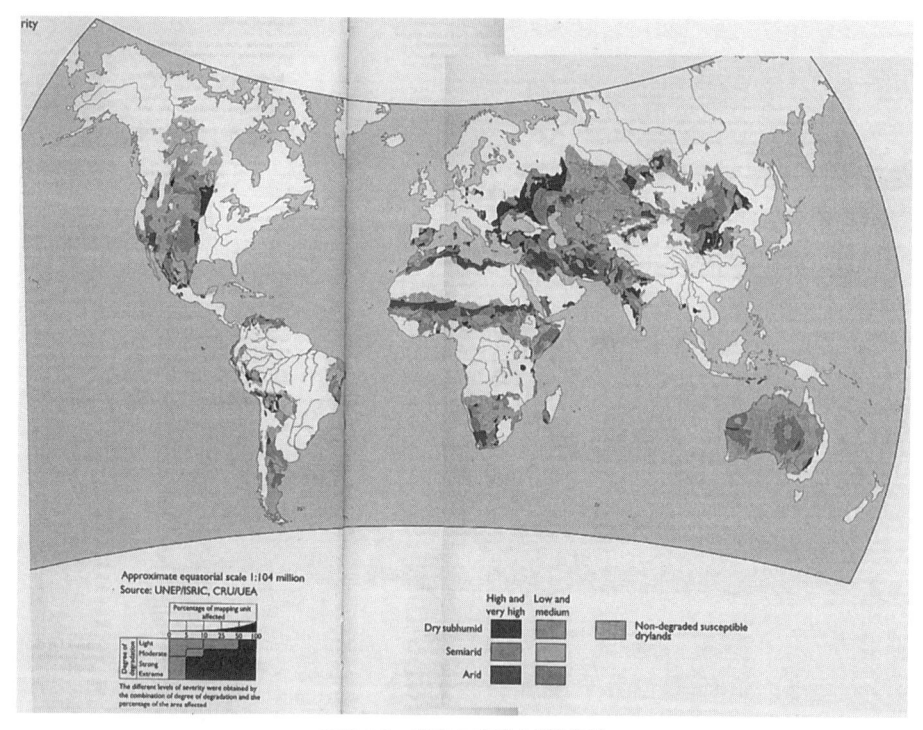

図 2.1.1 世界の砂漠化評価図[4]

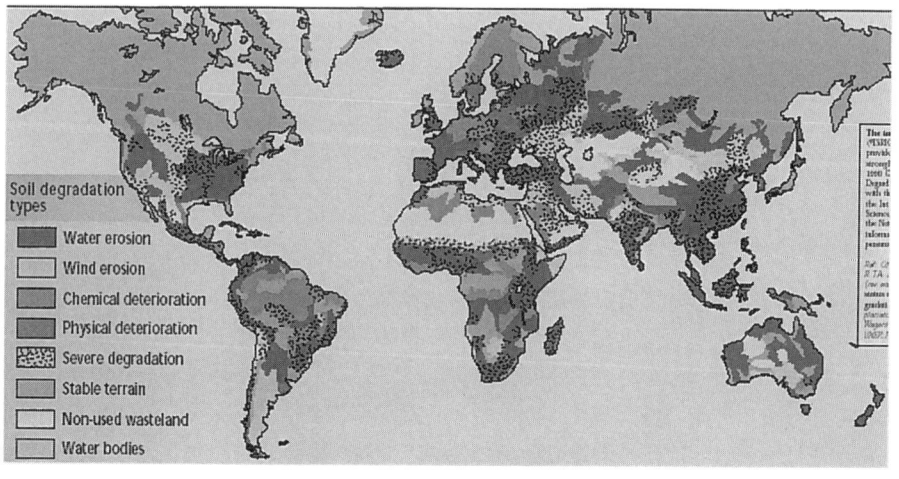

図 2.1.2 世界の土壌劣化評価図[5]

用に適しているが，農業生産性の大幅な低下が見られる．生産性の回復には，大幅な改良が要求される（たとえば，湛水や塩類化した土地の排水，侵食した土地でテラスの造成）．本来の生物的機能が一部破壊されている．

強度：土地は，農場レベルでは修復不可能である．土地の修復には，大規模な工学的手法が必要である．本来の生物的機能がほぼ破壊されている．

激甚：土地は，修復不可能である．本来の生物的機能が完全に破壊されている．

表2.1.1によれば，砂漠化を受けている面積割合の一番大きい地域はヨーロッパで，33%とな

表 2.1.1 UNEP（1997）による地域別砂漠化（感受性乾燥地における土壌劣化）面積[4]

（単位：万 km^2）

	なし	軽微	中度	強度	激甚	全面積
アフリカ	966.6 (75.2)	118.0 (9.2)	127.2 (9.9)	70.7 (5.5)	3.5 (0.3)	1286.0 (100.0)
アジア	1301.5 (77.9)	156.7 (9.4)	170.1 (10.2)	43.0 (2.6)	0.5 (0.0)	1671.8 (100.0)
オーストラリア	575.8 (86.8)	83.6 (12.6)	2.4 (0.4)	1.1 (0.2)	0.4 (0.1)	663.3 (100.0)
ヨーロッパ	200.3 (66.8)	13.8 (4.6)	80.7 (26.9)	1.8 (0.6)	3.1 (1.0)	299.7 (100.0)
北米	652.9 (89.1)	13.4 (1.8)	58.8 (8.0)	7.3 (1.0)	0.0 (0.0)	732.4 (100.0)
南米	436.9 (84.7)	41.8 (8.1)	31.1 (6.0)	6.2 (1.2)	0.0 (0.0)	516.0 (100.0)
合　計	4134.0	427.3	470.3	130.1	7.5	5169.2

（　）内の数字は，各地域における割合（％）

表 2.1.2 UNEP（1997）による感受性乾燥地におけるプロセス別土壌劣化面積[4]

（単位：万 km^2）

	水食	風食	化学的劣化	物理的劣化	合計
乾燥亜湿潤地域	141.0	46.8	22.5	13.2	
半乾燥地域	213.2	150.3	40.9	15.1	
乾燥地域	113.3	235.3	37.3	6.5	
合　計	467.4	432.4	100.7	34.7	1035.2

っている．ヨーロッパでの砂漠化というと意外な感があるが，スペイン，ポルトガル，ギリシアなど地中海沿岸地域における斜面地での果樹栽培地域での水食，ヨーロッパロシアやウクライナの穀類栽培地域での水食・風食が起こっている．強度・激甚の割合がもっとも高いのはアフリカであり，地中海沿岸地域，サヘル地帯（サハラ砂漠の南縁部）が顕著である．

表 2.1.2 には，感受性乾燥地における土壌劣化をプロセス別に示した．いずれの乾燥地においても，水食と風食を合わせた土壌侵食が重要な土壌劣化プロセスであることがわかる．乾燥亜湿潤地域のみならず，半乾燥地域においても水食のほうが風食より被害が大きいのは，少雨であるために植物による被覆が少なく，降雨量は少ないものの水食を受けやすいためであろう．

また，世界砂漠化アトラスに示された地図においては，作図上の制約から，「砂漠化の程度」と砂漠化を受けている面積の割合（4段階）との組合せで決定される「砂漠化の激しさ」を凡例に用いている．そのため，感受性乾燥地のほとんどが砂漠化を受けているような印象を受けるが，このアトラスにおいて計算された砂漠化面積は，全世界の感受性乾燥地の約20％である点に注意して欲しい．

(iii) 砂漠化評価における問題点　サヘル地域（サハラ砂漠の南縁部）において，年間150 mm の降水量を下回ると，植生が枯れ砂漠が動き出すことから，門村は[6]，年降水量 150 mm の等値線を砂漠化前線と呼んだ．また，当地域の主作物であるミレットの耕作に必要な年間降水量 300 mm の等値線を飢餓前線と呼んだ．これら前

線は，年降水量の変動によってかなり大きく南北に振動する．たとえば，顕著な干ばつ年であった1972年と1984年には，平年の位置より200〜400 kmも南方に移動した．これによって，広域にわたって植生の後退と深刻な食料不足による多数の餓死者と難民が発生した．しかし，このことは砂漠が斉一的に押し寄せてくることを意味するものではない．サヘル地域の全域に砂丘が分布しているわけでないし，また砂漠化前線より南方地域でも，農業，牧畜，薪炭材の伐採による土地資源の利用は，土地を荒廃させることがあるからである．つまり，「サハラ砂漠が年々9kmの速度で南方に拡大している」などと砂漠化の危機をあおる文言は，事実をわい曲していると考えてよいだろう．

また，衛星画像による植生量の経時的解析からは，このように南北に振動する砂漠化前線とともに植物生産力も振動することが，門村によって紹介されている[6]．このことは，干ばつのために植物生産力が低下していたに過ぎず，降雨が回復すればただちに生産力が回復する場合があることを意味している．このような事象と不可逆的に進行する「砂漠化」を分けることが砂漠化防止の対策を考えるうえで重要であるが，両者を区別できる評価方法はいまだ確立していない．そもそも不可逆的な砂漠化の存在に疑義をはさむものもいる．嶋田は[7]，「干ばつは，雨が降らないというはっきりとした客観的な自然現象であり，「砂漠化」にあるようなあいまいさがない．干ばつにより住民の生活が破壊されることを「砂漠化」と呼ぶべきである」と主張している．

一方，衛星画像における解析では，植生の種構成まで評価できていないのが現状である．衛星画像により植生量が回復したと判定されたとしても，じつはより耐乾性の強い植物種あるいは家畜が利用しない植物種が優占するようになっているとすれば，それはやはり「砂漠化」と呼ぶべきであろう．経時的な解析が容易に行える衛星画像の利用は，今後とも砂漠化評価に不可欠であるが，現地調査による実証がますます重要となるであろう．

（iv）砂漠化の防止　砂漠化の防止策として容易に思い起こされるのが緑化，植林であるが，そのアプローチには二つの大きな流れがある[8]．一つは，砂漠を緑化できる技術を開発し，最終的には砂漠をなくして緑の沃野に変えようというものである．地球温暖化問題への対策として，砂漠への植林によって二酸化炭素を固定させ，先進国の削減割当量にあてようとする動きもこれに含めることができる．このアプローチでは，絶対的に不足する水を供給するために，海水の淡水化，化石水のくみ上げ，パイプラインの敷設など多くの資材，エネルギー，資源を必要とすることが多く，砂漠を緑化させるために，ほかの再生不可能な資源を枯渇させることになりかねない．また，中緯度高圧帯（赤道付近で太陽によって暖められ上昇した大気が下降する緯度30度付近を指す．恒常的に高気圧であり，降雨が少ないことが知られている．亜熱帯高圧帯ともいう）に位置する砂漠は，地球の大気大循環の過程で必然的に生成したものであり，地球生態系にとって無用の長物というわけではない．たとえば，砂漠からの風成塵はレスとして地質学的施肥となり，土壌肥沃度を維持するのに役立っている．地球環境問題の多くは互いに絡み合っているため，ある問題の対策がほかの問題を悪化させる場合がある．ここにあげた例は，砂漠化においてもこの懸念が妥当であることを示唆している．

もう一つは，農村社会の改善手段としての緑化である．ここで植林されるのは，以前は緑におおわれていたものの，薪伐採や放牧などの，おもに人為的影響により裸地になった場所であるので，その人為的影響を低減できれば降雨による植生の回復が期待できる．したがって，このアプローチにおいて重要となるのは，植林・緑化の技術もさることながら，住民が土地を荒廃させざるを得なくなった諸要因を取り除くことである．そのためには，住民のおかれている自然環境のみならず，社会経済的環境に対する深い洞察が不可欠である．この意味においても，住民の意思を無視あるいは軽視した大規模な緑化は失敗に終わることが多く，批判も多い（たとえば，文献7），8））．

b．土壌劣化

（i）土壌劣化とは 土壌劣化（soil degradation）は新しい現象ではない．メソポタミア文明，インダス文明，マヤ文明の衰退には，土壌劣化がかかわっていたと考えられている．現代では，1930年代米国中西部グレート・プレーンズでの風食によるダスト・ボウル（dust bowl）と呼ばれる現象が有名である．当時開拓地であった中西部は，東部とは気候・土壌条件が異なるにもかかわらず，東部の農耕システムをそのまま移植したため，干ばつが続き植物による被覆がなくなると，激しい風食が発生した[9]．

土壌劣化とは，気候の破壊力と土壌本来の抵抗力との間のつりあいが人間の干渉によって乱され，生命を支える土壌の現在あるいは未来の能力が減少することである[5]．気候変動は考慮されておらず，人間の営為による影響に絞っている．逆に，対象地域は，乾燥地域に限らず，北緯72度から南緯57度が範囲となっている．この定義にしたがってできた地図がGLASOD（Global Assessment of Soil degradation）による世界の人為的土壌劣化状況図である（図2.1.2）[5]．

（ii）土壌劣化のプロセス 土壌劣化のプロセスは，大きく二つに分けられる．一つは，土壌物質の移動による土壌劣化であり，おもなタイプとして水食，風食がある．このプロセスが進むと，系外への影響（off-site effect）も無視できない．たとえば，水食による系外への影響として貯水池・港・湖沼での堆砂，洪水，堰堤の侵食，サンゴ・貝・藻場の破壊があげられる．風食による系外への影響として，砂が道路・建物・植生をおおってしまうことがあげられる．もう一つのプロセスは，土壌の物理的あるいは化学的な内的劣化であり，系外への影響は通常認められない．ただし，比較的安定な農業システムにおける土壌の周期的な物理・化学的変化や土壌生成作用による緩やかな化学組成の変化はこのプロセスに含めない．GLASODによる地図では，これらのプロセスをさらに以下のように分類し図示している．劣化程度については，砂漠化アトラスと同じ基準である．

W：水食（water erosion）
　Wt：表土の損失（loss of topsoil）
　Wd：地形の改変（terrain deformation）/土砂崩れ（mass movement）
E：風食（wind erosion）
　Et：表土の損失（loss of topsoil）
　Ed：地形の改変（terrain deformation）
　Eo：砂だまりの形成（overblowing）
C：化学的劣化（chemical degradation）
　Cn：養分・有機物の消耗（loss of nutrients and/or organic matter）
　Cs：塩類化（salinization）
　Ca：酸性化（acidification）
　Cp：汚染（pollution）
P：物理的劣化（physical degradation）
　Pc：表土の圧密・目詰まり・クラストの形成（compaction, sealing and crusting）
　Pw：湛水（waterlogging）
　Ps：泥炭地の地盤低下（subsidence of organic soils）

世界におけるタイプ別の土壌劣化面積を表2.1.3に示した．水食による被害が全体の50％ともっとも大きく，ついで風食であることがわかる．これら2種類の侵食については2.2節で，塩類化については2.3節で詳述するので，ここではそれら以外のタイプの劣化について解説する．

Cn：養分・有機物の消耗

肥沃度の低い土壌において十分な堆肥や肥料を供給せずに農業を行うと，養分や有機物が消耗し収量が低下する．自然植生の伐開による有機物の急激な減少がこの例である．肥沃な表土が侵食により失われることは，ここには含めず侵食の副次効果として考えている．

Ca：酸性化

ここには，二つのタイプの酸性化が混在している．一つは，海岸域のパイライト（FeS_2）を含む土壌の排水・酸化により硫酸が生成し，pHがきわめて低い土壌（酸性硫酸塩土壌）となるもので，生産性が著しく低下する．もう一つは，潜酸性肥料（土壌中で酸性となる肥料．たとえば，硫酸アンモニウムのアンモニウムイオンは土壌中で硝化され硝酸を生成する）の過

表 2.1.3 Oldeman ら (1991) による世界のタイプ別土壌劣化の面積[5]

(単位：万 km^2)

	軽微	中度	強度	激甚	計
Wt：表土の損失	301.2	454.5	161.2	3.8	920.7
Wd：地形の改変/土砂崩れ	42.0	72.2	56.0	2.8	173.0
W：水食	**343.2**	**526.7**	**217.2**	**6.6**	**1093.7**
Et：表土の損失	230.5	213.5	9.4	0.9	454.2
Ed：地形改変	38.1	30.0	14.4	—	82.5
Eo：砂だまりの形成	—	10.1	0.5	1.0	11.6
E：風食	**268.6**	**253.6**	**24.3**	**1.9**	**548.3**
Cn：養分・有機物の消耗	52.4	63.1	19.8	—	135.3
Cs：塩類化	34.8	20.4	20.3	0.8	76.3
Ca：酸性化	4.1	17.1	0.5	—	21.8
Cp：汚染	1.7	2.7	1.3	—	5.7
C：化学的劣化	**93.0**	**103.3**	**41.9**	**0.8**	**239.1**
Pc：表土の圧密・固結・クラストの形成	34.8	22.1	11.3	—	68.2
Pw：湛水	6.0	3.7	0.8	—	10.5
Ps：泥炭地の地盤沈下	3.4	1.0	0.2	—	4.6
P：物理的劣化	**44.2**	**26.8**	**12.3**	**—**	**83.3**
計	749.0	910.5	295.7	9.3	1964.4

剰施肥による酸性化である．

Cp：汚染

　産業廃棄物や都市ごみによる汚染が含まれる．ほかには，農薬の過剰使用，大気汚染物質による酸性化，石油流出もある．

Pc：圧密・目詰まり・クラストの形成

　圧密は，構造の安定性が低い土壌における重機の利用により起こる．目詰まり・クラストの形成は，雨滴の衝撃を防ぐに十分な土壌被覆がないときに，極表層の土壌で起こる．また，いずれも家畜の踏圧で起こる．圧密やクラストにより耕起が困難になったり，発芽が阻害されたりする．透水性が低下するため，表面流去が増加し侵食が促進される．

Pw：湛水

　人間による自然の排水系の攪乱によって引き起こされる河川の氾濫，雨水による水没が含まれる．当然のことながら水田造成は含まれない．

Ps：泥炭地の地盤低下

　排水や酸化により泥炭地の地盤が低下し，生産性が減少した場所が該当する．地盤低下によって生産性が減少しない場所は含まない．

〈真常仁志・小崎　隆〉

2.2 土壌侵食

2.2.1 土壌侵食とは

　土壌侵食[*1](soil erosion)は，雨水や風の作用で土壌が流失または飛散移動する現象である．雨水による侵食を水食 (water erosion)，風による侵食を風食 (wind erosion) と呼ぶ．この過程は，自然条件下でも進行している（正常侵食）が，人為的な手段による誤った土地利用や山火事などの結果，その速度が岩石風化による土壌生成速度を上回ると，表層の土壌が失われていく（加速侵食）．養分に富んだ肥沃度の高い表層土壌が失われると，作物の生産性が低下する．また，侵食により流された土壌が下流の水域に流れ込み，堆砂や富栄養化などの問題を引き起こす．加速侵食が発生する理由は一般に，「人口や食料需要の増加により，土地に対する圧力が高まり，土地の生産力を超えて耕作・放牧され（過耕作や過放

[*1] 雨だけでなく風によっても侵食は発生すること，人間の営為によって引き起こされる侵食が問題となることから，「浸食」より「侵食」のほうが一般名称としてはふさわしい．

牧),侵食が進む.いったん侵食が始まると,よりぜい弱な土地への圧力が高まるため,さらなる生産力の低下を引き起こし,悪循環に陥りやすい.」と考えられている.しかし,現実は,それほど単純でないこともわかってきている.農村から都市への人口流出により,農村で過疎が進み土壌保全を講じることができなくなったことが侵食の加速の原因となった地域もある.たとえば,ヨーロッパの地中海諸国の多くでは,農業従事者を減らし,1人あたりのほ場面積を増加させ,機械化を進めたが,これは土壌侵食を二つの意味で促進する結果となった[10].すなわち,斜面上の畑において,等高線に沿う形で土塁(テラス)を幾列か築き,段々畑とすることで土壌侵食の防止,土壌水分の保持を図っていたが,テラスを保守する人がいなくなり,テラスが崩壊していった.また,1人あたりのほ場面積の増加は,しばしば土地を均平化するために土壌の大幅な攪乱をともない,侵食を受けやすくなった.このように,さまざまな要因の結果として発生する侵食を防止し,持続的な土地利用を実現するには,侵食の発生メカニズムの理解が必要である.

2.2.2 侵食の発生メカニズム
a. 水　食

雨滴の運動エネルギーは,土壌構造を破壊し,結果として生じた土粒子を斜面の低い方向へ飛ばす.こうした土粒子の移動が継続すると,雨滴侵食(splash erosion)といわれる土壌侵食になる.雨滴による土塊の破壊によって生じた微細土粒子は土壌間げきの目詰まり,クラストの形成を引き起こし土壌の透水能を低下させる.降雨に対する土壌の反応は,土壌の初期水分含量,降雨強度によって,つぎの三つのパターンに分けられるが[11],雨滴侵食が起こりやすいのは,①である.

① 土壌が乾燥しており,降雨強度が高い場合,土壌団粒はスレーキング[*2]によって破壊され,透水能が急激に低下する.滑らかな表面では,数 mm の雨で表面流去(runoff)が発生する.

② 土壌団粒が部分的にぬれている,あるいは降雨強度が低い場合,微細なクラックが発生し,団粒はより小さい団粒に分解される.そのため表面の粗度(surface roughness)は減少するが,透水能は高いまま維持される.

③ 土壌団粒が水で飽和されている場合,透水能は土壌の飽和透水速度に依存し,土壌間げきの目詰まりが発生するには多量の雨が必要となる.

透水能が降雨強度を下回ると,雨水の地表湛水とその流下が始まり,土粒子は剥離,輸送される.地表面が滑らかであると,地表水は斜面に一様に広がり,地表水の流速が土粒子の剥離抵抗性を上回る力を有したときに,土粒子が斜面全域で一様に流亡する.これを面状侵食(sheet erosion)という.地表水や雨滴侵食により剥離された粒子が表面流去とともに下方へ輸送されるが,粗い粒子ほど剥離されにくく,また剥離されたとしても輸送距離が短いため,侵食面の土壌は次第に砂質となり,その下方の堆積面では粘土粒子が富化する.

面状あるいは帯状に発生した流去水が,地形の小さな起伏にしたがって次第に集中して細流となり,土壌を運搬し細かい網目状の溝(リル)をつくる.これをリル侵食(あるいは細流侵食(rill erosion))という.このタイプの侵食は侵食力が強く,土壌は粒径に関係なく,剥離,輸送される.

さらに,侵食が進むと,流去水は傾斜地の凹部や小溝に集中し,溝の幅・深さが拡大し,上流部のほうへも延びていく.このような土壌侵食をガリー侵食(gully erosion)という.ただし,すべての溝(ガリー)が表面の侵食によって形成されたわけではない.表層土壌が失われて,地下にできていた自然のパイプ流のネットワークが露出する場合もある.こうしてできたガリーの修復には,土木的工事が必要となり,営農上大きな問題となる.

土砂崩れ(mass movement)によって運搬される土壌の量は,これまで述べた侵食に比較にな

[*2] 沸化作用ともいう.土壌団粒への水の浸潤前線において,閉塞した孔げき内にある空気が急激に解放され,団粒を破壊する現象.

らないほど多いが，頻度はかなり小さい．

b．風　食

　風の衝撃力や摩擦力が地表に作用して，土塊を破壊し土粒子を転がし跳ね上げる．地上を滑動し跳躍した土粒子は近隣の土粒子に衝突してこれを新たに転がし跳ね上げる．さらに，風の揚圧力は土粒子を空中に舞い上げ，土粒子は輸送される．こうして移動した土粒子は風が弱まった物かげで静止したり，落下してそこに堆積する．粗い粒子ほど風食を受けにくいが，細かい粒子も互いの凝集力が強いため風食を受けにくく，粒径 0.10〜0.15 mm の粒子がもっとも剥離抵抗性が小さい．

2.2.3　侵食発生の制御因子

　侵食を制御する因子は，侵食の営力である雨や風の強さである侵食力 (erosivity)，土壌の侵食されやすさである受食性 (erodibility)，地形，植被であるが，互いに独立した因子ではなく，その相互作用についての理解も必要である．

a．侵　食　力

（i）降雨　侵食を引き起こす降雨には，二つのタイプがある．土壌の透水能を越える短時間の激しい降雨と，土壌を水で飽和させる穏やかな長期にわたる降雨である．降雨の強度・量と水食の発生には密接な関係があり，水食が発生しうる降雨を危険降雨 (critical rainfall) と呼ぶ．土壌の受食性によって異なるが，10 分間 2〜3 mm 以上の雨が一般に目安となる．ジンバブエ，タンザニア，マレーシアでは 25 mm·h^{-1} が危険降雨の閾値として報告されている．ただし，降雨強度と侵食量の間に単純な比例関係が存在しない場合もある．たとえば，いったんクラストが形成されると，土壌の透水能が低下するため，強度の小さい降雨でも表面流去が発生する．また，ある程度以上の降雨強度になると，いったん形成されたクラストが降雨により破壊され，高い透水能が維持されることもある．

　降雨そのものの侵食力のもっとも適切な表現は，雨の運動エネルギーにもとづいた指標である．その算出のためには，雨滴の粒径分布のデータが必要となる．一般に，降雨強度が増すほど雨滴の粒径が大きくなる．ただし，同じ強度であっても降雨が対流性か前線性かによって雨滴の粒径が異なることも報告されている．このような変異はあるものの，降雨の強度から運動エネルギーを推定する経験式がこれまでいくつか提出されている．RUSLE (2.2.6.a. 参照) では，

$$KE = 11.87 + 8.73 \log_{10} I \quad (2.2.1)$$

とした[12]．ここで，KE は運動エネルギー (J·m^{-2}·mm^{-1})，I は降雨強度 (mm·h^{-1}) である．RUSLE では，KE に I_{30}（最大 30 分間降雨強度 (mm·h^{-1})）を掛けた値（EI_{30} と呼ぶ）が，土壌流失量ともっとも相関が高いとして降雨係数に採用している．ただしここで，降雨開始後無降雨が 6 時間以上続くまでの降雨を一連降雨とみなし，その累計が 12.5 mm 未満の場合，土壌侵食量はきわめて小さいとして降雨係数の計算から除外している．

（ii）風　風の運動エネルギーは，温度と気圧に依存する空気の比重と風速から計算されるが，運動エネルギーが風の侵食力計算に用いられることは実際には少ない．風速の 3 乗と時間の積を速度別に算出し，それらの全方位についての和が侵食力の指標となる．

b．受　食　性

　受食性は，剥離と輸送に対する土壌の感受性である．受食性は，土性（土壌の粒径分布），団粒安定性，せん断強度，透水能，有機物，化学組成に大きく左右される．

（i）土性・団粒安定性　砂のような粗い粒子は，運搬するには大きな力が必要となるため運搬されにくく，粘土のような細かい粒子は，その凝集力によって剥離されにくい．したがって，シルト質の土壌がもっとも侵食を受けやすい．粘土は有機物と結合して安定な団粒を形成する．団粒の安定性は，水分状態やぬれ方にも影響される．団粒はぬれると，凝集力が弱まり，粘土粒子に水が吸着されて膨潤するので，団粒は弱くなる．また，乾燥団粒が急激にぬれると，スレーキング作用により団粒が破壊される．スメクタイトのように，膨潤性の強い粘土鉱物の多い土壌では，乾湿とともに収縮・膨潤を繰り返すので，安定した団

粒が形成されにくい．とくに，ナトリウムが多く含まれる場合には，さらに膨潤しやすく団粒は崩壊しやすい．

（ⅱ）せん断強度　土壌のせん断強度とは，重力，流体，機械的負荷によるせん断力に対する土壌の凝集力や抵抗力の測定値である．その力は，粘土鉱物の凝集力や不飽和土壌における粒子間の水の膜による表面張力などに由来する．このため，ぬれるにしたがってせん断強度は低下する．

（ⅲ）透水能　透水能とは，土壌が水を吸収できる最大の速度であり，孔げきサイズ，孔げきの安定性，土壌断面の形態に影響を受ける．土壌断面内でもっとも透水能の低い層位が，土壌全体の透水速度を規定する．安定な団粒をもつ土壌は，孔げきを維持することができるが，膨潤性粘土を含む土壌では，ぬれるにしたがって孔げきが減少し，透水能が低下する．透水性が良好な砂質な土壌であっても，土壌表面にクラストが形成されれば容易に表面流去が発生する．

（ⅳ）有機物・化学組成　有機物や化学組成は，団粒安定性に大きな影響を及ぼす．有機物によって粒子は互いに結びつけられ，団粒の安定が増す．一方，ナトリウム含量の増加によって，粘土は分散しやすくなり，侵食を受けやすい．

（ⅴ）風食に対する受食性　風食に対する土壌の受食性は，水食とは異なり乾燥団粒の安定性に依存する．また，ぬれているほど風食を受けにくい．0.84 mmより大きい乾燥団粒の割合が高いほど，侵食を受けにくい．

（ⅵ）その他　受食性が，季節によって変動しうることにも留意が必要である．農耕地では，耕起によって土壌が膨軟となり透水性が良好となるが，その後団粒の崩壊やクラストの形成により徐々に透水性が悪化することがある．また，凍結・融解作用も受食性の季節変動を引き起こす．春の融解時期には，土壌の容積重が小さくなり，水分も多いため侵食を受けやすい．

c. 地　形

斜面の傾きが大きくなるほど，斜面が長くなるほど侵食は発生しやすくなるのは，それぞれ表面流去水の速度，流量が増すからである．ただし，例外もある．斜度については，8〜10度でもっとも雨滴侵食が多かったという報告もある（文献10）より引用）．また，Shinjoらによると[13]，シリア北東部の自然草地において，斜度が大きいほど団粒が安定であった．その理由として，急傾斜地に存在する不安定な団粒は，崩壊後ただちに洗い流され，安定な団粒のみが残存することが考えられた．一方，斜面長についても，斜面が長いほど侵食が少なくなることがある．たとえば，リルが発生せず，面状侵食のみが発生している場合には，その表面流去が水膜となり土壌を雨滴侵食から保護する形になるからである．

d. 植　生

植生は，大気と土壌の緩衝作用のはたらきをする．地上部は，降下する雨滴や流れる水，風のエネルギーをそぎ，地下部は，根系により土壌をしっかりと保持する．

雨滴の衝撃を減退させる植生の効果は，樹冠の高さと連続性，地表の被覆密度に依存する．樹冠が高いと雨滴の衝撃を和らげることができない．7 mの高さから落ちる水滴は，その終速の90％にも達するのである．また，樹冠に捕捉された雨滴が集まり，より大きな水滴となって土壌にインパクトを与える．したがって，地表面が落葉落枝によって保護されていないと，林下で侵食が促進されることもありうる．

地表の植被は，表面流去水の流れを乱れさせることで，そのエネルギーを減退させ，水食を減少させる．とくに，密で均一に広がる植被が侵食をもっとも抑える．逆に，株ごとにかたまった植生では水の流路が固定され，侵食が促進されることもある．

植生はまた，空気の流れを乱すことで風速を弱め，風食を減少させる．

2.2.4　侵食と土地利用

上記の侵食とその規定要因の関係から，土地利用が侵食に与える影響を具体的に考えてみる．土地利用が侵食に与える影響は，つぎの2点に分けることができる．第1点は，土壌表面が植物により被覆される期間の増減であり（→植生因子への

影響), 第2点は, 土壌の物理的攪乱 (→受食性因子への影響) である. 加速侵食を引き起こす土地利用として, 耕作, 放牧, 森林伐採, 住宅・工場建設のための土地の開拓, ウォーキングやスキーなどの娯楽活動がある[9].

耕作においては, 農業用重機による耕うんが耕作層直下を圧密し, 土壌の透水能を低下させ, 表面流去と侵食を増大させる. また, 頻繁な耕作は, 土壌表面が裸地である機会を増加させるし, 土壌有機物の分解を促進することで土壌の受食性を増加させる (図2.2.1).

図 2.2.1 農耕地における降雨による土壌侵食. シリア北東部.

図 2.2.2 自然牧野地における降雨による土壌侵食. シリア北東部. 斜面上部に見えるのは, 羊・ヤギの群れ.

放牧が侵食の観点で問題となるのは, 乾燥地域であり, そのメカニズムとして家畜の踏圧による土壌の圧密[14], 被食による植生被覆の減少[15]があげられる (図2.2.2). また, 湿潤地域においては, 火入れにより草本植生が森林植生に移行せず維持されることが侵食を助長することもある.

森林伐採による侵食の激化もよく知られている. 森林では, 根系の発達と有機物の供給によって土壌が安定化し, また樹冠によって, 降雨の衝撃が和らげられる.

2.2.5 侵食量測定の方法

侵食に関するデータを, 現場あるいは実験室のどちらで取得すべきかは目的によって異なる. 流出する土壌の現実的な量を知りたいときには, 現場で測定すべきであるが, 侵食にかかわる要因が時や場所とともに変化するため, 侵食を規定する因子や侵食プロセスを理解するのはむずかしくなる. 逆に, 実験室では多くの要因を制御することができるが, 得られた結果が現実に起こりうることかどうかを現場で検証する必要がある.

a. 現場で

現場での測定は大きく二つに分けられる. 一つは, 比較的小さな面積からの土壌流失量を測定するもので, 侵食プロットなどを作成して行われる. もう一つは, 集水域や流域全体というような大面積のものである[10].

(i) 小面積を対象とした水食量測定

(1) 侵食プロット　侵食プロットとしてよく利用されるのは, ある一定の面積を囲い, その下端に表面流去水や流失した土壌を捕捉する装置を備えたものである (図2.2.3). このプロットを用いて, 斜度, 斜面長, 植被, 土壌などの因子による侵食量の違いが観測される. USLEやRUSLEにおいて, 各因子のパラメータを決定する際にも侵食プロットが利用された. そのサイズは斜面長22 m, 幅1.8 mであり, このサイズが標準サイズとして用いられることが多い. 0.5～4 m² などの小さいプロットを用いた研究もあるが, そのような場合評価対象となる侵食は, 雨滴侵食や面状侵食であり, 細流侵食の評価には, 斜面長

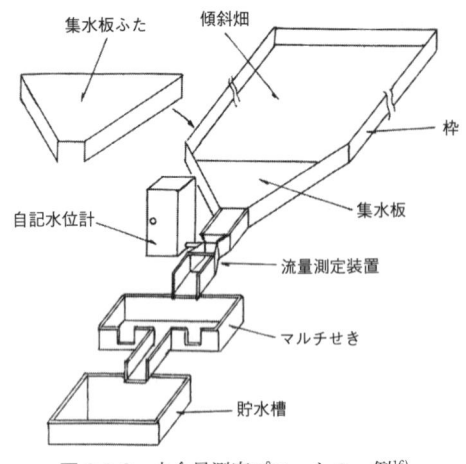

図 2.2.3 水食量測定プロットの一例[16]

が短すぎる．逆にいえば，評価したい侵食タイプに応じてプロットの大きさを変えてよい．

プロットの囲いには，薄い鉄板やブリキ板などが使われる．水を漏らしたり，腐るような材料を用いてはいけない．地面にしっかりと挿し込む．挿し込んだあと，地表に鉄板が高さ15 cm程度見えているようにする．プロット下端には，表面流去水と流失土壌が流れ込む集水板を設置する．集水板の幅は，プロットの幅と同じになる．集水板の中央部にパイプを取り付け，貯水槽へとつなげる．プロットが大きかったり，侵食量が多かったりするときには，貯水槽にさらに別の貯水槽をマルチせき（divisor）を介して取り付けることがある．マルチせきとは，上部の貯水槽でオーバフローした懸濁液の一定割合だけを分取し，つぎの貯水槽へ流入させる装置である．

集水板と貯水槽の間に自動記録式の流量計を設置したり，一定間隔で試料を採取する装置を取り付ければ，流去水量と流失土壌量を自動で記録，試料採取が可能となる．そのような装置を取り付けない場合は，貯水槽にたまった水と土の量を計測することになるので，計測頻度によって時間スケールの異なる侵食量のデータが取得される．

プロット設置時あるいは測定期間中には，いくつか注意すべき点がある．

① 集水板，マルチせき，貯水槽などに直接降雨や土砂が流入しないようしっかりとふたなどで防御する．

② 集水板に土砂が堆積していないか確認する．

③ プロット下端の地表面がけずれて，集水板が地表より高くなっていないか確認する．

以上のような点に注意したとしても，侵食プロットが本質的に有している問題点として，

① プロットの枠を伝わって流れる水によってリルが形成されてしまい，侵食量を過大評価してしまうことがある．

② プロットを枠で遮断するため，プロット上部からの水や土壌の流入が考慮されなくなる．

③ プロット内での土壌の再分布が評価できない．

があげられるが，ある面積での侵食量を測定できるので，植被や土壌処理などの侵食防止技術を比較して評価する場合には，もっとも信頼性のあるデータが取得できる方法である．

（2）スプラッシュカップ法　雨滴侵食の測定に特化した方法として，スプラッシュカップ法がある．直径10 cmの中央シリンダによって土壌を囲い，雨滴によって跳ねた土壌粒子を外側につくった直径30 cmの囲いで拾う．

（ⅱ）　大面積を対象とした水食量測定　小面積で測定した侵食量を単純に足し合わせて，集水域や流域のような大面積の侵食量とすることは，厳に慎まなければならない．なぜなら，現実には急傾斜地で流失した土壌は，その下部に緩傾斜地があれば堆積するが，そのような過程が小面積の測定の積み重ねでは無視されてしまうからである．Lalが示しているように[17]，同一地域の侵食量もその分布パターンも調査者によって大きく異なる場合があるが，これは小縮尺の評価図作成において，とくに起こりやすい．その理由として，データの信頼性が低いこと，既存のデータの不用意な外挿，侵食/堆積過程に関する知識の欠如，主観の介入などがあげられる．したがって，集水域全体での侵食量を測定したいときには，それに応じた方法をとる必要がある．

（1）流量計・水深計を用いた水文学的手法　集水域の出口に堰を設置し，自動記録式の流量計あるいは水深計で測定する．流失する土壌量

は，定期的に試料を採取する装置あるいは濁度計によって測定する．

（2）**貯水池での堆積土砂量の測定** 集水域の終点に湖や貯水池などがある場合，その水深を定期的に音波などを使って測定し，湖底の地形を再現し，その期間内に堆積した土砂量を推定する．貯水池からあふれ出る土壌があると，侵食量を過小評価することになるので注意が必要である．

（3）**放射性同位体による推定** 侵食量推定にもっとも一般的に使用される放射性同位体は，セシウム137である．セシウム137は，1950年代から70年代に行われた核実験の結果，大気中に放出され降雨として地上に降下した．したがって，降雨量が同程度の地域では均一に降下したと考えてよい．降下したセシウム137は，土壌の粘土粒子に固く吸着されるので，侵食面では減少し，堆積面では増加する．この性質を利用してセシウム137の含量から侵食量/堆積量を推定する．このとき，降下してから含量に変化がない地点が対照として必要になるので，侵食も堆積もしていない地点，たとえば尾根平坦部の永年牧草地や天然林などを調査地域に含むことで，より正確な推定が可能となる[18]．

(iii) **風食量測定** 風食量を測定する方法は，水食に比べまだまだ発展途上であるが，いくつかの方法が提案されている．

（1）**地面設置型トラップ** 樋の先端がちょうど地表と同じ高さになるように樋を地中に埋め，樋にたまった土砂量を測定する．樋の長さを変えることで，粒子が跳躍した距離に応じた土砂量を推定することができる．いったん設置すると，樋の向きを変えることができないので，ある一定方向からの風による侵食量のみを測定することになる．

（2）**垂直型トラップ** トラップを垂直に並べ，異なる高さを跳躍・浮遊している土粒子を捕捉できる．ただし，風の流れをかき乱さず，空気が自由に出口から出て行くように，トラップの出口を設計する必要がある．風向きに応じて，トラップの向きが回転するように設計することもでき，いくつかのタイプが考案されている（図2.2.4）[19]．

いずれの方法においても問題となるのは，トラップを一つ設置しただけでは，トラップによって捕捉された粒子の由来が不明であること，つまりどこで侵食が起きたのかが不明であることである．また，堆積する場所も不明である．つねに高みから低みへ流れる水に対し，向きが定まらないという風の性質が風食量の測定をむずかしくさせている．そこで，ある場所の侵食あるいは堆積量を知りたいときには，その場所の周囲を取り囲むようにトラップを設置し，嵐1回ごとに装置に捕集された試料重と卓越した風向を計測する．それらから，風上側の装置に捕集された試料重と風下側のそれの差を求めれば，その場所での正味の侵食量あるいは堆積量を評価できることになる．

b．**実験室で**

実験室での実験では，営力となる雨や風を人工的に生み出す必要がある．

(i) **水食** 実験室での水食量測定には，人工降雨装置が利用される．人工降雨装置によって，雨滴のエネルギーや粒径分布を毎回均一にすることができる．ただし，雨滴が終速に達するに十分な高さから降下しないなどの理由で，自然降雨とは異なる降雨特性をもつことも多い．さまざまな処理を施した土壌を直径10 cm程度のカップに詰め，人工降雨下で侵食の程度を比較する実験では，雨滴侵食に対する土壌の抵抗性を調べることができる．また，それより少し大きめの数m²程度のプロットを作成し，プロットの上部から水を流すことで，表面水に対する土壌の抵抗性を調べることができる．

(ii) **風食** 実験室での風食量測定には風洞が用いられる．風洞の端に設置されたファンによって生みだされた風が試料にあたり，風洞の別の端に設置された網によって跳躍・飛散した粒子が捕捉される．この網は空気の流れをじゃましない．この試験によって風に対する土壌の抵抗性を計測することができる．

c．**そのほか**

最近では，もち運びのできる人工降雨装置が開

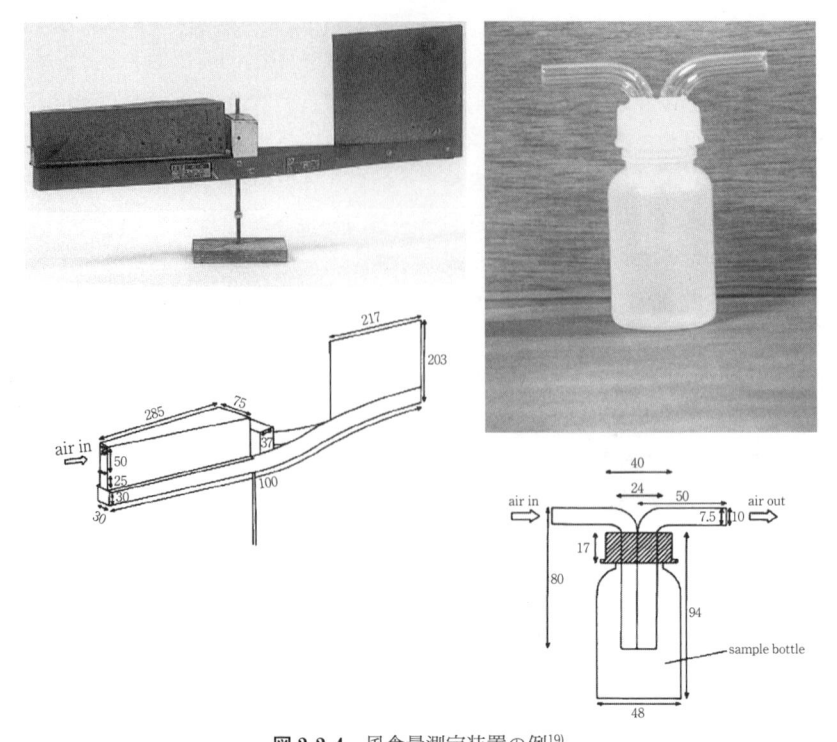

図 2.2.4 風食量測定装置の例[19]
左：BSNE（Big Spring Number Eight）サンプラー，右：MWAC（Modified Wilson and Cooke）サンプラー

発され，実際のほ場で侵食試験に用いられる例も見られるようになってきている[20]．

2.2.6 侵食量予測モデル

土壌侵食量の予測は，種々の土壌保全法や栽培管理の効果を事前に評価するうえで有用であり，推定式が世界中で開発されている．

a．水食量予測モデル

（i）**USLE/RUSLE** Zing が侵食量と斜面長・斜度の関係を式で表したのが，侵食予測式開発の始まりである[21]．その後，米国各地での侵食試験の結果を統計的に解析し，USLE（Universal Soil Loss Equation）が開発された[22]．これは，経験式であったが，侵食過程の理論により修正が加えられ，コンピュータ上で動作する RUSLE（Revised USLE）となった[12]．

USLE と RUSLE は，ともに水食による土壌の流出量をつぎの式で表した．

$$A = R \times K \times LS \times C \times P \quad (2.2.1)$$

ここで，A は単位面積あたりの年間土壌侵食量（t·ha^{-1}），R は降雨係数（MJ·mm·ha^{-1}·h^{-1}），K は土壌係数（t·h·MJ^{-1}·mm^{-1}），LS は地形係数（無次元），C は作物管理係数（無次元），P は保全係数（無次元），ここで，MJ とは，10^6 J のことで，J（ジュール）とは 1 N の力が力の方向に物体を 1 m 動かすときの仕事である．1 J ＝ 約 0.2389 cal．

R は降雨エネルギー量（一降雨ごとの降雨強度と降雨量から計算される）と降雨強度の積の年間合計値である（2.2.3.a 参照）．

R 以外の各係数は本来，「傾斜 9％，斜面長 22 m，裸地」の標準状態と目的の状態からの侵食量を比較することによって得られるものであるが，長年のデータの蓄積により，侵食試験を行わずとも決定することができるようになった．たとえば，K は土壌の粒径組成，有機物含量，断面の構造および透水係数から求められ，C は作物ごとの係数がすでに得られている．土壌侵食量の予測において，USLE，RUSLE が果たした先駆的役割は大きいものの，いくつかの問題点が指摘さ

れている．統計的に導出されたこれらの式では，侵食発生過程が不明であるため，既存のデータが存在しない新しい土地や土壌での侵食量予測には不確かさが伴うこと，ほ場からの土壌の流亡のみに注目しているため，流失土壌が再堆積する場所や，表面流去水や流失土壌とともに移動する化学物質の挙動について予測できないこと，これらの式は面状侵食と細流侵食のみを対象としており，ガリー侵食は予測できないことなどである．

（ⅱ）**そのほかのモデル** これらの問題点を踏まえ，土だけでなく，地表面流去水による化学物質の流出についても予測可能な物理的モデルが1980年代から提案され，その初期のものとして，EPIC（Erosion/Productivity Impact Calculator），CREAMS（Chemical, Runoff, and Erosion from Agricultural Management Systems）が米国において開発された．その後，比較的広い面積を対象にしたAGNPS（Agricultural Nonpoint Source pollution Model）やより物理的なモデルで長期間のシミュレーションを目指し，侵食/堆積過程の理論に則った予測式WEPP（Water Erosion Prediction Project）が開発された（http://topsoil.nserl.purdue.edu/nserlweb/weppmain/wepp.html）[23]．WEPPは1日単位での侵食量を予測することができ，集水域での予測も可能である．面状侵食とリル侵食を分けて解析するのが大きな特徴である．入力の必要なパラメータには，透水速度，表面流去水量，植物あるいはその残渣による被覆，地表面の凹凸，リルの形状・密度などがある．

（ⅲ）**モデルの課題と役割** すべての過程に物理的なモデルを用いる決定論的なモデルの構築が望まれるが，実際には計算テクニックや理論の不備などのため困難である．たとえば，物理的なモデルを指向しているWEPPでは，長期間の予測が可能なものの，パラメータが多く，扱える計算対象領域は $2.5\,km^2$ が限界とされている．対照的にAGNPSでは $10\,km^2$ までの広い面積に対してシミュレーションを行うため，降雨の流出については経験式を用いており，しかも一降雨についてしか予測できない[24]．また，ガリー侵食が予測できないという課題も依然として存在する．

このように，いずれのモデルも一長一短で課題をもっているが，モデルの数値シミュレーションを適用することは，土壌保全策のための現地試験にかかる労力や時間を軽減するうえで，非常に有効である．

b．風食量予測モデル

古くは，ChepilとWoodruffが[25]，数々の風洞実験やほ場試験にもとづき，経験的な予測式（WEE：Wind Erosion Equation）を導き，SkidmoreとWoodruffが若干の改良を行った[26]．そこでは，$0.84\,mm$ より大きな乾燥団粒の割合，可能蒸発散量，月別平均風速，降水量，地面の凹凸，植被などのパラメータを決定することにより，風食量を予測できるとした．

その後，水食量と同様，風食量も理論にもとづいた予測モデルの開発が進められ，米国農務省（USDA）は，WEPS（Wind Erosion Prediction System）を開発した[27]．このモデルは気候，作物成長，分解，水文学，土壌，侵食，耕起のサブモデルから成り立ち，コンピュータ上で動作するようになっている．水食量予測モデルのUSLE/RUSLE，WEPP同様，米国においてはデータの蓄積があるが，国外での適用には慎重な検討を要する．WEE，WEPSともに対象地域での風食量を予測できるとしても，その周辺地域に対する堆積の効果について予測することはできない．

2.2.7 侵食許容量

土壌侵食は生物地球化学的な循環プロセスの一つであり，侵食をゼロにする必要はない．おもに，人間活動により加速した侵食を止めることが求められているのである．では，どの程度侵食を軽減することができればよいのだろうか．理論上，土壌侵食許容量（soil loss torelance）は，土壌が生成する速度とつりあう程度ということになる．しかし，土壌生成速度はきわめて遅く，正確なデータは乏しいのであるが，せいぜい毎年 $0.1\,mm$ と見積もられている．これは，土壌の容積重を $1.0\,g\cdot cm^{-3}$ とすると $1\,t\cdot ha^{-1}$ に相当し，侵食をこのレベルに防止することは農耕地では実

質上不可能なことが多い．現実的には，現在の作物生産性を経済的に維持できる侵食量として，RUSLEでは[12]，$2.5\sim12\,\mathrm{t\cdot ha^{-1}}$ としている．しかし，流失土壌が下流域の水質などに与える影響やさらに長期的な影響を考慮すると，許容量はもっと低いはずであるという意見もある．

2.2.8 侵食の防止技術

土壌侵食は土壌が雨や風によって剥離され運搬されるプロセスであり，その防止技術とは両プロセスを軽減させるものである．土壌侵食の防止および回復（土壌保全）には，農学的手法，土壌管理的手法，工学的手法による対応が考えられる[10]．

a．農学的手法

農学的手法とは，できるだけ裸地の期間を短くするような作付け体系を採用することである．

（ⅰ）輪作 条植えする作物（row crop）は，とくに生育初期に土壌の被覆割合が小さく，侵食を促進させる．したがって，このタイプの作物を連続して耕作することを避け，マメ科やイネ科牧草のように被覆面積の多い作物を輪作体系に組み込む．あるいは，熱帯地域で広く見られた伝統的焼畑のように，1〜2年の耕作後放棄し，植生を回復させる方法は，侵食防止の観点からも理に適っている．輪換放牧も土壌保全の観点からは，輪作の一種と見なすことができる．輪換放牧は，放牧地をいくつかの牧区に区分し，順番に放牧していく方法で，動物は1日から数日間を同じ牧区に滞牧する[28]．放牧間隔を適切にとることで，草を再生させることができ，土壌被覆を維持できる．しかし，適切な放牧密度と日数を決定する普遍的な手法は確立されていないのが現状である．

（ⅱ）被覆作物 被覆作物は，土壌表面を被覆することを目的として，主要な作物の栽培期間外に栽培されたり，林下の土壌を被覆したりするのに用いられる．前者の場合は，初期生育が旺盛で，雑草を抑制できるような作物がよく，ライ麦，クローバなどが欧米では栽培される．最終的には緑肥としてすき込まれる．後者の場合は，とくにゴムや油ヤシのように高木のプランテーション園では有効である．

（ⅲ）混作・間作 複数種の作物を同時に栽培することは，土壌の被覆をつねに維持するという意味で，土壌保全上有効である．その方法には，混作と間作がある．混作（mixed cropping）では，複数種の作物が一定の規則性をもたずに混在して栽培されるのに対し，間作（intercropping）では，複数種の作物が一定の株間あるいは畝間に栽培される．現在でも，降雨分布などの環境変異が大きく，また農業の自給的性質が強い熱帯の途上国で広く見られる作付け体系である．

（ⅳ）帯状栽培 条植え作物と被覆作物を等高線に沿ってあるいは風向きに垂直に交互に栽培する．条植え作物の部分から流失した土壌を被覆作物の部分で保持する．被覆作物として利用されるのは，多年生の草本が多い．帯の間隔は，15〜45mが一般的である．

（ⅴ）アグロフォレストリー 耕地において，樹木を斜面に対して垂直に列で植え付ける．剥離・運搬された土壌粒子を樹木列が捕捉することが期待される．ただし，樹木と作物が光，養分，水について競合する場合があるので，樹木の選定には注意が必要である．

（ⅵ）マルチング 作物残渣を焼却せずに，ほ場表面に放置することをマルチングという．これによって，風や水によって運ばれる粒子の捕捉，土壌表面の雨滴からの保護が可能となる．乾燥期間が長く，被覆作物の栽培が不可能な地域では代替手段となる．また，風食を防止する観点からは，刈り取った作物残渣だけではなく，刈り株も残しておくのがよい．刈り株によって作物残渣が吹き飛ばされるのを防ぐことができる．ただし，マルチングによって，耕起しにくくなったり，害虫の温床となったり，作物の発芽を遅らせ雑草の生育を促進する可能性もあるので，農法全体のなかに適切に位置づける必要がある．

（ⅶ）緑化 緑化は，ガリー侵食によって削剥された土地，地すべり被害地，堤防，道路の法面，砂丘など裸地となっている場所での土壌侵食を防止する．緑化によって地表面を降雨や風の衝撃から保護するとともに，植物の根によって土

壌を保持することができる．

b．土壌管理的手法

土壌管理による対応とは，土壌構造の改善・維持により土壌の受食性を弱めることを目的としたものである．

（ⅰ）有機物の投入 マルチ，被覆作物，堆厩肥などの有機物資材を土壌へ供給し，土壌中の有機物含量を高める．有機物は，土壌の団粒を結合させるはたらきをもち，侵食に対する抵抗性を高めることができる．

（ⅱ）耕起方法 耕起は，土壌を膨軟にし，雑草を抑制するので，作物の生育には不可欠である．しかし，土壌表面を裸地状態にし，土壌構造を破壊するので，侵食を促進することがある．また，機械を用いた場合には，作土層直下に耕盤層と呼ばれる透水不良の層が形成され，表面流去が増大する場合がある．そこで，不耕起（耕起せずに作物を栽培する方法）など土壌をできるだけ攪乱せずに栽培する方法がある．しかし，耕起しないために雑草害が問題となり，除草剤の散布が必要となることがある．

（ⅲ）土壌改良剤 PVA（ポリビニルアルコール），PAM（ポリアクリルアミド），PEG（ポリエチレングリコール）などの土壌改良剤による土壌団粒形成の促進があるが，現時点ではコストが高いため利用は限られている．

c．工学的手法

工学的対応とは，風や雨による侵食の営力を減じさせることを目的としたものであり，地形の改変をしばしば伴う．具体的な例として，斜面のテラス化による斜度の軽減，放水路の作成による流路の誘導などがある．また，農地以外での例として，歩道沿いの排水路設置による歩道での侵食防止がある．ただし，テラス化は，法面の絶えざる修復が必要であり，また，テラスの上部側に肥沃でない下層土が露出することがあるので，その施工にあたっては注意が必要である．

d．どの手法がよいか？

以上三つの対応のうち，農学的対応が好ましい場合が多い．土壌管理による対応が土壌粒子の剝離プロセスの軽減を，工学的対応が運搬プロセスの軽減を，おもな機能としているのとは対照的に，農学的対応は，剝離・運搬の両プロセスの軽減に役立つからである（表2.2.1）．しかし，理由はこれだけではない．農学的対応が一番安価であり，農民の伝統的農法からの適応も比較的容易である傾向にあるからである．実際，ここ数十年の間に，土壌侵食防止に対するアプローチは，技術重視のものから，より広く視野をもち土地利用システム，社会経済的な側面なども考慮に入れたものに変化しつつある．このアプローチの重要な点は，技術専門家により上意下達的に決定された防止策がこれまで失敗に終わってきたことの反省を

表 2.2.1 土壌の剝離・運搬プロセスに対する各種土壌保全技術の有効性（文献10）より改変）

保全技術	営力					
	雨滴		流去		風	
	剝離	運搬	剝離	運搬	剝離	運搬
農学的対応						
土壌表面の被覆	大	大	大	大	大	大
透水性増加	なし	なし	中	大	なし	なし
土壌管理的対応						
堆厩肥・土壌改良剤	中	中	中	大	中	大
工学的対応						
等高線堤	なし	中	中	大	中	大
テラス	なし	中	中	大	なし	なし
防風林	なし	なし	なし	なし	大	大
水路	なし	なし	なし	大	なし	なし

受け，土地利用者自身に重点をおき，彼ら自身に防止策に関する意思決定を委ねている点である．

いずれにせよ，土壌侵食防止技術が実際に現地において適用され，土壌侵食防止に成功するには，住民・政府の土壌侵食に対する危機意識があらかじめ醸成されている必要がある．

（真常仁志・小崎　隆）

2.3 塩類化

2.3.1 塩類化とは

塩類化（salinization）とは，土壌中における可溶性塩含量の増加であり，自然条件下でも起こりうる現象であるが，土壌劣化の一つとしての塩類化は，人間活動による二次塩類化（secondary salinization）である．塩類化した土壌では，作物が生育できなくなり，ついには農耕地を放棄せざるを得なくなる．その例は，残念ながら世界各地で枚挙にいとまがなく，古くはチグリス・ユーフラテス川流域に生まれたメソポタミア文明が滅亡した一因を土壌の塩類化に伴う耕地の放棄に求めることができる．最近では，インダス低地や中央アジアのシルダリア・アムダリア川流域での二次塩類化による耕作放棄が報告されている（図2.3.1）．

2.3.2 塩類化のメカニズム

塩類化とは，土壌中における可溶性塩含量の増加であるから，そもそも土壌中での塩類の存在が所与の条件となるので，降水量が多い日本においては，土壌中に存在する塩類がすでに洗い流されており，塩類化が問題となることは少ない[*1]．逆に，乾燥地・半乾燥地のように，可能蒸発散量が降水量を上回る地域では，土壌あるいは土壌母材中の可溶性塩類が洗脱されにくい．このような地域で農業生産を行う場合には，作物生育に必要な水分を地下水や河川水を用いた灌漑によって供給することが多い．そして，不適切な灌漑によって塩類化が起こるのである．

まず，自然の塩類化について考えてみる[29]．乾燥気候下における塩成土壌（塩類化した土壌）の生成は，地形系列に沿って理解することができる（図2.3.2）．一般に，高標高地は低地部に比べて雨が多く，低温のため蒸発散量も少ないので，移動性の高いイオン（塩化物イオン，硫酸イオン，ナトリウムイオン）の給源（ソース）となる．一方，低地部は雨が少なく，高温のため蒸発散量が多いうえ，一般に排水が悪いので，表流水や中間流は最終的には毛管上昇により上へ向かって失われるので，溶存塩類を地中に残す．したがって，低地部は移動性の高いイオンの捨て場（シンク）となる．乾燥気候下では，内陸湖盆やその周辺の低地がシンクとなり，塩成土壌が生成する．

同様のことは，人工的に灌漑した場合にもあてはまる．シンクとなる場所を考えずに不用意に灌漑すると，地域全体の地下水位が上がり，ひどい場合には湛水が生じる．一般に，地下水位が上がり，毛管上昇の先端が地表に届くと，地表からの水の蒸発によって地下水が連続的に供給され，急速に土壌が塩類化する．また，灌漑水路からの漏水は，貴重な水の損失にとどまらず，水路周辺の地下水位を上昇させ，塩類化を加速させる．大型トラクタの踏圧によって作土層直下にきわめて硬い盤層が形成されると，灌漑水が浸透しなくなり，地下水の上昇を引き起こす．さらに，灌漑水に含まれる塩の付加も問題となることが多い．

図2.3.1 塩類化した農地．白く見えるのが，土壌表面に塩類が析出した農地．

[*1] ただし，たとえ日本においても，温室などの施設内では灌水量の制限と多量の施肥によって土壌の塩類化が引き起こされている[30]．

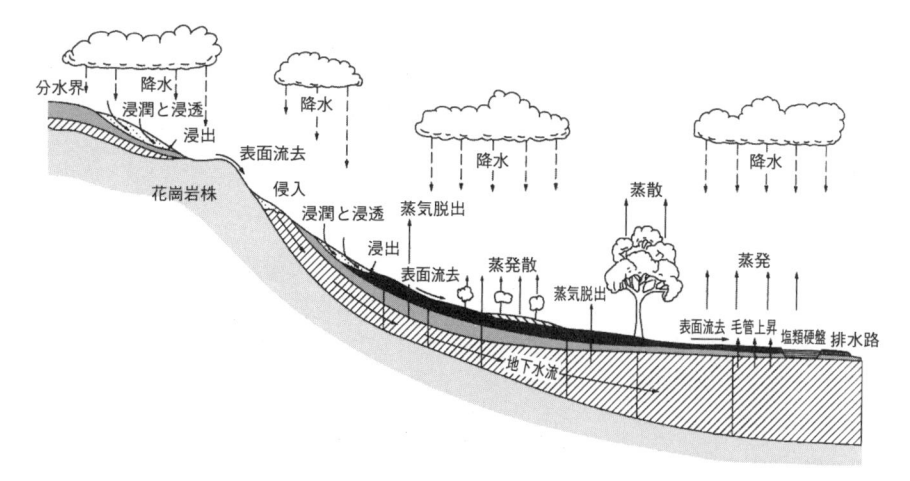

図 2.3.2 オーストラリア・ベルカ低地における水文学的循環．乾燥地域での塩類浸出や塩類硬盤生成に導く地形条件を示す[31]．

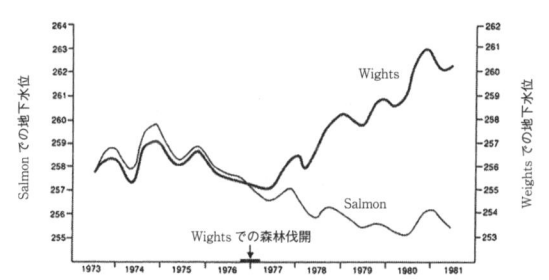

図 2.3.3 西オーストラリアの二つの集水域における土地の開墾による地下水位の変動．Wights では，1976〜77 年に森林を伐開したが，Salmon は森林のまま残した[32]．

灌漑だけでなく，土地利用の変化によっても塩類化は起こりうる（図 2.3.3）．深くまで根を張る森林であった場所を開墾し，作物や牧草を栽培するようになると，蒸発散量が少なくなる．その結果，地下水位が上昇し，塩類化が引き起こされる．

2.3.3 塩類化した土壌の特徴

塩類化した土壌（塩成土壌）は，塩類土壌とアルカリ土壌に分けられ，その基準は以下のとおりである．

塩類土壌（saline soil）:

$ECe \geq 4\, dS \cdot m^{-1}$, $ESP < 15\%$

アルカリ土壌（alkai soil）:

$ECe < 4\, dS \cdot m^{-1}$, $ESP \geq 15\%$

塩類・アルカリ土壌（saline-alkali soil）:

$ECe \geq 4\, dS \cdot m^{-1}$, $ESP \geq 15\%$

ここで，ECe は土壌の飽和水浸出液（土壌を水で飽和した後，一晩放置し吸引ろ過して得られる溶液）の示す電気伝導度，ESP (exchangeable sodium percentage) は，CEC (cation exchange capacity；陽イオン交換容量) に対する交換性 Na の割合である．後で詳述するが，ESP が高くなると土壌の物理性が悪化し，測定上の誤差が大きくなることが知られており，ESP の代わりに SAR (sodium adsorption ratio；ナトリウム吸着比) が用いられることも多い．SAR は，土壌の飽和水浸出液に溶存する Na^+, Ca^{2+}, Mg^{2+} ($mmol \cdot L^{-1}$) から，次式によって求められる．

$$SAR = \frac{Na^+}{\sqrt{Ca^{2+} + Mg^{2+}}} \quad (2.3.1)$$

ESP の 15 という基準値は，SAR では 13 に相当する．なお，ここでアルカリ土壌とは土壌中に Na が多いという意味であり，アルカリ性の意ではないことに注意してほしい．

塩類土壌に含まれる塩類は母材によって異なるが，多くはカルシウム，マグネシウム，ナトリウムの塩化物，硫酸塩，炭酸塩である．このうち，硫酸塩や塩化物は中性塩であり，強いアルカリ性を示さない．塩類土壌の炭酸塩の主体は $CaCO_3$ である．$NaHCO_3$ や Na_2CO_3 が主体となると，ESP が高くなりアルカリ土壌となる．アルカリ土壌と塩類土壌は，典型的には一連の地形面に連

続して存在する．盆地地形の排水不良な底地部では，周囲からの塩類の供給により塩類土壌が生成する．一方，底地部から少し高いところでは，底地部とは異なり乾燥する時期があるため，溶解度の低い$CaCO_3$や$MgCO_3$は析出し，土壌溶液や陽イオン交換基にはNaが相対的に卓越するようになり，アルカリ土壌となる．つまり，塩類土壌・アルカリ土壌とも乾燥気候下で生成するが，塩類土壌は必ずしも土壌が乾燥しているわけではないのに対し，アルカリ土壌の生成には土壌の乾燥が必須であると考えてよい．

塩成土壌において，アルカリ土壌をとくに分けている理由の一つは，Naの卓越に起因する特異な物理性のゆえである[29]．乾燥気候下の土壌の主要な粘土鉱物であるスメクタイトは膨潤性を示し，土壌水分が増えると鉱物の結晶格子の層間に水が入り込む．陽イオン交換基にNaが増えると鉱物表面の拡散二重層が厚くなるので，膨潤性は高まり分散しやすくなる．さらに，膨潤によってせばまった粒子間げきを分散した粘土がふさぎ，透水性が悪化する．ESPが15を超えると非常に分散しやすいことが経験的に知られており，アルカリ土壌の分類基準値となっている．ESP以外の土壌の物理性悪化を支配する要因として，土壌溶液の濃度がある（図2.3.4）．ECeで表される土壌溶液の濃度が低いと拡散二重層の厚さが増すため，土壌は分散しやすい．したがって，ESPの大きい土壌では，灌漑水の塩類濃度がある程度高くないと透水速度が極端に低下するため，結果

として塩類集積を助長することもある．このように，アルカリ土壌では劣悪な物理性のために透水速度が低く，植物生育が阻害されやすい．

2.3.4 塩類化の作物生育への影響

塩類化した土壌が植物生育に与える問題は，塩類の過剰と土壌の物理性不良に起因する．後者については，2.3.3で解説したとおりであるので，ここでは塩類過剰が植物生育に与える影響について説明する．

塩類過剰による植物生育阻害（塩害）は，浸透圧ストレス，イオンストレス，養分のアンバランスに分けて考えられる[29]．浸透圧ストレスでは，高塩類濃度のために水の浸透ポテンシャルが高まり，植物が吸水障害を起こし，細胞の膨圧を失う結果，気孔開度の低下，葉身のしおれ，光合成産物の転流阻害などが引き起こされる[34]．表2.3.1に，おもな作物の限界塩分耐性値と50％減収値を示した．限界塩分耐性値とは，統計的に有意な減収となる塩分濃度であり，作物によって耐塩性が大きく異なるが，ECeが，塩類土壌の基準である$4\,dS\cdot m^{-1}$を超えると多くの作物の生育が阻害される．

イオンストレスは，イオン固有の生理作用にもとづく阻害であり，ホウ素過剰がもっともよく知られており，塩類土壌ではしばしば起こる障害である．ナトリウムや塩素の過剰症も報告されている．

養分のアンバランスとしてよく知られているのは，高pH土壌での鉄，マンガン，亜鉛などの微量要素欠乏である．高pHは，炭酸水素ナトリウムや炭酸ナトリウムの濃度が高いことを意味し，微量要素が水酸化物として沈殿したり，土壌鉱物に特異吸着されるため，作物に吸収されにくくなる．また，元素同士の拮抗作用として，ナトリウムやマグネシウム濃度が高いときにカリウムの吸収が抑制されることはよく知られている．

2.3.5 塩類化した土壌の改良

ここまで見てきたように，塩類化した土壌には塩類土壌とアルカリ土壌があり，それぞれの特性

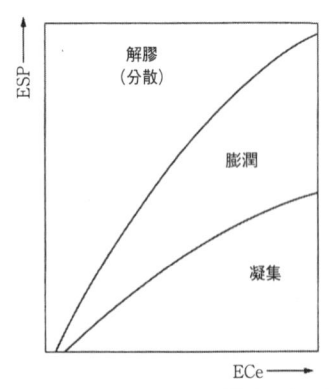

図2.3.4 ESPとECeとの関連からみた粘土の挙動についての模式図[33]．

表 2.3.1 若干の作物, 牧草, 木本の耐塩性. 表中の数字は ECe(dS·m^{-1})[35]

作物	限界塩分耐性値	50% 収量	50% 発芽
オオムギ	8.0	18.0	16〜24
ワタ	7.7	17.0	15
サトウダイコン	7.0	15.0	6〜12
モロコシ	6.8	15.0	13
コムギ	6.0	13.0	14〜16
ダイズ	5.0	7.5	―
アカカブ	4.0	9.6	14
ナツメヤシ	4.0	16.0	―
ホウレンソウ	2.0	8.5	―
ピーナッツ	3.2	5.0	―
サトウキビ	1.7	9.8	―
トマト	0.5	7.6	―
ベニバナ	―	14.0	―
カウピー	1.3	9.1	16
トウモロコシ	1.7	5.9	21〜24
レタス	1.3	5.2	11
タマネギ	1.2	4.2	5.6〜7.5
イネ	3.0	7.2	18
バミューダグラス	6.9	14.8	―
ライグラス	5.6	12.1	―
アスパラガス	4.1	29.0	―
アルファルファ	2.0	9.0	―
セスバニア	2.3	9.3	―
ベルシーム	1.5	9.5	―
カボチャ・ズッキーニ	4.7	9.9	―
ナツメ	―	―	耐性
グワユールゴムノキ	15.0	19.0	―

に応じた改良法を講じる必要がある.

a. 塩類土壌の改良

塩類土壌を改良するには, 土壌中に存在する塩類を系外にもち去らなければならない. そのためには, 塩濃度の低い灌漑水を用いるだけでなく, 灌漑水によってもち込まれた塩類よりも多量の塩が排水に溶け込み, 灌漑水の一部が土壌系外へ抜け出さなければならない. 灌漑において, 排水が重要であるとされるゆえんはここにある. 土が乾燥しているから, 水をやれば植物が育つと考えがちであるが, 乾燥地では排水に対して十分な注意が払われないと, またたく間に土壌に塩類が集積し不毛な土地となる. ある深さの土壌に含まれる塩類の80%を除去するには, その深さに相当する水が必要であるという経験則が知られている[36]. たとえば, 1mの深さに含まれる土壌塩類を80%除去するには, 1m(=1000mm)の灌漑水が排水される必要がある. 塩類集積は, 水が土層表面へ移動することによって起こるので, マルチによって水の蒸発を抑えたり, 蒸発散の少ない冬季に灌漑することも除塩に効果的であることが知られている. 十分な灌漑水があるところでは, 輪作体系に水稲を組み込むことで, 塩類集積を起こさずに農業を営んでいる例もある[37].

b. アルカリ土壌の改良

アルカリ土壌の改良には, ESPやSARを下げる方策をとる必要がある. すでに述べたように, ESPが高い土壌では土壌の分散性が高いため, 塩類土壌の改良のように塩濃度の低い水で灌漑すると, かえって透水性が悪化する場合がある. したがって, 改良時には適切な塩濃度を維持することが重要である. 和田は土壌のSARに応じた灌漑水の水質の目安として, つぎのような基準を紹介している[38].

SAR が 0～3 のとき，EC>0.7 dS·m^{-1}
SAR が 3～6 のとき，EC>1.2 dS·m^{-1}
SAR が 6～12 のとき，EC>1.9 dS·m^{-1}
SAR が 12～20 のとき，EC>2.9 dS·m^{-1}

そこで，灌漑水に石膏（$CaSO_4$）を加え，灌漑水の塩濃度を高めるとともに，土壌の陽イオン交換基に保持された Na^+ を Ca^{2+} で置換する必要がある．

（真常仁志・小崎　隆）

参 考 文 献

1) R. T. Watson, J. A. Dixon, S. P. Hamburg, A. C. Janetos and R. H. Moss (Eds) : Protecting our planet securing our future-Linkages among global environmental issues and human needs, UNEP, NASA, The World Bank, p. 95, 1998.
2) 森　秀行：地球環境問題，地球環境ハンドブック（不破敬一郎，森田昌敏編），pp. 7-24，朝倉書店，2002.
3) A. Auberéville : Climats, forêts et desertification de l'Afrique tropicale. Paris : Société d'Editions Géographiques Maritimes et Coloniales, 1949.
4) UNEP : World Atlas of Desertification, 2 nd edition, p. 182, Arnold, London, 1997.
5) L. R. Oldeman, R. T. A. Hakkeling and W. G. Sombroek : An explanatory note, World map of the status of human-induced soil degradation. 2 nd revised edition, Wageningen, ISRIC and UNEP, Nairobi, 1991.
6) 門村　浩：砂漠化の認定とモニタリング，環境変動と地球砂漠化（門村　浩ら著），pp. 212-230，朝倉書店，1991.
7) 嶋田義仁：砂漠と文明—「砂漠化」問題に即して—，地球環境問題の人類学（池谷和信編），pp. 172-201，世界思想社，2003.
8) 若月利之，久馬一剛：土壌劣化/砂漠化，熱帯土壌学（久馬一剛編），pp. 381-406，名古屋大学出版会，2001.
9) S. Ellis and A. Mellor : Soils and Environment, Routledge, p. 364, London, 1995.
10) R. P. C. Morgan : Soil erosion and conservation, 2 nd ed., Longman, p. 198, London, 1996.
11) Y. Le Bissonais : *Catena Supplement*, **17**, 13-28, 1990.
12) K. G. Renard, G. R. Foster, G. A. Weesies and J. P. Porter : *J. Soil Water Conserv.*, **46**, 30-33, 1991.
13) H. Shinjo, H. Fujita, G. Gintzburger and T. Kosaki : *Soil Science and Plant Nutrition*, **46**, 229-240, 2000.
14) S. D. Warren, T. L. Thurow, W. H. Blackburn and N. E. Garza : *J. Range Manage.*, **39**, 491-495, 1986.
15) F. Bari, M. K. Wood and L. Murray : *J. Range Manage.*, **48**, 251-257, 1995.
16) 谷山一郎：8.土壌面侵食・表面流去，土壌環境分析法（土壌環境分析法編集委員会編），pp. 46-48，博友社，1997.
17) R. Lal : Soil erosion by wind and water : problems and prospects. In : R. Lal (Editor), Soil Erosion Research Methods. Soil and Water Conservation Society, pp. 1-8, Ankeny, IA, 1988.
18) 竹中千里，恩田裕一，浜島靖典：環境同位体を用いた土壌侵食の調査法，水文地形学（恩田裕一ら編），pp. 143-150，古今書院，1996.
19) D. Goossens and Z. Y. Offer : *Atmospheric Environment*, **34**, 1043-1057, 2000.
20) J. M. Laflen, W. J. Elliot, J. R. Simanton, C. S. Holzhey and K. D. Kohl : *J. Soil Water Conserv.*, **46**, 39-44, 1991.
21) A. W. Zing : *Agric. Eng.*, **21**, 59-64, 1940.
22) W. H. Wishmeier and D. D. Smith : Predicting rainfall erosion losses. USDA Agriculture Handbook 537, U.S. Department of Agriculture, 1978.
23) L. J. Lane and M. A. Nearing (Eds.) : USDA-Water Erosion Prediction Project : Hillslope profile model documentaion. NSERL Rep. No. 2. U.S. Dept. of Agr., Agr. Res. Serv., Natl. Soil Erosion Res. Lab., West Lafayette, IN, 1989.
24) 西村　拓：農土誌，**66**, 933-939, 1998.
25) W. S. Chepil and N. P. Woodruff : *Advances in Agronomy* **15**, 211-302, 1963.
26) E. L. Skidmore and N. P. Woodruff : Wind erosion forces in the United States and their use in predicting soil loss. Agriculture Handbook No. 346. U.S. Department of Agriculture, Washington D.C., 1968.
27) L. J. Hagan : *J. Soil and Water Conserv.*, **46**, 106-111, 1991.
28) 扇元敬司，角田幸雄，永村武美，三上仁志，森地敏樹，矢野秀雄，渡邉誠喜，中井　裕編集：新畜産ハンドブック，p. 590，講談社，1995.
29) 若月利之，三浦憲蔵，久馬一剛：土壌の塩類化とアルカリ化，熱帯土壌学（久馬一剛編），pp. 347-380，名古屋大学出版会，2001.
30) 武井昭夫：塩集積土壌と作物の品質，塩集積土壌と農業（日本土壌肥料学会編），pp. 177-204，博友社，1991.
31) E. Bettenay, A. V. Blackmore and J. Hingston : *Australian Journal of Soil Research*, **2**, 187-210（文献 29）より引用），1964.
32) A. J. Peck : Response of groundwaters to clearing in Western Australia. In Papers of the International Conference on Ground Water and Man. v. 2. 327-335 Australian Water Resources Council (Conference Series, no. 8). Australian Government Publishing Service, Canberra（文献 39）より引

33) A. Kamphorst and G. H. Bolt：塩類土壌とソーダ質土壌．土壌の化学（Edited by G. H. Bolt and M. G. M. Bruggenwert, 岩田進午ほか訳），pp. 191-212, 学会出版センター, 東京, 1980.
34) 高橋英一：植物における塩害発生の機構と耐塩性, 塩集積土壌と農業（日本土壌肥料学会編），pp. 123-154, 博友社, 1991.
35) E. V. Maas : Crop salt tolerance. In ASCE Agriculture Salinity Assessment and Management Manual. ASCE Publ.（文献29）より引用), 1988.
36) E. Bresler, B. L. McNeal and D. L. Carter : Saline and Sodic Soils, Springer-Verlag, Berlin, p. 236, 1982.
37) 舟川晋也, 小崎 隆：アラル地域の砂漠化, 地球環境ハンドブック（不破敬一郎, 森田昌敏編），pp. 708-717, 朝倉書店, 2002.
38) 和田信一郎：塩類効果, 土壌の事典（久馬一剛ほか編），pp. 42-44, 朝倉書店, 1993.
39) F. Ghassemi, A. J. Jakeman and H. A. Nix : Salinization of Land and Water Resources, CAB International, Wallingford, p. 526, UK, 1995.

2.4 酸性雨と地盤

2.4.1 酸性雨問題

雨水は，自然の状態では大気中の二酸化炭素が溶け込むことによってpH（水素イオン濃度指数）が5.6程度の弱酸性となっている．ところが，近年の人類の活発な産業活動によって，硫黄酸化物SO_x，窒素酸化物NO_x，強酸性の物質が大気中に大量に放出され，酸性度の高い降雨が降るようになっている．このように，大気中の物質によって酸性度が高くなった降雨，あるいはpHが5.6以下の降雨を酸性雨と呼ぶ．酸性雨による影響としては，湖沼を酸性化させる，森林樹木に影響を与え場合によっては枯死させる，歴史的建築物や石造などに影響を与える，地下水の酸性化を進展させる，などがあげられている．

酸性雨は，地球温暖化や砂漠化などと並んで地球環境問題の一つであり，とくに1970～80年代にその深刻性が議論された．酸性降下物は国境を越えた環境問題であることから国際的な取組みが必要である．酸性雨の問題を最初に指摘したのは英国のRobert A. Smithであり，著書 "Air and rain. The beginnings of a chemical climatology"（1872年）のなかではじめて酸性雨という用語を使っている．その後，産業革命を推し進め，化石燃料の燃焼によって硫黄酸化物や窒素酸化物を生成してきたヨーロッパや北米で酸性度の高い降水の存在が知られるようになった．20世紀中頃には，とくにヨーロッパ北部で降水の酸性化が深刻であり，森林の立ち枯れや，pHが低いため透明だが生物のまったく棲めない「死の湖」が問題となった．1948年にヨーロッパ全域で大気・降水の観測網の整備が始まり，森林の衰退と酸性降下物の関連が指摘された．1972年にはOECDで，酸性雨をモニタリングするための「大気汚染物質長距離移動計測共同技術計画（LRTAP）」が開始された．また，同年には国連人間環境宣言で越境汚染の抑制義務が明示された．その後，欧州ではウィーン条約，ヘルシンキ議定書，ソフィア議定書などが定められている．ウィーン条約とは1979年に国連欧州経済委員会（UNECE）で採択され1983年に発効した「長距離越境大気汚染条約」であり，越境大気汚染防止のための政策を加盟国に求めるとともに，酸性雨のモニタリング，酸性雨の影響の研究の実施などが規定された．1985年に締結，1987年に発効したヘルシンキ議定書では，1980年時点における硫黄排出量の30％を最低限として，硫黄排出と越境移流を1993年までに削減することを定めていた．ソフィア議定書（1988年締結，1991年発効）では窒素酸化物の排出あるいは越境移流の抑制を定めており，窒素酸化物の排出量は1987年のレベルにすることを求めている．

北米でもヨーロッパと同様に20世紀の前半から酸性雨による環境影響が研究レベルで指摘され，1980年には米国が酸性降下物法を定めるとともに，「米国全国酸性降下物調査計画（NAPAP）」を開始した．同年，米国とカナダの間で「越境大気汚染に関する合意覚え書」も締結されている．

日本では1970年代の前半に，北関東地方で目の刺激などの被害が発生しており，硫黄酸化物が原因物質と考えられた．その後，環境庁が1983年より降雨中のpHや湖沼の調査を開始している．表2.4.1は，環境庁（あるいは環境省）が実

施してきた酸性雨の調査結果の概要である．調査地点数は時期によって異なるものの，各地点のpHの年平均値をみると，その上限値は5.5から6.25まで徐々に上昇しているが，下限値は4.3〜4.5の範囲のままである．図2.4.1は2001〜2003年度の観測結果である．現時点では酸性雨による植生の衰退などの生態系被害や土壌の酸性化は報告されていないが，pH 4未満の試料が全体の約5％を占め，依然として欧米なみの酸性度の高い降雨が観測されている．また，硫酸イオンや硝酸イオンの沈着量は季節変化と地域分布を示しており，とくに本州中北部日本海側と山陰で冬季に最大を示していることも報告されている[1]．日本海側の地域で硫黄や窒素の酸化物の大気中への供給が冬季に増加していると考えられることから，大陸に由来した汚染物質の流入が示唆される．このように酸性雨問題は，島国である日本においても他国とのかかわりを考えざるを得ない問題として位置づけられるが，黄砂問題とともにその原因を特定したり寄与を定量化することはむずかしく，国と国との間の取り決めもなしがたい．一方，アジア，とくに東アジアにおける人口増加や石炭依存のエネルギー構造を考えると，酸性雨による影響が今後深刻となる懸念があることから，日本は「東アジア酸性雨モニタリングネットワーク構想」を提唱して東アジア各国および国際機関に参画をはたらきかけており，1998年に第1回政府間会合を開催するにいたっている．この東アジア酸性雨モニタリングネットワークは，東アジア地域の酸性雨の状況に関して共通の理解を形成し，人の健康や環境への悪影響の未然防止・軽減を目的とした地方・国・地域のレベルにおける政策決定過程に有益な情報を提供することを目的としている．

2.4.2 酸性雨と生成メカニズム

酸性雨とは，化石燃料などの燃焼で生じる硫黄酸化物や窒素酸化物などが大気中で反応して生じる硫酸や硝酸などを取り込んで生じると考えられる．それではまず，硫酸や硝酸などが溶け込んでいない大気を考え，そのなかに含まれる二酸化炭素が水に溶け込んだときのpHを求めてみる．標準大気中の二酸化炭素濃度を3.16×10^{-4} atm（316 ppm）としたときのpHの概略値は以下の通り求められる[2]．二酸化炭素は以下のように解離して炭酸イオンと炭酸水素イオンを生成する．

$$CO_2 + H_2O \longrightarrow H_2CO_3 \quad (2.4.1)$$
$$H_2CO_3 \longrightarrow H^+ + HCO_3^- \quad (2.4.2)$$
$$CO_2 + H_2O \longrightarrow H^+ + HCO_3^- \quad (2.4.3)$$

式(2.4.1)〜(2.4.3)の解離定数（25℃）はそれぞれ$K_1=10^{-1.46}$，$K_2=10^{-6.35}$，$K_3=10^{-7.81}$である．式(2.4.3)から

$$[H^+][HCO_3^-]/[CO_2]g = 10^{-7.81} \quad (2.4.4)$$

となる．$[CO_2]g = 3.16\times10^{-4}$ atmであるので，上式は

$$[H^+][HCO_3^-] = 3.16\times10^{-4}\times10^{-7.81}$$
$$= 10^{0.4997+(-11.81)} = 10^{-11.31} \quad (2.4.5)$$

ここで，HCO_3^-はCO_2以外から生じず，加水分解によって生じるH^+はCO_2の平衡から生じるH^+に比べて少ないとすれば，式(2.4.5)で$[H^+]=[HCO_3^-]$とみなすことができ，

$$[H^+]^2 = 10^{-11.31}$$

表2.4.1 環境庁・環境省による酸性雨調査の概要[1]

	第1次調査 （昭和58〜62年度）	第2次調査 （昭和63〜 平成4年度）	第3次調査 （平成5〜9年度）	第4次調査 （平成10〜12年度）	平成13〜14年度 調査
酸性雨測定地点の数	34カ所（58年度） 14カ所（59〜60年度） 29カ所（61〜62年度）	29カ所	48カ所	55カ所	48カ所
各地点のpHの年平均値	4.4〜5.5	4.5〜5.8	4.4〜5.9	4.47〜6.15	4.34〜6.25

2.4 酸性雨と地盤

平成13年度平均/14年度平均/15年度平均

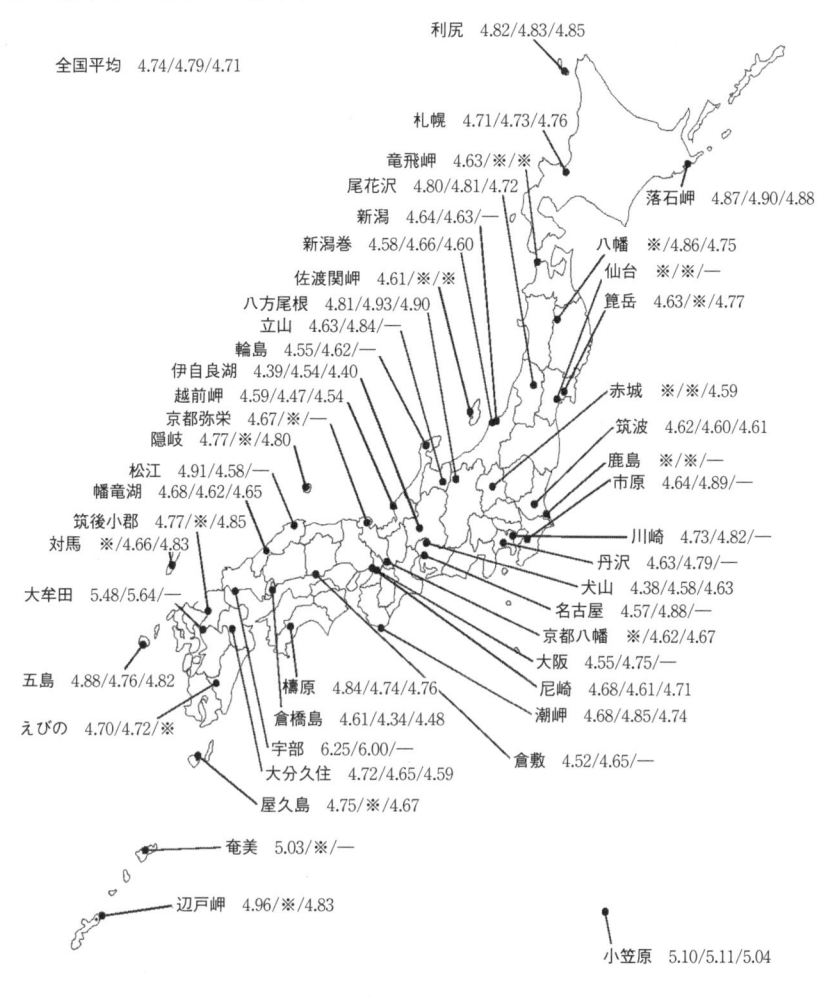

全国平均 4.74/4.79/4.71

利尻 4.82/4.83/4.85
札幌 4.71/4.73/4.76
竜飛岬 4.63/※/※
落石岬 4.87/4.90/4.88
尾花沢 4.80/4.81/4.72
新潟 4.64/4.63/—
八幡 ※/4.86/4.75
新潟巻 4.58/4.66/4.60
仙台 ※/※/—
佐渡関岬 4.61/※/※
箟岳 4.63/※/4.77
八方尾根 4.81/4.93/4.90
立山 4.63/4.84/—
輪島 4.55/4.62/—
伊自良湖 4.39/4.54/4.40
赤城 ※/※/4.59
越前岬 4.59/4.47/4.54
筑波 4.62/4.60/4.61
京都弥栄 4.67/※/—
鹿島 ※/※/—
隠岐 4.77/※/4.80
市原 4.64/4.89/—
松江 4.91/4.58/—
川崎 4.73/4.82/—
幡竜湖 4.68/4.62/4.65
丹沢 4.63/4.79/—
筑後小郡 4.77/※/4.85
犬山 4.38/4.58/4.63
対馬 ※/4.66/4.83
名古屋 4.57/4.88/—
大牟田 5.48/5.64/—
京都八幡 ※/4.62/4.67
大阪 4.55/4.75/—
五島 4.88/4.76/4.82
尼崎 4.68/4.61/4.71
橿原 4.84/4.74/4.76
潮岬 4.68/4.85/4.74
えびの 4.70/4.72/※
倉橋島 4.61/4.34/4.48
倉敷 4.52/4.65/—
宇部 6.25/6.00/—
大分久住 4.72/4.65/4.59
屋久島 4.75/※/4.67
奄美 5.03/※/—
辺戸岬 4.96/※/4.83
小笠原 5.10/5.11/5.04

—：未測定
※：期間中の年平均値が無効であったもの
(注) 赤城は，積雪時には測定できないため，年平均値を求めることができない年度もある．

図 2.4.1 日本の降水中の pH 分布図（2001～2003 年度に環境省が実施した観測結果）[1]

$$[H^+] = 10^{-5.65}$$
$$pH = 5.65 \quad (2.4.6)$$

つまり，標準大気中の二酸化炭素が水に溶解して平衡に達したとき，水のpHは5.65になることがわかる．pH 5.6以下の降水が一般に酸性雨と呼ばれるのは，このように標準大気中の二酸化炭素の溶解によりpHは約5.6になることによる．なお，pHが5.0以下の降水を酸性雨とする場合もあるが，これは汚染物質のない場所でも，雨水にいろいろな物質が溶解してpHが5.0程度になることがあるためである．

つぎに酸性雨の生成機構については，以下のように説明されている[2]．清浄な大気中で，オゾンO_3が紫外線により解離して励起酸素原子が生成され（式(2.4.7)），その励起酸素原子と水蒸気が式(2.4.8)のように反応してOHラジカルができる．

$$O_3 + h\nu \longrightarrow O_2 + O \quad (2.4.7)$$
$$O + H_2O \longrightarrow 2\,OH \quad (2.4.8)$$

化石燃料の燃焼によって生成した硫黄酸化物，窒素酸化物は，大気中のOHラジカルによって酸化され，式(2.4.9), (2.4.10)および式(2.4.11)

に示した硫酸や硝酸に変化する．

$$SO_2 + OH + M \longrightarrow HOSO_2 + M \tag{2.4.9}$$

$$HOSO_2 + OH \longrightarrow H_2SO_4 \tag{2.4.10}$$

$$NO_2 + OH \longrightarrow HNO_3 \tag{2.4.11}$$

このようにして生成された硫酸，硝酸をはじめとする大気汚染物質が，雨に溶解して酸性雨として地表に降り注ぐ．しかし，雨が降らなくともこれらの大気汚染物質は地表に降下する．これらは乾性降下物（dry deposition）と呼ばれる．一方，雨や霧になって降下してくる物質を湿性降下物（wet deposition）という．大気汚染物質の一部は乾性降下物として樹木に降り注ぐ．針葉樹や広葉樹の葉，幹をつたって落ちてくる水（樹幹流（stem flow））あるいは林を突き抜けて落ちてくる雨（林内雨（throughfall））の成分と，林の外に降った雨水に含まれる成分とを比較すると，樹幹流や林内雨のほうがはるかに濃度が高いといわれている．これは，樹木によって乾性降下物がいったん捕捉され，雨で洗い流されるためと考えられている[2]．乾性降下物・湿性降下物いずれも地盤環境への影響を考えるうえで重要である．

2.4.3 酸性雨に対する土の緩衝作用

地表に酸性雨が降り注ぐと，土のpHがただちに低下するわけではない．降水のpHや土の種類にもよるが，土は酸に対する緩衝能力をもっており，緩衝能力によって土のpHの変化は緩和され，浸透する地下水への影響も低減される．もちろん，土自体のもつpH値もさまざまであり，世界の土ではpH 3.5〜10の範囲に，日本の土でもpHは4.4〜7.2の範囲にあるといわれている．

酸に対する土の緩衝能力は，酸消去能力と酸中和能力とに分類されている．酸消去能力とは，土壌生物（根）による吸収や同化，還元作用などによって硝酸や硫酸が消去されるものである．ここでは，生物作用が主であり，植物根が土中水に含まれる SO_4^{2-} や NO_3^- を吸収する，土壌微生物が脱窒・硫酸還元などの作用で SO_4^{2-} や NO_3^- を減少させる，などの働きによる．一方，酸中和能力は，炭酸塩や重炭酸塩による中和，交換性陽イオンによる中和，二次鉱物による中和，造岩鉱物の風化に伴う塩基の放出による中和，などがメカニズムとして考えられている．表2.4.2および表2.4.3は酸中和作用の分類の例である．表2.4.3に示されるpHの範囲は目安であり，表2.4.2および2.4.3に示される作用や反応は単独で生じるのではなく混在して起こると考えられる．

このような酸性雨に対する土の緩衝能力は，当然のことながら土の種類によって異なる．図2.4.2は，全国6種類の土を対象に酸（ここでは硝酸）溶液を滴下させたカラム実験の結果を示したものである[6]．全体的な傾向として，豊浦砂，まさ土，しらすといった砂質土は酸に対する緩衝能力が低く，流出水のpHは早い段階で4以下になるのに対して，黒ぼく土，関東ローム，砕屑（さいせつ）泥岩などの粘性土に分類される土は高い緩衝能力を示しており，流出液のpHの低下

表2.4.2 土の酸中和作用とそれに伴う土の酸性化[3],[4]

段階	酸中和作用	土の酸性化
I	炭酸塩・重炭酸塩による中和	
II	交換性塩基による中和 1. 弱酸性交換基の塩基 2. 強酸性交換基の塩基	交換性 H^+ の増加 交換性 Al^{3+} の増加
III	二次鉱物による中和 1. 酸吸着 2. Al水和酸化物の溶解	交換性 OH^- の放出 Al^{3+} の溶出
IV	岩石の風化	

表2.4.3 土のpH変化に伴う酸緩衝機構の変化[3],[5]

pH範囲	緩衝領域	おもな反応式
>6.2	カルシウム炭酸塩緩衝領域	$CaCO_3 + 2H^+ \rightarrow Ca^{2+} + H_2CO_3$
6.2〜5.0	ケイ酸塩緩衝領域	$Mg_2SO_4 + 4H^+ \rightarrow 2Mg^{2+} + H_4SO_4$
5.0〜4.2	陽イオン交換緩衝領域	$R\text{-}Ca + 2H^+ \rightarrow R\text{-}H_2 + Ca^{2+}$
4.2〜2.8	アルミニウム緩衝領域	$Al(OH)_3 + 3H^+ \rightarrow Al^{3+} + 3H_2O$
3.8〜2.4	鉄緩衝領域	$Fe(OH)_2 + 2H^+ \rightarrow Fe^{2+} + 2H_2O$

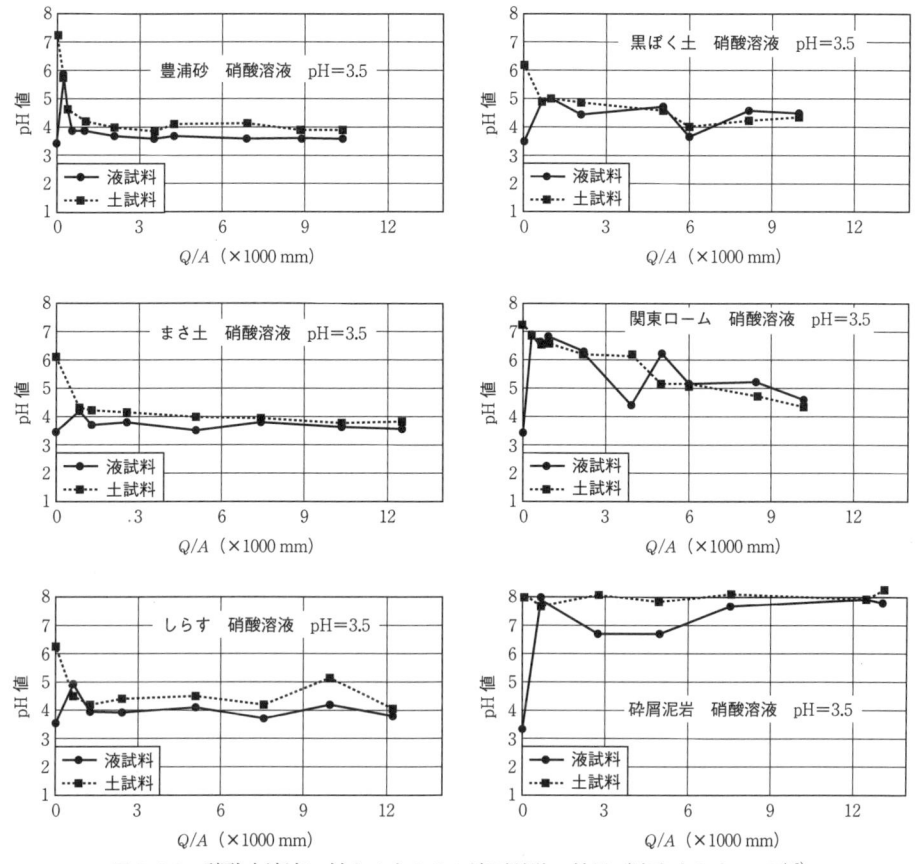

図 2.4.2 硝酸水溶液に対する土カラム滴下試験の結果（流出水と土の pH）[6]

も鈍い．とくに，砕屑泥岩は pH＝3.5 の硝酸水溶液の流下に対してほとんど pH の変化がなく，流出液・土ともに中性を保ったままである．

2.4.4 酸性雨の地盤環境への影響

酸性雨による地盤環境への影響としては，(1) 植生生育阻害など生態系への影響，(2) 土の吸着能の低下による重金属汚染の促進，(3) 土の工学的性質の変化，などがあげられる．

植生への影響としては，土が保持する養分の変化とアルミニウムによる生育阻害がある．前節で示したように，土の酸性雨に対する緩衝能にはさまざまな段階があるが，そのうち陽イオン交換作用では，土の交換性陽イオンとして存在している K，Ca，Mg などが水素イオンやアルミニウムイオンのような酸性物質に置き換わる．K，Ca，Mg などの塩基は植物の養分になるが，これらが土に保持されなくなることから，土の養分保持能力の低下という形で植生への影響が見られるのである．一方，アルミニウムは植物根に対して強い毒性をもち，植物の生長を阻害するはたらきをもつことが知られている．

土の酸性化により，交換性陽イオンとしては Ca や Mg などの塩基から H や Al などの酸性イオンに置換されるが，置換が生じるのは Ca や Mg などの塩基に限らず，陽イオンを呈する重金属類に対しても同様の置換が起こる．すなわち，土の酸性化が進むにつれて，重金属の保持能力も低下する．酸性雨が浸透して土が酸性化し，その結果，吸着されていた重金属類が再溶出するという実験結果も示されている[3),7),8)]．図 2.4.3 は，土への吸着能を示す分配係数が，液相の pH によって低下することを示した実験結果である[8)]．実験ではコバルトを対象としているが，pH が 6 から 3 に低下すると，分配係数が 2 オーダー以上も低下しており，吸着能力が著しく低下していること

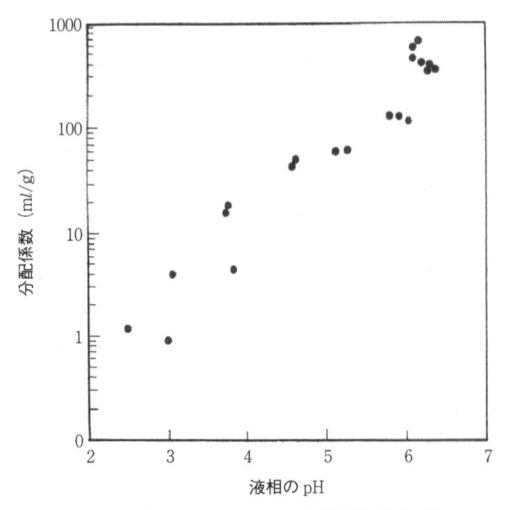

図 2.4.3 土へのコバルトの分配係数と液相のpHの関係[8]

とが示される．いったん土に吸着された重金属が酸性雨によって再溶出し，地下水汚染など二次的な環境の悪化を引き起こす可能性が示唆される．

工学的性質の変化としては，とくに団粒の崩壊や分散性の変化に伴う土壌の目詰まり，透水性の低下などが指摘される．図2.4.4は，未風化の泥岩の塊を24時間炉乾燥した後，酸溶液に浸せきし，岩塊のスレーキングの状況を見たものである[6]．水浸後の岩塊を乾燥させてふるい分析をして，スレーキングの程度を定量化している．泥岩はもともとスレーキングしやすい材料であるが，図に示すように酸溶液への浸せきによってスレーキングが促進されている．酸性雨が長年にわたって地盤に徐々に浸透した場合，地盤の風化が促進される可能性が示唆される．

軟弱で十分な強度を有しない土はセメントや石灰で安定処理を施す場合がある．いわゆる土質安定処理，地盤改良の技術である．セメントや石灰の改良土は石灰の加水分解により強いアルカリ性を呈するが，このようなアルカリ性の安定処理土が酸に曝露された場合，中性化が進んで安定処理土の強度などの性能が劣化することが示されている[9]．この実験によれば，図2.4.5に示すように，酸性雨の浸透により，まず酸性雨中のSO_4^{2-}，NO_3^-，CO_3^{2-}が土に吸着し，自由水中のCa^{2+}が浸透水に移動し，土のpHが低下する．つぎの段階では，土に吸着しているCa^{2+}と酸性雨中のH^+とのイオン交換が起こり，土のpHが低下するとともに強度の低下が始まる．最終段階では，安定処理土の強度発現の拠り所である水和結晶物が分解されて中性化が進み，強度が低下するだけでなく，$CaSO_4 \cdot 2H_2O$や$CaCO_3$などの再結晶物の生成も確認されている．

以上に説明した酸性雨の地盤環境への影響は，生態系への影響は確認されてはいるが，土の工学

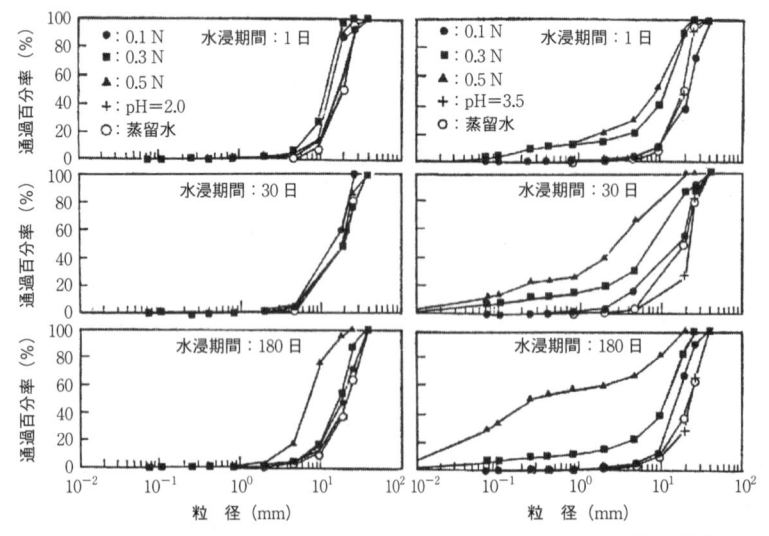

図 2.4.4 酸溶液に水浸したときの泥岩のスレーキングの進行（左は硝酸溶液，右は硫酸溶液）[6]

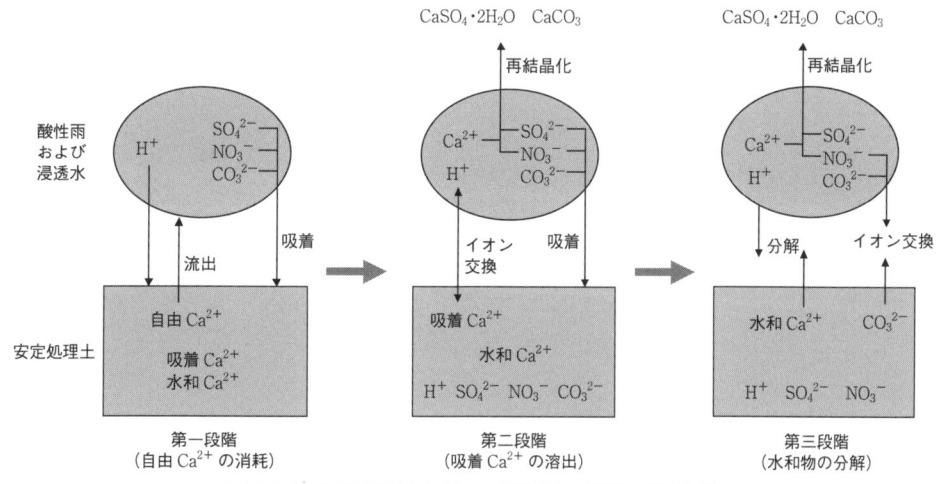

図 2.4.5 安定処理土に対する酸性雨の影響の模式図[9]

的性質への影響や重金属による地下水二次汚染などについては研究レベルであり，因果関係を証明した具体的事例はほとんどない．また，生態系への影響もヨーロッパや北米では顕れているが，日本ではまだ明らかとはなっていない．酸性降下物によってわが国にもたらされるプロトン H^+，硫黄，窒素のレベルはヨーロッパ，北米とほぼ同じであるといわれている．しかし，ヨーロッパや北米において酸性雨が原因と考えられる森林の被害が顕在化しているのに対して，わが国の森林被害が顕著でない理由として，森林の構成種の違いと土壌の違いが考えられている[2]．ヨーロッパや米国で酸性雨の影響を強く受け森林衰退の著しい地域は，土層が薄く，酸や塩基に対する緩衝能力の低いポドゾル化した土壌が分布している．一方，わが国の土壌は，火山から放出された火山砕屑物の影響を受けており，比較的緩衝力が強い土壌が生成している．とくに黒ぼく土は，母材である火山砕屑物の性質を強く保持しており，反応性に富むアルミニウムと非晶質である粘土鉱物を多く含み，H^+ を吸着しやすい性質を有している．もちろん，ある限度以上の H^+ を吸着すると，急激かつ多量にアルミニウムを放出するおそれがあり，植生への生育阻害が懸念される．酸中和能力の高い土壌であっても，アルミニウムを放出しやすい土壌は酸性雨に対する耐性は大きくないこと，さらに，酸性雨の影響はすぐには顕在化しなくても長年の蓄積によって将来顕在化する可能性があること，などに注意が必要である．北西ロシアを対象としてではあるが，研究時点において酸性雨が植生などに及ぼす影響は見られないが，数十年後には酸性雨による生態系への深刻な影響が予想されうることに警鐘を鳴らした研究例もある[10]．その影響を回避するためには，モデル計算によれば SO_2 ガスの 90% 削減が必要と結論している．

（嘉門雅史・勝見　武）

参 考 文 献

1) 環境省ホームページ．
2) 松井　健, 岡崎正規：環境土壌学―人間の環境としての土壌学―, 朝倉書店, 1993.
3) 環境地盤工学編集委員会編：環境地盤工学入門, 地盤工学会, 1994.
4) 吉田　稔, 川畑洋子：日本土壌肥料学会誌, **59**, 413-415, 1988.
5) B. Ulrich : Soil acidity and its reactions to acid deposition, Eff., Accumulat., Air Pollut. for Ecosyst., pp. 127-148, 1983.
6) 地盤工学会：地盤環境読本, 1996.
7) H. Wang, S. Ambe, N. Takematsu and F. Ambe : Model study of influence of acid rain on adsorptive behavior of trace elements on soil by the multitracer technique, Acid Snow and Rain - Proceedings of International Congress of Acid Snow and Rain, K. Aoyama et al. (eds.), pp. 363-368, 1997.
8) 岸野　宏, 堀内将人, 井上頼輝：模擬酸性雨を用いた土壌の酸性化とアルミニウム溶出現象の解析, 京

都大学環境衛生工学研究会第13回シンポジウム講演論文集, pp. 295-300, 1991.
9) 嘉門雅史, 勝見 武, 応 長雲：材料, **47**(2), 112-115, 1998.
10) S. Koptsik : Simulation of acid snow and rain impact on forest soils in the Kola Peninsula, North-Western Russia, Acid Snow and Rain - Proceedings of International Congress of Acid Snow and Rain, K. Aoyama et al. (eds.), pp. 404-409, 1997.

3. 地盤の基礎知識

3.1 地形・地質と鉱物特性

3.1.1 日本列島の地形

日本列島は，南北2000 km以上に延びた弧状列島と数多くの島々から構成されている．日本列島はいわゆる島弧-海溝系（island-arc trench system）よりなり，世界でもまれな数のプレート境界に位置している．すなわち，周辺にはユーラシアプレート，北米プレート，太平洋プレート，フィリピン海プレートが活動している（図3.1.1）．それらのプレートは年間数cm移動しており，太平洋プレートは1億1000万年～1億3000万年前に形成されたものであるが，フィリピン海プレートは2000万年前くらいの若い年代とされている．プレート運動の結果，東北日本では，ほぼ東西方向に圧縮され，西南日本では南東から北西方向に圧縮を受けている．また，結果としてプレート境界にほぼ平行に山脈が形成され，日本列島の地形の基礎が築かれている．

図3.1.1 日本列島と周辺のプレート境界

このように，プレートの衝突により島弧-海溝系や大陸縁弧-海溝系，大陸地殻同士の衝突が引き起こされ，大地形や大地質構造帯などが形成される．一部のプレート境界は海溝となっており，北米プレートと太平洋プレート境界は千島-カムチャツカ海溝と日本海溝，ユーラシアプレートとフィリピン海プレートとの境界には南海トラフがある．さらに，北米プレートとフィリピン海プレート境界は相模トラフ，フィリピン海プレートと太平洋プレート境界は伊豆小笠原海溝となる．これらのプレート境界はいずれも太平洋側にあるが，日本列島内部に北米プレートとユーラシアプレートの境界があり，日本列島の地質・地形的な大地溝帯（graben）である糸魚川-静岡構造線（フォッサマグナ）（Fossa Magna）が形成されている．

日本列島の現在の水平地殻変動を見ると，ほぼ東西から北北東方向に変動が著しい．とくに，変動が大きい地域は北海道から東北地方で，逆に変動が小さいのは，中国地方と九州地方である．一般に，第四紀（160万年前）（quaternary）の変動が現在の地形の概形をつくったと考えられている．いわゆる変動地形は隆起（upheaval）の結果形成される山地や山脈，逆に沈降（submergence）による盆地の形成である．地盤が水平方向に圧縮されると，地盤が波打つような場合がある．その波長が数十km～100 km以上の場合，曲動地形と呼ばれ，膨れるのは曲隆（up-warping），へこみは曲降（down-warping）という．東北地方の北上山地や阿武隈山地は曲動地形にあたる．また，中国山地，瀬戸内海，四国山地は大きく見ると，曲隆-曲降-曲隆となる曲動地形と見なすことができる．曲動地形より小さい変動は，褶曲（fold）地形である．東北地方の奥羽山

脈-盆地群-出羽丘陵と南北方向の配列は褶曲変形と考えられている[1]．

断層運動により形成される地形は，断層地形と呼ばれる．断層で区切られる地塊山地や地塊盆地は，日本列島には数多く見られる．断層地形には正断層（normal fault）地形や逆断層（reversal fault）地形があり，日本列島ではプレートのぶつかりあいによる圧縮で形成される逆断層地形が多い．たとえば，神戸の六甲山地はその典型で，1995年の兵庫県南部地震で現れた断層も逆断層であった（図3.1.2）[2]．

このように，プレート境界付近では互いにぶつかり，横滑りを起こし，大起伏山地や地溝帯が発達し，かつ火山活動や地震活動がさかんとなっている．また，同様にプレートの沈み込みによるマグマ活動が活発となり，火山帯が形成されている．その結果，日本列島には現在多くの活火山（active volcano）があり，主として北海道から東北日本と南九州に集中している．それらの分布は，東北日本では太平洋側には存在せず，中軸部から日本海側に，九州から沖縄にかけては東シナ海よりにある．ちなみに，火山噴火予知連絡会議による活火山の定義である「おおむね1万年以内に噴火，あるいは現在活発な噴気活動のある火山」とすると，現在108の活火山が日本列島で活動している．

日本列島は南北に延びているため，南北方向の気候変動が激しく，南部の亜熱帯地域から北部の冷温帯気候まで幅広い．さらに，地形は急峻で，河川は急流となっている．また，台風の通り道にもあたり，台風や梅雨時の集中的豪雨により，河川の氾濫や斜面崩壊，地すべりといった土砂災害が頻繁に引き起こされ，日本列島全体に多くの崩壊地形や地すべり地形が発達している．

3.1.2 日本列島の成立

日本列島が弧状列島となったのは，2000万年ほど前で，それ以前は朝鮮半島と同じユーラシア大陸の一部であった．その時代の大陸の一部の岩石が飛驒から隠岐にかけて見られる変成岩で，先カンブリア紀の時代のものが残されている．そのため，日本海側の一部地域，石川県や富山県から岐阜県の北部にわたる古生代前半の地層や先カンブリア紀の変成岩が分布し，飛驒帯と呼ばれている．さらに，古い20億年前の岩石は隠岐島に残されている変成岩である．そのほかの地域は，それより新しい古生代以降の岩石である．日本列島，とくに西南日本の地質を大まかに太平洋側から日本海側に見ると，太平洋側から次第に古い岩石が分布している（図3.1.2）．それは，日本列島が大陸の縁にあった時代，プレートの大陸側への沈み込みにより，プレート上の堆積物や地殻の一部がはぎ取られ，大陸側に付け加わったものである．すなわち，付加帯（accretionary zone）と呼ばれる堆積層である．そのため，日本海側の地質は古く，太平洋側の地質は新しいことになる．それぞれ付加帯には時代ごとに名前がつけられている．もっとも古い付加帯は，古生代（Paleozoic）のペルム紀（Permian）で，三郡帯，山口帯，舞鶴帯，ジュラ紀の丹波・美濃帯，領家帯，三波川帯，秩父帯，四万十帯である[2]．その証拠は放散虫などの小さな生物の死骸が堆積

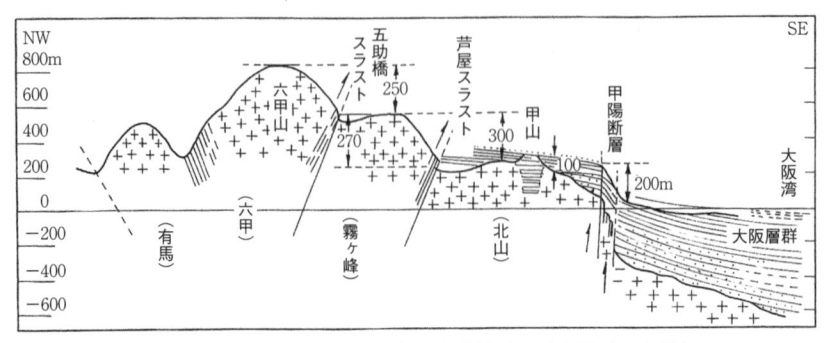

図3.1.2 六甲山地の南北方向の地形断面図（文献2）に加筆）

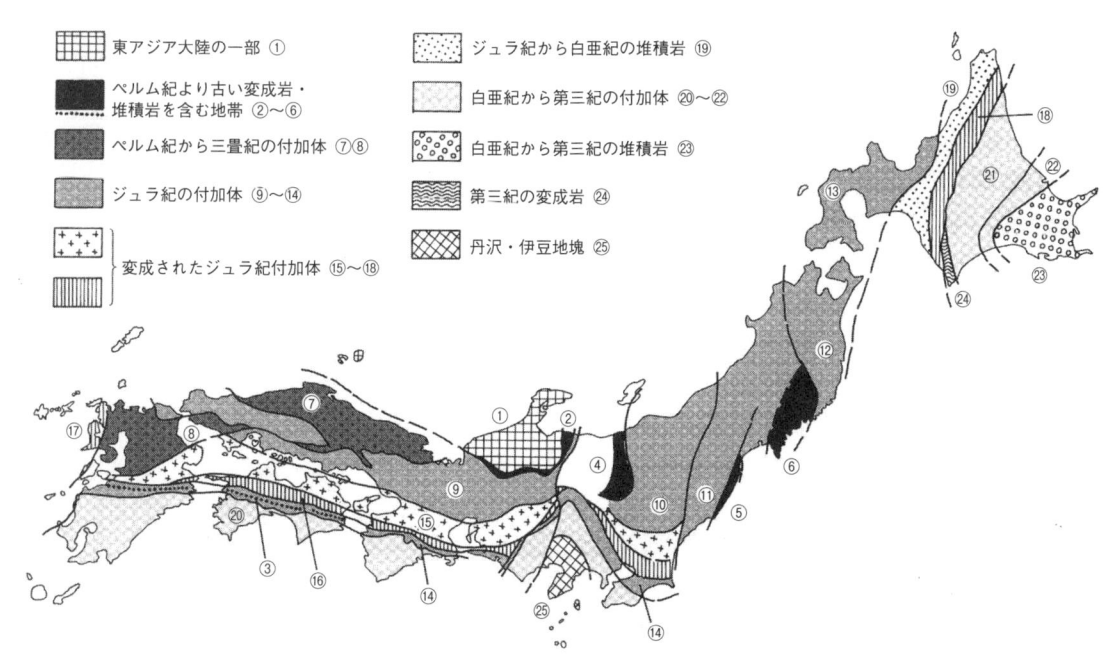

図 3.1.3 日本列島の地帯構造図（第四紀や新第三紀の堆積物を除く）（斉藤, 1992）
①飛騨帯, ②飛騨外縁帯, ③黒瀬川帯, ④上越帯, ⑤阿武隈東縁帯, ⑥南部北上帯, ⑦三郡帯, 舞鶴帯, ⑧山口帯, ⑨美濃・丹波帯, ⑩足尾帯, 八溝帯, ⑪阿武隈帯, ⑫北部北上帯, ⑬渡島帯, ⑭秩父帯, ⑮領家帯, ⑯三波川帯, ⑰長崎帯, ⑱神居古潭帯, ⑲空知・エゾ帯, ⑳四万十帯, ㉑日高帯, ㉒常呂帯, 根室帯, 日高帯, 丹沢・伊豆地塊

してできたチャートや海底火山活動による産物である枕状溶岩（pillow lava）の存在がある．さらに，プレートにのって移動し，プレートの潜り込みに伴って大陸側にはぎ取られ，付加されたと考えられる海山の上にできた珊瑚礁起源の石灰岩（limestone）の存在もある．また，プレートとともに沈み込み，地下深所の高温・高圧の条件下で変成作用（metamorphism）を受け，再び地上に現れている地域を変成帯，その岩石は変成岩（metamorphic rock）と呼ばれている．実際，変成岩は地下深所で形成されたものであるが，現在は地表に現れている．たとえば，三波川変成岩は地下30 kmほどの深部で変成作用を受けている．このように，深い岩石が地表まで上昇するメカニズムは明確には解明されていない．しかし，三波川の下部にプレートの潜り込みに伴った四万十帯の軽い岩石が沈み込み，上部の三波川帯を上昇させ，それと同時に上部にある岩石は削剥され，それによりさらに上昇が可能となり，現在にいたっているとする説がある[4]．

大陸の縁の大規模な横ずれ断層運動により，それに沿って分布する岩石や地層は水平方向に何百kmも移動し，その結果さまざまな岩石や地層が混じり合って混在一体となった地帯ができる．これらは構造帯（tectonic zone）と呼ばれ，代表的なものは紀伊半島から四国，九州に連続し，秩父帯と四万十帯を分ける黒瀬川構造帯や飛騨帯を縁取っており，飛騨外縁構造帯がそれにあたる（図3.1.3）[5]．

また，同じく日本列島が大陸の一部であった時代に活動した大きな断層として，西南日本を縦断する中央構造線（median tectonic line）がある．断層のずれは1000 kmにも達すると推定され，ジュラ紀頃から動き始めたと考えられている．中央構造線は，領家帯と三波川帯の境界に位置し，それより北側を内帯（inner zone），南側を外帯（outer zone）と呼び，両者は互いに離れた場所で形成されたものが，現在隣接していることになる．

日本列島に付加されるのは，海洋側だけではな

く大陸側の一部が付加されることもある．東北日本の南部北上山地や阿武隈山地などがその例だと考えられている．結果的に，東北日本の骨格はジュラ紀に形成されている．その後，白亜紀から第三紀の付加帯である四万十帯が形成された．その頃から，ユーラシア大陸の東側に亀裂が入り始め，日本列島の形成が始まる．まず大陸と東日本の間に横ずれ断層が生じ，2400万年前から断裂が拡大を始めた．その拡大は，次第に西方および南西に広がり，1500万年前頃まで続いた．これにより，日本海はできあがり，日本海拡大は急速に進行し，拡大とともに回転のはたらきもあったと考えられている．回転運動は西南日本では時計回りに45°回転し，一方東日本は反時計回りに25°回転しながら南に移動した（図3.1.4）[5]．このように日本海が拡大している間，東北日本は，阿武隈や北上山地を除いて，ほとんどが海底にあり，激しい海底火山（submarine volcano）活動があった．海底で噴出した溶岩や凝灰岩（tuff）は熱水作用（hydrothermal process）により緑色化し，いわゆるグリーンタフ（green tuff）が形成された．このグリーンタフは，北海道の留萌から渡島半島，東北日本脊梁山脈の西側から北陸，さらに山陰にかけて分布している．

北海道は西部，中央部と東部の三つの部分からなる．西部の渡島半島は，東北地方の北部とつながり，東部は千島弧の西端にあたる．中央部は複雑な構造をしており，二つの付加帯どうしが白亜紀（Cretaceous）末から第三紀（Tertiary）の初め頃衝突したと考えられている．

3.1.3 日本列島の基盤岩

日本列島を構成している岩石は付加帯で見られるような，いわゆる堆積岩や変成岩以外に，マグマからつくられた岩石があり，それらは互いに混在して分布している．マグマが地表に噴出すると急冷され，結晶は小さくあるいは結晶することができずガラスになるが，いずれも火山岩（volcanic rock）である．

日本列島の地質時代における大規模な火成活動として，白亜紀から第三紀にかけて流紋岩（rhyolite）やデーサイト（dacite）質マグマを噴出した火成活動があった．第三紀には，日本海が開くことによる活発な海底火山活動により，広範囲なグリーンタフ分布地域が形成された．

このような火山岩類は，火山岩層が厚く積み重なってできた岩体である．それらは，火山活動により形成された陥没地形に火山砕屑岩（pyroclastic rock）や溶結凝灰岩（welded tuff）などが堆積して形成されたものである．この陥没地形は一般にコールドロン（couldron）と呼ばれている．

西南日本内帯の地域はジュラ紀（Jurassic）前期まで局所的に海域が存在し，ジュラ紀後期から白亜紀にかけて陸化した．このように，海が後退する過程で沖積平野や湖に堆積した地層が中部地方や近畿，九州から山口県にかけて点々と残されている．白亜紀後期になると完全に陸化した．この頃から，火成活動が活発化し，大規模な噴火や花崗岩類の貫入が広範囲に起こり，古第三紀（Paleogene）まで断続的に続いた．このような火成活動は，西側から東側に次第に移動していった．火成活動はおもに酸性マグマ活動による火山活動と深成活動からなり，前述の流紋岩の活動である火山活動と花崗岩の貫入である深成活動となっている．これらの活動の結果，中部地方の濃飛流紋岩，近畿地方では有馬層群・生野層群・秋穂層群，中国地方では高田流紋岩，阿武隈層群な

図 3.1.4 2000万年前の日本列島の位置と日本海の形成（文献5）に加筆）

ど，いずれも酸性火砕岩類，とりわけ溶結凝灰岩を主体とする岩体となった．

後期中生代から古第三紀に形成された火山岩類は，北海道南西部から九州北部にかけての広い範囲に分布している．これらの地域は当時の大陸南東縁部にあたり，すぐ南東側に四万十帯を構成する地層を堆積させた海域が広がっていた．

日本列島に分布する花崗岩類（granitic rock）は三畳紀からジュラ紀，白亜紀から古第三紀，新第三紀に形成されている（図3.1.5）[5]．そのほとんどは白亜紀から古第三紀の花崗岩類で，全分布面積の60%を占めている．代表的な岩体としては，中部地方の伊奈川花崗岩・苗木花崗岩，近畿地方では六甲花崗岩・播磨花崗岩など，中国地方では広島花崗岩などである．その活動は，東日本では西方にいくほど若くなり，西南日本，中国地方では南方から北方へいくほど若くなる傾向がある．日本列島に限らず環太平洋地域では，この時代に大量の花崗岩類の活動があった．

3.1.4 花崗岩類

日本列島の基盤を構成している岩石の一つである花崗岩類の構成鉱物は，無色鉱物と有色鉱物に分けられ，無色構成鉱物として，石英，斜長石，カリ長石，有色構成鉱物として黒雲母，角閃石，輝石などで，まれにカンラン石が含まれることがある．また，副成分鉱物として，ジルコン，リン灰石，磁鉄鉱，チタン鉄鉱，硫化鉄鉱，モナズ石，褐色レン石，緑レン石，電気石などがある．変質鉱物としては緑泥石，カオリン鉱物，スメクタイト，イライトである．

一般には，構成鉱物は無色鉱物がほとんどで，有色鉱物はわずかである．花崗岩類はとくに石英，斜長石，カリ長石の量比により分類され，い

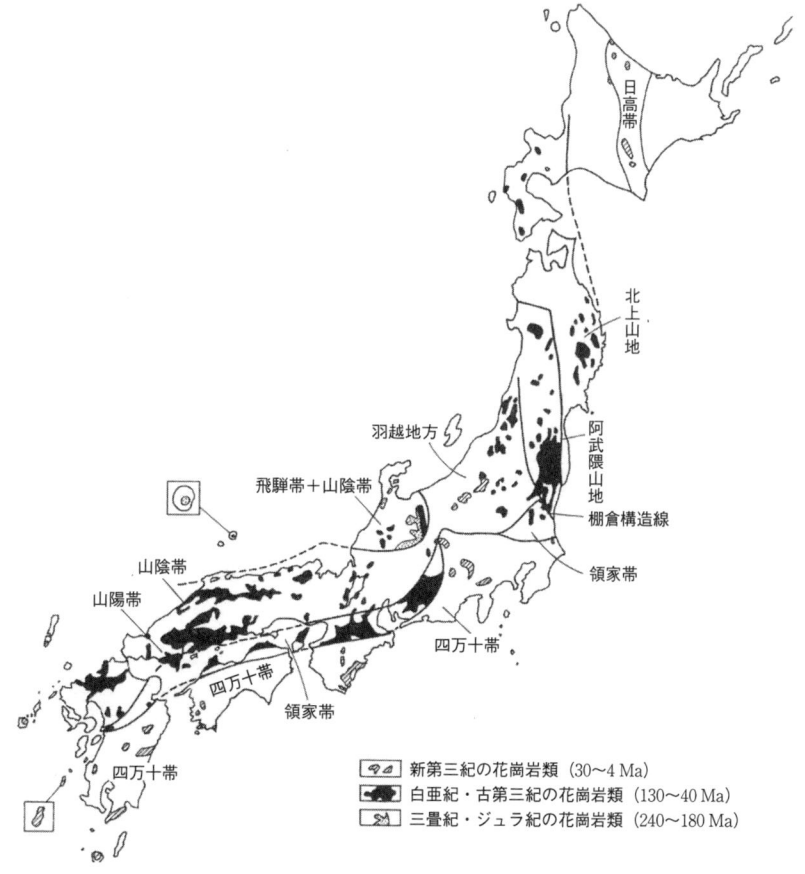

図 3.1.5 日本列島における花崗岩類の分布[6]

図 3.1.6 花崗岩質岩石の分類

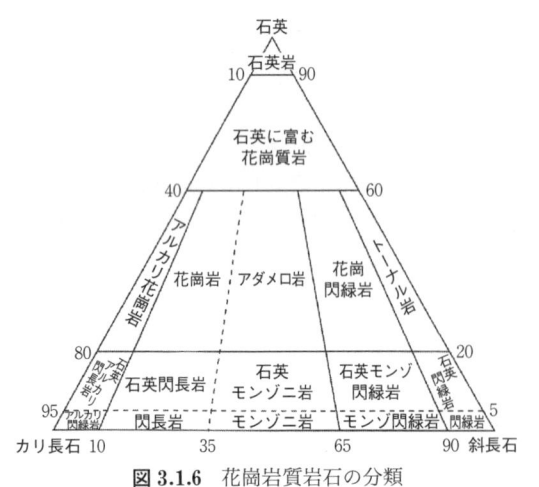

わゆる花崗岩，アダメロ岩，花崗閃緑岩，トーナル岩などに細分化されている（図3.1.6）．図に示されているように，下辺付近は石英が少なく，アルカリ的な性質をもち，右下付近は斜長石に富み，中性岩になる．花崗岩の領域は広く，カリ長石に富む領域から斜長石とほぼ等量になる領域まである．後者はアダメロ岩とも呼ばれている．花崗閃緑岩はアダメロ岩より斜長石に富み，モンゾニ岩はカリ長石と斜長石がほぼ等量で石英をほとんど含まない．閃緑岩は斜長石を主体としている．

花崗岩類は通常，粗粒で完晶質であり，深成岩と呼ばれている．また，深成岩と火山岩との中間的組成を示し，半深成岩と呼ばれる岩石もある．たとえば，細粒緻密なアプライトがそれにあたる．

花崗岩類は，また結晶の大きさがほぼそろった等粒状や，大きな結晶（斑晶）と小さな結晶（基質）とが存在する場合を斑状組織と呼んでいる．たとえば，花崗斑岩はカリ長石の斑晶が斜長石斑晶より多い．一方，花崗閃緑斑岩では斜長石はカリ長石の斑晶より多い．

3.1.5 岩石の分解

花崗岩類分布地域では花崗岩類が分解し，いわゆるマサ土化した地域が広く，場所によっては地表面下 100 m 以上深くまでマサ土化が進んでいる．花崗岩のマサ土化のメカニズムに関する研究は，古くより多くの研究者によりなされてきた．一般には，風化作用であると考えられているが，熱水活動も大きな要因であるとする考えもある[6]〜[8]．

花崗岩類には，縦横に比較的直線的割れ目の発達が見られる．これらの割れ目の両面がほとんどズレていないものは節理と呼ばれる．節理はほぼ垂直に近いものと，地形にほぼ沿うような緩傾斜から水平に近いシーティングジョイントと呼ばれるものがある．

一般に，風化作用の要因として，岩石の破壊にかかわる物理的要因（機械的）と岩石の変質にかかわる化学的要因に分けられている．それぞれ主とする作用により，物理的風化作用（physical weathering）あるいは化学的風化作用（chemical weathering）と呼ばれている．このように，風化とは岩石の破壊と，そこに侵入した水の作用により引き起こされる化学組成の変化，その結果として二次鉱物の生成，それに伴う岩石破壊，といった連続した現象である．砂漠あるいは沙漠地域のようにほとんど雨の降らない場所を除いて，多くの場合，化学的風化作用と物理的風化作用とはほぼ同時に進行すると見なされる．岩石の風化現象を引き起こす物理的要因に関して，一般的に気温の変化，凍結，塩類の成長，動植物の活動（最近ではバクテリアのはたらきも考えられている）のほかに，地質的要因がある．たとえば，断層運動とそれに伴う割れ目の形成，広域応力場による破壊などである．また，岩石種に特有な素因もある．たとえば，花崗岩類のような深成岩は，地下深部の高温高圧下で形成されたため，冷却による割れ目や，地表近くまで上昇することによる，著しい体積膨張により引き起こされる，引張り割れ目（tension joint）の形成などがそれである[9]．このように，花崗岩類のような深成岩では固結後ただちに広域応力場にさらされる．すなわち花崗岩のような深成岩に見られる割れ目は，岩石形成直後から現在までのさまざまな要因により形成された割れ目の集合したものであると考えられる．

岩石が化学的風化作用を受けるということは，もともとの岩石の化学組成が変化することである．この変化は，岩石を構成している鉱物が新た

に置かれた化学的環境下で，新しく安定な鉱物に変化することでもある．このような変化を変質と呼ぶ．変質の媒体は水である．そしてその水の温度やpH，また水-岩石比により反応速度やプロセスが異なる．そのため，風化作用には気候（気温，雨量），その気候条件下での植生などが重要な要因となる．水温が高いことや雨量が多いことは，岩石あるいは鉱物と水との反応が速く進み，急速に変質が進む．また，気温や雨量が多い，いわゆる熱帯多雨地域では植物の成長も速く，バクテリアなどの微生物の活動も活発となる．そのため落葉の腐食も速やかに進行する．腐食により腐食酸が生成され，水は強酸性化し，一般に元素の溶脱を激しくさせることとなる．元素はすべて溶脱するのではなく，一部は残留する．その残留した元素からその環境下で安定な鉱物（酸化鉱物，水酸化鉱物，炭酸塩鉱物，硫酸塩鉱物，粘土鉱物）が新しく生成される．

造岩鉱物は化学的風化作用により，主として粘土鉱物（clay mineral）に変わる．それは，鉱物を構成している元素の溶脱と沈殿の結果（変質）である．しかし，その過程はすべての鉱物種に一様ではなく，変質しやすい鉱物とほとんど変質しない鉱物がある．たとえば，花崗岩類の主造岩鉱物である長石類（斜長石・カリ長石）は変質し粘土鉱物に変化しやすいが，石英は粘土鉱物化することはない．一般に，形成される粘土鉱物の化学組成は，主としてAl_2O_3とSiO_2である．このことは，鉱物が変質し，粘土鉱物化する場合，主としてこの両組成から構成されている鉱物が粘土鉱物に変化しやすいことによる．たとえば，長石類は主としてAl_2O_3，SiO_2組成からなり，一方石英はSiO_2のみで構成されている．そのため，前者は粘土鉱物化しやすいが，後者そのものは粘土鉱物化しない．

このように考えると，花崗岩類中の黒雲母は，もともと粘土鉱物と同じ結晶構造をもっている．そのため，花崗岩類中の構成鉱物のなかで，もっとも周辺の環境に敏感に反応し，粘土鉱物に変化している．

多くの場合，風化作用では最終的にSiO_2，Al_2O_3からなるカオリン鉱物になる．さらに進むと，SiO_2は溶解し，酸性条件下でもっとも安定な元素の一つであるAlやFe^{+3}の水酸化物［$Al(OH)_3$，$FeO(OH)$］からなるギブサイト（gibbsite）やゲーサイト（goethite）になる．そのため，花崗岩の著しく変質した露頭には，しばしばギブサイトやゲーサイトの生成が認められる．

花崗岩の構成鉱物から粘土鉱物に変化する場合，以下のように変化をたどる．結晶表面に接した水分子は結晶表面を溶かし，結晶表面に薄い非晶質層を形成する．そのなかで結晶構造を新しく組み立て，粘土鉱物へと変化し，結晶内部へつぎつぎに進み，最終的に結晶全体を粘土鉱物に変えてしまう[10]．花崗岩の主要構成鉱物である斜長石はカリ長石より変質しやすく，さらに斜長石のなかでも曹長石より灰長石のほうがより速く進行する．これは，長石の種類により化学組成の違いに起因している．たとえば，斜長石には，Caの多い斜長石（灰長石：$CaAl_2Si_2O_8$）とNaの多い斜長石（曹長石：$NaAlSi_3O_8$）がある．またカリ長石の化学組成は，$KAlSi_3O_8$で示される．これらをそれぞれ比較すると，以下のようになる．陽イオンとしてCa，Na，Kの順に酸性の水に溶解しやすいため，長石の種類により変質の速度が異なることになる．この傾向は，長石の酸性溶液下での短期間の溶解実験において明確に表されている[11]．しかし，鉱物の変質過程で鉱物自身の化学組成の違いにより，さまざまな粘土鉱物が途中で形成される場合がある．たとえば，輝石や角閃石などは，Fe，Mgが多く，溶脱がゆっくり進行する場合には，まずFe，Mg組成をもつスメクタイト（smectite）が生成され，それからさらに風化が進行するにつれ，カオリン鉱物に変化してくる．しかし，風化の進行が急速である場合にはFeやMgも急速に溶脱されるため，直接カオリン鉱物（kaolin mineral）に変わりやすい．

黒雲母は加水雲母（黒雲母・バーミキュライト混合層鉱物），バーミキュライト（あるいは緑泥石），カオリン鉱物へと変化している．しかし，この変化も急速な風化作用による溶脱が激しく行われると，黒雲母から直接カオリン鉱物に変わ

3.1.6 深層風化

風化現象を広域的に論じる場合，一般的に風化作用は地表面から深部に向かって進行する．そのため，風化状態は層状に変化し，風化層あるいは風化殻と呼ばれ，地表近くから土壌化帯，浅層風化帯，深層（深部）風化帯と分けることができる．しかし，深層と浅層をどこで分けるか明確に規定があるわけではなく，あいまいな用語としてしばしば使われる．この用語はもともと小出により名づけられ，小出も概念をしっかり規定したものではないと述べている[12),13)]．一般には，数十m以上風化を受けている場合に使われることが多い．いずれにせよ，この語句は露頭スケールで使うのではなく，広域スケールにおいてのみ使用されるべき語句である．

中国・四国地方に分布する花崗岩類のマサ土化は全体的に進んでいるといえ，またその多くの地域で一般的に10 m以上深くまでマサ土化しており，50 m以上に及んでいることも珍しくない．深層風化と呼ばれている現象は，一般の風化作用では十分に説明できないことが多い．その現象を理解するためには，風化作用のみでなく，花崗岩活動に伴う熱水作用も考える必要がある．

岩石や鉱物の変質は風化作用のみならず，わが国のような火山活動の活発な地域では熱水による変質作用が局所的に著しい．断層などの割れ目があると，そこに侵入した酸性の熱水は，周辺の岩石を溶解し，しだいに周辺へと移動する．熱水変質は風化作用による変質とは区別がつきにくい場合が多い．そのため，熱水作用の存在を見逃してしまうことがしばしばある．

3.1.7 地すべり・斜面崩壊

古第三紀には，凝灰岩起源のスメクタイトを主とする地層が数多く挟在しており，それらは地すべりに深くかかわっていると考えられている．スメクタイト（グループ名）は結晶構造的に，大きく二つのサブグループに大別される．すなわち，2-八面体と3-八面体構造である．スメクタイトの結晶構造はSi四面体の2層と八面体の1層が層状に重なり形式されている（図3.1.7）．八面体層には三つ陽イオンが入る席があり，二価の陽イオンは，三つの席すべてに入っており，三価の陽イオンは二つの席をしめている．そのため，化学組成の違いによりさまざまな鉱物種に分類されている．2-八面体構造を示す種名としてモンモリロナイトをはじめ，バイデライト，ノントロナイトがあり，3-八面体構造を示す種名としてサポナイト，ヘクトライト，ソーコナイト，スティーブンサイトがある．しかし，自然界で一般的にしばしば認められる粘土鉱物種はモンモリロナイトである．モンモリロナイトは，さらに層間イオンの違いにより，大きくNa型とCa型に分類される．スメクタイトはこのような鉱物学的違いにより，周辺の水と接触した場合さまざまに異なった挙動を示す（岩崎，1979）[14)]．たとえば，層間にNaが多いスメクタイトはCaが多いものより膨張性が高い[15)]．もし，周辺からの圧力がない解放された状態であれば，このスメクタイトは乾燥状態に比較して数十倍に膨れあがる．その原因の説明として，Naスメクタイトの周りに水が十分に存在する場合，Naによる水和力とスメクタイト層とスメクタイト層との層間をつなぐクーロン力との

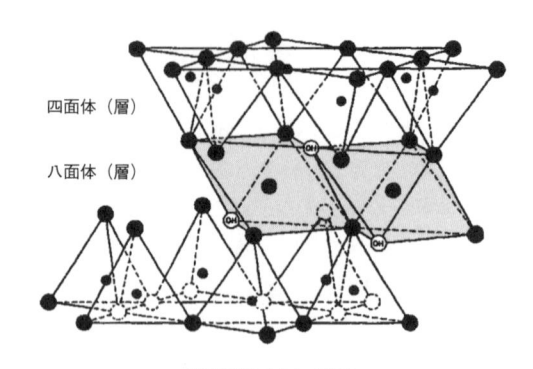

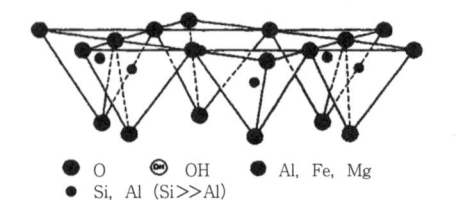

図3.1.7 スメクタイトの結晶構造

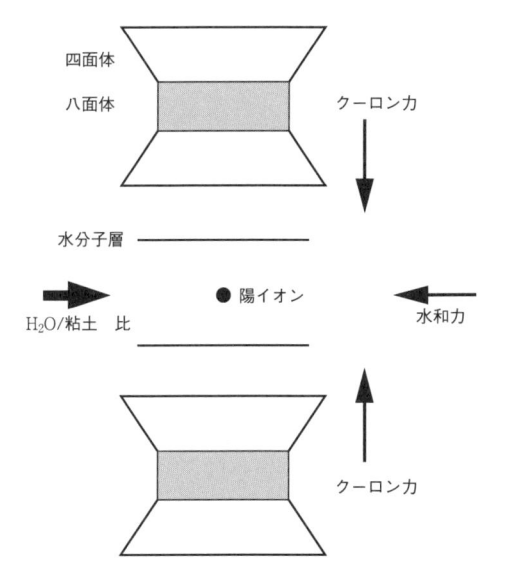

図 3.1.8 スメクタイトの膨張メカニズム

バランスが崩れ，層間に水和する力が勝り，結晶が構造的に著しく膨張すると同時に，結晶間に水が蓄えられた状態になる（図3.1.8）．一方，CaスメクタイトはCaにより層間をつなぐクーロン力がCaの水和力に勝り，層間の膨張を押さえている．その結果，Naスメクタイトを多く含む岩層内では特に摩擦力が低下し，すべりが発生する要因となっているものと考えられている．

一般に土木用語ではベントナイトが膨張性粘土をさしているが，これはモンモリロナイトを主成分とする粘土状物質の総称であり，上述の粘土鉱物種を示す語句ではない．しばしば混同して使用されているので注意を要する． （北川隆司）

参考文献

1) 米倉伸之, 貝塚爽平, 野上道男, 鎮西清高編：日本の地形, 1 総説, 東京大学出版会, 2001.
2) 藤田和夫：槇山次郎教授記念論文集, pp. 23-30, 1961.
3) 沓掛俊夫：地球史入門, 1995.
4) 平 朝彦：日本列島の誕生, 1994.
5) 鳥居雅之, 林田 明, 乙藤洋一郎：科学, **55**, 47-52, 1985.
6) 久城育夫, 荒牧重雄, 青木謙一郎：日本の火成岩, 岩波書店, 1989.
7) 小出 博：日本の国土 上, 自然と開発, 東京大学出版会, 1973.
8) R. Kitagawa: *Univ. Ser.* C, **8**, 47, 1989.
9) 歌田 実：地学雑誌, **112**, 360, 2003.
10) 工藤洋三, 佐野 修：地質ニュース, **470**, 36, 1993.
11) K. Tazaki and W. S. Fyfe: *Can. Jour. Earth Sci.*, **24**, 506, 1987.
12) 坂本尚史, 小林祥一：粘土科学, **32**(2), 108, 1992.
13) 小出 博：応用地質—岩石の風化と森林の立地, p. 62, 古今書院, 1952.
14) 小出 博：防災科学技術総合研究報告, **14**, 5, 1968.
15) 岩崎孝志：鉱物学雑誌, **14**(特別号), 78, 1979.
16) Y. Fukushima: *Clays Clay Miner.*, **32**, 320, 1984.

3.2 気象・流域水象・海象と地盤

3.2.1 気象と地盤

a. 大気循環[1]

地球が外部から受けるほぼすべてのエネルギー源は太陽からの電磁放射による．このうちの25％は雲やエアロゾルにより反射され，25％は雲や大気に吸収される．残りは地球表面に到達するが，5％は反射され，45％が吸収される．地球表面に吸収されるエネルギーの約1/3は熱エネルギーに変換された後，宇宙へ再放射されるが，2/3は地球内の循環システムを駆動するために使われる．気象は，対流圏での大気の循環に支配されている．

地球が得た太陽エネルギーの赤道-極間の分布の偏りは，鉛直対流として，南北間のエネルギー移動を駆動する．この南北対流を見てみると，まず，赤道地域から上昇した大気は緯度30°付近で下降し，亜熱帯高圧帯をつくる．この下降気流は地球表面を低緯度と高緯度の両方向に分岐する．この対流セルはハドレー循環（Hadley cell）と呼ばれる．低緯度方向に分岐する気流は，コリオリ力のため，貿易風，高緯度方向への気流は偏西風と呼ばれる東西方向の卓越気流を形成する．高緯度方向に分岐する地球表面上の気流は緯度60°付近で極からの冷たい気流と収れんして寒帯前線を形成する（図3.2.1）．なお，コリオリ力とは地球自転による物体力で，移動する物体の移動速度に比例し，移動方向に直角（北半球では右，南半球では左方向）に作用する転向力である．移動速度にかかる比例係数をコリオリ係数 f_c といい，

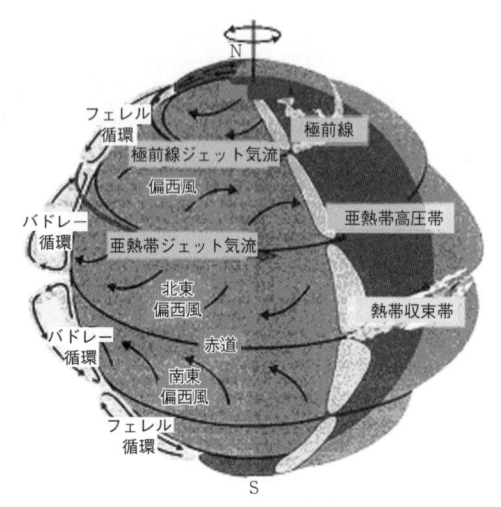

図 3.2.1 大気の循環系

地球の自転角速度 $\Omega=2\pi/(3600\times 24)\cong 7.27\times 10^{-5}$ (1/s),緯度 φ を用いて,$f_C=2\Omega\sin\varphi$ で表される.このような地球規模での地上の卓越風は,海洋での表層海流系を形成する.コリオリ力の影響で,北半球では,時計回りの北太平洋環流,北大西洋環流,南半球では時計回りの南太平洋環流,南大西洋環流,南インド洋環流と南極大陸を周回する西風海流を形成する.これらの海洋表層海流は海洋流動だけでなく,台風で代表されるような気象流動をも介して,赤道-極間の熱輸送に重要な役割を演じている.

b. 地表面の熱収支[2]

地表面の熱エネルギーは,潜熱(水蒸気を介した熱輸送)や顕熱(熱伝導による熱輸送)に変換されるが,その配分比は地表面状態で変化する.海洋では,日射がかなりの水深まで透過するため蓄熱効果が大きい.太陽放射エネルギー(0.15~3 μm の波長で,短波放射,日射と呼ばれる)は潜熱や顕熱として海水中から放出されるため,海上での気温の変化は小さい.陸地では太陽放射エネルギーの大半は短時間に潜熱や顕熱として放出される.植生の繁茂する陸地では,熱エネルギーは蒸発潜熱として放出されるので,地上温度の上昇は抑えられるが,砂漠では顕熱と長波放射(3~100 μm の波長で,赤外放射とか大気放射と呼ばれる)に変換されるため地表面温度が高くなる.また,顕熱輸送が卓越する場合には,気温が上昇し風の循環が発生する.地表面への太陽放射エネルギーが大気の運動を駆動する過程は,潜熱・顕熱の配分比によって大きく異なる.地表の水循環が気象・気候変動に与える影響,すなわち大気・陸面過程を考える場合には,流域水収支に加えて,地表面での熱収支を考慮する.

c. メソ気象モデル

台風や豪雨などのメソスケールの異常気象は,地球上での気流や流水による災害(流体災害と呼ぶことにする)を引き起こす自然外力である.流体災害は,多くの場合,流砂・漂砂に代表される底質の輸送を介して地形変化を発生させ,地盤環境を変える.

生活圏に災害をもたらす気象現象の大半は,水平スケールで 2~2000 km,時間スケールで数十分から数時間ないし数日程度のメソスケールのものか,それ以下のミクロスケールの現象である.このようなスケールの気象解析には,気象数値モデルが用いられる.気象モデルの支配方程式系は,地球の回転を考慮したナビア・ストークス(Navier-Stokes)の運動方程式,熱力学方程式,圧縮系の連続方程式,水蒸気混合比式,雲・降水粒子混合比式,および雲・降水粒子の数密度式で構成される.気候モデルにおいて,雲は大気の駆動力として重要である.豪雨をもたらす積乱雲とその組織化した雲の熱力学系は複雑な,流動場と雲物理過程(雲の形成や雲中の雨,氷などの変化)の非線形相互作用である.このような力学システムを数値モデルによってシミュレーションするためには,最低限度,つぎのような雲物理過程を詳細に再現することが求められる.すなわち,水蒸気を含む空気塊が大気中を上昇するとき,水蒸気から雲・降水粒子への変換が起こり,雲が生成され降水が起こる.降水の形成過程は大きく「暖かい雨」と「冷たい雨(氷相雨)」に分けられる.暖かい雨は氷相過程をまったく経ずに雲から降る雨で,雲のすべての領域が 0℃ 以上にあるが,氷相雨は降水粒子の成長過程の主要な部分に氷相過程が関与するような雨で,この場合雲の一部または全部は 0℃ 以下にあり,通常は液相と固相の水が両方存在する.

ペンシルベニア州立大学と米国国立大気研究センター（NCAR：National Center for Atmospheric Research）で開発されたメソスケール気象モデル（MM5[3]と命名された公開モデル）は，今日多くのユーザをもっているが，雲物理過程はパラメータにより簡略化されている．豪雨予測やダウンバーストを再現する場合には，雲解像の非静力学気象モデル（たとえば，CReSS[4]と命名された公開モデル）が必要となる．これらのメソ気象モデルを実行するためには，境界条件，初期条件として全球での気象計算結果（客観解析データ）を用いる．代表的な客観解析データは，日本の気象庁の数値予報格子点値，GPV[5]（grid point value）データ3タイプ（全球：GSM，領域：RSM，メソ：MSM），米国の米国環境予測センター・米国大気研究所（NCEP/NCAR）[6]（NCEP：National Centers for Environmental Prediction）の（全球1度格子），欧州中規模気象予測センター[7]（ECMWF：European Centre for Medium-Range Weather Forecasts）（全球）がある．

d．台風の風域場・降雨場の再現

台風の圧力場は，同心円分布で比較的うまく再現できる．この気圧場の風は傾度風と呼ばれ，気圧勾配による傾度力，遠心力，コリオリ力とがバランスする運動方程式から得られる．これは，等圧線の接線方向風速に関する二次方程式の解で与えられる．傾度風と，台風が移動することで発生する移動風とを足し合わせて台風の風速分布が得られる．地上面近くでの風の場を求めるためには，地上摩擦の影響（風速ベクトルの負方向で，強さは風速の2乗に比例する）を考慮する必要がある．この場合は，風速ベクトルは同心円の接線方向より中心を向く方向に修正される．このため，台風中心に向かって吹き込む風の角度を調整することで，地上摩擦の影響を導入することができる．実際には，海上で15°，陸上で30°程度の吹込み角が設定される．このような方法で台風の地上風場を再現する簡易な台風モデルがつくられ，実用に供されてきた（たとえば，藤田モデル，光田・藤井モデル）[8]．しかしながら，山地や内海が複雑に入り組むような地形条件のもとでは，地形により気流の方向や強さが変化する効果を考慮する必要がある．この影響は，MASCON（mass consistent model）モデル[9]（MATHEWモデルとも呼ばれている）を用いることにより，簡易な台風モデルの修正として，取り入れられる．すなわち，大気の質量の連続式を制約条件として，簡易な台風モデルの場の風を，地形の効果が入っている風の場となるよう，変分法により修正する．

地形の影響だけではなく，台風の気象場そのものをより合理的に再現するため，MM5などのメソ気象モデルによる計算も行われるようになってきた．この方法では，全球モデルによる気象場の計算結果をバックグラウンドデータ（初期値，境界値，四次元同化データ）として用いる．全球モデルによる気象場の計算結果は空間解像度が粗いため，台風のような局所的に大きく変化する気象場の再現はむずかしく，滑らかな気圧分布や緩やかな風速場となる．このため，台風中心付近の気象，風速場を強制的に修正する方法が用いられる．ボーガス台風（bogus typhoon）[10]の作成がその1例である．

台風は，しばしば，豪雨をもたらし，斜面土砂災害，洪水災害の原因となる．台風による降雨場の数値予測，再現にもメソ気象モデルが適用できる．多くのモデルは雲物理過程をパラメータ化して簡略化しているが，ネスティング（入れ子型の計算）により水平格子を3km程度まで細かくすることで，かなり精度（総降水量レベルでの再現は可能）で豪雨予測が可能となる．この場合，精度向上のためには，もっとも粗い計算領域において，ボーガス台風，四次元データ同化を行うことが必要となる．豪雨の局所的分布や，時間特性の正確な再現には，詳細な雲・降水物理過程を入れた非静力学気象モデル（雲解像度モデル）を用いなければならないが，これもバックグラウンドの計算精度に左右されるので，雲解像度モデルを用いても1～数km程度の空間誤差は覚悟しなければならないであろう．

3.2.2 流域水象と地盤
a. 流域と洪水災害

陸地での降水は全地表水の主供給源で，水路により流域（集水域）に排水された後，河川流路網を通して，海洋へ放出される．河川での流れの駆動力は重力で，水（溶存物質，流砂も含めて）は勾配の急なほうへ流れる．一般には，河川勾配は高度が高いほど急で，流れの強度，底質の流掃力（流れのせん断応力）は大きい．この流掃力の流下方向分布により，河川底質の上流から下流への住み分けが行われる．流水によって運搬，堆積された粘土，シルト，砂，礫は沖積層を形成し河川の流路形成は，流れのエネルギー，河床地質，底質の形状と量によって変化する．流路形状は大きく分類して，網状，蛇行，直行河川に分類され，それぞれ以下のような特性がある．

① 網状河川：流れのエネルギーが大きく，粒径の大きい多量の底質を運搬する河川．砂礫堆（砂州）が発達し，分岐・合流を繰り返した流路網の河道形状を形成．

② 蛇行河川：微細堆積物，緩傾斜，低エネルギーの川幅の狭い水深の深い河川．淵と早瀬，ポイントバーで形成される規則的な屈曲を繰り返す流路．

③ 直行河川：不安定な河川形状で自然界ではまれ．均一砂により人工的に作成することは可能ではあるが，蛇行水路に移行する．

降水量が多く，河川勾配が急なわが国では，山地に降る雨は短時間に低平地に流れ出し洪水を発生させる．近代河川工法は，これを制御するため，連続堤によって河川水を堤防のなかに押し込める高水位方式をとってきた．その結果，河川流は急激になり，多量の土砂が運搬され，河床を高くし，これに対応するために，さらに堤防を高くするという悪循環をつくってきた．大正時代以降は，河川山間部にダムを建設し洪水を制御することが提案され，カスリーン台風（1947），キティ台風（1949），狩野川台風（1958）による相つぐ洪水氾濫が引き金となり，ダムに頼る河川管理法が選択肢の一つとなってきた．さらに，洪水対策の行き詰まりに加えて，電力・工業・生活用水の急激な増加により，多目的の名のもとにダム建設が加速された．このため，河川堤防決壊による災害が急激に減少した．さらに，伊勢湾台風（1959）による大災害により，全国の海岸堤防が整備され，1960年以降，流体災害による死者数が急激に減少したが，これが河川環境のみならず海岸環境を悪化させる要因になったことは周知のようである．

b. 流域での水収支と流出モデル

豪雨の場合，雨水が河川に直接流入する量は降雨量の約5%，土壌中へ35%が浸透し，60%が蒸発散するといわれている．浸透能の高い流域斜面（有機物に富んだ土壌におおわれた斜面）では大部分の雨水は地下水となるが，露出した土壌は雨滴の衝撃で粘土粒子が飛散し土壌表面をおおい，浸透能の低下を引き起こすため，表層流出が発生する．流出特性の相違は，ハイドログラフ（ある1点での河川流出流量の時間的変化）で読み取ることができる．図3.2.2に，降雨強度，蒸発散，流出機構（表層・中間層流出と地下水流出）とハイドログラフの関係を模式的に示した．ハイドログラフでは，降水後の急激な流量の増加とそれに続く緩やかな減少過程が明確に示されているが，これは変化の早い表層流出による成分と，変化の遅い地下水流出との合成による．雨水の流出過程は，斜面勾配のほか，土壌条件，植生条件によって規定される浸透能によって大きく変わる．森林状況や都市化による河川流出特性の影響は，複雑ではあるがきわめて重要であり，流出モデルではこれらの特性をできる限り忠実に，かつ簡潔に導入する努力がなされる．

流域内の水収支モデルを構築するためには，陸面モデル，土壌浸透流モデル，地下水流動モデル，河川流出モデルの組合せが必要である．陸面モデル（land surface model）では，大気状態（気温，比湿，風速，長波放射，短波放射，降水量，気圧など）と地表面状態（植生，土壌特性，植物活動）とを考慮し，呼吸・光合成（植物活動）を考慮した熱，炭素，水分収支を解析する．代表的な陸面過程モデルとしては，米国海洋大気局（NOAA）の開発したSiB（simple biosphere

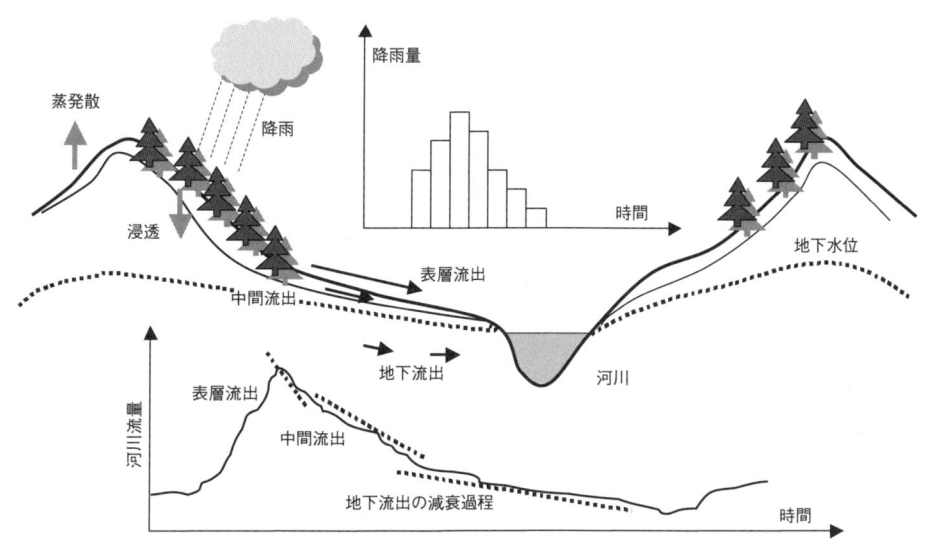

図 3.2.2 流域での流出機構とハイドログラフ

model），SiB 2[11] などがある．SiB モデルは，植生を2層（キャノピー層，地面），土壌を3層（表層，中間層（root zone），最下層（recharge zone））とした陸面過程と浸透流のモデルで，これを地下水流動モデルと河川流出モデルとに結合する形で，流域内の水収支モデルを作成することが可能である．

さらに，簡単化した流出モデルとして，分布型流出モデルがある．ここでは，流域内を斜面要素に分割し，要素ごとに降水土壌浸透過程をパラメータ化し，要素間を擬似河道網で結び，この間の水の移動に kinematic wave 理論などで運動機構を取り入れている．降水-流出に必要なパラメータだけで簡略化した流出モデルは集中型モデルと呼ばれ，流域情報の少ない流出解析に用いられる．

c．流砂量式

河川での流砂は，河床の底質が交換して輸送されるベッドマテリアルロード（bed-material load）と，河床底質との交換がない微細な土砂輸送であるウォッシュロード（wash load）とに分類される．さらに，前者は土砂と流水の両方の特性で流砂量が決まり，転動，滑動，跳躍運動の総量で決まる掃流砂と，乱流拡散で河床底からもち上げられ運搬される浮遊砂に分けられる．

（ｉ）掃流砂量式[12]　掃流砂量を推定する方法は，砂粒の運動を確率論的に扱う方法（たとえば，Einstein モデル），砂粒の数密度と移動量とをモデル化する方法（たとえば，Kalinske モデル），および流れのエネルギー散逸を流砂量 q_B（単位幅あたりの実質体積表示）と結び付ける方法（たとえば，Bagnold モデル）の3タイプに分類できる．河床底に作用する流れのせん断応力の無次元表示，無次元掃流力は次式で表示される．

$$\tau_* = \frac{\rho u_*^2}{(\sigma - \rho) g d} = \frac{u_*^2}{(\sigma / \rho - 1) g d} \quad (3.2.1)$$

ここで，σ，ρ はそれぞれ砂粒，流体の密度，g は重力加速度，d は代表粒径，u_* は摩擦速度である．3タイプの掃流砂量は，以下のように定式化される．

（１）砂粒の運動を確率論的に扱う方法

$$q_B = \alpha \cdot d \cdot P_s \cdot \Lambda = C \cdot \frac{f(\tau_*)}{1 - f(\tau_*)} \quad (3.2.2)$$

ここで，α は係数，P_s は移動する砂流の単位時間あたりの確率密度（pick-up rate），Λ は移動する砂粒の平均移動量，$f(\tau_*)$ は砂粒に作用する揚力が砂粒の重力を超える確率である．

（2） 砂粒の数密度と移動量とをモデル化する方法

$$q_B = a \cdot v_g \cdot u_g d^3 = C \cdot \left(1 - \frac{\tau_{*c}}{\tau_*}\right) \cdot \left(1 - \sqrt{\frac{\tau_{*c}}{\tau_*}}\right) \cdot \tau_*^{3/2} \quad (3.2.3)$$

ここで，C は係数，v_g は移動する砂粒の数密度，u_g は移動する砂粒の平均移動量，τ_{*c} は限界掃流力である．

（3） 流れのエネルギー散逸を流砂量と結び付ける方法

$$q_B = \frac{\varepsilon_b}{(\sigma - \rho) d (\tan\phi - \tan\beta)} \tau_b \bar{u}$$
$$= \varepsilon_b C \cdot \left(1 - \frac{\tau_{*c}}{\tau_*}\right) \cdot \tau_*^{3/2} \quad (3.2.4)$$

ここで，ε_b は掃流砂のエネルギー変換効率，$\tan\phi$ は砂粒の内部摩擦角，$\tan\beta$ は局所河床勾配，τ_b は河床底に作用する流れのせん断応力，$\bar{u}$ は平均流速である．

さらに，これらを一般化した次式のような掃流砂量式も用いられる．

$$q_B = C \cdot \left(1 - \frac{\tau_{*c}}{\tau_*}\right)^m \cdot \left(1 - \sqrt{\frac{\tau_{*c}}{\tau_*}}\right)^n \cdot \tau_*^{3/2} \quad (3.2.5)$$

ここに，C，m，n は調整パラメータである．

なお，河床波のある場合は，これによる流れのエネルギー散逸を差し引いた有効掃流力が用いられ，混合砂礫の場合には粒径別に流砂量を定義したり，粗い砂による遮へい効果を考慮した定式化が行われる．

（ⅱ） 浮遊砂量式　浮遊砂量式は，河床底から上向きに定義した鉛直座標系を z とし，ある高さでの流速 $u(z)$ と浮遊砂濃度 $c(z)$ の積を水深 h にわたり積分して，次式のようになる．

$$q_S = \int_a^h u(z) \cdot c(z) dz \quad (3.2.6)$$

ここで，a は浮遊砂濃度の基準高さ（濃度が鉛直方向に変化を始める点）である．濃度分布は次式の連続式を解いて決定される．

$$\varepsilon_t \frac{\partial c(z)}{\partial z} - w_s c(z) = S_0 = S_E - S_D \quad (3.2.7)$$

ここで，ε_t は浮遊砂の混合係数，w_s は浮遊砂の沈降速度，S_0 は河床底からの浮遊砂の供給量，S_E は河床から出る量，S_D は河床に堆積する量である．浮遊砂の混合係数は，渦動粘性係数とシュミット（Schmidt）数（動粘性係数と物質拡散係数の比）で関係づけられ，渦動粘性係数の分布により時間平均流速分布 $u(z)$ が決まる．流れの乱流特性は，混合距離モデルや $k\text{-}\varepsilon$ モデルなどにより計算される．

3.2.3　海象と地盤
a．漂砂量式と海浜変形予測[13]

波（津波，うねり，風波）や流れ（海流，密度流，潮流，吹送流，波浪流）によって移動する海岸の底質を漂砂という．単位幅，単位時間あたりの漂砂量（体積または重量表示）を見積もる方法は，掃流力・抵抗力バランスにもとづく解析と流体のエネルギー損失（∝ 漂砂移動に費やされる）にもとづく方法に大別される．現在，実用的に用いられている漂砂量則は後者の概念にもとづくものが多い．すなわち，砕波により波浪のエネルギーが流れに変換され，これが漂砂量を規定すると考える．たとえば，沿岸漂砂量を推定するために多用されている CERC 公式（Coastal Engineering Research Center, US Army Corps of Engineers）では，波が砕波により失う沿岸方向のエネルギー成分 P_L と砕波帯内の全沿岸漂砂量 q_L（水中重量表示）とを次式のように関係づけている．

$$q_L = K P_L, \quad P_L = \frac{1}{8} \rho g H_B^2 c_{gB} \sin\alpha_B \cos\alpha_B \quad (3.2.8)$$

ここで，α_B は入射波の砕波角，H_B は砕波の波高，c_{gB} は砕波点での群速度，K は係数で rms 平均波高を使用する場合には $K = 0.77$ が用いられるが，実際には海浜変形特性と照らし合わせて調整される係数である．

局所的でかつ時間変化を考慮した水中重量表示の全漂砂量 $\vec{q}$（掃流漂砂量 $\vec{q}_B$ ＋浮遊漂砂量 $\vec{q}_S$）としては，以下に示す Bailard モデル[14]があり，モデルとして整合性があり，複雑な流れの場が再現された状況下でも発展性があるため，広く用い

られている.

$$\langle \vec{q} \rangle = \langle \vec{q}_B \rangle + \langle \vec{q}_s \rangle$$
$$= \rho C_f \frac{\varepsilon_b}{\tan \phi} \left[\langle |\vec{u}_t|^2 \vec{u}_t \rangle - \frac{\tan \beta}{\tan \phi} \langle |\vec{u}_t|^3 \rangle \vec{i} \right]$$
$$+ \rho C_f \frac{\varepsilon_s}{w_s} \left[\langle |\vec{u}_t|^3 \vec{u}_t \rangle - \frac{\varepsilon_s}{w_s} \tan \beta \langle |\vec{u}_t|^5 \rangle \vec{i} \right]$$
(3.2.9)

ここで, $\vec{u}_t$ は時間的に変化する流速（波浪成分と平均流成分の和）, ε_s は浮遊漂砂のエネルギー変換効率, $\vec{i}$ は局所海底勾配の方向単位ベクトル, $\langle \ \rangle$ は時間平均, C_f は摩擦係数である.

波浪および平均流条件と底質特性がわかれば, 式 (3.2.9) で漂砂量が計算できるので, 漂砂量の連続式から次式により任意の点の水深変化が計算できる. 図 3.2.3 に座標系を示す.

$$\frac{\partial h}{\partial t} - \frac{1}{1-\lambda} \left(\frac{\partial Q_x}{\partial x} + \frac{\partial Q_y}{\partial y} \right) = 0$$
(3.2.10)

ここで, λ は砂の空げき率, Q_x, Q_y は x, y 方向の体積表示の漂砂量で, 水中重量表示の全漂砂量 $\vec{q}$ との関係は $\vec{q} = (\sigma - \rho) g \vec{Q}$ となる.

一方, 汀線（水深ゼロの線）の変化を推定する場合には, 局所的な漂砂量を直接適用することができないので, 平衡海浜断面形状を仮定したラインモデルを用いることが多い. すなわち, 汀線（水深ゼロの等深線）からある水深 h_i までの間の海浜断面形状は一定であると仮定して, この間で漂砂の連続式 (3.2.10) を岸沖方向（x 方向と定義する）に積分して, 水深変化を汀線位置 y_0 の変化に変換すると, 次式のようになる.

$$\frac{\partial x_0}{\partial t} + \frac{1}{(1-\lambda) h_i} \frac{\partial Q_y}{\partial y} = 0 \quad (3.2.11)$$

ここに, Q_y は全沿岸漂砂量である. 式 (3.2.11) により汀線変化を求める方法が, 広く用いられている 1 ラインモデルである. この場合, h_i は漂砂の移動限界水深となる.

b. 波浪推算と流れのシミュレーション

海域での波浪, 流れの場の再現は, 漂砂量分布の評価, 物質輸送の基礎情報を与える. 波浪の推算には, 海上風の場を再現することが求められるので, 気象で概説したような, メソ気象モデルや台風モデル, 全球気象モデルによる地上風の解析データを用いる. 波浪推算の数値モデルは公開されており, 外洋波浪の推算用では, WAM[15]と Wave Watch III[16] が多く使用されており, 浅海域のモデルとしては SWAN[17] が公開されている. これらのモデルは, いずれも波浪の方向スペクトルを周波数で除した wave action の保存式を数値的に積分して波浪場の変化を求めている.

一方, 海域での流れは, 海流, 潮汐, 密度流のほか, 風により駆動される吹送流と波浪のエネルギーが流れに変換される波浪流がある. 砕波帯における沿岸流や離岸流は, 波浪によって生成された海浜流である. 海浜流のモデルは波浪が生成する応力, ラディエーション応力（乱流のレイノルズ応力と同様の定義）を駆動力として構築されている[13].

砕波帯の外側での流れには, 種々の発生要因があり, 海洋の大循環とも密接に関係しているので, これを再現するためには全球規模での大気・海洋循環モデルとの結合が必要になる. 海流の計算モデルは, 基礎方程式, 座標系, 大気循環・物質輸送・海洋生態系モデルとの結合, 対象地域, 並列計算, 数値解法など, 目的や対象によって, POM[18] (Princeton Ocean Model), MOM (Modular Ocean Model), HIM (Hallberg

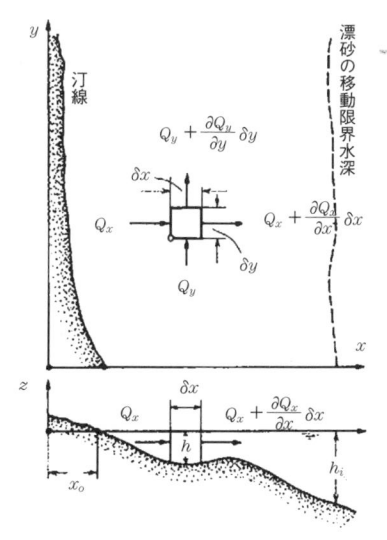

図 3.2.3 漂砂の連続式と水深変化の座標系と変数

Isopycnal Model），SPEM（S‐coordinate Primitive Equation Model）など，50以上にものぼるモデルが構築されているが，わが国ではPOMが広く使用されている．

c．広域海浜流

新潟県の上越・大潟海岸で行われた観測結果[19]から，冬季日本海での海域の流れには波浪のほかに吹送流が大きく関与していることがわかった．このため，従来の海浜流モデルを基盤とした海浜変形予測の見直しが必要であることが指摘され，広域海浜流を考慮した海浜変形予測の必要性が提案された．図3.2.4は，1999年に観測された広域海浜流と波浪，海上風の関係である．水深8～10 m が砕波水深である．左側が岸沖方向の底面流速の時間変化（正が沖向き流れ），右が沿岸方向（正が東向き流れ）のそれである．最上段左に，波高の時間変化，右に海上風の風速の絶対値が示されている．この海域の冬季の風は，季節風で沿岸にほぼ直角方向が卓越する．この図から，以下のことが理解できる．

① 砕波帯内では顕著な沖向き流れ（底引き流れ，undertow）が観測されている．これは，波高の変化ときわめてよく対応している．すなわち，高波浪時には砕波帯内で底引き流れが発生する．しかし，砕波帯外では顕著な岸沖方向の流れはない．

② 砕波帯外での沿岸方向の流速変動は海上風の変化ときわめてよい相関を示す．水深15～20 m の海底でも 60 cm/s の沿岸流速が発生している．砕波帯内の沿岸流速は海上風速の変動とよい相関がない．おそらく波向きの変化に対応しているものと思われる．

③ これより，沿岸流速は水深20 m 程度までは海底の底質を移動させる強度があり，戻り流れで砕波帯から出て行った海岸底質が，この沿岸流で東方向へ輸送されていることが推定される．これを広域漂砂と呼ぶことにする．日本海側の海岸で，設置水深20 m 級の港湾

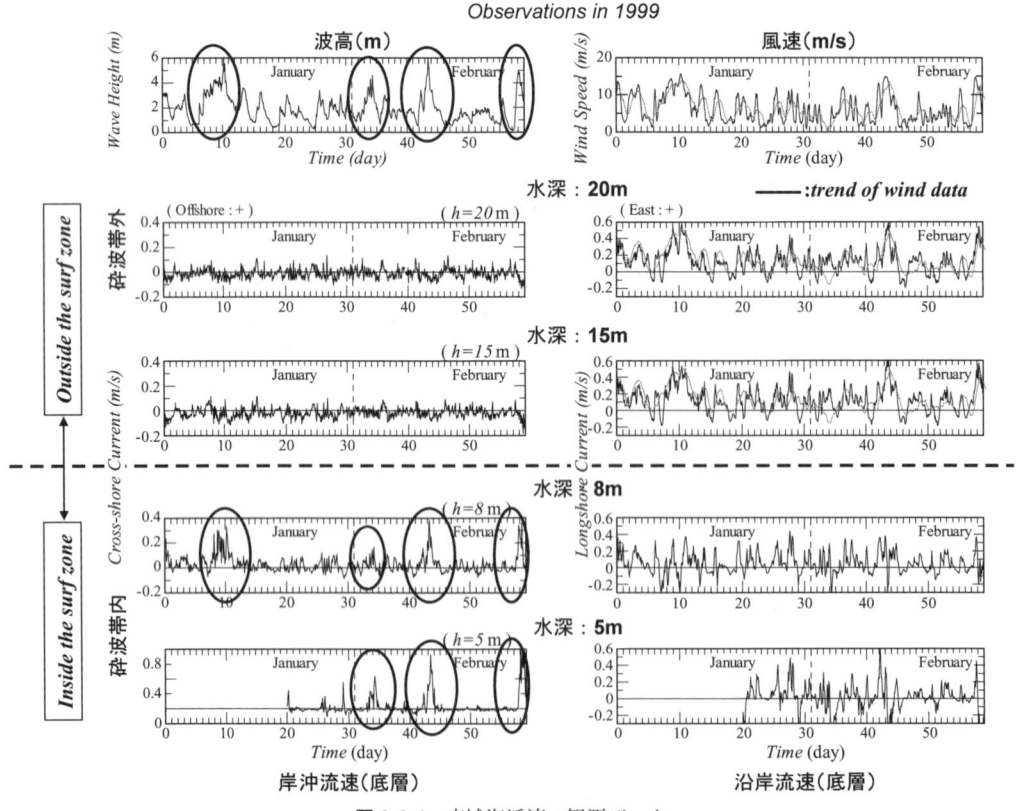

図3.2.4　広域海浜流の観測データ

防波堤が建設されている箇所がいくつかあるが，構造物が広域漂砂を阻止しているため，防波堤周辺に顕著な海浜変形が見られる．広域で発生する海浜流系を考慮した海浜変形予測を行う必要が指摘できる．

d. 底泥モデル

河口海岸，エスチャリーでの管理において，粘着性の微細粒子で構成される底質（底泥）の移動特性を知ることは重要である．たとえば，湿地帯の保全，航路維持，浚渫土砂の移動，シルテーション・汚染物質問題において，底泥の挙動を予測できるモデルが必要である．このような必要性のため，1990年代に欧米で粘着性底質に関する研究が活発に行われた．その成果は，米国では海洋モデルPOMのエスチャリー版としてECOM-SED[20]が公表されているが，下に示す①～③の特性がシンプルな式で考慮されている．一方，欧州連合のMAST-Ⅲ（Marine Science and Technology Programme, 1994～1998）のプロジェクトでは，COSINUS[21]と命名されたプロジェクトによって粘着性底質に関する詳しい研究が実施され，以下に示すような研究成果がまとめられた．これらの成果は，特定の底泥解析用ソフトウェアにプラグインされているが，ソフトウェアは公開されていない．

① 浮遊底質と乱流との相互作用
② フロックの成長に及ぼす流れのせん断応力と濃度の関係式
③ 圧密による堆積層の強度増加機構
④ 沈降抑制効果（hindered settling）による高密度界面（lutocline）の形成
⑤ lutoclineに形成される内部波とその不安定化による鉛直混合，乱流の生成
⑥ 高濃度浮泥層（CBS: concentrated benthic suspension），流泥層（fluid mud），圧密層からなる堆積層のモデル化（図3.2.5）
⑦ CBS層・流泥層の流動モデル（ビンガム塑性体のせん断応力導入），圧密過程モデル（フラクタル理論を援用して定式化されたギブソン方程式に基づくモデル）

e. 河口海岸の変形特性[22]

わが国の海岸の多くは河口デルタ海岸で，流域・河川と海岸とは，流送土砂，物質輸送を通してきわめて直接的な関係にある．とくに，河口海岸の地形変化に着目した場合には，幅広い粒度分布をもつ河川からの供給土砂が河口部で流れや波浪により再配分される漂砂過程を通しての底質粒径の時空間変化の影響を十分考慮する必要がある．すなわち，河口部での漂砂過程は，河口テラスにたまった土砂が波と流れによって海岸に再分

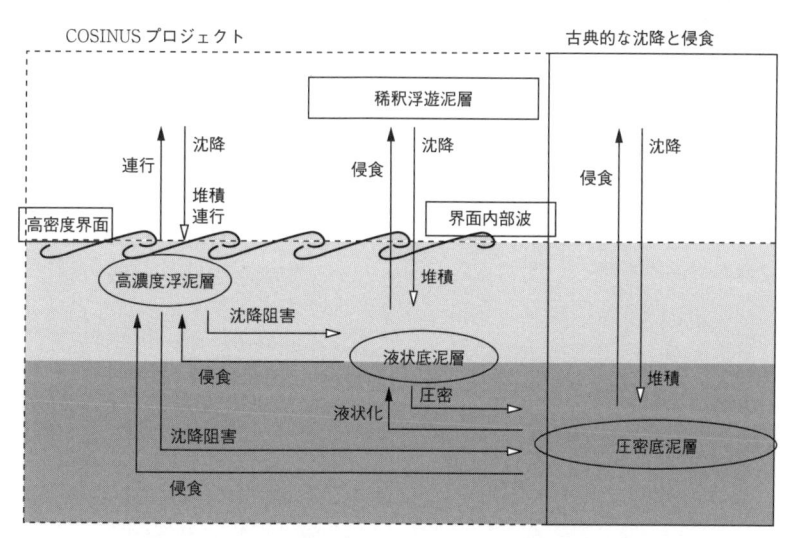

図3.2.5 COSINUSプロジェクトの底泥堆積層のモデル
（COSINUSプロジェクトの報告書の図をもとに作成．高密度界面を加筆した）

配される過程（広域海浜流による漂砂過程）と河口から砕波帯を通って直接沿岸域に運ばれる過程（掃流状態での漂砂過程）とに分類できる．前者は粒径が数 mm 以下の底質の輸送過程であり，後者は数十〜数百 mm の粗い粒径の底質輸送で，砕波帯における掃流漂砂が卓越する過程であると考えられる．河口デルタ海岸の海浜変形には，この 2 種類の底質の移動過程を考慮することが重要であろう．

一方，このような移動過程の相違のために，河口海岸の海浜断面形状には，前浜の粗砂と外浜の細砂で形成される複合海浜断面形状が多く見られる．このような海岸に厳しい侵食波浪が来襲し，前浜の粗砂が沖へ流出し，侵食性の海浜となる場合，外浜で粗砂が細砂と混合し，細砂の下に潜り込む現象が発生することが予想される．これにより，海浜の平均的な粒径が小さくなる，「細粒化」が進行することになる．河川から砕波帯を通って直接沿岸域に粗砂を供給する漂砂過程があれば潜り込みによる細粒化は顕在化しないが，もし河口からの粗粒砂の供給が断たれると，底質の細粒化が進行し汀線後退（侵食）を助長させることになろう．たとえば，河口導流堤や河口港の防波堤建設は河口からの粗粒砂の輸送を阻止するため，粗粒成分の土砂供給が断たれ，粗粒成分の沖方向流出による潜り込みで海岸底質の細粒化が進行し，供給土砂量の減少による海岸侵食を助長する侵食機構は，わが国の多くの河口海岸で認められる．

f. 総合的流域管理と海岸保全

河川を直線化し排水効率を高め，堤防をコンクリートで固め，ダムにより流量を制御する河川工法の河川防災や河道内環境などの河川管理上の問題以外にも，流域環境，海岸環境への問題点も認識されるようになってきた．とくに，コンクリート構造物の劣化，ダム堆砂，河川供給土砂の減少による海岸侵食，栄養塩供給形態の変化による沿岸生態系への影響は深刻である．流域全体での総合的な土砂管理，水資源管理が必要であることは誰もが認めるところではあるが，その方法論では議論すべき点が多く残されている．その代表がコンクリートダムか緑のダムかの論争であるが，そ

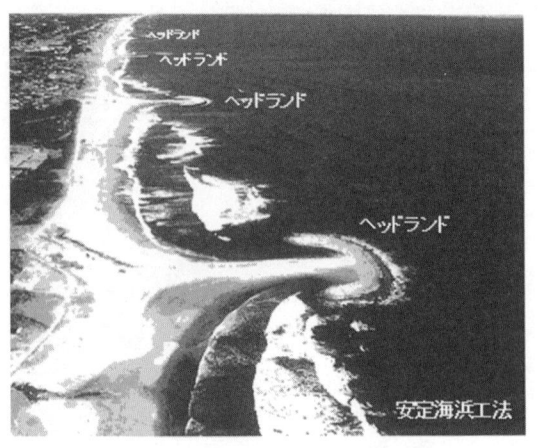

図 3.2.6 安定海浜工法の例（鹿島海岸）

こでは山地・河川・海岸を一つの系としてとらえ，防災，環境を総合的に考えた開発を議論することが必要であろう．

河川供給土砂を断たれて久しいわが国の海岸においては，漂砂源ゼロ供給状態での海岸侵食制御技術が進展した．図 3.2.6 に示す安定海浜工法（別名，ヘッドランド工法）[23] はその典型的な例で，沿岸漂砂量を，式（3.2.8）に示す入射角 α_B を変えることで制御する方法である．沿岸漂砂がゼロの場合には静的に安定な海浜が形成され，河川からの直接的な土砂供給を必要としないことになる．

一方，欧米では，1960 年代以降は海岸保全の基本工法が養浜（beach fill, nourishment）に移行しており，養浜工法の技術が急速に進歩した．養浜は景観や生態環境にも優れているが，これによる海岸保全の最大の長所は，自由度の高さにある．すなわち，災害外力の変化や海面上昇に対して，砂浜が自己適用する自然の特性が利用されている．わが国では，養浜の費用が欧米の 10 倍以上になるため，安定海浜工法と併用した工法が用いられるようになってきている．〔山下隆男〕

参 考 文 献

1) たとえば，S. A. Ackerman and J. A. Knox : Meteorology, Understanding the Atmosphere, Thomson Brooks/Cole, 2003.
2) たとえば，近藤純正：水環境の気象学，p. 350, 朝倉書店，1999.

3) MM 5 NCAR Web site : http://www.mmm.ucar.edu/mm 5/mm 5-home.html
4) CReSS HP : http://www.tokyo.rist.or.jp/CReSS_Fujin/CReSS.top.html
5) （財）気象業務支援センター HP : http://www.jmbsc.or.jp/main_html/index 1.htm
6) NCAR/NCEP Reanalysis Project at Climate Diagnostics Center : http://www.cdc.noaa.gov/cdc/reanalysis/reanalysis.shtml
7) ECMWF Data Services HP : http://www.ecmwf.int/products/data/
8) 光田　寧：京都大学防災研究所年報，第 40 号 A，1997.
9) M. H. Dickerson : *J. Appl. Meteor.*, **17**, 241, 1978.
10) C. Davis and S. Low-Nam : The NCAR-AFWA Tropical Cyclone Bogussing Scheme, Report for Air Force Weather Agency, 2001.
11) P. J. Sellers, S. O. Los, C. J. Tucker, C. O. Justice, D. A. Dazlich, G. J. Collatz and D. A. Randall : *Journal of Climate*, **9**, Part I 676 and Part II 706, 1996.
12) たとえば，水理公式集，平成 11 年版，土木学会，2001.
13) たとえば，P. D. Komar : Beach Processes and Sedimentation, Prentice-Hall, Inc., 1976.
14) J. A. Bailard : *JGR*, **86**, 10938, 1981.
15) WAMDI group : *J. Phys. Oceanogr.*, **18**, 1775, 1988.
16) NOAA WAVEWATCH III HP, http://polar.wwb.noaa.gov/waves/main_int.html
17) SWAN HP : http://fluidmechanics.tudelft.nl/swan/default.htm
18) G. L. Mellor : Users guide for a three-dimensional, primitive equation, numerical ocean model (June 2003 version), p. 53, Prog. in Atmos. and Ocean. Sci, Princeton University, 2003.
19) 馬場康之，加藤　茂，山下隆男：海と空，**78**(2)，59，2002.
20) ECOMSED HydroQual : http://www.hydroqual.com/ehst_ecomsed.html
21) MAST III COSINUS HP : http://www.kuleuven.ac.be/bwk/cosinus/cosinus.html
22) 流域・河口海岸系における物質輸送と環境・防災，月刊海洋，**36**(3)，2004.
23) 土屋義人，山下隆男，泉　達尚：海岸侵食と海浜の安定化：構造物か，養浜か？，海岸工学論文集，**43**，641，1996.

3.3 締固めと不飽和特性

フィルダムなどの土構造物を造る場合や環境問題上重要な廃棄物処理場のライナーの施工では，土質材料を締め固めることは土の強度を増大させるとともに透水性を低下させるために有効な方法である．また，一般に締固め土は不飽和状態にある．したがって，土構造の安全性（破壊や変形）やライナーの特性を検討するためには，締固め土の力学的特性を考慮することが重要である．ここでは，土の締固めと不飽和特性について述べる．

3.3.1 締固め曲線と最適含水比

土を締め固めると強度が増加し，透水性が低下することはよく知られていることであるが，そのメカニズムに初めて科学的な目を向けたのは，プロクター（Proctor）[1)]である．プロクターによる最適含水比の概念がそれで，土質構造物の土工に関する重要な基本的な考え方である．

図 3.3.1 はある土に対して，含水比を変えて，一定のエネルギーのもとで締固めを行ったときに得られる乾燥密度と含水比の関係を示している[2)]．この図に示したように，乾燥密度と含水比の関係を滑らかな曲線で結べば，「締固め曲線」と呼ばれる曲線が描ける．締固め曲線の乾燥密度が最大となる点の乾燥密度および含水比はそれぞれ「最大乾燥密度」および「最適含水比」と呼ばれる．締固め試験の方法については，文献[3)]を参照されたい．

締固め曲線には，空気間隙率一定曲線および飽和度一定曲線を併記する．これらを用いることによって，締め固めた土の飽和度や空気間隙率を迅

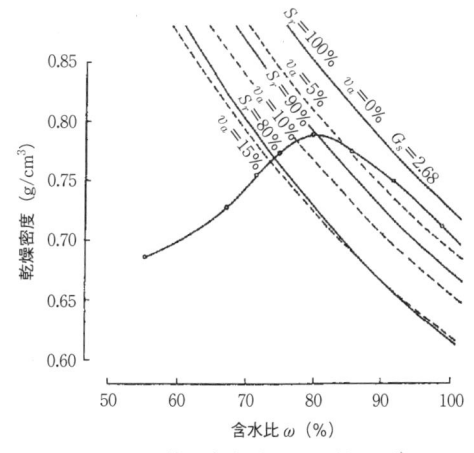

図 3.3.1　乾燥密度-含水比曲線の例[2)]

速に判断できる．とくに，空隙がゼロとなる曲線は「ゼロ空隙曲線」と呼ばれる．

3.3.2 締固め特性と影響因子

上述したように締固め特性は，含水比によって影響を受けるが，そのメカニズムはよくわかっていない．定性的な一つの考え方として，間げき内の水が多い場合には，水が土粒子の移動を阻害し，適度な水分量では，水が潤滑剤として作用し，土粒子が移動しやすく詰まりやすくなるといわれている．したがって，最適含水比状態では，この水の潤滑剤としての効果が最大であると考えられる．

ほかの影響因子として締固めエネルギーと締固めに供される土の種類があげられる．図3.3.2(a)は締固めエネルギーを変化させたときの締固め曲線が示されている[4]．エネルギーの増大とともに最大乾燥密度は増加し，最適含水比は減少する．この結果より，締固め特性は含水比というより

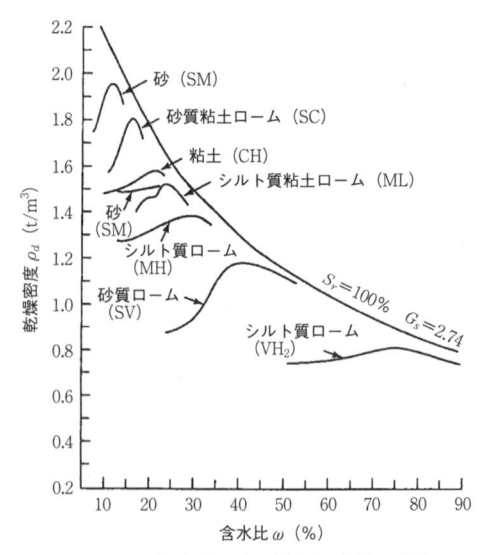

図3.3.3 代表的な土の締固め曲線の例[3]

も，飽和度に強く依存していると考えられる．

土の種類の違いによる締固め曲線の違いは，図3.3.3に示されている[3]．この図およびほかの類似の試験結果より，つぎのような一般的傾向がある．最大乾燥密度の大きな土ほど最適含水比は低い．粒度のよい砂質土ほど最大乾燥密度は高く，締固め曲線は尖塔的な形状を示す．細粒土ほど最大乾燥密度は小さく，締固め曲線はなだらかである．粒度の悪い砂では，最大乾燥密度が明瞭でない場合や，締固め曲線が二つのピークをもつ場合がある．

3.3.3 締固め土の性質

図3.3.1からわかるように，締固め土は不飽和状態にある．したがって，その性質を理解するためには，不飽和土の特性を理解する必要がある．不飽和土の力学的特性とその考察については後述し，ここでは，典型的な締固め土の特性についてのみ述べる．

粘土の締固め直後における間隙水圧の測定例を図3.3.4に示す[5]．最適含水比より乾燥側では，大きなサクション（負の間隙水圧）が生じている．一方，湿潤側では，その値はかなり小さくなる．

土の構造への締固めの影響は，図3.3.5に示さ

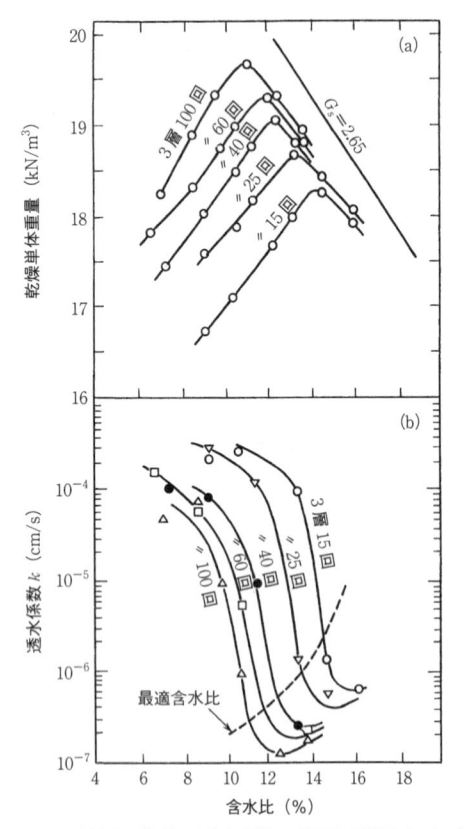

図3.3.2 締固め曲線と透水係数の関係（御母衣ダム）[4]

3.3 締固めと不飽和特性   69

3.4節を参照されたい．

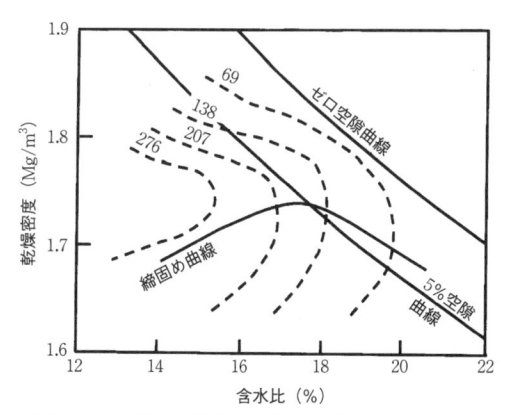

図 3.3.4 締固め粘性盛土材中で測定された初期サクション（図中の破線が等サクション線，単位はkPa）[5]

れている[6]．最適含水比より乾燥側で締め固められた土と湿潤側で締め固められた土を比較すると，乾燥側の土は綿毛化構造（flocculated structure）をもち，湿潤側の土は分散構造（dispersed structure）をもつ．このように，締固め条件の違いは土の構造に大きな影響を与える．

土の飽和透水係数への締固めの影響を，図3.3.2(b)に示す[4]．最適含水比より乾燥側では，含水比の増加とともに，飽和透水係数は減少する．透水係数は，最適含水比よりわずかに湿潤側で，最小値を示した後，含水比の増加とともに増大する．同一乾燥密度の湿潤と乾燥側の土を比べると，湿潤側のほうが透水係数は小さい．これには上述した土の構造が関係している．

不飽和透水特性および保水特性については，

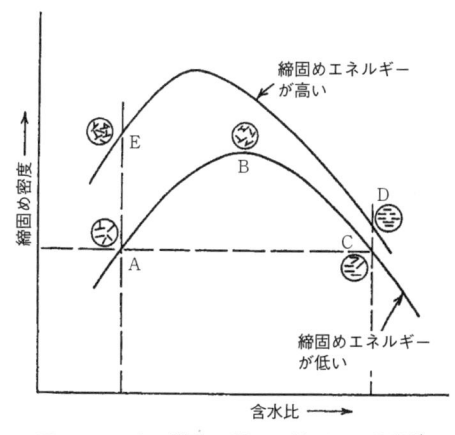

図 3.3.5 土の構造に対する締固めの影響[6]

3.3.4 不飽和土の体積変化挙動

ここでは，締固め土を含めた不飽和土の体積変化挙動について述べる．地盤工学で遭遇する多くの問題においては，間隙空気は大気と接続していて，その圧力はつねに大気圧に等しいと考えてよい．したがって，不飽和土中では，水と空気の間に作用する表面張力によって間隙水圧はつねに負圧（サクション）となる．

土の体積変化は外力だけでなく間隙水圧またはサクションの作用によっても引き起こされる．飽和土では，テルツァギ（Terzaghi）の有効応力式が成立するから，間隙水圧による変形はその量と同じ大きさで逆の符号の有効応力による変形と見なすことができる．しかし，不飽和土ではサクションの変化は単純に有効応力の変化と見なすことはできない．サクションの増加は有効応力を増加させるだけでなく，塑性変形に対する抵抗を増す[7]．以下，サクションおよび外力それぞれによる不飽和土の圧縮特性について述べる．

以下に述べる不飽和土の力学特性を議論するとき，つぎのような応力変数が用いられる．

$$s = u_a - u_w \quad (3.3.1)$$
$$p = \sigma_m - u_a \quad (3.3.2)$$
$$\sigma_m = \frac{1}{3}(\sigma_1 + \sigma_2 + \sigma_3) \quad (3.3.3)$$
$$p' = \frac{1}{3}(\sigma'_1 + \sigma'_2 + \sigma'_3) \quad (3.3.4)$$
$$s^* = \langle s - s_e \rangle \quad (3.3.5)$$
$$q = \sigma_1 - \sigma_3 \quad (3.3.6)$$

ここで，s はマトリクサクション（地盤工学では，単にサクションと呼ばれる），u_a は間隙空気圧，u_w は間隙水圧，p は基底応力表示の平均応力，σ_m は平均全応力，σ_1, σ_2, σ_3 は全応力表示の3主応力，σ'_1, σ'_2, σ'_3 は有効応力表示の3主応力，p' は平均有効応力，s^* は有効サクション，s_e は空気侵入時のサクション，$\langle z \rangle$ は $z \leq 0$ のとき $z=0$, $z>0$ のとき $z=z$, q は軸差応力である．また，有効応力は，飽和ではテルツァギ式を，不飽和では，向後ら[7]によって提案された式

を用いれば，見積もることができる．それらは

$$\sigma' = \sigma - u_{eq} \qquad (3.3.7)$$
$$u_{eq} = u_a - s \qquad (s \leq s_e) \qquad (3.3.8)$$
$$u_{eq} = u_a - \left(s_e + \frac{a_e s^*}{a_e + s^*}\right) \qquad (s > s_e)$$
$$(3.3.9)$$

となる．ここに，u_{eq} は等価間隙水圧，a_e は材料パラメータである．

土の力学的挙動を理解するために，ここでは，土の不飽和形態を図3.3.6に示す三つに分類する[7]．

一つ目は，図 (a) に示されたように，非常に飽和度が高く，間隙中の空気が水で包まれた気泡として存在している状態で，水の相だけが連続している．この不飽和状態は，封入不飽和状態 (insular air saturation) と呼ばれる．この状態では，後述する既往の不飽和土の力学的挙動から，テルツァギの有効応力式が成立する．つまり，式 (3.3.7) と (3.3.8) が成り立つ．

二つ目は，サクションが非常に大きくなって，間隙内の水が十分に排水され，水はわずかに土粒子と土粒子の接触点の周りにできたメニスカスのなかに保持されている状態である．この状態は，懸垂水不飽和状態 (pendular saturation) と呼ばれる (図 (b) 参照)．この状態では，サクションは土粒子同士を引き付ける力である毛管力だけを生む．毛管力は土粒子間のすべりを抑制するはたらきがある．土の塑性変形は土粒子間のすべりによって生じるから[6]，サクションの増加は塑性変形を抑制する効果がある．

実際の土は，種々の大きさの間隙をもっているから，封入から懸垂水不飽和状態へ向かう過程では，図 (c) に示したような不飽和形態が生じている．すなわち，大きな間隙では，比較的小さなサクションの値で間隙水は排水され，懸垂水不飽和状態となっているが，小さな間隙では，より大きなサクションの値まで，封入不飽和状態にある．この不飽和形態は，過渡的不飽和状態 (fuzzy saturation) と呼ばれる．この状態では，封入および懸垂水不飽和の両方の不飽和形態が混在していることから，両方の不飽和形態におけるサクション効果およびその相互作用が生じていると考えられる．

a. サクションの変化による体積変化挙動

図3.3.7は，飽和状態にあった土にサクションを負荷（排水）したときのサクションと体積変化の関係を示す[8]．図 (a) は e-$\log s$ 関係を，図 (b) は水分特性曲線を示す．図 (a) より，点Aから点Bまではサクションの増加に対する体積変化量は小さい．この領域は，過圧密領域にあるから，その挙動は弾性である．点Bを超えてサクションを増加させると，点Cまでは大きな体積変化が生じる．点Cを超えてサクションをさらに増加させると，再び体積変化量は小さくなる．点Dからサクションを除荷（湿潤）すると，体積変化経路は点Eを通り，点Fへと向かう．経路DEFは除荷であるから，その挙動は弾性である．CDおよびDE間の体積変化挙動はほぼ一致しているから，経路CDの挙動も弾性挙動と考えられる．BCおよびEF間の挙動の比較より，BC間の挙動は弾塑性である．この例のように，サクションの増加による体積変化挙動は，弾性→弾塑性→弾性と変化する場合がある．また，BC間の e-$\log s$ 関係は直線となり，飽和正規圧密線（e-$\log p'$）と一致する．点Cは空気侵入時のサクションであるから（図 (b) 参照，図

(a) 封入不飽和状態
(b) 懸垂水不飽和状態
(c) 過渡的不飽和状態

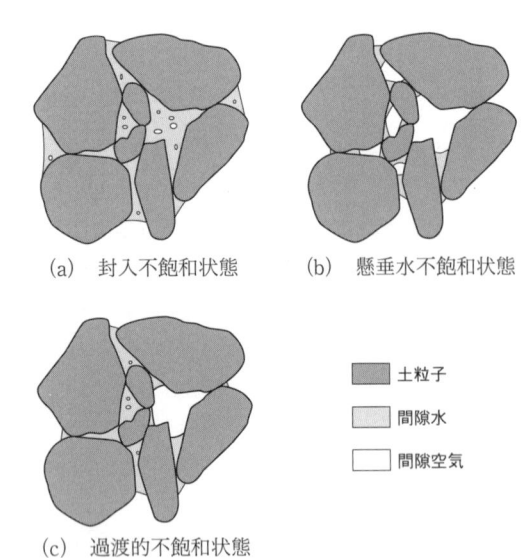

■ 土粒子
■ 間隙水
□ 間隙空気

図3.3.6 実際の土における可能な不飽和状態

3.3 締固めと不飽和特性

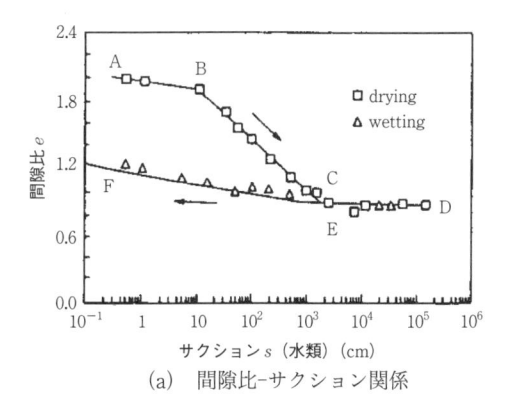

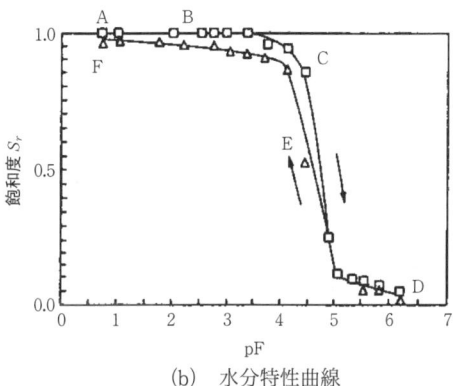

図 3.3.7 ホワイト粘土のサクション変化による体積変化[8]
(a) 間隙比-サクション関係
(b) 水分特性曲線

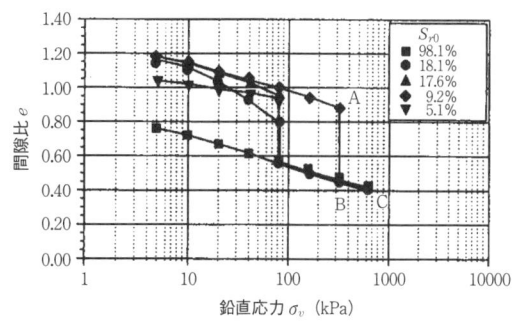

図 3.3.8 種々の初期飽和度 (S_{r0}) をもったシルト質砂の浸水を伴った圧密試験結果[9]

(b) ではサクションを pF（水頭 cm の常用対数）で表現), このサクションの値までは, 封入不飽和状態にある. このように, サクションが空気侵入値より小さな範囲では, テルツァギの有効応力式が成立する.

一方, 外力を増加した場合の体積変化挙動は, いったん弾塑性挙動が生じたならば, その挙動は除荷が起きない限りずっと継続する. この例のように, サクションを増加させた場合には, 弾性から弾塑性さらに弾性へと体積変化挙動が変化することがある. このことは, サクションの増加は単に有効応力を増加させるだけでなく, 別の効果（サクションが土の骨格をも強くする効果, すなわちサクションを増加させることによって, 降伏応力の増加と e-$\log p'$ 線の傾きの変化を引き起こす効果）をもつことを示している.

図 3.3.8 は, 浸水（サクションの減少過程）を伴った圧密試験の体積変化挙動を示す[9]. この場合, サクションの減少に伴って, 圧縮変形が生じている（たとえば, 図中の AB の経路）. これは, 飽和コラプスと呼ばれ, 不飽和土特有の現象である. 飽和後の応力点は, 飽和正規圧密線上（たとえば, 図中の BC の経路）にある. サクションを減少させた場合の挙動は, ここに示したような圧縮挙動（飽和コラプス）だけでなく, 図 3.3.7 の応力経路 DEF に示したような膨張挙動をも生む. 応力点が飽和正規圧密線の右側（または外側）にある場合には, サクションの減少とともに圧縮（飽和コラプス）が生じ, 左側（または内側）にある場合には, 膨張が生じる[9].

b. 不飽和土の外力に対する体積変化挙動

不飽和土の外力に対する体積変化挙動は, 図 3.3.9 に示されている[10]. 種々のサクションを作用させた後, そのサクションを一定に保った状態

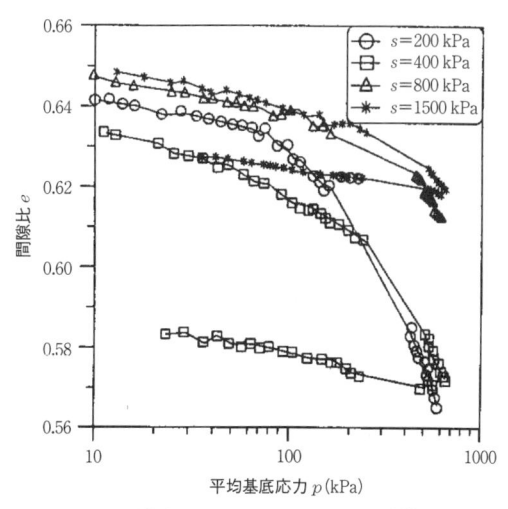

図 3.3.9 不飽和シルトのサクション一定等方圧縮試験結果[10]

で行われた等方圧縮試験（この試験は飽和での排水試験に相当）の結果である．この図より，圧密降伏応力はサクションの大きな供試体ほど大きい．弾塑性領域での e-$\log p$ 線の傾きは，この場合サクションの小さな供試体ほど大きな傾きをもつ．除荷時の e-$\log p$ 線の傾きはサクションによらずほぼ一定である．このように，サクションは塑性変形に対しては影響を及ぼすが，弾性変形に対しては影響を与えない．

c． 状態面と不飽和土の体積変化挙動

図 3.3.10 は，上述した外力一定下でのサクションおよびサクション一定下での外力による体積変化挙動を統一的に e, p', s^* を三つの軸とする応力空間にプロットした図である．降伏応力を超えて外力を増加した場合あるいは応力点が飽和正規圧密線の外側にある状態からサクションを減少させた（飽和コラプスが生じる状態）場合には，その応力経路はこの図で墨色に示された状態面 (state surface) と呼ばれる唯一の面上を移動する．つまり，この面は不飽和土の弾塑性体積変化挙動を表す．サクションの増加は降伏応力を増加させるために，状態面は有効サクションの増加する方向に間隙比の値が増加した，上に凸の面となる．

いま，図 3.3.7 で示されたサクションによる体積変化挙動を考えてみよう．この応力経路を図 3.3.10 にプロットすると，それは経路 ABCDEF となる．サクションが空気侵入値（点 C）以下では，テルツァギの有効応力式が成立し，有効サク

ションの値は $s^*=0$ である．サクションの増加は，単に有効応力を増加させる．経路 AB は $s^*=0$ 面上にあり，飽和正規圧密線の内側にある．したがって，その挙動は弾性である．点 B で正規圧密線にぶつかり，経路 BC は飽和正規圧密線上にある．したがって，その挙動は弾塑性である．さらに，サクションを増加させると，サクションの増加は有効応力を増加させるだけでなく，有効サクションの値をも増加させる．降伏応力も増加させるために，経路 CD は状態面の下に潜り込み，弾性挙動を示す．

3.3.5 不飽和土のせん断挙動

不飽和土のせん断挙動について，ここでは，DL クレーというシルトを密および緩く締め固めた試料を対象にした排気排水（サクション一定）三軸圧縮試験結果[11]にもとづいて考察する．強度については，典型的な実験データを用いて，その挙動を評価する．

DL クレーの密詰めと緩詰め供試体に対するせん断中の保水特性の結果から，空気侵入時のサクションは $s_e \fallingdotseq 10$ kPa であり，図 3.3.6 で述べた不飽和形態の範囲は，封入不飽和状態が $s \leq 10$ kPa，過渡的不飽和状態が $10 < s < 30$ kPa，懸垂水不飽和状態が $s \geq 30$ kPa 程度と考えられる．

a． 正規圧密不飽和土のせん断挙動

緩詰め供試体に対する試験結果を図 3.3.11 に示す．この図は，せん断時の軸差応力-軸ひずみ (q-ε_a) 関係を同一拘束圧ごとにまとめたものである．図 (a) および (b) は拘束圧がそれぞれ $\sigma_3 - u_a = 196$ および 490 kPa に対応している．サクションの増加とともに，初期剛性は増大し，サクションが $s=29$ kPa より大きな（懸垂水不飽和状態）供試体では，せん断初期に q の増加が著しく，その後はゆっくりと増加する．サクションが $s=0$ および 10 kPa（封入不飽和状態）に対するものでは，q はひずみの増加とともにゆっくりと増加する．

図 3.3.11 には，せん断中の体積ひずみ-軸ひずみ (ε_v-ε_a) 関係も同一拘束圧ごとに示されている．これらの図より若干のバラツキはあるも

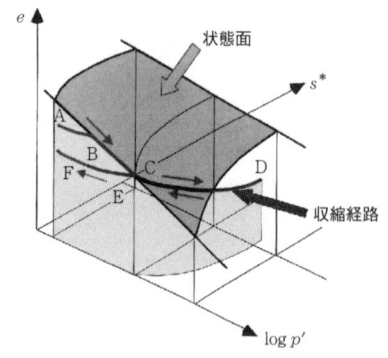

図 3.3.10 一般化された状態面とサクション収縮（圧密応力）経路

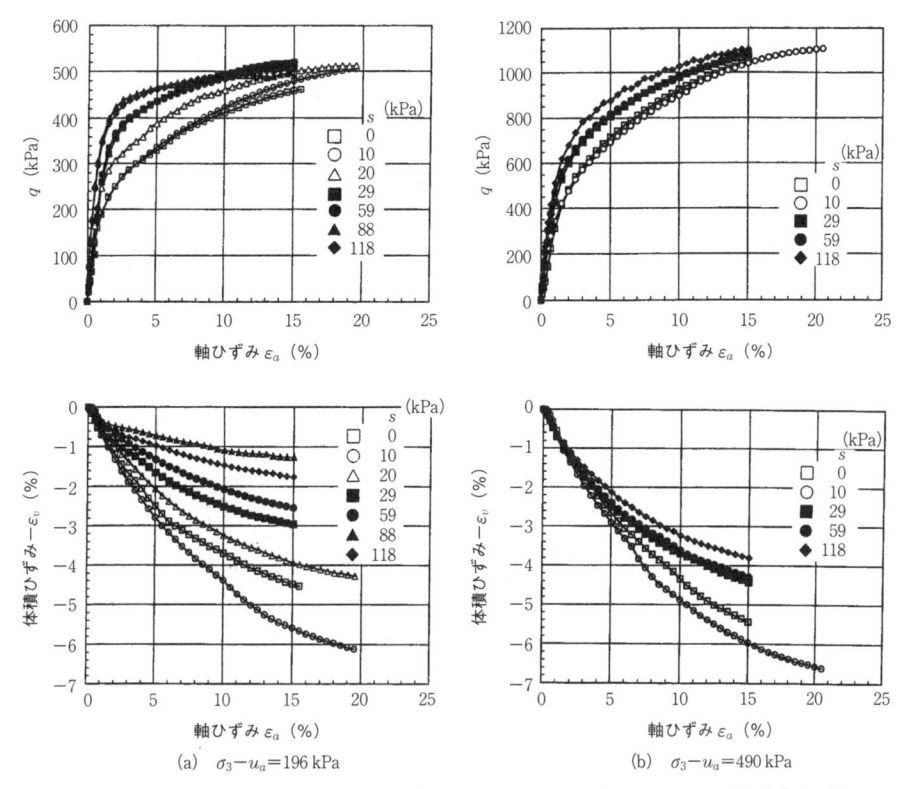

図3.3.11 DLクレー緩詰め供試体の一定サクション三軸圧縮試験における軸差応力-軸ひずみ関係[11]

の，どの拘束圧でもサクションの大きなものほど体積ひずみ量は小さくなっている．懸垂水不飽和状態（$s=29〜118\,\mathrm{kPa}$）では，サクションの体積ひずみへの影響は拘束圧の小さなものほど大きい．封入不飽和状態（$s=0$ および $10\,\mathrm{kPa}$）では，この影響は拘束圧が異なってもほとんどなく，同一サクションならばほぼ一曲線として表せる．

b. 過圧密不飽和土のせん断挙動

図3.3.12は密詰め供試体に対する q-ε_a 関係を示す．図(a)は $\sigma_3-u_a=98\,\mathrm{kPa}$，図(b)は $\sigma_3-u_a=196\,\mathrm{kPa}$ の拘束圧である．ピーク強度はサクションの影響を受け，サクションの大きなものほど大きな強度を示す．一方，軟化強度はこのサクションの範囲では，ほとんどサクションの影響を受けない．図(a)と(b)を比較すれば，拘束圧の大きなものほど大きな強度を示し，軟化の度合も小さい．

図3.3.12には ε_v-ε_a 関係も示されている．若干のデータのバラツキはあるものの，サクションが大きなものほど，また拘束圧の小さなものほど，大きなダイレタンシー量を示す．サクションが大きいものほどダイレタンシー量が大きいという現象は，ピーク強度がサクションの大きなものほど大きいという現象と合致した挙動である．すなわち，同一拘束圧でより大きなピーク強度をもつためには，より大きな内部拘束が必要となる．この内部拘束を打ち破るためには，より大きなダイレタンシー量が必要となる．

c. 正規圧密と過圧密せん断挙動の比較

正規圧密と過圧密による応力-ひずみ関係の違いを比較するために，同一拘束圧，同一サクションを作用させた，密詰めと緩詰め供試体同士を比較する．図3.3.13は，上記の比較のためにプロットされた q-ε_a 関係を示す．密詰めは大きなピーク強度をもつ軟化挙動を，緩詰めは硬化挙動を示す．密詰め供試体の軟化強度（終局強度）は，緩詰め供試体の強度とほぼ等しくなるような傾向を示す．つまり，サクションおよび拘束圧がとも

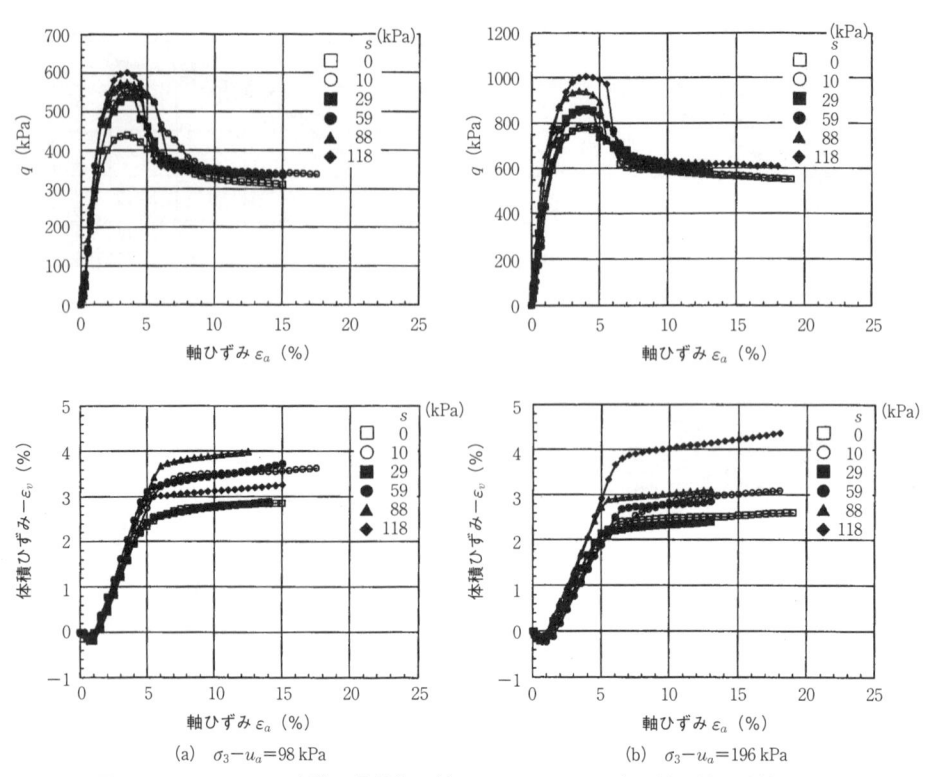

図 3.3.12 DL クレー密詰め供試体に対するサクション一定三軸圧縮試験結果

(a) $\sigma_3 - u_a = 98 \text{ kPa}$
(b) $\sigma_3 - u_a = 196 \text{ kPa}$

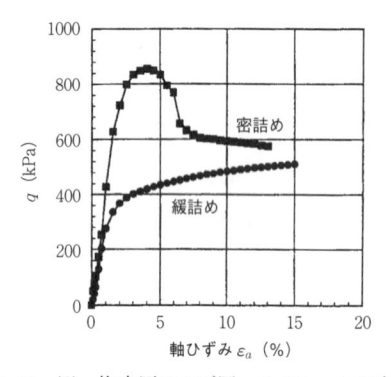

図 3.3.13 同一拘束圧および同一サクションに対する緩詰めと密詰め供試体の応力-ひずみ関係の比較 (DL クレー)
($\sigma_3 - u_a = 196 \text{ kPa}$, $s = 59 \text{ kPa}$)

に等しいならば，終局強度は初期密度に依存しない．このことは，飽和土でも見られる現象で，飽和土に対してはこの終局状態を限界状態 (critical state) としている[12]．したがって，この現象で見る限り，不飽和土に対しても限界状態の存在を仮定してもよさそうである．

d. 不飽和土の強度特性

サクション制御下の直接せん断試験から得られたサクションとせん断強度の間の関係[13],[14]は図 3.3.14 のなかに示されている．ここに，τ_0 はサクションが 0 の場合のせん断強度を表す．したがって，$\tau - \tau_0$ はサクションの増加によるせん断強度の増加を示す．低いサクションでは，$\tau - \tau_0$ の増加割合は高いサクションでのそれより大きい．低いサクションでの $\tau - \tau_0$ の s に対する勾配はほぼ ϕ' に等しい．ϕ' は有効応力に関する内部摩擦角である．このように，サクションがある値 (この値は，ほぼ空気侵入サクション s_e に等しい) より小さい場合には，サクションの増加は，そのまま有効応力の増加と見なすことができる．つまり，テルツァギの有効応力式から見積もることのできる有効応力によって，せん断強度もまたコントロールされる．

サクションが s_e を越えて大きくなると，サクションの増加によるせん断強度の増加割合は小さくなる．サクションがかなり大きくなるまでの不

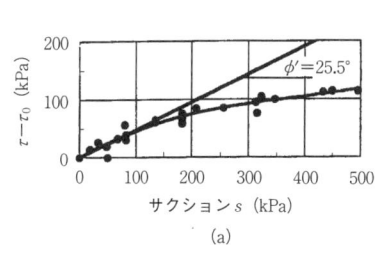

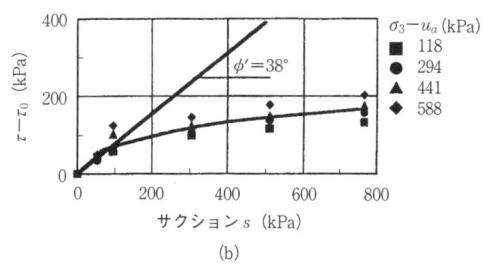

図3.3.14 サクション制御-面せん断におけるサクションとせん断強度の関係
(a) グラシアルティル (Glacial Till)[13]
(b) マドリッド粘土質砂 (Madrid clayey sand)[14]

飽和状態は，過渡的不飽和状態である．小さな間げきは封入飽和状態にあるが，大きな間隙では懸垂水不飽和状態にある．土粒子は毛管力によって拘束（内部拘束）され，強度は増加するが，その増加は封入不飽和時のそれより小さい．この内部拘束の度合は，サクションの大きさだけによるのでなく，外力の大きさとの相対的な比較によって決定される． （向後雄二）

参考文献

1) R. R. Proctor : *Engineering News Record*, **111**, 245, 1933.
2) 久野悟郎：土の締固め，p.17，技報堂，1962.
3) 土質試験の方法と解説，地盤工学会，p.252, 2001.
4) 石原研而：土質力学，p.53，丸善，1988.
5) J. J. Fry, J. A. Charles and A. D. M. Penman : Proc. 1 st Int. Conf. Unsaturated Soils, Balkema, p.1391, 1995.
6) T. W. Lambe and R. V. Whitman : Soil Mechanics, SI Version, p.61, John Wiley & Sons, 1979.
7) Y. Kohgo, M. Nakano and T. Miyazaki : *Soils and Foundations*, **33**(4), 49, 1993.
8) J. M. Fleureau, S. Kheirbek-Saoud, R. Soemitro and S. Taibi : *Can. Geotech. J.*, **30**, 287, 1993.
9) Y. Kohgo, S. B. Tamrakar and H. G. Tang : JIRCAS J., No. 8, p.75, 2000.
10) Y. J. Cui and P. Delage : *Geotechnique*, **46**(2), 291, 1996.
11) 向後雄二，森山英樹：農業土木学会論文集，No. 193, p.35, 1998.
12) A. Schofield and P. Wroth : Critical state soil mechanics, McGraw-Hill, 1968.
13) J. K. M. Gan, D. G. Fredlund and H. Rahardjo : *Can. Geotech. J.*, **25**, 500, 1988.
14) V. Escario and J. Saez : *Geotechnique*, **36**(3), 453, 1986.

3.4 地盤中の流れと物質移動

a. 概 説

地盤環境工学の主題として「地下水環境問題」や「地盤の汚染」，「各種廃棄物の最終処分場の建設問題」などがある．このような主題においては，地盤中の水の流れを定量的に理解することはもちろんのこと，汚染物質が地盤中をいかに移動していくか，また，どのような対策を講じれば汚染物質による影響を可能な限り小さくできるか，などを定量的に評価することが重要な工学的事項となる．このような問題に応じるとき，地盤の基礎知識として，地盤中の水の流れや地盤中における物質移動の挙動を的確に理解していることが必要不可欠である．

本節では，これらの問題を取り扱う際に必要最低限となる基礎知識について述べることとする．

b. 透水係数とダルシーの法則

地盤・土は，土粒子と間隙から構成されており，間隙部分はほとんどの場合，連続した状態であるので，水もしくはそのほかの流体が，この間隙中を流れることができる．地盤中を水が移動する現象を「透水」という．透水現象は，フィルタイプダムなどの重要土構造物の安定問題から地盤環境問題にいたるまで，幅広い自然現象や工学的課題にかかわる基礎的な現象といえる．このような観点から，土の透水特性は，土の圧縮特性や土の強度特性とともに，土のもっとも重要な工学的特性といわれている[1]．

この土の透水特性を支配する法則としてよく知

られているのが，「ダルシー（Darcy）の法則」である．この法則の基本概念は，地盤中の水の流速は，地盤中の圧力水頭勾配に比例して規定されるというものである．

図3.4.1に示すような断面積A，長さΔxの砂層を考え，その動水勾配を$i(=-\Delta h/\Delta x)$とすると，浸透流量（断面積Aの部分の流量）Qは，以下の関係にある．これが「ダルシー（Darcy）の法則」である．

$$Q = kAi \quad (3.4.1)$$

$$i = -\frac{dh}{dx} = -\frac{d}{dx}\left(\frac{p}{\gamma} + z\right) \quad (3.4.2)$$

ここで，zは位置水頭，γは水の単位体積重量，p/γは圧力水頭である．

式 (3.4.1) 中のkは，「透水係数」と呼ばれる地盤の透水性を表す重要な係数である．kの値が大きいほど，地盤は水を通しやすく，kの値が小さくなるに伴い，地盤は水を通しにくくなる．また，式 (3.4.2) で表される「i」は「動水勾配」と呼ばれ，地盤中において水を流そうとする圧力エネルギーを規定する物理量である．

さらに，つぎの式 (3.4.3) に示す関係が成り立つことから，式 (3.4.1) は式 (3.4.4) のようにも書き直すことができ，これらの式はダルシー（Darcy）の法則と呼ばれるもので，地盤工学における基本的法則の一つとされている．

$$\frac{Q}{A} = v \quad (3.4.3)$$

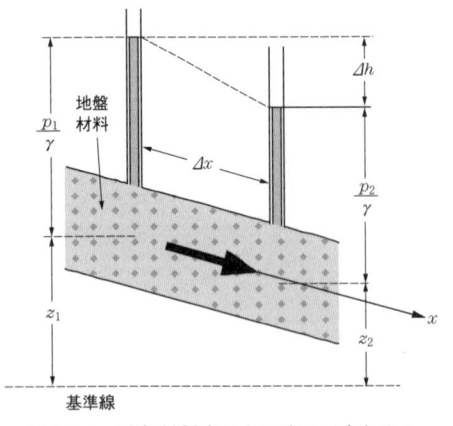

図3.4.1 地盤材料中の水の流れに寄与する位置水頭，圧力水頭の関係模式図

$$v = ki \quad (3.4.4)$$

ここで，vは地盤中の水の流速 (m/s)，kは透水係数 (m/s) である．

上記のダルシーの法則は，水が地盤中を流れる運動を記述する運動方程式であるが，地盤環境工学において取り扱う現象は，地盤中を流れる物質が水とは限らない．すなわち，非溶解性の汚染物質が地盤中を流れる場合には，その物質の粘性が水と異なることを考慮して，地盤中の非溶解性物質流体の流速を評価することが求められる．その場合には，流体の粘性換算を行って流速を評価することが一般的に行われる．このとき，パラメータKは，固有透過係数と呼ばれる物理量である．固有透過係数Kと透水係数kの間には，式 (3.4.5) の関係がある．

$$k = \frac{K\rho_w g}{\mu_w} \quad (3.4.5)$$

ここで，ρ_wは水の密度，μ_wは水の粘性係数，gは重力加速度である．

c．地盤の透水係数と影響要因

前項までに地盤の透水係数を規定するダルシーの法則について述べてきた．では，実際の地盤の透水係数の値は，どの程度のものなのかを認識しておくことが実務的地盤工学者にとって必要不可欠な知識である．表3.4.1は，地盤材料の種類と一般的な透水係数の値の関係を示したものである[3]．

一般的に，透水係数を測定する方法は，地盤材料の有する透水性能によって異なる．具体的な測定方法については，後述の第4章，4.3節，4.4節に詳述されているので参照されたい．

つぎに透水係数に影響を及ぼす要因について紹介する．表3.4.1にも示されているように，地盤材料の種類によって，その透水係数はおおよそ規定される．一般に，地盤中を地下水が流れる現象は，実際に水が流れる部位となる地盤内間げきの大きさ，形状，連続性などに依存するものと考えられている．このことから，地盤の透水係数に影響を与える要因として，つぎにあげるものが重要とされている．

（ⅰ）粒度特性の影響 表3.4.1に示すよう

表 3.4.1 地盤材料の種類と透水係数

透水係数 k (m/s)	$10^{-11}\sim10^{-9}$	$10^{-9}\sim10^{-7}$	$10^{-7}\sim10^{-5}$	$10^{-5}\sim10^{-3}$	10^{-3} 以上
透水性	実質上不透水	非常に低い	低い	中位	高い
地盤材料分類	粘性土	微細砂,シルト,砂・シルト・粘土混合土		砂および礫 ($10^{-5}\sim10^{-3}$) 清浄な礫 (10^{-2} 以上)	

に,透水係数は地盤材料の種類に依存することがわかる.すなわち,透水係数は,地盤材料の粒度特性の影響を強く受ける.具体的には,透水係数は土粒子の粒径の大きさに影響される.粒径が大きいと地盤内の間隙も大きくなり,地下水の流路の直径が大きくなったのと同等の効果が生じ,透水係数は大きくなる傾向にある.それに反して,土粒子粒径が小さくなると間隙も小さくなり,透水係数は小さくなる.この点に着目して,多くの研究者が透水係数と粒度特性の関係を研究している.

式 (3.4.6) は,Hazen(ハーゼン)の提案した実験式である.

$$k = C_e (D_{10})^2 \qquad (3.4.6)$$

ここで,k は透水係数 (cm/s),C_e は土の状態に依存する定数で,均等な砂では 150,ゆるい細砂では 100,締まった細砂では 70 などといった値をとる.D_{10} は通過質量百分率 10% の粒径である.

一方,地盤材料の粒度特性の代表特性値の一つである通過質量百分率 20% の粒径 (D_{20}) と透水係数との関係をまとめたクレーガー法と呼ばれる予測方法がある.表 3.4.2 は,クレーガー法による透水係数の一覧を示したものである.この方法も,地盤の粒度特性から簡易に透水係数を予測できるものである.一般的に,透水試験は長い時間を要する試験となるため,クレーガー法は広く用いられているが,あくまでも,おおよその透水係数を概観するにとどまるものと認識したうえで用いるべきである.詳細には,第 4 章,4.4 節に詳述される実験方法にもとづき,透水係数を求めるべきである.

上記の式は,一般に細砂の粒径以上の比較的粗粒の土に対して良好な適用性を有するといわれて

表 3.4.2 クレーガー法による透水係数

D_{20} (mm)	透水係数 k (m/s)	地盤材料分類
0.005	3.00×10^{-8}	粗粒粘土
0.01	1.05×10^{-7}	細粒シルト
0.02	4.00×10^{-7}	粗砂シルト
〜	〜	
0.05	2.80×10^{-6}	
0.06	4.60×10^{-6}	極微粒砂
	6.50×10^{-6}	
〜	9.00×10^{-6}	
	1.40×10^{-5}	
0.10	1.75×10^{-5}	
0.12	2.6×10^{-5}	微粒砂
0.14	3.8×10^{-5}	
0.16	5.1×10^{-5}	
0.18	6.85×10^{-5}	
0.20	8.9×10^{-5}	
0.25	1.4×10^{-4}	
0.30	2.2×10^{-4}	中粒砂
0.35	3.2×10^{-4}	
0.40	4.5×10^{-4}	
0.45	5.8×10^{-4}	
0.50	7.5×10^{-4}	
0.6	1.1×10^{-3}	粗粒砂
0.7	1.6×10^{-3}	
0.8	2.15×10^{-3}	
0.9	2.8×10^{-3}	
1.0	3.6×10^{-3}	
2.0	1.80	細礫

上記の透水係数の値は,現地盤の乾燥密度により前後する.

おり,シルトや粘土のような細粒土に対して適用性は低くなる.シルトや粘土に対しては,後述の土粒子粒径以外の影響が大きくなるからと考えられている.

(ⅱ) 間隙比の影響 同一の地盤材料であっ

ても，その締固め状態によっても，透水係数は変動する．すなわち，同一地盤材料であっても，地盤が密に詰まっている状態と緩い状態とでは間隙の大きさや間隙体積に差異があり，これに起因して透水係数が変動する．したがって，間げき比も透水係数に影響を及ぼす要因の一つといわれている．

(iii) 間隙の形状と配列 粘性土のような細粒土では，その粒子の形状は球状ではなく，カオリナイトやスメクタイトなどを代表とする薄片状のものが多くなる．また，このような薄片状の微細粒子では，堆積時の環境によってさまざまな配列構造を示す．具体的には図3.4.2に示すような，①綿毛構造，②配向構造，③ランダム構造と呼ばれるものである．この図からもわかるように，同じ形状の土粒子であっても，間隙形状や大きさが異なり，これに起因して，地下水の流路となる間隙の形状や配列，連続性なども変動し，透水係数にも影響を及ぼす．とくに，粘性土などの透水係数に大きく影響を及ぼすと考えられている．

(iv) 間隙流体の影響 地盤の透過性は，間隙流体の性質にも強く依存する．とくに，地盤・地下水汚染の問題などでは，間隙流体の粘性係数や密度が変化し，地盤中の透過速度は変化する．具体的には，油汚染などを想定すれば理解しやすい．透水係数は，透過する間隙流体の密度に比例し，粘性係数に反比例する．上記のような油のような間隙流体ではなく，透過する流体が水であっても，その粘性係数は温度に依存して変化することから，地盤の透水係数は，その温度環境にも依存するといえる．

(v) 間隙内の空気の存在 地盤の間隙が水で飽和されているか否かも，その透水性に影響を及ぼす．一般に，不飽和地盤の場合，間隙中の気泡が水の流路をふさぐ作用をするため，飽和地盤と比べて低い透水係数を示す．

d. 移流分散方程式

前項までは，おもに地盤中の水もしくはそのほかの流体の流れを規定する基礎的な考え方と基礎方程式，また，これらを規定するために必要となる重要な係数について述べてきた．

しかし，地盤環境問題で議論される地下水汚染の問題や汚染物質の地盤中の移動は，単に地下水の移流に伴い移動することに加え，汚染物濃度の差異に起因する汚染物質の移動を考えなければならない．

このような現象を取り扱える基礎方程式として，「移流分散方程式」がある．地下水中の物質の移行解析を行う際には，その現象を移流分散方程式により規定するのが一般的である．移流分散方程式とは，移流項と分散項という二つの性質の異なる項を含んで構成されている方程式であり，これにより地下水の流速の違いにもとづき，移流が支配的な現象や，その反対の分散現象が支配的な事象など，幅広い現象を取り扱うことができる．以下に，移流分散方程式について概説する．

まずはじめに，移流現象に関して規定する基礎方程式の考え方について述べる．移流現象とは，図3.4.3に示すように，物質が地下水の流れにのって移動する現象である．したがって，この移流現象を規定する基本的な考え方は，前述のb.のダルシーの法則となる．

先のb.において，地盤の透水性を評価する考え方として，ダルシーの法則とそれにもとづき算出されるダルシー流速について述べてきた．しか

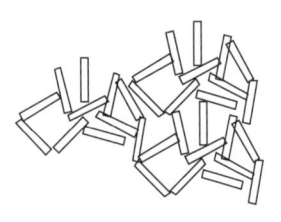

①綿毛構造　　　②配向構造　　　③ランダム構造

図 3.4.2 土粒子の配列構造と間隙の状況

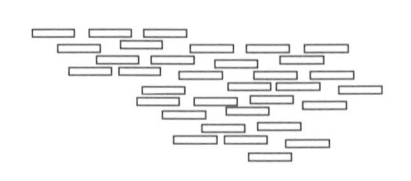

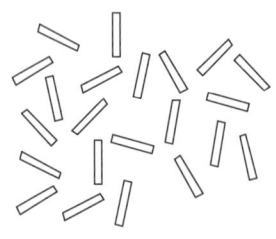

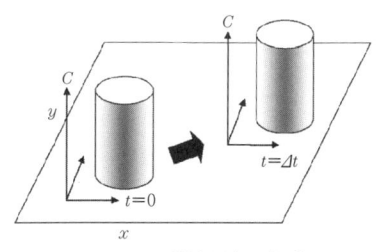

3.4 地盤中の流れと物質移動

図 3.4.3 移流現象の概念

表 3.4.3 有効間隙率の実測データ例

地盤材料	有効間げき率
粘性土	0.01〜0.18
礫，細粒径	0.13〜0.40
礫，中粒径	0.17〜0.44
礫，粗粒径	0.18〜0.43
石灰石	0.00〜0.36
レス（黄土）	0.14〜0.22
砂，細粒径	0.01〜0.46
砂，中粒径	0.16〜0.46
砂，粗粒径	0.18〜0.43
砂岩，細粒径	0.02〜0.40
砂岩，中粒径	0.12〜0.41
片岩	0.22〜0.33
片岩，風化	0.06〜0.21
シルト	0.01〜0.39
シルト岩	0.01〜0.33
凝灰岩	0.02〜0.47

し，実際の地盤中の物質移動速度を評価する場合には，ダルシー流速では不十分である．なぜなら，実地盤中の物質移動は，地盤内の間隙において行われる現象であるからである．すなわち，地下水の間隙内流速を求める必要がある．地下水の間隙内流速の概念は図 3.4.4 に示すとおりで，次式により定義される．

$$v = \frac{u}{n_e} \quad (3.4.7)$$

ここで，v は間隙内流速，u はダルシー流速，n_e は有効間隙率である．

したがって，間隙内流速を求めるには地盤の有効間隙率 n_e が必要となるが，これは炉乾燥法により求められる地盤中の間隙部分すべてではなく，地下水の移動に有効に作用する間隙部分の体積割合を示す物理量である．表 3.4.3 に，各種地盤材料における有効間隙率の実測データ例を示す．この表に示すように，地盤の間隙率に対して数分の1〜数十分の1程度の値をとる．

まず，飽和した地盤における物質移動を想定し，その地盤中に微小立方体を仮想し，単位時間に微小立法体内を移動する物質の収支を考える．

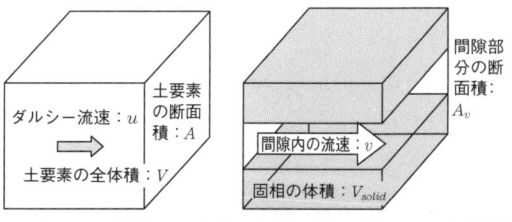

第1に，地下水自身の移動，すなわち移流に伴う物質の濃度変化を考える．移流による物質移動は，図 3.4.5 に示すように地下水の体積移動によるものであることから，地盤内間隙を移動する流速 v_i は，b. において述べたダルシー流速 u_i と有効間隙率 n_e からつぎのように計算される．

$$v_i = \frac{u_i}{n_e} \quad (i=1, 2, 3) \quad (3.4.8)$$

この間隙内流速による，図 3.4.5 に示す微小立法体内の単位時間あたりの物質移動収支を考える．Δt 時間の間に立方体内の濃度変化が ΔC_{adv} 生じたとすれば，その変化に要する物質量（式 (3.4.9) の左辺）に等しくなる．ここで，θ は体積含水率，ρ は流体密度，C は濃度，v_i は平均

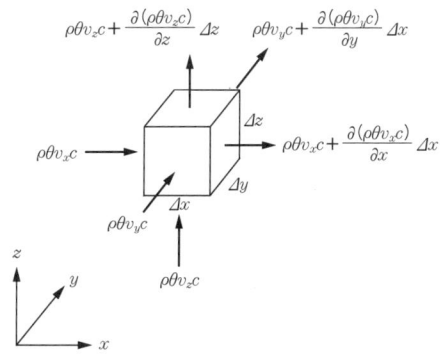

ダルシー流速は，実際には地下水の通らない固相部分も含んだ断面積で流量を除した物理量である．物質の移流を考える場合，実際に物質の移動に関与する間隙部分の断面積で流速を評価する必要がある．

図 3.4.4 ダルシー流速と間隙内流速の関係

図 3.4.5 地盤内の微小立方体要素と移流現象

移動速度（間隙内流速）である．

$$(\rho\theta\varDelta C_{\text{adv}})\varDelta x\,\varDelta y\,\varDelta z = -\varDelta t\left\{\frac{\partial(\rho\theta v_x c)}{\partial x}\right.$$
$$\left.+\frac{\partial(\rho\theta v_y c)}{\partial y}+\frac{\partial(\rho\theta v_z c)}{\partial z}\right\}\varDelta x\,\varDelta y\,\varDelta z$$
(3.4.9)

式(3.4.9)の両辺を $\varDelta t\,\varDelta x\,\varDelta y\,\varDelta z$ で除し，$\varDelta t \to 0$ および $\varDelta x, \varDelta y, \varDelta z \to 0$ として総和規約を用いて表すと，式(3.4.10)のように表され，この式が移流による物質移動を規定する基本方程式である．

$$-\frac{\partial\rho\theta\varDelta C_{\text{adv}}}{\partial t}=\frac{\partial}{\partial x_i}(\rho\theta v_i c) \quad (i=1,2,3)$$
(3.4.10)

つぎに，分散現象に関して規定する基礎方程式の考え方について述べる．分散現象とは，地盤中を物質が移動する際に，地下水流速の微視的から巨視的までの不均質性などにより，濃度が広がる現象をいう[4]．図3.4.6に，分散現象を模式的に示した．この分散現象は，ブラウン運動によって濃度が移動する拡散現象と見なして考えるのが一般的である．拡散現象を規定する法則はフィック(Fick)の法則である．フィックの法則とは，拡散により単位時間に物質が単位面積を通して移動する量（濃度フラックス）が，その面の法線方向の濃度勾配に比例し，濃度の高いほうから低いほうへ物質は移動するという法則であり，式(3.4.11)により規定される．

$$J_{\text{diff}}=-D_{\text{diff}}\frac{dc}{dx_i} \quad (i=1,2,3)$$
(3.4.11)

ここで，J_{diff} は濃度フラックス，D_{diff} は拡散係数である．

分散による濃度変化を拡散と同じように考え，分散係数 D を用いて，図3.4.7のような微小立方体を考える．$\varDelta t$ 時間に立方体内に蓄積される

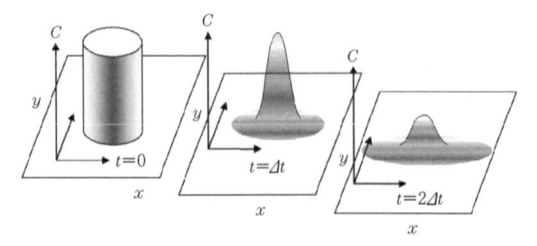

図3.4.6 分散現象の概念

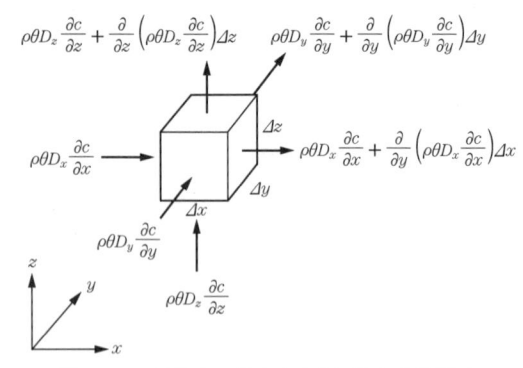

図3.4.7 地盤内の微小立方体要素と分散現象

物質量は，$\varDelta t$ 時間の間に立方体内の濃度変化が $\varDelta C_{\text{dis}}$ だけ生じたとすると，その変化に必要となる物質量は $(\rho\theta\varDelta C_{\text{dis}})\varDelta x\,\varDelta y\,\varDelta z$ に等しくなる．すなわち，式(3.4.12)が成り立つ．

$$(\rho\theta\varDelta C_{\text{dis}})\varDelta x\,\varDelta y\,\varDelta z=\varDelta t\left\{\frac{\partial}{\partial x}\left(\rho\theta D_x\frac{\partial c}{\partial x}\right)\right.$$
$$\left.+\frac{\partial}{\partial y}\left(\rho\theta D_y\frac{\partial c}{\partial y}\right)+\frac{\partial}{\partial z}\left(\rho\theta D_z\frac{\partial c}{\partial z}\right)\right\}\varDelta x\,\varDelta y\,\varDelta y$$
(3.4.12)

式(3.4.12)の両辺を $\varDelta t\,\varDelta x\,\varDelta y\,\varDelta z$ で除し，$\varDelta t \to 0$ および $\varDelta t, \varDelta y, \varDelta z \to 0$ として総和規約を適用すると式(3.4.13)となり，この式が分散による物質移動を規定する基本方程式となる．

$$\frac{\partial\rho\theta\varDelta C_{\text{dis}}}{\partial t}=\frac{\partial}{\partial x_i}\left\{\left(\rho\theta D_i\frac{\partial c}{\partial x_i}\right)\right\} \quad (i=1,2,3)$$
(3.4.13)

式(3.4.10)の移流による濃度変化に，式(3.4.13)で表される分散による濃度変化を加え合わせると，移流分散による物質移動を規定する方程式は，次式で表される．

$$\frac{\partial}{\partial t}(\rho\theta c)=\frac{\partial}{\partial x_i}\left(\rho\theta D_{ij}\frac{\partial c}{\partial x_j}\right)-\frac{\partial}{\partial x_i}(\rho\theta v_i c)+Q_c$$
$$(i=1,2,3) \qquad (3.4.14)$$

ここで，θ は地盤の体積含水率，ρ は地盤内の流体密度，D_{ij} は分散テンソル，c は濃度，v_i は間げき内流速，Q_c は源泉項（解析領域内での湧き出し，揚水・注水などによる流量の変化を表す）である．

式(3.4.14)の左辺を展開すると

$$\frac{\partial}{\partial t}(\rho\theta c)=\rho\theta\frac{\partial c}{\partial t}+c\frac{\partial}{\partial t}(\rho\theta)$$

3.4 地盤中の流れと物質移動

同様に，式 (3.4.14) の右辺第 2 項も同様につぎのように展開できる．

$$\frac{\partial}{\partial x_i}(\rho \theta v_i c) = \rho v_i \theta \frac{\partial c}{\partial x_i} + c \frac{\partial}{\partial x_i}(\rho \theta v_i) \quad (3.4.16)$$

式 (3.4.15) と式 (3.4.16) を式 (3.4.14) に代入することにより，式 (3.4.17) が導かれる．

$$\rho \theta \frac{\partial c}{\partial t} + c \frac{\partial}{\partial t}(\rho \theta) = \frac{\partial}{\partial x_i}\left(\rho \theta D_{ij} \frac{\partial c}{\partial x_j}\right)$$
$$- \left[\rho v_i \theta \frac{\partial c}{\partial x_i} + c \frac{\partial}{\partial x_i}(\rho \theta v_i)\right] + Q_c \quad (3.4.17)$$

ここで，式 (3.4.18) の連続式を式 (3.4.17) に適用する．

$$\frac{\partial}{\partial t}(\rho \theta) = -\frac{\partial}{\partial x_i}(\rho \theta v_i) \quad (3.4.18)$$

式 (3.4.17) の左辺第 2 項と右辺第 2 項中の第 2 項が消去され，式 (3.4.19) が導出される．

$$\rho \theta \frac{\partial c}{\partial t} = \frac{\partial}{\partial x_i}\left(\rho \theta D_{ij} \frac{\partial c}{\partial x_j}\right) - \rho v_i \theta \frac{\partial c}{\partial x_i} + Q_c \quad (3.4.19)$$

この式が，移流・分散現象を表す基本方程式である．

つぎに，第 3 項目の源泉項 Q_c を無視し，一次元の場を仮定して，もっとも単純な物質の移流・分散過程を表示する式 (3.4.19) の解を以下に示す．すなわち，揮発しない物質が非反応性で，また土粒子への吸着も生じない状況を想定する．地盤の体積含水率 θ と地盤内の流体密度 ρ は，時間的，空間的に変化することなく一様と考え，第 3 項目の源泉項 Q_c を無視し一次元の場を仮定することにより，式 (3.4.19) は次のようになる．

$$\frac{\partial c}{\partial t} = D \frac{\partial^2 c}{\partial x^2} - \nu \frac{\partial c}{\partial x} \quad (3.4.20)$$

ここに，D：一次元方向の分散係数 $[L^2T^{-1}]$，c：濃度 $[ML^{-3}]$，ν：一次元方向の間隙内流速 $[LT^{-1}]$

式 (3.4.20) を以下の初期条件および境界条件で解くことにより，一次元での移流・分散現象の解が求められる．

初期条件：$c(x, t=0) = 0$ (3.4.21)

境界条件（一定濃度の物質を一定流量で上流部より注入）：

$$\left[-D \frac{\partial c}{\partial x} + \nu c\right]_{x=0} = \nu c_0, \quad \frac{\partial c}{\partial x}(x, t) = 0, \quad x \neq 0$$
$$(3.4.22)$$

以上の初期条件，境界条件および式 (3.4.20) で示される移流・分散現象を模式的に記述すると，図 3.4.8 のようになる．

以上より，一次元流れ場の長さを L とすると，一次元移流分散方程式の解は以下のようになる．

$$\frac{c(L, t)}{c_0} = \frac{1}{2} \text{erfc}\left(\frac{L - \nu t}{2\sqrt{Dt}}\right)$$
$$+ \frac{1}{2} \exp\left(\frac{\nu L}{D}\right) \text{erfc}\left(\frac{L + \nu t}{2\sqrt{Dt}}\right)$$
$$(3.4.23)$$

ここに $c(L, t)$：経過時間 t での地盤カラム下流端における注入物質濃度 $[ML^{-3}]$，c_0：地盤カラム上流端における注入物質濃度 $[ML^{-3}]$，L：地盤カラムの一次元方向の長さ $[L]$，t：物質注入開始からの経過時間 $[T]$，D：一次元方向の分散係数 $[L^2T^{-1}]$，ν：一次元方向の間隙内流速 $[LT^{-1}]$

ここで，$\text{erfc}(x)$ は余誤差関数であり，次式で表される．

$$\text{erfc}(x) = \frac{2}{\sqrt{\pi}} \int_x^\infty \exp(-\zeta^2) d\zeta \quad (3.4.24)$$

以上の一次元移流分散方程式の解は，図 3.4.9 に示すような現象を表示するものであり，一次元方向の分散係数 D の値に依存して，下流端の物質

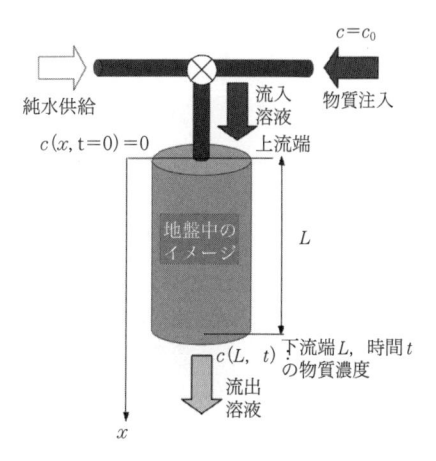

図 3.4.8 一次元場における移流・分散現象の模式図

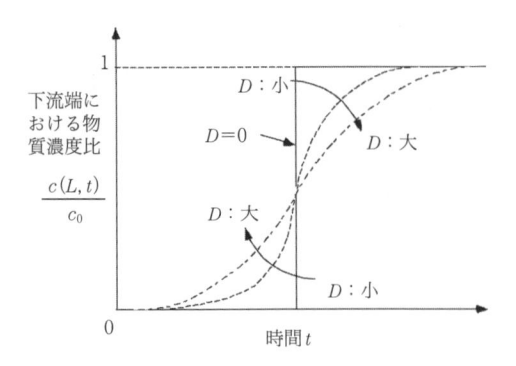

図 3.4.9　一次元移流・分散方程式の解の模式図

濃度の時間的変化が変動することを表現できる．

e. 地盤中の物質移動に影響するそのほかの現象

上記までに，地盤中の物質移動挙動とそれをおもに支配する方程式の考えについて概説してきた．しかし，実際には，この要因のほかに，移動する物質の性質によって，地盤中の物質移動に少なからず影響する現象がある．この項では，それらについての説明をごく簡単述べることとし，その詳細な支配方程式などについては，それぞれの現象に関する専門書[4]を参考にされたい．

汚染物質そのものの特性で，物質移動に影響する特性として，吸着・脱着，減衰・生成，粘性，密度などがある．

吸着は，化学的吸着，収着，イオン交換，溶質が土粒子表面へ付着する現象などを指し，物質移動速度を遅延させる効果がある．脱着とは，吸着されていた物質が，土粒子などから離れていく現象であり，物質濃度を増加させる効果がある．

減衰は，放射性物質の崩壊などが代表的なものであり，物質自身の濃度が減少していく現象である．それに対して生成は，新たな物質が地盤中で発生する現象であり，これらの現象も物質移動に影響する場合が多い．

そのほか，物質の密度は，水の密度との比較により，鉛直方向に移動する現象に影響する．非水溶性で密度が水より大きい汚染物質は DNAPL と，水より小さい密度の非水溶性汚染物質は LNAPL と一般に呼ばれている．

（小峯 秀雄）

参 考 文 献

1) たとえば，足立格一郎：土質力学，共立出版，2002．
2) 大西有三監訳：地下水の科学 I，—地下水の物理と化学—，p.49，1995．
3) （社）地盤工学会：土質試験の方法と解説
4) 地盤工学会編：土壌・地下水汚染の調査・予測・対策，（社）地盤工学会．

3.5　地盤の動的特性

3.5.1　土の動的問題の分類

土の動的問題は多岐にわたる．動的問題では荷重の載荷速度が大きく，地震動のように載荷繰返し回数が多くなるのが特徴である．代表的な動的問題を，図 3.5.1 の載荷繰返し回数–振動数の関係に示す[1]．地震に起因する問題には，砂地盤の液状化と流動，軟弱地盤内の地盤震動の増幅，地中構造物と液状化または流動地盤との相互作用などがあげられる．またこのほかに，交通振動や機械基礎の振動の土中伝搬による振動公害，爆発・衝突による衝撃荷重，波浪による海底地盤や海洋構造物の基礎地盤の安定性などがあげられる．これらの問題が地盤に与えるひずみレベルも，微小ひずみから比較的大ひずみ領域まで広範囲にわたり，ひずみレベルに伴う物性の変化も重要となる．たとえば，土中の波動伝搬や機械基礎の振動問題はおよそ 10^{-4} 以下のひずみレベルを対象としており，液状化・ひずみ軟化や波浪による海底地盤の安定性の問題はおよそ 10^{-4} から 10^{-2} のひずみレベル，爆発・衝突の問題にいたるとおよそ 10^{-2} から 10^{0} のひずみレベルにいたる[1]．

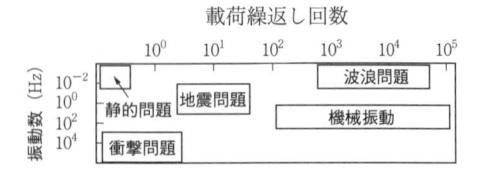

図 3.5.1　土の動的問題の分類[1]

3.5.2　環 境 振 動 [2)3)]

地面に何らかの加振力が加わると，振動が地盤内を波動として伝搬して，近隣の建屋や人々の生

活環境に物理的あるいは感覚的な影響を及ぼすことがある．影響の大きい振動源には，工場，建設工事，交通がある．1976年に施工された振動規制法に見られるように，法規制における振動量は，一般に「振動加速度レベル（VAL）」により表され，以下の式（3.5.1）で求められる．

$$\text{VAL} = 20 \log(A/A_0) \text{ dB} \quad (3.5.1)$$

ここで，A_0 は加速度の基準値 10^{-5} m/s² （10^{-3} gal）が採用される．また，尺度として対数表現が用いられるのは，振動感覚が振動加速度の変化に対してほぼ対数的に比例して変化することに由来する．規制基準値は，工場振動・道路交通振動・建設作業振動などの区分ごとに，振動レベル（単位：dB）により定められている．

一方で，建設工事や道路交通の振動は，不規則に変化する振動であることから，横軸に振動数（周波数）をとり縦軸に加速度レベルをとった振動スペクトルを表示することが行われる．振動規制法で取り上げられる振動数の領域は 0〜90 Hz である．ある特定の振動数成分が大きい場合，その振動数を卓越振動数と呼ぶ．振動源は何であれ，振動は地盤内を伝搬するため，地盤という媒体を伝搬するうちに媒体のもつ特性（地盤の固有周期）を帯びるようになることが知られている．

地盤振動による影響は，建物，機器装置，人体に及ぶ．建物への被害として，立てつけの狂いや基礎や壁の亀裂などがあげられる．また，振動の影響を嫌う精密機器は種々存在する．振動感覚には個人差があるが，振動レベルがある程度以上になると，不快感や睡眠に影響が及び，人体にも生理的な影響が生じてくる．

このような環境振動の防止技術に関して考えてみる．振動は，振動発生源から生じ，地盤という伝搬系を経て，建物や建物に居住する人々という受容側に至ることから，防止対策としては，(1) 振動源における対策，(2) 伝搬系における対策，(3) 受容側における対策，が考えられる．(1) 振動発生源の対策としては，もちろん振動を発する加振力をなくす，あるいは減じることが望ましいが，機械基礎の重量を増やしたり，基礎下の支持力剛性を高めたり，道路の舗装を強化するなどの処置が可能である．(2) 伝搬系の対策としては，振動伝搬経路の途中に溝や地中壁などの振動遮断層を設ける方法が考えられるが，振動源と地盤の性状により大きく効果が左右されると言えよう．(3) 受容側の対策としては，建物の振動を減少させるために，部材の重量や剛性を増して共振を避ける方法などが考えられるが既存の建物への適用は難しいと言えよう．

3.5.3 地震波の特徴

地震は，地表から厚さ約 100 km の地殻と上部マントルから成るプレート間の相対運動により生じるプレート境界型地震と，厚さ数十 km の地殻内の断層に沿う急激なすべり破壊により生じる直下型地震がある．地震波が地殻内を伝搬して地表面に達すると，地震動として観測される．地震波は，実体波と表面波に大別される．

実体波には，図 3.5.2 に示すように，さらに媒体粒子が波の進行方向に対して前後に振動しながら伝わる縦波（P 波）と，媒体粒子が波の進行方向に直交して振動する横波（S 波）とがある．P 波は圧縮波とも呼ばれ，固体と液体を問わず伝搬するが，S 波はせん断波とも呼ばれ，液体内は伝搬しない．S 波には，媒体粒子が地表面に直交方向に振動する SV 波と，地表面に平行する方向に振動する SH 波とがある．実体波の伝搬速度は地殻を構成する物質の剛性に依存するが，体積圧縮に関する剛性がせん断に関する剛性より卓越するため，P 波速度のほうが S 波速度より大きく，P 波が S 波に先立って地表面に到達する．

表面波は，これら実体波が地表面や地表層にお

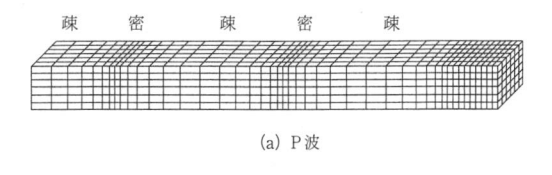

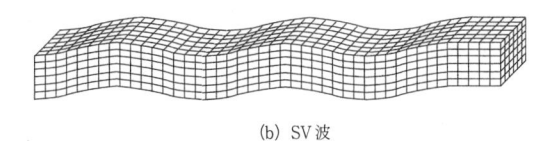

図 3.5.2 実体波のつくり出す変形パターン

いて相互干渉して生じ，地表面に沿って進む．表面波の特徴として，1～10秒と周期が非常に長く，振幅が地表面から深くなるにしたがい指数関数的に著しく減少することが知られている．とくに，レイリー（Rayleigh）波とラブ（Love）波が有名である．レイリー波は，P波およびSV波と地表面との干渉により生じ，地表面に対して直交成分と水平成分両方の媒体粒子の振動を伴う．一方ラブ波は，SH波と地表面軟弱層との干渉により生じ，直交成分の媒体粒子の振動を伴わない．地殻の層厚の2倍以上の距離に達すると，実体波より表面波の地震動が卓越してくる傾向にあるが，長周期成分からなる表面波が工学的問題を引き起こすことはまれである．

地盤に被害を及ぼすのは，主にS波である．しかし，小さな固有振動数を有する巨大構造物では，長周期の表面波の及ぼす影響が無視できなくなることがある．震源から遠く離れた軟弱地盤層に建つ巨大構造物で被害が報告されるゆえんである．また，表面波の影響と思われる地表面の地盤変状による被害が生じることもある．

3.5.4 微小ひずみ領域での動的性質
a. 初期せん断弾性係数 G_0

微小ひずみ領域を対象にした原位置試験には，速度検層試験がある．得られたS波速度とP波速度から以下の式により，10^{-7}～10^{-5}の微小せん断ひずみレベルにおける初期せん断弾性係数 G_0，ポアソン比 ν，弾性係数 E_0 などが求められる．

$$G_0 = \rho V_s^2, \quad \nu = \frac{2-(V_p/V_s)^2}{2\{1-(V_p/V_s)^2\}},$$
$$E_0 = 2(1+\nu)G_0 \qquad (3.5.2)$$

一方，共振法試験や，非接触型トランスデューサやLDTを用いて軸ひずみを精密に計測可能な繰返し三軸試験により，室内試験にもとづく初期せん断弾性係数 G_0 の評価も行われている[4]．また，最近では，三軸試験機のキャップとペデスタルにベンダーエレメントと呼ばれる圧電素子を組み込み，拘束圧下にある三軸供試体を伝搬するS波速度 V_s を計測し，初期せん断弾性係数 G_0 の評価を行う試験が頻繁に行われている．これらの室内試験にもとづく評価から，せん断弾性係数 G_0 は一般に以下の表現式により表される．

$$G_0 = AF(e)(\sigma'_0)^n$$
$$F(e) = (B-e)^2/(1+e) \quad (単位：kPa)$$
$$(3.5.3)$$

ここで，A, B, n はパラメータ，σ'_0 (kPa) は拘束圧，$F(e)$ は間隙比 e の関数式である．一般に，砂質土については，$B=2.17$ と $n=0.5$ の値が用いられる．パラメータ A は，豊浦砂で8400の値が提案されているほか[4]，きれいな砂に対する試験結果から7000～9000までの値が種々提案されている．一方粘性土については，$A=2000$～4500，$B=2.97$ と $n=0.5$ が提案されている値の主流のようである．平均粒径 $D_{50}=10$ mm，均等係数 $U_c=20$ の礫については，$A=3080$～8400，$B=2.17$，$n=0.6$ の値が提案されている．

最近では，速度検層試験から得られるP波速度とS波速度をもとに，不完全飽和砂質土の弾性波伝搬と液状化強度の特性に関して研究が行われてきている[5]．地下水面から5mほどの深さまでは，P波速度が500～1000 m/sで完全飽和時の $V_p=1500$ m/sにいたらない不完全飽和状態にある層があることが知られている．一方，多孔質弾性体理論を用いると，速度比 V_p/V_s が，間隙圧係数 B と骨格ポアソン比 ν_b により表される．

$$\left(\frac{V_p}{V_s}\right)^2 = \frac{4}{3} + \frac{2(1+\nu_b)}{3(1-2\nu_b)(1-B)}$$
$$(3.5.4)$$

この式を用いることにより，P波速度とS波速度の両方が計測可能な三軸試験装置により非排水繰返し三軸試験を行い，飽和状態を表す指標に用いられる間隙水圧係数 B を介して，P波速度とS波速度の計測値から液状化強度を推定するのが主旨である．図3.5.3に，豊浦砂を用いた代表的な実験結果を示すが，豊浦砂では $\nu_b=0.35$ が上記の式の関係を表す妥当な値で，P波速度 V_p が完全飽和時の1500 m/sから400 m/sまで下降すると，液状化強度はほぼ倍増することが結論づけられている[5]．

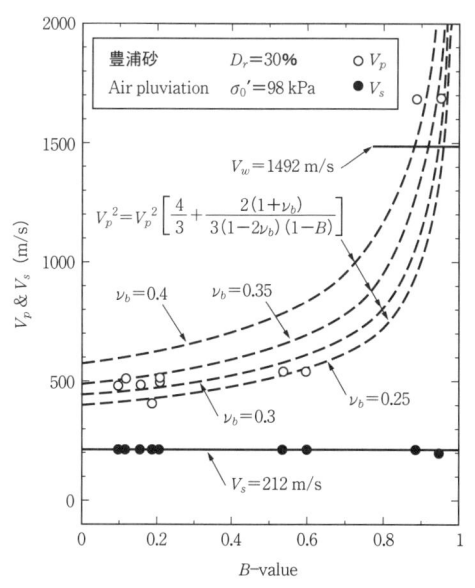

図 3.5.3 室内三軸試験で得られる速度比 V_p/V_s-間げき圧係数 B の関係[5]

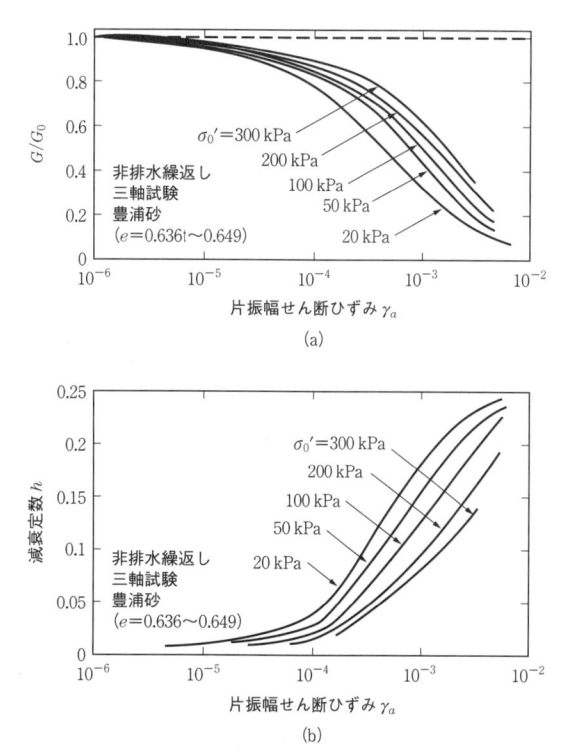

図 3.5.4 豊浦砂せん断弾性係数 G と減衰定数 h のせん断ひずみ依存性[7]

b. せん断弾性係数と減衰定数のひずみ依存性

土の変形特性は非常に非線形で，繰返し載荷に伴うせん断ひずみ振幅 γ の増加により，せん断弾性係数 G と減衰定数 h が大きく変化することが知られている．$G \sim \gamma$ と $h \sim \gamma$ の関係は，三軸試験機や中空ねじりせん断試験機を用いて，地盤材料の変形特性を求めるための繰返し試験方法[6]にもとづき求められる．まず，一定振幅応力の繰返し載荷を行い，繰返し回数5回目と10回目における G と h を求める．その後，応力振幅を増加させた繰返し載荷を上記と同様に繰り返し行うものである．ここで，三軸試験においてせん断ひずみ γ は，軸ひずみ ε_a より $\gamma = \varepsilon_1 - \varepsilon_3 = (1+\nu)\varepsilon_a$（$\nu$：ポアソン比，飽和試験では $\nu = 0.5$）の式を用いて求める．このように得られたせん断弾性係数 G と減衰定数 h のひずみ依存性をモデル化することにより，SHAKE や FLUSH などの等価線形化法を用いた地震応答解析や，非線形法を用いた有効応力解析にも用いられる．

図 3.5.4 に，非接触型変位計を用いて軸ひずみの計測を行った非排水繰返し三軸試験より求められた，載荷繰返し回数 $N=10$ における飽和豊浦砂（間げき比 $e = 0.636 \sim 0.651$）のせん断弾性係数比 $G/G_0 \sim$ せん断ひずみ振幅 γ と減衰定数 $h \sim \gamma$ の関係図を示す[7]．初期せん断弾性係数 G_0 は，せん断ひずみ振幅が $\gamma = 10^{-6}$ のときの値をとっている．一般にこれらの関係は，砂の密度によらないことが知られているが，拘束圧に強く依存することが見てとれる．拘束圧が低い状態のほうが小さなひずみで，せん断弾性係数比 G/G_0 が減少し始め，減衰定数 h は増加し始める傾向にある．また，せん断ひずみ振幅が $\gamma = 0.5\%$ にいたると G/G_0 は 0.1 まで減少し，h は 0.25 にまで増加することがわかる．

粘性土に関するこれらの関係は，拘束圧の影響をほとんど受けないが，塑性の影響を受けることが知られている．図 3.5.5 は，さまざまな塑性指数 I_p を有する粘性土の物性のひずみ依存性を示したものである[8]．塑性指数 I_p が 0 のとき，図 3.5.3 に示した砂の関係とほぼ同様な傾向にあるが，I_p が増加し塑性的になるにしたがい，物性がひずみ依存性を示し始めるひずみレベルが大きくなる．

上記に示した減衰定数は，材料減衰（履歴減

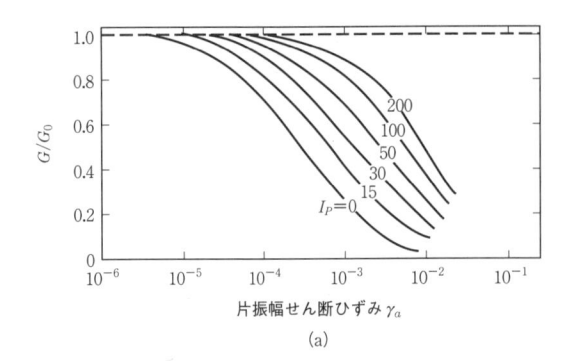

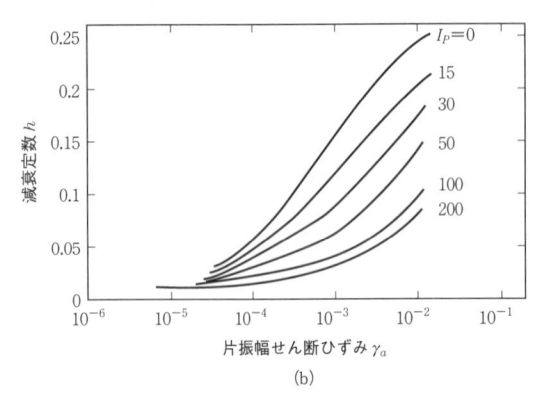

図 3.5.5 粘性土のせん断弾性係数 G と減衰定数 h のせん断ひずみ依存性[8]

衰）と呼ばれるもので，粘性減衰と比粘性減衰から成るとされる．減衰の種類にはこのほかに，逸散減衰と呼ばれるものがある．これは，地震のエネルギーが地殻内のある断層面の1点から実体波として球状に放射されたとすると，実体波の振幅が距離減衰することに相当する．

3.5.5 砂地盤の液状化

地震による地盤の被害は，さまざまな要因に起因することが知られている．しっかりした地盤であっても，強震動により上部構造物に被害が生じる．沖積粘土の堆積する軟弱地盤では，地形効果も相まって地震動の増幅現象と表面波による長周期震動が発生し，巨大構造物に被害を及ぼす．砂質地盤では液状化により，強震動の遮断効果がときに発揮されるが，緩斜面において流動が発生し，側方が解放された条件下にある護岸構造物が地震の慣性力により移動を起こし，背後地盤がそれに伴い流動を起こす[9]．このような地盤の流動は，基礎杭や埋設管などの地中構造物に被害をもたらす．地盤の流動は護岸から 100～150 m の内陸部まで到達する[10]．また液状化により，構造物の沈下や転倒，マンホールなどの浮き上がりの被害も生じる．ここでは砂地盤の液状化に焦点をあて，液状化の発生の予測について記述することとする．

a．液状化の予測と判定法

液状化の予測方法には，概略的なものから始まり，簡易的な方法と詳細な方法に区分される[9]．

概略の方法とは，地形・地質や現地の液状化履歴などにもとづき予測するものである．埋立地や水面上の盛土地，旧河道，未発達な自然堤防などは液状化の可能性が高く，台地や丘陵地などは可能性が低いとされる．また，液状化履歴のある地点は液状化の可能性が高く，ない地点は可能性が低いとされる．簡易な方法では，標準貫入試験などの原位置試験から得られる N 値と粒度にもとづき，液状化強度を推定し，来たる地震に対して液状化安全率を評価する．詳細な方法では，原位置から採取した不攪乱試料などを用いて室内液状化試験を実施し，液状化強度を推定することにより液状化安全率を評価する．または，地震応答解析を実施し液状化発生の有無の詳細な検討を行うものである．

図 3.5.6 に示すように，下層の液状化層（$N \leq$

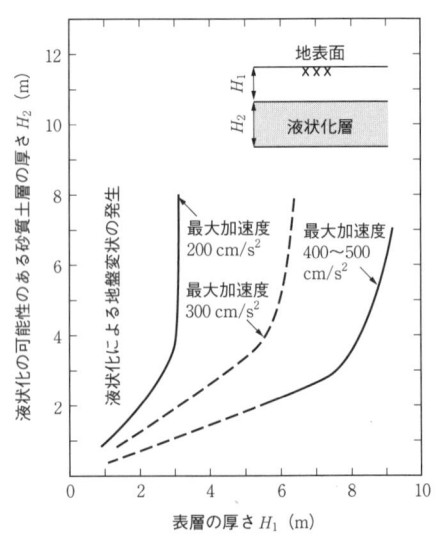

図 3.5.6 表層の非液状化層厚と下層の液状化層厚と地表での液状化発生の有無[11]

10) と表層の非液状化層の厚さから，地表での液状化発生の有無を判別する方法が提案されている[11]．地表への過剰間隙水圧の伝搬は，上下層の厚さばかりでなく，透水係数，体積圧縮係数などにも影響されるが，表層の非液状化層の厚さがある程度大きくなると，地表面付近まで過剰間隙水圧の伝搬が起こらず，地表面で液状化が発生しない．また，地震の最大加速度が大きくなるほど，地表で液状化を発生させうる表層の厚さが大きくなる．

図3.5.7に，港湾埋立地の基準[12]で採用されている粒度にもとづく液状化の発生しうる土の判別方法を示す．道路の基準[13]では，当初平均粒径 $D_{50}=0.02\sim 2$ mm の沖積砂質土とされたが，1995年兵庫県南部地震の教訓以降，平均粒径 $D_{50}=10$ mm 以下と改訂された．また，ほかの基準を見比べてみると，細粒分含有率 F_c（粒径0.075 mm 以下の質量百分率）が30～35％以下で，塑性指数 I_p が15以下の土が液状化の可能性があるとされている．

b. 室内試験にもとづく液状化強度の評価

飽和砂質土の液状化強度を推定するのに，非排水繰返し三軸試験が行われる．有効拘束圧 σ'_0 で等方圧密後，非排水条件下で一定振幅の軸差応力（片振幅 σ_d）を通常 0.1 Hz の速度で載荷する試験である．液状化にいたる過程を，過剰間隙水圧の上昇と軸ひずみの増加で試験結果をまとめるが，せん断ひずみの大きさが液状化による攪乱の度合いをよく表すことが一般に知られていることから，通常両振幅軸ひずみ $DA=5\%$ 時の繰返し回数 N_c を，繰返し応力振幅比 $\sigma_d/2\sigma'_0$ に対してプロットして試験結果をまとめる．ここで，両振幅軸ひずみ $DA=5\%$ は片振幅で 2.5％ となり，せん断ひずみに直すと $\gamma=\varepsilon_1-\varepsilon_3=1.5\varepsilon_a=3.75\%$ となるが，せん断ひずみが $\gamma=3.75\%$ 付近にいたると過剰間隙水圧が100％上昇し，初期液状化にほぼいたることが一般に知られている．砂質土の液状化強度に及ぼすおもな影響因子には，細粒分・粘土分の含有量，密度，応力状態（応力履歴を含む）があげられる．

（ｉ）密度の影響 図3.5.8に，豊浦砂の液状化強度曲線を示す[14]．一般に，間隙が少なくなり密度が大きくなるほど，液状化強度曲線は上方に位置する．また，繰返し回数の少ない領域で，顕著な強度曲線の立ち上がりが見てとれる．これは，繰返し応力振幅が大きくなると変相点を超えて載荷が行われ，変相後の膨張性挙動に起因して生じるものと解釈される．この液状化強度曲線の図から，通常，繰返し回数 $N_c=20$ 回のときの繰返し応力振幅比 $\sigma_d/2\sigma'_0$ をもって，液状化強度比（繰返し強度比）が定義される．また，液状化強度比の大きさは，通常約0.25以下で小さい，約0.25～0.35で中ぐらい，約0.35以上で大きいと判断される．

（ⅱ）異方圧密の影響 通常の室内液状化試験は，等方圧密後に非排水繰返し試験を行う．しかし，より原地盤に近い応力状態を再現するには，異方圧密状態が欠かせなくなる．いま，K_0 値を側方応力 σ'_h と鉛直応力 σ'_v の比で $K_0=\sigma'_h/\sigma'_v$ と定義する．さまざまな異方圧密状態を再現し，K_0 値を変えた液状化試験を行うと，K_0 値が大きいほど，液状化曲線は上方に位置し，液状化強度

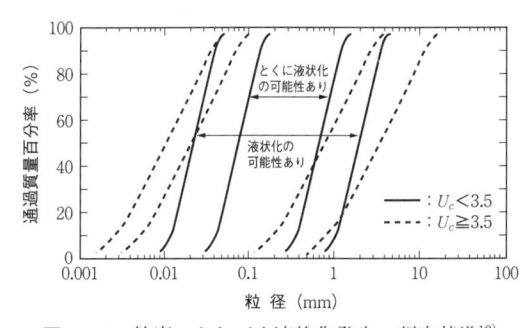

図3.5.7 粒度にもとづく液状化発生の判定基準[12]

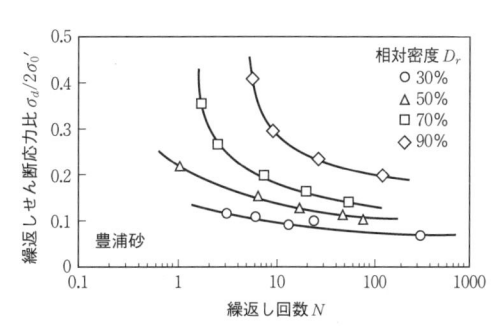

図3.5.8 砂の液状化強度曲線の1例[14]

比が大きくなることが知られている．等方圧密後の液状化強度比 $(\tau_l/\sigma'_v)_{IC}$ と異方圧密後の液状化強度比 $(\tau_l/\sigma'_v)_{AC}$ とを比較すると，次式が成立することが知られている[15]．

$$\left(\frac{\tau_l}{\sigma'_v}\right)_{AC} = \frac{1+2K_0}{3}\left(\frac{\tau_l}{\sigma'_v}\right)_{IC} \quad (3.5.5)$$

これは，液状化強度比が平均有効応力 $\sigma'_m = (\sigma'_v + 2\sigma'_h)/3 = \sigma'_v(1+2K_0)/3$ により，異方圧密状態に関係なく整理できることを意味している．

(iii) 過圧密履歴の影響 粘性土の応力履歴の影響の主たるものとして，過圧密履歴があげられる．砂質土においても，過圧密により液状化強度が増加することが知られている．過圧密後の液状化強度比 $(\tau_l/\sigma'_v)_{OC}$ は，正規圧密後の液状化強度比 $(\tau_l/\sigma'_v)_{NC}$ と過圧密比 OCR $(\geqq 1)$ を用いて，以下の式により表現される[16]．

$$\left(\frac{\tau_l}{\sigma'_v}\right)_{OC} = \sqrt{\text{OCR}}\left(\frac{\tau_l}{\sigma'_v}\right)_{NC} \quad (3.5.6)$$

(iv) 細粒分の影響 粘性土では，液状化と一般に呼ばれる現象は存在しないので，砂質土と同じ室内液状化試験を行い，繰返しせん断強度を求める．細粒分の影響とひとくちにいっても，細粒分の種類，含有量，成分が塑性か非塑性かで，その影響は大きく異なるようである．非排水繰返し三軸試験結果から，粘土分含有率が 10% 以下では，繰返しせん断強度比は 0.15〜0.2 付近ではとんど変わらないが，10% を超えると約 0.4 まで急激に増加する傾向にあることが報告されている[17]．同じ試験結果を塑性指数 I_p でまとめると，I_p が 10 以下では繰返しせん断強度比はほとんど変化しないが，10 以上になると徐々に増加する傾向にある．

最近の研究で，砂質土の物性を表す指標として，細粒分含有率 F_c ではなく間隙比幅 $e_{max}-e_{min}$ の使用が提案されている[18),19]．図 3.5.9 に，F_c と $e_{max}-e_{min}$ の関係を示す[18]．きれいな砂の $e_{max}-e_{min}$ は 0.3〜0.5 程度であるが，細粒分含有量が多くなると $e_{max}-e_{min}$ が大きくなる傾向にある．また，図 3.5.10 に示すように，標準貫入試験から得られる試料サンプルから間隙比幅 $e_{max}-e_{min}$ を求め，N 値と合わせて，原位置地盤の相対密度を推定する方法が提案されている[19]．ここで，N 値に及ぼす拘束圧 σ'_v と相対密度 D_r の影響は，次式により正規化されている．

$$C_D = \frac{N}{\sqrt{\sigma'_v/98}\,D_r^2} \quad (\sigma'_v : \text{kPa}) \quad (3.5.7)$$

ここで，C_D は土の種類や粒度にかかわるパラメータとなり，図 3.5.9 では $e_{max}-e_{min}$ を採用している．

c．原位置試験にもとづく液状化強度の評価
標準貫入試験から得られる N 値と粒度から砂

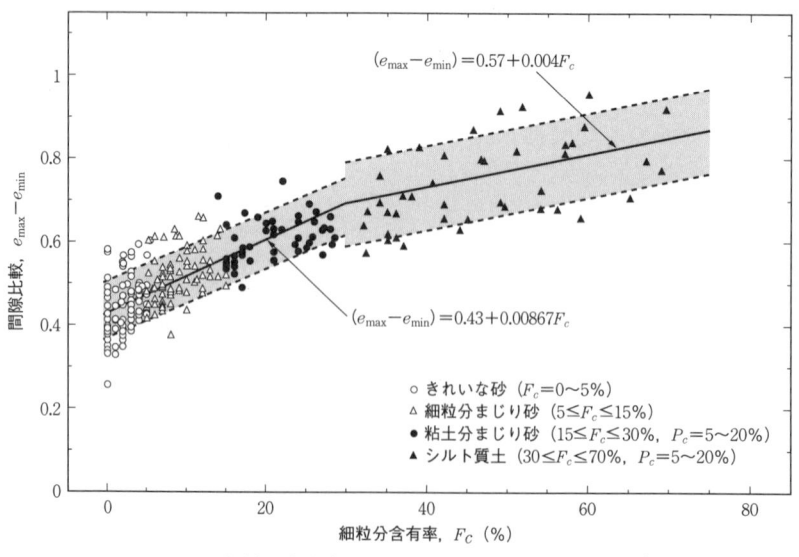

図 3.5.9 細粒分含有率 F_c と間隙比幅 $e_{max}-e_{min}$ の関係[18]

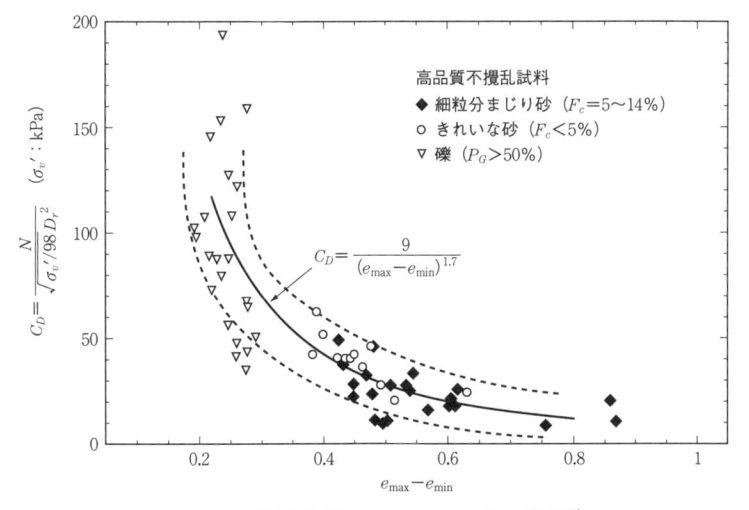

図 3.5.10 間隙比幅 $e_{max}-e_{min}$ と N 値の関係[19]

質土の液状化強度を推定できると，凍結試料などを用いた室内試験による推定法と比較してその汎用性は高い．図 3.5.11 に，換算 N 値 N_1 と繰返しせん断応力振幅比 τ_{av}/σ'_v の関係を示す[20]．マグニチュード 7.5 程度の地震を受けた各地点で観測された最大加速度 a_{max} から，次式にもとづき推定した繰返しせん断応力振幅比を縦軸に，同地点における標準貫入試験結果から得られる換算 N 値を横軸にプロットして，原位置において液状化の痕跡があるかどうかを調べて色分けをすることにより，図 3.5.11 が得られている．つまり，図 3.5.11 の縦軸は，後述する式 (3.5.16) に示す液状化安全率の分母に相当する指標であり，横軸は分子に相当する指標といえる．

$$\frac{\tau_{av}}{\sigma'_v} = 0.65 \frac{\tau_{max}}{\sigma'_v} = 0.65 \frac{a_{max}}{g} \frac{\sigma_v}{\sigma'_v} \quad (3.5.8)$$

上式において 0.65 という係数は，地震動の不規則性を考慮する係数である．また，図 3.5.11 において，換算 N 値は，

$$N_1 = 1.7 N/(\sigma'_v + 0.7), \quad (\sigma'_v : \text{kgf/cm}^2) \quad (3.5.9)$$

より求められている．$(N_1)_{60}$ の添え字の 60 は，SPT ハンマーにより理論値の 60% に相当するエネルギー伝搬が生じていることを意味しており，米国における標準的なエネルギー伝搬効率とされている．図 3.5.11 において，「液状化発生あり」と「なし」の地点の境界を表すカーブにより，換算 N 値と液状化強度比の関係が表されると考えられるが，細粒分含有率 F_c により示すカーブが異なってくることがわかる．

道路の基準[12]では，細粒分含有率 F_c により 3 区分（10% 以下，10~60%，60% 以上）され，液状化強度の評価が行われる．$F_c \leq 10\%$ では，以下の式が適用される．

$$\frac{\sigma_{d,l}}{2\sigma'_0} = 0.082\sqrt{\frac{N_1}{1.7}} \quad (N_1 < 14) \quad (3.5.10)$$

$$\frac{\sigma_{d,l}}{2\sigma'_0} = 0.082\sqrt{\frac{N_1}{1.7}} + 1.6 \times 10^{-6}(N_1-14)^{4.5}$$

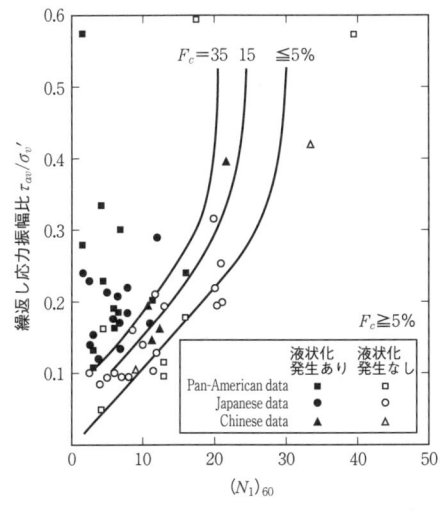

図 3.5.11 換算 N 値と液状化強度の関係[20]

$$(N_1 \geqq 14) \qquad (3.5.11)$$

ここで，N_1 は式（3.5.9）より算出される．式（3.5.10）は，改訂前の道路の基準と同じで，液状化強度が相対密度に比例するという，

$$\sigma_{d,l}/2\sigma'_0 = 0.0042 D_r \qquad (3.5.12)$$

という式[21]にもとづいている．式（3.5.12）に，マイヤーホッフ（Meyerhof）が提案している次式[22]を代入すると導出される[23]．

$$D_r = 21\sqrt{\frac{N_1}{\sigma'_v/98+0.7}} \quad (\sigma'_v : \text{kPa})$$
$$(3.5.13)$$

式（3.5.12）は，図 3.5.11 に示したように，$N_1 \geqq 14$ 以降で液状化強度が急激に増加することに対応している．

図 3.5.11 の結果は，おおいに経験的手法にもとづく関係であるが，原地盤から凍結試料を採取し室内液状化試験を行うと同時に，同地点において標準貫入試験を実施することにより，同関係の妥当性を検証した報告がなされている[24]．図 3.5.12 に結果を示すが，細粒分含有率 $F_c \leqq 5\%$ のきれいな砂についてまとめられている．ここで，換算 N 値 N_1 は，式（3.5.9）により算出されている．N_1 が 20 を超える付近から液状化強度比が急増することがみてとれる．

連続的に地盤の性状が計測可能なコーン貫入試験（CPT）にもとづき，液状化強度の推定を行う方法が検討されてきている．標準貫入試験の図 3.5.11 の場合と同様に，経験的手法にもとづき原位置データを収集した結果から CPT に関する関係が提案されている[26~28]．提案されている関係をまとめたものを，図 3.5.13 に示す[25]．縦軸には最大せん断応力振幅比（強度）$\tau_{\max,l}/\sigma'_v$ がとられ，横軸には拘束圧依存性を正規化した先端抵抗値 q_{c1} を次式により求めプロットされている．

$$q_{c1} = \frac{q_c}{\sqrt{\sigma'_v}} \qquad (3.5.14)$$

原位置試験は，速度検層試験などの物理探査と，標準貫入試験やコーン貫入試験などのサウンディング試験に大別される．サウンディング試験は，地盤に液状化を発生させるせん断ひずみレベルまで攪乱を生じさせる．この点で，サウンディング試験結果から液状化強度を評価することの妥当性が見てとれる．物理探査は，地盤の液状化と比較して微小なせん断ひずみレベルを付加する試験方法である．しかし一方で，室内試験から得られた式（3.5.3）を見てみると，所定の拘束圧下の初期せん断弾性係数 G_0 は，間隙比 e に依存することがわかる．間隙比が定まれば，液状化強度も評価できる可能性がある．このような観点から，速度検層試験から得られるせん断波速度 V_s より，液状化発生の有無を判別する方法が検討さ

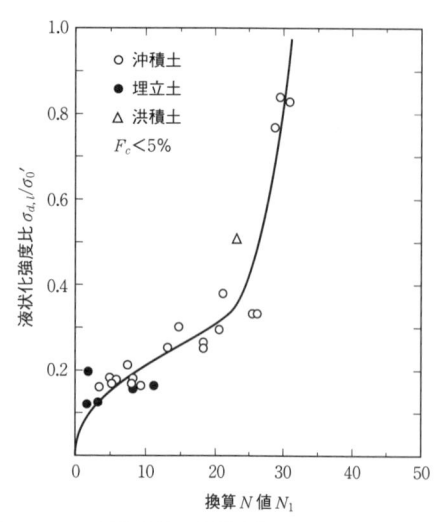

図 3.5.12 凍結試料の非排水繰返し三軸試験にもとづく液状化強度比と換算 N 値の関係[24]

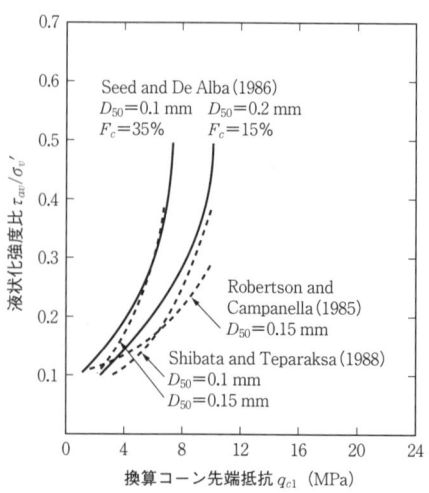

図 3.5.13 CPT 先端抵抗値にもとづく液状化強度比の推定[25]

れてきている[29),30)]．図3.5.14は，せん断波速度 V_s と地表最大加速度 a_{max} から液状化の発生の有無を判別する方法を示している．縦軸のせん断波速度は液状化強度の推定の役割を果たし，横軸の地表最大加速度は地震により発生するせん断応力の推定の役割を果たすと考えられる．つまり，この図の縦軸は液状化安全率の分子に相当する指標であり，横軸は分母に相当する指標といえる．よって図3.5.11と比較して，図3.5.14では「液状化発生あり」と「なし」の図上での位置関係が逆転する．

d． 液状化安全率 F_l の評価

液状化発生の判別に関して対象とする地震動は，せん断波である．一般に，地盤は深層から地表に近づくにしたがい，せん断剛性が小さくなる傾向にあることから，震源で発生したせん断波は，地表面に近づくにしたがい，地表面に直交する方向に屈折する．これにより，液状化発生の判別を行う地表層では，下方からせん断波が入射すると考えてよい．

まず，地盤内の土要素の作用する最大せん断応力比 τ_{max}/σ'_v を，最大加速度 a_{max} から次式により推定する．

$$\frac{\tau_{max}}{\sigma'_v} = \frac{a_{max}}{g} r_d \frac{\sigma_v}{\sigma'_v} \qquad (3.5.15)$$

ここで，r_d は地盤の変形に関する補正係数で，$r_d = 1 - 0.015z$（z：地表面からの深さ）により求められる．さらに，地震不規則波形を受ける際の液状化強度比 $\tau_{max,l}/\sigma'_v$ を原位置試験または室内液状化試験により推定することにより，液状化安全率 F_l を次式により評価することができる．

$$F_l = \frac{\tau_{max,l}/\sigma'_v}{\tau_{max}/\sigma'_v} \qquad (3.5.16)$$

ここで注意することは，通常の室内液状化試験では一定応力振幅の正弦波を繰返し載荷に用いるため，上記の強度比 $\tau_{max,l}/\sigma'_v$ に含まれる地震動の不規則性を考慮に入れることが必要な点である．非排水繰返し三軸試験から得られる液状化強度比 $\sigma_{d,l}/\sigma'_0$ は，ほぼ繰返しせん断強度比 $\tau_{av,l}/\sigma'_v$ に等しいことが認められており，地震不規則波形を受ける際の液状化強度比 $\tau_{max,l}/\sigma'_v$ とは係数 C を用いて次式により関連づけられる．

$$\frac{\sigma_{d,l}}{\sigma'_0} \cong \frac{\tau_{av,l}}{\sigma'_v} = C\frac{\tau_{max,l}}{\sigma'_v} \qquad (3.5.17)$$

一般に，$C=0.65$ とそれに対応する繰返し回数 N_c として20回が基本値とされている．しかし本来，C の値と繰返し回数 N_c の組合せは，マグニチュード，震源特性，震央距離，地震動の伝搬特性，地表層の応答特性などの地震動特性と，地盤の液状化強度特性に依存すると考えられる．そこで，マグニチュードスケーリングファクター（MSF）を用いて，繰返し回数 $N_c=20$ 回に相当する C の値への補正を目的として，次式に示す補正方法が提案されている．

$$C = 0.65 \times \mathrm{MSF} \qquad (3.5.18)$$

ここで，MSFの値については，図3.5.15に示す関係などが提案されている[31)]．

上記の，地震動の不規則性を一定応力振幅の等価繰返し回数に置換する方法は，多分に経験的なものであるが，これを室内試験で実証した研究がなされている[32)]．まず，地震動波形を二つのタイプに分類を行っている．衝撃型波形を，最大振幅 τ_{max} が出現する以前に $0.6\tau_{max}$ 以上の振幅をもつ波が2波以下であるものとし，振動型波形を，それが3波以上含まれるものとしている．それぞれのタイプの波形に対応する C の値を，衝撃型波形について $C=0.55$，振動型波形について $C=0.70$ と求めている．

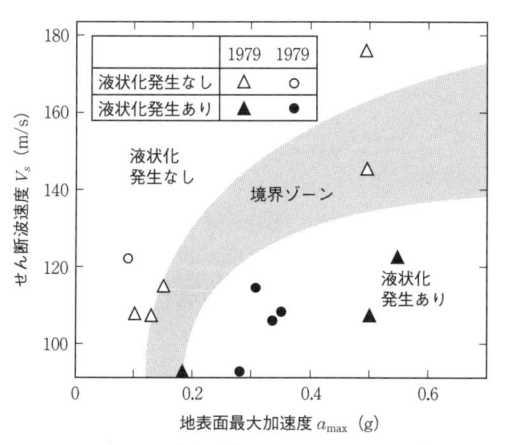

図 3.5.14 せん断波速度 V_s にもとづく液状化発生の判別方法[30)]

（塚本良道）

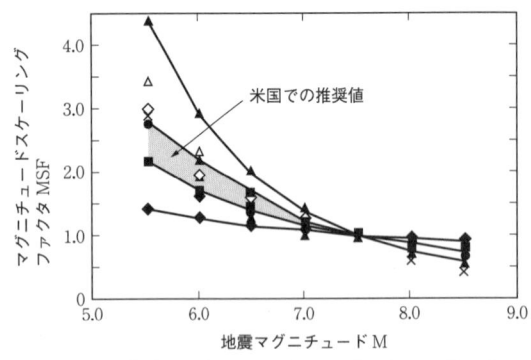

図 3.5.15 地震マグニチュードとマグニチュードスケーリングファクター（MSF）の関係[31]

参 考 文 献

1) 地盤工学会編：地盤工学ハンドブック，p. 188，1999．
2) 日本音響学会，子安　勝，五十嵐寿一，石井聖光，時田保夫，西宮　元：音響工学講座 4　騒音・振動，コロナ社，1978．
3) 櫛田　裕：環境振動工学入門—建築構造と環境振動—，理工図書，1997．
4) T. Kokusho : *Proc. 8 th Asian Regional Con. on Soil Mechanics and Foundation Engineering*, Kyoto, **2**, 215, 1987.
5) Y. Tsukamoto, K. Ishihara, H. Nakazawa, K. Kamada and Y. Huang : *Soils and Foundations*, **42**(6), 93, 2002.
6) 地盤工学会：土質試験の方法と解説（第 1 回改訂版），第 7 編せん断試験，第 7 章変形特性を求めるための繰返し試験，2000．
7) T. Kokusho : *Soils and Foundations*, **20**, 45, 1980.
8) M. Vucetic and R. Dobry : *Journal of Geotechnical Engineering, ASCE*, **117**, 89, 1991.
9) 安田　進：液状化の調査から対策工まで，鹿島出版会，1988．
10) K. Ishihara, S. Yasuda and H. Nagase : Special Issue, Soils and Foundations, 109, 1996.
11) K. Ishihara : *Proc. 11 th Int. Conf. on Soil Mechanics and Foundation Engineering*, **1**, 321, 1985.
12) 沿岸開発技術研究センター：埋立地の液状化対策ハンドブック（改訂版），1997．
13) 日本道路協会：道路橋示方書・同解説 V 耐震設計編，1996．
14) 山本陽一，兵動正幸，吉本憲正，伊藤周作，藤井照久：第 36 回地盤工学研究発表会講演集，p. 387, 2001.
15) K. Ishihara, S. Iwamoto, S. Yasuda and H. Takatsu : Proc. 9 th Int. Conf. on Soil Mechanics and Foundation Engineering, p. 11, 1977.
16) K. Ishihara and H. Takatsu : *Soils and Foundations*, **19**(4), 60, 1979.
17) 桑野二郎，K. Sapkota Binod，橋爪秀夫，高原健吾：土と基礎，**41**(7), 23, 1993.
18) M. Cubrinovski and K. Ishihara : *Soils and Foundations*, **42**(6), 65, 2002.
19) M. Cubrinovski and K. Ishihara : *Soils and Foundations*, **39**(5), 61, 1999.
20) H. B. Seed, K. Tokimatsu, L. F. Harder and R. M. Chung : *Journal of Geotechnical Engineering, ASCE*, **111**(12), 1425, 1985.
21) K. Ishihara : *Soils and Foundations*, **17**(3), 1, 1977.
22) G. G. Meyerhof : *Proc. 4th Int. Conf. on Soil Mechanics and Foundation Engineering*, **3**, 110, 1957.
23) 岡　二三生，角南　進，山本陽一：土と基礎，**50**(8 & 9), 51, 2002.
24) 松尾　修：第 31 回地盤工学研究発表会講演集，p. 1035, 1996.
25) K. Ishihara : Oxford Engineering Science Series 46, Oxford University Press, 1996.
26) P. K. Robertson and R. G. Campanella : *Journal of Geotechnical Engineering, ASCE*, **111**(GT 3), 384, 1985.
27) H. B. Seed and P. De Alba : Proceedings of In-Situ Test, ASCE, p. 281, 1986.
28) T. Shibata and W. Teparaksa : *Soils and Foundations*, **28**, 49, 1988.
29) K. H. Stokoe, J. M. II, Roesset, J. G. Bierschwale and M. Aoua : *Proc. 9 th World Conf. on Earthquake Engineering*, **III**, 213, 1989.
30) K. Tokimatsu, T. Yamazaki and Y. Yoshimi : *Soils and Foundations*, **26**(1), 25, 1986.
31) T. L. Youd, et al. : *Journal of Geotechnical and Geoenvironmental Engineering*, **127**(10), 817, 2001.
32) K. Ishihara and S. Yasuda : *Soils and Foundations*, **15**(1), 45, 1975.

3.6 地盤の変形と安定

3.6.1 土の強度，変形特性

　基礎の支持力，擁壁に作用する土圧，斜面安定といった地盤工学上の構造物の変形・破壊挙動の予測は，地盤情報を把握し，そこに存在する土の力学挙動を正しく理解し，現場の状況に応じて複雑な応力-ひずみ関係を合理的に単純化し，弾性論や塑性論といった応用力学を利用することによってなされる．いいつくされていることであるが，地盤材料がほかの建設材料と異なる点は，その力学特性の多様性，複雑さである．本節では，

3.6 地盤の変形と安定

簡単のため，飽和土に限定してその強度・変形特性について説明する．

a. 有効応力の原理 (principle of effective stresses)

飽和土の場合，全応力 (σ) は，式 (3.6.1) のごとく間隙水圧 (u)，土粒子骨格が分担する力 (有効応力: σ') の和で与えられることをテルツァギ (Terzaghi)[1] が最初に提唱し，

$$\sigma' = \sigma - u \quad (3.6.1)$$

この有効応力の重要性を「圧縮，ゆがみ，せん断強度といった応力の変化に直接関係するものは，有効応力の変化によって引き起こされる」と説明した．これがいわゆる有効応力の原理であり，粒状材と間隙流体 (水) からなる土の力学挙動に関してもっとも基本的な原理である．

b. 限界状態

図 3.6.1 に示すとおり粒状材である土は，排水条件でせん断すると，その詰まり方に応じて，密詰めならば膨張し，緩詰めならば圧縮する*1．これが土のダイレタンシー (dilatancy) である．加えて，ほかの材料に比べると土の圧縮性はきわめて大きい．このような土の力学特性 (応力-ひずみ関係) を応力 (単純せん断であれば，直応力 σ' とせん断力 τ'，三軸試験であれば，平均主応力 p'，偏差応力 q) の変化と体積の変化，あるいは間隙比 (void ratio: e)，もしくは比体積 (specific volume: $v = e+1$) で整理すると，その特徴をとらえることができる．

図 3.6.1(d) のように，初期の間隙比が異なっても，同じ直応力でせん断を受けると，最終的にはせん断応力，間隙比ともほぼ同じ値になる．この状態を限界状態 (critical state) といい，図 3.6.2 に示すようにこの状態を応力空間や，応力-間隙比空間上で連ねた線を限界状態線 (critical state line: CSL) と呼ぶ．粘土の場合，CSL は図 3.6.2(c) のように e-$\log \sigma'$ 上では，正規圧縮曲線と同様ほぼ直線となり，その傾きも同じとな

---
*1 地盤工学の場合，圧縮応力，圧縮ひずみを正とするため，体積ひずみの符号も圧縮が正，膨張が負である．また，反時計回りのせん断力，せん断ひずみを正とする．

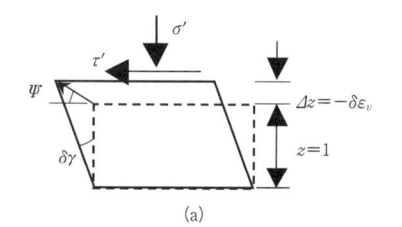

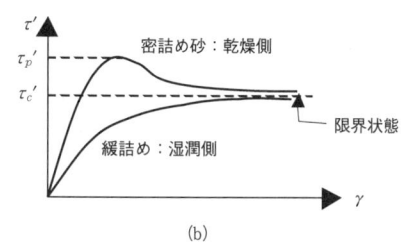

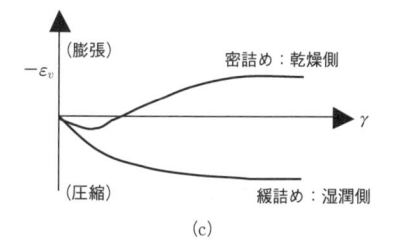

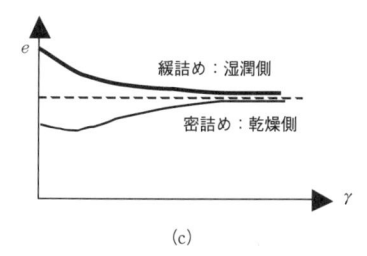

図 3.6.1 同じ σ' のもとでせん断した密詰め，緩詰め砂のせん断挙動

る．

土がある初期状態からせん断ひずみを受け続けると，最終的に応力や体積が一定のもとで，せん断ひずみのみ発生する限界状態にいたる．正規圧密状態 (正規圧縮線上) も無限にある初期状態の一つと考えると，限界状態線のみが土固有のせん断特性を与えるものと考えてもよい．

c. 土の応力-ひずみ関係:ダイレタンシー特性

e-σ' (あるいは v-p') 面で限界状態線より右側に初期状態があると，せん断により体積が減少 (圧縮) し，左側にあると体積は増加 (膨張) する．飽和した土を排水状態でせん断した場合，前者では水がしみ出し，後者では表面が乾いた状態となる．そこで，それぞれを湿潤側 (wet side)，

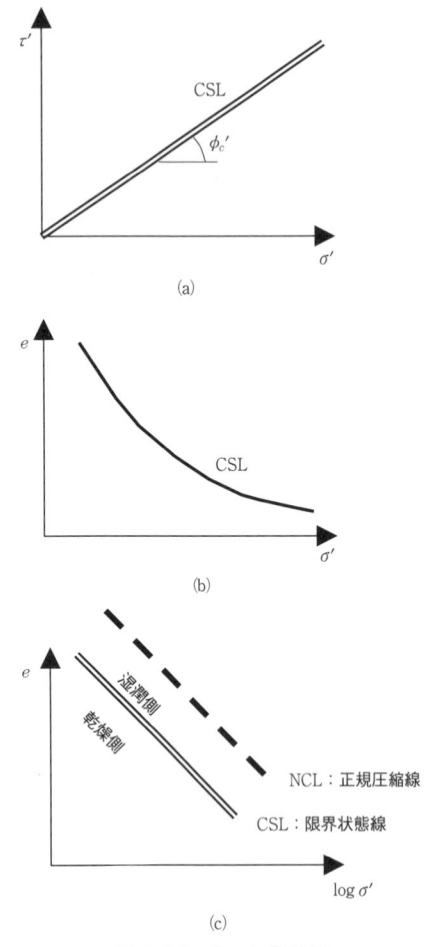

図 3.6.2 土の限界状態

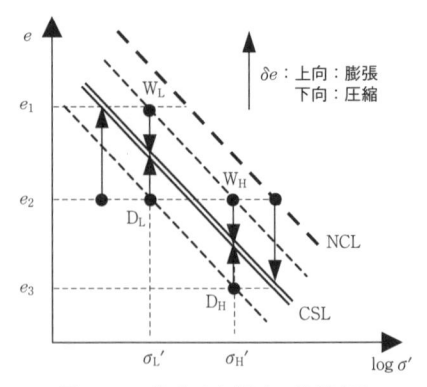

図 3.6.3 排水せん断時の体積変化

もし，体積の変化を許さない非排水でせん断をすると，応力状態は応力-間隙比空間を間隙比一定面内で移動することになり，図 3.6.4 に示すようにせん断に伴い限界状態にいたる過程で，湿潤側では正の過剰間隙水圧が，乾燥側では負の過剰間隙水圧が発生する．

d. 過圧密比と状態パラメータ

土の初期状態を表すパラメータとして，過圧密比（overconsolidation ratio：OCR）が，粘性土ではよく用いられる．これは e-σ' 関係における初期状態と正規圧縮曲線の水平距離に近いものであり，過圧密が小さいうちは，湿潤側で，大きくなると乾燥側に入り，限界状態線から徐々に離れていく．したがって，過圧密比と力学特性は密接に関係しており，静止土圧係数 K_0 値や非排水強度増加率 c_u/σ'_v など，OCR の関数として与えられる．しかし，砂質土の場合，正規（処女）圧縮曲線は，初期間隙比に大きく依存し，しかも圧密試験から圧密降伏応力（p_y）を求めることもむず

乾燥側（dry side）と呼ぶ．当然圧縮，膨張の度合いは限界状態線から離れるほど大きくなる．図 3.6.1 に示すように，砂のダイレタンシー特性として密ならば膨張，緩ければ圧縮という説明がなされるが，これはあくまでも与えられた有効拘束圧のもとでのことである．図 3.6.3 に示すように同じ初期間隙比（e_2）でも，有効応力圧の増加とともに，膨張から圧縮へと変化する．

砂の最小密度・最大密度試験（JIS A 1224）で得られる e_{max} や e_{min} はきわめて小さな拘束圧のもとでの値であり，これにもとづいて求めた相対密度（relative density）が大きくても，高い拘束圧のもとでは，圧縮することもある．したがって，相対密度と関係づけられる力学パラメータは，拘束圧による補正が必要となる．

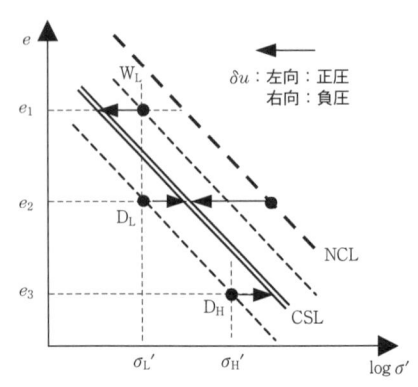

図 3.6.4 非排水せん断時の間隙水圧挙動

かしい．したがって，砂質土の場合は上記限界状態線にもとづいた初期状態を表すパラメータを用いると便利である．この代表的な例として，状態パラメータ (state parameter: Ψ)[2] があり，これは図3.6.5に示すように現在の間隙比 (e) と平均主応力 (p_0') に対応する限界状態線の間隙比 (e_c) の差として与えられる．なお，砂の限界状態線 (Beenら[2] は定常状態線 (steady state line: SSL) と呼んでいる) は，e-$\log p'$ 面で直線とはならない．

e．土の破壊規準，強度

上述したとおり土の応力-ひずみ関係は，初期状態によって大きく異なる．上記の限界状態理論に弾塑性理論を適用し，いくつかの仮定を導入すれば，初期状態から限界状態にいたるすべての経路についての応力-ひずみ関係を表す構成則を導くことはできる．その代表的で簡単なものがカムクレイモデル (Cam-clay model)[3] であるが，それでもその説明のためにはかなりの予備知識が必要である．ここでは，限界状態理論より土の強度についてのみ解説する．

(i) クーロンの破壊規準式 地盤の破壊問題を扱う場合，必ず土要素の (破壊) 強度が必要となる．土質材料に一般的に用いられる破壊規準がクーロンの破壊規準式 (Coulomb failure criteria) (式 (3.6.2)，図3.6.6)，あるいはこれを主応力表示したモール・クーロンの破壊規準式 (式 (3.6.3)，図3.6.7) である．

$$\tau_f = c + \sigma_f \tan\phi \quad (3.6.2)$$

$$\frac{(\sigma_1 - \sigma_3)_f}{2} = c\cos\phi + \frac{(\sigma_1 + \sigma_3)_f}{2}\sin\phi \quad (3.6.3)$$

ここで，τ_f，σ_f は破壊面上のせん断応力と直応力，c，ϕ は強度パラメータ (粘着力，内部摩擦角) である．

(ii) せん断試験の圧密条件，排水条件 上記強度パラメータは一面せん断試験，三軸試験などの室内要素試験によって求めることができるが，それらは試験中の圧密・排水条件によって異なった値となる．もっとも一般的な三軸試験は表3.6.1に示すように圧密条件，排水条件よって区別される．

(iii) 非排水強度 (undrained strength)

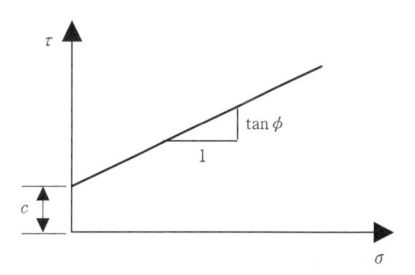

図3.6.6 クーロンの破壊規準式

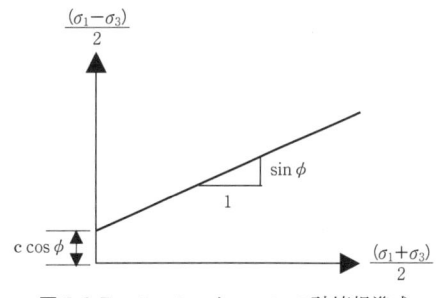

図3.6.7 モール・クーロンの破壊規準式

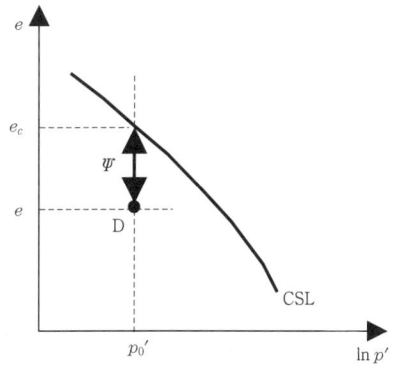

図3.6.5 状態パラメータ Ψ

表3.6.1 せん断試験の種類

試験種類	UU試験	CU試験	CD試験
せん断前	非圧密	圧密*	圧密*
せん断中	非排水	非排水*	排水*
計測項目	応力，ひずみ	応力，ひずみ 過剰間隙水圧	応力，ひずみ 排水量
強度定数	c_u, ϕ_u	c', ϕ'	c_d, ϕ_d

* 有効応力の評価が可能な試験．

透水性が低い粘土地盤の急速載荷・除荷状態では，ほぼ非排水（体積一定）状態が保たれる．非排水状態で飽和した土の全応力を増しても，有効応力の原理より全応力増分と間隙水圧増分が等しく，有効応力は変化しないため，強度も変わらない．したがって，非圧密非排水試験（UU試験）を全応力によって整理すると図3.6.8(a)に示すように

$$c_u = \frac{\sigma_1 - \sigma_3}{2}, \quad \phi_u = 0 \quad (3.6.4)$$

破壊規準式を得る．ここで，c_u は非排水強度で，UU試験の拘束圧ゼロと等価な一軸圧縮試験（unconfined compression test）で得られる一軸強度（q_u）の1/2となる（図3.6.8(a)）．この強度パラメータを全応力を用いた安定解析（全応力解析）に適用する方法を $\phi_u=0$ 法と呼び，粘土地盤の安定解析では一般的に用いられる．有効応力の原理から考えると，全応力を用いることは，少し矛盾しているように見えるが，これは有効応力を計算するための間隙水圧の評価のむずかしさによるものである．したがって，設計条件とこのパラメータの適用条件の整合性については十分な注意が必要である．とくに，負の過剰間隙水圧の発生が予想される除荷問題については，施工時間によっては，大きな強度の低下が生じることもある．

図3.6.2と図3.6.4からわかるように，理論的には非排水強度は，初期有効応力に関係なく，間隙比のみによって決まる．

(iv) 排水強度（drained strength） 粘土地盤と異なり砂地盤では，透水性は十分大きく，地震力のように極端に短い時間で作用する外力以外は，過剰間隙水圧はほぼゼロであり，排水条件を仮定することができる．また，粘土地盤でもきわめて緩やかな載荷，除荷条件では過剰間隙水圧が消散し，全応力増分が有効応力増分と等しくなる．この場合，強度パラメータとして，$c'(\fallingdotseq c_d)$，$\phi'(\fallingdotseq \phi_d)$ が用いられる．実務では，飽和した砂や乾燥した砂の場合，排水条件での $c'=0$ と仮定することが多く，ϕ' のみが強度パラメータとなる（図3.6.8(b)）．

$$\tau'_f = \sigma' \tan \phi' \quad (3.6.5)$$

(v) ピーク強度と残留強度 排水状態における有効摩擦角 ϕ' を決める強度として，二つの強度が考えられる．ピーク強度と残留（限界状態）強度である．図3.6.1のように，密（乾燥側）砂の場合，ピーク強度に達した後，さらにせん断を進めるとせん断力は減少し，限界状態に達する．粘着力のない粒状体のせん断応力と有効直応力の比 τ'/σ' は，土粒子のもつ摩擦成分とダイレタンシーによって決まる．供試体に作用する外力による仕事と摩擦によって内部で消費される仕事を等値させると，

$$\tau'/\sigma' = \tan \phi'_m = \mu + \tan \Psi \quad (3.6.6)$$

となる．ここで，ϕ'_m は発揮される摩擦角であり，また，Ψ はダイレタンシー角で，密なほど大きく，しかも，ピーク強度付近で最大値をとる．したがって，乾燥側にある場合，ピーク強度，あるいはこの状態における摩擦角（ϕ'_p）は，

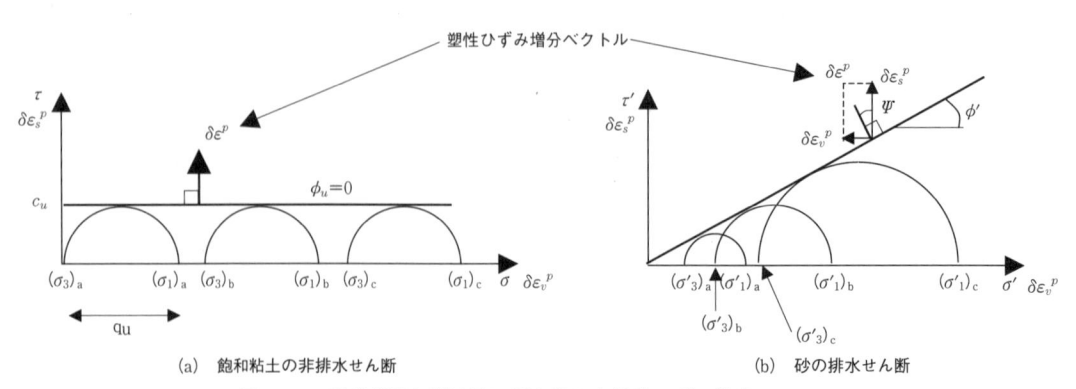

(a) 飽和粘土の非排水せん断 　　　(b) 砂の排水せん断

図3.6.8 破壊規準と関連流れ側を満たす塑性ひずみ増分ベクトル

密なものほど大きくなる．一方，体積変化増分（ダイレタンシー角）がゼロとなる限界状態の強度は，図3.6.2からわかるように，初期間隙比によらず有効拘束圧によって一義的に決まり，この状態における摩擦角（ϕ'_c）はほぼ一定となる．

どちらの摩擦角を設計や，現象の解釈に用いるべきかという問について，設計ではϕ'_cが安全側であるが，これでは密度の効果を考慮することができず，破壊挙動を合理的に評価，解釈することはできない．それでは，ϕ'_pがよいかというと，この値自体が多くの要因の影響を受けるというむずかしさがある．とくに，c．で解説したようにダイレタンシーは，密度と拘束圧によって決まるため，ϕ'_pの値も拘束圧の増加に伴い減少する，いわゆる拘束圧依存性をもつ．これは，粒状体の破壊包絡線はクーロン規準のような直線ではなく，上に凸の形状となることを意味しており，砂地盤上の構造物の変形・破壊挙動の寸法効果の一因となっている．拘束圧依存性以外にも多くの要因（たとえば，中間主応力比，異方性）を考慮した解析[4]も行われているが，これはあくまでもその力学特性の詳細が明らかとなっている材料（たとえば，豊浦砂）にのみ可能である．

結論として，実務においては乾燥側の状態なのかそれとも湿潤側の状態なのか，排水条件か非排水条件といった割り切りを行い，それに応じた単純化，あるいは補正を行うことが一般的である．

3.6.2 地盤の変形・破壊問題

日下部[5]は，以下の三つの視点から地盤の破壊問題を類型化している．すなわち，

① 載荷問題か除荷問題か．

② 現象は地盤の浅いところか深いところか．

③ 二次元問題か三次元問題か．

この類型化は，パラメータを含めた安定解析手法の合理的な選定，あるいは得られた結果の解釈とその利用にとって有効な情報を与える．

a．載荷問題（受働問題），除荷問題（主働問題）

地盤中の平均全応力（p）が増加する盛土や基礎の支持力は載荷問題であり，pが減少する地盤掘削は除荷問題である．粘土地盤の場合，短期問題のような非排水条件では強度は変化しないが，前者の場合，正の過剰間隙水圧が，後者では負の過剰間隙水圧が生じ，時間の経過とともに載荷問題では有効応力，すなわち強度が増加し，除荷問題では減少する．したがって，載荷問題では破壊についての検討は短期問題として，非排水強度を用いればよい．一方，除荷問題では短期のみならず，長期についても破壊に対しての検討が必要となる．

載荷，除荷問題は壁面土圧での受働，主働土圧問題に対応する．それぞれの土圧自体が大きく異なることのほかに，図3.6.9に示すとおり破壊状態にいたるまでの変位（ひずみ）が両者の大きな差である．除荷問題では，非常に小さなひずみで破壊状態に達し，これと上述の時間に伴う強度の低下傾向により，破壊が突然生じる．このため，モニタリングは載荷問題に比べるとむずかしいが，いったん大変形が発生するとそれを止めることはきわめてむずかしく，大きな被害をもたらすため，大規模な掘削工事では数多くの計測を駆使したモニタリングによる情報化施工が行われる．一方，載荷問題では，破壊にいたるまでに大きな変形が生じる．

b．浅いか，深いか

浅基礎，深基礎のように変形・破壊が浅いところで起きるか，深いところで起きるかによって，その挙動は大きく異なったものとなる．前者では，土の自重による初期拘束応力が小さいため，同一の密度では，乾燥側の軟化型の応力-ひずみ関係となるのに対して，後者では初期拘束応力が大きいため，湿潤側の硬化型の応力-ひずみ関係

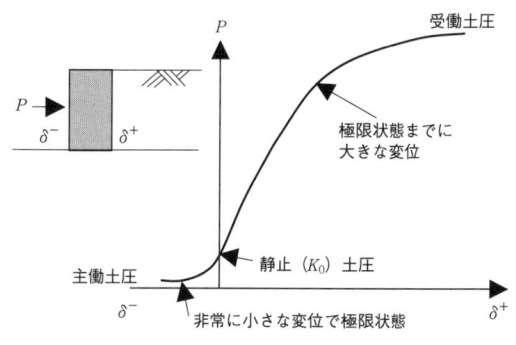

図 3.6.9　主働，受働破壊までの地盤変形

となる．また，浅い場合，地表面が変位自由の境界となるのに対して，深い場合，明確な境界はなく，無限境界に近い挙動となる．

この二つの拘束条件の違いにより，図3.6.10に示すように浅基礎の場合，（密な地盤であれば）全般せん断の破壊メカニズムとなり，荷重-沈下関係にもピークが現れる．一方，深基礎の場合局所せん断となり，荷重沈下関係に明確なピークは現れず，沈下とともに支持力は徐々に増加する．

c．二次元問題か，三次元問題か

これは現象の広がり，伝搬の問題である．集中荷重を受ける半無限弾性体や，空洞押し広げ問題では，二次元（平面ひずみ（plane strain）条件）で，応力（ひずみ），変位は距離の2乗，1乗にそれぞれ反比例し減少するのに対し，三次元条件では，応力（ひずみ），変位は，距離の3乗，2乗にそれぞれ反比例して減少する．したがって，対象とする現象を二次元と見なすか，三次元と見なすかで，地盤の変形・破壊のメカニズムは大きく異なる．掘削深さに対して，比較的広い範囲を掘削する山留めと，深さに対して掘削径が小さい立坑掘削では，後者の周辺沈下量が前者より著しく小さくなることも，このよい例である．

変形拘束の差，それによる破壊メカニズムの差は，支持力などの破壊荷重にも影響する．ただし，ここで破壊荷重の差は，拘束条件の違いによるせん断強度の差が主たる理由となる．通常，平面ひずみ条件と軸対称条件では，砂のピーク時内部摩擦角（ϕ'_p），粘土の非排水強度（c_u）とも前者のほうが大きく，とくに，砂地盤の二次元帯基礎と円形基礎の鉛直支持力の差を決める．もし，同じ内部摩擦角であるならば，解析解は軸対称条件のほうが平面ひずみよりも大きな支持力を与えるが，実際の支持力はその逆となる[5]．

上記，三つの視点と排水条件は，地盤の変形・破壊問題の解法を理解するうえでの基礎といえる．

3.6.3 地盤の安定解析法

前2項で解説したような複雑な地盤材料の力学特性を構成則で表現し，これを用いて地盤構造物の挙動予測が行われる．その予測手法は，予測対象（たとえば，変形か破壊荷重か），用いる構成則の複雑さ，地盤条件の複雑さによって異なり，複雑さが増せばFEMに代表される数値解析に頼らざるを得ない．しかし，予測対象に合わせて地盤状況や構成則を合理的に単純化できれば，弾・塑性論にもとづいた解析的な手法が適用でき，とくに，支持力，土圧，斜面安定などの地盤の極限状態を予測する設計では，後者が一般的な方法といえる．

a．解が満足しなくてはならない条件

地盤の破壊問題を扱う安定解析の解として，満足すべき条件は以下の五つである．すなわち，

① 力のつりあい式
② 変位の適合条件
③ 地盤材料の構成式（破壊問題では，破壊規準）
④ 力に関する境界条件
⑤ 変位に関する境界条件

これらすべての条件を満たす解を正解（rigorous solution）と呼ぶ．ただし，この正解は，与えられた条件（材料の構成式，境界条件）での正確な破壊荷重であり，上述のとおり，解析を適用

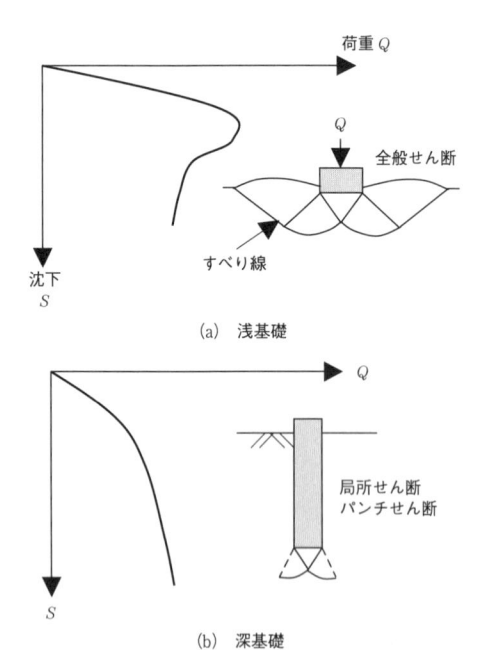

図3.6.10 浅基礎，深基礎の荷重沈下，破壊メカニズム

するための単純化や設計パラメータ決定に含まれる不確実性のため，実際の土構造物の破壊荷重を与えるものとは限らない．

b．安定解析法

単純化された地盤モデル，構成則を用いても解析的に上述の正解を得ることはむずかしい．慣用的に破壊問題を扱う安定解析法として，以下の二つがあげられる．

（i）極限解析法（limit analysis）**（上・下界値計算）**　これは塑性論のなかの以下の2つの定理（上界定理，下界定理）を用いて，破壊荷重の上界値，下界値を求め，正解の存在する範囲を求める方法である．

（1）**上界定理**（upper bound theorem）　適合条件を満たしたすべり破壊のメカニズム（可容速度場）を見いだし，ある変位増分に対する土内の応力によってなされる仕事（内部消散：internal dissipation）と外力によってなされる仕事（external work）を等値して得られる破壊荷重は正解値を下回らず上界（F_u）を与える．

（2）**下界定理**（lower bound theorem）　地盤内のいたるところで外力に対してつりあい条件を満足し，しかも土の破壊強度を超えることのない応力場（可容応力場）を見いだすことができれば，その境界外力は正解を上回らず下界値（F_l）を与える．

載荷問題の場合，正解（F_c）と上・下界値の関係は，
$$F_l \leq F_c \leq F_u$$
除荷問題の場合は
$$F_u \leq F_c \leq F_l$$
となる．いずれの場合も上界値が危険側，下界値が安全側に対応する．この定理の証明やその利用法の詳細については他書[6),7)]に譲るが，その証明には，材料が完全塑性材料という仮定が必要である．すなわち，降伏後の応力は一定に保たれ，硬化はなく，完全流れ則（塑性ひずみ増分ベクトル（体積ひずみ増分，せん断ひずみ増分）と破壊線が直交する）にしたがう．

粘土の非排水条件，および砂の排水条件の破壊線ついて，直交条件を満足する塑性ひずみ増分ベクトルは図3.6.8のようになる．全応力を用いた非排水強度（式（3.6.4））の場合，体積変化がゼロであり，ひずみ増分ベクトルは鉛直上向きとなり，直交条件を満足する．一方，排水強度（式（3.6.5））の場合，直交条件を満足するためには，摩擦角 ϕ' とダイレタンシー角 Ψ が等しくなる必要がある．もっとも大きなダイレタンシー角を示すピーク強度時でも通常は $\phi' \geq \Psi$ となり，緩詰め砂（湿潤側）の場合，ϕ'_p を用いて安定性を計算することはかなり危険側の予測となる．

（ii）極限つりあい法（limit equilibrium method）　極限つりあい法の基本は，剛体の静力学であり，その手順は以下のとおりである．すなわち，

① 破壊のメカニズム（すべり面の形状・位置）の仮定
② すべり面に囲まれた剛体についての力やモーメントのつりあい，すべり面では強度が発揮されると仮定する．
③ すべり面の形状・位置を変化させ土圧，支持力，斜面高さ，安全率などの量の最小値あるいは最大値を求める．

この方法では，剛体ブロック内，外の力のつりあい，変位の適合性を要求しているわけではなく，塑性論にもとづいた厳密性には欠ける．しかしその半面，複雑な地盤構成（多層地盤），境界条件にも適用可能な実用性がある．

以下にいくつかの極限つりあい法の適用例を示す．

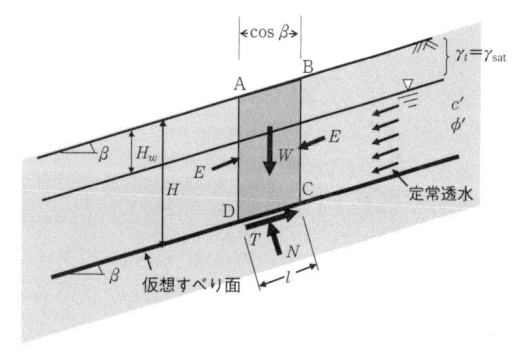

（1）**無限斜面の安定**　図3.6.11のような

図3.6.11　無限斜面の安定

無限斜面の安定問題は，極限つりあい法により取り扱うことができ，すべり面が平坦で長い地すべりなどの解析に用いられる．図に示すような斜面と平行な浸透流（深さ H_w）とすべり面（深さ H）を考えると，斜面方向の土圧の変化はない（$E=$ 一定）と仮定でき，この問題は底面幅が1の平行四辺形ブロック ABCD のつりあい問題と等価となる．ブロックの自重 $W=(\gamma_t H_w+\gamma_{sat}(H-H_w))\cos\beta$，CD 面の直応力 $\sigma=W\cos\beta$，せん断力 $\tau=W\sin\beta$，間隙水圧 $u_b=\gamma_w(H-H_w)\cos^2\beta$ となり，すべり面上の安全率 F_s は有効応力のクーロン破壊規準を用いて，

$$F_s=\frac{\tau_f}{\tau}=\frac{c'+\{\gamma_t H_w+\gamma_{sat}(H-H_w)\}\cos^2\beta\tan\phi'}{\{\gamma_t H_w+\gamma_{sat}(H-H_w)\}\cos\beta\sin\beta} \quad (3.6.7)$$

となる．

砂地盤で地下水位が地表面と一致し（$H_w=0$），$c'=0$ として，安息角（β_c）の条件を（$F_s=1$）を考えると，

$$\tan\beta_c=\frac{\gamma'}{\gamma_{sat}}\tan\phi \quad (3.6.8)$$

となる．また，完全に乾燥した砂斜面（$H_w=H$，$c'=0$）では，

$$\tan\beta_c=\tan\phi' \quad (3.6.9)$$

となる．ここで，極限つりあい法の手順の最大化，最小化の手順を含んでいないのは，式 (3.6.7) の場合は，潜在的なすべり面が深さ H にあると想定しているためであり，式 (3.6.8)，(3.6.9) の場合は，均質半無限斜面の場合，すべり面の位置を決める H が，最終的な式に含まれないためである．廃棄物処分場のジオメンブレンを含む複合ライナー斜面のすべり安定性評価にも式 (3.6.7) と類似の式を用いることができるが，この場合，τ_f として土とメンブレン間の摩擦抵抗を用いる必要があり，通常は土の強度より小さくなる．

（2）**鉛直粘土斜面の安定** 高さ H の鉛直粘土斜面（図 3.6.12）の安定性を図に示す直線すべりメカニズムで検討する．ブロックの重さ $W=\gamma H^2\cot\alpha/2$，すべり面上のせん断力 $S=(c_u/F_s)H/\sin\beta$ となり，すべり面方向のつりあ

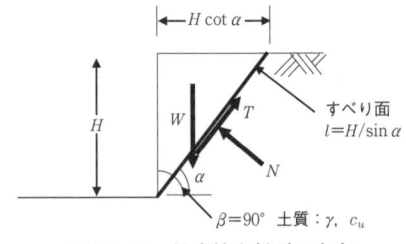

図 3.6.12 鉛直粘土斜面の安定

いを考えると，

$$W\sin\alpha=T \quad (3.6.10)$$

$$F_s=\frac{4c_u}{\gamma H\sin 2\alpha} \quad (3.6.11)$$

α はメカニズムの形状を決める変数であるので，最小値を求めるために，$dF_s/d\alpha=0$ より，$\sin 2\alpha=1$，

$$(F_s)_{\min}=\frac{4c_u}{\gamma H} \quad (3.6.12)$$

あるいは，破壊時の斜面高さ H_f は

$$H_f=\frac{4c_u}{\gamma} \quad (3.6.13)$$

となる．

c．分割法（method of slice）

極限つりあい法に属する解析手法として
① 摩擦円法
② 対数ら線法
③ 分割法

があげられる．①②は均質地盤にのみ適用可能であるのに対し，③は複雑な地盤状況に適用可能であるため，実務においてもっとも一般的な手法である．

分割法の手順は以下のとおりである．すなわち，
① 試行すべり面の仮定
② すべり土塊をスライスに分割
③ 個々のスライスの力とモーメントのつりあい，土塊全体の力とモーメントのつりあいの検討
④ すべり面上で発揮されているせん断力に関する強度安全率（F_s）の決定
⑤ 安全率の最適（最小）化，臨界すべり面の決定

原理的には，すべり面形状はどのような曲線で

あってもよいが，もっとも簡単で実用的なものは円弧である．

図3.6.13に示すn個の分割片からなるすべり土塊を考えると，この問題には，分割片底面に作用する抗力N_iと抵抗力T_iがそれぞれn個ずつ，スライス間力に関する垂直内力V_i，水平内力H_iおよびその作用点位置（図ではh_i）がそれぞれ$(n-1)$個ずつ，さらに安全率F_sが1個，計$5n-2$個未知数がある[*1]．これに対して，各スライスの水平・鉛直方向ならびにモーメントのつりあい式が$3n$，これに強度に関する条件式（式(3.6.2)，(3.6.3)）がn個あるので，条件式は計$4n$個となる．したがって，n個のスライスを用いた分割法は$n-2$個の不静定次数をもつ．したがって，問題を解くために何らかの静定化条件が導入され，通常スライス間力の作用方向，作用位置に関する仮定が用いられる．

スライス間力について一つ条件を増すと，条件式の数が一つ多くなるが，これに対しては，土塊全体のモーメントか力のつりあいを無視することによって対応し，多くの場合はモーメントに関するつりあいのみを考慮する．もっとも一般的に用いられるフェレニウス（Fellenius）法とビショップ（Bishop）簡便法でも，土塊全体のモーメントのつりあいを満足する安全率(F_{sm})を求めている．なお，フェレニウス法は安全率を過小評価する傾向にあり，ビショップ法は，円弧の傾斜角(α_i)が負となる領域が大きくなると，安全率を過大評価することになる．各種分割法の仮定や安全率式，あるいは間隙水圧の取扱いなどについ

ては他書[8),9)]を参照されたい．

d． 安定解析で使用する土質定数

（i） $\phi_u=0$材　$\phi_u=0$材のみで地盤が構成されている場合，円弧すべり土塊のモーメント計算にすべり面垂直抗力Nは含まれないため問題は静定となり，分割をする必要はなくなる．したがって，どの分割法を用いても安全率は同じとなる．

$\phi_u=0$材の非排水強度c_uの決定は，室内試験，現場試験などによるが，試験結果はサンプリングの品質に大きく影響を受け，しかも異方性（anisotoropy）などにも注意する必要がある．

（ii） 摩擦材　土の強度定数である内部摩擦角は，密度，拘束応力，拘束条件など多くの要因の影響を受け，また，b.(i)で説明したとおり，地盤の安定性は摩擦角のみならずダイレタンシー特性の影響も受ける．しかし，簡便な安定解析では，これを厳密に考慮することはできず，一定なϕ'に関連流れ則$(\phi'=\Psi)$を仮定することが一般的である．そのため$\phi'>\Psi$の場合，ϕ'を補正する必要がある．次式で与えられるテルツァギの支持力公式に用いられる緩い砂の場合の補正ϕ_m

$$\tan\phi_m = \frac{2}{3}\tan\phi' \quad (3.6.14)$$

は緩いか，密かでその中間的な状態を評価できない．Ψの影響をある程度合理的に表すことのできる補正ϕ_mとして以下の式が提案されている[10)]．

$$\tan\phi_m = \frac{\cos\Psi\sin\phi'}{1-\sin\Psi\sin\phi'} \quad (3.6.15)$$

また，この式の支持力評価に対する妥当性も示されている[11)]．

図3.6.14は，式(3.6.14)，(3.6.15)で与えられる補正ϕ_mとϕ'_pの関係を示したものであるが，式(3.6.14)はϕ'_pが小さなうちはかなり過小評価になる．通常の設計では，標準貫入試験のN値からϕを推定するが，N値には当然ダイレタンシーの効果も含まれている．また，多くの換算式がN値10〜50の間でϕは30°弱から40°強の狭い範囲で変化する．式(3.6.15)の傾向とN値の換算式の範囲から判断して，N値から推

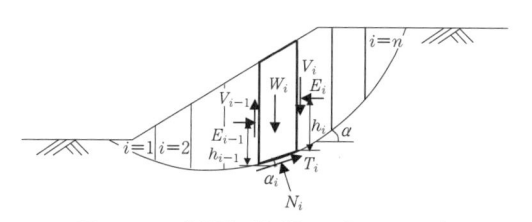

図3.6.13 分割法（分割片に作用する力）

[*1] 地盤工学の場合，圧縮応力，圧縮ひずみを正とするため，体積ひずみの符号も圧縮が正，膨張が負である．また，反時計回りのせん断力，せん断ひずみを正とする．

図 3.6.14 摩擦角の補正

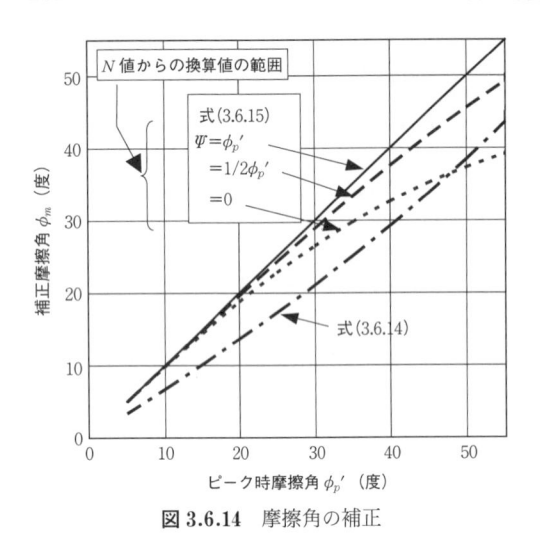

定された ϕ はピーク時 ϕ'_p を与えるのではなく，むしろ補正 ϕ_m を与えるものといえ，緩い砂地盤で N 値からの換算摩擦角を式 (3.6.14) によりさらなる補正をすると，破壊荷重予測においては過大に安全側の値を与えるといえる．

3.6.4 地盤変形を支配する土要素の特性

前項では地盤の破壊状態に関する解析法を説明したが，これらは多大な人的，物的被害を伴う終局状態を回避するためのものである．一方，地盤構造物，あるいは基礎に支持された上部構造物には使用目的に応じた変形に関する使用限界が設定されており，実際の変形をその限界以下に抑えるために変形解析が行われる．また，埋立てや盛土などによる粘土地盤の圧密により大きな沈下が想定される場合は，変形やそれに要する時間によって工事土工量，地盤改良などの施工法が決まるため，沈下予測は工事の成否を決めるといっても過言ではない．したがって，構造物の重要度が増すほど，また，工事規模が大きくなるほど変形解析の重要度が増すといえる．設計で想定した外力，あるいは境界条件の下で変形解析の結果を決定するものが，土の変形特性と透水性，すなわち地盤変形を支配する土要素の力学特性である．

コンクリートや鋼材などの他の建設材料と比べて，特筆すべき土の変形特性の特徴として，以下の三つがあげられる．すなわち，

 i) 応力-ひずみ関係の非線形性
 ii) 大きな圧縮性，硬化特性
 iii) 間隙流体の移動

これらはすべて粒状体である土の特徴といえる．

3.6.1 で解説した限界状態理論を用いると $10^{-4} \sim 10^{-2}$ のせん断ひずみレベルにおけるダイレタンシー特性に伴う非線形性を合理的に説明できるが，実際の土の挙動はもっと複雑で，10^{-5} レベルのひずみからせん断剛性 G は低下する．したがって，土の応力-ひずみ関係は $10^{-6} \sim 10^{-5}$ のひずみレベルにおける弾性域，$10^{-5} \sim 10^{-2}$ レベルの弾塑性域，それ以上ひずみレベルにおける限界状態にいたった後の完全塑性域に分けることができる．これに有効応力の増加に伴う体積圧縮が加わり，地盤に大きな変形が生じる．さらに，土要素の体積変化には間隙内の水の出入りが必要であり，粘土やシルトのように透水係数が小さいと透水速度は極めて小さく，荷重変化に対して変形の時間遅れが生じる．この時間遅れ現象も，載荷と除荷問題でまったく異なることは 3.6.2a で説明したとおりである．

これらの土の特性を表す指標で，実際の変形解析や複雑な構成モデルのパラメータとして用いられるものとして，弾性域の微小ひずみせん断剛性 G_0，ポアソン比 ν'，正規圧密線の形状（圧縮指数 C_c や単位圧密圧力における間隙比），過圧密線の傾き（膨潤指数 C_s），圧密降伏応力 p_y，限界状態線の形状を決めるパラメータ（ϕ，単位応力における間隙比），解析での初期応力の決定に欠かすことのできない静止土圧係数 K_0，透水係数など，多くのものある．このパラメータ決定のために，サンプリングした試料に対する室内試験，あるいは原位置試験が行われる．これらの室内試験や現場試験については専門書に譲るが，実地盤の自然堆積土，あるいは風化残積土の力学特性はそれらをいったん練り返して再構成した土の特性とは大きく異なることに注意しなくてはならない．3.6.1 の解説を含め一般的な教科書に解説されている土の力学特性は，再構成土のものに近く，実際の地盤では，堆積環境による骨格構造 (soil fabric) が発達しており，より複雑な力学

特性を持っている[12),13)]．また，これらの室内試験で得られる力学特性はサンプリングなどによる種々の乱れの影響を受けやすく，目的に応じた適切な試料採取と試験の実施が地盤変形予測にとってもっとも重要である．

まとめ

従来の土質力学では，地盤の安定問題を土圧，支持力，斜面安定として別々に取り扱ってきた．しかし，破壊状態の荷重や応力を求めるという点では，本節で解説した安定解析手法がいずれの問題でも適用できる．それらの解析結果は，公式や安定図表[12)]の形にまとめられて，煩雑な計算をすることなく，目的の解の概略値を得ることができる．この概略値の予測精度を考える場合，以下の3点を理解する必要がある．

① 対象とする地盤のモデル化
② 地盤を構成する材料のモデル化
③ 解析で用いる力学モデル

複雑な地盤構成を完全に把握することはむずかしく，またかなり正確な地盤情報が入手できたとしても，多くの場合できるだけ単純な地層構成，境界条件に置き換える．一方，それぞれの地盤材料の力学特性も単純なモデル（たとえば，式(3.6.4)，(3.6.5)）に置き換えられる．単純なモデルでもそれに含まれているパラメータの決定はそう簡単ではなく，何らかの誤差が含まれる．これら地盤と材料の単純化を経てやっと使用が可能となる力学モデルも完璧なものではない．

予測精度の改善は，この三つの不確実性をいかにバランスよく向上させるかにかかっている．ここでは取り扱っていないが，変形を含めたより詳細な地盤挙動を扱う境界値問題では，前項で概略を説明した通り複雑な変形特性をモデル化した構成関係を用いた数値解析が適用されるが，問題が複雑になればなるほど上記バランスが重要となる．

（竹村次朗）

参 考 文 献

1) K. Terzaghi : *Proc. 1 st ICSMFE*, **1**, 54, 1936.
2) K. Been and M. G. Jefferies : *Geotechnique*, **35**(2), 99, 1985.
3) たとえば，D. M. Wood : Soil behaviour and critical state soil mechanics. Cambridge University Press, 1990.
4) 岡村未対，竹村次朗，木村 孟：砂地盤における円形及び帯基礎の支持力に関する研究，土木学会論文報告集，No. 463, III-22, p.85, 1993.
5) 地盤工学会：土質工学ハンドブック，3.5.4 極限鉛直支持力に及ぼす基礎形状の影響，p.151, 1999.
6) 地盤工学会：土質工学ハンドブック，3.5.1 塑性論の基礎，p.142, 1999.
7) J. H. Atkinson : Foundations and Slopes, McGraw Hill, 1981.
8) D. Nash : A comparative review of limit equilibrium methods of stability analysis. Slope Stability, Anderson & Richard Ed, John Wiley & Sons, p. 11, 1987.
9) 地盤工学会：土質工学ハンドブック，3.5.7 慣用解析法各論 (3) 斜面安定，p.168, 1999.
10) A. Drescher and E. Detournay : *Géotechnique*, **43**(3), p. 443, 1993.
11) V. Silvestri : *Can. Geotech.* J., **40**, 351, 2003.
12) J. B. Burland : On the compressibility and shear strength of natural clays. *Geotechnique*, **40**(3), 329, 1990.
13) S. Leroueil and D. W. Hight : Behavior and properties of natural soils and soft rocks, *Proc. Intn. Workshop on Characterization of Engineering Properties of Natural Soil*, 1, p. 29, 2003.
14) 中瀬明男，中ノ堂裕文，日下部治：安定図表，技報堂出版，1981.

4. 地盤環境情報の調査

4.1 はじめに

4.1.1 地盤環境調査の目的と種類

本書の1章で述べられたように地球，地域，生態も含めた環境の問題は地盤との関係において，さらに重要な問題になってくると予想される．

本書はそのような意味で，緑地，生態系，景観，耐震，耐振，道路，インフラ，水環境，土壌汚染，液状化，地盤沈下など，地盤と環境の相互関連を体系的に解説しているが，地盤環境災害や地盤汚染問題などのメカニズムや影響予測，対策工法などを検討するにあたって基本データとなるのが地盤環境情報である．本章では，これらの地盤環境情報について，5章以下の応用編を検討するうえで必要な情報の調査手法についてとりまとめたものである．

「地盤環境調査」とは，地盤と環境問題の工学的情報を収集する作業の総称であり，地盤環境調査を行うには，その目的に適した調査手法を選ぶ必要があり，必要最少限で適切な調査計画を作成することが，きわめて重要である[1]．

地盤環境調査の役割には，以下の種類がある[2]．

① 構造物の計画・設計・施工のための調査
② 構造物の維持管理のための調査（維持管理調査）
③ 地盤環境の災害・復旧のための調査（地盤災害調査）
④ 地盤の環境保全のための調査（環境地盤調査）

①は構造物をつくるための調査であり，構造物や施設を地盤が安全に支持できるように，計画・設計・施工する方法を技術的に検討するために行う調査である．広義には，地下空間の活用調査もこの範疇ではあるが，従来の建設工事に関連する地盤調査としておもに行われてきた．

②の調査は，インフラストラクチャー整備の充足に伴い，改修や維持補修を行うために，劣化の度合いを調べ，どのように改修および補修を実施したらよいのかを検討するための調査である．よって，構造物の維持管理のためには，地盤定数の経年変化などに関する情報が得られるように留意する必要がある．

③は地盤環境災害の度合いを調べるとともに，その復旧のための調査である．生活環境を破壊する災害のうち，地盤に関係するものを地盤災害と呼ぶ．広域の地盤沈下調査や土砂災害・斜面安定のための調査もこの範疇であり，地盤振動（交通）や地盤震動（地震）に伴う災害調査も含まれる．災害関係の調査では，災害を引き起こす素因としての地盤性状が把握できるように留意する必要がある．

④は地盤環境保全のための調査であり，近年の土壌汚染や地下水汚染問題がさまざまな形で顕在化し，注目を集めている[3]．建設工事に伴う地盤環境問題や廃棄物問題の対策のための調査もあり，多岐にわたる．

よって，地盤の環境保全のためには，汚染源の特定，汚染メカニズムの把握，対策立案に必要な情報が得られるように留意する必要がある．

地盤のもつ保水機能，養分保持機能および生物棲息の場の付与機能などをどのように保全するのか，またはそれらへの影響度合いを調査することも重要な課題であり，水域の地盤環境調査も環境保全調査の範疇として扱う．

以上のように，調査目的によって要求される成果は異なっている．調査計画は目的ごとに必要な成果が確実に得られるように立案する．

4.1.2 地盤環境調査の計画と成果

地盤環境調査は段階的，系統的に行うのが調査の精度，効率性の観点から一般的である．調査の目的，予算，期間および対象地盤の性状や環境によって，調査の段階は増減があり，段階的な調査を行うにあたっては調査の進展に伴って調査計画を見直し，必要に応じて計画を修正することが肝要である．

① 段階1：事例調査など

最初の調査計画立案では，調査の目的，予算，期間と類似対象地盤から類推される大まかな地盤情報にもとづき，調査計画（概略調査，詳細調査）を立案する．調査段階をいくつに区分するか，どの段階でどのような調査（調査方法，頻度・数量）をするかを計画する．

② 段階2：概略調査

概略調査は資料等調査と現地調査とから構成される．資料等調査で収集した資料から対象地域の地形，地質および土質に関する事項をとりまとめる．地形関係としては，地形図および空中写真を判読し地形分類図を作成する．地質，土質関係としては地質平面図，断面図，土質断面図および模式的な柱状図を作成する．さらに，気象，植生，地下水，災害に関する事項などを整理し，以降の調査で留意すべき点をまとめておくことが肝要である．

現地調査では地質構造，地盤構成，環境条件が的確に把握できるように調査範囲を選定する．現地調査では地形，地盤（地質，土質）の構造，湧水など水文に関する事項，気象，水象，植生・動植物に関する事項，周辺の構造物に関する事項，災害の痕跡に関する事項などを調査する．地盤の状況，事業進捗上の制約などによっては，この段階でさらに物理探査・検層，サウンディング，ボーリングなどを実施する．

③ 段階3：詳細調査

詳細調査は対象地域について，より高精度の地表地質調査，物理探査・検層，サウンディング，ボーリング，原位置試験，気象・水象調査，植生・動物調査，水文調査，室内試験などによって行う．また，汚染問題などにおいてはモニタリングによる調査も有効である．これらの調査によって調査目的を達成するのに必要な地盤の構造，構成，性状（地盤定数），環境条件を把握する．詳細調査のいずれの目的においても必要とされる地盤環境情報は点や線の情報ではなく，三次元的な情報である．したがって，詳細調査の調査測線や調査地点は，三次元的な地盤環境情報が効率よく高精度で得られるように配置する必要があり，調査範囲も広域にわたる場合がある．広域調査の観点では，リモートセンシングも有効である．また，災害調査にあたってハザードマップの作成は情報開示や伝達の方法として，その有効姓が高い．本章で扱う地盤環境情報が，5章以下の応用編にてどのように利用されているかを表4.1.1（次頁掲載）にまとめたので参考にされたい．

（平山光信）

参 考 文 献

1) 地盤工学会：地盤工学ハンドブック，地盤工学会，pp. 355-356, 1999.
2) 地盤工学会：地盤調査の方法と解説，地盤工学会，pp. 1-2, 2004.
3) 地盤工学会：土壌・地下水汚染の調査・予測・対策，地盤工学会，pp. 1-20, 2003.

4.2 資 料 等 調 査

資料調査は，調査対象地域の地盤の性状を把握するための概略調査として実施されるものであり，資料調査の結果は，現地調査や現地および室内試験などの調査計画の立案や調査地点の絞り込みの判断材料，現地調査や試験結果の解釈のための情報として利用される．また，環境に関する調査では，広域的な地盤環境とその変遷，個別箇所の汚染履歴などの把握を目的に実施される場合があり，資料調査が独立して実施される．

地盤環境に関する資料調査では，
① 地形の成り立ちに関する情報
② 地盤を構成する地質・土質の情報
③ 地下水を含む水文の情報
④ 災害や汚染などの履歴についての情報
⑤ 地盤を取り巻く社会環境

表4.1.1 地盤環境調査の内容と応用編への利用

地盤環境情報調査の内容		5章 地下空間環境の活用	6.1 広域の地盤沈下	6.2 土砂災害・斜面の安定	6.3 地盤振動(交通)と対策	6.4 地盤震動(地震)と対策	7.2 建設工事の周辺地盤の沈下と変形	7.3 トンネル掘削による地下水問題	7.4 地中構造物による地下水流動阻害	7.5 建設工事による地下水汚染	7.6 酸欠空気と地中ガス(可燃性ガス)	7.7 建設工事の騒音、振動、大気汚染、汚水	7.8 盛土、切土斜面の植生	8章 地盤の汚染と対策	9章 建設発生土と廃棄物	10章 廃棄物の最終処分と埋立地盤	11章 水域の地盤環境
4.2 資料等調査	4.2.1 地盤調査	○	○	○	○	○	○	○	○	○	○	○	○	○	○	○	○
	4.2.2 履歴調査	○	○	○	△	△	○	○	○	○	○	△		○	○	○	△
	4.2.3 環境調査	○	△	△	△	△	△	△	△	○	○	△	△	○	△	○	○
4.3 現地地盤調査	4.3.1 現地踏査	△	○	○	△	△	△	△	△	△	△		△	△	○	○	○
	4.3.2 ボーリング	○	○	△		△	○	○	○	○	△			△	△	○	○
	4.3.3 サンプリング	○	○	△		△	○	△	△	○	△			○	△	○	○
	4.3.4 ボーリング孔を利用する透水層試験	○					○	○	○	△				△		○	
	4.3.5 ボーリング孔を利用しない原位置試験	△	△	△		△	△	△	△					△	△	△	
	4.3.6 サウンディング	○	△	△		△	△	△	△					△	△	○	△
	4.3.7 物理探査・検層	○	△	△		△	△	△	△			△		△	△	○	○
4.4 室内試験	4.4.1 土質試験	○	○	○		○	○	△	△					△	△	○	○
	4.4.2 岩石試験	○					△	△	△							△	
	4.4.3 土壌分析試験	△								△	△			○	△	△	△
	4.4.4 水質分析試験	△						△		○				○	△	△	○
	4.4.5 大気分析試験							△			△	○		△	△	△	
4.5 モニタリング	4.5.2 地盤の計測	△	○	○	△	△	○	△	△						△	△	△
	4.5.3 土壌汚染のモニタリング	△								△	△			○	△	△	△
	4.5.4 地下水汚染のモニタリング	△							△	○				○	△	△	△
	4.5.6 (建設工事時)大気汚染のモニタリング										△	○		△	△	△	
4.6 リモートセンシング				△		△							△				△
4.7 環境調査	4.7.1 環境アセスメント調査	○	△		△		△	△	△				△	△	○	○	○
	4.7.2 地盤振動調査	△			○							○					
	4.7.3 土壌・地下水汚染調査	△						△	△	○	△			○	△	△	△
	4.7.4 植生調査							△	△	△			○	△		△	△
	4.7.5 動物調査							△	△				△	△			△
4.8 気象水象調査	4.8.1 気象水文調査	△		△				△				△		○	△	△	△
	4.8.2 地下水調査	○	○	○			△	○	○	△				△	△	△	
	4.8.3 海岸調査															△	○
4.9 地盤災害調査	4.9.2 地盤変動調査	△	○			○		△							△	△	△
	4.9.3 豪雨土砂災害調査			○										△	△	△	△
	4.9.4 地震災害調査	△				○									△	△	△
	4.9.5 火山噴火災害調査			△												△	
	4.9.6 ハザードマップと情報伝達・避難誘導		△	△		△								△	△	△	△

〈凡例〉 ○利用する, △必要に応じて利用する

など，構造物の設計のための調査で使われる情報に加え，環境や社会状況に関する資料を扱う．災害や汚染の履歴，社会環境の変遷といった地盤環境に関するデータには，資料調査でしか収集できない情報の比率が高く，必然的に資料調査の重要度も高い．

最近では，地盤や環境などに関するデータベースの整備が進んできており，大量のデータを入手可能となってきている反面，それらのデータを適切に取捨選択し整理することが重要となってきている．このため，資料調査を効率的に進めるには，調査の全体像，調査の目的，調査の対象について，事前によく理解し，どのような資料を，どのような手段で収集し，どのように整理するかを念頭において進めていくことが重要である．

一般的な資料調査では，概況を地形図，地盤図，地質図などの集約された資料によって把握し，個々の項目やより狭い範囲の情報については既存の文献などを収集し，整理していくという流れで進める．目的とする情報が整理されていない場合，データの統計的な解析や聞き取り調査などを追加することもある．

4.2.1 地盤調査

a. 地 形

地形に関する資料調査では，災害や地下水流動といった調査の対象に関連する特徴的な地形の存在や分布，あるいはそれらの現象に関連する地域的な地形特性や地形区分の分布を読みとる目的で実施される．活断層や斜面災害については，地形は災害を予測するための情報として，微地形の判読や起伏量，傾斜区分といった詳細な調査を行う場合もある．環境にかかわる調査では，景観や生態系の成立する場としての地形の特徴が整理される．地下水や水の環境調査では，水系の成り立ちや陸水の循環について地形の特徴をまとめる．

地形に関する資料には地形図のほか，土地利用の分類，地形区分，ハザードマップなどの特定の情報を表示した主題図，空中写真やリモートセンシングデータなどの画像情報がある．最近では，GIS上で取り扱えるように，これらを数値化したものが提供されるようになっている．

地形図は，調査の位置や結果を表示するための基図として必須のものである．もっともよく利用されるのは，国土地理院の発行する地形図で，大縮尺のものは国土基本図，森林基本図，都市計画図が利用できる場合がある．基図としての利用においては，調査の目的と調査の項目に応じて縮尺を使い分ける必要がある．精度の高い調査を行っても，位置や標高の精度の低い地形図に結果を表示したのでは，調査結果の解釈や影響範囲の推定といった最終的な結果の精度が低くなることに十分留意する．

地形に関する調査においては空中写真，地形図，数値地図をもとにした地形判読や解析が行われることがある．空中写真および地形図を用いた地形判読では，段丘などの地形面，遷急線（遷緩線）などの傾斜の変化，水系の密度，災害跡，植生といった地形の要素を抽出し判読図を作成する．判読図は地形の区分や災害原因の抽出といった地形の特徴の把握に有効である．空中写真は縮尺1/数千〜1/15000程度で実体視できるものが利用され，これらは日本地図センターなどで市販しているほか，大規模災害の空中写真は民間の航測会社で提供しているものもある．空中写真には1946〜1948年に撮影された1/10000および1/40000のもののほか，5〜10年周期で撮影されたものが入手可能であり，古地形や市街化の変遷などを調査するのに有効である．数値地図をもとにした解析では，DEM (digital elevation model，数値標高データ) が用いられることが多く，傾斜区分図や水系図などが比較的簡単に作成できる．DEMは50mメッシュや10mメッシュのものが市販されており，より詳細な解析を行う場合には，航空レーザー計測などで詳細なDEMの取得が必要となる．

b. 地 質

地質に関する情報は，その地域に分布する地層の構成と層序，断層やしゅう曲などの地質構造といった地質の大局的な様相に加え，地層ごとの物性や透水性のような地層構成要素の詳細について整理する．大局的な地質の情報は，地質図および

その解説，文献などによって収集し，地層や地盤の物性については，既存文献や地盤図の記載データを収集する．物性値などは，既往の調査報告書に記載されたものを収集する必要があったが，最近では，ボーリングのデータベースが整備されつつあり，これに付随した物性値も蓄積されつつあるので，これを利用することもできるようになってきている．

地質に関する情報の基本的なものとしては，産業技術総合研究所地質調査総合センター発行の地質図があげられる．このほか，各機関や自治体においても地質図が作成されているので，これらについては最低限入手すべきである．個別の地域の地質に関する情報としては，学術論文や調査報告資料が公表，刊行されていることがあるため，これらについても，最大限入手しておく．また，地質に関する文献情報については，地質調査総合センター等がインターネット上で提供するデータベースが利用できるので，一次検索に利用するとよい．

c．地下水

地下水に関する情報としては，地下水の分布や量といった自然現象の情報のほか，井戸の分布や利用状況といった社会的な状況も扱うことがある．とくに，環境や広域地盤沈下などに関する調査においては，地下水の利用状況や履歴は，工事などが地下水へ与える影響と地下水や地下水を媒体とした汚染が周辺に与える影響の評価や対策の検討にあたって，重要な情報となる．

地下水についての資料調査においては，地下水の流動の場としての水文地質や地形区分の情報，地下水の賦存状況を知るための地下水位や流量および水質の情報，地下水の供給についての水文気象の情報，地下水利用の状況を整理する．

4.2.2　履歴調査
a．災害履歴

災害履歴は，災害の素因と誘因の把握をするうえで重要である．また，多くの災害は発生箇所と発生時期を予測することが困難であるため，防災計画の検討のうえで被災履歴をもとにしたシナリオやハザードマップが活用されることが多く，被災履歴の把握は防災上重要である．

災害履歴の調査で重要となるのは，被災箇所の位置と規模，発生時期，誘因との関係を把握することにある．これらの情報は，行政機関や研究機関で作成した報告書や学会誌などの文献調査を主体として実施する．地盤災害には，地盤沈下や陥没などの基礎地盤の変動災害，土砂移動による斜面災害，地震による災害，火山による災害などがあるが，それぞれの災害の形態によって資料の作成主体が異なるため，災害の形態に応じた資料の収集が必要となる．これらの資料調査で十分な資料が得られない場合は，アンケート調査や聞き取り調査，場合によっては空中写真判読や現地調査を検討する．

b．地盤汚染

地盤汚染に関する資料調査では，調査対象区域に汚染が存在するかどうか，汚染が何に由来するものかという点が焦点となる．資料調査でこれらがどの程度まで絞り込めるかで，現地調査の計画や精度が大きく左右されるため，重要なステップである．

地盤汚染の履歴調査では，自然由来の可能性，工場などの存在や操業の履歴について把握するため，地質学的な背景，土壌・地下水の汚染に関する過去の分析や研究成果，工場などの立地や操業内容といった資料を収集する．汚染調査における最大の目的は，過去のいつごろ，どのような有害物質が，当該土地のなかのどこで，どのように使用されていたかについての情報をできるだけ詳細に把握し，地盤汚染が発生する可能性とその規模・場所について判断することがあるため，調査にあたっては，公表された資料のほか，工場などの資料については未公表のものについてもできる限り入手する．

自然由来の有害物質（ヒ素，鉛，カドミウム，クロム，セレン，水銀，フッ素，ホウ素など）の存在については，地形図，地質図や過去の周辺の地盤調査結果などを収集して，地質学的な観点からその存在の可能性について判断する必要がある．

4.2.3 環境調査

環境についての資料調査は，法的な規制や基準，施設や人口分布などの社会的な状況と環境の現況や気象などの自然に関する情報を収集する場合が多い．環境影響評価においては，これらの情報をもとに環境調査の項目や調査手法の選定が行われることとなる．

これらの環境に関する情報については，地方自治体や環境省などの環境を担当する行政機関において，現存植生図や自然環境情報図，レッドデータブックなどの調査報告や台帳といったかたちでまとめられており，入手可能なものが多い．また，道路や河川などの事業を担当する行政機関においても，環境の現況についての調査結果をまとめられている場合があり，入手可能な場合がある．これらに，気象や地質に関する資料を加えると，一般的な環境調査に関する資料は大部分揃えることができる． 〔阿南修司〕

4.3 現地地盤調査

4.3.1 現地踏査

a．現地踏査の有効性と限界

地質踏査を行う場合，まず，調査の場所はどこか，調査の時期はいつかを念頭に計画することが多い．これは日本の場合，地層分布が複雑なうえ，地層が土壌や植生におおわれ，その地層分布を正確に把握することが大変むずかしいからである．したがって，できる限り植生の少ない時期を選んで調査するものであり，積雪期の踏査など論外である．また，現地踏査に用いる地形図の縮尺は，踏査全体の精度に大きく影響を与える．このため，踏査目的にあった地形図の選択や，地層の表層分布の複雑さの度合をあらかじめ予測し，それに対応した調査準備を行う必要がある．地質踏査には，地下の地質を直接見られないという限界があるが，経済的に広域の地層分布を把握できるほか，地すべりなどの地形要素や湧水，植生などの生態系にかかわる調査項目についても，概略調べられるという大きな利点がある．

海外での調査では，日本の地層区分や植生状況と類似した地域もあるが，総じて地層分布が単純であったり，地層の露出状況が良好な地域が多く地質踏査が効率よく行え，地盤調査の有効なツールとなっている．ここでは，複雑な地層構成の多い日本での表層地質の分布状況の特徴を述べるとともに，地質調査に役立つ地質・地形・生態系情報を現地踏査によってどのように入手，活用するかについて述べる．

b．調査法

踏査に必要な用具は，基本的には地形図，岩石ハンマー，クリノメーターであり，そのほか必要に応じて野帳，カメラ，ルーペ，サンプル袋，プロトラクタ，双眼鏡，巻尺，空中写真などを持参する．地形図は，目的に応じた縮尺のものを用意し，踏査に先立ち空中写真判読や，既往文献による地質の確認，施工計画の確認などを行っておく．現地踏査は，通常，準備，予察，調査計画，現地踏査，資料整理の順に行い，地質図，地質断面図，報文などの成果物の作成という手順で進められ，その後に「土木地質的な評価」や「今後の調査計画の立案」がなされる．

現地踏査における一般的な調査項目は，表4.3.1に示すとおりであるが，調査目的に合わせて随時項目の追加や削除が必要である．最近では，環境要素である植生や，動物のフィールドサインなども追加した生態系にかかわる項目も重要となりつつある．

建設や環境保全における現地踏査は，調査段階に応じて順次問題点や着目点を絞り込んで，予備調査（既往資料や空中写真を中心とした現地視察程度）から概略調査（概査），詳細調査（精査），確認調査へと進む．このとき，各段階で調査の精度が異なる（表4.3.2参照）．計画段階や予備段階などの初期段階で詳細な調査を実施しても効率的でないことが多い．逆に，設計段階で詳細な地質図がなく，あとで大きな設計変更をしいられることも多い．

c．結果の整理

踏査結果は通常，ルートマップや地質図，地質断面図にまとめられる．

ルートマップは各露頭での観察結果や地形，地

表 4.3.1 観察すべき事項[1]（一部追記）

対象	項目	内容
地形	渓谷	谷幅，谷筋の曲がり，山腹斜面，河川勾配，河岸侵食，土石流堆，沖積錐など
	尾根	尾根幅，尾根の屈曲，ケルンコルン，ケルンバットなど
	平坦面	隆起準平原，火山性台地，段丘など
	不安定斜面	遷急線，地すべり地形，崩壊地形，崩壊跡，段差地形，ガリー，リルなど
	特殊地形	カルスト，断層谷，カルデラなど
露頭	地質構成	岩種，岩相，時代など
	岩質	硬軟，風化，変質の状況
	割れ目	分布，性状，連続性，節理，片理面の特徴など
	地質構造	整合，不整合，断層，シーム，しゅう曲，層理，片理，貫入などの状況と地層境界面の性状
	変動帯の構造	メランジュ，デュープレックス，オリストストローム
露頭のない箇所	被覆物	種類，成因（表土，崖錐，沖積錐，扇状地堆積物，段丘礫層，土石流堆）
		性状（粒度配合，礫の岩種・形状，締り具合，含水状態）
		分布（厚さ，広がり，成層，連続性など）
	植生	樹種，樹齢，人工林，自然林，根曲がりなど
	動物	フィールドサインや目視の観察
表流水地下水	本・枝沢	流量，流況，消滅，湧出，水質，季節変化など
	温泉・噴気	量，温度，含有成分，分布など
	地下水	湧水の分布・形状，湧出量，水質，水温，季節変化など

表 4.3.2 現地踏査の調査段階と調査内容

調査段階	目的	地質図の尺度	範囲
予備調査	計画の可能性を判断するための調査	1/50000〜1/10000	広域で，既往資料や空中写真判読中心
概略調査	基本計画を策定するための調査	1/10000〜1/2500	調査地周辺地域
詳細調査	具体的な設計のための調査	1/2500〜1/1000	調査地域
確認調査	詳細設計に必要な調査や建設時の調査	1/500〜1/50	構造物箇所

質・生態系の項目を地形図上に記載したもので，地質図を書く基礎データである．地質図は，ルートマップにもとづき，地層の連続性，分布範囲・特徴（層相）を考慮して地質の単元（まとまり）として把握し，地質構造を解釈してまとめるものである．地質図を作成するにあたっては，地形発達史や地質形成史が判読できるものをつくるべきで，地質形成史が図面から読みとれないものは，その地質図が誤っていることが多い．また，風化・変質の状況，破砕帯の劣化状況や地すべりなどの不安定斜面の要素など，工学的に必要な事項を加筆したものが土木地質図であり，土木計画上このような土木地質図が使いやすい．また，植生や動物，水理状況などを追加すると環境地質図となり，環境保全計画の際には使いやすい．

地質図は，地質情報を平面的に表現している．これに対して，地質断面図はこれらの情報を深さ方向に表現したもので，地質分布をより立体的に表すためには，地質断面図を連結したブロックダイヤグラム・パネルダイヤグラムをつくることもある．

地層や地山を割れ目や風化などの要素を含めた岩盤として，工学的に評価する場合には岩盤分類が行われる．岩盤分類は，対象構造物によって着目点が異なるため，対象物ごとにその基準がある．

一般には，ダムなどの構造物の基盤岩盤の支持力を評価する A, B, CH, CM, CL, DH, DM, DL に分類する方法と切土の際の地山を評価する硬岩I，硬岩II，中硬岩，軟岩I，軟岩IIなどの方法，トンネル地山を評価する，A, B, CI, CII, DI, DII, Eなどの方法がある．これらの岩盤分類の成果は，岩盤区分断面図としてまとめられる．また，岩盤の透水性を示す図としては，ルジオンマップが利用されることが多い．詳しくは，

日本応用地質学会編（1984）の特別号「岩盤分類」[2]に記されている．

岩盤中の割れ目は工学的な不連続面を形成しており，岩盤の強度や透水性，崩壊に対する安全性などを支配する重要な要素の一つである．その頻度および卓越する面の方向は，重要であることが多い．これらの情報を視覚的にまた立体的に表示する方法として，シュミットネットを用いた方法がよく使われている．

d. 日本の地質の特徴（湿潤地域での変動帯の地質分布）とその対応のしかた

日本の表層地質の分布は，①プレートテクトニクスでの変動帯に位置すること，②気候区分のうえでは温暖湿潤帯に属することで特徴づけられ，さらに，地質調査での障害として，③土地利用が進んでいることがあげられる．

まず，変動帯での地層分布を簡単に述べると，日本は海洋プレートが大陸プレートの下に沈み込む地域に位置する．このため，地層が堆積する際お互いに混じり合ったり，地層形成後断層などにより切られたりして，地層の横のつながりが少なくなることが多い．図4.3.1はユネスコにより編集された世界の地質図の一部[3]を取り出したもので縮尺は1：10000000である．日本と同様，変動帯に位置するアルプス地方の地質分布を，安定地塊に位置するパリ盆地付近の地層分布と比較すると，変動帯での地質分布がいかに複雑であるかがわかる．また，後述するが，これからの地層分布の複雑さは，たとえ縮尺を変化させても変わることのないフラクタル的難点をもっており，地質調査をより困難にしている．たとえば，安定地塊に位置する英仏海峡トンネルでは断層の数や規模はきわめて小さく，そこに分布する程度の断層は変動帯であるわが国での青函トンネル工事の際には，数万箇所ほども数えられている．

変動帯で地層を複雑にしている地質構造として，断層・しゅう曲構造のほかに，後で述べるメランジュやオリストストローム，デュープレックスなどがあり，加えて，地殻変動に伴う地震や火山活動が多く，地盤内に大きなひずみが蓄積しており，多くの割れ目やせん断帯が発達している．

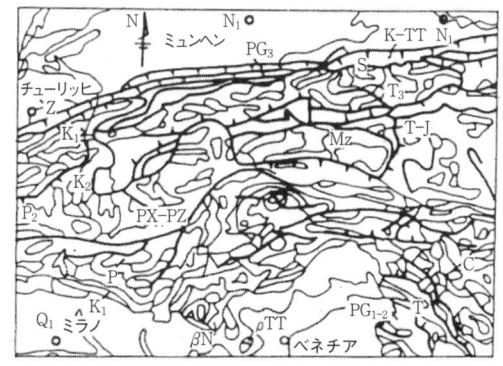

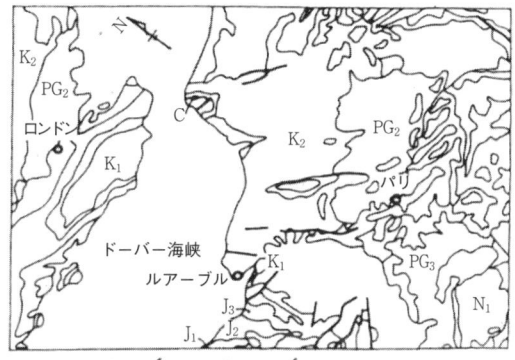

／：断層　↙：衝上断層　／：地質境界

注）図中の記号は地層の種類を示しているが，変動帯の地質分布が複雑であることを示している図であるので，記号の説明は省略する．

図4.3.1 変動帯（上）と安定地塊（下）の地層分布図[3]

また，火山活動に伴う陥没地形や熱水変質により地盤が著しく劣化する場合も多い．地殻変動についても，年間0.1～数mmの隆起帯，沈降帯があり，隆起量の著しい日本アルプスなどでは，侵食作用が活発となり凹凸の著しい地形をつくるとともに，大規模な地すべりや崩壊，土石流などにより多量の土砂を発生させ，多くの土砂災害を起こしている．

つぎに，日本は気候区分上温暖湿潤気候に属するため，植物にとっては成育しやすい気候である．このため，国土内を植生が密に分布していることがわかる．したがって，調査対象地の表層地質をこれらの土壌や植生が広くおおい，地形・地質踏査の妨げとなることが多い．場合によっては，調査対象地周辺には岩盤露頭がほとんどなく，立体的な地層分布を把握するため，ボーリング調査など数多くの詳細調査が必要となることもある．

地形・地質踏査の障害としては，これらの自然要因だけでなく，日本では平野部を中心として土地利用が進んでいるため，構造物や農作物が地表をおおうことになり，地層の分布は把握し難い．また，人工改変により自然地形が失われている箇所が多い．ここでは，地層や地盤の種類を示すさまざまな地形要素（リニアメント，段丘面，地すべり地形，微高地，沖積地形など）の判読が不可能となり，地すべり調査や活断層調査，軟弱層調査の障害となっている．

つぎに，変動帯での地質の特徴であるメランジュについて詳しく述べる．メランジュは，変動帯によく見られる地層分布であるが，従来から連続性の少ない地層であるがゆえに，事前の調査結果が施工中に出現した地層区分と異なるということで地質調査の信頼性を落としてきた地質である．しかしながら，ここ十数年間で変動帯の地質構造の研究が進み，メランジュの地層分布様式やそれに伴う工学的な取扱い方もある程度対処できるようになっている．

さて，メランジュとは，プレートの沈込みにより海洋底の地殻（玄武岩など）や遠洋性の堆積物（チャートや石灰岩など）と陸からの堆積物（礫・砂・泥）が混り合ったものである．明らかに断層やせん断帯などの構造運動によって混合したものをとくに構造性メランジュと呼び，海底の大陸斜面の大規模地すべりなどにより，これらの地層が混合した場合をオリストストローム（堆積性メランジュ）と呼んでいる．ちなみに，このような区別がつかない成因不明の場合は，単にメランジュとして一括している．

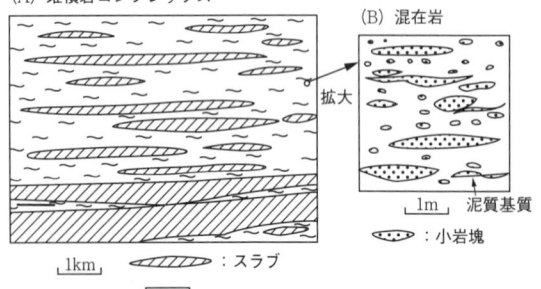

わが国においては，西南日本外帯（西南日本の太平洋側）に，これらの堆積物がとくに多く，泥質なマトリックスのなかにチャートや玄武岩，砂岩などの大小のブロックが混在することを特徴としている．これらを模式的に表現すると図4.3.2に示したとおり，大きさ数km～数十kmのブロック（スラブ）から大きさ数十cm～数mのブロック（小岩塊）まで混在していることがわかる[4]．したがって，これらメランジュの地層を地質図で表現する場合，使用する地形図の縮尺により表現できるブロックの大きさを決める必要がある．地質図に表現できるブロックの大きさと地質図の尺度との関係は，さまざまな地質現象とも考え合わせて表4.3.3に示した程度と考えている．

メランジュ層内の岩塊ブロックや断層の分布については，広域調査から詳細調査へと調査密度が増加するにしたがい，確認されるブロックや断層の数量が増加するため，調査地周辺の広域地質図中に構造物近傍の詳細地質図をコンパイルすると，あたかも構造物近傍のみに断層や岩塊ブロックが多く認められ，構造物付近だけが地質が不良な印象を与えることになる．しかし，先にも述べたメランジュ層のフラクタル性を考慮すると，断層や岩塊ブロックの少ない表現となっている調査地周辺の広域調査地域でも詳細な調査を追加すると，構造物近傍の地層分布と大きく変わらないことが多い．これは，土木地質上留意すべき点であ

図4.3.2 メランジュの内部構造模式図[4]

(A) 堆積岩コンプレックス (B) 混在岩

— ：断層　〜〜：混在岩　◯：小岩塊　◯：スラブ　泥質基質

表4.3.3 地質図に表現できるブロックの大きさと地質図の縮尺[3]

地質図の縮尺	表現できるブロックの大きさ	調査対象
1/5万～	数百m～	広域地質調査
1/1万～1/5万	数十m～数百m	広域の地すべり，水文，地質調査
1/1000～1/1万	数m～数十m	ダムなど構造物の概略地質調査
1/100～1/1000	数cm～数m	ダムなど構造物の詳細地質調査
～1/100	～数cm	露頭スケッチ，原位置試験面のスケッチほか

る．

　土木地質における地質踏査の際には，対象となる構造物や調査目的に応じて表現する地層規模を適宜選定したり，表層地質の分布を変動帯での地質構造発達史を頭に入れながら，調査して行く必要がある．また，わが国のように植生や被覆層が多く，地質分布が把握し難い場合には，ボーリング調査や物理探査などを利用し，立体的な地質構造を確認せざるを得ないことも多い．

　何にも増して，土木地質に従事する技術者の日ごろの勉強と建設工事の計画・工事段階から竣工，維持管理にいたるまでの間での土木技術者や環境技術者と地質技術者とのコミュニケーションが重要である．　　　　　　　　（稲垣秀輝）

参 考 文 献

1) 土木学会：ダムの地質調査，p.1，1989．
2) 日本応用地質学会：岩盤分類（応用地質特別号），p.1，1984．
3) 稲垣秀輝：土と基礎，44 (4)，63-68，1996．
4) 木村克也，牧本　博，吉岡敏和：5万分の1地質図幅「綾部」及び同説明書，地質調査所，p.8，1989．

4.3.2　ボーリング
a．ボーリングの適用分野

　ボーリングは，地下構造を直接的に把握できる唯一の方法であり，その適用分野は図 4.3.3 に示すように，地盤調査のみならず，建設工事，資源開発，地球科学調査などの分野でも広く用いられている．このうち，地盤調査ボーリングは，その用途や目的に応じてさまざまな方法がある．環境ボーリングは，環境化学分析用の土・水・ガス試料の採取および汚染範囲を把握する目的で実施され，2003年2月の土壌汚染対策法の施行に伴い，急速に発展してきている．土質ボーリングは，土質分類や力学的な土質試験などを行うため，工学的に乱れの少ない試料を採取することや，ボーリング孔内を利用した各種原位置試験を実施する目的で行われる．岩盤ボーリングは，コア採取やボーリング孔内を利用した各種の原位置試験を実施する目的で行われる．地下水・帯水層ボーリングは，帯水層構造や流動特性の把握および地下水試料の採取などを実施する目的で行われる．計測器埋設に伴うボーリングは，さまざまな計測器の設置条件に合わせ，ボーリング孔の方向性（鉛直性など）を確保し方向制御を行うなどしながら，所定の位置に埋設するものである．これらのボーリングは，適切に組み合わせることにより，多目的で効率的なボーリングを実施することが可能とな

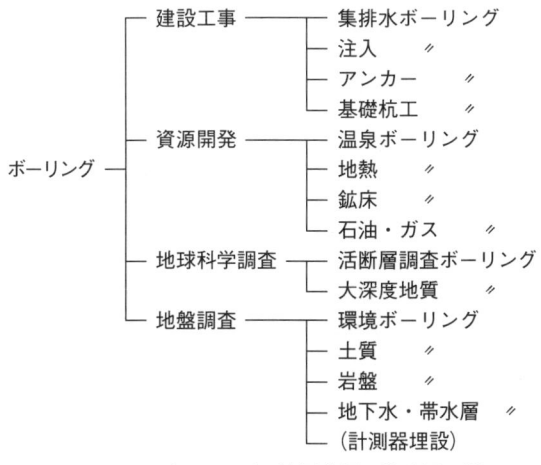

図 4.3.3　ボーリングの適用分野の体系図の例

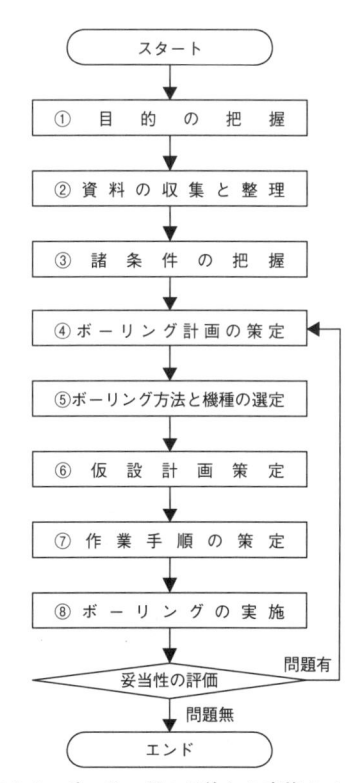

図 4.3.4　ボーリングの目的から実施までの流れ

る．

b．ボーリングの目的から実施まで

ボーリングの目的から実施までのステップをまとめると，図4.3.4に示すような流れで表すことができる．各ステップの概要は，表4.3.4に示すとおりである．地盤は複雑な構造を示すことが多いため，可能な限りP（計画）→D（実行）→C（評価）→A（改善）を十分に考えた流れを策定することが必要である．

c．ボーリング方法の特徴と適用

ボーリングには，さまざまな方法や機構があるため，一義的に分類することは困難であるが，大別すると以下のとおりである．

① ロータリー式機械ボーリング
　1）コアボーリング
　2）ノンコアボーリング
　3）ワイヤーライン式ボーリング
② オーガーボーリング
③ パーカッション式ボーリング

ロータリー式機械ボーリングは，コアバレルまたはロッドの先端に取り付けたビットを回転させることにより掘進する方法であり，一般的なボーリングとして実績が多い．コアボーリングでは，コア採取と孔内洗浄を交互に行うことにより，連続的なコア採取が可能である．ノンコアボーリングでは，掘削流体（泥水など）を循環させることにより，掘りくずを孔外へ排出するとともに孔壁の安定を図る．ワイヤーライン式ボーリングでは，インナーチューブ内に採取した試料は，ワイヤーロープを利用して回収することができる．ロッドの昇降が必要ないため，深度の深いボーリン

表4.3.4 ボーリングの目的から実施までの各ステップの概要

ステップ	概　　要
①目的の把握	ボーリングを実施する目的を，詳細に把握する．
②資料の収集と整理	既存資料を収集して整理し，計画に有効活用する．
③諸条件の把握	地盤条件，現地条件，作業条件，気象条件などを明確にする．
④ボーリング内容の決定	目的を達成するためのボーリング内容を具体的に決定する．
⑤ボーリング方法と機種の選定	計画内容に適合したボーリング方法とマシンを選定する．
⑥仮設計画の策定	ボーリング地点および搬入経路を含めた仮設・運搬計画を策定する．
⑦作業手順の策定	作業の流れに準じた手順を整理し，問題点が存在しないか検討する．問題点が確認された場合には作業手順の見直しを行う．
⑧ボーリングの実施	作業手順に準じてボーリングを実施する．計画と実施状況を照合し，目的を達成できないことが予測された場合には，速やかに計画を見直し修正する．

表4.3.5 サンプリング・検層・原位置試験・現地計測に用いられるボーリング方法[1]

ボーリングの方法	ロータリー式機械ボーリング			オーガーボーリング	パーカッション式
調査目的	コアボーリング	ノンコアボーリング	ワイヤーライン式		
サンプリング / 比較的浅い箇所の乱れた試料の採取				◎	
サンプリング / 比較的浅い箇所の乱れの少ない試料の採取	○	◎		○	
サンプリング / 一般的な深さの乱れの少ない試料の採取	○	◎			
サンプリング / 特に深い箇所の乱れの少ない試料の採取	○	○	◎		
サンプリング / 岩盤などのコア採取	◎		◎		
検層・原位置試験・現場計測 / 標準貫入試験	◎	◎		○	
検層・原位置試験・現場計測 / 電気検層，弾性波速度検層	○	◎			
検層・原位置試験・現場計測 / 現場透水試験，地下水位観測井	○	◎		○	◎
検層・原位置試験・現場計測 / 揚水試験	○	◎			◎
検層・原位置試験・現場計測 / 岩盤の透水試験，ルジオン試験	◎	◎			
検層・原位置試験・現場計測 / ベーンせん断試験	○	◎			
検層・原位置試験・現場計測 / 孔内水平載荷試験	◎	◎		○	
検層・原位置試験・現場計測 / 地中ひずみ計を用いた測定	○	◎		○	

◎最適，○適．

グに有効である．いずれのボーリングもビットやサンプラーの選定により，土から岩まで適用が可能であるが，礫や玉石および破砕帯などの掘削には，時間と手間を要する．

オーガーボーリングは，オーガーを回転させながら地中に圧入して掘進するものであり，適時オーガーを引き上げて試料を取り出す．連続オーガーの場合は，連続掘進が可能であり，機械式オーガーの場合は大口径のものがある．孔壁崩壊のない地盤に適用され，中位～硬い粘性土，やや粘着性のある湿った砂，シルトなどに適する．

パーカッション式ボーリングは，重量のあるビットを上下させ，地盤を破砕しながら掘進する方法であり，掘りくずはベーラーなどを使って適時孔外へ排出する．また，打撃部と回転部を一体構造とした全油圧式ドリルとして，ロータリーパーカッションドリルがある．近年，パーカッションワイヤーラインサンプラーが開発されたことにより，砂礫や玉石および破砕帯などのコア採取が可能となっている．

表4.3.5にはサンプリング・検層・原位置試験・現地計測に用いられるボーリング方法を示した．近年，このほかにボーリング掘進作業中の削孔状況（掘削速さ，回転数，給進荷重など）をモ

表4.3.6 環境化学分析のための土および地下水の試料採取を行う代表的な環境ボーリング方法[2]

環境ボーリング方法		最大掘削可能深度	適用可能地盤（土質）						試料採取の確実性		二次汚染		作業効率（粘土・砂の場合）(m/日)	経済性	調査スペースW×D×H(m)	周辺環境保全		備考
			不飽和地盤			飽和地盤										振動	騒音	
			粘土	砂	砂礫	粘土	砂	砂礫	土	地下水	試料	環境						
ボーリングマシンロータリー	ロータリー式スリーブ内蔵二重管サンプラー泥水掘り	数百mまで可	○	△	×	○	△	×	○	△	B	B	7～10	B	3.5×5×5	A	B	泥水交換が適時必要
	スプリットバレル		○	△	△	○	△	△	○	—	A	B	7～10	B	3.5×5×5	C	C	泥水交換が適時必要
手動式簡易機	ハンドオーガー	5 m	○	△	×	△	△	×	○	○	A	D	5	A	1×1×2	A	A	二次汚染対策が不可欠
	打撃貫入法	15 m	○	△	×	○	△	×	○	—	A	A	10～15	A	1×1×2	B	C	N値15以上は困難
	振動式掘削	10 m	○	△	×	○	△	×	○	○	A	A	10～15	A	1×1×2	B	B	浅層部の調査用
自走機械式	打撃貫入法	20 m	○	○	△	○	○	○	○	○	A	A	25	A	2×3×3	B	C	密閉貫入式サンプラーあり
	振動回転式掘削	10 m	○	○	△	×	○	△	○	○	A	A	20	A	2×3×3.5	C	B	浅層部の調査用
	振動式掘削	20 m	○	○	△	○	○	△	○	○	A	A	25	A	2×3×3.5	C	B	密閉貫入式サンプラーあり
	ロータリーパーカッション式ワイヤーライン工法	50～100m	○	○	○	○	○	△	△	○	C	C	20～30	B	2×3×4.5	C	C	砂礫，玉石はコア破砕
	ホローステムオーガー	40 m	○	○	△	○	○	△	○	○	A	A	15	A	2×3×3.5	B	B	排土多い
	打ち込み井戸	15 m	○	○	×	○	○	×	—	○	—	B	15	A	2×2.5×2.5	C	C	深度別地下水の採取

評価区分：○ 適用可，△ 条件により適用可，× 適用不可，A 優，B やや優，C やや劣，D 劣．

ニターして，連続的な地盤の物性を明らかにするロータリーサウンディングなど，種々の計測ボーリングが開発されてきている．これらは，基盤深さの確認や空洞調査，地中障害物調査，地盤改良効果の確認などに適用される．

環境ボーリングは，環境化学分析のための試料採取を目的とし，力学的な土質試験などに用いる工学的に乱れの少ない試料を採取するためのボーリングとは区別する必要がある．とくに，汚染層を突き抜けたボーリング孔から非汚染層への二次汚染を発生させない対策や，使用器具の不十分な洗浄による汚染の拡散を防止する対策を十分に行う必要がある．表 4.3.6 には，環境化学分析のための土および地下水の試料採取を行う代表的な環境ボーリング方法を示した．環境ボーリングマシンやサンプリングツールについては，メーカー各社により種々開発されてきており，その特性はさまざまである．ボーリング方法は，調査目的および現地条件などに適したものを選定する必要がある．

図 4.3.5 には，代表的なボーリングマシンの写真および概念図を示した．(a) と (c) は小型軽量タイプであり，環境調査などの狭隘地での作業に有効である．(b) は打撃または振動貫入式の環境用ボーリングマシンであり，近年の環境調査の発展により急速に普及してきている．このタイプも種々のものが開発されており，調査目的に適した機種を選定する必要がある．(d) は方向制御ボーリングであり，先端に取り付けたパイロットビットにより掘進方向を制御できるシステムである．このボーリングは，構造物下の汚染調査や対策工事，また計測器の設置などに用いられている．

（小田部雄二）

4.3.3 サンプリング

サンプリングと一口にいっても，その適用分野は広範にわたり，地盤調査では一般に工学的に乱れの少ない試料を採取することとしてとらえられ

(a) 簡易打撃式掘削機　　(b) 環境調査用ボーリング機械

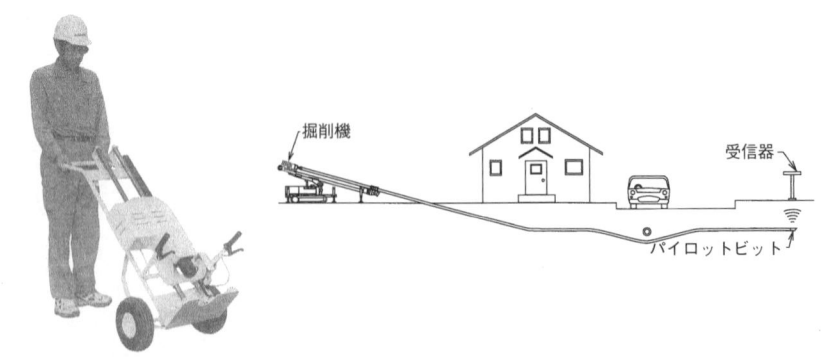

(c) 小型軽量簡易ボーリング機械[3]　　(d) 方向制御ボーリングの概念図[4]

図 4.3.5 代表的なボーリングマシン

てきた．近年は，地盤汚染調査の発展により，対象物質の濃度や化学形態を変化させないで土壌・地下水を採取することや，表層土壌ガスの採取もサンプリングとしてとらえられてきている．

a．サンプリングの目的から実施まで

サンプリングの目的から実施までのステップをまとめると，図4.3.6に示すような流れで表すことができる．各ステップの概要は表4.3.7に示すとおりであり，P（計画）→D（実行）→C（評価）→A（改善）を十分に考えた対応が必要である．サンプリング作業は，地盤条件に適合したサンプラーを選定し，採取した試料の保管・管理を適切に行い，試験結果の妥当性を確認することにより，一連の流れが終了することになる．地盤は複雑な構造を示すことが多いため，さまざまなケースを想定し，フレキシブルな対応が可能な流れを策定することが必要である．

b．サンプリング方式の特徴と適用

（ⅰ）土質・岩盤 サンプリング方法の区分は，①ボーリング孔を利用するかしないか，②サンプラーを用いるか用いないか，③乱れた試料か乱れの少ない試料か，などさまざまとなる．表4.3.8には2004年の改定により地盤工学会で基準化されたサンプラーの構造および適用地盤を示し，表4.3.9にはそのほかのサンプラーおよびサンプラーの仕様を示した．軟質もしくは中位程度

表4.3.7 サンプリングの目的から実施までの各ステップの概要

ステップ	概　　要
①目的の把握	サンプリングを実施する目的を，詳細に把握する．
②資料収集と整理	既存資料を収集して整理し，計画に有効活用する．
③諸条件の把握	地盤条件，現地条件，作業条件，気象条件などを明確にする．
④サンプリング計画の策定	目的を達成するためのサンプリング内容と数量を具体的に策定する．とくに，採取試料の保管・運搬については十分な配慮が必要である．
⑤サンプリング方法とサンプラーの選定	計画内容に適合したサンプリング方法とサンプラーを選定する．
⑥作業手順の策定	作業の流れに準じた手順を整理し，問題点が存在しないか検討する．問題点が確認された場合には，作業手順の見直しを行う．
⑦サンプリングの実施	作業手順に準じてサンプリングを実施する．計画と実施結果を照合し，目的を達成できないことが予測された場合には，速やかに計画を見直し修正する．
⑧試料の適切な管理・運搬	採取した試料に対し，機械的，物理的，化学的，生物的などの面から適切な方法で保管・運搬を行う必要がある．
⑨試験の実施	サンプリング試料を用いて試験を実施し，その妥当性を評価する．サンプリングに問題がある場合には問題点を抽出し，再度サンプリング計画を見直す．

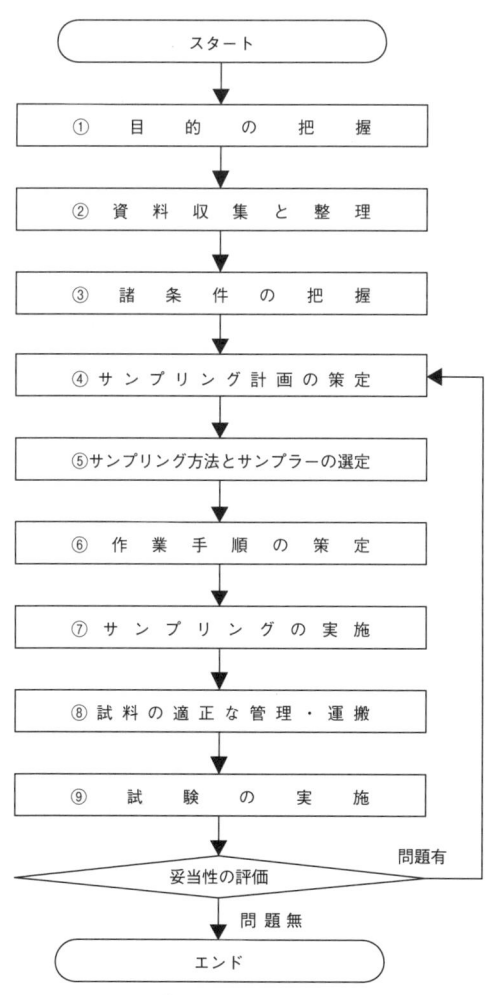

図4.3.6 サンプリングの目的から実施までの流れ

表 4.3.8 基準化されたサンプラーの構造と適用地盤の関係[5]

サンプラーの種類		構造	地盤の種類							岩盤		
			粘性土			砂質土			砂礫			
			軟質	中くらい	硬質	ゆるい	中くらい	密な	ゆるい	密な	軟岩	中硬岩	硬岩
			N値の目安										
			0〜4	4〜8	8以上	10以下	10〜30	30以上	30以下	30以上			
固定ピストン式シンウォールサンプラー	エキステンションロッド式	単管	◎	○		○							
	水圧式	単管	◎	◎	○	○							
ロータリー式二重管サンプラー		二重管		◎	○								
ロータリー式三重管サンプラー		三重管		◎	◎	○	◎	◎	○				
ロータリー式スリーブ内蔵二重管サンプラー		二重管		○	○		○	○			◎	◎	◎
ブロックサンプリング		—	◎	◎	◎	○	◎	○	○				
ロータリー式チューブサンプラー		二重管		○							◎	○	

◎ 最適, ○ 適.

表 4.3.9 そのほかのサンプラーおよびサンプラーの仕様[6]

サンプラーの種類	構造	ピストン		押込方式			地盤の種類	試料の状態		試料径	ボーリング孔径	備考
		有	無	静的	打撃式	ロータリー		乱れが少ない	乱れた			
1 凍結サンプリング	—	—	—				砂・砂礫	○		任意	—	
2 ワイヤーライン式サンプラー	単管二重管	○		○		○	岩盤を除く地盤	○		75, 90	135, 146	
3 礫層サンプラー	二重管	○				○	砂礫土	○		97	146	大口径もある
4 バスケット型コアキャッチャー付固定ピストン式サンプラー	単管	○		○			砂質土礫混じり土	○		68, 81	86, 116	主として珊瑚礫混じり土用
5 固定式二重管サンプラー	二重管	○					廃棄物		○	70	116	
6 ツイストサンプラー	二重管						砂質土超軟弱土	○		50, 70	86	
7 超軟弱土用サンプラー	二重管		○	○			超軟弱土		○	50	—	
8 シェルビーチューブサンプラー	単管		○	○			粘性土		○	72	86	
9 フリーピストン式シンウォールサンプラー	単管	○		○			粘性土		○	75	86	
10 コンポジットサンプラー	二重管	○		○			粘性土	○		75	116	
11 NGIサンプラー	単管	○		○			粘性土	○		54	86	
12 ピッチャーサンプラー	三重管	○				○	硬質粘性土	○		72	116	
13 大口径サンプラー	単管		○	○			粘性土	○		208	300	ラバル式追切り
14 フォイルサンプラー	単管	○		○			粘性土ゆるい砂質土	○		68	—	
15 土圧バランス式サンプラー	三重管	○				○	粘性土砂質土	○		120	180	
16 改良型ビショップサンプラー	単管	○		○			砂質土	○		53	116	
17 倍圧サンプラー	単管	○		○			粘性土砂質土	○		45, 50 / 75	66 / 86	

の粘性土のサンプリングには，固定ピストン式シンウォールサンプラーがもっとも多く用いられ，中位もしくは硬質な粘性土には，ロータリー式二重管サンプラーやロータリー式三重管サンプラーが用いられている例が多い．砂質土の乱れの少ない試料を採取することはむずかしいが，サンプリングには，ロータリー式三重管サンプラーが用いられている例が多い．岩盤におけるサンプリングはほとんどがコアリングであり，ロータリー式スリーブ内蔵二重管サンプラーを多く使用している．いずれのサンプリングも，採取した試料は十分に養生し，適切な方法で保管・運搬することを心がけなければならない．とくに，砂質土は乱れの影響を受けやすいので，採取した試料の脱水や凍結処置を行うなど，適切な配慮が必要である．

（ii）環境化学分析 地盤工学会では，表4.3.10に示すように環境化学分析のための試料採取方法について，2004年に基準化した．環境化学分析のための試料採取は，前述した工学的な乱れの少ない試料を採取するサンプリングと区別して考える必要がある．とくに，対象物質の濃度や化学形態を変化させないよう，サンプリング機器を対象物質と非反応性の材質にしたり，揮発性のある物質に対しては，採取時に熱を加えないなどの配慮が必要である．また，試料採取に伴う二次的な汚染を防止するため，サンプリング機器は使用ごとに十分な洗浄を行うか，ディスポーザブル製品を用いるなどの配慮が必要である．採取した試料の保管や運搬には，対象物質の化学的性質を変化・逸失させることのないよう適切な方法で対応することが必要である．

（iii）観測井からの地下水採水 観測井から地下水を採水する方法には，ベーラーを用いる方法と揚水ポンプを用いる方法があり，表4.3.11および図4.3.8に現在用いられている主な地下水

表4.3.10　環境化学分析のための試料採取方法

基準名	適用範囲	サンプラー
環境化学分析のための表層土試料の採取方法（JGS 1921-2004）	深さ5 m以浅で，手掘りまたはサンプラーにより採取できる範囲の表層土の採取	採土器 ハンドオーガー
観測井からの環境化学分析のための地下水試料の採取（JGS 1931-2004）	既設の観測井からの地下水の採取	ベーラー 揚水ポンプ
ロータリー式スリーブ内蔵二重管サンプラーによる環境化学分析のための試料採取方法（JGS 1911-2004）	砂質土，粘性土および砂礫を対象	ロータリー式スリーブ内蔵二重管サンプラー
打撃貫入法による環境化学分析のための試料の採取方法（JGS 1912-2004）	深さ約20 m以浅で，砂質土，粘性土，ゆるい砂礫の採取およびそれらからなる帯水層中の地下水の採取	オープンチューブサンプラー クローズドピストンサンプラー 二重管式スクリーンサンプラー

表4.3.11　地下水採取用具の例

名称	採取方法	特徴	適用
ベーラー	・ベーラーをロープなどにつるし所定の深度まで静かに下ろす． ・深度を確認した後，静かに地上まで引き上げる． ・引上げ時に下部および上部の弁が水圧で閉じることにより採水できる．	・装備が軽く，構造が単純である． ・二次汚染防止に対応した使い捨てタイプがある． ・手作業のため深井戸では時間と手間がかかる． ・1回の採水量は限られている．	・浅層部の簡易な採水によい． ・井戸の洗浄では浅井戸に限られる．
小孔径水中ポンプ	・水中ポンプを所定の深度まで静かに下ろす． ・ポンプを起動し，採水を行う．	・連続揚水可能であり，井戸洗浄にも適する． ・ポンプ外径45 mm，最大揚程90 m程度，75 m揚程時の揚水量は約10 L/minである． ・装備が重い．	・大量の地下水採取が必要な場合に用いられる． ・井戸洗浄にも適用できる．
ピストンポンプ	・ピストンポンプを所定の深度まで静かに下ろす． ・パッカーを拡張して採水区間を限定する． ・窒素ガスを送り込み，揚水された地下水を採水する．	・ポンプ外径45 mm，ダブルパッカーを装備し任意の深さ別に採水できる． ・揚水量はガス圧と地下水位およびポンプ深さで決まる． ・装備が重く，やや複雑である．	・深度を限定した採水に用いられる．

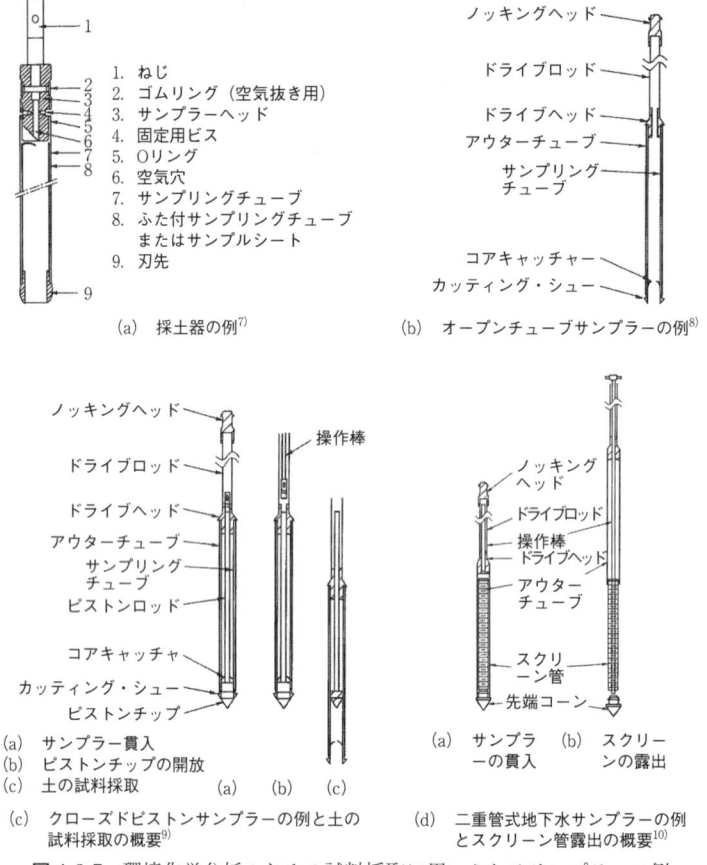

図 4.3.7 環境化学分析のための試料採取に用いられるサンプラーの例

(a) 採土器の例[7]
1. ねじ
2. ゴムリング(空気抜き用)
3. サンプラーヘッド
4. 固定用ビス
5. Oリング
6. 空気穴
7. サンプリングチューブ
8. ふた付サンプリングチューブまたはサンプルシート
9. 刃先

(b) オープンチューブサンプラーの例[8]

(c) クローズドピストンサンプラーの例と土の試料採取の概要[9]
(a) サンプラー貫入
(b) ピストンチップの開放
(c) 土の試料採取

(d) 二重管式地下水サンプラーの例とスクリーン管露出の概要[10]
(a) サンプラーの貫入
(b) スクリーンの露出

表 4.3.12 表層土壌ガス調査方法の比較[12]

サンプリング方法	機動性	分析位置	感度	採取の特徴	調査方法	分析器	同定
受動サンプリング(土中埋込み)	小	オフサイト	高	吸着剤吸収	活性炭/電磁加熱熱脱着/質量分析法	GC-MS	可
					多孔質PTFE膜サンプラー法		
能動サンプリング(ポンプでガスを吸引)	大	オンサイト	高	吸着剤吸収	吸着/熱脱離/GC法	GC-PID	可
			中	直接分析	現場ガスクロ法	GC-PID	可
			低	直接分析	ガスモニター法	PID FID	不可
					検知管法	検知管	難
	小	オフサイト	中	ヘキサン固定バッグ採取	ガスクロ法	GC-MS -ECD -PID -FID	可

採取用具の例,およびその特徴を示した.観測井が長期間使用されていない場合には,観測井内の水を揚水し,井戸内水を地盤の地下水に置換する必要がある.揚水量の目安としては,井戸内滞水量の3~5倍程度とされている例があるが,水温,電気伝導率,pHなどの数値を経時的にチェック

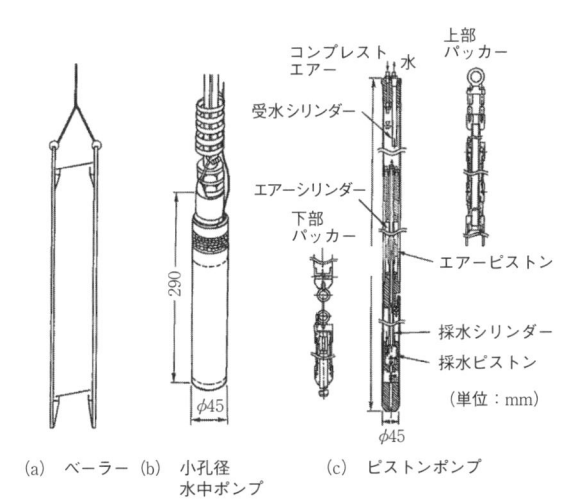

(a) ベーラー　(b) 小孔径水中ポンプ　(c) ピストンポンプ

図 4.3.8 現在用いられているおもな採水器の例[11]

図 4.3.9 表層土壌ガス採取の例

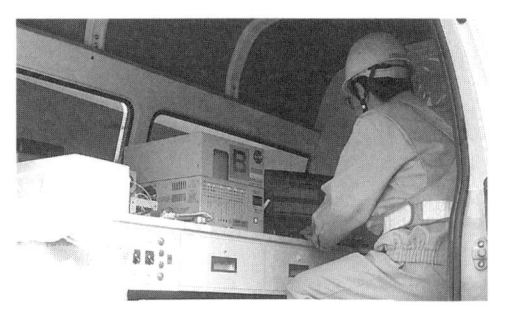

図 4.3.10 現地 GC-PID 分析の例（現場ガスクロ法）

る．この方法は分析結果を得るまでの時間が短く，機動性もあるため，オンサイトで利用されることが多い．図 4.3.9 に土壌ガス採取の例を，図 4.3.10 に現地 GC-PID 分析の例を示した．近年では専用の測定車も開発され，現地での機動性が向上し，分析の効率化が図られてきている．

（小田部雄二）

参　考　文　献

1) 地盤工学会：地盤調査の方法と解説, p. 141, 2004.
2) 前掲 1)：p. 704, 2004.
3) 全国地質調査業協会連合会：ボーリングポケットブック, p. 414, 2003.
4) 前掲 3)：p. 413.
5) 前掲 1)：p. 174.
6) 前掲 1)：p. 174.
7) 前掲 1)：p. 710.
8) 前掲 1)：p. 723.
9) 前掲 1)：p. 723.
10) 前掲 1)：p. 723.
11) 前掲 1)：p. 716.
12) 地盤工学会：地盤工学・実務シリーズ 15　土壌・地下水汚染の調査・予測・対策, p. 43, 2003.

しながら，水質の安定状態を評価することが有効である．揚水した地下水は，環境化学物質の濃度などにより適切に処理する必要があり，安易に排水することは避けなければならない．また，複数箇所の揚水洗浄や採水を行う場合には，二次的な汚染を防止するため，サンプリング機器は使用ごとに十分な洗浄を行うか，ディスポーザブル製品を用いるなどの配慮が必要である．

（iv）表層土壌ガス　表層土壌ガスの調査法は，表 4.3.12 に示すように区分される．受動サンプリングは，吸着剤を封入したサンプラーを土中に埋め込み，一定時間経過後の平均的な汚染物質の濃度を明らかにすることができる．能動サンプリングは，ポンプなどにより土壌ガスを吸引し，容器に採取するか溶媒や吸着剤に吸収させ

4.3.4　ボーリング孔を利用する透水層試験

a．地下水位・間隙水圧の測定

地下水位および間隙水圧は，地下水環境を把握する際のもっとも基本的な測定項目である．いずれも，季節や時間帯，さらには地下水利用によって変化がある．また，地盤環境における地下水位や間隙水圧は，ほかの特性と比較すると継続的に長期測定でき，地中での地下水環境の変化をリアルタイムで知ることのできる指標であり，観測孔や水圧センサーを適切に設置することが重要である．設置や測定法の詳細については，地盤工学会

で基準化されているので参考になる[1]．以下に測定に関して，とくに注意しなければならない事項をまとめる．

（ⅰ）測定区間の特定　一般に，地盤はいくつかの地層から構成されているので，各層ごとの間隙水圧は異なるものととらえるべきである．このとき重要になるのは，測定区間を特定するための止水を的確に実施することである．止水については，止水材料，止水長さ，施工性に留意し，測定期間内での止水性が維持できる仕様とする．

また，ボーリング時の削孔と観測孔仕上げでは，止水の方法が異なる．ボーリング時には，恒久的な止水は実施し難いので，孔壁崩壊防護ケーシングを粘性土に打ち込み，これ以深の地層内に測定区間を設けることが一般的である．とくに，孔底の安定性に問題がある場合には，セメンティングを行う場合もある．いずれにしても，ボーリング調査時は比較的短期間（数時間〜1日間程度）の平衡待ち時間しかとれないことが多いため，透水性の低い地盤での測定には注意が必要である．観測孔を用いる場合には，止水区間を明確にすることがとくに重要となる．測定管と削孔の空隙はフィルター材などで埋め戻しするが，止水の必要な区間ではフィルター材ではなく止水材を設置する．このため，施工性を考慮したボーリング孔径と観測管径を決定しなければならない．

（ⅱ）水圧による測定　水位や間げき水圧の測定には，水圧計が用いられることがあり，これらの特性をピエゾメーターのように，水頭高さに変換して測定する場合と，直接水圧で測定する場合がある．それぞれの目的と設置可能な測定システムに応じて選べばよい．この測定で注意すべきは，水位（水頭）値が必要な場合，水圧計測では大気圧の変動も水圧変動としてとらえ，これに伴い水位が変動しているかのような結果を得ることになる．このような場合には，大気圧補正機能を装備した測定システムを用いることとする．一般に，ベントチューブを地上にまで配置し，大気圧変動の影響を測定水圧値からキャンセルする方法がとられているが，ベントチューブに水滴などが入り閉塞しないようにメンテナンスも行う必要がある．

また，水圧計は埋設してしまうことがあり，測定が始まるとキャリブレーションができなくなるため，埋設前に十分な作動確認を実施しておく．

（ⅲ）透水性と測定レスポンス　地下水位や間隙水圧の測定の基本的な方法は，ボーリング孔内や測孔内にたまった水の水面高さや水圧を測るものであるが，透水性の低い場合には孔内水位と地盤内の水位が瞬時に一致せず，両者がバランスするまである程度時間がかかることを見込まなければならない（Hvorslevはこの関係を時間ズレ"time-lag"として説明し，この特徴を用いて孔周辺の透水性を評価する方法を提案している[2]）．このため，粘性土や岩盤のように透水性が小さな地盤での水位測定では，ボーリング孔や観測孔内の空隙を湧水貯留することなく測定できる工夫が必要である．さらに，このような地盤では削孔中の掘削水の水圧が地盤中に残留するため，本来の地盤の間隙水圧が測定できるまで，養生期間を見込まなければならない．

b．単孔による透水試験

単孔による透水試験には，試験区間形状による分類とインパクトによる分類がある．試験区間形状については，Hvorslevによって体系化されている．わが国では図4.3.11に示したものが一般に知られている．

試験孔および試験仕様は図4.3.12に示す概要を参考にされたい．

試験のインパクトは，比較的短時間に試験孔内水位を変動させて，その回復を測定する非定常法と揚水あるいは注水の流量と試験孔内水位が一定になったときの関係を用いる定常法に分類される．非定常法と定常法は，これまで対象地盤の透

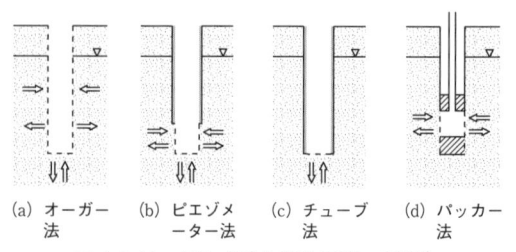

(a) オーガー法　(b) ピエゾメーター法　(c) チューブ法　(d) パッカー法

図4.3.11　単孔式透水試験区間の形状[3]

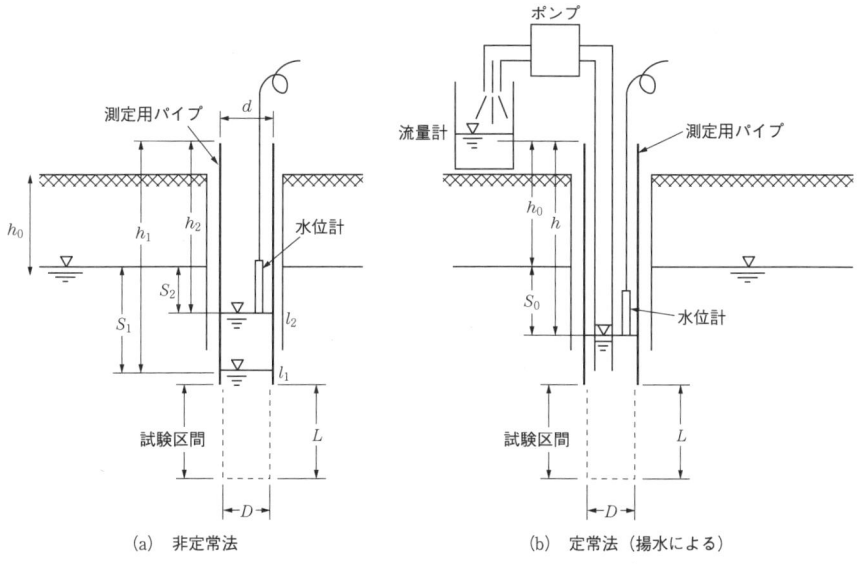

図 4.3.12 ボーリング孔による現場透水試験[3]

(a) 非定常法
(b) 定常法（揚水による）

水係数が 10^{-4} m/s 以下であれば非定常法，以上であれば定常法と分類されてきた．しかし，本来は非定常法では孔内水位の回復速度が早く，初期の試験水位差を付け難かったり，水位測定間隔が短くなりすぎたりすることで，非定常法が実施できない場合には定常法を適用することが普遍的な取扱いであるといえる．

このため，おおむね透水性が推定され，試験孔の諸元が決まれば，試験法に対応した公式を用いて事前に試験時の測定指標の変化を確認したうえで，適用できる測定機器を用意すべきである．

また，地下水汚染が問題となる地盤では，透水性が高く非定常法を適用し難い場合であっても，試験中の汚染排水処理の困難さから，排水の伴わない非定常法を実施することもあり，スラグ法のように短時間で試験水位差をつけやすい技術や，細かいサンプリングピッチで測定できる水圧計とデータロガーを導入する工夫もされている．

試験結果は，各試験条件に則した方法で整理する．わが国で用いられることの多い非定常試験法は，Hvorslev によってまとめられたものであり，地盤工学会ではこの一部を基準化している．

これら Hvorslev の提案する手法は，定常理論から得られる孔内流入水量と孔内水位変化の関係から非定常公式を誘導し，地盤内の地下水挙動は定常と見なしている．これに対して，スラグ試験法の解析式として知られる Cooper らの公式では，地盤内にも非定常挙動を適用している．このように，バックグラウンドの異なる整理公式群ではあるがどちらかが適否ではなく使い分けも提案されている[4]．

単孔による透水試験で得られた透水係数より，後述する観測孔を伴う多孔式揚水試験のほうが信頼性が高い傾向にある．確かに，単孔式の場合，試験区間周辺地山でのスキン効果の影響（高透水性あるいは低透水性）など未解決な課題があるものの，不均質性を考慮する際に透水係数の分布を把握できる数少ない手法であり，不均質特性を扱うことのできる数値解析技術の適用時には不可欠な入力情報となる．これに対して，精度がよいとはいえ，地盤の平均的な特性を得る多孔式揚水試験法では，この要求には満足できない．

c．観測孔を伴う透水試験

観測孔を伴う試験の代表的な試験法は，多孔式揚水試験法である．単孔による試験と比較すると，揚水井戸と水位観測井戸が異なるため，とくに揚水井戸での水位変動を試験結果に用いないことから，単孔で見られる井戸周辺のスキンの影響を受けない．また，試験領域の平均的な透水性を

評価することができる．

一般に，揚水試験結果は一定流量で揚水を継続する試験であり，試験結果は理論解にもとづく整理方法を用いて透水量係数，貯留係数，影響圏半径などが評価される．代表的な整理方法には，一定流量による非定常水位低下量を整理する Theis（標準曲線一致）法，Cooper-Jacob（直線勾配）法，定常状態の水位低下量分布を整理する Thiem 法，揚水停止後の回復水位挙動を整理する回復法などが知られている．

試験法および結果の整理方法は専門書[5]を参考されたいが，ここでは多孔式透水試験法を適用する際の留意点を示しておく．

多孔式透水試験法では，揚水井戸および各観測井戸内の水位低下量は，数十cm～十数m程度の低下を観測することが一般的であるため，軟弱な地層が水位低下領域に含まれる場合には，試験期間中の地盤沈下の問題に留意しなければならない．

また，ボーリング孔や観測井戸を用いた単孔による透水試験と比較すると，大量の地下水を放流する必要があるため，汚染地下水域での試験では放流前に適切な処理を行わなければならず，さらに揚水した地下水が汚染されていなくても近隣に汚染地下水帯が存在する場合には，試験そのものが揚水することで汚染を拡大する二次的な汚染原因になる懸念もある．

このように，観測孔を伴う透水試験では，試験の影響範囲とその程度が他の試験法と比較すると大きくなるため，これらの懸念のある場合には，試験中に関連する評価指標の測定も実施すべきである．

d．地下水流向流速の測定

地下水中の物質輸送問題を扱う場合には，地下水の流向や流速を知ることが重要である．流向流速の測定には，以下の方法が知られている．

① 複数観測井戸による一斉水位測定
② トレーサー試験
③ 単孔による流向や流速測定

①は，水位測定結果から水位コンターを作成し，流域内での動水勾配分布を推定し，これより流向と動水勾配を得，さらに別途求めた透水係数と動水勾配から流速分布を得るものである．この測定のために所定の地層をターゲットにした水位観測を用いる場合には問題ないが，井戸構造も不明で水位測定区間など，明確でない既存井戸を用いた水位観測結果から水位コンターを評価した場合には，異なる地層の水位を評価することがあるため，信頼性が乏しくなる．既存井戸を利用する場合には，井戸構造の確認に十分な注意を要する．

また，一般に均一な透水係数が分布していると考えることが多いが，流速を測定する場合には通水する層厚さにも着目した評価が必要である．たとえば，同じ材質（同じ透水係数）の帯水層であっても，層厚の大小で通水流量や動水勾配が変化し，水位コンターの間隔に粗密が見られることも認識しておく必要がある．

②は，トレーサー投入孔と複数の採水孔を用いた試験で，採水孔間でのトレーサー濃度と到達時間の関係から流向流速を評価するものである．この試験で得られる流速は間隙内平均流速（いわゆる実流速）であり，①で得られるダルシー流速との区別が必要である．また，この試験では，あらかじめ流向および流速を把握して井戸配置や試験時間を計画することが望ましいため，ほかの手法による結果の照査に用いられることもある．とくに，投入トレーサーの濃度や溶液量，その化学・物理的性質は試験時間と移動距離にも影響を与えることに留意する．

③は，測定技術の進歩もあいまって近年では単孔での測定も可能となり，ほかの二つの手法と比較すると，その利便性から実施されることが多くなってきた．測定原理は，トレーサーが流れの方向に広がり，ここで生じる電位差や温度差あるいは地下水中の浮遊物の移動を測定するものであり，トレーサーの種類によってさまざまなものが提案されている．②のトレーサー試験と同様に，自然地下水の特性と適用するトレーサー特性の比較を十分に検討したうえでその適応性を確認しておく．図4.3.13に測定例を示す．

いずれも試験孔周辺の地下水流に対する測定で

(a) 粒子追跡型の測定例[6]

流速：$V = \dfrac{\Delta L}{T_2 - T_1}$

$T_0 - T_1$：時間

(b) 溶液型電位差法の測定例[6]

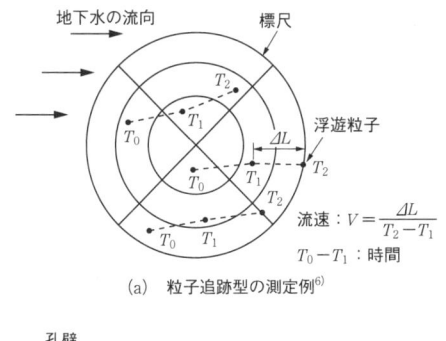

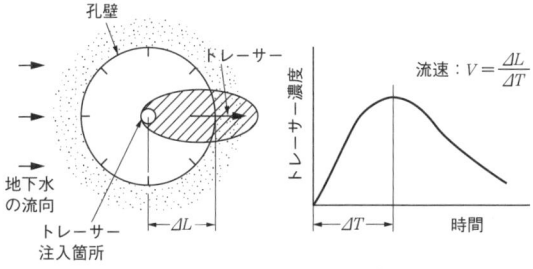

流速：$V = \dfrac{\Delta L}{\Delta T}$

図4.3.13 孔内流向流速の測定例

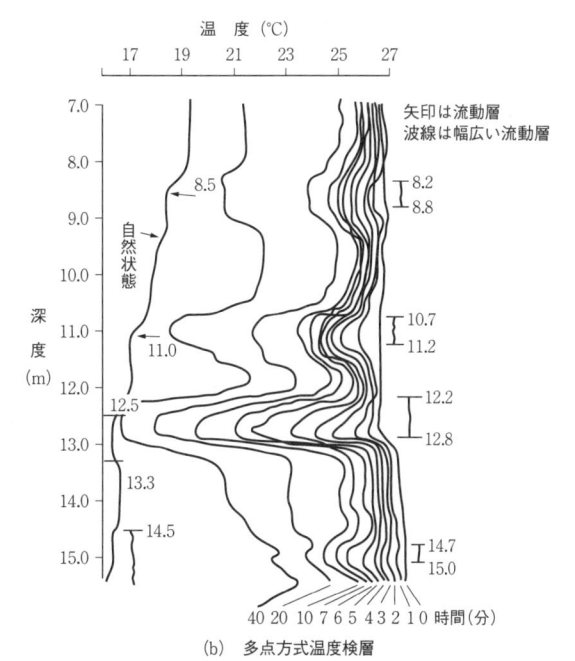

(b) 多点方式温度検層

図4.3.14 多点温度検層法の測定例[7]

あるため，試験孔の作成方法に大きく依存する．削孔時の孔壁防護に泥水など，比重液を用いる場合には，試験区間の洗浄あるいは試験区間の削孔時には，清水に置き換えるなどの配慮が必要である．

また，単孔による測定結果は試験孔周辺の局所的な状況を表すものであり，広範囲の流れの代表値とはなりがたいことから，広範囲に拡張する場合には複数箇所の測定を実施して評価すべきである．

e. 透水層の検層

透水層の検層はいわゆる水みち調査として用いられることの多い方法である．とくに，土壌・地下水汚染問題を議論するうえで，主たる透水層を明確に把握することは汚染の拡大メカニズムの評価と浄化対策においてきわめて重要な要因となる．

検層原理は，試験孔内の貯留水を地山地下水と温度や伝導率など比較できうる性質を示すものに置換し，井戸内を横切る通水によって再度地山地下水に置換される過程の時間変化を識別して透水層を検出するものである．

図4.3.14は，多点温度検層の結果の1例である．透水性が高いなど，自然状態での流速の早い地層では，自然状態の温度に回復する時間がほかの地層よりも早いことから，相対的な水みちを評価できる．

（進士喜英）

参 考 文 献

1) 地盤工学会編：地盤調査の方法と解説，pp. 357-376, 地盤工学会，2004.
2) M. Hvorslev : Time lag and soil permeability in ground-water observations, Waterways, Experiment St. Corps of Eng., U. S. Army, No. 36, p. 50, 1951.
3) 前掲1), pp. 377-393.
4) 進士喜英，中野勝志，竹内竜司，狩野裕之：単孔式現場透水試験結果の解釈に関する一考察，地盤工学研究発表会，第35回，pp. 1531-1532, 2000.
5) 前掲1), pp. 394-412.
6) 前掲1), pp. 473-476.
7) 前掲1), pp. 457-472.

4.3.5 ボーリング孔を利用しない原位置試験

a. 現場密度試験

地盤の工学材料としての特性のうち，地盤の密度はもっとも基本的な特性値であり，これを原位置で測定するのが現場密度試験である．フィルダ

表 4.3.13　密度および含水比の測定方法[2]

項目	測定の基本	原理・方法〈通称〉	規格・基準
密度	質量・体積とも直接測定	土塊を成形する，あるいは液体に浸す	JIS A 1225
		定体積の容器を土に圧入する〈コアカッター法〉	JGS 1613
	質量を直接，体積を間接的に測定（土を取り出した空間をほかの物質に置き換える）	静かに乾燥砂を充てん〈砂置換法〉	JIS A 1214
		準動的に乾燥砂を充てん〈突き砂法〉	JGS 1611
		ビニールシートを遮水膜にして注水〈水置換法〉	JGS 1612
		薄いゴムを遮水膜にして注水〈ラバーバルーン法〉	
		油やパラフィン，焼石灰などを充てん	
	ほかの物理量で密度を間接的に測定	放射線（ガンマ線）の特性を利用〈RI法〉	JGS 1614
含水比	質量を直接測定	一定温度（110℃）で乾燥させる〈炉乾燥法〉	JIS A 1203
		電子レンジで強制的に乾燥させる〈急速乾燥法〉（アルコール燃焼，フライパンによる測定方法もある）	JGS 0122
		水を満たした容器と土を混ぜた容器の質量差を求め，土粒子の密度を用いて算定する〈ピクノメーター法〉	
	ほかの物理量で密度を間接的に測定	放射線（中性子線）の特性を利用〈RI法〉	JGS 1614

* JGS 0190「土の湿潤密度試験方法」による測定密度は一般にサンプリングによる試料に対して行われ，現場密度試験とは用途が異なる．

ム，河川堤防，道路や鉄道の盛土，港湾や空港用地の造成，宅地造成など，多くの分野の土構造物構築において，締固めは土構造物の品質を左右し，地盤の密度はその際の重要な特性値である．

現場密度試験は，広く締固めの管理に用いられており，締固め度の評価に必要な乾燥密度（または間隙比），空気間隙率，飽和度が求められる．

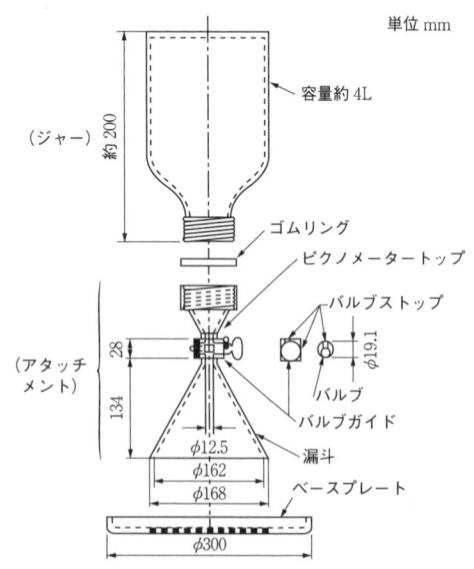

図 4.3.15　砂置換法における測定器とベースプレート[1]

したがって，現場密度試験においては，土の密度のほかにその含水比も測定することが必要で，これらの測定方法を整理したものが表 4.3.13 である（表中 JGS は地盤工学会基準を指す．以下同様）．

表 4.3.14 は，規格化されている現場密度試験の方法を比較したものである．これらのうち，古くからもっとも広く行われているのが，砂置換法である．図 4.3.15 は砂置換法における測定器とベースプレートを示したものである．

表 4.3.15 は，各機関の品質管理目標と規定値を整理したものである．表中の突固め試験名 JIS A 1210 の A～E 法は，突固めの方法を示し，試験目的と試料の最大粒径に応じて選択される．

b．平板載荷試験

地盤の支持力特性や変形特性を剛な平板を用いて，原位置で測定するのが平板載荷試験である．表 4.3.16 は規格・基準化されている平板載荷試験方法とおもな適用状況を示したものである．

（i）地盤の平板載荷試験　地盤の平板載荷試験は，地盤の変形と強さなどの支持力特性を調べる方法の一つである．構造物の直接基礎の設計に利用され，比較的簡便で実務的に多用されてい

4.3 現地地盤調査

表 4.3.14 現場密度試験方法の比較[3]

試験方法〈通称〉	規格・基準	適用範囲 巨礫粗礫	適用範囲 礫	適用範囲 砂	適用範囲 シルト粘土	特　徴
砂置換法による土の密度試験方法〈砂置換法〉	JIS A 1214		←最大粒径が53 mm			標準的な手法であり，広い分野で用いられている．特定の測定器具と粒度調整した置換用の砂を準備し，両者に対して体積や密度の検定が必要となる．測定器具は比較的安価．孔壁を乱さないように，試験孔（置換孔）を慎重に作製する必要がある．孔壁がはらみ出すような自立性の低い地盤には不適．
突き砂による土の密度試験方法〈突き砂法〉	JGS 1611	←最大粒径が150 mm				砂置換法よりも迅速性に優れ，高速道路やフィルダムなどで用いられる．粒度調整した置換用の砂に対して密度の比較が必要である．測定器具に特殊なものは用いない（安価）．砂置換法と同様に，試験孔の慎重な作製と地盤の自立性が重要．含水比の高い砂質土や，粗粒分が多く空げきの大きな土には不適．
水置換による土の密度試験方法〈水置換法〉	JGS 1612	砂置換法などが困難な土→				岩石質材料を含む土に適しており，フィルダムでおもに採用されている．測定用具は安価．試験孔を慎重に作製することと，シートを孔壁に密着させることが重要．
コアカッターによる土の密度試験方法〈コアカッター法〉	JGS 1613				←細粒土	上記の各方法と比べ，試験孔を必要としないので迅速性に優れる．高速道路や宅地造成などで用いられている．測定器具は安価．コアカッターが支障なく貫入できることが要件．
RI計器による土の密度試験方法〈RI法〉	JGS 1614	←すべての土質材料				密度・含水比とも短時間に測定できるので，即座に乾燥密度が求められる．高速道路をはじめ，広い分野で利用されている．近年，岩石質材料に対応可能な手法も登場．測定器具は上記の方法と比べて非常に高価であり，取扱いにも注意を要する．非破壊試験法であり，技巧や熟練度による影響が少ない．

る．この試験結果から，地盤の許容支持力を求める場合，対象とする構造物によって算定式が異なり，つぎのいずれかの方法を利用することが多い．①「建築基準法施行例・国土交通省告示第1113号」，②「建築基礎構造設計指針」，③「道路橋示方書・同解説」

試験装置の設置例を図4.3.16に示す．留意点をつぎに示す．

① 載荷板の直径は，地盤の最大粒径の5～6倍が目安とされる．
② 反力装置は，計画試験最大荷重の120％以上が要求されるが，とくに礫地盤などの偏心が生じやすい場合では載荷ばりの剛性を高く

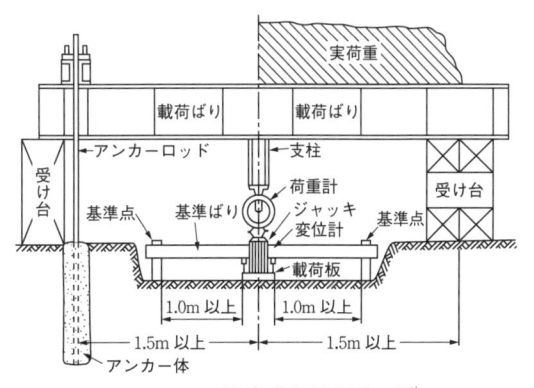

図 4.3.16 平板載荷試験装置の例[6]

表 4.3.15 各機関の品質管理目標と規定値[4]

機関／品質管理項目		国土交通省(道路)*		日本道路公団** (旧高速道路3会社)			旧都市基盤整備公団*** ((独)都市再生機構)		国土交通省(鉄道)****		国土開発技術センター*****
区分		盛土路体	路床	路体	下部路床	上部路床	盛土	路床	下部盛土	上部盛土	堤防
密度比	突固め試験名	JIS A 1210	JIS A 1210	JIS A 1210 (B法)	JIS A 1210 (E法)	JIS A 1210 (E法)	JIS A 1210 (B法)	JIS A 1210 (B法)	JIS A 1210 (D, E法)	JIS A 1210 (D, E法)	JIS A 1210 (A法)
	締固め度	90以上*1	90以上*1	A:90以上*3 A:92以上*4	A:90以上*3 A:92以上*4	A:95以上*3 A:97以上*4	85以上*1	90以上*1	90以上*2	盛土上面以外90以上*1	A:90以上*5
空間間隙率または飽和度	v_a(%)	B:15以下*1 C:10以下*1	—	B:15以下*3 C:10以下*3	B:13以下*4 C:8以下*4		2〜15*1	2〜10*1	B:15以下*2 C:10以下*2	—	B:15以下*5 C:2〜10*5
	Sr(%)	粘性土 85〜95	—								
強度・変形特性	試験方法	—	たわみ量試験	—	—	たわみ量試験	コーン貫入試験	たわみ量試験	平板載荷試験		—
	規定値	—	路床仕上げ後に実施			5mm以下	C:q_c≧400kN/m²	路床仕上げ後に実施	K_{30}≧ 70MN/m³	K_{30}≧ 110MN/m³	
施工含水比		最適含水比付近 $ρ_{dmax}$の90%が得られる含水比の範囲		自然含水比	締固め度および修正CBRが5以上となる含水比	締固め度および修正CBRが10以上となる含水比	できるだけ最適含水比に近づける				トラフィカビリティーを確保できる範囲
一層の仕上り厚さ		30cm以下	20cm以下	30cm以下	20cm以下	20cm以下	まきだし厚 30〜50cm	30cm	30cm	30cm	30cm以下

*：道路土工-施工指針　**：土木工事共通仕様書　***：工事共通仕様書　****：鉄道構造物等設計標準・同解説（土構造物）
*****：河川土工マニュアル
*1：砂置換法による方法　　　　　　　A（細粒分＜15%），B（15%≦細粒分＜50%），C（50%≦細粒分）
*2：砂置換法による方法　　　　　　　A（細粒分＜20%），B（20%≦細粒分＜50%），C（50%≦細粒分）
*3：突砂法による方法の15点の平均　　A（細粒分＜20%），B（20%≦細粒分＜50%），C（50%≦細粒分）
*4：RI計器による方法の15点の平均　　A（細粒分＜20%），B（20%≦細粒分＜50%），C（50%≦細粒分）
*5：砂置換法による方法の平均　　　　A（細粒分＜25%），B（25%≦細粒分＜50%），C（50%≦細粒分）

表 4.3.16 平板載荷試験方法とおもな適用状況[5]

種別	対象地盤	おもな適用	載荷方法
地盤の平板載荷試験 JGS 1521	（岩盤を除く）構造物基礎地盤	・構造物の直接基礎設計に用いる地盤反力係数，極限支持力調査 ・施工段階における支持力管理（直接基礎，深礎，ケーソンなど）	・直径30cm以上の載荷板を用いた段階式載荷*1 または段階式繰返し載荷*2 ・荷重制御方式
道路の平板載荷試験 JIS A 1215	道路，滑走路，鉄道ならびにタンク基礎地盤	・道路舗装の損傷調査 ・セメントコンクリート舗装の路盤設計および多層弾性解析に用いる路盤・路床の支持力係数調査 ・空港滑走路・鉄道路床・路盤の品質管理ならびにタンク基礎の支持力管理	・直径30，40または75cmの載荷板を用いた段階式載荷 ・荷重制御方式
剛体載荷板による岩盤の平板載荷試験 JGS 3521	軟岩から硬岩までの原位置岩盤	・岩盤の変形特性を求める試験 ・ダム，橋りょう，原子力発電所などの基礎岩盤，地下発電所などの地下空洞対象岩盤の変形特性を把握	・直径30cm以上の剛体載荷板 ・予備荷重，段階荷重，最大荷重の繰返し，持続荷重を組み合わせた載荷 ・載荷速度制御方式 　硬岩：0.5 MN/m²/min 　軟岩：0.2 MN/m²/min

*1　所定の荷重または変位量に達するまで一工程で段階的に荷重を増加させる方法
*2　段階的な荷重の載荷−除荷を繰り返しながら所定の荷重まで増加させる方法

4.3 現地地盤調査

表 4.3.17 平板載荷試験結果の1例[7]

地盤 \ 試験結果	極限支持力 (kN/m²)	地盤反力係数 (MN/m²)	備考
関東ローム(立川,武蔵野)	602～666	—	文献7)
洪積砂層 (成田層)	900	—	
砂礫地盤	2750～3400	—	
洪積粘性土(大阪層群)	1300～	300～1000	文献7)
洪積砂質土	1000～	40～80	
洪積砂礫土	1600	130～200	
埋立て地盤	330～340*	88～103	文献7)
盛土地盤 (砕石)	630*	243	
沖積砂地盤	830*	40	文献7)

* 載荷試験結果の降伏荷重.

表 4.3.18 地盤反力係数を算定する沈下量と載荷板の直径[7]

構造物の種類	道路舗装路盤		鉄道路床[8]	空港滑走路路床[8]	タンク構造物基礎地盤[8]
	セメントコンクリート舗装[8]	アスファルトコンクリート舗装[8]			
地盤反力係数を算定する沈下量 S (mm)	1.25	2.5	1.25	1.25	5.0
載荷板の直径 (cm)	30		30	75	30

し，そのたわみ量は載荷板直径の1%程度以下にする．

表4.3.17に平板載荷試験結果の1例を示す．

(ii) 道路の平板載荷試験 この試験は，道路の路床や路盤などの地盤反力係数を求めることを目的として規格化され，試験結果は設計・施工管理に利用されている．関連する指針は，つぎのとおりである．① 「アスファルト舗装要綱」，② 「セメントコンクリート舗装要綱」，③ 「空港コンクリート舗装構造設計要領」，④ 「空港舗装構造設計要領」，⑤ 「鉄道構造物等設計標準・同解説」．

施行管理への利用としては，鉄道の路床，土路盤や空港滑走路地盤の品質管理やタンク基礎地盤の支持力管理に多く用いられている．また，道路舗装の維持管理として供用中の損傷状況・補修範囲の計画立案にも利用されている．

試験例を図4.3.17に示す．表4.3.18は地盤反力係数を算定する沈下量と載荷板の直径を示したものである．

(iii) 剛体載荷板による岩盤の平板載荷試験

この試験は，原位置において岩盤の変形特性を求めることを目的として規格化されている．大型橋りょう基礎，ダム基礎，地下発電所空洞，原子力発電所基礎などの重要な岩盤構造物の設計・施工や安定性評価に必要な岩盤の変形特性を求める試験で，これらの構造物を対象として実績の多い試験である．

前述の「地盤の平板載荷試験」が地盤反力係数や極限支持力を求めることを目的としており，また，「道路の平板載荷試験」が路床や路盤の地盤反力係数を求める試験であるのに対して，本試験では岩盤を対象としていることから荷重が大きく，変形量が小さい．そのため，試験装置は規模が大きく，測定装置も精度が要求されると同時に，温度などへの試験環境の影響を受けやすく高度な試験の一つである．

図4.3.18に載荷装置の例を示す．図4.3.19は載荷パターンの例である．図4.3.20は三つの変

図 4.3.17 道路の平板載荷試験の例[9]

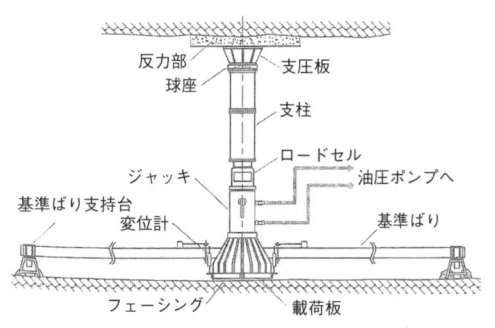

図 4.3.18 岩盤の平板載荷試験装置[10]

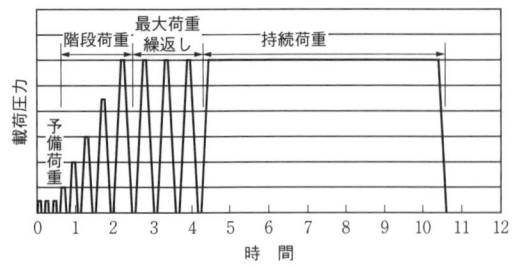

図 4.3.19　載荷パターンの1例[11]

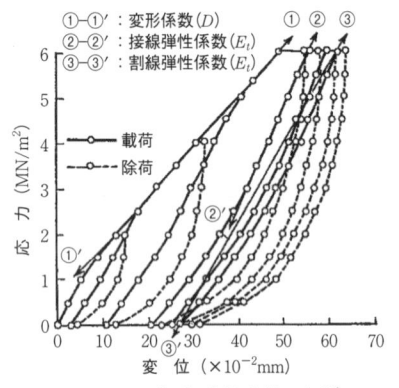

図 4.3.20　荷重-変位曲線の例[12]

表 4.3.19　標準荷重強さおよび標準荷重の値[14]

貫入量 (mm)	標準荷重強さ (MN/m²)	標準荷重 (kN)
2.5	6.9	13.4
5.0	10.3	19.9

支持力比と訳される．路床や路盤の支持力の大きさを表す指標で，標準寸法の貫入ピストンを土のなかに貫入させるのに必要な荷重を測定して，標準荷重に対する百分率で表した相対指標値である．標準荷重強さと標準荷重を表4.3.19に示す．

本試験は，粘性土から礫質土までのほとんどの土に適用でき，たわみ性アスファルト舗装の構造設計に採用されていて，舗装設計や舗装材料の選定にあたって必要となる路床土の設計CBRや修正CBRは，このCBR試験を基本として求められる．

「アスファルト舗装要綱」によれば，設計CBR，修正CBRはつぎのとおり定義されている．

設計CBR：アスファルト舗装の厚さを決定する場合に用いる路床土のCBRをいう．

修正CBR：路盤材料の強さを表すもので，JIS A 1211「CBR試験方法」に準じて3層92回突き固め最大乾燥密度に対する所用の締固め度に相当

形特性（変形係数 E_D，接線弾性係数 E_t，および割線弾性係数 E_s）の定義を示したものである．

また，図4.3.21は岩盤の弾性係数と電力中央研究所式岩盤分類の相関を示したものである．

c．CBR試験

CBRはCalifornia bearing ratioの略で路床土

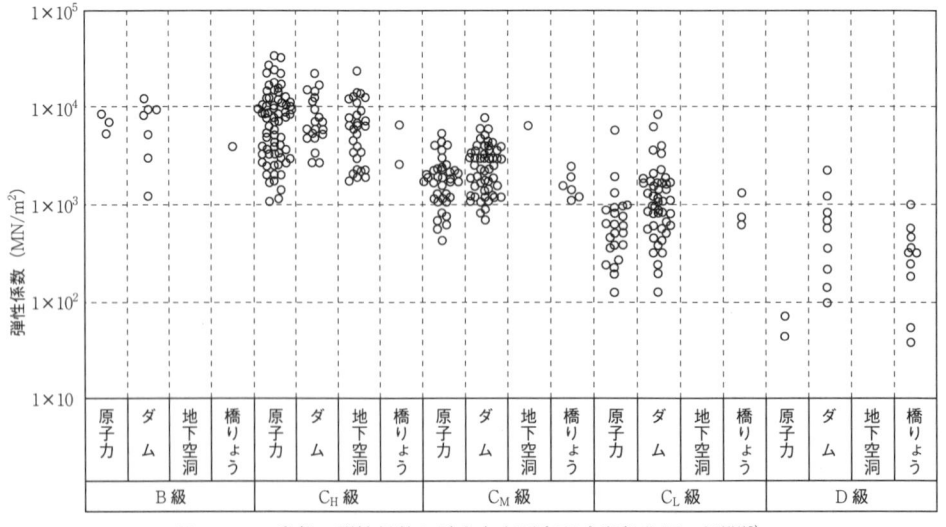

図 4.3.21　岩盤の弾性係数と電力中央研究所式岩盤分類の相関[13]

4.3 現地地盤調査

表 4.3.20 CBR に対する材料規定[18]

区 分		一般道路	高速道路	簡易舗装道路	空 港	鉄 道
機関別		日本道路協会	日本道路公団	日本道路協会	航空振興財団	鉄道総合技術研究所
路盤	上層	80％以上	80％以上	60％以上	80％以上	80％以上（MS, HMS）*
	下層	20％以上	30％以上	10％以上	設計荷重などにより 10, 20, 30％以上	30％以上（CS）*
路床	上層		10％以上		10％以上	
	下層		5％以上			

* MS：粒度調整スラグ　CS：クラッシャランスラグ　HMS：水硬性粒度調整スラグ

表 4.3.21 修正 CBR の概略値[15]

材 料	修正CBR（％）
砕石	70以上
鉄鋼スラグ	80以上
砂利，切込み砂利	20〜60
砂	8〜40

表 4.3.22 現場 CBR の概略値[17]

路床土の種類	現場CBR(％)
粘土，シルト分が多くしかも含水比の高い土 含水比の高い火山灰質粘性土	3未満
粘土，シルト分が多くても含水比が比較的低い土 含水比のあまり高くない火山灰質粘性土	3〜5
砂混じりの粘性土	3〜7
粘土混じりの砂質土 含水比が低い砂混じりの粘性土	7〜10
砂質土	7〜15
粒度分布のよい砂	10〜30

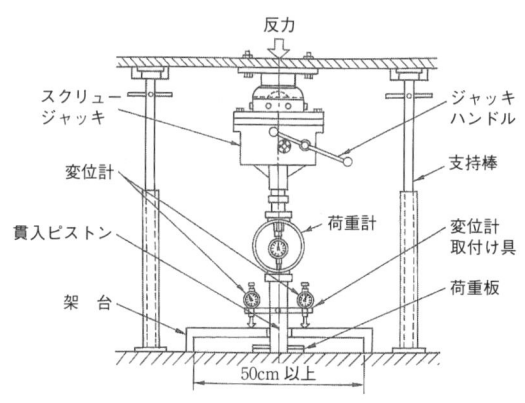

図 4.3.22 現場 CBR 試験機の例[16]

する水浸 CBR をいう．

修正 CBR は，表 4.3.20 に示すとおり路盤材料の評価や選定のために用いる CBR であり，現場目標強さを意味している．修正 CBR の概略値を表 4.3.21 に示す．

これに対して，現場 CBR 試験は原位置で直接求めることができるので，路盤の施工管理試験（材料規定にもとづく品質管理のための試験）に適した試験方法である．図 4.3.22 は，現場 CBR 試験装置の例を示したものである．貫入ピストンは直径 50 ± 0.12 mm が標準寸法である．現場 CBR の概略値を表 4.3.22 に示す．なお，室内 CBR は現場 CBR のおよそ 0.6〜1.5 倍の関係が認められるとされている．

d．ブロックせん断試験

前述の剛体載荷板による岩盤の平板載荷試験が原位置において，岩盤の変形特性を求めるのに対して，本試験は原位置において岩盤のせん断特性を求めることを目的としている．したがって，適用分野も同様の大型土木構造物・岩盤構造物の設計・施工時の安定性評価のために不可欠の試験方法となっている．また，試験位置の選定，試験装置，試験環境の維持など，同様の注意が必要で高度な試験技術が要求される．試験位置は地質状況や設計条件など考慮して選定し，せん断荷重の載荷方向は対象構造物にせん断応力が作用する方向や岩盤の性状などを考慮して定める．表 4.3.23 は他の機関の指針との比較を整理したものである．

ブロックせん断試験は，試験対象の岩盤上にコンクリートブロックを打設して，そのブロックを介して直下の岩盤をせん断する．ロックせん断試

表 4.3.23 ほかの機関の指針との比較[19]

章	記載項目	JGS 3511	土木学会	建設省土木研究所	ISRM
1. 総則	適用範囲	軟岩〜硬岩，断層，破砕帯，シーム	硬岩〜軟岩，不連続面	ダム基礎岩盤	不連続面
	試験方法	ブロックせん断，ロックせん断	ブロックせん断，ロックせん断	ブロックせん断	ロックせん断
2. 試験装置	垂直荷重用ジャッキ	計画最大荷重以上の載荷能力と変形に追随できる十分なストローク	容量 0.5〜2 MN，ストローク 100〜200 mm 程度		設定値の2%以内
	傾斜荷重用ジャッキ		合計容量 1.5〜6 MN，ストローク 100〜200 mm 程度		ストローク 70 mm 以上
	荷重計	容量は計画最大荷重以上で精度はその±1%以内（ロードセルを図に例示）	ブルドン管やロードセル		ロードセルまたは圧力変換器
	変位計ストローク	十分なストローク	通常 10〜20 mm 軟岩など 50〜70 mm	十分なストローク	せん断 70 mm 以上 垂直・側方 20 mm 以上
	変位計の精度	測定ストロークの 0.1%以下の読み取りが可能	0.01 mm 程度	十分な分解能	せん断 0.1 mm 以上 垂直・側方 0.05 mm 以上
3. 試験体の作製	試験体個数	4個を標準	4個以上	通常は4個	5個以上
	試験面サイズ	60×60 cm を標準	60×60 cm がふつう		70×70×35 cm
	傾斜角度	15°程度を標準	一般に 15°	15°	15°の例を図示
4. 試験装置の組立て	装置組立て	独立の章として記載	試験装置のなかで記載	手順のなかで記載	手順のなかで簡単に記載
	変位計の数	10個を標準	12個	10個	10個
5. 試験方法	予備載荷	初期の垂直荷重以下で繰返し	初期の垂直荷重以下で繰返し	最大で 0.49 MN/m² 繰返し	なし
	垂直荷重の種類	4種類を図示	4種類と2種類を併記	2種類（0.25，1.0 MN/m²）	5種類を図示
	垂直荷重の本載荷	垂直変位が収束するまで（具体的な時間は記載せず）	所定の垂直荷重に達して 10 min 以上保持		圧密が終了するまで（沈下速度で規定）
	傾斜荷重の載荷方式	荷重制御による漸増載荷を基本，階段載荷も容認	荷重制御による連続載荷と階段載荷を併記		変位制御による階段載荷または連続載荷
	傾斜荷重の載荷速度	一定（具体的な数値は記載せず）	硬岩は 0.05 MN/m²/min，軟岩は 0.010〜0.025 MN/m²/min の例が多い		0.5 mm/min 以下，とくに排水試験の場合は 6 t_{100} 以上
	残留強さ，摩擦抵抗	両者を区別して記載	区別なしに両者記載		残留強さのみ記載
6. 試験結果の整理	強度評価	直線近似の c, ϕ（最小二乗法を推奨）	直線近似の c, ϕ（最小二乗法は推奨しない）	（ϕ を推定して c のばらつきを考慮）	2直線近似の c, ϕ

験は，試験対象の岩盤の一部を原位置でブロック状に切り出し，その岩盤をコンクリートでカバーし直接せん断する．図4.3.23にブロックせん断試験体を，図4.3.24にロックせん断試験体を示す．図4.3.25はせん断試験装置の例を示したものである．

試験結果の例として，図4.3.26に塊状岩盤における岩盤等級とせん断強さの関係を示す．

e．その他の原位置試験

前述の密度試験の項では，砂置換法をとりあげたが，これ以外の規格化された試験法は表4.3.14に示したとおり，突き砂法，水置換法，コアカッター法，RI法がある．これらの使い分けは，同表に記載のとおり適用土質，各方法の特徴を理解して選択するのがよい．

載荷試験関連では，ベンケルマンビームによるたわみ量試験，小型FWD，簡易支持力測定などがあり，これらを表4.3.24に示す．

（関谷堅二）

図4.3.23 ブロックせん断試験体[20]

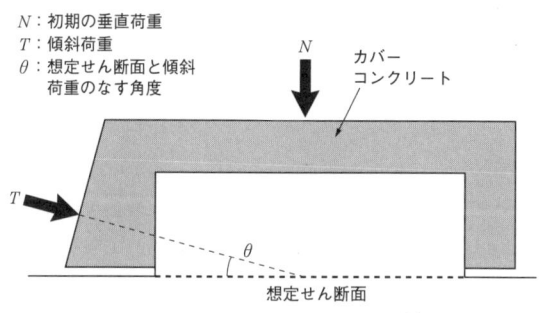

図4.3.24 ロックせん断試験体[21]

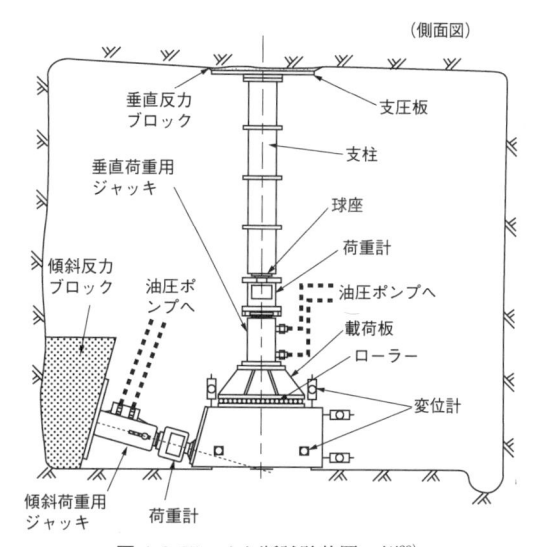

図4.3.25 せん断試験装置の例[22]

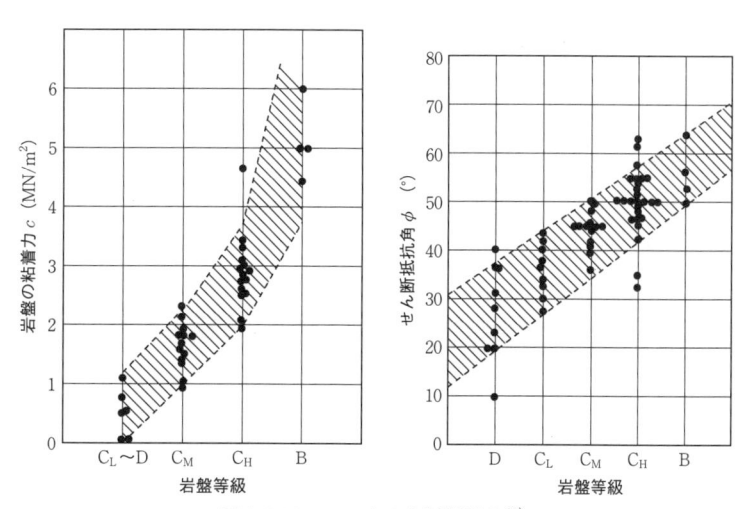

図4.3.26 ロックせん断試験体[23]

表 4.3.24 規格基準以外の載荷試験[24]

載荷試験の種別	対象地盤	試験方法のおもな適用	載荷方法
静的載荷試験 　ベンケルマンビームによるたわみ量試験	道路，滑走路，浅い基礎	・道路舗装の損傷調査 ・道路舗装のオーバーレイ設計および簡易舗装設計のためのたわみ量調査 ・道路・滑走路の路床・路盤の品質管理	ダンプトラックによる一定荷重載荷
動的載荷試験 　小型FWD 　簡易支持力測定器		地盤の弾性係数，締固め度，一軸圧縮強さ，CBRなどの推定	重錘落下による動的載荷

参 考 文 献

1) 地盤工学会：地盤調査の方法と解説, p.564, 2004.
2) 前掲1), p.557.
3) 前掲1), p.558.
4) 前掲1), p.561.
5) 前掲1), p.493, 表8.1.1抜粋.
6) 前掲1), p.496.
7) 前掲1), p.500.
8) 前掲1), p.508.
9) 前掲1), p.508.
10) 前掲1), p.521.
11) 前掲1), p.522.
12) 土質工学会：岩の調査と試験, p.329, 1989.
13) 前掲1), p.528.
14) 前掲1), p.515.
15) 前掲1), p.517.
16) 前掲1), p.514.
17) 前掲1), p.517.
18) 前掲1), p.517.
19) 前掲1), p.531.
20) 前掲1), p.532.
21) 前掲1), p.532.
22) 前掲1), p.534.
23) 前掲1), p.542.
24) 前掲1), p.493, 表8.1.1抜粋.

4.3.6 サウンディング

a. サウンディングの意味と意義

地盤調査におけるサウンディング（sounding）とは，広義には「地盤状況を原位置で探る」ということで，ここでいう「地盤状況」とは，

① 地盤構造：特定の地層厚の把握（風化層，軟弱（圧密）層，砂（液状化）層，高有機質土層，ほか），成層構造把握，支持層深度把握
② 地盤物性：地盤の強度や状態などに関する性質の把握
③ 地下水状況：地下水の賦存・流動に関する状況把握，地下水位や水圧，水質，流向・流速などの把握
④ 堆積環境：堆積履歴・類推情報の把握

などを指す．したがって，広義には，物理探査，調査ボーリング，地下水調査なども含まれる原位置の地盤調査の方法全般を包括する概念である．

しかし，狭義のサウンディングは，「ロッドの先端に付けた抵抗体の貫入，回転，引抜きなどの抵抗から，地盤の硬さ，締まり具合を調べる」[1]ことに限定して用いられる．一般的には，この狭義の意味で用いることが多い．この場合の代表的手法に，携行性に優れた「スウェーデン式サウンディング試験」，「簡易動的コーン貫入試験」，「ポータブルコーン貫入試験」や強度に関する精度の高い深度方向の連続データが得られる「オランダ式二重管コーン貫入試験」などがある．

地盤の特徴には，構造の複雑性（地層構成の多様性や地層の広がりと連続性，断層などの地質構造の存在など）と物性の不均質性があり，いくら精度の高い調査法を適用しても，数少ないデータ数では地盤全体を精度よく評価することはできない．そこで，個々には精度が落ちても，多数のデータ数を確保することで，地盤全体の構造評価および物性についても統計的に精度向上を図ることが期待でき，このようなデータ数を確保するのに，手軽かつ低コストのサウンディングの意義がある．

また，これら広義・狭義のサウンディングのほかに，地盤調査の教科書などでは，「標準貫入試験」，「原位置ベーンせん断試験」，「孔内水平載荷試験」なども便宜的にサウンディングに区分して

b. サウンディングの種類と特徴

代表的な地盤調査の解説書である,「地盤工学会編:地盤調査の方法と解説」でとりあげているサウンディング手法を,その特徴も含め表4.3.25,表4.3.26に示した.

同書では,上記のほかに,そのほかのサウンディングとして,各種動的貫入試験と,ロータリーサウンディング試験,MWD (Measurement While Drilling) 検層試験,ダイラトメーター試

表4.3.25 サウンディングの種類とおもな特徴

名 称	規格・基準	ボーリングによる試験孔設置	携行性	調査深度	原理(与えるエネルギー)	取得情報		
						地層構造	物性値	深度方向連続性
標準貫入試験	JIS A 1219:2001	必要	—	深	動的	○	△	△
簡易動的コーン貫入試験	JGS 1433-2003	—	軽量	浅	動的	○	△	○
スウェーデン式サウンディング試験	JIS A 1221:2002	—	可搬性	中	静的	○	△	○
ポータブルコーン貫入試験	JGS 1431-2003	—	軽量	浅	静的	○	○	○
オランダ式二重管コーン貫入試験	JIS A 1220:2001	—	—	中	静的	○	○	○
電気式静的コーン貫入試験	JGS 1435-2003	—	—	中	静的	○	○	○
原位置ベーンせん断試験	JGS 1411-2003	必要	—	中	静的	—	○	—
孔内水平載荷試験	JGS 1421-2003	必要	—	深	静的	—	○	—

注1 JGS=地盤工学会基準
注2 深度:浅=数 m 程度, 中=十数 m 程度, 深=数十 m 程度

表4.3.26 サウンディング方法の特徴および適用地盤[2]

方法	名 称	連続性	測定値	測定値からの推定値	適用地盤	可能深さ(m)	特 徴
静的	スウェーデン式サウンディング試験	連続	各荷重による沈下量(W_{sw}),貫入1mあたりの半回転数(N_{sw})	標準貫入試験のN値や一軸圧縮強さq_u値に換算(数多くの提案式がある)	玉石,礫を除くあらゆる地盤	15 m 程度	標準貫入試験に比べて作業が簡単である
	ポータブルコーン貫入試験	連続	貫入抵抗	粘土の一軸圧縮強さ,粘着力	粘性土や腐植土地盤	5 m 程度	簡易試験できわめて迅速
	二重管,電気式コーン貫入試験	連続	先端抵抗q_c間げき水圧u	せん断強さ,土質判別,圧密特性	粘性土地盤や砂質土地盤	貫入装置や固定装置の容量による	データの信頼度が高い
	原位置ベーンせん断試験	不連続	最大回転抵抗モーメント	粘性土の非排水せん断強さ	軟弱な粘性土地盤	15 m 程度	軟弱粘性土専用でc_uを直接測定
	孔内水平載荷試験	不連続	圧力,孔壁変位量,クリープ量	変形係数,初期圧力,降伏圧力,粘土の非排水せん断強さ	孔壁面が滑らかでかつ自立するようあらゆる地盤,岩盤	基本的に制限なし	推定量の力学的意味が明瞭である
動的	標準貫入試験	不連続 最小測定間隔は50 cm	N値(所定の打撃回数)	砂の密度,強さ,摩擦角,剛性率,支持力,粘土の粘着力,一軸圧縮強さ	玉石や転石を除くあらゆる地盤	基本的に制限はなし	普及率が高く,ほとんどの地盤調査で行われる
	簡易動的コーン貫入試験	連続	N_d(所定の打撃回数)	$N_d=(1〜2)N$ N値と同等の考え方	同上	15 m 程度(深くなるとロッド摩擦が大きくなる)	標準貫入試験に比べて作業が簡単である

表 4.3.27 そのほかのサウンディングのおもな特徴と課題[3]

試験方法種別	おもな特徴と課題
各種動的貫入試験	対象地盤の種類と深さで，コーンおよびドライブハンマー（錘）の種類を選定使い分ける．
ロータリーサウンディング試験	地盤改良体の硬さを深さ方向に連続的に測定するために開発され，掘削・計測が自動化・高精度化されている．軟弱から岩盤までが対象となり，適用の拡張が期待される．
MWD（measurement while drilling）検層試験	コーン貫入試験が不可能な硬質地盤を対象に開発された．おもにN値10以上の地盤が対象．
ダイラトメーター試験	簡便性，迅速性，結果の再現性，推定地盤定数の豊富さ．ただし，ヨーロッパでの成果であり日本での検証が必要．

験などが紹介されている．

c. サウンディングの適用性とおもな選定上の留意点

地盤調査手法の選択にあたって，調査手法のLine Upを「コスト」や「精度（分解能）」の物差しの順で並べ，その最上位グループから手法を選択すれば，精度の高い地盤調査が実施できるかというと，そう単純にはいかない．むしろ分解能は低くても，簡易で低コストの調査手法のほうが目的を達するには適していることもある．それは，地盤調査の場合，その評価に以下の五つの要因や制約が複雑に絡み合っていることに起因している．

① 地盤調査の目的の多様性（設計条件の複雑さ：点・線・面，環境，ほか）．
② 地盤構造の不規則・地盤物性の不均質（単層一様でない）
③ 調査サイトの制約条件（搬入性，スペース）
④ 調査手法の仕様の制約条件（装置の特徴）
⑤ 調査費用枠（コスト）

すなわち，すべてに万能な最優位の地盤調査手法は存在しないということである．その都度，下記に列記した調査目的と地盤条件，ならびに調査手法の特徴を十分吟味し，最適な手法を選択する必要がある．

各種サウンディング手法のおもな特徴比較を表4.3.28に，調査手法における空間スケールの適用性と精度・コストの相関概念図を図4.3.27に，調査目的とサウンディングの適用性を表4.3.29にまとめた．オールマイティーの調査手法はな

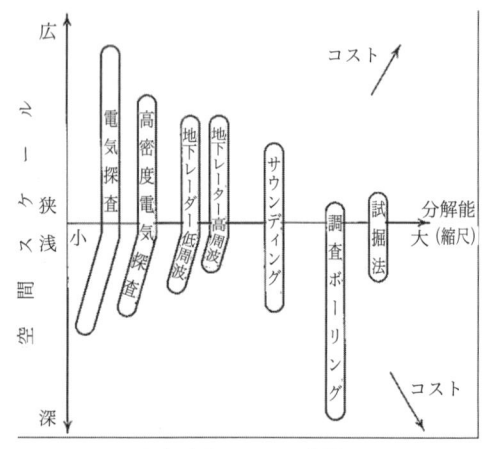

図 4.3.27 調査手法における空間スケールの適用性と精度・コストの相関概念図[4]

い．個々の特徴を踏まえ，複数の調査手法を組み合わせて，最大の効果が期待できる調査手法の組合せが手法選定のポイントである．

以下に，サウンディング手法の選択要件とその留意点を述べる．

（i）サイト条件 手法選択時の一番重要な用件である．調査サイトに装置を搬入できるか．装置を設置できるか．調査に必要なスペース（面積と高さ）を確保できるか．確保できる要件に見合った装置のなかから選択せざるを得ない．

（ii）調査の位置づけ 一次（概略）調査は，地盤構造と地盤物性の概略把握が主目的であることから，ラフでも簡易であることが求められ，二次（詳細）調査は，地盤構造と地盤物性の詳細把握であることから，それなりの精度が要求されるとともに，地盤構造の不規則性と地盤物性

4.3 現地地盤調査

表 4.3.28 各種サウンディング手法のおもな特徴比較（中村原図[4]を加筆修正）

No.	サウンディング種別	段階 概略	詳細	補間	地盤構造 地層構成	支持層厚	表層厚	地盤物性 変形	強度	動的	地下水	軟粘土	砂	腐植	硬粘土	砂	礫	軟岩	硬岩	ボーリング	装置選択	調査空間	調査深度	測定範囲	分解能	測定間隔	試験速度	設備	出力	コスト
1.	標準貫入試験	○	○	○	△	○	×	×	△	×	×	△	○	×	○	△	△	△	×	要	可	線	深	広	低	mピッチ	中	大	N値	中
2.	簡易動的コーン貫入試験	○	×	○	○	△	○	×	△	×	×	○	○	△	△	×	×	×	×	不要	−	線	浅	狭	低	連続	速	軽	$N_d≒(1〜3)N$	安
3.	スウェーデン式サウンディング試験	○	○	○	○	○	○	×	△	×	×	○	○	△	△	×	×	×	×	不要	可	線	浅	狭	低	連続	速	軽	N_{sw}, W_{sw}	安
4.	ポータブルコーン貫入試験	○	×	○	×	×	○	×	△	×	×	○	△	△	×	×	×	×	×	不要	−	線	浅	狭	高	連続	速	軽	q_c	安
5.	オランダ式二重管コーン貫入試験	○	○	○	○	△	○	×	○	×	×	○	○	△	○	△	×	×	×	不要	可	線	中	中	高	連続	中	中	q_c	中
6.	電気式静的コーン貫入試験	○	○	○	○	△	○	○	○	×	○	○	○	△	○	△	×	×	×	不要	可	線	中	中	高	連続	中	大	q_t, u	高
7.	原位置ベーンせん断試験	×	×	×	×	×	×	×	○	×	×	○	△	×	×	×	×	×	×	要	可	点	中	狭	高	局所	遅	中	τ	中
8.	孔内水平載荷試験	×	○	○	×	×	×	○	○	×	×	△	○	△	○	○	○	△	×	要	可	点	中	中	高	局所	遅	大	τ	中
9.	鉄研式大型動的貫入試験	○	○	×	○	○	×	×	△	×	×	×	△	×	○	○	△	△	×	不要	−	線	深	広	低	連続	中	中	$N_d≒N$	安
10.	オートマチックラムサウンディング	○	○	△	○	△	○	×	△	×	×	△	○	△	○	○	△	△	×	不要	−	線	中	広	中	連続	中	大	$N_d≒N$	中
11.	ロータリーサウンディング試験	○	○	△	○	○	×	×	×	×	×	△	○	×	○	○	△	△	△	不要	可	線	深	広	中	連続	中	大	回転トルク	高
12.	MWD検層試験	○	○	△	○	○	×	×	△	×	×	△	○	△	○	○	△	△	△	不要	可	線	深	広	高	連続	速	大	N_p値	中

表 4.3.29 調査目的とサウンディングの適用性

		簡易動的コーン貫入試験	スウェーデン式サウンディング試験	ポータブルコーン貫入試験	オランダ式二重管コーン貫入試験	電気式コーン貫入試験	原位置せん断試験	孔内水平載荷試験
搬入性 携行性	山岳地等	○	○	○	△	△	△	△
	障害物	○	○	○	×	×	×	×
簡易性 作業性	狭い	○	○	○	△	×	×	×
	斜面	△	○	△	○	○	△	○
	水上	○	△	△	×	×	−	×
高精度	連続	△	○	△	○	○	×	×
	局所	○	△	△	×	×	○	○
補間調査	調査ボーリング	△	△	△	×	×	−	×
施工管理	盛土	○	○	○	×	×	−	×
	急傾斜面の表層厚	○	△	○	×	×	×	×
層厚確認	軟弱層厚	△	△	△	△	△	×	×
	支持層深度	○	○	△	○	○	−	−
汎用性		○	○	○	○	○	−	−

のバラツキをカバーできるだけのデータ数を取得することが求められ，その意味で簡易な補間調査法の併用がポイントとなる．

（iii）**調査目的**　地盤調査は，結局，地盤情報の3要素（地盤構造（土質判別，地質判定），地盤物性（設計定数），地下水状況）を把握することが目的であるが，問題の所在によって重点の置き方が多少異なることがある．

（iv）**対象地盤**　その評価特性もしくは掘削能力などから，調査対象となる地盤の種類で調査手法も異なってくる．まずは，未固結地盤（いわゆる一般的，狭義の地盤）か岩盤か，未固結地盤の場合は，粘性土，砂質土，中間土，特殊土（高有機質土など），礫質土および玉石混じり土のいずれの地盤か，岩盤の場合，軟岩・硬岩あるいは破砕帯か，などを事前に想定する必要がある．

（v）**試験孔設置（調査ボーリング）の要否**　手法によっては，事前に調査ボーリングによって，試験孔設置を必要とするものがある．標準貫入試験，原位置ベーンせん断試験，孔内水平載荷試験などであり，試験深度やデータの深度方向の連続性も調査ボーリングに依存する．

（vi）**装置選択（能力・規模，手動・自動）**　能力・規模によって装置を選択したり，先端コーンなど形状を選択できる貫入試験方法もある．また，たとえばスウェーデン式サウンディング試験装置などでは自動化装置が開発されており，市街地での可搬性と作業効率に優れ，多数実施する場合有効である．

（vii）**空間スケール（平面）**　調査対象がある特定地点のみの情報を得ればよいのか，平面的に広がる広域の情報を得る必要があるのか，鉛直もしくは水平などの断面的な情報を必要とするのか，などによって，おもにその出力特性と作業性から選択する調査手法は制約を受ける．

（viii）**空間スケール（深度）**　上記，対象地盤および平面的空間スケールと連動する側面もあるが，おもに，調査手法の作業性など機械的能力と解析能力によって，適用できる調査深度の制約を受ける．なお，図4.3.27に概念図を示したが，調査ボーリングを主体とした調査手法や各種サウンディング手法では，原則として調査深度にかかわらず一定の分解能を有するのが一般的だが，物理探査手法では，一般的に調査深度に反比例して分解能が粗くなることに留意する必要がある．

（ix）**レンジの範囲（秤量）とレベル**　地盤調査の基本は「測る」ことにある．測る道具の代表に「秤（はかり）」があるが，秤の性能は「秤量」と「感量」とで表示される．秤量とは，最大何kgまで測れるか，感量とは何g刻みで測れるか，すなわち，「物差し」に当てはめると，秤量は物差しの全長，感量は最小目盛りを表している．地盤調査の各手法にも，この物差しの全長が長いものと，短いものがある．すなわち，たとえば，標準貫入試験方法（JIS A 1219）のように，軟かい地盤から硬い地盤までほぼすべての地盤を対象に試験を実施できる手法もあれば，ポータブルコーン貫入試験方法（JGS 1431）のように，一軸圧縮強さで数十 kN/m^2 程度の軟弱地盤のみ対象とできる調査手法とがある．また，縮尺として考えることもできる．レンジの大きな調査法は大縮尺であり，レンジ幅の狭い調査法は小縮尺である．

（x）**分解能（感量）**　一般に，分解能は測定レンジに比例する．測定レンジ幅の広い調査手法の分解能は粗く（低分解能，大縮尺），レンジ幅が狭い調査手法の分解能は高い（高分解能，小縮尺）といえる．

（xi）**作業性**　現場で用いる調査手法では，設備の大きさ，設備の搬入方法，設備の設置要件（平坦性が必要か），試験をするのに必要なスペース，試験に要する時間，試験の作業性（難易），試験装置の耐久性（タフさ）などで，その適否が決まる．現場条件と試験装置の仕様を十分に吟味し選定する必要がある．

（xii）**原位置条件**　地盤物性値は，一般に土被りや地下水条件の影響を受ける．その影響を考慮する方法には，

① 実際に，地盤の該当位置で自然の土被りや地下水条件を受けた状態で，直接試験を実施する．一般に，原位置試験と呼ぶ．

② 室内で，原位置の条件を再現し，近似的に

要素実験する．たとえば，室内土質試験における三軸圧縮試験がこの条件に相当する．

サウンディングは，基本的には原位置の条件下での試験である．

(xiii) コスト・結果のビジュアル性 実際に，調査手法を選択する際は，前記条件のほかに，問題の重要性とのバランスでかけられるコストの制約が大きい．また，近年とみにアカウンタビリティー（説明責任）との関係で，結果表示のビジュアル性なども重要な選択要件としてあげられる．

地盤調査にかかるコストは，一般的には調査分解能の高い手法を用いれば，それだけ高額となり，また，調査精度を向上させるには，十分なデータ数を確保する必要があることから，地盤調査結果の評価も含めた，総合的調査精度は結局，調査コストと概念的には比例することになる．

d. サウンディング結果の利用上の留意点

地盤の特徴は，構造の複雑性と材質の不均質性である．精度向上のポイントは，経済的制約がある場合，高精度高額の調査だと少量のデータ数しか確保できない場合，多少精度的に劣っても廉価の調査を多数実施して，統計的に精度向上が図れる場合がある．補間技術としてのサウンディングにもっとも期待される側面である．

サウンディングを地盤の構造把握に用いる場合，一般にデータ数に比例して解析精度の向上が期待できる．しかし，サウンディングで得られた指標から，実用式を介して物性値を推定した場合，個々の値には試験条件や精度上の制約がある場合が多い．個々の手法の特性を踏まえた，総合評価力が要求される． 〔中村裕昭〕

参 考 文 献

1) 土質工学会編：土質工学標準用語集，p. 45, 1990.
2) 地盤工学会編：地盤調査の方法と解説，p. 244, 2004.
3) 前掲 1), pp. 329-337.
4) 中村裕昭：地盤調査の基本，地球環境調査計測事典第1巻陸域編①，（株）フジ・テクノシステム，pp. 1137-1142, 2002.

4.3.7 物理探査・検層

a. 物理探査法

物理探査は，非破壊で地下を評価できる唯一の調査法である．調査法は，測定対象とする物性とその測定手法により区分されている．代表的な物理探査法について，測定物性と評価できる項目について表 4.3.30 に示す．

測定対象にする物性により調査目的の適否が決まり，測定手法により探査深度および分解能が決まる．表 4.3.31 に，国内で比較的よく利用されている物理探査と調査目的に対する適否の関係を一覧表で示す．一般に，力学的な判断を必要とする場合には，測定する物性として弾性波に関する調査手法が利用される．含水状態など水に関する調査の場合には，比抵抗や誘電率に関する調査手法が利用される．

分解能は，調査対象深度が深くなればなるほど異常物に対する感度が悪くなることから，対象深度に比例して悪くなる特性がある．

多くの場合，物理探査は広域を高能率で測定できる特性から概査として用いることが多い．土木で必要とする 10 cm 単位の解析精度を物理探査に要求することは，解析原理および理論的にも困難である．

最近開発・利用されている物理探査法としては，弾性波関連調査法では表面波探査法や微動探査法がある．比抵抗関連調査法としては，キャパシティー法や EM（EMT）探査法のほかに海底電気探査法がある．土木関連調査で広く利用されている調査法としては，高密度弾性波法（二次元弾性波解析法）と高密電気探査法（二次元または三次元比抵抗解析法）がある．地下レーダーは，コンクリートを対象とした 800 MHz～1.5 GHz を使用する高分解能のアンテナや地中での減衰の少ない 100 MHz 以下の低周波を使用して 10 m 程度までの深度の探査を目的とするアンテナなどが開発されて稼働状態にある．

リモートセンシング技術では，高分解能化が進んだことと経線方向に軌道をもつ衛星が増えてきたことから，広域の地盤変動の調査や植生を対象とする環境調査にまで利用できるようになり，利

表 4.3.30 代表的な物理探査法

調査法	測定物性	評価項目	記事
速度検層 (PS検層)	P波速度 S波速度	地山弾性波速度 動的弾性係数	測定時の震源と受振器の配置方法でダウンホール,アップホール,クロスホール,サスペンションと呼び方が異なる.
電気検層	比抵抗	地山の地層区分 孔げき率の評価	一般的には,2極法(ノルマル検層)が用いられるが,薄層の検出にはラテロ検層やマイクロ検層が用いられる.
自然電位検層 (SP検層)	自然電位	帯水層の評価	泥水の浸透性の違いにより発生する電位を測定し,地山の透水性を評価する.電気検層と併用することが多い.
密度検層 (γ-γ検層)	ガンマ線強度	地山の密度分布	γ線を線源としてそのγ線減衰係数から地山密度を評価する方法であり,破砕帯の程度などを評価するときに使用されることが多い.
中性子検層 (水分検層)	中性子強度	地山の含水状況	高速中性子を放射して中性子の減衰量から含水量を評価する方法.破砕帯の含水状態を評価するときに使用されることがある.
温度検層	温度	温度分布 温度勾配(熱流量) 地下水流	孔内の温度分布から孔内の地下水流の動きや温度勾配から地下の熱源を評価する方法.光ファイバー温度計を使用した場合には,孔内水を乱さない状態で測定できるためにより高精度に測定ができる.
孔径検層 (キャリパー検層)	孔径	孔径の変化 孔壁の評価	掘削による孔径の変化を評価し,孔径の補正を必要とする密度検層などの補正に用いられる.
流向・流速検層	孔内水の流向・流速	湧水・溢水箇所の評価	孔内水の動きを測定することにより,湧水箇所,溢水箇所を正確に評価するために用いられる.
ボアホールテレビ	孔壁の光学画像	孔壁形状・亀裂状況	光学式テレビカメラと光源を孔内に降ろし孔壁を直接観察することにより,正確な亀裂の走向・傾斜や亀裂幅を評価する方法.坑内水が濁っている場合は測定できない.
ボアホールテレビビュア	孔壁の超音波反射画像	孔壁形状・亀裂状況	泥水などにより坑内水が濁っている場合に,超音波の反射波を測定して孔壁の状況を観察する方法.光学式のボアホールテレビが利用できない場合に使用することが多い.

用範囲が大幅に増えた.

b. 物理検層

物理検層は,ボーリング孔内に挿入して直接的に孔壁の物性を測定できる調査法である.このため,コア採取率の悪い場合やノンコアボーリングにおいては必要不可欠な調査法である.検層法も物理探査と同様に,測定物性と測定手法により区分されている.代表的な検層法について測定物性と測定結果から評価できる項目について表4.3.32に示す.

速度検層は,P波およびS波の深度ごとの速度を求め,地山の動ポアソン比や強度特性の評価に使用する.サスペンション型(浮遊型)の測定器が開発されたことから,深い深度までの調査が可能になった.

電気検層は,地山の比抵抗を測定し,比抵抗の変化から地層構成を評価するために利用される.同一レベルに複数の電極を配置して,地層の傾きを測定できる検層装置もある.

温度検層は,温度勾配から地下に賦存する熱源評価法として利用されてきた.近年,光ファイバー温度計が実用化され,孔内水を乱すことなく孔内温度を測定することが可能になり,温度から孔内での地下水の上昇・下降を評価できるようになった.

コア観察では誤差の出やすい亀裂の評価法として,ボアホールテレビやボアホールテレビビュアがある.これらの画像処理技術の進歩により,地山における正確な亀裂評価が可能になった.

c. 調査目的に適した調査法

物理探査法を現場に適用するときに下記の点について検討が必要である.

表 4.3.31 物理探査と調査目的に対する適否

調査法	測定物性	評価項目	記事
屈折法弾性波探査法（高密度弾性探査法）	P波またはS波の初動到達時間	速度構造断面図	土木分野でもっとも広く利用されている地山評価法である．解析法は，従来の手計算法から方形格子を設定して，格子ごとの弾性波速度を求める手法が一般的になった．
浅層反射法	S波またはP波の時系列波形データ	反射係数断面図	深度数十mまでを対象とした調査では，震源にS波が使用されることが多い．活断層などの調査に用いられることが多い．
表面波探査法	表面波の時系列波形データ	S波速度分布図	表面波の分散からS波速度分布を計算により求める方法であり，比較的浅い深度を対象とした調査に適している．
レーリー波探査法	レーリー波速度	レーリー波速度分布図	震源のレーリー波周波数を変えて，そのときの区間速度を測定する方法で，空洞探査に利用されることが多い．
常時微動探査法	振動ノイズ	卓越周波数分布図	振動ノイズを一定時間測定して，そのときの卓越周波数を求める方法で，軟弱地盤の層厚評価に利用される．
微動探査法	表面波の振動ノイズ	S波速度分布図	受振器を幾何学的に配置して振動ノイズを一定時間測定し，表面波の速度・周波数・分散などから，計算によりS波速度構造モデルを計算する方法．地震基盤の調査に用いられる．
比抵抗垂直探査法	見かけ比抵抗	比抵抗分布図	電極配置の中心点を固定して電極間隔を変えて測定する方法で，地下水の調査法によく用いられる方法である．最近では，層構造解析できることから，堤防調査に用いられることも多くなってきている．
比抵抗二次元探査法（高密度電気探査法）	見かけ比抵抗	比抵抗分布図	測定された見かけ比抵抗断面図から有限要素法で電位計算を行い，比抵抗モデルを繰り返し計算で修正する方法．
キャパシティー法電気探査法	見かけ比抵抗	比抵抗分布図	キャパシティー電極を利用した電気探査は，通常の電気探査と異なり電極を地面に打設する必要がなく，高能率に測定を行うことができる調査法である．探査深度が10m程度の調査に適している．
強制分極法（IP法）	見かけ比抵抗 周波数効果	比抵抗分布図 IP効果分布図	硫化鉱床の探査法として開発された調査法であり，現在ではトンネル掘削前の変質帯調査などに利用されている．
電位法	電位分布	比抵抗分布図 電位分布図	電位分布から比抵抗モデルを繰り返し計算で逆解析する方法であり，三次元解析に用いられている．
電磁法（MT法）	見かけ比抵抗	比抵抗分布図	一次コイルに発生した磁界により導体で発生した二次磁界を測定して比抵抗分布を解析する方法であり，地熱や金属鉱床などの深部調査に利用されている．
電磁波探査法（EM法）	見かけ比抵抗 誘電率	比抵抗分布図 誘電率分布図	一次コイルから周波数を変えて磁界を発生し，二次コイルでその磁界を受信して比抵抗と誘電率の分布を解析する方法．探査深度が20m程度までの調査に適している．
地下レーダー探査法	電磁波の時系列データ	電磁波反射係数分布画像	35MHz〜1.5GHzのレーダー波を地中に照射し，地中で反射して帰ってくる反射波を時系列の波形データとして画像表示する方法．低周波ほど地中での減衰が小さく深くまで探査できる．最近では三次元解析が可能になっている．
弾性波トモグラフィー	P波またはS波の初動到達時間	弾性波速度分布図	ボーリング孔間またはボーリングと地表間で弾性波初動到達時間を測定し，調査対象区域を格子状に分割して，その格子ごとの弾性波速度を解析により求める方法．精査として利用されることが多い．
比抵抗トモグラフィー	見かけ比抵抗	比抵抗分布図	ボーリング孔間またはボーリングと地表間で見かけ比抵抗を測定し，調査対象区域を格子状に分割して，その格子ごとの比抵抗を解析により求める方法．精査として利用されることが多い．
電磁波トモグラフィー	電磁波の時系列データ	電磁波速度分布図 誘電率分布図	ボーリング孔間またはボーリングと地表間で電磁波初動到達時間を測定し，調査対象区域を格子状に分割して，その格子ごとの電磁波速度を解析により求める方法．精査として利用されることが多い．電磁波の減衰が大きいために調査範囲が数十m程度の調査に適する．
地温探査法	温度	温度分布図	平面的に地温の分布を測定し地熱の熱源を探す手法である．地すべり地の自由地下水流の調査にも利用されている．
重力探査法	重力値	重力異常分布図	規模の大きい地質構造を探すために開発された調査で，地熱や石油資源の調査に利用されている．より測定精度の高い微重力計を使用して浅層の地質構造調査や異物の調査に微重力探査法が利用されている．
磁気探査法	磁気強度	磁気強度分布図	平面的な磁気量分布を測定し，磁鉄鉱鉱床や磁鉄鉱含有岩体の調査に用いられている．身近なところでは埋没している爆弾の調査に使用されている．
音波探査法	P波の時系列波形データ	反射係数断面図	スパーカー，ソノブイ，ブーマーなどの音源から海中に発した音波の海底地盤内からの反射波を映像化して地盤構造を評価する方法．海中に打設するくいなどの支持層（音響基盤）調査に利用される．最近では，デジタルデータで取得して簡単なデータ処理を行い，多重反射を軽減するデータ処理も行われる．
放射能探査法	放射能強度	放射能強度分布図	ウラン鉱床などからでる自然放射能の平面的分布を測定する方法である．断層破砕帯の調査や温泉調査にも利用される．
海底電気探査法	見かけ比抵抗	比抵抗断面図	比抵抗垂直探査の電極アレンジをしたケーブルを海底面に接して曳航し，海底面で垂直探査を行う方法である．垂直探査の解析結果を断面上に並べて比抵抗断面として表示する．

表 4.3.32 物理探査によって得られる評価内容

調査目的	調査対象	調査法	成果品
焼却灰を中心とした処分場の地下水の分布	pH12程度の数Ω・mの異常地下水	比抵抗法による二次元または三次元調査	比抵抗断面図から低比抵抗部の分布により判断する．
谷間に不法投棄されたごみの量	自然地盤の低速度帯	高密度弾性波探査法	弾性波速度分布図において，不法投棄されたごみと自然地盤の表層が低速度となる．
海上立地の最終処分場予定地における遮水層の面的な分布	遮水層となる粘性土の比抵抗	海底電気探査	三次元的な測線展開をした比抵抗断面図から遮水層となる粘性土の比抵抗分布を判読する．
山地における最終処分場予定地の調査	地下水移動の道筋となる破砕帯	高密度弾性波探査法	弾性波速度分布図から破砕帯による低速度帯を判読する．
		高密度電気探査	比抵抗分布図から破砕帯による低比抵抗帯を判読する．
広域の断層破砕帯を探す．	断層破砕帯に伴う低比抵抗	空中電磁法	航空機搭載型の電磁法探査機を使用して，広域の比抵抗分布を調査して，破砕帯を判読する．
埋設された異物の調査	地盤との物性差(金属，ガラス，塩ビ，空洞など)	地下レーダー法	レーダー波の反射記録から異物の存在を判読する．
埋設された異物の調査	地盤との物性差(金属，ガラス，塩ビ，空洞など)	EM探査法	解析された比抵抗分布図から異物の比抵抗以上を判読する．
埋設された異物の調査	地盤との物性差（金属類）	磁力探査法	二次的に発生する磁力強度分布の異常から埋設物を判読する．爆弾探しによく利用される．
埋設のために掘削された範囲の調査	掘削したことによる物性の乱れ	高密度弾性波法 高密度電気探査法	解析された比抵抗分布図または弾性波速度分布図から掘削により乱された地盤の範囲を判読する．
降雨浸透による地下水の変化状況	含水量の変化による比抵抗変化	自動電気探査による比抵抗の連続測定	一定時間間隔で比抵抗断面図を取得することにより，その比抵抗の差分から降雨の影響による比抵抗変化を判読する．
地下水流の調査	地下水温度と地盤温度の差	1m深地温探査法	地表から1mの深さの平面的な温度分布から地下水流による温度異常を判読する．
地下水流の流向・流速調査	地下水の比抵抗を変化	自動電気探査による比抵抗の連続測定	食塩などの電解質または蒸留水を注入して起こる地下水の比抵抗変化を地表に設定した測線を連続観測することにより，比抵抗異常の動きをトレースする．
地盤改良効果の調査	地盤強度の変化による弾性波速度	高密度弾性波探査法	改良前後の弾性波速度分布図から改良範囲と効果を判読する．
地盤改良効果の調査	注入剤による地盤の比抵抗変化	高密度電気探査	改良前後の比抵抗分布から改良範囲と効果を判読する．
堤防調査	S波の速度分布	表面波調査法	表面波の分散から計算されたS波速度分布図から堤防の地盤構造を推定する．
堤防調査	比抵抗分布	高密度電気探査	比抵抗分布とボーリング情報から地盤状況を推定する．
浅い空洞調査	空洞による地盤物性異常	地下レーダー探査法	空洞によるレーダー波の反射画像から空洞を判読する．
深い空洞調査	空洞による地盤物性異常	高密度電気探査法	比抵抗断面図から空洞による比抵抗異常を判読する．複合電極配置を利用すると精度がよくなる．
海底地盤調査	音波速度分布	音波探査	震源で発した音波の反射画像から反射面深度および速度分布を判読する．
海底地盤調査	比抵抗分布	海底電気探査法	海底地盤の比抵抗分布から地盤構造を判読する．
ごみ処分場の漏水調査	埋設されたごみによる地下水比抵抗の異常	高密度電気探査	埋設されたごみにより発生した比抵抗の低下した汚染地下水の分布を比抵抗分布図から判読する．

① 測定したい対象物の直接的な物性を測定することが可能であるか
② 測定したい物性に直接的に関係する間接的な物性を測定できるか

物理探査法は，多くの場合において，①の目的で利用されていた．しかしながら，調査目的の多様性に対応するためには，間接的な方法ではあるが②の目的での利用法が必要となってきた．たとえば，焼却灰の処分場では，焼却灰に含まれるカルシウムイオンにより発生するpHの高い低比抵抗の汚染水に着目して高密度電気探査やEM法により投棄区域を評価することができる．調査目的に対する適用可能な物理探査法について，調査による成果品を含めて表4.3.33に示す．

物理探査法は，測定時の地盤物性を示しており，同一測線を同一条件で繰り返し測定することにより，地盤の経時変化を客観的に評価することが可能である．たとえば，最終処分場において地表に固定電極を設置して定期的に比抵抗を測定することにより，投棄物内での地下水の移動状況を評価することができる．また，区間速度を定期的に測定することで岩盤のゆるみや地山強度の劣化状況を評価できる．

環境汚染で問題となるような微量成分を物理探査で直接的に評価することは，現状技術レベルでは困難である．しかしながら，間接的な要因を直接的に調査または経時変化を調査することで，調査が可能になることがある．

d．調査事例

この節の最初に述べたように，物理探査は非破壊で地盤を評価できる唯一の調査法である．解析精度はボーリングなどの直接的な調査法に比べて悪いが，三次元的な広がりを高能率に測定できる利点をもっている．

この利点を生かした海上最終処分場建設予定地における遮水層を評価した事例について述べる．一般的に，遮水層を確認するにはボーリング調査が用いられる．ボーリング調査は遮水層に孔を開けて精密に調査を行えば行うほど遮水層としての機能を低下させることになる．図4.3.28は，海底電気探査法を用いて遮水層の三次元的な分布を非破壊で試験調査した例である．比抵抗は海水の含有量に大きく左右され，低透水係数の遮水層はやや高い比抵抗層として解析される．海底面近くの低比抵抗は，締まっていない粘性土および砂質土，遮水層下位の低比抵抗は砂礫層である．

将来は，最小限のボーリング調査とこのような物理探査法を併用することにより，より環境に優しい調査を行う必要がある． （井上　誠）

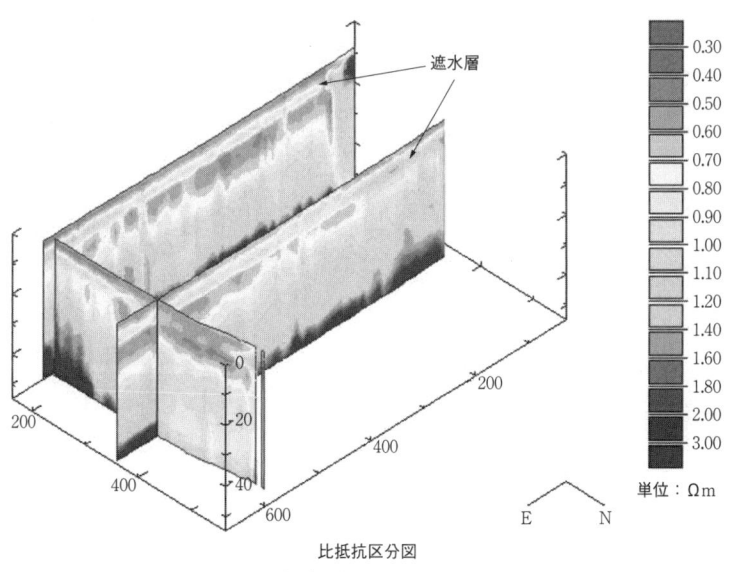

図4.3.28 海底電気探査による遮水層調査事例

表 4.3.33 物理探査

		広域調査							弾性波探査										自然電位法
		物理探査				リモートセンシング													
		空中電磁法	空中放射能探査	空中磁気探査	空中重力探査	光学センサー	マルチスペクトロセンサー	合成開口レーダー	屈折法弾性波探査	扇射法	浅層反射法P波	浅層反射法S波	反射法二次元	反射法三次元	表面波探査法	レーリー波探査法	常時微動測定	微動探査法	振動測定	騒音測定	
		F	F	F	F	A	A	A	F	E	F	E	F	F	D	D	D	F	A	A	F
海洋調査	海底地盤調査																				
	海底底質調査																				
	海底埋設物																				
	軟弱地盤関係調査								○		△		○	○							
	地盤改良調査								○												
地質構造調査	岩盤区分関係調査	○							◎	○	○	○									
	地質構造調査	○	○						○	○	○	○									
	断層関係調査	○							○	○	○	○									
	亀裂評価関係調査								○	○					△						
	透水性評価関係調査								△	△					△						
	変質帯評価関係調査	○							△	△											○
	活断層調査	○							○	○	○	○									
	鉱物汚染水調査	○				○	○		○	○											○
	構造物基礎関係調査								○	○											
	ダム関係調査	△							○	○	△	△									
	ダムの堆砂																				
	原子力発電所関係調査	○							○	○	○	○									
	山岳トンネル調査	○							◎	○	△	△	△								
	海底トンネル調査																				
	シールドトンネル調査										△	△									
	大深度地下利用調査										○	○	○	○							
	健全性評価法（構造物）																○				
	健全性評価法（地盤）							○													
	健全性評価法（堤防）										△	△			○						
	地すべり関係調査					○	○		○	○	○	○			○						
資源調査	地熱調査	○	○	○	○				○						○			○			○
	石油・天然ガス調査	○		○	○				○									○			○
	石炭調査			○	○																
	金属鉱床調査	○	○	○	○																
	原石山・骨材調査								◎	○											
	温泉調査	○		○	○						△	△	△		△						○
環境関係調査	地下水調査（帯水層の分布）																				
	地下水調査（流向・流速）																				△
	地盤沈下関係調査							○	○		○					○					
	地下空洞調査(浅い小規模空洞)														△	○					
	地下空洞調査(深い大大規模空洞)								○		○				△	○					
	遺跡調査								△		△				△						
	廃棄物最終処理場調査（陸上）								○	○	○						△				
	廃棄物最終処理場調査（海上）																				
	土壌汚染調査					○	○														△
	地下水汚染調査					○	○														
	海洋汚染調査					○	○														
	植物生態調査					○	○														
	振動レベル調査																			○	
	騒音レベル調査																				○
	土地利用調査					○	○														
	地下埋設物調査								○		△				○						
	地震防災調査								○		○				○	○					

探査深度　A：表面，B：5m未満，C：10m未満，D：30m未満，E：50m以上，F：50m以上　　利用状況　◎：よく利用される，

の適用深度と成果品

陸域調査																					水域調査								
電気探査						電磁法				地下レーダー			ジオ・トモグラフィー			その他の物理探査					弾性波探査				電気探査		その他		
比抵抗法					強制分極法																								
垂直探査	水平探査	高密度電気探査二次元	高密度電気探査三次元	キャパシティー法		MT法	CSAMT法	時間領域EM法	EM法	地下レーダー	低周波地下レーダー	三次元地下レーダー	弾性波トモグラフィー	比抵抗トモグラフィー	電磁波トモグラフィー	地温探査	重力探査	微重力探査	磁気探査	放射能探査	音波探査	海上浅層反射法	反射法二次元三次元	サイドスキャンソナー	海底電気探査	海底高密度電気探査	爆弾探査	海上磁気探査	海上重力探査
F	F	F	F	D	F	F	F	F	E	B	D	B	F	F	E	F	F	E	F	A	E	E	F	A	E	E	B	F	F
																					◎	○			○	○		△	△
																					○			◎	○	○			
																					○				○	○	○	○	○
○	○	○	○	○				○	○																				
	△	○		○				○	○		△		○	○	○														
○	○	○	○	○		△	○	△	○		△		○	○	○														
○	△	○	○	△		△	○	△	○		△		○	○	△														
○	○	○	○			△	○	△	○	○	○		○	○	△														
○	○	○	○			△	○	△	○	○	○		△	○	○														
○	△	○	△		△	△	○	△	○	○	○		△	○	○														
○	○	○	○		○	△	○	△	○				△	○	○														
○	○	○	○			△	○	○	○	○	○		○	○	○														
○	△	○	△		○	△	○	△	○		△			△	△														
△	△	○	○				△	△	△	○	○		○	○	△														
○	○	○	○			△	△	△	△	○	○		○	○	○														
																					○	○		○	△	△			
○	○	○	○			△	○	△	△	○	○		○	○	○														
○	○	○	○			△	○	○	△		△		○	○	△			△		△									
																					○	○	○	△	○	○	○		
○	○	○	○				△	△	○				○	○															
△	△	○	○			△	○	△	△				○	○	△														
		△		△						○	○	○																	
○	△	○	○	△			△	△	○		○		○	○	△														
○	△	○	○	○			△	△	○		○		○	○	△														
○	○	○	○	○			○	△	○		○		○	○	△			△											
○	△	○	○			○	○	○	△							○	○			○									
○	△	○	○			○	○	○	△								○						○					○	○
○	△	○	○			○	○	○	△								○	○										△	○
○	△	○	○			○	○	○	△								○		○	○									
○	○	○	○	○			△	△	○		△		○	○															
○	△	○	○	○		○	○	○	○				○	○	△	○	○	○		○									
○	○	○	○	○			△	△	○	△	△		△	○	○	△													
		○	△	○						△	△			○	△	○													
○	△	○	○	○			△	△	△				△	△				△											
○	○	○	○	○					○	○	○	○	△	△	△			△											
○	○	○	○	△			△	△	△	△	△		○	○	△			△											
○	○	○	○	○					△	○	○	△	○	○	○			△	△										
○	○	○	○	△			○	△	○	○	○	△	○	○	△	○		△	△										
																					○	○		△	○	○	○		
		△	△	△			△	△	△	△	△		△	△	△	△													
○	○	△	△	△			△	△	△	△	△		△	△	△														
																									△	△			
	○	○	△	○			△	△	○	○	○		△	△	△			△	△								△		
○		○	△	○		△	○	△	○		△		○	○	△	△	△	△		△	○		○					○	○

○：利用される，△：利用されることもある，×：利用してはいけない

参　考　文　献

1) 井上　誠, 西垣　誠, K. Kankam-Yeboah, S. Mattersteig, 中平徹也：海底電気探査法の遮水層調査への適用, 第39回地盤工学研究発表会, pp. 293-2194, 2004.

4.4　室　内　試　験

4.4.1　土質試験
a．土質試験の役割と種類

土質試験は，地盤や材料として用いる土について，その性質や特性，状態などを調べるため，現地で採取した試料を用いて室内で行われる試験である．設計や施工における地盤の問題は，材料としての問題，支持地盤としての問題，安定の問題，地下水の問題，地盤環境の問題の五つに大別され[1]，これらの問題を検討するうえで必要となる土の定数を求めることが土質試験の目的である．

土質試験の種類と試験方法の規格を表4.4.1に示す．土質試験に用いる試料には，試験によって乱した試料，乱さない試料の違いがある．土質試験は物理的試験，力学的試験，化学的試験の三つに大別されており，各試験の方法は日本工業規格（JIS）や地盤工学会基準（JGS）などで定められている．

b．土の物理的試験

土の物理的試験は，土粒子，水および空気で構成される土の状態量と性質を求め，その土の特徴を明らかにして土の分類に資するための試験であり，土の状態量を求めるための試験，土を分類するための試験，そのほかの物理的試験の三つに分類される．

（ i ）　土の状態量を求めるための試験　　土の状態は水分の多さ，締まり具合，すき間（間隙）の大小に依存する．土の状態を表す諸量は，土を構成する土粒子（固体），水（液体），空気（気体）の体積および質量の構成割合から数量化して表されるものであり，含水比，土粒子の密度，湿潤密度は含水比試験，土粒子の密度試験，湿潤密度試験によりそれぞれ直接測定され，乾燥密度，間隙比，飽和度はこれらの測定値をもとにそれぞれ計算で求められる．

（ ii ）　土を分類するための試験　　地盤材料の工学的性質を考えた場合，礫や砂などの粗粒分が多い材料は粒度組成に強く依存し，シルトや粘土などの細粒分が多い場合は，コンシステンシー（土の含水量の変化による状態の変化や変形に対する抵抗の大小の総称）に強く依存している．実際の地盤材料の場合には，多くが粗粒分と細粒分の両方を含んでおり，工学的性質は粒度組成とコンシステンシー限界（液性限界，塑性限界，収縮限界）のデータにもとづいて分類される．

地盤材料の工学的分類では，地盤材料は粒径によって岩石質材料（粒径75 mm以上の石分が50％以上），石分まじり材料（石分が0％超過50％未満），土質材料（石分0％）に区分され，土質材料は観察，粒度組成，液性限界・塑性限界，簡単な判別試験にもとづいて分類される．

土を分類するための物理的試験では，これらのうちの粒度組成および液性限界・塑性限界を把握するため，土の粒度試験，土の液性限界・塑性限界試験が行われる．

（iii）　そのほかの物理的性質の試験　　上記（i），（ii）以外の物理的試験として，土の細粒分含有率試験，石分を含む地盤材料の粒度試験，砂の最小密度・最大密度試験，土の保水性試験がある．前者二つは粒度試験に関連するものであり，砂の最小密度・最大密度試験は砂の力学的性質に，土の保水性試験は不飽和土のサクションや土の吸水に伴う強度低下などにそれぞれ関連するものである．

c．土の力学的試験

土の力学的試験は，土の強度と変形特性に関する試験であり，土を材料または基礎地盤として考えたときの地盤（土と水）の挙動を予測するために行われる．土の力学試験では，土の締固め特性，透水性，圧縮性，強さが調べられる．

（ i ）　土の締固め特性を調べる試験　　土の締固めは，不飽和土を対象に動的荷重によって間隙空気を追い出して圧縮する現象であり，締め固められた土は間隙中の空気が抜けて体積が減少し，

4.4 室内試験

表 4.4.1 土質試験の種類

分類		試験の種類	規格 JIS	規格 JGS	用いる試料 乱した	用いる試料 乱さない
物理的試験	状態量	含水比試験	A 1203	0121 0122	○	
		土粒子密度試験	A 1202	0111	○	
		湿潤密度試験	A 1225 A 1224	0191		○
	工学的分類	粒度試験	A 1204	0131	○	
	そのほか	液性限界・塑性限界試験	A 1205	0141	○	
		細粒分含有率試験	A 1223	0135	○	
		石分を含む地盤材料の粒度試験		0132	○	
		砂の最小密度・最大密度試験	A 1224	0161	○	
		保水性試験		0151		
力学的試験	締固め特性	締固め試験	A 1210	0711	○	
		CBR試験	A 1211	0721	○	(○)
	透水性	透水試験	A 1218	0311	○	○
	圧縮性	圧密試験	A 1217 A 1227	0411 0412		○
	強さ	一面せん断試験		0560 0561		○
		単純せん断試験				○
		ねじりせん断試験		0551		○
		一軸圧縮試験	A 1216	0511		○
		三軸圧縮試験		0521 〜0525		○
		三軸伸縮試験		0526		○
化学的試験		懸濁液のpH試験		0211	○	
		懸濁液の電気伝導率試験		0212	○	
		強熱減量試験	A 1226	0221	○	
		有機物含有量試験		0231	○	
		水溶性成分試験		0241	○	

密度が増加する．

土の締固め特性を調べる試験には締固め試験，CBR試験の二つがあり，締固め試験ではもっとも効率的に締固めを行うことが可能な含水比（最適含水比）およびそのときの土の密度（最大乾燥密度）を，CBR試験では路盤や路床の部分に使用される材料としての支持力の評価に用いられる路床土支持力比（CBR: California bearing ratio）を求める．

(ⅱ) 土の透水性を調べる試験 土の透水性は，室内透水試験により透水係数として定量的に求められる．透水係数には，飽和透水係数と不飽和透水係数の2種類がある．

土の飽和透水係数を求めるための透水試験には，定水位透水試験と変水位透水試験の二つがあり，定水位透水試験は飽和透水係数が 10^{-3}〜10^{-4} cm/s の砂や砂質土に対して，変水位透水試験は飽和透水係数が 10^{-3}〜10^{-7} cm/s のシルトや細粒

分を含む土にそれぞれ適用される[1]．

このほか，土の不飽和透水係数を求めるための透水試験方法として，供試体内に定常流をつくり出して不飽和透水係数を求める定常法や，時間的に変化する流れ（非定常流）から求める非定常法が提案されている．

(iii) **土の圧縮性を調べる試験** 土の圧縮には，体積が減少して密度が増加する場合（締固め，圧密）と体積がそのままで形状が変化する場合（せん断）がある．圧密は，静的荷重によって間隙水を排出して圧縮する現象であり，飽和粘性土が静的荷重を受けて時間遅れを伴い密度が増加する現象を通常は圧密と呼んでいる[1]．

圧密試験は，実地盤の沈下量や沈下時間の推定に必要な圧密定数（圧縮性，圧密速度など）および圧密降伏応力を求めるための試験である．

(iv) **土の強さを調べる試験** 土の強さは，せん断試験で求められる強度定数（粘着力，せん断抵抗角）によって表される．

土のせん断試験は，直接せん断試験と間接せん断試験の二つに大別され，特定のせん断面上でのせん断強さを直接求める直接せん断試験には一面せん断試験，単純せん断試験，ねじりせん断試験などがあり，圧縮（伸張）強さからせん断強さを間接的に求める間接せん断試験には一軸圧縮試験，三軸圧縮試験，三軸伸縮試験などがある．

d．**土の化学的試験**

土の化学的試験は，土粒子の化学的成分，鉱物成分，界面化学的性質，間隙水の化学的成分および薬剤そのほかの反応性などを求め，特殊土や粘土鉱物を判定したり，土の物理的・力学的性質を評価してコンクリート，鋼材などへの土の化学的影響を予測したり，土の安定処理効果を判定したりするために行う試験である[2]．土の化学的試験には，pH 試験，電気伝導率試験，強熱減量試験，有機物含有量試験，水溶性成分試験があり，pH および電気伝導度については，土試料に一定の質量比で水を加えた懸濁液における値が測定される．

4.4.2 岩石試験

a．**岩石試験の役割と種類**

岩石試験は，地盤や材料として用いる岩石についてその性質や特性，状態などを調べるための試験であり，現地でボーリングコアや露頭などから採取した新鮮な状態の試料を用いて室内で行われる試験である．岩石試験においても，設計や施工における地盤の問題は材料としての問題，支持地盤としての問題，安定の問題，地下水の問題，地盤環境の問題の五つに大別され，これらの問題を検討するうえで必要となる岩石の定数を求めることが岩石試験の目的である．

おもな岩石試験の種類を表 4.4.2 に示す．岩石試験は大きく物理的試験，力学的試験，地質鉱物学的試験の三つに大別される．岩石試験については，一部の試験について JIS や JGS で試験方法が規格化されているが，現在のところ統一されたものがなく，日本道路公団基準（JHS），旧建設省「土木試験基準（案）」，旧国鉄「地質調査標準示方書」などの基準や基準案が独自に出されてきている[3]〜[4]．また，本書では省略するが，これらの試験のほかに，トンネル掘削ズリの処理などを決定するために行われる有害金属の含有量や溶出量の測定などの化学的試験も岩石試験の一種である．

b．**岩石の物理的試験**

岩石の物理的試験は，岩石の状態量と性質を求め，その岩石の静的および動的な安定性を把握しようとするものである．

(i) **岩石の状態量を求めるための試験** 岩石の状態を表す物理定数には比重（真比重，見かけ比重），密度，間隙比，吸水率，含水比，有効間隙率があり，これらの物理定数はそれぞれ比重試験（真比重測定，見かけ比重測定），密度試験，吸水率試験，含水量試験，有効間隙率試験によって求められる．岩石の場合，不均質な間隙の存在による真の体積算出のむずかしさから，水中で体積が変化しないと見なせる岩石については，真比重ではなく，見かけ比重を求める方法が一般的である．また，見かけ比重や密度については，水中で体積変化を生じない岩石の場合は自然含水状態

表 4.4.2 おもな岩石試験の種類

分　類		試験の種類	規　格	
			JIS	JGS
物理的試験	状態量	比重試験	A 1202 A 1110	
		含水量試験	A 1203	2134
		密度試験		2132
		有効間げき率試験		
		吸水率試験	A 1110	
	動的性質	超音波伝搬速度		2110
	安定性	骨材の安定性試験		
		浸水崩壊度試験		
		スレーキング試験		
		浸液粘土率試験		
	吸水膨張特性	吸水膨張試験		2121
		粉末試料の簡易吸水試験		
		膨潤試験		
		浸潤力試験		
	熱的性質	熱物性試験		
		凍結融解試験		
力学的試験	透水性	透水試験		
	圧縮性	一軸圧縮試験	M 0302	2521
		三軸圧縮試験		2531〜2534
	引張強度	引張試験	M 0303	
		圧裂引張試験		
		曲げ試験		
	強さ	一面せん断試験		
		二面せん断試験		
	その他	破壊靭性試験		
		クリープ試験		
		動的試験		
		硬度試験		
		摩耗試験		
		AE 測定		
地質鉱物学特性		偏光顕微鏡観察		
		X 線分析		
		CEC 試験		
		年代測定		
そのほか （化学的物性）		有機物含有量試験		
		化学分析		
		ガス分析		

(試料採取時の含水状態)，強制乾燥状態（供試体を 80〜110°C で 24 時間以上乾燥させた状態），強制湿潤状態（供試体を 72 時間以上水中につけ，十分に吸水させた飽和含水状態）の三つの水分状態について測定し，水中で体積変化を生じる岩石の場合は自然含水比状態についてのみ測定することになっている[5]．

吸水率試験の方法は，見かけ比重試験の方法と同一であり，含水比は見かけ比重試験の過程で，有効間隙率は見かけ比重試験の結果からそれぞれ求まる．

(ii) **岩石の動的性質を調べるための試験**
岩石の動的な性質に関する情報として弾性波速度はもっとも重要な量であり，岩石の内部を伝搬する弾性波（P波，S波）の速度は岩石の弾性係数，せん断弾性係数（剛性率），ポアソン比および密度に大きく依存している[5]．

岩石の弾性波速度を測定する超音波速度試験には透過法と反射法があり，通常は前者の方法が用いられる．また，このほかに，岩石の弾性係数を求めるための方法として共振法がある．

(iii) **岩石の安定性を調べる試験** 岩石を水に入れた場合の形態変化には，吸水膨張・膨潤，崩壊，および変化しないの三つがある．これらの形態変化の違いは，岩石を構成する粒子が水と接触したときの粒子間における結合度の変化の程度に起因しており，粒子間の結合度の変化は浸水による表面張力の消散，スレーキング現象（乾燥・湿潤の繰り返しによって急激に固結力を失い，組織が破壊される現象）などによっている．

水浸による岩石の形態変化から，その岩石の有する結合の程度（崩壊のしやすさ）を簡便に知ろうとする方法として浸水崩壊度試験があり，スレーキングの度合いを調べる方法としてスレーキング試験がある．浸水崩壊度試験は，乾燥・水浸の過程が一度だけのスレーキング試験の一種といえる．

(iv) **岩石の吸水膨張特性を調べる試験** 柔らかい岩が吸水して全体の体積が増加する現象に吸水膨張現象と膨潤現象がある．

吸水膨張は，有効間隙が水で満たされたことによる主として物理的な体積の増加であり，吸水膨張試験によって自由膨張時と低荷重載荷時の体積変化として測定される．

膨潤は実質部分を構成する鉱物が水を取り込み，大きな体積変化を生じる現象であり，膨潤試験によって注水後の膨潤圧の時間変化として測定される．膨潤現象については，あらかじめその岩石が膨潤性を示す材料かどうか調べておくことが重要であり，そのための方法として後述する地質鉱物学的試験（とくに X 線分析，CEC 試験）が有効である．

(v) **岩石の熱的性質を調べる試験** 岩石の熱的性質には高温下または低温下における岩石の熱物性（熱伝導率，熱拡散率，比熱，熱膨張率など）および力学的性質（圧縮強度，引張強度，ポアソン比，ヤング率など）がある．熱物性については，各物理定数の測定方法が熱物性試験としてまとめて整理されており[5]，力学的性質については環境条件の設定を除いて基本的に力学的試験と同じ試験方法である．

c．**岩石の力学的試験**

岩石の力学的試験は，岩石の強度と変形特性に関する試験であり，岩石の透水性，圧縮性，引張強度，強さなどが調べられる．

(i) **岩石の透水性を調べる試験** 岩盤の透水性について，非常に微細な割れ目をもつ岩石試料の透水係数までは，室内透水試験により評価することが可能である．

岩石の室内透水試験の方法は，試験時における間隙水の流れの方向により，放射状流による試験と一様流による試験に分けられる[5]．放射状流による試験には，岩石試料中に横方向の収束流を発生させて定常法により流量を測定する試験と，岩石試料中に横方向の発散流を生じさせて，定水位法により流量を測定する試験がある．一様流による試験は，側面を拘束した岩石試料の鉛直方向への浸透流量を定水位法または変水位法により測定する試験であり，側面を剛体で拘束して拘束圧を発生させない方法と側面をゴムスリーブなどでおおって拘束圧を発生させる方法の 2 種類がある．一様流による透水試験を三軸セルを用いて行った

場合には，任意の拘束圧の下で試験を行うことが可能である．透水性の低い岩石に対しては，三軸セルを用いた変水位法の一種であるトランジェント・パルス法が有効である[5]．

（ii）**岩石の圧縮性を調べる試験**　岩石の圧縮性を調べる試験には，一軸圧縮試験，三軸圧縮試験がある．一軸圧縮試験は一軸圧縮応力下で岩石が支持しうる最大の荷重強度（一軸圧縮強度）を求めるものであり，三軸圧縮試験は三軸圧縮応力下における岩石の変形・強度特性を求めるものである．

（iii）**岩石の引張強度を調べる試験**　岩石の引張強度を調べる試験には，一軸引張試験，圧裂引張試験，曲げ試験などがある．これらのなかで岩石の引張強度を求める試験の方法としてもっとも一般的なのは圧裂引張試験である．

（iv）**岩石の強さを調べる試験**　岩石のせん断強度を求める試験は，特定のせん断面上でのせん断強さを直接求める直接せん断試験であり，その方法は一面せん断試験と二面せん断試験に分けられる．通常，岩石試験として行われるのは一面せん断試験である．

（v）**そのほかの力学的試験**　そのほかの岩石の力学的試験として，破壊じん性試験（角棒三点曲げ，丸棒三点曲げ，ショートロッド），クリープ試験，動的試験，硬度試験（ひっかき硬度，押込み硬度，摩耗硬度，反発硬度（ショアー硬度），削孔硬度など），摩耗試験（こすり合せ，回転摩耗，削孔，施削），AE測定などがある．これらの試験の方法については，地盤工学会[5]に整理されている．

d．岩石の地質鉱物学的試験

岩石の地質鉱物学的試験には，岩石の組成鉱物，種類，性状の把握やスメクタイト（モンモリロナイト）に代表される膨張性粘土鉱物の存在の確認を目的として行われる試験や，岩盤の地質モデル作成や断層運動の活動に対する評価などのために行われる年代測定などがある．

（i）**岩石の組成鉱物・種類・性状を調べる試験**　岩石の組成鉱物，種類，性状の把握やスメクタイト（モンモリロナイト）に代表される膨張性粘土鉱物の存在の確認を目的として行われる地質鉱物学的試験として，偏光顕微鏡観察，X線分析，CEC試験がある．

偏光顕微鏡観察は，岩石に含まれる鉱物の光学的性質を調べ，その鉱物種の同定，岩石組織の解析を通して正確な岩石名を鑑定する試験である．

X線分析は，粘土鉱物のもつ結晶構造にもとづいて岩石中に含まれている粘土鉱物の種類を同定し，含有量を測定する試験で，スメクタイト（モンモリロナイト）に代表される膨張性粘土鉱物の存在を確認することに主たる目的が置かれる．

CEC試験は，粘土鉱物や腐植物が電気的な平衡を保とうとして静電気的に結合している陽イオン（交換性陽イオン）の総量である陽イオン交換容量（CEC：cation exchange capacity）を求めるための試験であり，膨潤性地山の判定や地すべり地におけるすべり面の推定などに利用されてきている．CEC試験の方法にはカラム浸透法，遠心法，平衡法などがあり，CECは乾燥試料100g中のmg等量（$me_q/100g$）で求められる．一般に，モンモリロナイトに代表される活性粘土鉱物を含む岩石のCECは大きな値となることが多く，CEC値は膨潤性地山判定の一指標として利用されている．

（ii）**年代測定**　年代測定の代表的な方法は，放射年代測定法と化石年代測定法であり，そのほかにも考古学や天体学の分野を含めると，古地磁気編年法や電子スピン共鳴（ESR）法をはじめ多くの方法がある．

放射年代測定法は，放射性同位体の壊変現象を利用して絶対年代を求める方法であり，その方法にはK-Ar法，Pb-Sr法，U-Pb，Th-Pb（トリウム鉛）法，^{14}C法，フィッショントラック法などがある．

化石年代測定法は，岩石中に出現する微化石（示準化石）の種類と量比から地質体の新旧関係を示す相対年代を求める方法であり，示準化石としてケイソウ化石，ナンノ化石，有孔虫化石，放散虫化石，花粉化石が用いられる．

4.4.3 土壌分析試験
a. 土壌分析試験の役割と種類

地盤環境汚染を考えるうえでの土壌中汚染物質濃度に関する指標として，土壌溶出量，土壌含有量，全土壌含有量の三つが定義されている．

土壌溶出量は，土壌に含まれる有害物質が地下水中にどの程度溶出してくるかを表す指標である．

土壌含有量は，汚染土壌を直接摂取（摂食または皮膚接触）する可能性を考え，土壌環境中での化合物の形態の変化および土壌から摂取された有害物質の体内での摂取の双方を考慮した，一定の安全率が見込まれた含有量である．

全土壌含有量は，土壌中に含まれる有害物質の全量であり，土壌中に含まれる有害物質が自然的原因によるものかどうかの判定などに用いられる．

これら以外の土壌中汚染物質濃度に関する指標としてダイオキシン類の毒性等量があり，ダイオキシン類に該当する各物質の濃度（全土壌含有量）を 2,3,7,8-四塩化ジベンゾ-パラ-ジオキシンの毒性に換算したものの合計値で表示する．

以下では，これら土壌溶出量，土壌含有量，全土壌含有量を求めるための溶出試験，含有量試験，全量分析およびダイオキシン類の土壌分析について概要を示す．

b. 溶出試験

溶出試験では，土壌を重量体積比で10倍量の水に入れたときに溶出してくる調査対象物質の溶出液中の濃度が求められる．溶出試験の方法は，土壌汚染対策法において，平成15年環境省告示（以下，環告）第18号（土壌溶出量調査に係る測定方法）により定められている．ここで定められている方法は，平成3年環告第46号（土壌の汚染に係る環境基準について）付表に掲げられた方法と同じである．

(i) 試料調製方法 溶出試験用土壌試料の試料調製の概要を表4.4.3に示す．試料調製は試料作製と試料液作製からなっており，その方法は調査対象物質が揮発性有機化合物，重金属など，農薬などのいずれに該当するかによって少しずつ異なっている．

(ii) 測定方法 調査対象物質ごとの溶出試験方法の一覧表を表4.4.4に示す．これらの方法は，揮発性有機化合物がJIS K 0125に定められている方法，重金属などがJIS K 0102または昭和46年環告第59号（水質汚濁に係る環境基準について）付表に定められている方法，農薬などが

表4.4.3 溶出試験における試料液作製の概要

対象物質		揮発性有機化合物	重金属など・農薬など
試料作製		湿試料から5mm以上の礫，木片などを取り除く．	風乾試料から中小の礫，木片などを取り除き，2mm目のふるいを通過させ，混合
試料液作製	試料液調整	試料と溶液（pH 5.8以上6.3以下の塩酸または水酸化ナトリウムの溶液）を重量体積比1：10の割合で混合	試料と溶媒（pH 5.8以上6.3以下の塩酸溶液）を重量体積比1：10の割合で混合
	溶出	混合液（500 ml以上）を常温・常圧に保ち，マグネチックスターラーで攪拌 ・振とう時間4時間	混合液（1000 ml以上）を常温・常圧で振とう攪拌 ・約20℃，約1気圧 ・振とう幅4〜5 cm ・振とう回転　約200回転/分 ・振とう時間6時間
	静置	10〜30分静置	10〜30分静置
	ろ過	試料液をガラス製注射筒に静かに吸い取り，孔径0.45 μmのメンブレンフィルターでろ過し，ろ液を試料液とする．	遠心分離（約3000回転/分で20分間）後の上澄み液を孔径0.45 μmのメンブレンフィルターでろ過し，ろ液を試料液とする．

表 4.4.4 溶出試験方法

	項　　目	測定方法
揮発性有機化合物	四塩化炭素 1,1,1-トリクロロエタン 1,1,2-トリクロロエタン トリクロロエチレン テトラクロロエチレン	パージ・トラップ/GC-MS 法 ヘッドスペース/GC-MS 法 パージ・トラップ/GC 法（ECD） ヘッドスペース/GC 法（ECD） 溶媒抽出/GC 法（ECD）
	1,2-ジクロロメタン	パージ・トラップ/GC-MS 法 ヘッドスペース/GC-MS 法 パージ・トラップ/GC 法（ECD） パージ・トラップ/GC 法（FID）
	1,1-ジクロロエチレン シス 1,2-ジクロロエチレン ジクロロメタン ベンゼン	パージ・トラップ/GC-MS 法 ヘッドスペース/GC-MS 法 パージ・トラップ/GC 法（FID）
	1,3-ジクロロプロペン	パージ・トラップ/GC-MS 法 ヘッドスペース/GC-MS 法 パージ・トラップ/GC 法（ECD）
重金属など	カドミウム 鉛	フレーム原子吸光法 電子加熱原子吸光法 ICP 発光分析法 ICP 質量分析法
	六価クロム	ジフェニルカルバジド吸光光度法 フレーム原子吸光法 電気加熱原子吸光法 ICP 発光分析法 ICP 質量分析法
	シアン	ピリジン-ピラゾロン吸光光度法 4-ピリジンカルボン酸ピラゾロン吸光光度法
	水銀	還元気化原子吸光法
	アルキル水銀	GC 法（ECD） 薄層クロマトグラフ-原子吸光分析法
	セレン	水素化合物発生原子吸光法 水素化合物発生 ICP 発光分光分析法
	砒素	ジエチルジチオカルバミド酸銀吸光光度法 水素化合物発生原子吸光法 水素化合物発生 ICP 発光分光分析法
	フッ素	ランタン-アリザリンコンプレキソン吸光光度法 イオンクロマトグラフ法
農薬など	ホウ素	メチレンブルー吸光光度法 ICP 発光分光分析法 ICP 質量分析法
	シマジン チオベンカルブ	溶媒抽出または固相抽出 GC-MS法 溶媒抽出または固相抽出 GC法（FTD，ECD）
	チウラム	溶媒抽出または固相抽出 HPLC 法
	有機リン化合物	GC 法（FTD，FPD）
	ポリ塩化ビフェニル（PCB）	GC 法（ECD）

昭和46年環告第59号付表または昭和49年環告第64号（環境大臣が定める排水基準に係る検定方法）付表に定められている方法である．溶出試験方法は，各調査対象物質について複数示されているが，表中の方法のうちからいずれかを選択して用いればよく，試料中に含まれる共存物の存在を考慮し，共存物の存在による沈殿や測定の妨害が避けられる方法を選択することが重要である．

揮発性有機化合物および農薬などの微量有機化合物の測定方法はガスクロマトグラフ（GC: gas chromatograph）法が中心であり，チウラムのみ高速液体クロマトグラフ（HPLC: high performance liquid chromatograph）法が用いられる．GC法による定量では，調査対象物質の特性に応じてさまざまな検出器が用いられており，揮発性有機化合物の定量には質量分析計（MS: mass spectrometer），電子捕獲検出器（ECD: electron capture detector），水素炎イオン化検出器（FID: flame ionization detector）が，農薬などの定量にはMS，ECD，アルカリ熱イオン化検出器（FTD: flame thermionic detector），炎光光度検出器（FPD: flame photometric detector）が用いられる．GC法およびHPLC法による定量では分離，濃縮を目的とした前処理が行われており，揮発性有機化合物に対してはパージ・トラップ法およびヘッドスペース法を中心に一部で溶媒抽出法が，農薬などに対しては溶媒抽出法および固相抽出法がそれぞれ適用される．

重金属などの測定は，ICP発光分析法，ICP質量分析法，吸光光度法，GC法，イオンクロマトグラフ法，イオン電極法によって行われる．重金属などに対する前処理は，原則として金属成分の溶出，共存有機物の分解などを目的としたものであり，併せて妨害成分からの分離や目的成分の濃縮のための操作が行われる．

c．含有量試験

含有量試験は，重金属などが体内で摂取される実態を考慮し，弱い酸で抽出される調査対象物質

表4.4.5　含有量試験における試料液作製の概要

対象物質		Cd, Hg, Se, Pb, As, F, B	Cr^{6+}	CN
試料作製		風乾試料から中小の礫，木片などを取り除き，2 mm目の非金属製ふるいを通過させ，混合	風乾試料から中小の礫，木片などを取り除き，2 mm目の非金属製ふるいを通過させ，混合	風乾試料から中小の礫，木片などを取り除き，2 mm目の非金属製ふるいを通過させ，混合
試料液作製	試料液調整	試料（6 g以上）と溶媒（1 N塩酸）を重量体積比3：100の割合で混合	試料（6 g以上）と溶媒（0.005 N炭酸ナトリウムおよび0.01 N炭酸水素ナトリウム）を重量体積比3：100の割合で混合	試料5〜10 g蒸留フラスコに入れて水250 mlを加え，指示薬（フェノールフタレイン溶液）数滴を加え，アルカリ性の場合は赤い色が消えるまで硫酸（1＋35）で中和したうえで，20％酢酸亜鉛溶液を20 ml加える．
	溶出（蒸留抽出）	混合液を常温・常圧で振とう攪拌 ・約25℃，約1気圧 ・振とう幅4〜5 cm ・振とう回転 　約200回転/分 ・振とう時間2時間	混合液を常温・常圧で振とう攪拌 ・約25℃，約1気圧 ・振とう幅4〜5 cm ・振とう回転 　約200回転/分 ・振とう時間2時間	蒸留フラスコを蒸留装置に接続し，弱酸性での蒸留抽出を行う．
	静置	10〜30分静置	10〜30分静置	―
	ろ過（中和）	必要に応じて遠心分離し，上澄み液を孔径0.45 μmのメンブレンフィルターでろ過し，ろ液を試料液とする．	必要に応じて遠心分離し，上澄み液を孔径0.45 μmのメンブレンフィルターでろ過し，ろ液を試料液とする．	留出液にフェノールフタレイン溶液2〜3滴を加えたうえで手早く酢酸（1＋9）で中和し，水を加えて250 mlとしたものを試料液とする．

の量が土壌の乾燥重量に対する濃度として求められる．含有量試験の方法は，土壌汚染対策法において平成15年環告第19号（土壌含有量調査に係る測定方法）により定められている．なお，PCBについては，そのなかに含まれるコプラナーPCBがダイオキシン類としてダイオキシン類対策特別措置法の規制対象となっていることから，含有量としての評価はダイオキシン類の毒性等量で行われている．

（i）**試料調製方法** 含有量試験用土壌試料の試料調製の概要を表4.4.5に示す．試料調製は試料作製と試料液作製からなっており，その方法は調査対象物質である重金属などの種類によって少しずつ異なっている．

（ii）**測定方法** 調査対象物質ごとの含有量試験における測定方法の一覧表を表4.4.6に示す．これらの測定方法は，JIS K 0102または昭和46年環告第59号（水質汚濁に係る環境基準について）付表に定められている方法であり，各調査対象物質についての溶出試験における測定方法と同じである．含有量試験方法は各調査対象物質について複数示されているが，表中の方法のうちからいずれかを選択して用いればよく，試料中に含まれる共存物の存在を考慮し，共存物の存在による沈殿や測定の妨害が避けられる方法を選択することが重要である．

d．全量分析

全量分析は，重金属などを対象に行われる土壌分析試験であり，土壌中の重金属などを強い酸やアルカリで分解し，土壌中に含まれる重金属などの全量を測定するものである．全量分析における試料液作製および測定の方法は，土壌汚染対策法にもとづく調査・措置の技術的解説書[6]において示されており，試料調製，試料液作製および測定の方法は表4.4.7のようにまとめられる．これらの方法は，底質調査方法に関する環境省の研究成果[7]に示されている方法の一部であり，最近の分析装置の進歩に合わせた底質調査法（昭和63年，

表4.4.6 含有量試験方法

対象元素	検液の作成	測定方法
カドミウム 鉛	酸抽出 （1N塩酸）	フレーム原子吸光法 ICP発光分光分析法 ICP質量分析法
水銀		還元気化原子吸光法
セレン		水素化合物発生原子吸光法 水素化合物発生ICP発光分光分析法
砒素		ジエチルジチオカルバミド酸銀吸光光度法 水素化合物発生原子吸光法 水素化合物発生ICP発光分光分析法
フッ素		ランタン-アリザリンコンプレキソン吸光光度法 イオンクロマトグラフ法
ホウ素		メチレンブルー吸光光度法 ICP発光分光分析法 ICP質量分析法
六価クロム	水抽出 （アルカリ緩衝液）	ジフェニルカルバジド吸光光度法 フレーム原子吸光法 電気加熱原子吸光法 ICP発光分析法 ICP質量分析法
シアン	直接蒸留 （弱酸）	ピリジン-ピラゾロン吸光光度法 4-ピリジンカルボン酸ピラゾロン吸光光度法

表 4.4.7 全量分析方法

対象元素	試料	検液の作製	測定方法
カドミウム 鉛	乾燥試料	酸分解 (硝酸-塩酸)	フレーム原子吸光光度法
砒素 セレン	湿試料	酸分解 (硝酸-硫酸)	水素化物原子吸光光度法
水銀	湿試料	酸分解 (硝酸-硫酸-過マンガン酸カリウム)	還元気化原子吸光光度法
フッ素	湿試料	アルカリ融解 (炭酸ナトリウム)	ランタン-アリザリンコンプレキソン吸光光度法
ホウ素	乾燥試料	アルカリ融解 (炭酸ナトリウム)	メチレンブルー吸光光度法

環水管第127号)の補正方法の検討結果にもとづいたものである.

e. ダイオキシン類の土壌分析

ダイオキシン類とは,ポリ塩化ジベンゾ-パラ-ジオキシン(PCDDs),ポリ塩化ジベンゾフラン(PCDFs)およびコプラナーPCB(Co-PCB)を合わせた総称である.

ダイオキシン類の土壌分析方法については,平成14年環告第46号(ダイオキシン類による大気の汚染,水質の汚濁(水底の底質の汚泥を含む)及び土壌の汚染に係る環境基準)別表に定められており,その詳細はダイオキシン類に係る土壌調査測定マニュアル[8]に示されている.この測定方法では,風乾試料から中小の礫,木片,植物残渣を取り除き,2mm目のふるいを通過させて混合した試料に含まれるダイオキシン類を16時間以上トルエンソックスレー抽出により溶媒抽出し,高分解能ガスクロマトグラフ質量分析計(HRGC-HRMS: high resolution gas chromatograph-high resolution mass spectrometer)で測定する.ダイオキシン類の評価は,2,3,7,8-四塩化ジベンゾ-パラ-ジオキシン(2,3,7,8-TeCDD)の毒性に換算した値である毒性等量(TEQ: 2,3,7,8-T$_4$CDD, toxicity equivalency quantity)を個々の物質の実測濃度に毒性等価係数(TEF: 2,3,7,8-T$_4$CDD, toxicity equivalency factor)を乗じて算出し,その合計値であるダイオキシン類の毒性等量(単位:pg-TEQ/g)により行われる.

4.4.4 水質分析試験
a. 水質分析試験の役割と種類

地盤環境の汚濁・汚染を考えるうえでの指標として,公共用水域(河川,湖沼,海域)および地下水の水質がある.水質汚濁防止法では水質汚濁の観点から公共用水域の水質汚濁に係る環境基準(以下,水質環境基準)および地下水の水質汚濁に係る環境基準(以下,地下水環境基準)が定められており,土壌汚染対策法では地盤汚染の観点から地下水基準が定められている.また,これらのほかに,ダイオキシン類対策特別措置法においてダイオキシン類による水質の汚濁に係る環境基準が定められており,公共用水域および地下水の水質汚濁に対して毒性等量で基準値が定められている.

表4.4.8に,水質汚濁防止法および土壌汚染対策法における水質汚濁・汚染に関する基準の基準項目を示す.これらの基準で設定されている基準項目は,人の健康の保護に関する項目(健康項目)と生活環境の保全に関する項目(生活環境項目)に大別され,健康項目は公共用水域と地下水の両方が対象に,生活環境項目は公共用水域のみが対象になっている.地下水については,地下水環境基準が水質環境基準の健康項目に準拠しており,地下水基準が土壌溶出量基準に準拠しているため,基準項目に一部違いが見られる.

以下では,これらの基準に対する水質の評価のために行う水質分析試験について取り上げる.

4.4 室内試験

表 4.4.8 水質汚濁・汚染に関する各基準の基準項目

法律種類		水質汚濁防止法				土壌汚染対策法
基準種類		水質環境基準			地下水環境基準	地下水基準
		河川	湖沼	海域		
健康項目	四塩化炭素	○			○	○
	1,2-ジクロロエタン	○			○	○
	1,1-ジクロロエチレン	○			○	○
	シス-1,2-ジクロロエチレン	○			○	○
	1,3-ジクロロプロペン	○			○	○
	ジクロロメタン	○			○	○
	テトラクロロエチレン	○			○	○
	1,1,1-トリクロロエタン	○			○	○
	1,1,2-トリクロロエタン	○			○	○
	トリクロロエチレン	○			○	○
	ベンゼン	○			○	○
	カドミウム	○			○	○
	六価クロム	○			○	○
	シアン	○			○	○
	水銀	○			○	○
	アルキル水銀	○			(○)*	(○)*
	セレン	○			○	○
	鉛	○			○	○
	ヒ素	○			○	○
	フッ素	○			○	○
	ホウ素	○			○	○
	シマジン	○			○	○
	チオベンカルブ	○			○	○
	チウラム	○			○	○
	ポリ塩化ビフェニル (PCB)	○				○
	有機リン					○
	硝酸性窒素および亜硝酸性窒素	○			○	
生活環境項目	pH	○	○	○		
	生物化学的酸素要求量 (BOD)	○				
	化学的酸素要求量 (COD)		○	○		
	浮遊物質量 (SS)	○	○			
	溶存酸素量 (DO)	○	○	○		
	大腸菌群数	○	○	○		
	n-ヘキサン抽出物質（油分など）			○		
	亜鉛	○	○	○		

注）＊：水銀およびその化合物として，水銀と合わせて1項目とされている．

b．健康項目の水質分析試験方法

健康項目については，揮発性有機化合物，重金属など，農薬などの有害物質それぞれの分析方法がJISや環境省告示（環境庁告示）で定められている．健康項目についての水質分析方法の一覧表を表4.4.9に示す．これらの方法は，揮発性有機化合物がJIS K 0125，重金属などがJIS K 0102または昭和46年環告第59号（水質汚濁に係る環境基準について）付表，農薬などが昭和46年環告第59号付表にそれぞれ定められている方法である．これら水質分析方法を土壌の溶出試験における測定方法と比べると，シアン，ヒ素，アルキル水銀に適用される測定方法が土壌の溶出試験に比べてそれぞれ一つずつ少なくなっている．

採取した地下水試料の取扱いとして，土壌汚染対策法では，地下水試料に濁りが見られる場合，調査対象物質が重金属などまたは農薬などの場合に限り，試料を10～30分程度静置した後の上澄み液を孔径0.45 μmのメンブレンフィルターでろ過し，ろ液を試料液とすることとされている[6]．

（ⅰ）揮発性有機化合物，農薬など 揮発性有機化合物および農薬などの微量有機化合物の測定方法はGC法が中心であり，チウラムのみHPLC法が用いられる．GC法による測定に用いられる検出器は，揮発性有機化合物の場合がMS，ECD，FID，農薬などの場合がMS，ECD，FTD，FPDである．GC法およびHPLC法による定量では分離，濃縮を目的とした前処理として，揮発性有機化合物の場合はパージ・トラップ法およびヘッドスペース法を中心に一部で溶媒抽出法が，農薬などの場合は溶媒抽出法および固相抽出法がそれぞれ適用される．

（ⅱ）重金属など 重金属などの定量は，ICP発光分析法，ICP質量分析法，吸光光度法，GC法，イオンクロマトグラフ法によって行われる．重金属などに対する前処理は，原則として金属成分の溶出，共存有機物の分解などを目的としたものであり，併せて妨害成分からの分離や目的成分の濃縮のための操作が行われる．

（ⅲ）生活環境項目の水質分析試験方法 生活環境に係る項目（生活環境項目）として，水素イオン濃度（pH），生物化学的酸素要求量（BOD：biochemical oxygen demand），化学的酸素要求量（COD：chemical oxygen demand），浮遊物質量（SS），溶存酸素量（DO），大腸菌群数，全窒素，全リン，n-ヘキサン抽出物質（油分など）が設定されている．

これら生活環境項目の測定方法は，pH，BOD，COD，DO，全窒素，全リンについてJIS K 0102で定められており，SSについて昭和46年環告59号付表で，大腸菌群について昭和37年厚・建令1で，n-ヘキサン抽出物質について昭和49年環告63号付表でそれぞれ定められている．生活環境項目についての水質分析方法の詳細については，これらの規格などを参照されたい．

（ⅳ）ダイオキシン類の水質分析試験方法 ダイオキシン類の水質分析方法は，JIS K 0312で定められており，採取した水試料に内標準物質を添加して固相抽出または液-液抽出を行った後，必要に応じて分取し，クリーンアップを行ったうえでHRGC-HRMSにより定量する．ダイオキシン類の評価は，土壌の場合と同様に毒性等量（単位：pg-TEQ/l）により行われる．

4.4.5 大気分析試験

a．大気分析試験の役割と種類

大気の汚染について，環境基本法で大気汚染に係る環境基準および有害大気汚染物質（ベンゼンなど）に係る環境基準が定められており，ダイオキシン類対策特別措置法でダイオキシン類に係る環境基準が定められている．これらの基準は，人の健康を保護するうえで維持することが望ましい基準として定められているものであり，一般公衆が通常生活している地域や場所に適用される．

大気汚染に係る環境基準では，二酸化イオウ（SO_2），一酸化炭素（CO），浮遊粒子状物質（SPM），二酸化窒素（NO_2），光化学オキシダント（O_x）の5項目について，1時間値および1時間値の1日平均値で基準値が定められている．

有害大気汚染物質に係る環境基準では，ベンゼ

表 4.4.9 水質分析方法（健康項目）

項　目		測定方法
揮発性有機化合物	四塩化炭素 1,1,1-トリクロロエタン 1,1,2-トリクロロエタン トリクロロエチレン テトラクロロエチレン	パージ・トラップ/GC-MS法 ヘッドスペース/GC-MS法 パージ・トラップ/GC法（ECD） ヘッドスペース/GC法（ECD） 溶媒抽出/GC法（ECD）
	1,2-ジクロロメタン	パージ・トラップ/GC-MS法 ヘッドスペース/GC-MS法 パージ・トラップ/GC法（ECD） パージ・トラップ/GC法（FID）
	1,1-ジクロロエチレン シス-1,2-ジクロロエチレン ジクロロメタン ベンゼン	パージ・トラップ/GC-MS法 ヘッドスペース/GC-MS法 パージ・トラップ/GC法（FID）
	1,3-ジクロロプロペン	パージ・トラップ/GC-MS法 ヘッドスペース/GC-MS法 パージ・トラップ/GC法（ECD）
重金属等など	カドミウム 鉛	フレーム原子吸光法 電子加熱原子吸光法 ICP発光分析法 ICP質量分析法
	六価クロム	ジフェニルカルバジド吸光光度法 フレーム原子吸光法 電気加熱原子吸光法 ICP発光分析法 ICP質量分析法
	シアン	蒸留・ピリジン-ピラゾロン吸光光度法 蒸留・4-ピリジンカルボン酸ピラゾロン吸光光度法
	水銀	還元気化原子吸光法
	アルキル水銀	GC法（ECD）
	セレン砒素	水素化合物発生原子吸光法 水素化合物発生ICP発光分光分析法
	フッ素	ランタン-アリザリンコンプレキソン吸光光度法 イオンクロマトグラフ法
	ホウ素	メチレンブルー吸光光度法 ICP発光分光分析法 ICP質量分析法
農薬など	シマジン チオベンカルブ	溶媒抽出または固相抽出GC-MS法 溶媒抽出または固相抽出GC法（FTD, ECD）
	チウラム	溶媒抽出または固相抽出HPLC法
	有機リン化合物	GC法（FTD, FPD）
	ポリ塩化ビフェニル（PCB）	GC法（ECD）
	硝酸性窒素および亜硝酸性窒素	還元蒸留-インドフェノール青吸光光度法（硝酸イオン） 銅・カドミウム還元-ナフチルエチレンジアミン酸吸光光度法（硝酸イオン） イオンクロマトグラフ法（硝酸イオン，亜硝酸イオン） ナフチルエチレンジアミン吸光光度法（亜硝酸イオン）

ン，トリクロロエチレン，テトラクロロエチレン，ジクロロメタンの揮発性有機化合物4項目について，1年平均値で基準値が定められている．

ダイオキシン類に係る環境基準では，ダイオキシン類について1年平均値で基準が定められている．

これらの環境基準に対する大気汚染状況の評価のために行う大気分析試験方法は表4.4.10に示すとおりである．

b．一般大気汚染物質の大気分析試験方法

一般大気汚染物質については，環境基準に定める測定方法のほとんどが自動計測器による方法であり，表4.4.10に示す測定方法のなかでは，浮遊粒子状物質のろ過捕集による重量濃度測定方法が室内試験に該当する．この方法は，分粒装置で粒径10 μmを超える粒子状物質をあらかじめ除去したうえでろ過捕集し，ろ紙の吸光量を測定して重量濃度に換算する方法である．しかしながら，現段階では，この方法で1時間値を連続的に測定することが困難であるため，この方法で測定された重量濃度と直線的な関係を有する量が得られる光散乱法，圧電天びん法あるいはベーター線吸収法といった自動計測器による方法によって行われている．

c．有害大気汚染物質の大気分析試験方法

揮発性有機化合物は，キャニスターまたは捕集管で採取した試料をGC-MS法で測定するか，あるいはこれと同等以上の性能を有すると認められる方法で測定する．

d．ダイオキシン類の大気分析試験方法

ダイオキシン類の測定では，大気中のダイオキシン類を石英繊維ろ紙およびポリウレタンフォームに捕集し，石英繊維ろ紙は約16〜24時間のトルエンソックスレー抽出を，ポリウレタンフォームは約16〜24時間のアセトンソックスレー抽出を行った後，クリーンアップを行いHRGC-HRMSにより定量する．ダイオキシン類の評価は，土壌，水質の場合と同様に毒性等量（単位：pg-TEQ/m^3）により行われる．　　（中島　誠）

参　考　文　献

1) 地盤工学会：土質試験—基本と手引き—（第1回改訂版），地盤工学会，2001．
2) 地盤工学会：土質試験の方法と解説，地盤工学会，1990．
3) 建設省：土木試験基準（案），1968．
4) 日本国有鉄道：地質調査標準示方書（施管第652号）．

表4.4.10　大気分析試験方法

		測定方法	規格
一般大気汚染物質	二酸化イオウ	溶液導電率法，紫外線蛍光法	JIS B 7952
	一酸化炭素	非分散型赤外分析計	JIS B 7951
	浮遊粒子状物質	ろ過捕集による重量濃度測定方法 光散乱法，圧電天びん法 ベーター線吸収法	JIS B 7952
	二酸化窒素	ザルツマン試薬を用いる吸光光度法 オゾンを用いる化学発光法	JIS B 7953
	光化学オキシダント	中性ヨウ化カリウム溶液を用いる吸光光度法 電量法，紫外線吸収法 エチレンを用いる化学発光法	JIS B 7957
有害大気汚染物質	ベンゼン トリクロロエチレン テトラクロロエチレン ジクロロメタン	キャニスターまたは捕集管により採取した試料をGC-MSにより測定する方法．または当該物質に対し，標準法と同等以上の性能を有する方法	平9環告4
ダイオキシン類	ダイオキシン類	ポリウレタンフォームを装着した採取筒をろ紙後段に取り付けたエアサンプラーにより採取した試料を高性能GC-MSにより測定する方法	平14環告46

日本鉄道施設協会，1983.
5) 地盤工学会：岩の調査と試験，地盤工学会，1989.
6) 環境省監修・土壌環境センター編：土壌汚染対策法に基づく調査及び措置の技術的手法の解説，土壌環境センター，2003.
7) 環境省水環境部水環境管理課：底質調査方法，2001.
8) 環境庁水質保全局土壌農薬課：ダイオキシン類に係る土壌調査測定マニュアル，2000.

4.5 モニタリング

4.5.1 モニタリングの対象

自然現象，および建設工事や資源確保のための人的活動に伴う環境の変化などを把握するために計画された連続的測定または断続的観測をすることをモニタリングと呼んでいる．モニタリングによって得られた測定・観測データを解析し，その後に起こり得る傾向を評価し，場合によっては，あらかじめ定めた基準にもとづいて警報を発することもある．

地盤環境に関連するモニタリングの種類は，その対象とする事象によってつぎのようなものがあげられる．

a．地盤沈下

地盤沈下は，おもに，軟弱地盤を厚く堆積する地域において，深層の地下水が大量に汲み上げられた地域に広域に発生する現象である．地下水は飲料水としてだけでなく，冷暖房および融雪を目的として利用されており，地下水の汲み上げに伴う地盤の間隙水圧低下が地盤沈下を招いている．地盤沈下を招く原因はそのほかに，温泉，天然ガスおよび石油などの地下資源の採取による場合もある．一般に，地盤沈下とはいわず陥没と呼ばれているが，鉱山資源採掘のための地下坑道の崩壊に伴って地表が陥没する例もある．

b．土砂災害

総面積の8割以上を占めるわが国の山地は，大小さまざまな土砂災害の被害が日常的に絶えない．緩やかに活動する地すべりから，急速に移動する土石流および岩盤崩壊まで，その運動速度はさまざまである．その予想される箇所が余りに多く，予測される災害の社会的影響を考えて，限定した箇所のモニタリングが行われている．とくに，道路および鉄道の公共的施設に対する監視が日常的に行われている．おもな観測内容は斜面の移動量（水平・鉛直）のほかに傾斜変動量であるが，それを補足する計測として降雨量，気温，および間隙水圧がある．

c．都市の建設工事

都市圏のなかの密集した家屋および重要な建造物の近傍を地下トンネル掘削工事または大深度掘削工事を行った場合，地盤変動および地下水環境の変化は避けられないので，工事前，工事中および工事後のある期間を通じて，工事に伴う地盤環境の変化をモニターする．観測内容は，工事近接箇所の地盤の沈下と側方移動量，隣接する家屋や建築物の沈下や傾斜，および周辺井戸揚水位と，必要に応じて地盤の間隙水圧がある．また，場合によっては工事に伴う騒音と振動もそのなかに含まれることもある．

d．騒音・振動

振動の公害発生の要因として，工場と住居の混在，工場などの機械の大型化，道路交通・鉄道の高速化があげられる．また，騒音も振動と類似する要因によって発生するが，そのほかに建設作業騒音，深夜営業騒音があげられる．振動騒音は，人の日常生活に密接に関係することから，環境基準を超えた振動騒音は改善処置をとることが法律で定められている．

e．土壌・地下水汚染

土壌・地下水汚染をもたらす諸因には，下記に由来するものがあげられる．

① 不適切な廃棄物の保管
② 中間処理および最終処分場からの漏水
③ 不法投棄
④ 工場などからの生産過程からの漏出
⑤ 肥料および畜産廃棄物などの農業系生産過程からの土壌・地下水への排出
⑥ 自然由来のヒ素による地下水汚染

これらの汚染の多くは過去の人的行為に由来するものが多く，現在顕在化しているものが多い．地下環境中での物質の移動速度は表流水に比べて格段に遅く，しかも有害物質は地下環境中に長く

残留する性質がある．それゆえに，汚染監視のためのモニタリングは地盤汚染サイトを各種文献資料および土地利用の歴史的経緯を調べて，地盤汚染サイトを特定し，おもに地下水および土壌を直接採取して，室内で化学分析する手法が採用されている．そのほかには，とくに土壌・地下水汚染発生源である廃棄物最終処分場からの地下水汚染を防止するための止水性シートの材料不良，施工不良に伴う汚水漏れ検知を目的とした漏水検知システムを布設してモニタリングする技術が発展しつつある．

（菅原紀明）

4.5.2 地盤の計測
a．地盤の変位計測

地盤の変位計測は，沈下測定と側方変位測定に大別されるが，そのほかに地盤の運動方向に沿って計測する移動測定がある．沈下測定は地表面の沈下を求めるものと地中の沈下を求めるものがある．いずれの測定も測定点と基準点との高低差の変化を直接求めるものである．表4.5.1に，直接沈下測定法を図4.5.1にそのおもな構造を示した．

地盤の側方変位測定は，2点間の相対変位を測定する機械的方法と，ボーリング孔に挿入したガイドケーシングの水平変位を傾斜計プローブで検出する方法がある．前者を地表伸縮計，後者を地中傾斜計と呼び，もっとも一般に使用されている．表4.5.2に，地表および地中の側方変位測定方法を説明し，図4.5.2に概略の構造を示した．

上述の従来型計測法の多くは，局所的な観測を目的とし，対象場所に計測器を設置するものである．近年，広範囲にわたる面的な観測を非接触で連続的に観測する計測法が活躍しつつある．そのおもな方法は，

① CCDカメラおよびビデオ画像
② GPS
③ リモートセンシング
④ 三次元レーザースキャナー

などである．これらの新技術はそれぞれが高価であり，従来技術と比べて専門技術を必要とする．また，分解能を高めるための新たな技術の発展と特異な解釈ソフトを必要とする．

b．土圧計測

土圧の測定は，擁壁，カルバートボックスなどの比較的剛な構造物に作用する土圧，矢板などのたわみやすい構造物に作用する土圧，盛土内部および自然地盤の土中土圧の三つに分類される．

① 比較的剛な壁に作用する土圧は，構造物の

表4.5.1 直接沈下測定法

測定方法による分類	測定器の名称	説　明
レベルによる沈下測定	地表面型沈下計	地表面に沈下板を置く
	深層型沈下計	深層部に沈下板（アンカー）を置く
地中アンカー式沈下測定	差動式沈下計	沈下しない深層部と地表の相対沈下を標尺で求める
	連続式沈下計	ポテンショメーターの軸回転を地表で電気的に測定する
	地盤沈下用観測井	短管式と二重管式がある
層別沈下の測定	クロスアーム式沈下計	ダムなどの盛土自体の各層の沈下を求める
	沈下素子式沈下計	沈下素子として，鋼，磁石，ラジオアイソトープなどがあり，ボーリング孔壁に固定する．検出器を使用する
	アンカー・ワイヤー・多重管による多点式沈下計	ボーリング孔壁に固定したアンカー部の相対変位をワイヤー，または管の相対沈下で求める
連通管による沈下測定	水盛式沈下計	建設物の精度の高い沈下測定または道路，タンクなどの沈下を遠隔地で測定する
水圧による沈下測定	水圧式沈下計	基準水槽と測定点の相対沈下を水圧で検出する
傾斜測定による沈下測定	水平傾斜計	定間隔に据えた横バリの傾斜角変化を測定する

4.5 モニタリング

(a) 地表面型沈下板
(b) 地中アンカー式
(c) クロスアーム式
(d) 沈下素子式
(e) 水盛式
(g) 傾斜測定式
(f) 水圧式

図 4.5.1 直接沈下測定法

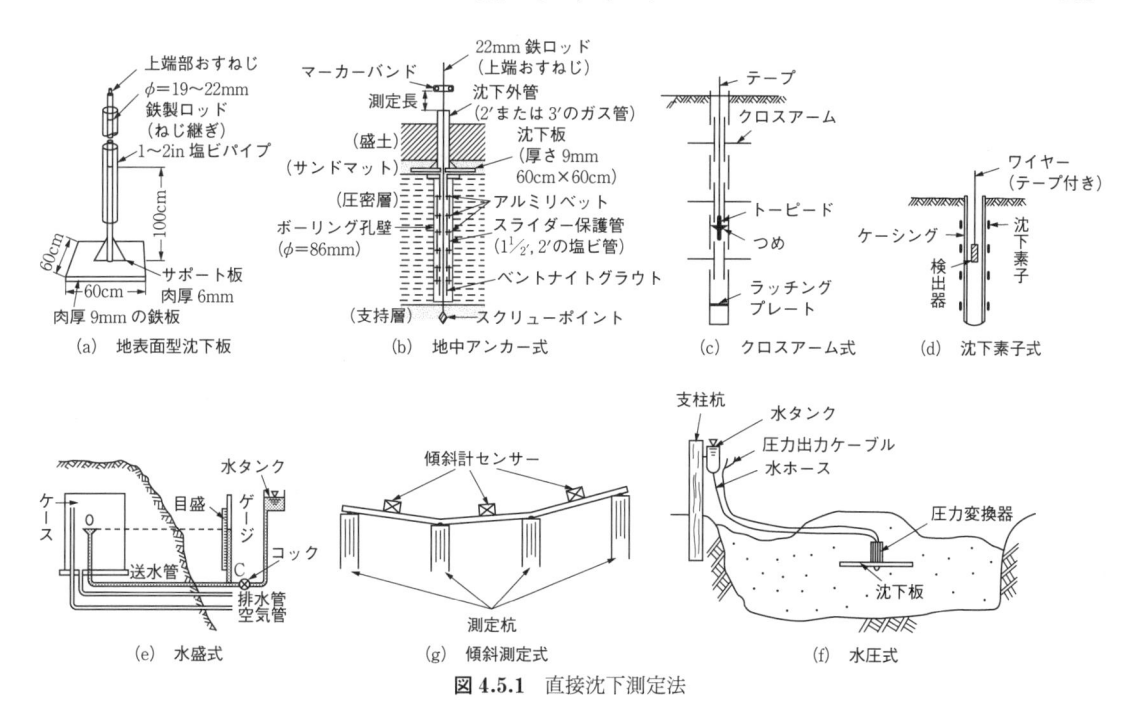

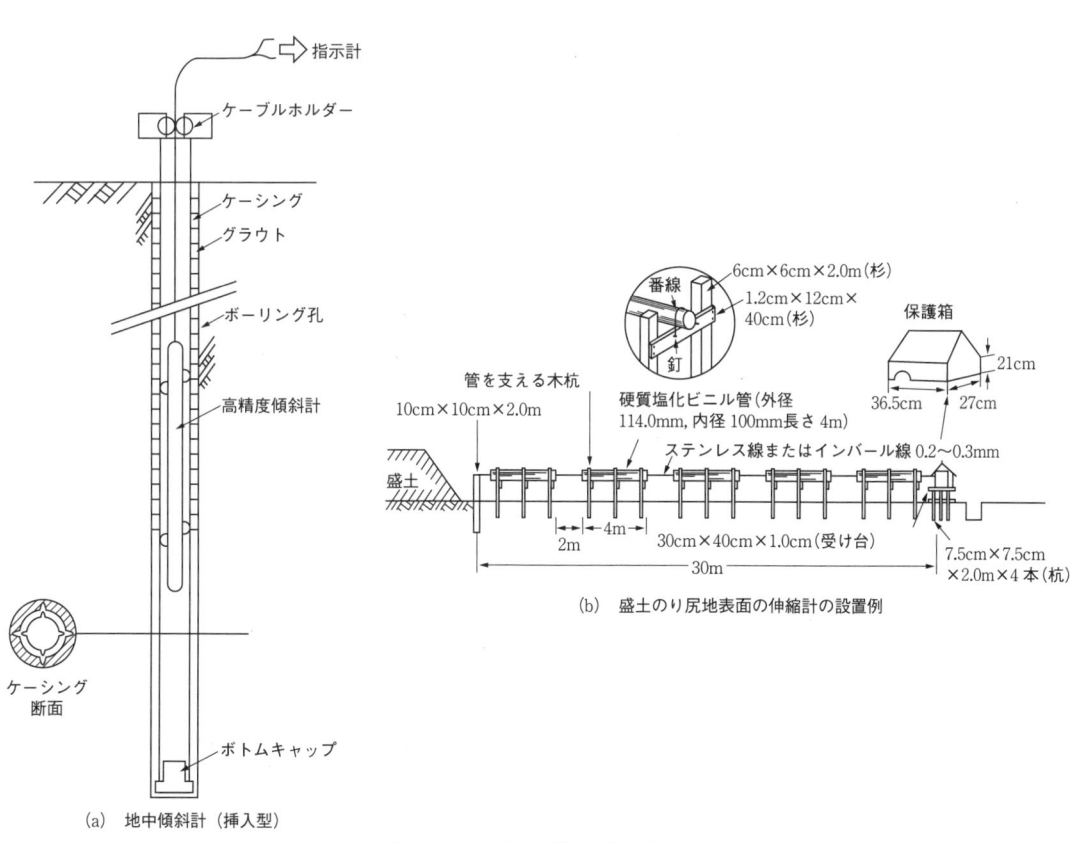

(a) 地中傾斜計（挿入型）

(b) 盛土のり尻地表面の伸縮計の設置例

図 4.5.2 おもな側方変位測定法

表 4.5.2 地表・地中の側方変位測定法

測定項目	測定方法	説明		
距離の測定	地表面変位杭	トランシットやテープによる測定		
	地表面伸縮計	インバール線を2点間に張り渡し、相対変位を求める		
	テープ伸縮計	テープに一定張力を与えて精度 1/100 mm で2点間の測定を行う		
傾斜の測定	下振り	簡易な地表面の角度変化をみる		
	浮き式変位計	垂直に埋め込んだパイプの少ない曲がりを測定する		
	気泡管式傾斜計	角度1秒の測定ができる精度を有する		
	地中傾斜計 (設置型,挿入型)	振り子型	測定精度 5'～10'	
		サーボ型	測定精度 10"	

部材に発生するひずみ計測から解析的に求める方法と,構造物壁面に直角に作用する土圧を直接測定する壁面土圧計から求める方法がある.

② たわみの大きな壁の場合は,壁のたわみ分布（地中傾斜計による）またはひずみ分布（ひずみゲージなどによる）を測定して,その値に壁の弾性係数を乗じて土圧を算出する方法と,切り張り支保部に作用する荷重を直接荷重計で測定する方法があり,後者は掘削土留め工事でもっとも多用され,実用的な方法である.

③ 盛土内部および自然地盤の土圧は,土中土圧計で計測する.

土,岩およびそのほかの地盤応力測定は,もっとも困難な計測業務の一つであることがよく知られている.この理由の一つは,自由応力場環境は土圧計の介在により乱されるからで,そのために計器は真の値に対して過大評価したり,過小評価したりする.この状況を改善する一つの方法は,埋設している地盤の特性に一致した計器を設計することである.それには,計器を設置する地盤に等しい弾性係数をもつことであり,その寸法が埋設している媒体の粒状寸法に相応したものとすることであり,そしてその厚さと端部が応力集中/低減およびアーチング効果を最小とするように設計されることである.むろんこの諸条件を満足することは非常に困難であるので,それに可能な限り近づいた計器として各種の土圧計が開発されている.

応力測定にかかわる決定的な誤差の要因を最小にするために必要な土圧計の条件は

① 圧力セルをできるだけ薄くする.
② 受圧面をできるだけ大きくする.
③ 土/セルの剛性比をできるだけ1に近づける.
④ 予想される応力の領域で,受圧面のたわみがその直径に対して 0.01% のオーダーとなるようにする.

このような必要条件を可能な限り満足する土圧計として,図 4.5.3 に示すハイドロリック型土圧計が一般に採用されている.この土圧計は,受圧面のひずみを極力小さくするために,受圧面に作用する圧力を液体（脱気した水,油,水銀など）で受けて,その液体圧力を受圧面積の小さなダイアフラム圧力計で計測する方式を採用している.このような土圧測定方式を間接作動型土圧計と呼んでいる.

間接作動型のセルは円形または方形の板状の形状をもち,2枚のステンレス製板の端部を溶接して製作する.2枚の板の間に地盤の変形にできるだけ等しくなるように土の測定セルには油を,岩盤の測定セルには水銀が使用されるのがふつうである.セルは液体圧力変換器,または空気圧弁に

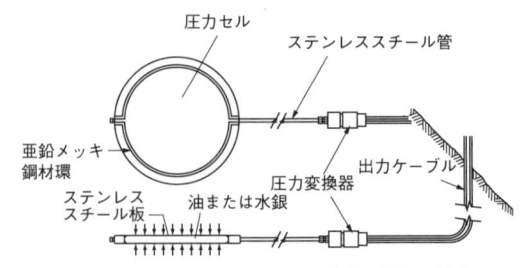

図 4.5.3 ハイドロリック土中土圧計の略図

接続される．

このような土圧計をもって，より正しい土圧を求めるためにはその対象地盤に相応した設置方法が必要であり，また，測定結果の補正のために，野外でのその地盤に対応したキャリブレーションを実行しなければならない．

c． 間隙水圧の測定

（i） 誤った測定法　一般的な地下水調査法として，鉛直ボーリング孔に全長多孔管を挿入して，その管内水位を計測することが広く採用されている．しかし，これでは地盤の地下水位の状況を正しく測定したことにならない．

図4.5.4は，岩盤の裸孔で計測された孔内の流速分布と流向を示したもので，各深度で別々の水頭ポテンシャルをもっていることを示している．裸孔の貫通によって，地盤内に水理的短絡回路がつくられたことにより，この裸孔の示す水位はその回路環境下で平衡が成立した水位を示しているに過ぎないのである．

間隙水圧測定は，孔隙（またはフィルター）のまわりの地下水圧にのみ応答し，それ以外のレベルの地下水圧に応答しないように地中でシールされた計器で測定されなければならない．それを一般に，ピエゾメーターと呼んでいる．地中に何のシールもせずに，鉛直方向の連絡を許した水位測定管を観測井と呼んでおり，この観測井を間隙水圧計と誤解して多用されてきた．

（ii） ピエゾメーターのタイムラグ　ピエゾメーターを設置した後で，地下水圧が変化すると，平衡に達するまでピエゾメーターの内か外に向かって水が流れる．その流れが止まり，水圧平衡となるために必要な時間をタイムラグと呼ぶ．これはピエゾメーターの種類，寸法，および地盤の透水係数によって変化する．

均質な地盤に設置された各種のピエゾメーターの90％応答に必要な時間のオーダーを図4.5.5に示す．90％応答は，多くの実用的な目的に適した領域であると考えられ，100％の応答時間は理論的には無限大となる．

（iii） 間隙水圧計の種類とその特徴　現在使用される間隙水圧計はその構造と性能の特徴から，オープンスタンドパイプ式，ハイドロリック式，およびダイアフラム式の三つに大別される．

（1） オープンスタンドパイプ式ピエゾメーター（OSP）　OSPは構造的に単純で，耐久性があり，信頼度の高い測定値が得られる．間隙水圧測定のほかに，孔隙近傍の地盤の透水係数を求めるための透水試験，地下水の採取も可能であり地盤環境調査にもっとも適した計測機器である．OSPは対象地盤の透水係数によって，間隙水圧応答時間の遅れが生ずるが，その構造（スタンドパイプの直径と孔隙部の長さ）を適切に考えれ

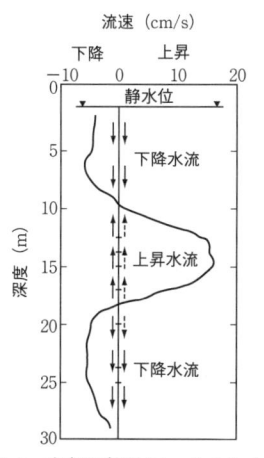

図4.5.4　岩盤の裸孔につくられた水理的短回路の流速と流向[1]

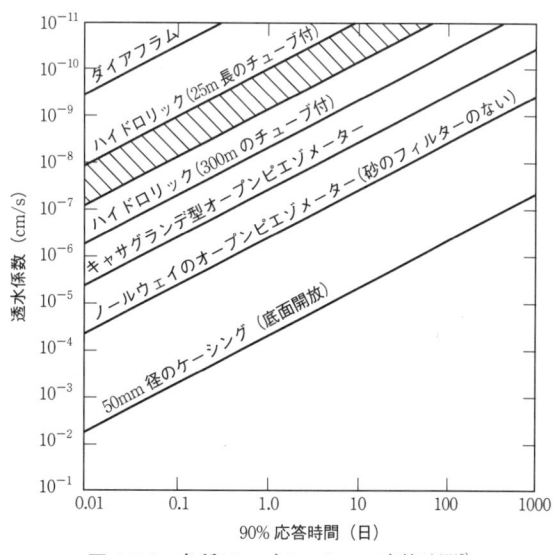

図4.5.5　各種ピエゾメーターの応答時間[2]

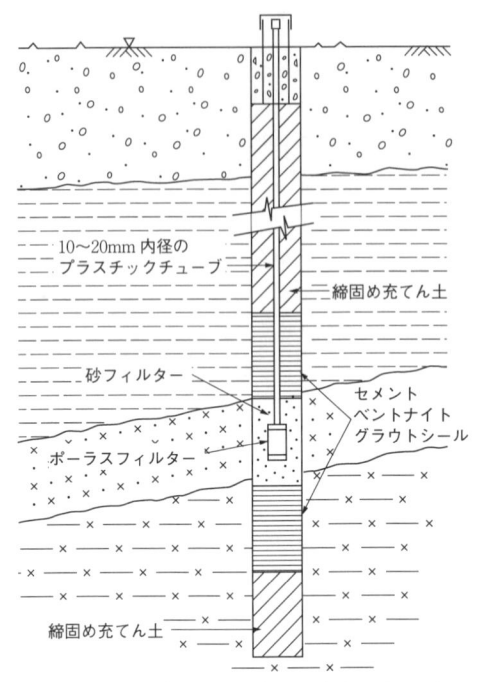

図 4.5.6　オープンスタンドパイプピエゾメーター

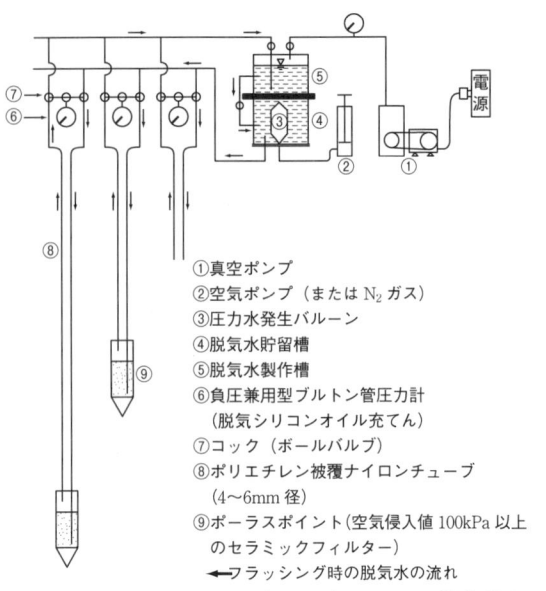

図 4.5.7　ハイドロリック式ピエゾメーターの構造略図

① 真空ポンプ
② 空気ポンプ（または N_2 ガス）
③ 圧力水発生バルーン
④ 脱気水貯留槽
⑤ 脱気水製作槽
⑥ 負圧兼用型ブルトン管圧力計
　（脱気シリコンオイル充てん）
⑦ コック（ボールバルブ）
⑧ ポリエチレン被覆ナイロンチューブ
　（4～6mm 径）
⑨ ポーラスポイント（空気侵入値100kPa以上
　のセラミックフィルター）
← フラッシング時の脱気水の流れ

ば，地盤工学的諸問題に支障とならない遅れである場合が多い．内径 9 mm 以上のスタンドパイプを使用することによって，地盤より侵入するガスはスタンドパイプを上昇し，いわば自然の脱気機能をもった計器であるということができる．図 4.5.6 に OSP の代表的な構造を示す．

（2）ハイドロリック式ピエゾメーター（HP）　HP は，飽和・不飽和を問わず，現行の技術でもっとも信頼された方法である．その装置は，2本のプラスチックチューブに接続したポーラスフィルター（空気侵入値の高いセラミックフィルター）とプラスチックチューブの端部に圧力計（おもに，ブルドン圧力計）を取り付けた構造をもつ．HP は避けられない測定系に侵入する地中のガスを測定直前に除去するために，プラスチックチューブの一方から脱気水を圧送し，他方から測定系のガスを追い出す，これをフラッシング作業と呼ぶ．この作業を現地で実行するための付帯装備が必要である．図 4.5.7 に HP の全体の構造図を示した．

（3）ダイアフラム式ピエゾメーター（DP）　わが国でもっとも多用されたピエゾメーターは，いわゆる電気式間隙水圧計である．薄膜（ダイアフラム）のひずみの変化量を水圧に換算して，測定する方式のピエゾメーターを DP と呼んでおり，その圧力変換部分の違いによって各種の間隙水圧計が市販されている．ダイアフラムのひずみを電気的出力として検出するセンサーには，ひずみゲージ，差動トランス，半導体および振動弦があり，そのほかに，空気圧平衡弁の作動によって空気圧で検出する方式のニューマチック式がある．

DP は現地設置後にキャリブレーションができず，またフィルターを通して地下水に含まれるガスの侵入を防ぐことが困難であることから，多くはガス圧を測定している場合が多く，また，地盤工学的に解釈の困難な値を得ることが非常に多い．経時的な測定値に奇妙な現象を見なくても，フィルター内部にガスが侵入した場合，正しい間隙水圧値より最大 50 kPa もの過大な値を示すことが報告されており，または全土被り応力の2倍の値を示すことが報告されている．

このような問題があるにもかかわらず，設置が容易で，簡便な計器で素早く測定できる便利さは捨てがたく，わが国ではもっとも多用されている．図 4.5.8 にニューマチック式 DP の構造を示

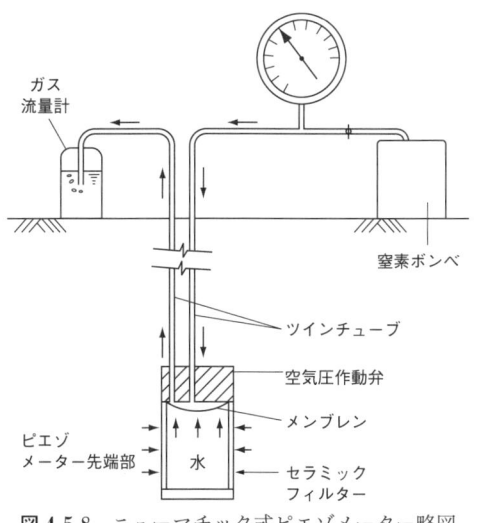

図 4.5.8 ニューマチック式ピエゾメーター略図

した． 　　　　　　　　　　　　（菅原紀明）

参 考 文 献
1) R. P. Chapius : *Can. Geotech. J.*, **35**(5), 697-719, 1998.
2) K. Terzaghi and R. B. Peck : Soil Mechanics in Engineering Practice, 2nd ed., John Wiley & Sons, 1967.

4.5.3 土壌汚染のモニタリング
a．概　　要
土壌汚染のモニタリングは，三次元的な土壌汚染の範囲を把握することが主たる目的である．

土壌汚染のモニタリングの具体的な目的としては，以下のようなものがある．
① 土壌汚染の実態の把握（土壌汚染の有無の確認）
② 土壌汚染浄化効果の確認
③ 汚染土壌の移動の管理（監視）

一般に，土壌汚染の原因とされている物質は，①揮発性有機化合物，②重金属類，③農薬類に大別され，重金属類の一部を除いては自然界には存在しない物質である．また，廃棄物の焼却などに伴い非意図的に生成するダイオキシン類も土壌汚染を引き起こす場合がある．さらに，最近では臨海部などで土壌中に油分が発見されることが多く，その調査・対策に関する事例の報告が増えている．

土壌汚染のモニタリングを行う場合は，その目的を十分に理解したうえで対象とする物質を選定し，対象物質の特性を十分把握してから地点選定も併せて行うことが重要である．

b．関 係 法 令
土壌汚染に関係する法令としては，以下のようなものがある．
① 土壌汚染対策法（平成14年，法律第53号）
② 土壌の汚染に係る環境基準について（平成3年，環境庁告示第46号）
③ 農用地の土壌の汚染防止等に関する法律（昭和45年，法律第139号）
④ ダイオキシン類対策特別措置法（平成11年，法律第105号）
⑤ 環境影響評価法（平成9年，法律第81号）

モニタリングの目的に応じて適切な法令を選択する必要がある．

なお，独自に土壌汚染に係る条例，要綱などを制定している自治体もあるため，管轄する自治体の条例などにつき事前に調査しておく必要がある．

c．試料採取方法
試料採取を行う地点は，準拠する法令によって規定がある場合はそれに準じる（例：土壌汚染対策法）．法令に規定がない場合は，モニタリングの目的を達成できるよう適切に地点を配置する．

具体的な試料採取方法は，準拠する法令，対象物質などにより変わってくるが，使用する器具の材質は対象物質に影響を与えないものとし，試料を採取するごとに採取器具を洗浄するなど二次汚染を避けるような配慮が必要である．

試料を採取するにあたっては，対象物質の物性をよく理解しておくことが重要である．以下に，対象物質の区分に応じた物性に関する留意事項を示す．
① 揮発性有機化合物：揮発性が高いため，試料採取時に揮発を防ぐように配慮する．
② 重金属類：酸化還元環境などの変化により，存在形態が変化することがあるため，もとの存在環境を極力変化させないようにする．
③ 農薬類：温度の上昇による分解が起こる場合があるため，試料採取は迅速に行い，速や

かに保管容器に保管する．
　採取する試料の量に関しては，あらかじめ対象物質を分析機関に連絡して確認しておくとよい．

d．採取試料の取扱い

　採取した試料の保管は，対象物質に応じた保管容器があるため，あらかじめ分析機関に確認するかもしくは準備してもらうとよい．また，その際には試料採取時の注意事項を確認しておくとよい．
　また，採取試料は速やかに分析を行うため試料採取日は分析機関と調整を図っておくとよい．

e．測定方法

　試料の測定は，準拠する法令に規定されている方法により行う．方法が規定されていない物質（項目）が対象の場合には，JISや地盤工学会基準（JGS）などの規格化された方法に準拠して行う．
　測定方法の詳細については「4.4.3 土壌分析試験」を参照すること．

f．結果の取扱い

　モニタリングの結果は，準拠する法令に定められている基準と対比して評価する．たとえば，土壌汚染対策法では「指定基準（溶出量，含有量）」との対比を行うこととなる．とくに，基準が示されていない場合は「土壌環境基準」と対比するのが一般的である． 　　　　　（奥村興平）

4.5.4　地下水汚染のモニタリング

a．概　　要

　地下水汚染のモニタリングは，その位置づけにより，以下のような目的に分けられる．
　① 地域の地下水質の定期的な現況把握
　② 土壌汚染機構解明のための基礎資料
　③ 土壌汚染に対する措置（対策）の効果の確認
　④ すでに発生している地下水汚染の監視

　地下水汚染は，土壌中に浸透した汚染物質が地下水に溶解・拡散することによって発生する．地下水汚染が発生する機構は複雑な場合が多く，地下水汚染のモニタリングを実施する場合は，対象地の水文・地質状況，地下水流動状況，汚染物質が浸透した経路などを総合的に検討して的確な地点を選定し，適切な頻度と項目を定めて行うことが必要である．また，地下水モニタリングの対象とする物質（項目）は，モニタリングの目的を十分理解したうえで選定することが重要である．

b．関連法令

　地下水汚染の関連法規としては，以下のようなものがある．
　① 水質汚濁防止法（昭和45年，法律第138号）
　② 地下水の水質汚濁に係る環境基準（平成9年，環境庁告示第10号）
　③ 水道法（昭和32年，法律第177号）
　④ ダイオキシン類対策特別措置法（平成11年，法律第105号）
　⑤ 環境影響評価法（平成9年，法律第81号）

　モニタリングの目的に応じて，適切な法令を選択する必要がある．
　なお，独自に地下水汚染に係る条例，要綱などを制定している自治体もあるため，管轄する自治体の条例などについて事前に調査しておく必要がある．

c．試料採取方法

　地下水汚染のモニタリングを行う地点は，既存資料（自治体測定結果など）を参考にして，地下水汚染の状況が適切に把握できる地点を選定する．たとえば，汚染源と地下水流向が判明している場合は，汚染源の上流側および下流側の2地点が必須となる．
　地下水の具体的な採取方法は，JIS K 0094を参考とし，とくに地下水を採取する際の留意事項として，井戸内の水は滞留したものであるため，地下水を汲みかえることが重要である．また，地下水の採取前に，水位を測定し，採取地下水について水温，水素イオン濃度，電気伝導率を測定することも重要である．
　採水器具は使用する度によく洗浄し，つぎの地下水採取に影響を与えないようにすることが重要である．

d．採取試料の取扱い

　採取した地下水試料は，対象物質に影響を与えない（吸着などしない）容器に入れて冷暗所で保

管する．また，物質によっては前処理が必要な場合があるので，分析機関に確認しておくとよい．

e．測定方法

試料の測定は，準拠する法令に規定されている方法により行う．方法が規定されていない物質（項目）が対象の場合には，JISなどの規格化された方法に準拠して行う．

測定方法の詳細については「4.4.4 水質分析試験」を参照すること．

f．結果の取扱い

地下水モニタリングの結果は，準拠した法令の基準と対比して評価する．とくに，基準が示されていない場合は「地下水環境基準」と対比するのが一般的である．　　　　　　　　（奥村興平）

4.5.5 建設工事に伴い発生する大気汚染のモニタリング

a．概　　要

建設工事に伴い発生する大気汚染（以下，大気汚染）のモニタリングの目的としては，作業に伴い発生する粉じんなどの周辺環境への飛散を防止することを目的とする．

b．関連法規

大気汚染の関連法規としては，以下のようなものがある．

① 大気汚染防止法（昭和46年，法律第97号）
② 大気汚染に係る環境基準について（昭和48年環境庁告示第25号）
③ 環境影響評価法（平成9年，法律第81号）

なお，独自に大気汚染に係る条例，要綱などを制定している自治体もあるため，所管の自治体の条例などについて事前に調査しておく必要がある．

c．試料採取方法

試料採取方法は，原則として準拠する法令に規定された方法によって行う．とくに，法令に準拠しない場合は，モニタリングの目的を達成できるよう適切な手法をJISなどの規格より選択する．また，試料採取を行うときは風向・風速などの測定結果に影響する項目を同時に測定するのが一般的である．

d．採取試料の取扱い

採取試料の取扱いは，モニタリングの対象とする物質（項目）によって異なるが，事前に留意事項を分析機関に確認しておくとよい．

e．測定方法

試料の測定は，準拠する法令に規定されている方法により行う．方法が規定されていない物質（項目）が対象の場合には，JISなどの規格化された方法に準拠して行う．

測定方法の詳細については「4.4.5 大気分析」を参照すること．

f．結果の取扱い

モニタリングの結果は，準拠する法令に定められた基準と対比する．とくに，基準が示されていない場合は「大気環境基準」と対比するのが一般的である．　　　　　　　　（奥村興平）

4.6　リモートセンシング

4.6.1　定義と歴史

リモートセンシングとは，離れた場所から対象の状態や物理量を計測する技術全般のことであるが，ここでは人工衛星，飛行機，ヘリコプターなどのプラットフォームにセンサーを搭載し，地表面の面的情報を得る技術と定義する．

人類初の人工衛星は，旧ソ連が1957年に打ち上げたスプートニク1号であるが，1960年には早くも地球観測を目的とした衛星が打ち上げられている．しかし，地表面の詳細な地盤情報は1972年のランドサット1号を待つ必要があった．米国のランドサット1号では，空間分解能80mの画像から詳細な地形や土地被覆情報が得られるようになり，さまざまな環境解析に応用された．1984年にランドサット5号の運用が開始され，空間分解能30mの画像が得られるようになると，さらに詳細な地表面の情報が得られるようになった．

1986年にはフランスがSPOT衛星，日本は1987年にMOS-1（もも1号）を打ち上げ，地球観測も国際化の時代に入った．以後，各国がさまざまな衛星を打ち上げ，現在では商用衛星（だい

ち）の運用も行われている．2006年には日本がALOS衛星を打ち上げたが，高空間分解能の画像やレーダー画像および標高データの取得が行われている．

これらの衛星で計測しているものは電磁波である．可視光も電磁波の一部であるが，リモートセンシングでは人間の眼には見えない赤外領域の電磁波も利用する．また，波長がcmオーダーのマイクロ波も使われることがある．リモートセンシングでは電磁波の反射，放射および散乱の強さを計測した結果を画像として解析に用いるのである．この意味では，空中写真も可視域の電磁波を用いたリモートセンシングということができる．

4.6.2 データの種類と入手方法

a. 地盤環境情報抽出に役立つ衛星

狭域を対象とする地盤環境に関する情報抽出は，メートル単位の分解能をもつ画像が適していると思われる．ランドサット衛星はMSS（multi spectral scanner）とTM（thematic mapper）の二つのセンサーをもち，MSSは1972年から1990年代の間の，80mの空間分解能の画像が利用できる．1984年以降は30mの分解能のTMが利用でき，1999年以降はTMの改良版であるETM+（enhanced TM plus）により，従来の30m分解能の画像と15m分解能の白黒画像が利用できるようになった．SPOT衛星は，20mの分解能の可視・近赤外画像と10mの白黒画像が利用できる．日本の衛星であるJERS-1（ふよう1号）は，合成開口レーダー（SAR）と光学センサー（OPS）の画像を取得した．米国の衛星Terraに搭載された日本のセンサーであるASTERは，可視光から熱赤外域までの画像を撮影する．最近では，IKONOS衛星とQuickBird衛星により1mレベルの空間分解能の画像が利用できるようになった．この分解能では，画像は空中写真と大差ないうえ，近赤外域の画像が利用できることが情報抽出に役立っている．

一方，海外調査などで広域を対象とする場合は，分解能が数百m～1km程度の中空間分解能衛星の利用も可能である．ヨーロッパのSPOT衛星搭載のVEGETATIONや，米国のNOAA衛星搭載のAVHRR，またTerra/Aqua衛星搭載のMODISは1km（MODISは250m，500mモードももつ）分解能の画像が利用でき，たとえば大河川のデルタといった広域の情報抽出に適している．これらのデータは一部を除き，世界どこでも取得でき，繰り返し取得されているため，時間変化の抽出も可能である．

b. データ入手の方法

商用衛星として画像が販売されているデータは，代理店を通じて購入することができる．（財）リモート・センシング技術センター（RESTEC）では内外の十数種類の画像データの販売を行っており，ホームページでデータの検索，発注を行うことができる．ASTER画像については，（財）資源・環境観測解析センター（ERSDAC）から入手できる．そのほか，民間の代理店を通した海外画像の購入が可能である．

商用衛星以外にもインターネットを通じて画像を無償で公開しているサイトがある．地盤情報抽出に利用可能な高空間分解能画像は，NASAが提供するランドサットTM画像の全球モザイク画像（https://zulu.ssc.nasa.gov/mrsid/），メリーランド大学が提供するデータベース（http://glcf.umiacs.umd.edu/）などがある．また，GoogleEarthは全世界の画像が閲覧可能であり，画像判読から情報抽出が可能である．

4.6.3 リモートセンシングの原理

a. 可視・赤外域—反射のリモートセンシング—

太陽の表面温度は，約6000°Kであるので，緑の波長域（約$0.5\mu m$）にピークをもつ電磁波を放射している．太陽光のエネルギーの範囲は，波長がおおむね$0.3～3\mu m$の間にあるが，そのうち，$0.4～0.7\mu m$を可視光と呼んでいる．太陽から届いた電磁波が地表面に到達すると反射されるが，その割合である反射率は波長と対象の種類によって異なる．この波長により反射率が異なる性質を分光特性と呼ぶが，リモートセンシングではセンサーを使うことにより，赤外領域の電磁波

の分光特性も計測できる．分光特性を用いると，対象の識別や状態（植生の状態や地表面の乾湿など）の推定に用いることができる．図4.6.1に，ランドサット7号ETM+による千葉県九十九里平野南部の画像を示す．観測波長域によって見え方が異なることがわかる．

b. 熱赤外―放射のリモートセンシング―

常温（約300°K）の物体が放射する電磁波は，そのエネルギーのピークが波長10 μm付近にある．同時に，10 μm付近は大気中の透過率が高い，"大気の窓"と呼ばれている領域に対応する．したがって，地表面との間に大気をはさんだ宇宙空間からの計測でも，ステファン・ボルツマンの法則により，精度よく地表面の温度分布を求めることができるのである．ただし，ちょうど10 μm付近にオゾンの吸収帯があるため，熱赤外センサーはこの吸収帯を挟んで8～10 μmか，10～12 μm付近に観測波長帯を設定しているセンサーが多い．図4.6.1のバンド6は，相対的な地表面温度分布を表している．画像では高温部と低温部のコントラストとして，浜堤列と後背湿地の配列が見える．

c. マイクロ波―放射と散乱のリモートセンシング―

マイクロ波を使ったリモートセンシングは，微弱なマイクロ波帯の放射を受信する受動型センサーと，自らマイクロ波のパルスを発射し，地表面で散乱されて返ってくる強さを計測する能動型センサー（レーダー）に分けることができる．このうち，地盤情報の抽出に用いることができるのは，メートル単位の高空間分解能を達成可能な能動型センサーである．レーダーは，アンテナ径が大きいほど空間分可能が高くなるが，衛星に大きなアンテナを搭載することはできないので，ソフトウェア処理により大きなアンテナがあるように見せかける合成開口処理を行うことにより高空間分解能画像を取得できる．これを合成開口レーダー（synthetic apature radar：SAR）と呼ぶ．

d. そのほかのリモートセンシング

航空機に搭載したレーザー高度計はcm単位の地上分解能を達成できるため，樹冠を通過し，地表面に到達したレーザービームを受信することができる．このため，森林地域においても地表面の高度分布の計測が可能となる．このことは，建物が密集した市街地においても同様で，建物下の地盤高分布を抽出することが可能となり，詳細な標高分布を計測することが可能となる．

4.6.4 解析方法

a. 画像処理

リモートセンシングの画像データには計測された電磁波の反射，放射，散乱の強さに対応する整数（digital number：DN）が格納されている．8ビット（1バイト）の精度をもつデータであれば，0～255の整数値，10ビットであれば0～1023の整数値が格納されており，このDNを用いて画像表示や，さまざまな解析を行うことができる．DNは必要に応じてもとのエネルギー単位（ワット）や後方散乱係数（デシベル）に変換することができるが，その変換式は公開されている衛星ハンドブックなどにより知ることができる．

デジタルカメラの画像は，赤緑青（RGB）の三つのバンドをもつ画像データであるが，リモートセンシングによる画像データはセンサーのバンド（観測波長帯）数分の画像をもつ．画像表示をするには，各バンドに対応する画像から三つを選んでRGBに割り当てて表示するが，バンドの組合せや色の調整方法には多くの組合せがあり，目的に応じた色合いに調整して利用する．したがって，複数の画像を比較する際には必ずもとのDNにもとづいて行うべきである．

衛星画像処理専用のシステムでは，エネルギーや反射率に対応するもとの画素の値を壊さずに画像表示して解析できるが，デジタル写真用のソフトウェアでは画素の値自体を壊してしまうことに注意すべきである．専用ソフトウェアは数万から数十万円の価格帯で導入可能であり，フリーウェア，シェアウェアとして公開されているソフトウェアも利用可能である．

表示された画像はそのままでも判読に用いることができるが，地図やそのほかの情報と重ねることによって新たな情報抽出が可能となる．地図と

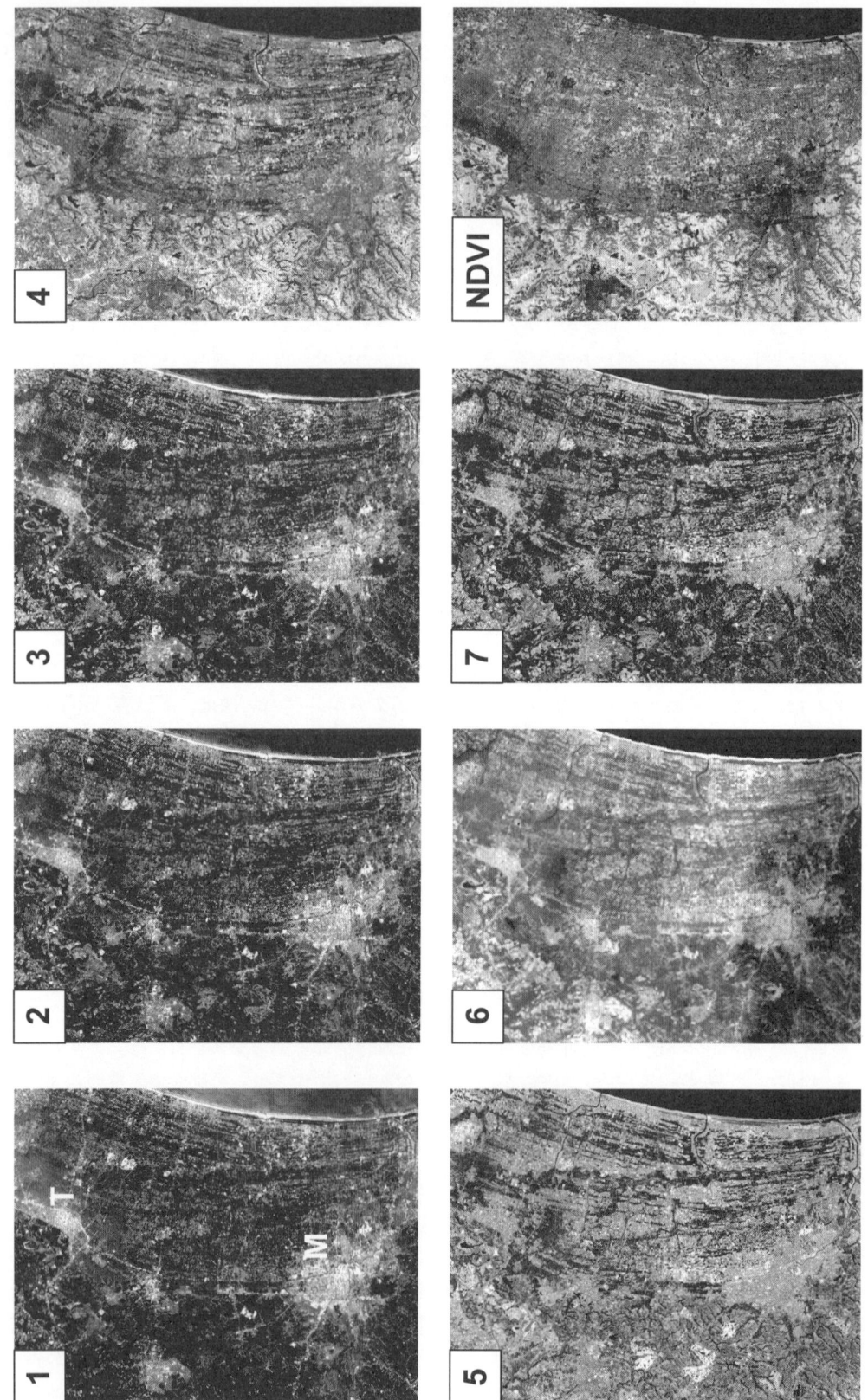

図 4.6.1 2001年6月4日撮影のランドサット7号ETM+による千葉県九十九里平野南部の画像（600画素×800ライン）．東金（T），茂原（M）の都市域と，太平洋，沖積低地（浜堤列），台地を含む．数字はETM+のバンドで，バンド1～3が可視光，バンド4が近赤外，バンド5，7が短波長赤外，バンド6が熱赤外域の画像である．NDVIはバンド3と4から作成した植生指標画像．

重ね合わせるためには，専用ソフトウェアを用いた幾何補正が必要である．幾何補正とはラインとピクセルの画素の並びである画像座標を緯度・経度あるいは直交座標系の座標に変換する作業である．

購入後の画像データは幾何学的に未補正か，衛星の姿勢情報と地球を表す楕円体のパラメーター（日本では従来の日本測地系から世界測地系へ変換が進んでいる）による補正がなされているはずである．画像座標を緯度経度と対応づけるには，地上基準点（ground control point：GCP）を多数選択し，両者の間の変換式を求めて変換する．この処理は画像処理ソフトウェアあるいは画像解析機能をもつ地理情報システム（GIS）で行うことができる．画像のひずみが少ない場合は，デジタル写真処理用の市販ソフトでも補正は可能である．

b．地理情報システムとのリンク

リモートセンシング画像データは，ラスター型（グリッドデータあるいはメッシュデータ）の地理情報でもあるので，地理情報システム（GIS）を用いることにより，国土数値情報などの既存の数値情報と重ね合わせて解析することができる．土地利用，地上施設，交通網などのデジタル情報と重ね合わせることにより情報抽出の可能性が高まる．GISは数万円から数百万円の製品が市販されている．

4.6.5　情報抽出のテクニック

a．土壌水分

地表面の乾湿の状況は，地盤状況を推定する基礎データである．一般に，物質は水を含むと反射率が下がる，すなわち暗くなる．このことを利用すると，画像内の濃淡の分布により，乾湿の分布を推定することができる．とくに，短波長赤外（たとえば，TMのバンド5）の画像は含水状況に対する感度が高く，湿地の抽出に用いることもできる．図4.6.1のバンド5の画像では，後背湿地の水田が暗部として明瞭に識別できる．

合成開口レーダーでは土壌が湿っていると，マイクロ波の後方散乱係数が大きくなる性質を利用すると含水状態を推定することができる．ただし，地表面が湛水してしまうと，マイクロ波を鏡面反射してしまうため，後方散乱係数は小さくなるので含水状況はわからなくなる．

植生が侵入した地表面においても，赤と近赤外のデータの散布図における土壌ライン（soil line）上の位置により地表面の含水状況を推定する手法，土壌面と植生面の熱収支の違いを利用して地表面の乾湿を推定する方法などがある．

b．熱環境

ランドサット衛星のTMは，空間分解能120 m（ETM+は60 m）の熱赤外バンド（バンド6）をもつ．また，ASTERは熱赤外領域に90 m分解能で5バンドをもつ．これらの画像に記録されたDNは地表面温度に対応するので，さまざまな温度環境解析に利用することができる．ただし，衛星と地表面の間に存在する大気および大気に含まれる水蒸気，二酸化炭素，エアロゾルなどの物質による電磁波の吸収，散乱のため，DNから計算できる絶対温度には誤差が含まれる．地表面温度の絶対値を利用するには大気補正を行わなければならないが，通常は必要な大気観測データが得られないため，大気補正は困難である．そのため，得られた地表面温度は観測輝度温度と呼ぶことがある．しかし，画像内における相対的な温度差の誤差は小さいため，空間的な解析には有効である．

得られた観測輝度温度画像は，ヒートアイランドなどの都市の温度環境解析，湿った地表面は蒸発により潜熱を奪われることを利用した含水状況の推定，土地被覆により地表面温度が異なることを利用した低地の微地形分類などの解析に利用できる．図4.6.1の6では高温部と低温部のコントラストとして浜堤列と後背湿地の配列が見えている．

c．植生指標

クロロフィルを含む緑の植生は可視光，とくに赤の波長の光をよく吸収するが，近赤外の光は強く反射する．この性質を利用すると，赤と近赤外のバンドのデータから植生指標を計算することができる．よく使われている指標はNDVI（normalized difference vegetation index）であり，(NIR-Red)/(NIR+Red)で計算することができる．ここで，NIRとRedはそれぞれ近赤外と赤の波長域の反射率あるいはDNである．NDVIは対応する地表面における植生の被覆率や活性と相関がある．図4.6.1のNDVI画像では，左側の台地の植生域が高輝度で表示され，都市域や水面は暗く表示されている．一般に，植生の活性は含水量や土壌の性質を反映しており，植生指標から間接的に地盤の状況を推定することも可能である．

d．地形判読

広域を撮影する衛星画像には，地形に関する情報が含まれる．画像上で直線状の構造をもつリニアメントは断層や節理である可能性が高く，その分布を判読することにより地下水や温泉探査，地盤強度の推定，活断層線の追跡などに利用できる．また，画像に現れた地形のテクスチャーは地質と対応することが多く，資源探査などの目的で地質構造解析に利用されている．とくに，JERS1のSAR画像は地形ひずみの少ない画像が得られ，地形解析による地質構造解析に適している．光学センサーでは，乾燥地域の植被のない裸岩地域において，スペクトル情報を用いた鉱物探査が行われることもある．

高空間分解能衛星では空中写真と同様な判読により，地形分類図を作成することができる．とくに，災害関連で需要の多い沖積低地の微地形分類図は画像判読で作成できるが，空中写真にはない赤外域や温度情報を援用した精度の高い分類が可能となっている．

e．標高抽出

空中写真で行われているステレオペアによる標高抽出は衛星画像においても可能である．たとえば，SPOT/HRV，JERS1/OPS，Tarra/ASTER，ALOS/PRISMなどでは，同一場所を異なった角度で撮影できるため，標高抽出が可能である．ASTERは，この方法で作成したDEMを標準プロダクトとして市販している．

SARでは同一場所を観測した二つの画像を干渉させると，その干渉縞が標高に対応することにより，標高抽出が可能な干渉SAR（InSAR）の利用が可能である．この方法で作成したほぼ全球をおおう約90m分解能のDEMがNASAから公開されている（http://www2.jpl.nasa.gov/srtm/）．さらに，二つの画像の撮影時の間に地震などにより地盤が変動した場合には，変動量を抽出することが可能で，阪神淡路大震災における野島断層の変位などの応用例がある．干渉SARは，地盤沈下や侵食への応用も可能である．

航空機にレーザー距離計を搭載して地表をスキャンすることにより，DEM（digital elevation model）が得られるレーザースキャナー計測では，空間分解能の高いDEMが得られることにより，洪水氾濫シミュレーションの精度を高めることが可能で，洪水ハザードマップの作成に利用ができる．

f．そのほかのテクニック

地盤に関する情報は衛星データ単独というよりも，さまざまな地理情報との組合せにより間接的に取得することになる．たとえば，旧版地形図による過去の土地被覆情報とリモートセンシングによる土地利用現況図から，盛土や切土の範囲を抽出する手法である．また，現場で得られた経験情報を広域に拡張する際に，画像データを利用することができる．

4.6.6 リモートセンシングに関する情報源

衛星リモートセンシングをおもに扱う国内学会は，（社）日本リモートセンシング学会，（社）写真測量学会があり，学会誌からデータや解析手法に関する情報を得ることができる．さまざまな技術情報についてもインターネット上で公開されているので，衛星やセンサーの名称がわかれば，WEBから必要な情報を得ることができるだろう．なお，参考書として入門者には長谷川(1998)[1]やジオテクノス(2004)[2]がわかりやすい．久世ほか訳(2005)[3]ではさらに深い知識を得ることができるだろう． （近藤昭彦）

参考文献

1) 長谷川　均：リモートセンシングデータ解析の基礎，

p. 138, 古今書院, 1998.
2) ジオテクノス (株)：はじめてのリモートセンシング—地球観測衛星 ASTER でみる, p. 167, 古今書院, 2004.
3) W. G. Lees 原著, 久世宏明, 飯倉善和, 竹内章司, 吉森　久訳：リモートセンシングの基礎, p. 320, 森北出版, 2005.

4.7 環 境 調 査

4.7.1 環境アセスメント調査
a. わが国の環境アセスメント

環境影響が懸念される大規模な事業実施に対する環境アセスメント（環境影響評価）は，基本的には環境影響評価法もしくは地方公共団体の環境影響評価条例にもとづいて実施する．わが国の環境影響評価法は，たとえば米国に遅れること約30年，1999年4月1日に施行され，この法律の成立によって，わが国の環境アセスメントは初めて法のもとに体系づけられた．新たに成立した環境影響評価法は，それまでのわが国での環境アセスメントの方法「環境影響評価の実施について，1984年閣議決定（以降，閣議アセスと略記）」と比べ，対象とする事業の範囲が広がり，かつスクリーニング，スコーピングといった新しい考え方が導入され，環境影響予測の検討に漏れがないように，環境大臣や国民だれもが早い段階から要所要所で意見を述べられる機会が確保された．また，予測の不確実性に対する考え方や環境保全措置，事後調査の方向性も示され，環境アセスメントは，従来の事業実施のための手続きの一環としての位置づけから，開発事業に伴う環境影響を回避・低減して，生活環境を保全するための実効性のあるアセスメント実施に向けて制度的な改善が図られた．

とくに，従来の閣議アセスでは，地下水・地盤環境に関連して明示された検討項目はせいぜい，「地盤沈下」程度であったが，現在の環境影響評価法（1999年施行）では後述するように，地下水質，水循環障害，地盤変状などへの影響など，地下水・地盤環境項目における検討範囲が格段と拡大された．

環境アセスメントが義務づけられている対象事業は，

① 許認可が必要な事業
② 補助金が交付される事業
③ 特殊法人が行う事業
④ 国が行う事業

であり，そのうち，表4.7.1に示す事業の種類と規模に該当する事業である．第1種事業は必ず環境アセスメントを実施する必要があり，第2種事業については個別に環境アセスメントを実施する必要があるかどうかを判断する．また，現在の環境影響評価法では，表4.7.2に示すように，たとえ事業規模が小さくても環境への影響が無視できない可能性のある事業や地域では，事業規模にかかわらず環境アセスメントを行う必要がある．この対象事業を決定する，すなわち，環境アセスメントを行うかどうかを個別に判定するプロセスが「スクリーニング（ふるいにかける）」である．

b. 環境アセスメントにおける地下水・地盤環境の扱い

スクリーニングによって環境アセスメントを実施することが決定されたら，つぎに，環境アセスメントの具体的な方法・手順を決定する必要がある．環境アセスメントを進める方法の案をまとめたものが「方法書」であり，事業計画の早い段階でこの方法書に対して，国民や地方公共団体の意見を聞いて地域に応じた環境アセスメントの方法を決定するプロセスが「スコーピング（しぼりこむ）」である．この方法書のなかで，環境アセスメントで対象とする予測・評価項目を選定する．

基本的事項[1]に，環境アセスメントで予測・評価対象とする環境要素の区分が別表として示されている．また，各環境要素区分における事業特性に応じた標準項目（細項目）が主務省令で定められており，その主要な標準項目例を環境要素区分とともに表4.7.3に示した．

このうち，地下水・地盤環境に関連した環境要素区分と標準項目を表4.7.4にまとめた．このように，底質（有害物質，水底の泥土の存在），地下水（地下水質，地下水位），地形・地質（貴重なもしくは特異な地形・地質への影響や改変），

表 4.7.1 わが国の環境影響評価法にもとづく環境アセスメントの対象事業

事業の種類			第1種事業 (必ず環境アセスメントを行う事業)	第2種事業 (環境アセスメントが必要かどうかを個別に判断する事業)
1	道路 (大規模林道を追加)	高速自動車国道	すべて	――
		首都高速道路など	4車線以上	――
		一般国道	4車線以上・10 km以上	7.5 km以上10 km未満
		大規模林道	幅員6.5 km以上・20 km以上	15 km以上20 km未満
2	河川	ダム	湛水面積100 ha以上	75 ha以上100 ha未満
		せき		75 ha以上100 ha未満
		湖沼水位調節施設	土地改変面積100 ha以上	75 ha以上100 ha未満
		放水路		
3	鉄道〔普通鉄道, 軌道(普通鉄道相当)を追加〕	新幹線鉄道	すべて	――
		普通鉄道(地下化・高架化含む)	長さ10 km以上	7.5 km以上10 km未満
		軌道(普通鉄道相当)		
4	飛行場		滑走路長2500 m以上	1875 m以上2500 m未満
5	発電所	水力発電所	出力3万kW以上	出力2.25万kW以上3万kW未満
		火力発電所(地熱以外)	出力15万kW以上	出力11.25万kW以上15万kW未満
		火力発電所(地熱)	出力1万kW以上	出力7500 kW以上1万kW未満
		原子力発電所	すべて	――
6	廃棄物処分場		30 ha以上	25 ha以上30 ha未満
7	公有水面埋立ておよび干拓		50 ha以上	40 ha以上50 ha未満
8	土地区画整理事業		100 ha以上	75 ha以上100 ha未満
9	新住宅市街地開発事業			
10	工業団地造成事業			
11	新都市基盤整備事業			
12	流通業務団地造成事業			
13	宅地の造成事業(「宅地」には, 住宅地, 工場用地も含まれる)	環境事業団		
		都市基盤整備公団		
		地域振興整備公団		
―	港湾計画		埋立て・掘込み面積の合計300 ha以上	――

地盤(地盤沈下, 地盤変動, 地盤変状), 土壌(土壌汚染)などがとりあげられている.

c. 環境アセスメントにおける回避・低減・代償の考え方と事後調査

環境アセメントの結果, 環境影響が予想された場合, 環境保全措置を講じなければならない. 環境保全措置には, 表4.7.5に示したとおり, 「回避」「低減」「代償」の3段階があり, 「補償」は環境保全措置には含まれない.

地下水・地盤環境問題では, 表4.7.6に例示するように地下水位変動が起因となる場合が多い. その場合, 事業中止を含め地下水位変動を起こさないような手立てを講じるのが回避策であり, 環境影響が許容できる範囲まで地下水位変動量を小

表 4.7.2 規模が小さくても環境アセスメントを行う必要がある事業の例

事業区分	事業内容	地域状況
火力発電所	大気汚染物質が多く発生する燃料を使う	―
道路	ほかの道路と一体的に建設され，全体で大きな環境影響が予想される道路	―
道路	―	騒音が環境基準を超えている地域を通る道路
ダム	―	近くにイヌワシの営巣地があるダム
各種事業	―	国立公園内で行われる事業

さくするのが低減策，原因となっている地下水位変動自体には触れずに，結果として損なわれた環境影響被害に見合う新たな良環境を創出して，任意の地域内で環境影響のプラスとマイナスを総合評価して帳尻を合わせようという手法が代償策で，ミティゲーションなどもこの考え方の一つである．

影響選定項目にかかわる予測の不確実性が大きい場合，効果にかかわる知見が不十分な環境保全措置を講ずる場合などにおいて，環境への影響の重大性に応じ，工事中および供用後の環境の状態などを把握するための調査「事後調査」の必要性を環境アセスメントのなかで検討する．これは，事業開始もしくは完成後に，現状技術での期待的予測に反し，万が一，環境に悪影響が生じた場合に，速やかに環境影響の拡大防止と回復措置を講じるための事後調査で，モニタリングを含む概念である．

d. 時のアセスメント

環境アセスメントで対象とする事業は，規模が大きく，計画から施工・竣工まで長期間を要することが多い．計画段階で環境アセスメントを実施していても，実際の施工時には自然環境・社会環境も変わり，計画当初のアセスメント結果の妥当性に問題が生じてくる場合も多い．とくに，水環境自体，自然環境や社会環境に大きく影響を受けることから，つねに見直しを行わなければ予測・評価の信頼性は確保できない．すなわち，地下水・地盤環境の環境アセスメントには，賞味期限があると考えなければならない．

この見直しの考え方は，いわゆる「時のアセスメント」である．時のアセスメントは，社会環境の変化にもとづく事業の意義に重点があるが，この考え方は技術的な環境アセスメントにも適用できる考え方である．参考までに，北海道庁の時のアセスメント（時代の変化を踏まえた施策の再評価，1997.7）のチェック項目を表4.7.7に示す．

e. 大深度地下開発における環境調査の考え方

首都圏では，地上は密集市街地化，道路下の浅い地下はすでに各種ライフライン施設や地下鉄が多数埋設されて輻輳状態となっており，下水道幹線，地下河川，地下鉄，道路トンネルなど，とくに連続長距離用地を必要とする新たな社会資本整備は，おもにその用地確保難が事業推進の大きな制約となっている．そこで，必要な公共事業の円滑な遂行を図るため，「大深度地下の公共的使用に関する特別措置法（2001年4月1日施行）」が制定され，必ずしも地上の土地所有者の了解を得ずとも，また，補償せずとも，大深度地下に事業展開の使用権を設置できる仕組みが構築された．

ここでいう「大深度地下」とは，あくまでも3大都市圏（首都圏・近畿圏・中部圏について政令で指定）における，つぎの①または②のうちのいずれか深いほうの深さの地下に限定した概念である．

① 地下室の建設のための利用が通常行われない深さ（地下40m以深）
② 建築物の基礎の設置のための利用が通常行われない深さ（支持地盤上面から10m以深）

大深度地下は，騒音・振動・景観・動植物，などに関して，地上や浅深度地下と比較して，一般的に環境影響が小さくなる利点があるといわれ，環境アセスメントの対象外と考える場合がある．しかし，現時点では大深度地下の情報や利用実績が少ないことから，未知の環境影響課題が出現することが懸念されている．

表 4.7.3 環境要素区分と主務省令で定める標準項目例[2]

環境要素の区分（環境影響評価法に伴う基本的事項）			主務省令にもとづく細区分標準項目例
環境の自然的構成の良好な状態の保持	大気環境	大気質	硫黄酸化物（二酸化硫黄），窒素酸化物（二酸化窒素），硫化水素，浮遊粒子状物質，粉じんなど（石炭粉じんを含む），有害物質，炭化水素，一酸化炭素，アスベスト，そのすべて
		騒音	建設等作業騒音，工場等騒音，道路交通騒音，鉄道騒音，航空機騒音，そのすべて
		振動	建設等作業振動，工場等騒音，道路交通振動，鉄道振動，そのすべて
		悪臭	臭気濃度，悪臭物質，そのすべて
		そのすべて	低周波音，風害，塩害，そのすべて
	水環境	水質	生物化学的酸素要求量（BOD），化学的酸素要求量（COD），水素イオン濃度（pH），水の濁り（SS，濁水現象，透視度など），溶存酸素量（DO），大腸菌，全窒素（T-N），全リン（T-P）健康項目，要監視項目，そのすべて
		底質	有機物質，有害物質，水底の泥土，そのすべて
		地下水	有害物質，塩素イオン濃度，水質，地下水位，そのほか
		そのほか	水温，水中照度，水中生物，温泉，潮流，波浪，流向および流速，水量，そのすべて
	土壌環境そのすべて	地形・地質	地形および地質，漂砂，そのすべて
		地盤	地盤沈下，地盤変動（地盤変状），そのすべて
		土壌	土壌汚染，そのすべて
		そのすべて	日照阻害，光害，そのすべて
生物の多様性の確保および自然環境の体系的保全	植物		重要な種および注目すべき生息地
	動物		重要な種および重要な群落
	生態系		地域を特徴づける生態系
人と自然の豊かな触れ合い	景観		主要な眺望点および景観資源ならびに主要な眺望景観
	人と自然との触れ合いの活動の場		主要な人と自然との触れ合いの活動の場
環境への負荷	廃棄物など		廃棄物，残土およびその他建設工事に伴う副産物，そのすべて
	温室効果ガスなど		二酸化炭素，そのほかガス，熱帯林の減少，そのすべて

表 4.7.4 地下水・地盤環境に関する予測・評価項目

環境要素の区分（環境影響評価法に伴う基本的事項）			主務省令にもとづく細区分標準項目例
環境の自然的構成の良好な状態の保持	水環境	底質	有機物質，有害物質，水底の泥土，そのほか
		地下水	有害物質，塩素イオン濃度，水質，地下水位，そのほか
		そのほか	温泉
	土壌環境そのほか	地形・地質	地形および地質，漂砂，そのほか
		地盤	地盤沈下，地盤変動（地盤変状），そのほか
		土壌	土壌汚染，そのほか

表 4.7.5 環境保全措置[3]

項目	環境保全措置の内容
回避	環境影響の要因となる事業行為の全体または一部を実行しないことで，影響を回避 ⇒例：事業中止，ルート変更
低減	環境影響の要因となる事業行為の実施の程度または規模の制限，または何らかの手段で影響を軽減・消失させるなどで，影響を最小化 ⇒例：事業規模の縮小，工事分割，ほか
代償	環境影響の要因となる事業行為の実施で損なわれる環境要素と同種の環境要素を創出することで，総合的観点で環境価値を代償 ⇒例：ミティゲーション

注　補償（環境保全措置でない）⇒例：漁業補償

表 4.7.6　地下水位・水圧変動による地域特性に応じた環境影響例[4]

地域特性		水位・水圧変動区分	水位・水圧低下		水位・水圧上昇（回復）	
			不圧帯水層	被圧帯水層	不圧帯水層	被圧帯水層
自然環境	地盤	粘土層（圧密層）分布	地盤沈下	地盤沈下	――	――
		表層に緩い砂層	――	――	液状化危険度増大	――
		帯水層（還元性地盤）	酸欠空気発生など化学影響		――	――
		不飽和地盤	水浸沈下	――	――	――
	土壌	湿潤土壌	湿性生態系減退 ヒートアイランド	――	――	――
		乾燥土壌	――	――	乾性生態系減退	――
	湧水		湧水枯渇	湧水枯渇	――	――
	地域	沿岸	塩水化（地下水質）		海水の淡水化（海中生態系影響）	
		斜面	――	――	斜面崩壊危険度増大	斜面崩壊危険度増大
社会環境	井戸利用地域		井戸枯渇など井戸障害		――	――
	地下空間（トンネル・地下街など）		――	――	漏水量増加（排水処理必要）	
	既設構造物		――	――	浮力発生浮上り・支持力低下	
	地下工事		――	――	地下水対策必要	地下水対策必要

表 4.7.7　時のアセスメント（H9.7，北海道庁）

必要性	・経済・社会情勢の変化などにより必要性や意義が変わっていないか．
妥当性	・計画内容が時代に即しているか． ・道の関与の仕方について再検討の余地はないか．
優先性	・緊急に実施する必要があるか． ・道民のニーズは高いか． ・長期計画などでの位置づけはどうか．
効　果	・実施の結果が所期の成果をあげることができるか． ・社会的評価（好感度）が高いものであるか．
住民意識	・施策に対する住民の意識は変化していないか．

「大深度地下の公共的使用に関する基本方針（平成13年4月3日閣議決定）（以降，大深度基本方針と略記）」では，環境の保全に関する事項として5項目を提示し，それらを踏まえ「環境影響評価法（平成9年法律第81号）または地方公共団体の条例・要綱にもとづく環境影響評価手続を行うことにより，環境への影響が著しいものとならないことを示しつつ，地域の理解を得ていくことが必要であり，環境影響評価手続の対象とならない事業についても，(1)～(5)に掲げる事項を踏まえた環境対策を行う必要がある．」としている．大深度基本方針で示された環境保全5項目の

表 4.7.8 大深度地下使用に伴う環境保全項目
〔大深度地下の公共的使用に関する基本方針（平成13年4月3日閣議決定）より〕

環境保全項目	環境影響と対策の内容
(1) 地下水	① 地下施設内への漏水に伴う地下水位・水圧低下による取水障害・地盤沈下防止対策として，止水性（水密性）の向上を図る
	② 施設設置に伴う地下水の流動阻害の恐れがある場合，シミュレーション解析などで詳細に検討し対策を講じる
	③ 地下水の水質に影響（汚染）を与えない工法かつ改良材を採用する
(2) 施設設置による地盤変位	④ 掘削による地盤の緩みに伴う地盤変形・変位が生じないように慎重な施工を行う
	⑤ 長期の供用を想定し，施設の強度低下や損傷による地盤変位が生じないよう施設の長寿命化を図る
(3) 化学反応	⑥ 長く還元状態にあった地盤や地下水が，大深度地下開発によって大気（酸素）と接触して酸化反応を起こし，地下水の強酸性化，有害ガスの発生，地盤の発熱，強度低下などを生じる可能性があり，そのような認識のもとでの事前地質調査と慎重な対応が必要
(4) 掘削土の処理	⑦ シールド掘削などで発生する汚泥などの適正な処理を行い，盛土材料や埋戻し材料として再資源化を図る
(5) そのほか	⑧ 地上との接続箇所が限定されることに伴う施設の換気などの問題で有害ガスの早期検出・除去などへ配慮する
	⑨ 振動などが人体に与える長期的影響については，学術研究の活発化へ配慮し，その知見を積極的に活用する

概要を表 4.7.8 にまとめた．このうち，環境影響評価法にもとづく環境要素区分や主務省令にもとづく標準項目（細区分）に含まれない項目（新たな環境課題）を表 4.7.8 の中に**ゴシック**で示した．

（中村裕昭）

参 考 文 献

1) 環境影響評価法第4条第9項の規定により主務大臣及び建設大臣が定める基準ならびに同法第11条第3項及び第12条第2項の規定により主務大臣が定めるべき指針に関する基本事項を定める件（平成9年12月12日，環境庁告示第87号）
2) （社）環境情報科学センター編：環境アセスメントの技術，中央法規，1999．
3) 環境省総合環境政策局編：大気・水・環境負荷の環境アセスメント（I・II・III），2000〜2002．
4) 中村裕昭：地下水位変動と環境影響，第39回地盤工学研究発表会（新潟），2004．
5) 大深度地下利用研究会編：詳解大深度地下使用法，大成出版，2001．

4.7.2 地盤振動調査

a．振動荷重と土の動的性質

振動調査を行う場合は，発生する振動荷重の範囲（たとえば，発生する振動数範囲あるいは振動による載荷時間と繰返し回数），土の動的特性（たとえば，ひずみの大きさの違い，力学的性質）などに十分留意する必要がある．

図 4.7.1 は，発生源の振動数に着目し振動数範囲と振幅の範囲をまとめた例である．

また振動による載荷時間と繰返し回数に着目して分類した例が図 4.7.2 の「載荷時間と繰返しによる動的問題の分類」である．

それぞれの分類は，調査対象とする振動がどの程度の荷重レベルにあるかを示すもので，振動数の大小によって慣性力の大きさが変化する．

一方，ひずみの大きさの違いによって土の動的変形特性は異なり，振動に対する応答も変化する．

図 4.7.3 は，ひずみの大きさと土の動的性質を示した例である．

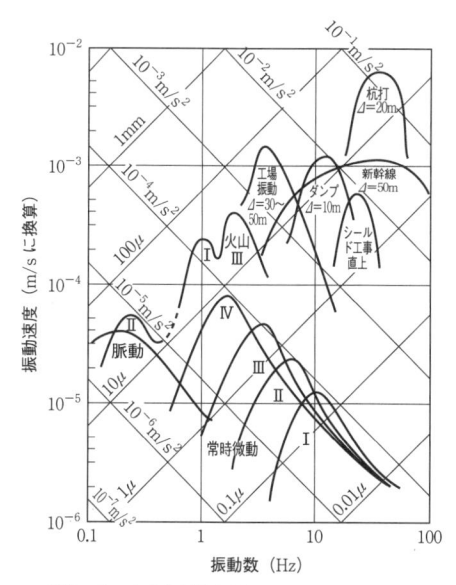

[注] 1) 火山性微動を含む.
2) 遠方の人工的振動源・流水・風などによる.
I〜Ⅳは建築基準法による地盤分類.
3) Δ：振動源からの距離.

図 4.7.1 都市施設などから生ずる振動の振動数範囲と振幅[1]

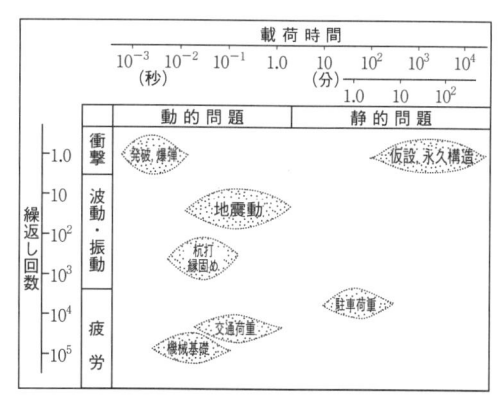

図 4.7.2 載荷時間と繰返しによる動的問題の分類[2]

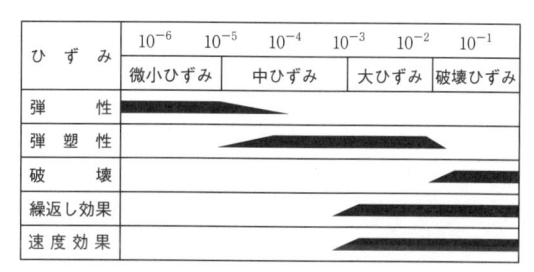

図 4.7.3 ひずみの大きさと土の動的性質[2]

このようなひずみの大きさの違いは，土の剛性や減衰，増幅特性といった性質と関係があり，振動測定を行う場合の重要な要素となる．

b. 振動の影響と調査

振動の影響を考える場合，先に述べた振動荷重や土の動的性質のほかに，振動の伝播経路が問題となる．図 4.7.4 は，振動の伝播経路を整理した例である．

振動調査においては，図中の物理量に着目しそれぞれの項目に対して分析を行う必要がある．

測定は，変位や加速度，振動速度で行われることが多いが，具体的な手法についてはさまざまな機関からマニュアルが出版されているのでそちらを参照されたい． （大 里 重 人）

参 考 文 献

1) 小林芳正：建設における地盤振動の影響と防止，p. 65，鹿島出版会，1975.
2) 石原研而：土質動力学の基礎，p. 3，鹿島出版会，1976.
3) 櫛田 裕：環境振動入門―建築構造と環境振動―，p. 187，理工図書，1988.

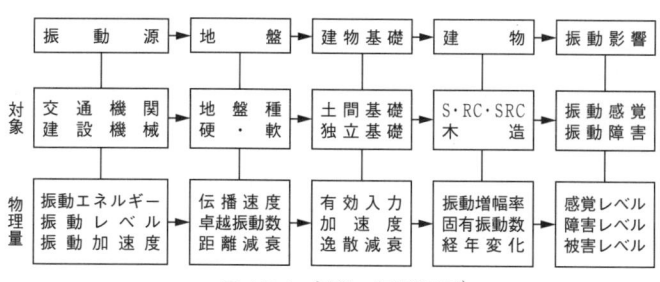

図 4.7.4 振動の伝播経路[3]

4.7.3 土壌・地下水汚染調査
a. 土壌・地下水汚染の多様な視点

土壌・地下水汚染の概念は，法令や条例上の解釈と一般通念とは必ずしも一致していないとともに，人が直接触れる可能性のある場合や，掘削土（建設発生土）として処分する場合，排水する場合など，その目的や状況に応じて適用する法令・条例や基準が異なっている．

未対策地盤で汚染物質の混入状況から対象地盤の汚染や汚染リスクの有無を評価する場合，もしくは汚染が判明して汚染対策を講じた後の地盤に対する評価も，たとえば表4.7.9に例示したように，①厳密な意味での人為的汚染に関する科学的リスク評価，②行政の公平性確保・政策目標の視点からの汚染評価，③健康被害に着目した汚染評価，④行政判断を踏まえた場合の現実的許容実態例，⑤土地取引きや各種環境（社会・自然・生活・経済）影響を踏まえたリスクマネージメントの観点からの汚染リスク評価と対策，とさまざまな視点（物差し）によるとらえ方がある．

たとえば，土地取引きの場合，売り手側は表4.7.9の視点②の物差しで評価したいし，買い手側は表4.7.9の視点⑤の物差しで評価したいということになる．

なお，土壌汚染物質が地下水に溶出すれば地下水汚染となり，地下水汚染物質が土粒子に吸着すれば土壌汚染となる．したがって，ここでは土壌汚染と地下水汚染を一連のものとして扱う．

また，現状の法令・条例などでは対策が必要な土壌・地下水汚染の評価の根拠を，基本的には環境基本法で定めている環境基準に置いており，環境基準とは「人の健康を保護し，および生活環境を保全するうえで維持されることが望ましい基準」と定義されている．しかし，実際には，表4.7.10に示すように，土壌・地下水汚染の影響範囲は自然環境や社会環境にも及ぶことから，法令・条例などにもとづいた調査は，行政の公平性確保や政策目標の最低限を定めたものとして，法令・条例などでは対象外であっても，個々の実情に応じて，リスク回避の観点から自主的に調査・対策を実施する事例が増えている．表4.7.11に土壌・地下水汚染調査の調査契機例を示したが，

表4.7.9 土壌・地下水汚染における土地評価の視点（物差し）概念図（中村原図[1]に加筆）

地盤（土壌）の状態	未対策地盤での汚染物質混入状況	人為的混入なし（バックグラウンド上限値 地域の特性値）	人為的混入あり（環境基準 指定基準）		
			基準以下	基準超過	
	汚染地盤での対策後の状況	完全除去	基準以下対策	封じ込め	未対策
視点①	厳密な汚染評価	土壌汚染なし（リスクあり）	土壌汚染の可能性を否定できない（リスクあり）	土壌汚染あり（リスクあり）	
視点②	行政上の汚染評価	汚染の有無	汚染のおそれなし	汚染のおそれあり	
視点③		健康被害	健康被害のおそれなし	健康被害のおそれあり	
視点④		現実的許容実態例	望ましい状態	やむを得ず許容する	条件付きでやむを得ず許容する	許容できない
視点⑤	各種環境（社会・自然・生活・経済・ほか）	リスク評価	リスクなし	リスクあり	リスクあり	リスクあり
		リスク対策	ー	低減・移転	保有	回避

表 4.7.10 土壌・地下水汚染がある場合の影響リスク例

	リスク対象	対象地でのリスク	周辺へのリスク
①	人の健康	土壌摂食・地下水飲用に伴う健康被害	地下水汚染による汚染の拡大⇒地下水飲用リスク, ほか
②	自然環境	土壌機能(たとえば浄化機能, 生物育成機能など)低下, 生態系への影響	地下水汚染による汚染拡大⇒土壌機能低下, ほか
③	社会環境	社会的イメージ低下, 経済的影響	心理的嫌悪感(スティグマ)発生, 地価低下, 汚染加害者としての責任発生, ほか

表 4.7.11 土壌・地下水汚染調査の調査契機例

調査根拠＼調査目的	水質汚濁防止法にもとづく特定施設の用途変更	一定規模以上の土地の改変	地下水汚染契機型(水質汚濁防止法にもとづく定点・定期調査)	開発申請・土地売買・競売物件	企業などにおける環境啓発
法令・条例にもとづく調査	○	○	○		
自主的調査				○	○

表 4.7.12 市街地における潜在的汚染リスク内在業種・用途例

	発生源	汚染区分	汚染原因・背景	業種・用途例
①	当該地	当該地汚染	汚染源物質の無対策使用で必然・汚染概念の欠如で漏えい	化学工場, メッキ工場, 金属加工工場, 電気電子工場, ドライクリーニング工場, ほか
②			汚染源物質使用上の不注意で漏えい	ガソリンスタンド, 自動車整備工場, ほか
③	周囲	もらい汚染	地下水汚染	隣接地に化学工場, ドライクリーニング, ほか
④			不法投棄	有害廃棄物

水質汚濁防止法にもとづいた有害物質使用特定施設(事業場)の用途変更時に始まって, 一定規模(たとえば, 東京都条例では 3000 m²)以上の土地の改変時, 地下水汚染発覚(水質汚濁防止法にもとづく定点・定期調査など)契機型, 開発申請・土地売買・競売物件などでの要件として, さらに, 最近では積極的に社会貢献・環境対策を推進する企業などでは, 企業イメージ向上や環境啓発として土壌・地下水汚染調査を実施する場合がある.

b. 土壌・地下水汚染の発生パターン

一般的な土壌・地下水汚染の発生経緯区分を図 4.7.5 に, 市街地における潜在的汚染リスク内在業種・用途例を表 4.7.12 に示す.

土壌・地下水汚染の原因は, 故意の不法投棄などを除いても, 汚染源物質(有害物質や鉱油類な

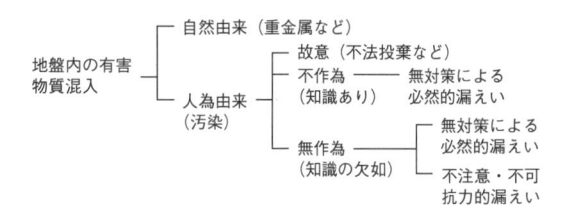

図 4.7.5 土壌・地下水汚染の発生経緯区分

ど)を材料や燃料として使用する特定の業種(化学工場, メッキ工場, 金属加工工場, 電気電子工場, ドライクリーニング工場, ガソリンスタンドなど)や用途(吹き付け塗装作業場など)では, 作業工程上(人為的), 必然的に起こる場合と, 不注意もしくは不可抗力的に起こる場合がある. 特定の汚染源物質を無対策で使用して必然的に土壌汚染の発生原因をつくったからといって, 作為的であったとは限らない. 近年にいたるまで, 汚

染の原因となる，さらに汚染が人の健康を害するという知識自体が存在していなかったことに，この問題の本質がある．

c．土壌・地下水汚染の調査手順

前述のとおり，土壌・地下水汚染は，評価者の立場が，たとえば土地取引きにおいて，売り手側なのか，買い手側なのか，あるいは，土地所有者なのか，仲介業者（不動産業，宅建業）なのか，職種的には，不動産鑑定士・指定調査機関・浄化業者・研究機関・行政機関なのか，などで評価の方法と基準が異なっているだけに，科学的かつ定量的に汚染の有無を評価するだけでなく，各種環境（社会・自然・生活・経済）影響を踏まえたリスクマネージメントの観点でのリスク評価が求められている．

したがって，土壌・地下水汚染調査は，その調査結果の利用目的を明確にしたうえで，その目的にあった調査シナリオを計画する必要がある．たとえば，

① 法令・条例に則った範囲での調査
② 汚染リスクを完全に否定するための調査
③ 汚染リスクを定量的に検証（「ある」もしくは「ない」ことを検証）するための調査
④ 汚染の有無だけでなく，範囲（広さ・深さ・濃度）を特定するための調査
⑤ 隣接地からのもらい汚染を評価するための調査

土壌・地下水汚染に関する調査方法の詳細は，「8章 地盤の汚染と対策」に収録されているので，ここでは，土壌・地下水汚染調査の基本的考え方について述べる．

土壌・地下水汚染調査は，すでに汚染が判明している場合を除き，一般的には表4.7.13に示すように，まず，Step.1の土地履歴調査（Phase.I）（地歴調査ともいう）を実施して，対象地における潜在的汚染リスクの有無を確認し，潜在的汚染リスクの存在が確認された場合は，今後の調査シナリオを構築するとともに，必要に応じてStep.2の関係者へのヒアリング調査や現地立入調査を実施して，リスク内容のしぼりこみと調査シナリオの補強を行う．Step.1の土地履歴調査はあくまでも潜在的汚染リスク（状況証拠）確認調査であり，たとえ汚染源物質（有害物質や鉱油類など）を材料や燃料として，常時使用する特定の業種であっても，きちんと汚染源物質の使用管理や汚染対策が講じられていれば，土壌・地下水汚染を発生させていない場合もある．したがって，汚染の有無確認にはStep.3の土壌採取と分析を伴う土壌汚染状況調査（Phase.II）を実施して，汚染状況を検証する必要がある．

d．土地履歴調査（Phase.I）のポイント

必然的汚染，不可抗力的汚染を含め，対象地が歴史的に（過去から現在を含め）汚染源物質（有害物質や鉱油類など）を材料や燃料として，常時使用する特定の業種や用途として利用されていたかどうか，すなわち，潜在的汚染リスクの有無を確認するのが土地履歴調査（地歴調査）である．

土地履歴調査は，既存資料，とくに調査発行年次の確認できる地図の判読が基本となる．一般的に，土地履歴調査に利用できる既存資料をその特徴を含め表4.7.14にまとめた．施設の存在確認や土地の用途区分には地形図や空中写真が利用できるが，市街地における業種推定の手掛かりを得るには，施設ごとに土地利用者の名称が記載された住宅地図が有効となる．土地履歴調査で，業種・用途が特定できた場合の潜在的土壌汚染リスクをしぼりこむ要領を図4.7.6に示した．

なお，対象地に潜在的汚染リスクを伴う土地履歴がない場合であっても，周囲に潜在的汚染リスクのある施設が過去にあれば，地下水汚染を通じ

表4.7.13 土壌・地下水汚染リスクしぼりこみ調査手順のイメージ

調査段階		調査の狙い	シナリオ	調査内容
Step.1	Phase.I	状況証拠を揃える	構築	土地履歴調査（既存資料調査・外観調査）
Step.2		目撃証言を揃える	補強	ヒアリング調査，現地立入調査
Step.3	Phase.II	物的証拠を揃える	検証	土壌汚染状況調査（試料採取・分析）

表 4.7.14　土地履歴調査で用いる既存調査資料の特徴

	利　　点	課　　題
住宅地図	土地利用者の名称が記載されており業種や用途推定の手掛かりとなる． 土地所有者と利用者が異なる場合でも利用者特定の手掛かりとなる．	1970年代以前の情報がない場合あり，また概念図的で敷地境界が特定できない場合あり．古い地図では，手書き（くせ字や略字）で読みにくい場合あり．民間企業が提供しており使用にあたっては著作権の了解が必要． 発行年と実際とにズレがある場合あり．外観によるためか中身の実態とにズレがある場合あり．
地形図	明治時代まで遡って情報が得られる類型化された土地利用を識別できる公共機関の情報であり出典を明示すれば引用が可能．	調査時期と発行年でズレがある． 発行間隔が長い． 土地利用者の用途は，特別の場合（地図記号で区別できる）を除き解読できない． 対象地に文字が重なり施設形状などが解読できない場合がある．
空中写真	敷地内での土地利用実態や具体的な土地利用を判読できる可能性がある．	新規購入の場合，注文から入手まで概略2週間程度かかる．
謄本類	土地所有者や現況が把握できる． 土地の用途変更時期がわかる．	土地所有者と土地利用者が必ずしも同一とは限らない． 譲渡が頻繁な場合，遡りきれない場合がある．
その他 （Webサイト，電話帳，古絵図，工事誌，県史，埋立履歴図，設計図書，地盤調査報告書，ほか）	現在の施設の場合，Webサイトから有効な情報が得られることがある． 名称からは業種が特定できないときに，電話帳（タウンページ）の業種区分が有効な場合がある．	必ずしも情報が揃っているとは限らない．

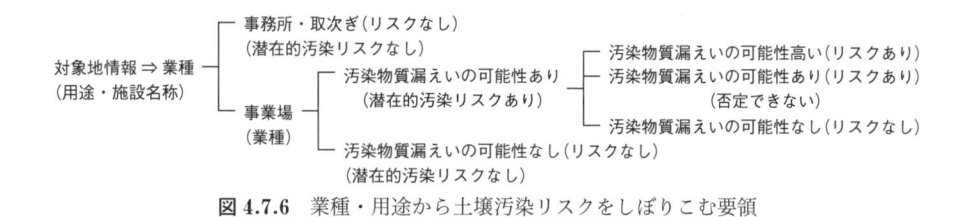

図 4.7.6　業種・用途から土壌汚染リスクをしぼりこむ要領

て「もらい汚染」に見舞われることがある．したがって，土地履歴調査（地歴調査）では，対象地の履歴だけでなく，周囲も含めて調査する必要がある．また，ヒアリング調査や現地立入調査を実施できない場合でも，最低限，現況の現地および周辺の外観調査だけは実施しておきたい．既存資料からは読み取れない現地ならではの貴重な情報が得られる場合が多い．

e．土壌汚染状況調査（Phase.Ⅱ）の概要

潜在的汚染リスクがあることから，汚染の有無を確認するための調査ならびにすでに汚染の事実が判明している土地で汚染範囲（汚染物質，平面的かつ深度的広がり）を特定するための調査が，土壌汚染状況調査（Phase Ⅱ）である．土壌汚染対策法の考え方（公定法）にしたがって，土壌汚染状況調査の概要と基本的考え方を表4.7.15にまとめた．表4.7.15には，公定法のほかに自主調査で実施される限定的な内容のホットスポット調査についても参考までに収録した．また，物質ごとに行うべき調査内容を表4.7.16に，土壌汚染対策法の指定基準および環境基本法で規定されている土壌と地下水の環境基準を表4.7.17にまとめて示した．

一般的には，汚染のおそれが想定される範囲に

表 4.7.15 土壌汚染状況調査の概要と基本的考え方

	調査条件	調査密度の基本的考え方
ホットスポット調査	法令・条例などでは規定されていないが，土地履歴調査でしぼりこまれた汚染リスクに対して，汚染の有無を確認したい場合の自主調査	土地履歴調査でしぼりこまれたホットスポット（汚染可能性の高い地点）に対して実施
	隣接地からのもらい汚染検証のための調査	土地履歴調査でしぼりこまれた汚染可能性の高い隣接地に近接する地点（ホットスポット）に対して実施
公定法調査[2)]	土壌汚染のおそれが少ない場合，もしくは汚染範囲を面的にしぼりこむための1次調査	30 m格子（900 m^2 に1箇所） 重金属と農薬は表層（G.L.−0.05〜−0.45 m） 多地点均等混合法（例：5地点等） 表層ガス調査は表層（G.L.0〜−1 m）1地点スポット調査 必要に応じ地下水質調査
	土壌汚染のおそれがある場合，もしくは汚染の概略範囲が面的にしぼりこまれた後の2次調査	10 m格子（100m^2 に1箇所） 各地点深さ方向調査（G.L.−0.05〜−0.45 m，およびG.L.−1〜−10 mまたは帯水層の基底面までの1 mごと）

表 4.7.16 物質ごとに行うべき調査内容

汚染源物質		土壌含有量試験	土壌溶出量試験	土壌ガス調査
土壌汚染対策法[2)] （第2条特定有害物質）	揮発性有機化合物	───	（○） 土壌ガス調査で検出された場合	○
	重金属類	○	○	───
	農薬など（PCB含む）	───	○	───
ダイオキシン類特別措置法環境基準	ダイオキシン類	○		
発生土受入基準，油汚染対策ガイドライン[3)]など	鉱油類	（○） 油臭・油膜，TPH 濃度 N-ヘキサン抽出物質 など		───

ついて，メッシュをきって調査地点の配置と数量を計画する．汚染のおそれが少ない場合は30 m格子（900 m^2 に1箇所）と粗く，かつ表層を対象に実施し，汚染のおそれがある場合，もしくは汚染の概略範囲が面的に絞り込まれた場合には，10 m格子（100 m^2 に1箇所）と細かいメッシュで，かつボーリングを伴う深さ方向の調査も含め実施する．

土壌汚染対策法や環境基準では，現状では重金属類と揮発性有機化合物，農薬（PCB含む）などに対象が限られているが，発生土受入基準には鉱油類も対象に含まれているし，2006年3月に環境省から「鉱油汚染対策ガイドライン[3)]」が公表されるなど，最近では土壌汚染物質として鉱油類を含める考え方が一般化している．

（中村裕昭）

参 考 文 献

1) 中村裕昭：土壌汚染リスクの多様な視点，建コン・コープ・ジャーナル，No. 82, pp. 6-13, 2004.
2) 環境省監修・（社）土壌環境センター編：土壌汚染対策法に基づく調査及び措置の技術的手法の解説，2003.
3) 環境省策定：油汚染対策ガイドライン──鉱油類を含む土壌に起因する油臭・油膜問題への土地所有者等による対応の考え方──, 2006.

表 4.7.17 土壌汚染対策法の対象物質と指定基準

			特定有害物質 (土壌汚染対策法第2条)	指定基準（土壌汚染対策法第5条）			(参考) 環境基準	
				〈直接摂取〉	〈地下水等の摂取〉	第二溶出量基準	土壌環境基準（銅を除く）	地下水環境基準
				土壌含有量基準	土壌溶出量基準	対策措置選定	土壌溶出量基準	
第1種特定有害物質	揮発性有機化合物	1	四塩化炭素	――	0.002 mg/l 以下であること	0.02 mg/l	0.002 mg/l 以下であること	0.002 mg/l 以下であること
		2	1,2-ジクロロエタン	――	0.004 mg/l 以下であること	0.04 mg/l	0.004 mg/l 以下であること	0.004 mg/l 以下であること
		3	1,1-ジクロロエチレン	――	0.02 mg/l 以下であること	0.2 mg/l	0.02 mg/l 以下であること	0.02 mg/l 以下あること
		4	シス-1,2-ジクロロエチレン	――	0.04 mg/l 以下であること	0.4 mg/l	0.04 mg/l 以下であること	0.04 mg/l 以下あること
		5	1,3-ジクロロプロペン	――	0.002 mg/l 以下であること	0.02 mg/l	0.002 mg/l 以下であること	0.002 mg/l 以下あること
		6	ジクロロメタン	――	0.02 mg/l 以下であること	0.2 mg/l	0.02 mg/l 以下であること	0.02 mg/l 以下であること
		7	テトラクロロエチレン	――	0.01 mg/l 以下であること	0.1 mg/l	0.01 mg/l 以下であること	0.01 mg/l 以下であること
		8	1,1,1-トリクロロエタン	――	1 mg/l 以下であること	3 mg/l	1 mg/l 以下であること	1 mg/l 以下であること
		9	1,1,2-トリクロロエタン	――	0.006 mg/l 以下であること	0.06 mg/l	0.006 mg/l 以下であること	0.006 mg/l 以下であること
		10	トリクロロエチレン	――	0.03 mg/l 以下であること	0.3 mg/l	0.03 mg/l 以下であること	0.03 mg/l 以下であること
		11	ベンゼン	――	0.01 mg/l 以下であること	0.1 mg/l	0.01 mg/l 以下であること	0.01 mg/l 以下であること
第2種特定有害物質	重金属等	1	カドミウムおよびその化合物	150 mg/kg 以下であること	0.01 mg/l 以下であること	0.3 mg/l	検液1lにつき0.01 mg 以下,農用地は米1kgにつき1 mg 未満	0.01 mg/l 以下
		2	六価クロム化合物	250 mg/kg 以下であること	0.05 mg/l 以下であること	1.5 mg/l	0.05 mg/l 以下であること	0.05 mg/l 以下
		3	シアン化合物	遊離シアンとして 50 mg/kg 以下であること	検液中に検出されないこと	1 mg/l	検液中に検出されないこと	検出されないこと
		4	水銀およびその化合物	15 mg/kg 以下であること	0.0005 mg/l 以下であること	0.005 mg/l	0.0005 mg/l 以下であること	0.0005 mg/l 以下
		5	うちアルキル水銀		検液中に検出されないこと	不検出	検液中に検出されないこと	検出されないこと
		6	セレンおよびその化合物	150 mg/kg 以下であること	0.01 mg/l 以下であること	0.3 mg/l	0.01 mg/l 以下であること	0.01 mg/l 以下
		7	鉛およびその化合物	150 mg/kg 以下であること	0.01 mg/l 以下であること	0.3 mg/l	0.01 mg/l 以下であること	0.01 mg/l 以下

表 4.7.17 （つづき）

特定有害物質 （土壌汚染対策法第2条）			指定基準（土壌汚染対策法第5条）		第二溶出量基準 対策措置選定	（参考）環境基準	
			〈直接摂取〉 土壌含有量基準	〈地下水等の摂取〉 土壌溶出量基準		土壌環境基準 （銅を除く） 土壌溶出量基準	地下水環境基準
	8	ヒ素およびその化合物	150 mg/kg 以下であること	0.01 mg/l 以下であること	0.3 mg/l	0.01 mg/l 以下であり，かつ農用地（田に限る）においては，土壌1kgにつき15mg未満であること	0.01 mg/l 以下
	9	フッ素およびその化合物	4000 mg/kg 以下であること	0.8 mg/l 以下であること	24 mg/l	0.8 mg/l 以下であること	0.8 mg/l 以下
	10	ホウ素およびその化合物	4000 mg/kg 以下であること	1 mg/l 以下であること	30 mg/l	1 mg/l 以下であること	1 mg/l 以下
第3種特定有害物質	1	シマジン	———	0.003 mg/l 以下であること	0.03 mg/l	0.003 mg/l 以下であること	0.003 mg/l 以下
農薬等	2	チウラム	———	0.006 mg/l 以下であること	0.06 mg/l	0.006 mg/l 以下であること	0.006 mg/l 以下
	3	チオベンカルブ	———	0.02 mg/l 以下であること	0.2 mg/l	0.02 mg/l 以下であること	0.02 mg/l 以下
	4	PCB	———	検液中に検出されないこと	0.003 mg/l	検液中に検出されないこと	検出されないこと
	5	有機リン化合物	———	検液中に検出されないこと	1 mg/l	検液中に検出されないこと	検出されないこと

4.7.4 植生調査

a. 生態系調査の概要

植生調査を説明する前に，動植物を中心とした生態系調査全体のありかたについて述べたい．

生態系調査とは，対象地域の生態系の構造や機能を明らかにし，関連工事による生態系への影響の軽減や生息環境の保全をその目的としている．このためには，まず，生物の多様性の階層構造と生態系の機能について知ることが重要であり，つぎに，地盤関係で生態系の主要な位置にある土壌の重要性や，植生調査，動物調査の方法について述べる．最後に，生態系の評価のしかたとミチゲーションおよび代替案についてまとめた．

b. 生態系の内部構造と多様な機能

従来，開発工事に伴う周辺環境への影響については，単に周辺地盤や地下水への影響や騒音・振動などが関心の中心であった．しかし，近年ではビオトープと呼ばれる動植物の生棲場所の保全や緑コリドーと呼ばれる移動経路の確保が重要視され，自然生態系全体の保全や影響の軽減が注視されるようになってきた．また，生態系を形成している生物の多様性には階層構造があり，遺伝子レベル，種レベル，地域レベル，広域レベル，地球レベルの階層をもっており，互いに関連し合っている．このなかで地盤調査のとくに重要なものは，地域レベルの生物の多様性であり，地域の生態系の保全のあり方がわかるような調査が必要となる．また，小規模な新設法面での植生工の植物種の導入についても在来種に注目するだけでなく，遺伝子レベルでの生物のかく乱を防止することも重要になる場合がある．

c. 土壌の重要性

いままでの地域開発にあたっては，表層土壌は不要な物として扱うことが多かった．しかし，土

壌中には多くの植物の種子が混入しているし，生態系の底辺を形成する微生物や小動物の生息場所となっている．したがって，開発工事において土壌を保全することは，地域生態系にとってたいへん重要なことである．これらの土壌の厚さや性状を調べるものとして，一般的に検土杖を用いた土壌の直接観察があり，土壌観察の際には土色帳などを使用して土壌の分類を行う．この場合には，土壌の断面的な構造を観察することができないため，必要な場合にはトレンチ調査などで土壌断面を直接調査することも行われる．また，土壌の工学的な物理特性を求める際には，山中式土壌硬度計やポータブルコーン貫入試験，動的簡易貫入試験，土壌深調査棒[1]などが利用される．とくに，山中式土壌硬度計は植物の根茎の進入限界の指標となっており，植栽工などの適否を判定する際に使用される．さらに，土壌中の水分条件を測定するものとしてテンショメーターがあり，測定結果はpF値で示されるのが一般的である．そのほか，必要に応じて土壌のpHや化学成分を分析することもある．

d．植生調査方法

植生調査としては，コドラート調査が一般的であり，決められた範囲のなかで下草，低木，亜高木，高木の階層に分けて植物を同定したり，植物の生育状況を計測する．このようにして，代表的な植物群落を調べることができるが，広範囲に植生図を作成する場合には，コドラート調査などの現地調査のほかに空中写真による判読が利用される．さらに，リモートセンシングにより，植生指標であるRVIやNDVIを利用すると，植生の活性を読み取ることができ，植生の風倒被害やその後の斜面災害を予測することも可能となる[2]．

樹木の胸高直径と樹高などを測定する毎木調査は，森林群落の現存量や生産量を求めるために行われる．また，樹木の垂直方向の広がりや階層構造を把握するためには，階層構造図や森林断面図が利用される．

とくに，稲垣ほかによる地生態断面図は図4.7.7に示したとおり，森林断面図に湧水や微地形要素，地層分布などを入れて表現することによ

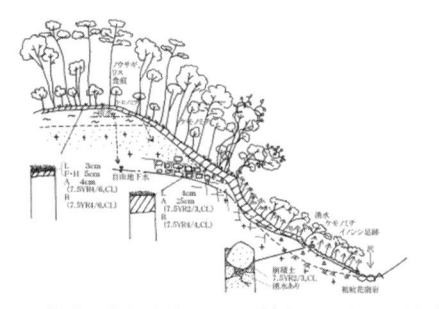

図4.7.7 筑波山北側地域 No.1測線支沢の地生態断面図[3]

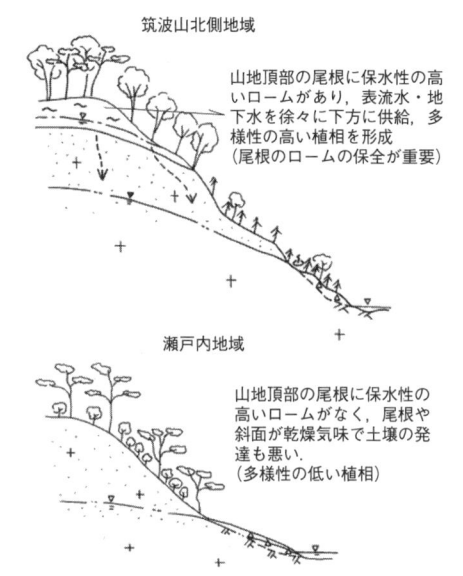

図4.7.8 筑波山北側地域と瀬戸内地域の比較（花崗岩分布域）[3]

り，地盤構造上，地域での環境保全対象をしぼりこむことが可能となるなど視覚的にも利用価値は高い．図4.7.8には花崗岩地域で，地生態断面図の有効性を示す事例を示した．花崗岩地域では，マサ化が厚く土壌流出しやすいため，瀬戸内地方のようにマツの疎林となることが多い．それに対して，マサの上にローム層が分布している筑波山北側地域では，落葉広葉樹からなる多様な植物種が認められた．つまり，地生態断面図を見ると，山地頂部に分布している保水性の高いローム層が表流水や宙水を徐々に下方に供給し，多様性の高い地域の植物相を形成させていることがよくわかる．かりに，この地域が開発される場合には，尾根部のロームの切土を避けるなどの対応策が計画できる．

e. 生態系の評価とミチゲーション

環境アセスメント法などにもとづくと,生態系の事前環境評価が必要である.事前評価では,動植物の種の多様性を把握し,特定の貴重種だけでなく,地域の生態系全体を保全する観点から,生態系を代表する指標生物を選び,その保全のあり方を検討すべきである.また,地域の生態系の中心となる部分の保全や指標動物の移動経路や営巣場所,産卵場所など,もっとも重要な場所をさがし出す必要がある.つまり,周辺の環境保全のためには,地域の生態系への負荷の軽減(ミチゲーション)を可能な限り行う必要があるからである.たとえば,図4.7.9に示したエコロードで知られている日光自動車道路のように,規模の大きな切土や盛土工事を人工改変面積の少ないトンネルや,高架橋などの構造物に変更したり,ルート上に重要な植物群落や希少動物の生息場所がある場合には,そのルートの変更を行う.ルートがどうしても変更できない場合には,図4.7.10に示した岡山県のひいご湿原のように,一部新しく代替のビオトープを創造し,そこへ対象動植物の移設を行う.自然環境への影響評価では,事業中から事業後にかけてのモニタリングが重要であり,その評価手法として,最近ではフラクタル理論を用いた解析も行われるようになっている[4].わが国の自然は,多くの生物種がすでに危機に瀕しており,各地で孤立化しているのが現状である.し

図4.7.10 岡山県ひいご湿原を道路が通過するため,道路敷地面にかかる湿原部の面積を少なくしたうえで,どうしても道路部にかかる湿原部を残った湿原の脇に移設している(道路の左側がひいご湿原)

たがって,すでに失われた生態系をいかに復元するかも重要なことであり,開発事業の縮小や中止などの代替案を検討することもありえる.

〔稲垣秀輝〕

4.7.5 動物調査
a. 対象動物の選定

動物によって生活場所や生活様式が異なるため,いろいろな動物調査法がある.このため,開発工事にあたって調査目的を明確にし,調査対象の動物をしぼりこむ必要がある.一般的には哺乳類,鳥類,爬虫類,両生類,昆虫類,水生動物などから対象をしぼりこむことが多い.また,移動する動物の基本事項を把握するためには,どうしても広範囲の調査を行う必要が出てくる.このため,調査は段階を追って行うことが多い.まず,文献調査や現地視察を中心とした概略調査から始める.つぎに,保全上重要となるコア部分を中心とした詳細調査を行う.また,工事中や工事後にはモニタリング調査を行うことも重要となる.調査のおもな対象になる哺乳類,鳥類,爬虫類,両生類,昆虫類,水生動物などの代表的な調査方法をつぎに説明する.

b. 調査方法

哺乳類や鳥類など多くの動物を対象とした代表的調査方法としてラインセンサス法がある.この

図4.7.9 エコロードである日光自動車道で,国立公園内であるために,右岸山体の切土案が生態系の負荷を軽減するため橋梁と高架橋案に計画が変更された

方法は調査ルートを設定し，一定の速度で移動しながらルート周辺の動物の目撃，鳴き声，痕跡（フィールドサインで足跡・糞・食痕・巣など）記録する方法である．このラインセンサスを繰り返し行うことによって，動物のテリトリーやホームレンジを求めることができる（テリトリーマッピング法）．また，動物のテリトリーを求める方法としては，対象個体の生態について詳細な検討を行うため，電波発信機を装着して行動を追うラジオテレメトリー法がよく使われる．

昆虫類の調査では，捕虫網でのスウィーピング法や樹上の枝や葉などをたたいて，そこに付着した甲虫類などを捕獲するビーティング法がある．昆虫類が光やにおい，食物に集まる性質を利用して採取する方法として，ライトトラップ法やピットホールトラップ法，ベイトトラップ法などがある．鳥類もラインセンサス法（ライントランセクト法，ベルトトランセクト法）を利用することが多いが，鳥類の行動様式を把握するためには，1羽の個体を連続観察するトレースマッピング法や，ある定点で鳥の出現を記録していく定点観測などがある．

c．まとめ方

開発計画地にオオタカなどの猛禽類が出現して，事業が一時ストップすることがある．これらの多くは，希少種として「レッドリスト」にあげられているアンブレラ種である．調査のまとめ方としては，対象個体の行動域とそのなかでの鳥自身の土地利用状況（内部構造）を図化し，対象種の生態を把握することである．猛禽類調査の「バイブル」となっている猛禽類保護の進め方[6]では，営巣が確認された後に2回の繁殖期の調査を実施してその内容をとらえるとしている．これは，クマタカのように毎年繁殖することの少ない種類では大切な要件である．調査のまとめ方については，対象の地域特性に合せて柔軟に取り組むことが肝要である．

d．評価方法と対応策の現状

猛禽類の保護となる具体的な対策としては，繁殖期を配慮した工事日程，工事中の騒音・振動対策，防音壁，シェルターの設置などのハード対策がある．さらに，工事関係者への保全対策上の注意事項の教育や，残地・裸地部への植栽対応，代替巣の設置などのソフト対応も必要となる．猛禽類の保全対策はまだ緒についたばかりで，試行錯誤の段階である．このため，さらに有効な手法を研究し開発していくべきであろう．

〔稲垣秀輝〕

参 考 文 献

1) 佐々木靖人，品川俊介，大谷知生，脇坂安彦：応用地生態学―地学的環境保全学の開発の試み―，日本応用地質学会平成12年度研究発表会講演論文集，pp. 309-312，2000．
2) 後藤恵之輔：植生からみた斜面崩壊の予測，生態系読本―暮らしと緑の環境学―，pp. 119-120，地盤工学会，2002．
3) 稲垣秀輝，小坂英輝，平田夏実，草加速太，稲田俊昭：地生態断面調査法，第39回地盤工学研究発表会講演集，pp. 59-60，2004．
4) 大野博之：自然環境の評価とフラクタル，生態系読本―暮らしと緑の環境学―，pp. 203-204，地盤工学会，2002．
5) 橘　敏雄：猛禽類の保護，生態系読本―暮らしと緑の環境学―，pp. 71-72，地盤工学会，2002．
6) 環境庁：猛禽類保護の進め方，p. 1，1996．

4.8　気象水文調査

4.8.1　気象水文調査

a．気象水文調査の意義

気象は，我々の生活にもっとも身近な，日々変動する自然現象といえよう．社会経済活動に大きな影響を及ぼすのみならず，その土地の熱環境，水環境，地盤環境にも影響を及ぼす．一方，地球上の水循環過程の一つのプロセスとして現れる河川水（表流水）や地下水は，同様に人類の生存のみならず，社会・経済活動に不可欠の水資源である．しかし，これらの水資源は，地球上いたるところに潤沢に存在するわけではなく，空間的にも時間的にも偏在しているのが特徴である．それが，もっとも極端に現れたものが砂漠や洪水である．綿密な水文調査を通じて，それぞれの地域においてどのような時期に水資源がどれだけ存在するのかを把握したり，洪水災害の原因を探りその

対策を検討することで水害を軽減することは、人類にとって不可欠の要件であり、その手段が水文調査（水文観測）である。地下水については次節で詳述するので、本節では、熱・水環境に影響を及ぼす気象調査とともに、河川水（表流水）に関連した水文調査について記述する。すなわち、主要な気象調査を概観するとともに、水文調査のなかから蒸発散量、降水量、水位、流量の調査をとりあげる。

b. 気象調査[1]

ここでは、地上での気象を観測する手法についてとりあげる。

気温については、WMO（世界気象機関）基準で地表面上 1.25～2.0 m の高さで観測することになっており、わが国の気象庁では地上 1.5 m を原則としている。センサーとしては、水銀式・アルコール式の指示式棒状温度計のほかに、バイメタル式の自記温度計や近年自動観測に広く活用される白金測温抵抗体センサーがある。いずれも、日射を含む周囲からの放射がセンサー自体やその周辺を局所的に暖める効果を排除する必要から、百葉箱や通風筒のなかにセンサーを設置して観測することが原則である。

湿度は、蒸気圧とそのときの気温における飽和蒸気圧の比である相対湿度で表されることが多い。このため、一般に気温とセットで観測される。同じ棒状の温度計を2本並列させ、1本の球部をぬれた布でおおうことで、乾湿球の温度差から相対湿度を観測する乾湿計や毛髪湿度計が古くから用いられているが、最近では、塩化リチウムの吸湿伝導性を利用した露点計や、誘電率の変化をとらえる静電容量式のセンサーが、自動観測に用いられてきている。

風向風速は、WMO基準で地上 10 m にて観測することを原則としている。瞬間風向風速はある時刻における値であるが、平均風向風速は、通常 10 分平均値であり、日平均風速は、1日間の風程を 24 時間で割った値である。

日射量は、地表の熱収支・水収支を規定する基本要素であり、大気中で散乱・反射することなく、太陽方向から直接地上に到達する日射を直達日射量と呼び、直達日射に加えて、大気での散乱日射や雲などからの反射日射を合わせた天空の前方向から入射する日射量を全天日射量と呼ぶ。それぞれ専用のセンサーが存在するが、ほかの気象要素に比べて日射量観測の地点数は少ない。このため、日照時間データから日射量を推定することも多い。

c. 蒸発散量調査[2]

植物の生命活動に関連して根からの吸水をもとに発生する蒸散と、それ以外の地表面一般からの蒸発を合わせて蒸発散と呼ぶ。後者には、土壌面・水面や、舗装面などの人工被覆面からの蒸発だけではなく、降水中に植物の葉の表面に貯留された水（樹冠遮断と呼ぶ）が蒸発する遮断蒸発も含まれる。蒸発散量を現地で点的に計測する手法としては、傾度法、熱収支法、渦相関法、ライシメーター法などの方法がある。蒸散量については、木1本ごとに測定するヒートパルス法がある。しかし、蒸発散量は気象条件（気温・湿度・風速）のみならず、地表面の条件（土壌水分量や空気力学的粗度、放射収支環境を規定する地形因子など）によっても変化するため、面的な蒸発散量分布や平均量を知ることは容易ではない。河川流域スケールでの蒸発散量分布評価を行うためには、上記の諸々の周辺環境因子を評価できるモデル（たとえば、土壌水分変動を組み込んだ流域規模水循環解析モデル）とそれらが蒸発散量に及ぼす影響を組み込んだ蒸発散量評価式（Penman式、Penman-Monteith 式など）を組み合わせる手法[3]や、地表面温度分布やその日較差など、もしくは地表面の植生密度や活性度が地表面熱収支を反映することを利用して、それらを面的に把握できる人工衛星などからのリモートセンシング情報を活用する手法[4]、などを利用することが必要となる。河川流域スケールでのマクロな総量の評価で十分な場合には、Hamon 式、Thornswaite 式といった気候学的経験式による評価手法や、後述する降水量調査と河川流量調査を基盤とした流域スケールでの水収支解析をもとにした評価手法が用いられる。

d. 降水量調査

降水量は，ある時間内に地表の水平面に達した降水の量をいい，水の深さで表す．雪片やあられなどによる降雪量の場合，相当水量換算の水の深さでなく積雪の深さ（増分）で表す場合があるので注意が必要である．その場合は，積雪の密度を乗じることで降水量に変換する．わが国でもっとも一般的に用いられるセンサーは転倒マス型雨量計であるが，それによる自記雨量観測が普及する以前は，貯水型雨量計（普通雨量計）が広く用いられていた．周辺の障害物の高さの4倍以上離れたところに，できるだけ低い受水口高さ条件（ただし，地面からの跳ね返りなどを入れない高さ）で設置するのが望ましい[1]．

水資源評価や洪水予測といった立場からは，河川流域スケールでの降水量分布や平均量を知ることが重要である．このため，流域のスケールや地形に応じて，適切な密度と位置で雨量観測所を設置することが重要である．標本計画法による研究[5]によれば，たとえば，3000 km² の河川流域で流域平均総雨量を10%以内の誤差で把握するためには，30箇所程度の雨量観測所が必要となる．近年では，地上テレメーター雨量値によりリアルタイムで補正を行ったリアルタイムレーダー雨量（国土交通省河川局・道路局と気象庁による）の情報の提供が始まっており[6]，幅広い分野での利活用が期待される．

e. 水位調査[7]~[9]

水位とは，ある基準面から測った水面の高さである．もっとも狭義には，水位は，東京湾平均海面（T. P.＝Tokyo Peil）を基準面として測定した水面の高さである．しかし，ある河川断面での水深や河積との関係を直感的に理解しやすいように，個別の水位観測所ごとに，最低水位付近を基準として水面高さを測定・表示する方法も多く採用される．いずれの場合も，水準基標を観測所付近に設置し，水位観測零点との相対標高差を把握しておく必要がある．

水位観測を行う手法は，1 cm 単位での量水標を支柱に取り付けた水位標により，水位を直接目視で読み取る普通観測と，水位計と自記紙・データロガーといった記録装置（テレメーターと呼ぶデータ伝送装置も多く併置される）を組み合わせた自記観測に大別される．ただし，自記観測においても，観測値の定期的なチェックや自記水位計欠測時の水位確認・報告のために水位標は不可欠である．また，目的によって，両者の中間的な観測形態もあり得る．たとえば，最大水位を記録もしくは周知させる（アラームを出す）ことに特化した水位計が，発展途上国における洪水災害軽減の視点から開発され利用されている事例がある．

自記観測のための水位センサーには，おもなものとして①フロート式，②リードスイッチ式，③水圧式，④超音波式，といった種類がある．フロート式は，測定機構が単純であり，河床変動・堆砂などの影響を排除できれば長期的に安定した記録を得られる．リードスイッチ式（測定柱式）は，河床にH鋼を立てて水位標と同時に取り付けることで，流水を阻害する面はあるが，フロート式に比べて設置が容易であり，河川の中下流部で広く用いられる．水圧式は，圧力センサーを用いるもので，施設の設置や維持管理が容易であることから，近年増えている．超音波式は，非接触で水位を計るため，土砂などが流下する河川上流部や河床変動の激しい河川，高流速の水路などで用いられる．

f. 流量調査[7]~[9]

河川の流量とは，単位時間に河川横断面を通過する水の量である．河川断面の大きさに応じて数分～1時間程度の範囲内で，水位・流量変化が小さいと仮定できる時間内に一連の観測作業を実施し，流量を評価することになる．しかし，河川流量はつねに変動しているため，ある時間での流量観測値のみでは利用価値は限定される．このため，流量観測作業自体は水位観測所のある断面で断続的に実施しておき，ある水位とそのときの流量の両者のデータを蓄積し，定常と見なせる流れにおいて水位と流量との間に認められる一義的な関係（この関係曲線を水位流量曲線と呼ぶ）を経験的に把握したうえで，水位記録から連続的な流量値に換算する手法が国内外で広く利用されている．

河川流量の観測手法は，①流速・断面積計測法，②水理構造物による計測法，③洪水痕跡などを利用した水理学的知見にもとづく間接計測法，に大きく分類できる．わが国の低水観測で広く用いられる可搬式流速計による方法，および高水観測で用いられる浮子測法は①に分類される．わが国においては，低水から洪水などの高水にいたる流況の変化の幅がきわめて大きいため，低水時，高水時のそれぞれに適した観測手法を採用することが一般的である．

低水時に用いられる流速・断面積計測法 (velocity-area method) は，可搬式流速計によって実施される．流水断面中の流速分布を実測し，水深測定結果と併せて区分断面ごとに平均流速・流量を算出して河川全断面での流量を算出する方法である．国土交通省の基準では，水深測線間隔を水面幅の10%程度以下の等間隔に設定し，流速測線間隔はその倍となる．しかし，断面形や流速分布に応じて断面全体の流量に大きく寄与する部分の観測は密に実施するべきである．1測線における鉛直方向の平均流速については，水深の2割と8割の位置での流速の平均値で代表できることが経験的に知られている．用いる流速計としては，プライス流速計などの回転式流速計や可搬型電磁流速計が代表的である．

洪水時に用いられる流速・断面積計測法は，おもに浮子測法によって実施される．必要な測線ごとに浮子を投下してある区間を流下する時間を計測し，その区間の平均流速を求めて各測線の流速と見なす一方で，水位観測値と観測前後作成の河川断面図をもとに，各流速測線周りの区分断面積を評価し，合算して河川全断面での流量を算出する方法である．国土交通省基準では，浮子の吃水比（吃水深と水深との比）を0.4〜0.8の間に収めることを原則として浮子の種類（吃水深）を15 cm（表面浮子），0.5 m，1.0 m，2.0 m，4.0 mの5種類に限定するとともに，粗度係数と水深方向の流速分布を仮定することにより，各測線の水深のみの関数として，一義的に浮子と更正係数（浮子の流下速度に乗じて当該測線平均流速を算出するための比）を選択できるようにし，浮子と更正係数の規格化を図っている．

なお，浮子を用いずに水深方向の平均流速を直接測定することで，洪水流量観測の精度向上を図ることを目的として，ピトー管の原理による静圧・動圧の測定により，流速と器深を同時に測定できる水圧式水深流速計が開発されている．

断面平均流速 V_m を直接測定して流量を評価しようとする方法として，水中に超音波を発信して水の流れによる周波数のドップラーシフトを測定する超音波センサーを用いる方法，河床に電磁コイルを設置し河川断面全体に磁束を発生させて，そこを流水が通過する際に発生する起電圧を測定することで，V_m を求める開水路電磁流量計を用いる方法がある．前者には，ドップラーセンサーを水深方向に複数水中設置することによって V_m を求めるいわゆる超音波流速計と，水上のボートや河岸・橋脚などから超音波を複数方向に照射し，流れ方向の照射領域内の各断面流速分布が一定であることを仮定することで，断面内二次元流速分布を直接評価しようとする超音波ドップラー流速プロファイラ（ADCP）がある．いずれの方法も，可搬型流速計を用いる手法よりも短時間での観測が可能であり，水位流量曲線が適用できない地点（潮汐やせき操作・大河川との合流などによる背水の影響を受ける地点）を中心に活用事例が増えている．

流水に直接触れることなく，リモートセンシング（非接触型流速計）によって河川の表面流速のみを測定し，水深方向の流速分布を仮定することにより，流量を観測する手法も最近開発された．どんなに急激な洪水出水においても，人手に頼らずに迅速・安全・確実に，かつ，連続的に流量観測データを取得することができる点が，最大の利点である．流水内の流速分布を直接測定できないため，高精度を担保するためには，既述のほかの手法と適宜組み合わせることが必要となるが，水位観測とセットになった表面流速の連続データは，河床変動や粗度の変化など，水理学的な流況の変化のモニタリングにも有効であることが報告されている[10]．流水表面でのドップラー効果を利用する電波流速計および超音波流速計のほかに，

ビデオカメラで河川表面の波紋などの移動を撮影し，画像処理によって表面流速分布を求めるタイプも開発されている．導入時に大きな初期コストを要するが，長期的に観測を継続することでトータルで流量観測コストを下げることが可能であり，中小河川での流量観測体制構築や，重要地点での観測の二重化（バックアップ）などに有効と考えられる．

水理構造物による計測法は，せきや限界流フリュームなどの構造物を河川断面に設置し，常流から射流に遷移する支配断面などをつくることによって，一意的な水位流量関係を得る方法である．流れを大きく阻害するため，流量観測目的のみでこのような構造物をつくることはごく小規模の渓流などを除きまれであるが，すでにせきやダム・水門などの構造物がある地点では，この方法により流量を観測することが可能となる．

洪水痕跡などを利用した水理学的知見にもとづく間接計測法は，わが国では，上述した主要地点での流量観測データを時空間的に補間する手法として用いられることが多い． 〔深見和彦〕

参 考 文 献

1) 気象庁：地上気象観測指針，2002.
2) 近藤純正編著：水環境の気象学—地表面の水収支・熱収支—，朝倉書店，1994.
3) たとえば，深見和彦，金木　誠，廣瀬葉子，松浦　正：土木技術資料，**42** (11)，p.26，2000.
4) たとえば，多田　毅，風間　聡，沢本正樹：水文・水資源学会誌，**7** (3)，p.114，1994.
5) 橋本　健：標本計画法による面積雨量の精度および信頼度の評価に関する研究，土木研究所報告第149号，p.115，1997.
6) http://www.bosaijoho.go.jp/
7) 竹内　均監修：地球環境調査計測事典，第2巻陸域編②，第2章河川調査，フジテクノシステム，2003.
8) 建設省河川局監修：改訂新版建設省河川砂防技術基準（案）同解説・調査編，(社) 日本河川協会，1998.
9) 国土交通省河川局監修，独立行政法人土木研究所編著：平成14年度版水文観測（第4回改訂版），(社) 全日本建設技術協会，2002.
10) 山口高志：水文・水資源学会誌，**16** (4)，p.439，2003.

4.8.2 地下水調査

地下水は，地盤の構造や分布に支配された広がりをもつ，地下水の移動の速度は地表を流れる水に比べ著しく遅い，地下にあってその状態を把握することが困難であるといった特徴がある．地下水調査にあたっては，このような視点から水理地質調査，地下水涵養量調査，地下水流動調査，水質調査が行われる．

a．水理地質調査

水理地質調査では，地下水の存在する場となる地層の空間的な分布と水理特性について把握することを目的に，資料調査，現地踏査，ボーリング調査，原位置試験および室内試験が系統的に実施される．水理地質構造を推定する際には，地形の変遷を推定しながら，地層の空間的な位置関係を認識し，大局的な地質の成り立ちを推定することが重要であり，物理探査やボーリング調査の結果を組み合わせて解釈する必要がある．調査の数量が限られている場合には，資料調査によって地質構造などの情報を補完する必要がある．

資料調査では，帯水帯となる地層や不透水層となる地層などの地下水の存在を規制する地層を中心に，これらの広域的分布と物性値の情報を整理する．地下水に関する資料としては地質図，土地分類図，研究論文などのほか，全国地下水資料台帳などが利用される．不圧地下水の流動方向は地形に支配される場合が多いことから，地形に関する資料として地形図や空中写真を判読することにより，対象地域のおおまかな地下水状況を読みとることができる．たとえば，旧谷地形，扇状地，旧河道，自然堤防，後背湿地などの分布から，地下水の賦存状態，流動方向を類推できる．

地表踏査では，資料調査をもとに谷・尾根の形状，平坦面の分布，カルストや地すべり，断層といった地下水に関連した地形や湧水の状態についての観察，表層地質（崖錐，扇状地，段丘などの地表を被覆する堆積物）の状態，地盤・基盤岩の性質およびその分布状況，地質構造，割れ目の状態といった地下水を規制する土質・地質に関する観察を行い，平面図，断面図として水理地質的特徴を表現する．植生の状態や地下水利用の状況に

ついても，地下水の状態を知る手がかりとなるので調査項目に加えるとよい．

リモートセンシングは，広域的な水理地質構造の把握に有効な方法であり，衛星画像や空中写真のスペクトル解析，傾斜や標高などの地形量の解析によって，地形・地質の区分，地質構造の把握，災害地形の抽出，地表含水区分などが行われている．最近では，航空機レーザーによる地形計測も利用されている．

物理探査では，地表面から地下構造を把握するための弾性波探査や電気探査，帯水層となる地質や不透水層となる地質の面的な広がりを把握することができる．広域的な地下水盆の調査では，重力探査や磁気探査，電磁探査のうちCSAMT法などが用いられる．帯水層や不透水層の分布調査には，通常の地質調査の手法と同様に，弾性波探査や電気探査による地層の連続性に着目した調査が実施されている．ボーリングの孔間や地表に設置した測線の測定結果を組み合わせて探査を行う，ジオトモグラフィーが用いられることもある．このほか，浅い地下水の分布調査には地表面や地下1m深の温度分布を調査する温度探査，水みちの調査には地下レーダーが用いられる．物理検層は，地層の特性の把握を目的にボーリング孔を利用して実施される．

ボーリング調査は，地質構造の調査，原位置での試験，室内試験の試料採取，水位観測や水質観測，地盤沈下の観測のために行うものである．地質構造ではボーリングコアの観察による地層の分布と貫入試験などの孔内試験による地層の物性値の把握を行う．原位置試験では，現場透水試験や揚水試験によって，地盤の透水係数や貯留係数といった水理定数を把握する．土質試験は透水性の把握がおもな目的として実施されるが，地下水解析や地下水に起因する地盤沈下や地すべりの解析においては，ほかの土質定数についても試験を行う．

b．地下水涵養量調査

地下水循環の把握や地下水の水資源としての利用を検討する場合など，地下水の量的調査においては，地下水の水収支の調査が必要となる．地下水の量は，地下水盆中を流動，循環する循環系に存在する水の量であり，この量を求めるには地下水盆への流入量と流出量の水収支を求めることが基本である．地下水涵養量調査は降水，表流水，湖沼などからの供給や人工的な流入などの涵養源からどれだけ地下水系に流入するかを把握するために行われるものである．地下水涵養量を推定する方法には，地表面の水収支による方法，土壌水分フラックスを測定する方法，ライシメーターによる方法，トレーサーを用いる方法がある．これらの方法は対象とする水収支モデルの大きさによって一長一短があるため，解析対象の規模や目的に応じた方法をする．

地表面の水収支を考えると，表流水の浸透量（あるいは流出量）と降水の地下への浸透量，蒸発散量から地下水涵養量を求めることができる．土壌水分の変化や地表の貯留量も要因となるが，その影響は長期的にはごくわずかである．地表水の降水と地表水の浸透量（ある範囲における地表水の流入と流出）は，水文調査にもとづいて計算することができる．

土壌水分のフラックスは，不飽和帯もダルシー則が適用できると考えられているので，土壌の不飽和透水係数と動水勾配の積で求められる．不飽和透水係数は，室内試験によって求められる．現場でも，流入を遮断した状態でかんがい後の水頭の経時変化を測定することで透水係数を求めることができる．圧力水頭と透水係数の関係が求められれば，テンシオメーターによる圧力水頭の経時観測で地下水補給量が求められる．

ライシメーターを用いる方法は，降下浸透量を直接測定する方法で，ゼロフラックス面（地下水の動水勾配が1.0に近く，蒸発散の影響が及ばない深さ）より深いタンクの深さとなるよう設置したライシメーターで，土壌の重量変化もしくは土壌からの流出水量を測定するものである．ライシメーターは，タンクには調査地の代表的な土壌を乱れの少ない試料を用いて，植生も調査地に近いものにするとよい．

土壌水をトレーサーによって追跡する方法は，地下水中の人工同位体や環境同位体の収支を測定し，土壌水の移動機構を推定する手法である．地

下水の水質（溶存成分）と表流水に差がある場合には，水質の変化を測定することで，水収支を推定することもある．

c．地下水流動調査

地下水の三次元的な流動状況を把握する方法には，複数の地下水井やピエゾメーターの観測から得られる地下水のポテンシャル分布を直接測定する方法，同位体や温度などをトレーサーとして地下水の移動を推定する方法，地下水の数値解析によって地下水のポテンシャル分布を推定する方法などがある．地下水流動調査は，水みち調査のような局所的な視点に主眼をおいたものから，地下水の涵養，流動，流出といった大局的な視点に主目的をおいたものまである．とくに，汚染物質の移動などの調査では，地下水が三次元的にどのような速度で流れているかを評価することが重要となる．このような調査目的に応じて，調査範囲を定め，そのなかで最適な調査方法を選択していくことが重要である．

地下水ポテンシャルの測定は，あらかじめ既設井戸から地下水位分布図を作成して，概略の地下水の流動方向を推定し，流動方向に沿ってピエゾメーターなどを配列し，得られた水位から等ポテンシャル線を作成し，これに直交する流線を描くことで，地下水流動系を知ることができる．

環境同位体をトレーサーとする方法は，主として巨視的な地下水流動を把握する目的で実施される．代表的な同位体は ^2H（重水素），^3H（三重水素），^{18}O がある．これらの同位体の地下水中の存在量は陸水中よりも多いため，同位体の存在量の分布や経時変化を測定することで，地下水の移動や滞留状態を知ることができる．これらの分析には，液体シンチレーションカウンタや質量分析計を用いる．

地下水温の測定によって求められた地下水の温度分布と，その経時変化から地下水の流動を推定できる．広域的な同一深度における地下水温分布図からは，平面的な地下水の流動状態，深度方向の温度分布からは鉛直断面における地下水の流動状況，局所的な温度分布からは埋没谷や旧河道などの水みちの分布を知ることができる．

小規模の地下水流動を観測するために，人工トレーサーを用いる調査がある．トレーサーとしては塩化ナトリウム，塩化アンモニウムのような電解質，蛍光染料，人工の放射性同位体が用いられる．人工トレーサーによる地下水流動調査では，ボーリング孔や井戸から投入したトレーサーの濃度経時変化によって，通常は投入地点から数十 m 程度の範囲で三次元的な流向と流速を確認できる．飲用地下水へのトレーサーの投入はできないため，注意が必要である．

このほか，ボーリングの単孔を利用した流向・流速の調査を行う場合がある．単孔を利用した調査では，地下水の流向・流速を孔内微流速計によって直接測定する方法のほか，ボアホールテレビの画像を利用した浮遊粒子の計測による方法などがある．

d．水質調査

地下水の水質調査は，飲用などの地下水利用のために行われるものと，地下水汚染の把握のために行われるもの，すでに述べた地下水の涵養源の解明や流動状況の把握のために行われるものがある．水質の分析項目は目的によって異なっており，飲用水などについては水道法の規定にもとづく項目，涵養源の解明や流動状況の把握の調査では，陰イオンと陽イオンの種類と組成について分析することが一般的である．地下水の水質調査では，地下水観測井や揚水井から採水するが，涵養源の把握や流動状況の把握の場合には，二次元や三次元的に採水位置を配列し，季節変化などの経時変化をとらえられるような採水時期を選ぶ必要がある．調査結果は，単一成分の濃度分布として示されるほか，トリリニアダイアグラム（キーダイアグラムとも呼ばれる）やヘキサダイヤグラムなどを用いて，地下水組成の空間的分布として表示される．

〔阿南修司〕

4.8.3 海岸調査

ここでは，沿岸域における土砂の移動領域である漂砂系での，波・流れと海浜地形などに関する調査手法について簡単に述べる．なお，海岸における各調査の詳細な解説については，「海岸施設

設計便覧（2000年版）」[1] を参照されたい．

a. 現地踏査と資料収集

漂砂系における海浜過程では，さまざまな時間スケールおよび空間スケールの現象が複合しているので，詳細な調査の前に現地踏査と資料収集を行うのが望ましい．現地踏査では，漂砂系全体を対象として，前浜勾配や底質の特性，構造物周辺の海浜変形や浜崖の形成状況，ごみの漂着状況や植生分布などを観察する．そして，これらの観察結果から流れの方向や海浜の侵食・堆積傾向および漂砂の卓越方向を推定し，詳細な調査（波・流れの観測位置や地形調査の範囲など）を計画する．また，資料収集では各行政機関などで公表されている波浪データ，潮位データ，風向風速データ，気圧データおよび海底地形図などを整理・解析する．とくに，第2次世界大戦直後に米軍が撮影した航空写真と，その後に国土地理院が数回にわたって撮影した航空写真を収集すれば，対象とする漂砂系における長期にわたる汀線変化の解析が可能となる．

b. 波・流れ・潮位の調査

調査の対象とする漂砂系内に波浪観測所や潮位観測所などがあれば，それらの観測データを収集して波・流れと潮位の特性を検討する．また，ある地先での波・流れ・潮位の特性は，自記式の計測機器を一定期間設置し観測することで把握できる．最近では，水深20mから浅海部の数箇所に波浪波向計を設置して，対象地点に来襲する波浪の特性を解析することが多い．波浪波向計は，水位変動を計測する波高計と水粒子の速度を計測する流速計とで構成されている．波高計のタイプには，超音波式波高計と水圧式波高計があり，流速計としては電磁流速計が一般に用いられる．超音波式波高計は，水位変動を直接計測できるので原理的には優れているが，砕波による気泡の巻き込みが多くなると，安定した計測ができない欠点がある．したがって，砕波の頻度が高くなる浅海域では，水圧式波高計のほうが確実な計測ができる．また，超音波センサーと水圧センサーの両方を備え付けた波高計も開発されているので，設置地点の波浪状況に応じてこれらを使い分ければよい．

波の調査では，データのサンプリング間隔は，2Hz以上とし連続計測することが望ましいが，記録媒体の容量や電源の関係で一定時間間隔ごとに20分程度の計測でもよい．計測したデータからは有義波高，有義波周期，波向，平均流速などを求める．とくに，波向の推定精度は波浪波向計の設置精度に依存するため，流速計の方位設定および磁北と真北とのずれについて注意する．波向の表記法としては，16方位によることが多いため，記録として残される波向の精度が問題となる．つまり，漂砂系における土砂動態の一つである沿岸漂砂を推定するためには，16方位による波向表記では粗すぎるため，さらに細かな単位による表記が必要とされる[2]．

流れの調査では，流速計を設置した場合には，その記録から平均流速と流向を評価すればよい．しかし，流速計を利用できない場合には，フロートなどの動きを追跡して流れの場を推定することになる．フロートの位置は，海岸近くの高所からトランシットなどを用いて，一定時間間隔で同定する方法や，気球などにとりつけたカメラを用いて同定する方法がある．これらの観測は，主として海浜流が発達する砕波帯内を対象として行う．近年では，超音波ドップラー式流速プロファイラーによる流速の鉛直構造の観測や，短波レーダーによる広い範囲にわたる表層流れの観測も行われるようになった．また，最近の観測によると，冬季風浪下の日本海側において，強い季節風の作用と低気圧の通過により，海岸線付近の平均海面が上昇し，海岸線に沿う向きの強い流れが大規模な領域で発達することが確認されている[3]．さらに，夏季の内湾では，成層した海水の運動が海岸付近に強い流れを発達させることがある[4]．

c. 海浜地形と漂砂の調査

漂砂系における土砂動態を把握するために，海浜地形の時間的変化や細かな海底地形の情報が必要な場合には，深浅測量を実施する．測量範囲は，内湾では水深20mまで，外海に面した海岸では水深30mまでとし，陸上部は変形が生じる後浜頂部まで，または海岸堤防までの領域とする．沿岸方向の測線間隔は，調査目的によって異

なるが，50～500m程度とされることが多い．海浜地形の季節的変化が卓越する海岸においては，定期的に毎年同じ測線で，できるだけ同時期に深浅測量を実施することが重要である．なお，全領域を同じ密度で測量が実施できない場合には，1測線おきに実施するなどして，データの同時性が保たれるようにする．また，気象擾乱に伴う暴浪波などの巨大な外力が作用した場合には，事後の海浜変形を把握するために，適宜深浅測量を実施するのが望ましい．

深浅測量では，桟橋や船からレッドを降ろして測定する方法，スタッフを用いた水準測量，音響測深器による方法などが用いられる．現在では，自走する船に搭載した音響測深器を用いて水深を測定し，海岸線近くの領域や陸上部は，スタッフを用いた水準測量で補間する方法で深浅測量が行われている．しかし，この方法では，船の位置の同定，船の動揺，波浪や潮汐などによる水位変化などの影響を受けて，10～20cm程度の誤差が生じるとされている．船の位置の同定については，海岸に設置した最低2箇所の基準点から見通すことによる方法が一般的である．また，最近では，さらに精度の高いGPSを利用したディファレンシャル測位法と，高精度のナローマルチビームを用いた測深による深浅測量なども行われるようになった．

深浅測量の成果は，測量原簿，等深線図などとして保存するが，データの共有が図れるように，電子的な媒体で統一的な形式で保管するのが望ましい[5]．深浅測量データをもとに，等深線位置の変化の分析により，漂砂特性を把握するとともに，土砂量の時空間変化の解析により土砂収支を推定する．また，海浜断面形の変化から，波の作用による地形変化の限界水深，バーム高さ，漂砂の移動高さなども把握できる．なお，異なる時期の深浅測量データの比較から得られる地形変化をもとに，沿岸漂砂量や岸沖漂砂量を逆算することができる．しかし，深浅測量の測定精度が10～20cm程度であり，測線の間隔もあまり密には設定できないことが多いため，広い領域の土砂収支を評価する場合には漂砂量の推定精度に問題が残る．

したがって，漂砂量推定の信頼性を高めるためには，波や流れの調査と海浜地形の調査とともに，移動する土砂の量を直接計測する方法を合わせて実施することになる．高波浪の来襲によって生じる海底面の変化を短い時間間隔で計測したい場合には，発光ダイオードや超音波を利用した砂面計を用いる．また，漂砂量は，捕砂器による方法や浮遊砂濃度を測定する方法で直接的に計測できる．捕砂器による方法では，浮遊砂を対象とする場合は，ポンプなどを利用して採水する方法や，筒型のトラップや網を用いる方法がある．掃流砂を対象とする場合では，箱型の容器を海底に埋設する方法などが用いられる．いずれの場合も，捕砂器そのものが流れの場を乱したり，土砂の移動状態を変えてしまうことなどが問題となる．

浮遊砂濃度計としては，発光部と受光部を対にして，透過光の強度から浮遊砂濃度を計測する透過型濃度計や，浮遊粒子から散乱する赤外線を検出する後方散乱方式の光学式濃度計（OBSセンサー），超音波を利用した超音波式漂砂量計などがある．浮遊砂濃度計の出力特性は，土砂の粒径や組成に大きく影響されるため，計測地点の底質を採取してもち帰り，攪拌水槽などにより検定する必要がある．これらの方法のほかに，底質に蛍光塗料を塗布して，トレーサーとしてその移動特性を追跡することによって，漂砂量を推定する方法もある．

d．底質特性と海底地質の調査

底質調査は，後浜頂部から移動限界水深地点付近までの領域で実施する．また，対象とする地域に土砂の供給源となる河川が存在する場合には，河口部を含めて調査する．海岸における底質は一般に，汀線部と砕波点付近で粗く，水深が深くなるほど細かくなる特性がある．また，沿岸漂砂の下手に向かうにつれてふるい分けが進み，下手側では粒径が小さくなり，淘汰のよい底質が観察される海岸もある．底質調査では，これらの特性を踏まえたうえで，調査目的に応じて底質採取地点や頻度を決定する必要がある．採取した底質は，

乾燥させてふるい分け試験を行い，それによって得られる粒径加積曲線から中央粒径 d_{50} や均等係数 S_0 などを求める．調査目的によっては，さらに，底質の沈降速度，比重，鉱物組成や化学元素の構成比率なども必要に応じて計測する．海浜堆積物の粒度組成，鉱物組成や元素の構成比率の変化は，漂砂源の特定や沿岸漂砂の卓越方向を判断する手がかりになる．

長期的な海岸の形成や砂礫の賦存量を調べるためには，海岸の地質に関する調査が必要になる．陸上部では，ボーリング調査が実施されていることがあるので資料を収集する．前浜や後浜領域では，トレンチ調査で砂礫の堆積状況を把握することができる．海底の地質については，音波探査が用いられる．これは，磁歪振動子や火花放電などにより，出力の大きな音波を発生させ，地層境界面で反射される音波の強度から地層構造を推定するものである．海底下30m前後までの領域は磁歪式地層探査で測定され，海底下100m前後までの領域は放電式音波探査で測定される．

e. 飛砂と海浜植生の調査

強風の発生頻度が高く，細砂で構成されている海岸では，飛砂による海浜の変形が顕著となる．飛砂の調査では，風速の鉛直分布，陸上海浜部の地形変化，底質粒径，表面の湿潤度などを測定する．これらのデータを用いると，いくつかの公式から飛砂量が推定できる．飛砂量を直接測定するには，さまざまな形式の捕砂器が用いられるが，形式によって捕砂効率が異なるので，結果の解釈に注意を要する．

海浜に自生する植生は，飛砂の発生を抑制する効果が大きいため，植生の変化も調査する．植生の分布・変遷と，日照，気温，降雨，地下水位，地形変化などとの関係を検討する．また，詳細に植生の変化を調査するためには，1m四方程度のコドラートを数箇所に設置し，コドラート内の植生の優先種，植生の高さ，被覆率などを計測する．植生の種類は，季節に応じて変化するので，調査期間は少なくとも1年以上とする．さらに，海岸付近でしか見られないシチメンソウやトウテイランなどの希少種の存在も調査しておく必要がある．

f. そのほかの調査

海水中の環境要素（水温・塩分，濁り，栄養塩，溶存酸素）の調査では，影響を受けると思われる生物の時間軸との整合性をもたせるように，定点数や回数を設定することが重要となる．なお，過去の調査データがほとんどない海域については，1〜2年は比較的広い範囲での全般的な調査を行い，空間分布の特徴を把握する．そして，対象とすべき環境要素やサンプリング手法などを検討し，不必要な調査項目を省いたモニタリングを数年かけて実施する．生態系の調査は，沿岸域の開発などによる環境の変化が，海岸に生息する生物に与える影響を予測・評価するために行う．生態系に関する調査としては，藻場調査，魚卵・稚仔魚の調査，プランクトン調査，底生生物調査，魚介類調査，鳥類調査などがある．

〔山本幸次〕

参 考 文 献

1) 土木学会編：海岸施設設計便覧（2000年版），p.584，丸善（株），2000．
2) 宇多高明，畑中達也：波向データの16方位分割の持つ問題点，土木学会第48回年次講演会講演概要集，II-403, pp. 902-903, 1993．
3) 佐藤愼司：日本海沿岸で観測された流れの特性，土木学会論文集，No. 521/II-32, pp. 113-122, 1995．
4) 佐藤愼司：台風9617号による駿河湾の波浪と密度成層の挙動，土木学会論文集，No. 579/II-41, pp. 151-161, 1997．
5) 佐藤愼司，林　正男，加藤史訓：海象データおよび深浅測量データの整理・解析手法，土木研究所資料，第3511号，p.74, 1997．

4.9 地盤災害調査

過去に自然災害を被った場所が開発されたり，予測を越えた豪雨・地震・火山噴火などの発生によって，多くの地盤災害が発生している．地盤災害は，地震時の地盤の液状化被害のように，現地盤の変状・破壊・移動によって被災する場合と，斜面崩壊や土石流のように，他所から移動してきた土砂などにより被災する場合がある．表4.9.1に示した斜面崩壊は，豪雨・地震・火山噴火など

表 4.9.1 斜面崩壊の２大要因[1]

Ⅰ. 土中のせん断応力を増大する要因
① 外力の作用
② 含水量が増したための土の単位体積重量の増加
③ 掘削による土の一部の除去
④ 人工または自然力による地下空洞の形成
⑤ 地震・爆破などによる振動
⑥ 引張応力による割れ目の発生
⑦ 割れ目の中にはたらく水圧
Ⅱ. 土のせん断強さを減少する要因
① 吸収による粘土の膨張
② 間げき水圧の作用
③ 土の締まり方の不十分
④ 収縮・膨張または引張りによって生じる微細な割れ目
⑤ 不安定な土中に生じるひずみと緩慢によって起こる崩壊
⑥ 凍土やレンズの融解
⑦ 結合材の性質の退化
⑧ ゆるい粒状の土の振動

のさまざまな災害時に発生する事象であり，毎年多くの人・家が被災している．このような斜面崩壊の２大要因としては，土中のせん断応力の増大と土のせん断強さの減少があげられる．地盤災害への対策としては，従来から地盤そのものの強化や，土砂移動を抑えるなどのハード面が行われてきた．しかしながら，災害発生危険箇所が多いわが国の現状を考えると法的な土地利用規制や，ハザードマップを利用した情報伝達・警戒・避難システムなどのソフト対策も必要となってきている．このためには，シミュレーション手法による地盤災害危険区域の予測や地盤災害GISのような情報管理技術が重要である．

危険度把握には，その地域の過去の災害実績を図化した災害実績図（ディザスターマップ），起こりうる災害の種類，規模，影響範囲などを示した災害危険区域予測図（ハザードマップ），災害の規模や発生確率を考慮し，具体的な被害を予測した被害予想図（リスクマップ）と段階を踏むことにより，一般住民に対する利用価値が上がっていく．これらの地盤災害に対する調査法としては，いろいろな関係省庁で要領などはつくられているが，基準化されたものはなく，既往の調査法を応用して，対処しているのが現状である．

4.9.1 地盤災害の種類と対応

地盤災害を災害の誘因（地盤の劣化，豪雨，地震，火山噴火など）により分けると理解しやすい．もちろん，これらの災害は複合して発生することも多いが，ここではこれらの誘因によって地盤災害を分類すると，以下のとおりとなる．

① 基礎地盤の劣化による変動災害：地盤沈下，不同沈下，陥没，隆起など．

② 豪雨による土砂災害：落石，崩壊，岩石崩壊，地すべり，土石流，融雪災害など．

③ 地震による災害：地震震動，斜面崩壊・落石，地すべり，液状化，側方流動など．

④ 火山噴火による災害：噴出岩塊，降下火砕物（火山灰など），溶岩，火砕流，火砕サージ，泥流，土石流，岩屑なだれ，山体崩壊，地すべり，斜面崩壊，火山性地震動，地殻変動，地下水・温泉変動など．

これらの地盤災害に焦点を合わせて実際の調査を行うが，調査計画についてはまず調査フローを立てることが肝要である．調査フローとしては，既往資料調査や地表調査，空中写真判読などの広域調査から始め，必要に応じてはアンケート調査や聞き込み調査が必要となる．つぎに，対象地を絞り込んだら地盤調査や現地計測，室内試験などの詳細調査が重要である．これらの詳細調査には，一般の地盤調査法に利用されているいろいろな方法を使うことになる．また，既往資料調査やアンケート調査，聞き込み調査は，過去の災害の実体を知るうえで有用な情報を提供してくれる．

4.9.2 地盤変動調査

一般に，地盤は変動しないと考えられているが，地盤が変動し災害が発生することがある．たとえば，地下水の汲み上げによる広域沈下，工事などの影響による局地的な地盤沈下や隆起，地下空洞の形成による陥没などである．

広域地盤沈下は，地下水の過剰な揚水によって，粘土層が圧密されるために，地表面が沈下する現象である．沖積低地の多い大都市圏では昭和10～30年代に地盤沈下が進行したが，地下水の揚水規制が行われた昭和50年以降沈静化してい

る．ただし，豪雪地域では消雪用水として地下水需要が増大し，一時的に沈下が進行したり，地球温暖化に伴う異常渇水が頻発するようになり，平成6年のように渇水時の地下水需要の増加により，急激に沈下域が生じる箇所もある．地盤沈下が進行すると，構造物基礎や井戸の抜け上がり，道路や堤防などの不同沈下などが発生し，海岸付近では相対的に海水面が高くなるため，高潮や津波による災害が増加する．

地盤沈下は不可逆性があり，一度地盤沈下が生じると，回復させることはほとんど不可能である．このため，広域地盤沈下における調査では，地盤沈下の原因や推移を把握し，早急に対応策を講じる必要がある．

建設工事に伴う地盤の沈下は，図4.9.1に示したとおり，軟弱地盤上の盛土による沈下，山留め掘削による沈下，地下掘削による地山の緩みによる沈下，地下水低下工法に伴う沈下などがある．建設工事に伴う地盤沈下は局所的であるが，建物の破損やライフラインの破壊，排水機能の阻害など，周辺住民に大きな被害を与える．したがって，調査段階で地盤変位の発生が予測される場合には，その対策や工事中での地盤変位のモニタリングが欠かせない．

それに対して，宅地造成後徐々に地盤が変動し，宅地建物に被害が及ぶことがある．発生原因としては，地盤のスレーキング，パイピング，土砂吸出しなどの地下水と関連した地盤の変状や軟弱地盤の改良不足などが多い．しかし，大谷石の石材採取跡などの人工的な地下空洞による予期せぬ陥没が発生することもある．海外では図4.9.2に示したとおり，石炭などの鉱山の坑道採掘跡が経年的に劣化し，天盤や坑壁が破壊することによって陥没が生じることがある．ここでは，陥没した地表が大きく沈下し，人工の池となり，地表にあった多くの住宅が移転した．

国内ではこれらの災害は，鉱害復旧対策事業によって長く対策が行われ，現在では大部分が解消している．鉱山跡以外にも，戦時中の地下壕などが陥没する現象も発生している．

このほか，施工時の転圧不足や上下水道からの漏水に伴う土砂流出が原因の道路陥没もかなり起こっている．このような陥没は規模が比較的小さく，空洞が地表に近い位置にあることが多い．このように，地盤災害を発生させる地下空洞の調査は，まず，既往資料調査によって空洞の位置や規模を明らかにすることが肝要である．古い鉱山や地下壕のように，記録がない場合や詳細な位置が知りたい場合には，電気探査，地下レーダー，反射法地震探査，表面波探査，重力探査，地温探査などの物理探査によって，地下空洞の存在や規模の調査を行う．地下空洞が確認された後の空洞内部の調査としては，ボアホールカメラ・ビデオやファイバースコープを挿入して観察することも多い．また，地下空洞が大きい場合は，直接調査員が空洞内に入り，その分布や広がりを記録するこ

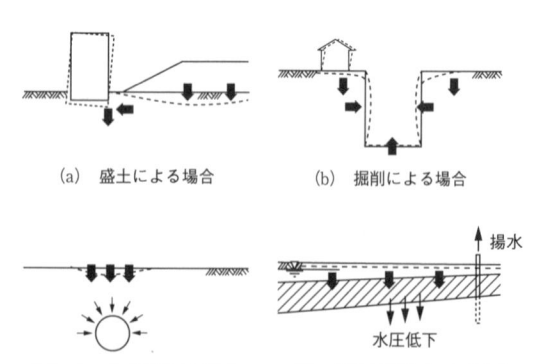

(a) 盛土による場合　(b) 掘削による場合
(c) シールド工による場合　(d) 地下水位低下による場合
図4.9.1　建設工事による地盤沈下[2]

図4.9.2　ポーランドの第三紀炭層の坑道が崩壊し，その上方の宅地を含む地表が広範囲に沈下したため人工の池が形成され，宅地の移転が行われている．池の背後はボタ山である．

ともあるが，この場合には酸欠事故などに十分注意する必要がある．陥没事故と反対に，造成地盤を形成する盛土に海成泥岩などを使用した場合には，地表付近では乾燥に伴うセッコウなどの鉱物が晶出する．大山[3]は，このような造成地地盤でセッコウなどが晶出して盤膨れ被災が発生した事例を示している．このような場合には，地盤内の鉱物組成や化学組成の調査も必要となる．

4.9.3 豪雨土砂災害調査

豪雨土砂災害には落石，斜面崩壊，岩石崩壊，地すべり，土石流などがあり，梅雨や台風などの集中豪雨により発生する．図4.9.3には切土斜面の崩壊パターン分類を示した．

落石や斜面崩壊・地すべりに対しては，素因と誘因とに分けて調査することがよく行われている．素因とは，斜面自体がもっているもともとの危険要因であり，誘因とは豪雨や地震などの自然外的営力や切土や表土などの人為的外的要因である．素因のおもなものは，つぎのとおりである．
① 斜面勾配が急であり，不安定な浮石・転石などが認められる．
② 斜面の地盤が風化・劣化し，割れ目が多い．
③ 斜面内の地盤不連続面が流れ盤であり，すべりや崩壊を形成しやすい．
④ 地下水や地表水が集まりやすい地質・地形である．
⑤ 植生が少なく，地表が緩んでいる．
⑥ 地盤内に潜在するすべり面がある．
⑦ 地すべり地形を呈している．
⑧ 過剰な水圧が発生する地質構造がある．
⑨ 頭部が重たい，不安定な斜面構造をもつ．
⑩ 脚部が侵食されやすい地形要素がある．

一般に，地すべりと斜面崩壊とはともに，斜面の土砂災害であるが，地すべりが，緩斜面で発生し，ゆっくりと繰り返し活動するに対して，斜面崩壊は急斜面で急激に発生する違いがある．調査時には，これらのことを頭に入れ，地すべり独特の地形要素（馬蹄型の凹地，滑落凹地，側部亀裂，舌端部の圧縮亀裂）を理解しておくと，地すべり範囲を効率よく把握することができる．

土石流に関しては，発生域，流下域，堆積域に分けて調査を行うことが多い．発生流域の調査では，地形，地質，斜面勾配，斜面表層土の状況，不安定渓床土砂，水系縦・横断形状，崩壊地分布，土砂の粒径分布，植生被地状況などのほか，発生時刻，発生にいたるまでの降雨状況，河川の流量の状況などの調査を行う．また，発生原因が山腹崩壊，渓床不安定土砂の流動化，天然ダムの決壊のいずれであるかを判断する．土石流流下域では，流路内の土砂侵食・堆積状況，流路の縦・横断形状，左右岸の水位・土砂痕跡，とくに湾曲部での土石流痕跡の標高差を測定することにより，土石流の流速が推定される．

図4.9.4に示したように，氾濫堆積域においては，堆積前の平面地形，流路の縦・横断と集落や周辺地との関係，堆積の平面形状，堆積厚さの分布，粒度構成状況，動的な氾濫堆積過程の状況などを調べ，災害復旧や，今後の土石流発生予測の基礎資料とする．

豪雨時に発生する落石・崩壊・土石流・地すべりなどから被害を最小限にとどめるためには，土砂災害の発生予測が重要である．災害発生予測については，過去の被災調査にもとづいて作成されたハザードマップの活用や個別な箇所での統計的・経験的な評点形式による危険度評価が行われている．

落石対策便覧[5]や道路防災点検要領[6]，落石対策マニュアル[7]および各自治体から出されている土砂災害防止に関する調査技術基準（案）などには，これらの基準が記されており，豪雨災害の危険度評価を行うことができる．さらに，危険な地域がしぼりこまれた場合には，落石・崩壊シミュレーションや土石流シミュレーションを実施し，落石や崩壊土砂の到達範囲や土石流流出範囲を求めることも可能である．また，最近施行された新砂防法では，急傾斜地や危険渓流を対象として，警戒区域や特別警戒区域の範囲指定を行っている．

4.9.4 地震災害調査

地震災害は，地震震動による構造物・ライフラ

204   4. 地盤環境情報の調査

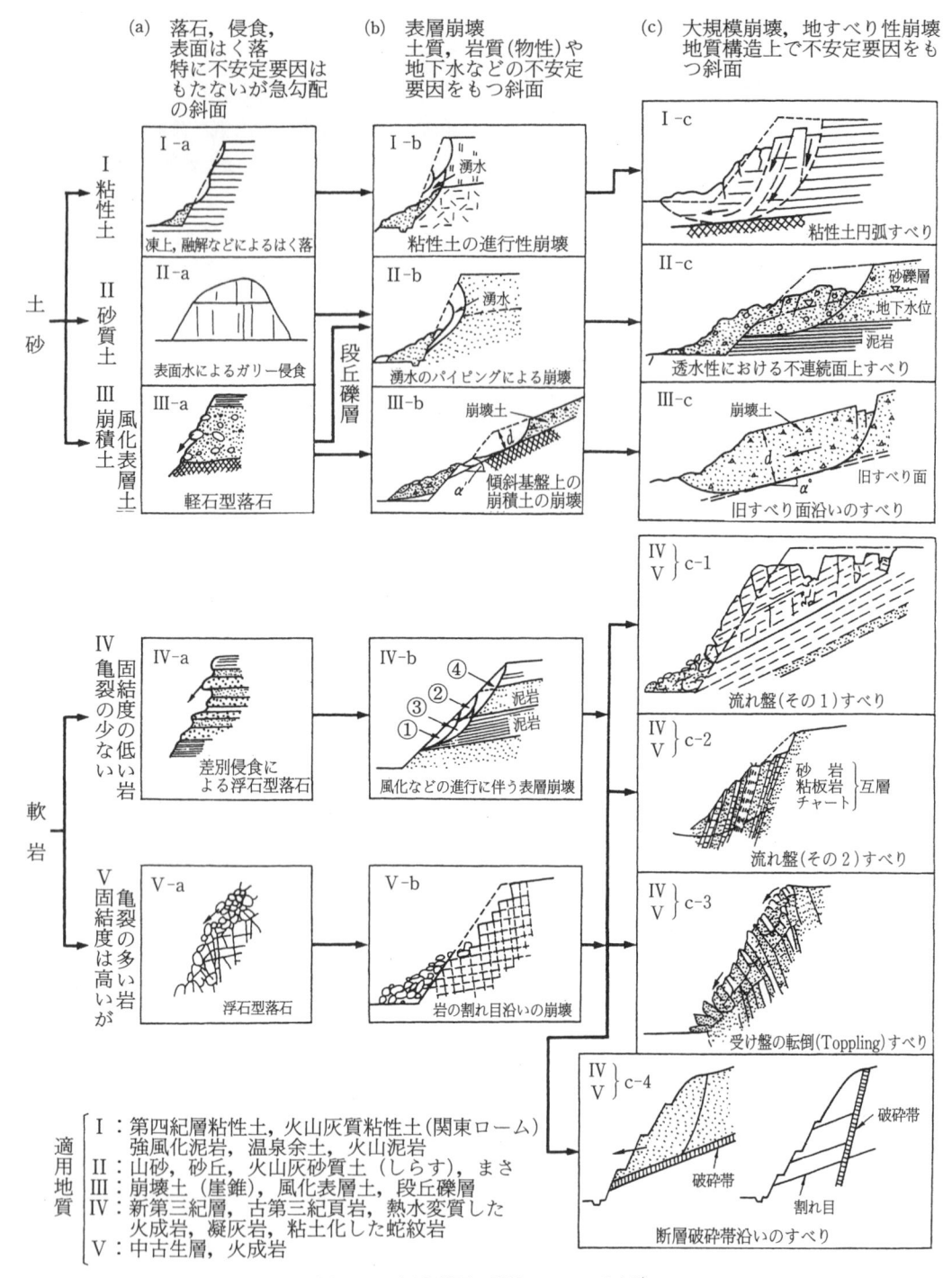

図 4.9.3 切土斜面の崩壊パターン分類[4]

(a) 落石，侵食，表面はく落
特に不安定要因はもたないが急勾配の斜面

(b) 表層崩壊
土質，岩質(物性)や地下水などの不安定要因をもつ斜面

(c) 大規模崩壊，地すべり性崩壊
地質構造上で不安定要因をもつ斜面

土砂
- I 粘性土
- II 砂質土
- III 崩積土

I-a 凍上，融解などによるはく落
II-a 表面水によるガリー侵食
III-a 軽石型落石

I-b 粘性土の進行性崩壊（湧水）
II-b 湧水のパイピングによる崩壊
III-b 傾斜基盤上の崩積土の崩壊

I-c 粘性土円弧すべり
II-c 透水性における不連続面上すべり（砂礫層，地下水位，泥岩）
III-c 旧すべり面沿いのすべり

軟岩
- IV 固結度の低い岩 亀裂の少ない
- V 固結度は高いが 亀裂の多い岩

IV-a 差別侵食による浮石型落石
V-a 浮石型落石

IV-b 風化などの進行に伴う表層崩壊（泥岩）
V-b 岩の割れ目沿いの崩壊

IV,V c-1 流れ盤(その1)すべり
IV,V c-2 流れ盤(その2)すべり（砂岩，粘板岩，チャート 互層）
IV,V c-3 受け盤の転倒(Toppling)すべり
IV,V c-4 断層破砕帯沿いのすべり（破砕帯，割れ目）

適用地質
- I：第四紀層粘性土，火山灰質粘性土(関東ローム)，強風化泥岩，温泉余土，火山泥岩
- II：山砂，砂丘，火山灰砂質土(しらす)，まさ
- III：崩壊土(崖錐)，風化表層土，段丘礫層
- IV：新第三紀層，古第三紀頁岩，熱水変質した火成岩，凝灰岩，粘土化した蛇紋岩
- V：中古生層，火成岩

インや地盤の直接被害と地盤の液状化や側方流動がある．地震動により不安定斜面では落石，斜面崩壊，地すべりなどが発生する．地震時の斜面崩壊には，表層だけが滑る小規模な崖崩れから，土量が数千万m^{3}に及ぶ大規模崩壊まである．大規模なものが発生する頻度は少ないが，都市盛土などで高速ですべり出し，人命に大きな影響を与えるものがある．とくに，斜面での崩壊位置は斜

4.9 地盤災害調査

図 4.9.4 2003年7月20日に発生した水俣市集集落の土石流被害．土石流は上流部の大規模斜面崩壊を引き金として，集川を流下し集川最下流の丘状の集集落を飲み込み大きな被害を与えた．

面上部や凸地形のところに多い．調査方法としては，現地踏査と空中写真判読とがある．これらの概査で大規模な地すべりなど重要な箇所が抽出された場合は，ボーリング調査や動的簡易貫入試験などのサウンディングと物理探査やサンプリングによる室内土質試験から地盤構成やその動的強度特性を求め，地震応答解析と斜面安定解析を行う．

谷口ら[8]は長野県西部地震の際に，これらの方法により松越地区の大規模崩壊の原因を明らかにしている．また，過去の地震被害については，地震被害報告書や古文書による文献調査のほかに，聞き込み調査や空中写真によって，斜面崩壊の分布を調べることも可能である．

埋立て地などの海岸沿いの新しい地盤内では，液状化が発生することが多い．この場合には，地震後に噴砂・噴水地点を見つけだし，噴砂噴水地点をマッピングし，噴砂のサンプリングを行う．調査方法は，表 4.9.2 に示したとおりである．

これらのうち，①地表の踏査による方法は比較的簡単に行えるが，狭い範囲の調査にとどまる．②アンケートや聞き込み調査は，地震後しばらくたってからでも行えるが，被害状況を直接見ることはできない．③空中写真による方法は，広範囲に調査はできるが，撮影に費用がかかる．図 4.9.5 には1993年釧路沖地震による地盤変状調査の事例を示した．

表 4.9.2 液状化発生地点の調査方法[9]

調査方法	長 所	短 所
①地表の踏査	・簡単に素早く行える． ・判断が確実に行える． ・噴砂の試料採取が行える．	・広範囲にわたってもれなく調査することは無理である． ・時間がたつと噴砂孔が消えたりする．
②アンケートおよび聞き込み	・地震の後しばらくたってからでも調査が可能である． ・地震時の状況（噴水高さなど）も場合によっては調べられる．	・住民に関係ない土地での調査は行えない． ・手間が少しかかる．
③空中写真の判読	・広範囲にもれなく調査ができる．	・撮影の費用がかかる． ・木や屋根の陰になっている所では判読できない．

表 4.9.3 液状化による被災原因の地盤調査項目[9]

区 分	調査・試験項目
地盤調査	ボーリング・地下水位測定
	標準貫入試験
	スウェーデン式サウンディング試験
	オランダ式二重管コーン貫入試験
	速度検層（PS）
土質試験	粒度試験
	繰返し非排水三軸試験

つぎに，表 4.9.3 には液状化発生場所での被害原因を調査する地盤調査項目をあげた．簡易的には，標準貫入試験やスウェーデン式サウンディングなどで調査が行われ，詳細に調査する場合には，乱さない試料を採取して室内土質試験が行われる．具体的な被災調査は新潟地震，阪神・淡路大地震，台湾集集地震，トルココジャエリ地震などの地震の際適宜行われているが，各構造物や災害対象に焦点をしぼった調査を行う場合もあるし，それらを総括的にまとめる場合もある．阪神・淡路大地震以降，直下型地震への対応が話題となり，レベル2地震動に対する対応策と耐震性能などが必要となり，性能性設計の考え方が主流

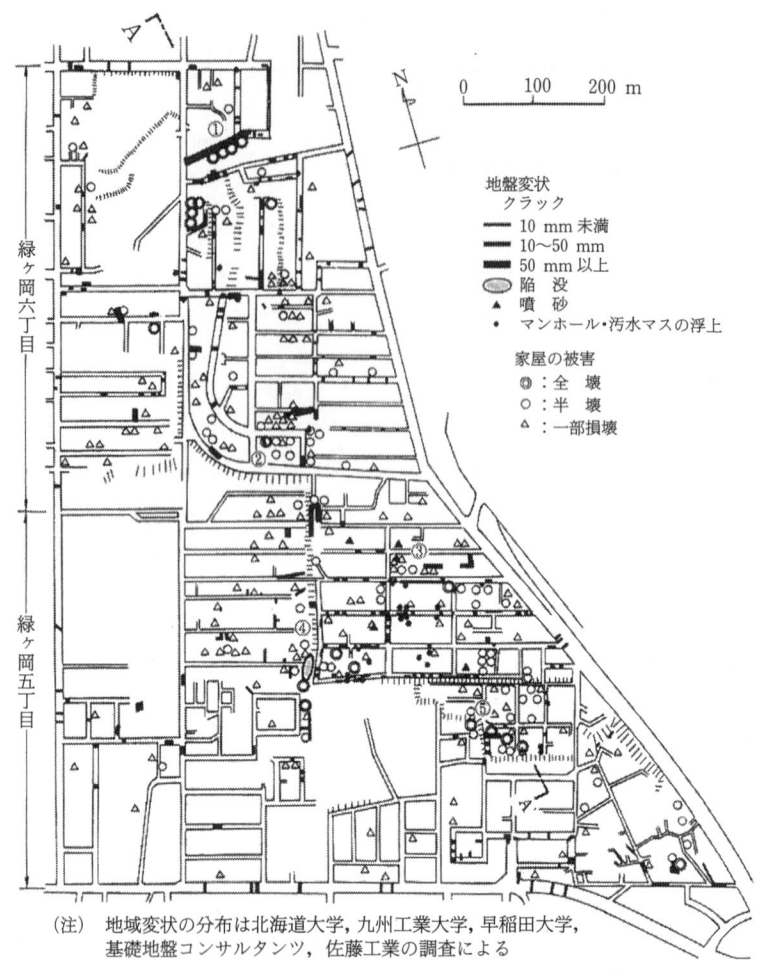

図 4.9.5 1993年釧路沖地震による地盤変状調査例[10]

(注) 地域変状の分布は北海道大学，九州工業大学，早稲田大学，基礎地盤コンサルタンツ，佐藤工業の調査による

となってきている．地震時には，地盤の硬さや地層構成などにより，地表面での揺れ具合が大きく異なる．この地盤振動の分布図を作成する手法（マイクロゾーニング）はいろいろと提案されている[11]．このようなソフト対応として，ハザードマップづくりやその災害予測図作成のための地質調査手法などを整理しておくと，突然起こる地震災害調査に役立つ．

4.9.5 火山噴火災害調査

1991年の雲仙普賢岳噴火以降，有珠山，三宅島など，わが国の活火山の活動が活発化しているように見える．火山噴火災害には，多様な災害要因があるとともに，各火山で特有の現象があり，調査法を一般的に論じることはむずかしい．つまり，火山噴火災害調査はそれぞれの火山特有の特徴をどのようにとらえるかが重要で，過去の噴火履歴の多い火山では，その対処のしかたがわかりやすい．

a．火山災害要因と種類

火山噴火災害は，噴火時に発生する噴出岩塊，降下火砕物，溶岩，火砕流，火砕サージ，泥流，岩屑なだれ，山体崩壊，火山性地震動，地殻変動，津波，火山ガスなどがある．また，噴火後や火山性の地震動に付随した副次的な災害として土石流，地すべり，落石，斜面崩壊，地下水・温泉変動などがある．表4.9.4にはこれらの災害を要因別に分けて示した．

最近の世界での火山噴火による人的被害は，火砕流や火山泥流などがその85%を占めている．

表 4.9.4 火山の噴火による災害要因と災害の種類[12]

災害要因	災害の種類
噴出岩塊	落下衝撃による破壊，火災，埋没
降下火砕物（火山灰，転石）	降下，付着，破壊，埋没
溶岩	破壊，火災，埋没
火砕流，火砕サージ	破壊，火災，埋没
泥流，土石流	流失，埋没
岩屑なだれ，山体崩壊	破壊，埋没，津波
洪水	流失
地すべり，斜面崩壊	流失，埋没
火山ガス，噴煙	ガス中毒，大気・水域汚染
空振	窓ガラスなどの破壊
地震動	山体崩壊，山崩れ，施設崩壊
地殻変動	断層，隆起，沈降，施設破壊
地熱変動	地下水温変化
地下水，温泉変動	地下水温変化，水量変化

しかし，物的被害は被害面積が広い降灰によるものが多く，現在，わが国でも富士山噴火を対象とした首都圏での降灰被害想定の検討が行われている．降灰は，大規模な噴火では，1回の噴出量が10億tを超える場合もあり，多量の火山灰が降り積もって建物が破壊することがある．また，降灰は交通・農業・生活などに重大な影響を及ぼすことが多く，山腹に積もった火山灰は，わずかな降雨でも泥流タイプの土石流を発生させる原因となる．わが国の場合，降灰は偏西風に乗って，火山の東側に延びることが多く，結果として火山の東側山麓に延びた降灰等厚線を示すことが多い．

雲仙普賢岳で多くの人的被害を与えた火砕流は，高温の岩塊や火山灰などが高温のガスと混合し，一体となって，高速で山麓を流下する現象である．火砕流本体は，小規模の場合，谷地形に沿って流下するが，大規模な火砕流や火砕サージなどでは，谷の屈曲地点で直進するなどし，さらに被害を大きくする．図4.9.6には，1991年に噴火した雲仙普賢岳の9月15日に発生した火砕流の分布を示した．この火砕流は谷を乗り越えて直進したため，多くの被害者を出した．

このように，火砕流は，発生時に恐ろしい災害をもたらすのみならず，雲仙山麓での土石流の頻発やシラス台地での崖崩れ災害など，その後も継続して土砂災害の原因となるため，注意が必要である．これは，火山活動により多量に噴出した未固結の不安定土砂が渓床や山腹斜面に堆積することと，これらの未固結の火砕物からなる不安定な急崖が多くの箇所に残されるためである．火砕流とそれにひきつづいて発生する泥流や土石流による被災調査では，その発生の過程，土砂量，流動状況，堆積状況，粒径分布，温度，二次災害の可能性などを明らかにする必要がある．図4.9.7には，2000年三宅島で発生した泥流タイプの土石流災害状況を示した．土石流によってシイトリ神社は埋没し，周辺の常緑樹が立ち枯れている．

これらの災害のほかに，山体崩壊や地殻変動，津波，火山性ガスなどの多様な災害が発生することを考え，その火山活動に対応した調査計画を立

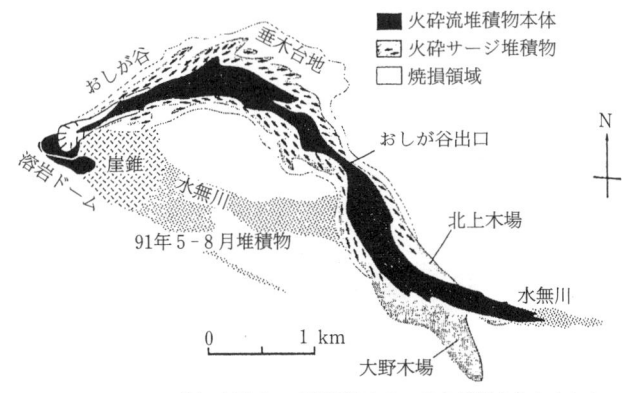

注）火砕サージ堆積物中の→ははぎ倒された木から推定される流動方向．

図 4.9.6　1991年9月15日に発生した雲仙普賢岳火砕流堆積物の分布[13]

図4.9.7 2000年三宅島噴火に伴う土石流で埋没してシイトリ神社（手前が鳥居の頭部で，奥が本殿の屋根）と立ち枯れの樹木

てることが望まれる．

b．火山噴火時の災害調査の事例

先に述べたように，火山噴火災害調査は各火山に個性があるため，一律に行うことができない．ここでは，2000年に噴火した有珠山について説明する．

図4.9.8は，2000年3月に噴火した有珠火山の調査例である．有珠山噴火は，事前に発表されていたハザードマップの範囲内か少し西側に寄った二つの噴火口で発生し，これに伴い地表の隆起などの地殻変動が発生した．

これは，噴火口下方に潜在した溶岩ドームの上昇が原因である．一部，熱泥流や泥流が火口から発生したが火砕流の発生はなく，火山噴出物についてもそのほとんどが降灰で，その量は1977年の噴火と比較して少なかった．火山性地震については頻繁に観測され，半径3km内の自然斜面や人工法面で崩壊や落石が多数発生した．

図4.9.9には，とくに地殻変動の著しかった洞爺湖湖畔の温泉街での地表の変位を示している．溶岩ドームの上昇に伴って圧縮クラックや凹地，側方変位などが発生している．

c．予測調査と火山噴火ハザードマップ

火山噴火が発生したとき，どのような災害が発生するかを予測したマップとして火山ハザードマップがつくられている．表4.9.5には，過去の噴火事例を研究して作成したディザスターマップにもとづいてつくられたわが国での代表的な火山ハザードマップである．また，図4.9.10には先に述べた有珠山のハザードマップの例を示した．

2000年の噴火やその後の土砂災害がこの予測の範囲に入っていたことが，人的被害がなかった一つの要因とされている．これは，有珠山にかぎらず過去の災害実績の収集と，それにもとづいたハザードマップの作成が重要であることを示している．しかし，同年の三宅島の噴火では最終的に

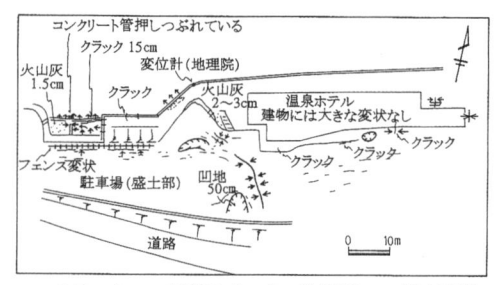

図4.9.9 2000年有珠火山噴火に伴う壮瞥温泉街での地殻変動による被害状況図[14]

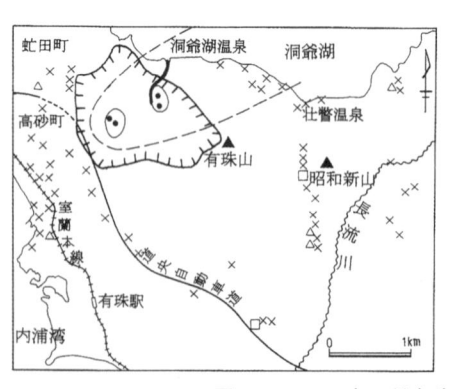

図4.9.8 2000年3月有珠火山噴火に伴う被害平面図[14]

凡 例
○ 今回の噴火口跡の分布域
● 5月15日現在活動中の噴火口
クラックなど地殻変動の著しい地域
泥流
× 火山性地震などによる地表のクラック
△ 火山性地震などによる崩壊・落石斜面
□ 地震によって弛んだ地盤が後の降雨により崩壊
降灰の多い地域

表 4.9.5 日本で公表された代表的な火山ハザードマップ[15]

作成年度	火山名	作成機関	名称
昭和58年	北海道駒ケ岳	駒ケ岳火山防災会議協議会	駒ケ岳火山噴火災害危険区域図
昭和61年	十勝岳	北海道上富良野町	かみふらの町防災計画緊急避難図
昭和62年	十勝岳	北海道美瑛町	びえい町防災計画緊急避難図
平成5年	三宅島	東京都三宅村	三宅島火山防災マップ
	伊豆大島	東京都大島町	伊豆大島火山防災マップ
	桜島	鹿児島市,垂水市,桜島町	桜島火山防災マップ
	樽前山	苫小牧市,千歳市,恵庭市,白老町	樽前山火山防災マップ
	雲仙岳	島原市,深江市	防災マップ
平成6年	北海道駒ケ岳	駒ケ岳火山防災会議協議会	みんなの防災ハンドブック駒ケ岳
	阿蘇山	一の宮町ほか9町村	阿蘇火山噴火災害危険区域予測図
	浅間山	長野県3市町,群馬県2町村	浅間山火山防災マップ
	草津白根山	草津町,長野原村,六合村	草津白根火山防災マップ
平成7年	有珠山	伊達市ほか4町村	有珠山火山防災マップ
	霧島山火山	鹿児島県3市,宮崎県3市町	霧島山火山防災マップ
平成10年	岩手山	建設省及び岩手県	岩手山火山防災マップ
平成11年	雌阿寒岳	阿寒町	雌阿寒岳ハザードマップ

図 4.9.10 有珠山ハザードマップ（出典：有珠山火山防災マップより）[16]

図 4.9.11 2000年三宅島噴火の約3年後で，三宅島のカルデラと噴気・火山ガス噴出状況．山頂斜面は降灰と火山ガスのため森林が倒れたままで，泥流発生によるガリーが認められる．

予期しなかった火口のカルデラ陥没が発生し，多量の火山ガスが長期間継続している（図4.9.11）．このように，火山災害現象では，解明の遅れている点も多いので，予想と異なる現象が発生する可能性も残しておくことが必要となる．各災害要因の予測手法としては国土庁（1992）の「火山噴火災害危険区域予測図作成指針」[12] などが参考となる．

4.9.6 ハザードマップと情報伝達・避難誘導

火山噴火災害調査の項で述べたように現地調査などと一緒にソフト的なハザードリスク評価が重

要である．ハザードリスク評価調査方法は，まず，災害特性に合わせたディザスター・ハザード・リスク評価の流れで作業が行われる．たとえば，火山噴火災害は災害様式が多様である．これらの災害の実績を調べ，災害実績図（ディザスターマップ）を作成する．つぎに，災害実績から予想される災害を示すハザードマップを作成する．火山噴火の場合には，噴火活動は長時間継続するため，ハザードマップを時間経過に合わせて修正していく必要がある．こうしてできたハザードマップをもとに，実際の被害規模と発生確率を想定したリスクマップを作成し，情報伝達・避難誘導などの避難計画や防災計画を立案する．リスクマップをつくるのは大変な作業であるため，既存のハザードマップにはこれらの発生確率の概念を入れ込んでいるものもある．また，日本は山地の占める割合が大きく，斜面が多い特徴がある．加えて，地震・火山国であり，梅雨前線や台風による豪雨も多く，斜面災害（斜面崩壊，地すべり，土石流など）が毎年のように発生している．

したがって，ハード対策だけで対応できないところも多く，ソフト対応の考え方やリスクマネージメントなどが重要である．とくに，地震災害や火山災害は数十年から数千年間隔で発生することも多く，常時の生活様式との兼ね合いがむずかしい．したがって，表4.9.6に示したような時間の概念を取り入れ，発生頻度と災害規模を考慮したリスクマネージメントが必要となる．

とくに，都市での地盤被害は大きくなることが多く，富士山噴火に伴う首都圏での降灰被害想定や阪神・淡路大地震で発生したような都市直下型の地震災害に対して，あらかじめ，災害を想定した対応を立てておくことが重要となる．たとえば，釜井ほか[18]によると，都市の地震災害を対象とした盛土の健全性調査を行うにあたって，地形解析や地下水状況，地盤状況などを考慮した地盤変動のシミュレーション判定などを提案している．

地盤災害調査法は，いろいろな種類の災害を扱うため，一般化された調査法を示すことがむずかしく，個々の事例に合わせた調査法を採用することになる．したがって，地盤災害調査法は個々の技術者の技術力や経験によるところが多い．とくに，豪雨土砂災害を対象として地盤工学会では，研究委員会の活動をとおしてリアルタイム崩壊および被災危険度予測手法の検討が行われている[19]．また，地震災害では，阪神・淡路大震災以降レベル2という強震を考慮した耐震に関する研究が進んでいる．今後予想されている東海地震や南海・東南海地震についての解析やその備えも行われている．さらに，土木学会では，地震工学のほかに，火山工学や斜面工学を取り扱っており，

表4.9.6 火山地域での時間概念を入れた土地利用のあり方とリスクマネージメント[17]

自然災害の頻度	災害規模	自然災害の種類	土地利用のあり方	人的対応
1箇月	極小	河川内の増水	レクリエーション（日帰り）	短期予測，避難のための情報伝達
1年	小	小落石，河川内増水	小滞在	短期予測とハードな対策工，予防・避難のための情報伝達
1世代（25年）	中	斜面崩壊，落石，流水，土石流，火山性地震，小噴火，降灰	別荘地，観光，畑	中期予測とハードな対策工，避難計画と復旧計画
100年	大	斜面崩壊，岩石崩壊，小火砕流，大洪水，火山噴火，泥流，降灰	住居，集落，水田	長期予測とハードな対策工，避難計画と復旧計画，法的規制や支援
1000年	大	斜面大崩壊，岩屑なだれ，火山噴火，火砕流，溶岩流	都市，文化	長期予測，避難計画と復旧計画
10000年〜	超大	火山大噴火，気象変化	人類の生存，文明	過去の災害事例の研究による長期予測，災害情報の世代を超えた伝達

火山災害の事例研究や調査解析方法の検討をはじめ，ハード・ソフトの対応策についても提案しているので参考となる[20]． 　　　　　（稲垣秀輝）

参 考 文 献

1) 河上房義：新編土質力学，p.37，森北出版，1971．
2) 土質工学会：環境地盤工学入門，p.72，1994．
3) 大山隆弘：生態系読本―暮らしと緑の環境学―，pp.5-6，地盤工学会，2002．
4) 土質工学会：斜面安定解析入門，pp.10-15，1989．
5) (社)日本道路協会：落石対策便覧，p.1，丸善，1983．
6) (財)道路保全技術センター：平成8年度道路防災総点検要領（豪雨・豪雪等），p.1，建設省道路局監修，1996．
7) (財)鉄道総合技術研究所：落石対策マニュアル，p.1，1999．
8) 谷口栄一，久保田哲也，桑原哲郎：土と基礎，**33**(11)，59-65，1985．
9) 陶野郁雄，安田 進，社本康広：液状化範囲の調査方法，土質工学会東北支部研究討論会，日本海中部地震シンポジウム講演概要集，pp.7-10，1984．
10) 土質工学会：1993年釧路沖・能登半島沖地震災害調査報告書，pp.238-245，1994．
11) たとえば，(社)地盤工学会：地震による地盤災害に関するゾーニングマニュアル，p.1，1998．
12) 国土庁防災局：火山噴火災害危険区域予測図作成指針，pp.1-154，1992．
13) 中田節也：雲仙普賢岳噴火の経緯と溶岩ドームの成長，雲仙岳の火山災害―その土質工学的課題をさぐる―，pp.15-27，(社)土質工学会雲仙普賢岳火山災害調査委員会，1993．
14) 陶野郁雄，稲垣秀輝，今井 博，片田敏孝：情報伝達・避難，**85**，72-75，2000．
15) 中筋章人：火山とつきあうQ&A 99，pp.192-195，土木学会，2002．
16) 伊達市ほか4町村：有珠山火山防災マップ，1995．
17) 稲垣秀輝：応用地質，**42**(5)，314-318，2001．
18) 釜井俊孝，守随治雄：斜面防災都市，pp.1-200，理工図書，2002．
19) 豪雨時の斜面崩壊のメカニズムおよび危険予測に関する研究委員会：豪雨時の斜面崩壊のメカニズムおよび危険予測に関する研究委員会報告書，pp.1-258，地盤工学会，2003．
20) 火山工学研究小委員会：火山とつきあうQ&A 99，pp.1-371，土木学会，2002．

応 用 編

5. 地下空間環境の活用
6. 地盤環境災害
7. 建設工事に伴う地盤環境問題
8. 地盤の汚染と対策
9. 建設発生土と廃棄物
10. 廃棄物の最終処分と埋立地盤
11. 水域の地盤環境

5. 地下空間環境の活用

5.1 都市における地下空間環境の創造と活用

5.1.1 下水道と地下鉄から始まった近代的な都市地下空間の活用

　地下は，古くから地下洞窟など居住や墓の空間として使用されてきた．都市としての地下利用をみると，紀元前5～6世紀にはすでにペルシャでは砂漠地帯の地下の帯水層から地表に地下水を運搬するカナートがオアシスを走り，紀元前300年ごろにはローマではアッピア水道もつくられていた．しかし，近代的な地下空間利用が本格化したのは19世紀のヨーロッパであった．近代的な地下利用は，産業の近代化とともに発達した．18世紀に蒸気機関が発明され，19世紀に鉄道が交通の主要な手段となった．それまでは，運河などが道の下を通る程度のトンネルがあったが，19世紀後半にはアルプスを横切る鉄道トンネルが建設された．これらは，トンネルが主体であり，都市の空間環境創造という目的はもたなかった．

　地下を都市の空間環境としてとらえ，活用しようとする近代的な地下空間利用は，19世紀半ばヨーロッパで始まり，その出発点は下水道と地下鉄であった．代表的なものは，フランス・パリの下水道や，イギリス・ロンドンの地下鉄である．

a. 下水道，上水道の地下利用

　近代的な下水道をもっとも早く整備したのはパリであった．下水道建設は古くから始まり，17世紀末で10 km，18世紀末で30 kmとつくられてきたが，本格化したのは19世紀半ばであった．それまでのパリの街は都市計画というものが行われたことがなく，パリの中心地には狭く日も差さない袋小路が多く，上下水道もなかった．ただ，石畳の道端に露出した下水溝があるのみで，悪臭を放ち，ごみ捨て場と化していた．1832年にパリでコレラが大流行し，上水と下水を分離し，きれいな飲み水の確保が緊急課題となった．

　当時ナポレオン3世の統治下で，1853年にセーヌ県知事となったオスマン男爵がパリの大改造計画に着手した．凱旋門から放射状に延びる道路や，地上5～7階建ての石造建物として建物の高さ制限をするなど景観に調和のとれた街づくりを行った．同時に，下水道整備を大々的な都市整備事業として展開した．土木技術者ベルグランド(Belgrand)がその任に当たり，すべての道路の地下に下水道トンネルを設けることにした．したがって，パリの下水道には道路と同じ名前が付けられ，現在でも下水道網を「パリの下のパリ」と呼んでおり，その総延長は2000 kmを超えている．19世紀の前半までは汚物を窓から道路に捨てていたような不潔なパリであったが，この下水道建設が衛生的な近代的なパリへと変身させた．下水道の建設には，トンネルを掘削するとともに，地下から石灰岩を切り出し地上建物の建築材料に使うという一石二鳥の目的をもっていた．下水道網の総延長は，1837年には約76 km程度であったが，1878年には600 kmにも及んだ．

　上水道もこの時期に整備がなされた．それまでは，小規模な上水路，井戸からの揚水があったが，パリの大人口をまかなうには十分でなかった．19世紀になってナポレオンがウルク(Ourcq)運河を掘りセーヌ河の水を引いたが(1825年完成)，水が汚れていたため使い物にはならなかった．オスマン知事は，パリの地下500 mに深井戸を掘り，被圧水を汲み上げることに成功し，きれいな水を得ることができた．しかし，170万人のパリ市民の水容量としては十分なものでなく，新たに130 kmのマルヌ川用水路と156 kmのヨンヌ川用水路を建設し用水を貯水池

に引き込み，パリ市内への給水システムを完成した．貯水池から市内の建物への給水には，水頭差による圧力管路方式がとられ，水道管は下水道トンネル内に設けられた．最終的には，建物上層階へも鉛パイプにより圧力給水がなされた．このように，パリの下水道トンネルはパリ市内をあまねくつなぎ，上下水を運搬する新たな都市空間環境を創造した．パリの下水道は，現在，上水道管のほかに電線管も通り，共同溝として利用され，都市の重要なインフラ空間を形成している．

b．鉄道の地下利用，地下鉄

鉄道や道路の山岳トンネルは，より便利な交通路を確保するために山岳の地下を使用したが，空間利用というより必要な通過手段の確保が目的であった．スイスアルプスを通過する本格的な山岳鉄道トンネルとしてサン・ゴッタルトトンネルが1882年に建設された．

イギリスで始まった地下鉄は都市の地下を全面的に利用して走る鉄道の路線空間であり，都市の地下空間環境を初めて交通目的に利用した事例である．1863年ロンドンのパデイントンとファリンドン間に，メトロポリタン鉄道による世界最初の地下鉄がつくられた．この事業は，1843年チャールズ・ペアソンにより提唱され，事業化した．このころロンドンでは産業革命による急激な都市化により，交通はきわめて混乱していた．シティの人口は40年間で2倍となり，徒歩，汽船，馬車などでロンドンに通勤する人は毎日25万人に達し，手信号，鐘や呼笛による交通整理もうまくいかなかった．当時鉄道が整備されていたが，ロンドンの周辺部に設けられたターミナル駅と郊外を結んでいた．当時の鉄道は，蒸気機関車によるものであり，都心部は道路の幅が狭く，鉄道の都心部乗り入れは不可能に近い状態であった．そのため，主要ターミナルを連絡する環状の地下鉄が計画され，蒸気機関車牽引の地下鉄が完成した．蒸気機関車を通していた北ロンドン環状線は，煙と熱の処理に悩まされ続けていた．シティ・南ロンドン線は，当初ケーブル牽引式列車を通す予定であったが，1890年には電車が発明されていたため，小型電車による地下鉄が採用された．「チューブ鉄道」と呼ばれた電車式地下鉄道が，地下鉄の評価を一変させ，この後1905年にかけてロンドンの地下鉄全線が電化された．

ロンドンの地下鉄建設工事は，技術的にも目を見張るものがあり，現在一般的な土木技術工法である開削工法やシールドトンネル工法がこのときに開発され，実用化された．

ロンドンの成功に刺激され，ヨーロッパの各都市で地下鉄が，ブダペスト1896年，パリ1900年，ベルリン1902年と開業していった．米国ニューヨークでも1904年に開業となり，その後欧米の主要都市で地下鉄が急激に拡大して行った．ちなみに，第2次大戦以前に欧米先進国以外で地下鉄が開業していたのは，南米アルゼンチンのブエノスアイレス1913年，日本の東京1927年，大阪1933年だけであった．第2次大戦以降は，中進国や発展途上国にも地下鉄が急激に拡大していった．

5.1.2 地下空間利用の背景とねらい

a．地下空間利用による都市の過密・環境問題の解消

地下空間利用の歴史を見ると，その利用は都市の過密問題，環境問題と密接な関係がある．本格的な地下空間利用は，18世紀半ばのパリ下水道と，ロンドン地下鉄にその出発点があることを論じたが，その背景には，産業革命を経て都市に人口が集中し始め，ペスト大発生に見る劣悪な都市衛生環境があり，さらに馬車，蒸気機関列車などの地上交通が過密化した状況があった．衛生環境の改善と交通の安全確保が必然となり，地上以外の空間を利用した下水排水方法と安全かつ大量輸送の都市型交通手段の導入を考えざるを得なかった．下水道と地下鉄の導入は20世紀に入り急速な拡大を遂げ，20世紀前半には欧米を中心とした多数の都市に，第2次世界大戦後は発展途上国を含む世界の多数の国で導入されてきた．

下水道は共同溝として活用され，地下を利用した水道，電力，電信電話，ガス供給網を発展させ，安全なライフラインとしての都市インフラの進展を見た．地下鉄は，都市交通の大量輸送機関

としてのMRTが拡大すると同時に，都市の規模に応じた小規模利便輸送機関のLRTとして，機能を拡大して行った．同時に，地下鉄駅部と地上を結ぶ通路空間に商店機能が付加され，地下街へと発展した．地下街は商業空間のみならず，地上の自動車交通と切り離した安全空間を形成し，また雨風や寒暑気候から保護された快適な人間活動空間を提供した．

地下空間利用を可能にした条件は，都市の過密・環境問題を解消しようという国や都市の意思と，それを可能とする経済力および技術力が存在したことである．20世紀の地下利用はおおむね経済力のある国しかできなかったといえる．

b．発展途上国における都市型社会資本の増強

国際連合環境計画UNEPの1999年報告では，世界経済は1950年からの半世紀で5倍の規模になり，1人あたりの平均所得は2.6倍に成長したが，世界人口の1/4が深刻な貧困状態にあり，世界人口の半分は都市に居住することを予測している．先進国では，エネルギーと原材料の莫大な消費と廃棄物・汚染物質の大量排出が進み，一方，開発途上国では大部分の地域で急激な人口増加と貧困が進み，再生可能な資源である森林，土壌，水の消費と環境劣化が進み，同時に，急激な都市化と工業化により大気汚染や水質汚濁が深刻化し，とくに都市の貧しい住民が環境汚染や不健康に直面している．

21世紀は，メガシティの発達と人口集中，それに伴う交通過密，大気汚染，飲料水不足，雨水，下水，ごみの滞留などさまざまな都市問題が顕在化するなかで，地球規模の都市過密・環境問題の改善が最重要課題となろう．地球規模の問題解決のためには，経済力を十分保持しない国においても交通と衛生環境の改善は不可欠となり，大都市の地下空間利用が必然のものとなる．

アジア地域では，一方で急速な産業発展と経済成長により大きな変貌を遂げているが，他方，アジアの1/3の人々が安全な水を飲むことができず，1/2が不衛生な状況に置かれ，成長に取り残された貧困層が増大している．貧しい田舎から都市への人口の押出し現象（push-out effect）を

促し，都市の過密化が進行する．人口の高密度化とその拡大，急激な工業化と都市化が，大気と水汚染の拡大，安全な飲料水不足と過度な地下水汲み上げとそれに伴う地盤沈下と海水の内陸侵入，交通混雑と騒音公害の増大，都市・産業廃棄物の増大をもたらし，急速な人口増大に都市基盤施設，すなわち，都市型社会資本の整備が追いつかない状態が増大する．地球規模のサポート体制が必要となり，発展途上国の地下空間利用も大きく進展すると予測できる．現に，インドや中国では地下鉄が多くの都市で建設されており，経済力が増すにつれ，下水道等整備による衛生的な都市建設に取り組もうとしている．

5.1.3 地上過密交通の解消のための地下空間活用

a．地下鉄の世界的拡大

鉄道では，先進国を中心として高速鉄道トンネル網の建設が拡大し，発展途上国を含む世界の多くの大都市で地下鉄の建設が活発化している．新幹線，TGVに代表される高速鉄道網の拡充は，ヨーロッパとアジアで活発化し，多くのトンネルが建設されている．オランダでは，直径14.87 mの世界最大シールド掘進機でグリーンハートトンネルが2006年完成した．韓国でソウルとプサン間の新幹線が完成し（2004年），中国では建設が始まっている．

一方，都市内大量輸送手段として，地下鉄が世界中で広く建設されている．20世紀前半では，欧米先進諸都市以外ではアジアにおいて東京と大阪，南米でブエノスアイレスのみであったが，20世紀後半になって発展途上国を含む多くの都市に建設が拡大している．比較的経済的に豊かな香港，シンガポール，韓国，台湾，オーストラリア，イスラエルでは，首都圏から主要地方都市へと路線を拡大している．飛躍的な経済発展を遂げている中国では，地上の過密交通と大気汚染，騒音公害への対処策として大都市への地下鉄導入が進み，アジアにおける導入実績は日本に次ぐ規模となった．韓国ではソウルから始まり，テグで延伸部が開通し，デジョン，テグ，クワンジュやプ

サンで建設が続いている．台湾では台北に続き，高雄で建設中である．中国では，北京，上海で地下鉄が拡大し，広州，南京で建設中，南寧，天津，瀋陽，成都で建設が始まろうとしている．そのほかの発展途上国でも，クアラルンプール，カルカッタに続いて，バンコクやデリーで地下鉄建設が進められている．ベトナムのホーチーミン市でも可能性調査が完了した．ジャカルタやバグダッドでも地下鉄の計画が進められている．中南米では，ブラジルのリオデジャネイロ，サンパウロ，ポルトアレグロ，ベネズエラのカラカスで建設拡大が進行し，欧州ではトリノ，ツールーズ，バルセロナ，マドリード，リスボンでも路線が拡大している．

従来は経済的な裏づけが地下鉄導入の条件であったが，現在は地球規模の環境問題，大都市の交通過密問題，環境問題への対処から，発展途上の経済下においても地下鉄建設が進んでいる．この傾向はより顕著になり，今後インド，インドネシア，ベトナム，フィリピン，バングラデシュなどのアジアの大都市に展開すると予想される．

また，欧米の諸都市では都市の規模を考慮してLRT（大量輸送鉄道と比較して軽量の都市型電車タイプの高機能鉄道）地下鉄が拡大している．米国のミネアポリスLRTは，ミネアポリス・セントポール空港で地下鉄となり，最大かぶり厚11 mの石灰岩層トンネルと駅舎を通る．ピッツバーグでは，LRTが河をトンネルで横断している．サンディエゴでは，サンディエゴ州立大学の下を通るトロリー式LRTが建設中である．カナダのバンクーバーでは，19.5 kmのLRT路線のうち7 kmが地下鉄となる．イタリアのブレシア（Brescia）では，メトロバスと呼ぶLRT地下鉄が建設中である．シアトル都心には，地下鉄方式のLRT型トロリーバスシステムがある．駅はバス停留所であるが地下鉄駅と同様の設備からなっており，地下駅はトンネルでつながっている．シアトル都心とシータック（SeaTac）空港を結ぶ地下LRTの建設が始まり，大深度地下利用した深さ49 mのビーコンヒル（Beacon Hill）駅の試験立て坑が建設され，工事が始まった（図

図5.1.1 シアトル地下LRTトロリーバスシステム

5.1.1）．

b．地下道路の整備

道路では，地下空間を利用して都心部道路と郊外環状道路の整備が進んでいる．道路網のネットワーク化を促進し，都市内道路の立体的整備と活用を図っている．

都心部の大規模地下道路建設に米国ボストンのセントラルアーテリー/トンネル工事がある．交通渋滞を引き起こしていた既存の高架高速道路を地下に移し変え，地上空間を開放するもので，地上に緑豊かな街路を取り戻し，市民のための都市ボストンの再生を図っている．東京都心部の首都高速中央環状新宿線では，延長11 km，直径約13 mのシールドトンネルが深度30 m付近を建設中である．エジプト，カイロでは市の中心部に直径9.35 m，最大深度37 mのエル・アズハール道路トンネルが完成した．オーストラリア・シドニーでは，交通渋滞を解消するために市の中心商業地区（CBD）を最大50 mの深度で横断するシティクロストンネルの建設が始まった（図5.1.2）．

一方，郊外でも通過交通や都心部交通の分散化のため，環状線や郊外住宅地横断型の地下道路が建設されている．シドニーでは，地表の構造物への影響を少なくするために土被り厚18～50 mの深度に，長さ3.4 kmのレーン・コーブ（Lane Cove）道路トンネルを建設している（図5.1.3）．

大都市周辺の環状道路建設では，パリ郊外の外郭環状道路A 86の西工区で，環状連結する二つのトンネルが建設中（図5.1.4）であり，その一

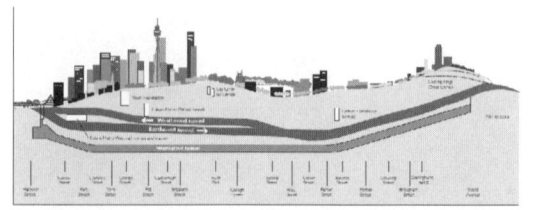

図 5.1.2 シドニーのクロスシティ道路トンネル
(オーストラリア．ニューサウスウェールズ州道路交通局 (RTA))

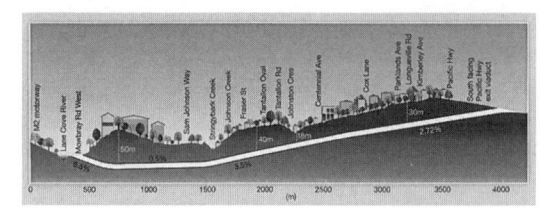

図 5.1.3 シドニーのレーン・コーブ道路トンネル
(Tunnels & Tunnelling International, November, p. 6, 2003)

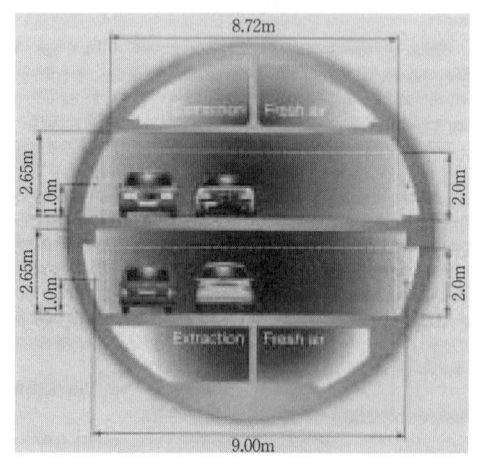

図 5.1.4 パリ外郭環状道路 A86 の西工区トンネル

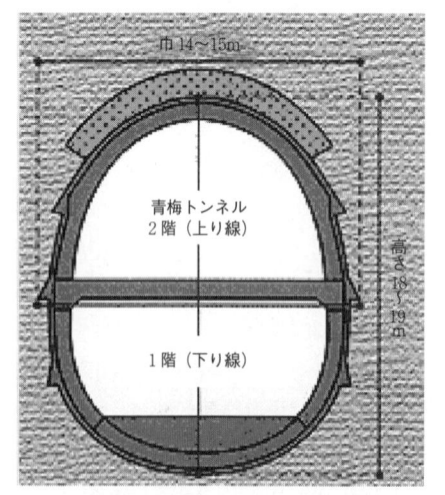

図 5.1.5 首都圏中央連絡自動車道・青梅トンネル

つは普通車（背高2m以下の車）専用の内径10.4mの2階建て円形トンネルで，ほかの一つは大型トラックなどが通る通常トンネルである．

東京の郊外では，首都圏中央連絡自動車道の青梅トンネルが，2階建てトンネルとして 2002 年 3 月に開通した（図 5.1.5）．

このように，都市の輻輳した交通を緩和するため，また，地表への影響を少なくするために，都心部で地下道路化が進められている．一方，郊外でも，土地の有効利用と郊外自動車交通通過のために地下道路が建設されている．

5.1.4 都市の衛生環境と安全確保のための地下空間活用

水がわれわれ人間の生活に欠くことのできないものであることはいうまでもない．安全で効率よく水を得るために上水道が，地域環境の改善や伝染病予防などのために下水道が，今日にいたるまで発達し，なおも整備が進められている．社会の進歩と工業の発達に伴い人口の都市集中化が進み，上下水道完備の需要はさらに高まる．先進国，発展途上国を問わず整備されるべきものである．

a．発展途上国における上下水道，用水路の整備

（i） 用水の確保 発展途上国では安全な飲料水が不足し，衛生設備が不十分なため，衛生環境の悪化を促している．国や都市の経済力が増加するにつれ，まず必要なものは安全な飲料水確保である．

バングラデシュのダッカにおいては，雨季にはかなりの面積（平年で約 30%）で洪水により冠水するという土地利用上の制約があり，この洪水を防ぐための堤防が建設されているが，これはマーロン (Marooned) と呼ばれ，日本でいう輪中と類似している．しかし，冠水時には，排水状態が悪くボウフラなどの虫がわき，また水で囲まれて孤立してしまうことから物資・燃料が届かず，飲み水の水質悪化も著しい．その結果，多くの人々が腹痛，おもに下痢を起こす．この汚染された飲料水による下痢は，ダッカにおいて乳幼児の

死亡原因の1位とまでなっている．地下水や河川水の浄化による飲料水確保が主要課題であるが，水域の汚染を軽減する下水対策も重要課題である．上水道での地下利用は，水道配水管程度で大規模なものではない．さらに，農業用水や工業用水の確保が重要な課題となり，導水路トンネルなどの大規模な地下利用が発生する．大規模な用水の地下利用例に，アフリカのレソト・ハイランド・ウォーター・プロジェクト（LHWP）がある．このプロジェクトは五つのダムと200 kmの水転送トンネル，および72 MWの水力発電所を包括しており，2010年に完成予定となっている．第1の目的は，レソトのセンク（Senqu）川の水を南アフリカの産業中心地域に転送することであり，これにより南アフリカの水需要は緩和され，レソトにおいても水提供にかかわる利益が生まれる．また，これまで南アフリカから輸入していた電力も水力発電所の建設に伴い，その依存はなくなり，自給可能となることが予想されている．そのほか，灌漑や漁業の開発，および観光のための水設備など付属の開発を行う機会となることも期待されている．

（ii）**下水道の導入と普及**　下水道の普及の鍵は，経済力と非衛生環境に対するぎりぎりの忍耐力である．経済発展により経済体力が増すと，非衛生環境に対する忍耐力が爆発し，下水道の普及が始まる．交通問題よりもプライオリティは低いが，大都市における下水道は，河川など水路の汚染軽減や衛生的住環境の保全を第1目的として，さらに都市防災の観点から洪水対策という重要な課題と相まって普及する．下水普及が進み，より豊かな社会基盤の確立，快適な日常生活環境の形成が図られる．下水道を促進させるうえで，地下空間の利用は地形的・地域的環境の問題を克服する必然的な手段となる．このように，地上における改善策では問題が解決しない場合，地下空間の利用は有効な手段として存在する．

日本では，安全な飲料水確保のために上水道網の整備が先行し完備したが，下水道の普及は遅かった．大きい降雨量，多数の急流河川，長い海岸線による水浄化機能の存在や，1960年代まで続いた糞尿の肥料へのリサイクル利用，その後発達した合併浄化槽の普及により，比較的良好な衛生状態が確保されたため，下水道の普及は遅れた．下水道普及率は全国平均でようやく69％（平成18年）に達した．中国では，本格的な下水道はまだ20％程度の普及率であり，そのほかの発展途上国においても，下水道の普及率はきわめて低い．

b．下水，雨水貯留による高度な下水道と都市内治水施設の整備

1970年以前の米国シカゴでは，雨水と下水を一緒に流す合流式下水が，大雨時に下水処理能力を超え河川に流れ出し，上水道源のミシガン湖を汚染していた．汚染対策として，TARP（tunnel & reservoir plan）が採用された．TARPは，処理能力を超え河川に流れ出る合流式下水道越流水（CSO：combined sewer overflow）を地下トンネルへ一時貯留し，洪水が過ぎ去った後に処理場で処理し，河川に放流する下水貯留トンネルプロジェクトである．TARPの下水貯留トンネル工事が1970年代から始まり，第1フェーズが2003年12月に完了し，CSOを15％以内にする環境目標が達成された．今後さらに2012年ごろまで続く．貯留基幹トンネルは，径が10.5 m，深さが70〜100 mの大深度トンネルである．TARPは，下水貯留機能のみならず洪水調整の雨水貯留機能ももち合わせていることを実証した．下水および雨水の貯留機能をもつ貯留トンネル方式が先進国を中心に世界に広まった．米国ミルウォーキーでは最大深度は99 mに，アトランタでは平均深度90 mに，貯留トンネルが掘られている．CSOプロジェクトとして，全米各都市に広がっている．シアトルで建設中の下水道兼CSO貯留トンネルでは，長さ947 m，最大深さ40 mの小規模なトンネルであるが，5本の新設トンネルで既存の下水道と連結し，下水道ネットワークを形成する新たな試みが行われている．オーストラリアのシドニーでは延長20 km，最大径6 mの下水貯留トンネルは，入り江横断部で海面下90 mの大深度となる．パースでも建設中である．イギリス・ヒースローでは，SWOTと称する雨水放

流トンネルが建設中である．

日本では，国土交通省の指導のもとで洪水調整機能に注目して最初に大阪市の平野川調整池が建設され，東京では神田川調整地，環状7号および8号線の地下河川として地下40～60 mに雨水貯留トンネルが建設された．川崎市の恩廻公園調整池（図5.1.6）も，NATM工法によりつくられた掘削深さ53.7 m，掘削径25.5 mの大断面の大規模な雨水貯留トンネルである．

洪水調整機能の地下施設は，雨水貯留トンネルあるいは雨水貯留施設と呼ぶべきものであり，日本では下水貯留機能を含んでいる場合も雨水貯留施設，あるいは雨水調整池と呼んでいる場合が多く，その例に，川崎市の渋川雨水貯留管や，横浜市の長田東雨水調整池など多数の雨水調整池がある．現在，日本の各都市では，環境と防災面の要請から合流式下水貯留機能を併せもつ多数の雨水貯留管/施設/トンネル建設や計画が進められている．これらはシールドや都市NATMによる土砂トンネル，TBMやNATMによる岩盤トンネルとして建設され，大規模なものには大深度利用が多い．さらに，日本では洪水調整機能要請から，トンネル方式の放水路や分水路が建設されている．神奈川県帷子川の分水路から始まり，最近では，深さ約50 m，内径10 mの首都圏外郭放水路が完成した，滋賀県大津市は，深さ20～30 m，内径約11 mの大津放水路トンネルを建設中である．大規模な雨水貯留施設や地下放水路では，大深度利用が不可欠となっている．先進国では，このように高度な下水道および治水機能をもつ地下施設が着々と整備されている．

マレーシアのクアラルンプールではSMARTトンネルと称する洪水調節型道路トンネルを建設中である．通常時は道路トンネルとして，洪水時には雨水放水路として利用する新しい概念のトンネルである．

5.1.5 快適環境創造としての地下空間活用
a. 地　下　街

ロンドン地下鉄のピカデリーサーカス駅の売店から始まったといわれる地下街は，大都市にはなくてはならない都市商業施設となっている．

日本における最初の地下街は，東京・須田町の地下鉄駅に付帯した店舗で，1932年につくられその規模は小さいものであった．本格的な地下街は1955年ごろから始まり，1975年には我が国の地下街面積は約61万 m^2 に達した．1972年に大阪の千日前デパートビルの火災事故があり，1974年から地下街建設の規制措置がとられた．さらに，1980年に起きた静岡・ゴールデン街（公共地下歩道は公共用地，店舗等は民地内の地下に配置した地下施設，準地下街と呼ばれる）のガス爆発により，原則として新，増設を認めないというより一層厳しい建設規制方針がとられた．その後，いくつかの地下街が建設されてきたが，この規制のなかで特例として許可されたものである．

しかしながら，都市空間の効率的かつ適切な利用を図るべきであるという近年の社会の要請にもとづき，1989年建設省は地下の公共的利用促進のため，地方自治体に「地下利用のガイドプラン」を策定するよう指示を出し，実質的な推進を図っている．その後，地方分権の流れを受けて，2001年（平成13年）6月1日付けで国土交通省など関係4省庁から共同で出されていた地下街に関連する一連の通達がすべて廃止となり，地下街建設は地方独自で対応することとなった．

図 5.1.6　川崎市の恩廻公園調整池

b. 地下歩行者ネットワーク

地下を利用した通路に，道路横断地下道，鉄道横断地下道がある．これらは，道路や鉄道により分断された両側の地域を結ぶ役割をもっている．地下歩行者通路は最初は二つの地域を結ぶ導線として出発したが，地下鉄駅，地下街，ビルの地下階，地下駐車場や地下駐輪場の接続路として拡大していった．こうして地下通路は，地下鉄駅，地下街と高層ビル群の地下階とを結び，便利で快適な都市空間を形成するにいたった．

地下街，地下鉄駅と一体的にネットワークしている地下歩行者通路ネットワークの代表的なものに，モントリオールとトロントの地下歩行者ネットワークがある．モントリオールの冬は，零下30度以下，積雪累計量も250 cm以上となり，厳しい気候となる．山とセントローレンス川に囲まれた地形をうまく利用して地下歩行者ネットワークの建設が1962年より始まり，現在も拡大している．47階建て高層ビル，プラス・ビル・マリーの地下街から始まり，モントリオール中央駅と結び，地下街通路は拡大し，その延長は30 kmを越え，モントリオール屋内都市を形成している．トロントでも，地下歩行者通路網が世界最大の複合地下街を形成し，通路は全長27 km，売り場面積は320000 m²に達し，周辺の50以上のビルと接続している．トロント市がPATHと命名したこの地下歩行者通路は，起源は1900年に中心部のイートンセンターから始まったものであるが，本格的には1970年代から拡大し，ユニオン駅や地下鉄駅と市中心街区を結ぶ，トロントにおけるもっとも重要な歩行者通路を形成している．地下歩行者ネットワークの一例としてトロントのPATHを図5.1.7に示す．細長丸で囲んだ地下鉄駅とビル下の地下街を結んでいる様子がわかる．

5.1.6 大深度地下使用法と大都市圏の社会資本整備

わが国では，「大深度地下の公共的使用に関する特別措置法」（大深度地下使用法）が，平成12年に成立し，平成13年に施行された．この法律は，地表から約40 m以上深い「大深度地下」について，地下鉄の建設など公共的な事業として利用する場合は，原則として土地所有者（地主）の了解（事前の権利調整）を必要とせず，補償をしなくてよいことを定めている．土地所有者が通常の利用を行わない地下を，公共の目的のために補償なしで迅速に利用できる制度であり，地下を利用した公共社会資本をスムース，迅速，経済的に整備する世界的にも画期的な法律である．もちろん，土地所有者が，地盤沈下などによる建物の傾きや不具合あるいは陥没事故などにより，被害が想定される場合あるいは被害を受ける場合は，補償を請求できる．本法律制定には，大深度に地下構造物をつくっても，地上に大きい影響（被害）を与えない技術革新の進展があったという背景がある．

本法律が画期的である理由は，憲法第29条に示す財産権を保障しながら，従来の土地収用法の枠組みを外れ，土地所有者が被害を受けない大深度地下を公共の目的のために使用する場合は，個人のわがままを制限し，いわゆるゴネ得を排除することにより，公共の利益になる大深度地下使用事業を円滑に遂行し適正かつ合理的な利用を図ることを明記したところにある．民法で設定されている土地所有権に対し，公共的大深度地下使用権を明確に規定したものであり，風穴を開けた法律といえる．東京，大阪，名古屋の3大都市圏での鉄道，道路建設，下水道整備事業などを対象とし，大深度地下利用による公共社会資本を整備促

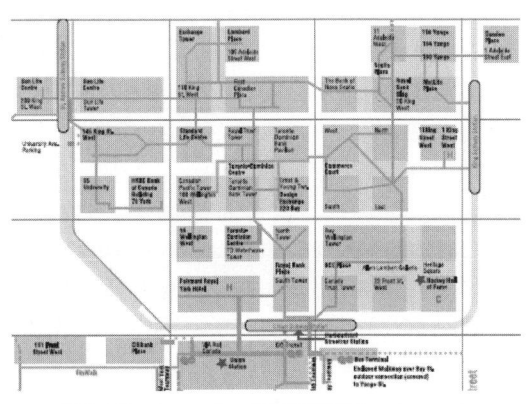

図 5.1.7 トロントの地下歩行者ネットワーク (PATH)

進し，都市再生を図ろうとするものである．東京外郭環状道路を皮切りに，各種の良質な公共社会資本が土地代のいらない形で経済的に建設されると期待できる．

本法律は，技術的進展を踏まえて制定されたものであり，地下利用技術に対し厳しい要件を課している．地上構造物の不具合，地盤の変形を起こさないように地下構造物を構築し，土地所有者に迷惑をかけないことを前提としている．2003年の7月1日，上海の地下鉄4号線工事で，河のそばで建設中の深さ20mにあるトンネルが陥没し，地上8階建ての建物が崩壊し，そのあとに続いた堤防決壊によりトンネルの浸水とさらに近くの六つの建物が崩壊，あるいは，傾いた事故が起きた．本法律の適用にあたっては，決してこのような事故を起こさない技術力が要求されている．現在，国土交通省では安全の確保と環境の保全にかかわる指針を策定中である．

5.1.7　地下空間のネットワーク化による都市機能の向上

5.1.5のb.の地下歩行者ネットワークで述べたように，地下空間利用の特徴にネットワーク化がある．地下鉄駅，地下街，地下通路が単体として存在する場合は，所定の機能しか果たさないが，通路，地下鉄駅，商店街やオフィスビルが連結することにより，より自然な人間動線が確保され，便利さが増す．ネットワークの特徴は，以下の項目のように集約される．

a.　モーダルシフトによる地下鉄道ネットワークの整備

大都市圏の郊外から中心街区への人の移動は，郊外電車により市内ターミナルへ動く．郊外電車は基本的に地上型電車による．市中心部の交通は，市内自動車交通が主流を占め，もっとも輸送能力のある交通は，路面電車やバス交通である．しかし，大都市では郊外電車からの乗客が非常に多く，都市内交通としては路面電車やバス交通には限界があり，新たな大量輸送手段（MRT）が必要となる．大都市の中心部では地上に新たな鉄道路線をつくる場所もなく，地下鉄やモノレールなどによるほかはない．郊外の住宅地から都市中心部への人の移動は，地上郊外電車，地下鉄，バス，徒歩と，輸送量に応じた手段の変化，すなわち，モーダルシフトが必要となる．地下鉄は，大都市における都市内大量輸送に必要不可欠な輸送手段となる．東京，大阪を例にとるまでもなく，地下鉄は市内の有力な輸送ネットワークを形成している．

b.　自動車交通のための地下ネットワークの整備

地下道路ネットワークは，既存の地上自動車道路ネットワークと適切に連絡することにより，その効果が現れる．渋滞の激しい市中心部を素早く通り抜け，目的地につなぐバイパス機能をもった地下道路や，都市全体の騒音振動など地上住人への環境影響が少なく，しかも自動車輸送能力の大きい地下道路をつくり，地上を都市にふさわしい交通量に押さえ都市環境を改善するなどの効果をもつ．ボストンのセントラルアーテリー，シドニーのシティクロス道路トンネル，東京の首都高速中央環状線などのように，道路ネットワークの一環として，より立体的な地下道路が今後増大するであろう．

自動車で移動する場合，目的地に着いて自動車から降り，歩行で所定の場所へ移動しなければならないから，自動車駐車場が必要となる．より便利になるために，広島市や東京品川にあるような地下駐車場群を地下道路が結ぶ地下駐車場道路ネットワークが今後増えよう．

c.　地下歩行者ネットワーク

モントリオールやトロントのように，地下鉄などの大量輸送手段で中心街区に到着した人は，駅から目的地のオフィスや商店街区へ移動する際に，周辺のビルや街へ通じるもっとも便利なルートを選択しながら，途中の商店街や，飲食街を通過して目的地へ移動する．風雨雪の不順な天候，寒暖の厳しい気候を避けて，快適な通路を選択し，移動が可能となるように，地下街，周辺ビル，地下通路，地下鉄駅を結ぶ地下歩行者ネットワークが形成されるであろう．

d. 下水道，雨水貯留管，放水路のネットワークによる都市下水・治水環境の改善

下水道のネットワーク化が，米国，シンガポール，香港で始まっている．下水処理場をより効率的に利用し，稼働率を上げるための，最適手法を選択するために，下水道をネットワーク化し，分散化と効率化を高める．さらに，下水道と雨水・下水貯留施設を組み合わせ，環境汚染を防ぎ，かつ下水処理能力を高めることが可能である．都市内洪水対策として合流式下水道のみならず，都市内河川を雨水貯留施設と有機的に結び，また，地下放水路と結び，一つの河川のみならず複数の河川を対象として，ネットワーク貯留，ネットワーク放水路による治水対策が可能となり，都市内洪水の危険性が減ずることになる．下水と都市河川の地下ネットワークが都市の衛生環境と治水環境の改善につながる．　　　　　　（花村哲也）

5.2 トンネルとしての地下空間

5.2.1 地下空間活用の原点としてのトンネル

社会的な目的で地下空間の活用が始まったのは，紀元前の水道トンネルからであり，カナート，カレーズ，ローマ水道トンネル，近代的な鉄道・道路トンネルへと発展していった．

現在，トンネルはその用途，工法などにより以下のように分類される．

① 用途：鉄道トンネル，道路トンネル，水路トンネル，電力・通信トンネル，そのほか（採鉱用，調査用など）
② 場所：山岳トンネル，都市トンネル，水底（海底）トンネル
③ 施工法：山岳工法トンネル，シールド工法トンネル，開削工法トンネル，沈埋トンネル

トンネルの定義にはさまざまなものがあるが，1970年のOECDトンネル会議で定義された「計画された位置に所定の断面寸法をもって設けられた地下の構造物で，施工法によらず仕上り断面積 $2 m^2$ 以上のものである．」というものが一般的である．ちなみに，この定義にしたがう記録に残るもっとも古いトンネルは，紀元前2170年ごろバビロンのユーフラテス川河底にアッシリアの女王セミラミスがつくらせたもので，渇水期にレンガとアスファルトを用いて開削工法によって築いた延長約1 km（河底部は 180 m）のものといわれている．

ここでは，施工法で分類されたトンネルのうち代表的な山岳工法，シールド工法の二つについて，その施工法の変遷について述べる．

a. 山岳工法

山岳地域に建設されるトンネルを山岳トンネルといい，そこで用いられる掘削工法を山岳工法という．山岳工法は，掘削するトンネル周辺の地山がもつ支保機能を最大限引き出して，必要とする空間を安定させることを特徴とする工法である．つまり，掘削時の切羽が自立することが前提となっている．したがって，自立性に乏しい地山では補助工法を用いて切羽の自立を確保するが，この補助工法の施工性，経済性が山岳工法選択の鍵となる．

山岳工法は，硬岩から軟岩，さらには土砂地山まで適応性は高く，さまざまな補助工法との組合せにより山岳地域だけでなく，未固結帯水層地山など都市部のトンネルにも用いられる．また，ほかのシールド工法，開削工法，沈埋工法に比べ経済性に勝るとされている．

山岳工法によるトンネルの歴史は，ギリシア時代の手掘りによる水路トンネルにさかのぼることができる．当時から火薬が発明されるまでのトンネル掘削は，簡単な道具で掘れる土質地盤や軟岩地山の場合はとにかく，ノミやたがねが立たないような硬岩地山の場合には，切羽を火で熱し水で急冷してひび割れさせ，そこにたがねを打ち込むというように大変なものであった．また，石灰質の地山については酢で溶かすというようなことも行われていたが，工法としての目立った発展は見られなかった．

黒色火薬がトンネル掘削に初めて用いられたのは，1679年フランスのランゲドック運河のトンネルにおいてであった．そして，ダイナマイトの発明，削岩機や換気設備の開発，湧水対策や作業坑の考案など近代のトンネル技術の基礎を成す技

術がつぎつぎと導入され，19世紀にはアルプスを貫く長大鉄道トンネル（モンスニートンネル（1871年），サンゴタードトンネル（1880年），シンプロントンネル（1906年）など）が建設されるにいたった．

わが国のトンネルについてみると，古くは集塊岩を貫いて芦ノ湖からの導水を可能にした箱根疏水深良トンネル（1670年，静岡県，延長1280m），菊池寛の小説「恩讐の彼方に」で有名になった青の洞門（凝灰質安山岩，1746年，大分県，延長185m）などがまずあげられる．これらのトンネル掘削は，岩盤に対しノミと槌だけで立ち向かうものであり，掘進速度で見てみると箱根疏水が256m/年，青の洞門にいたってはじつに9m/年ときわめて非効率的なものであった．

1868年，明治維新によって徳川300年の鎖国政策が解かれると，近代国家建設の施策の一環として鉄道建設技術や建設機械が欧米からつぎつぎと導入された．そして，10年を経ずして1880年には栗子トンネル（国道13号，福島県，延長876m）と旧逢坂山トンネル（鉄道単線トンネル，東海道線京都～大津間，延長665m）がわが国初の山岳工法（頂設導坑先進工法）によって建設された．

これ以降鉄道トンネルでは，

・柳ヶ瀬トンネル：1884年，北陸線雁屋～刀根間，初めてダイナマイトを使用，延長1352m
・笹子トンネル：1902年，中央線笹子～初鹿野間，動力として電気を使用，画期的な長大トンネル，延長4656m
・生駒トンネル：1915年，近鉄奈良線石切～生駒間，初の複線断面，延長3388m
・清水トンネル：1931年，上越線土合～土樽間，ベンチ工法・新墺式工法（いまの新オーストリアトンネル工法とは異なる）の導入，大型施工機械の導入による機械化・省力化，延長9702m

とつぎつぎに新技術が導入され，明治政府以来の軍事輸送力増強策の支えもあり数多くのトンネルが建設された．

しかし水抜き坑，迂回坑，セメント注入，側壁導坑，初めての鋼製セントルなど，当時考えられる最新の施工技術を導入した丹那トンネル（1934年，延長7804m，東海道線来宮～函南間）では，軟弱地山，出水，断層などの悪条件により67名の犠牲者を出し，予定の2倍の工期と3倍の工費を費やす結果となった．

第2次世界大戦の敗戦後は，戦災復興とそれに続く列島改造ブームとともに在来線の電化，増線，全国新幹線網の整備が実施され，鉄道トンネルは長大化，高速施工へと移行する．戦後の代表的な鉄道トンネルには，

・大原トンネル：1955年，飯田線水窪～大嵐間，大型機械による急速施工，全断面掘削，古レールアーチ支保工，移動式型枠，延長5063m，掘進速度11.9m/日，261m/月，2271m/年
・北陸トンネル：1957年，北陸線敦賀～南今庄間，立坑・斜坑による工区分割と工期短縮，複線断面初の全断面掘削，底設導坑先進上部半断面工法の考案，延長13850m
・六甲トンネル：1971年，山陽新幹線新大阪～新神戸間，最長トンネルを7工区で施工，底設導坑先進上部半断面工法と側壁導坑先進上部半断面工法の採用，断層破砕帯（高圧湧水，土砂流出），延長16250m
・中山トンネル：1982年，上越新幹線高崎～上毛高原間，膨張性地山へのNATM（吹付けコンクリートとロックボルトを主たる支保とするトンネル工法）の本格導入，延長14857m

などがある．この中山トンネル以降，NATMによる施工例は枚挙にいとまがないほどであり，1986年の土木学会トンネル標準示方書の改定により，名実ともにわが国の標準トンネル工法となった．しかし，NATMの主たる支保部材である吹付けコンクリートの開発は，1964年に着工された青函トンネルにおいてすでになされており，NATMのすべてが新しいものではない．また，青函トンネルにおいて開発された新技術には，長尺水平ボーリング，止水注入工法，トンネル計測

法などがあり，これ以降のわが国のトンネル技術の発展に大きく貢献した．

以上の鉄道トンネルの動向に対し道路トンネルは，戦前では先に示した栗子トンネルのほかは宇津之谷トンネル（国道1号，静岡県，延長224 m）がある程度であり，ほとんどの道路トンネルは1954年に閣議決定した第1次道路整備五ヵ年計画以降のものである．三国トンネル，関門国道トンネル，恵那山一期線トンネル，関越トンネルなど道路トンネルは長大化の一途をたどったが，これは，掘削技術のみならず長大化に耐え得る換気装置や大口径大深度の換気立坑の掘削技術などの周辺技術の発展と相まっての結果である．

そして，道路トンネルにおいても1975年ごろからNATMが適用され始め，国道289号駒止トンネル，海南湯浅道路藤白トンネル，中央道恵那山二期線トンネルなど強大な地圧に難航していたトンネルにおいて採用された．その後1983年には，日本道路公団が全面的にNATMを採用し道路トンネルにおいても標準工法となった．

以上示したような山岳工法トンネルの変遷は，以下のようにまとめられる．

① 人力掘削から発破，機械掘削へ
② 掘削断面は，細かい加背割から大きな加背割（全断面）へ
③ 支保工は，木製支柱式から鋼製アーチと吹付けコンクリート，ロックボルトへ
④ 地山は荷重でなく，それ自体の支保機能を期待するNATMへ

b．シールド工法

シールド工法とは，軟弱で自立性に乏しい土砂地山にトンネルを構築する工法で，シールドと呼ばれる鋼殻構造により土砂の崩壊を防ぎながら，その内部で順次掘削およびセグメントと呼ばれる覆工構造の組立てを繰り返す工法である．

シールド工法は，1818年イギリスのブルネルによって考案され特許がとられた．そして，1825年ロンドンのテムズ川河底に道路トンネルを築くべく矩形シールドを作成したが，1826年に掘削を開始して以来，落盤，浸水，シールドの破損などトラブル続きで完成に18年を要した．

その後，1869年には現在のシールドに近い円形シールドが，1886年には切羽からの湧水を阻止し崩壊を防ぐための圧気工法が相いついで開発され，軟弱地盤におけるトンネル工法として広く用いられるようになった．1886年には，ニューヨークの地下鉄工事に初めてシールド工法が採用されている．そして，トンネルの用途に応じてルーフシールド，楕円シールド，馬蹄形シールドなども開発された．

わが国では，1917年国鉄羽越本線折渡トンネルにおいて，軟弱地質部の膨圧対策として用いられたのが最初であるが，施工技術として未完成であったため途中で中止されている．さらに，1926年東海道線丹那トンネルにおいて，水抜き導坑の掘削に圧気シールドが導入されたが，これも硬い地山と高圧地下水に遭遇し90 mで放棄されている．

わが国の本格的なシールド工法の採用は，1939〜1944年まで施工された関門トンネルにおいてであり，圧気工法と薬液注入工法を併用した直径7.2 mのシールドが施工された．この工事の成功により，わが国のシールド工法が確立されたといえる．

現在では，都市トンネルの代表的な工法であるが，都市部において最初に用いられたのは1955年，営団丸の内線国会議事堂駅工事で採用された手掘り式のルーフシールドであった．そして1960年に，名古屋地下鉄の覚王山において圧気工法併用の手掘り式シールドと鉄筋コンクリートセグメントが採用されて以来，地下鉄のみならず上下水道，電力通信施設など都市トンネルの有力な施工法として広く用いられるようになった．掘削方式も当初の圧気工法を併用した手掘り式からメカニカルシールド，泥水加圧式シールド（1965年ごろ），土圧系シールド（1970年ごろ）など施工条件に応じた新工法が開発され，その適用性を広めてきた．

それとともに，シールドトンネルの直径も次第に大きくなり，1997年に開通した東京湾アクアラインでは，実に直径14.14 mもの大断面シールド機械が用いられた．また，2000年に全線開

通した東京メトロ南北線では，直径14.18 mの「抱き込み式親子泥水シールド」と呼ばれる機械が用いられている．これは直径14.18 mの機械のなかに，直径9.7 mの機械が組み込まれており，途中から掘削径を減じて掘り進んでいくことができるものである．

5.2.2 これからの地下空間活用とトンネル

人類の英知とともに発展してきたトンネル技術は，さまざまな形での地下空間活用を可能としてきた．そしてこれからも社会のニーズに応え，新たなトンネル技術が開発されるであろうし，新たな技術開発が新たなニーズを生んでいくことであろう．

山岳トンネル技術における最大の技術革新は，地山自身の支保効果を最大限評価しようとするNATMの導入にある．NATMの理念は，地盤工学の発展とともにトンネル設計法と施工管理に反映され，施工中のトンネル挙動の観察計測結果にもとづき施工の安全を確認するばかりでなく，最適な支保や補助工法の選択を図るいわゆる情報化施工が行われるようになった．こうしたことからNATMは，今後とも山岳トンネルの標準工法として用いられ，より高い安全性と合理性が追求されていくであろう．

また今後は，トンネルの施工の高速化や周辺環境への影響の低減なども求められる．これらのニーズに対しては，TBM (tunnel boring machine)に代表される機械化施工を推進する必要がある．

図5.2.1は，東海自動車道飛騨トンネル工事において2003年12月より掘進が開始された大口径TBMである．2車線の高速道路を納めるためその直径は12.84 mもあり，世界でも最大級の機械である．ただ，わが国のようなぜい弱で変化に富む地質に対応できる機械の開発は簡単なことではない．

また，合理的かつ安全な山岳工法にとっては，トンネル切羽前方の地質探査技術の開発がもっとも重要かつ緊急の課題である．

その経済性ゆえに山岳工法による都市トンネルの施工は今後とも増大するが，その施工にあたっ

図5.2.1 大口径TBM

ては，地表面沈下抑制のための工法と地下水の制御あるいは抑制工法が不可欠であり，低コストで効果のある工法の研究開発が続けられるであろう．また，都市部においては，限られた空間をいかに活用するかが重要となる．図5.2.2は，既存道路下という限られた建設用地を有効利用するため，上下線を2階建て構造のトンネル内に構築した例である．このように山岳工法は，断面形状を自由に設定でき，さまざまなニーズに対応できる工法であり，高い可能性を秘めたものといえよう．

一方，先にも述べたとおり，シールド工法は都市トンネルにおいて多用されているが，都市部に

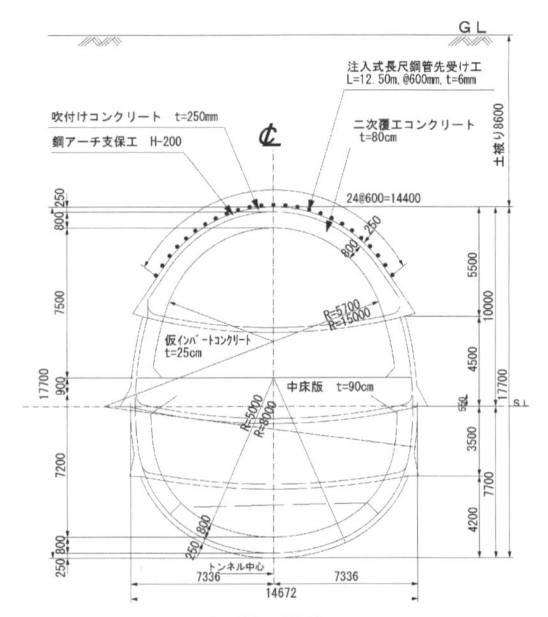

図5.2.2 上下線2階建てのトンネル

おける施工条件は時代とともにさらに厳しくなり，地下鉄工事における駅間のトンネルばかりでなく，駅部の工事にもシールドが用いられるようになった．このための特殊な機能や形状をもったシールド機も開発されている．また，シールド断面も円形だけでなく，用途に応じた多断面シールドや変断面シールドも開発されている．ユニークなものとして，立坑掘削から水平トンネルまで連続して1台のシールド機で行えるようにしたものや，小型の矩形シールドを組み合わせて，大断面トンネルを構築するMMST工法（図5.2.3）などもある．

シールド工法は，都市部における地表交通に影響を与えない，地盤変状や地下水への影響を抑制できるなど，環境問題に対しても有効な工法として今後もますます広く用いられていくであろう．ただ，建設工費が高いのが欠点であり，施工距離を大きくする，機械の転用を考えるなどによりコストを下げる工夫をするほか，低廉で高機能のセグメントの開発が不可欠である．

ここに示したようにトンネル技術は，従来の鉄道や道路トンネルはもちろん，都市部において満杯となった鉄道や道路の地下新路線計画，社会インフラ施設の再構築としての送電ケーブルや情報ケーブルの地下化共同溝計画などにおいて不可欠である．また，新たな都市防災施設としての地下河川など，トンネル技術がこれからの地下空間活用に果たす役割は大きい．

図5.2.3 MMST工法

5.2.3 社会のニーズと地下空間活用技術としてのトンネル

トンネルは，そのときどきの社会のニーズによってつくられ，その度に技術的な発展を遂げている．たとえば，わが国の明治時代末から昭和初期にかけては富国強兵が社会のニーズであり，軍隊や物資のスムースな移動のための鉄道網の整備とそれに伴うトンネルの発展（ヨーロッパからのトンネル施工技術の導入），第2次世界大戦後の復興のための運輸交通網整備とトンネル（木製支保から鋼製支保へ），近代国家への仲間入りを目指した高度経済成長下の新幹線網と高速道路網の建設とトンネル（在来工法からNATMへ，人力から機械へ）などがそれである．

また1980年代以降は，都市機能の拡充を目的としたエネルギー（電気，ガスなど），情報（電話，光ケーブルなど）などの供給網の整備の一環として，長大なシールドトンネルが都市部地下に張り巡らされている．

一方，社会的成熟期をいち早く迎えた欧米諸国やわが国では，単に地下空間をいかに活用するかだけでなく，地下空間のあり方そのものが問われるようになってきた．すなわち，そのトンネルは自然に優しいのか？むだな社会資本は投じられていないか？社会の発展，価値観の変化に対応できるのか？など，トンネル技術にも新たな視点からの取組みが求められている．

21世紀の社会のニーズを表すキーワードにはさまざまなものがあるが，トンネルに関連しては環境がもっとも関連深い．より多くの社会的利便性を求めて建設されるトンネルが，環境の維持というもう一方の社会的な要求に対し，どう対応しどうバランスをとるのかは，重要かつ非常に困難な問題である．このような状況のなか，トンネル技術もこれまでのようにただつくるのではなく，その機能や使い勝手を考えた対応が求められている．すなわち，「ものづくり」から「もの使い」への発想の転換が求められている．

a. グローバル化とトンネル

これからの社会の変化を占うもう一つのキーワードとして，グローバル化がある．そのなかで，

広域の人・物・エネルギーの移動にかかわるトンネル技術は，重要な役割りを演じている．その典型的なものにトンネル技術の集大成としての海峡トンネルがある．

たとえば，欧州の統合はナポレオン時代からの構想で，イギリスとフランスを海底トンネルで結ぶ案は，1802年にその最初の提案がなされていた．しかし，大陸と地続きになることに対するイギリス側の反対は根強く，計画はじつに3回の中止を余儀なくされた．そしてようやく1987年夏からイギリスとフランスを鉄道で結ぶドーバー海峡トンネル工事が開始された．このトンネルは，全長約50 km，そのうち，海底部分は38 kmにも及ぶもので，着工から完成まで約6年半，総工費1兆3000億円の巨大プロジェクトであった．このトンネルの掘削に用いられたTBMは日本製であり，日本のトンネル技術がヨーロッパの統合に一役買ったことになる．

また，2004年に建設が開始されたトルコ共和国，ボスポラス海峡トンネルは，ヨーロッパとアジアを結ぶ3番目の交通路であり，初めてのトンネルである．そこでは沈埋工法，シールド工法，開削工法それに山岳工法のすべてのトンネル工法が，要求される機能を合理的に満たすべく綿密に計画されている．さながらトンネル技術の総決算のようなプロジェクトである．この工事も日本の企業によってなされ，日本のトンネル技術が世界を一つにするのに貢献している．

一方，21世紀はアジアの世紀といわれている．中国はもちろん，東南アジアから中東にいたる各国がグローバル化を念頭に置きつつ，各国における高速道路，高速鉄道網の整備を計画あるいは実施している．そのなかでトンネル技術は重要な役割を果たしており，わが国はもちろん欧米の成熟したトンネル技術がアジア各地で活用されている．

b．トンネルの抱える課題：火災

これまでトンネルの将来は，いくつかの技術的課題はあるものの，いいことづくめのように述べてきた．しかし，ここに一つの大きな課題が残されている．それは，トンネルにおける火災である．

最近のヨーロッパでのトンネル火災の例をあげてみると，

① 1996年11月18日：英仏海峡トンネル（CHANNEL TUNNEL）列車火災＝8名の負傷者が出たが，防災対策が効果をあげたとの見方もある．

② 1999年3月24日：モンブラントンネル（フランス・イタリア）火災＝死者41名のうち車両内が34名・待避所内が2名．多くの問題点があげられた．

③ 1999年5月29日：タウエルントンネル（オーストリア）火災＝死者12名（追突事故による死者8名），負傷者59名．鎮火まで15時間を要した．

④ 2000年11月11日：カール（オーストリア）のケーブルカー火災＝死者155名．平均斜度43%・トンネル部分の延長3.3 km．

などがある．また，2003年2月18日に韓国大邱（テグ）市において発生した地下鉄火災は，その衝撃的な映像とともに記憶に残る．

一方，わが国に目を向けてみると，道路トンネルでは，1979年7月に発生した日本坂トンネル火災がある．1969年に開通した東名高速道日本坂トンネルは，放射式の火災報知器，水噴霧設備，上下線間の連絡坑などの非常用施設を備えたトンネルであったが，このときの自動車火災では，事故車両に積載されていたプラスチックや松脂に引火し，これが高熱源となって後続車に延焼し，173台が焼失し，事故当事者7名が死亡する大惨事となった．これを契機に「トンネル等における自動車の火災事故防止対策」，「道路トンネル非常用施設設置基準」が整備され，道路トンネルにかかわる非常用施設の充実が図られるとともに，避難誘導施設やラジオ再放送設備，監視装置などの設置基準が明確にされた．その後，大きな事故にはなっていないものの火災は数多く発生しており，2002年中における道路トンネル火災は18件となっている．

また，鉄道トンネルの火災事例を見てみると，死傷者のないものを含めると，1968～1987年の

20年間において，毎年5件程度（全105件，うち放火によるもの24件）の火災が発生している．そのほとんど（103件）はぼや程度で消し止められているが，2件については火災が拡大したと報告されている．また，火災のおもな原因は，電気系統などの異常による車体下部や信号回路などの配線被覆着火，たばこの投げ捨て，放火などであった．鉄道トンネル火災の代表的なものに，旧国鉄北陸線の北陸トンネル車両火災事故がある．これは，1972年11月に北陸トンネル（延長13.8km）を走行中の寝台列車食堂車付近から出火，トンネル内に充満した煙・ガスのため30名が死亡，714名が負傷したものである．

トンネルは，今後とも道路，鉄道などの交通網の拡充に欠かせないものであり，ますます長大化してくる．このための合理的かつ安全な建設技術は，着々と開発され実用化されている．しかし，人類がその誕生時から発展の礎としてきた「火」は，一方で火災として多くの被害を及ぼしてきている．とくに最近のトンネルにおいては，その長大さゆえ，火災による甚大な被害を生じる危険性をつねにはらんでいる．もちろん不燃化や消火，避難設備の拡充などの対策がとられ，火災による重大災害の発生確率は減少してきているが，トンネルの長大化はより大きな被害を招く可能性をもつものであり，リスクとしてはむしろ大きくなってきていると考えられる．地下空間活用技術としてのトンネルは，このような面からの検討も併せて行われる必要がある．

トンネルとしての地下空間は，鉄道や道路のみならず電気，ガスなどのエネルギーや今後ともその重要性を増していく．このような状況に対しトンネル技術者は，トンネルに対するさまざまなニーズに応えるべくこれまでに培われたトンネル技術にさらに磨きを掛けるとともに，環境や防災といった新たな社会的要請にも対応できる新たな技術分野にも注力していかなければならない．

〈亀村勝美〉

5.3 エネルギー貯蔵・備蓄施設としての地下空間活用

5.3.1 エネルギー供給施設としての地下発電所

a. 揚水発電の基本形となった地下発電所

わが国においては，国土の総合的利用の立場から，電力施設においても水力地下発電所などの地下構造物が建設されてきた．とくに，地下構造物は環境・立地対策上あるいは耐震設計上有利な面が多い．

わが国における地下発電所（図5.3.1）は，一般水力に加え，電力供給の効率化・平準化の要請から，揚水式が採用され，昭和40年ごろからこれまで多くの建設事例を数えている．揚水式発電所は，余剰電力を利用した汲み上げ機構を必要とするため，必然的に地下に設けるほうが有利となる．

この間，発電出力の増加に伴い，地下発電所の規模は大型化を遂げつつある（図5.3.2）．一方で，多くの水力開発が行われた結果，地山条件の良好な建設サイトの選択の幅が狭くなりつつある．

また，揚水式発電所の新たな構想として，図5.3.3に示すような各種の発電方式が検討されており，なかでも海水揚水式発電については，沖縄県に発電出力3万kWの実証プラントが建設されている．

地下発電所空洞の形状は図5.3.4に示すようなさまざまな形状が採用されている．わが国では，天井にアーチコンクリートを有する「きのこ形」は地質が劣る地山にも適用性が高く，古くから多く建設されてきた．また，「卵形」は高地圧の条件下で適用性が高く，「弾頭形」は発電機器設備による必要空間を最小限に近づけた形状であり，比較的地質が良好な場合に適用が試みられ，これら「弾頭形」や「卵形」の空洞形状の採用事例も増えつつある．

b. 地下発電所の調査・設計

地下発電所における調査・試験では，ボーリン

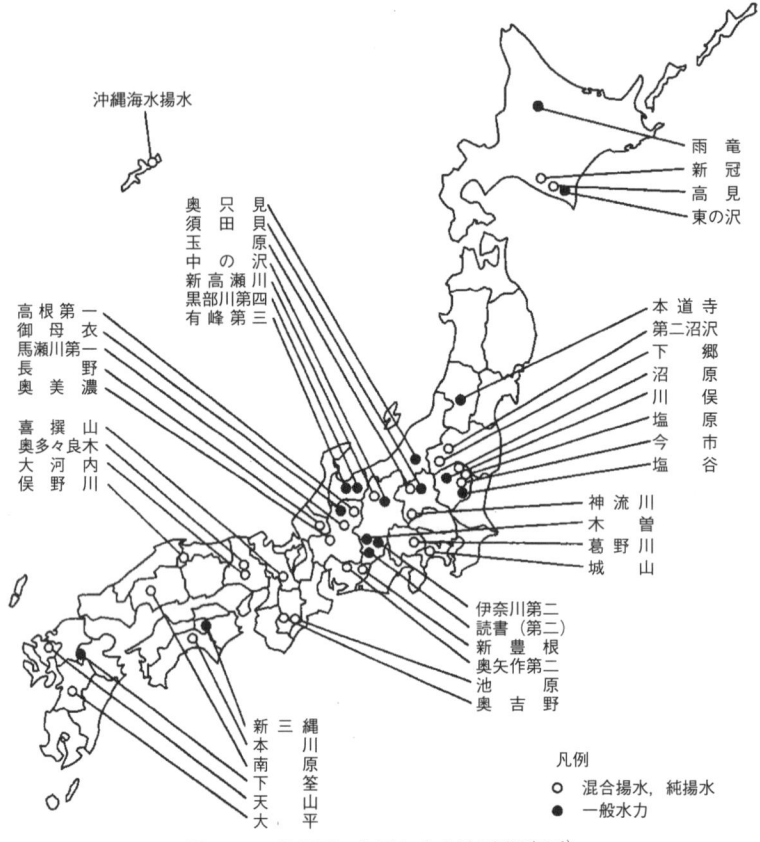

図 5.3.1 我が国の主要な水力地下発電所[1]

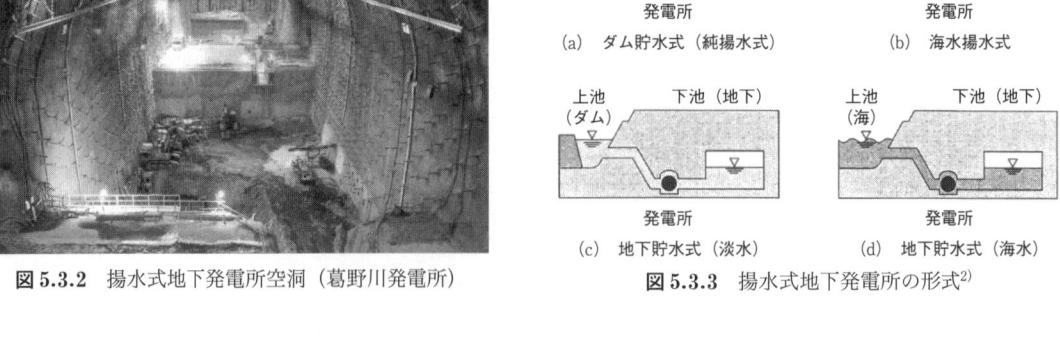

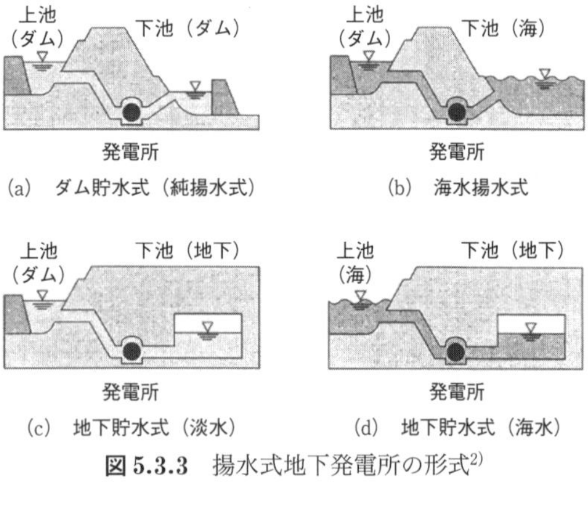

図 5.3.2 揚水式地下発電所空洞（葛野川発電所）

図 5.3.3 揚水式地下発電所の形式[2]

(a) ダム貯水式（純揚水式）
(b) 海水揚水式
(c) 地下貯水式（淡水）
(d) 地下貯水式（海水）

グ調査により得られた岩石コアを用いた室内試験が物性値としての基本的な指標となる．さらに，空洞設計のためには調査坑における岩盤せん断試験，平板載荷試験や初期地圧測定などの原位置岩盤試験が実施され，これら原位置試験により得られた岩盤物性や初期地圧が設計に用いられる．

地下発電所空洞の詳細設計には，力学的安定性の検討が主体となる．地下発電所空洞は，地表からの深度（土被り）が 500 m 以上の地下深部に建設されるケースもあり，初期地圧の評価が重要となる．たとえば，初期地圧が著しい偏圧である場合（図 5.3.5）には，空洞の配置を変更するこ

地下発電所空洞の安定性の検討と支保設計は，図5.3.9に示すような手法で構成される．空洞掘削時の空洞周辺岩盤の全体的な挙動の評価と，こ

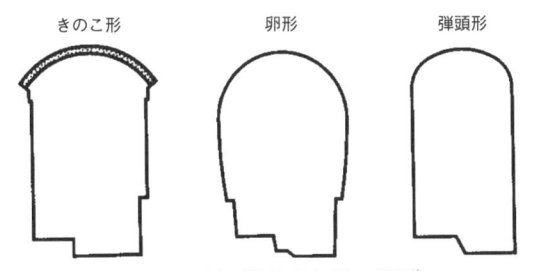

図5.3.4 地下発電所空洞の形状[2]

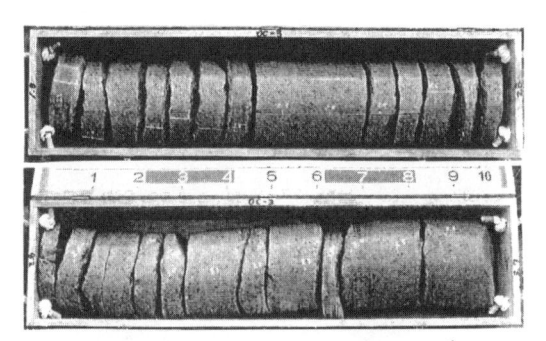

図5.3.5 偏圧によるコアディスキング[3]

ともある．

具体的には，空洞軸を回転したときの空洞横断面内で側圧比（水平応力/鉛直応力）を評価（図5.3.6）し，FEM解析などによる安定性検討を加え，空洞の安定性が不利とならない方向に変更することもある（図5.3.7，図5.3.8）．

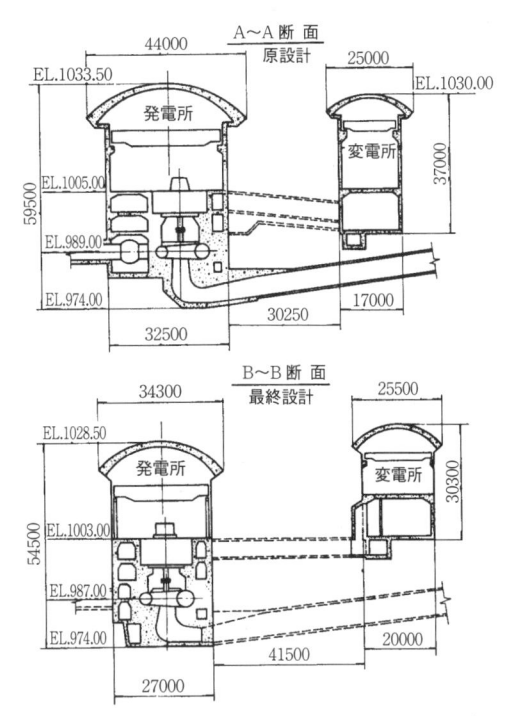

図5.3.7 地下空洞の離隔配置変更例（横断面）[4]

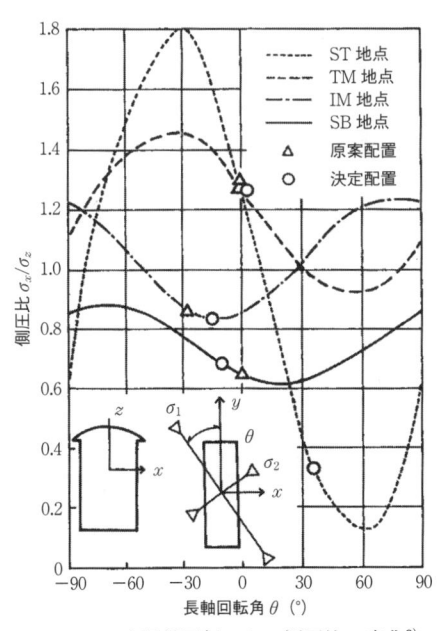

図5.3.6 空洞軸回転による側圧比の変化[3]

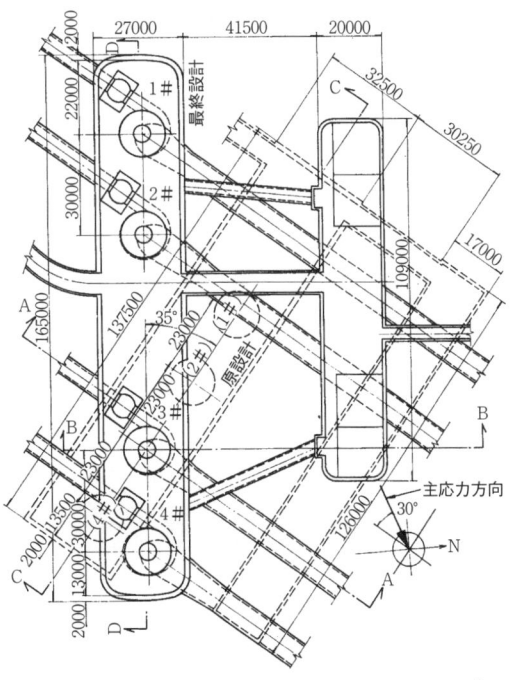

図5.3.8 地下空洞の平面配置回転変更例（平面）[4]

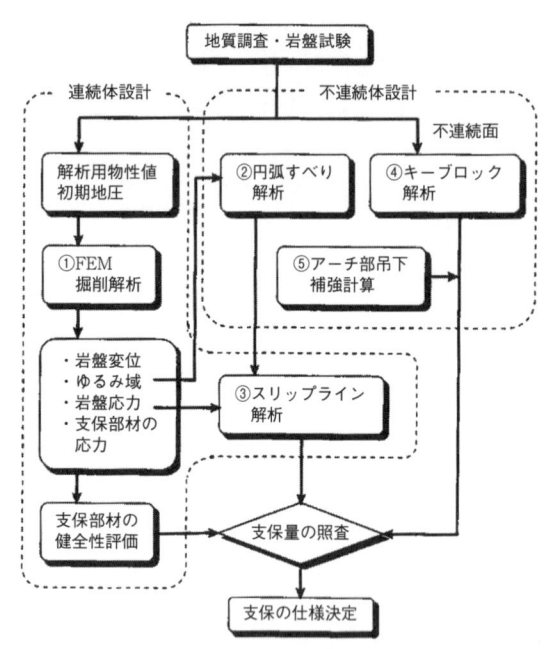

図 5.3.9 地下発電所空洞の安定性の検討と支保設計[3]

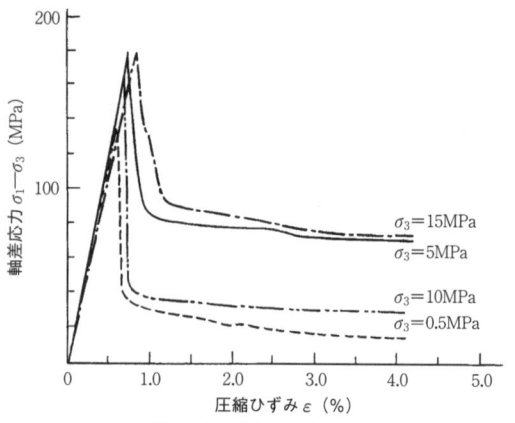

図 5.3.10 三軸圧縮試験結果（高剛性ひずみ制御方式）[7]

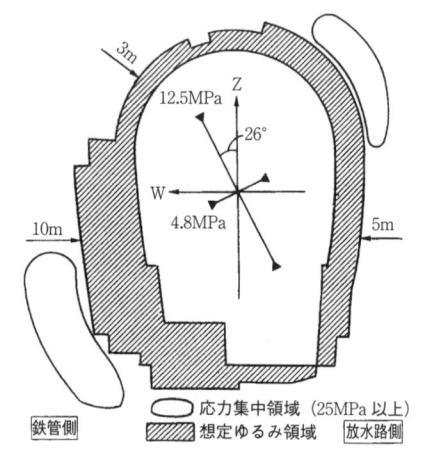

図 5.3.11 ひずみ軟化モデルによる解析結果（破壊領域分布）[7]

れに加えて不連続面の挙動に注目した検討が行われる．具体的には，FEM 空洞安定解析に加え，スリップライン解析，そして不連続面を想定したキーブロック解析，円弧すべり解析，アーチ部岩塊吊下補強計算などによる検討などで構成される．ただし，これらすべての手法が行われているわけではなく，各計画地点の地質的特徴によって

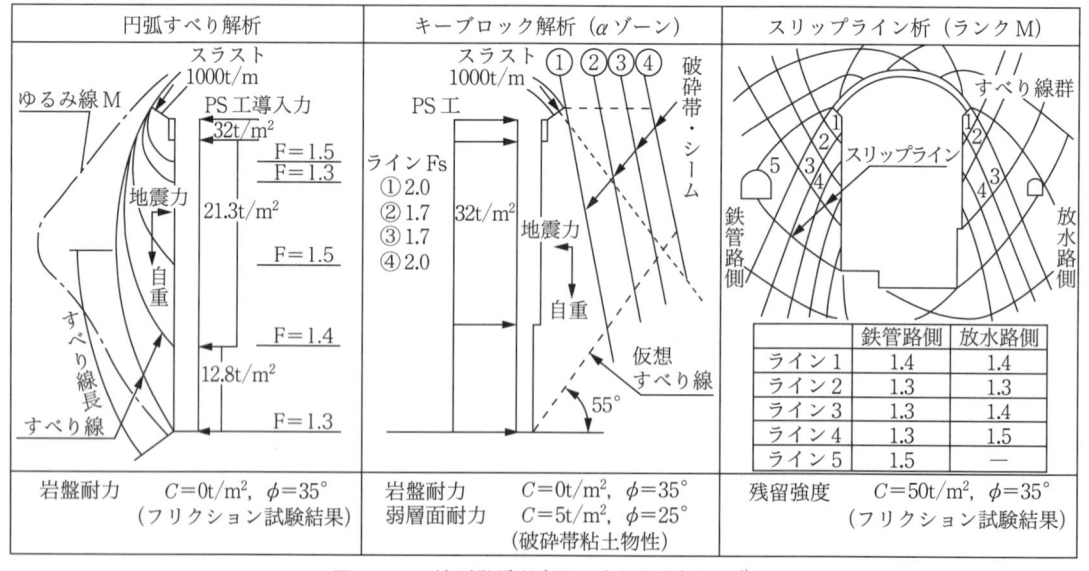

図 5.3.12 地下発電所空洞の支保設計解析例[8]

5.3 エネルギー貯蔵・備蓄施設としての地下空間活用

表 5.3.1 空洞掘削時の FEM 安定解析用入力物性値などの入力条件[5]

(二次元非線形粘弾塑解析の場合)

種類	項目		入力値	試験法および設定法
初期地圧	水平応力	σ_{x0}	6.5 MPa	「初期地圧測定」によって三次元地圧を求め、空洞横断面内の二次元応力を解析に使用する。なお、解析では解析メッシュ内で実測位置に相当する要素に実測値を与え、解析領域全体の各要素に実測結果を反映した初期地圧条件とする。
	鉛直応力	σ_{y0}	8.0 MPa	
	せん断応力	τ_{xy0}	1.5 MPa	
	側圧比	σ_{x0}/σ_{y0}	0.81	
岩盤物性	弾性係数	初期 E_0	7500 MPa	「岩盤変形試験」によって初期地圧相当付近の応力レベルでの弾性係数(おもに除荷時)から求める。E_f は室内試験(一軸,三軸)から求めるには難点があり,岩盤変形試験によって応力レベルの低い領域で求めることもあるが,解析上は $E_0/E_f = 1/10 \sim 1/100$ と仮定。
		破壊時 E_f	750 MPa	
	ポアソン比	初期 ν_0	0.2	「一軸,三軸圧縮試験」によって ν_0 を求める。ただし,試験によって ν_f を求めるのは非常に困難で,現状では解析上 $\nu_f = 0.45$ 程度と仮定している。
		破壊時 ν_f	0.45	
	クリープ係数	クリープ率 α	10%	岩盤変形試験での「クリープ測定」によって求める。クリープ荷重は初期地圧相当以上の応力レベルで実施。
		遅延係数 β	5 l/day	
	強度特性	せん断強度 τ_R	1.5 MPa	「岩盤せん断試験」を基本とし,「三軸圧縮試験」や「圧裂試験」の結果を参考に τ_R, σ_t を決定する(放物線型破壊規準の場合)。
		引張強度 σ_t	0.2 MPa	
		ゆるみ定数 K	5	「三軸圧縮試験」によって応力-ひずみ曲線をもとに,試験時の応力円と破壊包絡線の接近度の関係から求める。
	単位体積重量	γ	25 kN/cm	「密度試験」(一般にノギス法)によって得る。
その他	① 掘削日数			クリープ解析用に掘削ステップに応じた所要日数
	② 発破損傷			発破による掘削壁面近傍岩盤の損傷を考慮する場合,壁面付近の要素に低減した岩盤物性を与える。
	③ アーチコンクリート			アーチコンクリートを設ける空洞ではアーチコンクリートを一般要素として扱い,粘弾性体として E_0, ν_0, α, β を与える。
	④ 支保			吹付けコンクリート,ロックボルトは一般に考慮しない。PS アンカーを考慮する場合は,導入力を節点外力として扱う。

検討手法が使い分けられている.

とくに,基本となる空洞掘削時の岩盤挙動の評価には FEM 解析が実施され,そのための入力物性値の例を表 5.3.1 に示す.地下発電所における空洞安定解析には電中研方式[6]の粘弾塑性モデルが従来多くの実績がある.この解析モデルは,破壊接近度に応じて応力~ひずみ関係を直線から非線形としており,また,破壊後の弾性係数は初期弾性係数に対し低減した値をあらかじめ与え,バイリニア(ひずみ硬化)型の構成則を採用している.また,このほかに,破壊後の残留強度を考慮したひずみ軟化モデルを採用することもある.室内三軸圧縮試験によるひずみ軟化特性の評価を図 5.3.10 に,ひずみ軟化モデルを適用した解析例として解析により得られた破壊領域(ゆるみ域)分布を図 5.3.11 に示す.

また,不連続面に注目した地下発電所空洞の支保設計解析例を図 5.3.12 に示す.

このような各種検討により決定されている支保パターンの例を図 5.3.13 に示す.大規模岩盤地下空洞であるため,支保としては吹付けコンクリートとロックボルトに加えプレストレスアンカーが用いられている.プレストレスアンカーはゆるみ域を締め付け,空洞壁面全体の安定に寄与するものとして設計され,アンカー 1 本あたりの緊張荷重はおよそ 500〜1200 kN がこれまでの実績と

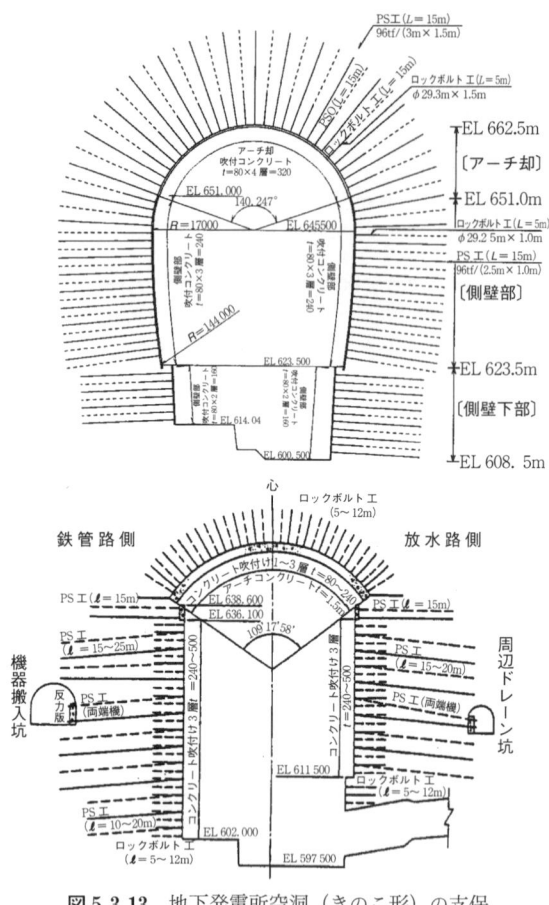

図 5.3.13 地下発電所空洞（きのこ形）の支保パターン例[8]

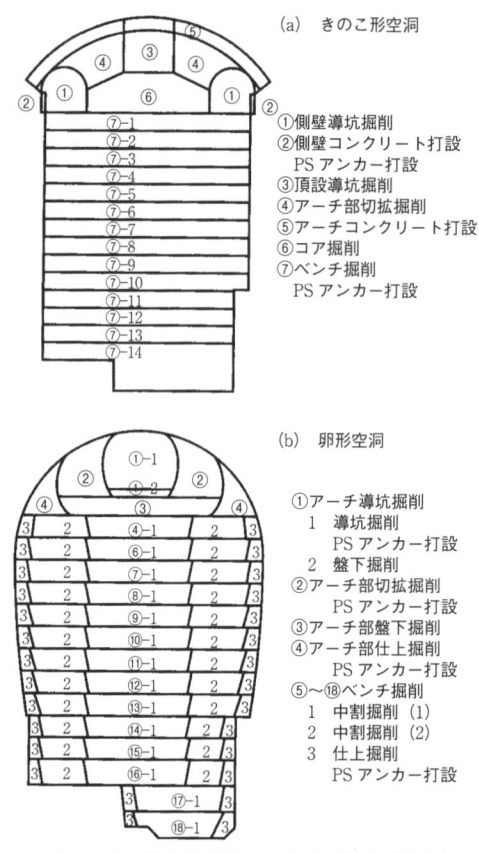

図 5.3.14 地下発電所の加背割（掘削手順）[2]

(a) きのこ形空洞
① 側壁導坑掘削
② 側壁コンクリート打設
　PSアンカー打設
③ 頂設導坑掘削
④ アーチ部切拡掘削
⑤ アーチコンクリート打設
⑥ コア掘削
⑦ ベンチ掘削
　PSアンカー打設

(b) 卵形空洞
① アーチ導坑掘削
　1 導坑掘削
　　PSアンカー打設
　2 盤下掘削
② アーチ部切拡掘削
　　PSアンカー打設
③ アーチ部盤下掘削
④ アーチ部仕上掘削
　　PSアンカー打設
⑤〜⑱ ベンチ掘削
　1 中割掘削 (1)
　2 中割掘削 (2)
　3 仕上掘削
　　PSアンカー打設

c. 地下発電所の施工

地下発電所空洞の掘削工事は，空洞断面が大きいため逐次掘削となり，たとえば，図5.3.14に示すような掘削手順となる．基本的には，空洞上部に頂設導坑と称したトンネルを設けて，拡幅掘削を行い空洞上部の施工を行う．つぎに，ベンチカット掘削により段階的に下部の掘削を行い空洞を建設する．

地下発電所における空洞掘削時のおもな計測項目は，岩盤変位測定などの岩盤挙動に注目した計測，アーチコンクリート応力測定，プレストレスアンカー軸力測定などの支保部材の応力・荷重に注目した計測が行われている．岩盤変位測定の計測配置例を図5.3.15に示すが，岩盤変位などの岩盤挙動の計測では，空洞周辺の調査坑や作業坑を利用して空洞掘削前に計器を設置し，空洞掘削前から岩盤挙動を計測することが望ましい．空洞施工中には，各種計測によって情報化施工が図られている．とくに，情報化施工のなかでは，設計の詳細照査を目的とした計測が試みられることがあり，図5.3.16には空洞周辺岩盤の応力測定例を示す．同図に示した岩盤応力の実測値をもとに解析値との比較により予測解析手法の検証を行い，情報化施工のなかで予測精度の向上を図る試みがなされている．

5.3.2 エネルギー備蓄施設としての石油，LPG地下備蓄

a. 水封方式による地下備蓄システム

化石燃料としてのエネルギー資源は，わが国にとって産業や生活に不可欠なエネルギーであるが，海外からの輸入に依存している．海外情勢の変化に対して，供給の安定性を確保するため，民

5.3 エネルギー貯蔵・備蓄施設としての地下空間活用

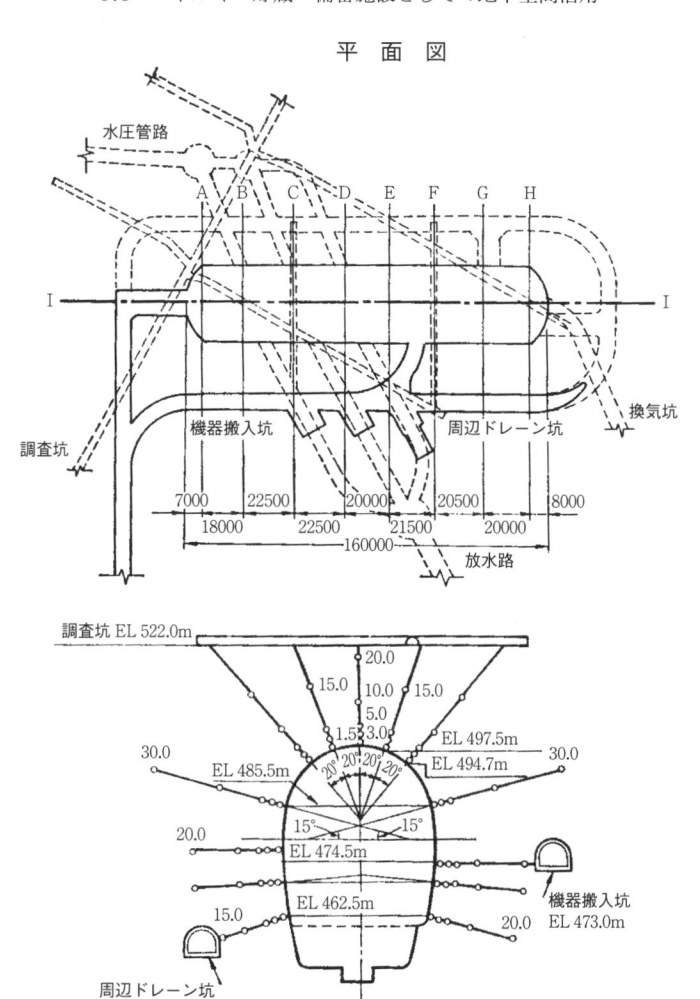

図 5.3.15 地下発電所空洞の計測配置例[5]

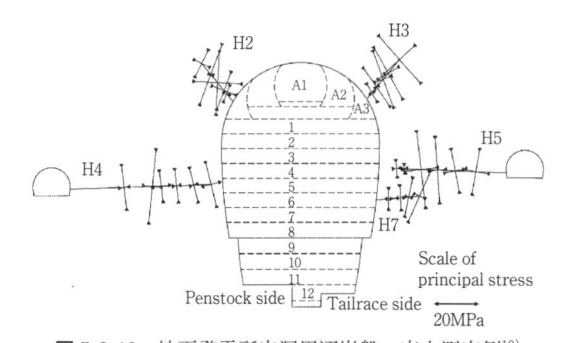

図 5.3.16 地下発電所空洞周辺岩盤の応力測定例[10]

表 5.3.2 地下石油備蓄 3 基地の諸元[1]

地点名	貯油容量(万kl)	岩盤タンクの本数	岩盤タンクの断面形状	幅(m)	高さ(m)	長さ(m)	離間距離(m)
久慈	175	10	卵形	18	22	555	50
菊間	150	7	食パン形	20.5	30	230〜460	60
串木野	175	10	卵形	18	22	540	50

間法定備蓄と国家備蓄の施設建設が進められている.

石油やLPGの備蓄施設は地上式と地下式があるが，このうち，地下式ではこれまで石油備蓄が3基地（串木野，菊間，久慈）合計500万klの貯蔵施設が建設されている（表5.3.2，図5.3.17，図5.3.18）．また，LPG備蓄は2基地（波方，倉敷）で合計95万tの貯蔵施設が建設されつつある．

地下備蓄では，地下水面下の岩盤内に空洞を掘削し，コンクリートや鋼板などの内張りをせずに

図 5.3.17 地下石油備蓄空洞（久慈基地）

空洞内に石油やガスを貯蔵し，空洞周辺岩盤からの水圧により石油やガスの漏えいを防止する水封方式が採用されている．

水封システムの性能は，岩盤の水理特性や空洞レイアウト，および地下水涵養量などの水文条件に支配される．水封方式としては，自然状態で一定の地下水位が確保される自然水封（図5.3.19）と，水封トンネルや水封ボーリングなどの水封設備を設けて水を供給し，一定の地下水位を確保する人工水封（図5.3.20）とで構成される．

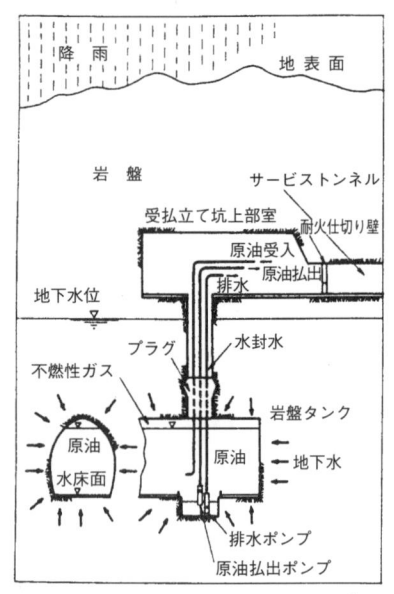

図 5.3.19 水封式地下備蓄の原理[13]

とくに，LPG地下備蓄ではプロパンを常温高圧（15℃，0.75 MPa）で液化した液相と気相に対して設計内圧を0.95 MPaとして，この内圧に対する液密と気密機能を確保するために，水封構造が計画されている（図5.3.21）．

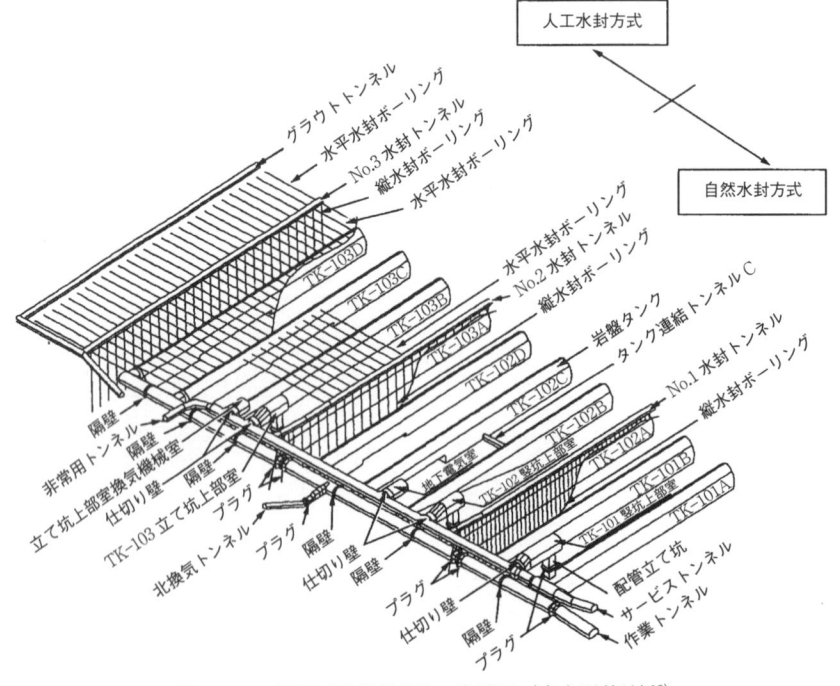

図 5.3.18 地下石油備蓄基地の鳥瞰図（串木野基地）[12]

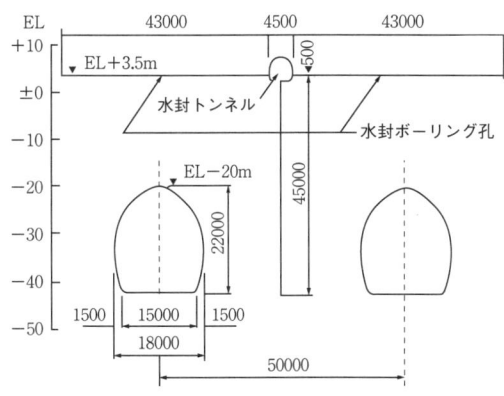

5.3 エネルギー貯蔵・備蓄施設としての地下空間活用

図 5.3.20 人工水封設備（水封トンネルと水封ボーリング）[4]

表 5.3.3 地下石油備蓄3基地の代表岩盤物性値[11]

代表岩盤等級	久慈	菊間	串木野
	M	H	Hv
単位体積重量 (kN/m³)	27.5	27	25
初期ポアソン比	0.30	0.25	0.20
初期変形係数 (MPa)	3.0×10^3	6.5×10^3	6.0×10^3
せん断強度 (MPa)	1.8	3.2	2.1
引張強度 (MPa)	0.36	0.64	0.42
初期地圧 (側圧比)	0.9	1.2	1.0

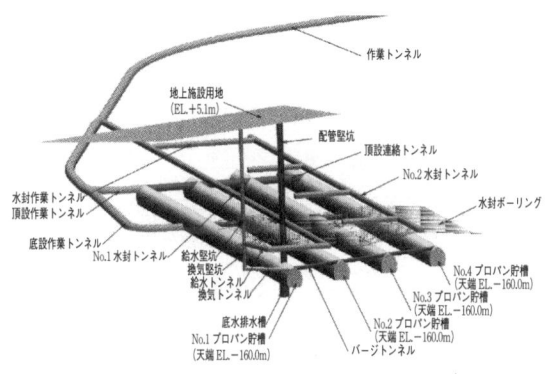

図 5.3.21 LPG地下岩盤備蓄基地施設[15]

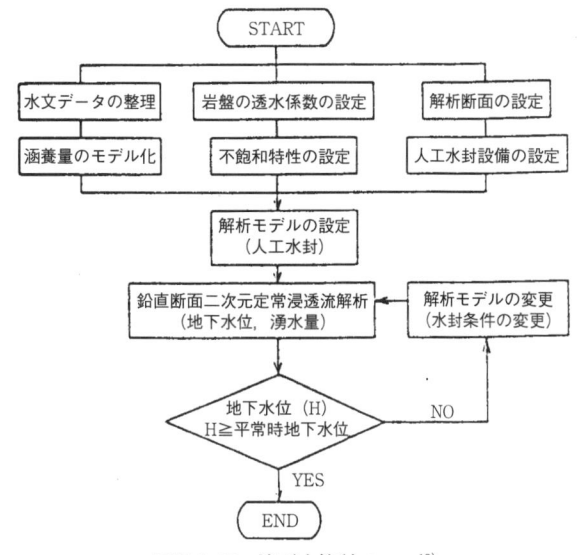

図 5.3.22 地下水検討フロー[13]

b. 地下岩盤備蓄空洞の調査・設計

地下岩盤備蓄における設計では，空洞の力学的安定と水封機能の評価が重要となる．そのための調査としては，岩盤の力学物性値に加えて，地下水の性状や透水性評価のための各種の調査・試験が実施される．地下石油備蓄3基地の代表的な岩盤の物性値を表5.3.3に示す．これらは，室内岩石試験やボーリング孔を利用した孔内試験結果により評価されたものである．

地下備蓄では，水封機能の確保が重要課題となるため，地下水挙動に関する検討が行われる（図5.3.22）．気密・液密構造を形成するためには，少なくとも貯蔵空洞より上部に地下水位が保たれなければならない．水封設計では，貯蔵空洞からの漏気・漏油を防止するための最低の水位として限界水位を設定し，完成後の貯蔵空洞周辺の地下水位は，涵養量の変動および予想される周辺状況の変化に対しても，つねにこの水位以上の安定した地下水位を確保する必要がある．

また，気密性を確保するために貯蔵空洞に向かう所定の動水勾配を確保する必要がある．空洞に貯蔵されたガスは，岩盤内の亀裂を通って上昇しようとするが，亀裂内地下水の鉛直方向の動水勾配（I）をある程度大きくすると気泡の上昇は生じなくなる．B. Åberg[16]は貯蔵空洞内へ流入する地下水の鉛直動水勾配が $I_0 > 1$ であれば，亀裂内に入った気泡が上昇しない（気密条件）として提唱した．地下石油備蓄では，B. Åbergの提唱する鉛直動水勾配（I）を参考に，菊間実証プラントの実績を踏まえ，鉛直動水勾配 $I_0 \geq 0.8$ としている[13]．

地下石油備蓄基地における浸透流解析例を図5.3.23に示す．10本の貯蔵空洞に対して横断方向の地形を含めた解析断面を設定している．透水

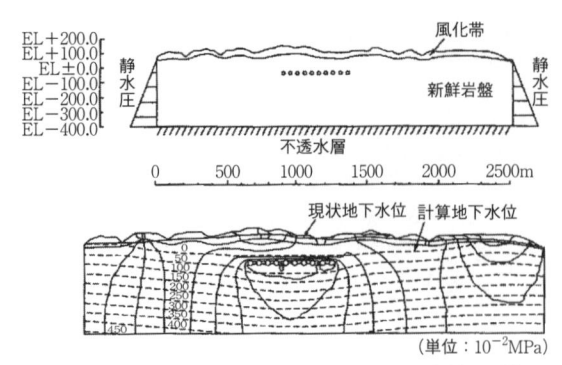

図 5.3.23 地下石油備蓄基地における浸透流解析[13]

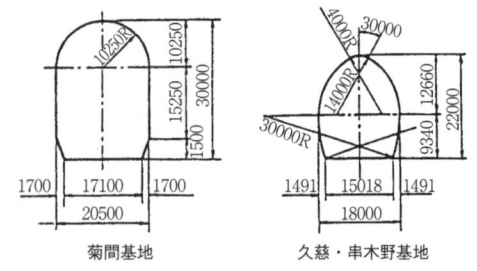

図 5.3.24 地下石油備蓄空洞の形状寸法[13]

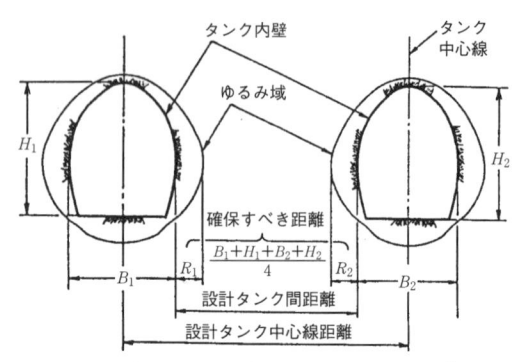

図 5.3.25 確保すべき空洞の離隔概念図[13]

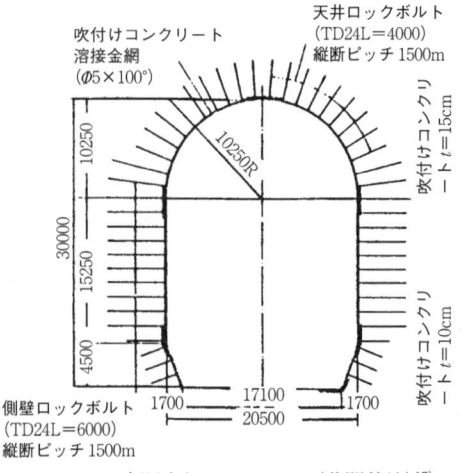

図 5.3.26 空洞支保パターン図（菊間基地）[17]

係数は，浅部の風化帯で3.2×10^{-4} cm/s，新鮮岩盤部で7.6×10^{-6} cm/sとして岩盤の不飽和特性を考慮した浸透流解析を実施している．同図には，解析モデルと解析により得られた地下水の等圧力線を示してある．解析の結果，貯蔵空洞への湧水量が3525 m³/day，地下水位は$EL+4.5$ m以上に保たれ，限界地下水位（$EL+0$ m）以上の地下水位を維持できるものと判断された．また，予測湧水量は情報化施工における管理基準値として施工中の目安に用いられた[12]．

地下備蓄における空洞形状は，地下発電所のように水車や発電機の寸法形状に制約を受けることはなく，その利用目的が石油類の貯蔵であるため形状選択の自由度は高い．地下備蓄空洞の形状寸法は，貯蔵施設としての容積を確保すること，力学的安定性と経済性を主眼に空洞形状が決定されている．

図5.3.24に，地下石油備蓄空洞の形状寸法を示す．同図には施工性を確保したうえで，力学的安定性を重視した卵形断面が久慈・串木野基地で採用され，また，菊間基地では地質が良好で敷地の制約から空洞断面を高さ30 m，幅20.5 mと大きな寸法として食パン形が採用されている．

地下備蓄空洞は，複数の連設空洞が配置されるが，空洞間の離隔距離は，力学的条件と地下水理学的条件の二つの観点から決定される．力学的条件は空洞間の相互干渉を避けるため，図5.3.25に示すような要領で離隔距離を定めている．すなわち，空洞の幅（高さ）に緩み域の幅の2倍を加えた距離以上の離隔が必要とされている．また，水理学的には空洞に向かう地下水の動水勾配が確保されるように離隔を設けている．

地下石油備蓄における支保設計は，二次元弾塑性解析における局所安全率1.5以下の範囲を緩み域として評価し，この緩み域を支保するための支保工の検討が行われている．地下備蓄では，空洞規模が地下発電所のように大きくないこと，腐食に対する課題もあることから，プレストレス（グ

ラウンドアンカー）は採用せず，吹付けコンクリートとロックボルトによる支保が採用されている（図5.3.26，図5.3.27）．

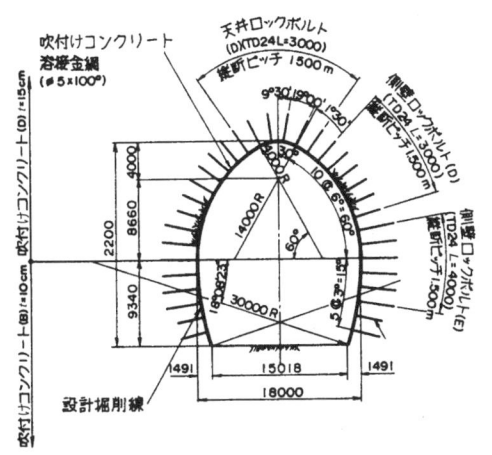

図5.3.27 空洞支保パターン図（串木野・久慈基地）[13]

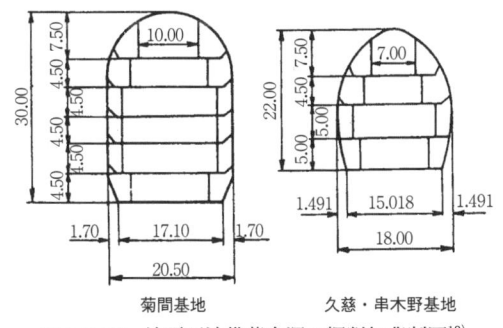

図5.3.28 地下石油備蓄空洞の掘削加背割図[13]

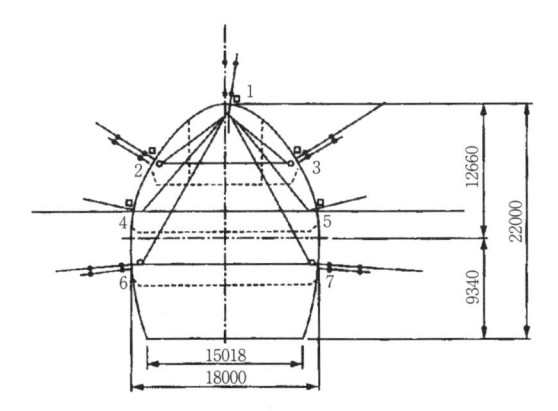

図5.3.29 地下石油備蓄基地における計測配置[2]

c. 地下岩盤備蓄空洞の施工

地下備蓄空洞の施工法は地下発電所と同様に，空洞上部におけるトンネル（頂設導坑）掘削から開始し，下方に向かいベンチ掘削により施工が行われる（図5.3.28）．また，空洞掘削中には空洞の安定監視のための計測が行われている．図5.3.29に計測配置例を示すが，主として内空変位測定，ロックボルト軸力測定，吹付けコンクリート応力測定などが行われている．

（森　孝之）

参 考 文 献

1) 電力土木技術協会編：電力施設地下構造物の設計と施工，p.307，1986．
2) 森　孝之：地方の活性化をめざした地下空間利用会講演要旨集，**2**，109-119，1998．
3) 森　孝之：エネルギー貯槽のための岩盤空洞建設，建設分野における岩盤構造物の設計と保守，資源関係講習会テキスト，資源・素材学会，pp.47-55，2000．
4) 土木学会：地下構造物の設計と施工，pp.115-152，1976．
5) 森　孝之，青木謙治：地質と調査，pp.42-48，No.1，1991．
6) 本島　睦，日比野　敏，林　正夫：岩盤掘削時の安定解析のための電子計算プログラムの開発，電力中央研究所報告，No.377012，1987．
7) 前島俊雄，森岡宏之，伊東敏彦：トンネルと地下，**32**(5)，29-38，2001.5．
8) 前島俊雄，伊東雅幸：電力土木，**232**，25-35，1991.5．
9) 土質工学会：地盤工学における数値解析の実務，現場技術者のための土と基礎シリーズ13，pp.284-288，1987.12．
10) K. Aoki, T. Maejima, H. Morioka, T. Mori, M. Tanaka and T. Kanagawa: Estimation of rock stress around cavern by CCBO and AE method, Proceedings of the third international symposium on rock stress, pp.203-209, 2003.
11) 蒋田敏昭，福竹養造，星野延夫，井口敬次，新見　健：応用地質，**32**(5)，240-216，1991．
12) 地盤工学会：岩盤構造物の情報化設計施工，pp.128-161，2003．
13) 蒋田敏昭：地下石油備蓄基地建設の概要，資源・素材学会，**107**(13)，224-235，1991．
14) 西田米治，牟田　潤，日比谷啓介：トンネルと地下，**22**(7)，170-177，1991.7．
15) 前島俊雄：岩の力学ニュース，**71**，1-4，2004.4．
16) B. Åberg: *Rockstore* **77**(2), 399-413, 1977.

17) 山本和彦：岩盤地下石油備蓄の施工と機械設備，建設機械，pp. 47-52, 1991.

5.4 放射性廃棄物処分における地下利用

5.4.1 放射性廃棄物の発生と地下への処分
a．放射性廃棄物の発生

国の原子力政策大綱（「原子力の研究，開発及び利用に関する長期計画」から改称）（原子力委員会，2005)[10]では，原子力発電はエネルギー自給率の向上，エネルギーの安定供給および二酸化炭素の排出量削減のため，エネルギー資源の乏しいわが国にとっては引き続き基幹的な電源と位置づけられている．わが国では，原子力発電の利用にあたり，長期的なエネルギーの安定確保や放射性廃棄物の適切な処理の観点から，原子力発電に使用した燃料（使用済燃料）について，有用な資源であるウラン，プルトニウムを分離・回収（再処理）し，再び燃料として利用する「核燃料サイクル」（図5.4.1）を原子力政策の基本としている．

原子力発電は，ほかのエネルギー源に比べ同じエネルギーを取り出す場合に発生する廃棄物の量が少なく，その貯蔵や処分に広大なスペースを要しないという特徴を有している一方で，これらは放射能を帯びており，その最終処分は原子力発電を進めるうえで最重要課題の一つである．

放射性廃棄物は，原子力発電所や核燃料サイクル施設から発生するものが大部分を占めるが，大学，研究所，医療施設などからも発生する．わが国で発生する放射性廃棄物は表5.4.1に分類され

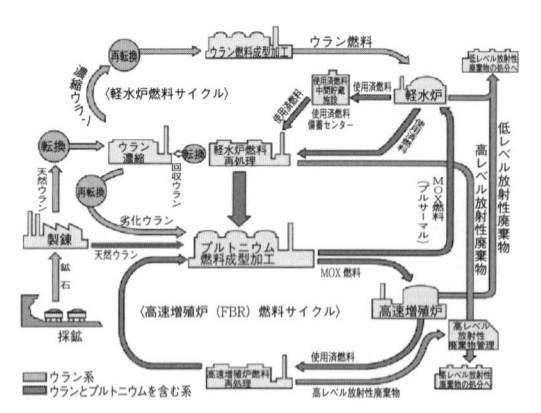

図5.4.1 核燃料サイクルの概要
（出典：電気事業連合会ホームページより）

表5.4.1 核燃料サイクルなどで発生する放射性廃棄物（経済産業省資源エネルギー庁ホームページ（http://www.enecho.meti.go.jp/rw）などにもとづき作成）

発生場所		廃棄物区分	種類	形態
核燃料サイクル	原子力発電所	低レベル放射性廃棄物	放射能レベルのきわめて低い廃棄物	コンクリート，金属など
			放射能レベルの比較的低い廃棄物	廃液，フィルタ，廃器材，消耗品など
			放射能レベルの比較的高い廃棄物	制御棒，炉内構造物など
	再処理施設	高レベル放射性廃棄物	再処理で使用済燃料からウラン，プルトニウムなどの有用物を分離した後に残存する放射能レベルの高い廃棄物	使用済燃料からウラン，プルトニウムなどを分離・回収した後の廃液をガラス固化したもの（ガラス固化体）
		低レベル放射性廃棄物	長半減期低発熱放射性廃棄物（TRU廃棄物）	燃料棒の部品，廃液，フィルタ，廃器材，消耗品など
	MOX[*1]燃料加工施設	低レベル放射性廃棄物		
	ウラン濃縮・燃料加工施設	低レベル放射性廃棄物	ウラン廃棄物	消耗品，スラッジ，廃器材，フィルタなど
医療機関・研究機関など		低レベル放射性廃棄物	RI[*2]廃棄物	RIを使用する施設から発生する放射性廃棄物．例）医薬品，研究用放射性物質，注射器など
試験研究炉・核燃料物質使用施設など		低レベル放射性廃棄物	研究所等廃棄物	核燃料物質を使用した実験などで発生する放射性物質．例）機器類，排気フィルタ，試験片など

[*1] MOX：混合酸化物燃料
[*2] RI：放射性同位元素

b. 放射性廃棄物の地下への処分

廃棄物は，発生源によって放射能のレベル・量・形態が異なり，いずれも人の健康と環境に対して潜在的な危険性をもつことから，それぞれの特性に応じてそのリスクが許容できるレベルとなるよう適切に処理した後，処分される必要がある．放射性廃棄物処分の安全確保に関しては，一般論として「濃縮（固化）・閉じ込め」と「希釈・分散」という二つの基本的な考え方がある．大気中や水中への早期放出のように環境における「希釈・分散」によって安全に処分することが期待できない放射性廃棄物に関しては，適切な形態に固化され前者の考え方によって最終的には地下に埋設処分する方法がとられ，長期的には地下での「希釈・分散」に移行する．

放射性廃棄物の処分方法は，放射能レベルが低く，かつ半減期がきわめて長い放射性核種をほとんど含まない放射性固体廃棄物については，その減衰効果が有意に期待できるため，放射能レベルが安全上支障のないレベル以下になるまでの間，放射能レベルに応じた段階的管理に依存して放射能の影響を防止する地下への「管理型処分」が基本とされている（原子力安全委員会，1985）[3]．その際，放射能レベルに応じて管理期間の目安や放射能濃度の上限値が設定されている．処分の場所として，地上ではなく地下が選ばれる理由は，地下のほうが人間活動（破壊，爆発，火災，事故，戦争，テロなど）や自然現象（台風，地震，地滑り，津波，隕石など）の影響を受けにくく，制度的な管理（たとえば，フェンスや物理的障壁による侵入の防止，土地利用の制限，処分場が閉鎖後も期待される機能を維持していることを確認するための各種モニタリング，処分場の存在などに関する記録の保存など）が期待できる期間では安全に管理しやすいこととによる．

一方，高レベル放射性廃棄物などの放射能は減衰しながらも長期間にわたって存続し，安全性を確保しなければならない期間が長期にわたるため，人間が関与する能動的な管理方法を前提として，これを保証することはできないと考えられている．したがって，その最終処分においては，モニタリングや処分施設の維持，あるいは制度的管理など人間が積極的に関与する手段に依存しない受動的なシステムによって処分場を閉鎖した後の長期安全性を確保することを目指している．このような技術的な要求を満たし，倫理的観点にも配慮して将来の世代の健康や環境に害を与えないことが確信できるような方法として，地下深部に処分する方法（地層処分）が各国で選択されている (OECD/NEA, 1999)[12]．

一般に，地下深部は長期間にわたって安定で，地表に比べて人間活動や自然現象の影響を受けにくく，還元性の環境にあり腐食や溶解が進みにくい，物質を運ぶ媒体となり得る地下水の動きがきわめて遅いといった特徴を有し，高レベル放射性廃棄物の安全な隔離に適しているということができる．このことは，たとえばアフリカのガボン共和国にあるオクロ鉱床で，20億年前に自然に核分裂反応が生じた結果生成した放射性核種が，長い時間を経た後にも発生した場所からほとんど移動していない（たとえばCurtisら，1989）[1]という事実からも類推されている．また，地下深部は，人間による意図的な侵入の可能性を大きく制限するとともに，不注意による人間の侵入の可能性をきわめて低いものに抑えることができる．

以上のことから，低レベルと高レベルの放射性廃棄物は地下へ埋設処分されるわけであるが，以下にその処分の概要を紹介する．

5.4.2 低レベル放射性廃棄物の地下への処分

原子力発電所や核燃料サイクル施設の運転や点検，施設の解体に伴い発生する廃棄物は，表5.4.1に示すような放射能レベルに応じた区分により地下への処分方法が検討され，一部処分が開始されている．

a. 原子力発電所から発生する低レベル放射性廃棄物の地下への管理型処分

（ⅰ）放射能レベルのきわめて低い廃棄物

「素掘り処分（人工構築物を設けない浅地中処分）」によって「管理型処分」が適用できるとされ，動力試験炉（Japan power demonstration reactor：JPDR）の解体に伴って発生したコンクリートなどの廃棄物が，日本原子力研究所東海研究所の地下約2.5mに埋設されている（原子力安全委員会，2003）[5]．

（ii）**放射能レベルの比較的低い廃棄物** 容器に固化して「コンクリートピット処分（人工構築物を設けた浅地中処分）」（図5.4.2参照）を行うことで「管理型処分」が適用できるとされ，均質固化体および充てん固化体については，青森県六ヶ所村にある日本原燃（株）（以下，「日本原燃」という）の低レベル放射性廃棄物埋設センターにおいて地下約6～13mに埋設されている．

（iii）**放射能レベルの比較的高い廃棄物** 「一般的であると考えられる地下利用に対して十分余裕をもった深度（たとえば，地表から50～100m程度）への処分」（以下，「余裕深度処分」という）や「放射性核種の移行抑制機能の高い地中」などを選ぶことによって「管理型処分」が適用できるとする基本的考え方が示され，これを受けて，対象廃棄物について埋設事業許可申請を行

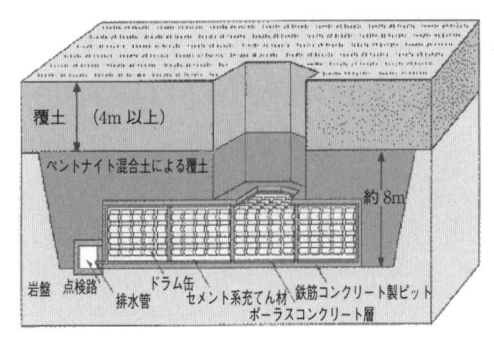

図5.4.2 コンクリートピット処分の概要
（出典：経済産業省資源エネルギー庁ホームページより）

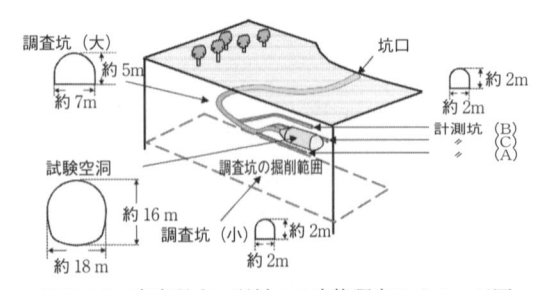

図5.4.3 青森県六ヶ所村での本格調査のイメージ図
（出典：日本原燃（株）ホームページより）

うことができる放射能濃度の上限値が算出されている（原子力安全委員会，2000）[4]．青森県六ヶ所村にある日本原燃の低レベル放射性廃棄物埋設センターの敷地内において，この「余裕深度処分」にかかわる地質・地下水に関するより詳細な情報を得るための本格調査が終了した（2006年3月）．

海外でも中低レベルの放射性廃棄物に関する処分方策が検討されており，米国およびイギリスでは深さ約10m程度のトレンチ形式で素掘り処分を行っており，スウェーデンのSFRではサイロ型（円形立坑）とトンネル型，フィンランドのVLJではサイロ型が採用され，いずれも深度60～100mへの処分が行われている（原子力委員会，1998b）[7]．スイスではサイロ型で，高レベルの廃棄物と同一サイトに処分する案も含めて検討されている．

b．原子力発電所以外から発生する低レベル放射性廃棄物の地下への処分

（i）**長半減期低発熱放射性廃棄物（TRU廃棄物）** 使用済み燃料の再処理施設やMOX燃料の成形加工施設などから発生し，発熱量は小さいが，半減期の長い核種を含む放射性廃棄物であり，放射性核種濃度によって，「管理型処分（コンクリートピット処分）」または「余裕深度処分」あるいは地層処分として「深部地層への処分」とすることが適切であるとされている（原子力委員会，2000a[8]．電気事業連合会・核燃料サイクル開発機構，2005[11]）．TRU廃棄物のうち地層処分が想定されるものについては，高レベル放射性廃棄物と同様の制度が検討されている（原子力部会，2006）[13]．

米国では，ニューメキシコ州カールスバッド近傍の廃棄物隔離パイロットプラント（waste isolation pilot plant：WIPP）で核兵器開発の過程で生じた放射性廃棄物のうち3.7GBq/t以下の超ウラン核種を含む放射性廃棄物を1999年3月から地下約660mの岩塩層中に処分している．

（ii）**ウラン廃棄物** ウラン濃縮・燃料加工施設から発生するウランを含む放射性廃棄物であり，主要な放射性核種であるウランの半減期が長

いことから，管理型処分を適用するのは合理的ではないとされている．具体的処分の方法として，放射能のレベルにより，「素掘り処分」，「コンクリートピット処分」，「余裕深度処分」が適用可能であることが示されている．また，ウラン濃度がより高いものは「地層処分」することが考えられるが，高レベル放射性廃棄物と異なり，発熱を考慮する必要がない（原子力委員会，2000 b）[9]．

(iii) RI 廃棄物・研究所等廃棄物 大部分が「コンクリートピット処分」または「素掘り処分」を行うことが適切であることが示されている．また，放射性核種濃度によっては，「余裕深度処分」や「地層処分」が適切とされている（原子力委員会，1998 a，2000 a）[6],[8]．

5.4.3 高レベル放射性廃棄物の地層処分

a．高レベル放射性廃棄物の特徴

使用済燃料を再処理してウランやプルトニウムを回収する際，核分裂生成物や超ウラン核種を含む放射能の高い廃液が発生する．その廃液を取扱いやすく安定した形態にするため，ガラス原料に混ぜ合わせて高温で融かし，ステンレス製容器に入れて固めたものが「ガラス固化体」（高レベル放射性廃棄物）である．ガラスは，その網目構造のなかに放射性物質を取り込み，長期間安定な状態を保つことが可能である．以下ではとくに断らない限り，高レベル放射性廃棄物はガラス固化体の意味で用いる．

b．わが国の高レベル放射性廃棄物の処分事業

2000 年 10 月に策定された国の特定放射性廃棄物の最終処分に関する計画によれば，1999 年末以前の発電用原子炉の運転に伴って生じた使用済燃料の再処理によって生ずるガラス固化体は約 13300 本と見込まれ，2020 年ごろまでには，総量約 4 万本のガラス固化体に相当する使用済燃料が発生すると見込まれている（通商産業省，2000 b）[15]．

わが国では，高レベル放射性廃棄物（ガラス固化体）の最終処分を計画的かつ確実に実施することを目的として，2000 年 6 月に「特定放射性廃棄物の最終処分に関する法律」（平成 12 年法律第 117 号）（以下，「最終処分法」という）が制定され，①処分実施主体の設立，②最終処分費用の確保・拠出制度の確立，③3 段階のサイト選定プロセスなどを定めている．さらに，国の計画では高レベル放射性廃棄物（ガラス固化体）は，30～50 年間冷却のために貯蔵され（通商産業省，2000 a）[14]，その後最終処分法にしたがって地下 300 m 以深に地層処分することとなっている．

最終処分法にもとづき，2000 年 10 月に処分実施主体として原子力発電環境整備機構（以下，「原環機構」という）が設立され，サイト選定プロセスの第 1 段階である概要調査地区を選定するため，原環機構は 2002 年 12 月，全国の市町村に向けて応募区域の公募を開始した．

c．わが国の処分場の概要

原環機構は地層処分事業の実施に向けて，最終処分法などにしたがい，下記の条件で処分場を設計する．

① 地下 300 m 以深に地下施設を設置
② 処分場の受入れ容量は，ガラス固化体 4 万本
③ 年間の処分量はガラス固化体 1000 本

処分場を構成する基本要素は図 5.4.4 に示すように，ガラス固化体，炭素鋼オーバパック，ベントナイトを主成分とする緩衝材からなる人工バリアとそれが設置される安定な地質環境（天然バリア）で，この人工バリアと天然バリアで構成される多重バリアシステムにより高レベル放射性廃棄物に含まれる放射性物質を長期間にわたって人間の生活環境から安全に隔離することができる．

処分場では，建設される地域の環境条件の特徴に応じて，操業に必要な地上施設と地下施設が建設される．とくに，沿岸部の場合は，沿岸海域下に地下施設を建設することも可能である（図 5.4.5 参照）．この例における主要な仕様は以下のとおりである．

① 地上施設の面積：約 1 km^2
② 地下施設の広さ：約 3.5 km×約 1.5 km
③ 坑道断面径：約 5 m（斜坑），約 2 m（処分坑道）
④ 坑道延長（斜坑除く）：約 200 km

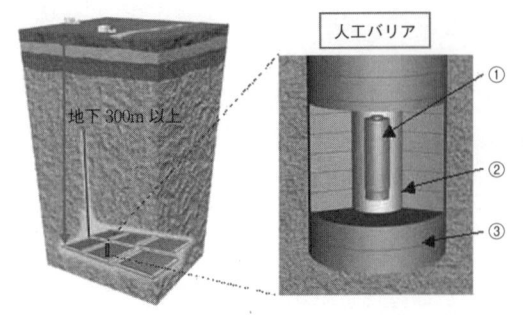

① ガラス固化体（ステンレス製のキャニスタに充てんされたもの）
② オーバーパック（炭素鋼などの金属）
③ 緩衝材（ベントナイトを主成分）

図5.4.4 処分場と人工バリアの概念の例
（原子力発電環境整備機構，2004[2]）をもとに一部修正）

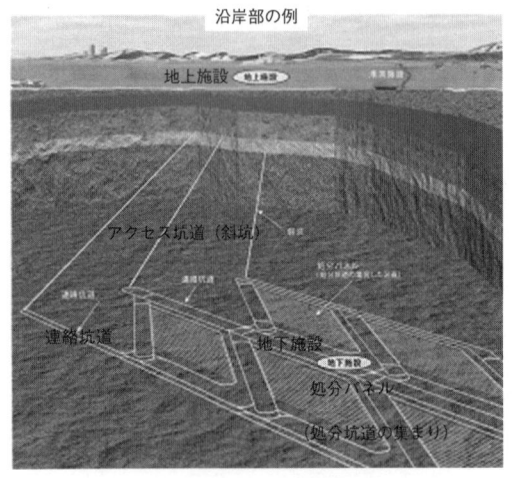

図5.4.5 処分場の1例（沿岸部の例）
（原子力発電環境整備機構，2004[2]）をもとに一部修正）

操業段階では，処分パネルごとに処分坑道の建設とガラス固化体の搬送・定置，処分坑道の埋め戻しを並行して行う．4万本のガラス固化体の埋設作業に50年程度の期間を見込む．操業が終了した閉鎖段階では連絡坑道，アクセス坑道を埋め戻し，地下施設の閉鎖と地上施設の解体を行う．処分場の建設・操業・閉鎖にあたっては，適切な設計・施工管理が要求されるとともに，埋め戻し後長期にわたり処分システムが機能することを評価しておく必要がある．さらに，坑道掘削によるズリの発生や地下湧水の汲み上げなど，処分事業の実施に伴い影響が考えられる環境の保全についても対策を講じる必要がある．

d．諸外国の地層処分事業の状況

諸外国の高レベル放射性廃棄物の地層処分事業では，フィンランドが2001年5月，米国が2002年7月に最終処分場のサイトを決定し，スウェーデンでは2002年から候補地2地点で特性調査を開始している．おもな諸外国の状況を表5.4.2に示す．

5.4.4 深地層の研究施設

a．地下研究施設の目的と海外の事例

地層処分にかかわる諸外国の地下研究所の建設，あるいは地下での研究は1980年代前半のストリパ鉱山（スウェーデン）での系統的な研究を最初として，カナダ，スイス，スウェーデン，米国，ベルギーなどで進められてきた（表5.4.2参照）．地下研究施設のタイプは，地質や処分計画の進捗状況など各国の事情によりさまざまである．鉱山やダム，道路などの既存の坑道を活用するタイプ（たとえば，スイスのグリムゼル地下岩盤研究所，モン・テリ岩盤研究所など）と処分地もしくは候補地に建設するタイプに分類できる．地下研究施設の深度は，おもに母岩の位置により決定され，モル（ベルギー）では地下約230 m，エスポ（スウェーデン）では地下約450 m，グリムゼル（スイス）では地下約450 m，ホワイトシェル（カナダ）では地下約240 mおよび450 mなどである．

地下研究施設での研究目的は，
① 地下深部が有する放射性廃棄物を閉じ込める機能（バリア性能）の評価
② 種々の地質環境調査技術の適用性評価
③ 人工バリアなどの工学技術の開発・実証
④ 地層処分システムの設計・性能評価に必要なデータの取得
⑤ 深地層の体験，各種デモンストレーションの場

などである．具体的には①については，物質移動に関与する地質構造要素の特性（岩石中の粒子間げきや割れ目の分布，性質など），地下水の水理特性・地球化学的特性，岩盤の熱特性・力学特性，地質環境の長期安定性，地下深部での断層・

表 5.4.2 諸外国における地層処分の概況
(原子力発電環境整備機構, 2004[2)] を編集, 一部修正)

項目	カナダ	米 国	スイス	スウェーデン	フィンランド	フランス
実施主体	NWMO（核燃料廃棄物管理機関）	DOE/OCRWM（米国エネルギー省・民間放射性廃棄物管理局）	Nagra（スイス放射性廃棄物管理共同組合）	SKB（スウェーデン核燃料・廃棄物管理会社）	Posiva 社	ANDRA（フランス放射性廃棄物管理機関）
対象廃棄物	使用済燃料（カナダ型重水炉（CANDU））	使用済燃料（商業用PWR, BWRから発生），ガラス固化体（軍事利用から発生）	ガラス固化体，使用済燃料，MOX使用済燃料	使用済燃料（BWR, PWR）	使用済燃料（BWR，旧ソ連製加圧水型原子炉（VVER））	カテゴリーC廃棄物（ガラス固化体，使用済燃料）
処分サイト	未定	ユッカマウンテン（ネバダ州）	未定	オスカーシャム，エストハンマル	オルキルオト（ユーラヨキ自治体）	未定
地質環境	還元性地下水で飽和された楯状地花崗岩	不飽和の凝灰岩，酸化性地下水	還元性地下水で飽和されたオパリナスクレイ（頁岩（粘土岩））または花崗岩	還元性地下水で飽和された結晶質岩	還元性地下水で飽和された結晶質岩	還元性地下水で飽和された粘土質岩または花崗閃緑岩
処分深度	500〜1000m	約 200〜500 m,（地下水面はおよそ地下 500〜800 m）	650 m（北部スイスのオパリナスクレイの深度）もしくは 1000 m（花崗岩）	400〜700 m	420 m（一層の場合）420 m・520 m（二層の場合）	450±100 m（粘土質岩）
処分場の規模	約 4 km²	処分坑道の配置総面積：約 465 km²，処分坑道および主要坑道の延長：約 69 km	約 1.5 km²（頁岩（粘土岩））, 花崗岩地域は未定	地下施設面積：1〜2 km²，地上施設面積：0.1〜0.3 km²，処分坑道延長：45 km	地上施設面積：約 0.15 km²，地下施設面積：約 0.3 km²，処分坑道延長：約 40 km	未定
処分システム	使用済燃料，廃棄物容器，緩衝材および天然の地層からなる多重バリアシステム	廃棄物パッケージ，ドリップシールド，坑道インバートおよび天然の地層からなる多重バリアシステム	ガラス固化体/使用済燃料，キャニスタ，緩衝材および天然の地層からなる多重バリアシステム	使用済燃料，キャニスタ，緩衝材および天然の地層からなる多重バリアシステム	使用済燃料，キャニスタ，緩衝材，埋め戻し材および天然の地層からなる多重バリアシステム	ガラス固化体/使用済燃料，オーバーパック，緩衝材および天然の地層からなる多重バリアシステム
地下研究施設	ピナワ（URL）	ユッカマウンテン	グリムゼル，モン・テリ	エスポ（URL），ストリパ	オンカロ（オルキルオト）	トゥルヌミー，ビュール

破砕帯の性質，天然類似現象などとの比較（ナチュラルアナログ）などの調査・評価を行う．②については，ボーリング掘削や物理探査，モニタリングなどの技術の適用性を確認する．③については処分場建設，閉鎖技術の開発，それらの地下環境への影響評価，廃棄体や人工バリア材の搬送・定置，廃棄体回収，上記工学技術の実証，実規模スケールでの試験のほか，品質管理手法に関する検討を行う．④については，岩盤の長期クリープ挙動や岩盤中での物質移行・遅延特性の調査などが含まれる．

b. わが国の地下研究施設の事例

わが国ではこれまでに，日本原子力研究開発機構（旧核燃料サイクル開発機構，以下，「原子力機構」という）が，岐阜県土岐市および瑞浪市にまたがる東濃鉱山と岩手県釜石市の釜石鉱山の2

箇所の地下坑道において研究を進めてきた．東濃鉱山では，新第三紀の堆積岩（瑞浪層群）中のウラン鉱床群を対象として，約1千万年前に濃集したウランがその後の断層活動，隆起・侵食の影響，地下水との反応，地表からの風化の影響などを経た後でも地層中に保持されてきたことなどについて，地下約130mの坑道を活用して研究が行われてきた．一方，釜石鉱山では，1980年代の後半から約10年間，花崗閃緑岩中の地下約700m（海抜250m）と地下約400m（海抜550m）において，地質構造，岩盤力学，水理・物質移行，材料試験，地震による地下環境への影響などの研究が行われた（吉田，2003）[17]．

上記，東濃および釜石の例は既存坑道を活用した例であるが，このような場合は坑道が掘られる以前の状態がどうであったかを推定することがむずかしい．これに対し，原子力機構は岐阜県瑞浪市（結晶質岩系，立坑深度約1000m）と北海道幌延町（堆積岩系，立坑深度約500m）において，立坑掘削前に地表から乱される前の地下環境を調査したうえで，深地層に研究施設を建設して詳細調査にいたる段階的な調査のプロジェクトを進めている（図5.4.6参照）．

幌延での研究計画では，地質環境調査技術開発，地質環境モニタリング技術の開発，深地層における工学的技術の基礎の開発，地質環境の長期安定性に関する研究を目的とし，地上からの調査研究段階（第1段階），坑道掘削（地下施設建設）時の調査研究段階（第2段階）および地下施設での調査研究段階（第3段階）の三つの段階を約20年間で進めることとしている．また，瑞浪も同様に3段階で進めており，現在は両サイトとも第2段階を迎えている．地下施設（研究坑道）の立坑掘削においては，平成19年5月時で瑞浪で約200m，幌延で約50mまで進捗している．

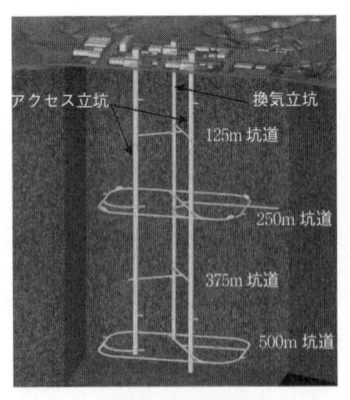

（高橋美昭）

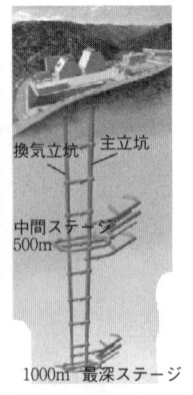

幌延深地層研究計画　　瑞浪超深地層研究所計画
図5.4.6　原始機構の深地層研究計画
（出典：核燃料サイクル開発機構，2004[11]およびホームページより）

参考文献

1) D. B. Curtis, T. M. Benjamin, A. J. Gancarz, R. Loss, J. K. R. Rosman, J. R. De Laeter, J. E. Delmore and W. J. Maeck : Jour. Applied Geochemistry, 4, 49-62, 1989.
   電気事業連合会・核燃料サイクル開発機構：TRU廃棄物処分技術検討書―第2次TRU廃棄物処分研究開発取りまとめ―JNC TY1400 2005-13, FEPC TRU-TR2-2005-02, 2005年9月．
2) 原環機構：高レベル放射性廃棄物地層処分の技術と安全性―「処分場の概要」の説明資料―, NUMO-TR-04-01, 2004.
3) 原子力安全委員会：低レベル放射性固体廃棄物の陸地処分の安全規制に関する基本的考え方について，1985.
4) 原子力安全委員会：低レベル放射性固体廃棄物の陸地処分の安全規制に関する基準値について（第3次中間報告），2000.
5) 原子力安全委員会：平成14年版，原子力安全白書，2003.
6) 原子力委員会：RI・研究所等廃棄物処理処分の基本的考え方について，1998a.
7) 原子力委員会：現行の政令濃度上限値を超える低レベル放射性廃棄物の基本的考え方について，1998b.
8) 原子力委員会：超ウラン核種を含む放射性廃棄物処理処分の基本的考え方について，2000a.
9) 原子力委員会：ウラン廃棄物処理処分の基本的考え方について，2000b.
10) 原子力委員会：原子力政策大綱，2005.
11) 核燃料サイクル開発機構：幌延深地層研究計画，平成15年度調査研究成果報告，JNC TN5400 2004-001, 2004.
12) OECD/NEA : Progress towards Geologic Disposal of Radioactive Waste : Where do We Stand ? An International Assessment, OECD/Nuclear Energy Agency, Paris, France, 1999.
13) 総合資源エネルギー調査会電気事業分科会原子力部会：原子力立国計画，2006年8月8日．
14) 通商産業省：特定放射性廃棄物の最終処分に関する

基本方針を定めた件，平成12年10月2日　通商産業省告示第591号，2000 a．

15) 通商産業省：特定放射性廃棄物の最終処分に関する計画を定めた件，平成12年10月2日　通商産業省告示第592号，2000 b．

16) 特定放射性廃棄物の最終処分に関する法律，平成12年6月7日　法律第117号．

17) 吉田英一：地下環境機能―廃棄物処分の最前線に学ぶ―，近未来社，2003．

6. 地盤環境災害

6.1 広域の地盤沈下

6.1.1 現象の認識

地盤は，大気，水とともに地球表層の環境を特徴づける重要な要素である．地盤が沈下すると，水際線付近の低平な土地の消失や氾濫浸水災害の激化，排水不良，建造物や地下埋設物の機能阻害など，さまざまな障害が生じる．とくに，地下水の過剰な汲み上げや，水溶性天然ガス，石油などの地下資源の過剰な採取により，地下水位が低下し，広い範囲にわたって地表面が沈下すると，上述の障害に加えて井戸枯れ，湧泉の枯渇，地下水の塩水化など多様な障害が発生するため，その影響は甚大である．このような広域にわたる地表面の沈下現象を地盤沈下（land subsidence）と呼び，構造物や盛土の載荷重による局部的な地盤の沈下（settlement）と区別している．

わが国では，戦後の復興期および高度成長期に臨海沖積平野部において急速に地盤沈下が進行した．そのピーク時には，地盤沈下速度は年間で最大20 cmを超えるようなすさまじいものであり，環境防災上，深刻な状況をもたらした[1]（図6.1.1）．

1967年に施行された公害対策基本法に，典型7

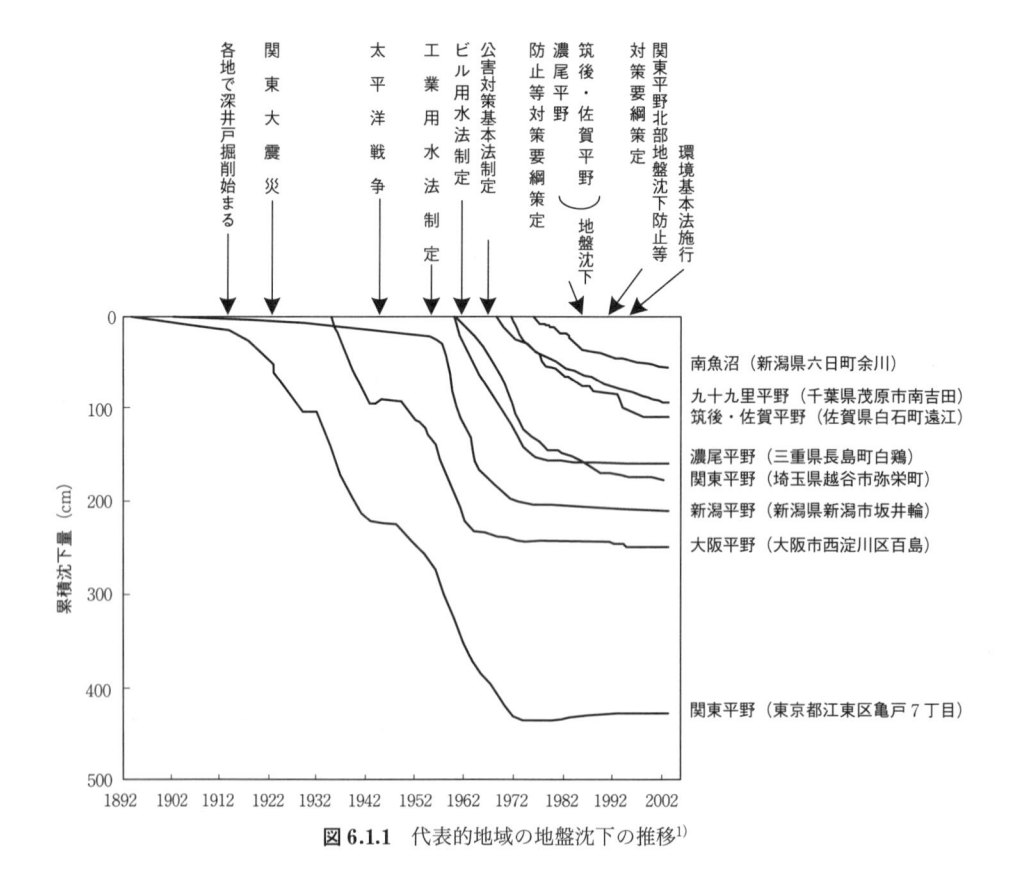

図 6.1.1　代表的地域の地盤沈下の推移[1]

公害の一つとして，地盤の沈下（鉱物の採掘のための土地の掘削によるものを除く．以下略）が明記されているのは，このような状況を反映したものである．公害対策基本法を発展的に継承して，1993年に施行された環境基本法においても，地盤の沈下は公害の一つとして明記され（第2条3項），環境の保全上の支障を防止するために，地盤の沈下の原因となる地下水の採取その他の行為についての規制の措置に関する条項（第21条第1項）を定めている．ここにいたるまでに，地盤沈下の実態を把握し地盤沈下の機構をふまえた有効な対策を講じるために，多大な努力が傾注されてきた．

図6.1.1に例示された各地域および他地域において，地下水揚水実績の把握，地盤の収縮量と地下水位の動態観測の実施，地盤沈下の物理機構と予測法に関する調査研究，および地下水管理に関する学際的な取組みなどが連携して進んだ結果，近年では地盤沈下は沈静化する傾向にある[1]（図6.1.2）．ただし，1994年の異常渇水（列島渇水）に見られるごとく，渇水時に地下水の利用が急増し，一時的にせよ，地盤沈下域面積の増加を引き起こした事実[1]には留意が必要である（図6.1.3）．

力学的な見地からは，地盤沈下は，地下水位の変動に伴う有効応力の増加と繰返し載荷効果によって生じる地層の非可逆的な圧縮変形によるところが大きい．したがって，地下水揚水量の規制が効果的にはたらき，地下水位が回復しても，いったん沈下した土地の高さはほとんどもとに戻らない．

このことは，地域社会にとって，それまでに生じた地盤沈下量は「負の遺産」であり，氾濫浸水

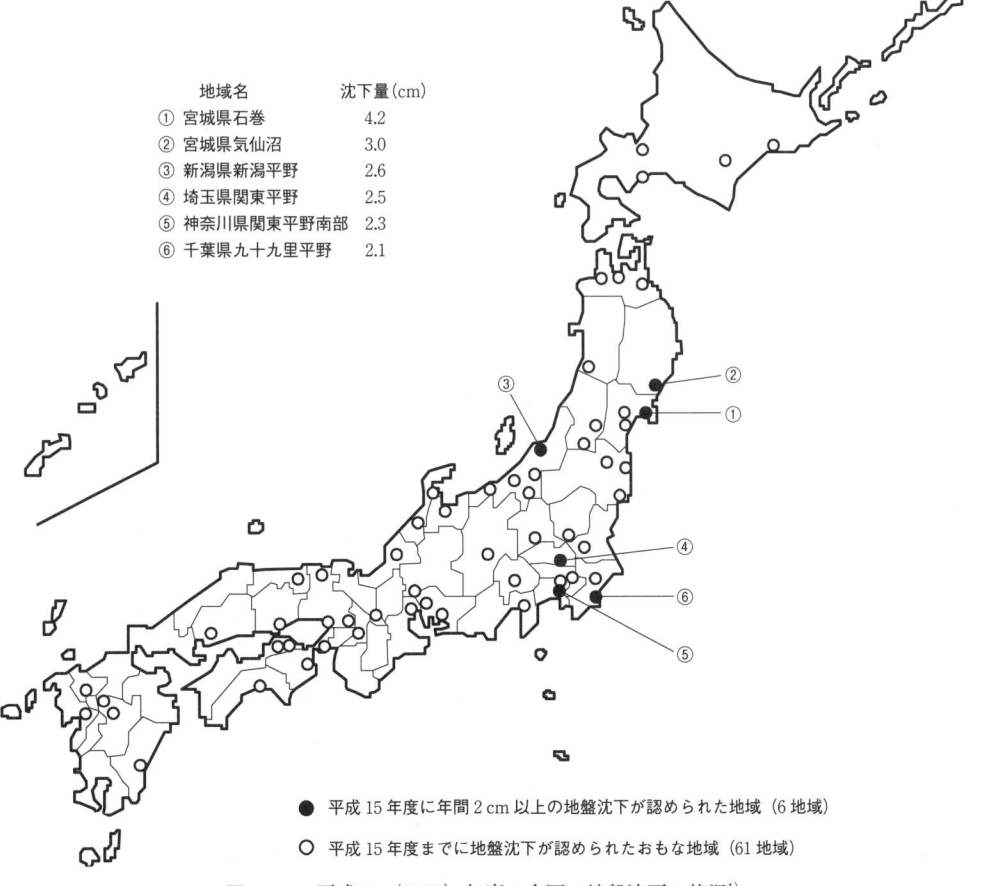

地域名	沈下量(cm)
① 宮城県石巻	4.2
② 宮城県気仙沼	3.0
③ 新潟県新潟平野	2.6
④ 埼玉県関東平野	2.5
⑤ 神奈川県関東平野南部	2.3
⑥ 千葉県九十九里平野	2.1

● 平成15年度に年間2cm以上の地盤沈下が認められた地域（6地域）
○ 平成15年度までに地盤沈下が認められたおもな地域（61地域）

図 6.1.2　平成15（2003）年度の全国の地盤沈下の状況[1]

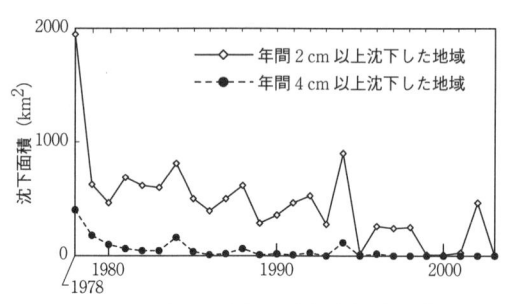

図 6.1.3 全国の地盤沈下域面積の推移[1]

や排水不良の増加リスクに永続的に向き合わなければならないことを意味する．実際，多くの臨海都市域において，高潮や洪水氾濫災害のリスクを軽減するために，堤防のかさ上げや修築事業が実施されてきたが，施設整備以来，数十年を経過して，耐水性能の照査や質の確保，向上が課題となっている臨海地域も少なくない．また，海洋プレート型の巨大地震の発生確率が高まりつつある今日，沿岸域の土地の昇降や，津波による氾濫浸水リスクの精度高い評価は重要な課題であり，地盤沈下に関する健全な知識は不可欠になっている．

水循環系の視点は，地盤沈下の本質に迫るものである．水循環系の阻害の一つの現れが地盤沈下である．水文循環サイクルの基本構成要素である地下水システムが過度の人為的擾乱を受け，その調節作用として地盤沈下を誘起している事例が多い．健全な水循環系の保全が地域社会の共通課題と認識されつつあるなか，地盤沈下の実態と学理を俯瞰することは時宜を得ているといえよう．

6.1.2 わが国の水収支と水資源としての地下水

わが国はモンスーンアジアの東端に位置し，総じて湿潤温暖な気候のもとにある．年平均降水量は 1718 mm，年平均蒸発散量は 597 mm と推計されており，国土面積（378 千 km²）を乗ずると，年あたり降水量は 6500 億 m³，蒸発散量は 2300 億 m³ となる[2]（図 6.1.4）．年あたり降水量と蒸発散量の差が年平均の水資源賦存量となるが，それは理論上最大限の値を与えるものである．実際には，集中豪雨や台風に伴う洪水は短時間のうちに海洋に流出するため，利用可能な表流水（河川水）の量は平均水資源賦存量よりもかなり少ない．

表流水の一部は地盤に浸透し地下水を涵養する一方，地下水の一部は基底流出として河川に流出する．すなわち，地表水システムと地下水システムには，一般に複雑な相互作用がある．沿岸域では海洋への地下水流出が起こるが，地下水の過剰揚水により海岸地下水の水頭が低下すると，海域から陸域帯水層に海水の流入（塩水遡上）が起こるので，留意が必要である．

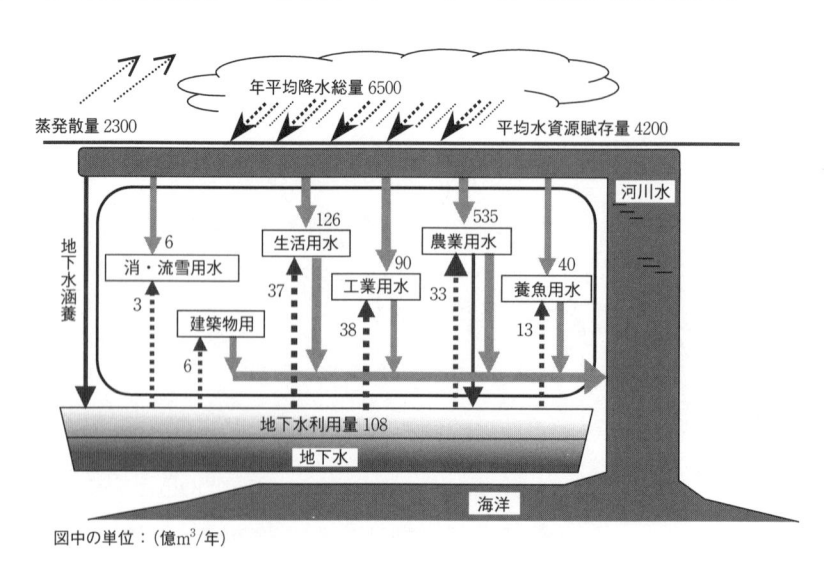

図 6.1.4 わが国における水収支の概況[2]

地下水は一般に水質がよく，水温が一定であり，井戸の設置により採取が比較的容易なため，地下水の利用は歴史が長く，全国に普及している．利用用途としては，工業用水，生活用水，農業用水が多く，年間108億 m^3 に及ぶ．これに建築物用の地下水利用，積雪地域での消・流雪用水，そして養魚用水などの利用を加えると，地下水利用総量は年間，130億 m^3 に達する．水資源としての地下水の重要性は，図6.1.4中の諸数値からも明らかであろう．

水循環系の視点からは，地下水の賦存形態が重要になる．地下水は土の間隙や岩石の亀裂中に存在する．そのため，一般に地下水の流動速度は表流水に比べて格段に遅い．いいかえると，地下水の涵養速度はきわめて遅い．そのため，地下水の汲み上げが大量かつ急速に行われると，帯水層内の地下水流動のみでは当該地域の水収支は均衡せず，帯水層に接する難透水層（粘土層など）からの間隙水の絞り出し（圧密）を誘起することになる．それに伴う地層の収縮が累積し，地盤沈下として地表に影響が現れる．

河川水に対して集水域や流域の概念がよく当てはまるように，地下水の容れものとして地下水盆の概念が有用である．実際，完新統の地層のみではなく，更新統の帯水層やそれより古い地層から地下水を採取しているような場合には，地盤沈下は広域の地下水流動の問題でもあることに留意したい．

6.1.3 地盤沈下対策のソフトウェア

わが国では，地盤沈下は沈静化の傾向にあることを上で述べた．本項では，その背景にある地盤沈下対策のソフトウェア，すなわち，法律，条例などにもとづく規制，および地盤沈下防止等対策要綱について概観する[3]．

a. 法律による規制

東京湾などの臨海域においては，20世紀初頭あるいはそれ以前からすでに地盤沈下が生じていたようである．太平洋戦争中にいったんおさまっていた地盤沈下は，戦後の復興と歩調をあわせて，各地で急増することとなった．その背景には，臨海域を中心とした重化学工業の発達と，安価で質のよい地下水への需要の急増があげられる．

1956年に施行された工業用水法では，政令で地域指定を行い，その地域の一定規模以上の工業用井戸について許可基準（吐出口の断面積，ストレーナーの位置）を定め，許可制とすることにより地盤沈下の防止につなげている．1957年6月に，神奈川県（川崎市の一部と横浜市の一部），三重県（四日市市の一部，楠町），兵庫県（尼崎市，西宮市の一部，伊丹市）において最初の地域指定が行われ，以後，地域指定の範囲は東京都，大阪府を含む10都府県にまで拡大し現在にいたっている．指定総面積は1936 km^2 である．

都市部では多様な社会，産業活動が活発に行われている．1950年以降，建築物の冷暖房用や水洗トイレ用などの地下水の汲み上げが急増し，地盤沈下を加速させた．その弊害が端的に現れたのが大阪市域であり，1961年の第二室戸台風による高潮によって，同市のビジネス街の中心地である中之島地区も甚大な氾濫浸水被害を受けた．

この災害が契機となって，1962年に「建築物用地下水の採取規制に関する法律（ビル用水法）」が施行された．ビル用水法では，地下水採取による地盤沈下に伴い，高潮，出水などによる災害の発生する恐れがある場合に限定して，政令により地域指定を行う．特定の代替水の供給は前提としていない点が，工業用水法の場合の指定要件とは大きく異なる．現在までに，大阪府，東京都，埼玉県，千葉県の4都府県において地域指定が行われている．

b. 条例等にもとづく規制など

多くの地方公共団体では，地下水採取の規制等の条例を定めて地盤沈下の防止および地下水の保全を図っている．条例による規制のおもな構成要素はつぎのようであり，その一つまたは二つ以上を組み合わせて，全体としての規制制度を構成している場合が多い[5]．

① 規制対象設備（一定規模の揚水設備）
② 規制の枠組み（許可制，届出制，協議あるいは承認制など）

③ 許可あるいは規制等の基準（揚水設備の構造，揚水量，井戸間隔）
④ 基準の担保（許可の失効，取消；設置，採取などの改善命令や勧告など；測定，報告の義務づけ；立入検査；罰則）

c. 地盤沈下防止等対策要綱にもとづく対策

筑後・佐賀平野と濃尾平野は，わが国有数の沖積平野であるが，地盤沈下が顕在化し始めたのは比較的遅く，前者は1960年代半ば，後者は1960年代初めころである．更新世の地層が厚く分布する関東平野北部においては，地盤沈下が1960年代初めころから目立つようになってきた．これらの地域の実情に応じた総合的な地盤沈下の対策を推進するために，地盤沈下防止等対策関係閣僚会議において，地域ごとの地盤沈下等対策要綱が策定された．

① 筑後・佐賀平野地域：1985年に対策要綱決定，1995年一部改正．目標揚水量は白石地区では年間300万 m^3，佐賀地区では年間600万 m^3 である．
② 濃尾平野地域：1985年に対策要綱決定，1995年一部改正．目標揚水量は年間2.7億 m^3 である．
③ 関東平野北部地域：1991年に対策要綱決定．目標揚水量は年間4.8億 m^3．目標年度は2000年度であったが，2001年度時点において揚水量実績は，目標量をやや上回る年間5億 t 強の水準にとどまっている．

これらの地域では，上述の目標値を掲げて，地盤沈下を防止し，かつ地下水の保全を図るために，規制（保全）区域においては，①地下水採取規制，②代替水源の確保および代替水の供給，③節水および水使用の合理化なる地盤沈下防止対策を講じている．合わせて，観測区域では，地盤沈下，地下水などの状況把握および適切な地下水採取について指導を行っている．さらに，地盤沈下による湛水災害の防止や，治水，土地改良施設の機能回復などのための諸事業を推進している．

6.1.4 地盤沈下の事例

地盤沈下は社会とのかかわりが深い．その多様な実相に迫るには，流域スケールの視点から事例を分析することが有効である．流域の地形，地質条件，そして地盤沈下を誘起した社会条件は，それぞれの流域ごとに異なる．したがって，複数の代表的な事例の特徴を参照することによって，地盤沈下の本質をとらえる枠組みが見えてくる．

本項では，大阪平野（西大阪地域），濃尾平野，佐賀平野（白石地区），関東平野（房総半島）における地盤沈下の事例をとりあげる．

a. 大阪平野（西大阪地域）[4]

西大阪地域は，臨海低平地に都市域が展開している代表的な地域の一つである．戦後直後の1950年9月に来襲したジェーン台風によって，大阪湾に最高潮位偏差 O.P.＋3.85 m の高潮が発生した（図6.1.5）．それに伴う氾濫浸水災害は甚だしく，浸水面積は61.2 km^2 に達した（図6.1.6(a)）．原形復旧にとどまらず，将来の高潮リスクに十分に備えるために，1950年11月，「西大阪総合高潮対策事業計画」が策定された．計画潮位 O.P.＋5.00 m を基本にする雄大な事業であり，上流河川を含め延長124 kmに及ぶ防潮施設が整備された．

しかるに，1961年9月に来襲した第二室戸台風に伴う高潮（最大潮位偏差 O.P.＋4.12 m）によって，氾濫浸水災害が生じた（図6.1.6(b)）．ジェーン台風時よりも高潮の潮位偏差が大きいに

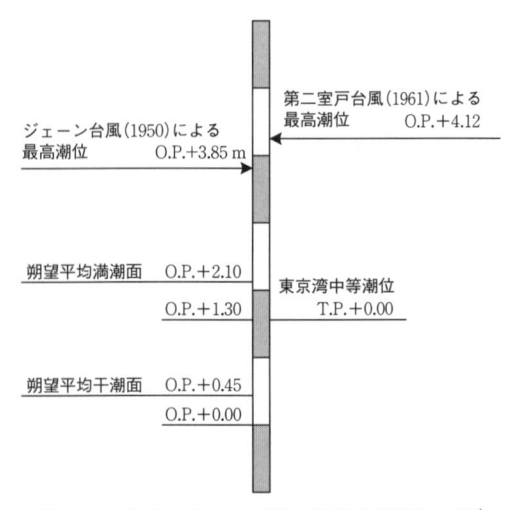

図6.1.5 台風による大阪港の最高潮位記録の例[4]

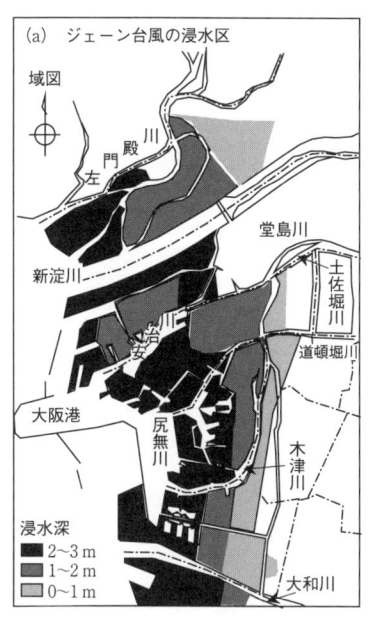

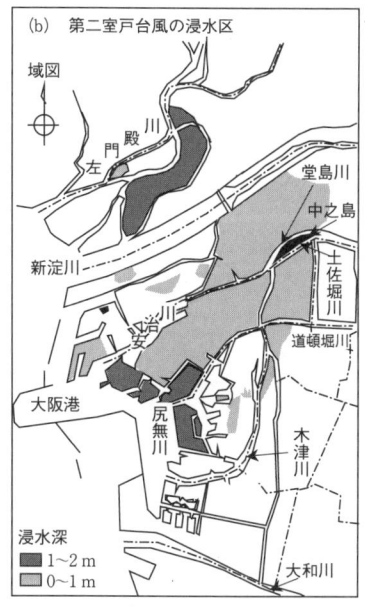

図 6.1.6 高潮による浸水状況[4]

もかかわらず，浸水面積がほぼ半減しているのは，高潮防潮施設の整備効果である．しかし，ビジネス街の中心である中之島地区が浸水被害を受けたことは，深刻な事態を意味していた．中之島地区を取り囲む堂島川と土佐堀川には防潮堤が整備されていたが，整備期間中にも進行していた地盤沈下によって，折角の防潮機能が大幅に損なわれていたのである．

ちなみに，大阪市西淀川区百島（水準点北26）の累積沈下量に着目すると，1950年に97 cmであったものが1960年には190 cmにまで急増している（図6.1.1参照）．第二室戸台風が来襲したのは1961年9月であり，この10年の間に生じた1 mに及ぶ地盤沈下が深刻な影響をもたらしたことは明白である．この間は高度成長期であり，建築物の冷暖房，水洗トイレ用の地下水の汲み上げ量が急増した時期である．本事例は，ビル用水法制定の契機を知るうえにも重要である．

西大阪地域では，ビル用水法の施行を受けて実質的に地下水揚水が全面的に規制され，爾来，地盤沈下が急速に沈静化し，かつ地下水位が急速に回復している．

b．濃尾平野[5),6)]

濃尾平野は，伊勢湾に面する広大な沖積低地（面積約1300 km²）である．濃尾平野の地盤沈下が注目されるようになったのは，1959年の伊勢湾台風による激甚な氾濫浸水災害を契機としている．ただし，地盤沈下量（測量成果）が明らかに急増し始めたのは，1960年代にはいってからのことである．ちなみに，伊勢湾台風当時の濃尾平野における標高ゼロメートル（T. P. ±0.0 m）以下の地域の面積は186 km²であった．それが地盤沈下によってさらに拡大し，1978年測量結果では274 km²に達している．その後は，この水準に落ち着いている．

濃尾平野の地盤沈下への取組みで特筆されるのは，広域・学際連携である．1971年に愛知，岐阜，三重の三県における地盤沈下の測量調査を総合的に行うために，東海三県地盤調査会が発足した．1975年には学識経験者が加わり，地盤沈下の実態と原因・機構の調査研究を連携して推進する体制が整えられた[5)]．

濃尾平野における地盤沈下抑制への取組みの成果の1例を図6.1.7に示す．観測地点の案内図を図6.1.8に示す．1974年に揚水規制の導入以降，地下水揚水量（日平均表示）は年度とともに着実に減少し，それに応じて地盤沈下量（曲線⑬）は急速に沈静化に向かっている．2枚の帯水層

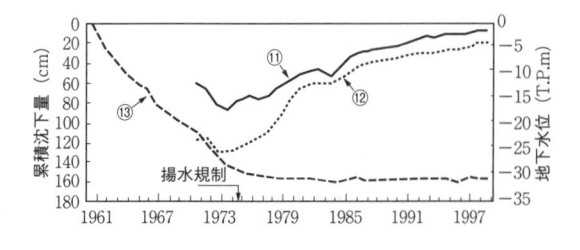

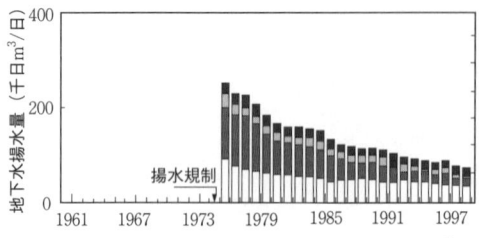

図 6.1.7　揚水規制による地盤沈下の抑制[5]

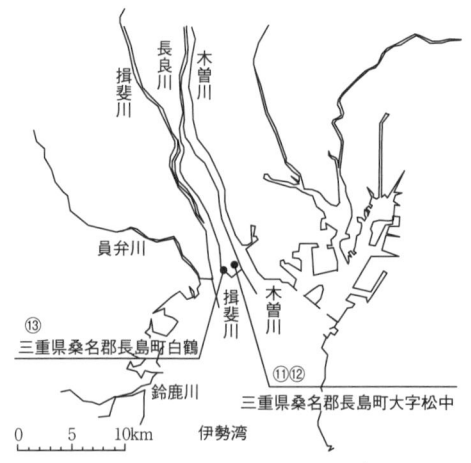

図 6.1.8　観測地点の案内図[5]

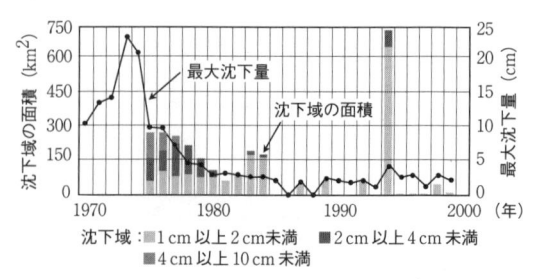

図 6.1.9　地盤沈下域面積の推移[5]

(G1層（曲線⑪）およびG2層（曲線⑫））の地下水位もともに目覚しい回復を示している．

地下水揚水量の規制の効果は，濃尾平野の地盤沈下域面積の経年変化にもよく現れている（図6.1.9）．留意を要するのは，地盤沈下の沈静化傾向の中で，列島渇水と呼ばれる1994年に沈下域面積が急増したことである．濃尾平野域では，この年の3～6月にかけて平年値の5～7割の少雨であったところに，7～8月には降水量は平年の3割程度となり，節水が求められる事態となった．その対応として地下水の汲み上げが一時的に急増し，地盤沈下面積の増大をもたらしたと推定されている．

大東・植下[6]は，このような渇水時における地盤沈下の誘起を抑えるには，長期的な地下水揚水量削減計画の策定の際にもとになった年平均地下水位～年間揚水量関係に必ずしも拘泥することなく，短期的な地下水位と揚水量変動量（たとえば月変動量）の関係にも着目する必要性があることを指摘している．その背景には，1994年の濃尾平野域における地下水揚水量は，夏季に揚水量の一時増があり地盤沈下を誘起したにもかかわらず，年間総量で見ると，前年の揚水量を下回っていたという事実認識がある．

c. 佐賀平野[7]

佐賀平野は大部分が完新世の三角性低地であり，六角川河口部－牛津川を境界として，東側は佐賀地区，西側は白石地区と呼ばれている（図6.1.10）．地盤沈下を抑制するため，1974年7月から佐賀県条例により地下水の揚水規制が実施された．それに伴い，佐賀地区では，工業用の地下水に関する節減・合理化などが進み地盤沈下は急速に沈静化した．一方，白石地区では農業用水と上水用の地下水への依存が大きく，佐賀地区とは事情を異にしていた（図6.1.10）．2001年には上水用の地下水の代替水源が確保され，地下水揚水量が大幅に減少したため，地盤沈下は沈静化に向かうものと推定される．

農業用水の需要は季節性が強い．実際，列島渇水年と呼ばれる1994年には，白石地区における農業用水用の地下水揚水量が急増した（図6.1.11）．その地盤沈下への影響は，白石観測点（白石C-1，C-2）における累積地盤収縮量が1994年に急増したことからも明らかである（図6.1.12）．同図中には，ストレーナ深度77～82mの観測井（白石C-2）とストレーナ深度206～223mの観

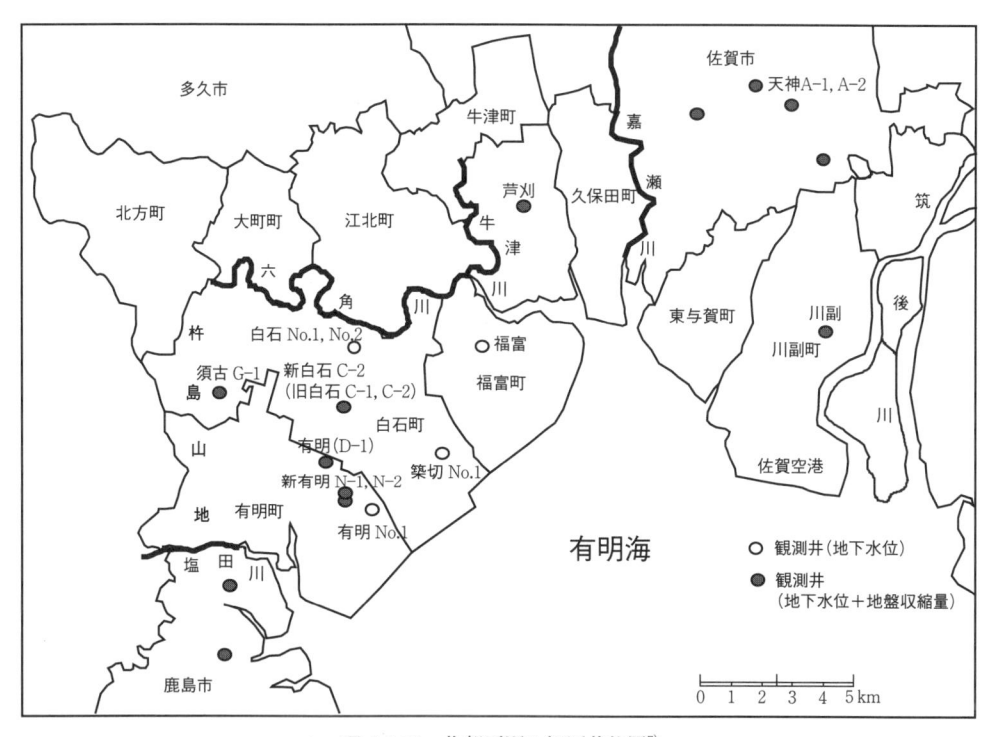

図 6.1.10 佐賀平野と観測井位置[7]

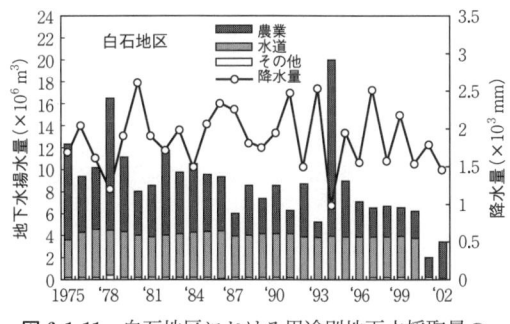

図 6.1.11 白石地区における用途別地下水採取量の経年変化[7]

測井（白石 C-1）における地下水位の推移も示されている．白石地区では農業用の地下水は，主として深度 100～200 m に分布する帯水層から汲み上げられており，1994 年の 6 月下旬からの地下水揚水量の急増に伴い，同年 9 月上旬には，観測井 C-1 の地下水位は約 20 m もの低下を示した．その後，地下水位は回復したにもかかわらず，地盤沈下量の回復はほとんど認められない（図 6.1.12）．

季節性の地下水位変動に伴う地盤沈下には，地下水位の低下（有効応力の増加）による通常の圧密沈下だけではなく，繰返し負荷効果による粘性土の非可逆的な圧縮変形も含まれている．坂井ら[7]は，繰返し負荷による粘性土の圧縮変形の累積を表現するために，除荷時と再載荷時の体積圧縮係数の表現に工夫をこらした解析モデルを提案している．同解析モデルにもとづく，白石地区の地盤沈下挙動に対する有限要素解析の結果[7]を図 6.1.13 に示す．解析対象は深度 84 m までの地層である．その中，表層 19 m は完新統，それ以深は更新統である．完新統の圧縮量は，深度 84 m までの地層の全沈下量の 50～60％を占めている．残りは更新統の圧縮量であり，完新統の圧縮量とほぼ同等の割合を占めていることは興味深い．

白石地区では，季節的に大きな地下水位変動を伴うものの，水位回復時の地下水位はほぼ一定水準である．坂井ら[7]は，このような変動パターンを示す地域においては，渇水時に強調される夏季の急激な地下水位変動を避けることが，地盤沈下の防止にとって重要であると指摘している．そして，地盤沈下管理パラメーターとして夏季の地下

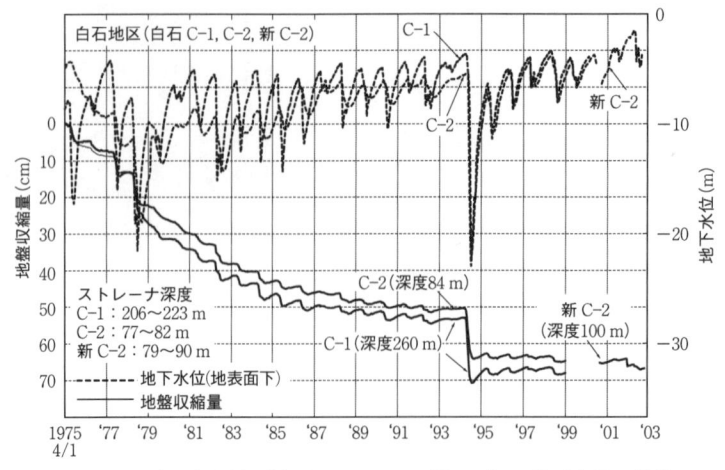

図 6.1.12 白石観測点（白石 C-1・C-2，新 C-2）の地下水位と地盤収縮量（1975〜2002 年度）[7]

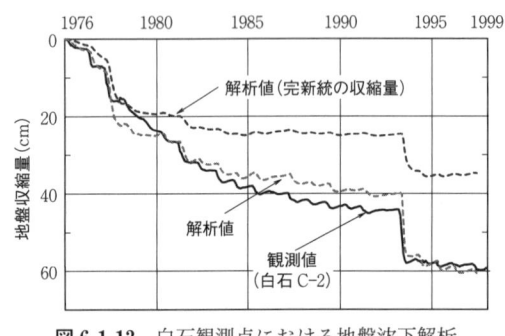

図 6.1.13 白石観測点における地盤沈下解析結果[7]

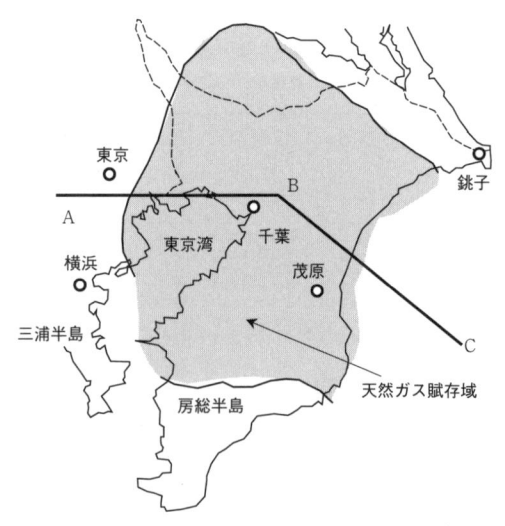

図 6.1.14 南関東における天然ガス賦存域[8]

水位低下時における水位変動量に着目することを推奨している．

d. 九十九里平野[8]

地下水の過剰揚水に伴う関東平野の地盤沈下は，先述のとおり，まず臨海沖積低地域（江東区）で顕在化した（図 6.1.1）．その後，次第に地下水位低下の影響は更新世や鮮新世の地層にも波及し，北関東平野域（越谷市）や南関東の九十九里平野域（茂原市）における地盤沈下をもたらすようになった．広域かつ深部地層の収縮の影響が大きい地盤沈下に関する理解を深めるために，以下，水溶性天然ガスの採取に伴う九十九里平野域の地盤沈下の事例解析[8]をとりあげる．

わが国最大の平野である関東平野は，当初は海盆として発達し，それが地史的過程を経て広大な平野の姿を備えるにいたった構造盆地である．その成因をうけて，地下水，天然ガスなどの流体資源を豊富に貯留する一大地下水盆を形成している．南関東における天然ガスの賦存域を図 6.1.14 に示す．同図中の測線 ABC に沿う模式断面を図 6.1.15 に示す．南関東における天然ガス生産の開始は 1950 年代半ばにさかのぼるが，現在も活発に天然ガスの生産が行われているのは，九十九里平野下の茂原ガス田である．同地域では，上総層群の帯水層（砂層や砂質シルト層）に深井戸

6.1 広域の地盤沈下

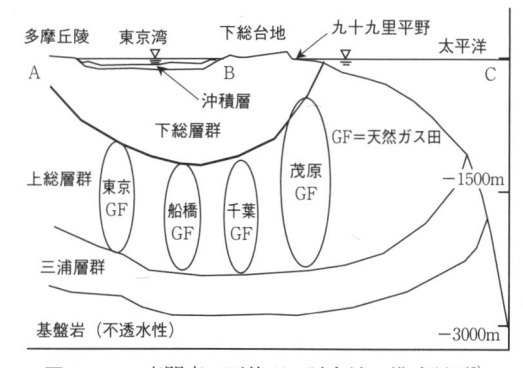

図 6.1.15 南関東の天然ガス賦存域の模式断面[8]

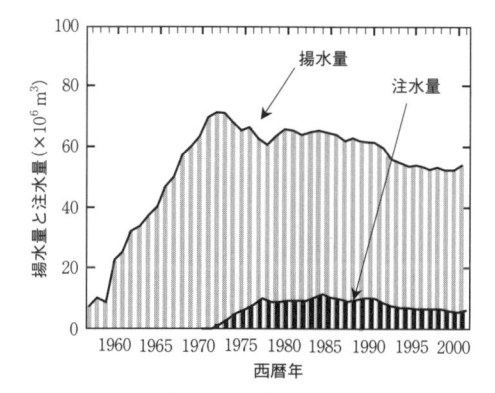

図 6.1.16 実績による地下水揚水量と注水量の推移[8]

（深さ 500～2400 m）を設置し，地下水とともに水溶性ガスを汲み上げ，分離精製することにより天然ガスの生産を行っている．地盤沈下の観測は 1969 年に始まり，2001 年時点では累積沈下量は 80 cm に達している．地下水揚水量の実績（図 6.1.16）を参照すると，地盤沈下はすでに 1969 年以前から進行していたものと推定される．実際，地盤沈下の沈静化を期して，1971 年以降，揚水量の漸減および揚水地下水の地層への一部還元が実施に移されている．

さて，Shen ら[8]は，三次元地下水流動解析法と鉛直一次元圧密解析法を結合することにより，上述の地盤沈下事例の再現解析を行っている．採用された有限要素解析メッシュ（平面図）を図 6.1.17 に示す．解析領域は関東平野全域である．陸域と海域間の地下水流動も考慮するために，房総半島沖の海域まで解析領域が展開されている．

すなわち，解析領域は東西方向に 190 km，南北方向 250 km に及ぶ．平面分割長は 10 km（詳細解析域では 5 km）である．鉛直方向には，最大深度 3000 m に及ぶ地層を計 24 のモデル地層に分割している．地下水揚水量の実績（図 6.1.16）にもとづいて，深井戸群に対応する複数個の流量指定節点に，所定の時間間隔で流量配分（正味の地下水揚水量増分）を行い，1956～2001 年までの期間における三次元地下水流動の時刻歴解析を行っている．解析結果によると，地点 C における帯水層（深さ 550～2500 m）の地下水位は，1980 年には，1956 年時点を基準にして 65～120 m の低下である．その後も，さらに地下水位は低下し，1956 年時点を基準にして，2001 年には 170～190 m に及ぶ地下水位の低下量を示している．

以上のようにして，各帯水層の地下水位の経時変化を求め，ついで，それらを境界条件として，帯水層間の圧縮性地層を対象にした鉛直一次元圧密解析を実施する．これにより，いわゆる絞り出し量を計算することが可能になる．指定の平面位置におけるすべての圧縮性地層の圧密沈下量を加算すると，その時点における地表面沈下量となる．図 6.1.17 には，このようにして予測された，1956～2001 年までの累積地表面沈下量の等値線を示す．深井戸群の存在する地域（地点 C およびその近傍）を中心にして，顕著な地盤沈下域が形成されていることに注目したい．すなわち，地点 C において沈下量は最大値 1.6 m をとり，その外方に向かってほぼ同心円状（等値線 g～a の順）に沈下量が小さくなっている．

地点 A，B，C における地表面沈下量の推移に関する予測結果と実測結果を図 6.1.18 に示す．予測と実測の結果を対比するために，1969 年以前の推定地盤沈下量（0.7～0.8 m）が実測曲線に加算されていることを指摘しておく．

上述の事例解析から得られた重要な結論は，つぎのとおりである[8]．

① 完新統に比べて硬い地層（更新統および鮮新統）であっても，地下水揚水に伴う地下水位の低下量が大きいと，地層の収縮が生じ，

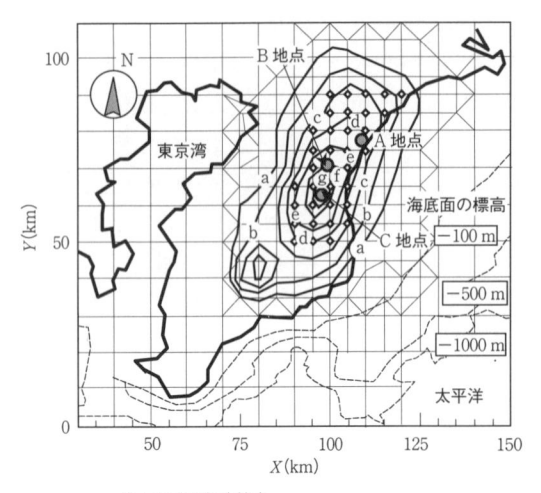

◇：揚水量指定節点
―：等沈下量線
a=0.2 m b=0.4 m c=0.6 m d=0.8 m
e=1.0 m f=1.2 m g=1.4 m

図 6.1.17 解析メッシュ平面図と予測沈下量コンター[4]

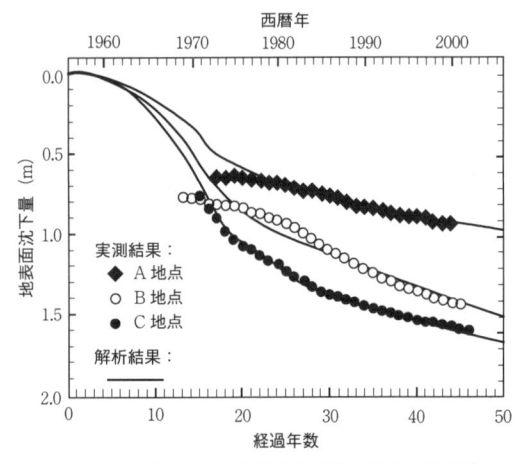

図 6.1.18 実測および予測沈下量の推移の比較[4]

結果として相当の地盤沈下量をもたらす．
② 深部帯水層における地下水位の著しい低下に応じて，そこに向かう三次元的な広域地下水流動が生じる．
③ その一つの現れとして，海域から陸域帯水層への海水浸入が生じる．

6.1.5 地盤沈下モニタリング技術にかかわる最近の進歩

近年における宇宙技術を利用した地球観測システムの進展には目を見張るものがある．たとえば，合成開口レーダ（SAR）の波長の1/2間隔の縞模様に着目する干渉SAR技術（InSAR）を利用すると，高分解能の地盤変動観測が可能である[9]．水野ら[10]は，長期間にわたって高精度で地盤変動観測を行うためにPSInSAR技術（permanent scatters interferometry SAR）を適用した例を述べている．すなわち，京都盆地や濃尾平野，関東平野でこの手法を適用し，堆積盆地・平野スケールにおける地盤変動量を，高分解能（mm単位）で長期（10年以上）にわたって追跡できることを示している．

つぎの発展段階としては，このような長期間にわたる広域・高分解能かつ高密度の地表面変動観測の結果から，活構造域における地盤沈下の推移を抽出，分離する学理，技術の開発が求められよう．

〔関口秀雄〕

参 考 文 献

1) 環境省：全国地盤環境情報ディレクトリ，2004．http://www.env.go.jp/water/jiban/index.html/
2) 国土交通省土地・水資源局水資源部：日本の水資源，p. 231, 2004．
3) 環境庁水質保全局企画課：地盤沈下とその対策，pp. 94-113, 1990．
4) 大阪市港湾局：高潮とのたたかい―大阪港の防災事業，p. 49, 1988．
5) 東海三県地盤調査会：東海三県地盤調査会発足30周年記念誌，p. 32, 2001．
6) 大東憲二，植下 協：地下水学会誌，**38**(4), 279-294, 1996．
7) 坂井 晃，三浦哲彦，八谷陽一郎，陶野郁雄：土木学会論文集，No. 715, III-60, pp. 135-146, 2002．
8) S. L. Shen, I. Tohno, M. Nishigaki and N. Miura : *Lowland Technology International*, **16**(1), 1-8, 2004.
9) D. L. Galloway, K. W. Hudnut, S. E. Ingebritsen, S. P. Phillips, G. Peltzer, F. Rogez and P. A. Rosen : *Water Resources Res.*, **34**(10), 2573-2585, 1998.
10) 水野敏実，山根 誠，西山昭一：土と基礎，**54**(5), 25-27, 2006．

6.2 土砂災害・斜面の安定

6.2.1 最近の土砂災害の実態

洪水氾濫による水害で溺死などが原因となる死

者数は，終戦直後に頻発した水害では1000人を超えていたが，気象衛星などを用いた気象予報や河川洪水の監視体制の充実により激減した．一方，土砂災害による犠牲者は，各種対策により着実に減少してきているものの，豪雨の度に斜面崩壊や土石流の発生によって生じている．これは，土砂災害現象そのものが局所的に発生し，発生場所・時刻などを特定しにくいこと，土砂移動現象の発生から避難までのリードタイムが短いこと，移動土砂そのものが強大な破壊力を有していること，また，土砂災害が発生する危険性のある箇所数が膨大であり，対策を講じるのに時間と経費がかかること，などによると考えられる．

図6.2.1は，自然災害による原因別死者・行方不明者数と土砂災害による犠牲者の占める割合の経年変化を表している[1]．昭和42年の羽越豪雨災害や阪神大水害では600人を超える死者・行方不明者を出し，昭和42年以降，阪神大震災を除いて最大の犠牲者が発生した．とくに，土砂災害による犠牲者の占める割合が75%と高いことがわかる．また，昭和47年7月豪雨災害でも42年水害に匹敵する土砂災害による犠牲者が出ている．さらに，昭和57年の長崎豪雨災害では死者・行方不明者299人のうち74%の220人が，平成5年の鹿児島豪雨災害では，121人の死者・行方不明者のうち90%の109人が土砂災害による犠牲者であった．自然災害による犠牲者のうち土砂災害による犠牲者の占める割合は大きく変動しているものの，おおむね50%前後の割合で推移している．

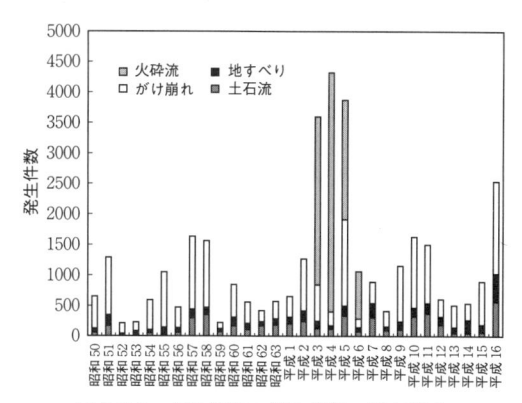

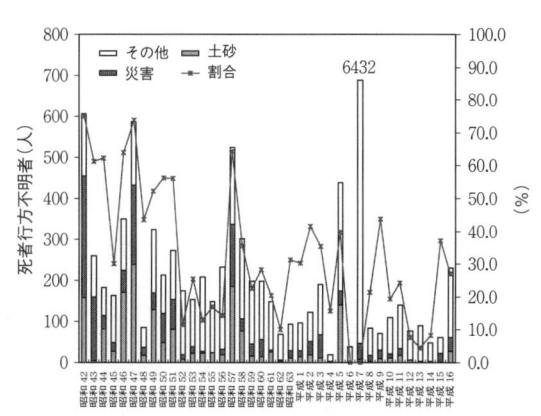

図6.2.2は土砂災害の発生件数を，土石流，地すべり，がけ崩れ，火砕流の四つに分けて，経年変化を見たものである．最近の10年間の平均年発生回数（平成7〜16年）は約1000件程度であり，発生件数の内訳は，がけ崩れが全体の約64%を占め，ついで土石流の約19%，地すべりの約17%となっている．地すべりや土石流はがけ崩れに比べ発生件数は少ないが，たとえば，平成9年の鹿児島県出水市針原地区での土石流災害（犠牲者21名）や，平成15年の熊本県水俣市宝川内集地区での土石流災害（犠牲者15名）など，1件の発生に対して多数の死者・行方不明者が発生する場合がある．

6.2.2 豪雨による表層斜面崩壊の予測法

自然斜面の土層構造は複雑であるが，これを単純化してモデル化すると，図6.2.3のように表せる．A層は植物などの生物的な力による影響を受けている層で透水性が高く，B層は風化物の堆積層であり，C層は透水性の低い基層である．なお，これらの土層の名称は土壌学上の土層分類名とは一致していない．

豪雨時には，A層とB層との境界面あるいはB層とC層との境界面に平行な浸透流が形成さ

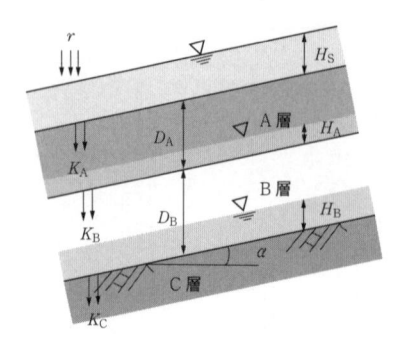

図6.2.3　土層構造

れ，主としてここがすべり面となって表層崩壊が発生すると考えられる．このときの表層崩壊の厚さはたかだか1m程度であり，すべり面は斜面にほぼ平行であると見なせ，無限長斜面の安定性の議論が適用できる．なお，無限長斜面の安定解析法以外では，円形すべり面法，非円形すべり面ではヤンブー（Janbu）法などがある．

A層とB層との境界面，およびB層とC層との境界面における作用せん断力をそれぞれ τ_A および τ_B とし，せん断抵抗力をそれぞれ τ_{AL} および τ_{BL} とすると，これらは以下のように表せる[2]．

$$\tau_A = g\sin\alpha\cos\alpha \begin{bmatrix} D_A(1-\lambda_A)\sigma_A + \\ \rho\left\{\int_0^{D_A-H_A}\theta dz + H_A\lambda_A + H_s\right\} \end{bmatrix} \quad (6.2.1)$$

$$\tau_B = g\sin\alpha\cos\alpha \begin{bmatrix} D_B(1-\lambda_B)\sigma_B + \\ \rho\left\{\int_{D_A}^{D_A+D_B-H_B}\theta dz + H_B\lambda_B + H_s\right\} \end{bmatrix} \quad (6.2.2)$$

$$\tau_{AL} = g\cos^2\alpha \begin{bmatrix} (D_A-H_A)(1-\lambda_A)\sigma_A \\ +\rho\int_0^{D_A-H_A}\theta dz \\ +H_A(1-\lambda_A)(\sigma_A-\rho) \\ +\rho H_s \end{bmatrix} \tan\theta_A + c_A \quad (6.2.3)$$

$$\tau_{BL} = \begin{bmatrix} \tau_A\tan\theta_B/\tan\alpha \\ +g\cos^2\alpha\left\{\begin{array}{l}(D_B-H_B)(1-\lambda_B)\sigma_B \\ +\rho\int_{D_A}^{D_A+D_B-H_B}\theta dz \\ +H_B(1-\lambda_B)(\sigma_B-\rho)\end{array}\right\} \end{bmatrix}$$
$$\times \tan\theta_B + c_B \quad (6.2.4)$$

ここで，D は土層厚，H は飽和浸透流の厚さ，

H_s は表面流の水深，λ は空隙率，σ は土粒子の密度，ρ は水の密度，g は重力加速度，α は斜面の傾斜角，θ は含水率，z はA層表面から鉛直下方を正にとった位置，ϕ は内部摩擦角，c は粘着力であり，添字 A および B はそれぞれA層およびB層での値を表す．

各土層内の含水率については，以下に示すリチャーズ（Richards）の式を用いて求めるのが一般的である．

$$\frac{\partial\theta}{\partial h}\frac{\partial h}{\partial t} = \frac{\partial}{\partial x}\left\{K_x(h)\left(\frac{\partial h}{\partial x}-\sin\alpha\right)\right\}$$
$$+\frac{\partial}{\partial y}\left\{K_y(h)\frac{\partial h}{\partial y}\right\}+\frac{\partial}{\partial z}\left\{K_z(h)\left(\frac{\partial h}{\partial z}-\cos\alpha\right)\right\}$$
$$(6.2.5)$$

ここで，h は圧力水頭，t は時間，$K_x(h)$, $K_y(h)$, $K_z(h)$ はそれぞれ x, y, z 方向の透水係数であり，x, y はそれぞれ斜面の流下方向および横断方向にとった座標である．

現在のところ，透水係数 K と圧力水頭 h または含水率 θ との関係を表す一般式はないが，以下に示すファン・ゲニッヒテン（van Genuchten）の式がよく用いられる．

$$K(h) = \begin{cases} K_s S_e^{0.5}[1-(1-S_e^{1/m})^m]^2 & \text{for } h<0 \\ K_s & \text{for } h\geq 0 \end{cases}$$
$$S_e = \begin{cases} (1+|\beta h|^n)^{-m} & \text{for } h<0 \\ 1 & \text{for } h\geq 0 \end{cases}$$
$$S_e = \frac{\theta-\theta_r}{\theta_s-\theta_r}, \quad m=1-\left(\frac{1}{n}\right) \quad (6.2.6)$$

ここで，K_s は飽和透水係数，β および n はパラメータ，S_e は有効飽和度，θ_s は飽和含水率，θ_r は残留含水率である．

A層とB層およびB層とC層との境界面をすべり面として崩壊が発生すると仮定したときのそれぞれの安全率 SF_A および SF_B はそれぞれ，

$$SF_A = \tau_{AL}/\tau_A, \quad SF_B = \tau_{BL}/\tau_B \quad (6.2.7)$$

で求まる．

図6.2.4は，一定降雨強度 r の雨を $SF_A=1$ または $SF_B=1$ になるまで継続して降らせたときの積算雨量 R と r との関係を表したものである．なお，計算には以下の数値を用いている．すなわち，$\lambda_A=0.4$, $\lambda_B=0.3$, $\sigma_A=2.4\,\mathrm{g/cm^3}$,

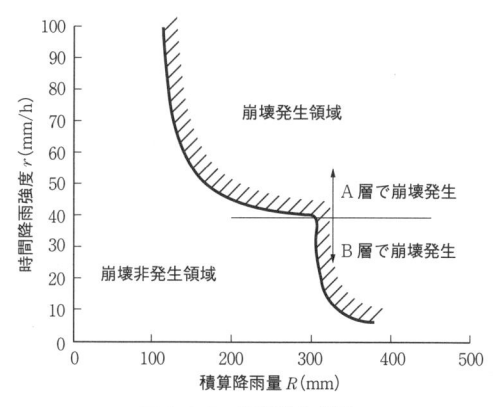

図 6.2.4 崩壊発生領域

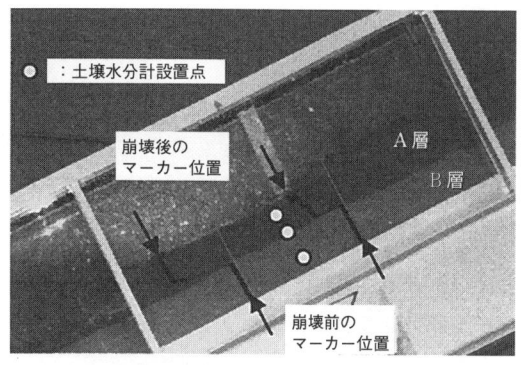

図 6.2.5 透水係数の異なる2種類の土層からなる斜面の豪雨時崩壊実験
(A層の飽和透水係数：315 mm/h，B層の飽和透水係数：56 mm/h，降雨強度：150 mm/h)

$\sigma_B = 2.6$ g/cm³, $D_A = 0.3$ m, $D_B = 0.7$ m, $\tan\phi_A = 0.8$, $\tan\phi_B = 0.8$, $\alpha = 35$ 度, $\beta = 3.0$ 1/m, $n = 2.0$，A層の $K_s = 72$ mm/h, $\theta_s = 0.45$ m³/m³, $\theta_r = 0.12$ m³/m³，B層の $K_s = 36$ mm/h, $\theta_s = 0.40$ m³/m³, $\theta_r = 0.09$ m³/m³，C層の $K_s = 7.2$ mm/h, $\theta_s = 0.35$ m³/m³, $\theta_r = 0.07$ m³/m³である．また，初期圧力水頭 h については，$h = z - 5$ (m) なる関係式を与え，式(6.2.6)から初期飽和度および初期含水率を求めている．

この図より，降雨強度が約 40 mm/h より強いとA層での崩壊が先行し，これより弱い雨ではB層での崩壊が先行することがわかる．実際の土層構造は複雑であり，降雨も複雑に変化するので，図のような崩壊発生・非発生の境界線（計算結果にもとづく限界線）を一義的に決定することはむずかしいが，特定の地域で代表的なパラメータを設定すれば，その地域に固有の限界線を (r, R) 平面上に設定できよう．

計算ではなくて，実際に崩壊が発生した時刻における r と R の関係を (r, R) 平面上に多数プロットし，この実績値を包絡する曲線でもって限界線を設定する方法が実際に行われており，斜面崩壊や土石流の発生を対象とした避難警報の発令に利用されている．

図6.2.5は透水係数が異なる2種類の土砂を各10 cmの厚さに敷き，降雨に伴う斜面崩壊実験を行ったときの表層崩壊の様子を示したものである[2]．上層が約10 cm程度下流側に滑っている．図中の○印は，土壌水分計の設置位置を示しており，中央の土壌水分計で計測した飽和度の時間変化を図6.2.6に示す．同図より，飽和度に関する計算結果は実験値の傾向をよく表しているとともに，崩壊発生時刻も両者よく一致していることがわかる．

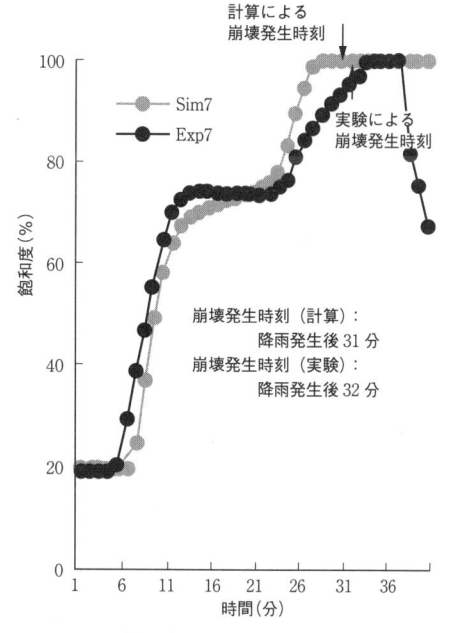

図 6.2.6 飽和度の時間変化と崩壊発生時刻

図6.2.7は，このモデルを木津川上流域の一支渓（流域面積約 0.4 km²）に適用した際の崩壊発生箇所の実績と安全率（SF_B）が1を下回る格子の時間的変化を見たものである．64%の精度で実際の崩壊現象を計算で再現できているが，計算

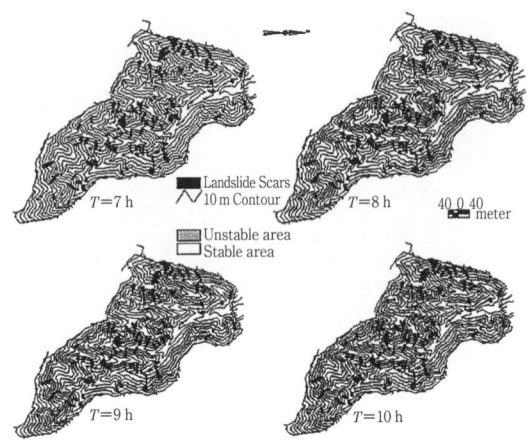

図 6.2.7 木津川上流域の一支渓における崩壊発生箇所の実績と安全率が1を下回る格子の時間的変化

では実際よりも多くの場所が崩壊すると判定されている．これは用いた土壌パラメータの妥当性と，現地調査から得られたデータの代表性の問題などが考えられる．

6.2.3 土石流災害

平成12～16年の5年間で，死者・行方不明者を出した土砂災害の1件あたりの死者・行方不明者数は，土石流が2.3人/件，地すべりが1.8人/件，がけ崩れが1.3人/件である[1]．このように，土石流災害は土砂災害のなかでもいったん発生すると，多くの人命が失われる危険性が高い現象である．そこで，以下では土石流の発生機構と土石流氾濫災害について述べる．

a. 土石流の発生原因

高橋によれば，土石流とは水と土砂礫との渾然一体となった混合物が重力の作用によって，一種の連続体であるかのように，かなりの速さで集合的に移動する現象と定義されている[3]．そして，卓越する内部応力の種類，すなわち，粒子衝突応力，乱流応力，粘性応力のどれかに応じて典型的な土石流のタイプとして，それぞれ石礫型土石流，乱流型土石流，粘性型土石流の土石流に分類される．

図6.2.8に示すように，土石流は主として①渓床堆積物の侵食，②天然（自然）ダムの決壊，③崩土や地すべり土塊の流動化，が原因で発生す

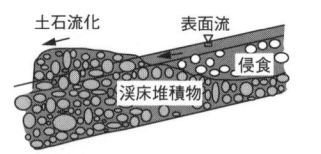

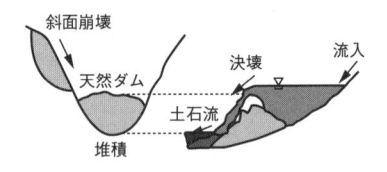

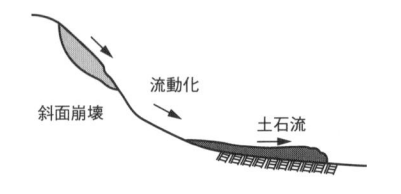

図 6.2.8 土石流の発生原因

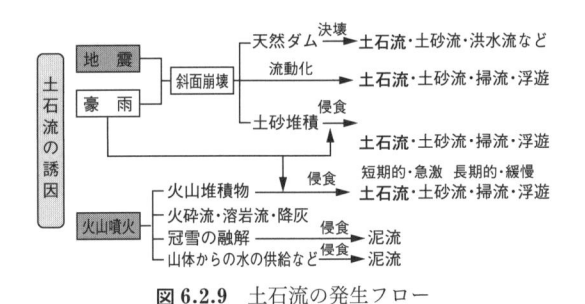

図 6.2.9 土石流の発生フロー

る．土石流発生の誘因としては，地震，豪雨，火山噴火があり，この誘因と自然的素因としての地質，地形，気候風土などとが関連して土石流発生の地域差などが生じる．そして，危険な場所への宅地の進出や諸対策の遅れなどの社会的素因と相まって土石流災害が発生する．図6.2.9に土石流発生のフローを示す．

b. 土石流の発生条件

厚さ D で一様に堆積した土層が水で完全に飽和しており，土層表面に水深 h_0 の表面流が形成されている場を考える．堆積層表面を基準にして，これより下方の $z=a$ における作用せん断力を $\tau(a)$，せん断抵抗力を $\tau_L(a)$ とすると，両者の応力分布の関係は図6.2.10に示すように6通

りに分類できる[4]. そして，作用せん断力およびせん断抵抗力はそれぞれ以下のように表せる．

$$\tau(a) = g\sin\alpha\{(1-\lambda)(\sigma-\rho)a + \rho(a+h_0)\} \quad (6.2.8)$$

$$\tau_L(a) = g\cos\alpha\{(1-\lambda)(\sigma-\rho)a\}\tan\phi + c \quad (6.2.9)$$

同図において，(a)および(b)は土層内のどの深さにおいても外力＞抵抗力となるため，堆積層全体が不安定である．(c)は深さ a_L のところで直線が交わり，交点より上部では外力＞抵抗力となり不安定であるが，交点より下部では外力＜抵抗力となり安定である．(d)の場合は，交点より下部が外力＞抵抗力となって不安定であり，上部が安定であっても土層全体が不安定となる．(e)および(f)はともに土層内では外力＜抵抗力となって土層は安定である．

このとき，図中の直線の傾き（$d\tau/da$, $d\tau_L/da$）と切片（$\tau(0)$, $\tau_L(0)$）との関係に注目すれば，土層が不安定となって土層全体が集団的に流動する，すなわち，土石流が発生する条件が特定できる．すなわち，

① $d\tau/da > d\tau_L/da$ かつ $\tau(0) > \tau_L(0) \to$ (a)
② $d\tau/da > d\tau_L/da$ かつ $\tau(0) < \tau_L(0)$ かつ $a_L < D \to$ (d)
③ $d\tau/da < d\tau_L/da$ かつ $\tau(0) > \tau_L(0)$ かつ $a_L > D \to$ (b)
④ $d\tau/da < d\tau_L/da$ かつ $\tau(0) > \tau_L(0)$ かつ $d < a_L < D$ かつ $h_0 > d \to$ (c)

である．ここに，④では粒径 d の土粒子からなる粒子層が集合的に移動するためには，粒径以上の不安定層の厚さが存在し，かつ，移動を開始した粒子が流動層に取り込まれて，流動層全体に分散するために表面流の水深が粒径以上のある深さを有することが条件となっている．

c. 土石流氾濫災害

土石流は，勾配が15度以上の渓流の流域面積が5 ha 以上で河床に2 m 以上の石礫が堆積している渓流でとくに発生の危険性が高い．土石流の発生の危険性があり，人家に被害を及ぼす恐れのある渓流は「土石流危険渓流」と定義され，これに，人家はないものの，今後新規の住宅立地などが見込まれる渓流（一定の要件を満たしたもの）を含めたものは「土石流危険渓流等」と定義されている．土石流危険渓流などには，平成15年度現在，人家5戸以上などの渓流（土石流危険渓流Ⅰ）が89518渓流，人家1～4戸の渓流（土石流危険渓流Ⅱ）が73390渓流，人家はないが今後新規の住宅立地などが見込まれる渓流（土石流危険渓流に準ずる渓流Ⅲ）が20955渓流存在している[6]．

これらすべての渓流に対して，ハード対策を短期間に講じることは困難であるため，ハザードマップを作成して円滑な避難警戒に役立たせ，人命の損失を最小限に抑えるようないわゆるソフト対

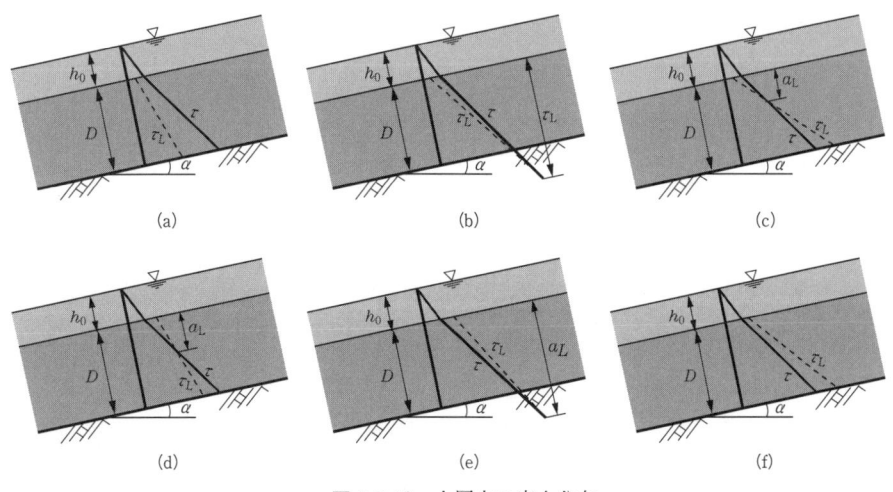

図 6.2.10 土層中の応力分布

策が重要である．平成17年7月には，「土砂災害ハザードマップ作成のための指針と解説（案）」が国土交通省から示され，土石流，急傾斜地崩壊，地すべりを対象として，特別警戒区域，警戒区域などが土砂災害ハザードマップに掲載されることになった．平成13年4月に施行された土砂災害防止法（土砂災害警戒区域等における土砂災害防止対策の推進に関する法律）によると，土石流の警戒区域は，「土石流の発生のおそれのある渓流において，扇頂部から下流で勾配が2度以上の区域」と定められており，特別警戒区域は，「土石等の移動等により建築物に作用する力の大きさが，通常の建築物が土石等の移動等に対して住民の生命又は身体に著しい危害が生ずるおそれのある損壊を生ずることなく耐えることのできる力の大きさを上回る区域」と定められている．

流路が湾曲していたり，地形が単純でない場合には，これらの区域を設定するにあたりきめ細かな検討が必要である．その際，数値シミュレーションによる土石流の氾濫・堆積範囲の予測が有用である．

（ⅰ）土石流の流動機構 土石流の流動機構を記述するには，せん断応力と圧力の構造をモデル化する必要がある．せん断応力については，次式で表される．

$$\tau = C_0 + \tau_y + \tau_c + \tau_d + \tau_f \quad (6.2.10)$$

ここで，C_0 は粘着力，τ_y は降伏応力，τ_c は粘性応力，τ_d は粒子同士の衝突による応力，τ_f は粒子間の間隙流体の乱流応力であり，石礫を直径 d の球と仮定してせん断応力を表示すると，次式となる[7]．

$$\tau = C_0 + \tau_y + \mu \frac{du}{dz}$$
$$+ \frac{\pi}{12} \sin^2 \alpha_i (1-e^2) \sigma \frac{1}{b} d^2 \left|\frac{du}{dz}\right| \frac{du}{dz} - \rho \overline{u'v'}$$
$$(6.2.11)$$

ここで，μ は粘性係数，α_i は石礫の衝突角，e は石礫の反発係数，σ は石礫の密度，b は粒子間距離を表すパラメータであって，$(bd)^3$ で1粒子が占める空間の大きさを表したもの，u', v' はそれぞれ x および z 方向の流速の乱れ成分であって，$-\rho\overline{u'v'}$ は間隙流体のレイノルズ応力である．なお，$\tau = C_0 + \tau_c$ とするモデルをビンガム流体モデル，$\tau = \tau_d$ とするモデルをダイラタント流体モデル，$\tau = \tau_y + \tau_d$ とするモデルを擬ダイラタント流体モデルと呼んでいる．なお，τ_d についてはバグノルド（Bagnold）[8]，高橋[4]，椿[9]，江頭[10]，高橋ら[11] など，多くの研究成果がある．

土石流の圧力 p について概念的に記述すると，次式のように書ける．

$$p = p_w + p_s + p_d \quad (6.2.12)$$

ここで，p_w は間隙流体の圧力，p_s は粒子の静的な骨格圧力，p_d は粒子衝突に起因する圧力である．なお，降伏応力 τ_y は $\tau_y = p_s \tan\phi$ である．p_w については静水圧近似が仮定されることが多い．p_d については，粒子衝突によるエネルギー保存の関係から

$$p_d = \frac{\pi}{12} \sin^2 \alpha_i e^2 \sigma \frac{1}{b} d^2 \left(\frac{du}{dz}\right)^2 \quad (6.2.13)$$

である[12],[13]．p_s については，土石流中の石礫濃度と関係すると考えられ，研究者によっていくつかのモデルが提案されている[14],[15]．

（ⅱ）土石流氾濫・堆積の解析モデル 土石流は，停止の瞬間までは一種の連続体としての取扱いが可能であると考えられ，以下のような平面二次元の方程式系が土石流の氾濫・堆積過程の解析モデルとして用いることができる．

x 方向の運動量式

$$\frac{\partial M}{\partial t} + \beta \frac{\partial (uM)}{\partial x} + \beta \frac{\partial (vM)}{\partial y} = -gh\frac{\partial H}{\partial x} - \frac{\tau_{bx}}{\rho_T}$$
$$(6.2.14)$$

y 方向の運動量式

$$\frac{\partial N}{\partial t} + \beta \frac{\partial (uN)}{\partial x} + \beta \frac{\partial (vN)}{\partial y} = -gh\frac{\partial H}{\partial y} - \frac{\tau_{by}}{\rho_T}$$
$$(6.2.15)$$

全体積の連続式

$$\frac{\partial h}{\partial t} + \frac{\partial M}{\partial x} + \frac{\partial N}{\partial y} = i\{C_* + (1-C_*)S_b\}$$
$$(6.2.16)$$

粗粒子成分の連続式

$$\frac{\partial (C_L h)}{\partial t} + \frac{\partial (C_L M)}{\partial x} + \frac{\partial (C_L N)}{\partial y} = \begin{cases} iC_{*L} & (i \geq 0) \\ iC_{*DL} & (i < 0) \end{cases}$$
$$(6.2.17)$$

細粒子成分の連続式

$$\frac{\partial\{(1-C_L)C_Fh\}}{\partial t}+\frac{\partial\{(1-C_L)C_FM\}}{\partial x}$$
$$+\frac{\partial\{(1-C_L)C_FN\}}{\partial y}=\begin{cases}i(1-C_{*L})C_{*F} & (i\geq 0)\\ i(1-C_{*DL})C_F & (i<0)\end{cases}$$
(6.2.18)

河床変動の式

$$\frac{\partial z_b}{\partial t}+i=0 \quad (6.2.19)$$

ここで,M, N はそれぞれ x, y 方向の流量フラックスで $M=uh$, $N=vh$, u, v はそれぞれ x, y 方向の平均流速,H は水位で $H=h+z_0+z_b$, z_0 は初期地盤高,z_b は侵食あるいは堆積土砂厚,β は運動量補正係数で,土石流の場合は $\beta=1.25$, それ以外の流砂形態では $\beta=1.0$ である[4]. g は重力加速度,ρ_T はバルクの密度で $\rho_T=\sigma C_L+(1-C_L)\rho_m$, $\rho_m=\sigma C_F+(1-C_F)\rho$, σ は砂粒の密度,ρ は水の密度,C_L, C_F はそれぞれ粗粒子および細粒子の体積濃度,τ_{bx}, τ_{by} はそれぞれ x, y 方向の底面せん断応力,h は流動深,S_b は飽和度,i は侵食($i>0$)あるいは堆積($i<0$)速度である.C_{*L}, C_{*F} はそれぞれ河床に堆積している粗粒子および細粒子の体積濃度,C_{*DL} は流動中の粗粒子が堆積するときの体積濃度である.なお,ここでは流動層全体にわたって静水圧近似が用いられている.

底面せん断応力は用いる構成式によって異なる.ここでは,高橋のダイラタント流体モデル[5]を用いた例を示す.

石礫型土石流（$C_L\geq 0.4C_{*L}$）では,

$$\tau_{bx}=\frac{\rho_T}{8}\left(\frac{d_L}{h}\right)^2$$
$$\times\frac{u\sqrt{u^2+v^2}}{\{C_L+(1-C_L)\rho_m/\rho\}\{(C_{*DL}/C_L)^{1/3}-1\}^2}$$
(6.2.20)

$$\tau_{by}=\frac{\rho_T}{8}\left(\frac{d_L}{h}\right)^2$$
$$\times\frac{v\sqrt{u^2+v^2}}{\{C_L+(1-C_L)\rho_m/\sigma\}\{(C_{*DL}/C_L)^{1/3}-1\}^2}$$
(6.2.21)

掃流状集合流動（$0.01<C_L\leq 0.4C_{*L}$）については,

$$\tau_{bx}=\frac{\rho_T}{0.49}\left(\frac{d_L}{h}\right)^2 u\sqrt{u^2+v^2} \quad (6.2.22)$$

$$\tau_{by}=\frac{\rho_T}{0.49}\left(\frac{d_L}{h}\right)^2 v\sqrt{u^2+v^2} \quad (6.2.23)$$

掃流（$C_L\leq 0.01$ or $h/d_L\geq 30$）に対しては,式(6.2.24), (6.2.25) となる.

$$\tau_{bx}=\frac{\rho g n_m^2 u\sqrt{u^2+v^2}}{h^{1/3}} \quad (6.2.24)$$

$$\tau_{by}=\frac{\rho g n_m^2 v\sqrt{u^2+v^2}}{h^{1/3}} \quad (6.2.25)$$

ここで,d_L は平均粒径,n_m はマニング(Manning)の粗度係数である.

土石流の侵食および堆積速度 i については,局所的な平衡土砂濃度と土砂濃度との差分によるとする高橋らのモデル[5]や,局所的な平衡河床勾配と局所河床勾配との差分によるとする江頭のモデル[16]がある.

高橋らのモデルは,以下のようである.
不飽和河床の侵食速度は次式で与えられる.

$$\frac{i}{\sqrt{gh}}=K\sin^{3/2}\alpha\left\{1-\frac{\sigma-\rho_m}{\rho_m}C_L\left(\frac{\tan\phi}{\tan\alpha}-1\right)\right\}^{1/2}$$
$$\times\left(\frac{\tan\phi}{\tan\alpha}-1\right)(C_{T\infty}-C_L)\frac{h}{d_L} \quad (6.2.26)$$

一方,飽和河床の侵食速度は,次式で与えられる.

$$i=\delta_e\frac{C_{T\infty}}{C_{*L}-C_{T\infty}}\left\{1-\frac{C_L}{C_{L\infty}}\cdot\frac{\rho_m}{\rho}\cdot\right.$$
$$\left.\frac{\tan\phi-(C_T/C_{T\infty})(C_{L\infty}/C_L)(\rho/\rho_m)\tan\alpha}{\tan\phi-\tan\alpha}\right\}\frac{q_T}{d_L}$$
(6.2.27)

ここで,K, δ_e は係数,q_T は単位幅流量で,$q_T=h\sqrt{u^2+v^2}$, $\tan\alpha$ はエネルギー勾配であって,$\tan\alpha=\sqrt{\tau_{bx}^2+\tau_{by}^2}/(\rho_T gh)$ である.C_T は全容積に占める砂粒子の体積濃度,$C_{T\infty}$ は全粒子を対象とした平衡土砂濃度であって,

$$C_{T\infty}=\frac{\rho\tan\alpha}{(\sigma-\rho)(\tan\phi-\tan\alpha)} \quad (6.2.28)$$

で表される.$C_{L\infty}$ は粗粒子を対象とした平衡濃度で,エネルギー勾配に応じて,以下のように表される.

（$\tan\alpha>0.138$ の場合）

$$C_{L\infty}=\frac{\rho_m\tan\alpha}{(\sigma-\rho)(\tan\phi-\tan\alpha)} \quad (6.2.29)$$

($0.03 < \tan\alpha \leq 0.138$ の場合)
$$C_{L\infty} = 6.7\left\{\frac{\rho_m \tan\alpha}{(\sigma-\rho)(\tan\phi - \tan\alpha)}\right\}^2 \quad (6.2.30)$$

($\tan\alpha \leq 0.03$ の場合)
$$C_{L\infty} = q_{B\infty}/(h\sqrt{u^2+v^2}) \quad (6.2.31)$$

で表される.

ここで, $q_{B\infty}$ は平衡流砂量であって,
$$\frac{q_{B\infty}}{\{(\sigma/\rho_m - 1)gd_L^3\}^{1/2}} = \tau_*^{3/2}\frac{1+5\tan\alpha}{\cos\alpha}\sqrt{\frac{8}{f}}$$
$$\times\left(1-\gamma^2\frac{\tau_{*c}}{\tau_*}\right)\left(1-\gamma\sqrt{\frac{\tau_{*c}}{\tau_*}}\right) \quad (6.2.32)$$

である.

ここで, τ_*, τ_{*c} はそれぞれ無次元掃流力, 無次元限界掃流力, f, γ は係数である.

堆積速度は, 以下の式で与えられる.
$$i = \delta_d\frac{C_{L\infty}-C_L}{C_{*DL}}\sqrt{u^2+v^2} \quad (6.2.33)$$

ここで, δ_d は定数である.

一方, 江頭のモデルによる侵食・堆積速度式は次式で与えられる.
$$i = -\sqrt{u^2+v^2}\tan(\alpha_e-\alpha) \quad (6.2.34)$$

ここに, α_e は,
$$\alpha_e = \arctan\left\{\frac{(\sigma/\rho-1)C_L}{(\sigma/\rho-1)C_L+1}\tan\phi\right\} \quad (6.2.35)$$

で表される傾斜角度であり, 土砂濃度 C_L に対応する平衡勾配(堆積も侵食も発生しない勾配)に相当する.

土石流中で流動している平均粒径 d_L の時空間的な変化は次式で評価できる[5].
$$\frac{\partial}{\partial t}\left(\frac{C_L h}{\xi d_L^3}\right) + \frac{\partial}{\partial x}\left(\frac{C_L M}{\xi d_L^3}\right) + \frac{\partial}{\partial y}\left(\frac{C_L N}{\xi d_L^3}\right) = \frac{iC_{*DL}}{\xi d_L^3}$$
$$(6.2.36)$$

ここに, ξ は砂粒子の形状係数である.

(iii) 実験によるモデルの検証 図 6.2.11 は, 河床勾配が 18 度に設定された幅 10 cm, 長さ 9 m の水路の下流端に, 勾配を 5 度に設定した幅 2 m, 長さ 6 m の広幅水路を連結した水路を用いて, 土石流の発生ならびに氾濫・堆積の実験を行った結果の実験結果と計算結果との比較を示したものである[17].

9 m 水路の下流端から 5.5 m 上流地点に高さ 10 cm の堰を設け, 堰より 3 m 上流まで平均粒径 3.08 mm の土砂を厚さ 10 cm で敷き均し, 完全に飽和させた後に, 水路上流端より 600 cm³/s の給水を 20 秒間行って土石流を発生させている. 土石流の先端が下流側の広幅水路に達した時点を $t=0$ としている.

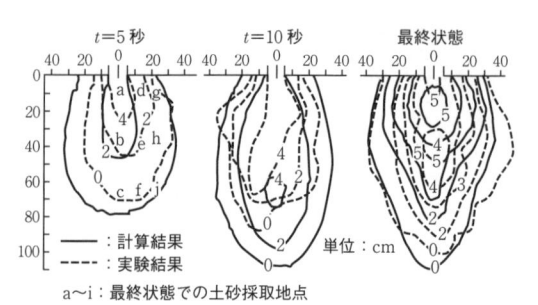

図 6.2.11 石礫型土石流の氾濫・堆積の実験値と計算値との比較

計算は有限差分法によるもので, 空間差分間隔 $\Delta x = \Delta y = 5$ cm, 時間差分間隔 $\Delta t = 0.002$ 秒としている. 土石流の堆積が終了した時点での最終形状について見ると, 計算結果は実験結果を比較的よく再現していることがわかる. なお, 実験および計算については参考文献に詳しい.

(iv) 土石流災害への適用[18] 1999年12月14~16日にかけて, 南米ベネズエラ国のカリブ海に面したバルガス州一帯で 900 mm を超える記録的な豪雨により, カリブ海に流入する多数の河川流域で土石流災害が発生した. 図 6.2.12 は, 豪雨域の東端にあたるカムリグランデ流域の下流域に発達した災害前の扇状地の地盤高と土石流災害によって扇状地上に氾濫・堆積した土砂の堆積厚分布である. この大量の土砂流出は, カムリグランデ川およびミグエレナ川流域で発生した土石流によってもたらされたものである. 同図は, 災害前後の空中写真から作成された 1/1000 の地形図より標高をそれぞれ読みとり, 両者の差から扇状地に堆積した土砂量の分布を求めたものである. これより, 扇状地上に堆積した土砂量は約 162 万 m³ と見積もられている. ただし, この図ではビル群や大学構内の樹林帯での堆積厚が 5 m 以上となっており, 現地調査の結果と比較しても, 過大な見積もりの可能性がある. また, 扇状地右岸の東端でも 5 m を超える値となっている

6.2 土砂災害・斜面の安定　　267

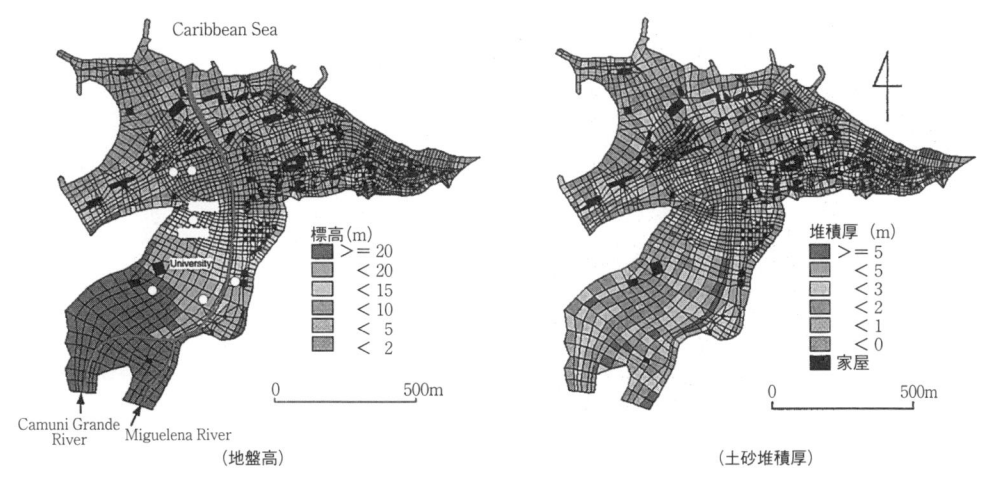

図 6.2.12 カムリグランデ扇状地の地盤高と土石流災害によって扇状地上に氾濫・堆積した土砂の堆積厚分布

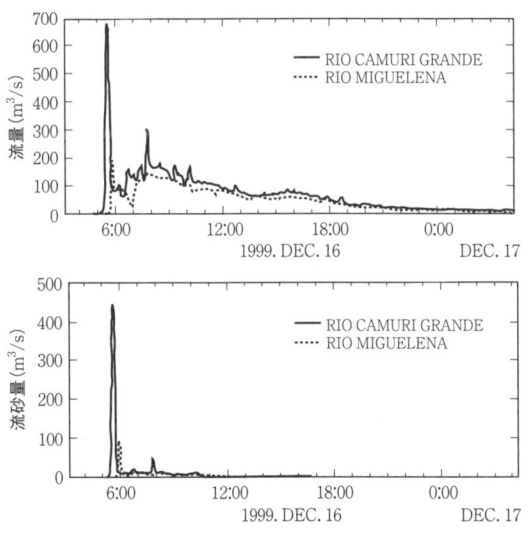

図 6.2.13 土石流の氾濫・堆積計算に用いた流入境界での流量および流砂量（一次元河床変動計算結果）

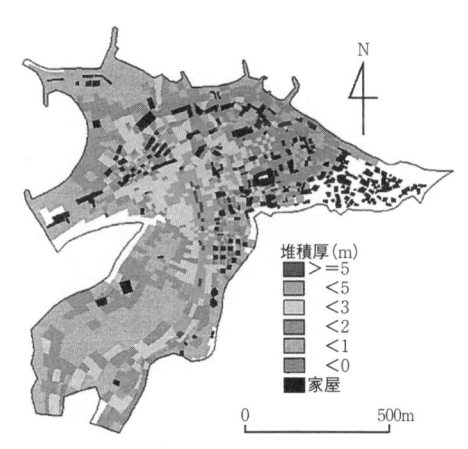

図 6.2.14 カムリグランデ扇状地における土砂氾濫・堆積の再現計算結果

が，これは別の流域からの土砂流出によるものである．

図 6.2.13 は，一次元の河床変動計算によって得られた扇頂部付近におけるカムリグランデ川およびミグエレナ川での流量および流砂量である．12月16日の午前6時ごろに明確な土石流のピークが現れている．これらを扇状地での土砂氾濫・堆積計算のための流入境界条件として，非構造格子を用いた有限体積法により土砂氾濫・堆積の再現計算を行った結果が図 6.2.14 である．図 6.2.12 との比較より，計算結果はある程度実際の土砂氾濫・堆積の状況を再現している．

（v）砂防施設の効果の評価　砂防施設の効果を評価する方法として，従来より水理模型実験が多用されてきた．これは，数値解析では砂防ダムや渓流保全工に代表される砂防施設の境界条件を正確に表すことが困難であること，山地渓流特有の広い粒度分布をもった河床材料を対象とした河床変動解析手法がなかったこと，山地渓流では土石流，掃流状集合流動，掃流，浮遊といった種々の土砂移動形態が存在するが，これらを一貫して取り扱うことが困難なこと，などが理由とし

て考えられる．

　最近，洪水・土砂氾濫現象を対象とした非構造格子を用いた有限体積法による数値解析手法[19),20)]や広い粒度分布をもった河床材料を対象とし，種々の流砂形態を考慮した山地渓流での河床変動計算法が開発されてきた[21)]こともあり，渓流保全工や砂防ダムを有する場に対して，数値シミュレーションによる砂防施設の効果を評価し得る段階に達しつつあるといってもよいであろう．

　図6.2.15は，被災後のカムリグランデ扇状地を対象にした，渓流保全工および砂防ダムの施設配置案である．カムリグランデ川とミグエレナ川との合流点上流にそれぞれ砂防ダムを設置し，それより下流にはカムリグランデ川は幅50m，ミグエレナ川は幅40m，合流後は幅80mの渓流保全工を配置している．砂防施設の規模について，表6.2.1に示すような5ケースが検討されている．

　各ケースの計算結果は，以下のようである（図6.2.16）．CASE-1では砂防ダムが配置されておらず，渓流保全工の深さが2mと浅いため，扇状地全域で土砂の氾濫・堆積が生じている．渓流保全工内部では3～5m（一部5m以上）の堆砂が生じ，河口部とその周辺での堆積厚が大きくなっている．CASE-2では砂防ダムの土砂扞止量が不十分なため，CASE-1と同様扇状地のほぼ全域で氾濫・堆積が生じているが，渓流保全工内部での土砂堆積厚はCASE-1に比してかなり小さくなっている．CASE-3ではカムリグランデ川の砂防ダム高が20mであるため，ダムからの流出土砂量が激減し，扇状地上での氾濫・堆積規模がかなり小さくなっている．しかし，川の右岸側や下流域で氾濫が生じ，1m以下ではあるが土砂堆積を生じている．ここには示していないが，渓流保全工の深さを3mとしたCASE-4ではCASE-3とほぼ同様の結果である．CASE-5では扇状地上での土砂氾濫・堆積がほとんど生じていないことがわかる．

　このように，数値解析により砂防施設を配置することによる効果がある程度定量的に評価可能であり，今後は，施設の機能評価や性能照査などにも数値解析が有力な手段となると考えられる．

〔中川　一〕

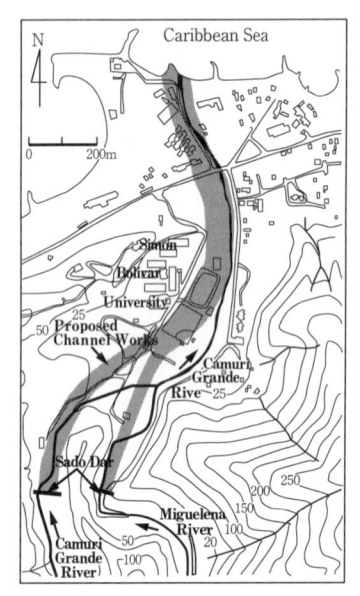

図6.2.15　渓流保全工および砂防ダムの配置による対策案

参　考　文　献

1) （財）砂防・地すべり技術センター：土砂災害の実態1984～2004.
2) R. H. Sharma, H. Nakagawa, Y. Baba, Y. Muto and M. Ano : Annual Journal of Hydraulic Engineering, *JSCE*, **50**, 151-156, 2006.

表6.2.1　砂防施設規模の検討ケース

CASE NO. SABO WORKS		CASE-1	CASE-2	CASE-3	CASE-4	CASE-5
SABO DAM (HEIGHT)	CAMURI	NO	10 m	20 m	20 m	20 m
	MIGUELENA	NO	10 m	10 m	10 m	10 m
CHANNEL WORKS	BANK HEIGHT	2 m	2 m	2 m	3 m	5 m

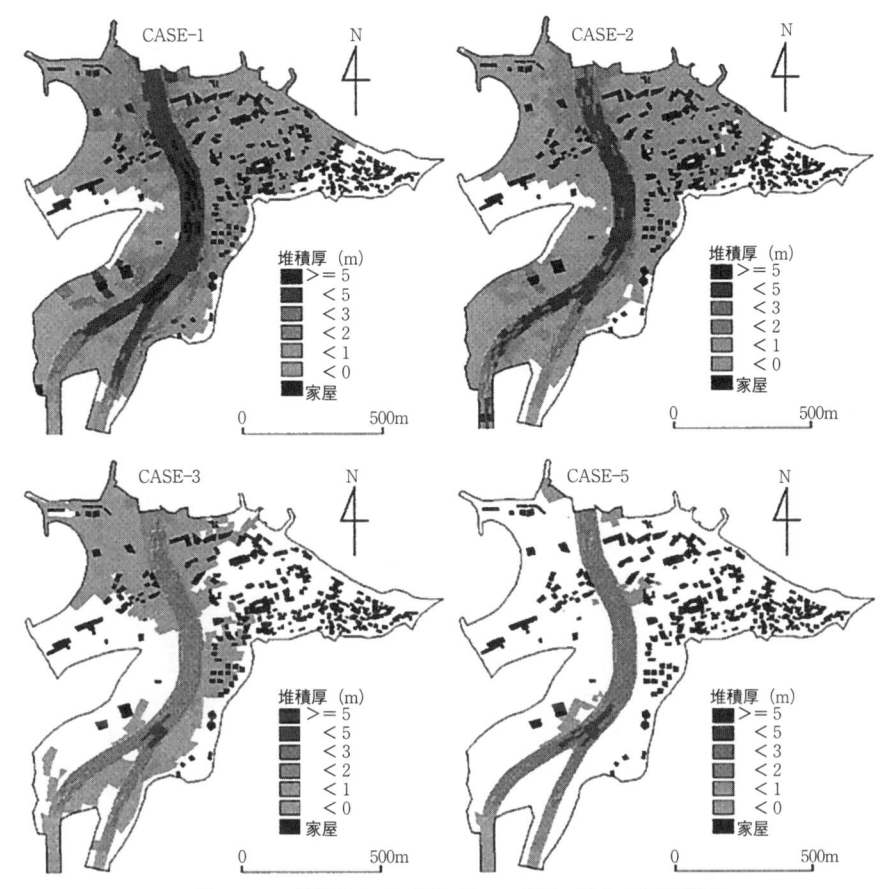

図 6.2.16 渓流保全工・砂防ダムの効果に関する計算結果

3) 高橋　保：土石流の機構と対策，近未来社，2004．
4) 高橋　保：土石流の発生と流動に関する研究，京都大学防災研究所年報，第 20 号 B-2, pp. 405-435, 1997．
5) T. Takahashi: Debris flow, Balkema, pp. 1-165, 1991.
6) http://www.mlit.go.jp/river/press/200301_06/030328/030328_ref1.html
7) 宮本邦明：Newton 流体を含む粒子流の流動機構に関する基礎的研究，立命館大学学位論文，pp. 39-72, 1985．
8) R. A. Bagnold : *Proc. Roy. Soc.* **A225**, 49-63, 1954.
9) 椿　東一郎，橋本晴行，末次忠司：土石流における粒子間応力と流動特性，土木学会論文報告集，No. 317, pp. 79-91, 1982．
10) 江頭進治，芦田和男，矢島　啓，高濱淳一郎：土石流の構成則に関する研究，京大防災研年報，第 32 号 B-2, pp. 487-501, 1989．
11) 高橋　保，辻本浩史：斜面上の粒状体流れの流動機構，土木学会論文集，No. 565/II-39, pp. 57-71, 1997．
12) 金谷健一：粒状体の流動の基礎理論（第 1 報，非圧縮性の流れ），日本機会学会論文集（B 編），**45**, 507-512, 1979．
13) 金谷健一：粒状体の流動の基礎理論（第 2 報，発達した流れ），日本機会学会論文集（B 編），**45**, 515-520, 1979．
14) S. Egashira, K. Miyamoto and T. Itoh : ASCE, 340-349, 1997.
15) 高橋　保，里深好文：砂防学会誌，**55**(3), 33-42, 2002．
16) 江頭進治：新砂防，**46**(1)(186), 45-49, 1993．
17) 高橋　保，中川　一，山敷庸亮：京都大学防災研究所年報，第 34 号 B-2, 355-372, 1991．
18) 中川　一，高橋　保，里深好文，川池健司：京都大学防災研究所年報，第 44 号 B-2, 207-228, 2001．
19) 川池健司，井上和也，戸田圭一，中川　一，中井　勉：京都大学防災研究所年報，**43**, **B**-2, 333-343, 2000．
20) 重枝未玲，秋山壽一郎，浦　勝，有田由高：水工学論文集，**45**, 895-900, 2000．
21) 高橋　保，井上素行，中川　一，里深好文：水工学

論文集, **44**, 717-722, 2000.

6.3 地盤振動（交通）と対策

6.3.1 環境振動の評価方法
a. 環境振動の規制の経緯[1]

環境振動（environmental vibration）については，第2次世界大戦前より，おもに工場などから生じる迷惑行為の一つとして認識されており，工場や建設作業振動を中心に規制が行われていた．戦後も，戦前からの工場公害規制の流れを受けて，1949年の東京都の工場公害防止条例をはじめ，各府県に条例が制定されている．その後，高度成長期に入り，公害問題が大きな社会問題となったことを背景に，1967年に公害対策基本法が制定され，振動も典型7公害の一つとされ，規制基準など必要な措置を講じるよう努めることが定められた．これを受けて，ほかの公害についてはおのおのの規制法が制定されたが，振動については，測定単位や測定方法など，主として技術的な課題から，依然として地方自治体の条例による規制に委ねられていた．

国による一元的な法規制への要望が強まり，1973年に，振動公害の規制に関する基本的な考え方や規制基準値，測定方法などについて，中央公害対策審議会に対して諮問が行われた．これに対し，1973年12月および1976年3月に答申が出され，この答申を受けて，振動規正法が1976年6月に公布され，同年12月に施行された．

振動規制法では，工場および建設作業振動について必要な規制を行うとともに，道路交通振動に関して必要に応じて要請を行うことを定めている．振動規制法では，鉄道振動に関する規制・要請は定められていないが，新幹線鉄道振動については，その社会的な影響の大きさから，1976年3月，環境庁長官から運輸大臣あてに勧告「環境保全上緊急を要する新幹線鉄道振動対策について」が出され，このなかで，新幹線鉄道振動の測定方法や評価方法，指針値などが示されている．

b. 振動レベル

環境振動問題は人間の感覚と密接に関係するた

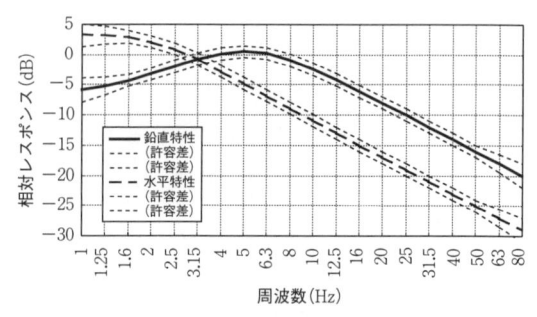

図6.3.1 振動感覚補正特性の基準レスポンスと許容範囲[2]

め，人間が振動を体感する特性を考慮して定められた「振動レベル（vibration level，振動感覚補正をした振動加速度レベル）」という評価量が用いられることが多い．振動レベルを測定する測定器が振動レベル計（vibration level meter）であり，計量法やJIS C 1510[2]に規定されている．

振動レベルVL(dB)は，次式で表される．

$$VL = 10\log_{10}(a^2/a_0^2) \quad (6.3.1)$$

ここで，aは図6.3.1に示す人体振動感覚補正（correction of human response to vibration）で重み付けした加速度実効値（m/s²），a_0は基準加速度10^{-5} m/s²である．実効値を算出する際には，時定数0.63秒の指数平均回路を使用する．

振動の感覚には個人差はあるが，振動を感じ始める閾値は振動レベルで55 dB程度といわれている．振動で有意な生理的影響が出始めるのは，90 dB以上といわれており，ISOなどの基準では，労働者が労働環境で8時間振動に暴露される場合の許容レベルは90 dBとなっている[3]．

c. 振動測定方法

環境振動の測定は，通常，JIS Z 8735「振動レベル測定法」にしたがって行われるが，振動規制法関連の振動測定では，当該規正法に示された方法で行わなければならない．鉄道振動の測定は，前述の環境庁長官勧告に示された方法に準じて行われることが多い．ただし，同勧告には基本的な事柄しか記述されていないので，詳細はJIS Z 8735やその他文献[4,5]を参考にして実施されている．

d. 評価値

新幹線鉄道振動の振動レベルの評価方法は，環

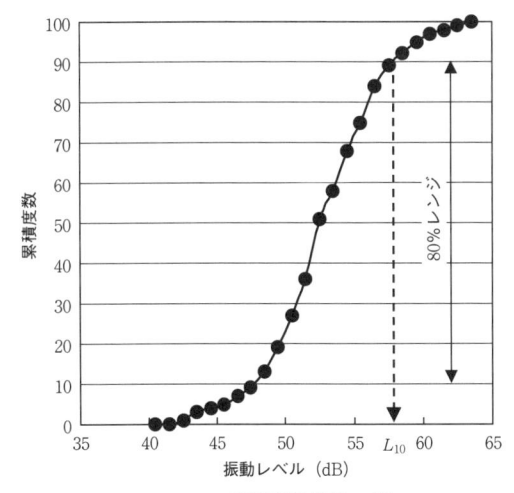

図 6.3.2 累積度数曲線の例

境庁長官勧告に示されており，原則として連続して通過する 20 本の列車について，当該通過列車ごとの振動レベルの最大値を読みとり，上位 10 本の算術平均を算出する．在来線や地下鉄の振動に関しても，新幹線の方法に準じて評価している．

道路交通振動は，鉄道振動などと比較して，その発生時刻や振動の大きさが不規則なため，その評価には，時間率レベル L_x と呼ばれる評価値を用いる[4),5)]．時間率レベル L_x とは，計測時間内で振動レベルが L_x を超える時間が x(%) であるレベルのことをいう．時間率レベルの算出は，ある一定時間ごと（たとえば 5 秒ごと）に多数（たとえば 100 以上）の振動レベル値を読みとり，そのデータを図 6.3.2 に示すような振動レベルの累積度数曲線に整理したうえで，時間率 x(%) に相当する振動レベルを読みとる．道路交通振動では図 6.3.2 に示したように，80% レンジの上限値に相当する L_{10} が用いられている．

e. 周波数分析

振動対策を検討する場合，対策工の多くは有効な周波数範囲が限られているため，対象とする振動の周波数特性を把握することが重要になる．環境振動の周波数分析には，バンド分析器が用いられることが多いが，目的により FFT 分析器なども用いられる[4)]．バンド分析器は，JIS C 1513「オクターブおよび 1/3 オクターブバンド分析器」と

して規定されており，環境振動では 1/3 オクターブバンド分析（octave band frequency analysis）を実施することが多い．

6.3.2 交通振動の特徴

a. 新幹線鉄道振動の特徴

(ⅰ) 振動源の特徴 鉄道振動は，車両（vehicle）の車軸（axle）からレール（rail）に，車両重量に比例する静的荷重と車両自体が振動することに伴う反作用力としての動的荷重が作用し，その荷重が一定の走行速度で移動することにより，軌道（track）に振動が発生し，その振動が線路構造物および周辺地盤に伝搬するものである．よって，鉄道振動は，車両から軌道・構造物・地盤の各種要因の影響を受ける．以下では，新幹線沿線の地盤振動についておもな特徴を示す．

(ⅱ) 振動レベル値 1987～1988 年に環境庁（現，環境省）が実施した新幹線鉄道振動の実態調査結果を表 6.3.1 に示した．これによると，大半の地区で環境庁長官勧告の指針値：振動レベル 70 dB を下回っている．平均振動レベルを線区別に見ると，大きいほうから東海道，山陽，東北・上越の順，すなわち，建設の新しい線区ほど平均的な振動レベルが小さくなっている．これは，新しい線区ほど，構造物が全体的にリジット

表 6.3.1 新幹線沿線の振動レベル（環境庁，1987～1988）

線 区	項 目	軌道中心からの距離		
		12.5 m	25 m	50 m
東海道	調査点数	71	73	59
	平均振動レベル(dB)	63	59	54
	指針値超過点数	8	3	0
山 陽	調査点数	48	49	51
	平均振動レベル(dB)	61	56	50
	指針値超過点数	4	0	0
東 北	調査点数	46	50	50
	平均振動レベル(dB)	58	54	49
	指針値超過点数	0	0	0
上 越	調査点数	25	25	25
	平均振動レベル(dB)	57	53	49
	指針値超過点数	0	0	0

かつマッシブに設計されていることから，低振動になっているものと考えられている．

(iii) 周波数特性 図6.3.3は，東海道新幹線の高架橋（elevated bridge）区間における振動レベル（列車速度200 km/h程度）の1/3オクターブバンドスペクトルの平均的な形状である．これによると，6.3 Hz付近，16～20 Hz帯および40～50 Hz帯におのおののピークをもち，なかでも16～20 Hz帯がもっとも卓越している．これは，列車速度200 km/h程度の場合の新幹線鉄道振動に共通した特徴である．なお，卓越する周波数は列車速度とともに高くなり，250 km/h前後では20～25 Hzが卓越する．また，列車速度が300 km/h以上になると，軟弱地盤では4 Hz前後の極低周波数帯域が卓越する場合がある．

新幹線鉄道振動の卓越周波数は，車軸配置（axle arrangement）と列車速度の関係でおおむね説明できると考えられている[6]．

(iv) 列車速度依存性 鉄道振動と列車速度の関係については，概略的には以下の式で表現されると考えている[7]．

$$dVL = 10n\log(V/V_0) \quad (6.3.2)$$

ここで，dVLは速度V_0からVへ速度向上した場合の振動レベル増加量（dB）であり，nは速度べき乗則の係数である．nの値は測定箇所ごとにばらつきはするが，各線区ごとに平均すると表6.3.2に示す値となり，おおむね2～3乗則である[7]．表6.3.2は，新幹線鉄道振動の平均的な速度依存性を示すものであるが，最近の新幹線の高速化に伴う調査例を見ると，300 km/hを超える速度領域になると，速度向上による振動増加量が，平均的な速度乗則から予測される値よりも大きくなるケースが散見される．実測データの分析から，この現象は軟弱な地盤の場合に発生しているようである[8]．

新幹線鉄道振動の速度依存性と地盤条件の関係を調査し，地盤条件（表層の厚さと平均N値）から速度べき乗係数を推定する方法が考案されている[8]．図6.3.4は，この方法によって地盤条件と振動の速度べき乗係数の関係を試算した例である．概略的には，表層の平均N値が小さい軟弱地盤ほど，振動の速度べき乗係数が大きくなることがわかる．

(v) 予測方法 新幹線鉄道振動は，車両から軌道・構造物・地盤の各種要因の影響を受け

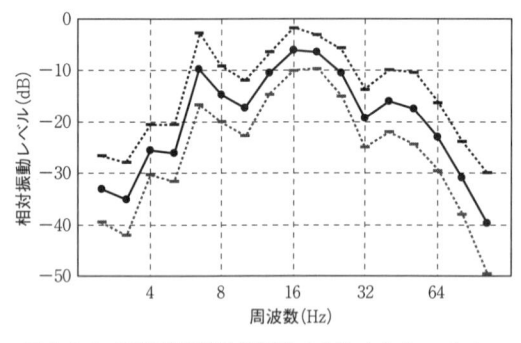

図6.3.3 新幹線沿線地盤振動の1/3オクターブバンドスペクトルの平均形状

東海道新幹線・高架橋区間の約100箇所で得られた，線路構造物中心から10 m離れた地点における周波数ごとの補正加速度レベル（振動レベル）の平均値（●）と標準偏差（－）を示す．実測された補正加速度レベルのオールパス値を0 dBに規格化したうえで，平均している．列車速度は約200 km/hである．

表6.3.2 新幹線鉄道振動の列車速度べき乗係数の平均値

線 区		平均n値
東 北		2.2
上 越		2.5
東 海 道		3.4
山 陽	岡山以東	3.1
	岡山以西	2.7

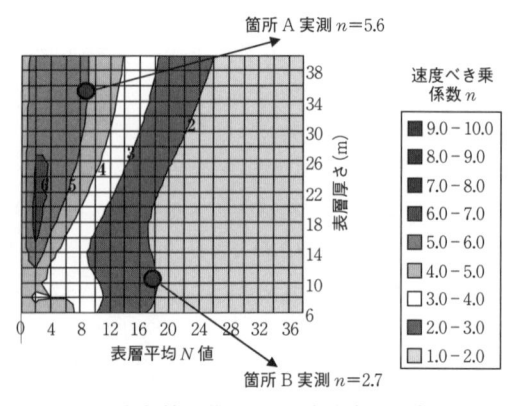

図6.3.4 新幹線鉄道振動の列車速度べき乗係数の試算例

る.そこで,さまざまな影響要因の組合せのもとで測定された多数の振動レベルデータを用いて,軌道〜地盤の各種要因の影響度合いを統計的に整理した回帰式が提案されている[9].

新幹線鉄道振動の影響要因を総合的に表現できる力学モデル,もしくは解析手法を整備するための研究が進められている.図6.3.5は,新幹線鉄道振動の発生機構を比較的簡単なモデルで表現した一つの例である.このモデルでは,車両一軸分をばね・マス系でモデル化し,その静的荷重(軸重)と軌道狂いによって励起される車両振動の反力が軌道に作用するとし,この一軸あたりの荷重を軸配置に応じて配列した連行荷重が速度 V で軌道上を移動することを仮定している.軌道と構造物はおのおの簡単に弾性床上のはりでモデル化し,移動荷重によって励起されるはりの振動を算出している.このモデル計算により,前述した新幹線鉄道振動の実測のスペクトル特性や列車速度依存性および軸重(axle load)・軸配置の影響などを概略的に評価できる.

数値シミュレーションによる振動予測が試みられている.実務的な方法の一つとして,等価起振力法(equivalent excitation force method)と呼ばれるものがある[10].この方法では,鉄道振動のある実測スペクトルを $X_o(f)$ とし,実測箇所の線路構造や地盤条件における有限要素法(finite element method:FEM)モデルを用いて解析的に求めた単位加振力に対する測定点の応答関数を $H_o(f)$ とすると,加振力特性(等価化加振力という)$S_o(f)$ は,両者の比($=X_o(f)/H_o(f)$)で表されると仮定する.鉄道振動を予測する箇所と実測の箇所で,走行する列車や軌道条件がほぼ同一と考えられる場合は,予測箇所の加振力特性も $S_o(f)$ と同一であると考えられる.一方,予測箇所の線路構造や地盤条件における FEM モデルにより解析的に求められる応答関数を $H_e(f)$ とすると,予測箇所の鉄道振動のスペクトルは,その積 $H_e(f)\cdot S_o(f)$ で求められる.

さらに,数値シミュレーションにより,移動振源から発生する地盤振動を定量的に評価する試みもなされている.その一つとして,成層地盤上の移動分布加振源から発生・伝搬する地盤振動をシミュレーションする手法(2.5次元振動解析)が開発されており,高速列車による地盤振動の詳細な現象解明が試みられている[11].

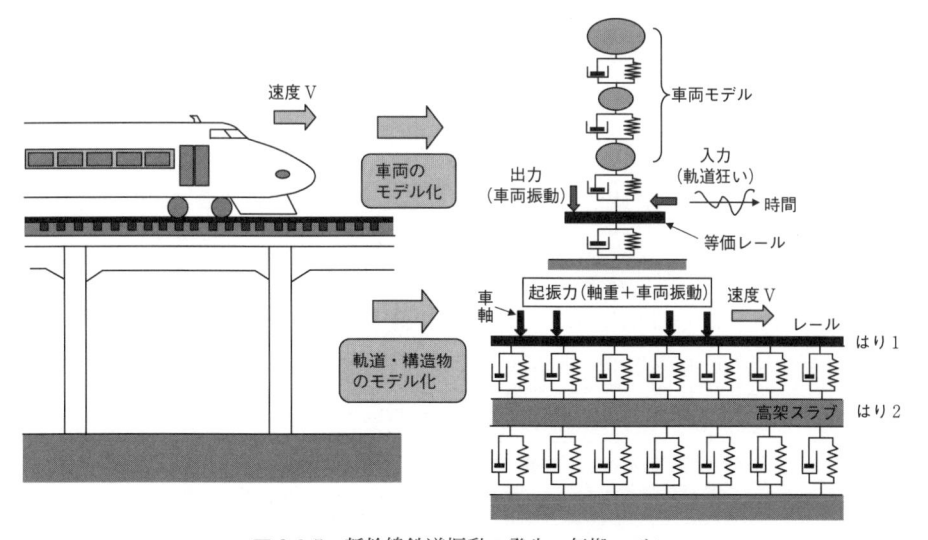

図 6.3.5 新幹線鉄道振動の発生・伝搬モデル
車両の1/4を3質点のばね・マスでモデル化し,軌道狂いで励起された車両動揺および軸重がレールに作用する.軌道・構造物は弾性床上の二重はりでモデル化する.はり1とその支持ばねはレールおよび軌道支持ばね,はり2は高架橋スラブをモデル化している.列車の車軸配置に応じた荷重列が速度 V ではり1上を走行するときのはり2の振動レベルを計算する.

b. 在来線鉄道振動の特徴

在来線における沿線地盤振動の振動レベル値は，列車種別や列車速度，線路構造，地盤条件などによってばらつくが，列車速度60～110 km/h，軌道中心から12.5 m地点で，おおむね45～65 dBと想定されている．線路構造を素地（natural ground），盛土（embankment），高架橋および桁橋（無道床鉄桁橋；steel girder bridge without ballast floor）に大別すると，無道床鉄桁橋がほかと比べて振動レベルが大きい傾向にあるが，それ以外は線路構造による明確な差異は認められないようである．

在来線振動も新幹線振動と同様に，列車速度とともに振動は増加し，また，軸重が大きいほど振動が大きいと考えられているが，在来線振動の場合，列車種別や軌道構造など，そのほかの要因の寄与が新幹線振動よりも大きいため，定量的な関係は明確にはなっていない．

在来線振動の周波数特性は，軌道近傍から離れ10 m程度の地盤上では10～63 Hzが主体であると想定されるが，さらに詳細な特性は，車両から軌道，構造物，地盤の各種要因によって変動する．

在来線振動の予測方法はとくに定められたものはなく，新幹線振動の予測方法を準用している場合が多い．

c. 地下鉄振動の特徴

地下鉄振動は，トンネル（tunnel）内の軌道を列車が走行することにより，軌道に生じた振動がトンネルおよび地盤を伝搬して，地表面に達するものである．都市部の地下鉄振動の特徴をとりまとめた文献[12]によると，軌道の振動には，数Hz～数千Hzの周波数成分が含まれるが，地上面では数Hz～300 Hz程度の成分となり，40～60 Hzが卓越することが多い．また，沖積（alluvial）および洪積地盤（diluvial ground）を伝搬する振動の減衰特性には周波数依存性があり，10～60 Hzの帯域は減衰が小さい傾向を示すとされている．

地下鉄振動の予測には，実測データの統計的回帰式による方法のほか，車両と軌道，トンネルをばね・マスでモデル化して軌道振動を算出する方法や，最近では有限要素法による二次元，三次元数値シミュレーションも実施されている．ただし，環境アセスメント（environmental assessment）などの実務においては，依然，統計的な予測式が用いられることが多い[4]．地下鉄振動の予測式として，以下の営団地下鉄の予測式[13]が参考にされることが多い．

$$L = K - 20\log_{10}(X/X_0) - 20\log_{10}(Y/Y_0) - 20\log_{10}(Z/Z_0) \quad (6.3.3)$$

ここで，Lは推定振動レベル（dB），Kは係数（dB），Xはトンネルからの最短距離（m），Yは単位延長あたりのトンネル重量（t/m），Zは列車速度（km/h）で，X_0，Y_0，Z_0はおのおのの基準値とする．変数X，Y，Zの範囲および基準値X_0，Y_0，Z_0の値は，トンネル種別によって異なる．また，係数Kの値はトンネル種別および軌道種別によって異なる．それらの値を表6.3.3および6.3.4に示した．

d. 道路交通振動の特徴

（ⅰ）振動源の特徴 道路交通振動は，走行する車両の振動が加振源となって発生する．走行車両の振動は，路面の凹凸によって励起される．平面道路の場合は，車両振動によって励起された振動が路盤・地盤を伝搬する．一方，高架道路な

表6.3.3 地下鉄振動予測式の基準値

トンネル構造種別	複線箱型	複線シールド	単線シールド
離れXの適用範囲（m）	$3 \leq X \leq 50$	$8 \leq X \leq 50$	$8 \leq X \leq 50$
X_0(m)	3	15	15
重量Yの適用範囲（t/m）	$30 \leq Y \leq 150$	$30 \leq Y \leq 70$	$15 \leq Y \leq 30$
Y_0(t/m)	40	50	20
速度Zの適用範囲（km/h）	$30 \leq Z \leq 75$		
Z_0(km/h)	40		

表6.3.4 地下鉄振動予測式のK値(dB)

軌道種別＼トンネル構造種別	複線箱型	複線シールド	単線シールド
直結軌道	75	50	52
バラスト軌道	70	45	—
防振まくらぎ軌道	64	39	41
防振マット軌道	62	37	—

どでは，高架橋などの構造物を介して振動が地盤に伝達される．よって，道路交通振動の振動源をモデル解析する場合は，平面道路では路面凹凸を入力とする車両モデルの動的解析となり，高架道路では車両と構造物モデルの連成解析となる．

道路交通振動の加振力を左右する路面凹凸の評価は，旧建設省の予測式（後述）で採用されている，3 m プロフィルメータ（profilemeter）による路面凹凸の標準偏差を用いるのが一般的である．

(ii) 予測方法 道路交通振動の予測には，実測データの統計的回帰式による方法のほか，車両を2質点（車体と車軸）のばね・マスでモデル化し，路面凹凸のパワースペクトルを入力とする解析手法などが試みられている[14]．ただし，環境アセスメントなどの実務においては，以下に示す旧建設省土木研究所が提案している L_{10} の予測式が用いられている[4),15)]．なお，予測式中の定数値および補正値は表6.3.5に示す．

$$L_{10} = L_{10}^* - \alpha_l \tag{6.3.4}$$

$$L_{10}^* = a\log_{10}(\log_{10} Q^*) + b\log_{10} V + c\log_{10} M + d + \alpha_\sigma + \alpha_f + \alpha_s \tag{6.3.5}$$

$$Q^* = (500/3600) \times 1/M \times (Q_1 + KQ_2) \tag{6.3.6}$$

ここで，Q_1 は小型車時間交通量（台/h），Q_2 は大型車時間交通量（台/h），K は大型車の小型車への換算係数，V は平均走行速度（km/h），

表6.3.5 道路交通振動予測式の定数値および補正値[4)]

道路構造	k	a	b	c	d	α_σ	α_f	α_s	$\alpha_l = \beta\log_{10}(r/5+1)/\log_{10} 2$ r：基準点(注)から予測地点までの距離(m)
平面道路（高架道路に併設された場合を除く）	$100<V\leq140$ のとき 14 $V\leq100$ のとき 13	47	12	3.5	27.3	アスファルト舗装では $8.2\log_{10}\sigma$ コンクリート舗装では $19.4\log_{10}\sigma$ σ：3 m プロフィルメータによる路面凹凸の標準偏差(mm)	$f\geq 8$ Hz のとき $-17.3\log_{10} f$ $f<8$ Hz のとき $-9.2\log_{10} f - 7.3$ f：地盤卓越振動数(Hz)	0	β：粘性土では $0.068 L_{10}^* - 2.0$ 砂地盤では $0.130 L_{10}^* - 3.9$
盛土道路								$-1.4H-0.7$ H：盛土高さ(m)	β： $0.081 L_{10}^* - 2.2$
切土道路								$-0.7H-3.5$ H：盛土高さ(m)	β： $0.187 L_{10}^* - 5.8$
掘割道路								$-4.1H+6.6$ H：掘割高さ(m)	β： $0.035 L_{10}^* - 0.5$
高架道路	V：平均走行速度(km/h)		7.9		1本橋脚では 7.5 2本以上橋脚では 8.1	$1.9\log_{10} H_p$ H_p：伸縮継手部より ± 5 m 範囲内の最大高低差(mm)	$f\geq 8$ Hz のとき $-6.3\log_{10} f$ $f<8$ Hz のとき -5.7	0	β： $0.073 L_{10}^* - 2.3$
高架道路に併設された平面道路				3.5	21	アスファルト舗装では $8.2\log_{10}\sigma$ コンクリート舗装では $19.4\log_{10}\sigma$	$f\geq 8$ Hz のとき $-17.3\log_{10} f$ $f<8$ Hz のとき $-9.2\log_{10} f - 7.3$		

（注）基準点は，平面道路：最外側車線中心から5 m，盛土道路：法尻から5 m，掘割・切土：法肩から5 m，高架道路：予測側橋脚の中心から5 m，高架道路併設平面道路：平面道路の平面道路：最外側車線中心から5 m

M は上下車線合計の車線数，$a_σ$ は路面の平坦性などによる補正値（dB），a_f は地盤卓越振動数による補正値（dB），a_s は道路構造による補正値（dB），a_l は距離減衰値（dB），a, b, c, d は定数である．

6.3.3　交通振動の対策
a.　鉄道での発生源対策
（ⅰ）車両軽量化　鉄道車両の軽量化と地盤振動の関係については各種の研究が行われてきたが，20 Hz 前後が卓越する新幹線鉄道振動に対しては，車両の全重量が重要な因子であることが明らかとなってきた．図 6.3.6 は，東海道新幹線において，軸重 16 t の通常車（0 系車両）の車体部を改造して軸重を 11 t に軽減した試験車両で走行試験を行い，試験車と通常車の 1/3 オクターブスペクトルのレベル差を求めたものである．列車速度 210 km/h では，約 25 Hz 以下の周波数帯域でほぼ一様に 2～3 dB 程度振動が低減していることがわかる．この試験結果をもとに開発された 300 系（軸重 11 t）の実測データでも，0 系，100 系の車両に比較して同程度の防振効果が確認されている．

こうしたデータの蓄積から，現在では，車両軽量化の効果はおおむね軸重軽減量に比例すると考えられている．すなわち，対策前の軸重を W_0，軽量化後の軸重を W_1 とすると，軽量化による振動レベルの低減効果 $\varDelta VL$（dB）はつぎの式（6.3.7）で推定される．

$$\varDelta VL = 10 \cdot \log_{10}(W_1/W_0)^2 \qquad (6.3.7)$$

さらに，前述の図 6.3.5 のモデルによって車両軽量化（reducing car weight）の実測の効果をほぼ定量的に評価できる．

（ⅱ）軌道低ばね係数化（softening track support suspension）　軌道における振動低減対策としては，軌道の支持ばね係数を低下する工法がおもに実施されている．具体的な工法として，スラブ軌道（slab track）区間では，低ばねレール締結装置（low elastic rail fastening system）や防振直結軌道（図 6.3.7 参照），有道床軌道（ballast track）では，有道床弾性まくらぎ（elastic sleeper for ballast track）やバラストマット（ballast mat）（図 6.3.8 参照）などがある．

低ばねレール締結装置については，新幹線では，ばね係数が通常の 1/2 程度の低ばね軌道パッド（track pad）を用いた締結装置の施工事例があるが，この例では高架橋柱近傍では 4～6 dB の効果が認められたものの，12.5 m 以遠では効果がなかった．この対策は 63 Hz 以上の高周波数帯で効果が生じており，新幹線沿線の 12.5 m や 25 m 地点の地盤振動の平均的な卓越周波数帯域（16～25 Hz）では効果が小さいと考えられ

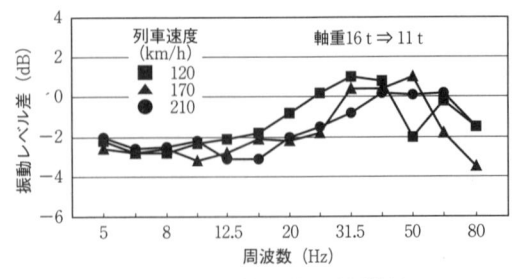

図 6.3.6　車両軽量化の防振効果
縦軸は軸重 16 車両に対する 11 t 車両の 1/3 オクターブバンドスペクトルのレベル差．

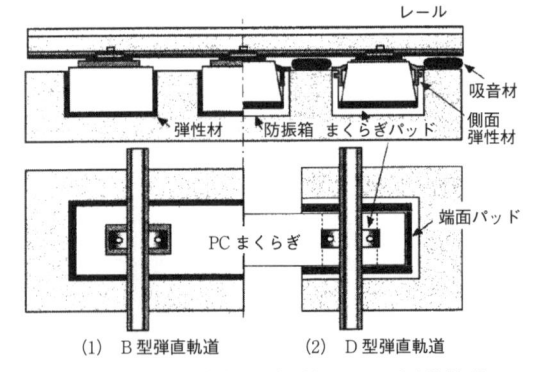

図 6.3.7　防振直結軌道（弾性まくらぎ直結軌道，弾直軌道と略称）の例

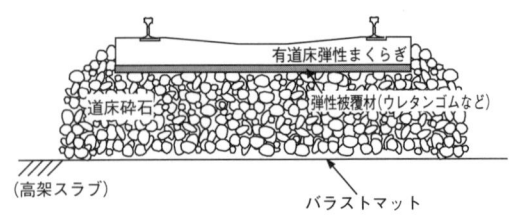

図 6.3.8　有道床弾性まくらぎおよびバラストマットの例

6.3 地盤振動（交通）と対策

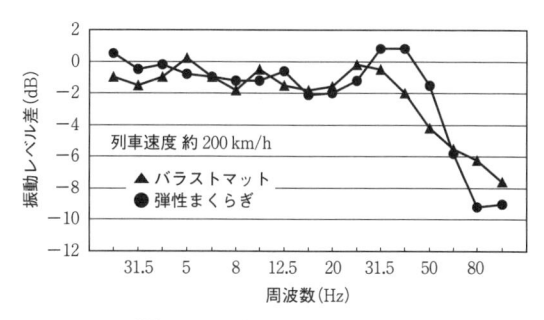

図 6.3.9 弾性まくらぎとバラストマットの防振効果 縦軸は施工前後の 1/3 オクターブバンドスペクトルのレベル差（事後-事前）．新幹線高架橋区間の沿線約 10 箇所の平均値．列車速度は約 200 km/h．

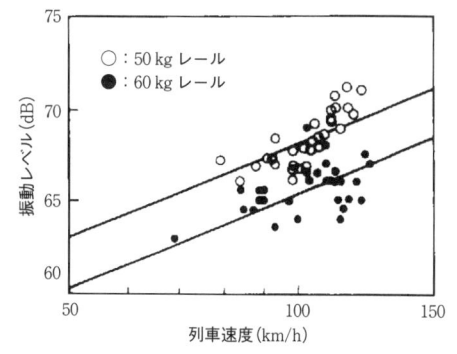

図 6.3.10 50 kg レールから 60 kg レールへの交換前後の振動レベルの比 在来線の素地区間の線路から 12.5 m 離れた地点での実測値．

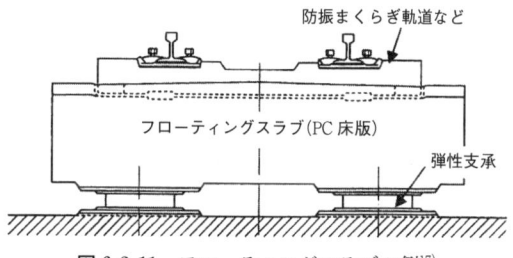

図 6.3.11 フローティングスラブの例[17]

る．

在来線トンネル区間では，ばね係数が通常の 1/10 程度のせん断型レール締結装置（shearing type rail fastening system）を用いてトンネル上地盤で 5～7 dB の効果が得られた事例もある．ただし，新幹線や在来線の高速走行区間では，列車の走行安全性の観点から極端に軌道ばね係数を下げることは困難である．

有道床弾性まくらぎやバラストマットについては，新幹線での施工例からすると，防振効果は施工箇所によって 0～4 dB 程度の範囲でばらついているが，平均的に見ると 12.5～25 m 点で約 2 dB の効果である．有道床弾性まくらぎとバラストマットの効果の周波数特性は，低周波数から 20 Hz 程度までは効果が周波数とともに微増し，20 Hz 前後で約 2 dB の効果があり，31.5～40 Hz の帯域では効果がなくなり，50 Hz 以上の高周波数帯で周波数とともに効果が増大する特徴を有している（図 6.3.9）．

(iii) 軌道高剛性化（stiffening track bending rigidity） 軌道低ばね化はもともとの軌道支持ばねが小さい土路盤などでは効果が得にくい対策であるため，別の発想の対策として軌道の高剛性化に類する工法が検討されている．軌道の剛性を高める端的な方法は軌道の重軌条化である．在来線において，50 kg レールを 60 kg レールにグレードアップした結果，沿線の振動レベルが 2～3 dB 低減した例がある（図 6.3.10）[16]．

(iv) フローティングスラブ軌道（floating slab track） 在来線のトンネル区間での振動対策として，新設線の場合にフローティング軌道を採用することがある．この軌道は，トンネル下床に弾性支承（ゴムやスプリング）で支持する PC コンクリート版（フローティングスラブ）を設けて，そのうえに軌道を敷設するものであり（図 6.3.11），防振上の設計手法がほぼ確立している．ただし，既設の軌道をフローティング軌道に替えるのは膨大な工事となるため，既設線の対策として実施するのはむずかしい．

(v) 路盤改良（soil improvement） 新幹線では，切取り区間や盛土区間において，軌道保守の観点から軌道下路盤の改良を行うことがある．工法としては，薬液注入や，水・セメント・土の攪拌工法による改良土杭（soil cement pile）を構築する工法などが行われている．これらの路盤改良が地盤振動にどのような影響を与えるかを調査した事例があり，そのなかには，12.5 m 点において 2 dB 程度の振動低減効果が確認された事例がある．

在来線においては，発泡スチロール（expanded polystyrene：EPS）ブロック[18]や立体補強材[19]を軌道下路盤に施工し，一定の振動低減効果が得られた事例がある．

b. 道路での発生源対策

（ⅰ）路面平坦化 路面凹凸の大きさが道路交通振動の加振力に影響することから，路面の平滑化は振動低減に効果がある．通常，路面の平坦性は，舗装基準にしたがって3mプロフィルメータにより得られる路面凹凸の標準偏差 σ（mm）で示されている．道路交通振動の予測式（式 (6.3.4)）における路面平坦性に関する補正値 α_σ と σ の関係を表6.3.5に示しているが，これによれば，アスファルト舗装道路の場合，σ が2から1mmに半減すると L_{10} は約2.5dB低減することになる．

（ⅱ）路盤改良 道路下路盤を改良して発生する振動を低減する方法が試みられている．たとえば，建設省は軟弱地盤の道路交通振動対策として，路盤下に直径40cm，深さ12mの生石灰杭（quicklime pile）を90cm間隔で打設して路盤改良した事例を報告している[4]．また，EPSブロックを道路下に埋設し，バスの走行実験により振動低減効果を調査した事例がある[20]．この調査結果では，EPSブロックにより一定の振動低減効果が得られている．

一方，舗装，路床および路盤の剛性増加により，道路を耐振動的な舗装構造に改善した場合の振動低減効果を現地振動実験および数値解析により検討している事例があるが，現状では明確な防振効果は得られていない．

c. 振動伝搬経路での対策

（ⅰ）空溝 地盤振動を溝で遮断しようという発想はかなり古くからある．これらの研究例では，溝による振動遮断効果は，伝搬波の波長に対する溝の深さの比に依存するとしており，この考え方は現在でも広く適用されている．図6.3.12は，模型実験や解析などで得られた空溝（trench）の効果[21]~[24]を「溝深さ/波長」で整理したものである．これによると，溝の深さを波長の1/2程度にすると，対策後の振幅比が0.3（約

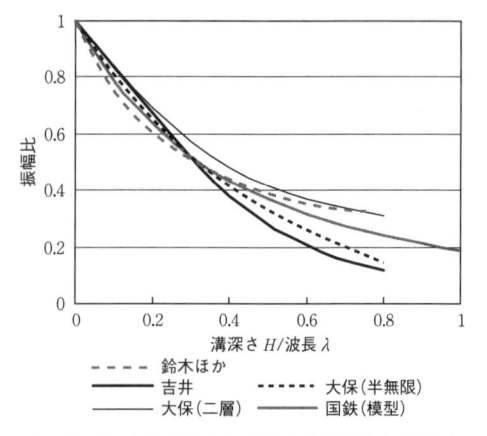

図6.3.12 空溝の防振効果に関する過去の研究結果[21]~[24]

10dB）程度に低減する効果が期待できる．

新幹線沿線では試験的に溝の防振効果を調査した事例があり，これによると，溝深さ2.5~5mで2~8dBの振動レベル低減効果が得られている[24]．

（ⅱ）地中壁 振動遮断対策としては空溝の効果は大きいが，鉄道や道路の沿線に近接して溝を施工し，維持管理するのは，安全上・保守上も課題があるため，溝自体を対策工として採用するのはむずかしい場合が多い．そこで，溝を周辺地盤との波動インピーダンス比（wave impedance ratio）が大きい材料で充てんした地中壁（underground wall）が用いられることが多い．地中壁の材質は，地盤よりも硬い材質のものと軟らかい（軽い）材質のものに大別される．硬い材質のものとして，鋼矢板（steel sheet pile），コンクリート壁（concrete underground wall）が一般的であるが，最近はPC壁体（PC-wall piles）や改良土壁なども検討されている．軟らかい材質のものとしては，EPSや発泡ウレタン（expanded polyurethane）壁などの施工事例がある．

鋼矢板については新幹線で施工事例があるが，この事例では深さ10~20m深さまで打設した場合の振動レベル低減効果は12.5m点で1~2dB程度である[24]．軟弱地盤上の在来線での実績では，5dB程度の効果があったとの報告があるが[25]，効果があった周波数帯域などの詳細は不明

である．

コンクリート壁と発泡ウレタン壁については，新幹線沿線での対策事例が複数ある[24]．これらの事例で得られた防振効果をまとめたものが図6.3.13である．図中の網掛けの部分が12.5m地点に相当する．この図によると，コンクリート壁の効果は事例によって効果がばらついており，深さ4mでも10dB以上の効果が得られた事例があるが，その他は深さ3～5mで1～7dB程度の範囲で効果がばらついている．一方，ウレタン壁についても深さ3～5mで1～8dBの範囲で効果がばらついている．

新幹線以外での事例では，在来線素地区間のレール継目（rail joint）部からの振動対策として，深さ2m，厚さ0.5mのEPS壁を延長8m施工した事例がある[26]．この事例では，壁から3m程度までは4～6dBの効果があるが，それ以遠では効果が得られていない．

道路交通振動の対策として，深さ14mのPC壁体により，壁から10m程度の範囲で5～15dBの効果が得られた事例が複数ある．これらの事例で得られた防振効果をまとめたものが図6.3.14である[27]．図中には，実測の効果（○印）のほか，振動低減効果の最大値と最小値の目安（VRV_{max}とVRV_{min}，単位：dB）をPC壁体からの距離r（m）の関係式で示している．

また，地中壁を深く施工する工法として，ソイルセメント杭（soil cement pile）を壁状に構築する工法の施工例がある[28]．この事例では，深さ11mのソイルセメント杭列壁が，約8Hzの工場振動に対して，壁直後で7～9dB，壁から15m離れで約5dB，30m離れでも約3dBの防振効果を示している．

以上のように，地中壁の防振効果は壁の材質だけではなく，地中壁の規模や地盤条件，加振源の周波数特性，対象となる波動の種別によって複雑に変化する．地中壁の防振効果の評価方法として，古くから一次元波動透過・反射理論と呼ばれ

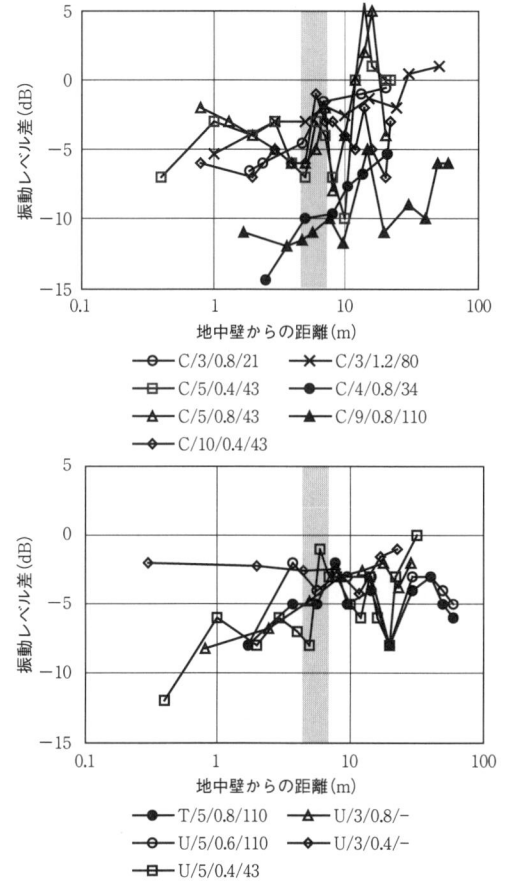

図6.3.13 新幹線鉄道振動に対する地中壁の防振効果
上図はコンクリート壁，下図は溝とウレタン壁の事例である．凡例は，（壁種類）/（深さ(m)）/（厚さ(m)）/（施工延長(m)）を示している．壁種別は，C：コンクリート壁，T：空溝，U：ウレタン壁を表している．施工延長で「－」を示しているのは，施工延長が不明な事例である．網掛け部分が構造中心から12.5m点に相当する．ここで，C/9/0.8/110とT/5/0.8/110，U/5/0.8/110は同一箇所での実施例である．また，C/5/0.4/43，C/5/0.8/43，C/10/0.4/43，U/5/0.4/43は同一箇所での実施例である．

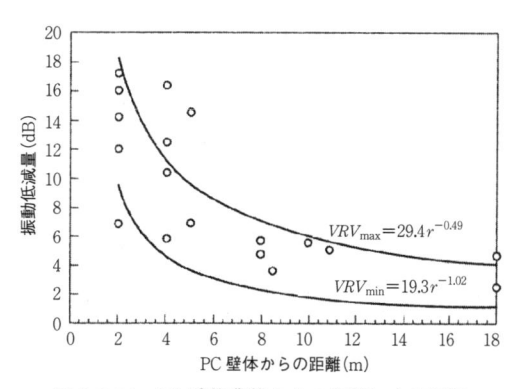

図6.3.14 PC壁体背後からの距離による振動低減効果[26]

$VRV_{max} = 29.4 r^{-0.49}$

$VRV_{min} = 19.3 r^{-1.02}$

るモデルが引用されることが多い．これによると，地中壁の周波数ごとの防振効果は，波動インピーダンス比（地盤に対する壁の「密度×波動伝搬速度」の比）と壁の厚さで決まる．このモデルによると，20 Hz 前後が卓越する新幹線鉄道振動に対しては，実用的な規模の地中壁を施工した場合，発泡ウレタンのような軟らかい材質は効果があるが，コンクリートのような硬い材質のものは効果が些少であるという結果が得られる．しかし，実際は，前述したように新幹線の事例ではほぼ同じ規模のコンクリート壁とウレタン壁ではその効果に大きな違いはない．したがって，一次元波動透過・反射モデルだけでは地中壁の防振効果を評価することはできない．そこで，最近，硬い材質の地中壁の効果を評価する新しい試みもなされている[29]．地中壁は比較的大きな防振効果が期待できるので，その効果の定量的な評価方法や設計方法の検討および低コスト化の技術開発を今後とも引き続き実施していくべきである．

(iii) 地盤改良など 道路交通振動対策として，振動遮断ブロック（wave impedance block：WIB）と呼ばれる工法の施工事例がある．この工法は，振動の発生源側の地中，あるいは伝搬経路や受振側の構造物下の地中に，周辺地盤より剛性の大きい層を構築し，波動の干渉効果を利用して振動低減を図るものである[30]．（芦谷公稔）

参考文献

1) （社）日本騒音制御工学会編：振動規制の手引き，技報堂出版，2003.
2) 日本規格協会：振動レベル計 JIS C 1510-1995, 1995.
3) 公害防止の技術と法規編集委員会：2訂 公害防止の技術と法規 振動編（第8版），2003.
4) （社）日本騒音制御工学会編：地域の環境振動，技報堂出版，2001.
5) 福原博篤編著：環境計量証明事業実務者のための振動レベル測定マニュアル（第2版），（社）日本環境測定分析協会，2001.
6) 吉岡 修，芦谷公稔：物理探査，**48** (5), 299-315, 1995.
7) 芦谷公稔，吉岡 修：鉄道総研報告，**8** (6), 37-42, 1994.
8) 芦谷公稔，横山秀史，岩田直泰：新幹線沿線地盤振動の列車速度依存性の評価方法，地盤工学会「地盤環境振動の予測と対策の新技術に関するシンポジウム」発表論文集，2004.
9) 吉岡 修：環境振動予測手法を用いた適用事例―新幹線振動―，環境振動予測手法の現状と適用事例，日本騒音制御工学会・研究部会技術レポート，**20**, 16-19, 1997.
10) 吉岡 修：鉄道総研報告，**10** (2), 41-46, 1996.
11) 竹宮宏和，合田和哉：移動加振源による多成層地盤上の盛土構造の振動評価への FEM-BEM の適用，土木学会論文集，**605**/I-45, 143-152, 1998.
12) 長嶋文雄，古田 勝：地下鉄シールドトンネル及び周辺沖積地盤の波動伝播特性，土木学会構造工学論文集，**34A**, 837-846, 1988.
13) 市東邦生：環境振動予測手法を用いた適用事例―地下鉄振動―，環境振動予測手法の現状と適用事例，日本騒音制御工学会・研究部会技術レポート，**20**, 20-26, 1997.
14) たとえば，西坂理恵，福和伸夫：交通振動問題における車両動的荷重特性に関する研究―平面道路における自動車交通振動問題に関する研究（その1），日本建築学会構造系論文集，**491**, 65-72, 1997.
15) 佐藤弘史，井上純三，二木英夫，間渕利明：土木技術資料，**42** (1), 14-15, 2000.
16) 吉岡 修：鉄道総研報告，**7** (4), 57-64, 1993.
17) 三輪晋也，尾高幸一，原 清，杉野 潔：電車走行時のフローティングスラブの変位と振動低減効果，土木学会第53回年次学術講演会，pp. 950-951, 1998.
18) 澤武正昭，村田裕計，仲尾 浩，平松和祐，奥野裕之，中井督介，吉牟田 浩，早川 清：地盤振動制御における EPS 活用に関する研究（2）EPS の防振効果に関する実験，日本騒音制御工学会技術発表会講演論文集，pp. 245-248, 1990.
19) 関根悦夫，早川 清，松井 保：土と基礎，**49** (9), 43-48, 1998.
20) 早川 清，竹下貞雄，松井 保：土質工学会論文報告集，**31** (2), 179-187, 1991.
21) 鈴木次郎，石垣 昂：地震，**12** (3), 130-136, 1960.
22) 吉井敏尅：地震II，**24** (1), 70-71, 1971.
23) 大保直人，片山恒雄：等価質点系モデルを用いた遮断溝の振動軽減効果に関する数値解析，土木学会論文報告集，**335**, 51-57, 1983.
24) 吉岡 修，熊谷兼雄：振動遮断壁による低減効果の目安値算定方法について，鉄道技術研究報告，**1205**, 1982.
25) 小泉昌弘：津軽線における騒音・振動対策，施設協会誌，pp. 553-555, 1996.
26) 早川 清，松井 保：土と基礎，**44** (9), 24-26, 1996.
27) 早川 清，可児幸彦，松原範幸：PC 壁体による地盤振動の軽減効果とその評価，土木学会構造工学論

文集, **45A**, 713-718, 1999.
28) 長瀧慶明, 橋詰尚慶, 若命善雄：地中壁による振動低減対策—その2 対策工法の実施と効果の確認—, 第28回土質工学研究発表会, pp.1247-1248, 1993.
29) 芦谷公稔：振動遮断工の防振メカニズムに関する一考察, 第35回地盤工学研究発表講演集, pp.155-156, 2000.
30) 橋本光則, 竹宮宏和, 白神敦秀：土と基礎, **50** (9), 19-21, 2002.

6.4 地盤震動（地震）と対策

6.4.1 地震と地盤災害

a. 地　震

地震は，地球内部の岩石の一部が破壊することにより発生する．その影響は地震波として地球内部を伝わり，対象とする構造物の地点に到達する．その結果，構造物を支持する地盤が液状化などの変状を示すことがある．また，構造物本体やその基礎に被害が発生することがある．海洋で発生する地震の際には，津波が発生することがある．

b. 地盤災害

地盤災害は，低平地におけるものと傾斜地におけるものに大きく分類できる．前者の代表として，地震時の液状化による変状の発生，後者の代表として，地震や降雨による地すべりの発生がある．また，近年では，地盤環境災害として人工的な要因に伴う災害を含めて広義の地盤災害とされることも多い．その際には，環境保全のための施設における地震による地盤変状や構造物被害に伴う地盤環境汚染なども重要な研究対象となる．

6.4.2 地盤の液状化

a. 地盤の液状化とは

水で飽和したゆるく堆積した砂地盤が地震のゆれを受けると，急に泥水のような液体状になることがある．これを地盤の液状化という．液状化による噴砂の状況の1例を図6.4.1に示す．

b. 液状化の発生機構

いま，砂地盤中の砂の粒子骨格を単純化し，拡大して図6.4.2に示す．ゆるく堆積した砂層が地震の横ゆれにより，横にずらすような変形（「せ

図6.4.1 液状化による噴砂の状況の例（1993年北海道南西沖地震，函館港）

(a) ゆるく堆積した砂粒子骨格

(b) せん断変形を受けた状態

図6.4.2 砂粒子骨格のせん断変形と粒子接点の変化の概念図

ん断変形」という）を受けると，その粒子配列は，同図 (a) の状態から，同図 (b) の状態に変化する．このとき，各粒子は，上下の接触を失う．よって，粒子は水中に浮遊している状態となる．したがって，横にずらす力（単位面積あたりのものを「せん断応力」という）に対する抵抗力は失われ，その地盤の飽和単位体積重量と同じ単位体積重量の液体と同じ挙動を示す．すなわち，地盤のその部分が液状化したことになる．一般に，砂粒子がゆるく詰まっているほど，液状化させるために要するせん断応力は小さくなる．液状化した後には，各土粒子は沈降し，地盤は再び安定化する．

表 6.4.1 液状化による構造物の被害形態[1]

構造種別	被災形態 / 被災原因	被災パターンの模式図	備考
港湾構造物	構造物の前面へのすべり出し / 構造物背面の地盤の水平方向土圧の増加		重力式構造物の背後の地盤の液状化の場合
	構造物の沈下・傾斜・前面へのすべり出し / 基礎地盤の支持力の低下		重力式構造物の基礎地盤の液状化の場合
	構造物の変形・破壊および，控え工自身の降伏・破壊 / 控え工前面の地盤の支持力の低下		矢板式構造物の控え工の前面地盤の液状化の場合
	矢板構造物本体の降伏・破断およびタイロッドの降伏・破断 / 矢板構造物の背後の地盤の水平方向土圧の増加		矢板式構造物背後の地盤の液状化の場合
	矢板構造物本体の変形 / 矢板構造物の根入れ部の地盤の支持力の低下		矢板式構造物の根入れ部の地盤の液状化の場合

c. 過剰間隙水圧比

実際の地盤は，種々の大きさの土粒子により構成され，図 6.4.2 に示すような単一の大きさの土粒子により構成されてはいない．したがって，同図 (b) のようにせん断変形を受けても，すべての粒子が一斉に浮遊した状態にはならない場合も多い．すなわち，ある粒子は浮遊状態にあり，ある粒子は相互に接触して骨格を構成している状態が存在する．この場合には，浮遊している粒子の重量に相当して間隙水（粒子骨格の間隙を満たす水）の見かけの単位体積重量が増加し，その分だけ間隙水圧が静水圧よりも増加する．すなわち，

表 6.4.1 （つづき）

構造種別	被災形態 / 被災原因	被災パターンの模式図	備考
地上構造物	上部構造物の破損・破壊 / 過大な変位振幅の発生	（過大幅振／地表面／液状化層／非液状化層（支持層））	地表面に過大な振幅の変位が発生する場合
地上構造物	上部構造物の破損・破壊 / 地盤に発生する水平もしくは鉛直方向の永久変位	（上部工破損／地盤永久変位ベクトル／地表面／液状化層／非液状化層（支持層））	液状化に起因する表層地盤の永久変位の不均一な分布（鉛直および水平の）が発生する場合
地中埋設構造物	地中埋設管の破損・折損 / 液状化層と非液状化層の層境界で発生する過大な地盤のひずみ	（地中埋設管の破損・折損／地表面／地中埋設管／液状化層／非液状化層）	地盤の中で部分的に液状化が発生している場合や，液状化層厚の変化している場合
地中埋設構造物	地中埋設管の破損・折損 / 地盤永久変化の発生に起因する過大な外力	（地表面／地盤永久変位ベクトル／地中埋設管／液状化層）	地盤の永久変化が一様な分布を示さない場合
地中埋設構造物	地中構造物の浮き上がり / 過剰間隙水圧の発生による揚圧力の増加	（地中構造物の浮き上がり／地表面／液状化層）	地中埋設の構造物で，液状化した周辺地盤の比重より見かけの比重が重い場合

過剰間隙水圧が発生する．また，粒子骨格が維持されている部分もあるから，その部分によるせん断抵抗も期待できる．

いま，過剰間隙水圧を u と記せば，すべての粒子が浮遊した状態においては，それまで粒子接点を通じて受けもっていた有効上載圧力 σ_v' をすべて間隙水で受けもつことになるので，$u = \sigma_v'$，すなわち，$u/\sigma_v' = 1.0$ となる．また，一部の粒子が浮遊した状態は，$0 < u/\sigma_v' < 1.0$ に対応する．

液状化の定義にはいくつかあり，代表的な場合は，$u/\sigma_v' = 1.0$ をもって液状化とする場合であるが，$u/\sigma_v' < 1.0$ の場合でも噴砂・噴水などが発生することをもって液状化とする場合も多い．

d. 液状化による被害形態

1964年の新潟地震以降，ほぼ5年に1回程度

表 6.4.1 (つづき)

構造種別	被災形態 / 被災原因	被災パターンの模式図	備考
土構造物	盛土天端沈下・側方へのはらみ出し / せん断抵抗の低下 / 液状化による噴砂・噴水・陥没・亀裂・隆起・移動などの地表面に発生する地盤形状の変化 / 地盤の永久変位および沈下・噴砂など	(液状化層・非液状化層を示す盛土模式図3種)	
直接基礎	直接基礎構造物の沈下・傾斜・転倒 / 地盤の支持力の低下	(直接基礎建物が液状化層上で傾く模式図)	直接基礎の場合
くい基礎	杭基礎を有する場合でも根入れ長が十分でないもの / 地盤の支持力の低下	(杭が非液状化層に達していない傾斜建物の図) (比較参考)(杭が非液状化層に到達している建物の図)	杭の根入れ長が十分でない場合 (比較参考) 杭基礎の根入れ長が十分長く非液状化層に到達している場合(上記の被災形態は生じないが、杭基礎の破損の被災形態をとる)
	杭基礎を有する構造物の基礎杭の折損・破損 / 液状化層の水平方向の地盤支持力の低下および地盤の永久変位	(液状化層の水平変位により基礎杭が破損する模式図、基礎破損)	液状化層の水平方向地盤支持力の低下および地盤の永久変位が発生する場合

の頻度で発生してきた大地震における液状化の被害にもとづいて，液状化による都市施設の被害形態を表6.4.1にとりまとめた[1]．大まかには，水際低平地から内陸・丘陵地に向けて広がる都市施設の順に示している．

e. 被害形態の力学的特徴

構造物の力学的特徴に応じて，被害形態には種々のものがあるが，これらに共通する大まかな分類を示せば，以下のとおりである．

① 地上に建設された構造物は，これを支持する地盤が液状化すると，その支えの力を失って沈下・傾斜する．

② 岸壁のように，陸側の土の圧力を横方向に支えている構造物は，背後の土が液状化すると，その圧力が重い泥水の圧力に変わり，支えきれなくなって海側へ移動する．

③ 地中に埋設された構造物は，重い泥水よりも見かけの単位堆積重量が軽い構造物の場合が多く，この場合，地盤が液状化すると浮き上がる．

④ 盛土や斜面のように，斜面下方に向かってはたらく重力に抵抗している構造物は，斜面やその下の地盤が液状化すると，その抵抗が失われ，斜面下方への変形や地すべりなどが発生する．

⑤ 地中に埋設された構造物で，構造物基礎の杭や埋設管のような地中構造物では，地盤が液状化して地盤の変位が大きくなると，地盤に押されたり引っ張られたりする形で被害が発生する．

このように一見複雑に見える被害形態も，地盤が液状化して液体としての挙動を示す泥水状の物質中に構造物が置かれた状況を頭のなかで描いてみることがポイントである．

6.4.3 液状化対策の原理

液状化対策の方法には，大きく分けて，つぎの二つがある[2]．

① 地盤を液状化しないようにする方法（地盤改良）

② 液状化しても支障が生じないように構造的に対策する方法（構造的対策）

これらの方法をさらに液状化対策の原理にもとづいて分類すると，図6.4.3に示すとおりとなる．

6.4.4 液状化対策としての地盤改良工法

代表的な液状化対策としての地盤改良工法には，表6.4.2に示すように種々のものがある．これらの工法から最適な工法を選定するに当たって参考となる評価基準には，以下のものがある[3]．

① ゆるい砂地盤を対象とした改良体の「ねばり」

② 細粒分の多い砂質土への適用性

③ 施工中の周辺・既存構造物への影響

ここに，改良体の「ねばり」とは，想定した地震動を多少上回る地震動に対しても，その挙動が安定していることを意味する[4]．

これらの評価基準にしたがっておもな工法の特徴をまとめれば，以下のとおりとなる．

a. 締 固 め

締固め工法は，文字どおり液状化の可能性のある地盤を締め固めるものである．締固めにより土の粒子間の空隙が小さくなり，地震による土の粒子骨格が崩れにくくなる．地盤の剛性も高くなるため，せん断ひずみが小さくなる．水平方向の拘束圧が高まるなどの効果もある．これらの結果として，液状化に対する抵抗が大きくなる．

液状化対策としてはもっとも適用例が多く，「ねばり」も有する．しかし，シルト質砂に対する適用面や既存構造物に対する適用面では限界がある．最近では，施工時の騒音，振動の低下を図り，既存構造物への影響を抑える方向性の技術開発が行われている．

b. ドレーン工法

ドレーン工法は，液状化の可能性のある地盤に，透水性のよい材料でドレーンをつくるものである．地震動により，地盤内に過剰間隙水圧が発生し始めると，間隙水がドレーン内に排出されて，過剰間隙水圧が大きくならないようにする．

ドレーン工法は，一般には，地盤を締め固めな

表6.4.2 液状化対策としての地盤改良工法[1]

原理	工法名	適用深度	概要	環境への影響	その他
締固め	サンドコンパクションパイル工法	GL-35 m程度	鋼管ケーシングを地中に貫入させ、引抜き時に砂を圧入して締め固めた砂ぐいを打設し、同時に側方地盤を締め固める。	騒音・振動が大きい。その程度は施工機械に応じて異なる。	細粒分含有率25～30%程度までの地盤に対して、締固め効果が大きい。N値は25～30程度まで増加。
締固め	振動棒工法（ロッドコンパクション工法）	GL-20 m程度	ロッドの振動圧入と、地表面からの補給材の充てんにより地盤を締め固める。	サンドコンパクション工法よりやや少ないが、騒音、振動がある。	細粒分含有率15～20%程度までの地盤に対して、締固め効果が大きい。N値は15～20程度まで増加。
締固め	バイブロフローテーション工法	GL-20 m程度	偏心荷重を内蔵した振動体による水平振動ノズルからの射水によって周囲の地盤を締め固め、間げきに補給材を充てんする。	ほかの締固めによる工法と比較して騒音・振動が少ない。	細粒分含有率15～20%程度までの地盤に対して、締固め効果が大きい。N値は15～20程度まで増加。
締固め	重錘落下工法	GL-10 m程度	10～30 tfの重錘を自由落下させ衝撃荷重で地盤を締め固める。	振動・衝撃が大きい。	細粒分が多い場合に締固めが困難になる。
間隙水圧消散	グラベルドレーン工法	GL-20 m程度	ケーシングを所定の位置まで貫入させた後砕石を入れ、ケーシングを抜き取り砕石パイルをつくる。砕石パイルにより地震時の過剰間げき水圧を消散する。	少ない。	締固めによる対策工法の運用が困難な場合に用いられることが多い。細粒分含有率が大きく、低透水性の地盤には適用が困難。
間隙水圧消散	排水機能付杭		孔あきの杭を地盤中に打設し、液状化対策を行う。	施工法により、振動がある。	杭により浮上りおよび沈下防止効果が期待できる。
固結	深層混合処理工法	GL-30 m程度	地盤土にセメントなどの安定材を撹拌・混合して固化する。地盤全体を固化させる全面改良などの部分改良がある。	少ない。	盛土などの既設構造物下部の地盤に液状化の可能性がある場合に、その周囲に改良体を設けることにより、液状化対策ができる。
固結	事前混合処理工法		埋立て土砂に事前にセメントなどの安定材を混合させて埋立てを行う。そのため、埋立て後の液状化対策が不要となる。	安定材の混合させるため、水質管理が必要。	埋立てと同時に液状化対策が行えるので、地盤中に処理される応力の算定を行っておく。工期が短縮できる。また、大量に処理できる。
固結	注入固化工法		地盤内に薬液などを注入し地質を固結させる。	地下水などの水質管理の処分が必要。	地盤の透水性により適用限界がある。
置換	置換工法	GL-5 m程度	液状化の可能性のある地盤を液状化しない材料で置き換える。	掘削土の処分が必要。	管理された材料で対象断面に適用できる。施工が確実である。
地下水位低下	ディープウェル工法	15～20 m程度の水位低下	液状化対策地盤の周囲を矢板などの止水壁で囲い、ディープウェルで地下水位を下げる。	地下水位低下に伴う周囲への影響および地盤の圧密沈下に注意。	既設構造物の下部に適用できる。ランニングコストがかかる。透水性に不確実である。
せん断変形抑制	連続地中壁工法		液状化の可能性のある地盤を地中壁で囲み、地震時の断面変形を抑制し液状化防止を図る。	少ない。	液状化しても周囲地盤から過剰間隙水圧の伝搬も阻止できる。
プレロード	盛土工法	盛土幅との関係	盛土によるプレロードを地盤に与え、その後回復させる。	少ない。	荷重分散があるので、地盤中に伝搬される応力の算定を行っておく。
構造的対策、その他	杭基礎	15～20 m程度の水位低下	一度、液状化が発生しても耐えられるように、杭の強度を大きくする。	液状化対策後の地盤の下で地震の影響を抑制する。	既設構造物の下部に適用できる。透水性に不確実である。
構造的対策、その他	シートパイル		地盤をシートパイルで囲い液状化による断面変形を抑制する。	シートパイル打設時に騒音・振動がある。	液状化した周囲地盤からの過剰間隙水圧の伝搬も阻止されている。
構造的対策、その他	こま型基礎		こまの形をしたブロックを地盤に敷き直接基礎として用いる。	少ない。	家屋などの小型の建築物に適用されている。

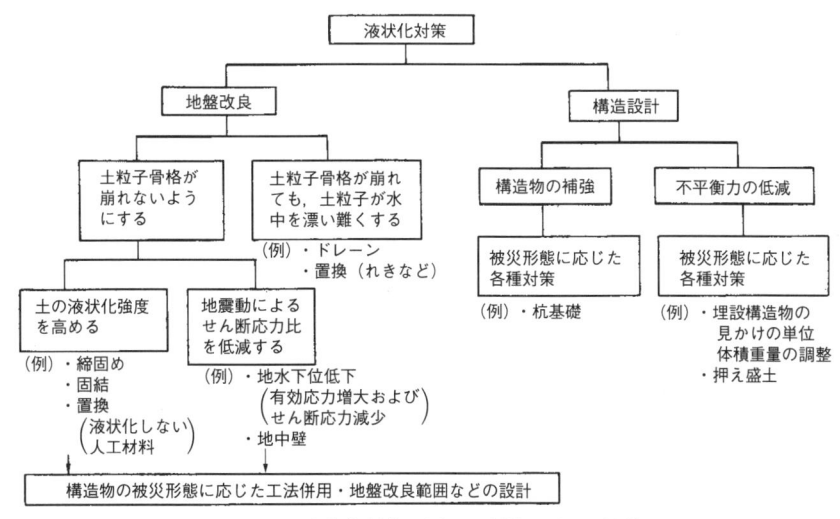

図 6.4.3 液状化対策の原理と対策工法の種類[2]

いので，設計で想定した以上に過剰間隙水圧の上昇速度が高まると，地盤内の過剰間隙水圧比が100%に達することもある．この際には，著しい地盤変形が発生することもあり，この点で「ねばり」を欠く恐れがある．最近では，ドレーン打設時に地盤を同時に締め固め，「ねばり」を増加させようとする方向性の技術開発が行われている．

c. 固　結

固結は，地盤にセメントなどを混合することにより，液状化の発生を防止するものである．原理的には汎用性があり種々の適用が可能であるが，実際の適用は，そのほかの工法の適用がむずかしい場合に限られる傾向がある．

d. 置　換

置換は，液状化の可能性のある地盤を，液状化しない材料で置き換えるものである．置換えの材料としては，礫やセメント混合土などがある．この方法も汎用性があるが，置換え材料の入手や掘削土の処理などの面に対する考慮が必要となる．

e. 地下水位低下工法

地下水位低下工法は，液状化の可能性のある地盤の地下水位を低下することにより，液状化の可能性を軽減するものであり，以下の2点の効果を期待する工法である．

① 水位低下前に飽和していた砂層のうち，地下水位低下後の水位より上側の砂層は，不飽和領域となり，非液状化領域となる．

② 地下水位低下後の水位より下側にある飽和砂層でも，地下水位低下により有効上載圧力が増加し，液状化しにくくする．

地下水位低下工法には，ディープウェルおよび排水溝などがある．同工法は，既存構造物に対する液状化対策として優れているが，細粒分の多い砂質土への適用性には限界がある．

f. プレロード

プレロード工法は，地盤を過圧密とし，これにより液状化抵抗を高めるものである．この工法は，シルト質砂やそのほかの細粒分含有率の大きい土に対して適用性がある．しかし，「ねばり」の点では限界がある．

6.4.5 構造的対策

液状化対策としての構造的対策は，液状化の発生を前提として，構造物に液状化の被害が及ばないような対策をとる．以下に，代表的と思われるくい基礎，護岸，直接基礎，地中構造物，および盛土の対策例について解説する[3]．

a. 杭 基 礎

杭基礎による対策は，液状化した地盤の支持力の低下を，杭の支持力により補強することを目的としたもので，建築物や橋りょうの基礎の，液状化対策として用いられる例が多い．杭基礎の周囲

を取り囲むように，地中連続壁を併用した例もある[5]．

b. 護 岸

岸壁や護岸の液状化対策としては，地盤改良による改良が多く用いられるが，既存構造物の補強などにおいては，建設地点の制約条件に応じて，自立式鋼管矢板などの構造的対策がとられた例がある[6]．

c. 直接基礎

直接基礎の液状化対策としては，小規模構造物を対象とした布基礎の補強，こま型基礎の設置，ジオグリッドなどによる補強などの例がある．また，中規模の構造物については基礎幅の拡大，共通基礎の設置（複数構造物の基礎の一体化）などにより，不同沈下の抑制を図る方法も検討されている．

d. 地中構造物

地中構造物の液状化対策としては，浮上りに対する対策とともに液状化地盤の著しい変位に対する対策が必要である．図6.4.4に示すとおり，構造的対策とともに地盤改良を併用した例がある[7]．

e. 盛 土

盛土のように，ある程度の変形が許容できる場合には，盛土断面の両端に矢板を打設し，タイロッドなどで結合することにより，変形を抑制した

例がある．

以上，液状化対策工法について，その要点について解説したが，各種工法の詳細を網羅した解説書[8]もある．

6.4.6 性能設計による対策

1995年の阪神大震災を契機として，地盤や構造物の変形を支障がない程度まで許容する方向で，合理的な液状化対策を実施しようとする方向性が見られる．これらを体系化した形で耐震性能設計の概念にもとづく液状化対策の方法論が提案されてきている[1),9)]．これらの方法論は，「ねばり」の確保なども自然に組み込まれた体系となっている．液状化対策の設計においては，これらの新たな動向を取り込んでいくことが望まれる．以下にその要点を示す．

a. 性能目標の設定

耐震性能設計にもとづく液状化対策の設計手順は，図6.4.5に示すとおりである．はじめに，対象構造物の性能目標を設定する．設計実務における性能目標の設定においては，表6.4.3を参照して，対象構造物に適した耐震性能グレードS，A，B，Cを選定する方法をとると，従来の設計における「重要度」とも整合する形で，性能目標が設定できる．

b. 地震動の設定

表6.4.3に示す設計地震動強さとしては，以下のような2段階レベルの地震動を設計参照レベルとして導入することが多い．

レベル1地震動（L1）：構造物の設計供用期間中に1～2度発生する確率を有する地震動

レベル2地震動（L2）：構造物の設計供用期間中に発生する確率は低いが，大きな強度を有する地震動

L1およびL2の両者を用いる2段階設計法は，L2に対する被害程度規準を満たすのみではL1に対する許容被害程度を確保できない場合，ないしはL1に対する設計のみではL2に対する耐震性能が確保できないなどの状況が想定される場合に有用である．

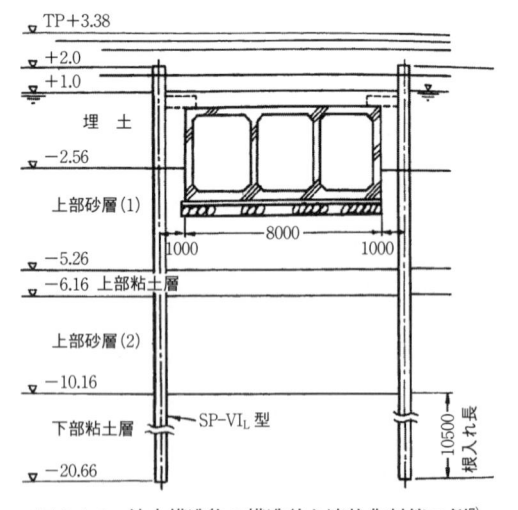

図 6.4.4 地中構造物の構造的な液状化対策の例[7]

6.4 地盤震動（地震）と対策

表6.4.4に示すものに追加する独立した検討項目の形で，これら該当機能に関する許容被害レベルを考慮しておき，最終段階でこれらすべてを総合的に判断して許容被害程度を設定する．

d. 耐震性能グレードの設定

一般に，高速道路などのように直列システムとして機能を果たす構造物系の場合には，グレードAないしBにグレードを揃えた設計が適当な場合が多いのに対して，港湾の岸壁など並列システムの場合には，グレードS（緊急防災基地）やC（小規模護岸）のような幅広い性能レベルのものも適宜導入していくことにより，全体として合理的な設計が可能となる．

利用形態・構造物システム全体としての機能確保などの諸条件によっては，必要に応じて，耐震性能グレードS，A，B，C以外の耐震性能を導入してもよい．

e. 被害程度規準の設定

耐震性能設計においては，許容被害程度を，対象構造物の地震応答特性を考慮して，変位，限界状態応力，ひずみ，塑性率などの工学的パラメータにより規定する．これを被害程度規準という．被害程度規準は，表6.4.4にもとづいて，対象施設の利用形態・構造物群全体としての機能確保などの諸条件も考慮しつつ，おもに設計に関して高度の知識・技術を有する専門家が主体となって設定するのがよいであろう．

f. 被害程度規準の例

たとえば，津波や高潮を防ぐことを目的とする防潮堤の場合には，天端が支障ない高さ以上に保たれていることが目標となり，許容沈下量をこの目標を満足する値に設定する．

対象とする施設によっては，その構造的特性や機能から見て，多数の照査項目を設定する必要がある場合もある．さらに，構造物によっては，地震荷重レベルに応じて発生する終局状態の順序についても，対象構造物の諸条件に応じて，適切に設定する必要がある．

g. 耐震性能照査

耐震性能照査は，構造物の地震応答解析結果として得られる工学的パラメータ（変位，応力，塑

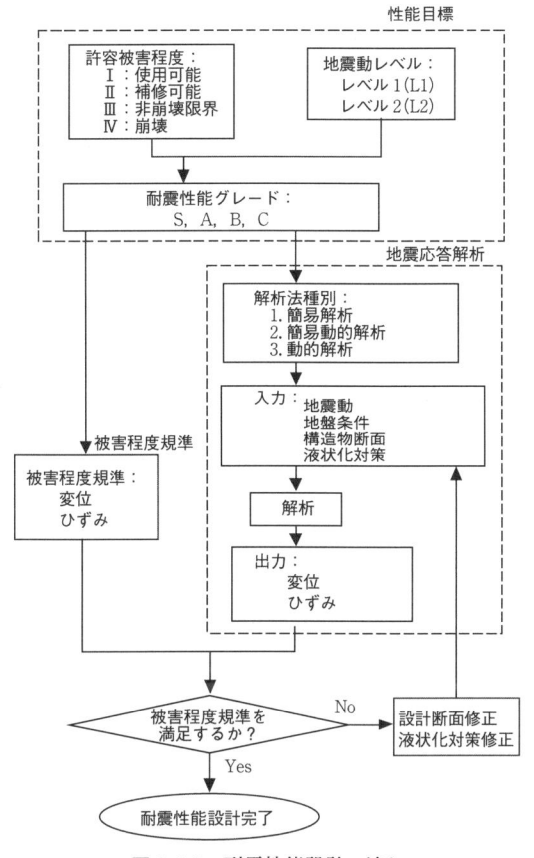

図6.4.5 耐震性能設計の流れ

表6.4.3 耐震性能グレードS, A, B, C

耐震性能グレード	設計地震動	
	レベル1(L1)	レベル2(L2)
グレードS	被害程度Ⅰ：使用可能	被害程度Ⅰ：使用可能
グレードA	被害程度Ⅰ：使用可能	被害程度Ⅱ：補修可能
グレードB	被害程度Ⅰ：使用可能	被害程度Ⅲ：非崩壊限界
グレードC	被害程度Ⅱ：補修可能	被害程度Ⅳ：崩

c. 許容被害程度

被害程度Ⅰ～Ⅳの内容を表6.4.4に示す．「構造被害」は被災した構造物の本格復旧に要する費用・労力に直接関係するもので，地震による直接被害と呼ばれる．「機能被害」は，本格ないし応急復旧に要する時間や費用に関係するもので，地震による間接被害とも呼ばれる．構造物の本来の機能のほか，人命・財産の保全，震災復興拠点，危険物取扱い施設の安全確保などが該当する施設もある．これらの機能を果たす施設の場合には，

表 6.4.4 耐震性能設計における許容被害程度[*1]

許容被害程度	構造被害（直接被害）	機能被害（間接被害）
被害程度Ⅰ：使用可能	無被害ないし軽微な被害	機能維持ないし軽微な機能低下
被害程度Ⅱ：補修可能	限定被害[*2]	短期間の機能停止[*3]
被害程度Ⅲ：非崩壊限界	著しい被害（崩壊はしない）	長期間の機能停止ないし機能喪失
被害程度Ⅳ：崩壊[*4]	構造喪失	機能喪失

[*1] 人命や財産の保全，震災復興ないし緊急防災拠点，有害物や危険物取扱いなどの機能を果たす施設の場合には，上表に示す一般的項目に加え，これらの施設特有の機能の観点からの許容被害程度を考慮すべきである．
[*2] 限定された塑性応答ないし残留変位．
[*3] 短期間の応急復旧完了までの機能喪失．
[*4] 構造物崩壊時の周辺への影響は著しくない．

性率，ひずみなどで与えられる）と，先に設定した被害程度規準との比較により行う．かりに，解析結果が被害程度規準を満たさない場合には，原設計断面ないし既存構造物を改良する．液状化対策としての地盤改良も，この段階で必要となる．

耐震性能照査型設計における地震応答解析では，土構造物や基礎の地震時挙動を評価し，その結果があらかじめ設定した被害程度規準を満たすか否かについて照査することを目的とする．解析法の選定においては，それぞれの耐震性能照査に適した解析法を選定する必要があり，一般に，耐震性能グレードが高い施設には高度の解析手法が必要となる．

h. 地震応答解析法

土構造物や基礎の地震応答解析には種々のものがある．これらの解析法は，その難易度および解析能力によって以下のように大別される．

① 簡易解析：滑動限界または弾性応答限界の概略評価，および構造物の残留変位の概略オーダの評価に適した解析．

② 簡易動的解析：より広い適用性があり信頼性もより高い．あらかじめ想定した被害形態のもとでの変位，応力，塑性率，ひずみの評価が可能な解析．

③ 動的解析：もっとも高度．地震時に発生する被害形態および被害程度（変位，応力，塑性率，ひずみなど）の評価が可能な解析．

i. 地震応答解析の例

1例として，図6.4.6，6.4.7に，地中埋設構造物を対象として，地盤改良範囲と浮上り量の関係を動的解析により求めた例を示す[10]．このような解析結果と，被害程度規準により設定される浮上り許容値との比較により，液状化対策範囲が決定される．この解析結果の発表年代からも理解されるとおり，設計実務では，許容変形量を指標として合理的な液状化対策が実施されてきた歴史はかなり古く，性能設計の考え方にもとづく液状化対策に関する実務者向けの体系的な解説書も普及している[1]．

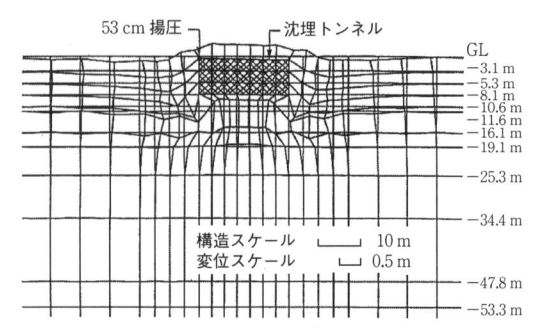

図 6.4.6 地中埋設構造物の浮上り解析例[10]

（井 合　進）

参 考 文 献

1) 運輸省港湾局監修：埋立地の液状化対策ハンドブック（改訂版），沿岸開発技術研究センター，p.421，1997．
2) 土田　肇，井合　進：建設技術者のための耐震工学，p.274，山海堂，1991．
3) 地盤工学会編：地盤工学ハンドブック，pp.1314-1323，丸善 1999．
4) 吉見吉昭：土と基礎，**38**（6），33-38，1990．
5) 川端一三，間瀬淳平：大川端リバーシティー 21 B棟における基礎の設計と施工，*Structure*，**36**，1990．
6) 阿部克敏，落合　真：東京等海岸保全施設の耐震整

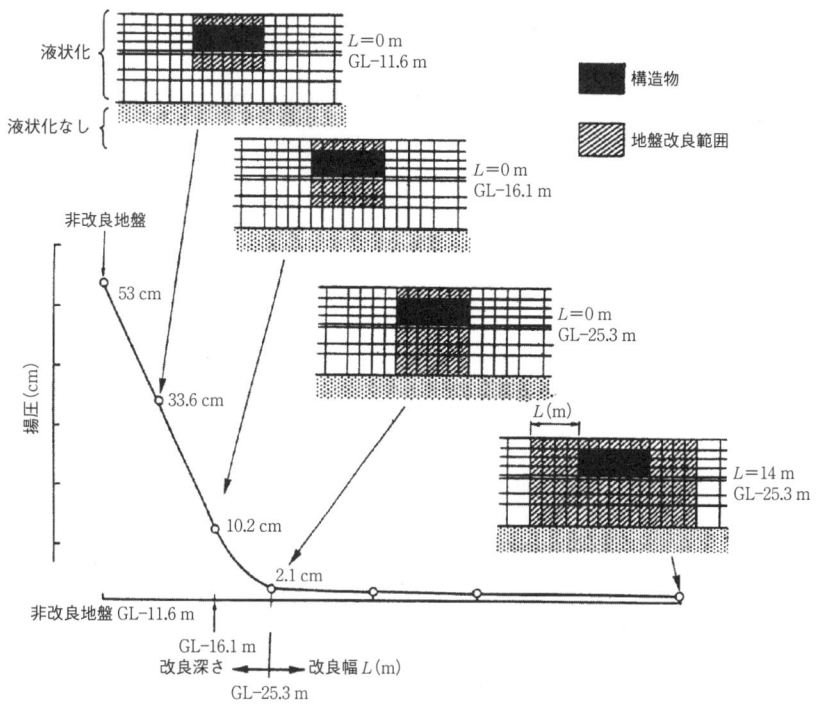

図 6.4.7 地中埋設構造物の地盤改良範囲と浮上り量の関係[10]

備，みなとの防災，**81**，62-76，1989．

7) 藤井弘造，古賀泰之，古関潤一，佐伯光昭，真鍋進：既設共同溝に対する鋼矢板締切りによる液状化対策広報の設計法について，第21回地震工学研究発表会，pp. 637-640，1991．

8) 地盤工学会：液状化対策工法，地盤工学・実務シリーズ18，p. 513，2004．

9) 井合　進，菅野高弘，一井康二：土と基礎，**51**（2），10-12，2003．

10) S. Iai and Y. Matsunaga：Mechanism of uplift of underground structures due to liquefaction, Proc. International Symposium on Natural Disaster Reduction and Civil Engineering, Osaka, JSCE, pp. 297-306, 1991.

7. 建設工事に伴う地盤環境問題

7.1 はじめに

近年,地下空間の有効利用が促進され,とくに大都市では人口および諸機能の集中や都市インフラ設備の進展などに伴い,これまで徐々に深度を下げながら行われてきた浅部地下利用が過密状態になってきている.具体的には,上下水道,電力,ガスといった供給処理,通信施設,地下歩道,地下駐車場,地下河川,変電所など,さまざまな施設がおもに道路の下に建設され,また地下街ネットワークとして人間生活と密着した形で地下利用が進められている.2001年4月には「大深度地下の公共的使用に関する特別措置法(通称:大深度地下利用法)」が施行され,利用可能な空間資源としての大深度地下への関心が急速に高まってきている.さらに拠点的地下利用として,資源・エネルギー・産業などの貯蔵,生産設備,廃棄物処理などがあげられる[1].

しかし,これらの一方で,地盤環境問題は多様化しており,実際に建設工事を行ううえで周囲に与える影響について事前に予測し,適切な工法や対策を講じることが重要である.とくに,1999年6月に施行された「環境影響評価法」の観点からも十分な協議が必要である[2].

建設工事に伴う問題は,1955年以降の高度成長期における公共工事量の拡大とともに,騒音・振動などの公害の発生が発端である.建設機械はその後大型化され,さまざまな建設現場で一層の効率化が図られた.この半世紀ほどの間における社会基盤施設の整備は圧倒的なスピードをもってなされ,人類は生活レベルの向上とともに,きわめて多くの利便を手に入れることができた.また,一定の「安全性」を確保したうえで「より速く」「より経済的に」という要望は,技術の面での多大な進歩をもたらし,その基礎をなす学術面においても大きな発展をみた[3].しかし,その代償として,多方面で建設工事問題が顕在化することとなった.

一方,環境と地盤のかかわりについては,わが国における環境問題の戦後史から同じく高度成長期の飛躍的経済発展と裏腹に生じた負の遺産としての,7公害(大気汚染,水質汚濁,土壌汚染,振動,騒音,悪臭,地盤沈下)の社会問題化から始まったといってよい.つまり,当時問題となった7公害のうちの三つ(土壌汚染,振動,地盤沈下)までが,その現象の正しい理解に地盤の知識を必要不可欠としていることである.このように,経済性と効率を至上とする開発の歴史のなかでは,地盤のもつ多面的な環境要素としての側面に十分な注意が払われず,環境を損なう開発が繰り返されてきたことも事実である[3].

1980年代からは「環境問題」がキーワードとしてあらゆる場面でとりあげられるようになり,地盤を扱う専門分野も土木工学から新たに地盤環境工学へとシフトしていった.このなかで,建設工事に伴う問題も自然災害やエネルギー問題と併せて地盤環境問題として議論されてきた.

ここで,建設工事において発生する可能性のある事項を整理すると表7.1.1のようになる.主として地下水が関与している問題が多いが(表

表7.1.1 建設工事における地盤環境問題

① 周辺地盤の沈下と変形(陥没,沈下,隆起)
② 地下水流動阻害(水位低下,上昇,流況変化)
③ 地下水環境の変化に伴う生態系への影響
④ 地下水汚染
⑤ 揚水処理,濁水
⑥ 地中の空気,ガス
⑦ 騒音,振動,大気汚染
⑧ 建設発生土処理

7.1.1中の①〜⑤)，そのほか，工事の設備自体に起因するものや，植生や建設発生土処理など問題は多岐に渡っていることがわかる．

古くから存在する騒音，振動，大気汚染は現在においてもその対策は大きな課題である．しかし，大深度地下空間が対象となる場合はさほど問題にはならないものと考えられる[2]．また，建設発生土問題に対しては，その処理自体はさまざまな対策がなされているが，大量に発生する場合は処理場所不足が顕在化する場合がある．ここでは，搬出，運搬時において問題になる場合も多く，そのほか建設副産物全体としての資源再生利用および廃棄物処理が重要である[4]．さらに，酸欠空気やガス事故については，圧気シールド工法や圧気ケーソン工法に起因する作業空間の酸素濃度低下や地下室から酸素不足の空気が噴き出す事故，メタンガスの爆発事故や硫化水素の中毒事故がある．

つぎに，地下水が関与している環境問題に対する課題についてまとめる．

まず，周辺地盤の沈下と変形については，主として根切工事における山留め工や地下水に関する問題があげられる．工事地点周辺の地下水低下を極力小さくする必要があるが，地層構成，浸透条件によっていろいろな形態や程度の差を示すので，地下水と地盤の条件に適応した対策がとられなければならない[5]．また，シールドトンネル施工の場合は，未固結地盤に対するゆるみ領域が誘発する地表沈下と舗装下の陥没が問題となるケースが多いようである．また，トンネル掘削に伴う地下水低下が上部粘土層の圧密による沈下を引き起こすことも考えられる．ここでは，地下水低下に伴う不飽和浸透と圧縮応力の関係を明らかにする必要がある．

地下水流況阻害については，山留め壁などの地下の線状構造物により生じる問題であり，地下水浸透の上流側では地下水位が上昇することで，既存の地下構造物への揚圧力や湧水量が増加する．また，砂質地盤では液状化の危険度が増加する．一方，下流域では地下水位が低下するため，地盤沈下が生じたり，井戸や湧水の枯渇が問題となる．これらの対策として，現状の地下水位を維持する地下水保全工法が提案され，実用化されている[6]．しかし，集水および復水井戸における目詰まりが引き起こす機能低下をいかに防止するかが大きな課題となっている．

さらに，これら地下水流況の変化から及ぼす植生などの生態系への影響についてはあまり明らかにはなっていないが，オープンカット工法を採用した地下鉄延伸工事に伴って高木植栽地で枯死または衰弱した高木が観察された例[7]やトンネル工事に伴う地下水位低下が要因と考えられる植生の変化が報告されている．その一方で，ドイツ・ベルリン市中心部においては，長距離鉄道や地下鉄，道路を一体にした大規模トンネル工事に伴う地下水位の変動における公園の植生に与える影響について事前に調査し，適切な地下水管理を実施した例も見られる．

建設工事に伴う地下水汚染は，大別して次の二つに分けられる[8]．

① 建設工事あるいは建設された地下構造物により地下水の流動方向に変化が生じ，間接的に地下水汚染が生じる場合．たとえば，地表水（河川水，排水）や海水の引き込み，あるいは土中のイオンの溶出（たとえばマンガンやヒ素など），さらに，地下水の塩水化や地下水の滞留によって水質が悪化する場合がある．

② 建設工事の管理が不十分なため，工事による直接的な要因で地下水が汚染される場合．たとえば，地盤注入工法，泥水工法や廃棄物処分場の汚水などの対策が不十分であると，それが直接地下水を汚染することとなる．

これら地下水汚染の影響の程度と範囲は，現地の地質や建設工事の規模，性格によって異なるため，広域的に地下水流動状況をとらえる必要がある．

揚水処理に関しては，放水施設がない場合や排水施設を新たに設けるには，工事費がかさむ場合に経済的な方法として地中に戻す方法がとられているものが多いようであるが，地下水環境の変化を極力小さくするための対策として実施されてい

る場合もある．この場合，復水井戸における目詰まりによる機能低下が大きな問題となるため，動水勾配の変化を注視する必要がある．また，排水する際に下水道を利用する場合もあるが，多額の下水道料金を負担しなければならない可能性がある[9]．さらに，濁水においては，赤水（SS）の発生など，そのまま放流することはできないため，処理が必要となる．

このように，建設工事における地盤環境問題は地下水への対策が課題となる場合が多いが，対象となる地質や地下水の現況はそれぞれ異なるため，流域全体のモデルとして捉え，建設工事が与えるインパクトについて広い視点に立って議論すべきである．

以降，本章では上述の課題に対する具体的な事例やその対策，最近の研究について項目別にまとめる．

（西垣　誠・小松　満）

参　考　文　献

1) 土木学会：地下空間と人間—3—地下空間の環境アセスメントと環境設計，pp. 2-12, 1995.
2) 西垣　誠：環境計画，土木学会誌，**87**，pp. 29-31, 2002.
3) 日本学術会議：21世紀における地盤環境工学—新たなdisciplineの創造に向けて—，社会環境工学研究連絡委員会地盤環境工学専門委員会報告，2000.
4) 土木学会：地下空間と人間—2—地下空間の新しい建設技術，pp. 117-131, 1995.
5) 地盤工学会：根切工事と地下水，pp. 5-12, 1991.
6) 西垣　誠監修：地下構造物と地下水環境，理工図書，2002.
7) 谷川寅彦，矢部勝彦，福田勇治，衣裳隆志：土壌の物理性，**73**，11-18, 1996.
8) 地盤工学会：環境地盤工学入門，pp. 116-120, 1994.
9) 山本荘毅監修：建築実務に役立つ地下水の話，建築技術，pp. 135-153, 1994.

7.2　建設工事における周辺地盤の沈下と変形

7.2.1　軟弱地盤における工事の主要な問題点

建設工事における周辺地盤の沈下と変形を考えるうえで，一般的な問題として以下の二つの問題があるといえる．厳密に区分できるものではないが，主として，土のせん断特性に関連するものと，土の圧縮・圧密特性に関連するものとに分けられる[1]．これらの主要な問題点をまとめると，表7.2.1[1]のようになる．なお，このほかにも軟弱地盤上では，低盛土における交通荷重による沈下・周辺への影響，地震に伴う液状化などによる構造物の変状と破壊などがあるとされている．

① 軟弱地盤上における盛土・構造物などの施工，開削・掘削に伴う安定・支持力の問題
② 軟弱地盤上における盛土・構造物などの施工に伴う，周辺地盤の沈下・変形

なお，建設工事の周辺地盤の沈下と変形について，とくに市街地における場合には，社会資本整備の高密度化から，限定された地域で，既設構造物周辺に新たな構造物を近接して施工することになる．この場合，既設構造物と新設構造物の組合せは，際限なく拡大する．既設構造物に近接して，新設構造物を施工することから，周辺地盤に変形を生じ，このために既設構造物に影響を与えることになる．このことから，十分な検討を実施したうえで施工することが求められる．これらについては，近年「近接施工」ということでまとめられているが，統一した基準はなく，事業主体ごとに表7.2.2に示すような基準[2]が策定されている．このように，建設工事における周辺地盤の沈下と変形を考慮する場合には，各種の配慮を行ったうえで，検討を進めていくことが重要である．

7.2.2　検討のながれ

近接施工の事例であるが，一般的な検討のながれを図7.2.1に示した．各指針・要領により多少の変化はあるものの，ほぼ同様な手順で検討は進められる．周辺地盤の沈下と変形を検討する際の重要な点は，「近接程度の判定」であり，「影響あり」の場合には，「許容値」の判定が重要となる．この「許容値」との比較により，対策工の有無が決定されることになる．ここで，「許容値」については，構造物が対象となり，この場合は，表7.2.3が参考になると考えられる．また，施工時には，計測を実施して，周辺地盤・構造物の挙動について把握し，許容値との比較を実施するとと

7.2 建設工事における周辺地盤の沈下と変形

表7.2.1 軟弱地盤における工事の主要な問題点[1]

		せん断（安定）	圧密（沈下）
盛土・構造物載荷	①	基礎地盤のせん断に伴う盛土の変状または破壊	過大沈下または，不同沈下による盛土の変状
	②	基礎の支持力不足による構造物の変状または破壊	過大沈下または不同沈下による構造物の変状
	③	偏載荷重または土圧による構造物および基礎の変位，傾斜または破壊	構造物と盛土，各構造物間に生ずる不同沈下または不等変形による段差，変状
	④	盛土または構造物荷重による側方地盤の流動，隆起	盛土または構造物荷重による側方地盤圧密沈下と変位
開削・地中掘削	①	せん断に伴う掘削斜面の崩壊と掘削底面のヒービング	膨張そのほかによる土圧変化に伴う掘削斜面，土留め壁の変状
	②	掘削時の応力解放，ゆるみなどに伴う側方または上方地盤の変形	掘削時の排水による地下水位低下に伴う周辺地盤の沈下

もに，許容値を超えそうな場合には，追加工事を行うなどの対策を行い，許容値内に収めることが必要となる．

以下には，周辺地盤の沈下と変形を扱った事例を記述した．現場ごとに各種の工夫を実施して，周辺地盤に対する影響を低減している．

7.2.3 盛土工事の事例
a. 鋼矢板による対策事例

（ⅰ）概要 軟弱粘性土が $H=25\sim30$ m の層厚で堆積している軟弱地盤地域において，築堤盛土が順次施工されている河川堤防の事例である．このような地盤でかさ上げ盛土を行う場合，長期間にわたり圧密沈下が発生し，近傍家屋に対して引き込み沈下が発生する危険性がある．ここでは，家屋への変状防止工法として対策工法の比較検討を行い，鋼矢板工法を選定した事例[4]である．

対策工法の選定は，鋼矢板工法，パイルスラブ工法，軽量盛土工法，深層混合処理工法などの当現場への効果，施工性，経済性を比較検討し，採用されたものである．周辺家屋への変状防止効果については，弾性FEMを主として適用し，応力～変形と浸透流との連成解析を実施している．

図7.2.2に施工概要，図7.2.3に地盤概要を示す．旧堤防は，大正時代に施工されており，この盛土による圧密はすでに終了していると考えられた．また，盛土のかさ上げ計画は，今回の計画で現在の地盤高より約5.0 m，将来的には約6.0 mの盛土が施工される計画である．地盤状況から検討すると，すべり破壊については，既往の堤体盛土による強度増加によって安定している．

（ⅱ）沈下変形解析 解析では，応力～変形と浸透流との連成解析手法を用い，線形計算を中心に実施した．対策工断面では，非定常計算・最終定常計算を行って，時間を考慮した解析を行っている．また，粘性土に対して，関口・太田モデルを用いて非線形性を計算するため，繰返し法に

表7.2.2 近接施工に関する主要な基準（文献2）を再編集）

No.	官公庁区分	基準名	基準概要	検討項目
1	国土交通省 （旧・建設省）	近接基礎設計施工要領（案） 土木研究所 昭和58年6月	道路構造物に近接して，新設橋りょう基礎の設計を行う場合，その施工に起因して生じる既設構造物の変位・変形の検討と対策工法を定めている	①調査 ②近接程度の判定 ③変位量の検討 ④対策工法 ⑤現場計測
		大深度土留め設計・施工指針（案） （財）先端建設技術センター 平成6年10月	深さ30 mを超える大深度の土留め工を対象とし，合理的・経済的な大深度土留め工の設計・施工の実現を目的にまとめたもの	①既設構造物および地下埋設物の変状 ②地下水への影響 ③地下水の変化に起因する周辺地盤の変状 ④土留め壁および内部地盤の変形，安定状態に起因する周辺地盤の変状
2	高速道路3会社 （東・中・西日本高速道路株式会社） （旧・日本道路公団）	（橋りょう） 設計要領第二集 橋梁建設編 第5章下部構造 平成18年4月	既設の橋りょうに近接して架橋する場合は，基礎工が近接するため，計画，設計などにあたっては既設の基礎に悪影響を与えないよう十分検討のうえ行うものとする （旧国鉄：近接橋台橋脚の設計施工指針（案），土木研究所：近接基礎設計施工要領（案）を参考）	（中央道改築に際しての検討項目） ①検討手順 ②調査 ③近接程度の判定方法 ④対策工法 ⑤計測管理 ⑥目標管理値
		（道路トンネル） 設計要領第三集トンネル本体工建設編 設計要領第三集トンネル本体工保全編（近接施工） 平成18年4月	トンネルを2本以上併設する場合，あるいはほかの構造物と近接施工する場合，有害な影響を与えないように配慮する	①トンネルの断面形状 ②施工法 ③施工時期などについて検討 ④相互の間隔
3	JR （旧・日本国有鉄道）	①日本国有鉄道 近接橋台橋脚の設計施工指針（案） 昭和42年3月，平成元年9月改訂 ②鉄道技術研究所 近接施工の設計施工指針 昭和62年 ③JR東日本：近接工事設計施工標準 平成11年9月	鉄道近接工事は，①が適用されていたが，工事種類の多様化，高度化に伴い，JR各社に継承された②の指針（案）で対応がとれなくなってきた．このために，工事範囲を拡大させるとともに，影響予測，計測管理などの具体的な手法を示す，たとえば③を策定	①工事一般 ②調査 ③近接工事の施工計画基準 ④変位の推定 ⑤設計施工上の注意点 ⑥計測管理
4	首都高速道路会社 （旧・首都高速道路公団）	首都高速道路に近接する構造物の施工指導要領（案） 昭和57年4月	首都高速道路に近接して施工される工事は，ビルなどの建築工事と管施設のシールド工法が大半である．これらの近接施工による影響度合いについて規定	①検討手順 ②調査 ③近接程度の判定 ④既設構造物変位量の推定 ⑤対策工法 ⑥計測管理

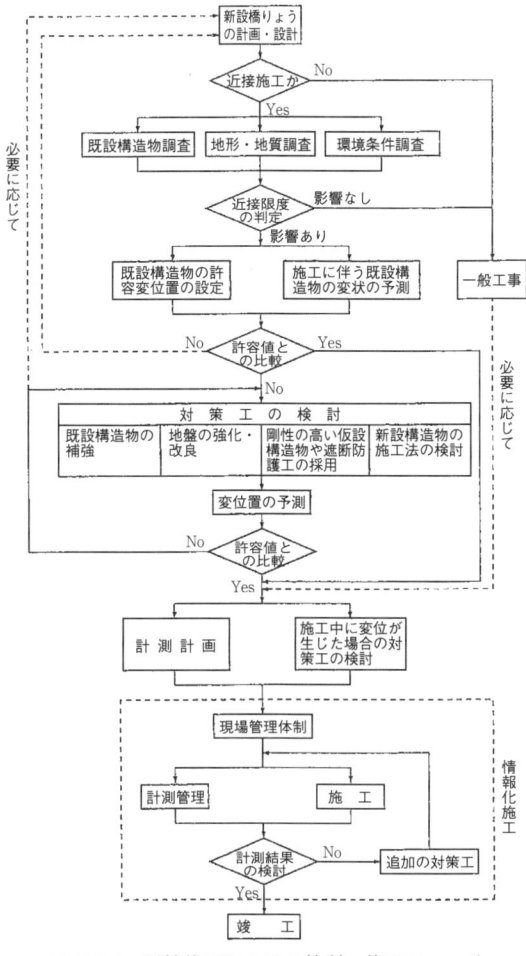

図 7.2.1 近接施工における検討・施工フロー[2]

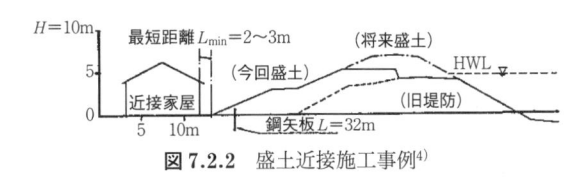

図 7.2.2 盛土近接施工事例[4]

表 7.2.3 管理基準値の目安[3]

対象物		目安の範囲
土留め架構	土留め壁の応力	$\frac{長+短}{2}$〜短
	土留め壁の変形	$\frac{1}{200}$ かつ設計クリアランス以下
	切ばり軸力	$\frac{長+短}{2}$〜短
	切ばり架構の平面度	$\frac{1}{100}$
	腹起こし	$\frac{長+短}{2}$〜短
周辺のもの	周辺地盤の沈下	$\frac{1}{500}$〜$\frac{1}{200}$
	周辺埋設物 ガス 上水 下水 地下鉄	管理者と協議上定める
	周辺建物	$\frac{1}{1000}$〜$\frac{1}{300}$

長：長期許容応力度，短：短期許容応力度

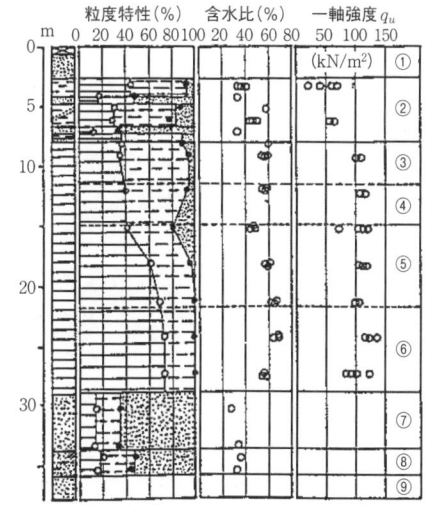

図 7.2.3 地盤概要[1]

よる最終定常状態の計算（水圧の自由度を考慮しない非連成解析）とした弾塑性解析も実施した．なお，無処理断面では，線形計算で盛土直後および圧密終了時の計算を行った．弾塑性モデルの地盤パラメータは，主として標準圧密試験から求めている．

(iii) 沈下変形解析結果と実測値の比較

① 図 7.2.4 に施工後 1.3 年の解析結果と実測値の比較を示した．鋼矢板を境界にして，堤内地側と堤外地側で沈下形状が著しく異なり，鋼矢板の"縁切り効果"が発揮されているものと解釈できる．実測沈下量は，堤外地側で $S\fallingdotseq25\sim40$ cm，堤内地側では $S<1.5$ cm であり，のり尻から 6m 程度離れると沈下を示していない．この結果から，施工後 $t=1.3$ 年後の線形解析は実測値をほぼシミュレートできていることがわかる．

② 圧密完了時の予測（圧密完了後における実測値は，浅岡法にもとづく推定値）は，線

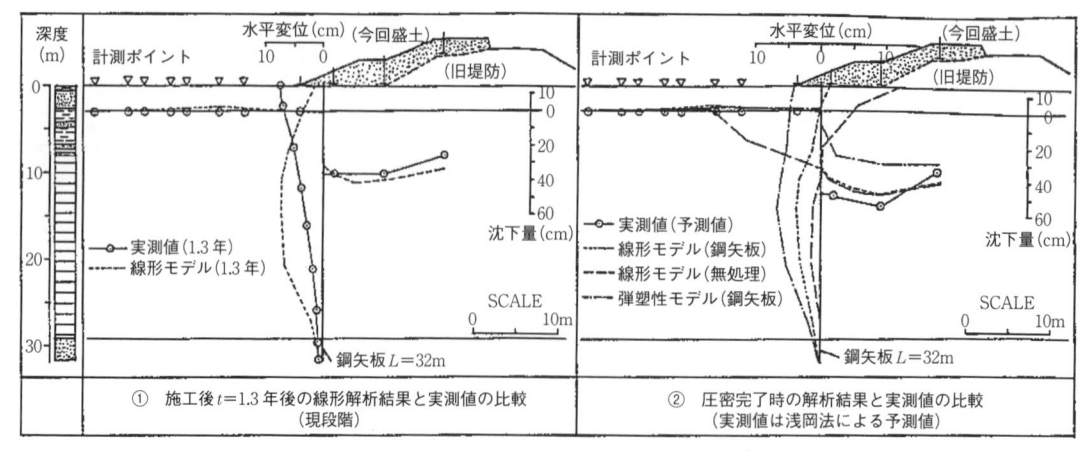

図 7.2.4　沈下変形解析結果と実測値の比較[4]

① 施工後 $t=1.3$ 年後の線形解析結果と実測値の比較（現段階）

② 圧密完了時の解析結果と実測値の比較（実測値は浅岡法による予測値）

形・弾塑性ともに無処理に対し，鋼矢板の効果を解析できている．ただし，予測値に比べると，弾塑性解析の沈下量が約 2/3 と小さめになっている．

③ 水平変位については，変形形状は弾塑性解析に近似しているが，いずれも $\delta<7$ cm と小さい．

④ このほかに，間隙水圧の実測値との比較も実施しているが，発生した過剰間隙水圧が鋼矢板を境界として，非常に異なっていることがわかった．

⑤ 鋼矢板工法は，盛土による敷外地盤変形を抑止する効果を十分発揮していることが実測ならびに解析結果で明らかとなった．将来盛土に対する変形も抑止できる解析結果が得られ，本工法が有効と考えられる．

b. 深層混合処理工法による沈下対策事例

(ⅰ) 概要　この事例も河川堤防のかさ上げによるものであり，a.の事例の近傍地にあたり，既設堤防による圧密はすでに終了しているものと考えられる．盛土のかさ上げ計画は，今回の計画で現在の地盤高より約 5.0 m，将来的には約 6.0 m の盛土が施工される予定である．この事例の地盤状況は，GL−10.0 m まで N 値=19 程度の砂質土〜砂礫層が分布し，以深 GL−41.0 m 程度まで軟弱な粘性土層が厚く堆積している．この粘性土は，N 値≤ 4，自然含水比 $w_n \fallingdotseq 60\%$，液性限界 $w_L \fallingdotseq 65\%$ で代表的な軟弱地盤の性状を示

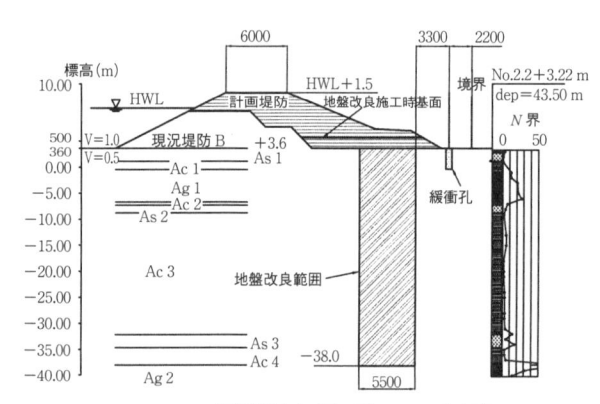

図 7.2.5　深層混合処理工法による事例[6]

す．ただし，粘着力は，$c=50 \sim 60$ kN/m^2 を示しており，すべり破壊は発生しない地盤である．

(ⅱ) 沈下解析結果　深層混合処理工の設計における問題点としては，改良率，改良体の一軸圧縮強度と変形係数の関係があげられる．改良率については，コストを考慮し，極力低改良率を目標とし，現地盤と改良体自体とが一体として挙動するものとして solid 要素を用いた解析を実施した．ただし，場合によって，高改良率を適用する場合には，joint 要素の検討も必要と考える．一軸圧縮強度については，現在までに報告されている軟弱粘性土に対する事例によると非常にばらつきが大きいものの，少なくとも $q_u=400$ kN/m^2 程度は確保されていることより，その値を適用した．改良体の一軸圧縮強度と変形係数の関係についても，$E=(350\sim1000)q_u$ と大きいばらつきが

報告されている[7]．ここでは，変形係数の信頼できる値として $E=300 \times q_u$ を用いた．改良深度，改良幅，変形係数を種々変更した解析ケースと解析結果を，図7.2.6にまとめた．この結果によると，とくに改良深度について，軟弱層をすべて改良するケース（CASE 2～5），部分改良（CASE 6～7）での改良効果は，図7.2.6によると明確な差が生じており，軟弱層を残す部分改良については，その低減効果が低くなることがわかる．これは，盛土による増加荷重が改良体を介して深部の未改良地盤へ伝搬しやすくなっていることも要因として考えられる．

周辺家屋への影響に対する判断基準として，日本建築学会では絶対傾斜角で評価しており，$\theta=3/1000$（一般の布基礎，土間コンクリートに亀裂が入る限界）を許容値[8]としている．

家屋の絶対傾斜角を解析した結果によると，コストを考慮した部分改良では，残留変形が大きくなることから，軟弱層については，全層改良とした．

また，水平変位については，図7.2.7に示すように，CASE 3～4では，無処理における最大9 cm程度の水平変位と比較すると4 cm程度に抑制できることがわかった．

また，解析結果から，改良幅，改良強度を変化させた場合の絶対傾斜角，コストを計算した結果を図7.2.8に示した．ここで，改良率については，実績を考慮して改良体と原地盤が一体化して挙動するであろうと考えられる $a_p=50\%$ を下限値として，改良断面を設定し，以下の仕様とした．

改良仕様　改良長：$L=41.2$ m，改良幅：$B=5.5$ m，改良強度：$q_{up}=400$ kN/m² $(a_p=50\%)$

これらの設計にもとづいた実際の施工では，各種の課題点が発生した．予測された問題点，その問題点に対する検討結果，およびその対策方法を表7.2.4[9]に示す．動態観測を用いた情報化施工により，縁切り工法として採用した深層混合処理工法の効果予測，施工性，試験盛土による動態観測結果から，予測計算手法の有効性，および深層混合処理工法の家屋への引き込み沈下抑制効果が高いという結果が得られた．

しかし，まだ解決すべき問題点は多く残されており，今後の動態観測結果をもとに検証解析の実

CASE	条件			
CASE 1	無処理			
	改良深度	改良幅	変形係数 E(MN/m²)	改良率(%)
CASE 2	GL-41.2	4.0m	50	41.6
CASE 3	GL-41.2	4.0m	100	83.3
CASE 4	GL-41.2	7.0m	50	41.6
CASE 5	GL-41.2	7.0m	100	83.3
CASE 6	GL-35.4	4.0m	100	83.3
CASE 7	GL-35.4	7.0m	100	83.3

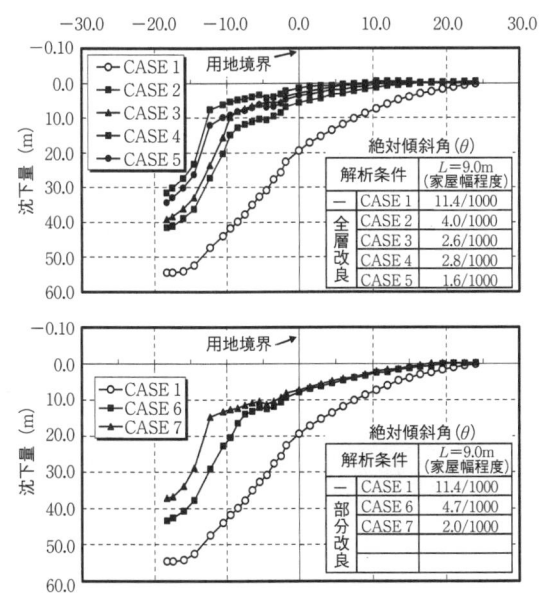

図 7.2.6 解析結果（沈下量横断図）[6]

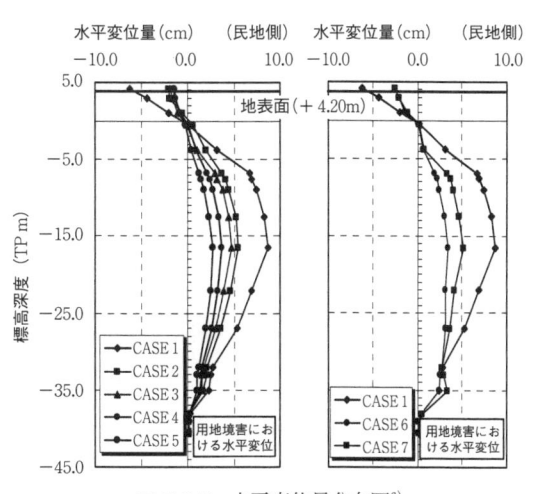

図 7.2.7 水平変位量分布図[6]

表7.2.4 施工時における問題点とその対策[9]

	予想された問題点	問題点に対する検討結果	対　策
①	杭打機の安定　トラフィカビリティの確保	良質土を1.2m盛土すれば，トラフィカビリティの確保可	盛土材の強度確保のためにセメント安定処理工を実施
②	砂礫土層（GL−10.0m以浅）への攪拌翼の貫入の問題	無対策，または先行削孔機（アースオーガー）にて対応	先行削孔機（アースオーガー）にて施工（$\phi-600$ mm，$l\fallingdotseq 10.0$ m）
③	地盤改良施工時の周辺地盤に対する影響把握，抑制対策	施工実績の検討，対策工として緩衝孔の選定	緩衝孔の設置（$\phi-600$ mm，$l=4$ m，ピッチ1.5 m）動態観測の実施
④	セメントミルクの砂礫土層への流出	流向流速にて測定した結果，$v=6.35\times 10^{-5}$ cm/secで，流出の目安である$v=5.00$ cm/secより小さいことを確認	
⑤	地盤改良による地下水汚染への影響把握	施工実績の検討	近傍井戸の事前，施工中，事後の水質検査の実施
⑥	近接家屋への地盤改良施工時の騒音・振動の影響把握	施工実績の検討	万能塀の設置，騒音・振動測定
⑦	地盤改良に伴い発生するふくれ土の処理方法	盛土材としての使用の検討，土質特性の把握	最大乾燥密度，透水係数の盛土材とふくれ土の比較試験
⑧	地盤改良の打ち止め深度	事前調査位置での施工により打ち止め深度の確認	貫入速度（0.5 m/min以下）を管理基準と設定

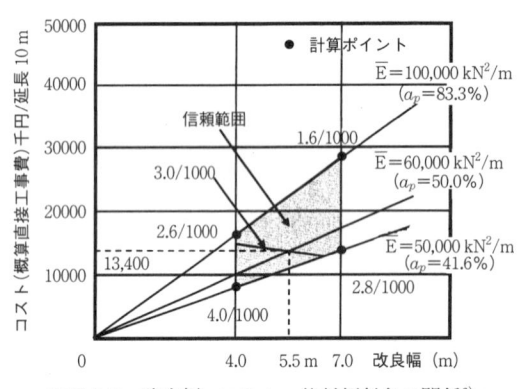

図7.2.8 改良幅〜コスト〜絶対傾斜角の関係[6]

施，深層混合処理工法施工時の影響の評価方法などの検討を行う必要がある．

7.2.4 盛土施工時の対策工法

現在，施工例がある盛土の近接施工における対策事例を図7.2.9にまとめた[5]．留意点にも記したが，鋼矢板の場合には，施工位置に留意が必要で，盛土内に2m程度入れて施工することにより，頭部を拘束でき，水平変位を低減できる．

また，深層混合処理工法の場合には，幅と改良強度のバランスによって，コストを極力低減させた設計を行うことが必要である．近年用いられている超軽量なEPS工法では，地下水の上昇によって，盛土本体がもち上げられることになるので，注意が必要である．

7.2.5 対策工事施工に伴う留意点

周辺地盤の沈下と変形防止のために，対策工事を行うと，地下水の流れを阻害することが考えられる．こうした場合には，解析によって必要とされる透水性を確保するために，たとえば，鋼矢板（図7.2.10[10]）などに穴を開けて施工するなどの配慮が必要である．　　　　（西垣　誠・坪田邦治）

参 考 文 献

1) 稲田倍穂：軟弱地盤における土質工学―調査から設計・施工まで―，pp.10-11，鹿島出版会，1971．
2) 近接施工技術総覧編集委員会（藤田圭一委員長）：近接施工技術総覧，(株)産業技術サービスセンター，p.610，1997．
3) 幾田悠康：開削工事における近接施工2.1概説，地盤工学会，No.34 近接施工，p.94，2001．
4) 東　正文，坪田邦治，阪上最一：鋼矢板を用いた周辺地盤沈下対策工の解析，第25回地盤工学研究発表会，pp.1223-1224，1990．

対策工原理	対策工概要図	対策の位置	工法	留意点
側方変形防止	片持ばり式／緊結材併用 盛土 緊結材 鋼矢板 or 杭 軟弱地盤	のり尻周辺	・鋼矢板 ・連続地中壁 ・抑止杭 ・プレロード	・鋼矢板工法の場合には，盛土下位に設置することが必要
	盛土 軟弱地盤 地盤改良	のり面下	・地盤改良 （深層混合処理工法） （生石灰パイル工法） （圧密促進工法） （SCP工法）	・深層混合処理工法の場合には，改良仕様の設計（幅，改良強度）が必要
支持力補強	盛土 地盤改良	盛土下	・地盤改良 （深層混合処理工法） （パイルネット工法） （圧密促進工法） （SCP工法）	
荷重軽減	発泡スチロール カルバート 軟弱地盤	盛土本体	・軽量盛土工法 ・EPS工法 ・カルバート工法	・EPS工法の場合には，地下水位の変動に留意が必要

図7.2.9 周辺地盤の沈下と変形に対する対策工[5]

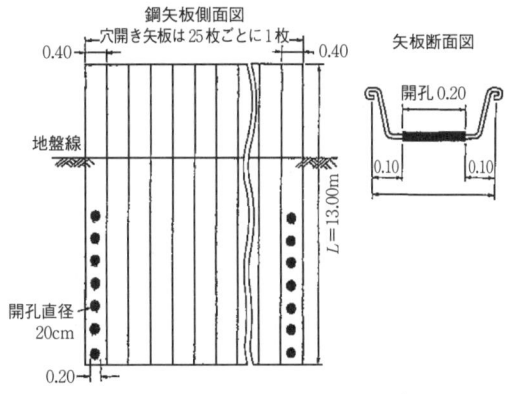

図7.2.10 穴あき鋼矢板の事例[10]

5) 西林清茂：盛土工事による近接施工，土木・建築技術者のための実用軟弱地盤対策技術総覧，pp.599-601，(株)産業技術サービスセンター，1993.
6) 坪田邦治，中島 啓，西垣 誠：軟弱地盤における築提盛土による周辺地盤沈下対策工の考察，土木学会論文集（投稿中），pp.1-12，2006.5.
7) CDM協会：セメント系深層混合処理工法 設計と施工マニュアル，p.26，1989.
8) 日本建築学会：小規模建築物基礎設計の手引き，p.59，1988.
9) 坪田邦治，阪上最一，中島 啓，岩崎雅次：大深度地盤改良による周辺地盤沈下低減工について，関西地盤の地質構造と土質特性に関する最近の知見シンポジウム，地盤工学会関西支部，pp.53-56，1993.
10) 折敷秀雄：1993年釧路沖地震災害復旧工事，土木施工，**34**(10)，p.54，1993.

7.3 トンネル掘削による地下水問題

7.3.1 総　　説

山地が国土の80％以上を占めるわが国では，トンネルは通路や水路などさまざまな用途で使用されており，現代の生活に不可欠なものである．

古くからトンネル工事は地下水との戦いであるといわれ，難工事といわれた工事のうち多くは地下水に関連した問題を伴ったものである．トンネル掘削による地下水問題のうち施工上の問題に対しては，排水工法や止水工法などさまざまな対策工法が開発されてきた．一方，周辺環境に及ぼす問題に対しては，代替井戸やため池の設置など，事後対策が主体となっており抜本的な対策がなされているとはいい難い．設計や施工の技術の進歩により，断面，延長とも大きなトンネルの施工が可能となり，周辺環境への影響の可能性が高まるなか，トンネル工事に伴う地下水分布の変動に伴う地下水問題の検討の重要性は増しつつある．

トンネル掘削によるおもな地下水問題を表7.3.1に示す．地下水問題は多岐にわたるが，地下水が直接目に見えないものであるため，結果としての井戸枯渇などで表面化することが多い．動植物への影響やヒートアイランド誘発について

表 7.3.1　トンネル掘削によるおもな地下水問題

物理量変化	事象	問題
地下水位低下	井戸枯渇	飲料用水減少
地表水分量減少	渓流枯渇	かんがい用水減少
汚濁水流出	温泉枯渇	生活用水減少
冷水流出	水質悪化	温泉など観光資源への影響
有毒ガス発生	地盤沈下	家屋など地上構造物損壊
気温上昇	動植物棲息	農産物など植物への影響
	環境変化	動物生態への影響
		文化財への影響
		ヒートアイランド

表 7.3.2　トンネルに伴う地下水問題の公表事例

名称	事象
東海道本線丹那トンネル[2),3)]　新丹那トンネル[3)]	直上民家の亀裂・傾斜
湖西線雄琴第3トンネル	直上民家の亀裂・傾斜
東大阪生駒トンネル	直上地上部で直径約30mの陥没
名神高速道路新天王山トンネル	タケノコ生産量の低下
山陽新幹線六甲トンネル上ケ原工区[4)]	地上部の沈下
山陽新幹線福岡トンネル[5)]	地上部かんがい用水減少
上越新幹線中山トンネル[6),7)]	地上部での飲料用水・かんがい用水の減少，河川汚濁，養魚場への影響
神戸市道新神戸トンネル[8)]	地上部飲料用水・かんがい用水の減少，リクリエーション用池水位低下
高千穂線高森トンネル[9)]	地上部飲料用水・かんがい用水・酒造用水などの減少
国道19号線新鳥居トンネル[10)]	飲料用水減少，枯渇
JR中央線塩嶺トンネル[11)]	生活用水，かんがい用水減少など
中国縦貫自動車道牛頭山トンネル，ほか[12)]	かんがい用水減少
中央自動車道塩尻トンネル[13)]	生活用水，かんがい用水減少，水田沈下など
主要地方道・湖陵掛合線才谷トンネル[14)]	地上部生活用水の減少
中国電力新熊見発電所導水路トンネル[15)]	地上部での飲料用水・かんがい用水の減少

は，因果関係の定量的評価も現状では困難であると言える．地盤沈下は地下水位低下も一因であるが，現段階では地盤内応力の再配分や圧密現象の観点から説明されることが多い．

トンネル工事により発生した地下水問題の公表事例を表7.3.2に示す．都市部では地表部や地下の計測が密に行われ，種々の問題が解決されつつある．しかし，高圧湧水を伴うことが多い山岳トンネル工事では，通常，施工性や安全性を確保する目的から排水工法が用いられ，止水工法が，周辺環境への影響防止のみの目的で採用されるケースは限られる．

地下水問題は，大きな工事費増加を発生させる可能性がある．このため，問題発生の可能性を考慮してルート変更がなされることもある（山陽新幹線安芸トンネル，中部縦貫自動車道，九州新幹線八代～水俣間[1)]，中国電力（株）新帝釈川発電所導水路トンネル[16)]など）．影響評価にもとづいて周辺への影響回避した事例として，京都地下鉄烏丸線延伸工事（北山～国際会館）[17)]などがある．

表7.3.2に紹介した事例の多くは，高圧湧水や大量湧水への対策の一部として紹介されているものである．しかし，トンネルは水平に掘られた井戸のようなものであり，こういった事象が発生しなくても問題の可能性はある．したがって，トンネルを計画する際には，経過地における水利用調査および影響度評価およびその対策方法について，十分に検討がなされるべきである．

最近，計算機の能力向上や解析技術の開発が進み，数値解析を用いて，周辺環境などへの影響を評価した事例が見られるようになった．数値解析では，境界条件や物性値などの入力条件が適切でなくても結果が出力される．数値解析を用いる際には，その理論と特性を十分把握し，調査や検討結果を用いて解析を行う必要がある．

以下に，最近の施工事例について紹介する．

7.3.2　地表植生への影響調査事例

平成5年6月に大阪府島本町のタケノコ山の異変と新天王山トンネル工事との関係についての記事がだされた．同トンネルは，名神高速道路改築工事のうちの一部として平成3年に掘削が開始さ

れ，平成7年に竣工した．天王山トンネルの諸元を表7.3.3に示す．名神高速道路改築工事は，急増する交通需要に見合った交通容量を満足するため，名神高速道路京都南 I.C.～吹田間の4車線を6車線（トンネル分離区間は8車線）とするものであった．

この付近の山地は，中・古生代に属する丹波層群の砂岩や粘板岩を基岩とし，表層はこの基岩が風化した砂と粘土の混合物からなる．山麓近くには，地表部に大阪層群の海成粘土が分布しており，これを客土とすることによって土壌水分が保持されている．

平成5年ごろに大阪府三島郡島本町のタケノコ生産への影響にかかわる協議に関する申し入れがあり，それ以後平成16年にいたるまで，表7.3.4に示すような調査が行われ，継続的に地元との協議が行われている．

また，平成13年には仙台市宮城野区銀杏町のイチョウ（高さ：約32 m，幹回り：約8 m，推定樹齢：1200年，国指定天然記念物）の異変と，近くの地下工事との関連についての新聞記事が出された．同工事は，イチョウの西側で平成11年より開始されたJR仙石線の地下化工事である．工事地点付近の地下水位の低下が確認されたほか，イチョウの幹につやがなくなったり，枝が立て続けに折れたりするなどの異変がおきており，工事によることが報告されている．これら地表の植生と地下水位低下との関係については，まだ解明されておらず，今後の重大な研究課題である．

7.3.3 先進導坑にシールド工法を利用した事例

首都圏中央連絡自動車道（以下，「圏央道」）の高尾山トンネルと八王子城跡トンネルの環境問題は，インターネットなどで広く論議されている．

圏央道は，東京都心より半径約40～60 kmの位置に計画されている総延長約300 kmの自動車専用道路である．このうち，八王子城跡トンネルは八王子城跡（国指定史跡）の下を，また，高尾山トンネルは高尾山国定公園の下を通過する．八

表7.3.3 天王山トンネルの諸元

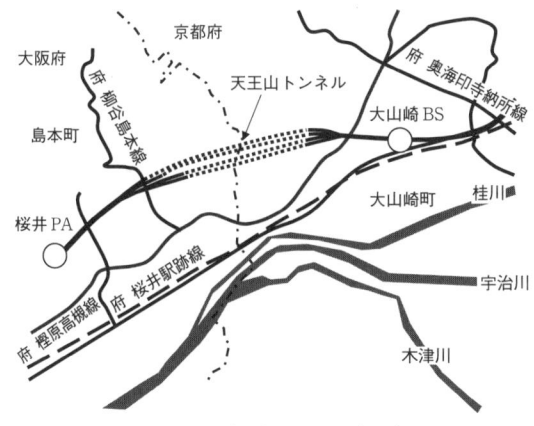

項　目	
①用途	道路トンネル
②掘削形状	3R馬蹄形
③掘削内径	7.3 m
④掘削延長	6.4 km
⑤巻立	コンクリート 厚さ　　　m
⑥掘削工法	発破工法
⑦支保工法	NATM工法
⑧条数	2

図7.3.1 天王山トンネル概要図

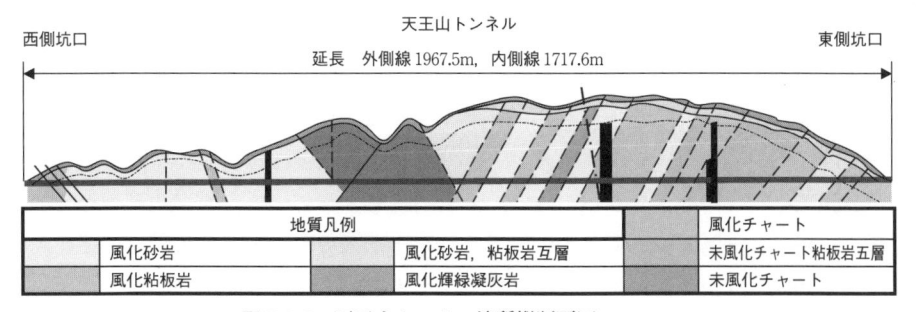

図7.3.2 天王山トンネル地質縦断面図

表7.3.4 天王山トンネルにおける主な調査内容

項　目	数量など		備　考
①土壌水分量調査	S61〜H4	5地点×2回/月	
	H5〜6	9地点×2回/月	
	H7〜8	10地点×2回/月	
	H9	11地点×2回/月	
	H13〜14	8地点×1回/時	
	※体積含水率方式		
		2地点×1回/週	
	※負の圧力水頭差方式		
②毛管高さ試験	H9		
③地下水位観測	S61〜H8	6地点	
④高密度電気探査	H13	3側線	主側線（110 m） 副側線（15 m, 38 m）
⑤降水量調査	H13〜14	2地点	
⑥気象調査（気温，湿度，風速，日射量）	H13〜14	3地点	
⑦土質調査	H13	23地点×4深度	
⑧土壌成分試験	H13	12地点	
⑨河川流量調査	H13	7地点×3回	
	※食塩水希釈法		
⑩地下茎調査	H13	5地点	
⑪トンネル内湧水量測定	S60〜H14	1回/日	既設及び新設トンネル

王子城跡トンネル工事は，平成11年10月の導坑掘削より開始され，現在本坑の工事が進んでいる．

八王子城跡トンネル経過地には，坎井と呼ばれる井戸や御主殿の滝といった史跡があることから，水環境の保全を目的として学識経験者からなる「環境保全対策検討委員会」を設置され，この委員会で議論された工法により施工が進められている．

この工事は，以下の手順により施工される．
① シールド工法により湧水を防止しながら先進導坑掘削
② 坑内から地山止水注入
③ 機械掘削＋NATM工法により本坑掘削
④ 完全止水を目的とした防水シートと覆工コンクリート施工

これらの対策が施される区間は，御主殿の滝や坎井がある城山川流域付近の城山川止水構造区間（約1 km）と，トンネル土被りの薄い滝ノ沢止水構造区間（約0.2 km）であり，トンネルの全区間（約2.4 km）の約50％を占める．この工事では，掘削前より継続的に水位や流量などが観測されている．導坑掘削は平成16年8月に完了したが，この時点では，御主殿の滝の流量と坎井の水位に変化は見られていない．また，トンネルのごく近傍の水位観測井2では，前方止水注入用の削孔などにより地下水位が低下したものの注入完了後に上昇した．これを踏まえ，その後実施予定の先進導坑からの注入では，止水注入用の削坑時には水位低下を防止するためプリベンダーを使用するとしており，水位低下防止に最大限の努力が払われている．

実測の結果も踏まえ，先進導坑に用いたシールド工法は，水環境の保全工法として効果的な工法であるとしている．高尾山トンネルの施工法は，八王子城跡トンネルの実績を参考に，同様の工法により地下水環境に配慮した施工を行うことになっている．

八王子城跡トンネルは，従来の施工方法とは違い，山岳トンネル工事に地下水環境保全を目的としたシールド工法を採用したこと，また，観測データや施工にかかわる情報をインターネットにおいて広く開示したことにおいて画期的である．今後の本坑掘削の結果も含め，地下水問題を考えていくうえで参考にしたい事例である．

7.3.4 灌漑用水・生活用水への影響の評価・対策の事例

広島県北部の中国電力㈱新熊見発電所の新設工事は平成4年1月に着工され，平成8年3月に最大出力での営業運転を開始した．この建設工事には，台地上の生活圏の下部における水路トンネル工事が含まれていたが，歴史的な渇水年となった平成6年に水路トンネル掘削工事の最盛期を迎えた．

生活圏は「吉備高原面」に位置し，起伏のゆるい標高300m前後の平坦山地の山頂部に位置する．地質は，中生代白亜紀の花崗岩類，緩入岩類を基岩とし，これらをおおって新生代第三紀の備北層群，未固結堆積物である第四紀の段丘堆積物，崖錐堆積物が分布している．生活区域では，地表から1〜10mには備北層群が，それ以深には花崗岩が分布している．水路トンネルは生活圏の地下約150mに位置する．

トンネル掘削が最盛期を迎えた平成6年に地元から井戸水など減少に関する情報が寄せられた．同年は未曾有の渇水年であり，降雨量の影響とト

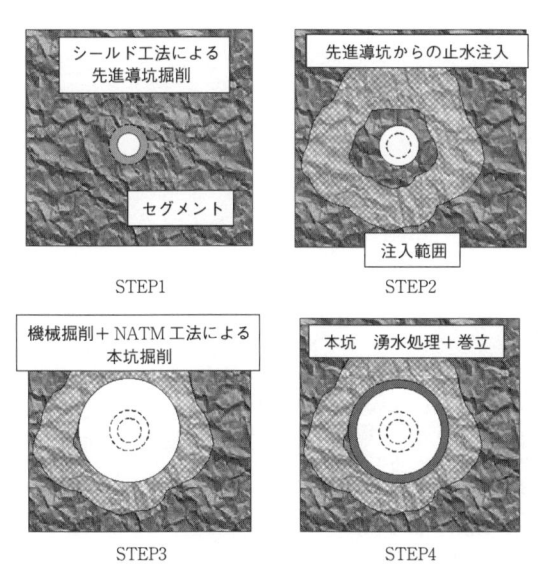

図 7.3.3 地下水対策工法の概要図

表 7.3.5 トンネルの諸元

項　目		備　考
①用途	無圧式水路	
②掘削形状	3R 馬蹄形	
③掘削内径	7.3 m	
④掘削延長	6.4 km	
⑤巻立	コンクリート	
⑥掘削工法	発破工法	
⑦支保工法	NATM 工法	
⑧条数	1	
⑨地下水対策工法	先進注入工法	・セメント系

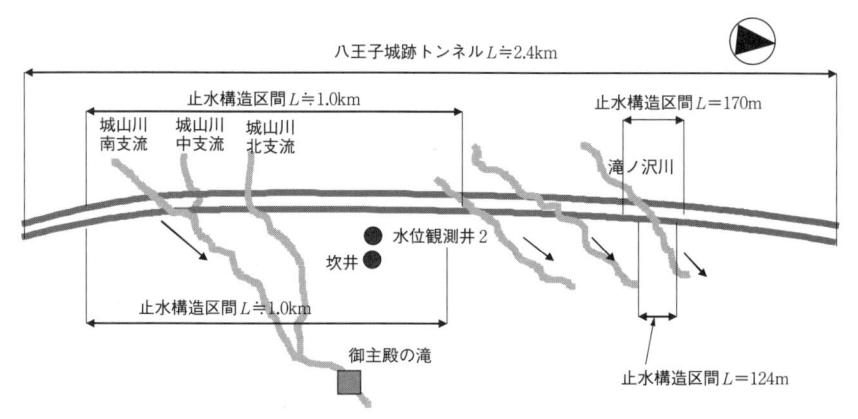

図 7.3.4 トンネル付近概要図（文献18)を一部改変)

ンネルの影響の両面から調査が進められることとなった．

建設に先立って水利用調査や井戸水位調査などが実施されたが，水位低下が確認されてから本格的に建設工事との因果関係が調査された．調査項目を表7.3.6に，調査結果の一部を図7.3.7に示す．また，建設工事以後継続的にモニタリングされている井戸水位を図7.3.6に示す．低下した水位は，工事後約8年を経て掘削直後の状態に回復しつつあることがわかる．なお，水源枯渇対策としてセメント系の先行注入工法が採用された．また，地表部では，調査結果にもとづいて井戸設備や溜池などが設置された．

7.3.5 トンネル構造設計における問題点

トンネルライニングの設計を行ううえで，地下水の存在をどのように取り扱うかについては，さまざまな方法がある．ここでは，図7.3.8に示すようなトンネル上部の鉛直一次元のモデルを仮定して，裏面排水工や薬液注入によりライニングに作用する力を見ていく．

比較するケースは，つぎの3通りである．

ケース1：コンクリートが難透水である場合
ケース2：ケース1＋地山に薬液注入を行った場合
ケース3：ケース1＋ライニング背面に裏面排水工を設置した場合

それぞれのケースに用いる記号を表7.3.7に，

表7.3.6 主な調査項目

項 目	数量など	実施方法
①電気探査	1測線	比抵抗映像法
②河川流量測定	4箇所×1回/週	実測流量からH-Q曲線を作成
③地下水位観測	浅層地下水×3箇所 深層地下水×3箇所	孔内電気検層
④先進ボーリング	約1000 m	150 m/回
⑤水質分析		
(1)イオン分析	27箇所×6項目	キーダイヤグラム ヘキサダイヤグラム Na/Cl分析
(2)トリチウム分析	浅層地下水×1 トンネル内湧水×1	
(3)同位体分析	浅層地下水×1 深層地下水×1 トンネル内湧水×1 溜池水×1 既存井戸水×1	水素同位体 酸素同位体

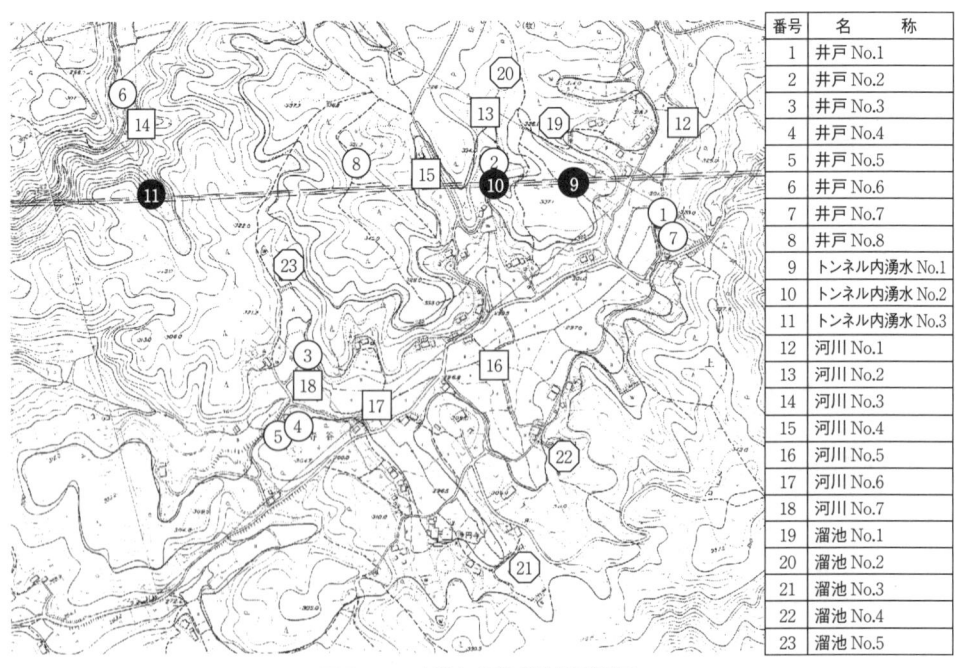

番号	名 称
1	井戸No.1
2	井戸No.2
3	井戸No.3
4	井戸No.4
5	井戸No.5
6	井戸No.6
7	井戸No.7
8	井戸No.8
9	トンネル内湧水No.1
10	トンネル内湧水No.2
11	トンネル内湧水No.3
12	河川No.1
13	河川No.2
14	河川No.3
15	河川No.4
16	河川No.5
17	河川No.6
18	河川No.7
19	溜池No.1
20	溜池No.2
21	溜池No.3
22	溜池No.4
23	溜池No.5

図7.3.5 水質など調査位置平面図

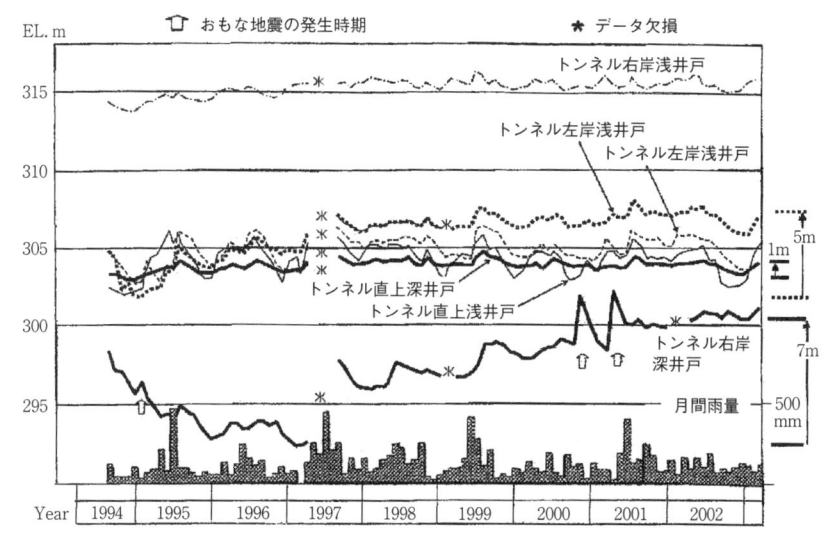

7.3 トンネル掘削による地下水問題

図 7.3.6 工事後の地下水位測定データ（文献 19)を一部改変)

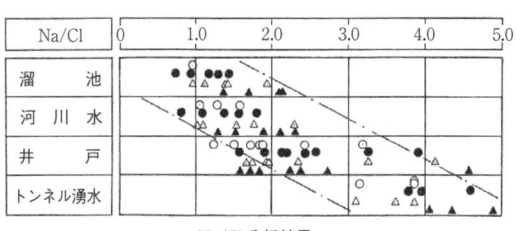

Na/Cl 分析結果

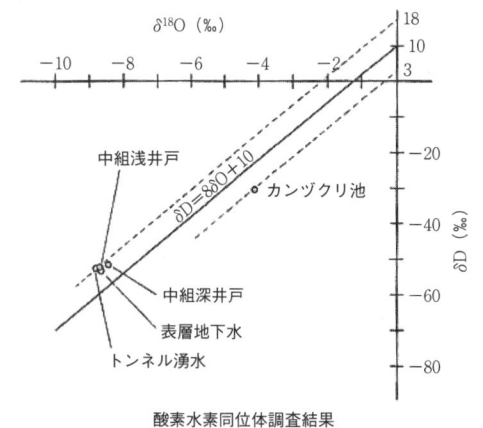

δ¹⁸O と δD の関係（酸素水素同位体調査結果）

図 7.3.7 調査結果の例

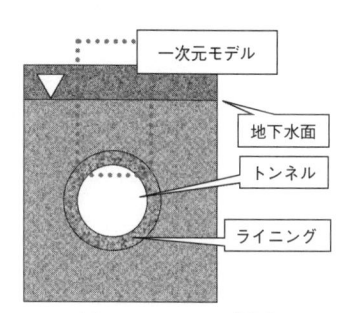

図 7.3.8 モデル概要

$$\sigma_{0'} = \gamma_{\text{sub,c}} \cdot H_1 + \gamma_w \cdot \frac{h_1 - 0}{H_1} \cdot H_1$$
$$+ \gamma_{\text{sub}} \cdot H_2 + \gamma_w \cdot \frac{(H_1 + H_2) - h_1}{H_2} \cdot H_2$$
$$+ \gamma \cdot H_3 \tag{7.3.1}$$

ここに，右辺第 1 項はコンクリートの自重，第 2 項はコンクリートに作用する浸透水圧，第 3 項は地下水面より下部の岩盤の自重，第 4 項は地下水面より下部の岩盤に作用する浸透水圧，第 5 項は地下水面より上部の岩盤の自重である．

これを変形すると，次式が得られるが，これは，A-B 面に作用する全応力に等しい．

$$\sigma_{0'} = \gamma_{\text{sat,c}} \cdot H_1 + \gamma_{\text{sat}} \cdot H_2 + \gamma \cdot H_3 \tag{7.3.2}$$

同様に，ケース 2, 3 において A-B 面の変位を引き起こす荷重は，それぞれ式 (7.3.3), (7.3.4) で表される．

モデルを図 7.3.8 に示す．

まず，ケース 1 について考える．地下水はライニングコンクリート下面よりトンネル内に排水されるため，岩盤やトンネルには浸透水圧が作用する．したがって，A-B 面の変位を引き起こす荷重は次式で表される．

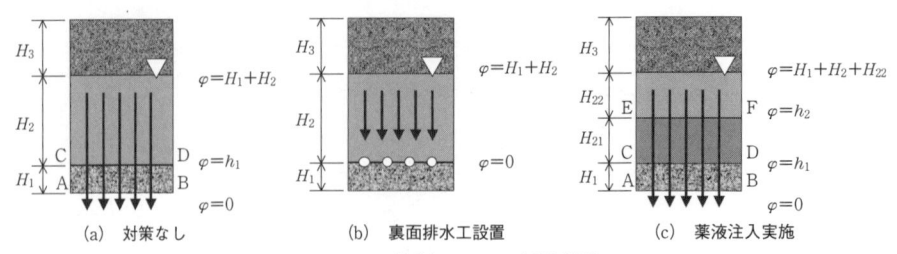

(a) 対策なし　　(b) 裏面排水工設置　　(c) 薬液注入実施

図 7.3.9 検討ケースの記号説明

表 7.3.7 記号説明

(a) 共通

	透水係数
A－B面の変位を引き起こす荷重	$\sigma_{0'}$
岩盤の単位体積重量	γ
岩盤の水中単位体積重量	γ_{sub}
コンクリートの単位体積重量	γ_c
コンクリートの水中単位体積重量	$\gamma_{sub,c}$
水の単位体積重量	γ_w

(b) Case 1, 2

	透水係数	幅	背面の水頭	浸透水圧
ライニング	k_1	H_1	h_1	P_1
岩盤　地下水より下部	k_2	H_2	h_2	P_{22}
岩盤　地下水より上部	k_3	H_3	—	P_3

(c) Case 3

	透水係数	幅	背面の水頭	浸透水圧
ライニング	k_1	H_1	h_1	P_1
改良範囲	k_{21}	H_{21}	h_{21}	P_{21}
岩盤　地下水面より下部	k_{22}	H_{22}	h_{22}	P_{22}
岩盤　地下水面より上部	k_3	H_3	—	P_3

$$\sigma_{0'} = \gamma_c \cdot H_1 + \gamma_{sub} \cdot H_2 + \gamma_w \cdot \frac{H_1 + H_2}{H_2} \cdot H_2 + \gamma \cdot H_3 \tag{7.3.3}$$

ここに，右辺第1項はコンクリートの自重，第2項は地下水面より下部の岩盤の自重，第3項は地下水面より下部の岩盤に作用する浸透水圧，第5項は地下水面より上部の岩盤の自重である．

$$\sigma_{0'} = \gamma_{sub,c} \cdot H_1 + \gamma_w \cdot \frac{h_1 - 0}{H_1} \cdot H_1$$

$$+ \gamma_{sub} \cdot H_{21} + \gamma_w \cdot \frac{h_2 - h_1}{H_{21}} \cdot H_{21}$$

$$+ \gamma_{sub} \cdot H_{22} + \gamma_w \cdot \frac{(H_1 + H_{21} + H_{22}) - h_2}{H_{22}} \cdot H_{22}$$

$$+ \gamma \cdot H_3 \tag{7.3.4}$$

ここに，右辺第1項はコンクリートの自重，第2項はコンクリートに作用する浸透水圧，第3項は注入領域の自重，第4項は注入領域に作用する浸透水圧，第5項は地下水面より下部の岩盤の自重，第5項は地下水面より下部の岩盤に作用する浸透水圧，第6項は地下水面より下部の岩盤の自重，第7項は地下水面より上部の岩盤の自重である．

式(7.3.3)，式(7.3.4)をそれぞれ変形すると，いずれも式(7.3.2)が得られる．つまり，裏面排水工や薬液注入を施しても，ライニングに作用する応力は変化しない．上記3ケースは，簡単な一次元のモデルを用いたものであるが，実際には荷重の増加に対して地山や注入領域のアーチアクションが期待できる場合もあるため，浸透水圧がすべてライニングに作用するか否かについては議論の余地がある．しかし，アーチアクションが形成されにくい地山（たとえば，未固結の砂質地盤など）を計画する場合には，地下水（とくに浸透水圧）の変化を考慮した対策が重要になる．

トンネルは長期の使用を前提とするため，裏面排水工の排水能力の低下などにより覆工後に地下水面が上昇する際には，地下水裏面排水工やトンネルライニングなど地下水処理工の設計に地下水圧をどのように反映するのかの検討は，きわめて重要である．

7.3.6 トンネル内湧水の有効利用

トンネル工事は，地表部で利用できる水の量を減少させる可能性があるが，トンネル内湧水は自然ろ過された水であり，水質検査を行ったうえで利用可能である．トンネル掘削により利用できなくなった水道設備の代替水源として利用されていることも少なくない．たとえば，丹那トンネルでは，トンネル内湧水の一部は熱海に供給され，温泉街の発展に貢献している．高森トンネルの工事は，度重なる出水事故を経た後，貫通しないまま昭和 55 年に中止となった．しかし，坑道は高森湧水トンネル公園として現在もなおその姿を残しており，32 m^3/min とも言われる湧水は高森町の水源として利用されている．

トンネルはある目的のために必要不可欠なものとして計画・設置されるものである．しかし，地下水面以下となる場合に，地表部の地下水利用への影響をまったくなしにすることは不可能である．地表水が良質・恒温といった特質をもつ湧水となると考え，その活用方法を検討していくことも，今後トンネル工事に求められる課題と考えられる．
　　　　　　　　　　　　　（西垣　誠・入江　彰）

参　考　文　献

1) 大島洋志：私の地質工学随想，p. 48，土木工学社，2002.
2) たとえば，吉村　昭：闇を裂く道，文藝春秋 文春文庫，1990.
3) 村上郁雄，大島洋志，塚本正雄：トンネルと地下，**86**, 41, 1977.
4) 高山　昭，芦田雄太郎：トンネルと地下，**21**, 7, 1972.
5) 大島洋志：トンネルと地下，**36**, 12, 1973.
6) 平沢市郎，飯田　茂，森　喬，山本松生：トンネルと地下，**41**, 46, 1974.
7) 串山純孝，小林素一：トンネルと地下，**58**, 15, 1975.
8) 岡本利彦：トンネルと地下，**183**, 41, 1976.
9) 篠崎知己：トンネルと地下，**71**, 7, 1976.
10) 前田武雄，亀沢勝治，田中伸夫：トンネルと地下，**99**, 25, 1978.
11) 早川敏彦，原　繁之，西川直輝：トンネルと地下，**114**, 25, 1980.
12) 玉川　清，野田博章，内田　毅，山田喜四夫：トンネルと地下，**125**, 21, 1981.
13) 牛越　博，望月孝利：トンネルと地下，**210**, 15, 1988.
14) 遠藤　徹：膨張性・高圧多量湧水地山におけるトンネルの設計・施工事例 主要地方道・湖陵掛合線「才谷トンネル」，2004.
15) 山本　健，澄田信夫，玉井信也：電力土木，**263**, 16, 1996.
16) 吉岡一郎：新帝釈川発電所新設工事の計画，設計及び施工，第 78 回中小水力発電技術に関する実務研修会，p. 159, 2006.
17) 梅田雅弘，井戸澄夫，出口惇一，若林良二：トンネルと地下，**318**, 25, 1997.
18) たとえば，建設省相武国道工事事務所，日本道路公団八王子工事事務所：(仮称) 八王子城跡トンネルの施工について，記者発表資料，1999.
19) 国土交通省関東地方整備局相武国道事務所 日本道路公団八王子工事事務所：「「御主殿の滝」の河川水が涸れた原因は八王子城跡トンネル工事の影響ではないことを確認しました」，記者発表資料，http://www.ktr.mlit.go.jp/sobu/shirase/kisha/h17/ki 050609.pdf, 2005.
20) K. Kitano and S. Tamai: Behavior of two separate groundwater tables accompanied by tunnel excavation in granitic rocks under elevated peneplain in Japan, p. 111, The GEOLINE 2005 International Symposium, 2005.

7.4 地下構造物による地下水流動阻害

7.4.1 建設工事と地下水流動阻害

地下水の流れがある地盤に地下構造物を建設すると地下水の流れ，つまり地下水位や地下水流動量に影響を与える場合がある．この現象を地下水流動阻害と呼んでいる．地下水の流れが影響を受けると，さまざまな二次的な地盤環境変化を引き起こす可能性がある．この状況を図 7.4.1 に模式的に示す．

地下構造物の建設により，地下水流の上流側では地下水位が上昇する．逆に，下流側では地下水位が低下する．表 7.4.1 は，地下水流動阻害により発生する可能性のある地盤環境への影響を，(a) 上流側と (b) 下流側に分けて，さらに，① 地下水利用面への影響，② 地盤や構造物への影響，③ 自然環境，動植物・生態系への影響，という三つのカテゴリーに分類してまとめたものである．これらは，これまでに発生した，あるいは発生が予測された地盤環境への影響であり，これら

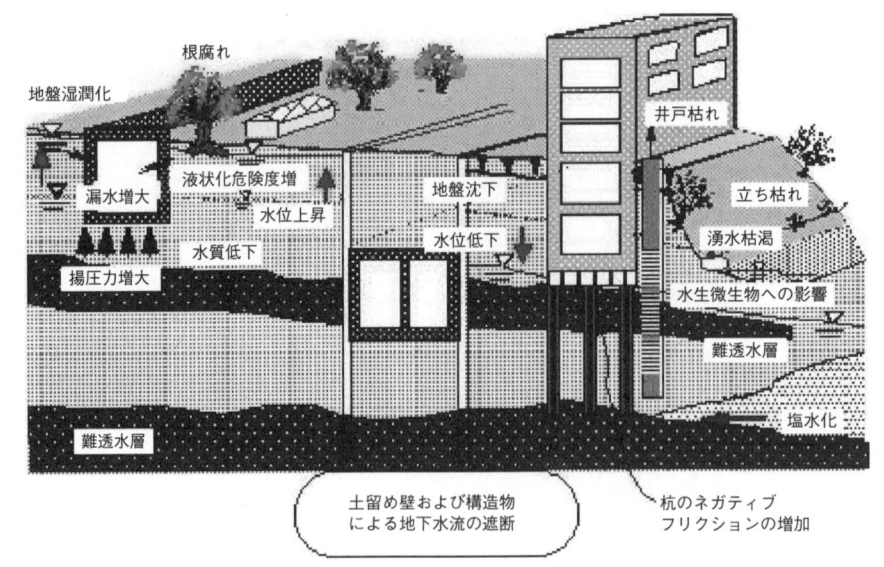

図7.4.1 地下水流動阻害により発生が想定される地盤環境変化[1]

表7.4.1 地下水流動阻害による地盤環境への影響[1]

		(a) 上流側		(b) 下流側
①地下水利用面への影響		利用水量が増える	水量変化	井戸枯れ
				水田減水深増加
	水質変化	滞留による	水質変化	塩水化
		汚染物質の拡散		酸化
②地盤・構造物への影響	地盤	液状化危険度増大	地盤	圧密沈下
		地盤の湿潤化		地表陥没（圧密以外）
		凍上・融解		地表の乾燥化
		水浸沈下（コラップス）		
		こね返しによる強度低下		
	構造物	構造物の浮上り	構造物	ネガティブフリクション
		構造物への漏水増大		杭の腐食
				地中埋蔵文化財への影響
③自然環境，動植物・生態系への影響	自然環境	泉や池の氾濫	自然環境	湧水枯渇
		地表の気象変化		河川，湖沼の減水
				地表の気象変化
	動植物生態系	根腐れ	動植物生態系	植物の枯死
				水生生物，水生植物

以外にも思いがけない形で地盤環境問題が発生する可能性もある．

このような地盤環境への影響が実害の及ぶ形で顕在化するかどうかは，

　①地盤と地下水の条件
　②建設する地下構造物の条件
　③周辺の社会的条件

など，さまざまな要因による．

7.4.2 地下水流動阻害による環境影響

7.4.1で概説した地下水流動阻害により,発生の可能性がある地盤環境への影響を具体的に示す.

a. 地下水利用面への影響

地下水流動阻害により,構造物の下流側で地下水位が低下したとき,井戸枯れ,井戸能力の低下が地下水利用面での影響としてもっとも顕著に現れる.地下水利用がさかんな地域,あるいは水源として地下水しかない地域では,井戸枯れが周辺住民の生活に大きな影響を及ぼすことになる.また,酒造工場など水質上の理由で地下水を利用している地域,「名水」と称される井戸,湧水が存在する場合などは,単なる井戸の補償だけではすまされず,企業の死活問題や大きな社会問題に発展する場合がある.

また,地下水位が低下した場合,水田においては下層への漏水量(減水深)が増加し,農業用水が不足することがある.減水深の増加はわずかであっても,対象面積が非常に広いため,膨大な量の農業用水を確保する必要が生じる.

このような量的な影響だけでなく,地下水位の変動による質的な変化も懸念される.地下水が地盤内で滞留することによる水質の低下,従来は地下水面より浅い地盤内に存在した汚染物質の地下水位の上昇に伴う拡散,沿岸域での地下水位低下に伴う塩水化,地下水位低下による酸化反応(地下水の赤水化)などである.

b. 地盤および構造物への影響

地下水位の変動により生じる地盤や構造物への影響としてまずとりあげなければならないのは,地下水位の低下に伴う地盤沈下である.地下水位の低下により,地盤中の間隙水圧が低下すると,これが有効応力の増加につながり地盤が圧縮変形する.砂質地盤や堆積後十分な時間が経過した地盤では,この変形量が比較的小さいが,堆積年代の新しい粘性土層では大きな圧密沈下が発生する可能性がある.とくに,正規圧密状態の粘性土層や腐植土を多く含む地盤が厚く堆積している地域では,大きな影響が想定される.地盤の沈下だけでなく建物の沈下や傾斜,ガス管や水道管などのインフラ取付け部の破損,ネガティブフリクションによる杭の座屈など構造物への影響へ進展し,実害となって現れる可能性の高い事象である.

地下水位の上昇側では,地震時の液状化危険度の増大,地盤の湿潤化,寒冷地における凍上現象の影響増大などが地盤環境への影響として顕在化する可能性がある.構造物に対しては,揚圧力の増大により浮き上がりの危険にさらされる可能性がある.地下水流動阻害による影響ではないが,東京駅や上野駅などの地下駅では,地下水位の経年的な上昇に対し揚圧力が増大してきたため,この対策としてグラウンドアンカーを打設するなどの方法により浮き上がり対策を行っている[2].また,地下水位の上昇による構造物への影響として,地下構造物への漏水の発生,漏水量の増大が問題となるケースが多い.漏水した地下水はポンプアップしなければならないが,このための電気料金や揚水した水の処理に膨大な費用がかかるためである.

c. 自然環境,動植物・生態系への影響

地下水位上昇により,地表の水はけが悪くなり,霧が発生しやすくなるといわれている.逆に,地下水位の低下は,地表の気温上昇につながるなど,気象への影響として現れる可能性がある.

植物にとって水分は不可欠なものであるが,地下水位の低下により樹木が枯れるという可能性は低い.湿潤な気候であるわが国においては,植物は降雨が土中に浸透した土壌水から水分補給を行っているためである.逆に,地下水位の上昇に対しては,根系での呼吸不良により根腐れが発生し,植物にダメージを与える原因となる可能性がある.

地下水位低下の影響がもっとも顕著に現れるのは,湧水の近傍に生息する水生の動植物である.貴重種が確認された場合には,慎重な対応が必要である.

7.4.3 地下水流動阻害の対策

地下水流動阻害に対する対策としては,以下の

三つの方法が考えられる．
- ① 事業計画の変更
- ② 地下水流動を保全する工法の適用
- ③ 環境影響を補償する対策

対策の基本方針として，どの方法を選択するかは，想定される環境影響の大きさ，広がり，社会的な影響度などを考慮したうえで決定すべきである．

非常に甚大な影響が広範囲にわたり発生することが予測されるならば，「①事業計画の変更」が余儀なくされるであろう．平面的な路線計画の変更，深さを変更することによる帯水層遮断の回避，施工法の変更（たとえば，開削工法からシールド工法への変更），あるいは地下構造物とせずに地上化することの検討などである．いずれの対策も，事業費や工期，さらに地下水以外への環境問題に影響を及ぼす可能性がある変更となるため，総合的な視点からの検討が必要となる．

逆に，想定される影響がわずかであり，その範囲も限られている場合，あるいは実問題としての環境影響が発生しない可能性もある場合には，「③発生した環境影響を補償する対策」が合理的といえる．たとえば，井戸能力が低下したときに，井戸の掘り増しをして能力の向上を図ったり，代替水源として水道を敷設し，数年間の水道代を補償するといった対策である．

しかし，今後，地下水流動阻害による環境影響に対する一般的な対策としては，「②地下水流動を保全する工法」が適用されるケースが増加するであろう．事前に環境に与える影響を定量的に評価し，これが実害を及ぼすレベルであると判断された場合には，実害レベルにいたらないように地下水の流動を確保する対策工法の設計を行い，これを施工するものである．場合によっては，実際の問題が発生してから事後対策として実施されるケースもある．本節の，以下の各項では，地下水流動阻害の対策として地下水流動保全工法を適用することを前提として，このための影響評価，流動保全工法の適用についての考え方を紹介する．

7.4.4 地下水流動阻害による環境影響の評価

a. 環境影響評価の考え方

地下構造物の建設や切土などによる建設事業により，その周辺の地下水・地盤環境に少なからず影響を与える．ここで述べる影響評価とは，「建設事業により実害の及ぶ影響が発生するか？」を検討することである．建設事業による影響が実害の及ぶものであるかは，以下の三つのプロセスを経て検討することになる．

- ① 建設事業による地下水流動への影響評価
- ② 地下水流動への影響と，地下水・地盤環境への影響（実現象）との関連づけ
- ③ 地下水・地盤環境において実害とされるレベルの設定

ここで，地下構造物の建設による地下水流動への影響を一次的現象と呼ぶ．一次的現象としては，上流側地下水位の上昇，下流側地下水位の低下，動水勾配（地下水流動量）の減少，水みちの変化などがある．一次的現象に起因して，地下水・地盤環境問題として顕在化する現象を二次的現象と呼ぶ．地下水位の低下により発生する地盤沈下，井戸枯れ，地下水位の上昇による地下室への漏水発生，液状化危険度の増大などである．影響評価とは，「建設事業による一次的現象への影響を定量的に評価したうえで，一次的現象と二次的現象との関係から二次的現象への影響度を算出し，二次的現象への影響が実害を及ぼすレベルであるかを評価すること」といいかえられる．

b. 影響評価の手順

7.4.2で述べたように，地下水流動阻害により発生の可能性がある地下水・地盤環境への影響はさまざまなものがある．これらの項目に対して，直接的な影響評価を行うことは，多大な労力と高度な予測技術が必要となる．このため，影響評価の計算は，評価が比較的容易に行え，二次的現象との関係が明確な一次的現象に対して行う．一般的に，一次的現象として地下水位の変動量を採用する．影響評価の手順を図7.4.2に示す．

（ⅰ）想定される二次的現象の選定　地盤条件，地下水・土地利用の観点から評価すべき二次的現象を選定する．

7.4 地下構造物による地下水流動阻害

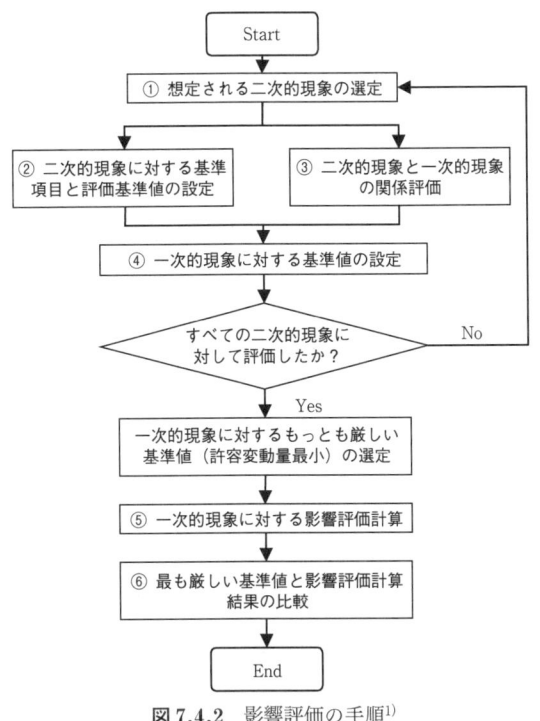

図7.4.2 影響評価の手順[1]

[フローチャート:
Start → ① 想定される二次的現象の選定 → ② 二次的現象に対する基準項目と評価基準値の設定 / ③ 二次的現象と一次的現象の関係評価 → ④ 一次的現象に対する基準値の設定 → すべての二次的現象に対して評価したか？ (No→①へ戻る, Yes→) → 一次的現象に対するもっとも厳しい基準値（許容変動量最小）の選定 → ⑤ 一次的現象に対する影響評価計算 → ⑥ 最も厳しい基準値と影響評価計算結果の比較 → End]

（ⅱ）**二次的現象に対する基準項目，基準値の設定** 影響評価の対象とする二次的現象について，基準項目を選定し，基準値を設定する．たとえば，井戸枯れという二次的現象に対しては，井戸の揚水流量を基準項目として，その井戸からの必要揚水流量を基準値として定める．

（ⅲ）**二次的現象と一次的現象の関係評価** 一次的現象に対して影響評価計算を行うため，二次的現象と一次的現象の関係づけを行う．上の例では，地下水位変動量と揚水流量の関係を定量化する．

（ⅳ）**一次的現象に対する基準値の設定** (ⅲ)の関係を用いて，二次的現象の基準値に対応する一次的現象の基準値を設定する．二次的現象が複数想定される場合には，(ⅱ)~(ⅳ)の検討を繰返し，このなかでもっとも厳しい基準値を評価基準とする．

（ⅴ）**一次的現象に対する影響評価計算** 地下水流動阻害による一次的現象の変動量を予測計算する．通常，地下水位変動量について計算を行う．

（ⅵ）**基準値と影響評価計算結果の比較** (ⅳ)で設定した基準値と，(ⅴ)で計算した予測計算値の比較を行い，地下水流動阻害により実害の及ぶ影響が発生する可能性があるかを判定する．

c. 影響評価における基準値

上記の方法で影響評価を行うためには，地盤沈下，井戸枯れ，液状化などといった二次的現象に対して実害が及ぶと判断される値，つまり許容される影響範囲を定める必要がある．これを基準値と呼ぶ．影響評価の段階では，限界値（ε_0）と許容値（ε_1）という二つの基準値を設定する．

（ⅰ）**限界値（ε_0）** 地下水流動阻害による地下水位変動により，地下水・地盤環境に実害が発生する値であり，超えてはならない値として設定される．

（ⅱ）**許容値（ε_1）** 影響評価にあたっての，地盤調査や影響予測計算の不確実性を考慮して，限界値に対して余裕代を考慮して設定する値である．実害が発生する可能性があるかは，許容値と予測計算値を比較して評価する．

余裕代は，地盤調査や影響予測計算の精度に応じて設定すべき値である．精度の高い調査や予測計算が実施されたならば，限界値≒許容値とすることができるし，精度が低い場合には大きな余裕代をとる必要がある．

d. 地下水位変動量の算定

地下水流動阻害による一次的現象への影響予測は，一般に地下水位変動量を計算することにより行われる．影響予測計算の方法として，有限要素法などによる数値解析手法と，手計算で可能な簡易計算法がある．地下水流動阻害による環境影響が懸念されるような建設事業は，通常大規模な工事であるため，最終段階では数値解析手法を用いて，精度の高い評価を行うケースがほとんどである．しかし，地盤や地下水などに関する情報が十分でない段階においては，数値解析手法を用いても精度の高い結果は期待できない．初期の概略検討の段階では，簡易計算により影響度合の当り付けを行うことが有効である．簡単な地盤条件，境界条件のもとであれば十分な精度で影響評価が可能である．いくつかの簡易計算式を以下に紹介する．

(i) 平面二次元場での簡易計算法[3]　図7.4.3のように，構造物が地下水の流動方向に対して，平面的に部分的に建設された場合の影響評価式として以下の簡略式が提案されている．

$$s_c = IL\sin\theta$$

ここで，s_c は地下水流動阻害により発生する最大地下水位変動量，I は自然状態における地下水動水勾配，L は地下水の流動を阻害する構造物の半長，θ は地下水流動方向と構造物延長方向の交角である．

実際の計算例を以下に示す．

動水勾配 $I=0.01$，構造物全長 $2L=1000$ m，交角 $\theta=90°$ の場合，$s_c = 0.01 \times 500 \times \sin 90° = 5.0$ m．

(ii) 断面二次元場での簡易計算法[4]　図7.4.4のように，構造物が帯水層を平面的には完全に遮断しているが，深さ方向には部分的に遮断している状態での影響評価式として，以下の式が提案されている．

$$s_c = \left\{\frac{1}{(1-W/R)\beta + W/R} - 1\right\}IW$$

ここで，W は地下水の流動を阻害する構造物の半幅，R は地下水流動方向の影響圏距離，β は帯水層残存率（$=b/D$），b は帯水層残存厚さ，D は帯水層の厚さである．

実際の計算例を以下に示す．

動水勾配 $I=0.01$，構造物全幅 $2W=20$ m，流動方向影響圏距離 $R=1000$ m，帯水層残存厚さ $b=1$ m，帯水層厚さ $D=10$ m の場合，帯水層残存率 $\beta=0.1$ であるから，

$$s_c = \left\{\frac{1}{(1-10/1000)\times 0.1 + 10/1000} - 1\right\} \times 0.01 \times 10 = 0.8 \text{ m}$$

(iii) 三次元場での簡易計算法[4]　深さ方向にも平面的にも不完全な遮断状況となる条件での水位変動量計算式として，以下が提案されている．

$$s_c = \frac{(1-\beta)L\sin\theta}{\beta L\sin\theta + W}IW$$

以下に計算例を示す．

動水勾配 $I=0.01$，構造物全長 $2L=1000$ m，構造物全幅 $2W=20$ m，帯水層残存厚さ $b=1$ m，帯水層厚さ $D=10$ m，交角 $\theta=90°$ の場合，帯水層残存率 $\beta=0.1$ であるから，

$$s_c = \frac{(1-0.1)\times 500 \times \sin 90°}{0.1 \times 500 \times \sin 90° + 10} \times 0.01 \times 10$$
$$= 0.75 \text{ m}$$

e. 地下水位変動と環境影響との関連づけ

発生頻度が高いと想定される環境影響（二次的現象）について，地下水位変動（一次的現象）との関連づけの方法について概説する．

(i) 井戸枯れ　井戸からの揚水可能流量は，周辺地下水位により変動する．地下水位と井戸からの揚水可能流量の関係を評価し，必要揚水流量を得るための地下水位を決定する．

(ii) 塩水化　海水面からの地下水位高さ h_f と，塩淡境界面の深さ D の関係式 $D \fallingdotseq 40h_f$

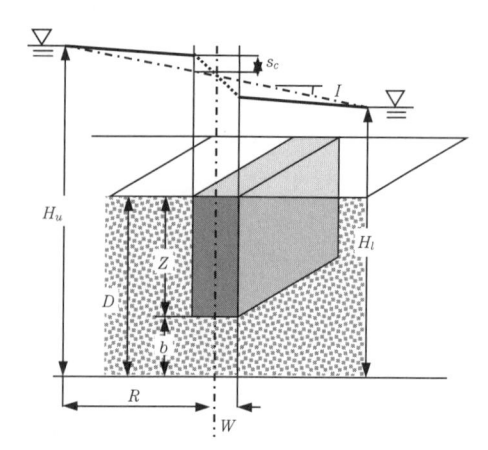

図7.4.4　断面二次元場，三次元場での簡易計算モデル[4]

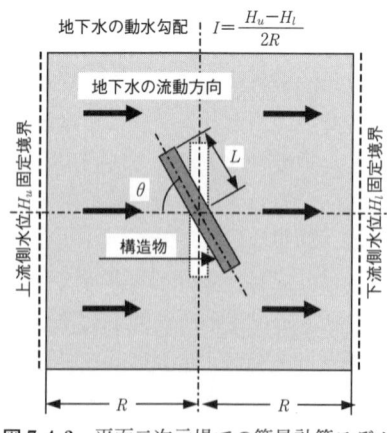

図7.4.3　平面二次元場での簡易計算モデル

などを用いて，地下水位変動に伴う塩淡境界深さを計算する．地下水利用を行っている井戸の深さなどを考慮して，地下水位高さに対する基準値を決定する．

(ⅲ) **地盤沈下** 圧密理論式などを用いて，沈下量の基準値に対応する有効応力増加の基準値，すなわち間隙水圧低下の基準値を定め，地下水位変動量を設定する．

(ⅳ) **液状化** 地下水位変動による有効上載圧減少と液状化に対する抵抗率低下の関係を評価し，所定の液状化抵抗率を確保するための許容地下水位を決定する．

(ⅴ) **構造物の浮き上がり** 構造物の重量と構造物底面に作用する揚圧力の関係から，浮き上がりに対する揚圧力の基準値を評価する．揚圧力と地下水位は，比例関係にあるので揚圧力の基準値に対する地下水位が設定できる．

(ⅵ) **植生や生態系への影響** 植物の根腐れや枯死に対してはpF値（サクション）により判定する．地下水位と地盤の含水率の関係，含水率とサクションの関係を評価することにより，pF値を根腐れや枯死に対する許容範囲とするための地下水位が設定できる．

(ⅶ) **湧水** 湧水量は，湧水地点の地下水位と密接に関係している．湧水量と地下水位の関係を事前計測により評価して，保全すべき湧水量を確保するための地下水位を決定する．

7.4.5 地下水流動保全工法
a. 基本的な考え方

地下構造物の建設などにより図7.4.1に示すような地下水・地盤環境への影響が懸念されるとき，この対策として，地下水流動保全工法が採用される．地下水流動保全工法の基本的な概念は図7.4.5に示すとおりで，地下水の流れを遮断する構造物の上流側で地下水を集水し，構造物部分はパイプなどを用いて通過させ（通水），構造物の下流側で地盤中に地下水を還元する（涵養）ものである．

b. 地下水流動保全工法の種類と選定

地下水流動保全工法は，以下のように二つに大きく分けられる．

① 地下水の集水と涵養を行う集水・涵養施設
② 構造物部分を通過させるための通水施設

集水・涵養施設としては図7.4.6に示すように，

① 地下水の流動を阻害する部分の土留め壁を撤去する方法
② 土留め壁を削孔し，集水・涵養パイプを設置する方法
③ 土留め壁に集水・涵養機能を有する部材を組み込む方法（集水・涵養機能付き土留め壁）
④ 土留め壁の外側に集水・涵養のための井戸を設置する方法

などが考えられる．集水・涵養施設の選定におい

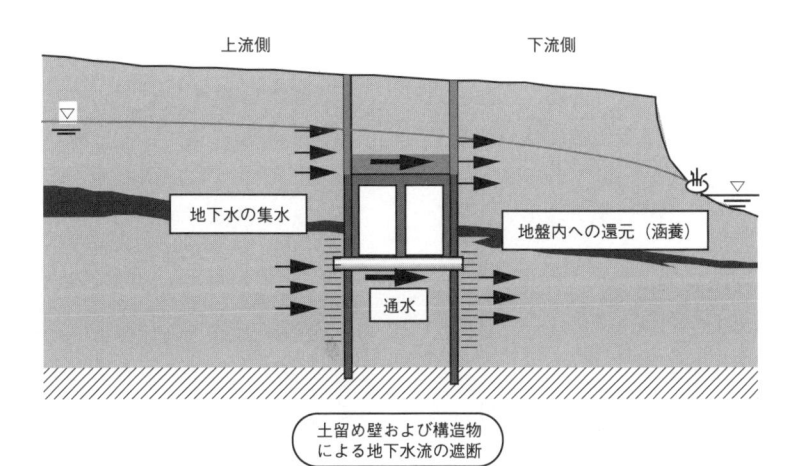

図7.4.5 地下水流動保全工法の基本的な概念[1]

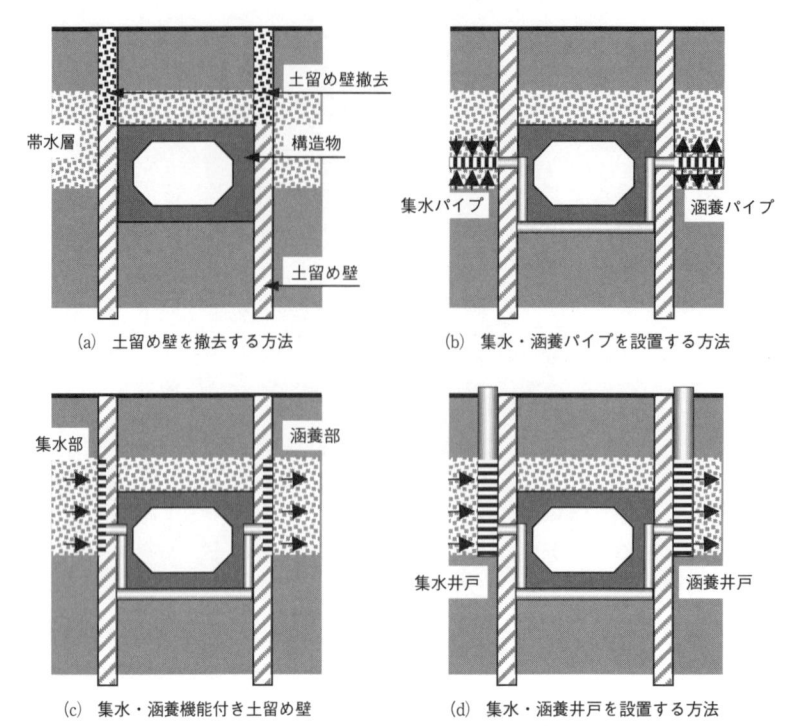

図 7.4.6 集水・涵養施設の種類[1]

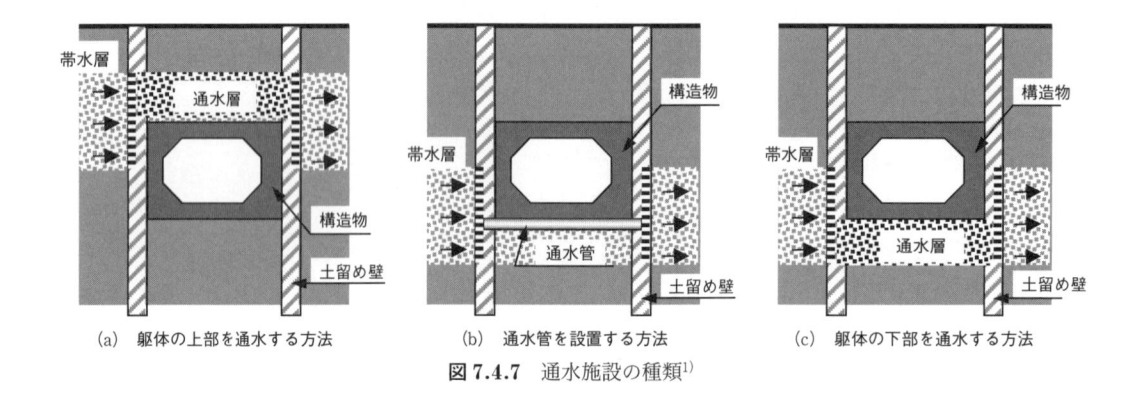

(a) 土留め壁を撤去する方法
(b) 集水・涵養パイプを設置する方法
(c) 集水・涵養機能付き土留め壁
(d) 集水・涵養井戸を設置する方法

図 7.4.7 通水施設の種類[1]

(a) 躯体の上部を通水する方法
(b) 通水管を設置する方法
(c) 躯体の下部を通水する方法

て考慮すべき条件は，施設の施工時期，施設を設置するための用地，遮断される帯水層と構造物の深さ関係，などである．

一方，通水施設としては図7.4.7に示すような方法がある．
① 躯体の上部に通水層を設ける方法
② 通水管を用いる方法
③ 躯体の下部に通水層を設ける方法

集水・涵養施設と通水施設の組合せにおける適合性を表7.4.2に整理する．

c. 設計のポイント

地下水流動保全工法の設計とは，どのような施設をどのような間隔で設置するかを設定することである．先に述べた考え方にしたがい，設置する施設の種類を選定したならば，この詳細仕様（深さや大きさ）を設定し，この設置間隔を設計する．設置する施設の仕様は，地盤条件や施工条件などにより概略決定されるため，主たる設計項目は施設の設置間隔となる．

地下水流動保全施設の設置間隔設計のためのポイントを以下に列挙する．

表7.4.2 集水・涵養施設と通水施設の組合せ[1]

通水施設 \ 集水・涵養施設	① 土留め壁撤去	② 土留め壁削孔 集水・涵養パイプ	③ 集水・涵養機能付き土留め壁	④ 集水・涵養井戸
a) 躯体上部通水	◎	△	△	△
b) 通水管	○	◎	◎	◎
c) 躯体下部通水	○	△	△	△
土留め壁の施工時期との関係	地下工事の完了後	地下工事期間中または躯体構築後	土留め壁と同時に設置	随時

◎：適合性が高く施工事例がある．
○：施工事例あり．
△：適用可能であるが施工事例はない，またはあまり有利でない．

① 設置間隔を設計するためには，その設計目標となる値が必要である．地下水流動保全工法を適用しても，地下水流動に与える影響をゼロにすることはできない．どの程度の地下水位変動まで許容できるかを評価し，設計の目標値を決める必要がある．

② 設計計算の方法として，有限要素法などを用いる数値解析手法と簡易計算法がある．調査のレベルに応じた設計手法を用いること，影響評価と同等レベルの手法により設計すること，が合理的である．

③ 集水・涵養施設の設置間隔を設計するにあたっては，施設の近傍における土粒子移動や，層流から乱流への遷移により発生する目詰まりに対する限界流速を超えないように配慮することが重要である．

④ 長期的な目詰まりによる機能低下を考慮すると，施設設置に要する初期経費だけでなく，メンテナンスに要するランニングコストをも考慮したトータルコストが最少となる設置間隔が最適設計となる．

d. 施工のポイント

地下水流動保全工法の施工にあたっては，十分な性能を有する施設を設置するとともに，施設の設置による周辺環境への影響が発生しないような配慮が必要である．施工にあたってのポイントを以下に列挙する．

① 集水・涵養施設と地盤の接触面に大きな水頭損失が生じると，地下水流動保全工法としての機能が大幅に低下する．これを防止するために，施設の設置後，集水・涵養部の洗浄を念入りかつ確実に行うことが重要である．これが，地下水流動保全工法の成否を左右するキーテクノロジーといえる．

② 土留め壁の撤去による通水対策や，土留め壁を削孔して集水・涵養パイプを設置する対策の場合，対策工法の施工時に多量の出水が生じたり，周辺地盤の沈下を招いたりする可能性がある．これらの工法の施工にあたっては，細心の注意が必要である．

③ 地下構造物の施工期間が長期にわたる場合，施工期間中に地下水流動阻害の影響が現れる場合がある．地下水流動保全対策としての機能が，施工後や工事の後半に発揮される工法の場合，施工中の対策が必要である．仮設的な通水施設を設置する方法，施工区間をブロック分けして地下水流動を確保するゾーンを残しながら施工する分割施工を採用する方法などが考えられる．

④ 設置した地下水流動保全施設が十分な性能を有し，長期連続稼動が可能であることを確認するために性能試験を行う．試験の目的は，要求性能として定めた設計値（初期性能目標値）が満足されていることを確認するこ

とである.設計値が満足されない場合,これが設計的な不具合か,施工的な不具合かを明確にして対策を講じる必要がある.

7.4.6 モニタリングとメンテナンス
a. 設計・施工・管理における基準値

7.4.4 c. で述べた影響評価の段階における基準値(限界値,許容値)をもとに,設計・施工・管理の段階における基準値として以下を設定する.

(i) **管理値**(ε_2)　地下水流動保全工法を適用した後,目詰まりなどにより性能が低下することが懸念される.この場合,許容値を超える前にメンテナンスにより性能回復を行う必要がある.メンテナンス実施時期を判定するための管理上の基準値として管理値を設定する.長期的な性能目標値である.モニタリングの精度やメンテナンス実施までのタイムラグなどを考慮して設定する.

(ii) **設計値**(ε_3)　設計値は,地下水流動保全工法の設計仕様として定める基準値であり,設計値を満足するように対策工法の設計を行う.目詰まりによる性能低下が予想される場合,前項の管理値に性能低下分を見込んで設定する.対策工法の初期性能目標値である.目詰まりによる性能低下が小さければ,設計値≒管理値とすることができる.

(iii) **集水・涵養施設の性能を考慮した設計目標値**(ε_4)　集水・涵養施設の近傍では,洗浄不足や避けがたい目詰まりなどに起因する流入抵抗(通常の井戸における井戸損失)が発生する.前項の設計値に,このような施工段階における不確実性を安全率として見込んで,設計計算上の設計目標値を設定することがある.

b. モニタリングの基本的考え方

地下水流動阻害にかかわるモニタリングは,以下の各段階で行われる.

① 調査段階:建設地点の地下水流動状況や,この経時的変動を把握することを目的に実施する.得られた観測データをもとに,建設に伴う影響解析やモニタリング計画,影響評価の基準値設定を行う.建設後のデータを評価するために,少なくとも1年間以上のデータを収集することが望ましい.

② 建設期間中:建設の進行に伴う地下水流動状況の変化や異常を,早期に発見することを目的に実施する.観測データをもとに,その状況に応じた措置や保全対策,追加調査を検討する.

③ 建設後:地下水流動阻害の対策として設置した地下水流動保全施設の機能を評価するために実施する.異常や機能低下が発生した場合,これを早期に発見し,メンテナンスに確実に結びつけるシステムとする必要がある.

モニタリングの項目は,観測井による地下水位の観測,地表面沈下の測定,地下水流動保全施設の稼働状況(通水流量の測定)などが考えられる.計測が容易であること,影響評価や設計との関連づけが明確であること,などから観測井における地下水位計測がモニタリングの中心となる.

モニタリングのポイントは,計測結果を速やかにデータ処理し,適切に解釈・評価し,周辺環境に対する実害が発生しないように,きめ細やかに対応することである.このためには,計測項目,計測方法,計測頻度,計測箇所数,データ処理方法などを十分に検討し,計測結果が有効に反映される管理体制とすることが重要である.

c. メンテナンスの基本的考え方

地下水流動保全施設に異常や機能低下が発生した場合,地下水流動阻害による地下水・地盤環境への影響が,実害を及ぼす可能性がある.メンテナンスは,施設にそのような兆しが認められたときに,機能維持,機能回復の措置を講ずることである.地下水・地盤環境への影響が顕在化する前,つまり許容値を超える前にメンテナンスすることが重要であり,モニタリングとの連携でメンテナンス実施時期を決定する.

メンテナンスの方法としては,集水・涵養施設に対して,高圧水の噴射によるジェッティング,揚水ポンプにより過大な揚水を断続的に行う逆洗,施設内の目詰まり物質を化学的に分解する薬品処理,などがある.　(西垣　誠・高坂信章)

参考文献

1) 地盤工学会：地下水流動保全のための環境影響評価と対策，丸善，2004．
2) 成田昌弘：地下水技術，**43**(5)，18-34，2001．
3) 髙坂信章：地下水流動保全工法の設計の考え方，地下水地盤環境に関するシンポジウム'99発表論文集，pp. 115-134，1999．
4) 髙坂信章，石川　明：地下水流動阻害現象の三次元影響評価式の提案，第36回地盤工学研究発表会，pp. 1257-1258，2001．

7.5 建設工事による地下水汚染

7.5.1 はじめに

わが国では比較的地下水位が高いことから，地盤掘削を伴う建設工事では，地下水の水質を変質させる可能性が認められる．いくぶん古い資料であるが，表7.5.1は建設工事によって生じた地下水への影響をまとめたものであり，地下水汚染に分類される影響として，ここでは井戸の汚濁問題がとりあげられている．

ほかにも，地下水位低下による海岸帯水層での塩水化問題など，建設工事が遠因となる問題も知られている．ここで紹介する地下水汚染の問題は，薬液などの注入工，くいや掘削工に伴う安定液や濁水の逸散，圧気工事に伴う酸欠ガスの漏えい，さらにはセメント改良土からの重金属の溶出問題について，現状を整理する．

7.5.2 注入工による地下水汚染

薬液注入工では，地下水圧より高い注入圧力で固化液を地盤空隙に注入するものである．このため，注入圧力の制御を誤れば，改良範囲以上の領域に固化液が流れ出て地下水を汚染することがある．模式的には図7.5.1に示すようである．

1974年，福岡で薬液注入工事現場近くの井戸水が薬液の毒性で汚染されるという事故があり，同年7月に建設省通達として「薬液注入工法による建設工事の施工に関する暫定指針」，さらに1990年9月建設省通達として「薬液注入工事に係る施工管理等について」がだされている．これらの指針では，使用できる薬液の主剤が明示され，事前の注入試験や注入工前から注入工後の一

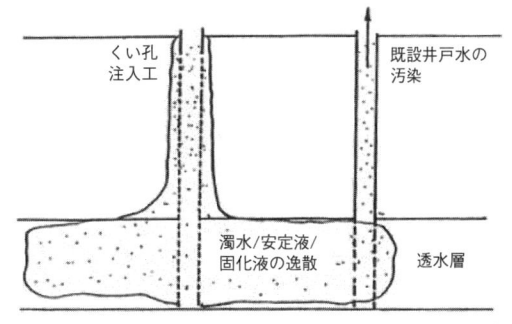

図7.5.1 濁水・安定液・固化液などの逸散の模式図[2]

定期間にわたる地下水観測の必要性などが明示されている．また，（社）日本薬液注入協会でも技術講習会の充実などを図っている．これら官民の薬液注入工での事故防止の取組みにより，先の逸散事故の後，とくに問題は発生していない[3]．

7.5.3 杭施工や掘削工による地下水汚染

a. 削孔時の安定液や濁水の逸散

杭孔，ディープウェル，連続地中壁などを掘削する際，孔壁の崩壊を防止するために比重の高い安定液を掘削中の孔内に湛水する場合があり，安定液が地盤へ逸散することがある．安定液を用いずにケーシングで孔壁を防護する場合でも，孔底部のボイリング防止のため，孔内水位を周辺より高くすることがあり，これにより孔底から掘削中の濁水が地盤に流れ出る場合がある．適切な比重管理や孔内外の水圧差管理を徹底することで，地下水中への濁水の逸散を少なくする工夫がなされている．しかし，わが国のように複雑な多層系を形成する地盤では，このような管理は容易ではない．つまり，各層ごとの透水性や水圧分布の違いを考慮した施工管理を進める必要があり，このため事前の土質調査も重要となってくる．たとえば，平山らは代表的な場所打ち杭であるベノト杭いを施工する際に生じる濁水逸散のメカニズムを調査する目的で現地において施工時の周辺地下水汚染観測の結果を報告している[4]．これによれば，透水性の高いゾーン，いわゆる水みちが逸散の生じる主たる経路となり，帯水層厚さにわたる平均的な透水係数を評価する多孔式揚水試験よりも深度ごとで把握できる単孔式現場透水試験を実

表 7.5.1 地下水障害（補償されたもの）の1例[1]

工種・工法区分 \ 地下水障害の内容	井戸の枯渇	自噴泉の停止	井戸の汚濁	地盤沈下および変状	フィルター層のカットオフによる水量の悪化	温度の減少湧水量	計
道路トンネル	15			3			18
導水トンネル	10		2				12
下水道・シールドトンネル	18		2	11			31
鉄道トンネル	149	4	3	2		2	160
農地開発トンネル	23			1			24
道路路床掘削	12		5		1		18
砂防・地すべり対策	39		1	1			41
農地開発掘削	63			2			65
道路橋梁	7						7
鉄道高架・橋梁	214						214
道路切取	16		5				21
土地造成切取	4						4
河川・ダム・港湾切取	27		5				32
砂防・地すべり切取	12						12
鉄道切取り	19		1				20
農地開発切取り	14		3				17
道路現場打ち杭	5		4				9
土地造成・軟弱地盤改良	4		1				5
河川・護岸掘削	57		6				63
下水道・フーチング基礎工	8		3				11
河川・ダム・港湾地下水位低下工	11		5	7			23
砂防・地すべり対策地下水位低下工	13						13
下水道開削工	10						10
鉄道開削工	7		1	3			11
その他の工法	53		9	5			67
計	810	4	56	35	1	2	908

建設省公共用地課編「事業損失等実態調査表」より抜粋集計（三村による）

施することで，逸散経路となる水みちを事前に把握すべきとしている．また，山口らは高速道路高架橋工事に伴う矢板施工およびベノト杭セメント注入に付随して，濁水の流出やセメントのアルカリ成分によるpHの変化を調べるため，現場でトレーサ試験や影響予測解析の事例を紹介している[5]．ここでも，水みちの存在が解析における水理パラメータの設定を困難視していることが報告されている．

b. 圧気の漏えい

圧気工法は，シールドやケーソンによる掘削工事の掘削面に地盤からかかる土圧や水圧を空気圧で対抗するものである．地下水や土が空気と直接触れると，通常地中では還元状態にある地盤は新しく触れた空気中の酸素と化学反応を起こし，地盤は酸化し空気は酸素が少ない，すなわち酸欠状態になる．さらに，地盤中に空気が漏えいし続けると，空気は酸欠空気に変質しながら地上にまで達し，地上で人や動物に悪影響を与える．自然状態では，空気の酸素含有比は20％程度であるが，人体の場合16％以下で影響が及び，10％以下で致死，6％以下でショック死にいたる．たとえ，酸欠空気によって直接死にいたらなくとも，井戸端や湖沼付近で酸欠に触れると気分が悪くなり，水中へ転落という事故も想定できる．さらに，空気などガス体が地中を移動する速度は，含水状態にも依存するが，水の移動速度の100倍以上の可能性があり，短時間に広範囲に拡大する懸念もあ

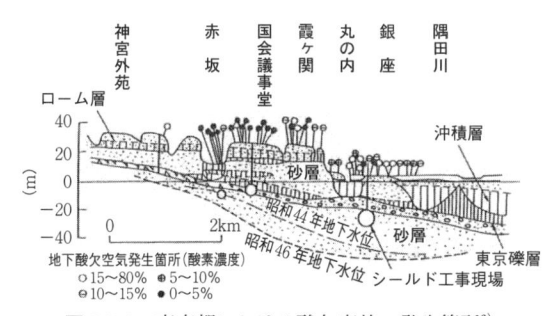

図 7.5.2 東京都における酸欠事故の発生箇所[6]

る.

原らがシールド工事現場で発生した酸欠事例を報告している[6]．図 7.5.2 に示すように工事現場から数 km 離れ，しかも地下水流に逆流する方向に位置する井戸でも酸欠空気が検出されていることがわかる．また，ニューマチックケーソンの環境対策事例が井上らによって報告されている[7]．これによると，工事前後の対象となった周辺井戸数約 300，地下室数約 200 を含む半径 1 km 以内の調査が実施され，酸欠空気の発生なく工事を完了している．

これまで，圧気ケーソン工法は作業室内の高気圧が作業員の健康に著しく影響することから，作業員の確保も困難であったが，近年無人化施工によって遠隔操作できるシステムも実用化され，より高い圧気状態での施工が可能となってきた．これは，これまでのように地下水位以下の深いところでは，地下水位低下工法の併用が不要となる反面，圧縮空気の地盤への漏えいの懸念も高まると考えられる．

7.5.4 セメント改良土からの重金属の溶出

地盤内に施工するセメント改良土には，CDM などの深層混合処理や連続地中壁などの山留めがあるが，これらにはいずれも大量のセメント系固化材が用いられる．セメント固化材は，毎年 600 万 t 規模で出荷されているものであり，一部ではあるが地盤改良や固化処理をした改良土から六価クロムの溶出の可能性が明らかとなっている[8]．

六価クロムの溶出メカニズムには，カルシウムイオンの挙動が関係する．セメントの水和反応により，カルシウムイオン Ca^{2+} などのセメント成分が放出され，地下水中に溶出することとなれば pH 11～12 といったアルカリ性を示すこととなる．水道法による水質基準が pH 5.6～8.8 を上回り，井戸水などへの悪影響も十分予測される．

さらに，恒岡はセメント改良土から六価クロムが溶出するメカニズムを検討し，「セメント水和物の生成に必要なカルシウムイオンがセメントと混合された土の粘土鉱物や有機物に吸着され，十分な水和物が形成されないため，本来なら水和生成物に固定されるはずの六価クロムが溶出しやすい状態でセメント改良土中に存在することになる」と考えられることを紹介している[8]．

平成 12 年 3 月の建設省通達「セメント及びセメント系固化材の地盤改良への使用及び改良土の再利用に関する当面の措置」とその運用（平成 13 年 4 月一部変更）により，関連する公共工事で地盤改良などを行う場合には施工前の溶出試験を行い，土壌環境基準を満足する配合の選定が定められている．

（平山光信・進士喜英）

参 考 文 献

1) 土質工学会編：建設工事と地下水，1980．
2) 進士喜英ら：地下水地盤環境に関するシンポジウム '96，1996．
3) 太田想三：基礎工，**2**，72-77，1995．
4) 平山光信ら：場所打杭施工に伴う地下水環境への影響評価について，地下空間シンポジウム，pp.169-174，土木学会，1993．
5) 山口明代ら：建設工事による地下水汚濁調査事例，平成 14 年度研究発表講演論文集，日本応用地質学会，論文番号 114，2002．
6) 原　雄一：土と基礎，**25**(2)，80，1977．
7) 井上英雄ら：基礎工，**11**，109，1992．
8) 恒岡伸幸：セメント改良土からの六価クロムの溶出とその周辺地盤での挙動に関する研究，京都大学学位論文，2004．

7.6 酸欠空気と地中ガス（可燃性ガス）

平野部での地下掘削を伴う建設工事において，過去，酸欠空気（酸素欠乏空気）や，地中ガスに起因した重大労働災害が起きている．ここでは，東京で起きた災害事例をとりあげ，その発生メカニズムについて述べる．

建設現場での酸欠事故は，地下掘削中，坑内中

の酸素が大量に消費され，酸素濃度が低下し発生した事故であり，地中ガス事故は，坑内にメタンなど可燃性ガスが充満し，引火爆発する事故である．両者の発生メカニズムは異なるが，ともにその背景には地下水位の低下や平野地下の地盤条件と深くかかわりあって起きた現象である．

7.6.1 酸欠空気
a. 酸欠状態とは

大気中の酸素濃度は約21%である．酸素濃度が16%になると灯火が消滅し，15%になると脈拍・呼吸数が増大し，11%以下では動作が緩慢となり眠気を催す．10%以下になると呼吸困難，動作不能となり，6%以下では筋肉反応がなくなり知覚喪失，4%以下では卒倒，6～8分後に心臓停止にいたるという．このため，鉱山保安法では18%を最低酸素量と決め，また労働安全法衛生規則および酸素欠乏防止規則では16%以下を酸素欠乏状態と定めている．

b. 事 故 例

地下空洞などの密閉した空間やあるいは密閉された室内でのストーブ燃焼など，古くから酸欠事故は起きているが，とくに建設現場において酸欠事故が注目されるようになったのは，昭和30年代ごろからのケーソン基礎建設現場や圧気シールド現場での事故例からである．

過去の酸欠事故事例を見ると，二つのタイプがある．一つは閉塞した空間で，空気中の酸素が大量に消費されることにより起きた事例である．ケーソン基礎工事現場で，還元状態にある地層を掘削したところ，急激に大量の酸素が消費され酸欠状態が生じたことによる事故である．もう一つのタイプは，昭和30年代後半から40年代にかけて，都心部の地下鉄坑内，地下駐車場，ビルの地下トイレや地下室，古井戸などが酸欠状態になった事例である．この事例では，地下室点検中のビル管理人が酸欠により死亡するという事故も起きている．このタイプでは，その場で酸素が大量に消費されたのでなく，地下空間に酸欠空気が侵入し，酸欠状態がつくられた現象である．昭和46～47年にかけて，東京低地部の地下空間4936カ所のうち131カ所で酸素濃度18%以下にあり，このうち37カ所では酸素濃度5%以下であったという（東京消防庁・東京都公害局調べ）．当時，東京低地では地下水揚水がさかんで，地下水位のもっとも低下していた時期で，地盤沈下が進行していた時期にあたる．一方で，この時期は東京オリンピックを頂点とする建設ブームの時期にあたり，各地で，高層ビル建設や水道・下水道の幹線工事，地下鉄建設などのケーソン基礎工事やシールド工事で圧気工法が採用されていた．

c. 発生メカニズム

湾奥部や湖などの停水域に堆積した地層は，好気バクテリアにより酸素が消費され，しばしば還元状態となっている．このような還元状態にある地層中の地下水中の鉄分は，第1価鉄（水酸化鉄）の状態にある．ここに酸素が加わると，第2価の鉄（針鉄鉱）に変化し，大量の酸素が消費される（酸素の消費にはこのほか，有機物質，土壌コロイド，不安定な塩類も関与する）．酸欠事故発生メカニズムの一つは，閉塞された坑内で還元状態にある地層（一般に青灰色を呈する）を掘削するとき，一時的に大量に酸素が消費されたときに発生するものである．もう一つの酸欠事故発生のメカニズムは，地下水位低下により帯水層が不飽和となり還元状態にあるとき，この空げきを通る空気中の酸素が消費され酸欠空気に代わり，地上あるいは地下空間に噴出するときに起きる．昭和30～40年代にかけての酸欠事故は，この時期，東京の深層地下水は多量の揚水により水位が著しく低下し，洪積層の上部にある帯水層（砂礫層）は不飽和状態になっていたこと，また，この時期この層準付近（洪積層）に達する建設事業がさかんに進められていたことが背景となっている．

現在は，東京では地下水位が回復し，また労働安全法が遵守されていることにより，建設事業に伴う酸欠事故例は減少している．しかし，地中に形成された酸欠空気帯は全体として減少しているとは考えられるが，都内で現場透水試験時など，一時的に地下水位を低下させると，いまでも酸欠空気が噴出するという現象がしばしば報告されている．

7.6.2 地中ガス

a. 地中ガス（可燃性ガス）とは

一般に地中ガスとは，地層・地下水中に含まれる気体のことを指すが，ここではとくに可燃性ガスに限定して述べる．可燃性ガスとは，炭素と水素の化合物である炭化水素ガスのことで，その分子量の違いからメタン，エタン，ブタンなどがある．

メタンは炭素原子一つに水素原子四つから構成され，炭化水素ガスではもっとも軽く比重は0.559である．純粋なメタンは無色・無臭・無味であるが，不純物を含むと臭気を伴うことから，メタンの存在を推測することができる．メタンは，空気中では青い炎を出して燃えるが，空気中に5～15%の濃度になると爆発が起きる．最大爆発点は9.5%付近といわれている．また，メタンは水に溶けやすく，地下水圧が大きいほど溶ける．このため，メタンガスは通常水溶性ガスとして存在し，地下水位の急激な低下などの圧力低下が生じるとガスが遊離し，遊離性メタンガスとして地層の空げきに存在することになる．

b. メタンガスの生成

メタンは，その元素構成が示すように有機物から生成される．有機物は土壌中の微生物により分解される．分解過程には，好気性バクテリアと嫌気性バクテリアの関与する二つの分解タイプがあり，前者ではアンモニアが生成され，後者ではメタンガスが生成される．

このように，メタンガスは有機物の存在と嫌気性環境下で生成される．このような環境は，一般に内湾性，外洋性や湿地性の堆積場と考えられる．東京低地の地下に分布する地層では，これらの堆積環境は上総群中の外洋性堆積物や七号地層の湿地性堆積物，有楽町層の内湾性泥質堆積物が考えられる．かつて，東京のごみ埋立地であった夢の島や若州臨海ゴルフ場では，いまもメタンガス発生が起きている．このことにより，メタンガスは環境条件が整うと，きわめて容易に生成されると考えられる．

c. 事故例

東京でのメタンガス事故は古く，昭和6年に江東区猿江町の豆腐屋の井戸（深さ45～50 m）でガス爆発事故が起きている．メタンガス事故が注目されるようになるのは，昭和30～40年代後半にかけてである．東京消防庁調べによると，昭和36～50年7月にかけて，都内では54件の天然ガス（メタンガス）噴出事故が起きており，このうち古井戸からのメタンガス噴出は36件である．この時期は，先にも述べたように東京低地部では大量の地下水揚水が行われており，被圧地下水の水位低下が著しく，地盤沈下が進行していた時期にあたる．昭和40年代後半になり地下水揚水規制が実施され，地下水位の回復が進むにつれ，古井戸からのメタンガス噴出事故は減少した．しかし，メタンガス自体がなくなったわけではないので，その後も，とくに臨海部での建築工事現場では，杭基礎工事中，しばしばメタンガス噴出が報告されている．平成5年2月には，江東区越中島の地下約34 mを掘削中のシールドトンネル内でメタンガス爆発事故が発生し，死者4名を出すという痛ましい事故も起きている．

d. 事故発生メカニズム

水溶性天然ガス（おもにメタンガス）は，日本各地の第四紀層が堆積する平野部の地下に貯留されていることが知られている．なかでも新潟平野や関東平野南部では，とくにその埋蔵量が多い地域である．

東京低地の地下地質は，地表から下位に向けて沖積層（有楽町層，七号地層），埋没段丘礫層，東京層群（下総層群に対比される），上総層群が堆積している．このうち，東京層群は砂・粘土・砂礫層からなり，深層地下水の良好な帯水層となっている．天然ガスはおもに上総層群中の厚い砂層（江東砂層）に貯留されているが，江東区越中島での事故現場から採取したメタンガスの年代測定結果によると，約2万年前の値が得られており，沖積層の下位に分布する七号地層中でもメタンが生成されていることを示している．

東京低地の地下100～数百mにある上総層群（下部洪積層）中の水溶性ガスは，かつて，東京ガス田と呼ばれていた．東京ガス田の可採埋蔵量は1億5370万 m^3 と見積もられ，戦後の燃料事

情の逼迫から昭和26～47年までは，大量の水溶性ガスが採掘されていた．最大ガス採掘量は昭和45年の日量6万6000 m³で，かん水（水溶性ガスを含む地下水）にして日量3万m³に達したといわれている．この大量のかん水揚水は，一方で激しい地盤沈下を生じさせていたことから，東京都は鉱業権を買い上げ，昭和47年12月31日をもって全面的な採取禁止を行った．

つぎの二つのメタンガス事故の発生メカニズムはつぎのように考えられる．

（ⅰ）古井戸からのメタンガス噴出　古井戸からのメタンガス噴出事故は，昭和30～40年代にかけての，地下水位の著しい低下に伴い，上総層群中の水溶性ガスの一部が遊離ガスとなり，上総層群中の割れ目などを通じて上昇し東京層群に達し，さらに，東京層群中にある深井戸を伝わり地上に噴出したと考えられる．深井戸がないところでは，沖積粘土層がキャップロック（蓋）となり，遊離性メタンガスは東京層群（洪積層上部）の上部の砂・砂礫層や埋没段丘礫層中に貯留されていたと考えられる．

（ⅱ）江東区越中島シールドトンネルガス爆発事故（図7.6.1）　水道幹線建設中に起きたこの事故は，事故原因調査委員会が設けられ，事故発生のメカニズムが詳細に検討された．このシールド工事は，地下27～30 m付近で進められていた．事前の地質調査では100 mに1カ所の割合でボーリングが行われ，200 m間隔で全地層を対象にガス検知調査が行われ，0.01～0.104%の低濃度のメタンガスが検出されていた．建設区間の地下地質は地表から下位に向かって埋土層，有楽町層（沖積粘土層），埋没ローム層，埋没段丘礫層，東京層群が分布しており，シールドは有楽町層下部粘土層中を通過し，下位の埋没段丘礫層上面とは2～4 mのクリアランスをもつように計画されていた．事故後の詳細調査で明らかにされたのであるが，埋没段丘礫層の上面深度はTP－34.4 mから－40 m（層厚約5 m）と変化していた．シールドトンネル自体も進行方向に向かってゆるい下り勾配となっており，シールド底面が下位の埋没段丘礫層上面と接触した地点で事故が起きた．埋没段丘礫層中に滞留していた遊離メタンガスが坑内に充満・爆発を起こしたと事故調査委員会では推定している．坑内にはガス検知器が設置されており連続監視されていたのではあるが，監視の一瞬の隙をつき事故が起きたのである．

〈中山俊雄〉

参　考　文　献

1) 東京ガス田の地質環境と地下開発シンポジウム：日本地質学会環境地質研究委員会，1993．
2) 東京下町低地における可燃性ガスの噴出について：東京都特別報告第1号，1993．

7.7　建設工事の騒音，振動，大気汚染，濁水

7.7.1　騒音，振動

a.　発生源と特徴

建設工事で発生する騒音，振動には，現場内で使用する建設機械（たとえば，ブレーカ，杭打ち機械，ブルドーザなど），土砂や資機材運搬車両の公道の走行，および発破によるものがある．全国の地方公共団体が受ける苦情件数のうち，騒音では，建設作業によるものが2割，振動では，建設作業によるものが4割を超える状況にある．このような騒音，振動問題の特徴を以下に示す．

① 騒音，振動の発生は，工事期間中に限定されるが，衝撃的で，大きい場合が多いため苦情が発生しやすい．

② 企業者，施工者側と住民側との感情的な問題を伴って発生するケースが多く，技術的手段のみでは解決がむずかしい場合がある．

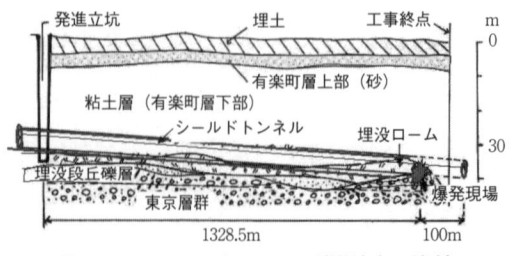

図7.6.1　シールドトンネル通過地点の地質

③ 騒音，振動の影響は，それを受ける人の年齢，性別，健康状態，生活様式などによって変わる．

④ また，騒音，振動の大きさ，周波数，発生状況，発生期間の長さ，発生時間帯，暗騒音，暗振動の大きさとの差などによって変わる．

b. 騒音，振動の影響

（i）騒音 建設工事で発生する騒音が人に与える影響は，「うるさい」，「不快だ」といった聴取妨害や睡眠妨害などの心理的，情緒的な影響が主体であり，最近の通常の作業条件下では，聴力低下や頭痛など生理的に重大な影響を及ぼすことは少ない．また，騒音は，養牛，養豚，養鶏などへの影響もある．騒音レベルが50～55 dBで20%の人が睡眠に支障が生じ，読書や思考の妨害の訴え率が10%となるとの調査結果が報告されている．

（ii）振動 振動の影響は，人に対する心理的影響，構造物や精密機器への影響，騒音と同様に養牛，養豚，養鶏，養魚などへの影響，埋設物などへの影響があげられる．振動は体感するほかに，家の戸やガラスがガタガタ鳴るために，振動を間接的に感じる場合もあり，振動レベルが60 dBを超えるとやや感じるとの訴え率が50%程度となり，浅い睡眠に対して影響が出始める．

振動による構造物への影響については，振動速度で評価するほうがよく，振動速度が1～2 kine（cm/s）程度以下であればほとんど影響はない．振動の精密機器への影響については，機器によって振動の許容値（変位，速度，加速度）が決められているものもあるが，一般には許容値が明確でないものが多い．

（iii）低周波音 低周波音は，一般には周波数が1～100 Hz程度の空気振動をいい，建設工事のなかでは発破により発生する可能性が高い．遠方まで伝搬し，家屋を揺らしたり，窓ガラスや建具などを振動させ問題となることが多い．

c. 法規制

騒音，振動については，それぞれ騒音規制法，振動規制法が施行され，具体的な規制は施行令，施行規則，告示などによってなされている．さらに，地方公共団体が条例を設け規制，指導を行っている．

騒音規制法では，建設工事に伴い騒音を発生する作業を特定建設作業（杭打ち機，空気圧縮機，コンクリートプラント，バックホウなど）として政令で定め，事前の届出および規制基準値（85 dB以下）の遵守を義務づけている．

振動規制法でも，建設工事で行われる作業のうち，著しい振動を発生する作業を特定建設作業（杭打ち機，鋼球を利用して建築物などを破壊する作業，ブレーカなど）として政令で定め，事前の届出および規制基準値（75 dB以下）の遵守を義務づけている．

また，工場および事業所において著しい騒音，振動を発生する施設を特定施設として指定しており，建設工事に関係のある施設もあるので注意が必要である．

なお，地方公共団体の条例では，特定建設工事以外の建設作業についても騒音，振動に関する規則が定められている場合や，また規制基準値も上乗せ基準（法律の基準よりも厳しい基準）が定められている場合が多い．

一方，トンネル工事や明かりの岩盤掘削工事に伴う発破作業では，騒音，振動が大きな問題となりやすいが，騒音規制法，振動規制法の規制対象になっていない．しかし，火薬類取締法により地方自治体から火薬の消費許可を得る必要があり，許可申請に際して周辺住民からの発破に対する同意書を添付することを義務づけている場合が多い．この同意を得る説明の際に，騒音規制法，振動規制法で定められた規制値が準用されることが多い．

d. 対 策

騒音，振動対策は，①事前調査，②予測，③防止対策，④計測管理，⑤評価の手順で進められる．

（i）予測 騒音，低周波音の予測の場合は，音源の位置，大きさ，予測地点（受音点）の位置が決まれば，音の伝搬媒質が空気であるため，伝搬経路上の距離減衰，障壁による回折減衰

や反射などはよい精度で予測計算できる．

音源の大きさは，建設機械から発生する騒音，低周波音は過去の測定データ，メーカ測定値などから想定する．発破については，発破の規模や発破方法の関係でまとめられた資料もあるが，音源での音の大きさが明らかではないため，工事の初期段階で試験発破を行って予測することが多い．

振動の予測は，騒音の予測と異なり，伝搬経路の媒体が地盤であるため，地盤特性の違いや伝搬性状の複雑さから精度よく予測することがむずかしい．

建設工事用機械から発生する振動の伝搬予測には，次式がよく使われる．

$$VL_r = VL_{r_0} - 20\log(r/r_0)^n - 8.68\alpha(r-r_0)$$

ここで，VL_r は振動源から $r(m)$ 離れた受振点の振動レベル，VL_{r_0} は振動源から $r_0(m)$ の基準点の振動レベル，α は地盤の内部減衰係数，n は幾何減衰係数である．

一方，発破振動については，機械による振動値とは異なり，一般の構造物に対する影響が振動速度とよく対応することから，振動速度を予測することが多く，一般に次式が使われる．

$$PPV = K \cdot W^m \cdot D^n$$

ここで，PPV は発破位置から $D(m)$ 離れた地点の振動速度（kine または cm/s），K は発破係数（発破方法，爆薬の種類，伝搬経路などによって異なる），m は $0.5 \sim 1.0$，n は $-1 \sim -2$ である．

なお，人に対する影響を表す振動レベルへの換算には，つぎの理論式が使われる．

$$VL = 20\log PPV + 91$$

ここで，VL は振動レベルである．

発破振動のように継続時間の短い衝撃的な振動波形に対しては，91 よりも 81〜84 の値が実測値とよく対応する．

(ii) 防止対策 防止対策には，①発生源での対策，②伝搬経路上での対策，③受音点，受振点での対策の三つの対策がある．

騒音，振動の発生源は，発破を除くと建設機械が主であるため，発生源での対策としては，低騒音，低振動型建設機械・工法を採用することが基本である．空気圧縮機や発電機などのように，定置機械を使用する場合には，周辺への影響の少ない場所に設置し，防音ハウスを設けるなどの防音対策も行う．また，建設機械の整備，適正使用も重要である．

伝搬経路上での騒音防止対策としては，防音壁，防音扉，防音シートなどの障壁による方法がある．これらの対策による騒音の低減量は，障壁による回折減衰，透過損失から求められる．

振動防止対策として，伝搬経路上に空溝を設ける方法がある．空溝の振動低減効果は，振動の波長に対する溝の深さに関係しており，溝の深さを振動の波長の 1/4 とした場合，6 dB 程度低減するとされている．実際には，溝の端からの振動波の回り込みがあり，実施費用対効果の面ではメリットが少ない．

発破の騒音，振動，低周波音対策としては，発生源対策が基本である．発破により発生する騒音，振動，低周波音の最大値は，同時に爆発する爆薬量と爆薬の種類（爆速が速いか遅いか），伝搬経路中の自由面の有無などにより異なる．

たとえば，トンネル発破の場合の発生源対策として以下の方法がある．

① 同時に爆発する爆薬量を低減する．これには，雷管の段数を多くして，段あたり爆薬量を低減する方法があり，最近は IC 雷管の使用により 200 段まで可能である．
② 発破規模を縮小する．これには，一発破進行長を短くする方法と分割発破とがある．
③ 心抜き発破に自由面を増やす方法（連続溝や大口径孔の穿孔）を用いる．
④ 爆薬の種類を爆速の遅い制御発破用爆薬やコンクリート破砕器に変更する．
⑤ 機械掘削（TBM，自由断面掘削機，スロット削孔機など）を併用するか，機械掘削で施工する．

そのほかの発破騒音，低周波音対策としては，坑口に開閉式の防音扉を設ける方法が有効である．

(iii) その他の対策 前述のように，騒音，振動の問題は，企業者あるいは施工者側と住民側との感情的な要因を伴って発生するケースが多い

ため,技術的対策のみでは解決がむずかしい場合がある.このため,地元住民に対して日ごろから工事概要および採用している騒音,振動防止対策,測定値などについて十分な説明を行い,コミュニケーションを深めておくことも大切なことと思われる.

7.7.2 大気汚染
a. 発生源と特徴

(ⅰ) 有害ガス　建設工事で発生する有害ガスの発生源としては,建設機械・運搬車両の排気ガス(CO, NO_x, ばい煙),発破の後ガス(CO, NO_x),自然発生ガス(CH_4, H_2S),酸欠空気などである.これらは局部的で一過性の発生であるため,周辺地域全体に継続して影響することは少ないが,作業環境としての影響は大きく健康被害を生じることもある.

有害ガスの許容濃度については,日本産業衛生学会や米国産業衛生専門会議(ACGIH)で規定している.

(ⅱ) 粉じん　粉じんの発生源は,地盤・岩盤の掘削および掘削ずりの運搬,コンクリート吹付けやコンクリート表面処理,土工事・解体工事などである.粉じんの成分は土粒子,セメントやフライアッシュ,建設機械のばい煙である.解体工事の場合は一時的であるが,山岳トンネルや大規模な造成工事では長期間続くことが多い.周辺住民に対して,生活環境や栽培作物に影響を及ぼす場合がある.

b. 法　規　制

有害ガスに関係する法規制として,大気汚染防止法,道路運送車両法などがあるが,建設に伴って発生するガスに対して直接適用されるものではない.大気汚染防止法では,ばい煙,粉じん,有害物質の3種類を規制している.一定規模以上のばい煙発生施設は届け出対象施設となり,ディーゼル発電機,ボイラ,焼却炉などが該当する場合がある.

排出ガスについては,国土交通省では,トンネル坑内作業環境の改善や機械化施工が大気環境に与える負荷の低減を目的として,建設機械について「排出ガス対策型建設機械」として型式指定し,排出ガスの基準値を策定している.

粉じんにかかわる法規制としては,作業者の粉じん障害(主としてじん肺)を防止するため,じん肺法,粉じん障害防止規則が施行されている.同規則では24種の粉じん作業を定め,有効な対策ができるものを特定粉じん作業として対策方法を規定している.さらに,トンネル工事では,厚生労働省から「ずい道等建設工事における粉じん対策に関するガイドライン」が策定され,上記の法規制と一体化した総合的な粉じん障害防止対策が示されている.

c. 防止対策

有害ガスの防止対策としては,排ガス対策型建設機械や排出ガス浄化装置の使用,低硫黄分燃料の使用,機械の効率的運転と点検整備の励行などがある.

また,トンネル工事に伴う自然発生ガス対策としては,送風による発生ガスの希釈と坑外への排出,ガス抜きボーリングによる排出,注入工法によるガス発生量の低減などがある.

粉じんの発生源対策としては,作業現場の散水や清掃,湿式型機械の採用,粉じん低減剤の散布,コンクリート吹付けにおいては粉じん低減剤の添加や粉じん抑制型吹付け方式の採用などがある.

また,発生した粉じんに対して,トンネル工事では換気による希釈や集じん機の設置が有効であり,明かり工事では発生場所をシートかパネルで囲う方法がある.また,作業者の保護対策として防じんマスクの着用がある.

7.7.3 濁　　水
a. 濁水の発生源と特徴

建設工事による水質汚濁の原因物質は,ほとんどの場合が土粒子とセメントであり,おもに問題となる法規制上の水質項目は,浮遊物質量(SS),水素イオン濃度(pH),ノルマルヘキサン抽出物質(油分)である.工事の種類と発生する濁水の特徴は,以下のとおりである.

(ⅰ) ダム工事　骨材製造プラントでは,

SSが50000 mg/l程度の高濃度の洗浄水が発生し，バッチャープラントの洗浄水やグリーンカット排水はpH 10～13の強アルカリとなる．濁水の発生量は100～500 m³/hである．

（ⅱ）トンネル工事 掘削に伴う地山からの湧水と穿孔作業などで使用する工事用水から構成される．これには掘削，ずり搬出に伴って発生する土粒子，コンクリート吹付け，コンクリート打設に伴うセメント分，骨材，機械類による油が含まれている．このほか，バッチャープラントの洗浄水もあり，骨材の土粒子，セメント分が含まれている．

SSは一般に200～10000 mg/l程度，pHは9～10以上となる場合が多い．重機類から漏えいする油により油分が10～15 mg/l程度になる場合がある．このほか，湧水が温泉水を起源にしている場合には強酸性を示すことがあり，まれに重金属が溶存していることもある．

排水量は坑内からの湧水量に大きく影響される．

（ⅲ）泥水を使用する工事 場所打ちくい，地下連続壁，泥水シールド工事など泥水を使用する工事では余剰の泥水が発生したり，工事終了時には不要となる泥水が多量に発生する．

SSは10～40%程度，pHは8～12程度である．

（ⅳ）薬液注入工事 地盤中に注入された薬液による地下水の汚濁の可能性がある．国土交通省は「薬液注入工法による建設工事に関する暫定指針，昭和49年7月」を定め，使用できる薬品を水ガラス系のものに限定している．また，水ガラス中のアルカリ成分に対して，地下水の監視（とくにpH）が義務づけられている．

（ⅴ）そのほかの工事 造成工事における降雨時の流出水や，ディープウェルなどの排水工事における地下水中の溶解鉄分が汚濁水となる．

b．濁水の影響

濁水は，水産物や農産物に対して影響を及ぼす．

SSは，魚のえらを傷つけたり，えら詰まりを起こしてへい死する原因となる．また，川底の水生植物にも影響する．農作物への影響として，水稲の根ぐされの原因となる．

c．法規制

河川などに排水を放流する場合，水質汚濁防止法が適用され，特定施設をもつ工場・事業場から公共水域に排水する場合の排水基準を定めている．バッチャープラントなどを設ける場合には，本法で定めた特定施設が規制の対象となる．

また，排水基準については総理府令で規定する排水基準以外に，より厳しい上乗せ基準を都道府県条例で定める場合がある．SSは25～50 mg/l以下，pHの範囲は5.8～8.6，油分濃度は1～5 mg/l以下程度に規制している場合が多い．

濁水を下水道に放流する場合には，下水道法が適用されるが，SSについては終末処理場で処理されて河川などに放流されるため，水質汚濁防止法より排水基準が緩い．

濁水を50 m³/日以上河川に放流する場合，河川法が適用され河川管理者への届け出が必要となる．

また，濁水から分離された汚泥や脱水ケーキは，廃棄物の処理及び清掃に関する法律（廃棄物処理法）の産業廃棄物として適用を受け，行政許可を受けた最終処分場で処分しなければならない．

d．濁水処理対策

濁水処理対策は，放流先の排水基準，原水の水量，水質などを考慮して，適切な設備と規模および維持管理方法を検討する必要がある．

（ⅰ）SSの除去 濁水中に含まれる砂礫は沈砂槽で除去する．細粒の土粒子分は，凝集反応槽で凝集剤を加えてフロック化して凝集沈降槽で沈でんさせる．凝集剤には無機系と有機系とがあり，無機系ではポリ塩化アルミニウム（PAC）がおもに使用される．

（ⅱ）pH調整 濁水はアルカリ性を呈することが多いため，pH調整を行うが，これには二酸化炭素または希硫酸を用いる．二酸化炭素は，多量に使用してもpH 5.5～6以下にならない，反応速度が速いなどの特徴があり通常よく用いる．なお，1日の使用量によっては高圧ガス保安法の規制を受ける．

(iii) 脱水処理 凝集沈降槽で沈でんした汚泥（スラリー）は，含水率が85%程度であるためフィルタプレスで脱水して含水率が35%程度の脱水ケーキとする．脱水ケーキは産業廃棄物であり，適正処理する．なお，脱水ケーキに石灰系の固化剤を混合処理して掘削ずりとともに埋戻し土に再利用する場合もある．

(iv) 放流 SSを除去し，pH調整して排水基準以下とした上澄水を放流するが，油分が含まれる場合には油分除去装置を通して放流する．

〈萩森健治〉

参 考 文 献

1) （社）産業環境管理協会：新・公害防止の技術と法規（騒音・振動編）〈2006〉, 2006.
2) （社）日本建設機械化協会：建設工事に伴う騒音振動対策ハンドブック, 2001.
3) 日本騒音制御工学会編：発破による音と振動，山海堂, 1996.1.
4) （社）産業環境管理協会：新・公害防止の技術と法規（大気編）〈2006〉, 2006.
5) （社）産業環境管理協会：新・公害防止の技術と法規（水質編）〈2006〉, 2006.
6) （社）日本建設機械化協会：建設工事に伴う濁水対策ハンドブック, 1985.
7) （社）日本トンネル技術協会：山岳トンネル工事における濁水処理設備計画の手引き, 2002.

7.8 盛土，切土斜面の植生

7.8.1 斜面緑化工の目的

人工斜面（のり面）は，土木工事などの開発行為により切土したり盛土して造成される．斜面は不安定な状況にあるので崩壊しないようにつくることが肝腎である．それには，地質状況に応じた安定勾配があり，安定勾配の斜面は崩壊する心配はないが，降雨や風化によって表層部分が崩れやすい状況にある．その対応として斜面の保護工が施工される．

斜面の保護工は大別すると，構造物による保護工と植生工がある．最近は，環境保護の観点から構造物による保護工は少なくなり，植生工が基本とされるようになった．植生工は緑化基礎工を併用することが多く，その場合は植生管理工を含めて緑化工という．

7.8.2 生育基盤の安定

緑化工の基本的役割は斜面を保護することであるが，斜面は環境・景観を構成していることにも十分な配慮が必要である．斜面のおかれている状況に対応できるさまざまな緑化工があるが，それらを活用するには植物の生育基盤の安定を図ることが基本である．

a. 留意事項

斜面を緑化しようとすると，以下の事項に配慮する必要がある．

① 造成された斜面は，降雨や表面流下水などによって侵食されやすい．
② 造成された斜面は，風化作用によって安定性が低下する．
③ 造成された斜面は，地下水の変動によって不安定になることがある．
④ 安定勾配が確保されていれば，斜面の安全率（F_s）は1.0以上であると判断できる．しかし，自然の斜面より急になっており，もとの斜面と比較すれば安定性は低下しているので，つぎの点に注意が必要である．a. 不均質な地質構成，きれつなどによって小崩壊が発生することがある．b. 切土砂面は，地山との境界部分から崩壊が発生することがある．c. 切土により地山の応力が解放され，斜面が崩壊することがある．
⑤ 切土斜面は，表層土がなくなり硬い心土が出現しているので，植物の生育条件を改善する必要がある．
⑥ 盛土斜面は，植生に適しているとはいえない土砂などで造成される場合がある．
⑦ 施工の時期および気象条件の違いなどによる植物への影響を考慮する必要がある．

b. 生育基盤安定のための対策事項

緑化工を適応しようとすると，生育基盤の安定を図るために，以下の対策を検討する必要がある．

(i) 小崩落抑止対策 のり肩およびのり中腹で生ずる小崩壊に関する対策が必要である．小

崩落抑止対策の必要ある場合には，簡易吹付のり枠工などを採用する（図7.8.1）．

（ⅱ）**緑化基礎工の採用**　表層土や生育基盤の安定を図るためには，緑化基礎工の検討が必要である．緑化基礎工には，のり枠，植生ネット，金網，柵などがある．

（ⅲ）**生育基盤の造成**　とくに，切土斜面では表面が硬く，栄養分が乏しい場合が多い．その場合は，肥料袋を併用した植生マットや植生基材の吹付けを行い，生育基盤の造成を検討する．

（ⅳ）**生育基盤の改善**　強酸性土壌など，植物の生育が困難な特殊土壌が存在することがある．その箇所には，土壌改良に関する検討が必要である．

7.8.3　斜面の侵食防止
a.　斜面の侵食

造成された斜面は降雨や表面流下水，浸透水の流出などによって侵食されやすく，リルエロージョン（rill erosion）やガリエロージョン（gully erosion）が生じ，斜面崩壊の原因となることがある（図7.8.2）．また，気温が0℃以下に低下する場所では，凍上によるエロージョンから崩壊の原因となることもある（図7.8.3）．さらには，風化作用によって固結度が弱くなり，花崗岩がマサ化するなど，岩であったものが土砂化して斜面が侵食されやすくなる場合がある．

b.　緑化工

緑化工による斜面の侵食防止は，植生による総合効果として認められる．植物による効果としてつぎの効果が考えられる．

① 植物が表土を被覆することにより，雨滴が直接表土を打たなくなる．
② 植物があることによって，表面水の流速を抑制する．
③ 植物の根系の生長によって，土壌緊縛力が強くなる．
④ 植物による保温効果によって，凍上が抑制される．
⑤ 植物が地表面を被覆することによって，太陽光線などによる風化作用が抑制される．
⑥ 保水性が高まるので流出量が減少し，流出時間が長くなる．

図7.8.2　雨水による表層のエロージョン
　　　　緑化基礎工（植生マット）でエロージョンは防止できる．

図7.8.1　左は植生基材吹付工，右は簡易吹付のり枠工

図7.8.3　裸地面の凍上
　　　　植生マットで凍上は軽減される．

c. 草本植物のはたらき

緑化工が斜面の保護目的に活用される場合は，侵食防止が主目的なので，発芽・生育の旺盛な植物が選定される．緑化工で使用される草本類の根系は，比較的浅い範囲（表層から20 cm程度まで）に広がる特徴があり，草本が斜面を被覆するとともに，草本の根が表層土を緊縛して侵食防止効果を発揮する．

d. 木本植物のはたらき

最近は，環境保全の高まりから，木本植物の導入に関心が高くなってきている．播種によって形成される木本群落は，自然の力が作用して有機的な関連性のある群落になる．また，木本植物の根系は草本植物と異なって，直根が生長するにつれて樹高が大きくなる特徴がある．根系の生長は風化した土層の緊縛力を高め斜面の安定に寄与する．

緑化工では，それぞれの特徴を生かし，侵食防止は主として草本植物，景観形成や斜面の防災性向上は主として木本植物と役割が分かれる．

7.8.4 土壌と生育基盤

土壌は植物に水分・養分を供給するとともに，根系の生長空間として植物の生育に必要なものである．切土斜面では，土壌がない場合は新たに生育基盤を造成する必要がある．

a. 土　　壌

植物が生育するには，土壌が必要である．その土壌は，固体・液体・気体で構成され，無機質の土粒子，有機質の腐植物，水分，空気，そして微生物も存在する．

b. 生育基盤

切土斜面は，表層の森林土壌が削りとられているので，植生基材の吹付けや植生マットなどによって，生育基盤を造成して緑化することになる．なお，生育基盤材は自然の森林土壌のもつ特性（透水性，三相分布，水分保持力，pH，硬度など）との比較，発芽・生育試験，さらには耐侵食性，耐久性などを十分に試験・検討して問題が少ないものを選定する必要がある．

c. 土壌硬度

土壌硬度は，取扱いの容易な山中式土壌硬度計を使用して測定され，緑化工法選定の基本的要素の一つである．道路土工のり面工・斜面安定工指針では，土壌硬度23 mm, 27 mm, 30 mmによる工法区分が示されている．土壌硬度が30 mm以上では，風化の程度ときれつ間隔が工法選定に深いかかわりがある．

d. 土壌酸度（pH値）

植物の必須元素の多くは，土壌溶液中の水素イオン濃度を示すpH値で可給度が変わるので，pHを調べる必要がある．強酸性土壌（特殊土壌）のように，pH値が適正でない土壌は植物の成長に適さないので，改良して適性値にする必要がある．

7.8.5 緑化目標

a. 緑化目標

緑化目標は，緑化工を活用して形成しようとする植物群落のことである．これまでは，草本群落を形成し，施工後1年間程度植生が維持できれば，斜面の侵食防止目的は達成できたものとして扱われてきた．また，その後の植物群落形成（緑化目標）が問題となることは少なく，自然にまかせておけば，植生遷移によっていずれは自然植生が回復されるものとされてきた．

緑化目標は，必ずしも施工直後に形成される植物群落を指しているとは限らない．とくに，木本類を導入して木本群落を形成しようとする場合は，木本類は草本類より発芽・生育が緩慢なので，早くても数年後に形成される植物群落が緑化目標となる．また，市街地に近い斜面では，草花類を導入したりして，まったく新たな景観を創造することが緑化目標となる場合もある．

今後の開発行為では，斜面が景観を創造する主要な要素であること，生態系を保全する貴重な部分であることなどに配慮する必要性が高まると考えられる．それに対応するには，斜面の緑化目標を明確にして緑化工を活用する必要がある．

b. 植物群落

植物群落は，ある種の単位性と個別性をもって

共生している植物群をさす便宜的な植生の単位のことである．緑化工では小高木・高木類主体の群落，低木類主体の群落，草本類主体の群落などに区分される（表7.8.1）．それぞれの群落の植物組成には多様性がある．最近は技術開発によって緑化工を応用して，さまざまな植物群落を実現することができる．これまでは，多くの場合が草本型や低木林型（落葉）であったが，要請の多様化と緑化工の開発によって，環境保全の観点から緑化目標を高木林型とする場合が増えてきている（図7.8.4）．

7.8.6 緑化植物種子の発芽・生育特性

緑化に使用される植物の種子を大別すると，木本種子と草本種子がある．春に播種すると，表7.8.2に示すような違いがある．

a. 草本種子

外来草本は発芽・生長が早いので，緑化工では侵食防止の目的に広く使用される．緑化工では価格が安いこと，施工できる期間が長いことも評価されている．生長が早く，そのため養分の要求が高いので，肥料効果が少なくなると退色・衰退することがある．

在来種には，種子の採取・流通システムが整備されていないものが多くある．また，外来草本と比較すると発芽・生育条件が厳しく，施工時期と播種適期が異なる場合には，よい結果が得られない場合がある．種子の確保と施工時期には，注意が必要である．

b. 木本種子

木本種子は，適切な時期に採取されたものを使用しなければならない．また，種子の保存状態が発芽に影響する．使用されることの少ない種子は計画的に採取し，適切に保存して使用する必要がある．

c. 混播の問題

木本類は草本類より発芽・生育が遅いので，混合して播種する（混播）と木本植物は草本植物に被圧されて生長できない場合が多くある．また，草本植物と木本植物では養分の種類と養分を必要とする時期の違いがあるので，肥料の量と種類（性質）を制御しなければならない課題がある．種子ごとの発芽・生育特性がわかると，混播して

表7.8.1 緑化目標の群落タイプ

緑化目標の型	目標の外観	適用箇所の条件
高木林型（森林型）	高木性樹木が主体の群落	・周辺が樹林 ・自然公園内など
低木林型（灌木林型）	低木性樹木が主体の群落	・周辺が樹林 ・周辺が農地など
草地型（草本型）	草本植物が主体の群落	・周辺が草地 ・周辺が農地 ・モルタル吹付面など
特殊型	特殊な群落，人為的群落	・周辺の景観や自然環境などに特別の配慮が必要な箇所など

図7.8.4 高木林型の緑化事例（発芽初期）

表7.8.2 種子の発芽・生長特性

種類	外来草本（例クリーピングレッドフェスク）	木本（例ヤシャブシ）
発芽	播種すると1週間から10日で発芽する（発芽は早い）	播種すると発芽に数週間から1箇月以上，遅いものは数箇月かかる（発芽は遅い）
生長	生長が早く秋までに草丈は60 cm程度になる	生長が遅く秋までに樹高が30 cmになるものは少ない
生長期間	晩秋まで生長する（生育期間が長い）	初秋まで生長する（生長期間が短い）
肥料	窒素肥料を多く必要とする	窒素肥料は少なくてよいリン酸肥料が生長を促す

木本類を導入できる可能性が高くなる.

7.8.7 植生管理工

一般に，緑化工を施した斜面の場合，その施工後の維持管理作業がむずかしい状況にあることから，管理をしないことが多くある．しかし，植生管理工は，緑化工のなかで緑化基礎工および植生工と同じく大きな一つの柱として体系づけられている技術である．とくに，これからは質の高い緑化工が求められているので，つぎのような場合には緑化目標に合わせた適時適切な植生管理工が行われる必要がある．

a. 防災効果に不安が生じた場合

導入した植物が衰退したり，周辺からの植生の侵入が見られない緑化施工地においては，目標群落に近づけるための追肥，追播などの管理作業を植生状況に応じて早めに行い，植生の機能発現の回復を図る．

b. 目標群落を維持したい場合

おもに，草花や芝生などの特殊型の緑化目標を長く維持したい場合には，刈込，追肥などの管理作業を計画的に行う必要がある．

c. 被害防止や被害回復を図る場合

木本類の導入緑化では，ササ類などが周囲から侵入するなどによって樹木の生長が阻害されることがある．また，侵入してきたツル植物がからまって樹木に影響を及ぼすことがある．これらの被害を防止するには，侵入植物の除去やツル切り作業が必要である．さらに，病虫害対策や草食動物による食害防止が必要な場合には，ネット張りなどによる被害対策や被害回復のための管理作業が必要である．

〔津下圭吾〕

参 考 文 献

1) 小橋澄治，村井　宏編：のり面緑化の最先端，ソフトサイエンス社，1995.
2) 小橋澄治，村井　宏，亀山　章編：環境緑化工学，朝倉書店，1992.
3) 新田伸三，小橋澄治：土木工事ののり面保護工，鹿島出版会，1976.
4) 小橋澄治，吉田博宣，森本幸祐：斜面緑化，鹿島出版会，1982.
5) 亀山　章，三沢　彰，近藤三雄，輿水　肇編：最先端の緑化技術，ソフトサイエンス社，1989.
6) 倉田益二郎：緑化工技術，森北出版，1979.
7) (社) 日本道路協会：道路土工-のり面工・斜面安定工指針，1999.

7.9　そのほかの問題と対策

前節まで，個々の各種建設工事の形態に応じた地盤・地下水環境問題について述べられた．これに対し，個々のサイトでは問題がほとんど顕在化していなかった，あるいはその時点では認識されていなかったものが，広域かつ長期的視野で見た場合，時間の経過とともに自然環境や社会環境が大きく変化したり，事業が累積したりすることで，新たな地盤環境問題が発生する場合がある．

構造物の計画において，地下水と地盤について，単に水理学的もしくは土質力学的観点からの安定を見るだけでなく，多面的な機能を有する環境要素としての地下水と地盤との関係でとらえる視点が今後重要視されるものと見られる．

水環境の多面的機能について，新藤は水環境について図 7.9.1 のように五つの機能と三つの資源を例示している．これらの機能が地球環境の重要な要素を構成している．地下水は，水循環における一形態として，これら水環境のもつ多面的機能の一翼を担っているが，「地下水の容れ物」である地盤との相乗効果で，水質浄化などの機能も有している．

地盤は環境要素としての「地下水の容れ物」としての役割と図 7.9.1 の水環境に準じた機能を踏まえ，地下水との相乗効果で発揮する機能，さらに，人間社会，社会資本を支える基礎地盤かつ農作物・牧畜育成基盤などの地盤特有の機能・役割を加えた多面的な機能を有している．

地下水は前述のとおり，資源と環境要素の二つ

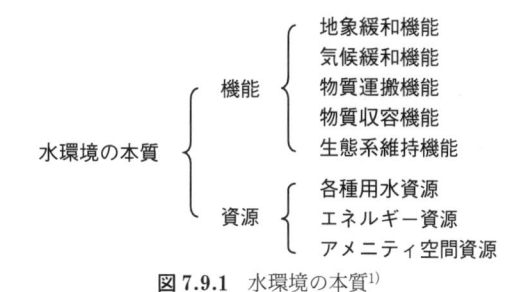

```
                         ┌ 地象緩和機能
                         │ 気候緩和機能
                  ┌ 機能 ┤ 物質運搬機能
                  │      │ 物質収容機能
                  │      └ 生態系維持機能
  水環境の本質 ┤
                  │      ┌ 各種用水資源
                  └ 資源 ┤ エネルギー資源
                         └ アメニティ空間資源
```

図 7.9.1　水環境の本質[1]

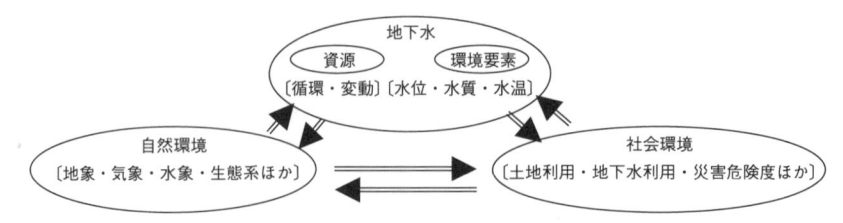

図 7.9.2 地下水と自然・社会環境の相互関係[2]

表 7.9.1 社会環境の変化と地下水・地盤環境問題

社会環境の変化		地下水・地盤環境変化	環境影響（機能障害）項目
都市化の進行 （森林農地減少・コンクリート被覆増加）	(1)	表面流出率増加	都市水害危険度増加
	(2)	地下浸透能低下	地下水涵養量減少（地下水位低下）
	(3)	地表面の高温化	ヒートアイランド現象促進
地下施設の過密輻輳化	(4)	地下水流動阻害	地下水流向・水位変化
	(5)	表層地盤振動特性変化	地盤の耐震性能変化
地下施設の大規模化・大深度化	(6)	大量の掘削土発生	運搬に伴う交通環境悪化，建設発生土の再資源化
土壌汚染対策の視点	(7)	汚染土壌の掘削搬出	搬出汚染土壌の浄化再資源化
地下水採取規制に伴う地下水利用減少	(8)	地下水位回復（上昇）地域における既設地下施設	地下施設（トンネル・地下街）内への漏水
	(9)	地下水位回復（上昇）地域における既設構造物基礎	構造物の浮き上がり（供用施設，解体時），支持力低下（地盤の不安定化）
	(10)	不圧地下水位上昇	液状化危険度増加

の側面があるとともに，図 7.9.2 の概念図に示すように，自然環境と社会環境との相互関係で成立している．地域特性である自然環境と社会環境は，経時的に変化する特徴があり，また，地下水は水位（水量）・水質・水温などで特徴づけられるが，水循環の一部として地下水流動系（涵養域・流動域・流出域）の中で，流動，かつ水位は変動（例：経年変動・季節変動ほか）しながら存在しており，ここに環境問題としての地下水のむずかしさが内在している．

地下水位・水圧変動と各種環境影響との定性的関係は把握できても，地下水位・水圧の変動量に対する環境的視点での評価指標は必ずしも確立していないのが現状である．これは，変動誘因の一つに自然誘因もあり，変動の許容範囲が地域特性（自然環境・社会環境）によっても大きく異なるので，一義的かつ全国共通には設定できないからである．

ここでは，表 7.9.1 に例示したおもに社会環境の変化に伴い発生する可能性のある建設事業と関連する地下水・地盤環境課題について概説する．

7.9.1 都市化に伴う都市水害危険度増加

都市化の進行は，森林や農地の減少と市街地の増加という土地利用変化としてとらえることができる．ここで，森林や農地は一般的に表面流出率が小さく，降雨保水機能と地下浸透能が高いことから，降雨を植生が一時的に保水（貯留）するとともに，地表に達した降雨のかなりの部分を地下に浸透させることから，地表を流下する水量はかなり抑制されるとともに，時間的にも分散する．

一方，都市化が進行して市街化すると，土地被覆は植生が減少して，表面流出率が大きく，降雨保水機能と地下浸透能が低いコンクリートなどで占められることから，降雨の排水が追いつかず，内水氾濫につながる可能性がある．実際，近年，大都市における地下街や地下鉄などでの湛水被害が頻発している．

総合治水として遊水地の設置，地下浸透施設の促進，地下河川の建設，流域河川の整備など，地域特性を踏まえた広域的かつ長期的視野にもとづいた総合的対策が必要である．

7.9.2 都市化に伴う地下水涵養量減少（地下水位低下）

地下水は広域流動系のもとに，涵養域・流動域・流出域を循環して存在する．とくに，涵養域での都市化は，森林や裸地・荒地などの減少に伴う相対的な地下浸透能の低下や農地（灌漑用水を表流水依存の水田）の減少に伴う灌漑水の地下浸透量が低下することから，広域流動系における涵養域での涵養量が減少する．

わが国では，涵養域に水田が展開している場合が多く，水田の減少が広域流動系の水収支に及ぼす影響は大きいが，影響の内容は表7.9.2に示すように，灌漑用水を表流水の農業用水に依存する場合と，地域内での地下水揚水に依存する場合とで，影響の内容が逆転する[3]ことに注意が必要である．すなわち，灌漑用水を表流水依存の水田地帯では，上述のとおり，水田の用途変更により，涵養量が減少し，地下水位も低下する．一方，灌漑用水を地下水揚水に依存する水田地帯では，水田の用途変更で併せて地下水揚水量も減少することから，相対的に域内での水収支はプラスに転じ，結果，涵養量は増加し，地下水位も回復（上昇）する．したがって，都市化に伴って涵養量が減少する水田とは，あくまでも表流水（農業用水）に依存する水田に限った話である．

地域によっては，涵養域と，流動域・流出域が数十～100 km以上離れていることもあり，また，行政区画が異なることもあり，有効な対策が講じられることなく，流動域や流出域での深刻な地下水障害につながる場合がある．この問題では，広域流動系としての涵養域・流動域・流出域を含んだ流域単位での土地利用監視や制限などの総合対策が必要である．

7.9.3 都市化に伴う都市のヒートアイランド現象促進

都市化の気温変化を，東京を例に見てみると，東京の年平均気温は，気象庁資料によれば過去100年（1875～1985年）で2.9度上昇している．この間，全地球平均では0.5度程度といわれていることから，地球温暖化の影響もあるものの，ヒートアイランド現象と見るのが自然である．図7.9.3に，東京周辺での地上気温分布図（1980～1990年の夜間晴天時の平均値，22時の例）を示す．この図からも，郊外と都心とで3～4度の温度差があり，東京都心の高温傾向が都市特有の現象であることが裏づけられる．

ヒートアイランド現象は，図7.9.4の概念図に示すように，都市域（建物・工場）での各種エネルギーの人工排熱量の増加が主因と見られているが，土地被覆環境の変化，すなわち緑地・水面・裸地（地面露出）が減少して人工物（コンクリート材や鋼材）や舗装面が増加したことで，熱伝導率の関係から土地被覆面の平均温度が高温化し，かつ，土地被覆面の平均的な水分量が低下していることから，気化熱を踏まえた冷却機能も低下し，総合的に都市のヒートアイランド現象を促進する結果となっている．

ヒートアイランド現象下の都市生活者は，夏季

表7.9.2 水田形態の違いによる涵養域の水収支

水田の形態区分 （灌漑用水区分）	Step.1 水田存在時の水収支 （水田開拓前との比較）	Step.2 水田減少時の水収支 （Step.1との比較）	流動系内での地下水状況
灌漑用水を表流水依存の水田地帯	水田からの地下浸透分が水収支プラス	Step.1での水田からの地下浸透分が水収支マイナス	涵養量減少・地下水位低下
灌漑用水を地下水揚水依存の水田地帯	（地下水揚水量－水田からの地下浸透分）が水収支マイナス	Step.1での（地下水揚水量－水田からの地下浸透分）の水収支マイナス分が解消し，結果，水収支プラス	涵養量増加・地下水位回復（上昇）

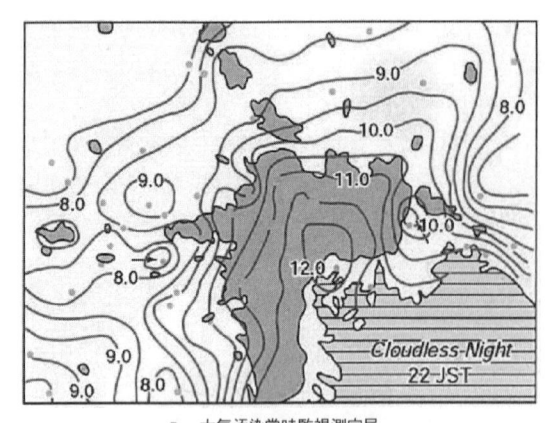

図7.9.3 東京都における地上気温分布（環境省, 2000）[4]
（1980～1990年の夜間晴天時の平均値, 22時の例）

の気温上昇に伴い，エアコン使用率が上がり，それに伴う排熱量も増加することから，ヒートアイランド現象がさらに促進されるという悪循環に陥っている．

ヒートアイランド対策は，その発生メカニズムから

① 人工排熱量の低減
② 地表面被覆の改善
③ 都市形態などの改善

に代表される[4]．このうち，地下水・地盤環境に関連するのは，2番目の「地表面被覆の改善」の項目である．この「地表面被覆の改善」としては，

① 都市域での土地利用配置の見直し（緑地・水面の回復・創造）
② 裸地（地面露出）での高含水化（表層地盤の入れ替え）
③ 高気温時の打ち水（散水）

などがあげられる．

ヒートアイランド現象による地表温度の高温化は，地温の深度増温特性にも影響する．地温は地表の年平均温度を原点に，深さ方向に線形的に増加する（約3℃／100 m）ことが知られている．また，地温分布は広域の地下水流動に影響することから，地表の温度変化が地下水流動に影響を及ぼす可能性を佐倉[5]によって指摘されている．

7.9.4 地下施設の過密輻輳化に伴う地下水の課題

地下水は，基本的に動水勾配にしたがって流下している．広域地下水場で，限定的規模の構造物が設置され地下水流動を阻害し，その構造物周囲の上流側直近で地下水位上昇，下流側直近で地下水位低下が起こっても，広域的視野からは，その影響をある程度許容できる場合がある．しかし，そのような構造物が同一帯水層内に，過密に設置されると，個々には許容できた影響が無視できなくなる場合がある．また，過密化してもある時点では影響が見られなかったにもかかわらず，自然

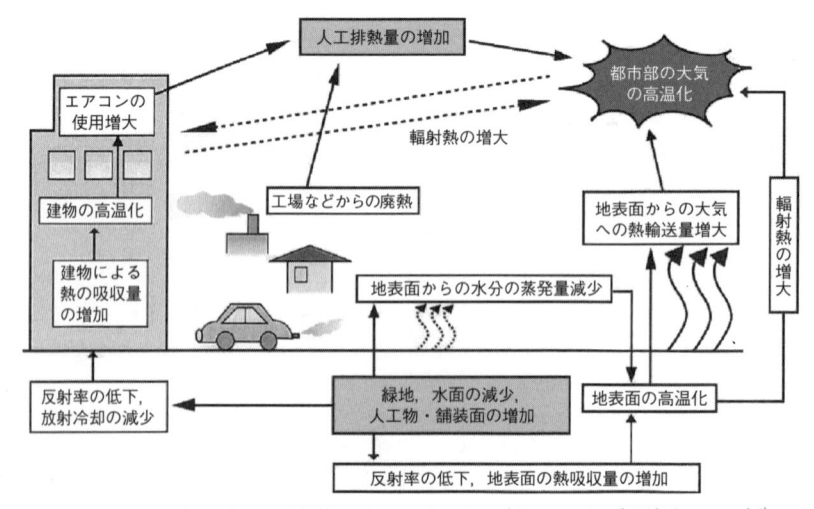

図7.9.4 ヒートアイランド現象はどのようにして起こるのか（環境省, 2000）[4]

表7.9.3 地下水位・水圧変動による地域特性に応じた環境影響例[2]

地域特性		水位・水圧変動区分	水位・水圧低下		水位・水圧上昇（回復）	
			不圧帯水層	被圧帯水層	不圧帯水層	被圧帯水層
自然環境	地盤	粘土層（圧密層）分布	地盤沈下			
		表層に緩い砂層	—	—	液状化危険度増大	
		帯水層（還元性地盤）	酸欠空気発生など化学影響			
		不飽和地盤	水浸沈下			
	土壌	湿潤土壌	湿性生態系減退 ヒートアイランド			
		乾燥土壌	—	—	乾性生態系減退	
	湧水	崖地，流出域，地層境界	湧水枯渇			
	地域	沿岸	塩水化（地下水質）		海水の淡水化（海中生態系影響）	
		斜面	—	—	斜面崩壊危険度増大	
社会環境	井戸利用地域		井戸枯渇など井戸障害		—	—
	既設構造物	構造物基礎地盤	—	—	浮力発生浮き上り・支持力低下	
		地下空間（トンネル・地下街など）	—	—	漏水量増加（排水処理必要）	
	新たな地下工事				地下水対策必要性増大	

環境の変化や社会環境の変化に伴って，流路・流向・地下水位変化・地下水質変化などの影響が顕在化してくる場合がある．

そのうち，たとえば地下水位（水圧）変化が，地域特性に応じて，各種環境影響を発生させる可能性を表7.9.3に示す．都市域における，地盤・地下水環境の影響評価では，十分に余裕を見た，すなわち，安全率を割り増しした評価が期待されるとともに，維持管理調査として，地域特性の変化を踏まえた設計条件における地盤・地下水環境の見直しが今後の課題である．

7.9.5 地下施設の過密輻輳化に伴う地盤の耐震性能変化

地下施設の耐震設計は，無限に広がる地盤と対象構造物との関係で行われるのが一般的である．構造物の数が限られていたり，隣接構造物との離隔距離が構造物の規模と地震基盤までの深度に比べ十分に離れている場合は，対象構造物のみでの検討でカバーできると見られるが，地下施設が過密・輻輳化し，しかも構造物が大規模・地下深部化していくと，地下構造物と地盤を一体化して考えた場合の固有振動数が変化する可能性があるし，伝搬地震動が構造物間での反射を繰り返し，状況によっては，共振して思わぬ増幅を見るおそれもある．今後，都市域での構造物の耐震設計においては，これら地盤・構造物系の振動特性変化や地下構造物間での地震動増幅の可能性も視野に入れていくことが課題となっている．

7.9.6 地下施設の大規模化・大深度化に伴う掘削土の大量発生

従来，土地造成やトンネル掘削などの建設事業では，敷地内もしくは事業内で切土（掘削土）と盛土の収支を合わせるのが基本であった．しかし，近年の地下施設の大規模化・大深度化にあたっては，利用空間を大きく確保するために大量の掘削土が発生して，それを敷地内で消化することができない可能性がある．また，建設サイトが郊外の台地部や地下深部の洪積層や岩盤に相当する場合も多く，そのまま掘削すれば良質発生材となるが，地盤・地下水条件や掘削土の運搬など，地下深部掘削の制約から泥水シールドを採用する場合もあり，その場合には掘削土は汚泥として発生

する可能性があり、再生資源の利用の促進に関する法律（以下「リサイクル法」という）を踏まえた、発生土の再資源化処理が求められている．

建設発生土の再資源化については、各種マニュアル[6]~[12]が整備されている．

7.9.7 搬出汚染土壌の浄化再資源化

2003年2月に土壌汚染対策法が施行され、わが国の土壌汚染対策が体系化された．土壌汚染が確認された場合、人の健康被害防止の観点から汚染物質の除去や封じ込めなどの汚染対策措置が義務づけられた．

土壌汚染対策法における、汚染対策措置の概要を表7.9.4に示した．直接摂取防止の観点からも地下水経由での摂取防止の観点からも、土壌入換え・汚染土壌の除去が長期的に見て好ましく、このなかでは、汚染土壌を掘削場外搬出後にセメント工場でセメント原料化する再資源化などが行われている．

7.9.8 地下水位回復（上昇）地域における既設地下施設

地下水採取地域では、過剰揚水によって大幅に地下水位が低下し、地盤沈下によって海抜ゼロメートル地域が出現するなど、深刻な地盤被害が発生した．そのため、工業用水法・ビル用水法や地盤沈下防止等対策要綱などの地下水採取規制が実施され、その政策が功を奏して、かつての地盤沈下地帯での地下水位が大幅に回復している．東京では最大で50m近く、大阪では最大で30m近く低下した地下水位が、最近では低下以前のレベルまでおおむね回復している模様である．この地下水位変動の経緯の影で、地下水位が低い当時、地下水位を考慮しない地下構造物の設計施工がなされ、それが、地下水位回復によって、地下施設内への漏水や後述する構造物の浮き上がり、基礎支持力低下による不安定化などの新たな問題が発生している．

供用中の鉄道トンネルや地下街への漏水は、湛水によって鉄道の走行不能や地下街浸水被害を生じることから、施設の機能維持のためには、排水もしくは漏水防止対策を講じる必要がある．

既設構造物の漏水防止は、技術的かつコスト上の制約から採用がむずかしく、都市下水への排水で対応するのが現時点では一般的である．しかし、下水への排水は膨大な下水道使用料金が継続的にかかり、経済的負担が大きい．一方、都市域には都市河川や堀・池などの汚濁が近年とくに目立ち、浄化対策が懸案となっている地域が存在している．

このように、同一地域内で、トンネル漏水で湧出した清浄な地下水排水の処理に苦労している立場と、汚濁都市河川の浄化のニーズがあり、両者の思惑が一致して、トンネル湧水を汚濁都市河川などに放流して、浄化に一役買う環境用水利用が最近見られるようになった．JR東北新幹線上野駅周辺トンネル内漏出水による不忍池浄化、JR総武線東京駅周辺トンネル内漏出水による立会川浄化、地下鉄日比谷線恵比寿駅周辺トンネル内漏出水を渋谷川・古川に導水して水量を確保した河川環境再生などの事例が報告されている（東京都ホームページ）．

環境用水利用は、現状での次善の策である一方、漏水が継続することは、周辺地下水圧が減圧していることを意味し、地盤変状など、ほかの影響出現を否定できない．既設構造物の安価、かつ確実な止水技術の開発が期待される．

7.9.9 地下水位回復（上昇）地域における既設構造物基礎

前述のとおり、かつての地盤沈下地帯での地下

表7.9.4 人の健康被害防止の観点からの汚染対策措置の種類（土壌汚染対策法）

措置の観点		措置の種類
人の健康被害防止	直接摂取防止	立入禁止、舗装、盛土、土壌入換え（掘削浄化埋戻し・掘削除去・良質土埋戻し）、汚染土壌の除去（掘削除去・原位置浄化）
	地下水経由摂取防止	原位置不溶化・不溶化埋戻し、原位置封じ込め、遮水工封じ込め、遮断工封じ込め、汚染土壌の除去

水位回復によって，設計施工で地下水位の存在を考慮しなかった構造物が，地下水位上昇に伴う浮力（揚圧力）の増加や支持力低下によって不安定化する事例が報告されている．浮力の増加には，構造物内に錘を詰めて荷重増加を図ったり，アンカーで固定する方法がとられ，支持力低下には逆に軽量化もしくは地盤改良による支持力増加が考えられる．

7.9.10 不圧地下水位上昇に伴う液状化危険度増加

上記で，自然環境や社会環境の変化によって，表層の不圧地下水位が想定外に上昇する場合があることを紹介した．地域特性で表層地盤がゆるい砂地盤の場合には，地下水位が浅くなると，地震時に液状化が発生しやすくなる．表層不圧地下水位の上昇に伴う，地震時液状化危険度の増加については，土木学会関西支部での検討事例[13]がある．この事例研究では，地下水位が3m異なる場合について，液状化発生マップを作成比較検討し，液状化発生に伴う被害額増加を試算し，液状化防止対策の必要性を提案している．液状化防止の観点からは，液状化危険度の高い地域についての地下水位低下対策が考えられるが，広域かつ恒久的液状化対策として採用するには，新たな地盤沈下発生が生じない検証が同時に必要であるとともに，経済的負担も大きいことから解決すべき課題が残っている．

（中村裕昭）

参 考 文 献

1) 新藤静夫：開発による水環境への影響評価―その基本的事項―，平成13年度環境アセスメント部門別研修会テキスト，（社）日本環境アセスメント協会，2001.
2) 中村裕昭：地下水位変動と環境影響，第39回地盤工学研究発表会（新潟），2004.
3) 中村裕昭，橋本陽子，大塚文哉：関東平野北部地域における水田による浅層地下水かん養機能評価の試み―貯留タンクモデルによる水収支―，応用地質，**45**(5), 224-237, 2004.
4) 環境省パンフレット：ヒートアイランド対策の推進のために，2000.
5) 佐倉保夫：気候変化に伴う地下の熱環境変化，陸水学雑誌，**61**(1), 35-49, 2000.
6) 土木研究センター編：建設発生土利用技術マニュアル（第3版），2004.
7) 土木研究センター編：発生土利用促進のための改良工法マニュアル，1997.
8) 建設副産物リサイクル工法推進協議会編：よくわかる建設リサイクル（平成18年度版）――総合的建設副産物対策，2006.
9) 混合補強土の技術開発に関する共同研究報告書―気泡混合土利用技術マニュアル―，土木研究所共同研究報告書 No.170, 1997.
10) 混合補強土の技術開発に関する共同研究報告書―発泡ビーズ混合軽量土利用技術マニュアル―，土木研究所共同研究報告書 No.171, 1997.
11) 混合補強土の技術開発に関する共同研究報告書―流動化処理土利用技術マニュアル―，土木研究所共同研究報告書 No.172, 1997.
12) （社）土木学会関西支部・地下水制御が地盤環境に及ぼす影響評価に関する調査研究委員会編：地下水制御が地盤環境に及ぼす影響評価，2002.

8. 地盤の汚染と対策

8.1 地盤汚染の歴史的経緯

8.1.1 地盤汚染と法制度の変遷

わが国の土壌汚染は、渡良瀬川流域の銅汚染、神通川流域のカドミウム汚染や土呂久のヒ素汚染など、鉱山由来の農用地汚染に始まる。なかでも1881年の国会でとりあげられた足尾鉱毒問題は、中等教育の教科書にも紹介されている典型的な土壌汚染事例である。このように、重金属類による土壌汚染は、いちばん早くから指摘されてきた環境問題であり、その後も農作物への影響や神通川流域のカドミウム汚染による人体影響（リウマチあるいは骨軟化症）などが顕在化するにいたり、1970年に「農用地の土壌の汚染防止等に関する法律」が定められた。

農用地に加えて、工場跡地の再開発や水質汚濁防止法にもとづく地下水質の常時監視により、市街地の土壌汚染も明らかになっている。1970年には、東京都の鉱滓埋立跡地で六価クロム汚染が顕在化し、さらに筑波研究学園都市に移転する国立研究機関の跡地から数多くの土壌汚染が発見されるなど、市街地土壌汚染が引き金となり、1991年に土壌環境基準が制定された。土壌汚染とともに地下水汚染については、1982年に実施した環境庁地下水汚染調査により、トリクロロエチレンなどの揮発性有機塩素系化合物による全国規模の地下水汚染が契機となって、水質環境基準、土壌環境基準の改正に加えて、1997年には地下水質環境基準が制定された。

環境基準の制定と強化に伴い、重金属類と揮発性有機化合物に分けて調査・対策指針が策定されている。こうした法制度のもとで汚染の有無を判定するのは、土壌環境基準であり、浄化対策の実施も浄化目標も土壌環境基準であった。その一方で、環境基準を満たすことのできる修復技術は存在するのであろうか。確かに技術としては開発・実用化されているが、環境基準を満たすには長い時間と多額の経費がかかる。

土地取引には土壌調査は不可欠な契約事項になり、汚染が発見された場合には修復対策の実施や契約そのものを解除する、などが盛り込まれつつある現状にあって、技術的にも、経費の面からも、環境基準の達成がむずかしいとなれば、市街地中心に位置する一等地でも汚染が放置される可能性がある。さらに、コスト軽減を追求するあまり、水面下での対策で、結果として汚染を助長したり一般環境へ汚染を拡散させる恐れもある。

こうした背景から、汚染地の管理状態や地下水の利用形態に即した、現実的で実効のあがる土壌地下水保全対策として、2003年2月に土壌汚染対策法（2002年5月制定）が施行された。この新しい法制度には、汚染土壌の直接摂取と地下水摂取のリスク管理をベースに、汚染土壌の浄化に加えて土地利用状況に応じた大きな経費負担を伴わない柔軟な健康リスクの低減措置が含まれている[1]。さらに、産業由来の汚染として対策に苦慮してきた油類の土壌汚染についても、2006年3月に生活環境保全の立場から油汚染対策ガイドラインが策定された。

8.1.2 汚染の背景

土壌地下水汚染を含めて有害物質による環境汚染が顕在化するたびに、なぜ汚染されるのか、が問われる。汚染原因となった行為や活動が明らかになるに伴って、汚染物質の製造や使用を止め、代替物質を導入することが多い。これまでに約1000万種の化学物質が産み出され、現在工業規模で生産されている物質だけでも数万種に上ると

いわれている．化学物質は人間にとって有用であるから生産され，使用するのであるが，人工的に合成された物質には自然界にもともと存在しなかったり，分解されにくく，生態系に何らかの影響を及ぼすものもある．

こうした化学物質をとりまく環境問題は，この30年間に大きく変貌した．昭和40年代の有機水銀やPCBによる環境汚染は深刻な健康被害をもたらした．これに対して，昭和50年代に入ると，トリクロロエチレンなど揮発性有機塩素化合物による地下水汚染，トリブチルスズ化合物やダイオキシン類による底質・生物汚染など，環境汚染がつぎつぎに顕在化しているが，生態系に影響を及ぼす可能性は指摘されていても，これと直接結び付く明確な被害は見いだされていない．

さまざまな有害物質のなかで，ダイオキシン類は自然界にも存在するが，多くは化学物質の製造過程や廃棄物の焼却処分の過程で非意図的に生成されている．土壌や底質といった身近な生活環境から全国規模で検出されたため，1999年にダイオキシン類対策特別措置法が制定された．ダイオキシン類は生物濃縮され食物摂取など，さまざまな経路で曝露されるため，耐容1日摂取量は4 pg-TEQ/kg/日と定められている．しかも，それぞれの媒体での総量が耐容摂取量を超えないよう，大気 0.6 pg-TEQ/m³，土壌 1000 pg-TEQ/g，地下水や河川などの表流水 1 pg-TEQ/l，底質 150 pg-TEQ/g という厳しい値が環境基準として定められた．

1例として，図8.1.1には揮発性の高い有機塩素化合物の環境への侵入経路を描いている．使用された物質の一部は，排ガスとして大気へ直接放出されているし，廃棄物や排水の不適切な土壌処分は土壌や地下水に直接侵入していくことになる．さらに，環境中でどのような経路を経て移動しても，図中の矢印をたどれば，最終的には土壌や地下水環境に到達していることがわかる．この土壌や地下水といった地下環境は，もともと有機物が少なく微生物活性が低い．さらに，水や物質の移動速度は表流水に比べて格段に遅いため，難分解性の化学物質は長く残留する傾向がある．そ

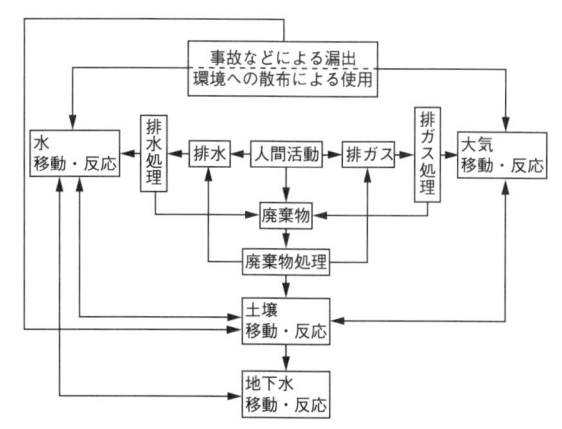

図8.1.1 揮発性の高い有機塩素化合物の環境への侵入形態

のため，先進諸国を中心に顕在化している有害化学物質による土壌や地下水の汚染は，これまでに経験した環境汚染のなかでも最大規模の汚染に発展している．

8.1.3 汚染物質の検出状況
a. 地　下　水

地下水の汚染には，人為由来・自然由来，有機物・無機物，微生物など，さまざまな要因が関係している．こうした有害物質による地下水汚染状況が全国規模で明らかになったのは，1982年の環境庁（現在の環境省）調査である．この調査では，東京や京都など大都市と地域的なバランスを考慮して全国15都市から1360検体の地下水を採取し，トリクロロエチレンやテトラクロロエチレンなど，揮発性有機塩素化合物を中心に18物質が分析された．この調査でもっとも検出率の高かった物質は硝酸性窒素であり，約80％の試料から検出され，10％が水道水質基準値（10 mg/l）を超過していた．ただ硝酸性窒素以上に注目されたのは，発がんの恐れのあるトリクロロエチレンやテトラクロロエチレンであった．

1982年の環境庁調査に引き続き，全国規模で地下水汚染モニタリングが継続されている．トリクロロエチレンなどの揮発性有機塩素化合物の基準超過率を図8.1.2に，硝酸性窒素の基準値超過率を図8.1.3に示した．両者を比較すると，トリクロロエチレンなどは2004年までに調査された

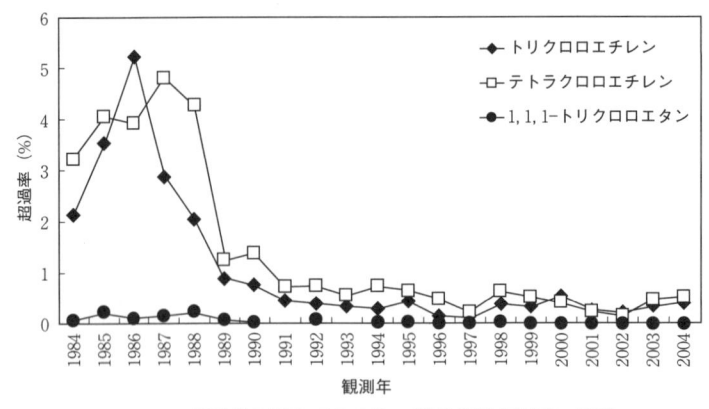

図 8.1.2 揮発性有機塩素化合物の環境基準超過率の推移

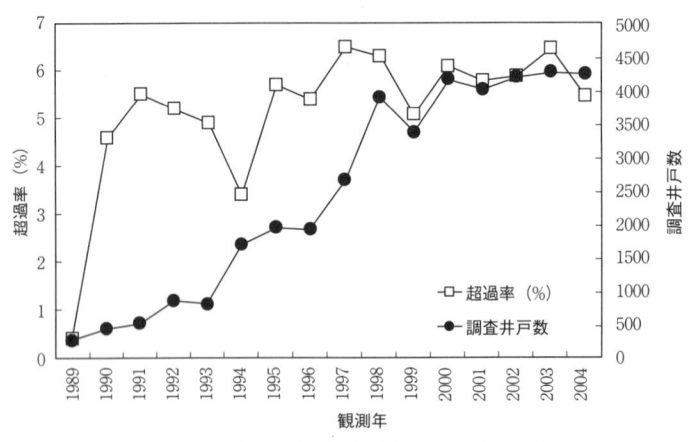

図 8.1.3 硝酸性窒素の環境基準超過率の推移

81400検体のうち，基準超過率は平均約1.4%であるのに対して，硝酸性窒素は39300検体のうち，約6%が基準値を上回っている．さらに，調査の始まった当初には，2～5%の試料でトリクロロエチレンやテトラクロロエチレンの基準を超える汚染が見つかっていたが，最近では1%以下にまで低下している．一見，地下水汚染は改善しているようにも思えるが，調査方法は毎年調査井戸を変えてモニタリングしている概況調査である．この結果は，汚染物質の使用量の多い工業地域や都市域での調査が一段落し，最近では汚染の可能性の少ない地域にまで調査が進んできたからにほかならない．これに対して，現在顕在化している地下水の硝酸汚染は，農地に施用された窒素肥料が原因と見られている．つまり，硝酸汚染の供給源は面的に広がりをもつことになり，工場由来のトリクロロエチレンなどとは異なり，汚染範囲は格段に広くなるとともに，基準超過率は容易には低下しないことになる[2]．

b. 土　壌

鉱物資源の多くは，地殻変動や熱水挙動の偏在によって形成され，高濃度に濃縮された元素を資源として利用している．そのため，含有量の多寡を別にすれば，大抵の金属元素は土壌に含まれていると考えてよい．ヒ素や鉛は溶出基準値で$0.01\,\mathrm{mg/l}$とかなり低いところに設定されており，事実，自治体調査でも高濃度ヒ素汚染の多くは自然由来と判定されている．

工場敷地内の土壌汚染をはじめとして，工場跡地や市街化地域の再開発など，土地の売買や形質変化に伴い数多くの土壌汚染が発見されている[3]．2003年度末までの調査・対策事例につい

て，累積の調査事例数は2802件，超過事例数は1458件に上っている．図8.1.4に示したように，土壌汚染調査事例数は土壌環境基準が設定された1991年以降増加傾向にあり，しかも土壌汚染対策法が施行された2003年2月を含む2002年度に急増していることがわかる．超過事例1458件を溶出基準項目別にみると，重金属類では鉛550件ともっとも多く，ヒ素427件，六価クロム236件，フッ素210件，総水銀176件が続き，揮発性有機化合物ではトリクロロエチレン327件，テトラクロロエチレン289件，これらの分解生成物であるシス-1,2-ジクロロエチレン205件，ベンゼン101件の順となっている．

また，超過事例1458件の大部分は私有地であり，工場・事業場の敷地や跡地が96.4％を占める．業種区分では，累積調査事例数のうち，電気機械器具製造業221件，金属製品製造業203件，化学工業138件，非鉄金属製造・鉄鋼業136件，洗濯・理容など131件などとなっており，これら業種で829件（29.6％）に上る．累積基準超過事例については，電気機械器具製造業135件，金属製品製造業126件，非鉄金属製造・鉄鋼業94件，化学工業90件，洗濯・理容など75件と続き，これら業種で520件（35.7％）を占める．さらに，2006年2月現在で法第3条にもとづき104件が指定区域として指定され，法第4条にもとづき4件の調査命令が発出されている．

現在，顕在化している土壌や地下水の汚染は，過去の行為に由来しており，汚染物質の供給源など汚染原因を除いてもすぐには汚染状況は改善されない．土壌地下水汚染は蓄積性の汚染であることが最大の特徴であり，その意味でも汚染された土壌地下水の対策は，原位置から汚染物質の除去・無害化を行うことが基本である．ただ，米国のスーパーファンドサイト[4]やわが国の汚染現場で用いられている技術[3]を見ても，多種多様な汚染物質ときわめて地域性の強い地質状況に対して，画一的に修復できる技術は存在しない．効率的な修復対策を実施するためにも，汚染物質の物理化学特性を踏まえた地域地盤環境中での挙動特性を的確に把握しておくことが必須である．

本章では，これまでに説明した地盤環境汚染の特徴を踏まえて，汚染機構から修復対策まで，最新の研究成果と技術開発の動向を紹介する．

〔平田健正〕

参 考 文 献

1) 平田健正：地下水学会誌，**44**(4)，317-323，2002．
2) 平田健正：地下水技術，**42**(9)，42-51，2000．
3) 平田健正：廃棄物学会誌，**14**(2)，85-92，2003．
4) たとえばUSEPA：The Superfund Innovative Technology Evaluation Program, Annual Report to Congress FY 1999, EPA/540/R-01/500, p.29 December 2000.

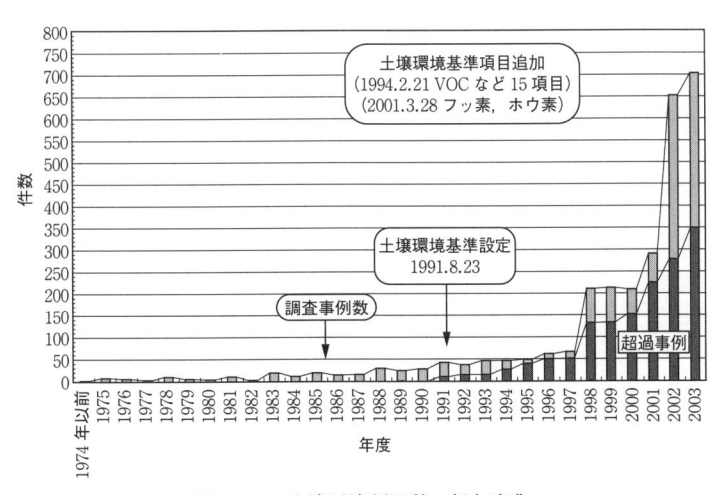

図 **8.1.4** 土壌汚染判明数の経年変化

8.2 重金属汚染と対策

8.2.1 重金属汚染土壌対策技術の概要

重金属（鉛・ヒ素・カドミウム・水銀・六価クロム・セレン・フッ素・ホウ素）の特徴として，有機化合物類と比較して分解ができないことがあげられる．そのため対策としては，①酸化・還元の化学反応により無害な化合物に変換，②不溶化・固化などにより含有量は変化させないが，溶出特性などを変換して管理する方法，③分離方法である土壌洗浄法あるいはその変法や，④加熱処理（水銀など蒸気圧が高い金属のみ）などの含有量を低減させていく浄化方法と，⑤遮水・遮断槽の構築，管理型最終処分場への搬入，現地での盛土管理といった基本的に重金属に変化を及ぼさない物理的な拡散防止対策に分類される．

対策技術には多くのバリエーションが存在し，各重金属の化学的・物理的性質や汚染機構，汚染後の履歴，あるいは現地の土質状況を考慮して決定される必要があるが，自然状態でも存在する重金属の汚染土壌対策は，是が非でも土壌中の重金属ゼロを目指していくことではない．汚染によるリスクの受容体に対して影響がないこと，あるいは将来にわたってそれが維持でき，一定の社会的条件下で受け入れられれば，汚染を残して管理することもできる．すなわち，「浄化」という概念と「移動抑制」や「曝露防止」といった管理的な概念を分けてとらえ，土地の利用用途や重金属の形態・濃度などで使い分けあるいは組合せも考慮に入れておく必要がある．

「浄化」について，重金属の場合に分解は起こらないため，汚染土壌中から重金属を分離することをいう．その条件としては，重金属あるいはそれを大量に含む粒子がほかの土壌と分かれている場合（単体分離），重金属が容易に土壌から水などの溶媒中に抽出できる場合，あるエネルギー（化学的，熱的，そのほか）を投入して分離できる場合とに分類できる．この観点から見れば，単体分離している粒子を分けるとともに，水への抽出により重金属を分離回収するのが土壌洗浄法であり，そのほかが一部重金属の加熱脱着や，ファイトレメディエーション，電気浸透といった方法である．

「移動抑制」といった概念においては，盛土や舗装などのように，汚染土壌に対して人の接触，粒子の飛散・流出などによる移動，雨水などの混入を防止するものや，不溶化や封じ込めのように，地下水の水質悪化防止，あるいは汚染地下水の移動も防止する方法がある．

適切に浄化技術を選択していくには，現状までに得ている調査結果を考慮したうえで，重金属汚染土壌の性状面から実績のある浄化事例のなかから適合するものを選んでいく作業と，その選択されたものが，適用される現場の土壌において現実に実行することができるのか（処理適用性試験）という二つの観点から決定していくことが行われる．

8.2.2 重金属汚染土壌の性状の判定

重金属汚染土壌の汚染経路は，土壌と重金属の単体分離の可能性を判断するために重要である．同じ物質による汚染であっても，大気に由来するもの，排水の浸透に由来するもの，廃棄物などに由来するもの，自然的に存在する鉱物によるものなどにより，土壌中の重金属の状態が異なるため調査で把握する必要がある．また，このほかにも溶出特性を変化させるpH変化なども考慮される必要がある．

つぎに土質の判定が考えられる．砂礫質土壌に存在する重金属は，一般的にスクラビングや水洗浄により除去しやすいと考えられるが，粘土鉱物には重金属がイオン吸着している場合が多く，より多くのエネルギーを投入しなければ分離することが困難である．このほか，重金属形態や土壌粒子の性質を把握するためには，全含有量による分析や化学種の形態分析などいくつかの判定方法を実施することも必要である．

各重金属類のもつ基本的な性質について，ここでは詳細には述べないが重要なポイントである．水銀のように，蒸気圧が高い金属とそのほかの金属あるいはカドミウム，鉛などの陽イオンで存在

8.2 重金属汚染と対策

する金属と，ヒ素やクロム，セレン，フッ素，ホウ素のように陰イオンとして存在することの多いものでは，当然対策の考え方が違うことをつねに考慮しておくことが必要である．

8.2.3 調査結果と現地のデータ

調査は，汚染土壌対策の決定に対してもっとも重要な要素である．土壌汚染調査は，特定地点での汚染物質の有無だけが報告されることも多いが，調査の目的は，本来，浄化対策を行うことまでが視野になければならない．その意味で，対策の前段階で実施された調査結果で浄化のために必要なデータが得られていない場合は補足する必要がある．とくに，浄化では多くのデータが必要な場合があり，その追加すべきこととして，以下のいくつかの項目があげられる．また，環境基準が溶出基準で決められていた過去の経緯から，いまだに重金属の含有量を明らかにしないまま対策検討が行われる例も多く，含有量の分析が行われていない場合は実施する．

① 現地土壌の雰囲気（主として酸化還元状態の把握）
② 現地土壌の空げきや堅さ，粒度試験，透水性などの物理的性質
③ 現地の地下水の流れに関する情報の取得（地下水位の一斉測定など）
④ pH，Eh の測定，ほかの共存物の有無（油分など）
⑤ 化学分析，X 線回折などによる鉱物などの解析

また，地下水が存在する場合には，pH，Eh，DO，温度の計測，色やにおい，濁りなどの観察や，一般水質項目測定を必要に応じて実施することになる．これにより，地下水の連続性（該当地区と周辺の水質の違い）や，通過履歴，酸化還元状態，微生物活動などを検討するうえで重要な指標になることも多いので実施することが望ましい．

分析に関して，重金属についてはおもに比色分析による簡易分析キット，およびイオン電極などの現地で使用できる簡易分析法がある．また最近では，いわゆる公定法の値に近似した値をより短時間で把握できるボルタンメトリー法も何種類か開発されている．けれども，これらには分析に関する妨害元素があるため，汚染土壌現場のような，多種のイオンを含んでおり，ときには溶剤や油分を併せ含むような場所ではつねに使用できるわけではない．

重金属による土壌汚染の対策を目指した場合に，環境基準の溶出値の情報は，環境条件によって変化してしまうため絶対的な有効性をもつものではなく，全含有量を計測するほうが意味のあることとなることが多い．その意味で小型化されてきた蛍光 X 線は，対象とされる重金属への感度も高くなり実用範囲にあることや，汚染成分だけでなく土壌の構成成分の情報を併せて得られることを考えると，今後はより広く利用されていくと考えられる．

対策を考えた場合の調査と分析で，もっとも注意したいことはサンプリングの重要性である．重金属の調査では，ガス調査などを使って巨視的に現地を見ることができる揮発性有機化合物（VOC）の調査と異なり，表層土採取やボーリングでの点のサンプルを分析試料とするわけであるが，当然のことながら，分析所での分析誤差よりも，現場でのサンプリング誤差のほうがはるかに大きい．浄化の成否は化学分析値による対策手法の選択のみで決まるわけではなく，土質やその場の環境条件により左右されるところが大きいことから考えると，調査がどのような部分をサンプリングしているかはつねに留意しておくとともに，対策方法の違いによっては必要に応じて追加で調査項目・地点などを増やすことや，全体を表現できるサンプリング方法に変更することも必要である．

8.2.4 処理適用性試験

汚染土壌対策における処理適用性試験は，基礎的な情報から初期選択された対策方法を対象とする土壌で，実際に実行した際の状況を確認することと，実行のためのプロセス設計のためのデータや現実のランニングコスト予測のために実施する

ものである．

　試験対象とされる汚染土壌は，調査時における地点ごとのデータのみではなく，重機で掘削されたものが対象となることを考慮して，対象土壌の全体を表現できるものを用いることが重要である．

　個別の試験について，たとえば後述する土壌洗浄法においては，まず以下のような試験を実施することになる．物質収支の観点からは，ほかの方法も同様の考え方である．

① 浄化を実際に行う対象の土壌を使用して水分測定，粒度分布と各産物の化学分析，その画分の観察
② 洗浄の強度に関する事項（洗浄装置などの回転数や滞留時間など）
③ 洗浄水量に関する事項と洗浄水中での遊離重金属イオンの再沈殿に関する事項
④ 分級と洗浄以外の分離可能性に関する事項（磁力選別や泡沫浮上法の適用可能性など）

である．

　概略のフローを決定した後は，物質収支を求める必要がある．土壌洗浄を例にとると，固体（土壌）の流れから作成する，洗浄液の流れから作成する，重金属の流れから作成する，という三つの観点からのものが必要で，この物質収支を把握してはじめて，汚染の除去率などが明らかとなる．

　これら処理適用性試験を実施することにより，設備フローと設備の処理能力，浄化土壌・重金属濃縮土壌・がれきや廃棄物などの概算量，排水処理負荷量，ランニングコストなどを概略ながら決定することができる．また，より高効率と低コストを目指す場合には，より詳細な試験が必要となり，土壌のイオン交換能力の測定とそのpHによる変化など，各粒度画分中の重金属の形態分析，種々の比重分別装置の使用などによる分離点の適正化，磁力選別や泡沫浮上条件の最適化，排水処理試薬の検討などが必要なこともある．

8.2.5　対策技術の選択

　汚染土壌の状態は現地の土質や環境条件，汚染物質の種類やその汚染過程により異なるため，個別に考えていく必要があることを前述してきた．浄化方法の選択はまず大きな枠から絞って，徐々に個別の状況に近づけていくことが一般的である．その最初の資料として，米国においては選択表（soil remediation technologies screening matrix）があり，米国環境保護庁（EPA）のホームページなどから閲覧できる．これは，過去の事例からまとめたもので，浄化方法，移動抑制方法自体の原理から考えての選択が示される．この表では，対象物質の範囲のほか，経済性やそのほかの社会的条件も示されるため，技術的な検討を開始する初期の技術スクリーニングには有効である．しかし，選択肢がすべて実行可能かどうかはその後の検討による．たとえば，土壌洗浄法は後述のように，鉛汚染などでは有効なことが多いが，その成績が対象とする土の粒度分布に大きく左右される．そのため，この表のような一般的な浄化技術事例からも，一般的な重金属の性質からも有効かどうか決定することができず，その際は現地の汚染状況を解明して決定することが不可欠である．

　もう一つの観点として，土壌汚染対策法の趣旨でもあるが，汚染土壌対策は是が非でも土壌中の重金属類ゼロを目指していくことではなく，条件によっては汚染を残して管理することもできるということがある．上記のような表の使用の際も，「浄化」という概念と「移動抑制」といった概念を分けてとらえ，単独あるいは組合せも念頭において使用することが必要である．

8.2.6　土壌浄化技術

a.　土壌洗浄法

　土壌洗浄法（soil washing）は，汚染土壌の恒久対策技術としては，比較的歴史が長く商業実績も多い技術である．土壌洗浄プラントは，現地で行うものと，固定プラントで行われるものがあるが，海外でも現地で実施されるのは油分離プラントとしての洗浄プラントも多く，より複雑な重金属を分離するプラントとは，別の目で見ておく必要がある．

重金属の土壌洗浄に関する基本原理は，一般的に以下によるものである．

① 細粒と粗粒を分離する（分級・比重選別）．
② 土粒子表面上にある重金属を除去する（洗浄，抽出）．
③ 特定の重金属粒子やそれが土粒子表面にある土粒子を分離する（泡沫浮上）．
④ 重金属が鉄分などと濃縮することが多い磁着する成分を分離する（磁気分離）．

(i) 洗浄と分級 図8.2.1は，洗浄・分級および泡沫浮上によるプロセスのフローを示した．この場合，汚染土壌はまず，リパルプと機械的な洗浄によりふるいや分級装置による分離を経て，清浄な砂礫を中心とする部分と，粘土を中心とし重金属が吸着した部分に分離される．併せて，重金属イオンを洗浄液中に溶解させることにより土壌中から除去する．この作用が一般的な土壌洗浄の基本的な原理である．

土壌性状として図8.2.2に示すように，実際の汚染サイトから採取した多くの汚染土壌の平均積算粒度分布（ふるい分け法による）を調べた結果では，粘土区分（-38 μm）の重量分布は約40％程度であり，洗浄・分級処理の効率は，粘土区分の重量分布率が増加するほど低下するため，土壌洗浄が技術的・経済的に妥当かどうかは事前に十分検討する必要がある．重金属が濃縮した特

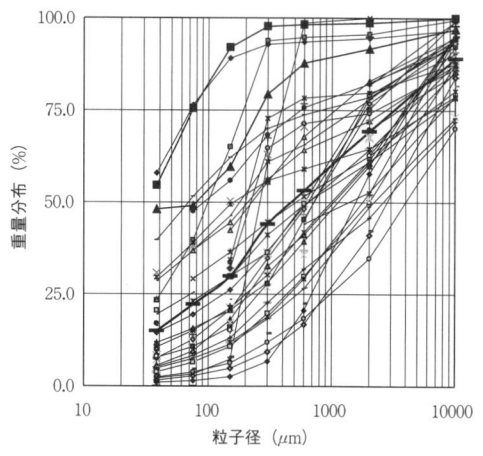

図8.2.2 各所から発生した汚染土壌の粒度分布の例

定粒子径の土粒子や重金属化合物そのものの粒子が細粒区分には存在しない場合もあり，その存在形態や土質の状況によっては適用できないことや，適用方法を変更させることが必要となる場合もあることに注意する．この系統（図8.2.2）の場合，細粒部分からはさらなる重金属の濃縮が可能であったため，後述する泡沫浮上法を適用し，製錬の原料として回収が可能なまでの濃縮をしている．

(ii) 泡沫浮上 泡沫浮上法は，金属鉱山などで使用されていた浮遊選鉱法を基礎としている．土壌粒子の表面状態の違いにより，適切な条件下で目的の土粒子表面に界面活性剤を選択的に吸着させ，疎水化した粒子を装置内に吹き込まれた気泡とともに浮上分離させる．鉱業的に行っていた場合と異なり，元の汚染土壌中の重金属の濃度が希薄なため，適用に際しては多くの経験を必要とするが，条件が整っている場合は良好な結果が得られ，1000 ppmの汚染土壌から15％の鉛含有量となる濃縮物が回収できた例もある．

(iii) 磁力選別 磁力選別法は重金属が磁性を帯びている場合に有効で，おもに鉄を主成分とする粒子が回収されるが，これに随伴する形で，重金属を回収することが可能である．

(iv) 比重分離と抽出 比重分離は分級の工程にも使用しているわけであるが，金属片様のものが混入しているような極端に重金属と土壌との

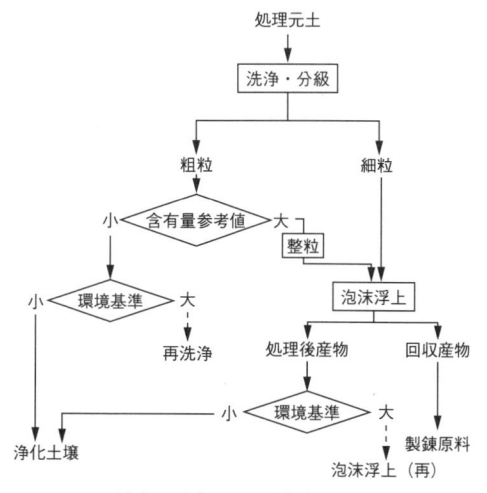

図8.2.1 洗浄・分級および泡沫浮上によるプロセスのフロー

比重差がある場合などにも有効である．また，土壌浄化の目的として良質な汚染土壌を得るために極限まで細粒部の夾雑物を取り除くなど，分離精度を上げるために比重差のみならず，粒子形状の違いを利用して分離するためにはいくつかの単位装置が存在する．

抽出は，水以外の溶媒，界面活性剤あるいは水溶液のpHを変化させて洗浄を行うことを意味している．かりに，抽出を処理土壌全体に行った場合に，薬品代や排水処理負荷の増加となるほか，可溶化を促進した土壌は溶出量値も増加する可能性があり，現実的には濃縮土壌からさらに重金属を回収するなどの用途に限定されると考えられる．

<u>土壌洗浄の機器の種類と特徴</u>

土壌洗浄法は上述のように，土壌をリパルプし洗浄を施すこと，ふるい分け・比重分離・磁力分離・泡沫浮上など，種々の分離装置を組み合わせて目的を達成するものである．

洗浄はスクラバーと呼ばれる，横型の回転式装置で行われる．洗浄水は土壌と分けられる必要があり，おもに分離対象とする粘土鉱物と砂とはふるいによって分離が可能なため，通常は洗浄装置のつぎに振動ふるいなどが設置される．

ふるい目を通過した2mm以下程度の砂と粘土鉱物などは，その後の工程で分離される．液中での比重分離で，流体中における粒子の沈降速度が，その大きさあるいは比重により異なることにもとづいて分離を行うものなどが代表的で，工業的にはふるいでは困難な1mm以下程度の粒子の分離を担当する．この装置はクラシファイアーと呼ばれるものであり，スパイラル分級器などの自然沈降を利用するもののほか，遠心力を利用したサイクロン分級器も一般的によく利用される．

ふるい上の産物も分離しなくてはならない場合もある．たとえば，数mmのスラグや金属片，鉱石状のものなどがその場所の汚染原因となっている場合が考えられる．このように，比重差をもつ粒子の分離には，鉱物分離法が有効に利用でき，重液選別，ジグ選別，揺動テーブルなどを用いた薄流選別などと呼ばれる比重選別法が利用される．

磁力選別はマグネットなどを使用した夾雑物分離も範疇に含まれるが，土壌懸濁液に対して磁気分離を行う際は，ベルトかドラムタイプを湿式で行うことが一般的である．

泡沫浮上には，通常の選鉱で使われる浮遊選鉱機が広く使用される．泡沫浮上では粒子をより細かく粉砕しなくてはいけない場合もあり，その際はボールミルなどの粉砕機を使用することになる．

沈降と脱水に関しては，一般的に使用されるシックナーやドラムフィルター，フィルタープレスといった機器を使用することになるわけであるが，土壌洗浄で注意しなくてはならないことは，凝集剤・脱水助剤などの薬剤の添加が分離に影響する場合があり，安易に使用できないことにある．また，洗浄装置からは重金属を含む排水が発生することから，排水処理も重要である．

b. 熱 処 理

重金属汚染土壌の熱処理（thermal treatment）に関してはさまざまなものがあるが，作用としては熱揮発，溶融スラグによる熱安定化に分類される．熱安定化と溶融固化は分離ではないため，ここではおもに金属が熱揮発して汚染土壌中から除去されることについて記載する．

水銀などの蒸気圧の大きい金属または金属塩類は，揮発して分離することが可能である．ここで，大気圧下で揮発による分離が工業的に行われるためには10kPa程度の蒸気圧が必要であるといわれ，揮発分離が現実に行えるのはHg，Cd，Zn，HgS，As_2S_3，PbS，CdS，As_2O_3などに限られ，これら以外の多くの重金属は加熱のみで揮発させて分離することは理論上困難であると考えられる．また，これらの重金属も温度条件だけで無条件に揮発分離が行われるわけではなく，酸素濃度や土壌中での対象物質の存在状態などが大きく影響し，多くの場合，環境基準付近の濃度で土壌から揮発させるのは困難なことのほうが多い．

そのような重金属のなかで，もっとも分離しやすいのは水銀であることは間違いない．水銀汚染としては有機水銀・無機水銀の区別や，土壌中で

の形態，あるいは粘土鉱物などへの吸着などがあり，その状態は一様でないと予想されるが，実際の汚染土壌を用いて500℃の加熱により処理土壌中には消失することが確認されている[1]．また，この試験においてキルンなどで熱処理した場合には，細粒分の分離や溶出特性の変化による安定化が起こることも示されている．

<u>熱処理機器の種類と特徴</u>

重金属汚染土壌の熱処理は対象物に対して，一定の加熱条件のもとで，揮発，酸化，還元などの反応を起こさせるのが目的である．一般的には，直接加熱式あるいは間接加熱式のロータリーキルンが用いられることが多いが，縦型のばい焼炉（ヘレショフ炉など）も使われる．この炉は，鉱業分野で硫化鉱のばい焼などに利用されてきたもので，汚染土壌は余熱や乾燥も含め，ゆっくりと時間をかけて加熱することができるため，現在では水銀の処理に利用されている．水銀はこの炉から金属蒸気として蒸発し，コンデンサーで冷却・回収される．

このような熱処理炉を設置した場合，排ガス処理は複合汚染土壌を対象とすることも多いことから，ダイオキシンの再合成の防止も考慮した急冷系統を持ち，湿式または乾式のスクラバーとバグフィルターやコットレルなどの集塵装置を備えることが一般的である．

c. 電気的方法

粘土やシルトで構成された透水性の低い地盤中に電極を配置し微弱な電流を流すことにより，電気泳動現象（electro-phoresis）や電気浸透現象（electro-osmosis）を起こし，重金属の移動を促し，電極近傍においてそれら物質の回収を目指すものである．

土壌粒子表面は一般条件下において負に帯電しており，この土壌表面に引きつけられている陽イオンが，新たな電極による加電により陰極方向に引きつけられることにより，微弱な間隙水の流れを生じることが電気浸透現象である．この現象は，当初，脱水性の悪い土壌からの間隙水の除去などに使われていたもので，下水処理汚泥などの脱水機にはこの現象を利用したものを見ることができる．この現象は，水の流れを起こし，間隙水の移動を行うことが主体であるため，有機溶剤のトリクロロエチレン（TCE）などの電荷を有しない物質，重金属においては六価クロムなどの多くが当初から溶液中に存在する物質においては有効なメカニズムとして考えられる．これに対して，電気泳動現象は，イオンそのものが加電された電場にしたがって土壌間隙中を移動する現象である．重金属の土壌汚染の修復を目指す場合においては，有効と考えられる現象であるが，対象イオンの溶液中での存在のしやすさ，土壌粒子の吸着性，地盤自体がもつpH緩衝能，イオン強度などが大きく影響するため，一概に有効性を判断することはできない．

d. 生物的処理

（ⅰ）ファイトレメディエーション ファイトレメディエーション（phytoremediation）は，植物が根から水分や養分を吸収する能力を利用して，土壌や地下水中から汚染物質を取り除く方法である．重金属の場合は，植物体内に金属分を濃縮する作用（phyto-accumulation）が主となると考えられるが，水銀やセレンなどは，吸い上げた物質を地上部から大気への放出も行う作用（phyto-volatilization）もあるといわれる．重金属の拡散防止として利用されることもあり，植物およびその分泌物に土壌中の重金属を吸着あるいは沈殿させ，重金属の土壌中での移動，溶出を防ぐものである（phyto-stabilization, phyto-filtrationともいわれる）．

ファイトレメディエーションの利点として，比較的に安価であることがあげられる．しかし，欠点としては，効果の発現に長い時間が必要で即効性がないこと，とくに気候に影響されること，集中的な処理ができないこと，処理後の植物体の管理や処分が困難であることなどがある．

ファイトレメディエーションの研究は，高濃度の重金属を濃縮する植物体の探索から始まる．これらは，hyper accumulatorと呼ばれ，一般の重金属では植物体の乾量で0.1%以上を濃縮するものをいう[2]．EPAの報告書では，このような植物体に関する研究成果や従来の植物そのものの能力

を利用し，実サイトでの適用を実証した結果が数多くまとめられている[3]．

(ii) 微生物処理 重金属処理への微生物の関与は，微生物による抽出（bioleaching）や酸化還元反応の利用，微生物などへの濃縮（bio-accumulation）などが考えられる．

微生物による抽出は，バクテリアリーチングとして *Thiobacillus* 属の細菌を使った微生物採鉱・製錬法[4]や，クエン酸やグルコン酸などを生産する *Aspergillus niger* を使用し，pH 3.5 付近でのキレート作用で金属の抽出を行った例などがある[5]．微生物濃縮については，微生物細胞内に重金属イオンを取り込むことや，バイオマスに重金属を吸着させて濃縮することを意味する．

いくつかの微生物が，重金属の酸化や還元に関与することが知られている．具体的には，前述の鉄酸化のほかに，鉄還元や水銀[6]，セレン[7]，クロム[8]，ヒ素[9]などで知られている．六価クロムは還元され，三価クロムとなり，適切なpH条件で固定される．また，亜ヒ酸もヒ酸に酸化され，鉄の共存でヒ酸鉄として固定される．しかし，微生物の増殖方法や生成物質の取扱いを考えると，これらの反応を現実に土壌浄化に利用するためには種々の問題がある．たとえば，水銀やセレンの場合は変換されることで蒸気圧が高くなるため，土壌中からガスとして除去されることが期待できるが，大気までにいたる土壌中での再吸着防止，逆に揮発してくる物質をすべて捕捉する必要があることなど，実用化には困難な問題も多く残っている．

また，硫酸還元菌を生育させ，硫化水素を発生させることで重金属を硫化物として固定していく研究も行われてきた．硫酸イオンが多く，有機物質の多い場所では，還元雰囲気化することで簡単に硫酸還元菌が活動し始める事例があり利用できる可能性がある．

生物を使用した処理というと，より安全なイメージをもちやすいが，それは必ずしも正しいこととはいえない．植物や微生物を適用した場合であっても，化学反応と同じように反応によって周辺のpHや酸化還元電位などが大きく変動する可能性もあり，それによって対象とする重金属の溶出性のほかに，いままで対象外だった重金属などの溶出性などにも影響を及ぼす可能性があり，十分に気を配っておく必要がある．また，カドミウム，ヒ素，鉛，水銀については水俣病の例で代表されるように微生物酵素によるメチル化が知られており，一般には溶解性が増し移動性が上昇する．水銀などのように，その毒性も増すこともあるため，留意が必要である．

8.2.7 管理対策

a. 隔離方法

隔離（isolation）は，設定された土地あるいは区域において，その場所からの重金属をそれ以上ほかに拡散させないように実施するものである．曝露経路を遮断することによって，健康リスクを低減させる土壌汚染対策の重要な措置の一つである．

(i) 覆い 覆い（capping）の目的は，不透水性の材料で表層を覆うことで，雨水，表層水の重金属を含む土壌への侵入を防ぎ，それ以上の地下水への影響をなくすこと，および汚染土壌自体の飛散と流出による拡散を防止することにある．

(ii) 地中壁 地中壁（subsurface barriers）も隔離方法として使用される．汚染土壌と地下水の接触を防止するという観点のほか，汚染地下水をエリアから出さない，あるいは外部からの地下水の流入を防ぐという意味もある．上述の覆いも併用し，囲い込んだ内部に上部からも水を侵入させないことも重要である．また，垂直の地中壁は側方の地下水移動を防ぐものであるため，効率的に汚染土壌を隔離するためには，汚染土壌の下方に連続した難透水層（粘土や岩盤）が存在するかどうかがキーポイントとなる．

b. 安定化

汚染の媒体となっている土壌マトリックスの物理的あるいは浸出特性を変化させて重金属の移動を減少させる．具体的には，重金属汚染土壌とその周辺の水との接触を物理的に防止するか，あるいは重金属を水に溶けにくい安定化した形態に変

換する．化学的な薬剤との混合か，熱的に物性を変化させてしまう方法をとるが，基本的に含有量は減少しない．

現地や原位置での工事も可能であるが，原位置での処理工事については，技術的に管理が困難な項目も多く，特別な条件下でなくては利用しないことが一般的である．

(i) 固化 固化（solidification）は，無機の結合材であるセメント，水ガラスなど，あるいは有機の結合材であるアスファルト，高分子などを混合あるいは注入して重金属汚染土壌を固めてしまうものである．このような結合材を使用した場合の主たる機構は，土壌中の重金属が水酸化物として沈殿することであるといわれている[10]．このため，陰イオンとして存在することが多いクロムやフッ素の汚染の場合や，水銀などのように水酸化物の溶解度が大きいものについては，適用はむずかしい．

無機系の固化材としてはセメント系固化材のほかケイ酸系，焼セッコウが多く用いられている．このような材料はアルカリ性のものが多く，鉛・六価クロム・ヒ素などのように，過剰に固化剤を添加するとpHが上昇し，溶出しやすくなるものもあることに注意が必要となる．

有機材料による固化は，アスファルト，ポリエチレン，パラフィンあるいはほかの熱可塑性のポリオレフィンなどが使用される．これは，材料を120〜200℃で溶かして夾雑物を除去した土を混合することになる．この際，揮発したものは回収されなくてはいけない．

(ii) 不溶化 不溶化（stabilization）は，化学的に重金属をより溶けにくい形態に変化させていく技術である．重金属の形態が明らかになっていれば，薬剤の選択は容易であり，理論的に選択を行うことができる．けれども，土壌中の重金属の形態は必ずしも1種類であるとは限らず，不溶化を行って確実に溶解度の小さい化合物にするためには，不溶化剤の使用以前に酸化・還元処理で形態を統一していくことやpHの調整を実施することが必要である．薬剤の混合のほかに，粘土鉱物やゼオライトなどの吸着性の高いものに吸着させることも実施される．

不溶化においては，pH，酸化還元電位，共存イオンの種類，土壌のイオン交換容量，有機物含有量などを考慮して，それぞれの重金属にあった薬剤を処理適用性試験によって選定し，ほかの土壌成分に消費されることも考慮し，適切な量条件で使用することが大切である．とくに，対象とした物質以外の有害物質が反応により溶出をしたり，意図しない中間生成物を生じたりという点にも留意して試験を実施したい．

不溶化後の土壌は通常環境下に置かれた場合，pHの影響，酸化還元電位の影響，微生物の影響などを受けることが考えられ，徐々に変化するため管理するものとされている．種々の不溶化方法をこの点から比較する際には，酸・アルカリ添加溶出試験[11]などが利用できる．

(iii) 溶融固化 重金属は土壌マトリックスが溶融するまで温度を上げることにより，そのなかに封じ込めてしまうことが可能である．汚染土壌をスラグ化して有害物質をそのなかに封じ込めてしまう技術は，米国で開発された原位置ガラス固化技術（in situ vitrification technology）がある[12]．この方法は，もともとは核開発に関連して生じたウランやプルトニウムなどの放射性物質で汚染された土壌を対象として開発されたものである．これらの汚染土壌は，上記のような物質に加えて有機物質や重金属を含んだ複合汚染土壌となっていることが多く，それらを一挙に，掘削作業に伴う大気への拡散なしに処理してしまうことを目標にしている．このような技術であるため，重金属の汚染土壌のみを対象とするには費用がかかりすぎる点が大きな問題と考えられる．この方法は，処理途中の高温で有機化合物などの分解も期待されるため，熱処理ともいえるが，ここでは重金属のみを対象とした場合を考えているため，管理対策に分類した．

c. 透過性反応壁

透過性反応壁は，地下水の流路中に対象とする重金属と反応するゾーンをつくり，そこでの反応で地下水中の重金属の下流への拡散を抑止するものである．通常は，鉄粉の反応壁によるトリクロ

ロエチレンの分解を行うものがよく知られている．重金属においては，物理的，化学的，生物的あるいはこれらを複合的に使用して地下水中の重金属の移動を抑制できる材料であれば使用できる．

現実にゼオライト，ハイドロキシアパタイト，鉄粉，石灰石などが使用された例がある[13]．とくに，クロム，ヒ素，セレンなどの汚染地下水に対しての鉄粉および鉛に対しての石灰石などは効果が確認されている．

8.2.8 重金属汚染土壌処理対策の課題

重金属は自然界にも存在するため，基準値を超過する汚染土壌は，人為的原因以外に自然的な要因のものがある．また，人為的要因の汚染土壌は，都市近郊の河川堆積物など過去において人の活動により放出された有害物質が堆積した部分と，現在の土地の利用や廃棄物の不適正な扱いなどで生じた部分に分けられる．廃棄物の不適正処分などによる人為的な汚染土壌は，自然的要因のような低含有量および微量な溶出基準超過とは桁違いなものであるが，都市近郊の河川堆積物などは，おおまかには同程度の分布範囲にある．また，セメント原料，鉄鋼原料なども意識はしていないが，必然的に微量ながら存在するということもある．このことから，土壌汚染対策法ではセメント工業で自然レベルの重金属を原料として使用することを一つの処理法としても認めているが，このように自然界にある濃度で存在することが，分解ができないという点とともに重金属の対策を悩ましいものにしている．

重金属の汚染は，それを除去しない限り拡散の可能性が残るだけであるので，とくに高濃度の汚染は浄化処理し回収することが望ましい．根本的には，希釈処理であるセメント原料としての利用は，単なる費用比較では浄化よりも安価な場合が多いが，過大な汚染物負荷とならないよう管理されながら行われる観点が忘れられてはならない．従来の流れで処分場への安易な搬入は，汚染土壌が産業廃棄物のように減容するものではないため，急速に処分場の寿命を短くする可能性があり，不溶化などはその土地にリスクを残すことになる．

現実上，分解されることがない重金属汚染土壌では，上述した自然的な原因あるいはそれに近い濃度範囲の低濃度の汚染土壌（浄化後にこのような状態の場合もある）と高濃度の汚染土壌を分別して処理することに費用的な優位さを見いだしにくいということがある．しかし，汚染土壌が旧来の人類の活動で，放置された廃棄物や有害物質の漏えいに特段注意をはらっていなかったことの結果であるとすると，放置されたままであることや，対策を行った後に再度汚染が拡散することはあってはならないことである．

この達成のために，一般的には浄化の技術革新や知見の蓄積が叫ばれてはいるが，単位技術が進歩しても，分解できない重金属は残ることになるので，利用法・管理法を見いださなければ最終的に解決はできない．たとえば，低含有量の重金属含有土壌や，自然的原因の汚染土壌，あるいは民間では利用先のない浄化土壌（高濃度のものを浄化したもの）などを，セメント原料利用や，埋立て土・骨材利用，ファイトレメディエーションなどの管理手法やそれに準じる方法で使用することなどを，行政ぐるみで行うことができれば有効な手段と考えられる．

このように，汚染原因や濃度が違ったものを一概に考えて対策が閉塞的になっている重金属汚染土壌の浄化を促進するためには，高含有量の汚染土壌をある程度の費用をかけても浄化することを社会が受認することや，このような低含有量汚染土壌を有効利用・管理できるような社会的仕組みの改善も大きな課題である．　　　（白鳥寿一）

参 考 文 献

1) 土壌汚染浄化新技術確立・実証調査―重金属加熱処理法実証調査―，平成5年度　環境省委託業務結果報告書．
2) A. J. M. Baker and R. R. Brooks: *Biorecovery*, **1**, 81-126, 1989.
3) Phytoremediation Resource Guide, USEPA, 542-B-99-003, 1999.
4) R. Tichy, J. T.C. Grotenhuis and W. H. Rulkens: Bioleaching of zinc-contaminated soil with

5) C. N. Mulligan, R. N. Yong and B. F. Gibbs: *J. Soil. Contam*, **8**, 231-254, 1999.
6) A. O. Summers: *Ann. Rev. Microbiol.*, **40**, 607-634, 1986.
7) E. T. Thompson-Eagle and Jr.,W. T. Frankenberger: *Environ. Toxicol. Chem.*, **9**, 1453-1560, 1990.
8) C. Cervantes, H. Ohtake, L. Chu, T. K. Tapan and S. Silver: *J. Bacteriol.*, **172**, 287, 1986.
9) C. Chen, T. K. Misra, S. Silver and B. P. Rosen: *J. Biol. Chem.*, **261**, 15030, 1986.
10) W. Shively, P. Bishop, D. Gress and T. Brown: *J.*, **38**, 234-241, 1986.
11) 重金属不溶化処理土壌の長期安定性試験に関する検討部会報告書, 土壌環境センター, 2003.
12) USEPA, Engineering Bulletin - In situ Vitrification Treatment, EPA/540/S-94/504. Cincinnati, O. H.: U. S. Environmental Protection Agency, Office of Research and Development, October, 1994.
13) R. D. Vidac and F. G. Pohland: Treatment Walls. Technology Evaluation Report TE-96-01, Groundwater Remediation Technologies Analysis Center, Pittsburgh, PA, 1996.

8.3 揮発性有機化合物汚染と対策

揮発性有機化合物における揮発性の定義は，化合物の沸点・ヘンリー定数・飽和蒸気圧などによって定められるが，実際的な定義は測定者・機関によって多種多様である．たとえば，WHOでは沸点が50～100℃から240～260℃のものを揮発性有機化合物（volatile organic compounds）と定義しており，それ以上の揮発性をもつ物質を超揮発性有機化合物，沸点が240～260℃から380～400℃のものを半揮発性物質と定義している．わが国の土壌環境基準（土壌汚染対策法），地下水環境基準（水質汚濁防止法）には，四塩化炭素，1,2-ジクロロエタン，1,1-ジクロロエチレン，シス-1,2-ジクロロエチレン，1,3-ジクロロプロペン，ジクロロメタン，トリクロロエチレン，1,1,1-トリクロロエタン，1,1,2-トリクロロエタン，テトラクロロエチレンの揮発性有機塩素系化合物およびベンゼンの11種が基準化されている．わが国で揮発性有機化合物汚染と呼ぶ場合，上記11種のものを呼ぶことが多く，ガソリンなどの揮発油類については，油汚染と呼ばれる場合が多い．

揮発性有機化合物による地下水汚染は，1970年代に米国シリコンバレーにおいて半導体メーカーが地下水漏えいした汚染物質（1,1,1-トリクロロエタン220 m^3）により水道水源井が汚染され，心臓病・奇形・免疫低下・流産などが多発したことに端を発する．わが国では，兵庫県太子町において，1983年の水道水源井の調査で最高0.4 mg/lのトリクロロエチレンが検出され，1984年の調査では427本の井戸のうち128本が地下水環境基準（0.03 mg/l）を超過したことにより表面化した．2005年度の環境省の地下水調査では，4691本（前年度4955本）の観測井戸のうち，6.3%にあたる297本（前年度347本）の井戸が汚染されていることが判明しており，そのうち揮発性有機化合物による汚染は0.8%であり，4.2%は硝酸性窒素によるものである．2004年度の土壌汚染調査では，838件のうち，超過事例数は454件で半数以上にも及ぶ．そのうち，78件が揮発性有機塩素系化合物によるものである．揮発性有機塩素系化合物は，電気，機械，半導体工場はもちろんのこと小規模のドライクリーニング工場，毛織物工場など脱脂洗浄過程に広汎に使われてきたことと，地盤中を速やかに移動する特性により，わが国のどこにでもかつ広範囲に存在する汚染ということができる．

一方，1999年2月には"土壌・地下水汚染に係わる調査・対策指針および運用基準"が出され，2003年2月には，土壌汚染対策法の施行が開始され，大気や水質と同様に土壌においても環境保全に対する法制度が整備された．これら法環境の整備に伴い，近年汚染土壌に対する関心は一段と高まり，不動産売買の分野でも汚染の有無によって地価が大きく左右されるようになり，社会的に大きな問題となってきている．また，2006年には，"油汚染に対するガイドライン—鉱油類を含む土壌に起因する油臭・油膜問題への土地所有者等による対応の考え方—"が定められ，社会経済的な影響が注目される．

本節では，揮発性有機化合物による土壌・地下

水汚染の特徴を概説するとともに，現在行われている対策技術について説明する．

8.3.1 揮発性有機塩素系化合物汚染の特徴

トリクロロエチレン，テトラクロロエチレンなどの揮発性有機塩素化合物は，水より比重が重く，粘性が水より小さい揮発性物質であり，DNAPL（dense non aqueous phase liquid）と総称される．揮発性有機塩素系化合物の物性を表8.3.1に示した．

a. 浸透特性

汚染源より溶出したDNAPL原液は，さらさらした水より重い液体であるため，きわめて容易に不飽和地盤中に浸透し，地下水面に達する．地下水面に達した後も，漏えい量が大きければ，帯水層中に浸透していき，難透水性の水理学的基盤に達し滞留する．図8.3.1に，DNAPL原液が下方に降下浸透していく概念図を示したが，浸透過程においても，DNAPL原液は地盤中の間隙にトラップされ，汚染源として長期間存在することになる．図8.3.2に，不飽和層中の汚染物質の存在状況を示した．DNAPLの浸透挙動を推定するためには，多相流れ物質移行解析が必要となるが，それらについては他文献[1]を参照されたい．これらの多相流物質移行解析は，基本的には均質地盤，独立NAPL層を考慮しない連続流れ，局所平衡を基本としているので，複雑な地盤での挙動を予測するには今後さらなる調査方法の改善や研究が必要である．

b. 物質の存在形態

不飽和層中において，揮発性有機塩素化合物は，DNAPL（原液）相，ガス相，間げき水相，土粒子への吸着相の4相に存在している．土粒子への吸着は，トリクロロエチレンのような有機物の場合，土粒子中に含まれる有機物に吸着するとされている．局所平衡を仮定した場合の分配係数 K_d (m³/kg) は，有機化合物の有機炭素への吸着係数 K_{oc} (m³/kg) と土中の有機物含有量 f_{oc} により次式で表される．

$$K_d = K_{oc} f_{oc} \quad (8.3.1)$$

また，K_{oc} はオクタノール-水分配係数 K_{ow} を用いて，次式で推定する方法が提案されている．

$$\log K_{oc} = a + b \log K_{ow}$$

帯水層中においては，図8.3.2に示した状態から気相を除いた三相状態で存在している．実際の汚染サイトにおいて，局所平衡が成り立っているかどうかは大きな疑問がある．なぜなら，原液が存在している近傍でも，地下水濃度が溶解度を示すことはほとんどないからである．揮発性有機塩素化合物の溶解速度は遅く，地下水濃度はトラップされたDNAPLからの溶出速度に規定されていると考えられる．現在までの研究成果では，実際のサイトにおける溶出負荷量を適切に推定することは困難であり，浄化対策予測の障害の大きな要因である．

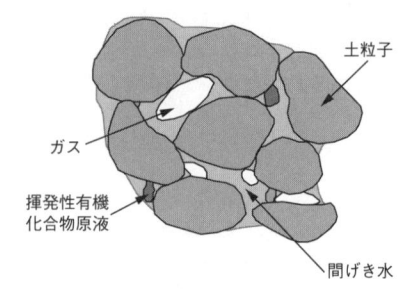

図8.3.2 不飽和地盤におけるDNAPLの存在

表8.3.1 有機塩素化合物の物性

物質名	分子量	蒸気圧 (mmHg)	溶解度 (mg/l)	粘性係数比*
トリクロロエチレン	131.4	69	1100	0.58
テトラクロロエチレン	165.8	18.5	150	0.875

* 粘性係数比は水との比

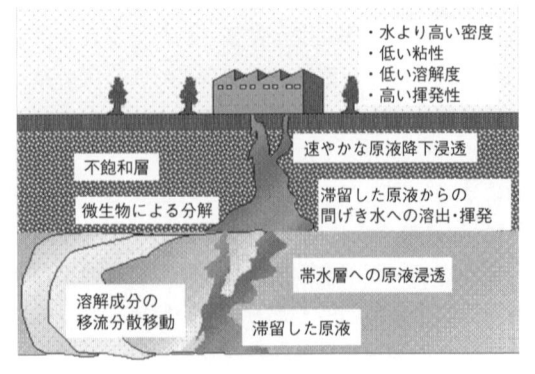

図8.3.1 DNAPLの浸透状況

c. 生物分解

揮発性有機塩素系化合物は，不飽和層・帯水層中では分解されにくい物質ではあるが，汚染サイトにおいて分解生成物が見つかることは珍しくはない．たとえば，テトラクロロエチレン系の分解経路では，トリクロロエチレン，cis 1.2 ジクロロエチレンを経て塩化ビニールにいたる経路が，汚染サイトでよく確認されている．分解が進んでいる汚染サイトは，溶存酸素濃度が低い（0.1 mg/l 程度以下）還元領域にあり，多くの場合2価鉄イオン濃度も高い．これらの分解反応は，微生物の嫌気分解および2価鉄などによる還元分解の寄与が大きい．不飽和層中に分解生成物が見つかることは少なく，ほとんど起こっていないことと推定される．しかし，好気的な分解も，環境中で起こらないわけではなく，ほかの電子供与体たとえば後述する石油系炭化水素類と汚染が共存する場合，共資化（cometabolism）による生物分解が確認されている．

8.3.2 油類による汚染の特徴

油類は，分留過程においてガソリン，灯油，軽油，重油などに分類され，製品化されているが，実際には多くの有機化合物の集合体である．たとえば，ガソリンの場合，販売会社や原油産地により成分は異なるが，主要な成分だけでも50種類を越す．n-ブタン，イソペンタン，ベンゼン，トルエン，キシレン，エチルベンゼン，トリメチルベンゼンと非常に揮発性の高い物質から，比較的低い物質までさまざまである．したがって，不飽和層・帯水層中における挙動も，揮発性の高いもの，生分解性の高いものは比較的汚染初期の段階において，濃度が減少するが，揮発性が低く，生分解性の低い物質ほど汚染後期まで残存することになる．また，いずれの物質も水に溶けにくいために，不飽和層，帯水層中ではNAPLとして移行し，水より軽い物質であることからLNAPL（light non aqueous phase liquid）と総称される．表8.3.2に上述した物質の特性を示した．

なお油汚染土については8.5節で詳述する．

表 8.3.2 石油系炭化水素類の特性（ガソリン）

物質名	分子量	蒸気圧 (mmHg)	溶解度 (mg/l)
n-ブタン	58.1	1750	61
イソペンタン	72.2	230	48
ベンゼン	78.1	76	1780
トルエン	92.1	22	515
p-キシレン	106.2	10	156
エチルベンゼン	106.2	7	152

a. 浸透特性

ガソリン，灯油，軽油，重油の順に，不飽和帯での浸透特性は速やかであるが，漏えい量が多ければいずれ地下水面に達する．粘性はガソリンが一番低く，重油が一番高いが，重くなるほど温度変化に対して粘性は大きく異なる．地下水面に達した後は，通常地下水位以深に原液が浸透することはない．まれに，十分年月を経た汚染では，揮発分や生分解性の高い物質が消失し，タール，アスファルテン，レジンのような物質だけが残った場合には，井戸掘削などにより地下水以深で見つかる場合もある．図8.3.3に不飽和層・帯水層中での石油系炭化水素類の浸透挙動の概略図を示した．

不飽和層中におけるLNAPLの存在状態は，図8.3.2に示したDNAPLと同様である．しかし，単一の成分ではないため，吸着相，ガス相，原液相，間げき水相の濃度を推定することは，数十種類の物質を考慮した平衡条件を解くことによって得られる．滞留したLNAPLからは，揮発性の高い物質ほど揮発し，その成分比率を変化さ

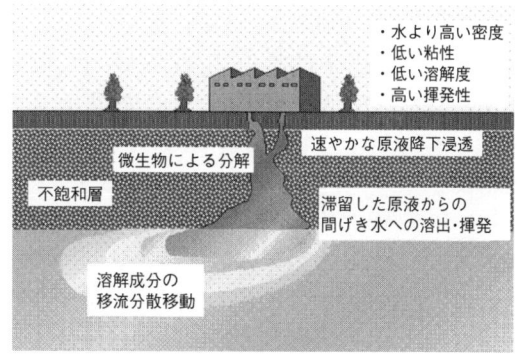

図 8.3.3 LNAPL の浸透状況（ガソリン・軽油）

せていく．また，溶解性の高い物質は地下水中に溶け出し，移流拡散していくことになる．LNAPL相，ガス相，吸着相，間げき水相の成分比率は，汚染サイトからの距離や漏出からの時間経過により変化していくので，正確な挙動予測はきわめてむずかしい．

b. 生物分解

一般的には，有機塩素系化合物と異なり，好気条件下での微生物は分解速度は速い．しかし，石油系成分でもアントラセンのような多環芳香族炭化水素類（PAH：polynuclear aromatic hydrocarbon）は，分解速度が遅いとともに，毒性が高くリスク評価の際には大変厄介である．また，レジン，アスファルテンのような高沸点化合物も環境中ではほとんど分解されず，半永久的に環境中に存在することとなる．現在のわが国の土壌・地下水環境基準においては，ベンゼンのみが規制項目であるため，調査・対策において大きな障害とはなっていないが，今後検討していく必要がある．

8.3.3 法規制と揮発性有機化合物に対する対策

2003年2月に施行された土壌汚染対策法では，これまで水質汚濁防止法により考えられていた暴露経路すなわち地下水を経由して摂取する（地下水などの摂取によるリスク）以外に，汚染土壌中の有害物質を直接摂取する（直接摂取によるリスク）暴露経路が新たに取り入れられた．したがって，土壌・地下水汚染の対策では，双方の暴露経路に対して，その摂取を減少させ人への健康にかかわる被害を防止することがその目的である．表8.3.3に，土壌汚染対策法で定められた土壌溶出基準と土壌含有量基準を示した．直接摂取によるリスクが適用される物質は，重金属などの特定有害物質であり，地下水などの摂取によるリスクが適用される物質は従来どおり，すべての特定有害物質に適用される．

土壌・地下水汚染の対策は本来汚染土壌および汚染地下水の浄化（有害物質の分離・分解）を行って，汚染される以前の土壌・地下水と同じ状態にすることがもっとも望ましいことである．しかし，土壌は水や大気と比べ移動性が低いため，土壌中の有害物質も拡散・希釈されにくい特性がある．したがって，土壌汚染は水質汚濁や大気汚染とは異なり，汚染土壌から人への有害物質の暴露経路を遮断することにより，ただちに汚染土壌の浄化を実施しなくても，人への健康にかかわるリスクを低減できる．

このため，直接摂取によるリスクについては，汚染土壌の浄化以外に，指定区域への立入禁止，汚染土壌の覆土・舗装といった対策を適切に講ずることによって，リスクを管理する方法も選択可能である．また，地下水などの摂取によるリスクについても，汚染土壌の浄化以外に，有害物質が地下水などに溶出しないように，遮断または封じ込めなどの対策，あるいは，土壌は汚染されていても有害物質がまだ地下水には達していない場合には，指定区域内で地下水のモニタリングを実施し，必要が生じた場合に浄化または遮断・封じ込めといった対策により，適切にリスクを管理する方法も選択可能である．表8.3.4に特定汚染物質の種類ととりうる対策の一覧表を示した．

土壌汚染対策法にもとづく措置の適用範囲は，有害物質が含まれる汚染土壌に対してのみであり，周辺に拡散してしまった汚染地下水への対応は，従来どおり水質汚濁防止法にもとづく地下水浄化措置命令によることになる．

本節では，揮発性有機化合物に関する対策のうち，土壌および地下水の浄化対策を中心に述べる．揮発性有機化合物は現行の"土壌・地下水汚染に係わる調査・対策指針および運用基準"にもあるように，特別の場合たとえば重金属汚染との複合汚染の場合等を除いて，浄化対策が望ましいと考えられるからである．

8.3.4 揮発性有機化合物による汚染の対策技術[2]

揮発性有機化合物を含む汚染の対策は，表8.3.4に示したように，溶出量値II以上の場合は原位置浄化もしくは掘削除去しか法律上許されていない．溶出量値II以下の場合は，原位置封じ込

表 8.3.3 指定区域の指定にかかわる基準一覧

項　目	性状による区別	土壌溶出基準 (mg/l)	土壌含有基準 (mg/kg)
カドミウムまたはその化合物	重金属等	0.01 以下	150 以下
鉛またはその化合物		0.01 以下	150 以下
六価クロム化合物		0.05 以下	250 以下
ヒ素またはその化合物		0.01 以下	150 以下
水銀またはその化合物		0.0005 以下	15 以下
アルキル水銀化合物		検出されないこと	—
セレンまたはその化合物		0.01 以下	150 以下
フッ素		0.8 以下	4 000 以下
ホウ素		1 以下	4 000 以下
シアン化合物		検出されないこと	50 以下（遊離シアンとして）
ジクロロメタン	揮発性有機化合物	0.02 以下	—
四塩化炭素		0.002 以下	—
1,2-ジクロロエタン		0.004 以下	—
1,1-ジクロロエチレン		0.02 以下	—
シス-1,2-ジクロロエチレン		0.04 以下	—
1,1,1-トリクロロエタン		1 以下	—
1,1,2-トリクロロエタン		0.006 以下	—
トリクロロエチレン		0.03 以下	—
テトラクロロエチレン		0.01 以下	—
ベンゼン		0.01 以下	—
1,3-ジクロロプロペン		0.002 以下	—
PCB	農薬など	検出されないこと	—
チウラム		0.006 以下	—
シマジン		0.003 以下	—
チオベンカルブ		0.02 以下	—
有機燐化合物		検出されないこと	—

めや遮水壁による遮断も許されているが，ここでは原位置浄化対策を中心に述べる．

　原位置浄化対策は，汚染土壌の範囲および当該範囲内における汚染土壌の深さをボーリング調査により確認した後，原位置抽出法または原位置分解法等により汚染された地下水から原位置で有害物質を取り除き，汚染土壌中の有害物質が地下水を経由して摂取されることを防止するものである．原位置浄化対策は，サイトの土質条件，地下水面の位置，透水性，土の物理化学特性，汚染物質の生分解性など多くの要因がかかわるため，その選定や計画策定にあたっては，経験のある専門家も交えその適用性について十分検討したうえで行う必要がある．さらに，汚染の状況や現地の状況，浄化の工法によっては対策の完了までかなりの時間が必要であることもあらかじめ考慮しておく必要がある．

　地下水溶出リスクにかかわる原位置浄化は，土壌を掘削などによって移動させないで行う措置であるため，具体的には，土壌ガスや地下水を通過

表8.3.4 特定汚染物質の種類と対策

措置	重金属など		揮発性有機化合物		農薬など	
	溶出量値Ⅱ以下	溶出量値Ⅱ超	溶出量値Ⅱ以下	溶出量値Ⅱ超	溶出量値Ⅱ以下	溶出量値Ⅱ超
原位置不溶化 不溶化埋め戻し	○	×	×	×	×	×
原位置封じ込め	○	△ (不溶化して溶出量値Ⅱ以下としたものに限る)	○	×	○	×
遮水工封じ込め	○	△ (不溶化して溶出量値Ⅱ以下としたものに限る)	○	×	○	×
遮断工封じ込め	○	○	×	×	○	○
掘削除去 原位置浄化	○	○	○	○	○	○

させることにより，分離または分解によって対象土壌の含有量・溶出量の低下を達成する．原位置浄化対策は，掘削除去と同じく，現地に汚染物質が基準値以上に存在しなくなる措置であるため，効果が確認できた後は土壌汚染対策法上の指定区域は解除され，土地利用に制限がないことになる．

原位置浄化対策実施の後の効果確認には，指定区域内の1箇所以上に観測井戸を設け，環境大臣の定める方法により1年に定期的に4回測定し，浄化基準を超過しない状態が2年以上継続することを確認することが必要である．

a. 原位置抽出法

液体や気体を介して，対象汚染土壌の含有量および溶出量を低下させる方法であり，現在まで多くの実績がある方法が多いが，間接的な方法であるため，一般的には長い処理時間を必要とする．抽出方法の実施は，汚染源の有害物質の濃度の低減や周辺拡散防止などいくつかの目的で使われているが，土壌汚染対策法上は指定区域解除を目指すものであり，汚染土壌の環境基準値を下回る必要がある．

(ⅰ) 土壌ガス抽出法（土壌ガス吸引） 土壌ガス抽出法は汚染物質の揮発性を利用したものであり，不飽和帯に存在する揮発性有機化合物を強制的に吸引除去し汚染土壌の処理対策を行うものである．具体的には，ボーリングにより土壌中に吸引井戸を設置し，真空ポンプ・ブロワーにより，その吸引井戸を減圧し気化した汚染物質を地上に導き，活性炭に吸着除去させるなど適切に処理するものである．本工法は，不飽和帯の砂，礫およびシルトなどの比較的透気係数が高い地盤に適用できるが，地層の状況や深さ，地表面の状況に応じて，吸引範囲，吸引圧などが異なるため状況に合わせて，適切に設計する必要がある．図8.3.4に概要図を示した．

また，土壌ガス吸引法は，非常に多くの実績があり，国内でも一番よく用いられている工法であるために，多くの補助工法が開発されている．吸

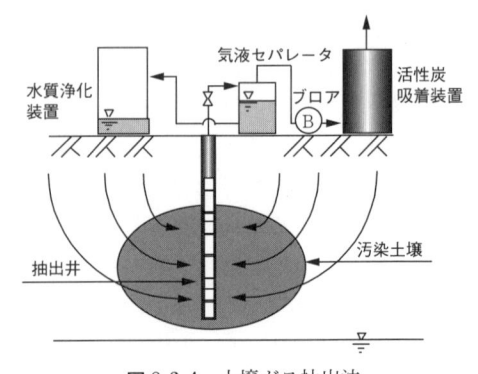

図8.3.4 土壌ガス抽出法

引井戸に水平井戸を用いる方法や，後述するように飽和帯に空気を注入して地下水からの揮発を促進するエアスパージング法，生物分解を併用した方法などもその応用例の一つである．

シルト質地盤，粘土質地盤では，実用的には適用できないが，深層混合処理法を応用して，生石灰を混入することにより，地盤の温度を上昇させるとともに，通気性を改良して汚染物質を抽出する工法も実用化されている．

(ii) 地下水揚水法（地下水揚水，二重吸引など）　汚染地下水を揚水し汚染物質を除去，回収することにより地下水および汚染土壌の処理を行うものである．揚水した地下水は，それぞれの有害物質の性質に応じた方法で処理する．本地下水揚水法については，一般的に敷地外拡散防止の意味合いでも用いられるが，浄化の目的からいえば，揚水井は，土壌ガス（揮発性有機化合物）または地下水汚染（重金属類，揮発性有機化合物，農薬類）の最高濃度付近に設置されることが必要である．汚染が深部までに及んでいる場合は，原液は地盤の間げき中にいたるところでトラップされているため，浄化には数年以上にわたる年月が必要である．

拡散防止を防止するいわゆるバリア井戸として，地下水汚染箇所の下流域に設けて汚染の拡散を防止するのにも用いられる場合は，ほかの措置（掘削除去やほかの原位置浄化など）を行っているうえでの補助的手段の意味合いとなる．

不均質な帯水層では設計がむずかしく，三次元的な地下水の流向・流速を十分に把握したうえで実施する必要がある．揚水した汚染地下水の処理方法としては，気液接触処理，化学的・光化学的分解など（揮発性有機化合物），中和沈殿法，吸着処理法など（重金属類），そのほか個別の処理法（農薬類も含む）などの方式で行われる．

また，揮発性有機化合物の汚染の場合で，土壌ガス吸引法において汚染が帯水層まで及んでいる場合には，吸引井戸内部に水中ポンプを設置し，地下水の揚水も行う二重吸引法がある．比較的浅い地下水位をもつ地盤には，ウェルポイント工法を応用し，土壌ガスと汚染地下水の両方を一緒に吸引・処理する方法も有効である．

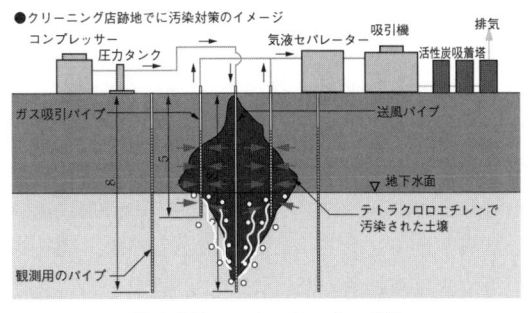

(iii) エアスパージング法　エアスパージング法（図8.3.5）は，飽和帯に空気を注入して地下水からの揮発性有機化合物の揮発を促進し，上部においてガス吸引法によって揮散ガスを捕集する方法である．帯水層以下の場合に用いられ，汚染地下水の浄化および汚染源土壌からの汚染物質の除去という意味で，地下水揚水単独の処理よりもふさわしい．

この方法は，地下に圧力をかけた空気を吹き込むことになるため，現地の地質構造などによっては，汚染を周辺に広げる可能性を否定できず，現地対策範囲の広さ，地質構造などを踏まえて，適切な周辺拡散防止措置などを併用しながら実施することが必要である．実施にあたっては，吹込み空気が浄化対象土壌に存在する汚染物質を汚染されていない周辺に移動させてしまうことがないように，遮水壁など周辺拡散防止措置を実施したうえで行う必要がある．また，帯水層中にシルト層や粘土層などの挟み層が存在する場合には，吹き込んだ空気の流路（上向き）が挟み層により阻害され，DNAPLが浸透した経路上に存在するトラップあるいは滞留した原液と接触しないために効果がないこともある．帯水層の構造をよく理解することが必要である．

LNAPLでは，上記のような問題が比較的ないうえに，空気に含まれる酸素も一緒に吹き込むことにより，周辺地下水の溶存酸素濃度を上げ，生分解性を活性化させる効果もある（バイオスパージング）．

図8.3.5　エアスパージング法

(iv) そのほかの方法

(1) 熱的方法　エアスパージングの代わりに蒸気や加熱空気を注入する方法も海外では実施され，それぞれスチームインジェクション，ホットガスインジェクションなどと呼ばれる．揮発を大幅に促進することができるが，常温でないことからシステムの設計には多くの経験が必要である．

(2) 電気化学的方法　汚染土壌中に微弱な電流を流し，電気浸透現象によってイオン化している特定の汚染物質を陽極ないし陰極に集め，揚水処理などにより回収するものである．地質条件などによって結果が大きく左右されるものであり，また，電極付近で電気分解が起こりpHが変化し，ほかの物質の溶出特性を変化してしまう可能性もあり，設計には詳細な技術的検討が必要となる．

(3) 揚水循環法（ソイルフラッシング）　基本的には，地下水揚水法と同様であるが，浄化した地下水もしくは清浄な水を注入し，循環させることにより浄化促進を図るものである．水みちの存在などにより，均質な浄化が進まない場合が多く，注入・揚水井戸の追加などの措置が必要な場合が多い．また，地上から散水を実施し，汚染土壌中にその水を通過させ，それをポンプアップし，排水処理装置で揚水した水から汚染物質を除去していくことにより，現地の汚染土壌中の汚染物質濃度を低下させていく方法もあり，ソイルフラッシングまたは原位置土壌洗浄法と呼ばれる．汚染物質をいったん液体のなかに溶かし出すことが前提であるので，汚染土壌を通過した汚染物質を含む水が確実に集められるような地質構造のもとで，周辺の状況をモニタリングしながら行われる必要がある．通常，散水する液体は水がもっとも一般的であると考えられるが，酸などの汚染物質を溶解する溶媒を使うことも場合によっては考えられる．この際は，より高濃度の汚染物質を含む溶媒が地中に存在することになるため，周辺への汚染物質の拡散がないように，遮水工封じ込め措置と同等の拡散防止措置を併用して行うことが必要である

ベンゼンなどの石油系炭化水素類の汚染では，溶存酸素の高い水を吹き込むことにより，生分解性が高まる効果もある．

b. 原位置分解法

原位置分解法は，現地の汚染土壌を掘削することなく化学的，生物的あるいは熱的作用により汚染物質の分解を目指すものであり，その分解機構により多くの方法がある．一般に，分解法は分解過程においての中間生成物や意図しない化学物質の生成がある場合があり，十分に事前のトリータビリティー試験などで分解経路や分解生成物の挙動確認を実施しておく必要がある．また，溶出値の変化（減少）だけでは，単なる揮散・拡散の場合も考えられ，一概に分解とは判断することができない．分解方法の場合には，対象物質がどのような分解経路によって分解され，分解に関して物量平衡が成り立っているかを十分に確認する必要がある．さらに，地中への薬剤の注入を伴う方法においては，より安全な薬剤の使用を検討するとともに，浄化対象土壌に存在する汚染物質を汚染されていない周辺に移動させてしまうことがないように，遮水壁など周辺拡散防止措置を実施したうえで行う必要がある．

(i) 化学的処理法　汚染土壌中に薬剤を添加し，化学的に汚染物質の分解を行う．農薬類や揮発性有機化合物を含む汚染土壌に対して，次亜塩素酸や過マンガン酸処理，過酸化水素と鉄を使用するフェントン法などによる酸化処理，揮発性有機化合物を含む汚染土壌に鉄粉を添加して分解を行う還元的な脱塩素処理などがある．

この方法の適用できる対象は，分解が期待される農薬類，揮発性有機化合物，シアンなどに限定される．ほかの方法と比較して，比較的強力な処理で短期間での分解が可能である，対象物質の濃度や土質などにも比較的影響を受けにくいなどの特徴があるが，各物質ごとに適切な薬剤の検討が必要であるとともに，条件によっては想定しない有害物質の生成が起こる場合があるので，事前の試験結果を見て適用を判断されているかが必要となる．

とくに，このような方法の検討では汚染物質の

減少だけから判断するのではなく，分解経路や分解生成物を確かめたうえで，物質量の観点から議論することが重要である．

（1）過マンガン酸カリウム法　過マンガン酸カリウム溶液を帯水層中に注入し，溶液のもつ酸化力により，有機化合物を分解させるものである．揮発性有機塩素化合物であれば，二酸化炭素と水と塩に分解できる．強力な酸化力をもつため，公共用水域への侵入や隣地地下水井戸への侵入には十分な注意が必要である．

（2）フェントン法　過酸化水素と硫酸鉄溶液を帯水層中に注入し，溶液のもつ酸化力により，有機化合物を分解させるものである．過マンガン酸カリウム溶液より高い酸化力をもっているので，ベンゼンなどの炭化水素類およびトリクロロエチレンなどの有機塩素化合物双方を二酸化炭素と水および塩類に分解する．一般的なフェントン法では，pHが2程度まで下がってしまい，汚染土壌中に含まれる重金属などの溶出や環境への影響が心配される．最近では，触媒を用いて，中性域でフェントン反応を起こさせる方法も実施されている．

（3）鉄粉法　零価の鉄粉を土壌中に重量比で1～数％程度混合し，トリクロロエチレン，テトラクロロエチレンなどの揮発性有機塩素化合物の脱塩素化を図るものである．鉄粉の混合方式として，オーガー機による直接混合や，スラリーによる注入などの報告がある．また，鉄粉を混合したうえで栄養塩を注入し，微生物により還元環境を強化する方法も報告されている．酸化分解法に比較すると，取扱い面，安全面および周辺への影響という点でも優れているが，反応性の点では酸化法よりは反応はゆるやかなので分解に時間がかかるほか，中間生成物の存在にも注意する必要がある．

また，汚染地下水の拡散防止の観点から鉄粉を用いた工法としては，透過性地下水浄化壁工法があげられる．図8.3.6に，透過性地下水浄化壁工法の概要図を示した．本法は，鉄粉を清浄な砂や砂礫に10～20％程度混入し，現地の透水係数より1オーダー程度高い透水係数になるように，地

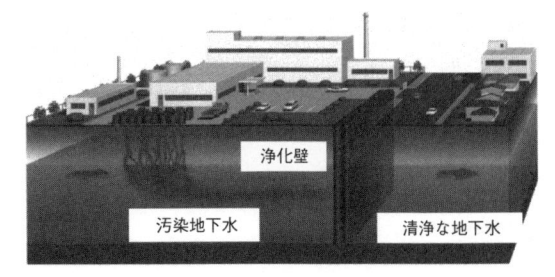

図 8.3.6　透過性地下水浄化壁工法

盤中にくい状または壁状に現地土と置換する工法である．敷地境界や汚染地下流側に設け，汚染した地下水をこの浄化くいにて清浄にする工法である．本工法は六価クロムやヒ素にも有効である．

（ii）**生物的処理法**　汚染土壌に棲息する分解微生物を利用し，生物的に汚染物質の分解を行う．海外では，油分に対する分解では確立されており，近年は農薬類や揮発性有機化合物を含む汚染土壌にも使用されるようになってきた．酸素を添加し，好気的な微生物により分解を行う場合と酸素がない条件で嫌気的微生物を使って分解する場合がある．

油分（土壌汚染対策法の範囲ではベンゼンが該当）農薬類，揮発性有機化合物，シアンなどに対象物質は限定されるが，わが国の環境基準に示される農薬類は基本的に生分解性が悪いものとされているため，本方法の適用は比較的に困難である．また，生物分解は濃厚な汚染源に対しては適用がむずかしく，トリクロロエチレンなどの原液が存在する部分は掘削除去措置などの汚染源対策との併用を考慮することも必要である．

掘削を行ってから生物処理法を行う場合と比較して地中での処理であるため，地中に栄養塩類や酸素（必要な場合）などを注入することが多い．そのため，対象とする地質構造や地下水構造を十分把握して，周辺環境に栄養塩類などの影響が及ばないような設計がなされる必要があり，また，実施中はモニタリングをしながら，浄化を行っていく必要がある．

微生物による分解はほかの方法と比較して，処理に時間がかかるなどのほか，条件によっては対象物質以外の想定しない有害物質の生成が起こる

場合があるので，十分に事前の試験結果を見て適用が判断されているかが必要となる．

方法としては，不飽和土壌中に空気を吹き込み，酸素濃度を上げてやる方法（バイオベンティング，図8.3.7），帯水層中に空気もしくは酸素を吹き込み，酸素濃度を上げてやる方法（バイオスパージング），揚水循環の注入水に酸素と栄養塩類を添加する方法などがとられている．上記のような方法は，原位置に存在する微生物を活性化する手法として，一括してバイオスティミュレーションと呼ばれている．それと対比する意味で，汚染物質の土着微生物に分解能力がない場合などに，すでに効果が認められている微生物を栄養塩・酸素とともに供給する方法（バイオオーギュメンテーション）もある．この方法は，土着微生物ではないことから，生態系への配慮が必要であるとともに，汚染場所で活性化できるかどうかの評価が必要である．

原位置浄化ではないが，掘削除去した後のバイオレメディエーションも石油系汚染にはよく用いられている．一般的に，わが国で行われている方法は，ランドファーミング（図8.3.8）と呼ばれている方法であり，掘削した土壌を通気管を敷設したうえに，通常2～3 mの高さに盛土したうえで栄養塩を添加攪拌し，微生物の活性化を促すものである．通気管のピッチ，栄養塩の組成，添加量，攪拌期間などは，掘削土壌の土質，油分濃度，油種，温度，水分量によって異なり，モニタリングしながら決定する．

c. monitored natural attenuation (MNA)

地下水汚染浄化手法の選択肢の一つとして，monitored natural attenuation (MNA) が，米国をはじめとした先進諸国で2000年以降実施されるようになってきた．その背景には，もっとも一般的な浄化手法である揚水ばっ気法をはじめとする積極的な浄化対策（active remediation）が必ずしも十分な効果を発揮していないことや，浄化対策に多大な予算が必要であり，積極的な浄化対策のみでは国土の経済的な保全がむずかしいことが明白になってきたことが大きな要因である．MNAは汚染サイトの総合的対策の一つの浄化対策であり，地下水中の汚染物質の自然浄化（減衰）を期待するものである．

汚染現場の帯水層が保有する自然現象によって，地下水中の汚染物質の濃度が減衰する現象は「natural attenuation（自然減衰）」と呼ばれる．この自然減衰には，①土壌粒子への吸着，②気相への揮発，③希釈・拡散，④化学分解，⑤微生物分解など，帯水層でのさまざまな現象が関与する．地下水中の汚染物質濃度が移動距離や時間とともに減少することは，実際のサイトにおいてよく見られることであるが，速度には違いがあれ，ほとんどすべての汚染サイトにおいて汚染物質の自然減衰が発生している．

このような自然減衰のメカニズムはサイト固有のものであるが，これを科学的に測定・評価のうえ，このメカニズムを地下水汚染浄化手法に組み入れることが，欧米を中心に広く採用されつつある．この手法がmonitored natural attenuation（MNA：科学的自然減衰）と呼ばれている．米国環境保護庁によると，科学的自然減衰とは「自然減衰の力に委ねながら汚染物質の濃度を人の健康や環境に影響のないレベルにまで低下させることである．」とされている．また，「自然減衰は十分に管理・監視されたものであることが必要であり，また，ほかの浄化手法と比べ妥当な期間内に上記の目標が達成されるものである必要がある．」とされている．実際には，汚染の範囲が広がらないことをモニタリングにより確認でき，かつ溶存

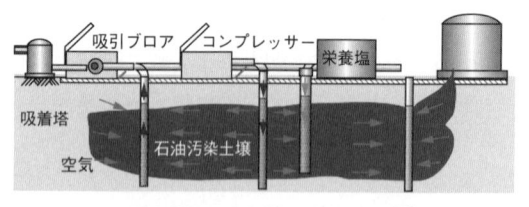

図8.3.7 バイオベンティング法

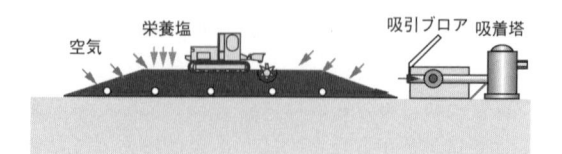

図8.3.8 ランドファーミング

酸素，酸化還元電位，炭酸・鉄イオンなどの水質などに自然減衰が起きている証拠が得られた場合にMNAは認められることになる[3]．

MNAを加速する手法として，enhanced natural attenuationと呼ばれる自然浄化作用を薬剤注入することにより，促進させる手法も最近よく利用されている．酸素を徐法する材料や水素イオンを徐法する材料などの生物分解に関連する薬剤を地盤中に注入して，地盤中の微生物の活性をあげ，ベンゼンなどの石油系炭化水素類の汚染物質を分解する工法である．酸素徐法剤の一つには，過酸化マグネシウムに表面処理を施したものがあり，徐々に帯水層中に酸素を供給できる薬剤である．帯水層中の溶存酸素濃度を上げることにより，帯水層中の微生物を活性化させ，好気分解を助長する．水素徐法剤の一つには，酪酸系や乳酸系の有機物があり，嫌気条件下で微生物分解を受け水素を発生し，発生した水素によりトリクロロエチレンなどの有機系塩素化合物の脱塩素を促進するものである．これらの方法は，自然サイトの条件に強く影響されるため，その適用にあたってはサイトにおける阻害物質などの影響をよく考慮することが必要である． （今 村　　 聡）

参 考 文 献

1) 地盤工学会編：地盤工学・実務シリーズ15：土壌・地下水汚染の調査・予測・対策，p.79，地盤工学会，2002．
2) 産業環境管理協会編：サイトアセスメント（5.3 揮発性有機化合物の対策技術），p.201，2003．
3) （社）土壌環境センター編：MNA（Monitored Natural Attenuation）―自然の回復力を活用して―，2003．

8.4　ダイオキシン類汚染と対策

8.4.1　ダイオキシン類による環境汚染

ダイオキシン類は，たとえば，「廃棄物焼却炉の排出ガスおよび灰」などに，$1m^3$もしくは1グラムあたり10億～1兆分の1グラム（1ナノグラム～1ピコグラム）という濃度で超微量含まれる，有機塩素系の有害物質である．

環境中に大量に放出された例としては，米国がベトナム戦争において，枯葉剤として使用した2,4,5-Tなどの製造過程において，副生成物としてダイオキシン類が発生して，不純物として混入していたことが知られている．

欧米で人が生活する環境を汚染した事件として，スペインのセベソでの農薬工場の爆発事故による周辺への拡散（1976年）と，米国のラブカナルでの廃棄物による住民への健康被害の発覚（1976年）と住民立ち退き（1978年）がとくによく知られている．

日本では，1983年に廃棄物焼却施設のフライアッシュからダイオキシン類が検出されてから問題とされるようになった．その後，国公立の研究機関，大学や産業界で調査・研究や検討が行われ，国内でのダイオキシン類汚染状況が把握されるとともに，1997年にはダイオキシン類規制を目的とした廃棄物処理法と大気汚染防止法の改正が行われた．

また，有害化学物質による健康被害事件であるカネミ油症（1968年）の原因として，当初に考えられていたPCB以外にも，その後の研究から，ダイオキシン類であるポリ塩化ジベンゾ-パラ-ジオキシン（PCDD）やポリ塩化ジベンゾフラン（PCDF）など，多数の化合物が混入していたことが判明している[1]．

8.4.2　ダイオキシン類による土壌汚染の法規制

2003年2月に施行された土壌汚染対策法では，ダイオキシン類による土壌汚染は規定されておらず，それに先立って，2000年1月15日から運用されているダイオキシン類対策特別措置法で取扱いが定められている．この法律は，ダイオキシン類による環境の汚染の防止およびその除去などをするため，ダイオキシン類に関する施策の基本となる基準として，ダイオキシン類による大気の汚染，水質の汚濁（水底の底質の汚染を含む）および土壌の汚染にかかわる環境基準を定めるとともに，必要な規制，汚染土壌に対する対策を定めている．

地方自治体には，土壌汚染にかかわる条例のなかで，ダイオキシン類を，重金属類や揮発性物質，農薬などとともに有害物質に含めているところもある[2]．

8.4.3 ダイオキシン類の種類

「ダイオキシン類対策特別措置法」では，PCDDとPCDFにコプラナーPCBを含めて"ダイオキシン類"と定義している[1]．

ダイオキシン類は図8.4.1のように，基本的には炭素で構成されるベンゼン環二つが，酸素で結合したりして，それに塩素が付いた構造となっている．図8.4.1の1～9および2'～6'の位置には塩素または水素が付いているが，塩素の数や付く位置によっても形が変わるので，PCDDは75種類，PCDFは135種類，コプラナーPCBは十数種類の異性体がある（これらのうち29種類に毒性があるとみなされている）．

8.4.4 ダイオキシン類の性質

ダイオキシン類は，ほかの化学物質や酸，アルカリにも簡単に反応せず，安定した状態を保つことが多い．通常は無色の固体で，水に溶けにくく，蒸発しにくい反面，脂肪などには溶けやすいという性質をもつ．また，太陽光の紫外線で徐々に分解されるといわれている[1]．

ダイオキシン類の毒性としては，動物実験で，強い急性毒性をもつことが明らかにされているほか，人に対する発がん性や催奇形性が疑われている．

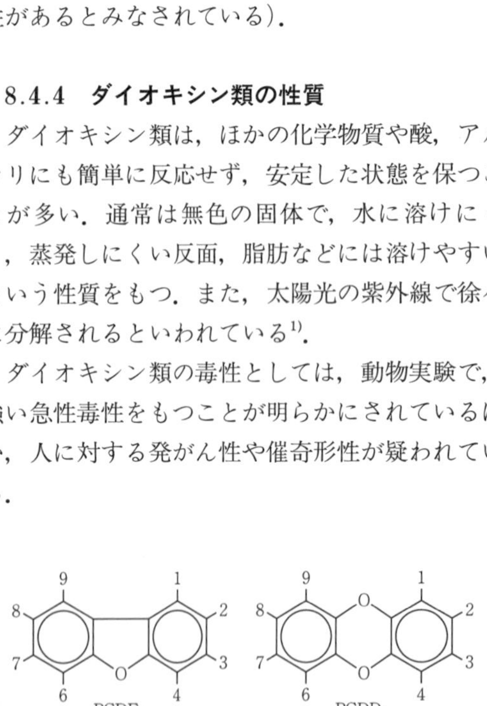

表8.4.1 ダイオキシン類の環境基準

大気…年平均値　0.6 pg-TEQ/m³ 以下
水質…年平均値　1 pg-TEQ/l 以下
底質…150 pg-TEQ/g 以下
土壌…1000 pg-TEQ/g 以下（調査指標 250 pg-TEQ/g）
※土壌にあっては，調査指標以上の場合には必要な調査を実施することとされている．

「青酸カリよりも毒性が強く，人工物質としてはもっとも強い毒性をもつ物質である」といわれることがあるが，これは，日常の生活のなかで摂取する量の数十万倍の量を摂取した場合の急性毒性のことである．また，ダイオキシン類の低濃度での慢性毒性としては，甲状腺機能の低下，生殖器官の重量や精子形成の減少，免疫機能の低下を引き起こすことが動物実験で報告されている．土壌汚染において問題とされているのは，この両面からである．

8.4.5 ダイオキシン類の発生源

ダイオキシン類の現在のおもな発生源は，ごみ焼却による燃焼といわれているが，そのほかに，製鋼用電気炉，たばこの煙，自動車排出ガスなどのさまざまな発生源がある[1]．主としてものを燃やすところから発生し，処理施設で取り除かれなかった部分が大気中に出る．また，かつて使用されていたPCBや一部の農薬に不純物として含まれていたものが底質などの環境中に蓄積している可能性があるともいわれている．

環境中に出た後は，たとえば，大気中の粒子などにくっついたダイオキシン類は，地上に落ちてきて土壌や水を汚染したり，事業所からの排水に伴って排出され，底質に蓄積される．

8.4.6 土壌中のダイオキシン類調査

ダイオキシン類による土壌汚染調査に関しては，環境省から調査測定マニュアル[3]が示されている．

このマニュアルによる調査の進め方は，以下のとおりである．

a. 地域概況調査

ダイオキシン類にかかわる土壌の調査を行う場

*PCBsのなかで二つのベンゼン環が同一平面上にあって扁平な構造を有するものを「コプラナーPCB」という．

図8.4.1　ダイオキシン類の構造図[1]

合には，まず，地域概況調査を行う．地域概況調査は，目的に応じて，一般環境把握調査，発生源周辺状況把握調査および対象地状況把握調査に分類できる．いずれの場合も，あらかじめ，土地利用状況などを資料などにより調査（「資料等調査」という）したうえで測定地点を選定する．

b. 調査指標確認調査

地域概況調査の結果，調査指標値以上のダイオキシン類濃度を示す地点の存在が判明した場合には，まず，ダイオキシン類が蓄積した原因の推定にかかわる資料など調査を実施する．また，周辺の土壌中のダイオキシン類濃度が環境基準を超えるおそれがあるので，資料等調査の結果や周辺の状況に応じて土壌の追加調査を行う．必要に応じて，ほかの環境媒体などにかかわるダイオキシン類の調査を実施する．

c. 範囲確定調査

地域概況調査または調査指標確認調査の結果，土壌の環境基準を超える地点が判明した場合は，汚染原因を推定するとともに，環境基準を超える土壌の平面範囲および深度を確定するため，範囲確定調査を実施する．

d. 対策効果確認調査

環境基準を超える土壌について対策を実施した場合に，その効果を確認するため，対策効果確認調査を実施する．

e. 継続モニタリング調査

調査指標値以上のダイオキシン類濃度を示す地点の存在が判明した場合には，必要に応じて，土壌中のダイオキシン類の濃度の推移を把握するため，3～5年の期間をおいた後に，継続モニタリング調査を実施する．

8.4.7 試料採取

ダイオキシン類対策特別措置法にしたがうところの土壌試料の採取は，調査地点において，原則として，表層5cmの土壌について5地点混合方式で行う（図8.4.3）．なお，範囲確定調査で深度範囲の確定を行う場合には，1地点の柱状試料を採取する．また，採取した試料の性状として，含水率，強熱減量，土性などを調査する．

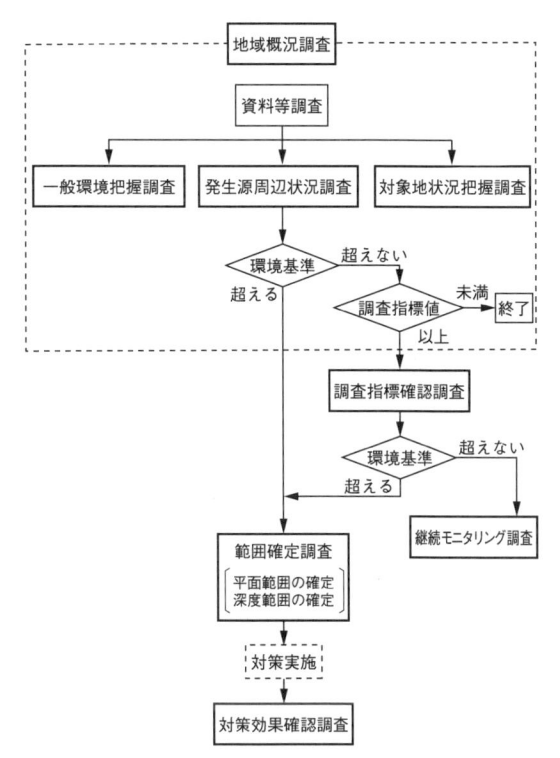

図8.4.2 土壌中のダイオキシン類の調査の進め方[3]

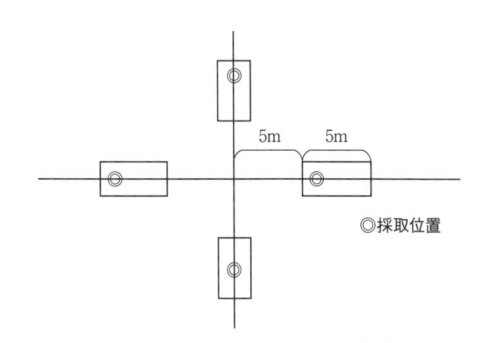

図8.4.3 5地点混合方式の参考例[3]

8.4.8 分　　析

土壌中ダイオキシン類分析の公定法の概要を，以下に示す[3]．

a. 前処理方法

（ⅰ）溶媒抽出法　風乾した分析用試料を16時間以上のトルエンソックスレー抽出による溶媒抽出を行う．

（ⅱ）クリーンアップ法　抽出液は硫酸処理/シリカゲルカラムクロマトグラフィまたは多層シリカゲルカラムクロマトグラフィーで汚染物質を取り除いた後，いずれもアルミナカラムクロ

マトグラフィーでPCBsと分画する．GC-MS分析で妨害があり，さらにクリーンアップが必要なときは，活性炭埋蔵シリカゲルカラムクロマトグラフィーまたは活性炭カラム高速液体クロマトグラフィー（HPLC）を行う．

b. 機器分析

ダイオキシン類の同定と定量は，キャピラリーカラムを用いる高分離能ガスクロマトグラフ（HRGC）と二重収束型の高分解能質量分析計（HRMS）を用いる高分解能ガスクロマトグラフ質量分析法（HRGC-HRMS）によって行う．

上記のほかに，最近では各種の迅速分析法が提案されており，公定法に比較して安価であるといわれている．公定法と併用して迅速分析法を用いるには，必要とされる調査検体数や，分析に要する期間・頻度，分析精度などを検討のうえ，効率的に用いなければならない．

8.4.9 ダイオキシン類濃度の表示方法

ダイオキシン類は，毒性の強さがそれぞれ異なっており，図8.4.1に示すところのPCDDのうち，2と3と7と8の位置に塩素の付いたもの（2,3,7,8-TCDD）がダイオキシン類の仲間のなかでもっとも毒性が強いことが知られている．

ダイオキシン類としての全体の毒性を評価するためには，合計した影響を考えるための手段が必要である．そこで，もっとも毒性が強い2,3,7,8-TCDDの毒性を1として，ほかのダイオキシン類の仲間の毒性の強さを換算した係数（TEF）が用いられる．ダイオキシン類としての量や濃度のデータは，定量された異性体濃度にこの毒性等価係数（TEF）を乗じて毒性等量（TEQ）を算出し，その合計を求め，たとえばpg-TEQ/gとして表示する．

表8.4.2 2,3,7,8-TCDDの物理化学的性質

分子量：322		
融　点：305〜306℃		
溶解度：水	2×10^{-7} (g/l	25℃)
オクタノール	0.048 (g/l	25℃)
o-ジクロロベンゼン	1.4 (g/l	25℃)

8.4.10 ダイオキシン類汚染の浄化技術

ダイオキシン類対策特別措置法が1999年7月に成立したことと並行して，浄化技術に関してつぎの取組みがなされている．

旧厚生省においては，1998年に高濃度ダイオキシン類汚染物分解処理技術検討会が設置され，高濃度ダイオキシン類汚染物を適切に分解処理する技術について，実証試験を実施するなどして検討を行い，1999年12月に処理技術マニュアル[4]がとりまとめられた．

このマニュアルでは，技術的成熟度が実用レベルにあると考えられる技術として表8.4.3の7種類の技術をとりあげるとともに，そのほかの有効と考えられる技術についてとりまとめられている．

またその後，表8.4.3にとりあげた技術以外にも，ダイオキシン類の分解処理に有効と考えられる技術（たとえば，生物分解など）があるとされている．

また1999年度には，旧環境庁からも，ダイオキシン類土壌汚染対策の推進を目的に，ダイオキシン類汚染土壌浄化技術実証調査が実施され，対象技術として，現地実証調査が可能な技術2種類

表8.4.3 分解処理技術の概要

処理方式	概　　要
溶融	溶融温度（1300℃前後）以上に加熱し，ダイオキシン類を熱分解する．
高温焼却	高温（1100℃前後）でダイオキシン類を酸化雰囲気で熱分解する．
気相水素還元	無酸素水素雰囲気で850℃以上に加熱しダイオキシン類と水素の反応で還元分解・脱塩素化する．
還元加熱脱塩素	酸素欠乏状態（窒素置換など）で熱（400℃前後）を加えて脱塩素化する．
超臨界水酸化分解	超臨界水のもつ有機物に対する溶解性，分解性を利用してダイオキシン類を分解
金属ナトリウム分散体	金属ナトリウム超微粒子を油中に分散させたものと，抽出または濃縮したダイオキシン類を反応させて分解する．
光化学分解	紫外線などの照射とオゾンなどの酸化力を利用してダイオキシン類を脱塩素化，分解する．

(溶融固化法，アルカリ触媒化学分解法）と小規模実証調査が可能な技術4種類がとりあげられている[5]．

最近，オフサイト処理施設での搬出後処理では，溶融または高温焼却が用いられているようである．

2003年度には，環境省において「ダイオキシン類汚染土壌浄化技術等確立調査」[6]として2技術「間接熱脱着工法とジオメルト工法を組み合わせたダイオキシン類汚染土壌の無害化処理技術」，および「還元加熱法と金属ナトリウム分散体法との組合せ処理法」が採択されて，実証調査が行われた．

8.4.11　土壌汚染対策の状況

環境省では，都道府県など（計89地方公共団体）からの報告にもとづき，2002年4月1日～2003年3月31日までの間を対象に，ダイオキシン類対策特別措置法（以下，法という）の施行状況などをとりまとめている（2003年12月5日発表）．

これによれば，2002年4月1日～2003年3月31日までの間に，1地方公共団体（和歌山県）で土壌汚染対策地域が指定され，同地域に対する土壌汚染対策計画が策定された．

2003年3月31日現在では，全国で計2地域が指定され，同地域に対する計画が策定されている．

8.4.12　和歌山県橋本市での土壌汚染対策事例

和歌山県橋本市でのダイオキシン類汚染問題は，ダイオキシン類対策特別措置法にもとづく土壌汚染対策地域に，東京都大田区大森に続いて全国で2番目に指定され，土壌汚染対策計画[7]にもとづき工事が進められた（2005年3月完了，8月指定解除）．

この問題をダイオキシン類による土壌汚染対策のリスクコミュニケーション，作業環境条件検討など，現地での取組みを事例としてとりあげる．

a.　汚染問題の原因

和歌山県橋本市の山間部の産業廃棄物中間処理

図8.4.4　汚染の原因となった焼却炉

場では，1994年ごろより産業廃棄物処理業者が不法に廃棄物をもち込み，排ガス対策の不完全な焼却炉（図8.4.4）での焼却や，野焼きを行っていたため，周辺地域の住民から苦情が相ついだ．住民は「産廃処理場を撤去させる会」（以下「撤去させる会」と呼ぶ）を結成して処理場のダイオキシン類調査，焼却施設および埋立廃棄物の撤去を求めた．これを受けて2000年1月に和歌山県が焼却炉周辺を調査し，焼却炉内から最大250 ng-TEQ/g，周辺土壌から100 ng-TEQ/gもの高濃度のダイオキシン類による汚染が確認された[8]．

b.　無害化処理までの経緯

2000年2月，和歌山県は所有者である産業廃棄物処理業者に対し，ダイオキシン類で汚染されている施設の解体・処分などの措置命令を出した．業者がしたがわなかったため，2000年5月，措置命令にかかわる行政代執行（緊急対策）が実施された．この行政代執行業務では，焼却炉解体に伴って発生したダイオキシン類汚染物（15.6 m^3）を日本で初めて現地無害化処理を実施することとなり，前述の技術のなかから溶融固化法であるジオメルト工法（1バッチあたり溶融能力1 t）が用いられた[9]．この汚染物処理実施にあたっても，後述のものと同様の環境保全協定が，実施者である和歌山県，施工業者，住民との間で結ばれている．この汚染物処理後には，周辺には焼却施設から発生する煙などにより，土壌環境基準（1000 pg-TEQ/g）を超える汚染土壌が残っており，これを処理（恒久対策）する必要があった．

c. 作業環境の管理

前述の焼却施設の解体計画中に，大阪府内の焼却施設解体工事に従事した作業員の血中から高濃度のダイオキシン類が検出され，ダイオキシン類による被爆が報道された（2000年）．そこで，旧労働省より焼却施設解体に従事する作業員の健康障害防止などを定めた通達[10]が示され，この通達にしたがった計画に変更し，解体が行われた．

d. ダイオキシン類による土壌汚染の状況

和歌山県が調査した結果，土壌環境基準（1000 pg-TEQ/g）を超えるダイオキシン類汚染地域は 4930 m^2，汚染土量は約 2602 m^3 であり，過去に焼却施設があった場所を中心に同心円状の汚染が確認された（図 8.4.5）．

e. 処理方針

汚染土壌の処理方針は，和歌山県と橋本市，撤去させる会の三者に，学識経験者を交えて設置した恒久対策協議会において検討され，1000～3000 pg-TEQ/g の汚染土壌（1932 m^3）は現地に設置するコンクリートボックスによる封じ込めとし，3000 pg-TEQ/g 以上の高濃度汚染土壌（670 m^3）については無害化処理を実施することが決定された．

無害化処理方法の選定はインターネットを通じて一般公募され，153 社の技術がリストアップさ れた．その後，恒久対策協議会において協議を重ね 4 社を選定し，公開プレゼンテーションが行われた．撤去させる会は，無害化の確実性や処理後物質の安定性を重視，行政はさらに工事費用や実績なども含め多数の項目をポイントで評価，検討し，最終的にジオメルト工法（現地溶融固化技術，1 バッチあたり溶融能力 100 t）が選定された[8]．

f. 環境保全協定

現地無害化処理を実施するにあたり，和歌山県，撤去させる会および施工業者は，三者相互の信頼関係にもとづき，地域住民の生活環境を保全するため，ジオメルト工法に関する環境保全協定が締結された．環境保全協定の骨子を表 8.4.4 に示す．このなかには，住民の意志にもとづき現場内立入や分析データの公表など，公開の原則が明記されている．

g. ジオメルト工法による現地無害化処理

ジオメルト工法は，1999 年に旧環境庁において実施された技術調査のうち，現地実証調査が可能な 2 技術の一つであり，旧厚生省マニュアルの分類では，溶融技術に含まれる．

処理対象物中に電極を挿入し，これに通電して処理対象物を電気的に加熱することにより対象物を溶融し，冷却後は物理的・化学的に安定したガラス固化体になる[11]．

溶融部の中心温度は 1600℃ 以上に上昇し，処理対象物中の有機化合物が高温熱分解されるとともに，揮発しやすい重金属は気化して冷却除じん洗浄機で捕捉され，揮発しにくい重金属は固化体のなかに封じ込められる．そのため，有機物質と重金属からなる複合汚染物を，同時に無害化処理できる特徴をもつ．処理設備は電力供給設備，溶融設備，オフガス処理設備から構成され，汚染サイトでの処理が可能なように可搬式設備となっている．

h. 汚染土壌の掘削および分級

汚染土壌の掘削は，図 8.4.7 に示すように掘削エリアの周囲をシートで囲い，なおかつ掘削箇所は局所吸引を行うことでダイオキシン類の周辺環境への飛散が防止された（図 8.4.8）．

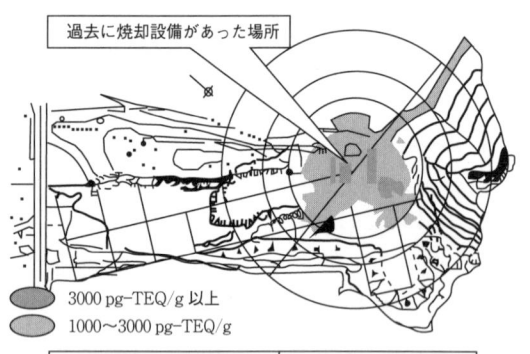

汚染濃度 (pg-TEQ/g)	土量 (m^3)	
1000～3000	1932	1932
3000～5000	160	
5000～10000	287	670
10000～	223	
合　計	2602	2602

図 8.4.5　汚染土壌の分布

表 8.4.4 ジオメルト工法に関する環境保全協定書

項　目	内　容
1. 基本	地域住民の健全な生活環境の保全のために最善の措置を講ずる．
2. 環境保全対策	ジオメルト工法の運転状況の管理目標値を設定，管理目標値の範囲内であることを確認するとともに，計測値を記録して現場で閲覧できるようにする．
3. モニタリング	ジオメルト処理中に下記の項目について3回モニタリングを行う．①大気放出ガス（ダイオキシン類，SO_x，NO_xなど，重金属類），②敷地境界（ダイオキシン類，粉じん），③汚染物と溶融固化体（ダイオキシン類，重金属類）．
4. 立入調査	住民の現場への立入調査ができる．ただし，工事の円滑な実施に支障をきたさないように配慮すること．
5. 緊急時の措置	緊急時のマニュアル整備と実地訓練の実施．
6. 補償	被害を与えた場合，誠意をもって補償する．
7. 公開の原則	工事予定，分析およびモニタリング計画・結果，工事の進捗状況が把握できる文書（作業日報）およびモニターテレビの設置．
8. 対策協議会	県2名，地元住民4名および施工業者2名で構成する対策協議会を設置し，協定を円滑に履行するためにつぎの事項を協議する．①業務の安全性の確認，②モニタリングに関する事項，③協定に定めがない事項． 協議会では学識経験者や専門家をオブザーバーとして意見を求めることができ，結論は公開を原則とする．
9. 習熟運転	1～10バッチ目を習熟運転とした後，各種データを集中的に採取し対策協議会の承認を得て本運転（11～36バッチ）を実施する．

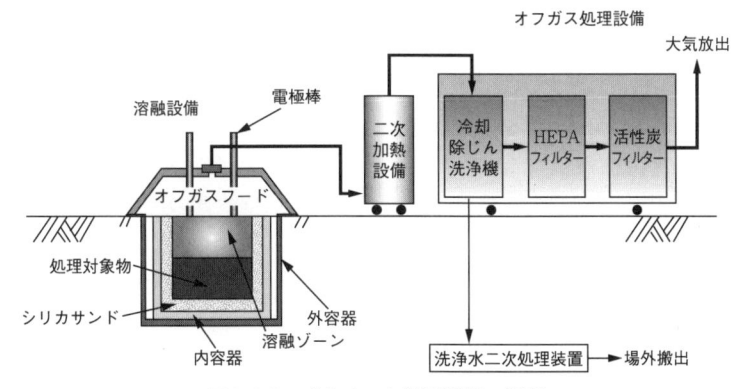

図 8.4.6 ジオメルト処理設備の概要

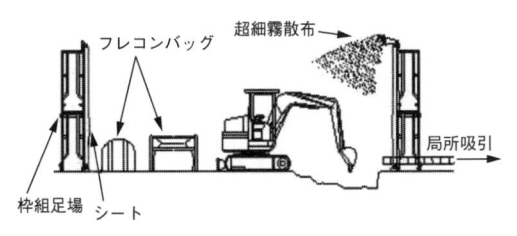

図 8.4.7 汚染土壌の掘削概要

敷地境界においては，デジタル粉じん計により24時間連続モニタリングが行われ，汚染土壌が周辺に飛散していないことを確認しながら作業がすすめられた．敷地境界でのダイオキシン類濃度は，$0.033 \sim 0.071 \, \mathrm{pg\text{-}TEQ/m^3}$ であり，大気環境基準（$0.6 \, \mathrm{pg\text{-}TEQ/m^3}$）を下回っていた．

掘削された汚染土壌のうち，廃棄物の混合割合が多いものについては，ダイオキシン類を含む粉じんが周辺に飛散しないように設置した分別・洗

図 8.4.8 汚染土壌の掘削状況

図 8.4.9 作業時の防護衣
掘削時（レベル2）　　分別・洗浄時（レベル3）

浄建屋内にもち込み，振動スクリーンにより20 mm以下の土壌をふるい分けた．また，20 mm以上のものについては，比重選別機により可燃物とがれきに分け，がれきと20 mm以下の土壌（合計約1052 t）はジオメルト工法で無害化処理が行われた．

一方，可燃物については，高圧水洗浄を行い，付着している汚染土壌を洗い流した後，産業廃棄物（約21 t）として処理された．排水は，重金属類に対応するために液体キレートを添加した後，凝集沈殿処理を行い，さらにカートリッジフィルター（5 μm）でろ過後，活性炭処理し，洗浄水として再利用された[12]．

掘削作業などは，作業員への曝露を考慮して，「廃棄物焼却施設内作業におけるダイオキシン類ばく露防止対策要綱」（H 13.4.25 基発第401号の2）に準拠し，掘削は第2管理区分（レベル2），分別・洗浄は第3管理区分（レベル3）として実施され，作業用の全身防護衣もこれに対応したものが用いられた．図8.4.9に示すように，レベル3ではプレッシャーデマンド型エアーラインマスクが用いられる．

また，作業環境についてはデジタル粉じん計による粉じんの測定，および測定された粉じん量より飛散しているダイオキシン類量を推定して，各作業環境の測定と管理が行われた．

i. 処理設備の配置

無害化処理の対象となる高濃度汚染土壌は計670 m³である．現地には図8.4.10に示すように，3基の溶融ピット（縦7 m×横7 m×高さ5

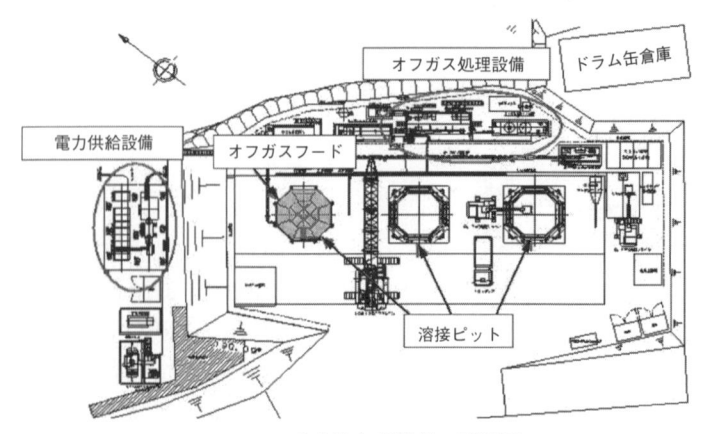

図 8.4.10 無害化処理設備の配置図

図 8.4.11 現地の処理設備（100 t/バッチ規模）

m）が設置されて，順次稼働させ，それぞれのピットでの「汚染土壌設置→溶融→固化体取り出し」サイクルを効率よく行えるような設備配置とされた．

溶融運転は，3交代制による約7日間の昼夜連続で，汚染土壌の詰め込み，溶融固化体の取り出しまでを含めて，2バッチ/月のペースで処理された．

j. 分析データと情報公開の概要

現地無害化処理は，環境保全協定にもとづき定められた各種の項目を情報公開しながら実施された．1回目の処理後の溶融固化体のダイオキシン類濃度は 0.0017 pg-TEQ/g であり，分解率としては 99.9999% 以上であることが確認された．大気放出ガスについても 0.00000002～0.0049 ng-TEQ/m^3 で，基準値の 0.1 ng-TEQ/m^3 に比べ十分に低いものであった．溶融中の敷地境界における大気中のダイオキシン類濃度は 0.0076～0.087 pg-TEQ/m^3 であり，周辺環境へ影響を与えていないことも確認できた．敷地境界での騒音は，39.3～42.4 dB（A）で，夜間の騒音規制である 45 dB（A）を下回った．この結果から，24時間稼働で溶融運転することに，撤去させる会の合意を得た．

溶融は16バッチ実施され，汚染土壌 1051.7 t が処理された．なお，溶融固化体は，破砕した後，現地埋め戻しすることで合意された．

おわりに

ここで紹介したのは，「ダイオキシン類汚染土壌の現地無害化処理」という日本では過去に例がない工事であり，住民合意形成や情報公開を含めたリスクコミュニケーションを図りながら，汚染土壌の掘削から現地無害化処理まで，周辺環境を保全しながら無事処理することができた事例である．

今後，こうした有害化学物質や重金属類などで汚染された土壌のオンサイト処理を行う際は，技術の①確実性（無害化処理の確実な実施）や②安全性（二次公害などを周辺環境に影響を与えない）はもちろんのこと，③住民関与（住民参加，情報公開を原則にした処理の実施）の原則が実践される必要があり[13]，計画時よりその対応を図らなければならない．

（保賀康史）

参　考　文　献

1) 環境省：ダイオキシン類2003（関係省庁共通パンフレット），2003.
2) 大阪府生活環境の保全等に関する条例，2003.
3) 旧環境庁：ダイオキシン類に係る土壌調査測定マニュアル，2000.1.
4) 旧厚生省生活衛生局水道環境部環境整備課：高濃度ダイオキシン類汚染物分解処理技術マニュアル，1999.
5) 旧環境庁：ダイオキシン類汚染土壌浄化技術の選定結果について，1999.
6) 環境省：「平成15年度ダイオキシン類汚染土壌浄化技術等確立調査」対象技術の採択について，2003.
7) 和歌山県：橋本市野上山谷田の一部地域ダイオキシン類土壌汚染対策計画，2002.
8) 岩井敏明：橋本市におけるダイオキシン汚染物無害化処理，全国環境衛生大会抄録集，2001.
9) 橘, 安福, 高松, 中島, 中馬, 山崎：ダイオキシン類で汚染された焼却炉の解体とジオメルト工法による無害化処理，㈱鴻池組技術研究発表会梗概集，2002.
10) 旧労働省：廃棄物焼却施設解体工事におけるダイオキシン類による健康障害防止について，労働省基発第561号，2000.
11) 安福敏明ほか：建設機械, **10**, 29, 2002.
12) 吉田幸司, 保賀康史：土壌汚染やダイオキシン類汚染での情報公開と安全管理，安全工学協会誌，2003.
13) 中地繁晴：環境技術, **33**, 2004.

8.5 油含有土壌による油汚染問題とその対応

8.5.1 油汚染問題に対するわが国と諸外国の対応[1),2)]

a. わが国での油汚染問題への対応[1)]

わが国では，平成18年3月8日の環境省中央環境審議会土壌農薬部会土壌汚染技術基準等専門委員会において「油汚染対策ガイドライン―鉱油類を含む土壌に起因する油臭・油膜問題への土地所有者等による対応の考え方―」(以下，油汚染対策ガイドラインあるいは当該ガイドラインと称する)がパブリックコメントを受けて承認された．当該ガイドラインにおいて取り扱う「油汚染問題」は，「鉱油類を含む土壌に起因して，その土壌が存在する土地において，その土地またはその周辺の土地を使用している又は使用しようとする者に油臭や油膜による生活環境保全上の支障を生じさせていること」と定義されており，健康リスクについては言及しないとしている．また，鉱油類の成分となっている化学物質による人の健康保護という観点からは，ベンゼンを例にあげ土壌汚染対策法の枠組みで対応できるとしており，新規に規制が必要な化学物質があれば追加措置をとるとしている．

b. 諸外国の動向[2)~4)]

オランダやドイツでは鉱油の成分でもある化学物質のうち，単環芳香族炭化水素類(BTEX類：ベンゼン，トルエン，エチルベンゼン，キシレンなど)，多環芳香族炭化水素(PAH類)の各物質，TPH (total petroleum hydrocarbon：全石油系炭化水素)または鉱油油などの分類ごとに浄化目標や浄化を要する介入基準値が定められており，土壌の基準値は含有量で定義されている．また，基準値自体やその考え方はさまざまであり，一律の基準値として設定している国，土地利用状況や地質状況によって複数の基準値を設定している国，およびサイトごとにリスクアセスメントを行う国もある．以下に事例として各国の基準値などを示すが，評価のための分析方法は同じといえないことを付記しておく．

たとえば，オランダでは汚染土壌の各種基準は，芳香族炭化水素と全芳香族炭化水素，多環芳香族炭化水素と全多環芳香族炭化水素について定められている．そのほかに，鉱物油などについて基準がある．鉱物油は，n-ヘキサン抽出とGC-FID分析による濃度で規定されている．参考に示すと，鉱物油の対策が必要とする土壌介入基準値は，5000 mg/kgであり，子供が遊ぶ場所や公園などに再利用する場合は厳しく 100 mg/kg である[2)]．

米国の最近の趨勢は，土壌・地下水の基準を一律の値ではなくサイトごとにリスクアセスメントを行って決定する州が多く，その意思決定の方法としてリスクにもとづく修復措置(RBCA: Standard Guide for Risk-Based Corrective Action Applied at Petroleum Release Sites: ASTM (米国材料試験協会) 規格) が多く用いられている．リスク項目として発がんリスク，非発がんリスク，健康リスクなどが考慮されている[3)]．

ドイツにおける基準値は，土地利用方法および曝露経路を考慮し，人の健康リスクや環境衛生面からのリスクが考慮され，介入基準値，浄化基準値に区分して対応優先順位が決定される．各環境基準は，各芳香族炭化水素，全多環芳香族炭化水素について，それぞれに介入基準値，浄化基準値が設定されている．土地利用方法別による土壌の介入基準は，公園などがもっとも厳しく，飲用水源地，渓谷，台地の順番になっている[2)]．

韓国では，土壌汚染の基準は浄化基準である「土壌汚染憂慮基準」と土壌汚染対策を要する「土壌汚染対策基準」がある．おのおのの基準は土地利用用途により，田や畑などの農産用地，住宅用地，公園などの用地などの地域と，工場用地，道路用地などの地域がある．たとえば，工場用地等ではBTEXの土壌憂慮基準は，80 mg/kg，TPHは2000 mg/kgとなっており，土壌汚染対策基準は，BTEXは200 mg/kg，TPHは5000 mg/kgとなっている．その基準は，人の健康および動植物の生育に危害を及ぼす憂慮から定

められているとのことである[4].

8.5.2 油汚染問題を生じる油とは[1]

油類は，その生成由来により動植物油と鉱物油に分けられるが，我が国では（社）土壌環境センター会員へのアンケートなどから食物油からの油汚染問題の顕在化はなく，油汚染問題は鉱油類によるものがほとんどであると考えられる．

鉱油類（通称，石油とも呼ばれる）は，ガソリン，灯油，軽油，重油などの燃料油と，機械油，切削油などの潤滑油がある．これらの鉱油類は，いずれも多くの構成成分の混合物である．これらの鉱油類が環境中に漏えいして油汚染問題を生じるが，環境中で経時的に酸化・還元や生物による分解などの影響を受けて性状変化する．そこで，油汚染問題を生じている鉱油類はもとの新油の状態から変化し，油臭や油膜の発生状況も新油とは異なる．図8.5.1に石油製品の代表的性状，用途，炭素数を示す．

8.5.3 油分の土中での存在状況と曝露経路[1),2]

油分が地盤中に漏えいすると，土粒子間隙を通過して下方に浸透していく．この際の浸透速度は，地盤の透水性と油の粘性により異なる．たとえば，ガソリン，軽油，灯油などの軽質油類は粘性が小さく浸透は速い．アスファルト，ピッチなどの粘性の高い油はほとんど浸透せず土粒子に付着する．地下に浸透した軽質油は，比重が水より小さく，水に溶解しにくいため，地下水面に到達するとそこからは下層に浸透せず，液体のまま地下水の流れで移動するとともに，油膜状に水平方向に拡散する．深度方向には，季節変動や干満による地下水の上下降により平常の地下水面より深く引き込まれている場合がある．図8.5.2に軽質油分の地盤中での存在状況の概念図を示すが，油分は，①土壌に吸着，②土壌の保有水や地下水に

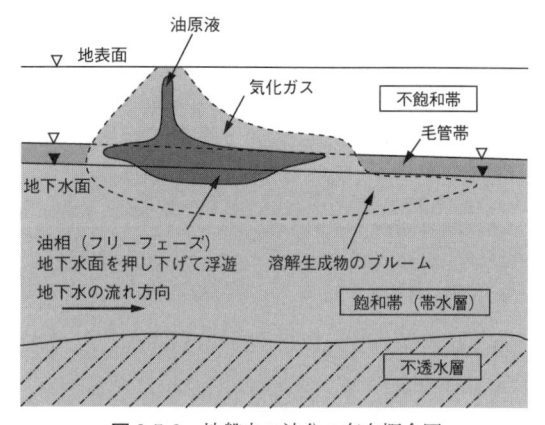

図 8.5.2 地盤中の油分の存在概念図
（出典：Handbook of Diagnostic for Petroleum contaminated Sites, John Wiley & Sons, 1997)[2]

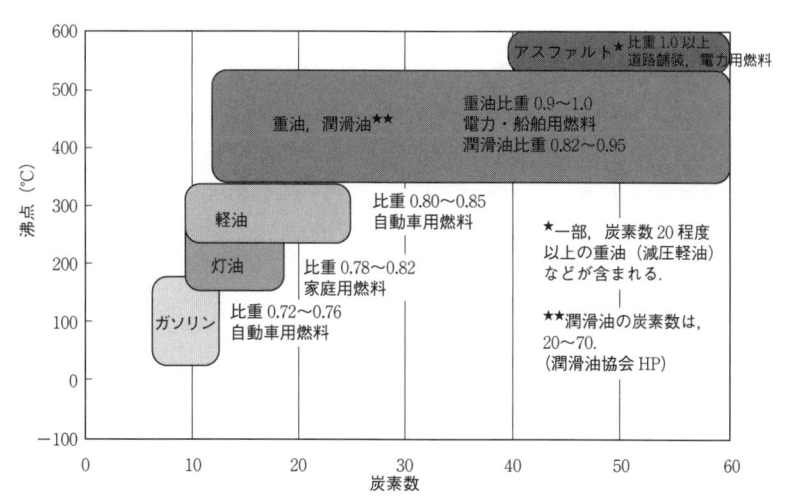

図 8.5.1 石油製品の種類と沸点・炭素数などの性状 [1]
（PEC-20021-07「石油汚染土壌の浄化に関する技術開発報告書」の図3.1-1をもとに作成）

(a) 油含有土壌が存在する土地の地表または井戸水などに油臭や油膜が生じている場合

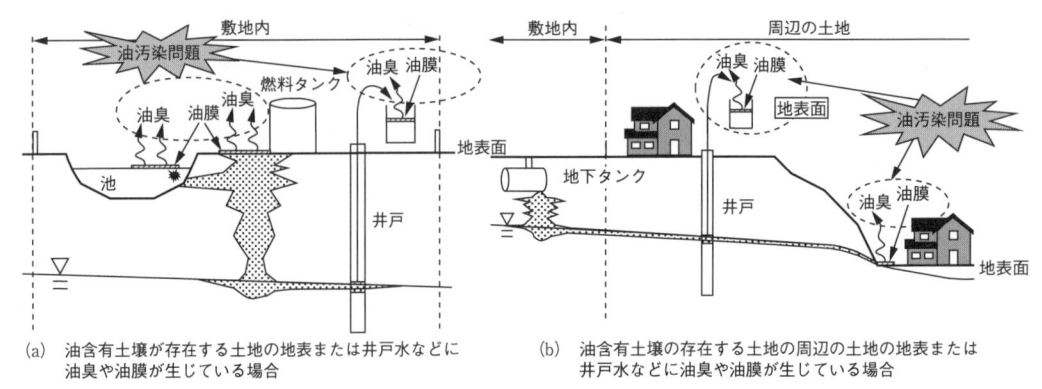

(b) 油含有土壌の存在する土地の周辺の土地の地表または井戸水などに油臭や油膜が生じている場合

図 8.5.3 油含有土壌中から生活環境へ油分の曝露経路（油汚染問題の発見の契機）[1]

溶解，③土壌の間隙に揮発したガスとして存在，④土壌の間隙に液体として存在する，または⑤油分が地下水界面に油相（フリーフェーズ）として存在する場合もある[2]．

また，これらの油分は図 8.5.3 の事例に示すとおり，地表面の土壌の介在や，地下水を経由して人の生活環境に曝露され，地表や井戸水などに油臭や油膜を生じる．これらの油臭，油膜は，人の感覚（嗅覚や視覚）に不快感や違和感を与え，生活環境影響保全上の問題を生じる場合がある．また，油分のなかには土壌汚染対策法において，人が摂取することにより，健康リスクの恐れがあると指定されているベンゼンも含まれる場合がある．

8.5.4 わが国の「油汚染対策ガイドライン」の概要[1]

わが国の「油汚染対策ガイドライン」は，「油汚染問題」が「鉱油類を含む土壌（以下，「油含有土壌」という）に起因して，その土壌が存在する土地（「その土地とその土地にある井戸の水や，池，水路などの水」を包括する）において，その土地またはその周辺の土地を使用している，または使用しようとする者に，油臭や油膜による生活環境保全上の支障を生じさせていること」と定義されている．

当該ガイドラインでは，油臭や油膜といった生活環境保全上の支障の除去を対象としているが，その対策目標は，地表での油臭や油膜に対して

は，油含有土壌から油臭や油膜の曝露経路の遮断や遮へいがあげられている．また，油含有土壌の掘削除去や油含有土壌から油分を分解や除去する浄化があげられているが，この方法も結果的に曝露経路遮断と同様な効果を得ることができる．以下に「油汚染対策ガイドライン」に準拠して油臭・油膜による生活環境上のリスク低減方法について概要を示すが，省略などもあり実施にあたっては原文を参照とすることをお願いする．

なお，油汚染問題としてどのような環境リスクがあるか，諸外国の考え方の事例を前述した．各国の制度の違いにより対象とする環境リスクやその評価方法は異なるが，対策方法は影響を受ける対象に対する曝露防止が基本である．どの程度まで土壌中の油分からの曝露を減少すればよいかは，低減を必要とするリスクにより異なるが，その対策方法の原理は変わらないと考えられる．

a. 油分の測定方法[1]

油汚染問題は，油臭や油膜が土地を使用する人に不快感や違和感を与えることであり，嗅覚や視覚といった人の感覚で把握されるが，それらを補完し共通の理解を得る手段として TPH 濃度（全石油系炭化水素濃度）を用いることが提案されている．

TPH 濃度を測ることにより，鉱油類かそのほかのものか判断できる．また油含有土壌の TPH 濃度と油臭・油膜の程度に相関性がある場合が考えられるが，その場合は対策範囲の設定に TPH 濃度を指標として利用することもできる．ただ

し，鉱油類は自然環境の中で分解や風化などの影響を受けており，一律に具体的な数値を設定し，これを超えると生活環境保全上の問題が生じるということを定めることはできない．そこで，油含有土壌のTPH濃度と油臭・油膜の程度の関係はサイトごとの相対的な評価が必要となる．

TPH試験にはさまざまな方法があるが，鉱油類かどうかの確認を含め，ガソリンから重油相当分までほぼカバーできる範囲を対象として，GC-FID法（水素炎イオン検出器付きガスクロマトグラフ）によるTPH試験が有効である．同法は，炭素数によりガソリン，軽油および残油を炭素範囲（画分）で区分できる．そこでTPH画分ごとの濃度を求めることにより，油種および経時的な性状変化の程度を大まかに把握することができる．また，複数の油種が含まれている場合は，それぞれの油種を区別することも可能である．

そのほか，IR法（赤外分光分析法），ノルマルヘキサン抽出法（重量法）がある．IR法は，海洋投入処分ができる産業廃棄物などに含まれる，油分を測定する際に使用されてきた試験方法である．揮発性の低いC_{44}を超える範囲の炭化水素類を含んだ，広い範囲の鉱油類の濃度が測定されること，また，土壌中の鉱油類以外の有機化合物の影響もあることに留意する必要がある．ノルマルヘキサン抽出法は，海域などで油分を測定する際に使われてきた試験方法である．80℃で加熱して脱溶媒する操作で，ガソリンなどの低沸点成分が揮散するため，測定に誤差を生じることがある．

b. 油汚染問題の調査方法と対策の進め方[1]

油汚染問題が生じている恐れのある場合の調査（状況把握調査）および対策の進め方を図8.5.4に示す．

（ⅰ）状況把握調査の進め方 状況把握調査の進め方の概要は図8.5.4に示すように，まず，油汚染問題を感じたら，①TPH濃度を測定することによって鉱油類による汚染かどうかという判断を行う．その理由は，油臭と感じても油臭でない場合や油膜に見えてもそうでない場合があるた

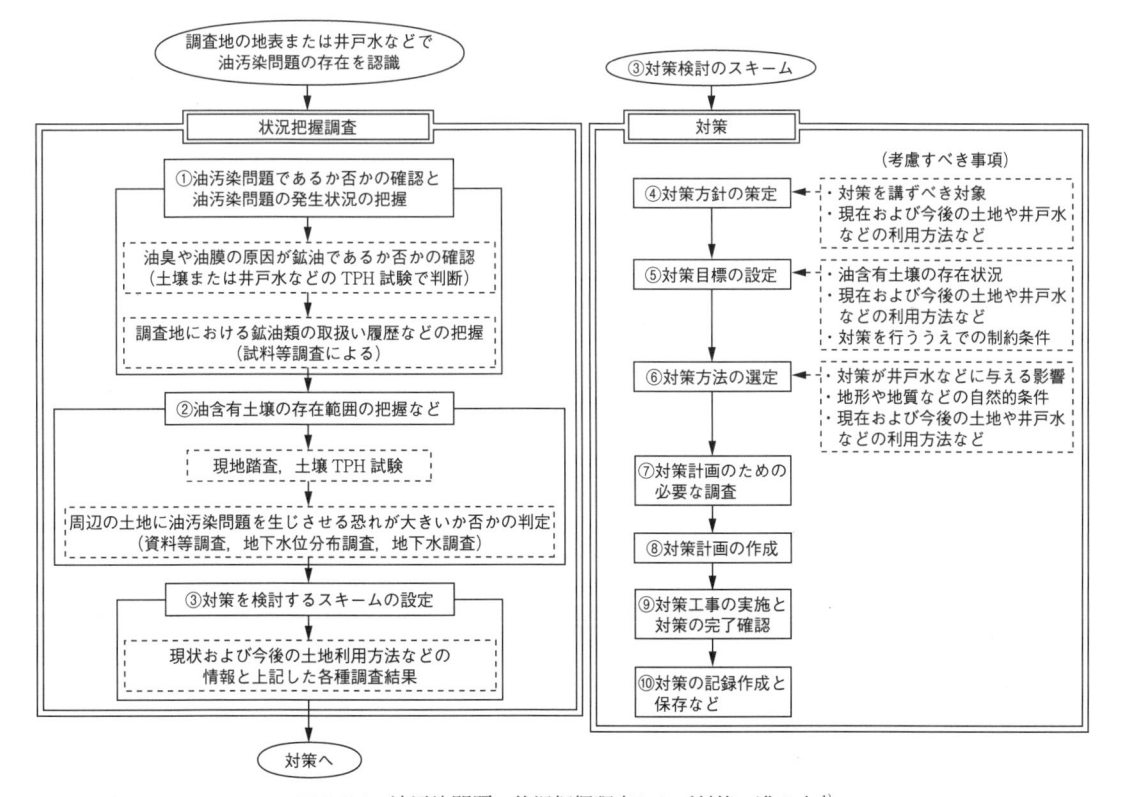

図8.5.4 油汚染問題の状況把握調査および対策の進め方[1]

めである．鉱油類が原因とわかったら，②油含有土壌の存在範囲を嗅覚や視覚による現地踏査や油含有土壌をサンプリングしTPH濃度を測定し把握する．さらに，油含有土壌が周辺土地に油汚染問題を生じさせる恐れがあるかどうか既知の情報などから調査する．必要に応じて，ボーリングなどで土壌や地下水をサンプリングすることで調査する．これらの調査情報と土地利用などを勘案して，③対策を検討するスキームを決定する．

対策検討のスキームは，ア．地表の油汚染問題に対する対策を行うか否か，イ．調査地の井戸水などへの油汚染問題に対する対策を行うか否か，ウ．敷地周辺の井戸水などへの影響を意識した対策を行うか否かの三つのスキームに大分類される．なお，油汚染問題が重複して発生している場合は，ア，イ，ウのうち対応するスキームが並列して選定される．

(ⅱ) 対策の進め方 対策は図8.5.4の進め方に示すとおり，状況把握調査で決定された三つの対策スキームを基本に，④対策方針の策定，⑤対策目標の決定，⑥対策方法の選定，⑦対策調査の実施，⑧対策計画の作成，⑨対策工事の実施と対策完了確認，⑩対策の記録の作成・保管と進められる．それぞれの段階での対策検討の事例と留意点などを以下に示す．

対策にあたって重要なことは，各対策スキーム別に対策の方針策定，対策目標決定，対策方法の選定を適切に行うことである．

(1) 対策方針の策定　たとえば，地表の油汚染問題の対策を行うスキームにより，今後の土地利用を公園などのように裸地で使用する場合は，人が寝そべって利用することが想定されるので，「人が地面に寝そべった状態で油臭や油膜による生活環境保全上の支障がないようにする」ということが対策方針の事例としてあげられる．また，建物の脇，道路や植栽帯では，一般に大人が立った状態で利用するので「大人が立った状態で油臭や油膜による生活環境保全上の支障がないようにする」という対策方針が事例としてあげられる．

敷地内の井戸水などの油汚染問題では，「静置した井戸水の直ぐ上で油臭や油膜による生活環境保全上の支障がないようにする」，水域の水では修景池の遊歩道を想定して「大人が立った状態で油臭や油膜による生活環境保全上の支障がないようにする」や池の水に触れるなどの利用があれば「水面の直ぐ上で油臭や油膜による生活環境保全上の支障がないようにする」などという対策方針が事例としてあげられる．

(2) 対策目標の策定　対策目標は，対策方針にもとづき，対策完了後の土地に対策方針を満足する機能をもたせることを目的として設定する．たとえば，対策方針が「人が地面に寝そべった状態で油臭や油膜による生活環境保全上の支障がないようにする」である場合について，土地利用が戸建て住宅などの場合は，油含有土壌を一般的な土地利用において，土地改変の可能性のある場所に残置した場合に十分な管理や対応ができない恐れがある．そのような場合は，後々に問題が残らない程度に油含有土壌の浄化などを対策目標とすることがあげられる．同じ対策方針となる公園などの場合は，公共管理であり土地の改変などにあたって油含有土壌に適切に対応できると思われることから，土地利用に支障がない程度に地表への油臭遮断，油膜遮へいを行うことを対策目標としてあげることができる．

(3) 対策方法の選定　対策方法の選定は，対策方針により設定された「対策目標」をもとに，現場の施工条件や地形・地質などの土地による制約条件，対策期間や対策費用などの検討を行い，油汚染問題を適切に解消でき，かつ，効果的で経済的に合理性の高い方法を選定する．対策方法の選定にあたって，状況把握調査結果だけでは詳細な情報が不足している場合など，必要に応じて情報を補完するための追加調査（当該ガイドライン中では「対策調査」という）を行う．

各対策目標に対応した対策方法は図8.5.5に示すとおりであるが，たとえば，対策方針が「大人が立った状態で油臭や油膜による生活環境保全上の支障がないようにする」場合で，対策目標が「地表への油臭遮断，油膜の遮へい」である場合は，盛土，アスファルトやコンクリート舗装，遮

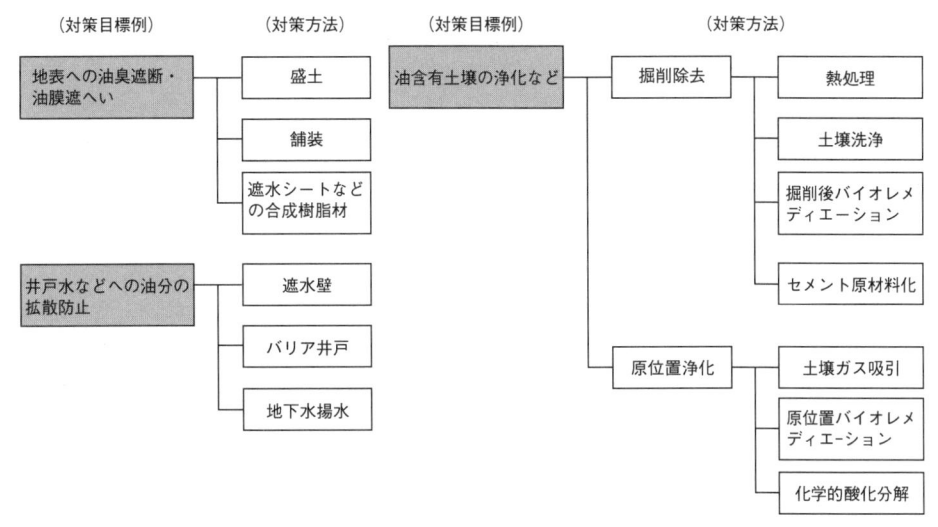

8.5 油含有土壌による油汚染問題とその対応

図 8.5.5 対策目標別の対策方法の事例[1]

```
(対策目標例)              (対策方法)           (対策目標例)       (対策方法)
地表への油臭遮断・─┬─ 盛土              油含有土壌の浄化など ─┬─ 掘削除去 ─┬─ 熱処理
油膜遮へい        ├─ 舗装                                  │           ├─ 土壌洗浄
                 └─ 遮水シートなど                          │           ├─ 掘削後バイオレメ
                    の合成樹脂材                            │           │   ディエーション
                                                           │           └─ セメント原材料化
井戸水などへの油分の ─┬─ 遮水壁                              │
拡散防止             ├─ バリア井戸                          └─ 原位置浄化 ─┬─ 土壌ガス吸引
                    └─ 地下水揚水                                          ├─ 原位置バイオレメ
                                                                          │   ディエーション
                                                                          └─ 化学的酸化分解
```

表 8.5.1 地表への油臭遮断・油膜遮へい対策方法の種類と概要 [1]

対策目標	対策方法	対策方法概要	対策方法の特徴および留意事項など
地表への油臭遮断・油膜遮へい	盛土	油含有土壌上面を盛土材でおおうことにより、油臭遮断や油膜遮へいをする方法である。	・盛土材の土質性状（通水性，通気性，毛管現象，吸着性）と油分の種類や濃度により必要な盛土厚さが異なる．たとえば，透水性の大きな砂質土は通気性も大きく油臭の漏えいの恐れもあるので注意が必要である． ・盛土材の通気性などを補完するために，合成樹脂の遮水シートなどを油含有土壌との境に敷設すれば盛土厚さの縮減ができる． ・盛土は降雨などで侵食されるため耐久性をもたす対策が必要となる．
	舗装	舗装は，対策範囲の上面をアスファルトやコンクリートで舗装することで，油臭遮断や油膜遮へいをする方法である．舗装は人工のおおいで油臭や油膜を物理的に遮断または遮へいするため，舗装の損壊を生じない限り上面の利用に支障はない．	（アスファルト舗装） ・廃棄物最終処分場の底部遮水工としての実績がある． ・コンクリート舗装と比較して，継目なしの連続性がある施工ができること，地盤の沈下にある程度追随性があること，仮設工事などなく比較的容易に施工できるなどの長所がある． ・短所は，アスファルト部を支える路盤が必要となること，舗装下から植物の芽や根などが突き破ることがあるなどである． （コンクリート舗装など） ・長所は寿命が長期であること，必要に応じては建物の床版などにも併用できることができる． ・短所は，施工にあたって型枠などの準備が必要で煩雑であること，継目が必要であること，沈下などに追随性がなく，構造によってはクラックなども生じやすいことである．
	遮水シートなど	合成樹脂の遮水シートで油含有土壌の表面をおおうことにより，油臭遮断や油膜遮へいをする方法である．シートは破損しやすいので恒久的に活用する場合は，盛土などで保護する必要がある．	・最終処分場の底部遮水や，不法投棄廃棄物などの雨水浸透防止や臭気などの拡散防止に被覆材としての実績がある． ・廃棄物処分場では一般に 1.5 mm の厚みのものが使用されており，車の通過や風など自然力などの外力で破損する恐れがなければおおうだけでも効果があり，簡易的な施工もできる． ・作業空間のない建物の床下や応急対策に有用である． ・石ころの角が衝突するなどで簡単に破損するので，保護マットでサンドイッチにし，風で飛ばされないように盛土で押さえ込むなどの補助が必要である．

表 8.5.2 井戸水などへの油分の拡散防止対策方法の種類と概要 [1]

対策目標	対策方法	対策方法概要	概念図	対策方法の特徴および留意事項など
井戸水などへの油分の拡散防止	遮水壁	遮水壁は，対策範囲を囲い込み，地下水を介した周辺への油分の拡散を防止する方法である．遮水壁には鋼矢板，地中連続壁，注入固化などがある．遮水壁の設置深度は，油分が一般には水より軽く地下水の変動幅に存在することから，想定される地下水位の低下以深に適度な余裕をもって設置することで対応できる．		・対策後，降雨などの浸透による地下水位上昇に伴う油分の上昇により，地表面に油臭・油膜が発生する恐れのある場合には，盛土や舗装を行う必要がある． ・遮水壁からの油分の漏出の有無を確認するために，対策を行った場所の周縁および地下水の下流側に観測井を設け，地下水中の油膜・油臭および油分濃度をモニタリングする． ・対策範囲の規模が大きい場合や，地下水の透水性が低く，揚水によるバリア井戸対応ができない場合でも有効である． ・遮水壁工法のうち，地中連続壁やソイルセメント壁は長期的な信頼性や確実性に優れており，数十 m の大深度まで施工できる． ・鋼矢板の施工は設置する土質に左右されるが，深度 20 m 程度までであれば適用性がある．設置深度にもよるが，建物に近接して施工できる工法も多用されている． ・薬液などによる注入固化工法は，ボーリング機械などの比較的小型の設備を用いることで対策工事ができるが，土質により適用性があり，注入管理もむずかしいこと，費用も割高であるため，他工法が適用される場合は採用されることは少ない．
	バリア井戸	バリア井戸は，油含有土壌の存在範囲の地下水下流側に揚水井戸を配置し，油分を含んだ地下水を汲み上げ周辺への油分の拡散を防止する方法である．		・ボーリング調査により対策検討範囲内における油含有土壌の深さを確認し対策範囲を囲むようにして，地下水を揚水井戸で揚水し，油分の拡散を防ぐことができる． ・バリア井戸の設置間隔が不適切である場合は，効果が不十分となるので，計画は地盤の地下水状況を十分調査して行う必要がある． ・油含有地下水は揚水後，地上の水処理プラントで排水基準まで処理した後に排水する必要がある． ・計画内容によるが，バリア井戸の効果確認のためモニタリング井戸の設置を考慮する必要がある．
	地下水揚水	井戸などから地下水を揚水することで，地下水中に存在している油分や地下水面上に存在する油相を回収し，あるいはそれらの移動を抑制する方法である．		・揚水井戸内に集められた油分は，地下水とは別に回収されることが多い．回収した油分は廃油などとして適切に処分する必要がある． ・通気帯の拡大などを意図して，また油相の移動促進などを目的として，土壌ガス吸引と併用する場合もある． ・地盤中の油分の移動促進に関しては，粘性の高い油分には効果が小さい．粘性の程度は，ガソリン，灯油・軽油・A重油など，C重油・機械油・原油の順で大きくなる． ・回収効率は土質の透水性に影響される．礫・砂質土層の回収効率は高いが，シルト質土層の回収効率は低くなる． ・引火性，爆発性のあるガスを吸引回収する場合は防爆型の設備を用いるなどの安全対策に注意が必要である．

表 8.5.3 油含有土壌の掘削除去後の対策方法の種類と概要 [1]

対策目標	対策方法	対策方法概要	対策方法の特徴および留意事項など
油含有土壌の掘削除去後の浄化など	熱処理	熱処理とは、掘削除去した油含有土壌を加熱することで、油分を分解しまたは分離する土壌浄化方法である。熱処理には、焼却炉などで800〜1000℃以上に加熱して油分を分解する熱分解と、400〜600℃程度で加熱して油分を脱着する熱脱着および比較的沸点の低い油分を含む土壌を200〜300℃の低温で加熱して油分を揮発分離する加熱乾燥処理などがある。 概念図 事例：焼却炉概念図	・熱分解には、焼却、焼成および溶融がある。設備面や効率面からある程度以上の規模で連続運転する必要があり、設備の充実した外部の処理施設で実施するのが一般的である。 ・熱脱着には、炉内を炎で加熱する直接加熱式と、炉の外壁を加熱して炉内の土壌を加熱する間接加熱式があり、重質油に適用される場合が多い。 ・各加熱炉は、大気汚染防止法や廃棄物処理法などの適用を受ける場合もあるので、関連法令を遵守して設置・操業しなければならない。 ・加熱乾燥処理は、沸点の低い軽質油含有土壌に適用される場合が多い。 ・熱脱着および加熱乾燥処理は、設備の小型化が可能であり、敷地内処理にも適用される。 ・熱分解（焼却、焼成、溶融）では、非意図的な物質の生成に留意する必要がある。たとえば、土壌中に含有している重金属類の溶出性を増幅する場合もあり、処理済土壌の再利用に注意が必要である。 ・幅広く各種の土質に対応可能であるが、設備の仕様面から粒度調整や解砕などの前処理が必要となる場合がある。 ・確実性の高い処理が可能である一方、比較的コストが高いため低濃度では経済性に劣る。
	土壌洗浄	土壌洗浄とは、現場で油含有土壌を掘削し、専用の洗浄プラントで油分を分級などにより土から分離することにより、土壌に含まれる油分濃度レベルを下げて浄化するものである。洗浄剤によっては、比較的重質系の油や高濃度の油分への適用性があり、バイオレメディエーションなどほかの技術との組合せにより、より良質の浄化が可能である。 概念図	・土壌の分級設備における脱水設備は、廃棄物処理法の中間処理施設に該当しないとしているが、自治体によっては異なる指導もあるので、各自治体の見解を仰ぐ必要がある。 ・土壌洗浄には、溶剤を用いて洗浄する方法、界面活性剤により洗浄する方法、微細気泡によって分離する方法などが開発されている。 ・プラントを用いる技術であることから、敷地内に仮設する場合は処理規模が大きくなければ経済面で合理的でない。 ・油混じり排水の水処理の必要が生じるため、放流先によって高度な処理が必要になる。 ・揮発性、爆発性の高い物質に対する適用性に劣る。 ・重金属類の土壌洗浄と同様に、砂質土に適用性があるが微細な土粒子であるシルトや粘土に適用性がむずかしい。
	掘削後バイオレメディエーション	バイオレメディエーションとは、微生物のもつ鉱油類分解能力を利用して油含有土壌を浄化・安定化させる手法である。油含有土壌に元来棲息する微生物に栄養塩などを投与して油分の分解促進を図る「バイオスティミュレーション」と、分解能力の優れた微生物を探索し、それを微生物製剤として油含有土壌に投与して浄化促進を図る「バイオオーグメンテーション」がある。 概念図	・掘削土壌のバイオレメディエーション方法には、油含有土壌へ空気などを供給する方法の違い、によって、ランドファーミングやソイルパイル工法などがある。 ・適用にあたって、事前に室内やフィールドでのトリータビリティ試験が必要であること、揮発性油から重質油までの適用が可能であり、油臭や油膜の発生を大幅に改善できることがあげられる。 ・重油などに含まれる高沸点の炭化水素は微生物で分解されにくく残留するため、油含有量の低減幅は油含有土壌に含まれるそれらの含有量に支配される。 ・浄化期間は微生物の活性力に依存するため数箇月は必要であり、また外気温が低い冬季には微生物活動が低下し外気温では適用がむずかしい。 ・バイオオーグメンテーションを適用する場合は、「微生物によるバイオレメディエーション利用指針（平成17年3月、経済産業省および環境省告示）」などに沿って安全性が検証され、認定されたものを利用するなど環境影響へ配慮すること。
	セメント原材料化	掘削した油含有土壌をセメント製造施設に搬入し、セメントの原材料として利用することである。セメントの製造には、カルシウム、シリカ、アルミナ、鉄の主要成分を含んだ原材料が必要である。油含有土壌についても、その成分によっては原材料となりうる。 概念図	・セメント製造施設においては、搬入される土壌に含まれる物質がセメント製品の品質確保の観点からも、セメント製造工程にかかわる環境保全の観点からも問題を生じさせないことが確認されたうえで原材料として用いられることになる。 ・搬入された油含有土壌は、セメント製造工程のキルンにおいて高温で焼成され、土壌中の油分などの有機物質が分解されることになる。 ・セメント会社ごとに設けられた受入基準を満たす必要があるが、重金属などの有害物質を含む油含有土壌である場合は、セメント会社に含有する物質の種類と濃度を示して、製品であるセメントの品質確保、施設運転時の環境保全などの観点から受入れが可能であるかどうかを確認し、合格するもののみ受け入れられることとなる。

8. 地盤の汚染と対策

表 8.5.4 油含有土壌の原位置での浄化などの対策方法の種類と概要 [1]

対策目標	対策方法	対策方法概要	概念図	対策方法の特徴および留意事項など
油含有土壌の原位置浄化	土壌ガス吸引	土壌ガス吸引は，地下の不飽和帯に存在する油分の揮発成分を，吸引用井戸などを設置し減圧して土壌ガスを吸引することにより，地中から油分をガス態として抽出除去する方法である．		・地下水揚水や地中曝気（エアスパージング）などとの併用で利用されることも多い． ・好気的な微生物分解を促進する目的で行われることがある．この場合は，油分中の揮発性を有しない成分も浄化の対象となる． ・原位置で実施される以外に，掘削した土壌を敷地内に積み上げ，土壌ガス吸引を実施する方法もある． ・不飽和帯が適用対象であり，揮発性を有する成分に限定される． ・回収効率は土質の通気性に影響される．礫・砂質土層の回収効率は高いが，シルト質土層の回収効率は低くなる． ・引火性，爆発性のあるガスを回収する場合には，防爆型の設備を用いるなどの安全対策が必要となる．
	原位置バイオレメディエーション	原位置バイオレメディエーションとは，油含有土壌を掘り返さずに直接地中に空気や栄養塩などを供給し，油分の分解促進を図る方法である．掘削後バイオレメディエーションと同様に，「バイオスティミュレーション」と「バイオオーグメンテーション」がある．バイオオーグメンテーションを適用する場合には，「微生物によるバイオレメディエーション利用指針」（平成17年3月，経済産業省および環境省告示）に沿って事前に安全性などを検討する必要がある．		・原位置バイオレメディエーションには，不飽和土層に存在する油含有土壌の浄化を対象としたバイオベンティング工法と，地下水以下の油含有土壌浄化を対象とした酸素および栄養塩の供給工法がある． ・原位置バイオレメディエーションは，掘削後バイオレメディエーションに比較し，浄化効率は低下するが，広範囲で大規模・大深度な油含有土壌に適用できることや，操業中の建屋下の油含有土浄化などへの適用が可能であるという長所がある． ・一般に，バイオレメディエーションは浄化に長期間を要するが，原位置の場合は数箇月～数年は必要である．なお，薬剤を注入する際には，注入薬剤の拡散影響を制御する対応が必要である． ・本工法は，一般的には，適用にあたり，事前に室内やフィールドでのトリータビリティ試験が必要である． ・バイオスティミュレーションを適用する場合には，浄化対象地に油分を分解する土着菌の存在が必須であり，確認が必要である．また，地下水質によっては菌の活性を阻害し，不適性となることもある．
	化学的酸化分解	過酸化水素などの酸化剤は，非選択的に多くの有機化合物を無害な水や二酸化炭素などに分解することができる．過酸化水素は鉄を触媒として強力な酸化分解能力をもつ．このような酸化剤を地下水に注入することにより，油分を分解させる反応を化学的酸化分解という．		・重質油についても比較的適用が可能である． ・酸化剤を注入し揚水井で移動させることにより，浄化領域を広げることができるが，反応が比較的速いため，酸化剤の到達範囲の広がりには限界がある． ・本工法を活用する場合は，酸化剤の濃度や添加量を設定するために，事前にトリータビリティ試験が必要である． ・対象とする油分以外の有機物などが多量に含まれていると，浄化効率が悪い場合がある． ・酸化剤によっては，地中埋設物に劣化などの影響が生じる場合もある． ・酸化剤によっては，未反応の酸化剤の毒性が懸念されるので，バリア井戸などの設置を含めた管理が必要である． ・酸化剤を高濃度で作業場にもち込み希釈して利用する場合もあるが，急性毒性があるものもあり，使用にあたっては関係法令などを遵守して安全な取り扱いを行う必要がある．

水シートなどで油含有土壌の表面を被覆する基本的方法があげられるが，油含有土壌の浄化でも方針に合致する．そこで土地利用者などが浄化を目標とした場合は，油含有土壌を掘削除去し清浄土で置き換える方法と原位置浄化方法が適用できる．原位置浄化方法のおもなものには，土壌ガス吸引する方法，微生物により油分の分解（バイオレメディエーション）を促進する方法，化学的酸化分解法などがあげられる．たとえば，対策方針が「静置した井戸水の直ぐ上で油臭や油膜による生活環境保全上の支障がないようにする」の場合で，対策目標が「井戸水などへの油分の拡散防止」の場合は，遮水壁，バリア井戸，地下水揚水などの基本的方法があげられるが，土地利用者などが「油含有土壌の浄化等」を目標とした場合は，井戸水に影響のある油含有土壌について前記した掘削除去や原位置浄化方法が適用できる．

各対策方法の概要や特徴，適用性および選定にあたっての留意点などについて，表 8.5.1 に地表への油臭遮断・油膜遮へい対策方法，表 8.5.2 に井戸水などへの油分の拡散防止対策方法，表 8.5.3 に油含有土壌の掘削除去後の対策方法，表 8.5.4 に油含有土壌の原位置での浄化などの対策方法の種類と概要を記述する．なお，本節ではおもな対策技術を示すものであり，記述されていないが適用性のある対策方法を否定するものではない．

(峠　和男)

参考文献

1) 平成 18 年 3 月 8 日の環境省中央環境審議会土壌農薬部会土壌汚染技術基準等専門委員会報告書案「油汚染対策ガイドライン（案）─鉱油類を含む土壌に起因する油臭・油膜問題への土地所有者等による対応の考え方─」
2) (社) 土壌環境センター：油による土壌・地下水汚染の調査・対策技術，平成 12 年度自主事業報告書.
3) RBCA「石油漏出サイトに適用されるリスクに基づく修復措置のための標準ガイド」，住友リスク総合研究所，2001.
4) (社) 土壌環境センター：「韓国の油汚染対策事情」セミナー講演集，土壌環境保全法の解説，2005.

8.6　硝酸性窒素の汚染と対策

8.6.1　はじめに

硝酸性窒素は，そのままの形では，毒性を有しないが，条件によりその一部が人の消化器系において，毒性を有する亜硝酸性窒素に還元されるので，硝酸・亜硝酸性窒素が一つのグループとしてとりあげられる．硝酸・亜硝酸性窒素による健康影響としては，メトヘモグロビン血症が知られている．メトヘモグロビン血症は，多量の亜硝酸性窒素を体内に吸収した場合に起こるものであり，チアノーゼ症状となる．また，亜硝酸塩は胃の内容物と反応して N-ニトロソ化合物を生成し，動物実験では N-ニトロソ化合物は発がん性を有することが知られている．そのため，平成 11 年（1999 年）には硝酸性窒素および亜硝酸性窒素が地下水の水質汚濁にかかわる環境基準 10 mg/l に加えられ，2004 年からの水道水基準では，亜硝酸性窒素 0.05 mg/l が加えられた[1].

水道水源としての日本全国の地下水依存率は約 20％ と高くないが，給水人口が 25 万人以下の給水施設の場合，40％ 以上を占めており，地下水の役割は大きい[2]．図 8.6.1 に，公表された平成 11～14 年度の都道府県の市町村単位の井戸の硝酸性窒素および亜硝酸性窒素汚染の概況調査結果を示す[3]．全国の環境基準を超えた井戸の割合は 5～6％ であるが，これまで問題になっている市町村がかなり含まれていないことから，超過井戸はもっと広く分布していると考えられる[4].

窒素が自然界でどのように循環しているかを図 8.6.2 に示す．土壌中での窒素は，硝化，脱窒，アンモニア揮散，無機化，有機化，窒素固定，植物吸収，溶脱などの過程をへて地中，大気，水中を循環する[5]．土壌中の有機態窒素が好気的条件下で硝化菌によって，硝酸性窒素まで変化する過程を硝化という．化学肥料の硫安が硝化した際に硝酸と硫酸とともに酸が発生する反応式を式 (8.6.1) に示した[6].

$$(NH_4)_2SO_4 + 4\,O_2 = 2\,NO_3^- + 4\,H^+ \\ + SO_4^{2-} + 2\,H_2O \quad (8.6.1)$$

注) 超過井戸の存在状況を市町村単位で分類したものであり，地下水の汚染範囲を示したものではない．
超過井戸なし（調査井戸なしを含む）　超過井戸1本　超過井戸2〜5本　■ 超過井戸6本以上

図 8.6.1　平成 11〜14 年度地下水汚染マップ

嫌気的な水底や土中内部では，微生物（脱窒菌）は有機物を分解するのに酸素の代わりに硝酸を使う（硝酸呼吸）．この反応が脱窒である[7]．

$$2.5 C_{organic} + 2 NO_3^- + 2 H^+ = N_2 + 2.5 CO_2 + H_2O \quad (8.6.2)$$

アンモニアは，次式のようにアルカリ性ほど気体になり，揮散しやすい[7]．

$$NH_4^+ + OH^- = NH_{3(気体)} + H_2O \quad (8.6.3)$$

無機化は，有機物が微生物によって分解されて，アンモニア性窒素に変化する過程である．さらに，無機態窒素（硝酸性窒素，アンモニア性窒素）が微生物によって吸収され，有機態窒素に変わる現象が有機化で，植物が無機態窒素を吸収することが植物吸収である．大気中の窒素ガスが，窒素固定菌によって，有機物に合成される現象が固定である．根粒菌はマメ科植物に共生しており，光合成細菌，藍藻などは単独で有機物を合成する．一方，植物や土壌中の微生物によって，吸収されずに土壌に残った硝酸性窒素は，土壌に吸着されず，地下に浸透し，溶脱される．したがって，硝酸性窒素汚染は，硝酸性窒素や最終的に分解されて硝酸性窒素になる有機物やアンモニア性窒素が過剰に地下に浸透した際に起こる．

一般に，地下水の硝酸性窒素および亜硝酸性窒素汚染の原因は，①農業系（過剰施肥），②生活系（生活雑排水の地下浸透），③畜産系（家畜排泄物の不適正処理），④産業系（工場・事業所からの排水）に分けられる．地下水の硝酸性窒素濃

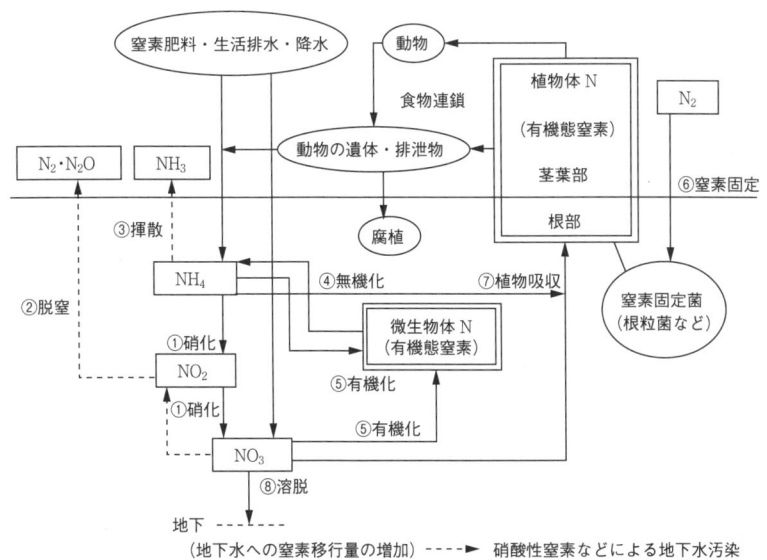

図 8.6.2 窒素循環

度と土地利用との関係は明瞭で，埼玉県の例では地下水の濃度は，水田で 0.3～17.2 mg/l，畑地で 10.9～17.2 mg/l，とくに，茶畑で 23.8 mg/l，畜産畜舎で 21.3～46.0 mg/l となっている[2]．

8.6.2 硝酸性窒素汚染
a. 農 業 系

農地に施肥されたアンモニア性窒素，硝酸性窒素は作物により吸収されるが，吸収されずに農地に残存した窒素は地下に浸透する．図 8.6.3 は，茶畑の土壌水の pH，アンモニア性窒素，硝酸性窒素濃度の時間変化の断面図（横軸が時間軸，2001 年 4 月 24 日～2003 年 7 月 3 日）である．この図から，窒素肥料は表層から 50 cm ほどまではアンモニア性窒素として存在するが，50 cm 以深は硝酸性窒素として地下に浸透していることがわかる．また，アンモニア性窒素は 1 カ月ほどで硝化して，低濃度になっている．地表の pH が 3 と低いことから，硝化過程で放出される H^+ によって酸性化し，地下 2 m でも 4 以下を維持して

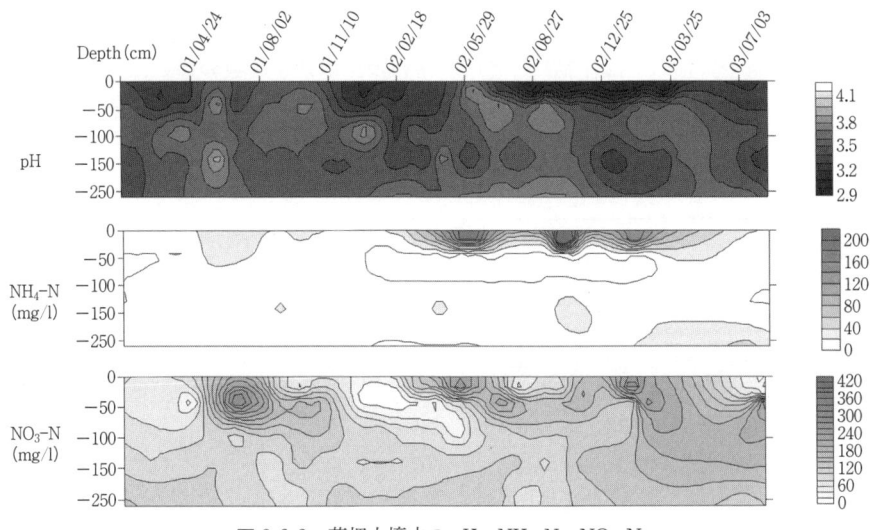

図 8.6.3 茶畑土壌水の pH，NH_4-N，NO_3-N

いる．茶畑での窒素施肥量は，かつて10aあたり年110 kg以上に達し，茶畑の窒素施肥量は農地では最大であったが，1997年以降，県，農協，農家の努力で，肥料の削減を行い，2002年には55 kg程度まで削減した．その結果，この試験地茶畑の井戸水の硝酸性窒素濃度は，最高80 mg/lにも達していたが，施肥量の低減化により，2001年には20〜30 mg/lまで低下した[8]．

b．生 活 系

浄化槽排水や土壌浸透処理水や下水管からの汚水の地下浸透が原因である．日本では，食料を海外から輸入しており，これが大きな窒素の循環にかかわっている．日本が食料として輸入している窒素量は90万t以上に達し，この量は，農地に施肥されている化学窒素肥料量とほぼ同じ量である．体内に入った食料は，し尿として排出されており，家庭からでる排水の窒素負荷量は，し尿の占める割合が高く，水洗化に伴い，し尿は浄化槽から下水に放流される．脱窒によって窒素がガス化される高度合併処理浄化槽では，窒素がほとんど含まれないが，大半を占める単独あるいは合併処理浄化槽はアンモニア性窒素や硝酸性窒素が多く含まれている．したがって，土壌浸透処理に代わって，生物学的硝化・脱窒が行われる高度処理浄化槽と下水処理管の整備が重要である[1),2)]．

c．畜 産 系

家畜排泄物を農地利用する場合，窒素分の多くは作物や牧草などに吸収され，一部が溶脱して地下浸透する．素掘貯留や野積みでは作物による吸収がないため，地下水の硝酸性窒素汚染は顕在化する．平成11年に「家畜排せつ物の管理の適正化及び利用の促進に関する法律（農林水産省・法律第112号）」が制定，施行され，家畜糞尿の野積みや素掘貯留が基本的に禁止された．表8.6.1に，畜産系と肥料由来の水質の比較を示す．畜産系は，糞を用いた溶出実験によって得られた溶液の成分である．肥料系は，過剰の化学肥料が施肥された浅層地下水である．この表から，窒素と硫黄の比が畜産系と化学肥料系で異なることがわかる[9)]．

d．産 業 系

工場や事業所での窒素の使用については，表面洗浄に硝酸を用いる金属・機械製造業など，主として酸化型窒素を用いる場合と，原料にタンパク質を含む食料品製造業など，還元型窒素を用いる場合がある．産業系の窒素負荷は，大規模な事業所の割合が高いので，分散型の農業系や生活系と比べて，排水の生物処理や凝集処理などを行うことで効率よく対処できる．

8.6.3 起源の推定法

硝酸性窒素の汚染源は，単独で存在することもあるが，多くの場合，複合しており，また，その汚染源の分布も明確な点源でないことから，汚染源を推定することが困難な場合が多い．そこで，まず，同位体比など新しい推定法を含めた水質から汚染源を推定する方法を紹介する．

（ⅰ）環境安定同位体による起源推定　窒素には，中性子の数の違いにより重さの異なる質量数14（^{14}N），15（^{15}N）の同位体が存在する．そ

表8.6.1 畜産系と肥料系由来の水質成分とSNIの算定結果

サンプル名	pH	NO_2-N (mg/l)	NO_3-N (mg/l)	NH_4-N (mg/l)	SO_4^{2-} (meq/l)	$NO_2^- + NO_3^- + NH_4^+$ (meq/l)	SNI
肉牛糞	—	0.0	ND	5.1	0.02	0.36	0.04
乳牛糞	—	0.0	ND	28.0	0.07	2.00	0.03
豚糞	—	0.2	ND	100.8	0.51	7.21	0.07
鶏糞	—	0.0	ND	72.1	1.49	5.15	0.29
畜舎排水	—	0.0	ND	2100.9	7.52	150	0.05
肥料由来平均値	5.38	0.01	19.6	0.04	2.60	1.87	1.39
肥料由来範囲値	3.7〜7.8	0〜0.14	0.5〜80.5	0〜0.37	0.19〜8	0.27〜6.89	0.41〜3.33

*　牛糞のSNIは肉牛糞と乳牛糞の平均値

8.6 硝酸性窒素の汚染と対策

の比は，一般に，次式のように $\delta^{15}N$ と表現され，起源や化学反応によって変化する[10]．

$$\delta^{15}N = [(R_{sample}/R_{standard}) - 1] \times 1000 (‰)$$
$$R = {}^{15}N/{}^{14}N \quad (8.6.4)$$

同位体は化学的な性質は同じだが，質量数（重さ）が異なるために原子や分子間にはたらく力に差が生じ，その結果，一般に，軽い同位体ほど気化しやすく，移動しやすい．そのため，環境中に放出された窒素は，アンモニア揮散，脱窒，硝化などの現象を通して，部分的に窒素が反応した場合は，残物に重い ^{15}N の割合が反応前よりも増加し，逆に，移動先に軽い ^{14}N の割合が高くなる．この同位体比の変化から，環境中で，窒素が関与する反応かどうかがわかる[6]．また，このような反応の蓄積によって，起源によって独特の窒素同位体比になる．大気中の窒素ガスの $\delta^{15}N$ は 0‰で，降雨で $-8 \sim 2$‰，化学肥料で $-7.4 \sim 6.8$‰，有機肥料で $2.7 \sim 15.4$‰，林地で $-4 \sim -3$‰，水田耕作土で $0.1 \sim 7.2$‰，畑地耕作土で $1.5 \sim 8.1$‰，家畜糞尿で $10 \sim 22$‰，下水のアンモニア性窒素で 8.2‰，下水処理水で $11.3 \sim 17.4$‰，合併浄化槽処理水で $8.3 \sim 10.5$‰ と報告されている[11]．近年，硝酸イオンに含まれる窒素，酸素（$^{18}O/^{16}O$）の両同位体比の同時測定が可能となり，両同位体比によって，より詳細な判定が可能となった．図 8.6.4 に，窒素起源物質の窒素同位体比と酸素同位体比の関係を示す[10]．この図から，横軸の硝酸イオンの窒素同位体比が脱窒によって増加し，それに伴い酸素同位体比も増加することがわかる．これによって，窒素汚染水の同位体比が高い場合に，単に窒素同位体比の高い下水処理水が混入したのか，または，窒素同位体比の低い肥料汚染水が脱窒により，窒素同位体比が増加したのかを判別することができる．したがって，両同位体比による判別方法は，今後有効である．

(ⅱ) 硫酸と硝酸イオンの比（新指標 SNI）[12]
同位体比による推定方法は，時間とともに費用がかかるので，一般化学組成を用いた簡易な起源推定方法を紹介する．硝酸性窒素汚染の原因として，とくに，生活排水，畜産，肥料があげられる．これらの主要成分を比較すると，窒素とともに，増加する成分とそれほど増えない成分がある．肥料起源の窒素汚染の場合，おもに化学肥料の硫酸アンモニウム（$(NH_4)_2SO_4$）が起源となり，硫黄と窒素の割合は，2：1である．生活排水や畜産起源の窒素は，有機物中のタンパク質に多く含まれる．タンパク質中の硫黄の含有量は1％で，窒素の平均 16％ に比較して低い[13]．そのため，窒素と硫黄の比の比較を行うことで，化学肥料起源の汚染か有機物起源の汚染かを判別することが可能となる．窒素と硫黄の比である SNI (separation of nitrogen index) は，つぎのように定義された[12]．

$$SNI = (SO_4^{2-})meq/l / (NO_3^- + NH_4^+ + NO_2^-)meq/l \quad (8.6.5)$$

化学肥料を用いた強度硝酸性窒素汚染地域の地下水（NO_3-N が 10 mg/l 以上）の SNI は $1 \sim 3$ であった．化学肥料の代表である硫安の SNI は 1 であるが，窒素は植物による吸収やアンモニアの揮散などによって一部失われるので，地下水の SNI は 1 よりも高くなったと考えられる．一方，九州の畜産汚染地域では，肉牛糞，乳牛の糞，豚糞，鶏糞の溶出水，畜舎排水の SNI がそれぞれ，0.04，0.03，0.07，0.29，0.05 といずれも低く，また，汚染した地下水の SNI も 1 以下と低い．この地域では，畜産施設とともに畑地も分布し，複合的な汚染地域でもある．この地域では，SNI とともに窒素同位体比も測定され，図 8.6.5 に，

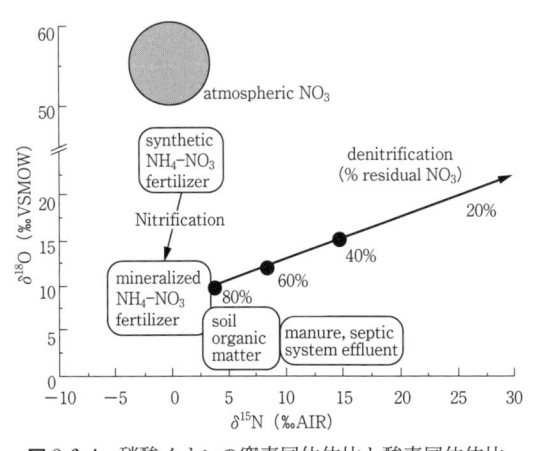

図 8.6.4 硝酸イオンの窒素同位体比と酸素同位体比の関係

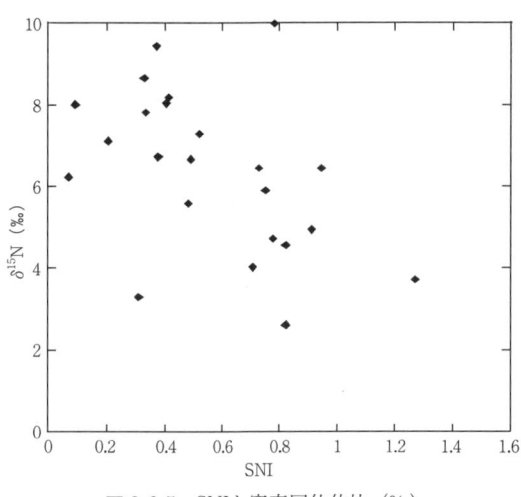

図 8.6.5 SNIと窒素同位体比（‰）

$δ^{15}N$ と SNI との関係を示した．化学肥料に比べて，畜産起源の$δ^{15}N$ は高いので，$δ^{15}N$ は高いほど畜産起源の影響が強いことを示している．図から$δ^{15}N$ が高いほどSNIも低く，SNIも畜産起源の影響が大きいことを示しており，指標として有効であることが示された．

8.6.4 防止方法

生活排水による地下水汚染は，排水が地下浸透を起こして発生するため，防止策としては生活排水を浄化するか，地下浸透させないことが重要である．そのためには，下水道や排水路および下水処理場の整備などの排水管理が必要である．家畜の排泄物，畜舎排水などの畜産廃棄物もその排水については，生活排水同様の整備が必要である．さらに，畜産廃棄物では，敷地内や畑地での野積みが汚染の大きな原因となっており，降雨による流出防止や地下浸透防止を目的にしたコンクリート構造物の設置が必要である．施肥は，光合成に必要な物質を補給し，植物の生育や食料生産に不可欠である．しかし，植物によって吸収・消費される量よりも施肥される量が多い場合，硝酸性窒素が地下水に到達し，地下水汚染を起こす．それゆえ，汚染防止には適正な施肥量を把握し，施肥の低減化が必要である．しかし，施肥量の低減化に伴う生産物の品質低下，生産量の減少は農家にとって死活問題であり，行政で管理可能な下水道の整備とは異なった問題がある．

8.6.5 汚染地下水の浄化方法

汚染地下水を汲み上げて処理する方法と地中で処理する方法がある．汲み上げた水を物理的に膜や電気力によって分離する方法として，逆浸透膜法，イオン交換法，電気透析膜法を，化学的な分解方法として触媒脱窒法を，生物の分解反応を用いる方法として脱窒法を紹介する．また，生物分解を地中で行う方法として透過性地下水浄化壁法を紹介する．

a. 物理・化学的な浄化

（ⅰ）逆浸透膜法[1),14)]　半透膜の片側の被処理水に機械的な圧力を加えることによって，不純物を含まない水を半透膜の反対側で得る方法である．浸透圧以上の圧力を加えることで，高濃度側から低濃度側に水を移動させることができ，硝酸イオンだけでなく，ヒ素や水中の塩類除去に適用されている．①エネルギー投入量が少ない，②装置の起動が容易で自動化しやすい，③設備がコンパクトであるから，離島や乾燥地での海水淡水化プラントとして利用されている．現在，日本では非常時の硝酸性窒素除去のために，設置されている自治体もある．問題点として膜の劣化があげられるが，寿命が延びれば有利な方法となる．

（ⅱ）イオン交換法[1),14)]　イオン交換体のイオンと水中のイオンを交換することにより，目的とするイオンを除去する方法である．イオン交換に用いられる合成イオン交換樹脂は，保持する官能基によって陽イオン交換樹脂，陰イオン交換樹脂に大別される．硝酸性窒素の除去に用いるのは，強塩基性陰イオン交換樹脂であり，あらかじめ樹脂に吸着させた塩素イオンと亜硝酸イオン，硝酸イオンを交換させて取り除く．したがって，交換容量に限度があり，樹脂中の硝酸イオンの吸着量が増加すると，塩素イオンで再生させる必要がある．また，再生排水の処理を考慮する必要がある．

（ⅲ）電気透析膜法[1),14)]　図8.6.6に示すように，電気透析膜法は，溶液中に陽極と陰極を入れ，その間に陽イオン交換膜と陰イオン交換膜を

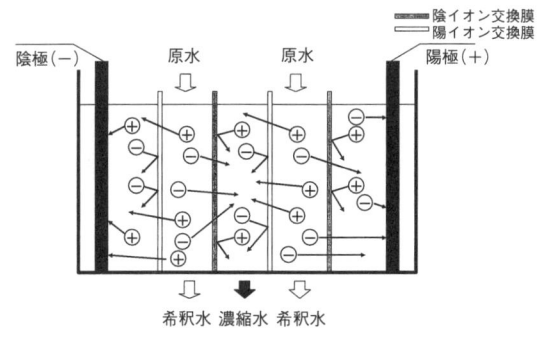

図 8.6.6　電気透析膜装置

交互に配列して，イオン物質を分離除去する方法で，電気エネルギーにより，原水中のイオンを，イオン交換膜を通過させて取り除く方法である[15),16)]．陽イオン交換膜は，陽イオンを通過させるが陰イオンを通過させず，陰イオン交換膜は，陰イオンを通過させ，陽イオンを通過させない選択透過性をもつ．このため，その両端から直流電流をかけると，イオン交換膜間にはイオンが少なくなる希釈室と，多くなる濃縮室が交互に存在するようになる．これにより，原水が希釈水（希釈室）と濃縮水（濃縮室）に分離される[15),16)]．

この方法では，単に原水を硝酸性窒素が多く含む溶液とうすい溶液に分離しただけで，濃縮排水の処理が根本的な問題となる．濃縮排水の利用として，灌漑水に加えて水田で利用させる方法が考えられ，稲の幼植物の耐性について調査した結果，硝酸性窒素濃度が 20 mg/l 以上（14 mg/l 以下までは肥料効果あり）になると，生育障害が認められた[15)]．

（iv）触媒脱窒法[1)]　水中の硝酸性窒素と水中に溶存させた水素ガスとを水素触媒の存在下で反応させ，硝酸性窒素を窒素ガス化する方法である．硝酸性窒素を本触媒で窒素ガスに還元する反応は，以下に示すとおりである．

$$2\,NO_3^- + 5\,H_2 = N_2 + 2\,OH^- + 4\,H_2O \tag{8.6.6}$$

触媒は多孔性の酸化アルミニウムの細孔表面に，パラジウムおよび銅を保持させたもので，水素共存下で硝酸性窒素がパラジウムや銅が触媒になって，窒素ガスに還元される．実験レベルでは事例があるが，実施設での導入はない．

b. 生物学的浄化

生物学的脱窒処理は，脱窒菌のはたらきを利用して硝酸性窒素を窒素ガスに還元するもので，その際に，水素供与体として，有機物，無機物のどちらを利用するかによって，従属栄養性脱窒，独立栄養性脱窒に区分される．また，脱窒細菌の体内に蓄積された有機物を水素供与体として用いる内生脱窒法がある．また，生物脱窒法としては，汚染地下水を揚水し，その水を生物脱窒処理するオンサイトと，地下に生物脱窒させる層を人工的に形成する透過性地下水浄化壁工法（インサイト）を紹介する．

（i）従属栄養性脱窒[1),15),16)]　通常，飲料水としての利用を考える場合，脱窒菌の有機炭素源として，エタノールや酢酸を添加する．ここでは，脱窒菌が自己造粒化したグラニュール汚泥を用いるグラニュール方式を紹介する．その脱窒槽の概略を図 8.6.7 に示す．井戸から汲み上げた原水は槽下部から流入し，グラニュール汚泥と接触しながら上昇する間に，硝酸性窒素は除去され，処理水として上部から流出する．ここではメタノールを水素供与体として使用し，式（8.6.7）に示す生物脱窒反応式が起こる．

$$6\,NO_3^- + 5\,CH_3OH = 3\,N_2 + 5\,CO_2 + 7\,H_2O \\ + 6\,OH^- \tag{8.6.7}$$

脱窒菌のはたらきにより，メタノールは水と二酸化炭素に分解され，原水中の硝酸性窒素は窒素に還元され，発生ガスとして系外へ排出される．処理水のばっ気処理によって，多くの有機物は分

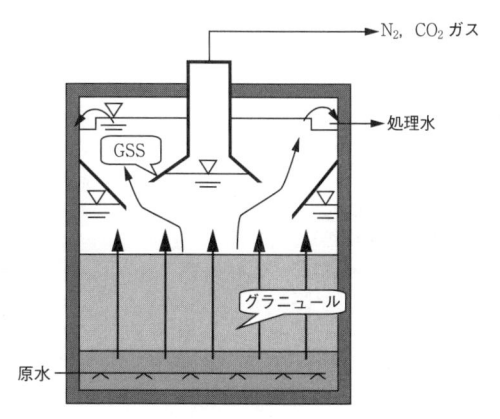

図 8.6.7　生物脱窒装置

解されているが，リン酸は残留しており，脱窒処理による硝酸性窒素の除去率の温度依存性を考慮しながら，最適のメタノール，リン量を，処理水中の溶存有機炭素，リン濃度から制御する必要がある．

（ii）独立栄養性脱窒[1] 無機物の水素供与体として，水素ガス，チオ硫酸や硫黄などが用いられている．式（8.6.8）の水素ガスを用いる場合，水素ガスが水に溶解しないので，水素ガス透過性膜に脱窒菌を付着させた処理方法が考えられている．

$$2NO_3^- + 5H_2 = N_2 + 4H_2O + 2OH^- \quad (8.6.8)$$

また，式（8.6.9）の硫黄化合物を用いる場合，pHが低下するため，石灰石と硫黄粒子を担体とした反応炉での実証試験が行われている．

$$6NO_3^- + 5S + 2H_2O = 3N_2 + 5SO_4^{2-} + 4H^+ \quad (8.6.9)$$

以上の方法は，実験室で実施されているが，実施設で導入はされていない．

（iii）内生脱窒法 脱窒細菌の体内に蓄積された有機物を水素供与体として用いる方法で，水素供与体を外部から加える必要がないが，脱窒速度が通常の1/10程度である．

（iv）透過性地下水浄化壁工法[15),17)] 農地からの過剰施肥により汚染した地下水を，帯水層を切る人工的な浄化壁を通過させることで，浄化する方法である．図8.6.8に示すように，畑の直下に層状の浄化層や，流向に垂直な浄化壁を設けたものである．浄化層や壁に鉄粉，生分解性プラスチック（生分解性プラスチックは，微生物および加水分解により，徐々に分解して微生物脱窒の電子供与体となる水溶性有機物に変化し，鉄粉は周囲の酸素を消費して還元環境をつくる），透水性保持のための砕石を混合したものを充てんした実証試験では3年および浄化壁周辺での硝酸性窒素濃度の低下が確認され，生分解性プラスチックにより長期間の脱窒が可能であることがわかった．

〔井伊博行〕

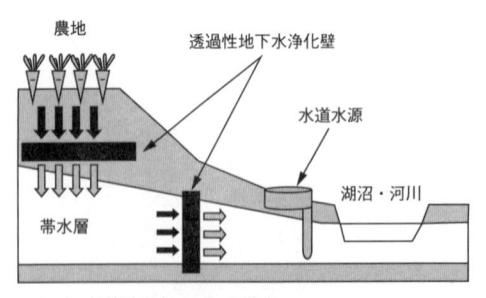

参考文献

1) 社団法人日本水道協会：水道における硝酸性窒素及び亜硝酸性窒素対策の手引き―手引き及び資料編―，平成11年度厚生省委託費による報告書，2001.
2) 中西康博編著：サンゴの島の地下水保全，宮古島地下水水質保全対策協議会・宮古島広域事務組合・宮古島上水道企業団，2002.
3) 環境省環境管理局水環境部：平成14年度地下水質測定結果について，p.50，2003.
4) 田瀬則雄：環境管理，**40**(3)，47-55，2004.
5) 環境省水環境部地下水・地盤環境室監修：硝酸性窒素による地下水汚染対策の手引き，公害研究対策センター，2002.
6) H. Ii, T. Hirata, H. Matsuo, M. Nishikawa and N. Tase: Surface water chemistry, particularly concentrations of NO_3^- and DO and $\delta^{15}N$ Values, near a tea plantation in Kyushu, Japan. *J. Hydrology*. **202**, 341-352, 1998.
7) 前田守弘：地下水学会誌，**45**(2)，189-199，2003.
8) H. Ii, T. Hirata, T. Tanaka and M. Nishikawa: Nitrogen contamination from fertilizer in tea planatation, Kiku River basin, Japan. Groundwater Engineering. Balkema, pp. 335-341, 2003.
9) 山野賢一，井伊博行，平田健正，石塚正秀：複合窒素汚染地域での汚染源の新定量評価方法について，環境工学研究論文集，**40**，481-488，2003.
10) Ian Clark and Peter Fritz: Environmental Isotopes in Hydrogeology, Lewis Publishers, p.328, New York, 1997.
11) 平田健正：土壌・地下水汚染と対策，p.306，(社)日本環境測定分析協会，1996.
12) 山野賢一，井伊博行，平田健正，石塚正秀：複合窒素汚染地域での汚染源の新定量評価方法について，環境工学研究論文集，**40**，481，2003.
13) 小野寺良治，星野貞夫，板橋久雄，日野常男，秋葉征夫，長谷川 信：家畜栄養学，川島書店，1989.
14) 妹尾 学：膜の化学，日本化学会編，新化学ライブラリー，大日本図書，1987.
15) 井伊博行：水環境学会誌，**26**(9)，563-566，2003.
16) 馬場義輝，松尾 宏，石橋融子，永淵義孝，高橋洋子，野中信一，平田健正，西川雅高：水環境学会誌，

図8.6.8 透過性浄化壁の適用イメージ

26(6), 361-367, 2003.
17) 副島敬道, 伊藤雅子, 今村　聡, 寺尾　宏：透過性地下水浄化壁工法による硝酸性窒素汚染地下水の原位置浄化実証試験, 日本地下水学会講演要旨集, pp. 78～81, 2002.

8.7 放射性物質による汚染

8.7.1 放射性物質と単位

放射性物質とは, 原子核の壊変に伴って放射線を放出する核種を含む物質である. 放射線は, 可視光線や紫外線に比べると物質を電離することができるほど大きなエネルギーをもっている. このように「放射線を出す性質」のことを放射能 (radioactivity) と呼び, その大きさの単位としては, ベクレル (Bq) が用いられる (1 Bq とは, 1秒間に1個の原子が壊変することを表す). また, 放射能が最初にあった原子の数の 1/2 に減少するのに必要な時間のことを, 半減期 (half life) と呼ぶ. その半減期の長さは, 同じ放射性の元素であっても同位体ごとに異なっている. たとえば, Cs (セシウム) は, 質量数が 116～146 までであり, 安定同位体 $^{133}_{55}$Cs 以外はすべて放射性である. それらの半減期は, 0.4 (秒) から 2.95×10^6 年までと原子の質量の違いによって大きく違っている. ちなみに, 地盤環境に関連する土壌汚染という観点から, 表層土壌中に必ず見いだされる核実験のなごりである $^{137}_{55}$Cs の半減期は 30.7 年と比較的長い. そのために, 1960 年代前半までに地球全体にばらまかれた $^{137}_{55}$Cs 濃度は, 放出当時のほぼ 1/3 程度までに減少している.

これら放射性元素の原子核が壊変する際に, 放出する放射線にはおもに①α線 (ヘリウムの原子核), ②β線 (電子線), ③γ線 (電磁波) ④中性子線 (電価をもたない水素の原子核とほぼ等しい質量をもつ非常に透過力の強い粒子の流れ), がある. 放射線の物質あるいは人体に対する影響の大きさは, α線≃中性子線>β線>γ線の順であり, 物質を通過 (透過) する能力はγ線≃中性子線>β線>α線の順で小さくなる.

土壌汚染の観点からは, 重金属による汚染と現象的には同じで, 汚染源となる元素の化学的な性質によって土壌への吸着の大きさが異なる. 一方, 重金属汚染と大きく異なる点は, 放射性物質は, 時間とともに濃度が減少する点と, その汚染物質としての化学濃度が非常に低い点にある.

8.7.2 土壌汚染源としての放射能の起源

放射線を放出する元素は, 一般に放射性同位体 (アイソトープ) (radioisotope) と呼ばれる. 地球上の物質は, すべて元素によって構成されているが, これら元素のなかには, 放射線を放出する放射性同位体をもつものが多い. なかには, 安定同位体がいまだに発見されていない元素もある. たとえば, 原子番号 43 の Tc (テクネチウム), 61 番の Pm (プロメチウム) と原子番号 84 の Po (ポロニウム) 以上の原子番号をもつ元素である.

放射性の元素のうちで, 地球が誕生したとき以来, 地球上に存在する放射性元素の大部分は, 非常に半減期が長い U (ウラン), Th (トリウム) を親核種として壊変系列をつくるものと, 単独で存在する半減期の長いものとがある. 後者の代表が, 肥料などに多く含まれるカリウム (^{40}K) である (存在率 0.0117%, 半減期 1.28×10^9 年). これらのように, 地球創成以来地球上に存在するもの以外に, 宇宙線との核反応によって絶えず一定量生成される ^{3}H や ^{14}C によって代表されるような天然放射性元素が存在する.

一方, 1940 年代以降, 人間活動に伴って人為的に放射性元素が生成されるにいたり, それらは環境へインパクトを与える汚染源となった. これら人為起源の放射性元素のおもなものは, 1940～1960 年代における核兵器の製造と大気圏核実験, と 1960 年代以降の原子力発電に伴い原子炉の中で燃料であるウランの核分裂, また核分裂の際に放出される中性子による放射化によって生成されたものが大部分である. 表 8.7.1 に, 天然放射性同位体と人工放射性同位体をその発生起源別に整理し示す.

8.7.3 環境汚染事例
a. 地球規模での汚染

原子力施設の稼働に伴い, 原子炉内に蓄積した

表 8.7.1 天然・人工放射性核種の起源と特徴

核種の起源		代表的な放射性核種（崩壊形式，半減期）
天然放射性核種	地球創成時期より存在するもの	崩壊系列をつくるもの	トリウム系列　(^{232}Th (α, 1.4×10^{10}y) $\rightarrow^{208}$Pb (安定) へいたる) ウラン系列　(^{238}U (α, 4.47×10^9y) $\rightarrow^{226}$Ra (α, 1.6×10^3y) $\rightarrow$ (^{222}Rn (α, 3.8d) などを経て ^{206}Pb (安定) へいたる) アクチニウム系列　(^{235}U (α, 7.04×10^8y) $\rightarrow^{207}$Pb (安定) へいたる) ネプツニウム系列　(^{237}Np (α, 2.14×10^6y) $\rightarrow^{209}$Bi (安定) へいたる) 　　　　　　　　　(^{237}Np は自然界には存在しない)
		崩壊系列をつくらないもの	^{40}K (β, 1.28×10^9y, 天然存在比 0.0117%)， ^{87}Rb (β, 4.8×10^{10}y, 天然存在比 27.8%)，など
	宇宙線・天然中性子によって生成されるもの	大気中で生成されるもの	^{3}H (β, 12.3y), 宇宙線と大気中 N_2, O_2, Ar 核破砕反応 ^{14}C (β, 5730y), 宇宙線 ^{14}N (n, p) ^{14}C 反応 ^{36}Cl (β, 3×10^5y), 宇宙線と ^{39}K (n, 2n2p) ^{36}Cl 反応
		岩盤中で生成されるもの	^{3}H (β, 12.3y), 中性子 ^{6}Li (n, α) ^{3}H 反応 ^{26}Al (β, 7.16×10^5y), ^{23}Na (α, n) ^{26}Al 反応 ^{36}Cl (β, 3.01×10^5y), ^{35}Cl (n, γ) ^{36}Cl 反応
人工放射性核種	原子炉内の中性子によって生成されるもの	超ウラン核種（核燃料の中性子吸収）	^{239}Pu (α, 2.41×10^4y), ^{238}U (n, γ) ^{239}U$\rightarrow^{239}$Np$\rightarrow^{239}$Pu ^{241}Am (α, 433y) ^{239}Pu (n, γ) ^{240}Pu (n, γ) ^{241}Pu$\rightarrow^{241}$Am
		核分裂生成核種	^{90}Sr (β, 28.8y), ^{99}Tc (β, 2.14×10^5y), ^{131}I (β, 8.04d), ^{135}Cs (β, 3×10^6y), ^{137}Cs (β, 30.17y)
		放射化核種	^{14}C (β, 5730y), ^{36}Cl (β, 3×10^5y), ^{54}Mn (Ec, 312d) ^{60}Co (β, 5.27y), ^{63}Ni (β, 100y)
	加速器によって生成されるもの		^{11}C (β^+, EC, 20.4m) ^{14}N (p, α) ^{11}C ^{18}F (β^+, EC, 109.8m) ^{18}O (p, n) ^{18}F ^{123}I (EC, 13.3h) ^{124}Te (p, 2n) ^{123}I

放射性元素が環境へ漏れ出て大気や水，さらに土壌を広く汚染する可能性が高いことは 1986 年 4 月 26 日に起こったチェルノブイリ原発事故によって立証された．この事故では，原子炉に存在した核分裂生成物や超ウラン元素の 2～20% (1.85 EBq) また，放射希ガスのほぼ全量 (3.7 EBq) が環境に放出されたと見積もられている[1]．このうちで，希ガス以外の放射性元素の 2/5 (0.74 EBq) が原発から 30 km 以内に降下した．とくに，チェルノブイリに近い北欧から中部ヨーロッパでは，過去の核実験によって降下した総放射能量（たとえば，^{137}Cs では平均 5×10^3 Bq/m^2）と同程度かそれをはるかに上回る量の放射能が降下したことが確認されている．さらに，揮発性の高い ^{131}I や ^{137}Cs は 9000 km 離れた日本へも降下しており，^{137}Cs は過去の核実験によって大気中に放出され降下した積算量の 2% 程度と見積もられ

ている[2]．チェルノブイリ原発事故以外にも，原子炉から放射能が漏れ環境汚染を引き起こした事例としては，1979 年のスリーマイル島原発と 1957 年のウィンズケール原子炉事故があるが，いずれも揮発性放射性ガス (^{131}I) の放出によるものが大部分で，チェルノブイリ原発事故に比べると影響は小さなものであった．

一方，原発事故以外にも世界中を広く汚染した地球規模の汚染源としては，1946～1961 年にかけて米ソを中心に行われた大気圏核実験がある．これによって，7.4 EBq の放射性元素が放出された．この際放出された放射性元素のうちで ^{90}Sr，^{137}Cs，^{239}Pu など半減期の長い元素は，地上降下後 40～50 年以上経たいまでも地表から 30 cm 程度の深さに総降下量の 95% 以上が蓄積されており，その土壌中での移動速度はきわめて遅い．また，これら核種の土壌中の汚染分布は，表層ほど

濃度が高いために，長く地表付近に汚染源がとどまることとなり，農作物への移行とその摂取あるいは汚染表層土壌の舞い上がり（resuspension）による汚染の拡大と，その影響は長く続くことになる．

規模は非常に小さいが，地球規模での放射能汚染源として，米国の偵察衛星 SNAP が南半球の大気圏に突入消滅した際に，搭載していた電池の材料である ^{238}Pu が，地球規模で汚染を引き起こした．フォールアウトとしての Pu の降下量は，核実験からのものに比べると北半球では，1/80 以下，南半球では，1/7 以下であった[2]．

b. 局所的な汚染

局所的な汚染事例としては，原子力施設や核兵器製造工場の火災事故や核兵器搭載航空機の墜落事故に伴って放射性元素が環境に放出され土壌中に蓄積されている．そのような事例としては，1970年代に米国のロッキーフラット兵器工場では，オイル漏れや火災事故によってプルトニウムが放出され，工場から風下に数キロの範囲が，高濃度なプルトニウムで汚染されていることが確認されている．放出されたプルトニウムの大部分は，地表近傍に蓄積され，地表付近の空気の汚染源として確認されている．1966年スペイン南部のパロマレスで4個の水爆を搭載したB52が墜落し，2個の水爆が機械的に壊れて ^{239}Pu が環境に放出され226ヘクタールの土地が汚染された．その後，高濃度の汚染地区では，表層土壌の剝ぎ取り除染が行われたが，現在でも120ヘクタールの地域で $12\sim1200$ kBq/m^2 以上の汚染が確認されている[4]．

また，米国では1970年代に操業していた低レベル放射性廃棄物処分場の多くで，地下水と周辺土壌の放射能汚染が確認されている[5],[6]．表8.7.2に，環境の放射能汚染を引き起こした事例と，そこで放出された放射能を整理して示す．この表では，参考として自然災害である火山の噴火に伴い放出される天然放射能量[7]も合わせて示した．

8.7.4 わが国における土壌汚染

わが国における放射能汚染は，地球規模での核実験に伴うグローバル・フォールアウトによるものがそのほとんどである．これら放射能の大部分は，地表面から数十 cm の表層土壌に蓄積されている．おもな核種は，地下水や土壌水中で陽イオンとなりやすい $^{239+240}$Pu，^{137}Cs と ^{90}Sr で半減期の長い核種に限られる．その点では，今まで測定例はないが，半減期が非常に長い ^{135}Cs は，^{137}Cs 以上に表層土壌に蓄積されていることになる．また，表層部分の有機物層には，陰イオンであるヨウ素 129（^{129}I）が見いだされることもある．局所的な放射能汚染としては，1945年に広島・長崎に投下された原爆からの局所フォールアウトによる汚染が報告されている．長崎では，フォールアウトによる汚染が詳細に調査され，フォールアウトの降下履歴調査[8]，局所フォールアウトによる汚染範囲の決定[9]，核爆発に伴うプルトニウムの地球規模での物質収支[10]とホット・スポット汚染地域におけるプルトニウムの土壌中での移動速度の測定が行われた．地盤の放射能汚染対策を考えるうえでは，表層の放射能がどの程度の速さで移動し拡散するのかは重要な課題である．ここで，長崎西山で測定された例を以下に紹介する．

1945年8月9日にプルトニウム原子爆弾が長崎に投下され，爆発によって発生した核分裂性の放射性元素（^{90}Srや^{137}Csなど）と核分裂しなかった ^{239}Pu などが長崎市の中心より東に3 km の西山貯水池周辺に高濃度で降下し，ホット・スポットを形成している．この場所は，^{239}Pu に関しては，日本ではもっとも濃度の高い値を示している（土壌 50 Bq/kg 程度）．ここで測定された放射能の移動速度は，湿潤な気候帯の未攪乱土壌における人為放射能による土壌汚染が発生して以来，もっとも古くもっとも長い時間をかけて得られた貴重なデータである[8],[11]．フォールアウトの降下後，約40年後の西山地区での ^{137}Cs と ^{239}Pu の平面分布と鉛直方向の ^{90}Sr，^{137}Cs，$^{239+240}$Pu の濃度分布を図8.7.1と図8.7.2に示す．この地点での降水の鉛直浸透速度は，降水に含まれる天然 ^{3}H 濃度をもとに推定した結果と，臭素をトレー

表 8.7.2 放射性核種を環境へ放出する事象と放出される主要な放射性核種量（単位EBq＝10^{18}Bq）

	放出事象	放射性核種と放射能量
天然放射性核種	火山の噴火 （例：1980年5月18日のSt. Helens山の噴火の場合）	火山灰4 km^3（8×10^{15} g）に含まれていた放射性核種と放出ガス ^{40}K：2.3×10^{-3}，^{226}Ra：1.2×10^{-4}，^{232}Th：2.5×10^{-5}，^{222}Rn：0.11 （その他 ^{226}Ra と ^{232}Th の各娘各種が 1.2×10^{-4} と 2.5×10^{-5} と推定）*1
人工放射性核種	大気圏核実験（地球規模） （1945～1980年までに約440回の核実験）*2	1945～1980年までの核分裂総量は8.03 ^{90}Sr：0.80，^{137}Cs：1.28，^{239}Pu：0.01 ^{238}Pu：2.57×10^{-7}，^{3}H：1.28×10^4など
	SNAP-9A事故（地球規模）（1964年）	^{238}Pu（1kg：6.3×10^{-4}）の3/4が南半球，1/4が北半球に降下
	原子炉事故 ウィンズケール原子炉*3（1957年）	^{131}I：7.4×10^{-4}，^{137}Cs：3.7×10^{-5}，^{90}Sr：1.48×10^{-7} 希ガス：0.015
	スリーマイル島原発*3（1979年）	^{131}I：5.55×10^{-7}，^{137}Cs：—，^{90}Sr：— 希ガス：0.09
	チェルノブイリ原発*3（1986年）	^{131}I：0.27，^{137}Cs：0.04，^{90}Sr：8.14×10^{-3}， 希ガス：1.85，^{134}Cs：0.019，^{103}Ru：0.12， ^{106}Ru：0.06，^{140}Ba：0.16，^{144}Ce：0.09， ^{239}Pu：2.59×10^{-5}，^{240}Pu：3.7×10^{-5}，^{241}Pu：5.18×10^{-3}， ^{242}Cm：7.77×10^{-4}など
	原子力施設の通常運転 処理工場*4	（セラフィールド）1975～1979年の平均100万kW発電量あたり 大気放出 ^{3}H：1.33×10^{-4}，^{14}C：1.8×10^{-6}，^{85}Kr：0.014，総α：5.92×10^{-10}， 海洋放出 ^{3}H：4.44×10^{-4}，総α：2.50×10^{-5}，総β（^{3}Hを除く）：2.66×10^{-3}
		（ラ・アーグ）1975～1978年の平均100万kW発電量あたり 大気放出 ^{3}H：3.20×10^{-6}，^{14}C：—，^{85}Kr：0.014，総α：1.89×10^{-13}，総β：2.0×10^{-10} 海洋放出 ^{3}H：2.7×10^{-4}，総α：3.18×10^{-7}，総β（^{3}Hを除く）：5.92×10^{-4}
	原子力発電所*4	（PWR型原子炉）1975～1979年 100万kW発電量あたり 大気放出 ^{3}H：7.8×10^{-6}，放射性ヨウ素：5.18×10^{-9}，希ガス：4.29×10^{-4}，^{14}C：2.22×10^{-7} 液体放出 ^{3}H：3.8×10^{-5}，総β（^{3}Hを除く）：1.84×10^{-7} （BWR型原子炉）1975～1979年 100万kW発電量あたり 大気放出 ^{3}H：3.4×10^{-6}，放射性ヨウ素：4.1×10^{-7}，希ガス：8.88×10^{-3}，^{14}C：5.18×10^{-7} 液体放出 ^{3}H：1.40×10^{-6}，総β（^{3}Hを除く）：2.9×10^{-7}
	ずさんな操業管理 放射性廃棄物処分施設（例）	・マキシィ・フラッツ処分場（米）（1963～1979年） 低レベル廃棄物 1.3×10^5 m^3（Pu：65 kgを含む） 周辺地下水中核種濃度　^{238}Pu：37～237，^{239}Pu：0.37～296， （Bq/l）　　　　　　^{241}Am：6.3～174，^{60}Co：0.74～3.1×10^4， 　　　　　　　　　　^{137}Cs：5.55～3.4×10^3 ・オークリッジ処分場（米）（1944～　　　　） 低レベル廃棄物 2.1×10^5 m^3（Pu：15 kgを含む） 周辺地下水中核種濃度　^{99}Tc：1～3.7×10^3，^{60}Co：2.44×10^2～2.33×10^3，^{238}Pu：1.4×10^{-3}～0.05，^{239}Pu：2.96×10^{-4}～2.18×10^{-3}，^{241}Am：0.07～0.08，^{233}U：0.2～18

*1 ^{232}Raならびに^{232}Th以降の崩壊系列核種が^{226}Raならびに^{232}Thと放射平衡にあると仮定した値．
*2 各核種量は，核分裂総量をもとに，3.7×10^{16}核分裂あたり^{90}Sr，3.7×10^{-3}EBq，^{137}Cs 5.92×10^{-3}EBqが生成されることを仮定し，^{239}Pu，^{3}Hなどは^{90}Srのフォールアウト降下量をもとに推定した．
*3 寺島東洋三，市川龍資著：チェルノブイリの放射能と日本，東海大学出版会，1989．より引用．
*4 佐伯誠道編：環境放射能，ソフトサイエンス社，1984より引用．

8.7 放射性物質による汚染

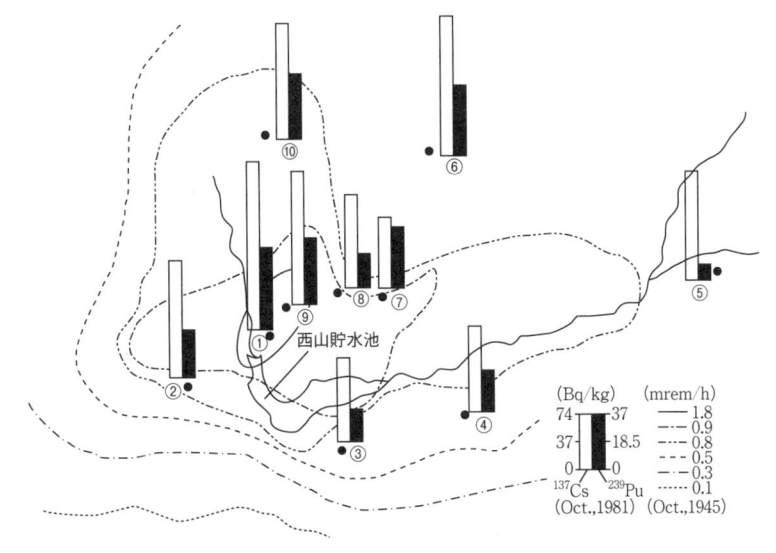

図 8.7.1 長崎市西山周辺でのフォールアウト ^{137}Cs と $^{239+240}$Pu の表層土壌（〜3cm 深さ）中濃度分布（1981 年時点）（貯水池周辺に高濃度地域が存在する）

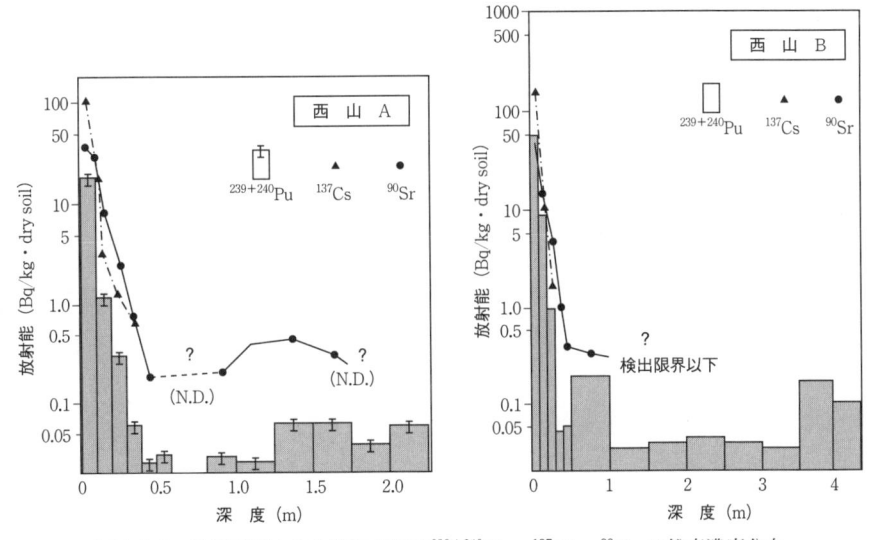

図 8.7.2 長崎市西山の土壌における $^{239+240}$Pu, ^{137}Cs, ^{90}Sr の鉛直濃度分布

サーとして 1 年間かけて追跡調査した結果から，2.5 m/年と実測評価された．一方，この降水の鉛直浸透速度に比べてフォールアウト核種の移動速度は著しく遅く，^{90}Sr で 4.2 mm/年，^{137}Cs で 1 mm/年，$^{239+240}$Pu で 1.25 mm/年であった．この結果，西山地区の土壌に対する ^{90}Sr, ^{137}Cs, ^{239}Pu の分配係数としては，土壌物性の実測値をもとに推定すると，おのおの 300 ml/g, 1200 ml/g, 960 ml/g であった[11]．

8.7.5 汚染土壌粒子を用いた土壌流出量評価と底質堆積速度測定

陽イオンとなる放射性元素は，イオン交換反応などによってきわめて強く土壌に吸着される性質がある．この性質を利用して，農耕地の侵食量や河川・湖沼での流出土壌や底質堆積速度の評価がなされている[12]．この際活用されるのは，おもにグローバル・フォールアウトの ^{137}Cs である．^{137}Cs は，土壌の粘土粒子や有機物には，きわめ

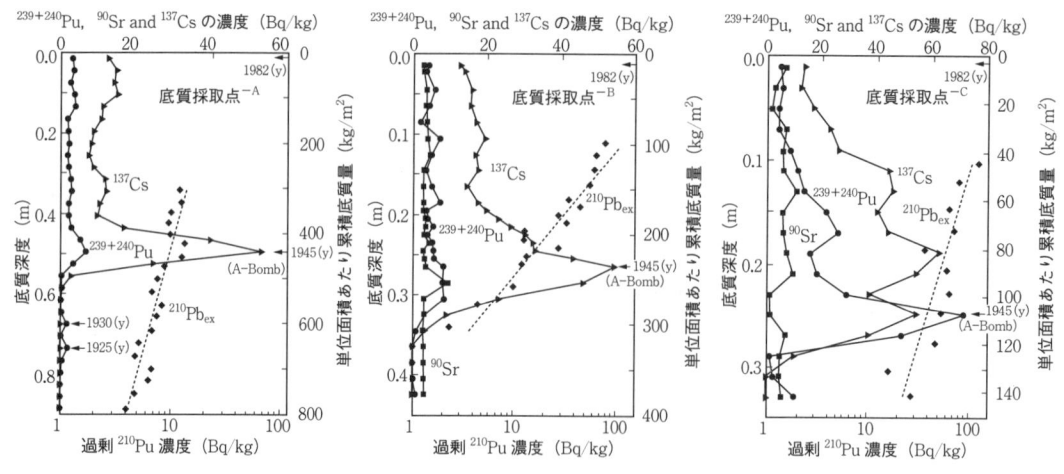

図 8.7.3 長崎市西山貯水池の3点で計測した放射性核種（$^{239+240}$Pu, ^{137}Cs, ^{90}Sr, ^{210}Pb）の鉛直分布，底質中の1945年と1982年の堆積深度位置と累積底質量の測定結果

て強く吸着され，簡単にはイオン交換されず溶解もしない．また，半減期が30.7年と比較的長いこと，降下した時期（1963～1964年に降下の最大ピークをもつ）が比較的よく記録されていること，比較的強い662 keVのγ線を放出することから，非破壊測定により簡単に計測できるため，土壌粒子の輸送トレーサーとして活用できる．

米国では，土壌の流出量と流出する^{137}Cs濃度損失量を両対数で表すと，相関係数0.94の線形関係が認められ，流出^{137}Csの濃度測定から土壌流出量の評価を可能としている[13]．一方，わが国では，1945年の長崎原爆の局所フォールアウトを活用した長崎市西山貯水池で，周辺からの土壌の流入堆積速度を測定した結果[14),15)]が報告されている．貯水池堆積層中での鉛直方向の人工フォールアウト核種^{137}Cs，^{90}Sr，^{239}Puと天然フォールアウト核種^{210}Pbの分布例を図8.7.3に示す．1945年の局所フォールアウトの降下年代をもとに，貯水池の3点において評価した堆積速度は，小河川の流入点付近で最大1.11 g/cm²/年，最深部（水深38 m）で最小の0.32 g/cm²/年と報告されている[14),15)]．

（馬原保典）

参 考 文 献

1) 寺島東洋三，市川龍資：チェルノブイリの放射能と日本，pp. 45-91, 東海大学出版会，1989.
2) M. Aoyama, K. Hirose, Y. Suzuki, H. Inoue and Y. Sugimura : *Nature*, **321**, 819-820, 1986.
3) D. M. Taylor : Environmental Plutonium-creation of the universe to twenty-first century mankind, in Plutonium in the Environment (ed. Kudo), p. 447, Elsevier, 2001.
4) A. G.-Olivates and C. E. Iranzo : *J. Environmental Radioactivity*, **37**, 101-114, 1997.
5) L. J. Means, D. A. Creran and J. O. Duguid : *Science*, **200**, 1477-1478, 1978.
6) J. M. Cleaveland and T. F. Rees : *Science*, **212**, 1506-1509, 1981.
7) S. J. Frucher, et al. : *Science*, **209**, 1116-1125, 1980.
8) Y. Mahara and S. Miyahara : *J. Geophysical Research*, **89**(B 9), 7931-7936, 1984.
9) A. Kudo, Y. Mahara, T. Kauri and D. C. Santry : *Water Science and Technology*, **23**, 291-300, 1991.
10) A. Kudo, Y. Mahara, D. C. Santry, T. Suzuki, S. Miyahara, M. Sugawara, J. Zheng and J-P. Garrec : *Applied Radiation and Isotopes*, **46**, 1089-1098, 1995.
11) Y. Mahara : *J. Environmental Quality*, **22**, 722-730, 1993.
12) J. C. Ritchie and J. R. Mchenry : *J. Environmental Quality*, **19**, 215-233, 1990.
13) A. S. Rogowski and T. Tamura : *Health Physics*, **18**, 467-477, 1970.
14) Y. Mahara, A. Kudo, T. Kauri, D. C. Santry and S. Miyahara : *Health Physics*, **54**, 107-111, 1988.
15) Y. Mahara and A. Kudo : *Applied Radiation and Isotopes*, **46**, 1191-1201, 1995.

9. 建設発生土と廃棄物

9.1 資源循環型社会

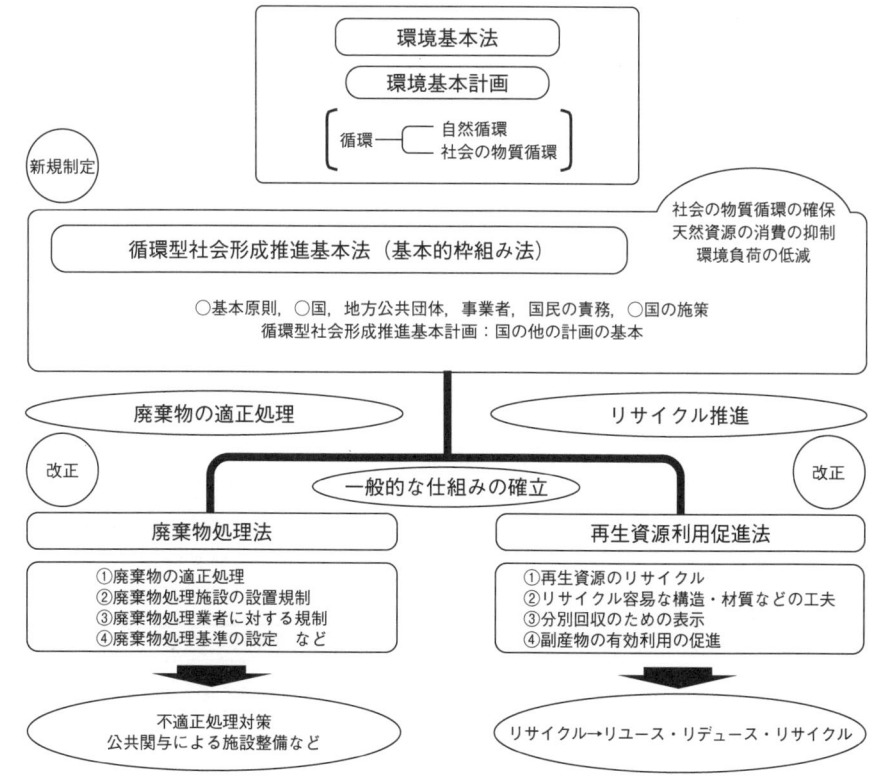

9.1.1 資源循環型社会とは

「持続可能な発展（sustainable development）」は，資源やエネルギー（とくに化石燃料）の使用や廃棄物を減らし，環境再生を最優先する方向への社会経済の転換を表す包括的な環境キーワードである．持続可能な発展をめざすためには，資源循環型社会と脱温暖化社会との構築が不可欠である．天然資源の使用をできるだけ控えて，使用済みの製品の回収に努め再利用や再生を行い，さらには新しい材料として再利用して，環境への負荷をできるだけ低減していくことが資源循環型社会の基本である．わが国ではこのために

① 3 R（reduce：発生抑制，reuse：再利用，recycle：リサイクル）への取組み
② バイオマスなどの再生可能エネルギーの利用の促進
③ 廃棄物の適正処理処分・不法投棄からの原状回復

などの施策がとりあげられ，各方面で積極的に取り組んでいることは周知のところである．平成12年に循環型社会形成推進基本法が制定され，平成15年にはこの法律にもとづく基本計画が閣

図 9.1.1 資源循環型社会の枠組み

議決定されて平成22年までの数値目標が示された。この枠組みを示すと図9.1.1のようになり，資源循環型社会の構築には廃棄物処理法とリサイクル法とが両輪となって機能する必要がある．

人間活動の結果として排出される廃棄物や，建設工事によって生じる発生土は，近年莫大な量が発生しており，その処理・処分問題の解決はきわめて重要な課題となっており，資源循環型社会構築のための基本が廃棄物などの有効利用にある．したがって，さまざまな分野で廃棄物の有効利用が試みられている．建設工事で発生する土は必ず土量のバランスを図り，特性上やむを得ず捨土するものを除いて全量を有効利用するように，元来配慮されているところである．しかしながら，現実の建設発生土は莫大な量に及んでおり，有効利用されずに処分される量が建設工事に必要とされる量を大幅に上回っている．さらに，廃棄物に分類される建設汚泥の有効利用率もいまだ目標に達していない．建設分野は多量の建設資材を必要とすることから，廃棄物の有効利用先として「もっとも多量に受け入れることができる」分野として期待されている．とくに，「土の代わりに廃棄物を使う」技術として，地盤工学の分野では多くの取組みがなされてきた．一方，大量に発生する廃棄物が最終的に行き着く先は「処分場」であるが，処分場がもたらす地盤環境問題（土壌汚染，地下水汚染など）が懸念されることから，廃棄物の有効利用や安全な処分法についてもさまざまな取組みがなされている[1]．また，建設分野自身からも大量の副産物が発生しているが，有効利用促進のためにハード・ソフト両面で，法制度上の整備を含めて検討が進められている[2,3]．さらに，廃棄物を地盤材料として有効利用するにあたっては，地盤環境に悪影響を及ぼすことがないよう十分に配慮がなされなければならない[4]．ここでは，これらのテーマに関する近年の取組みをとり

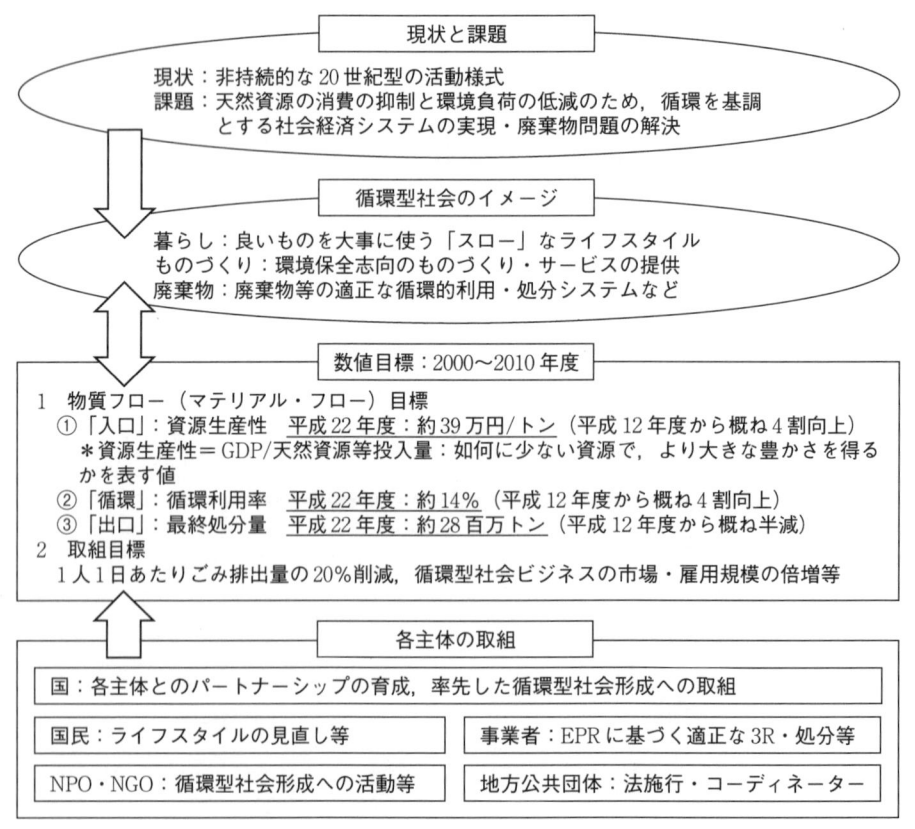

現状と課題
現状：非持続的な20世紀型の活動様式
課題：天然資源の消費の抑制と環境負荷の低減のため，循環を基調とする社会経済システムの実現・廃棄物問題の解決

循環型社会のイメージ
暮らし：良いものを大事に使う「スロー」なライフスタイル
ものづくり：環境保全志向のものづくり・サービスの提供
廃棄物：廃棄物等の適正な循環的利用・処分システムなど

数値目標：2000〜2010年度
1　物質フロー（マテリアル・フロー）目標
　①「入口」：資源生産性　平成22年度：約39万円/トン（平成12年度から概ね4割向上）
　＊資源生産性＝GDP/天然資源等投入量：如何に少ない資源で，より大きな豊かさを得るかを表す値
　②「循環」：循環利用率　平成22年度：約14％（平成12年度から概ね4割向上）
　③「出口」：最終処分量　平成22年度：約28百万トン（平成12年度から概ね半減）
2　取組目標
　1人1日あたりごみ排出量の20％削減，循環型社会ビジネスの市場・雇用規模の倍増等

各主体の取組
国：各主体とのパートナーシップの育成，率先した循環型社会形成への取組
国民：ライフスタイルの見直し等　　事業者：EPRに基づく適正な3R・処分等
NPO・NGO：循環型社会形成への活動等　　地方公共団体：法施行・コーディネーター

図9.1.2 循環型社会形成推進基本計画（2003年3月）の概要

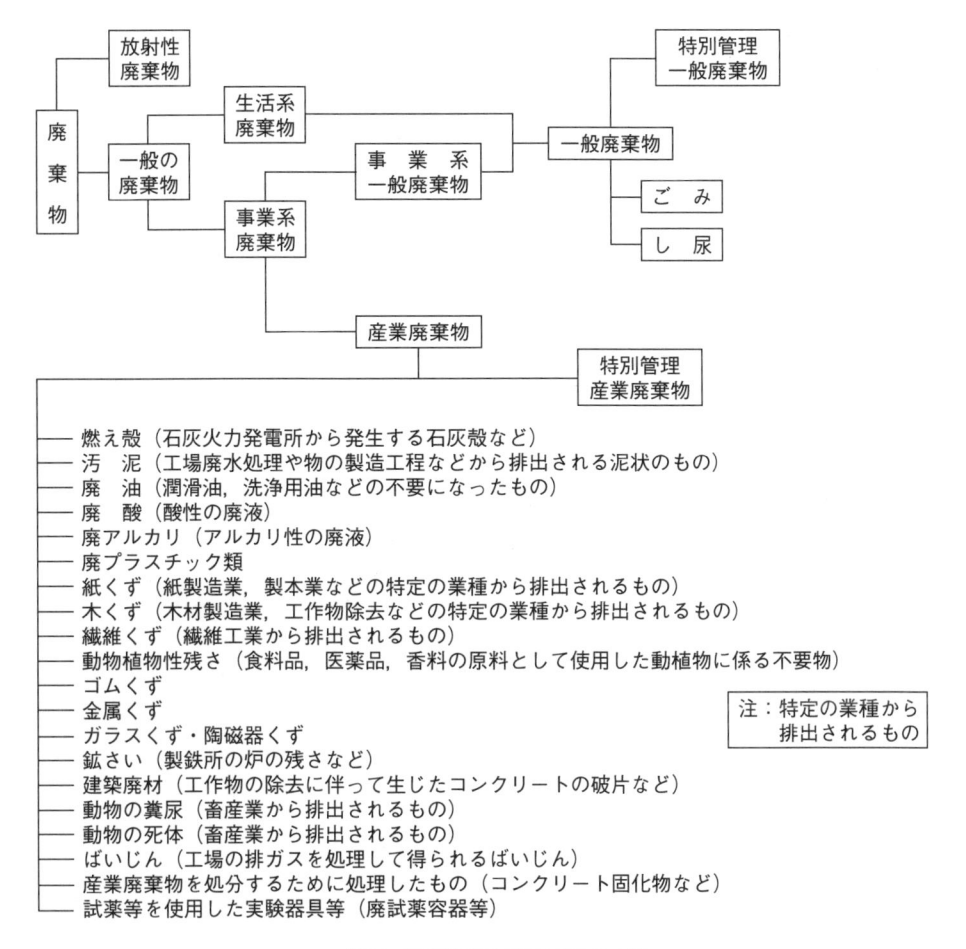

```
                    ┌─ 放射性廃棄物
           ┌─ 生活系廃棄物 ─┤                      ┌─ 特別管理一般廃棄物
           │        └─ 事業系                    │
廃棄物 ─ 一般の廃棄物 ─┤        一般廃棄物 ─── 一般廃棄物 ─┼─ ごみ
           │                                     │
           └─ 事業系廃棄物                         └─ し尿
                    └─ 産業廃棄物
                              └─ 特別管理産業廃棄物
```

- 燃え殻（石灰火力発電所から発生する石灰殻など）
- 汚　泥（工場廃水処理や物の製造工程などから排出される泥状のもの）
- 廃　油（潤滑油，洗浄用油などの不要になったもの）
- 廃　酸（酸性の廃液）
- 廃アルカリ（アルカリ性の廃液）
- 廃プラスチック類
- 紙くず（紙製造業，製本業などの特定の業種から排出されるもの）
- 木くず（木材製造業，工作物除去などの特定の業種から排出されるもの）
- 繊維くず（繊維工業から排出されるもの）
- 動物植物性残さ（食料品，医薬品，香料の原料として使用した動植物に係る不要物）
- ゴムくず
- 金属くず
- ガラスくず・陶磁器くず
- 鉱さい（製鉄所の炉の残さなど）   注：特定の業種から
- 建築廃材（工作物の除去に伴って生じたコンクリートの破片など）　　排出されるもの
- 動物の糞尿（畜産業から排出されるもの）
- 動物の死体（畜産業から排出されるもの）
- ばいじん（工場の排ガスを処理して得られるばいじん）
- 産業廃棄物を処分するために処理したもの（コンクリート固化物など）
- 試薬等を使用した実験器具等（廃試薬容器等）

付表：特別管理産業廃棄物の内容

種　類		内　容
廃油		揮発油類，灯油類，軽油類の燃えやすい廃油（引火点70℃）
廃酸		pH 2.0以下の廃酸
廃アルカリ		pH 12.5以上の廃アルカリ
感染性産業廃棄物		感染性病原体を含むか，その恐れのある産業廃棄物（血液の付着した注射針，採血管）
特定有害産業廃棄物	廃PCB等	廃PCB及びPCBを含む廃油，PCBが塗布されている又は付着している廃棄物
	廃石綿等	建築物から除去した飛散性の吹き付け石綿・石綿含有保温材など石綿の付着している恐れのあるもの．大気汚染防止法の特定ばいじん発生施設を有する事業場の集塵装置で集められた飛散性の石綿など
	その他の有害産業廃棄物	水銀，カドミウム，鉛，砒素，セレン，トリクロロエチレン，テトラクロロエチレン，ダイオキシン類など．または，これら化合物が基準以上含んでいる産業廃棄物

図 9.1.3　廃棄物の処理および清掃に関する法律による廃棄物の分類

まとめ，建設発生土などを地盤工学的に有効利用する際の考え方と，地盤環境影響について考える．

なお，国が掲げる循環型社会形成推進基本計画の概要は図9.1.2のとおりである．ここでは2010年度における数値目標が示されているが，産官学民が一体となって取り組まなければ目標達成はおぼつかないものであり，地盤環境のかかわりは極めて大きいところである．

9.1.2 産業廃棄物の特性と有効利用
a. 産業廃棄物の現状と有効利用

近年の産業の発達や社会構造の変遷に伴って，廃棄物処理・処分の必要性は飛躍的に増大している．従来は廃棄物の一部は海洋投棄をしていたが，海洋の汚染を防止するために，廃棄物の多くを地盤中に受け入れざるを得なくなっており，地盤環境災害として重要な課題となっている．

一口に廃棄物といっても，その種類は千差万別であり，一般廃棄物と産業廃棄物とに2分される．一般廃棄物は家庭から出るごみやし尿，さらにオフィスから出る紙ごみ類などであり，産業廃棄物とは産業活動に伴って出るごみのことで，燃えがら，汚泥，建設廃材，廃油，動植物性の残渣などが該当する．昭和45年に制定された廃棄物処理法では廃棄物の種類を区別して処分方法が定められた．さらに，平成4年には爆発性・毒性・感染性などを有する廃棄物を「特別管理廃棄物」として指定し，より厳しく管理されるようになっている．図9.1.3に廃棄物の分類図を示した．また参考までに特別管理産業廃棄物の内容を参考表として付記した．廃棄物の排出量は，平成5年に一般廃棄物が5000万t，産業廃棄物は約4億tに達し，ここ数年はほぼ横ばいの状況である．4億tの産業廃棄物のうち，図9.1.4に示すように，環境省の平成18年度データでは，再生利用されるものが51%，減量化されるものが42%となっており，残りの7%が最終処分されている．このような比較的高い再利用率は，平成3年に廃棄物そのものの発生を抑制して環境を保全し，有限な資源としての利用を図るために制定された「再生資源の利用促進に関する法律」（以下，リサ

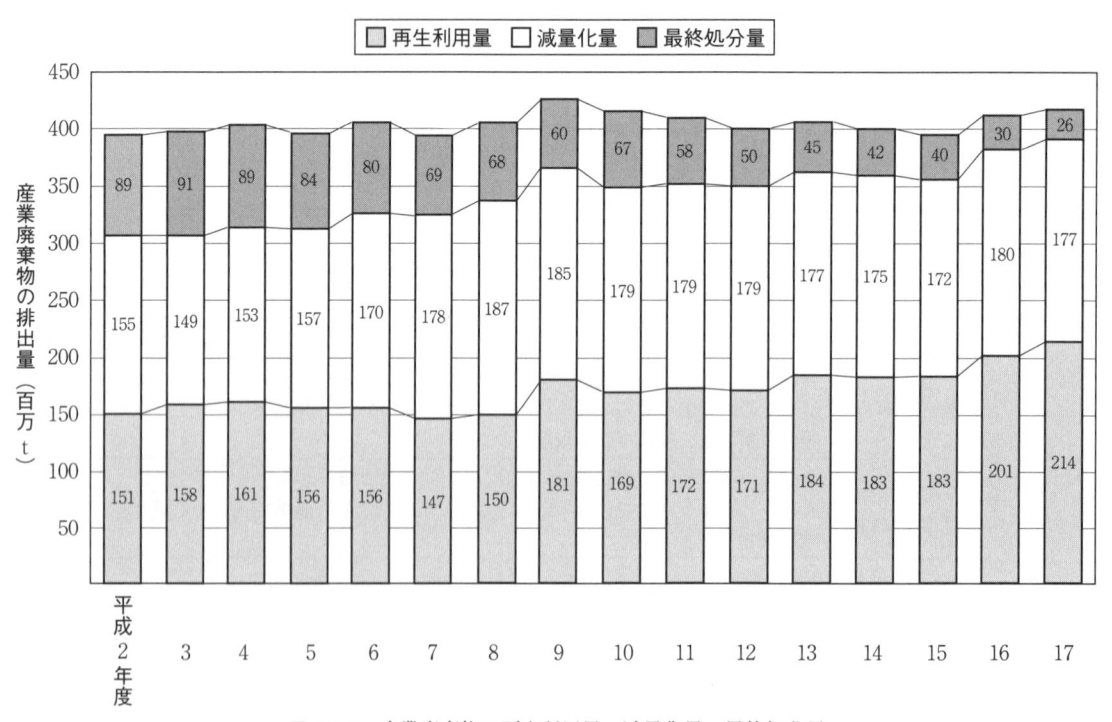

図9.1.4 産業廃棄物の再生利用量，減量化量，最終処分量

イクル法と略）などの施策や，各方面からの努力の結果である．いずれにしても，廃棄物対策の基本は発生を抑制することがまず第1番目に大切であり，つぎにこれを適正に処分するとともに，リサイクル社会構築へのさらなるチャレンジが求められ，再利用率を60〜80%までに高める必要がある．

b. 建設系廃棄物の特性と有効利用

建設系廃棄物は，建物解体時に発生する解体廃棄物を除いて，一般に無機材料と見なされる．したがって，これらは安定型廃棄物であり，一般の土質材料と遜色のない材料特性を示すものもあることから，積極的な有効利用を図っていく必要がある．平成17年度建設副産物実態調査結果（国土交通省）では図9.1.5に示すように，ここ数年の努力によって著しい有効利用率の向上がみられており，再資源化率92.2%に達している．

廃棄物を地盤材料として利用する際の選定の条件としてはいくつかの事柄があげられる．特性が通常の土と類似していれば，利用にあたって特殊な技術を必要としないため，メリットになる．石炭灰のように軽量な材料であれば，付帯構造物への負担を軽くしたり，基礎地盤の沈下量を減らしたりすることにより，経費の軽減を図りうる可能性がある．ポゾラン活性のような自ら固結する特性をもつ材料は，軟弱な土を固める土質安定材・地盤改良材として利用できる可能性がある．遮水性や化学物質に対する吸着性をもつ廃棄物材料は，汚染地の封じ込めバリアや廃棄物処分場の遮水材への適用が期待される．廃棄物の建設材料としての有効利用の用途の例を表9.1.1に示している[5]．なお，利用促進のために廃棄物の改質が必要となることも多い．廃棄物の改質は，従来は処分を目的として衛生化，無害化，減容化などを図るもので，破砕，選別，分離，脱水乾燥，熱分解，焼却などが行われるが，地盤材としての有効利用を目的とする場合は，安定性，安全性などを確保することが求められる．地盤工学的利用を目的とした改質手法の分類を図9.1.6[1]に示す．

建設汚泥の有効利用に関しては，平成11年に示された「建設汚泥リサイクル指針」において制

表9.1.1 廃棄物の有効利用の用途の例

再生資源の種類		用途の例
一般廃棄物焼却灰		れんが，ブロック，砂質材料，路盤材，埋め戻し材，セメント原料
下水汚泥	石灰系	土質改良材，セメント原料，窯業原料，セメント原料，ブロック，れんが，砂質材料
	高分子系	
石炭灰	フライアッシュ	道路材，盛土材，充てん材，セメント原料
	ボトムアッシュ	(仮設)道路材
製紙汚泥焼却灰		汚泥処理材，法面緑化材，道路材
廃タイヤ		ゴムアスファルト
廃プラスチック		発泡樹脂の軽量混合土，圧縮固化ブロック，溶融ブロック
鉄鋼スラグ	高炉	高炉セメント原料，道路材
	転炉	路盤材
	電気炉	セメント原料

度上の前進が見られ，建設汚泥を利用する方法には，①自ら利用，②有償売却，③再生利用制度の活用（個別指定制度，再生利用認定制度）があることを明示している．

「自ら利用」とは，産業廃棄物の有用性を高め，他人に有償売却できる性状にしたものを占有者が使用することをいう．占有者とは，その産業廃棄物の排出事業者であり，建設汚泥の場合は建設汚泥が発生する工事の元請施工者である．「自ら利用」の場合は，同一施工者が「自ら利用」する場合には，利用工事および利用場所について廃棄物処理法上の制限は受けない．したがって，発生場所で利用する場合のみならず，公道を挟んで隣接する別の敷地で利用する場合や，発生場所以外の工事でも利用することができることに留意するべきである．ここで，建設汚泥の利用が廃棄物の不適正な処分と見なされないよう，利用用途に応じた品質を確保していることを条件として，品質目標の明示と品質管理が求められる．逆に，この点を十分留意したうえでの有効利用の進展が期待される．

再生利用制度の活用については，現状では限定

400   9. 建設発生土と廃棄物

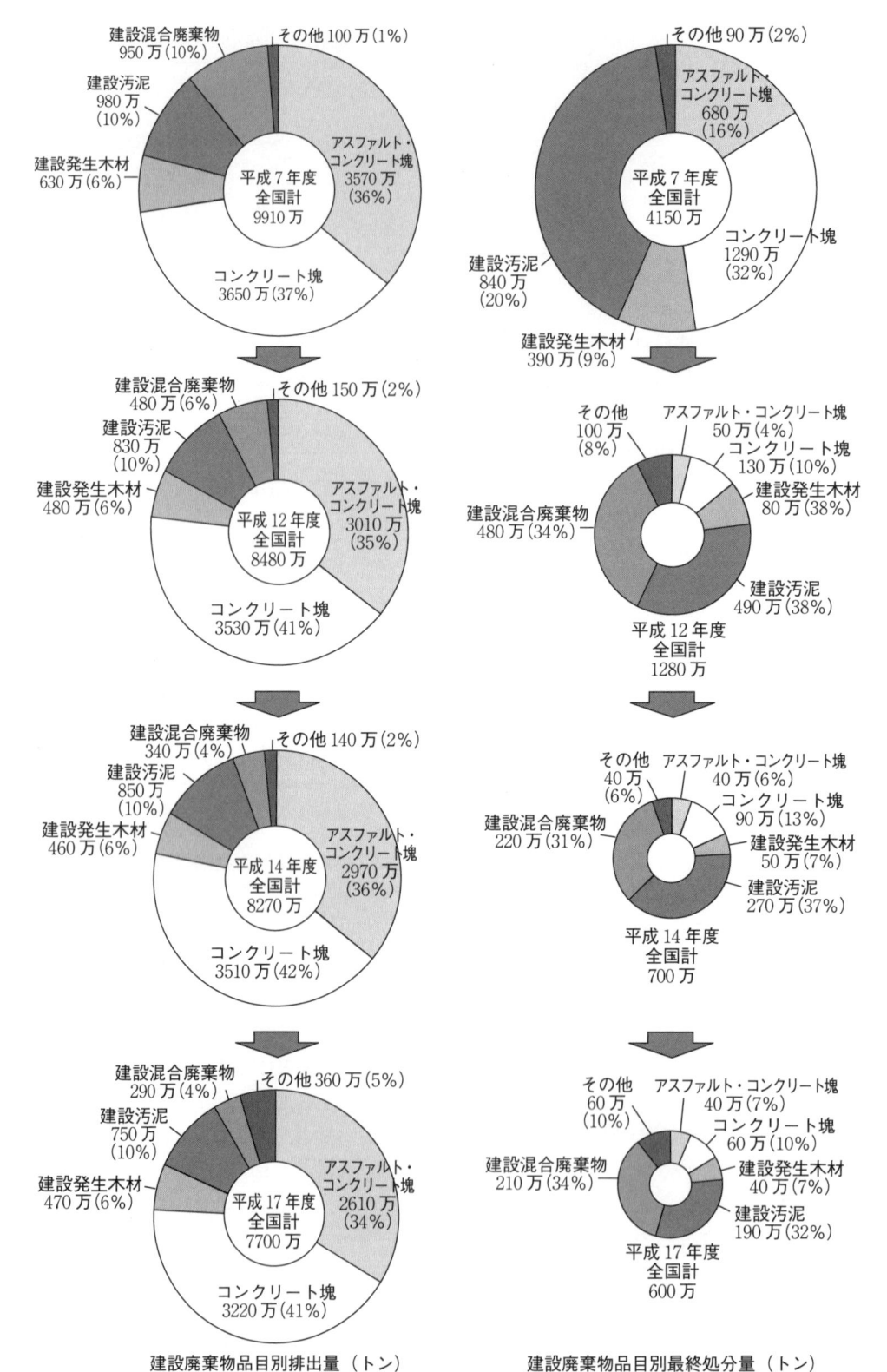

建設廃棄物品目別排出量（トン）
(注) 四捨五入の関係上，合計値が合わない場合がある．

平成7年度 全国計 9910万
- アスファルト・コンクリート塊 3570万 (36%)
- コンクリート塊 3650万 (37%)
- 建設発生木材 630万 (6%)
- 建設汚泥 980万 (10%)
- 建設混合廃棄物 950万 (10%)
- その他 100万 (1%)

平成12年度 全国計 8480万
- アスファルト・コンクリート塊 3010万 (35%)
- コンクリート塊 3530万 (41%)
- 建設発生木材 480万 (6%)
- 建設汚泥 830万 (10%)
- 建設混合廃棄物 480万 (6%)
- その他 150万 (2%)

平成14年度 全国計 8270万
- アスファルト・コンクリート塊 2970万 (36%)
- コンクリート塊 3510万 (42%)
- 建設発生木材 460万 (6%)
- 建設汚泥 850万 (10%)
- 建設混合廃棄物 340万 (4%)
- その他 140万 (2%)

平成17年度 全国計 7700万
- アスファルト・コンクリート塊 2610万 (34%)
- コンクリート塊 3220万 (41%)
- 建設発生木材 470万 (6%)
- 建設汚泥 750万 (10%)
- 建設混合廃棄物 290万 (4%)
- その他 360万 (5%)

建設廃棄物品目別最終処分量（トン）
(注) 四捨五入の関係上，合計値が合わない場合がある．

平成7年度 全国計 4150万
- アスファルト・コンクリート塊 680万 (16%)
- コンクリート塊 1290万 (32%)
- 建設発生木材 390万 (9%)
- 建設汚泥 840万 (20%)
- その他 90万 (2%)

平成12年度 全国計 1280万
- アスファルト・コンクリート塊 50万 (4%)
- コンクリート塊 130万 (10%)
- 建設発生木材 80万 (38%)
- 建設汚泥 490万 (38%)
- 建設混合廃棄物 480万 (34%)
- その他 100万 (8%)

平成14年度 全国計 700万
- アスファルト・コンクリート塊 40万 (6%)
- コンクリート塊 90万 (13%)
- 建設発生木材 50万 (7%)
- 建設汚泥 270万 (37%)
- 建設混合廃棄物 220万 (31%)
- その他 40万 (6%)

平成17年度 全国計 600万
- アスファルト・コンクリート塊 40万 (7%)
- コンクリート塊 60万 (10%)
- 建設発生木材 40万 (7%)
- 建設汚泥 190万 (32%)
- 建設混合廃棄物 210万 (34%)
- その他 60万 (10%)

図 9.1.5 建設廃棄物の品目別排出量と最終処分量の推移（国土交通省，2006）

```
┌─処理の原理─┐ ┌─処理の方法─┐ ┌─利用形態──┐
   無処理 ─────────────────── 締固めなど
   物理的手法 ──── 乾燥・脱水 ──── 乾燥汚泥
                                脱水ケーキ
   化学的手法 ──── 固化・安定処理 ── 安定処理土, 埋戻し
                                軽量盛土
                                流動性埋戻し材
   熱的手法 ───┬── 焼成 ──────── セメントの作成
              │                 二次製品
              │                 粒状物
              └── 溶融 ──────── 溶融スラグ
```

図9.1.6 地盤材料として利用する際の廃棄物の改質方法

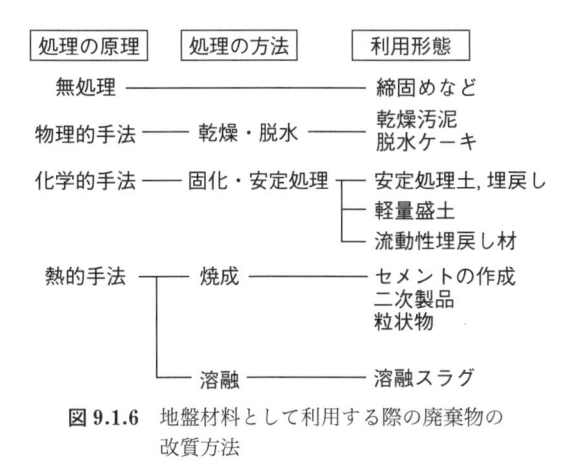

された数の「個別指定制度」の利用と，スーパー堤防事業に限られた「再生利用認定制度」の適用にとどまっており，再生利用業者のインセンティブを高めるように，発注者側からのより柔軟な対応が必要なことから，国土交通省では平成18年6月に「建設汚泥の再生利用に関するガイドライン」を示している．ここでは建設汚泥を再生したものを「建設汚泥処理土」と「市販品」との二つに大別し，前者における品質基準を用途ごとに明確に示して有効利用を容易にしている．さらに再生利用制度の手続きなどの簡素化・明確化を図り，環境省とも連携して適正処理の推進への道を示した．この詳細については9.2節で後述する．

c. 廃棄物処分と地盤工学

わが国では，一般廃棄物の約80%が焼却処分されるようになっており，廃棄物の減量化の点で飛躍的な向上が見られている．しかしながら，焼却することによって，重金属が浸出水中へ溶脱したり，環境ホルモンとして大きな社会問題となっているダイオキシンが発生して焼却灰中へ混入したり，ダストの飛散の問題などがある．また，廃棄物から発生するガス処理も重要な課題である．廃棄物最終埋立て処分場の構造については，廃棄物処理法に規定される安定型・管理型・遮断型構造があり，とくに焼却灰などは管理型処分場へ埋め立てられ，浸出水の適正な管理のために「ライナー」と呼ばれる遮水工が処分地の底面と壁面に設置される．ライナーには現在，高密度ポリエチレンシートなどが多く使われるようになっているが，埋立て後にライナーの破損が生じることが多く，廃棄物処分場からの浸出水の漏出防止は重要な課題である．埋立て後にライナーの健全性を検査することは大変むずかしく，また破損したライナーの修復のための費用は莫大である．したがって，安全性の点から二重あるいは三重のライナー構造を採用することが多くなっている．天然材料である締固め粘土ライナー（CCL）とジオシンセティック材料であるメンブレンライナーの併用など，種々の工夫がなされているほか，各種の漏水検知システムの開発適用がなされている．

廃棄物の受け入れを完了して廃止プロセスを経た処分場は一般に平らな土地となることから，その跡地利用が種々試みられている．しかし，この跡地利用に際しては，埋め立てられた廃棄物の安定を促進したうえで，表面を被覆して雨水の地下浸透を防止したり，遮水工であるライナーが破壊しないような基礎構造を設計したり，利用時に人の健康へ有害な影響が生じないように，土壌環境基準に沿った管理をするなどの配慮が必要である．平成17年からは，廃棄物処分場の跡地利用に際して，周辺環境への負の影響を生じないように，環境省から「施行ガイドライン」が示されており，軽微な変更以外は都道府県知事への届出が必要となっている．適正な跡地利用技術の開発と，施工中・施工後を含めたモニタリングが求められる．

9.1.3 発生土の特性と有効利用[6]

建設分野は建設資材として多量の土材料を必要とすることから，建設工事で発生する土は必ず土量のバランスを図り，特性上やむを得ず捨土するものを除いて全量を有効利用することが期待されている．しかしながら，現実の建設発生土は莫大な量に及んでおり，有効利用されずに処分される量が建設工事に必要とされる量を大幅に上回っている．さらに，廃棄物に分類される建設汚泥の有効利用率もいまだ目標に達していない．

建設工事から排出される建設副産物のうち，掘削土砂や泥土などは「発生土」と総称され，泥水掘削工法などで排出される「建設汚泥」と，掘削

などに伴って発生する「建設発生土」に分類される．発生土の利用基準については，平成18年8月に国土交通省から改正基準が示されており，土質特性に応じた区分基準及び各々の区分に応じた適用用途標準を明らかにして，発生土の適正な利用促進を図るとされている．すなわち，発生側と利用側が共通の指標で発生土を判定し，利用可能な用途を選定するために定められたものである．国土交通省の調査による平成14年度の建設発生土の搬出，利用量とその内訳を表9.1.2に示す．建設発生土の場外搬出量は約2.5億m^3である一方，土の利用量自体は約1.3億m^3であり，建設発生土が供給過多の状態である．また，工事間で利用，ないしは再資源化することによって土砂として利用されているのは3割であり，これは，建設工事における土利用量の約5.5割にすぎない．また，建設発生土の7割に相当する約1.7億m^3は内陸受入地に保管されている．今後は工事間利用率を上昇させ，利用土砂の建設発生土再利用率を100％に近い水準へ引き上げることが求められる．

一方，建設汚泥の発生量は平成14年度において800万tであり，その再資源化率は69％（平成12年度では41％であった）に及んでいる．建設廃棄物全体の再資源化率は92％に達していて，おおむね建設リサイクル計画2002における2020年度目標値の91％を上回る好成績となっており，建設汚泥も2005年度（平成17年度）目標値60％はクリアしている．建設汚泥の有効利用については，脱水による縮減量が再資源化率向上に大きく貢献しており，平成17年には再資源化率74.5％に達している．

発生土の有効利用を発注者サイドから推進するべく，国土交通省においては「建設発生土等の有効利用に関する行動計画」が平成15年に策定されている．平成17年度末における数値目標として，利用土砂の建設発生土有効利用率を80％とすることを掲げたが，平成18年に実施されたフォローアップ結果では，目標を下まわる62.9％に終っており，今後の一層の努力が求められる．

建設発生土はその特性により，埋戻し材，道路

表9.1.2 建設発生土の搬出，利用量の内訳

建設発生土の場外搬出量		土砂利用量	
工事間利用	6443	工事間利用	6443
再資源化施設	914	再資源化施設	914
内陸受入地	16966	新材	5243
海面処分場	186	再生砂	312
合　計	24509	合　計	12911

（単位：万m^3）

盛土，裏込め等に適用しうる．国土交通省では発生土の土質区分にしたがって，適用用途基準とその付帯条件を表9.2.3（後掲）のように示している．

これらの利用方法を実現するためには，改質が必要となる場合が多い．発生土の改質手段として，破砕，選別，分離，脱水乾燥，固化，熱分解，溶融などがあるが，地盤材料としての有効利用を目的とする場合は，安定性，安全性などの確保が求められる．地盤工学的利用を目的とした改質手法と留意事項は後掲の表9.2.3の脚注にまとめられている．さまざまな有効利用の手法，用途が提案されているが，有効利用にあたっては環境へ悪影響を及ぼさないための配慮が不可欠である．

9.1.4 発生土の有効利用による地盤環境への影響[6]

発生土は腐敗などによる材料の分解や有害物質の溶出に対する懸念が小さい．しかしながら，固化・安定処理を実施した場合，処理に伴う化学成分の溶出が指摘されており，セメント改良土からの ①六価クロムの溶出，②アルカリ二次公害，が大きな問題としてあげられる[7]．

一方，発生土自体にも有害物質が含まれる可能性がある．たとえば，工場跡地など掘削が行われたサイトの土地利用履歴によっては，重金属や人工化学物質，難分解性有機塩素化合物などによる汚染がしばしば発見される．さらには，工場排水などが流れ込む河川や海域で浚渫された底質にも有害物質が含有されるケースが多い．したがって，発生土を地盤材料として有効利用する際に

は，環境庁告示46号に定められた溶出試験を実施し，土壌環境基準値との適合性を確認する必要がある．

a. セメント改良土からの六価クロムの溶出

建設工事の主要材料であるセメント中に含まれる六価クロム（以下，Cr（VI））が，土の汚染にかかわる環境基準や，地下水の水質汚濁にかかわる環境基準で定められた環境基準値（0.05 mg/l）を上回って溶出することが確認されている[8]．したがって，セメント改良土に対しては，2000年に旧建設省，旧運輸省，農林水産省などから出された通達「セメント及びセメント系固化材の地盤改良への使用及び改良土の再利用に関する当面の措置について（2001年に一部変更）」にしたがって，Cr（VI）の溶出抑制に関する必要な措置が求められる．具体的には，

① 配合設計の段階で，現地土と使用予定の固化材を用いて環境庁告示46号に基づくCr（VI）の溶出試験を実施して，環境基準以下であることを確認する．

また，Cr（VI）の溶出量が高い傾向にある火山灰質粘性土を対象とする場合には，

② 施工後の現地採取試料を対象とした環境庁告示46号にもとづくCr（VI）の溶出試験

③ 施工後の現地採取試料を対象としたタンクリーチング試験にもとづくCr（VI）の溶出試験

を併せて実施して，環境影響がないことを確認するよう義務づけている[9]．

この通達を受けて，各方面でセメント改良土からのCr（VI）の溶出に関する，詳細な調査と対策がとられている．たとえば，セメント業界ではセメント中の水溶性Cr（VI）の含有量削減が行われ，20 mg/kg以下とする自主管理基準を設けている[10]．さらには，「セメント及びセメント系固化材を使用した改良体のCr（VI）溶出試験方法（案）」をセメント協会標準試験方法として策定し，データの蓄積が図られている．国土交通省セメント系固化処理土検討委員会における詳細な検討の結果，以下のように結論された[9]．

① 配合設計段階での溶出試験において，土壌環境基準を超える溶出がなかった配合で施工することにより，516現場中二つの現場を除いては施工後の溶出試験においても土壌環境基準を超過する溶出は確認されなかった．また，超過したケースにおいてもその濃度は土壌環境基準の3倍以内であり，タンクリーチング試験においては，環境基準以上の溶出は確認されなかった．

② 既設のセメント改良土を対象とした調査においては，一部，土壌環境基準を超えるCr（VI）の溶出が確認されたが，周辺土壌からの溶出濃度，地下水中の濃度ともに環境基準以下であった．

③ 普通ポルトランドセメント，および火山灰質土を使用した場合には，溶出濃度が高い傾向にある．また，還元的雰囲気下においては溶出濃度が低減する．

④ Cr（VI）の地盤中における移動性は低く，おもに土壌による吸着作用，および還元作用が大きな影響を及ぼしている．

以上のように，発生土をセメント改良して有効利用を図る際にも，配合段階においてCr（VI）溶出が環境基準以下であることを確認することにより，地盤環境への影響を適正に制御できると考えられる．一方，既設の発生土を用いた改良土からはCr（VI）の溶出の可能性を否定できないが，周辺地盤における移動性は低いことが明らかになっており，深刻な環境影響を引き起こすことはないと推定される．

b. セメント安定処理に伴うアルカリ溶出水の発生

水和反応により生成する水酸化カルシウムを原因とするアルカリ溶出水の発生は，セメントや石灰を用いた発生土の安定処理においては不可避の問題である．したがって従来から，①中性・低アルカリ型固化材の使用，②地盤によるアルカリ緩衝作用の利用，という観点からさまざまな対策が検討，実施されてきた．

①については，高分子系，石膏系，マグネシウム系などの中性，もしくは低アルカリ型の固化材を用いることにより，溶出水のpHを低下させる

表 9.1.3 土壌汚染対策法の指定基準

分類	特定有害物質の種類	地下水基準 (mg/l)	指定基準 土壌溶出量基準 (mg/l)	指定基準 土壌含有量基準 (mg/kg)	第2溶出量基準 溶出基準 (mg/l)
第1種特定有害物質（揮発性有機化合物）	四塩化炭素	0.002 以下	0.002 以下	—	0.02 以下
	1,2-ジクロロエタン	0.004 以下	0.004 以下	—	0.04 以下
	1,1-ジクロロエチレン	0.02 以下	0.02 以下	—	0.2 以下
	シス-1,2-ジクロロエチレン	0.04 以下	0.04 以下	—	0.4 以下
	1,3-ジクロロプロペン	0.002 以下	0.002 以下	—	0.02 以下
	ジクロロメタン	0.02 以下	0.02 以下	—	0.2 以下
	トリクロロエチレン	0.03 以下	0.03 以下	—	0.3 以下
	1,1,1-トリクロロエタン	1 以下	1 以下	—	3 以下
	1,1,2-トリクロロエタン	0.006 以下	0.006 以下	—	0.06 以下
	テトラクロロエチレン	0.01 以下	0.01 以下	—	0.1 以下
	ベンゼン	0.01 以下	0.01 以下	—	0.1 以下
第2種特定有害物質（重金属など）	カドミウム及びその化合物	0.01 以下	0.01 以下	150 以下	0.3 以下
	六価クロム化合物	0.05 以下	0.05 以下	250 以下	1.5 以下
	シアン化合物	不検出	不検出	遊離シアン：50 以下	1 以下
	水銀及びその化合物	水銀：0.0005 以下／アルキル水銀：不検出	水銀：0.0005 以下／アルキル水銀：不検出	水銀：15 以下	水銀：0.005 以下／アルキル水銀：不検出
	セレン及びその化合物	0.01 以下	0.01 以下	150 以下	0.3 以下
	鉛及びその化合物	0.01 以下	0.01 以下	150 以下	0.3 以下
	ヒ素及びその化合物	0.01 以下	0.01 以下	150 以下	0.3 以下
	フッ素及びその化合物	0.8 以下	0.8 以下	4000 以下	24 以下
	ホウ素及びその化合物	1 以下	1 以下	4000 以下	30 以下
第3種特定有害物質（農薬・PCB）	ポリ塩化ビフェニル(PCB)	不検出	不検出	—	0.003 以下
	チウラム	0.006 以下	0.006 以下	—	0.06 以下
	シマジン	0.003 以下	0.003 以下	—	0.03 以下
	チオベンカルブ	0.02 以下	0.02 以下	—	0.2 以下
	有機リン化合物	不検出	不検出	—	1 以下

注1 地下水基準：汚染範囲の確定のための調査の判定基準および地下水汚染の判定基準
注2 指定基準：都道府県知事等が「指定区域」として指定する際の基準
　　土壌溶出量基準：地下水経由の観点からの指定基準であり，現在の土壌環境基準と同じ数値．
　　土壌含有量基準：直接摂取の観点からの指定基準であり，第2種特定有害物質に限り定められている．
注3 第2溶出量基準：汚染の除去等の措置に係る基準，土壌溶出量基準の10〜30倍に相当する．

ものである[11]. ただし, セメント, 石灰と比較して強度などの改善効果は一般的に劣る.

②については, 土のアルカリ中和能力が比較的高いことから, アルカリの地盤中での浸透距離は10～20 cm程度であることが報告されている[12]. さらに, 積極的に土のアルカリ中和作用を利用する方法として, 嘉門らはアルカリ中和能力の高い土を緩衝層として利用し, 溶出したアルカリを中和させることと, 安定処理層の透水性を低下させてアルカリ溶出水の発生量自体を低減させることの利点を示し, その簡便設計法を提案している[13].

これらのことから, 発生土の改良に伴うアルカリ溶出水の対策はほぼ確立しており, 適正な対策をとりさえすれば地盤環境への影響は制御できると考えられる.

c. 高分子系地盤改良材の使用と地盤環境影響

近年では高分子系の吸水材, 凝集材といった含水比の低下を目的とした土質改良材が開発されている. しかしながら, 有機系高分子凝集材からの環境ホルモン物質の溶出は従来から指摘されており[14], その実態の解明が必要であるから, 各種研究機関において毒性評価や環境リスク評価が活発に行われている.

発生土の改良にこのような有機系高分子材料が用いられる場合には, 内分泌攪乱作用の有無についても事前に評価しておくことが今後は求められる.

d. 土壌汚染対策法と発生土の環境影響

元来土壌環境基準は, 汚染地下水を摂取した場合の健康影響を考慮した基準であったが, 汚染物質の曝露経路は地下水の摂取だけではなく, 汚染土の直接摂取や揮発分や粉じんの吸引といった経路もある. また, 化学物質の物理化学特性によって環境中における動態も異なる. したがって, 近年ではリスク管理の考え方にもとづいた土壌汚染対策の考え方が積極的に導入されている.

平成12年に施行されたダイオキシン類対策特別措置法において, ダイオキシン類が環境媒体間を移動し, さまざまな経路から曝露されるという特性が考慮され, 大気, 水, 土壌, 底質を一体で管理するとともに, 人の健康を保護する観点からダイオキシン類のTDI(耐容一日摂取量)にもとづいて, 各媒体中の環境基準が決定されている[15]. さらに, 地盤中においては, ダイオキシン類は微粒子分へ吸着されやすく, 移動・拡散性が低いことから, ダイオキシン類の分解, 汚染土の除去以外に, 覆土や遮水壁などによる汚染拡大防止措置が現場における経済的なリスク低減措置として有用である.

平成15年に施行された土壌汚染対策法では, 相対的に健康リスクが大きいと考えられる土壌の直接接触と地下水などの摂取によるリスクを対象として, 表9.1.3に示す基準値が指定区域内で適用される. 地下水などの摂取によるリスクは, 土壌環境基準値がそのまま採用されているが, 直接接触によるリスクについては, 土壌環境基準項目のうち, 表層土壌に長期間にわたって残留する可能性が低い第1種特定有害物質(揮発性有機化合物), 第3種特定有害物質(農薬類)については除外され, 第2種特定有害物質(重金属など)についてのみ土壌含有量基準が設定されている. なお, ここでの土壌含有量は全含有量ではなく, 人の消化器官での曝露を想定した難溶性化合物を除く化合物の含有量であり, 1N塩酸で抽出される量として定義されている(ただし, Cr(VI)については水抽出法, シアンについては蒸留法での抽出量). さらに, 土壌汚染対策法においては, 汚染土, もしくは汚染物質の除去以外のリスク低減措置を対策として認めているところにも特徴がある. 上記の直接接触によるリスクと地下水など摂取によるリスクのそれぞれに対するリスク低減措置として, 複数の対策代替案が示されている.

e. 溶出試験と環境影響評価の相関

発生土の有効利用にあたっては, 前述したように環境庁告示46号にもとづいた溶出試験を実施し, 土壌環境基準を参照することによって環境安全性が判定される. しかしながら, この溶出試験は, 一定条件下での材料からの溶出挙動を評価する試験であり, 実環境中における溶出挙動を示すものではないことに留意する必要がある. 発生土やその改良土といった土材料からの化学物質の溶

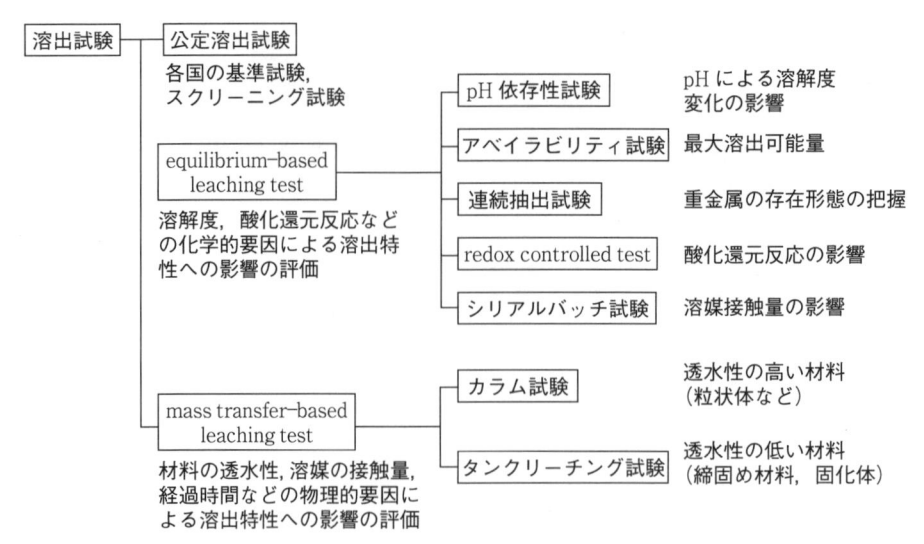

```
溶出試験 ─┬─ 公定溶出試験
         │   各国の基準試験,
         │   スクリーニング試験
         │
         ├─ equilibrium-based ─┬─ pH依存性試験 ──── pHによる溶解度
         │   leaching test     │                    変化の影響
         │   溶解度,酸化還元反応など ├─ アベイラビリティ試験 ── 最大溶出可能量
         │   の化学的要因による溶出特 ├─ 連続抽出試験 ──── 重金属の存在形態の把握
         │   性への影響の評価       ├─ redox controlled test ─ 酸化還元反応の影響
         │                         └─ シリアルバッチ試験 ── 溶媒接触量の影響
         │
         └─ mass transfer-based ─┬─ カラム試験 ──── 透水性の高い材料
             leaching test       │                  (粒状体など)
             材料の透水性,溶媒の接触量, └─ タンクリーチング試験 ─ 透水性の低い材料
             経過時間などの物理的要因に                        (締固め材料,固化体)
             よる溶出特性への影響の評価
```

図 9.1.7 溶出試験方法の分類とその目的

出特性は,材料の間隙比,比表面積(粒径),溶媒(水)の接触量といった物理的要因と有害物質の存在形態,溶解度といった化学的要因に支配される.したがって,実際の溶出挙動を推定する場合は,材料の利用形態にもとづいて各種溶出試験による評価が必要となる.

溶出試験の試験条件を分類すると,①固体と溶媒の接触方法,②溶媒の化学特性の差にもとづく方法の二つに区分される.溶出試験方法の分類とその目的を図9.1.7に示す.

固体と溶媒の接触方法に着目すると,溶出試験は equilibrium - based leaching test と mass transfer-based leaching test に分類することができる.前者は,溶媒の交換を行わず,固液間で化学平衡が成立する条件下で実施する試験である.試験方法としては,破砕した試料と溶媒を混合するバッチ試験が採用され,さまざまな化学組成(pH,酸化還元電位)をもつ溶媒を接触させることにより,各種要因が重金属の溶出挙動に及ぼす影響を評価することを目的としている.後者については,成形体からの化学物質の時間的な溶出量(溶出速度)を計測するための試験であり,溶媒を連続的に交換する,もしくは連続的に接触させることにより,材料からの溶出量の時間変化を同定することを目的とする.試験方法として

は,材料の透水性によって二つに分類される.第1の方法は,材料の透水性が比較的高く,材料中を水が浸透する場合の溶出量を把握するためのカラム溶出試験であり,成形試料に通水させ,排出した水中に溶出した対象物質を定量するものである.第2の方法は,材料の透水性が低く,材料が水中に浸せきした状態での溶出量を把握するためのタンクリーチング試験であり,所定寸法の成形体の供試体を所定の溶媒に一定期間浸せきさせるもので,溶媒の種類や交換の時間間隔は試験方法によって異なる.

溶媒の化学特性に着目すると,とくに重金属の溶出量はおもにその存在形態と溶解度に依存することから,これらの要因と溶出量の関係がさまざまなバッチ溶出試験によって検討される.重金属の存在形態としては溶出しやすい形態から①交換態,②弱酸可溶態(炭酸塩),③易還元性可溶態(マンガン酸化物),④還元性可溶態(鉄酸化物),⑤硫化物・有機物態,⑥残渣,という画分が一般的に定義されており,対象金属によってそれぞれの画分を抽出する試験方法が示されている[16].酸化還元反応によっても,重金属の形態が硫化物などの難溶性塩に変化するケースや,逆に毒性の高い形態に変化するケースがあることから,酸化還元電位と溶出量の関係に着目した溶出試験も実

施されている[17]．一方，よく知られているように，重金属の溶解度はpHへの依存性が非常に強い．一般的には酸性側で溶解度が高く，アルカリ溶液中では水酸化物の沈殿を形成するため，溶解度は低い．しかし，鉛のような両性元素は高アルカリで錯イオンを形成して溶解しやすくなる．したがって，pH依存性のパターンは重金属の種類によって異なる．pHによる溶出量への影響を検証する方法としては，一般的にpH依存性試験が実施される．pH依存性試験とは，平衡時の溶液のpHが段階的に異なるように酸，もしくはアルカリ濃度を調整した溶媒を用いて複数のバッチ試験を実施し，pHと化学物質の溶出量の関連を把握するための試験である．また，pHによる溶解度の制限を受けない，最大溶出量を求める試験方法として，アベイラビリティー試験がオランダにおいて採用されている．この試験においては，材料を粒径125 μm以下に粉砕し，多量の溶媒（固体質量の50倍体積の溶媒）を用いて二段階抽出を行う．それぞれの抽出段階ではpH=7およびpH=4に維持し，中性条件および酸性条件下で溶解度の高い形態の重金属をすべて抽出することを意図している．ただし，酸緩衝容量の高いセメント改良土などの材料については，環境中でpHが大きく変化することは考えにくいことから，酸緩衝容量を考慮した重金属溶出のpH依存性を評価する手法として，酸中和容量試験（acid neutralization capacity test）が用いられることもある[18]．

環境影響の評価に関するそのほかの考え方として，生物学的影響を直接的に評価する手法があげられる．たとえば，汚染土を直接摂取した際のbioavailability（生物が利用可能な汚染物質量）を推定することを目的として，胃酸と同等の酸濃度で抽出を行い，胃酸分解によって吸収しうる有害物質の量を求める試験方法が提案されている．今後は，監視・制御すべき化学物質は増える傾向にあり，これら個々の化学物質すべての測定に要するコストの積み重ねを無視できないなどの問題点を受けて，バイオアッセイの考え方が取り入れられつつある．これは，魚，ミジンコ，藻類などの致死量を測定して，試料のもつ混合毒性を評価するものである[19]．生物への毒性を評価基準としていることから，一般市民にも理解されやすく，リスクコミュニケーションの手段に使えるという利点もある．

このように，溶出量は試験方法に大きく依存し，有害性の判定そのものに影響することから，個々の試験結果を総合した環境影響評価の考え方が検討されている[20]．また，溶出試験法の国際標準化がISO国際標準化機構のTC 190（地盤環境）や欧州標準化委員会CENのTC 292（廃棄物のキャラクタリゼーション）で議論されている．現時点では，上向き流によるカラム溶出試験，固液比2のバッチ試験，固液比10のバッチ試験，pH依存性試験などの溶出試験方法の標準化に関する議論に加えて，bioavailabilityに関するガイドライン規格の作成などの動きがあり，今後の作業状況に着目する必要がある．

このように，溶出試験を利用した環境影響評価の考え方は千差万別であるが，実際の発生土の利用条件を想定したうえで実施する試験を選定しないと，その環境影響を過大に評価し，再利用を後退させる結果になることもあるので注意が必要である．したがって，溶出試験を利用した環境影響評価に際しては，想定される利用条件と，環境条件を反映した溶出試験結果にもとづいて，実際の溶出挙動や適切な利用形態を明らかにすることが肝要であるといえる．

f． 発生土のより一層の有効利用に向けて

発生土の有効利用を一層推進するためには，高品質化による用途の拡大や，低品質土の改良と利用に際しての環境安全性の確保が重要である．そのためには，固化処理に伴う環境影響の抑制と管理および利用条件，環境条件を反映した溶出試験にもとづいて，実際の環境影響や適切な利用形態を明らかにしなければならない．

また，建設工事のサイトがたまたま地盤汚染されていたというような事態に遭遇した（遭遇型地盤汚染と称している）ときには，先に触れたように建設発生土の掘削運搬に際して適切な処理を行う必要があり，再利用の前に無害化を実施しなけ

ればならない．さらに，建設発生土などの再利用時の環境影響に加えて，一部ではあるが不適正に放置されている発生土についても地盤環境への影響が懸念されることから，その抑制のための技術的，法的手法を早急に整備する必要があるといえる．

発生土の環境影響について慎重な配慮をしたうえで，発生土の今後ますますの有効利用の進展を期待するものである． （嘉門雅史）

参考文献

1) 地盤工学会編：廃棄物と建設発生土の地盤工学的有効利用, 1998.
2) 先端建設技術センター：建設汚泥リサイクル指針, 大成出版社, 1999.
3) 土木研究センター：建設発生土利用技術マニュアル, 1994.
4) 嘉門雅史, 勝見 武：廃棄物学会誌, **12**(3), 140, 2001.
5) 勝見 武：材料, **49**(10), 1160, 2000.
6) 嘉門雅史：基礎工, **32**(8), 2, 2004.
7) 嘉門雅史, 勝見 武：廃棄物学会誌, **12**(3), 140, 2001.
8) 高橋 茂：セメント・コンクリート, No. 640, p. 20, 2000.
9) 恒岡伸幸：セメント改良土からの六価クロムの溶出とその周辺地盤での挙動に関する研究, 京都大学学位請求論文, 2004.
10) 細谷俊夫：材料, **51**(8), 933, 2002.
11) M. Kamon, M. Boutouil, J.-H. Jeoung and T. Inui : *Soils and Foundations*, **43**(2), 105, 2003.
12) M. Sakata : *Environmental Science and Technology*, **21**(8), 771, 1987.
13) M. Kamon, T. Katsumi and S. Oyama : Environmental impact and control of alkaline migration by cement stabilized soil, In Environmental Geotechnics (M. Kamon, ed.), p. 751, Balkema, Rotterdam, 1996.
14) たとえば，谷口暢子, 滝上英孝, 清水芳久, 松井三郎：環境技術, **27**, 2, 1998.
15) 中杉修身：廃棄物学会誌, **11**(3), 182, 2000.
16) 貴田晶子：廃棄物学会誌, **11**(6), 417, 2000.
17) M. Kamon, H. Zhang and T. Katsumi : *Soils and Foundations*, **42**(3), 115, 2002.
18) J. A. Stagemann and P. L. Cote : Appendix B : Test methods for solidified waste evaluation, Environment Canada Report "Investigation of test methods for solidified waste evaluation―A cooperative program", 1990.
19) 大迫政浩, 小野雄策, 谷川 昇, 山田正人：廃棄物学会誌, **11**, 396, 2000.
20) H. A. van der Sloot, L. Heasman and Ph. Quevauviller : Harmonization of Leaching/extraction Tests, Elsevier, 1997.

9.2 建設発生土などの有効利用・リサイクル

建設工事に伴い，副次的に大量の土砂が発生する．平成17年度の国土交通省の調査によれば，わが国の建設工事から搬出された建設発生土の総量は約2.0億m^{3}となっているが，そのうち，内陸部工事や海面事業で直接工事間利用されたものは約26％，再資源化施設を経由して利用されたものは約4％となっており，残りの約70％が内陸受入地へ搬入されている．一方，土砂の利用量は約1.3億m^{3}あり，工事間利用量約0.50億m^{3}を差し引いた約0.47億m^{3}が新材を購入して用いられている．新材の採取は山を切り崩して行われており，自然破壊と運搬のためのトラック走行による二酸化炭素の発生を増大させていると考えられる．このような状況のなか，大量に発生する建設発生土などを適切に有効利用・リサイクルを行うことは社会的に強く求められている課題である．

9.2.1 建設発生土などの定義

国土交通省および環境省において，建設工事から発生する土砂について，以下のように用語の定義を行っている[1],[2]．

発生土：建設工事に付随して発生する土すべてをいう．

建設発生土：発生土から産業廃棄物となる建設汚泥を除いたもの．

建設汚泥：廃棄物処理法に規定する建設工事から発生する泥状の産業廃棄物．以下に「建設工事等から生じる廃棄物の適正処理について」（平成13年6月1日付け環境省大臣官房・リサイクル対策部産業廃棄物課長通知環廃産第276号）別添の「建設廃棄物処理指針」の記述を示す．

「地下鉄工事等の建設工事に係る掘削工事に

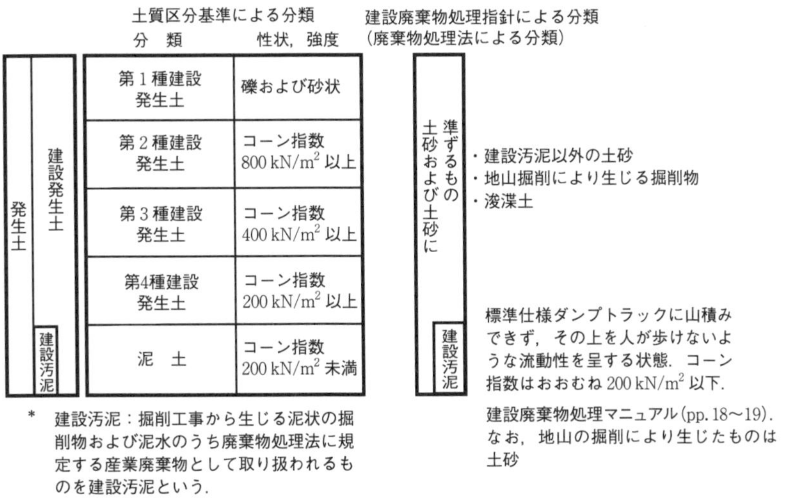

分類	土質区分基準による分類 性状,強度	建設廃棄物処理指針による分類 (廃棄物処理法による分類)
建設発生土 — 第1種建設発生土	礫および砂状	準ずるもの 土砂および土砂に: ・建設汚泥以外の土砂 ・地山掘削により生じる掘削物 ・浚渫土
第2種建設発生土	コーン指数 800 kN/m² 以上	
第3種建設発生土	コーン指数 400 kN/m² 以上	
第4種建設発生土	コーン指数 200 kN/m² 以上	
建設汚泥 泥土	コーン指数 200 kN/m² 未満	建設汚泥: 標準仕様ダンプトラックに山積みできず,その上を人が歩けないような流動性を呈する状態.コーン指数はおおむね200 kN/m² 以下. 建設廃棄物処理マニュアル(pp.18~19). なお,地山の掘削により生じたものは土砂

* 建設汚泥:掘削工事から生じる泥状の掘削物および泥水のうち廃棄物処理法に規定する産業廃棄物として取り扱われるものを建設汚泥という.

図 9.2.1 建設発生土および建設汚泥の関係(出典:建設発生土利用技術マニュアル(第3版)に加筆修正)[1]

伴って排出されるもののうち,含水率が高く粒子が微細な泥状のものは,無機性汚泥(以下「建設汚泥」という)として取り扱う.また,粒子が直径74ミクロンを超える粒子をおおむね95%以上含む掘削物にあっては,容易に水分を除去できるので,ずり分離等を行って泥状の状態ではなく流動性を呈さなくなったものであって,かつ,生活環境の保全上支障のないものは土砂として扱うことができる.

泥状の状態とは,標準仕様ダンプトラックに山積ができず,また,その上を人が歩けない状態をいい,この状態を土の強度を示す指標でいえば,コーン指数がおおむね200 kN/m² 以下又は一軸圧縮強度がおおむね50 kN/m² 以下である.

しかし,掘削物を標準仕様ダンプトラック等に積み込んだ時には泥状を呈していない掘削物であっても,運搬中の練り返しにより泥状を呈するものもあるので,これらの掘削物は「汚泥」として取り扱う必要がある.なお,地山の掘削により生じる掘削物は土砂であり,土砂は廃棄物処理法の対象外である.

この土砂か汚泥かの判断は,掘削工事に伴って排出される時点で行うものとする.掘削工事から排出されるとは,水を利用し,地山を掘削する工法においては,発生した掘削物を元の土砂と水に分離する工程までを,掘削工事としてとらえ,この一体となるシステムから排出される時点で判断することとなる.」[3]

また,浚渫土に関しては,同指針において

「土砂及びもっぱら土地造成の目的となる土砂に準ずるもの,港湾,河川等のしゅんせつに伴って生ずる土砂その他これに類するものは廃棄物処理法の対象となる廃棄物から除外されている.」[3]

として,泥状を呈していても産業廃棄物の建設汚泥に該当しないとなっている.

発生土,建設発生土および建設汚泥の関係を図9.2.1に示す[1].

なお,建設発生土は,その性状により,第1~第4種建設発生土および泥土に区分されている.

9.2.2 建設発生土などの土質区分および適用用途標準

国土交通省は,建設工事から発生する土砂の有効利用・リサイクルを推進するため,発生土の区分を行い,現場内あるいは工事間流用において,適切な利用方法を定めている.

a. 国土交通省令(旧建設省令)

「資源の有効な利用の促進に関する法律」(平成

表 9.2.1 国土交通省令による土質区分

種類	利用対象
第1種建設発生土（砂，礫及びこれらに準ずるものをいう）	工作物の埋戻し材料 土木構造物の裏込材 道路盛土材料 宅地造成用材料
第2種建設発生土（砂質土，礫質土及びこれらに準ずるものをいう）	道路構造物の裏込材 道路盛土材料 河川築堤材料 宅地造成用材料
第3種建設発生土（通常の施工性が確保される粘性土及びこれに準ずるものをいう）	道路構造物の裏込材 道路路体用盛土材料 河川築堤材料 宅地造成用材料 水面埋立て用材料
第4種建設発生土（粘性土及びこれに準ずるもの（第3種建設発生土を除く）をいう）	水面埋立て用材料

3年法律第48号）第10条の規定にもとづき，建設業に属する事業を行う者の再生資源の利用に関する判断の基準となるべき事項として，「建設業に属する事業を行う者の再生資源の利用に関する判断の基準となるべき事項を定める省令」（平成3年10月25日建設省令第19号）（最新改正：平成13年3月29日国土交通省令第59号）として，表9.2.1に示す建設発生土の種類と利用対象が定められている．

この判断基準においては，再生資源を建設資材として用いる工事を施工する場合，施工者は請負工事の内容，再生資源の利用に関する技術水準を踏まえるとともに，施工場所の状況，再資源化施設の立地状況などを勘案することとなっている．

また，施工者は，適切な施工方法の選択，資材置き場の確保，施工機械の選定に配慮して，再生資源が発生した現場での利用に務めることとなっている．

b. 発生土の土質区分，適用用途標準

平成16年3月に，建設省令の判断基準をより具体的に示し，かつそれらの土質区分に対応した利用用途を定めることにより，発生土の利用拡大を目的とした発生土の土質区分基準および適用用途標準を定める「発生土利用基準」が「建設発生土利用技術マニュアル改訂検討委員会」（委員長：嘉門雅史京都大学大学院教授）によりとりまとめられ，通達「発生土利用基準について」（国土交通省技調発　平成16年3月31日）（最新改正：平成18年8月10日）が発せられた．また，その通達を解説し，発生土の有効利用の促進を図ることを目的とした「建設発生土利用技術マニュアル（第3版）」（（独）土木研究所編）が出版されている．表9.2.2に土質区分基準，表9.2.3に適用用途標準を，また，表9.2.4に土質区分のための試験方法を示す[1]．

9.2.3　建設発生土などの利用のための考え方

建設工事から発生する建設発生土や建設汚泥を有効利用あるいはリサイクルするためには，①発生工事において利用する場合と，②工事間において流用する場合がある．また，そのどちらにおいても建設発生土などに手を加えず，そのままの状態で直接有効利用する場合と，さまざまな方法で土質を改良してリサイクルする場合がある．

① 発生工事において利用する場合は，工事の設計時にできる限り切土・盛土のバランスをとることによって，建設発生土などの発生を抑制することをまず考慮する．

　その際，切土から発生する土の土質性状と，盛土などの土を利用する用途に必要とされる土の品質を勘案し，必要な場合には土質改良を行い利用する．なお，同一工事であっても土の発生時期と利用時期が異なる場合があり，このような場合にはストックヤードが必要となる．発生現場内にストックヤードが確保できない場合には，場外にストックヤードを確保することも有効な場合がある．

② 工事間において流用する場合には，発生側と利用側において十分に情報交換を行い，発生時期，発生量，品質などの情報を交換する．この場合においても，発生時期と利用時期が一致しない場合があり，工事の発注時期などでの調整を行う必要がある．また，発注時期の調整が困難な場合には，発生側あるいは利用側で用地に余裕がある場合は，余裕のあるほうにストックヤードを設ける．どちらも余

9.2 建設発生土などの有効利用・リサイクル

表 9.2.2 土質区分基準

区 分 (国土交通省令)[*1]	細区分[*2~4]	コーン指数 q_c[*5](kN/m^2)	土質材料の工学的分類[*6,7] 大分類	土質材料の工学的分類[*6,7] 中分類 土質{記号}	備 考[*6] 含水比(地山)w_n(%)	備 考[*6] 掘削方法
第1種建設発生土 (砂, 礫及びこれらに準ずるもの)	第1種	—	礫質土	礫{G}, 砂礫{GS}	—	*排水に考慮するが, 降水, 浸出地下水などにより含水比が増加すると予測される場合は, 1ランク下の区分とする. *水中掘削等による場合は, 2ランク下の区分とする.
第1種建設発生土 (砂, 礫及びこれらに準ずるもの)	第1種	—	砂質土	砂{S}, 礫質砂{SG}	—	
第1種建設発生土 (砂, 礫及びこれらに準ずるもの)	第1種改良土[*8]	—	人工材料	改良土{I}	—	
第2種建設発生土 (砂質土, 礫質土及びこれらに準ずるもの)	第2a種	800以上	礫質土	細粒分まじり礫{GF}	—	
第2種建設発生土 (砂質土, 礫質土及びこれらに準ずるもの)	第2b種	800以上	砂質	細粒分まじり砂{SF}	—	
第2種建設発生土 (砂質土, 礫質土及びこれらに準ずるもの)	第2種改良土	800以上	人工材料	改良土{I}	—	
第3種建設発生土 (通常の施工性が確保される粘性土及びこれに準ずるもの)	第3a種	400以上	砂質土	細粒分まじり砂{SF}	—	
第3種建設発生土 (通常の施工性が確保される粘性土及びこれに準ずるもの)	第3b種	400以上	粘性土	シルト{M}, 粘土{C}	40%程度以下	
第3種建設発生土 (通常の施工性が確保される粘性土及びこれに準ずるもの)	第3b種	400以上	火山灰質粘性土	火山灰質粘性土{V}	—	
第3種建設発生土 (通常の施工性が確保される粘性土及びこれに準ずるもの)	第3種改良土	400以上	人工材料	改良土{I}	—	
第4種建設発生土 (粘性土及びこれに準ずるもの) (第3種発生土を除く)	第4a種	200以上	砂質土	細粒分まじり砂{SF}	—	
第4種建設発生土 (粘性土及びこれに準ずるもの) (第3種発生土を除く)	第4b種	200以上	粘性土	シルト{M}, 粘土{C}	40~80%程度	
第4種建設発生土 (粘性土及びこれに準ずるもの) (第3種発生土を除く)	第4b種	200以上	火山灰質粘性土	火山灰質粘性土{V}	—	
第4種建設発生土 (粘性土及びこれに準ずるもの) (第3種発生土を除く)	第4b種	200以上	有機質土	有機質土{O}	40~80%程度	
第4種建設発生土 (粘性土及びこれに準ずるもの) (第3種発生土を除く)	第4種改良土	200以上	人工材料	改良土{I}	—	
泥土[*1,9]	泥土a	200未満	砂質土	細粒分まじり砂{SF}	—	
泥土[*1,9]	泥土b	200未満	粘性土	シルト{M}, 粘土{C}	80%程度以上	
泥土[*1,9]	泥土b	200未満	火山灰質粘性土	火山灰質粘性土{V}	—	
泥土[*1,9]	泥土b	200未満	有機質土	有機質土{O}	80%程度以上	
泥土[*1,9]	泥土c	200未満	高有機質土	高有機質土{Pt}	—	

[*1] 国土交通省令(建設業に属する事業を行う者の再生資源の利用に関する判断の基準となるべき事項を定める省令, 平成13年3月29日, 国交令59, 建設業に属する事業を行う者の指定副産物に係る再生資源の利用の促進に関する判断の基準となるべき事項を定める省令, 平成13年3月29日, 国交令60) においては区分として第1種~第4種建設発生土が規定されている.

[*2] この土質区分基準は工学的判断に基づく基準であり, 発生土が産業廃棄物であるか否かを決めるものではない.

[*3] 表中の第1種~第4種改良土は, 土(泥土を含む)にセメントや石灰を混合し化学的安定処理したものである. 例えば第3種改良土は, 第4種発生土または泥土を安定処理し, コーン指数400 kN/m² 以上の性状に改良したものである.

[*4] 含水比低下, 粒度調整などの物理的な処理や高分子系や無機材料による水分の土中への固定を主目的とした改良材による土質改良を行った場合は, 改良土に分類されないため, 処理後の性状に応じて改良土以外の細区分に分類する.

[*5] 所定の方法でモールドに締め固めた試料に対し, コーンペネトロメーターで測定したコーン指数(表9.2.2参照).

[*6] 計画段階(掘削前)において土質区分を行う必要があり, コーン指数を求めるために必要な試料を得られない場合には, 土質材料の工学的分類体系((社)地盤工学会)と備考欄の含水比(地山), 掘削方法から概略の区分を選定し, 掘削後所定の方法でコーン指数を測定して区分を決定する.

[*7] 土質材料の工学的分類体系における最大粒径は75 mmと定められているが, それ以上の粒径を含むものについても本基準を参照して区分し, 適切に利用する.

[*8] 砂および礫と同等の品質が確保できているもの.

[*9] ・港湾, 河川等のしゅんせつに伴って生ずる土砂その他これに類するものは廃棄物処理法の対象となる廃棄物ではない. (廃棄物の処理及び清掃に関する法律の施行について, 昭和46年10月16日, 環整43 厚生省通知)
・地山の掘削により生じる掘削物は土砂であり, 土砂は廃棄物処理法の対象外である. (建設工事等から生ずる廃棄物の適正処理について平成13年6月1日環廃産276環境省通知)
・建設汚泥に該当するものについては, 廃棄物処理法に定められた手続きにより利用が可能となり, その場合「建設汚泥処理土利用技術基準」(国官技第50号, 国官総第137号, 国営計第41号, 平成18年6月12日)を適用するものとする.

表 9.2.3 適用

区分		工作物の埋戻し		建築物の埋戻し*1		土木構造物の裏込め		道路用盛土 路床		道路用盛土 路体	
適用用途		評価	留意事項	評価	留意事項	評価	留意事項	評価	留意事項	評価	留意事項
第1種建設発生土（砂，礫及びこれらに準ずるもの）	第1種	◎	最大粒径注意 粒度分布注意	◎	最大粒径注意 粒度分布注意	◎	最大粒径注意 粒度分布注意	◎	最大粒径注意 粒度分布注意	◎	最大粒径注意 粒度分布注意
	第1種改良土	◎	最大粒径注意	◎	最大粒径注意	◎	最大粒径注意	◎	最大粒径注意	◎	最大粒径注意
第2種建設発生土（砂質土，礫質土及びこれらに準ずるもの）	第2a種	◎	最大粒径注意 細粒分含有率注意	◎	最大粒径注意	◎	最大粒径注意 細粒分含有率注意	◎	最大粒径注意	◎	最大粒径注意
	第2b種	◎	細粒分含有率注意	◎		◎	細粒分含有率注意	◎		◎	
	第2種改良土	◎		◎	表層利用注意	◎		◎		◎	
第3種建設発生土（通常の施工性が確保される粘性土及びこれに準ずるもの）	第3a種	○		◎	施工機械の選定注意	○		○		◎	施工機械の選定注意
	第3b種	○		◎	施工機械の選定注意	○		○		◎	施工機械の選定注意
	第3種改良土	○		◎	表層利用注意 施工機械の選定注意	○		○		◎	施工機械の選定注意
第4種建設発生土（粘性土及びこれに準ずるもの）	第4a種	○		○		○		○		○	
	第4b種	△		○		△		△		○	
	第4種改良土	△		○		△		△		○	
泥土	泥土a	△		○		△		△		○	
	泥土b	△		△		△		△		△	
	泥土c	×		×		×		×		△	

［評価］
　◎：そのままで使用が可能なもの．留意事項に使用時の注意を示した．
　○：適切な土質改良（含水比低下，粒度調整，機能付加・補強，安定処理等）を行えば使用可能なもの．
　△：評価が○のものと比較して，土質改良にコスト及び時間がより必要なもの．
　×：良質土との混合などを行わない限り土質改良を行っても使用が不適なもの．
　　土質改良の定義
　　　含水比低下：水切り，天日乾燥，水位低下掘削等を用いて，含水比の低下を図ることにより利用可能となるもの．
　　　粒度調整：利用場所や目的によっては細粒分あるいは粗粒分の付加やふるい選別を行うことで利用可能となるもの．
　　　機能付加・補強：固化材，水や軽量材等を混合することにより発生土に流動性，軽量性などの付加価値をつけることや，補強材等によ
　　　安定処理等：セメントや石灰による化学的安定処理と高分子系や無機材料による水分の土中への固定を主目的とした改良材による土質

【留意事項】
　最大粒径注意：利用用途先の材料の最大粒径，または1層の仕上り厚さが規定されているもの．
　細粒分含有率注意：利用用途先の材料の細粒分含有率の範囲が規定されているもの．
　礫混入率注意：利用用途先の材料の礫混入率が規定されているもの．
　粒度分布注意：液状化や土粒子の流出などの点で問題があり，利用場所や目的によっては粒度分布に注意を要するもの．
　透水性注意：透水性が高く，難透水性が要求される部位への利用は適さないもの．
　表層利用注意：表面への露出により植生や築造等に影響を及ぼすおそれのあるもの．
　施工機械の選定注意：過転圧などの点で問題があり，締固め等の施工機械の接地圧に注意を要するもの．
　淡水域利用注意：淡水域に利用する場合，水域のpHが上昇する可能性があり，注意を要するもの．

【備考】
　本表に例示のない適用用途に発生土を使用する場合は，本表に例示された適用用途の中で類似するものを準用する．
　*1 建築物の埋戻し：一定の強度が必要な埋戻しの場合は，工作物の埋戻しを準用する．
　*2 水面埋立て：水面上へ土砂等が出た後については，利用目的別の留意点（地盤改良，締固め等）を別途考慮するものとする．

9.2 建設発生土などの有効利用・リサイクル

用途標準

河川築堤				土地造成				鉄道盛土		空港盛土		水面埋立[*2]	
高規格堤防		一般堤防		宅地造成		公園・緑地造成							
評価	留意事項	評価	留意事項	評価	留意事項	評価	留意事項	評価	留意事項	評価	留意事項	評価	留意事項
◎	最大粒径注意 礫混入率注意 透水性注意 表層利用注意	○		◎	最大粒径注意 礫混入率注意 表層利用注意	◎	表層利用注意	◎	最大粒径注意 粒度分布注意	◎	最大粒径注意 粒度分布注意	◎	粒度分布注意 淡水域利用注意
◎	最大粒径注意 礫混入率注意 透水性注意 表層利用注意	○		◎	最大粒径注意 礫混入率注意 表層利用注意	◎	表層利用注意	◎	最大粒径注意	◎	最大粒径注意	◎	淡水域利用注意
◎	最大粒径注意 礫混入率注意 粒度分布注意 透水性注意 表層利用注意	◎	最大粒径注意 透水性注意	◎	最大粒径注意 礫混入率注意 表層利用注意	◎	表層利用注意	◎	最大粒径注意	◎	最大粒径注意	◎	
◎	粒度分布注意	◎	粒度分布注意	◎		◎		◎		◎		◎	粒度分布注意
◎	表層利用注意	◎	表層利用注意	◎	表層利用注意	◎	表層利用注意	◎		◎		◎	淡水域利用注意
◎	粒度分布注意 施工機械の選定注意	◎	粒度分布注意 施工機械の選定注意	◎	施工機械の選定注意	◎	施工機械の選定注意	◎		◎	施工機械の選定注意	◎	粒度分布注意
◎	粒度分布注意 施工機械の選定注意	◎	粒度分布注意 施工機械の選定注意	◎	施工機械の選定注意	◎	施工機械の選定注意	◎		◎	施工機械の選定注意	◎	
◎	表層利用注意 施工機械の選定注意	◎	表層利用注意 施工機械の選定注意	◎	表層利用注意 施工機械の選定注意	◎	表層利用注意 施工機械の選定注意	◎		◎	施工機械の選定注意	◎	淡水域利用注意
○		○		○		○		○		○		◎	粒度分布注意
○		○		○		○		△		○		◎	
○		○		○		○		△		○		◎	淡水域利用注意
○		○		○		○		△		○		○	
△		△		△		△		△		△		○	
×		×		×		△		×		×		△	

る発生土の補強を行うことにより利用可能となるもの.
改良を行うことにより利用可能となるもの.

表9.2.4 土質区分のためのコーン指数の測定方法

供試体の作製	試料	4.75 mm ふるいを通過したもの．ただし，改良土の場合は9.5 mm ふるいを通過させたものとする．
	モールド	内径100±0.4 mm, 容量1000±12 cm³
	ランマー	質量2.5±0.01 kg
	突固め	3層に分けて突き固める．各層ごとに30±0.15 cmの高さから25回突き固める．
測定	コーンペネトロメーター	底面の断面積3.24 cm², 先端角度30度のもの．
	貫入速度	1 cm/s
	方法	モールドをつけたまま，鉛直にコーンの先端を供試体上端部から5 cm, 7.5 cm, 10 cm貫入したときの貫入抵抗力を求める．
計算	貫入抵抗力	貫入量5 cm, 7.5 cm, 10 cmに対する貫入抵抗力を平均して，平均貫入抵抗力を求める．
	コーン指数(q_c)	平均貫入抵抗力をコーン先端の底面積3.24 cm²で除する．

* 「締固めた土のコーン指数試験方法（JIS A 1228）」（地盤工学会編：土質試験の方法と解説（第1回改訂版），pp. 266-268，をもとに作成）．
注：ただし，ランマーによる突固めが困難な場合は，泥土と判断する．

裕のない場合には，中間点などにストックヤードが確保できるか検討する必要がある．

ストックヤードにおいては，利用側の要求品質に応じて天日乾燥や良質土混合などの土質改良を行う場合もある．

建設発生土などを利用する場合における検討手順を図9.2.2に示す[1]．

9.2.4 建設発生土などの有効利用

平成15年9月に「建設発生土等の有効利用に関する検討会（座長：嘉門雅史京都大学教授）」の報告書がとりまとめられ，これを受けて国土交通省は，平成15年10月3日に公共工事を対象とした「建設発生土等の有効利用に関する行動計画」（以下行動計画）を策定し，関係機関に通知した．このなかで，建設発生土などの有効利用に関する現状と課題および基本的な考え方を示し，そのうえで，国土交通省としての具体的な施策と目標値が示された．目標値は利用土砂の建設発生土利用率を平成17年度までに80％に向上させる．そのための具体的な施策として，①公共工事土量調査の実施，②建設発生土などの指定処分の徹底，③建設発生土などの工事間利用の促進，④建設発生土の広域利用の促進，⑤建設発生土の場外搬出量の削減，⑥法的対応の検討，⑦汚染土壌への対応マニュアルの策定，⑧廃棄物まじり土への対応マニュアルなどの検討の8項目が掲げられた．

a. 情報交換システムの利用

建設発生土などの工事間における有効利用を図るためには，工事間における情報交換が必要不可欠である．公共工事については，行動計画において平成16年度以降に発注されるものを対象に，公共工事土量調査および建設発生土の工事間利用調整が行われることとなった．

これにおいて公共工事の発注者は，予定調査のとりまとめ結果，または建設発生土情報交換システムなどを活用して発生土の利用先の情報を収集することが求められている．

なお，公共工事土量調査と建設発生土の工事間利用調整は，以下の①～③で行うこととされている．

① 公共工事発注者は，建設発生土の搬出入の状況を工事発注前から「予定調査」により把握する．なお，予定調査の対象は，工事間利用調整を行う年度以降に発注予定の工事であって，原則として1000 m³以上の土砂の搬出または500 m³以上の土砂の搬入を行うものである．

② 各地方建設副産物対策連絡協議会などで実施する建設発生土利用調整作業のための基礎資料を作成し，建設発生土の工事間利用を行う．

③ 建設発生土の工事間利用調整などの結果を実績調査によって確認する．

なお，（財）日本建設情報センター（JACIC）において「建設発生土情報交換システム」を運用している．このシステムは建設残土が発生，また

9.2 建設発生土などの有効利用・リサイクル

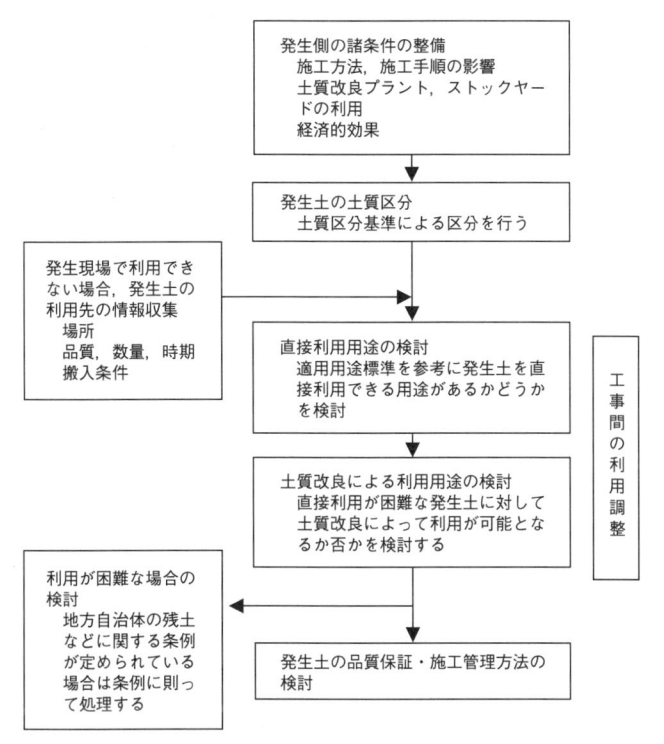

図9.2.2 検討手順[1]

埋土など土砂を利用する建設工事を対象に，設計，積算，発注，施工から完了の事業の各段階において建設発生土の工事間利用に関する情報を，インターネットを利用して工事担当者に提供するものである．

（JACICホームページ（http://www.jacic.or.jp/）参照）．

情報交換において，留意すべきおもな利用先情報としてつぎの項目がある．

① 利用工事の場所
② 要求される土質区分別の数量および必要時期
③ 搬入方法および搬入時の制約

b．留意事項

建設発生土などを利用するにあたって留意する必要のある事項を以下に示す．

（ⅰ）汚染土壌 土壌汚染対策法に示された特定有害物質やダイオキシン類または油類などに汚染された土壌は，土壌からこれらの汚染物質を除去しない限り，一般の発生土と同様には取り扱うことができない．

過去に有害物質を扱った工場や研究施設などでは，土壌が有害物などによって汚染されている可能性があり，土壌汚染対策法では，有害物質使用特定施設の使用の廃止時（法第3条）あるいは土壌汚染により健康被害の生ずる恐れがあると，都道府県知事等が認める土地（法第4条）においては土壌汚染対策法に基づく調査が義務づけられている．

土壌汚染対策法の適用を受ける場合には，法の基準に沿った調査を行う必要がある．調査によって汚染土壌が確認された場合には，法に示された措置を施す必要がある．土壌汚染対策法による特定有害物質と基準値は，先の表9.1.3に示した．

また，土壌汚染対策法が適用されない土地において，土壌環境基準を超過する土砂に遭遇したり，山岳トンネルなどで，自然的原因により土壌環境基準を超えた土砂が確認された場合には，「建設工事で遭遇する地盤汚染対応マニュアル［暫定版］」（平成16年5月20日，（独）土木研究

9. 建設発生土と廃棄物

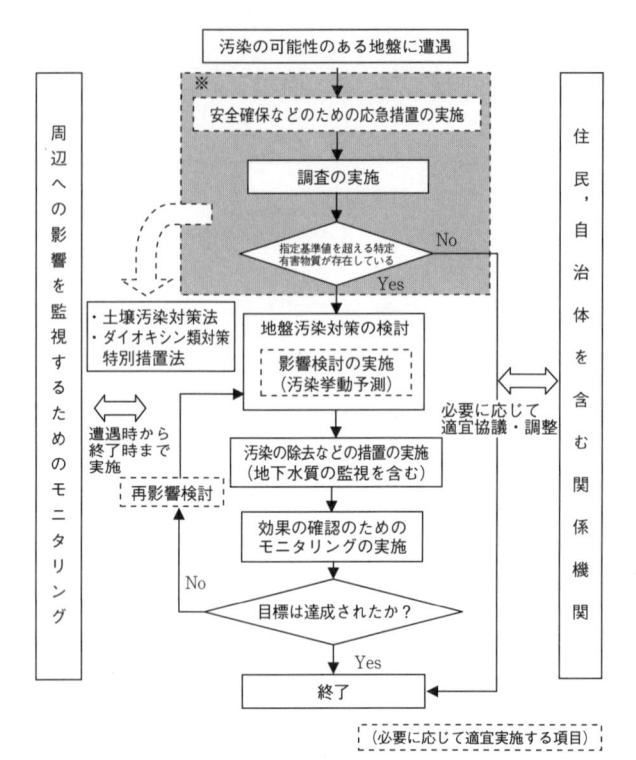

図 9.2.3 地盤汚染遭遇から地盤汚染対策終了までの手順[3]

表 9.2.5 指定区域から搬出する場合の汚染土壌の処分方法

		第1種特定有害物質 (揮発性有機化合物)		第2種特定有害物質 (重金属など)				第3種特定有害物質 (農薬など)	
		第2溶出量 基準 不適合	第2溶出量 基準適合 土壌溶出量 基準不適合	第2溶出量 基準 不適合	第2溶出量 基準適合 土壌溶出量 基準不適合	土壌溶出量 基準適合 土壌含有量 基準不適合	第2溶出量 基準適合 海洋汚染防 止法判定基 準不適合[*4]	第2溶出量 基準 不適合	第2溶出量 基準適合 土壌溶出量 基準不適合
処分場[*1]	遮断型	×	×	○	○	○	○	×	×
	管理型(一廃・産廃)	×	○	×	○	○	○[*5]	×	○
	安定型[注3]	×	×	×	×	○	×	×	×
埋立て場所[*2]	遮断型	×	○	○	○	○	○	×	○
	管理型処分場相当[*3]	×	○	×	○	○	×	×	○
	安定型[*3]	×	×	×	×	○	×	×	×
汚染土壌浄化施設での処理		都道府県知事等が認めたもの							
セメントなどの原材料として利用		都道府県知事等が認めたセメント製造施設など							

[*1] 「処分場」は廃棄物処理法の最終処分場を指す.
[*2] 「埋立て場所」は海洋汚染防止法の埋立て場所などを指す.
[*3] 「安定型」「管理型処分場相当」は処分場・埋立て場所の所在地・区域を管轄する都道府県知事等が認めたものに限る.
[*4] 「海洋汚染防止法判定基準」は海洋汚染防止法施行令第5条第1項に規定する埋立て場所などに排出しようとする金属などを含む廃棄物に係る判定基準を定める省令.
[*5] 海洋汚染防止法の埋立場所を除く.
(出典:(社)日本土木工業会,(社)日本建設業団体連合会,(社)建築業協会,パンフレット「汚染土壌の取り扱いについて」)

所編)を参考とすることができる[3]．

なお，土壌汚染対策法の指定区域から工事に伴って建設発生土を搬出する場合には，「搬出する汚染土壌の処分方法」(平成15年環境省告示第20号)により表9.2.5に示すいずれかの方法によることとされている．また，その搬出にあたっては，「汚染土壌管理表」を交付または作成することが「搬出する汚染土壌の確認方法」(平成15年3月環境省告示第21号)に示されている．さらに，土壌汚染対策法対象外の土地から搬出される汚染土壌についても「指定区域以外の土地から搬出される汚染土壌の取扱指針」(平成15年2月14日環水土第24号)が示されている．

図9.2.3に建設工事において遭遇した地盤汚染の対策から終了までの手順を示す[3]．

なお，土壌汚染対策法に規定されない，油類やダイオキシン類などに汚染された土を「汚染土」として区別する場合もある．

(ⅱ) 廃棄物混じり土　建設発生土に廃棄物が混入すると，物理的に利用が困難となるだけでなく，法的にも全体が廃棄物として取り扱われ，その利用が困難となる場合がある．すなわち，建設発生土に木屑やガラなどの廃棄物が混入し，その分離が困難な場合にはその全体が廃棄物として取り扱われることになる．したがって，建設工事においては，廃棄物の混入を避け，混入した場合にはふるいによる選別などを行って，土砂と廃棄物を分別するように努める必要がある．

建設工事において，廃棄物が混入している地盤に遭遇した場合には，土砂と廃棄物を可能な限り分別し，分別した廃棄物は，廃棄物処理法にしたがって処理する必要がある．また，土砂に，どうしても分別しきれない廃棄物が混入することがあるので，施工業者は発注者および自治体の廃棄物担当部署と協議し，土砂か廃棄物かの判断を行う必要がある．また，廃棄物が混入していた場合，有害物質などでの汚染の可能性も考えられるので，土壌汚染にかかわる有害物質の有無の調査を行うことが望ましい．

なお，建設発生土に産業廃棄物であるアスファルトガラおよびコンクリートガラが混入した発生土に関しては，平成2年に総合的残土対策に関する報告書(総合的建設残土対策研究会)により，ガラの最大粒径30cmおよび混入率(重量比)30%以下であれば土質工学的には礫混じり土と同様に扱えると報告されているが，前述のようにその全体を廃棄物と判断される場合があるので注意を要する．

9.2.5　建設発生土などのリサイクル

a.　建設汚泥のリサイクル

(ⅰ) 建設汚泥の判断時点[2),4)]　建設工事から発生する発生土のうち産業廃棄物として取り扱われるもので，そのリサイクルにあたっては廃棄物の処理及び清掃に関する法律の適用を受けるので注意を要する．建設汚泥か土砂かの判断時点に関しては，「建設工事等から生ずる廃棄物の適正処理について」(平成13年6月1日付け　環境省大臣官房廃棄物・リサイクル対策部産業廃棄物課長通知　環廃産第276号)別添の「建設廃棄物処理指針」に一体となるシステムから排出される時点とされ，図9.2.4～9.2.6のように例示されている[2)]．

(ⅱ) 建設汚泥の利用方法　産業廃棄物である建設汚泥を利用する場合には，以下に記述するように「自ら利用」，「有償譲渡」，「再生利用認定制度」「再生利用指定制度」を活用する．

(1) 自ら利用　「建設廃棄物処理指針」には，自ら利用を以下のように定義している．

「自ら利用」とは，他人に有償譲渡できる性状のものを排出事業者(原則として元請業者)が自ら使用することをいい，他人に有償譲渡できないものを排出事業者が使用することは「自ら利用」に該当しない．

なお，有償譲渡できる性状のものとは，平成17年7月25日の環境省通知「建設汚泥処理物の廃棄物該当性の判断基準について」において，利用用途にてらして有価物に相当する品質を有するものをいい，必ずしも有償で譲渡できるものでなくても良いとされている．建設汚泥及びがれき類の自ら利用に当たっては，その利用用途に応じた適切な品質を有していることが

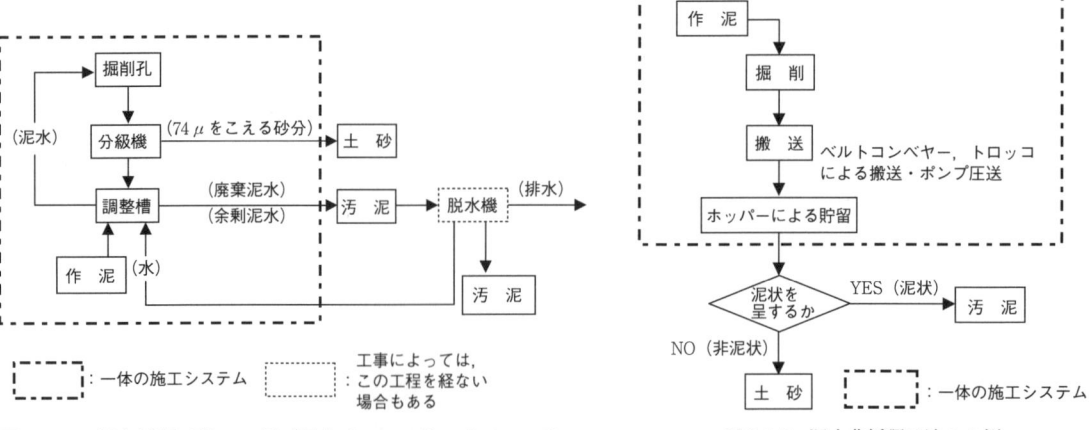

図 9.2.4 泥水循環工法の 1 例（泥水式シールド・リバースサーキュレーション工法など）

図 9.2.5 泥水非循環工法の 1 例（泥土圧シールド工法）

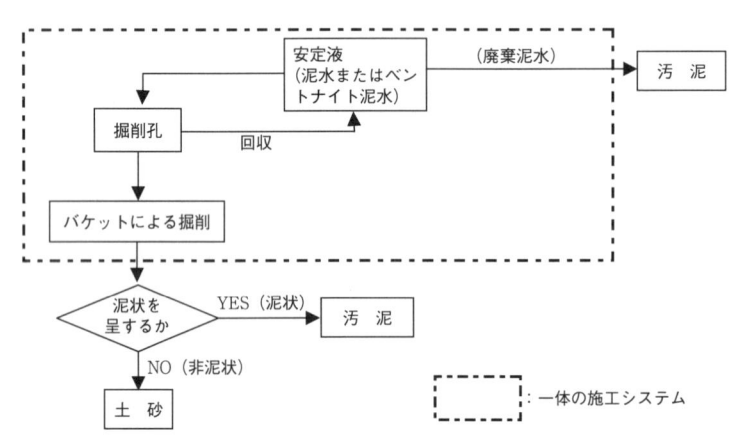

図 9.2.6 泥水非循環工法の 1 例（アースドリル工法など）

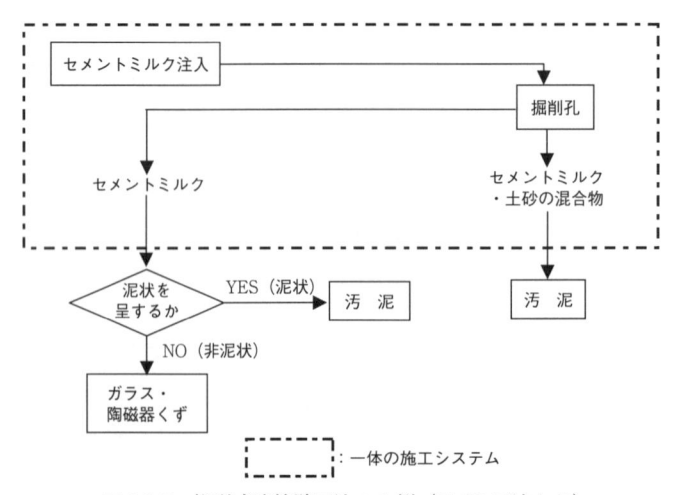

図 9.2.7 柱列式連続壁工法の 1 例（SMW 工法など）

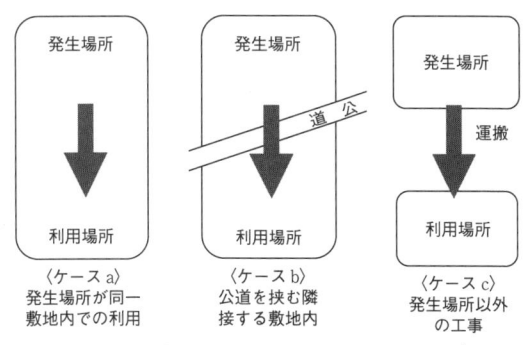

図 9.2.8 「自ら利用」おける三つのケース[4]

〈ケース a〉発生場所が同一敷地内での利用
〈ケース b〉公道を挟む隣接する敷地内
〈ケース c〉発生場所以外の工事

表 9.2.6 建設汚泥処理土の土質材料としての品質区分と品質基準値

区分 \ 基準値	コーン指数 q_c (kN/m²)	備考
第1種処理土	—	固結強度が高く礫, 砂状を呈するもの
第2種処理土	800 以上	
第3種処理土	400 以上	
第4種処理土	200 以上	

1) 所定の方法でモールドに締め固めた試料に対し, コーンペネトロメーターで測定したコーン指数.
2) スラリー化安定処理土の指標は, 7日後の一軸圧縮強さとする.

表 9.2.7 建設汚泥処理土の品質判定のための調査試験方法

判定指標	試験項目	試験方法	頻度
コーン指数	締固めた土のコーン指数試験	JIS A 1288 に準拠[注]	1日の処理量が200 m³ を超える場合, 200 m³ ごとに1回, 200 m³ 以下の場合, 1日に1回

注:試料は処理土をいったんときほぐし 9.5 mm ふるいを通過させたものとする.

必要である[2].

自ら利用する場所に関しては, 建設汚泥が発生する現場はもちろんのことであるが, 図 9.2.8 に示すように, 発注者の異なる同一元請施工者のほかの現場であっても利用することができる[4].

ただし, 建設汚泥を利用現場で脱水や固化などの処理を行う場合は, 運搬中は産業廃棄物であるので, 公道を横切ったり, 公道を通って運搬する場合には, 廃棄物処理法に則った手続きが必要となる.

なお, 国土交通省は「建設汚泥の再生利用に関するガイドライン」とともに「自ら利用」や「再生利用指定制度」における建設汚泥処理上の技術的基準として, 平成 18 年 8 月 12 日に通達「建設汚泥処理土利用技術基準」を発出している.

表 9.2.6, 9.2.7 に建設汚泥処理土の品質の判断基準として「建設汚泥処理土の土質材料としての品質区分と品質基準値」および「建設汚泥処理土の品質判定のための調査試験方法」を, 表 9.2.8 に建設汚泥処理土の品質に対応した利用用途の目安となる「建設汚泥処理土の適用用途標準」を示す.

「自ら利用」を行う場合は, 廃棄物処理法の適用を受けないことになるが, 自治体によっては独自の手続きを必要とする所や, 「自ら利用」を認めていない場合もあり注意を要する.

(2) 有償譲渡　建設汚泥にさまざまな処理を行い, 有価性をもたせたものとして取引きを行うことをいう.

処理を行わない場合には, 泥水循環工法における余剰泥水をほかの現場で再利用するために売却したり, 流動化処理工法の調整泥水として有償で譲渡する場合も考えられる.

工事間での有償譲渡としては, 利用側の要求品質に応じた適切な品質に改良し, 適正な価格で取引きを行う. なお, 売却代金のほかに高額の運搬費用などを設定し, 購入者が結果的に利益を得るような場合などは, 廃棄物の処理の委託として取り扱われるとされている.

(3) 再生利用認定制度(大臣認定制度)　再生利用認定制度とは, 一定の廃棄物の再生利用について, その内容が生活環境の保全上支障がないなどの一定の基準に適合していることについて環境大臣が認定する制度で, 認定を受けたものについては処理業および施設設置の許可を要しないものである.

建設汚泥に関しては, 河川法第 6 条第 2 項に規定される高規格堤防の築堤材として用いることができるとされている. このときの条件は, 高規格

表 9.2.8 建設汚泥処理土の適用用途標準

適用用途	工作物の埋戻し		建築物の埋戻し		土木構造物の裏込め		道路用盛体 路床		路体		河川築堤 高規格堤防		一般堤防		土地造成 宅地造成		公園・緑地造成		鉄道盛土		空港盛土		水面埋立て [2]	
区分	評価	留意事項	評価	留意事項	評価	留意事項	評価	留意事項	評価	留意事項	評価	留意事項	評価	留意事項	評価	留意事項	評価	留意事項	評価	留意事項	評価	留意事項	評価	留意事項
第1種処理土（焼成処理・高度安定処理） 処理土	◎	最大粒径注意	◎	最大粒径注意	◎	最大粒径注意	◎	最大粒径注意	◎		◎	最大粒径注意・礫混入率注意・透水性・表層利用注意	◎		◎	最大粒径注意・礫混入率注意・表層利用注意	◎	表層利用注意	◎	最大粒径注意	◎	最大粒径注意	◎	淡水域利用注意
第1種処理土 改良土	○	細粒分含有率注意	○		○	細粒分含有率注意	○		○		○	粒度分布注意	○	粒度分布注意	○		○		○		○		○	粒度分布注意
第2種処理土	○		◎	表層利用注意	◎		◎		◎		◎	表層利用注意	◎	表層利用注意	◎	表層利用注意	◎	表層利用注意	◎		◎		◎	淡水域利用注意
第3種処理土			◎	施工機械の選定注意	◎		◎	施工機械の選定注意	◎	施工機械の選定注意	◎	施工機械の選定注意・粒度分布注意	◎	施工機械の選定注意・粒度分布注意	◎	施工機械の選定注意	◎	施工機械の選定注意	◎		◎	施工機械の選定注意	◎	
第3種処理土 改良土			◎	施工機械の選定注意・表層利用注意	◎		◎	施工機械の選定注意	◎	施工機械の選定注意	◎	施工機械の選定注意・表層利用注意	◎	施工機械の選定注意・表層利用注意	◎	施工機械の選定注意・表層利用注意	◎	施工機械の選定注意	◎		◎	施工機械の選定注意	◎	淡水域利用注意
第4種処理土	△		△		△		△		○		○		○		○		○		△		○		◎	淡水域利用注意
第4種処理土 改良土	△		△		△		△		○		○		○		○		○		△		○		◎	淡水域利用注意

本表に例示のない適用用途に建設汚染処理土を使用する場合は、本表に示された適用用途の中から類似するものを準用する。

注 1. 建設物の埋戻し：一定の強度が必要な埋戻しの場合は、工作物の埋戻しを準用する。
2. 水面埋立て：水面上へ土砂等が出た後については、利用目的別の留意点（地盤改良、締固め等）を別途考慮するものとする。

処理土：建設汚泥を処理したもの。改良土：処理土に改良を行ったもの。
改良土：処理土と比較して、土質改良にコストおよび時間がかかり安定処理を行ったもの。

凡例【評価】
◎：そのまま使用が可能なもの。
○：適切な処理方法（含水比低下、粒度調整、機能付加・補助、安定処理等）を行えば使用可能なもの。
△：評価が○のものと比較して、細粒分含有率や混合含水や土粒子の流出などの点で問題があり、利用場所や目的によっては利用は適さないもの。
安定処理等：セメントや石灰による化学的安定処理や高分子系や無機材料による土中水分の固定を目的としたものとなるもの。

土質改良の定義
含水比低下：水切り、天日乾燥等を用いて、含水比の低下を図ることにより利用可能となるもの。または厚さが1層の仕上り厚さ規定されているもの。
細粒分含有率注意：利用用途先の材料の細粒分含有率の範囲の規定がされているもの。
礫混入率注意：利用用途先の材料の礫混入率の範囲の規定がされているもの。
粒度分布注意：液状化や土粒子の流出などの点で問題がある。利用場所や目的によっては粒度分布に注意を要するもの。または利用用途により粒度分布の範囲の規定があるもの。
透水性注意：透水性が要求される部位への利用は適さないもの。
表層利用注意：表面への露出などで植生や築造などに影響を及ぼす恐れのあるもの。
施工機械の選定注意：過転圧などの点で問題があるため、締固めなどの施工機械の接地圧に注意を要するもの。
淡水域利用注意：淡水域に利用する場合、水域の pH が上昇する可能性があり、注意を要するもの。

堤防の地表から 1.5 m 以深で，コーン指数が 400 kN/m² 以上または一軸圧縮強さが 100 kN/m² 以上となっている．さらに，土壌環境基準に示される重金属類を基準以上含まないこととされている．

ただし，溶出試験方法は「廃棄物に含まれる金属などの検定方法」（昭和 48 年環境庁告示第 13 号）となっているので注意を要する．

また，大臣認定制度でいう建設汚泥とは，つぎのように定義されている．

「シールド工法若しくは開削工法を用いた掘削工事，杭基礎工法，ケーソン基礎工法若しくは連続地中壁工法に伴う掘削工事又は地盤改良工法を用いた工事に伴って生じた無機性のものに限る．」

したがって，廃棄物処理法の「建設廃棄物処理指針」では，地山掘削によるものは土砂とされているが，大臣認定制度は地山掘削である開削工法でも，泥状を呈する場合は建設汚泥となるので注意を要する．

大臣認定制度で認定を受けるものは再生利用者といわれ，建設汚泥を高規格堤防の築堤材として用いるために脱水や固化処理などを行う者のことをいい，発生工事元請事業者，中間処理業者および利用工事元受事業者のいずれかがなりうるものである．

(4) 再生利用指定制度　再生利用指定制度とは，再生されることが確実である産業廃棄物のみの処理を業として行う者を都道府県知事等が指定し，産業廃棄物処理業の許可を不要にすることによって再生利用を容易に行えるようにするものである．再生利用指定制度には，個別指定と一般指定がある．

個別指定は，再生利用されることが確実であると知事が認めた産業廃棄物のみの処理を業として行う者を都道府県知事等が指定し，廃棄物処理業の許可を不要とするものである．指定を受けた者は「再生利用業者」といい「再生輸送業者」と「再生活用業者」がある．

(iii) 建設汚泥の改良方法[4]　建設汚泥をリサイクルするための処理方法としては，①乾燥処理，②脱水処理，③流動化処理，④安定処理，⑤焼成処理，⑥そのほか，がある．

(1) 乾燥処理　建設汚泥はもともとが土であり，これにおもに水を加えることにより泥状になったものである．したがって，何らかの手段で含水比を低下させれば，もとの土に戻るものがほとんどである．小規模な工事においては天日乾燥が行われることもあり，良質土を混合したりする方法などがある．広い処理地が確保できれば，できるだけ薄く敷均すことによって乾燥時間が早くなるが，天候に左右される．

なお，1 日の処理量が 100 m³ を超えると，廃棄物処理法の中間処理施設の施設設置許可が必要となる．

(2) 脱水処理　従来から泥水循環工法の余剰泥水の処理として 0.5～0.7 MPa の打込み圧力のフィルタープレスなどが多く使用されていた．この場合は，ほとんどの脱水処理土が第 4 種処理土程度にしか脱水できなかった．しかし，近年では高圧タイプの脱水機が開発され，脱水処理だけで第 2～3 種処理土程度にできる脱水機が実用化されており，高度脱水処理として区分している．

(3) 流動化処理　建設発生土に水を加えて流動化させた後，セメントを加えまだ固まらないうちにポンプなどを用いて埋戻し位置などに流し込み，その場で固化させる工法として開発された．建設汚泥は土に水が加わって流動化しているので，セメントを加えるだけで流動化処理土に利用できる場合がある．通常は，密度管理などが必要となるので，土に混合して調整用泥水として利用する．

また，流動化処理土の軽量化を図る目的で気泡を混合したものが，気泡混合処理土である．

(4) 安定処理　安定処理は，含水比の高い軟弱な土にセメントや石灰などの固化材を添加混合し，化学的に土の強度を増加させる処理をいう．固化材にはセメント，石灰のほかにこれらを母材としたセメント系固化材，石灰系固化材がある．

安定処理による改良土の強度は土の種類，含水比，固化材種類，固化材添加量などによって変化し，事前に配合試験を行って固化材種類，添加量などを決定する必要がある．おもに，建設汚泥に

用いられる安定処理工法には，原位置安定処理工法とプラント安定処理工法がある．原位置安定処理工法は，おもに浚渫土の改良を目的に開発されたもので，場所打ち杭などで汚泥発生量の少ない場合には，現場内にピットをつくり，バックホウに攪拌翼を取り付けたタイプのものをピット内などで固化材と攪拌混合するなどの方法がある．プラント安定処理工法は泥土をプラントまで運搬し，固化材を混練する方法であるが，回転する攪拌翼による混合方法と，泥土が移動するうちに静的攪拌翼により固化材が混練される方式に大別される．

泥土圧シールド工法などでは，連続改良を行うプラント方式が一般的に用いられる．

安定処理にさまざまな工夫を施し，より強度の高い固化物を製造して礫や砂の代替品とするような安定処理を高度安定処理という．高度安定処理には，固化材と添加剤を混練した後，高圧でプレスして強度を高める方法や，固化材を混合した泥水を高圧フィルタープレスで脱水した後，養生して固化物を製造する技術などがある．

なお，セメントおよびセメント系固化材を使用した改良土から，条件によっては六価クロムが土壌環境基準を超える濃度で溶出する場合があるが，土やセメントの種類，土の状態などさまざまな条件によって引き起こされるものである．したがって，平成12年3月24日付けで旧建設省（現国土交通省）より，通達「セメント及びセメント系固化材の地盤改良への使用及び改良土の再利用に関する当面の措置について」とその運用（平成13年4月20日一部変更）が出され（引き続き，旧運輸省（現国土交通省），農林水産省からも同様の通達が発出），公共工事においてセメントおよびセメント系固化材を地盤改良や土質改良に使用する場合，現地土壌と使用予定の固化材による改良土の六価クロム溶出試験を実施し，土壌環境基準を勘案して必要に応じ，適切な措置を講じること．セメントおよびセメント系固化材を使用した改良土を再利用する場合，六価クロム溶出試験を実施し，六価クロム溶出量が土壌環境基準以下であることを確認することが必要とされた．

また，六価クロムの溶出は土とセメントの組合せで発生するので，事前の試験を行う場合には，できるだけ工事に使用するのと同一の固化材，同一の添加量で試験を行うことが望ましい．

なお，高炉B種セメントや六価クロム対策用の新型固化材などは，六価クロムの溶出を抑制する効果がある．

（5）焼成処理　建設汚泥の含水比を調整した後，造粒装置などによって所定の粒径に成形したものをキルンなどで1000℃程度で焼成する処理技術である．焼成材は適度な細孔を有し，かつ粘土粒子同士が強固に結合しているため，高強度・軽量性・保水性などの特徴を有している．

このように焼成処理されたものは，おおむね第1種処理土に相当し，ドレーン材，骨材，緑化基盤材，園芸用土，舗装ブロックなどの商品として一般的に流通できる性状である．

（6）そのほか（土質改良材による処理）泥土の土質性状を改良する目的の改良材が各種開発されてきている．

セメントや石灰系の固化材のように化学的な固化作用ではなく，改良材の吸水作用を利用し，含水比低下を図ることによって締固め性状を向上させる製品もある．

高分子系の吸水性樹脂は，土の流動性を低下させ運搬を容易にする目的で開発されたが，一般的に単独の使用では強度が不足し，土質材料として利用する場合には石灰などと併用している．

無機系の改良材としては，製紙スラッジの焼却灰を再焼成して粒径を砂程度にしたもの，吸水性の高い粘土鉱物を主材としたもの，さらにせっこうを主材としたものなどがある[5],[6]．

基本的には含水比低下がおもな効果であり，固化材による改良土と異なり一軸圧縮強さの発現はほとんどないが，土としての締固め特性が向上して一般の土のように扱える処理土となり，各種盛土材料への利用が可能となる．しかし，対象土の含水比が高い場合，改良材の添加量が多くなる傾向にある．

なお，国土交通省の建設汚泥処理土利用技術基準では，安定処理と土質改良材による処理をまと

めて安定処理等と分類されている．

（良質土混合処理）建設汚泥はそのほとんどがシルト，粘土からなっており，建設汚泥の脱水ケーキなどに礫質土や砂質土を適量混合することにより，お互いの性質を補い合って粒度分布を改善し，締固め特性の優れた土質材料となる場合が多い．この場合には，試験施工などを行い，その盛土材料としての品質を確認しておく必要があり，不法投棄とならないように環境部局との調整が必要になる場合がある．

b. 建設発生土のリサイクル

建設発生土が利用工事において直接利用できる品質であれば，発生側と利用側において時期の調整を行うことで利用が可能となるが，利用用途に適合しない品質の発生土の場合には何らかの土質改良や機能付加を行ってリサイクルすることが必要となる．

このような場合，利用用途を勘案して適切な土質改良や機能付加工法の選定[1]を行う必要がある．

土質改良，機能付加工法の選定にあたっては，まず，どの時点で改良などを行うかを検討する．

適用時期としては，①掘削前，②掘削後利用時まで，③利用時，に分けられる．それぞれに適用できるおもな土質改良工法の分類を表9.2.9に示す．

（i）発生側において，掘削前に土質を改善する方法 掘削土が軟弱な場合に，掘削時のトラフィカビリティーやハンドリングの向上も目的とする．

おもなものには，含水比低下掘削と改良材混合掘削などがある．

（1）含水比低下掘削　おもに地下水位の高い砂質土系の地盤を掘削するときに適用する．砂質土系の土の場合，含水比を低下させるだけで，締固め性状が向上するものが多い．

（2）改良材混合掘削　おもに粘性土系の地盤を掘削する場合にセメント系や石灰系の固化材などを原位置で混合し，強度増加を待って掘削する方法である．

（ii）掘削した後に行う土質改良工法 掘削

表9.2.9　おもな土質改良工法の分類[1]

工法分類	掘削前の適用工法	掘削した発生土への適用工法	利用時における適用工法
含水比低下	水位低下掘削	水切り 天日乾燥 強制脱水 良質土混合	袋詰脱水工法
粒度調整	—	ふるい選別 良質土混合 分別搬出	—
機能付加・補強	—	—	袋詰脱水処理工法 サンドイッチ工法 流動化処理工法 気泡混合処理工法 軽量材混合土工法 繊維混合土工法 補強土工法
安定処理等	改良材混合掘削	安定処理等	流動化処理工法 気泡混合土工法 各種地盤改良工法 事前混合処理工法 原位置安定処理工法

した発生土を利用前に利用目的に合わせた性状になるように土質改良を行う．改良を行う場所は，発生側，利用側あるいは中間でのストックヤードなどが考えられる．

（1）水切り　含水比の高い砂質系の掘削土に有効である．重力により土中水を脱水する．掘削後に仮置きをするだけで利用可能となる場合が多い．

（2）天日乾燥　発生土を薄く敷き均し，天日と風による乾燥により含水比の低下を図る．用地に余裕があればできるだけ薄く敷き均す．また，数日ごとにバックホウなどで天地返しを行うと乾燥が速まる．

（3）強制脱水　遠心力や加圧を行って土の水を搾り出す方法である．高含水で流動性を呈する発生土に適用できる．

泥水状の汚泥や浚渫土に適用可能である．

フィルタープレス脱水機が多く用いられる．

（4）良質土混合　含水比の高い発生土に含水比の低い土や，粒度の異なる土を混合することにより，含水比低下や粒径分布の改善を図り，締

固め特性を改善する．

性状の異なる土を層状に重ねて盛土をした後，それを切り崩しながら混合する方法や連続ミキサーを用いたプラント混合方式などがある．

（5）**ふるい選別**　振動式のふるいによって，さまざまな粒径が混在している礫質土に適用する．粒径を分別することにより，利用用途の拡大を図る．

（6）**分別搬出**　土質の違いが明確な地層を掘削する場合は，土質ごとに分別して掘削・ストックすることにより，利用用途に適合させた搬出が可能となる場合がある．

（7）**安定処理等（安定処理などの土質改良）**　セメントや石灰およびそれらを主材とした固化材を用いた安定処理と，高分子系や無機系のおもに含水比低下による締固め性能の向上に主眼を置いた改良材を用いた土質改良がある．改良材には，高分子系の吸水材や凝集剤，無機系の製紙スラッジ焼却灰を用いた多孔質物質やせっこうを主剤としたもの，さらに古紙を粉砕したものなどさまざまなものが開発されており，必要に応じて高分子剤や安定処理との併用なども行われている．

改良材の混合方法は，原位置混合方式とプラント混合方式がある．

原位置混合方式は，バックホウや，バックホウに回転翼やトレンチャーなどのアタッチメントを取り付け，ピットなどに貯留された発生土に改良材を混合する方式である．

プラント混合方式は，土砂と改良材を計量しながらミキサーに投入し，混合する方法である．ミキサーには，二軸パドル式，垂直攪拌翼式，スクリュー混合式など種々開発されており，連続して改良できる．

一般に，安定処理では強度発現まで3～7日程度養生期間が必要であるが，含水比低下を主眼に置いた改良材による土質改良ではほとんど養生期間を要しないものもある．

表9.2.10に，おもな土質改良方法と特徴を示す．

（iii）**利用時に行う土質改良工法**[7]　掘削前

表9.2.10　おもな土質改良方法と特徴

工法種別	原位置安定処理工法		プラント安定処理工法
	地表散布攪拌方式	固化材土中吐出し混練方式	
	ロータリーバケット方式	横行式連続施工方式	二軸パドルミキサー混練方式
概略図	施工：バケット内回転	施工：本体横行，アームの昇降，回転 $\phi1400×2$面　2.7m	固化材サイロ　固化材供給装置／二軸パドル型ミキサー／改良土
工法特徴	・ベースマシンがバックホウ ・定量混合可能 ・アームの届く範囲は施工可能	・大規模施工対象 ・超軟弱地盤の泥面上，冠水上の施工が可能 ・ワイヤー，ウインチで移動	・高精度の連続処理 ・集中管理方式

（出典：発生土利用促進のための改良工法マニュアル，pp.34-35，表3-1-2～3より抜粋）

および掘削後に土質改良などを行わなかった場合，あるいは土質改良を行っても利用用途の要求品質に達しなかった場合には，利用時に補強を行ったり，土に付加価値をつけて利用する．図9.2.9に，土質改良工法のおもな特徴と付加機能の位置づけを示し，以下にそれぞれの工法の概要を示す．

（1）袋詰脱水処理工法　透水性の袋（ジオテキスタイル製）に高含水比の粘性土や，河川・湖沼などに堆積している軟弱な底泥を詰めて脱水を促進するとともに，袋の張力を利用して盛土や埋立てに積み重ねて有効利用する工法である．

あらゆる土質に適用できるが，とくに流動性を呈するような軟弱土に威力を発揮する．

1 m³程度の小型袋と周長8～10 m×長さ数十mまで可能な大型袋があり，小型袋は，脱水がある程度進行してから土囊のように積み重ねることができる．また，大型袋は，えん堤などをつくりたいところに袋を敷設しておき，そこに流動性のある土をポンプで注入する．その場でえん堤などが構築できるので，脱水後の移動などは不要となる．

（2）サンドイッチ工法　含水比の高い軟弱な現地発生土を盛土材として有効利用する工法で，発生土と不織布などの排水材とを交互に盛り立ててサンドイッチ状とし，盛土材の自重による圧密促進・強度増加を図るものである．

コーン指数が100 kN/m²を下回るような泥土の適用も可能であるが，自重圧密排水が可能な飽和土に限定される．不飽和土の場合は，圧密効果が期待できないため，転圧による締固めが不可欠である．

固化材を使用しないため，直接盛土の裏面への緑化が可能である．プラントなどが不要であり，さらに現場内利用が図れれば発生土の運搬費が削減できる．

（3）流動化処理工法　掘削土に水や泥水とセメントなどの固化材を加えて練ることにより流動化させ，まだ固まらないうちにポンプなどを用いて，目的とする位置に打設して固化させる工法である．

通常，埋戻しなどを行う位置の地盤と同等の強

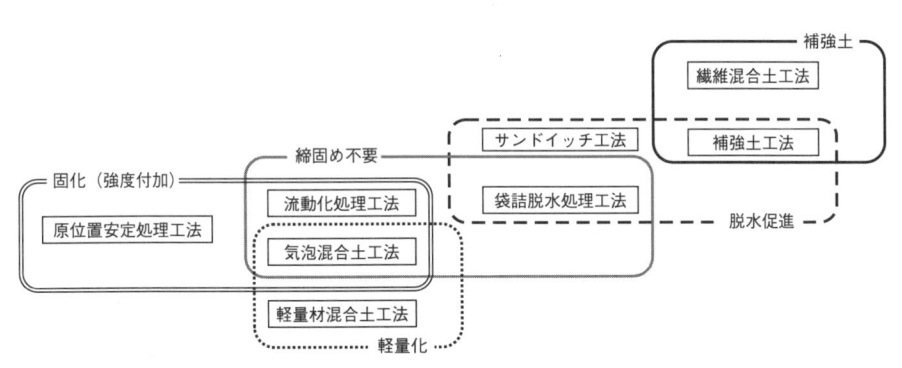

図9.2.9　土質改良工法のおもな特徴と付加機能
（文献7），p.15，図2-1に加筆修正）

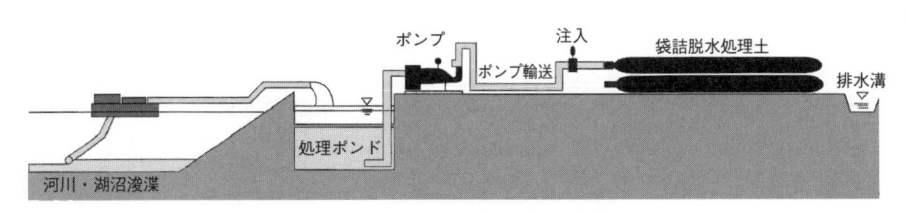

図9.2.10　袋詰脱水処理工法概念図
（出典：発生土利用促進のための改良工法マニュアル，(財)土木研究センター)[7]

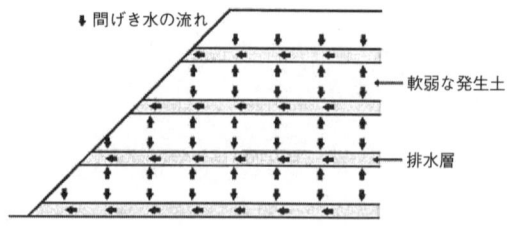

図 9.2.11 サンドイッチ工法概念図
（出典：発生土利用促進のための改良工法マニュアル，(財)土木研究センター）[7]

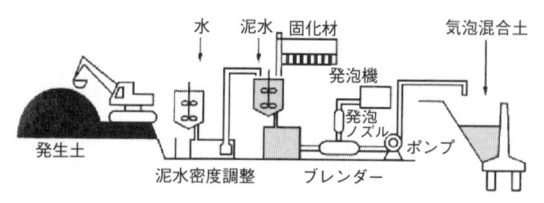

図 9.2.13 気泡混合土工法概念図
（出典：発生土利用促進のための改良工法マニュアル，(財)土木研究センター）[7]

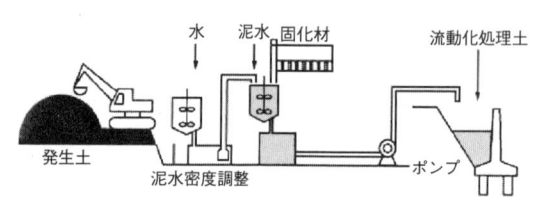

図 9.2.12 流動化処理工法概念図
（出典：発生土利用促進のための改良工法マニュアル，(財)土木研究センター）[7]

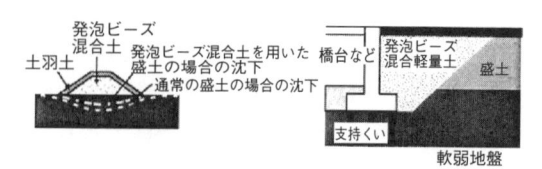

図 9.2.14 軽量材混合土工法概念図
（出典：発生土利用促進のための改良工法マニュアル，(財)土木研究センター）[7]

度があればよく，あまり高い強度は期待していないが，配合を調整することにより任意の強度を得ることができる．

流動化処理された土は，流動性を有するので充てん性がよく，締固めを必要としないので，狭隘な場所でも施工が可能である．また，硬化後は浸透水による侵食が生じにくく，埋戻しなどにおいて地盤の空洞化防止に有効である．

建設汚泥を含めたあらゆる発生土が適用可能である．

（4）**気泡混合土工法**　流動化処理土に気泡を混合して軽量化を図った安定処理土である．通常の土砂に比べて軽量なので，地盤などに与える荷重を軽減することができ，軟弱地盤上での盛土や，構造物の裏込めなどに用いると有利である．

流動化処理土と同様に，ポンプを用いて打設ができるので施工が容易であり，山岳部などの道路などに用いると切土，盛土が少なくてすみ，環境にも優しい工法である．

（5）**軽量材混合土工法**　土に発泡ビーズなどの軽量材を混合して軽量化したものである．通常の土砂に比べて地盤へ与える荷重が小さいので，軟弱地盤上や地すべり地での盛土などに用いると効果的である．

なお，混合土は土に近い変形追従性や水密性を備えているが，強度を必要とするときはセメントなどの固化材を併用する．

軟弱地盤上での盛土などに用いる場合は，地盤改良を低減あるいは不要とするためコスト面で有利となる場合がある．

（6）**繊維混合土工法**　土や安定処理土に繊維を土の乾燥重量に対して0.1～数％程度混合することにより，強度，靱性の向上，降雨・流水に対する対侵食性の向上，さらには植物の根の活着率の向上などの効果がある．

粘性土から砂質土もしくは，第2種から第4種建設発生土の土質材料に適用可能である．

切土などで発生した建設発生土に繊維を混合し，切土の裏面の緑化用の被覆工や堤防のり面の侵食防止用被覆材として利用可能である．

土に混合する繊維には，一般的にはポリエステルなどの化学繊維を用いるが，堤外地や植物の活着などを目的とする場合には，生分解性の繊維なども利用できる．

（7）**補強土工法**　石油化学製品であるジオテキスタイルなどを盛土中に多層敷設し，盛土を強化するものである．

一般の盛土に比べ，引張強度やせん断強度が付与され，また，変形しにくい特性に改善される．

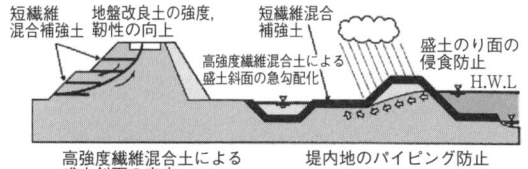

図9.2.15 繊維混合土概念図
（出典：発生土利用促進のための改良工法マニュアル，（財）土木研究センター）[7]

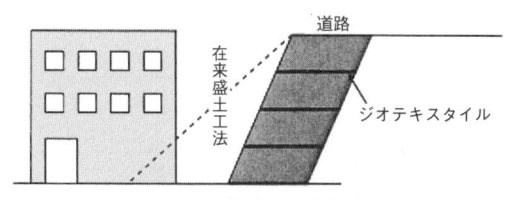

図9.2.16 補強土工法概念図
（出典：発生土利用促進のための改良工法マニュアル，（財）土木研究センター）[7]

これらの効果によって，盛土に必要な性状の土が得られない場合にも，このような補強を施すことによって土がそのまま利用可能となる．

（阪本廣行）

参 考 文 献

1) （独）土木研究所編：建設発生土利用技術マニュアル（第3版），（株）丸善，（財）土木研究センター，2004．
2) （財）日本産業廃棄物処理振興センター編集，産業廃棄物問題研究会監修：建設廃棄物処理マニュアル，（株）ぎょうせい，2001．
3) （独）土木研究所編：建設工事で遭遇する地盤汚染対応マニュアル［暫定版］，鹿島出版会，2004．
4) （財）先端建設技術センター編著，建設大臣官房技術調査室，建設省建設経済局事業総括調整官室，建設省建設経済局建設業課監修：建設汚泥リサイクル指針，（株）大成出版社，1999．
5) 山本達生，勝又正治，寺尾好太，宮野隆徳：中性固化材（有機・無機）を用いた建設汚泥の固化処理方法について，土木学会第55回年次学術講演会講演概要集，III-B 246，2000．
6) 望月美登志，竹田 茂，斎藤悦郎，小高 明：PS灰による軟弱土の改良効果，第35回地盤工学研究発表会，pp.1629-1630，2000．
7) 建設省大臣官房技術調査室監修：発生土利用促進のための改良工法マニュアル，（財）土木研究センター，1997．

9.3 廃棄物の有効利用・リサイクル

9.3.1 廃棄物活用の概要

新しい工法や材料を採用しようとするときのインセンティブは，メリットがデメリットよりも大きいことである．地盤材料の場合には，たとえば，力学特性や物理特性，化学特性など，物性の点での優位性や，コストの安さなどであろう．また，最近になって，環境負荷を新たな要素として評価しようとする動きもある．

一般に，廃棄物はばらつきが大きく，場合によっては有害成分も含まれている．こうしたばらつきや有害成分による環境影響を克服し，有効活用するわけであり，そのためにはさまざまな労力とコストが必要となる．新たな材料であるがゆえに，研究・開発は欠かせない．自治体との折衝，利用者への説明なども不可欠である．

ところで，景気の低迷により最盛期の1/2程度の規模になってはいるが，国内ではさまざまな建設プロジェクトが進んでいる．沿岸域では，港湾施設や埋立て処分場が建設され，また平野部でも高速道路網などが整備されている．そして，こうした工事では，山砂などの大量の地盤材料が消費されている．国土交通省によれば，平成17年度の土砂利用量は12550万m^3であり，このうち掘削残土等は7900万m^3が活用されている．この量には，埋立て工事は含まれていないので，これが加わるとさらに量が増える．いずれにしても，莫大な量の土砂が掘り出され，建設工事で消費されている．ここに，廃棄物由来の地盤材料が活用できれば，天然資材の掘削や運搬による環境負荷を低減できるとともに，埋立て処分量を削減できるため，二重のメリットが生ずることになる．

表9.3.1に，代表的な廃棄物系地盤材料の種類をまとめる．ここにあげるような地盤材料が開発され，活用された実績がある．ここでは，焼却灰系（石炭灰，製紙スラッジ焼却灰（PS灰）），スラグ系（鉄鋼スラグ，都市ごみスラグ，発泡廃ガラス），高分子系（タイヤ）に関し，現状をまとめる．

表 9.3.1 代表的な廃棄物系地盤材料

活用手段		焼却灰系				スラグ系				高分子系				備考
		石炭灰		製紙スラッジ焼却灰	都市ごみ焼却灰	鉄鋼スラグ			廃ガラス	廃プラスチック	タイヤ			
		フライアッシュ	ボトムアッシュ			高炉	転炉	電気炉			古タイヤ	タイヤシュレッズ	タイヤチップ	
土への混合処理材	土混合	◎	◎	×	○	◎	◎	◎	△	◎	◎	◎	◎	硬化性や吸水性などが認められるもの
単体での地盤材料化	締固め	○	◎	○	△	◎	◎	○	△	○	◎	◎	○	自己硬化性などが認められるもの
	スラリー	△	×	×	△	◎	◎	○	×	△	×	×	△	自己硬化性などのほかに流動性が認められるもの
セメント混合による地盤材料化	締固め	◎	△	○	○	◎	◎	○	△	◎	×	×	△	
	スラリー	◎	×	○	○	○	○	△	×	○	×	×	×	流動性に優れるもの
	軽量スラリー	◎	×	△	△	×	×	×	×	◎	×	×	×	消泡しにくいもの
	粒状化	◎	△	◎	○	○	○	○	×	×	×	×	×	粒状化後,締固めまたはスラリー化して活用
加熱処理による地盤材料化（焼成,溶融）	土混合	○	×	△	×	×	×	×	◎	×	×	×	×	廃ガラスは発泡体,石炭灰はコンクリート用軽量骨材
	締固め	◎	×	○	×	×	×	×	◎	×	×	×	×	

9.3.2 石炭灰

a. 概要

石炭は樹木類の化石であり，炭化水素のほかに，成分としてケイ素，アルミニウム，鉄，カルシウムなどを含んでいる．これらの成分は，燃焼後に主として酸化物の形で残る．これが石炭灰である．石炭の種類や燃焼方式によって異なるが，石炭火力発電の主流である微粉炭燃焼方式では，石炭質量の 10～15％ に相当する石炭灰が発生する．平成15年にはほぼ年間1000万 t となっている．石炭灰には，燃焼ガスとともに飛散し集じん機で捕集されるフライアッシュ（全石炭灰の80％を占める粒径 10 μm 程度の球形粒子．断らない限り，ここでは石炭灰と呼称する）と，ボイラー下部に落下するボトムアッシュ（全石炭灰の20％ を占める数 mm 程度の不定形粒子）とがある．

石炭灰は，コンクリート原料，土木材料，建築材料などとして，現在さまざまな方法で利用されている．石炭灰の用途のうち75％ がセメントやコンクリートの原料で占められている．しかし，セメント・コンクリートの生産量が頭打ちになっているため，これ以上の利用率の増加はむずかしく，新たな用途の開発が要望されている．石炭灰は電気事業からの指定副産物に指定され，法的に利用促進が図られている．このため，大量消費が可能な用途に対する検討が進められつつある状況となっている．ボトムアッシュは，発生量が 20％ 以下で性質が細骨材に類似しているため，利用率は高い．しかし，フライアッシュは全石炭灰量の 80％ 以上と大量に発生し，しかも粒子が細かいためハンドリングがむずかしい．このフライアッシュの利用率の向上が石炭火力発電の大きな課題となっている．

b. 石炭灰の性質

石炭灰は，地盤材料として活用できるであろうか．表 9.3.2 に，平均的な石炭灰の性質を示す[1)～3)]．石炭は植物の化石であるので，石炭灰の成分は土と類似しているといってよい．輸入石炭の 50％ を占める豪州炭からの石炭灰の特徴は，カルシウム含有率が数％ 以下と低い点にある．一方，これと逆なのが米国西部炭の燃焼灰である

表 9.3.2 代表的な石炭灰の性質[1]~[3]

		微粉炭燃焼灰			流動床石炭灰
		平均	国内炭	豪州炭	
粒子密度		2.19	2.14	2.19	—
最大乾燥密度(t/m^3)		1.25	—	—	—
最適含水比(%)		25.2	—	—	—
強熱減量(%)		3.20	1.90	2.80	18.40
pH		10.9	12.0	10.2	12.4
主成分含有率(%)	SiO$_2$	62.7	57.5	66.4	34.5
	Al$_2$O$_3$	24.0	23.4	23.8	17.4
	Fe$_2$O$_3$	4.10	4.60	3.60	2.10
	CaO	2.80	6.30	1.40	18.70
微量成分含有量(mg/kg)	T-Hg	—	ND~0.23	ND~0.13	—
	Cd	—	ND~1.01	ND~0.51	—
	Pb	—	14.7~60.9	ND~3.6	—
	As	—	2.54~14.4	2.5~15.0	—
	Cr^{6+}	—	—	ND~0.97	—

Class C フライアッシュであり，カルシウム含有率は数十%にも達する．中国炭，南ア炭，日本炭などからの燃焼灰はカルシウム含有率が5~10%であり，pH 12 程度のアルカリ性を示す．

カルシウム含有率が高く，pH が高いフライアッシュは，水と混合すると，成分である石灰，シリカ，アルミナが化学反応し，セメント水和物に似た生成物を形成し，強度発現する性質（自己硬化性）を示す．図 9.3.1 は，高密度にスラリー化した石炭灰の圧縮強度とカルシウム含有量との関係である[4]．地盤材料として必要とされる圧縮強度は 200~600 kPa 程度であるので，カルシウム含有量として 4~7% 程度あれば，石炭灰のもつ自己硬化性によって地盤材料としての強度は確保できる[4]．

表 9.3.2 に示したように，豪州炭石炭灰はカルシウム含有量が低い．また，加湿状態にある石炭灰は自己硬化性の大部分が失われている．高い強度が要求されるような用途にも対応させる必要がある．こうした場合には，セメント添加などの材料を混合して不足する強度を高める必要がある．図 9.3.2 は，普通ポルトランドセメントを添加したスラリーの強度である[5]．セメントを2%添加するだけで，800 kPa の強度が発現している．このように，少量のセメントで高い強度が発現するのは，石炭灰のもつ高いポゾラン活性（セメントとの化学反応性の高さの指標）が生かされているためと考えられている．

以上のように，石炭灰は地盤材料として十分な強度が容易に得られる．

c. 地盤材料としての石炭灰の用途

地盤材料としての利用形態は，締固めとスラリーである．締固めは文字どおり密度を上げて所定の強度を得る方法であり，道路など陸上部でしかも締固めができるスペースが十分に確保できるなど，ハンドリングに自由度が高いケースに適用される．

スラリーは材料に水を混ぜて流動性を確保し，強度はセメントの添加によって得る方法である．コストは締固めに比較して高くなるが，狭い場所

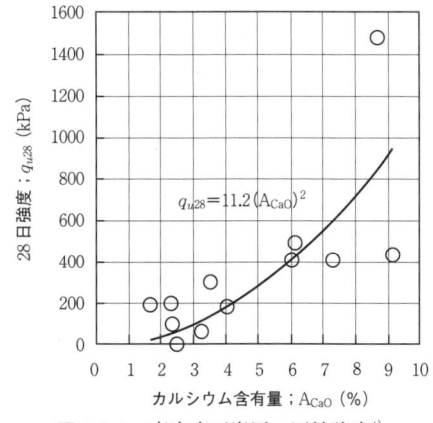

図 9.3.1 高密度石炭灰の圧縮強度[4]
（$q_{u28}=11.2(A_{CaO})^2$）

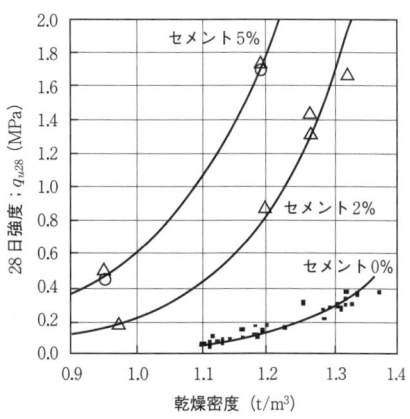

図 9.3.2 セメント添加石炭灰の圧縮強度[5]

や水中であっても適用できる．締固めとスラリーのどちらの形態を採用するかは，適用の条件によって異なる．

また，石炭灰単独で適用する場合もあるが，土やほかの材料と混合して用いる場合もある．

石炭灰はポゾラン反応性が高い．セメントや石灰のような硬化材を石炭灰に添加して強度発現性をもたせて利用する方法がしばしば採用される．こうした硬化材を併用した材料に関しては，多くの研究があり，実際の適用事例も多い．たとえば，

① 石炭灰にセメントを添加してスラリー化し，空げき部の充てんや裏込め，埋立てに適用する[6]．

② 石炭灰に少量のセメントを添加し，繊維補強材を併用しながら盛り立てる[7]．

③ 軽量地盤材料の一つである気泡セメントペーストの水和熱抑制と強度調整を目的として，大量の石炭灰をセメントに添加して用いる[8]．

④ 石炭灰にセメントやベントナイトなどを混合してスラリー化し，これに水ガラス溶液を添加して瞬結性をもたせてシールドの裏込めなどに用いる[9]．

⑤ セメントを添加した石炭灰スラリーを地中に敷設した袋中に圧入して周囲の軟弱地盤を圧密脱水する[10]．

⑥ 石灰やせっこうを添加して造粒する[11]．

d．締固めによる土地造成事例

地盤材料としての石炭灰の力学的性質は，道路材としての利用を対象に古くから研究されてきている．前述のように，カルシウム含有率が高く，pHが高い石炭灰は，高い自己硬化性を示す．こうした自己硬化性の高い石炭灰を用いて造成し，その地盤を建設物の構築に用いてきている．

石炭灰による土地造成の事例としては，泥炭地上での盛土や工業団地の構築があり，石炭灰を適切な含水比で加湿して転圧すれば，盛土材として十分な強度が発現する．図9.3.2のように石炭灰の強度発現は密度によって大きく変化する．このため，転圧せずに盛り立てた低い密度の石炭灰地

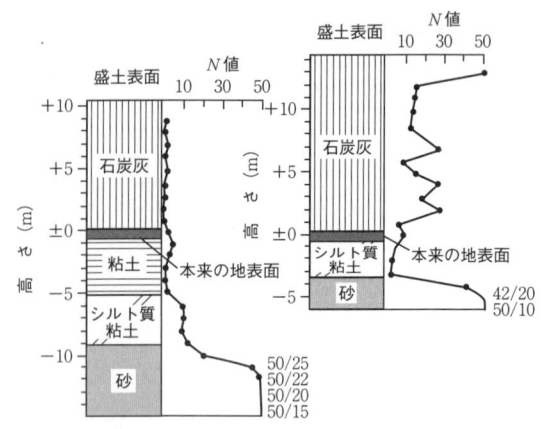

図9.3.3 石炭灰盛土の地盤物性[12]

盤では，強度発現がほとんど期待できなくなり，斜面崩壊などの事故を起こすような事態も生ずる[12]．図9.3.3は石炭灰盛土の土質調査結果であり，十分に締め固めた場合（右）にはN値10～50の強度が得られているのに対し，締固めが不十分（左）であると強度がほとんど期待できない．以上のように，石炭灰地盤に安定した強度を求めるためには，重機による転圧などによって埋立て密度を高くする必要がある．また，盛土の下部には粒径の大きい石炭灰であるボトムアッシュによって排水層を設ける必要性も指摘されている[13]．

e．石炭灰スラリーによる人工島の構築[14]

石炭灰に4～5%の普通ポルトランドセメントを添加したスラリーを製造し，鋼管パイルで締め切った中に水底から打設しながら1基5万m^3の人工島が2基建設された．この埋立て方法を採用した理由は以下の2点である．①スラリーは埋め立て後数時間で硬化し自立するため，鋼管パイルへの側圧が小さく累積しない．②強度調整が容易で，土工事に適した地盤強度が確保できる．

石炭灰は現場から100 km離れた火力発電所で購入し，陸上輸送した．石炭灰は全15種を使用した．埋立て地盤の均質性を確保するため，石炭灰の種類に応じてセメント量と水分を調整した．表9.3.3は，施工に供したスラリーの品質であり，施工上のスペックはほぼ満足できている．

石炭灰スラリーでの埋立て中に締め切り，矢板に発生した曲げモーメントは，最大でも0.7

表9.3.3 人工島スラリーの仕様と実績[14]

項目	物性値	スラリーの設計値	打設スラリー物性	
			平均値	標準偏差
スランプ値 (cm)		8～13	10.3	0.69
湿潤密度 (t/m^3)		1.60	1.60	0.073
一軸圧縮強さ (MPa)	28日	0.62	0.94	0.22
	90日	0.84	—	—
ブリージング率 (%)		≦3	2.1	1.26

MN·m であり，砂を直投した場合の最大値である 5 MN·m と比較して 1/7 に低減できていると報告されている．

地盤材料としての用途では，長期的な地盤の安定性を確保する必要がある．本事例は，施工から 15 年以上が経過しているが，その間の強度特性は図 9.3.4 のとおりであり，順調に伸び続けている[15]．ただし，強度増加率は石炭灰のロットによって大きく異なっている．ここでは，過大な強度発現はまったく問題となっていないが，再掘削するような用途に対しては石炭灰のロットを揃えるなどの対策が必要となる．また，溶出に関しても土壌環境基準を満足していると報告されている．

f. そのほかの利用事例

トンネルやシールドへの裏込め充てん材として，瞬結性を有する特殊モルタルが用いられている．石炭灰スラリーに瞬結性を付与し，流動性に優れた裏込め材が開発され使用されている[16]．

石炭灰とセメントに遅緩剤を添加したスラリーと水ガラス溶液とを管内混合する．水ガラスを添加しない状態では，材齢 28 日であっても 10^{-2} MPa 以下の強度しか発現しない．これに，水ガラス溶液を添加すると強度発現が促され，水ガラスがある程度以上とすると 1 分以内でも強度を発現するようになる．こうした試験結果をもとに，石炭灰 410 kg/m^3，セメント 230 kg/m^3 を主体とするスラリーを使用した裏込め材が実際に使用され，トラブルなく施工を終了している．

また，石炭灰の粒子密度が 2.2 程度と軽い点を生かした用途も開発されている．セメント主体の気泡モルタルは，再掘削が困難となるほどの発現強度を示す．硬化に伴う発熱も大きい．用途によっては，密度をコントロールしなければならない．こうした課題を解決する目的で，セメントの一部または大部分を石炭灰で置き換えた気泡モルタルが開発されている[8]．図 9.3.5, 9.3.6 は施工時の様子であり，流動性の高い軽量の石炭灰ス

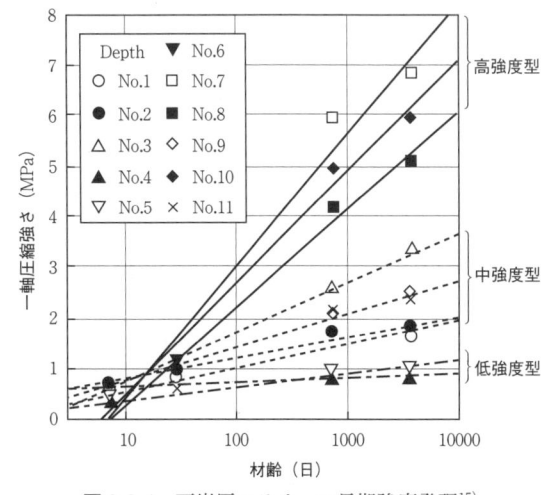

図 9.3.4 石炭灰スラリーの長期強度発現[15]

図 9.3.5 気泡石炭灰モルタルによる盛土

図 9.3.6 高流動性石炭灰スラリーによる充てん

ラリーがさまざまな用途で活用されている．

9.3.3 製紙スラッジ焼却灰
a. 概　要

古紙リサイクルの推進に伴って，製紙スラッジの発生量が増加している．日本では製紙スラッジの大部分は焼却されており，富士市からは年間16万tの製紙スラッジ焼却灰（PS灰）が排出されている．こうした製紙廃棄物は，セメント原料や製鉄時の酸化防止剤などに有効利用されているものの，22％は埋立て処分されている．PS灰の粒子密度は，2.5前後で土粒子に比較して10％程度小さく[17]，締め固めた場合の乾燥密度も0.7～0.9 t/m^{3}と軽量であり有害成分の溶出もほとんどない[18]，など，軽量地盤材料としての用途が開けていることが知られている．

最近になって，採石に伴って発生する廃棄泥土はPS灰の混合物が注目されている．この軽量地盤材料は，流動性をもたせたグラウト，締固め施工用のサンドとベースの3種類であり，それぞれ，天然材を主体とする天然の地盤材料と同等以上の物性を確保している[19]．

ハイブリッドソイル（HBS）と呼んでいるこの新地盤材料は，利用率の低い廃棄物同士を組み合わせている点で，環境的に大きな意味をもつ．

b. ハイブリッドソイルの特徴と製造方法

表9.3.4に原材料の性質を，表9.3.5にHBSの配合を示す．HBグラウトは，PS灰のもつ強度発現性と廃棄泥土の分離防止性とを活かした材料で，長距離圧送性と1 MPa程度の発現強度を特長としている．HBサンドは，脱水した廃棄泥土にPS灰とセメント系固化材を添加して粒状化し，養生・硬化させた地盤材料で，CBR値20程度の締固め用地盤材料である．これに砕石を添加した材料がHBベースであり，CBR値100程度の道路用地盤材料である．

図9.3.7に，製造フローを示す．原材料は，各排出事業者の管理のもとに一次製造プラント（廃棄物中間処理施設）に搬入される．原材料の物性を確認したうえで一次粒状混合物を製造する．HBグラウトは，この一次粒状混合物に加水してスラリー化する．できたグラウト材は利用現場までアジテータ車で輸送し，数時間以内に打設して利用する．一方，HBサンドとHBベースは一次粒状混合物を3日以上養生し，所定の強度が発現した後に現場まで輸送し，締め固めて利用する．

図9.3.8はHBサンドである．また図9.3.9，9.3.10は，グラウトとベースの施工時の様子である．HBグラウトはトンネル内の充てん工事に採用され，1 kmの圧送距離で5000 m^{3}の打設を支障なく終えた．また，HBサンドは1700 m^{3}の

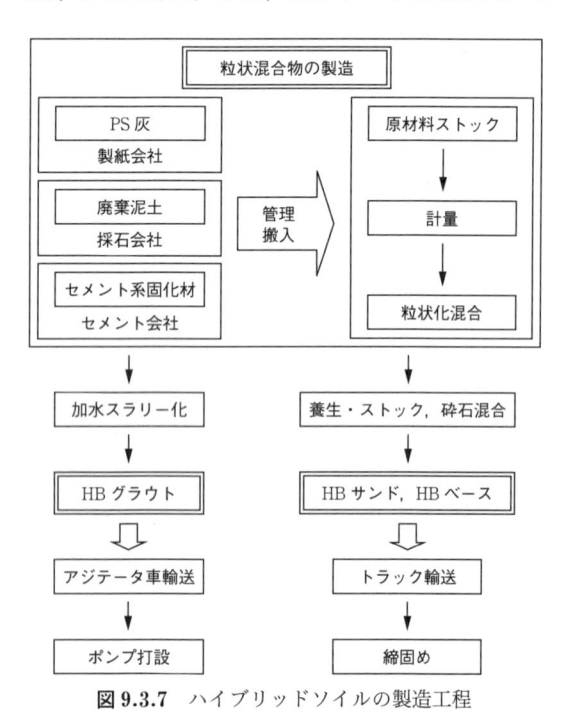

表9.3.4　原材料の性質

	粒子密度	pH	含水比(%)	Ig.Loss(%)
PS灰	2.51	12.4	0.0	1.7
廃棄泥土	2.76	7.6	30.0	5.0

表9.3.5　各地盤材料の配合

HBS配合	材料組成(kg/m^3)					備　考
	PS灰	廃棄泥土	固化材	水	砕石	
グラウト	300	300	125	675	0	
サンド	347	1158	93	0	0	$\rho_{dmax}*95\%=1.33$
ベース	96	319	26	0	1472	$\rho_{dmax}*95\%=1.84$
環境負荷	0	0	0.135	0	0.0019	単位:kg-C/kg

図9.3.7　ハイブリッドソイルの製造工程

フッ素対策であるが，これも原材料の選定管理と一次粒状混合物の製造段階で対処できている．

新しい工法や材料を採用しようとするときの大きなインセンティブとして，コストの安さや環境負荷の低減が考えられる．そこで，表9.3.5，図9.3.7をもとに，HBソイル採用のメリットを考えてみる．HBソイルの環境負荷は，15～20 kg-C/m^{3}と算出できる．この負荷は，富士市周辺での天然資材の14 kg-C/m^{3}に比較して若干高い値となっている．しかし，PS灰の環境負荷（現状の埋立て処分や有効利用にかかわる負荷）が大きいため，HBソイルとしての活用によってトータルとしての環境負荷が低減できる．

PS灰などの主原料費を無視したときの製造コストは，グラウトが5300円/m^3，サンドが4900円/m^3，ベースが2700円/m^{3}である．流動化処理土が競合品となるグラウト以外は，現状での価格競争力は厳しいかも知れない．HBソイルは中間処理施設で製造するため，PS灰と廃棄泥土の受入れ費が考慮できる．これにより，競合品との価格差は大幅に縮まると考えられている．

従来の天然材と品質・価格で遜色がなく，地場産業からの廃棄物を有効に活用できるということから，今後のさらなる活用増が期待されている．

9.3.4 タイヤを活用した地盤材料
a. 概　　用

日本における廃タイヤ発生量は年間1億本といわれ，97万tに及んでいる．リサイクル率は90％近くになっているが，セメント生産用の熱源や製鉄所でのエネルギー利用として48％，再生タイヤの生産向けに21％，再生ゴムやゴムチップの原料として19％が活用されている．廃タイヤの回収ルートは図9.3.11に示すとおりであり[20]，タイヤ販売店や自動車解体業者などを経由して，収集運搬業者にて回収されている．残念ながら10％強のタイヤは不法投棄などされている．捨てられたタイヤ自体は特段の害を生ずるわけではないが，景観を損ねるほか，スズメ蜂の巣となったり，自然発火して山火事を起こすことがあった．建設用としては，直径5 mm以下のタイヤ

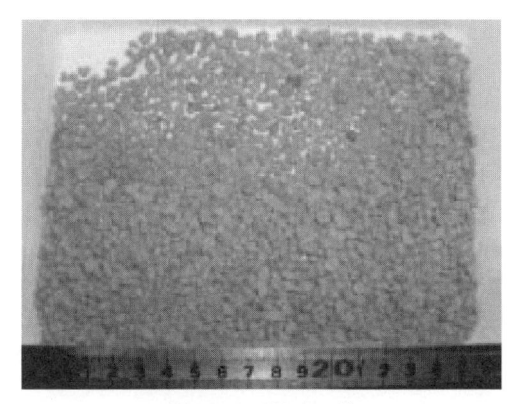

図9.3.8　HBサンド

図9.3.9　HBグラウトの打設

図9.3.10　HBベースの締固め

埋戻しに採用された．

c. 環境負荷とコスト

廃棄物の活用で第一番に考えなければならない点は，有害物の存在と溶出である．PS灰は焼却灰であることから，当初，ダイオキシン類の含有が懸念されたが，1 pg-TEQ/g-dry以下と，環境基準値の1/1000以下であった．課題となるのは

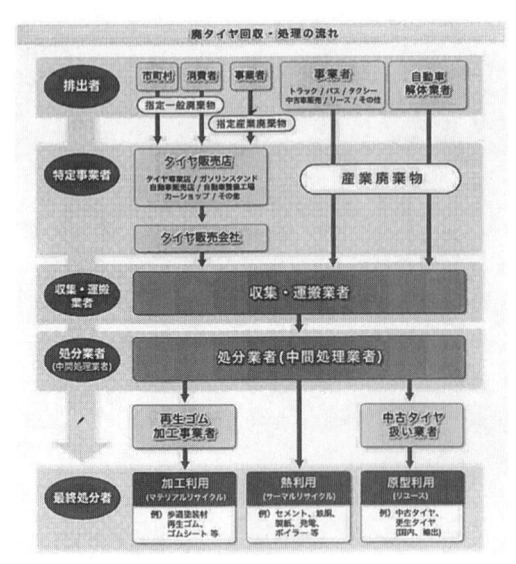

図 9.3.11 タイヤのリサイクルフロー[20]

図 9.3.12 タイヤによるのり面保護[22]

図 9.3.13 EcoFlex による土留め壁

図 9.3.14 タイヤシュレッズの締固め

チップを寒冷地での特殊舗装材として利用したり，凍上防止用の裏込め充てん材としての活用があった[21]．

b. 地盤材料としての活用

廃タイヤの地盤材料としての活用方法としてそのままのタイヤ形状，15 cm くらいに切断したシュレッズ，切断破砕したチップ，の3種類がある．

タイヤ形状での活用実績としては，図 9.3.12 に示すようなのり面保護がある[22]．タイヤのもつ形状安定性とクッション性，さらに引張強さを活用した方法で，廃棄物処分場の遮水シート保護に24000本のタイヤが活用された．海外での活用実績として，EcoFlex がある．図 9.3.13 のように，タイヤを縦に積み重ねて急傾斜の土留め壁を構築する方法であり，同様の検討はわが国でも進められつつある[23]．

米国では，タイヤシュレッズと呼ばれる切断タイヤ材の活用が進められている．タイヤシュレッズは，現場または専門加工場で製造され，100本のタイヤから1 m^3 が生産される．タイヤの密度は 1.02～1.27 t/m^3 で，土粒子などに比較して1/2以下の軽量な材料である．これを砂などと混合するか，そのままで利用することが可能である．タイヤシュレッズの転圧には，スチールホイールコンパクタなど，ビードワイヤーが触れても破損しない機械を使う必要がある（図 9.3.14）．転圧後の密度は 0.6 t/m^3 程度と，これも土に比べてかなり低い．締め固めていない場合の安息角は 40 度前後であるが，締固めによって 85 度となる．透水係数は 0.6～24 cm/s 程度と大きいが，荷重とともに変形し透水性が変化する[24]．

破砕タイヤには発熱性があり，6 m 以上積み上げると自然発火する可能性がある．これを避ける

ため，1層あたりの厚さは1〜3m以下にする必要がある．また，道路材として使用する場合には，初期に沈下を生ずるため，この沈下が完了するのを待って供用する必要がある[25]．

9.3.5 廃プラスチック

わが国では，年間1200万tのプラスチックが生産され，500万tが廃棄されている．廃棄量の44％は産業廃棄物であり，残りは一般廃棄物である．

廃プラスチックの主用途は，再生利用と熱分解による液体燃料化である．プラスチックは貴重な資源であり，製品へのプラスチックの種類と添加物の明示は，再生使用に不可欠である．

地盤材料用としては，プラスチックブロックや軽量地盤材料がある．前者は，15〜20MPaで圧縮して1.0〜3.0m³の大きさのブロックを製造するもので，これを擁壁やのり面の被覆に使用する．ブロックはワイヤーメッシュによって補強し，モルタルやアスファルトでコーティングする．密度は1.2〜1.4g/cm³である．後者は発泡ポリスチレン（EPS）を活用するもので，廃EPSを10mm以下に破砕した後，土，セメント，水と混合する．含水比の異なる2タイプが実用化されており，低含水比タイプは路盤や裏込め，高含水比で流動化したものは水中盛土，裏込め，水域埋立材などに利用されている．

9.3.6 金属スラグ

a. 概　要

鉱石や廃棄物などから金属を製造する場合，そこに含まれている不純物を取り除く必要がある．鉱石中にはケイ素やアルミニウムなどが，空き缶などの屑鉄には塗料やプラスチックなどが不純物である．一般には温度を上げてこれらの不純物を取り除く．不純物はスラグとして副成する．

スラグは金属の種類や処理工程によってさまざまな種類が知られる．もっとも一般的であるのは高炉スラグや転炉スラグなどの鉄鋼スラグであるが，そのほかにも銅スラグや鉛・亜鉛スラグなどが知られる．表9.3.6は，各金属別のスラグ発生

表9.3.6　各種スラグの発生量と有効利用率

スラグの種類		発生量（万トン）	有効利用率（％）
鉄鋼スラグ	高炉スラグ	2476	100
	転炉スラグ	993	100
	電気炉スラグ	349	99
銅スラグ		212	89
鉛・亜鉛スラグ		30	75

鐵鋼スラグ協会：2005，通商産業省環境立地局：1994

量と有効利用率である[26,27]．鉄鋼スラグは年間3800万トン発生しているが，廃棄物のなかで最も有効利用が進んでいる材料である．

b. 鉄鋼スラグの生成過程とその性質

製鉄には，高炉，転炉，電気炉の3種類の炉が使用されている．概要を図9.3.15に示すが，発生原単位はそれぞれ290kg/t，121kg/t，123kg/tである．スラグは1500℃以上の高い温度で排出されるが，その冷却方法によって，徐冷（空冷），半急冷，急冷（水砕）に分類できる（図9.3.16）．徐冷は溶融状態のスラグをヤードや受鍋中に流し込んでそのまま気中で冷却し，機械的にクラッシングする方法で，できあがったスラグは結晶質の大きな塊となる．半急冷では受鍋などにスラグを流し込んだ後に水を噴霧して破砕・冷却しており，半結晶質で10cm程度までの塊状のスラグが得られる．急冷処理では溶融スラグを水中に落とし込んで破砕・冷却する方法で，ガラス質の細かい粒子が得られる．高炉スラグに関しては2005年度の実績で急冷80％，徐冷20％であり，半急冷スラグはほとんど生産されてない[26]．

スラグの成分はその工程中に添加される成分によって変化する．表9.3.7に代表的な化学組成を示す[28]．スラグの主成分は安定している．高炉では鉄鉱石にコークス，石灰石を投入して還元状態で加熱している．すると鉄鉱石中に含まれていたケイ素やアルミニウムなどの酸化物が銑鉄上に遊離する．このスラグ中には，石灰石の熱分解によって生じた酸化カルシウムや硫化鉄が還元されるときに発生するイオウなども含有されることにな

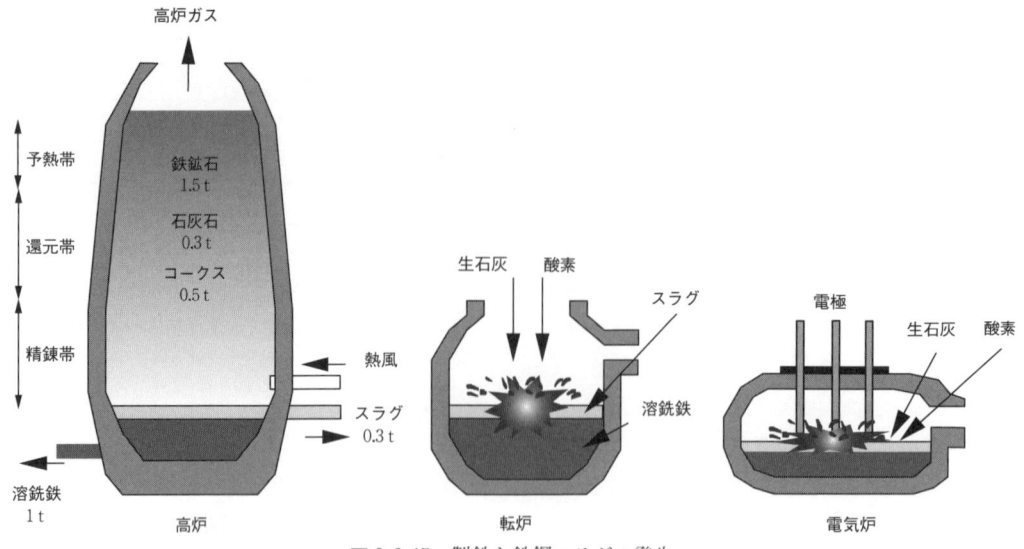

図 9.3.15 製鉄と鉄鋼スラグの発生

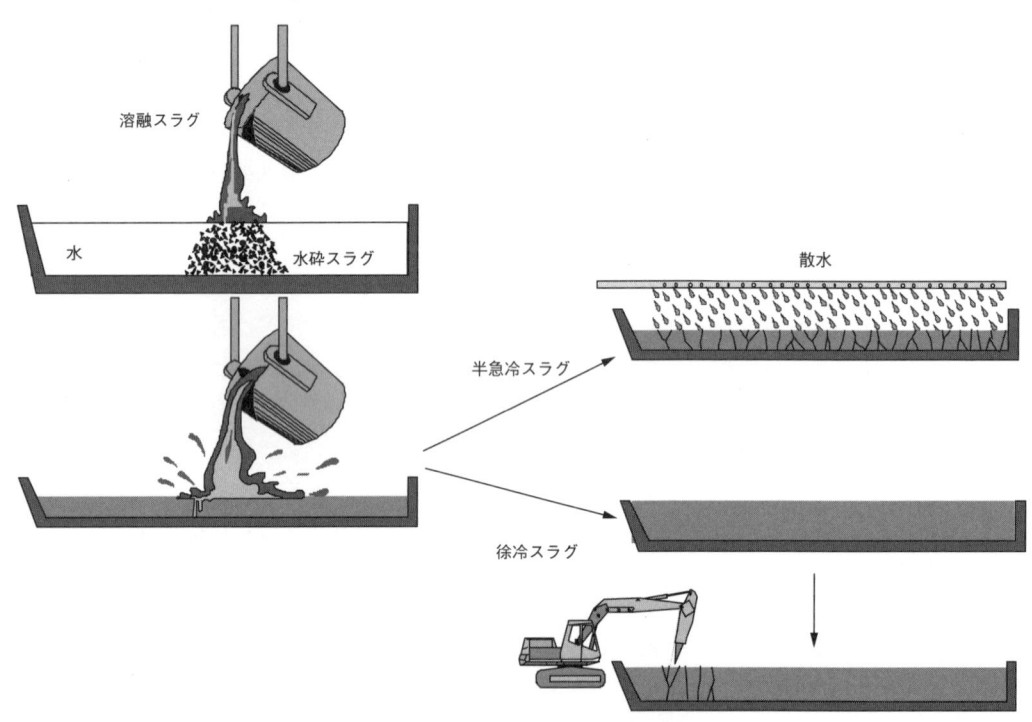

図 9.3.16 鉄鋼スラグの製造工程

る．たとえば，高炉スラグ中には硫化カルシウムが含まれる．これは水と反応して硫化水素を発生するほか，黄色水を発生する．これを防止するため，1～3 カ月間野外に放置し安定化（エージング）させる[28]．

転炉工程は銑鉄中に含まれる炭素やイオウなどの不純物を除去する．溶融銑鉄に石灰石やドロマイトと一緒に酸素を吹き込むとこうした不純物が酸化されスラグとして分離する．転炉では鉄も一緒に酸化されるため高炉スラグに比較して鉄分が多くなり，ケイ素酸化物やアルミニウム酸化物は少なくなる．

表 9.3.7 スラグなどの化学成分例

スラグの種類		成分（％）							
		SiO$_2$	CaO	Al$_2$O$_3$	Total Fe	MgO	S	MnO	TiO$_2$
高炉スラグ		33.8	42.0	144.4	0.3	6.7	0.84	0.3	1.0
転炉スラグ		13.8	44.3	1.5	17.5	6.4	0.07	5.3	1.5
電気炉スラグ	酸化スラグ	17.7	26.2	12.2	21.2	5.3	0.09	7.9	0.7
	還元スラグ	27.0	51.0	9.0	1.5	7.0	0.50	1.0	0.7
山土		59.6	0.4	22.0	—	0.8	0.01	0.1	—
安山岩		59.6	5.8	17.3	3.1*	2.8	—	0.2	0.8
普通ポルトランドセメント		22.0	64.2	5.5	3.0**	1.5	2.0***	—	—

*FeO として，**Fe$_2$O$_3$ として，***SO$_3$ として
（鐵鋼スラグ協会：1997 ほか）

電気炉は屑鉄などのリサイクルを目的としており，アークなどの電気エネルギーによって鉄を得る．工程はすこし複雑で，まず石灰石を添加して酸素を吹き込みながら不純物を除去する．ここで発生するのが酸化スラグであり，その性質は転炉スラグと似ている．続いて，吹き込まれた過剰の酸素をアルミニウムやコークス粉で還元除去する．この際に発生するのが還元スラグである．この工程でも生石灰などが添加されるため，還元スラグ中には多量のカルシウム酸化物が含まれている[28]．

転炉・電気炉スラグには膨張して崩壊する性質がある．これは，成分中の遊離石灰とダイカルシウムシリケートによると考えられている．これを防止する目的で 6 カ月以上のエージングが必要とされている．

鉄鋼スラグからの主な溶出成分としては，前述のようなイオウ化合物や，三価の鉄イオンなどがある．プロセスによってはフッ素が溶出するケースがある[4]．これは溶融助剤として蛍石を添加しているためと考えられる．使用に先立って，溶出の有無を確認しておく必要がある．

c．鉄鋼スラグの用途概要

表 9.3.8 に鉄鋼スラグの用途を示す[26]．セメント原料と地盤材料しての活用が多い．転炉・電気炉スラグでは肥料への利用がある．これは成分中の鉄が根腐れ防止に効果があり，またカルシウム酸化物が酸性土壌を改良できるためである．転炉・電気炉スラグともに道路材料としての利用は高く，20％を超えている．寒冷地での利用についても検討されており，問題はない[30]．

近年，新しいスラグ細骨材が開発されている[31]．この材料は溶融状態のスラグを回転羽根で吹き飛ばして細粒化し，冷却して製造したもので，適度な結晶性を有している．高い粒子密度をもつ球形細骨材の特性を活かした土木・建築資材としての利用が期待されている．

各種の工程から排出されるスラグはそれぞれ粉砕・分級されて利用される．このうち，粗粒部分の利用方法の代表例として締固めによる道路や盛土への適用がある．

アスファルト舗装要綱および JIS A 5015 道路

表 9.3.8 鉄鋼スラグの用途（鐵鋼スラグ協会：2005）

	用途（％）							
	道路	セメント	土木全般	骨材	加工用	再使用	その他	埋立て
高炉スラグ	16.1	65.0	4.2	12.5	0.0	0.0	2.3	0.0
転炉スラグ	22.2	4.0	51.8	0.3	27.7	16.7	1.6	0.8
電気炉スラグ	37.9	1.7	34.2	1.4	6.6	1.9	9.7	6.6

用スラグでは，スラグを HMS, MS, CS の3種類に分類している．表9.3.9 にそれぞれの仕様を示す．表9.3.10 はそれぞれの鉄鋼スラグの物性値である．いずれも高い CBR と大きな最大乾燥密度を示す．

高炉水砕スラグを水域への埋立材として利用する際の強度特性が検討されている[32]．水砕スラグの粒子密度は 2.7 程度であり，水中で埋立てたときの乾燥密度も $1.1 \sim 1.2 \, \text{g/cm}^3$ 程度で，さほど高くない．埋立て直後の N 値は $1 \sim 5$ と低い．透水係数は $10^{-2} \, \text{cm/s}$ のレベルである．この強度は材齢とともに大きくなり，1年後には 20 程度まで増加している．同様の強度増加は軟弱地盤上のサンドマットとして実際に利用されたケースでも確認されており，埋立て直後の N 値 3 が1年後に 8 に増加している[32]．両ケースともに，透水係数は減少していないことが確認されている．

水砕スラグの強度増加方法として，消石灰などのアルカリ刺激剤の添加が有効である．5% の消石灰を添加した場合，水砕スラグのみの粘着力 100 kPa が 600 kPa まで増加できる[34]．

水砕スラグのもつ潜在水硬性を活かし，セメントなどと混合した材料を浅層や深層の混合処理に適用されている．また，転炉スラグ中に含まれる石灰のもつ特性を活かして，ヘドロや浚渫土の安定処理に利用する方法も検討されている[35,36]．表9.3.11 は室内試験の結果であり，材齢28日で地盤として十分な強度が発現している．また，サン

表 9.3.9 JIS に規定される道路用鉄鋼スラグの種類と粒度

種類	呼び名	粒度範囲 (mm)	用途例	ふるい通過質量（%）									
				53 mm	37.5 mm	31.5 mm	26.5 mm	19 mm	13.2 mm	4.75 mm	2.36 mm	425 μm	75 μm
水硬性粒度調整鉄鋼スラグ	HMS-25	25〜0	上層路盤	—	—	—	95〜100	—	60〜80	35〜60	25〜45	10〜25	3〜10
粒度調整鉄鋼スラグ	MS-25	25〜0	上層路盤	—	—	—	95〜100	—	55〜85	30〜65	20〜50	10〜30	2〜10
クラッシャーラン鉄鋼スラグ	CS-40	40〜0	下層路盤	100	95〜100	—	—	50〜80	—	15〜40	5〜25	—	—
	CS-30	30〜0	下層路盤	—	100	95〜100	—	55〜85	—	15〜45	5〜30	—	—
	CS-20	20〜0	下層路盤	—	—	—	100	95〜100	60〜90	20〜50	10〜35	—	—

表 9.3.10 鉄鋼スラグ路盤材の物性（鐵鋼スラグ協会：1997）

スラグの種類			物性				
			最適含水比（%）	最大乾燥密度 (g/cm^3)	修正 CBR（%）	単位体積質量 (g/cm^3)	膨張安定性（%）
高炉スラグ	HMS-25	上層路盤用	9.6	2.20	170	1.76	—
	MS-25	上層路盤用	8.9	2.22	184	1.79	—
	CS-40	下層路盤用	8.8	2.16	145	1.78	—
	CS-30	下層路盤用	9.4	2.17	140	1.74	—
製鋼スラグ	HMS-25	上層路盤用	8.6	2.40	194	1.98	0.25
	MS-25	上層路盤用	9.2	2.37	159	1.91	0.63
	CS-40	下層路盤用	9.9	2.23	149	1.83	1.13
	CS-30	下層路盤用	8.0	2.50	127	2.03	0.50
	CS-20	下層路盤用	6.3	2.50	130	2.11	0.96

表 9.3.11 ヘドロ改良への転炉スラグの利用

配合			物性 一軸圧縮強さ（kPa）							
山土	ヘドロ	転炉スラグ	0日	2日	5日	13日	28日	60日	90日	180日
1	1	2	69	247	308	417	584	509	431	496
1	1	1	53	195	220	295	364	332	355	391

ドコンパクションやサンドドレーン用の砂質材料として利用されている.

d. 地盤材料としての鉄鋼スラグ利用事例

転炉スラグによる配管の埋戻しが報告されている[36]. 従来の山砂では充てん性が悪く, 埋戻し後に沈下を生ずるなどの問題があった. これを解決するため, 転炉スラグ (0～10 mm) と高炉水砕スラグとを 1：1 で混合した材料を使用した. 室内試験によってコーン支持力を比較した結果, 潜在水硬性などによりスラグ混合物の強度が高くなることが確認できた (図 9.3.17). これを受け, 合計で 1200 m³ のスラグ混合材が使用された.

ほかの廃棄物との複合利用事例もある. 流動床フライアッシュと鉄鋼スラグを混合し, 上層路盤として活用した事例である[38]. 転炉スラグ, 高炉スラグから成る材料に 3～7％の流動床フライアッシュを添加すると強度改善する. これを上層路盤として適用すると, 施工後 1 カ月でコアーサンプリングが可能なレベルに強度が増加し, 3～6 カ月でたわみ量が安定する. 表 9.3.12 は流動床フライアッシュの有無による差異であり, 強度が大幅に改善されていることが確認できる.

9.3.7 都市ごみ溶融スラグ

a. 概 要

2004 年 (平成 16 年) 度の一般廃棄物発生量は 5059 万トンである. 1 日あたりのごみ排出量は 1086 g/人 となる. このうちの 77.5％, 3914 万トンが焼却されている[39]. 焼却処理は埋立時の減容化が主目的であるが, 衛生面からも好ましいと考えられる.

焼却によって発生する灰の性質は原料となるゴミが多様なため大きく変動する. また焼却条件により, ダイオキシン類の発生も懸念される. こうした理由で, 焼却灰の利用も難しかったが, 近年, エコセメントの製造に用いられるようになっている[40].

焼却灰を加熱してゆくと, 焼結～溶融状態に変化する. 図 9.3.18 は建設汚泥を加熱処理した際の状況である. 焼却灰でもこれと同様の変化が起きる. 加熱溶融処理により溶出成分もほとんどなくなり資源としての価値も向上する. 2004 年 (平成 16 年) 度の段階で, 全国に 79 施設 414 万トン／年の溶融処理施設があり, 今後も多くなると考えられる. ここでは, 都市ごみ焼却灰の加熱処理と, 溶融スラグの用途について述べる.

b. 加熱処理の方法

廃棄物の焼却には, 以下のような方式がある.

（i）ストーカー式：ごみを火格子からの熱風によって, 乾燥～燃焼～後燃焼させるシステム. 比較的大きな燃焼スペースを取るが, 安定した焼却ができる. ストーカーの種類によってさまざまな形式に細分類される.

（ii）流動床炉：加熱した砂を炉底から吹き込む熱風によって流動化させ, そこにごみを投入し

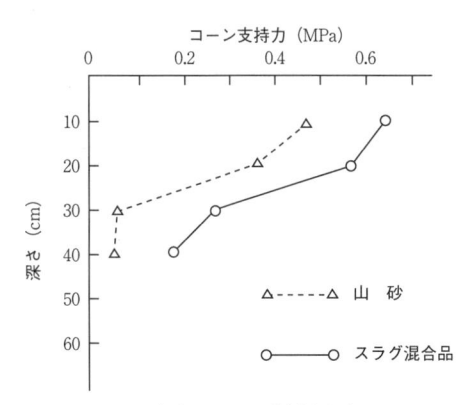

図 9.3.17 転炉スラグ／高炉水砕スラグ混合品の強度

表 9.3.12 スラグ路盤の性状と流動床フライアッシュの効果

試験項目 \ 種類	HMS-25	
	フライアッシュ添加	フライアッシュ無添加
一軸圧縮強さ (MPa)	15～18	5～6
変形係数 (MPa)	4600～5400	1100～1500
等値換算係数	0.82～0.85	0.64～0.67

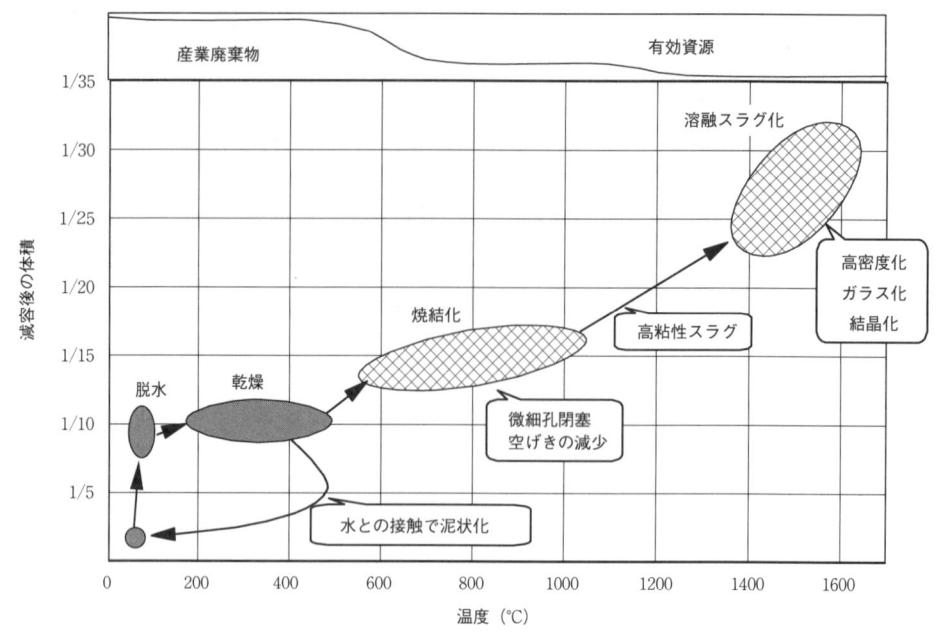

図 9.3.18 建設汚泥の処理温度と性質の変化

て焼却する．低温で燃焼できるため排ガス中の窒素酸化物が少なく，またイオウ酸化物は同時に投入する石灰石やドロマイトによって炉内で除去できる．

（iii） 直接溶融炉：ごみを焼却させながら同時に溶融するシステム．石炭やコークスとともに高炉状の燃焼炉に投入して乾燥～燃焼～溶融させるタイプや，ごみを加熱炉と旋回炉を経由して熔融させるガス化溶融炉がある．

また，焼却灰の溶融としては，電気エネルギーを使用するアーク，プラズマ，誘電加熱などの電気溶融法，ガスやコークスなどのエネルギーを使う表面溶融，ロータリーキルン，コークスベッドなどの燃料燃焼溶融炉がある．

c. 性　　質

図 9.3.19 に，徐冷により製造した都市ごみ溶融スラグを示す．成分調整などを経ているため，天然石材と同等の質感が得られている．

スラグの性質は，（財）廃棄物研究財団がまとめた「スラグの有効利用マニュアル[41]」に詳しくまとめられている．以下のポイントを記する．

（i） 水砕スラグ：粒子密度 2.7 程度．修正 CBR 値は 19% 程度．ガラス質であるため，脆く

図 9.3.19 徐冷により製造した都市ごみ溶融スラグ

割れやすい．有害物の溶出はほとんどない．

（ii） 徐冷スラグ：粒子密度 2.8 程度．修正 CBR 値は 50% 程度．結晶度の上昇により割れにくい．有害物の溶出はほとんどない．

表 9.3.13 は道路用砕石としてのスラグの適合性をまとめており，徐冷スラグが合致している点が確認できる．都市ごみ中には金属類も含まれることがある．溶融処理は還元雰囲気で進むことが多く，酸化している金属も還元された状態で排出される．水砕では金属が分離した状態で排出されるが，徐冷スラグではスラグ中に混在して排出さ

表 9.3.13 道路用砕石としてのスラグの適合性

	I種			II種		
	規格	水砕	徐冷	規格	水砕	徐冷
絶乾比重	≧2.45	○	○	—	—	—
吸収率（%）	≦3	○	○	—	—	—
すりへり減量（%）	≦35	△	○	≦40	△	○
粒度分布	—	△	○	—	△	○

○；スラグ単独で規格値を満足
△；他材料との混合で規格値を満足

れる．利用に際してエージングなどの処理が必要な場合もある．

都市ごみ溶融スラグの化学的性質は，原料となる廃棄物の性質により大きく異なる．たとえば，剪定枝は秋に多くなるし，春には引っ越しによる粗大物などが増える．季節変動を考慮した利用計画が必要である．

まとめ

今後，廃棄物処分場の確保がますますむずかしくなる．また，天然資源の使用にも限りがある．廃棄物の処分費やバージン材のコストが増加すると，建設材料コストは将来的に増加することが容易に予測できる．こうした状況が一般の人々にも理解されるようになり，地盤材料としての廃棄物の活用は市民権をもつようになると考えられる．

現時点では，リサイクルコストが高すぎて経済的に天然資源に劣るとしても，循環システムの完備により徐々にその差は縮まり，社会的にも評価されるようになるであろう．その際に長期的な物性は確保できているであろうか．再リサイクルに不都合な状態になっていないであろうか．自然破壊を最低限に抑え，快適空間を創造するために，地盤工学の分野が努力を続ける必要がある．

（堀内澄夫）

参考文献

1) 三枝富士男：フジテクノシステム，p.2, 1980．
2) 篠崎貞行：石炭利用技術情報，16-11(180), 8, 1995．
3) 石炭利用総合センター：平成5年度環境審査等調査（石炭灰有効利用調査）報告書，1994．
4) Horiuchi, et al.: Soild and Foudations, 35(1), 1, 1995.
5) 堀内澄夫ほか：清水建設研究報告，39, 1, 1984．
6) Kawasaki, et al.: J. Material Engineering, 4(2), 134, 1992.
7) 秋谷ほか：土木施工，27(6), 81, 1986．
8) 塩谷ほか：土と基礎，40(12), 29, 1992．
9) Horiuchi, et al.: Waste Materials in Construction, Elsevier Science Publishers, pp. 545-552, 1991.
10) アッシュコラム工法，住友建設．
11) ポゾテック，土木研究センター：技術審査証明第0609．
12) 三木五三郎：材料，19(205), 900, 1970．
13) EPRI: EPRIFP-1257, 1979.
14) Horiuchi, et al.: J. Materials in Civil Eng. ASCE, 4(2), 117, 1992.
15) Yanagihara, et al.: Coastal Geotechnical Engineering in Practice, p. 763, 2000.
16) Horiuchi, et al.: Waste Materials in Construction, Elsevier Science Publishers, p. 545, 1991.
17) 堀内澄夫ほか：第37回地盤工学研究発表会，p.669, 2002．
18) 今井五郎ほか：PS灰の土質材料開発研究検討委員会，p.1, 1994．
19) 矢内正洋ほか：第5回環境地盤工学シンポジウム，地盤工学会，p. 225, 2003．
20) 日本タイヤリサイクル協同組合：ホームページ，2007．
21) Japanese Goetechnical Society: Proc. of the Second Int. Congress on Environmental Geotechnics, p. 839.
22) 境　吉秀：コンサルタンツ北海道，91, p. 7, 2000．
23) 福武毅芳ほか：第5回環境地盤工学シンポジウム，地盤工学会，p. 189, 2003．
24) Humphrey: California Integrated Waste Management Board, 1997.
25) Humphrey, et al.: Coastal Geotechnical Engineering in Practice, p. 611, 2000.
26) 鐵鋼スラグ協会：http://www.slg.jp/, 2007．
27) 通商産業省環境立地局：産業環境ビジョン，通産資料調査会，pp. 134-169, 1994．
28) 鐵鋼スラグ協会：鉄鋼のスラグ，1985．
29) 嘉門雅史，乾　徹，宮城大助，勝見　武：鉄鋼スラグの地盤材料としての有効利用に伴うフッ素の溶出挙動とその環境影響の評価，京都大学防災研究所年報，No. 47 B, 2004．
30) 神谷光彦：寒冷地における電気炉スラグの道路材料への有効利用に関する研究，北海道電気炉スラグ有効利用会議．
31) 中部鋼鈑（株）：CKハイパーグリッド．
32) 西　勝，中村憲正，佐藤康文，山崎友二，南部光広：鉄鋼スラグ地盤の諸特性観察結果（その2），第17回土質工学研究発表会，pp. 2649-2652, 1982．

33) 山本利繁, 福原大輔, 山崎友二, 北森一郎, 南部光広：埋立地における水砕スラグの地盤特性, 第18回土質工学研究発表会, pp. 1585-1588, 1983.
34) 山本親志, 森本進史, 冨永省平, 河野伊一郎：硬質水さいスラグの土木用材への適用基礎試験, 第16回土質工学研究発表会, pp. 1629-11632, 1981.
35) 知多開発：ヘドロ改良工法.
36) 金川 淳, 桑山 忠：鉄気炉還元スラグによる浚渫土の土質改良現地実験, 建設用原材料, 7(1), 27-32, 1997.
37) 新日本製鐵（株）名古屋製鐵所：高炉スラグ砕石の有効利用実例集, 1982.
38) 神戸製鋼：神戸製鋼の上層路盤材.
39) http://www.env.go.jp/recycle/waste/ippan/ippan_h16.pdf
40) http://www.ichiharaeco.co.jp/
41) （財）廃棄物研究財団：スラグの有効利用マニュアル, 1999.

10. 廃棄物の最終処分と埋立地盤

10.1 廃棄物の最終処分システム

10.1.1 最終処分場の機能と構造
a. はじめに

国民の廃棄物（とくに産業廃棄物）に対する不信感は，近年ますます募り地域紛争を激化させ，これに対応して行政の規制が強化され，最終処分場などの立地がますます困難になり，その結果不法投棄などを招き，住民の不信感をさらに高めるという悪循環が生じている．

このような悪循環の背後には，国民の見えないものに対する恐怖の増幅があるように思われる．つまり，最終処分場の実態，ひいては廃棄物の流れが国民にはよく見えていないがために，不安感をもっているのではないか．この不安を取り除くためには，廃棄物の発生から最終処分までのプロセスの透明化，つまり流れの定量的把握と質のリスク評価をきっちりとする必要がある．

本節ではとくに，最終処分場の透明化，つまり技術的側面として安全性の向上と，社会的側面としての情報公開，住民参加などによる信頼性（安心）の確保が必要なことを述べる．

安全，安心は，対象がよく見えてこそ初めて議論できることである．つまり，よく見えるために，最終処分場をシステムとしてとらえる必要がある．具体的には，最終処分場の問題を，廃棄物管理のなかの最終プロセスとしてとらえる．つまり，最終処分場機能を計画・設計・施工・維持管理の全体の流れのなかで検討して，立地計画・施設整備計画（設計・施工）・維持管理計画の総合計画をリスク管理の観点から策定するというシステム化の考え方を述べる．

つぎに，最終処分場を土木構造物としてとらえ，リスク管理，便益，住民参加のキーワードと関連した「地域融和型」の最終処分場[1]について述べる．ただし，土木構造物がおかれている「場」としての，地盤環境の工学的特性については，次節以下で詳述する．

b. 土木構造物としての最終処分場

最終処分場を計画する場合，処分場に起因するリスク管理と立地に関する住民との合意形成が重要な課題となってくる．その場合，処分場を「土木構造物」すなわち自然環境における「人工の器」として位置づける必要がある．

つまり，地形・地質・地下水などの基礎調査を十分に行い，適切な場所に十分な処分容量を確保し，環境保全対策，地域還元を考慮した施設として処分場を整備する．そのためには，廃棄物の適正処理が，量（処分場の確保）と質（リスク管理）の両面で行えるような処分場の確保を目指し，立地計画を長期的な都市計画，および廃棄物計画のなかで位置づけ，環境保全対策のためのリスク管理と，跡地利用，地域還元などの便益性の住民合意のための配慮とを計画のなかで合理的にバランスさせていく必要がある．

また，ここでいう「量の問題」とは立地選定と住民合意が主要な課題であり，これらは，廃棄物の減量化と関連し，とくに住民合意については前提条件として発生抑制とリサイクルを行うことにより対応が可能である．また，「質の問題」とは廃棄物そのものの"流れ"の管理であり，処分場の"場"としての機能に関係づけられる．すなわち，流れと場をつなぐ部分として処分場の受入れチェックシステムが位置づけられ，とくに受入れのための最終処分基準の考え方，およびその設定の仕方がリスク管理の重要な課題となる．これらは，上流側に向かっての制御，つまり処分場への受入れチェック，さらに有害物質の生産・流通・

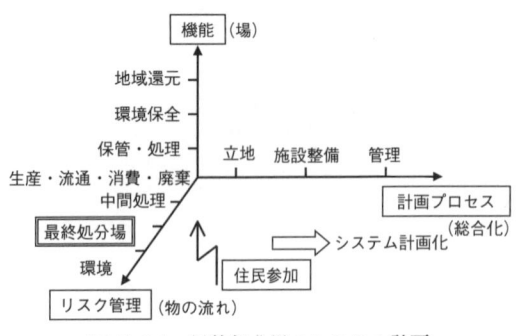

図 10.1.1 最終処分場のシステム計画

使用・廃棄などの各段階での管理強化により対応が可能である．

以上のことを考慮すると，図 10.1.1 に示すように，最終処分場の問題をシステムとして把握し，計画策定に結び付けていくためには，まず，廃棄物の質と量の両面から考え，評価視点として，機能・リスク管理・計画プロセスの 3 項目（軸）から考える必要がある．

c. 安全・安心な地域融和型最終処分場

「よい処分場」とは，地域に受け入れられる処分場でなければならない．そのためには，図 10.1.2 に示すように，技術的側面と社会的側面の両面から検討される必要がある[2]．つまり，技術的側面からは，まず土木構造物としての要件を備え，環境への配慮として適正なリスク管理がなされる必要がある．つぎに，社会的側面として，地域へのマイナスを補うプラス面としての利益も配慮して地域還元策（便益）が講じられ，住民が計画に対して主体的に参加できるようにする必要がある．

「地域融和型」の定義を，図 10.1.3 に示している[3]．土木構造物，リスク管理，便益（地域還元），住民参加がキーワードであり，図 10.1.2 で示したように，地域に受け入れられる処分場が満たすべき要件でもある．

地域融和型とは，地域すなわちコミュニティに受け入れられるという意味である．地域には，それぞれ地域特性としての歴史，文化，政治，経

『地域融和型』のシステム計画

地域融和型＝「土木構造物」＋「リスク管理」
　　　　　＋「便益」＋「住民参加」

システム計画とは，最終処分場の問題をシステムとして把握し，処分場機能を計画・設計・施工・維持管理の全体の流れの中で検討して，立地計画・施設整備計画・管理計画の総合計画をリスク管理の観点から策定することである．

処分場機能＝「保管・処理」＋「環境保全」＋「地域還元」

図 10.1.3 地域融和型の定義とシステム計画

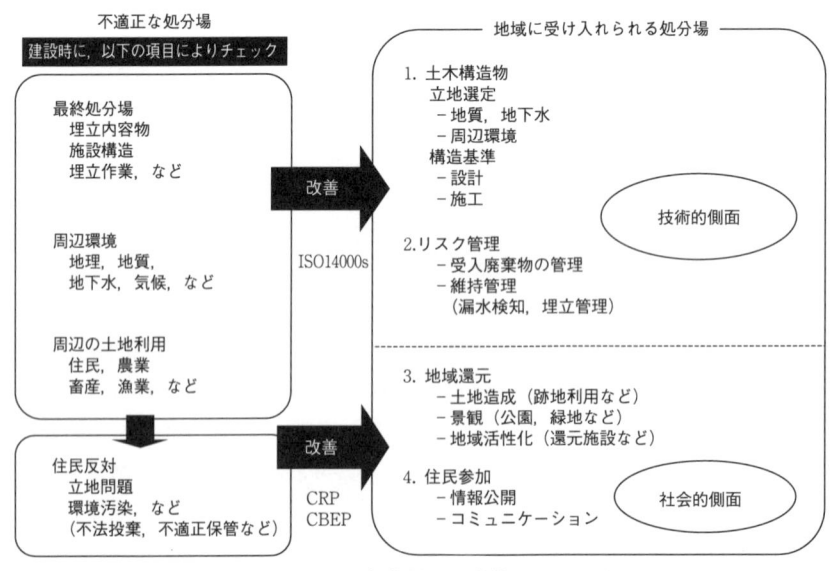

図 10.1.2 よい処分場への改善のイメージ

済，地理・地形などの，コミュニティの特徴がある．これらの社会的側面を考慮したうえで，処分場の安全性について技術的側面から詳細に検討し，地域住民の信頼を得る必要がある．地域融和型としての処分場は，この意味においては，Community-Based Landfill（以下，CBLと記す）とも呼べる[2]．

10.1.2 最終処分場のリスク管理

地域に受け入れられる処分場であるためには，処分場がきちんとリスク管理されてなければならない．しかし，リスク管理におけるリスクという言葉は，意外とあいまいなまま観念的に使われていて，明確な定義がなされていないように見受けられる．

図10.1.4に，リスクの主観的および客観的定義を説明している．基本的には，リスクは影響の度合い（たとえば，主観的には有害物質漏えいによる健康懸念であり，客観的には定量的な有害物質濃度である）と，それが生起する確率の積として定義される．このとき，生起確率は，主観的には限りなく1に近い確率と感じられることが多い．一方，客観的には，生起確率は，正確に述べると発生確率（たとえば遮水工の損傷確率）と波及確率（漏出有害物質の人体への移行・摂取確率）との積で表現されるが，一般には定量的計測による予測は困難である．

このように，住民はリスクを主観的リスクとして，心理的にとらえやすい．したがって，専門家は科学的方法で客観的リスクを算定し，主観的リスクとのギャップをわかりやすい言葉で合理的に翻訳・説明するというリスクコミュニケーションが必要である．このための努力が，行政（事業者）と住民の相互からなされないと，処分場の立地はますます困難になるだろう．また，マスコミの正確な情報伝達と普及啓発の役割は，大きいものと考えられる．

処分場に関しては，もし廃棄物中に有害物質（化学物質，重金属など）を含んでいる場合（ふつうは受入れチェックされる）には，その主要な移行経路の一つ（図10.1.5参照）であり，最終バリアとして位置づけられる．これは，処分場の三つの機能（保管・処理，環境保全，地域還元）のうち，とくに環境保全機能が重要であることを示している．

つまり，処分場の環境保全機能を何らかの形で

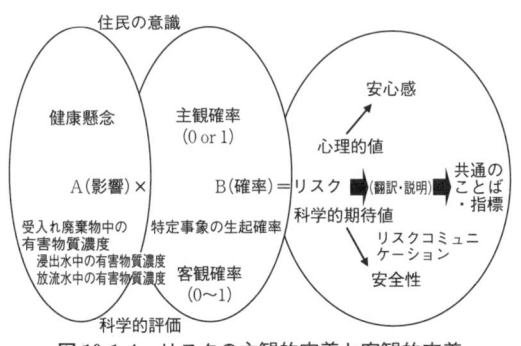

図 10.1.4 リスクの主観的定義と客観的定義

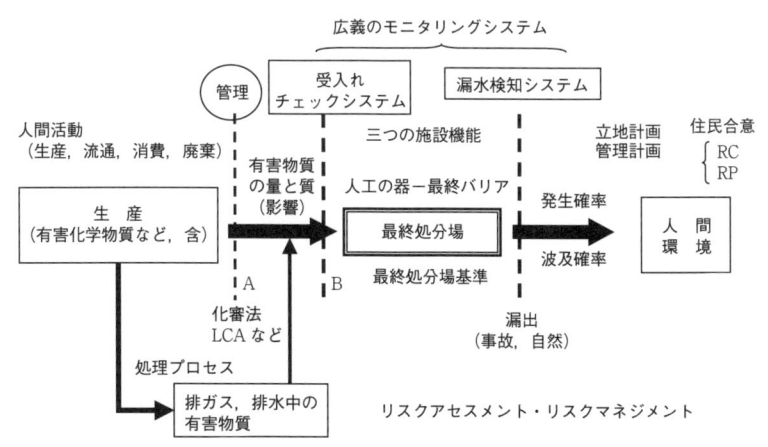

図 10.1.5 最終処分場のリスク管理の考え方

管理する必要があり，その手法としてリスク管理があげられる．ここであげているリスクに関する概念とは，たとえば発がんリスクなどの確率的影響は，動物実験を基礎としたリスク評価の用量-反応関係では原点を通る曲線となり，リスクをゼロとするには用量をゼロにする必要がある．しかし，用量をゼロにすることが現実的には不可能であれば，合意が得られるようにリスクの存在のもとで，社会的に受容されるような健康リスクレベルを設定する必要がある．しかし，現在処分場で問題となっている処分場からの浸出水漏出に関しては，周辺住民がリスクをゼロにする要求を行っている．これは，前述の用量-反応関係から，用量をゼロ（浸出水が1滴も漏れないこと）にすることであり，これは非現実的である．

そこで，処分場に関してもリスクの概念を適用し，処分場の管理のあり方について提案する必要がある．ここで，リスクの概念を応用した処分場の管理の考え方を述べる．リスクはいろいろな定義があるが，生起確率（発生確率×波及確率）とその結果生じる影響の積であると考えると，以下の二つの戦略が有効となる[7]．

① その有害性に応じて優先度を設定することにより，処分場にもち込まれる有害物質を選択し，制限すること（影響を小さくする）．
② 処分場から環境への漏出が起こりにくくし（発生確率を小さくする），漏出した場合，それを迅速に検知すること（波及確率を小さくする）．

①の戦略に関しては，二つの異なった観点から議論される（すなわち，インターフェイスAとBの2点で考える．図10.1.5参照）．インターフェイスAは，生産の段階で有害物質を管理することの必要性を示している．この段階は，クロスメディア汚染の対策のために重要である製品アセスメントに関連している．とくに，有害化学物質の管理において，すべての化学製品は重大な影響を及ぼすかどうかLCA（ライフサイクルアセスメント）にもとづいて評価される必要がある．インターフェイスBは，処分場に搬入される有害物質をスクリーニングするためのチェックシステムの必要性を示している．このとき，二つの異なったシステムがチェックシステムのために要求される．一つは前もって安全性を保証する，受入れの仕組としてのソフトウェアタイプのシステム（たとえば，マニフェストシステム）である．もう一つは，受入れ許容基準が満足されるかどうかを迅速に試験し判断する溶出試験などのハードウェアタイプのシステムである．

つぎに，②の戦略は，処分場からの発生/波及確率をいかに減少させるかという問題として議論される．環境への曝露アセスメントは重要な手段である．なぜならば，処分場は事故によるあるいはゆっくりした自然浸出による，有害物質の漏出の潜在的な確率をもっているからである．これらの場合において，曝露シナリオの方法は有効な手法である．シナリオを設定する方法は，アセスメント業務を発生源や放出に関する情報に集中させ，運命予測のためのアプローチの数を制限したり，考慮されるべき対象物質の数を制限するはたらきをする．もう一つの重要な問題として，処分場の漏出を制御する遮水システムの計画と設計がある．漏出を制御する遮水システムのいくつかの代替案を議論し，リスクの概念を用いて選択する手法の開発が必要である．

また，処分場の構造として，一応このようなリスク管理の考え方に沿って，現在は安定型・管理型・遮断型の3区分がなされている．しかし，これらの区分については，処分場のあるべき姿から安全性・信頼性の向上が図れるようさらに検討される必要がある．同様に，リスクの観点から，処分場の保管・処理機能についても再検討の必要がある．半永久的な保管施設としての処分場は，適切な場所に設置されるべきである．

10.1.3 最終処分場のシステム化

a. システムの考え方

以下の議論を明確にするために，最初にシステムの定義を述べる．すなわちシステムとは，①二つ以上の要素からなる，②相互に関係がある，③全体として目的がある，④時間の流れがある，の四つの条件を満たすことである[4]~[6]．

処分場にかかわる複雑な問題を，見通しよく解決するためには，処分場をシステムとしてとらえる必要がある．以下に，処分場をシステムとして定義したときに，先述のシステムの定義である四つの条件が，どのように解釈されるかを述べる．

まず，「二つ以上の要素」として，ハードにかかわる要素として，遮水工，貯留構造物，浸出水処理設備などがあり，ソフトにかかわる要素として，計画・設計・施工・維持管理に関連する情報や，廃棄物の受入れチェック・モニタリングなどに関連する情報が考えられる．処分場の要素はハード主体に考えられがちだが，ハードが有効に機能するためには，ソフトとしての情報も同等に重要と認識すべきである．

つぎに，「各要素は相互に関係がある」とは，処分場がシステムとして有機的に機能することである．処分場の機能として，①保管・処理，②環境保全，③地域還元の三つがあげられる．保管・処理の機能は，将来的には，保管と処理のそれぞれ単独の機能だけをもつ二つの処分場に分けて考えられるかもしれない．なぜなら，例えば，脱焼却（ダイオキシン対策など）の代替案として，分別された生ごみの微生物分解によるバイオガス化・コンポスト化は，処分場での処理機能といえるのではないか．一方，残渣物（やむ得ない焼却，微生物分解などによる）や，将来の潜在資源物（生ごみが除かれたプラスチック・紙などおよび不燃物）は，何らかの前処理がなされたうえで保管することも考えられる．ほかの環境保全機能，地域還元機能については，ここでは説明を省略する．

3番目の「全体としての目的」は，システムがもつべき目的である．システムとしての処分場が目指すべき方向として，処分場のあるべき姿の達成がある．処分場のあるべき姿としては，CBLを位置づけて考えている．また，前述の四つのキーワードが，目標達成における評価軸としての役割を果たすことになる．つまり，処分場のあり方を四つの視点から検討し，評価をすることになる．

最後の処分場システムの「時間の流れ」とは，目標達成の計画プロセスをいかに合理的，効率的に手順化するかということである．処分場建設のための計画・設計・施工・維持管理のプロセスに対応する．

b. 技術的側面と社会的側面からのシステム計画

図 10.1.6 に，CBL の評価軸と計画プロセスの関係を示している．この図から，処分場の技術的側面と社会的側面の関係がわかる．また，図中の CRP (community relation plan)，CBEP (community-based environmental protection) は，いずれも，地域に受け入れられる処分場（CBL）の社会的側面として，住民参加にかかわるものとして計画プロセスのなかで考慮されるべきものである．CRP は，スーパーファンドプログラムのなかで重要な位置づけにあり，CBEP は，廃棄物だけでなく広く環境問題に対して，地域固有の問題の解決には地域の条件を考慮した，地域密着型の住民参加のあり方をプログラムとして提示している[3]．

処分場のあり方を総合的に検討することが，最終処分場を地域融和型にもっていくことにつながると考えられる．すなわち，処分場の機能を支えるハードとしてのいくつかの要素技術と，ソフトとしての管理システムが有機的に結びついたトータルシステムとしての処分場を計画していくことが，今後ますます要求される．また，システム計画としては，技術的側面として，処分場の施設構造にかかわる設計・施工，維持管理などのハード

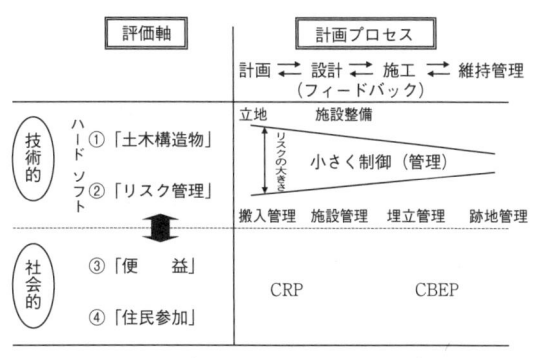

図 10.1.6 地域融和型の評価軸と計画プロセス

の問題（well-posed problem）を，計画プロセスのなかで中心に据えて考え，ハードのみならずリスク管理のソフトの問題（poor-posed problem）と，社会的側面として，住民合意などの人間の心理問題としてのハートの問題（ill-posed problem）を加えて，2側面から総合的に検討していくことが必要であろう．

まず，技術的側面として，ハードの土木構造物の観点から，施設立地選定・施設整備の計画プロセスでの構造的配慮によるリスク低減と，ソフトとしてのリスク管理の観点から，搬入管理・施設管理・埋立管理・跡地管理といった計画プロセスの管理によるリスクの制御がある．搬入された廃棄物がもっている潜在的なリスクの大きさを，土木構造物およびリスク管理の観点から，いかに小さく制御していくかが計画プロセスでの技術的課題である．

一方，社会的側面としては，コミュニティへの便益誘導と地域住民の計画への主体的参加が重要である．とくに，地域固有の問題の解決には，地域の条件を考慮した，地域密着型の住民参加のあり方を検討する必要がある．

また，技術的側面と社会的側面とを融合して，処分場の建設を事業経営としてとらえたとき，システム計画における計画プロセスの手順化とは，ISO（国際標準化機構）14000sでいうところの事業経営のためのマネジメントシステムといえる．つまり，処分場の建設事業を，システム計画のフレームでとらえて，トップダウン方式でいかに円滑に運営・管理するかということである．

10.1.4 最終処分システムのコントロール＆コミュニティ

地域融和型のめざすところとは，社会に受け入れられるように（コミュニティー化）するため，各種の条件に合わせて，廃棄物をコントロール可能な処分場で管理し，かつ，環境を保全するシステムを構築することである（図10.1.7参照）．このような機能をもつ処分場が地域融和型の処分場といえる（コントロールとコミュニティが行いやすい最終処分システム）[8]~[10]．本項では，地域融和型の定義と，その特徴であるコントロールとコミュニティとの関係について触れるとともに，処分場が「地域融和型」となるための要件と今後の課題について言及する．

a. 地域融和型とコントロール＆コミュニティの関係

図10.1.8に，地域融和型の定義とオープン型あるいはクローズド型処分場の関係を示す．クローズド型の処分場は，地域融和型の定義を満たし

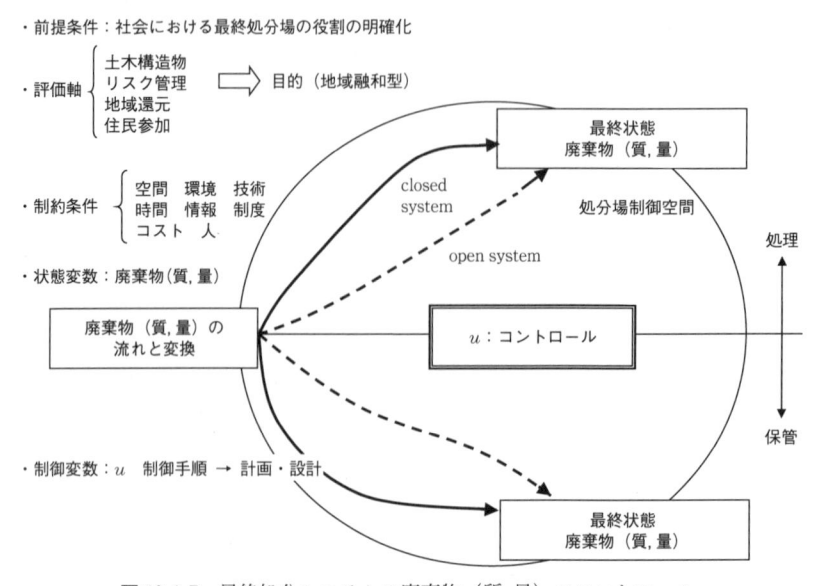

図10.1.7 最終処分システムの廃棄物（質,量）のコントロール

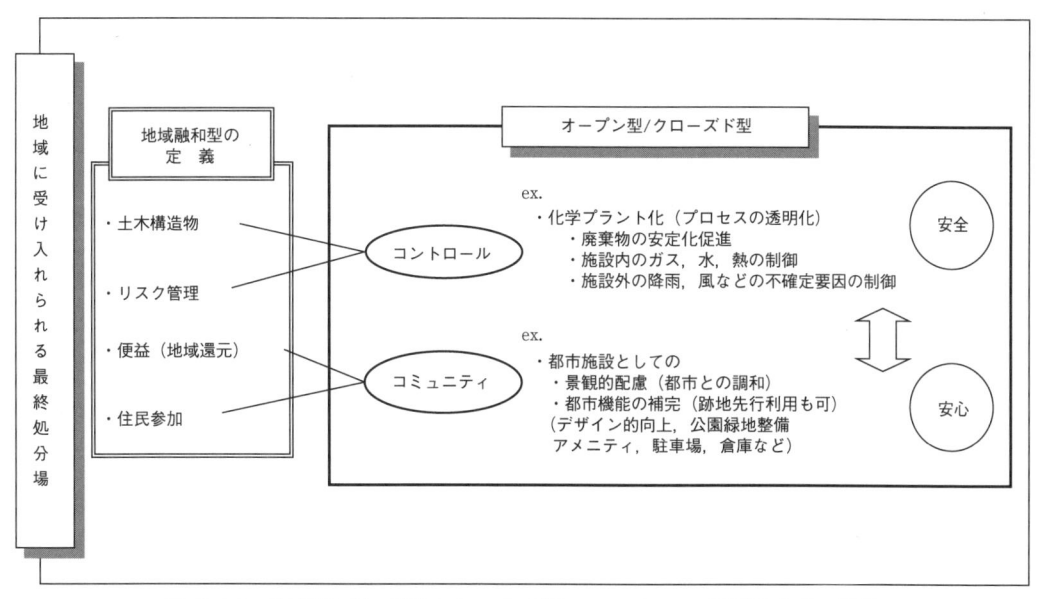

図 10.1.8 地域融和型の定義とオープン型あるいはクローズド型処分場の関係

やすい処分場の一つの形態であるが，従来型のオープン型の処分場に完全にとって代わるものではない．つまり今後は，廃棄物発生構造の変化や，リサイクル（生ごみ，容器包装，家電など），そして中間処理形態の変化による最終処分場に運び込まれる廃棄物の質や量の変化に応じて，オープン型とクローズド型の使い分けに関しての議論を行う必要がある．さらに，「何を処理（安定化）すべきか，何を保管すべきか」といった観点からも，最終処分場の位置づけを再考する必要があると考えられる．

地域融和型の定義である，「土木構造物（自然環境における人工の器）」と「リスク管理」は「コントロール」に対応しており，「便益（地域還元）」と「住民参加」は「コミュニティ」に対応している．「コントロール」とは，図10.1.7に示すように種々の評価軸や制約条件などに応じて，管理する廃棄物の性状，品質ならびにこれらの変化を把握して，安全に保管ならびに最適な状態に改質するよう制御することをいう．すなわち，処分場の安全性を確保するための技術的側面から見た基本的機能である．一方，「コミュニティ」とは，本来は地域社会を意味する言葉であるが，ここでは地域住民とのコミュニケーションならびに処分場への賛同も含めて，広い意味での地域社会との融和を意味するものである．すなわち，処分場に対する信頼性（安心）を確保するための，社会的側面から見た基本的要件であるといえる[2]．

b．最終処分場のコントロール＆コミュニティ

これまでのオープン型の処分場における問題点は，①浸出水処理施設や調整池の容量の関係で，廃棄物層内に浸出水を貯留せざるを得ない場合がある（一時的な豪雨時），②埋立作業が天候に左右される，③廃棄物の飛散，臭気の問題，④埋立終了後の跡地利用時期と方法の制限，⑤景観に影響がある，などが指摘されている．このような問題に対して，地域融和型の最終処分場では以下のような対応を考えていく必要がある．ⓐたとえば，覆蓋などにより雨水の浸入を排除し，また施設内からの廃棄物の飛散，臭気などを遮断できるなど環境管理が行いやすくする．ⓑ景観に悪影響を与えない．ⓒ埋立構造，埋立前処理および散水方法を工夫することで，廃棄物の安定化促進を行う．ⓓ資源物などの保管を目的とした場合には，その資源物の前処理を行う．ⓔ地域還元としての跡地および周辺の利用方法の検討を行う（たとえば，埋立貯留構造物を地下へ建設し覆蓋を設ける（人工地盤タイプ）ことによって，埋立作業と同

時に跡地利用が可能になる)．

クローズド型はオープン型に比べ，作業空間が閉鎖空間になることから，作業時の粉じんや発生ガス，臭気などによる労働者の作業管理にとくに注意を払わなければならない．しかし，これまでの事例調査により夏期に一時的に温度が上昇するなどの問題は，作業環境上支障がない程度にまで場内をコントロールできるようになってきた[10]．

c. 地域融和型の最終処分システムをめざして

(ⅰ) コントロール面—化学プラントへの発展— 図10.1.8に示すように，これからの地域融和型の最終処分場は，単なる土木構造物ではなく，リスク管理の徹底された化学プラント化(物流と変換のコントロールという意味で)をめざす必要があると思われる．すなわち，廃棄物の安定化・無害化を行うプラント施設としてとらえる必要がある．このことは，廃棄物の埋立てによって，有害なものを永久的に残すのではないかという不安を，安定化と無害化によりなくすために重要である．化学プラントには，まず自然の不確定要素(自然災害なども含めて)を制御しうるような立地の選定や土木構造物が必要不可欠である．さらに，施設内および廃棄物層内のガス(酸素，二酸化炭素，メタンガス，臭気)，水分，熱の積極的な制御が要求される．処分場内外の環境リスク管理方法や廃棄物の安定化メカニズムを解明し，さらにその一連の制御内容の常時モニタリング，情報公開を適切に行うことができれば，施設の安全性や透明化に大きく貢献することができる．以上の目的を達成するためには，今後以下のような検討を行う必要がある．

① 廃棄物の安定化促進技術の開発
② ガス，水分，熱の管理・制御方法の確立
③ 安定化，リスク管理のためのモニタリング手法の構築

(ⅱ) コミュニティ面—都市施設としての処分場— 処分場は，これまで多くの場合人里離れた山間，谷間を埋め立てられる形で建設されてきた．それに対して，地域融和型の最終処分場は，景観やさらに都市機能の補完としての跡地利用方法にも配慮する必要がある．その結果として，都市部への建設も可能となる．たとえば，複数区画が存在する処分場では，埋立終了した区画から何らかの跡地利用をすることが可能である．さらに，人工地盤タイプでは，その地上部分を駐車場や倉庫，また公園や緑地といった都市機能を補完する施設として，埋立作業開始時から利用することができる．さらに，廃棄物を身近な自区内で処理することができ，住民の廃棄物に対する意識の変化など教育・啓発効果が期待できる．このようなことから，コントロール可能な地域融和型の処分場は，都市施設として都市部に建設されるほうが，その特徴を発揮できる可能性がある(最終処分場の都市施設としての位置づけに関しては参考文献6)を参照)．しかし，処分場を都市施設として位置づけることに関しては，その都市計画決定時に住民の同意が必要となることから，最終処分場に対する住民反対により処分場の建設が困難になる可能性があるとの意見もある．

今後，地域融和型の処分場をめざして，処分場施設の諸要因のコントロールを徹底解明し，また情報公開(コミュニティ)を行いながら施設の安全性を示し，プロセスの透明化(住民に対してよく見える処分場にする)を行うことが，周辺住民の最終処分場に対する不安を払拭し，最終的には都市施設としての信頼性を得ることができるものと考える．

10.1.5 総合的アプローチの必要性

図10.1.9に，CBLへの総合的アプローチを，技術的側面(理科)と社会的側面(文科)の融合の観点から述べている．

処分場は，土木構造物すなわち自然環境(地形・地質・地下水など)の場に建造された人工の器として，「工学」的に安全性が検討されなければならない．つぎに，有害物質を含む可能性がゼロでない廃棄物を，処分場への物流として量と質の観点から「科学」的に解析し管理するために，搬入と漏出のモニタリングがリスク管理の観点からなされなければならない．

さらに，迷惑施設として見なされがちな処分場

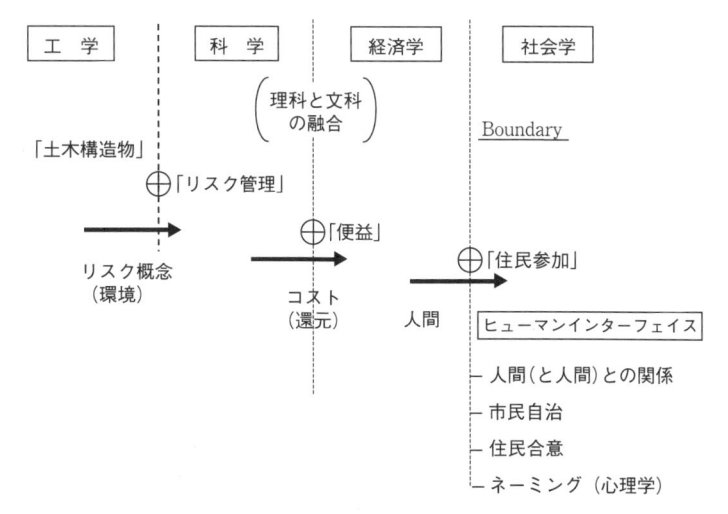

図10.1.9　CBLへの総合的アプローチ

を立地するためには，周辺住民にそれに見合う何らかの便益をもたらす必要がある．これは，地域還元としての「経済学」的配慮を意味する（ただし，コストを全体として最小にするという経済原則は，大前提である）．最後に，自分たちの生産・生活活動から生じた廃棄物を，その地域における公共インフラである処分場で最終処分することは，市民自治の観点からは当然のことと考えられる．利害関係で対立する関係者は人間そのものであるので，人間と人間の関係を扱う学問である「社会学」からの研究が必要である．

以上のように，処分場の問題を解決するためには，「理科（工学，科学）と文科（経済学，社会学）の文理融合」にたって，各分野の多様な専門家の協力による総合的アプローチが必要であることがわかる．　　　　　　　　　　（古市　徹）

参　考　文　献

1) 古市　徹：廃棄物計画におけるリスク管理の考え方, 廃棄物学会第6回研究発表会・計画部会小集会論文集, pp.5-11, 1995.
2) 古市　徹：都市清掃, **51**(225), 347-353, 1998.
3) 古市　徹：環境衛生工学研究, **9**(4), 25-36, 1995.
4) 渡辺　茂：システムとはなにか, 共立出版, 1974.
5) 寺野寿郎：システム工学入門―あいまい問題への挑戦, 共立出版, 1985.
6) 古市　徹編著：廃棄物計画―計画策定と住民合意, 共立出版, 1999.
7) 古市　徹, 田中　勝：環境システム研究, **16**, 142-149, 1988.
8) 古市　徹, 石井一英：総合政策提案誌「新政策」特集号（地域融和型の廃棄物最終処分場）, **15**(6), 104-105, 2000.
9) 古市　徹, 小谷克己：防水ジャーナル, **30**(10), 29-37, 1999.
10) 花嶋正孝, 古市　徹監修：はじめてのクローズドシステム処分場―被覆型最終処分場の計画と事例, オーム社, 2002.

10.2　廃棄物最終処分場の遮水構造

10.2.1　廃棄物最終処分場の機能と構造

廃棄物最終処分場に求められる機能としては，廃棄物を処分する空間を提供すること，環境汚染を生じないようにすること，可能なら廃棄物を分解・土壌還元して良好な土地造成を提供することがある．先進主要国における一般的な処分場のコ

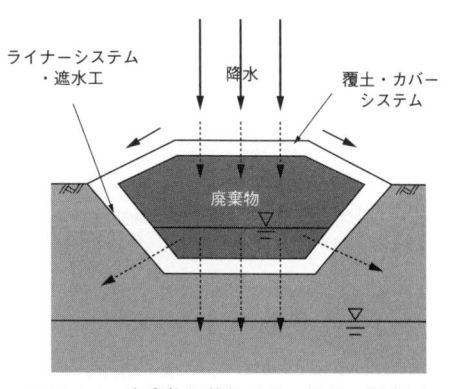

図10.2.1　廃棄物最終処分場の機能の概念図

表10.2.1 廃棄物最終処分場の施設構成

施設分類	施設構成
主要設備	貯留構造物，遮水工，浸出水集排水施設，浸出水，処理施設，雨水集排水施設，発生ガス処理施設，（護岸）
関連施設	管理棟，搬入管理施設（搬入道路，受付け施設，海面処分場の場合は船着場，揚陸施設），モニタリング設備，そのほか
関連施設	防災設備，搬入道路，飛散防止施設

ンセプトを図10.2.1に示す．これは，降水や表流水は覆土層により速やかに排除して処分場内にとどまらないようにするとともに，廃棄物層内に貯まった浸出水は浸出水収集層によって集めて処理・排水させ，底部ライナーにかかる負担を減らし，有害物質の環境への流出を低減化するものである．

このような機能を実現するためには，処分場は貯留機能，遮水機能，処理機能を有する構造であることが求められる[1]．

① 貯留機能：廃棄物の埋立てを支障なく実施できるよう，擁壁や盛土堤などの「貯留構造物」が設けられる．内陸山間部では，谷間の地形を利用することが多い．海面処分場では，護岸などで周囲を囲うことが必要となる．このような構造物は，地震や災害時においても安全で安定したものであることが求められる．

② 遮水機能：雨水や地下水が廃棄物処分場内へ入らない構造とする必要がある．また，廃棄物層内の水（廃棄物浸出水）はそのまま処分場外に放出されることのないよう，浸出水処理施設を経由して処分場外へ排出される構造が必要となる．

③ 処理機能：処分場から発生する浸出水やガスが，周辺の生活環境や自然環境に悪影響の及ぼすことのないよう処理施設を設ける．廃棄物の分解・安定化を促進する構造であることが好ましい．

以上のような機能を満たすため，処分場は一般的に表10.2.1に示すような施設構成となっている．

処分場を構成する施設のなかでも，遮水工・遮水構造はその環境安全性を確立するうえできわめて重要なものであり，地盤工学・地盤環境工学の知見が求められるものである．したがって，次節以下では遮水構造に焦点を絞って記述しており，処分場の構造一般については他書を参照されたい[2),3)]．

10.2.2 廃棄物最終処分場の遮水構造・遮水システム

a. 遮水工の目的と機能

最終処分場における遮水工の目的は，不透水層などの地盤や土質材料を利用したり，遮水シートに代表される人工材料を利用し，雨水が廃棄物を通過し浸出水となったものが，処分場施設外の公共地域に漏れ出し，周辺環境を汚染することがないようにするものである．したがって，遮水工に求められる機能とは，浸出水が処分場施設外の公共水域や地下水の汚染，さらにこれらにより発生する周辺環境への悪影響を防止することである．このため，計画・設計時点より計画予定地に適合した遮水工を選定することが重要である．

設計・施工に際しては，①材料の選定，②施工，③検査，④維持管理方法，⑤遮水機能の確認，⑥修復方法などを十分に検討する必要がある．

b. 遮水構造と遮水ライナーの構成

遮水工には，処分場の下地地盤の表面に施す「表面遮水工」と，地中の不透水層まで鉛直に設ける「鉛直遮水工」がある．表面遮水工は，廃棄物層の下部（底部）に位置して，浸出水が流出することを防ぐことから，「底部遮水工」とも呼ばれる．

底部遮水工としては，高分子系材料の遮水シートによるジオメンブレンライナー，天然や人工の粘土層による粘土ライナー，およびそれらの組合せによる複合ライナーが適用される．ライナーは，図10.2.2に示すように組合せによってシングルライナー，ダブルライナー，コンポジットライナーなどと称される．それぞれの定義を表10.2.2に示した．底部遮水工は，従来遮水シー

10.2 廃棄物最終処分場の遮水構造

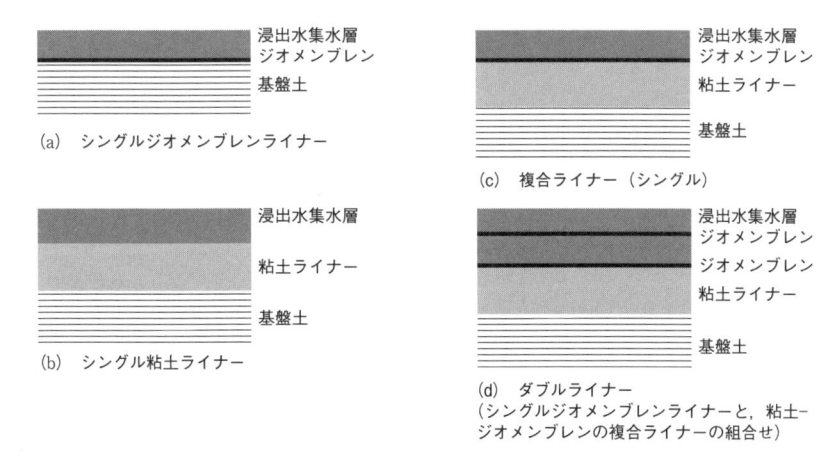

図10.2.2 ライナーの構成の例

(a) シングルジオメンブレンライナー（浸出水集水層／ジオメンブレン／基盤土）
(b) シングル粘土ライナー（浸出水集水層／粘土ライナー／基盤土）
(c) 複合ライナー（シングル）（浸出水集水層／ジオメンブレン／粘土ライナー／基盤土）
(d) ダブルライナー（シングルジオメンブレンライナーと，粘土-ジオメンブレンの複合ライナーの組合せ）（浸出水集水層／ジオメンブレン／ジオメンブレン／粘土ライナー／基盤土）

表10.2.2 ライナーの組合せと定義

ライナーの種類	構成
シングルライナー	一つ，あるいは二つ以上の遮水材により構成されるライナーシステム．ただし，間に排水層を含まない．
ダブルライナー	二つ以上の遮水材（たとえば，粘土ライナーとジオメンブレン）と，その間に挟まれた排水層によって構成されるライナーシステム．
コンポジットライナー（複合ライナー）	二つ以上の遮水材によって構成されるライナー．

ト（ジオメンブレン）1枚だけを下地地盤に敷設することが多かったが，遮水シートのみでは完全な漏出防止は困難なことが最近になって認識されるようになっており，遮水シートの下に透水性の低い粘土層を設けてコンポジットライナーとすることが多い．わが国および欧米主要国の遮水工の構造基準を後述するが，ジオメンブレンと粘土の組合せによるコンポジットライナーを構造基準としているところが多い．

鉛直遮水工としては，鋼矢板工法，遮水シート工法，地中連続壁工法，グラウト注入工法によるものなどがある．

c. 遮水工の構造基準

わが国では廃棄物処分場は，埋め立てる廃棄物の種類・特性によって安定型処分場，管理型処分場，遮断型処分場に分類される．これらの構造を図10.2.3および表10.2.3に示した．

わが国では，1998年6月に「一般廃棄物および産業廃棄物の最終処分場に係わる技術上の基準」が改正され，遮水工の断面構造が定量的に明記された．すなわち，管理型処分場および一般廃棄物処分場の封じ込めの基準の前提として層厚5m以上，透水係数$1×10^{-5}$ cm/s以下の粘土層（あるいはルジオン値1以下の岩盤層）が全面に確保されていることとされ，そうでない場合は新規処分場の遮水工の断面構造として，①厚さ50 cm以上，透水係数$1×10^{-6}$ cm/s以下の粘土，そのほかの材料の層と遮水シートによる複合ライナー，②厚さ5 cm以上，透水係数$1×10^{-7}$ cm/s以下のアスファルトコンクリート層と遮水シートによる複合ライナー，③不織布そのほかのものの表面に敷設された二重の遮水シート，のいずれかが要件として求められている．

一方，欧米主要国では一般廃棄物の処分場遮水工として，図10.2.4[4]に示すような断面構造が定められている．図に示した国のうち，ドイツ，合衆国など6か国でジオメンブレンと粘土ライナー（透水係数$1×10^{-7}$～$5×10^{-8}$ cm/s以下，厚さ60～100 cm以上）の組合せによる複合ライナーが規定されている．これらの基準では，たとえば合衆国の場合，粘土材料を使った場合の達成可能な現実的な値（透水係数$1×10^{-7}$ cm/s）で，かつ，ジオメンブレンが損傷を受け，浸出水収集層に最大30 cm水位の浸出水が貯まった場合であ

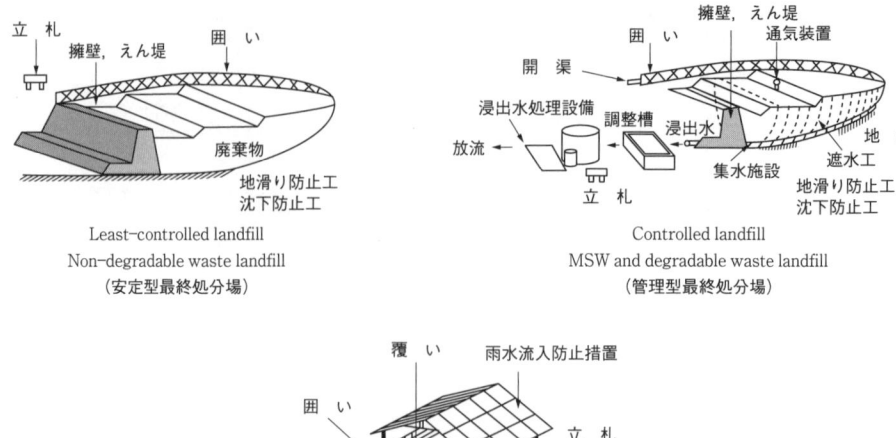

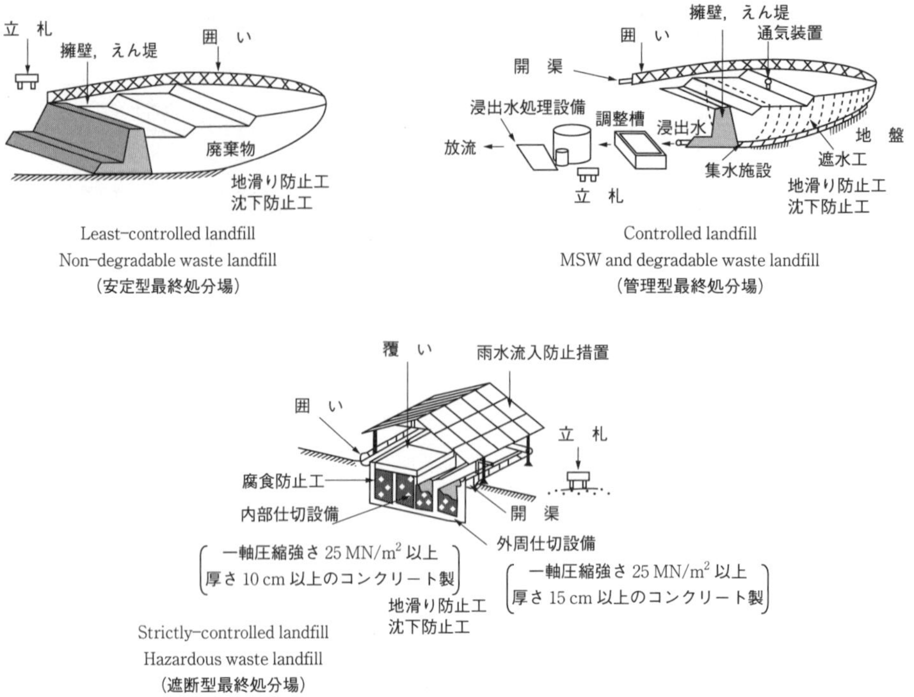

454　　10. 廃棄物の最終処分と埋立地盤

Least-controlled landfill
Non-degradable waste landfill
（安定型最終処分場）

Controlled landfill
MSW and degradable waste landfill
（管理型最終処分場）

Strictly-controlled landfill
Hazardous waste landfill
（遮断型最終処分場）

図 10.2.3　廃棄物最終処分場の種類と構造

表 10.2.3　廃棄物の処分場の形成

処分場の形式	廃棄物の種類	処 分 場 の 構 造
一般廃棄物処分場 管理型処分場	一般家庭ごみ	不透水性地盤（厚さ 5 m 以上，透水係数が 10 nm/s（＝1×10^{-5} cm s）以上の地盤，もしくはルジオン値 1 以下の岩盤）があること．ない場合には，以下の遮水構造とする．
	紙くず，木くず，繊維くず，ばいじん，汚泥，鉱滓	① 厚さ 50 cm 以上，透水係数 1×10^{-6} cm/s 以下の粘土とそのほかの材料の層と遮水シートによる複合ライナー ② 厚さ 5 cm 以上，透水係数 1×10^{-7} cm/s 以下のアスファルトコンクリート層と遮水シートによる複合ライナー ③ 不織布そのほかのものの表面に敷設された二重の遮水シート
安定型処分場	廃プラスチック，ゴムくず，金属くず，ガラスくずおよび陶磁器くず，建設廃材	遮水構造はない
遮断型処分場	有害な燃えがら，ばいじん，汚泥，鉱滓などの特定有害産業廃棄物	一軸圧縮強度が 25 N/mm² 以上の水密性を有する鉄筋コンクリートで，厚さ 35 cm 以上の構造を有すること

っても，10 年程度は外に浸出水が漏れ出ないだけの層厚（60 cm）が確保されている．合衆国の構造基準は，1970 年代後半に資源再生保全法（RCRA：Resourse Conservation and Recovery Act）によって定められたものであり，同様に定量明記された構造基準が日本では 1990 年代後半に定められたのに比べると，処分場遮水工の重要性が早くから認識されていたといえる．

図 10.2.5 は，合衆国環境保護庁（EPA：Environmental Protection Agency）による遮水工構造基準を，一般廃棄物（無害）および有害廃棄物について示したものである[5]．有害廃棄物処分場

10.2 廃棄物最終処分場の遮水構造

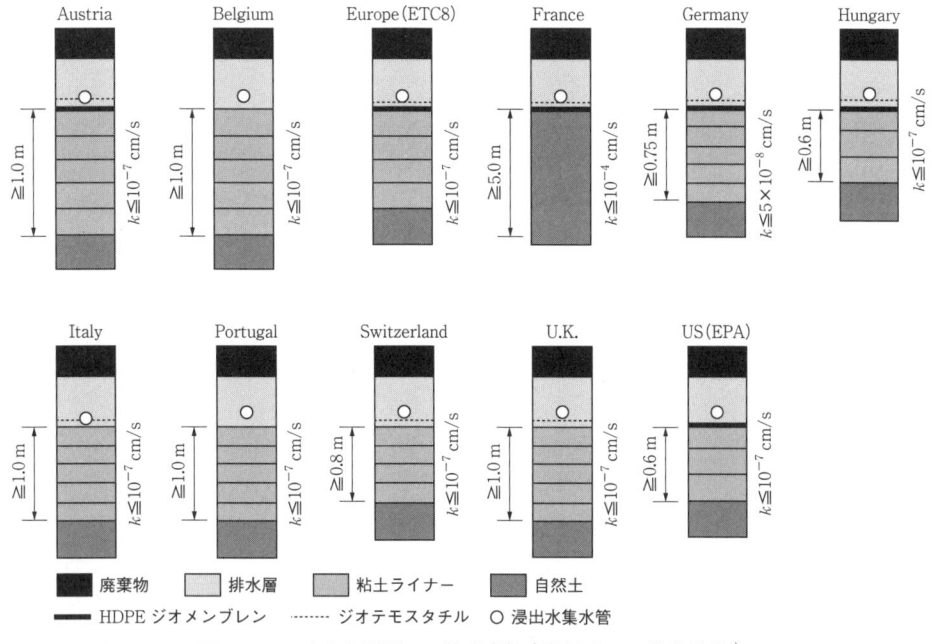

図 10.2.4 欧米主要国の一般廃棄物底部遮水工の構造基準[4]

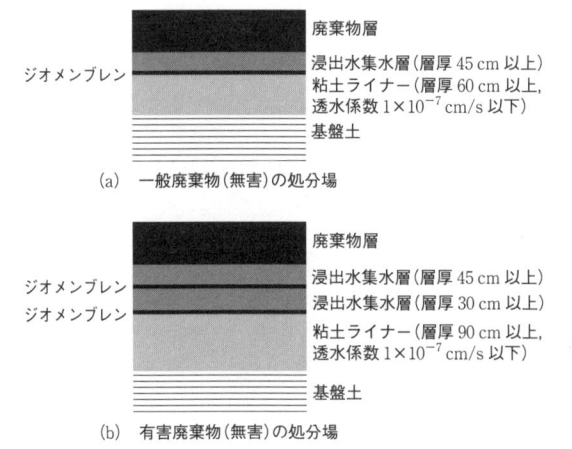

図 10.2.5 合衆国の廃棄物処分場底部遮水工の構造基準[5]

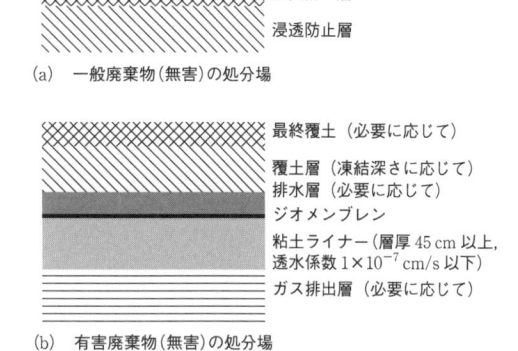

図 10.2.6 合衆国環境保護庁（EPA）による廃棄物処分場カバー構造基準[5]

遮水工は，粘土層とジオメンブレンを併用したダブルライナーシステムとなっており，わが国の遮断型処分場のようにコンクリートは用いられていないのが特徴である．

d. カバーシステムの機能と構成

廃棄物を埋め立てた後の上部は，わが国では覆土をするよう定められている．これは，廃棄物層と大気環境とを隔離することにより，発生ガスによる悪影響や悪臭などの不衛生化を防ぐためである．一方，欧米諸国では，降水や表流水の廃棄物層への浸入を防ぐためカバーシステムの考え方が取り入れられており，明確な規定が設けられている[6]．図 10.2.6 は，合衆国 EPA による覆土層の規定である[5]．図に示すように，粘土ライナーとジオメンブレンとの複合遮水構造となっており，さらにその上に排水層を設けることにより，過剰な降水を排水層によって排除し，遮水層への水頭負荷を低減化させている．最上部の最終覆土層は，植生などを考慮して必要性や厚さが決定される．カバーシステムの設計にあたっては，遮水機

能による水分収支のほか，斜面部の安定性についても十分な配慮がなされる必要がある．また，底部ライナーシステムと異なり，カバーシステムは気象の変化に曝されるため，耐久性についての考慮も必要になる．設計にあたってのこのような配慮事項は他書に詳述されている[7]．

e. 遮水工の安全対策

遮水シートなどの敷設に際しては，強固な下地地盤が必要である．とくに，斜面部に関しては，事前の調査結果などによる安定計算の実施が求められ，十分安定していることを確認する必要がある．斜面崩壊の対策として考えられる方法としては，①斜面勾配の低減，②間げき水圧の低減，③土のせん断強度の改善などがある．

また，遮水工を設置した場合，地下水や湧水により遮水工に揚圧力が作用する．基本的に地下水位の低い場所に建設することが重要であるが，対策工法としては暗渠排水を確実に行うことで地下水を排除することが可能である．

f. 海面処分場の構造

限られた平地をもつわが国では，処分場を海につくらざるを得ない状況にある．海底に厚く堆積する海成粘土は一般に透水係数が低く，連続して十分な層厚もあるから，これを底部遮水層とできる場合が多い．したがって，処分場をつくるには側方の遮水性を確保するための護岸構造が重要となる．海面処分場は規模が大きい場合が多く，海上・海中作業，護岸の構築や廃棄物の埋立てに伴う海底地盤の変形・安定性，潮汐や波浪による荷重（とくに外海からの水圧が遮水シートをもち上げる）など，海面であるがゆえの検討すべき課題がある．図 10.2.7 は 2000 年に運輸省より示された海面処分場護岸構造の例である[8]．これらは，前述の厚生省・環境庁の共同命令改正の構造基準に準拠している．つまり，図のケーソン岸壁構造と捨て石護岸構造では 2 枚の遮水シートがあり，矢板岸壁構造では 2 枚の遮水シートの代わりに 2 列の矢板がある．安定性の確保のため，従来の港湾工学の技術をベースにしつつも，遮水性を確保するための特有の配慮がなされており，今後の研究・技術開発が期待されるところも多い．

10.2.3 粘土ライナー

a. 締固め粘土ライナー

粘土ライナーのメリットの一つに，天然材料であることがあげられる．これは，粘土が単に低透水性を確保しうるだけでなく，コンクリートやジオメンブレンなどの人工物質と比較して材料としての長期耐久性が保証されるためである．透水係数については，入手しやすい粘土材料を利用する

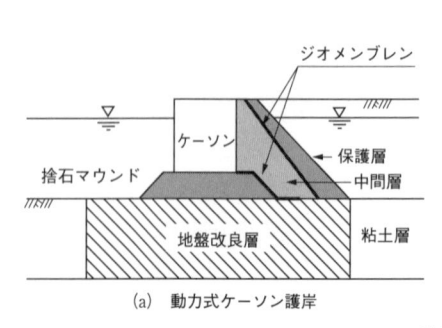

図 10.2.7 海面処分場の護岸構造の例[8]

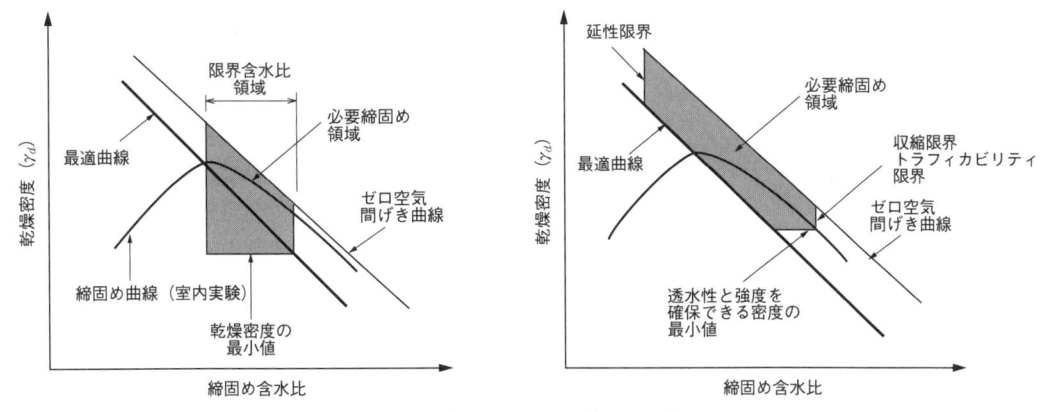

図10.2.8 粘土ライナーの締固めの管理図
（左図：通常の土工の締固め管理，右図：粘土ライナーの締固め管理）

場合 1×10^{-7} cm/s が現実的な値として考えられ，欧米各国の基準に反映されている．米国では，締固め粘土ライナー（CCL：compacted clay liner）に用いる土質材料として，細粒分が 30～50% 以上，塑性指数 7～15 以上，礫分 20～50% 以下，最大粒径 25～50 mm 以下などとされている[5]．

通常，締固め管理を行う場合は密度によるが，低透水性の確保を目的とする場合の締固め管理手法としては，図10.2.8 に示すように密度だけでなく含水比を管理する必要性が指摘されている[9],[10]．

Daniel と Benson[9] が提案している締固め粘土ライナーの施工管理手法の概念は図10.2.9 に示す通りである．図10.2.9(a) は異なる締固めエネルギーによる締固め曲線を，図10.2.9(b) は図10.2.9(a) に対応する締固め供試体の透水係数を示している．透水係数の基準を満たす供試体を図10.2.9(a) にプロットし直すと，図10.2.9(c) の黒印となり，ハッチで示した部分が透水係数の基準を満足する配合含水比と乾燥密度の範囲となる．さらに，図10.2.9(d) では，塑性変形限界，収縮とトラフィカビリティ，せん断強度などを考慮した締固め仕様の範囲が示される．この締固め仕様は，含水比の上下限と乾燥密度の下限が定められる通常の締固め施工管理（図10.2.8(a)）とは異なるものである．さらに，85地点の締固め粘土ライナーの現地施工・試験結果が Benson ら[10] により報告，分析されている．これによる

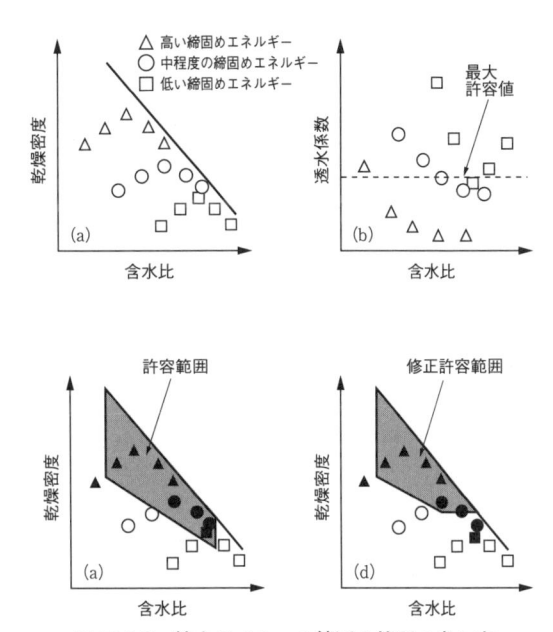

図10.2.9 粘土ライナーの締固め管理の考え方

と，測定した含水比と乾燥密度のデータの8割が最適含水比と乾燥密度を結んだ線（line of optimums）よりも湿潤側にあれば（図10.2.10），現地での透水係数は 1×10^{-7} cm/s 以下を確保できることが示されている．

最近わが国では，粘土ライナーの材料にベントナイトを用いる例が見られる．ベントナイトの主成分はスメクタイト鉱物で，水和によって著しく膨潤し，数倍もの体積となる．スメクタイトの層間に取り込まれた水分子は鉱物に強く引き寄せられているため透水には寄与しない．したがって，

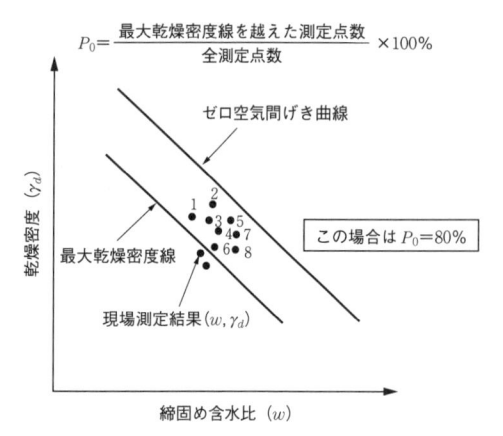

図10.2.10 粘土ライナーの施工管理

ベントナイトを締め固めて拘束した状態で水和膨潤させれば，水に対してきわめて低い透水性（透水係数 $1 \times 10^{-8} \sim 1 \times 10^{-9}$ cm/s）が得られるため，放射性廃棄物地層処分のバリア材としての適用性が検討されたり，産業・一般廃棄物処分場の底部遮水工に適用され始めている．ベントナイト混合土の場合は，密度と透水係数に相関があるため，図10.2.8～10.2.10で示したような密度-含水比の管理は不要であり，密度管理によって低透水性の確保のための施工管理を行いうることが示されている[11]．なお，ベントナイトの膨潤性は電解質溶液や非極性溶媒などにより阻害される可能性があり，耐化学性や長期安定性など検討すべき課題が残されている．

b. ジオシンセティッククレイライナー

締固め粘土層は現場での施工に労力を要することから，近年は工業製品であるジオシンセティッククレイライナー（GCL）が開発され，一部使用されている．これは，顆粒状にしたベントナイト粒子を2枚のジオテキスタイルに挟み込んだり，ジオメンブレンに貼り付けたりしたもので，図10.2.11のような材料が現在開発されている．化学物質に対する遮水性能[12),13)]，長期耐久性，構造安定性[14)]などが不明確な点が残されており，検討が行われている．

c. 粘土ライナーの室内透水試験

粘土ライナーのような低透水性の土質材料の透水試験について，合衆国ではASTMにより基準が定められている．その要点としては以下の事柄

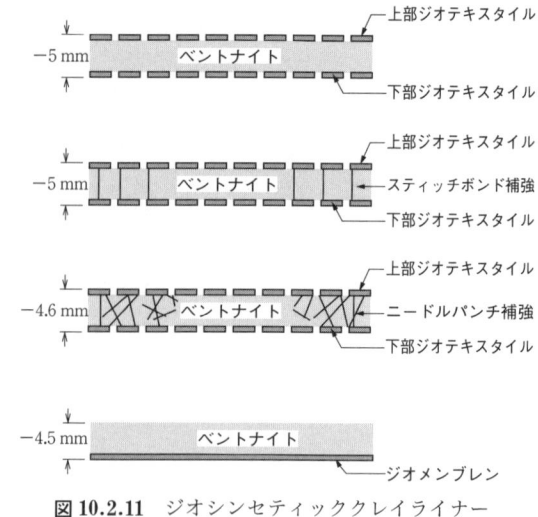

図10.2.11 ジオシンセティッククレイライナー（GCL）の例

があげられる．

① 剛壁型の透水試験装置では，供試体と壁面との間に水みちができる可能性があるため，柔壁型の透水試験装置（あるいは三軸試験装置）の使用が推奨されている[15)]．メンブレンで供試体をおおい，その上からセル圧を作用させることによるもので，壁面漏れを防ぐことができる（図10.2.12）．

② 低透水性であることから大きな動水勾配を作用させることが有効となるが，動水勾配が大きすぎると，供試体中の有効応力分布が著しく異なることになる．ASTM D 5084では，この点を考慮し，低透水係数（1×10^{-7} cm/s

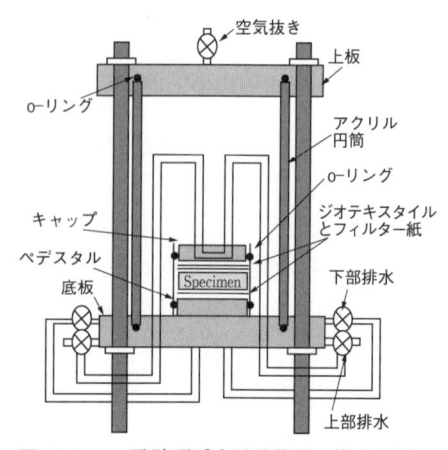

図10.2.12 柔壁型透水試験装置の模式断面図

程度）を示す供試体（高さは 116 mm）の場合に作用させうる最大の動水勾配として 30 としている．これによると，供試体の上下での有効応力の差は約 17 kPa となる．

③ 試験期間（試験をいつ終了するか）の判断も重要である．試験終了の判断基準としてASTM D 5084 では，流入水と流出水が等しくなること（差が 25% 以内），透水係数値が定常となっていること，累積流量が供試体の間げき体積の 2 倍以上となっていることなどをあげている．また，透水溶液に水道水や蒸留水ではなく化学物質溶液を使用した場合は，これらの試験終了判断基準のみでは不十分である．たとえば，これらの試験終了判断基準を満たしていた後も引き続いて透水係数を継続させた場合に，透水係数値が著しく上昇する結果が報告されている[16]．したがって，流入水と流出水の化学的特性を測定しておき，これらが等しくなることを確認する必要があると指摘されている．測定すべき化学的特性としては，簡易に測定できる pH や電気伝導度が有用である[17]．長期の透水試験を柔壁型透水試験装置を用いて行う場合，メンブレンの耐久性が重要となってくる．

わが国における透水試験基準は，粘土ライナーのような低透水性の材料を対象としたものではなく，ASTM の基準に述べられているような考慮はなされていない．したがって，ライナーに用いられる材料の評価や品質管理を適切に行うために試験方法の確立が求められる．

d. 現場透水試験

現場での透水係数を直接測定する方法として，合衆国ではボアホール法，ライシメーター法，SDRI 法（sealed double-ring infiltrometer method）などが提案されており，粘土ライナーの透水係数の測定にあたっては SDRI 法が多く用いられている．SDRI 法は，図 10.2.13 に示すとおりで，その試験方法は ASTM D 5093 に定められており，内リング（inner ring）に接続したプラスチックの袋（plastic bag）の重量変化により流量を測定して，作用する動水勾配との関係か

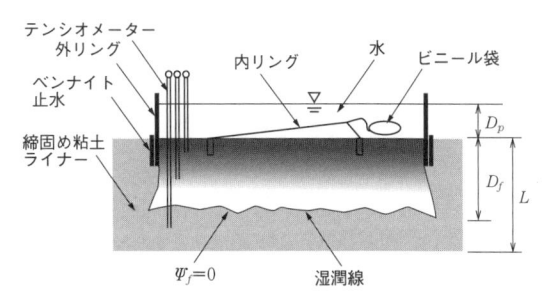

図 10.2.13 SDRI (sealed double-ring infiltrometer method) 法

ら透水係数を求めるものである．掘削やサンプリングなどで粘土ライナーを乱す必要がないなどの利点がある．また，現地の透水係数を正しく評価するために必要な最小断面積は $0.1\,\mathrm{m^2}$ とされているが[18]，それも満たしている．透水係数を求めるには，動水勾配を求める必要があるが，これには，見かけの動水勾配による方法（apparent gradient method），湿潤線法（wetting front method），負圧法（suction head method）などがある[5]．見かけの動水勾配による方法は，粘土ライナーの層厚を L，粘土ライナー上面へ作用する水頭を D_p としたとき，ライナー全厚が飽和したと仮定して動水勾配を $(D_p+L)/L$ とおくものである．粘土ライナーの不飽和を考慮していないことから，動水勾配を過小に評価することとなり，結果として透水係数の過大評価をもたらす．湿潤線法は，図 10.2.13 に示すとおりテンシオメーターを用いて湿潤線の進行深度 (D_f) を測定しておき，湿潤線深度での水頭をゼロ（サクションは作用しない）と仮定するもので，動水勾配は $(D_p+D_f)/D_f$ となる．湿潤線に作用しているはずのサクションを考慮していないため動水勾配は過小評価となり，透水係数はやはり過大評価になるが，その程度は見かけの動水勾配による方法に比べると少ないとされている．負圧法は，湿潤線におけるサクション (S) を考慮した方法で，動水勾配は $(D_p+D_f+S)/D_f$ となる．サクションをどのように求めるかが問題となる．

e. 粘土ライナーの透水係数に影響を及ぼす因子

粘土ライナーの透水係数に影響を及ぼす因子に

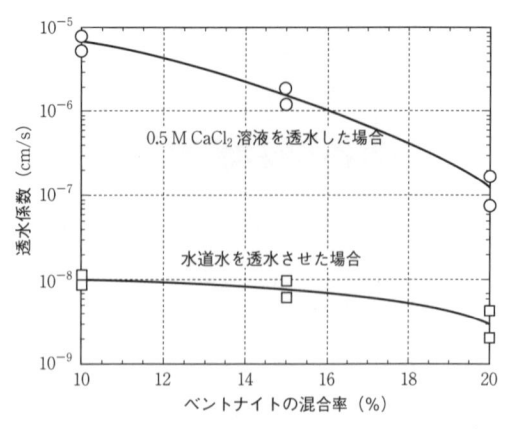

図10.2.14 ベントナイト混合土の透水係数の例[20]

10.2.4 ジオメンブレン・遮水シート
a. ジオメンブレンの種類と施工

廃棄物処分場に用いられる遮水シート（ジオメンブレン）の材料としては，表10.2.4に示すものがあげられ，なかでもHDPE（高密度ポリエチレン），PVC（塩化ポリビニル）などの適用が多い．廃棄物中の有害物質・化学物質がこれらの遮水シート層を通過する要因としては，①シートの損傷部からの漏水，②有機物質の分子拡散浸透の二つがあげられる．

ジオメンブレンの重要な特性の一つは遮水性であり，表10.2.5に各種ジオメンブレンの遮水性を示した[21]．ジオメンブレンの透水性はきわめて低く透水試験を実施できないため，通常は透湿度あるいは水蒸気透過度から透水係数が求められる．表10.2.5に示すように，ジオメンブレンの透水係数はきわめて低く，10^{-11}～10^{-13} cm/sのオーダーである．

現地ではジオメンブレンを接合し，処分場全体で大きな一枚物のシートをつくることになる．接合方法には，熱融着，押出し溶接，接着剤溶接，

関しては，多くの研究がなされている．たとえば，図10.2.9で示したように，透水係数の最小値は最適含水比よりも湿潤側で与えられることは古くから知られている[19]．したがって，施工時には粘土ライナーが乾燥側で締め固められることのないよう含水比と乾燥密度（締固めエネルギー）を管理する必要がある．また，85か所の現場締固め粘土ライナーの試験結果によると，初期飽和度，締固めエネルギー，塑性指数，細粒分含有率が透水係数の影響を及ぼす重要な因子であると報告されている[10]．

透水係数を低下させるのには，水和膨潤性のあるベントナイトの混合が効果的であることは前述したとおりである．図10.2.14はシルト分，粘土分をまったく含まない砂（シリカサンド）にベントナイトを混合した場合の透水係数の値である[20]．ベントナイトを10%以上混合することにより，砂であっても1×10^{-8} cm/s以下の透水係数値が得られている．しかしながら，同図に示すように，化学物質を含む溶液（図10.2.14の場合は濃度0.5 mol/lのCaCl$_2$溶液）を透水させた場合は，ベントナイトの膨潤性が発揮されないため透水係数値は著しく上昇する．したがって，ベントナイトを用いる場合は現地の状況をよく検討し，ベントナイトが化学的に悪影響を受けないかどうかの検討が必要となる．

表10.2.4 ジオメンブレンの種類

シートの種類	樹脂の種類	ゴム，樹脂名
合成ゴム系	加硫ゴム系	EPDM（エチレンプロピレンゴム）
	非加硫ゴム系	IIR（ブチルゴム）
		CSM（クロロスルホン化ポリエチレン）
合成樹脂系	塩化ビニル系	PVC（ポリ塩化ビニル樹脂）
	エチレン系	HDPE（高密度ポリエチレン）
		CPE（塩素化ポリエチレン樹脂）
		EVA（エチレンビニルアセテート樹脂）

表10.2.5 各種ジオメンブレンの遮水性[21]

種類	透湿度 (g/cm^2/d)	透水係数 (cm/s)
HDPE（高密度ポリエチレン）	1.5×10^{-5}	2.5×10^{-13}
FPA（フレキシブルポリマーアロイ）	8.5×10^{-5}	2.2×10^{-12}
LDPE（低密度ポリエチレン）	1.0×10^{-4}	2.7×10^{-12}
TPO（オレフィン系エストラマー）	2.9×10^{-4}	7.5×10^{-12}
アスファルト	2.9×10^{-4}	1.5×10^{-11}
EPDM（エチレンプロピレンジエンモノマー）	5.2×10^{-4}	1.3×10^{-11}
PVC（塩化ビニル）	6.2×10^{-4}	1.6×10^{-11}

熱プレス接合などがある．接合状態は，シートの表面温度，接合温度，接合速度に影響を受けることから，適切な接合温度・速度で施工する必要がある．不同沈下などによりひずみが発生した場合には，シートの剛性が高いほど接合部に応力集中が生じ，ストレスクラックや剥離の原因となることから，注意が必要である．とくに材質の異なるシートの接合には工夫が必要となる．

b. ジオメンブレンの損傷

遮水工では，とくに遮水シートからの漏水対策を考慮する必要がある．遮水シートの材質は，個々で差があるが，局所的な伸びや一部分への集中応力が発生すると破損が生じる．このため，①地盤の不同沈下，②コンクリート構造物などとの取付け部などではとくに注意が必要である．

ジオメンブレンの損傷の原因としては，シームの施工不良，廃棄物の盛立てなどによる引張応力の作用，下地地盤の整地不良や突起物などによる破損，クリープや繰返し荷重による引張破壊などがある．また，材料学的な長期耐久性も重要な検討項目である．

遮水シートの損傷に関する欧米の現地調査の事例[22]によれば，たとえば，

① 1996年に行われた遮水シートの損傷原因の調査によると，損傷の25％がシート設置時（そのうち20％がシーム不良，5％が力学的損傷），73％が上部に土を敷設する際の力学的損傷，2％が遮水工設置後となっている．

② 1999年にイギリスで報告された調査によると，111か所の処分場あるいはジオメンブレンを用いた貯水場などで，53か所のジオメンブレンには損傷はみられず，損傷のほとんどがジオメンブレンの上に土を敷設する際に発生している．

③ 2000年に報告された300地点の調査（図10.2.15）によると，砕石（stone）による損傷が71％ともっとも多く，重機による損傷（16％），weld（6％），cut（1％），workers（6％）となっている．また，遮水シートの損傷は斜面部・偶角部など，応力集中が生じやすいところに起こりやすいと考えられるが，

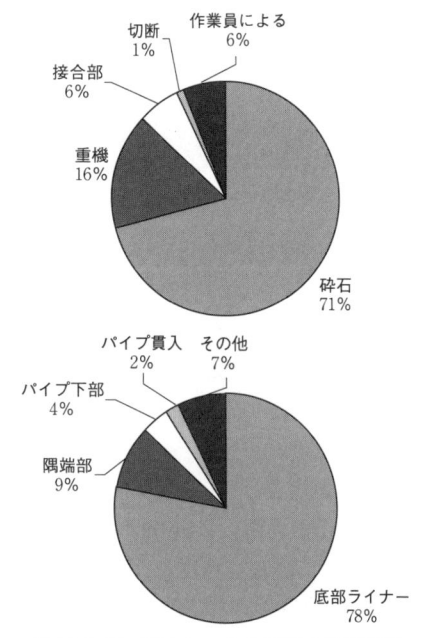

図10.2.15 遮水シートの損傷の調査事例

実際には78％の損傷が底部で生じており，偶角部での損傷はわずか9％に過ぎない．

損傷に加えて，遮水シートの材料的な長期耐久性・劣化問題も重要な検討事項であり，酸化防止剤の消耗から耐用年数を求める手法が提案されている[23]．

c. ジオメンブレン中の物質の拡散浸透

トリクロロエチレン（TCE）などの有機化学物質は，HDPEやPVC中を分子レベルで拡散浸透し，結果として遮水シートを通過してしまう．図10.2.16は，そのメカニズムを概略的に示したもので，浸出水中の有機物質（濃度c_0）は，ま

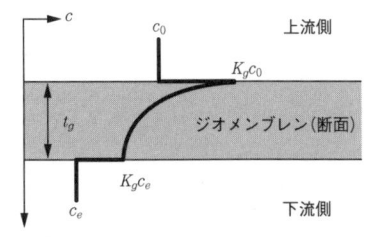

図10.2.16 ジオメンブレン中の有機化学物質の拡散浸透挙動の模式図

図中のcは対象化学物質の濃度，c_0は上流側での対象化物質の濃度，c_eは下流側での平衡濃度，K_gは分配係数を表す．

ず浸出水とジオメンブレンとの間の分配作用によりジオメンブレン側に移動し，つぎにジオメンブレン中を拡散浸透して，最後にジオメンブレン直下の土中間隙水にジオメンブレンから分配される．おもな有機化学物質とポリエチレンとの分配係数 K_g はトルエンで 60〜100，TCE で 50〜80，m-キシレンで 200〜300，拡散係数 D_g は 1×10^{-8} cm^2/s のオーダーである[24),25)]．なお，14 年間現地曝露させた HDPE について拡散浸透実験を行った結果では，エージング効果により結晶度が増加し（14 年間で 47〜65% に増加），有機化学物質の拡散浸透量が減少した．これは，拡散現象がアモルファスで起こるためとされており，材料劣化が必ずしも物質の漏出に結びつかないことを示している[26)]．

d. ジオメンブレンの材質劣化

ジオメンブレンが材質的に劣化すると，延性材料からぜい性材料へ遷移する．ぜい性化が生じても，ジオメンブレン自体が消滅するわけではないが，沈下，変形，地震荷重などによってぜい性亀裂を生じ，材料の機能面が損なわれる可能性がある．劣化のメカニズムにはさまざまなものがあるが，適切な時期にジオメンブレンを被覆して紫外線と温度上昇から防護することにより，重大な劣化を防止することができる．

ジオメンブレンの材質劣化として酸化がある．酸化を防止するため酸化防止剤が処方されるが，この酸化防止剤の消耗からジオメンブレンの耐久性・耐用年数を算定する試みも行われている[7),22)]．劣化の過程を，①酸化防止剤の消耗期間（段階 A），②ポリマーの劣化が開始するまでの誘導期間（段階 B），③ある特性が任意の水準，たとえば初期値の 50% まで低下するまでのポリマーの劣化期間（段階 C），として表される．適切に処方が施された HDPE ジオメンブレンの場合，段階 A に 50〜150 年，段階 B に 10〜30 年を要し，段階 C に要する年数は未知であるが 200〜300 年と考えられている．したがって，ジオメンブレンの耐用年数としては 200〜300 年程度という見解もある[22)]．

10.2.5 そのほかの遮水材
a. シートパイル・鋼管矢板

海面埋立処分場では，鉛直方向だけでなく横方向の流出に対する防御も重要であり，シートパイル，鋼管矢板などが用いられる．図 10.2.17 は，鋼管矢板の打設イメージを説明したものであり，矢板で一枚物の遮水壁をつくるためには継手が重要となるが，継手箇所にはせり合いによって荷重が作用し，健全な継手が確保できない可能性があるなどの問題点がある．図 10.2.18 は，鋼管矢板の継手の例である．矢板壁の場合，漏水が起こりうるのは継手部分であることから，継手の止水性の確保が重要となる．そのため，継手部分にはセメントモルタルやアスファルトを注入したり，さらには漏えい防止ゴム板を取り付けたりといった工夫がなされ，遮水性の向上が図られる．

矢板遮水壁の遮水性を評価するには，見かけの透水係数を用いる場合が多い．これは，矢板壁を，ある層厚をもった一様な土質遮水材に置き換え，実際には継手部分から生じている漏水を仮想土質遮水壁全体の漏水量に等しいと考えたときの仮想の土質材の透水係数を見かけの透水係数として求めるものである．すなわち，見かけの透水係

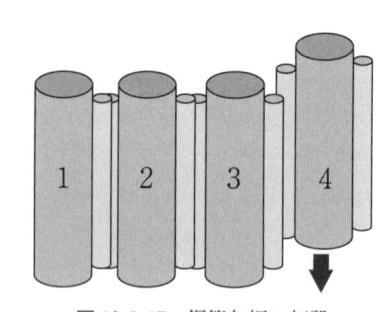

図 10.2.17 鋼管矢板の打設

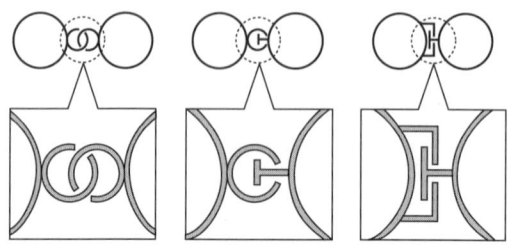

図 10.2.18 鋼管矢板の継手の形状（左から順にP-P 型，P-T 型，L-T 型）

数 k' は，

$$k' = Q/iA = Q/(nA_j h/l) \quad (10.2.1)$$

ここで，Q は継手からの漏水量，i は動水勾配，A は見かけの通水面積，h は矢板前後の水頭差，l は継手部の透水路長，n は継手の通水面積 A に対する矢板壁の面積 A_j の比，A_j は継手部の通水面積である．継手部の通水面積は，継手のかみ合い状態（圧縮，引張り，中立）および継手部における土砂の種類と詰まり具合（水のみで土砂なし，土砂により一部または全体が閉塞）により異なる．上式のうち，Q は比較的容易に測定可能であるが，矢板前後のいずれかに土砂がある場合の h の測定は困難である．また，l は明確ではなく，A_j にも多くの因子が影響する．

海面処分場についても，厚生省・環境庁の共同命令改正の構造基準（1998年）に準拠することが求められることから，止水矢板の遮水性について近年多くの検討が行われるようになっている．また，継手部の止水性を高めるために止水材も開発されている．ウレタン樹脂などによるものが主流で，300～600 kPa の耐水圧が示されているが，耐久性などについて今後のデータ蓄積が必要と考えられる．

b. アスファルトコンクリート

欧米では用いられていないが，わが国ではアスファルト系材料は一般廃棄物処分場の遮水工として用いることが可能であり，遮断型処分場ではコンクリートによる遮水が定められている．これらの遮水工としての性能についてはデータが十分に公表されておらず，とくに材料の長期耐久性の観点の問題点が危惧されうるものの，指摘されるまでにはいたっていない．今後の検討課題である．

10.2.6 遮水工の評価

遮水工の選定・設計を行う際の評価項目としては，漏水，化学物質の漏出の低減（とくに底部）と構造安定性（とくに斜面部）があげられる．

a. 浸出水および化学物質の漏出

廃棄物処分場からの化学物質の漏出によるリスクと処分場遮水工の性能の評価を行ううえでの考え方を概略的に示した例が図10.2.19である．処分場から底部ライナーを通過して漏出する漏水量（Q），物質の濃度（c），フラックス（単位時間単位面積あたりの通過質量）（J）から，下流での地下水濃度を規制値以下となるようにするという考え方であり，一つの例である．このような性能評価を行ううえでは，浸出水の漏水量や化学物質の漏出量を求める必要がある．浸出水の漏出量については，表10.2.6に示すような概略値が示されている[27),28)]．この概略値は，遮水工の上に浸出水が 30 cm 程度たまったと仮定して，水頭差による漏水量を計算したものである．また，簡易的な計算法・設計法も提案されており[29)~31)]，その例を表10.2.7に示した．この設計法の考え方の概要はつぎのとおりである．

① ジオメンブレン単独の遮水工の場合，無機化学物質の漏出については損傷部の数と大き

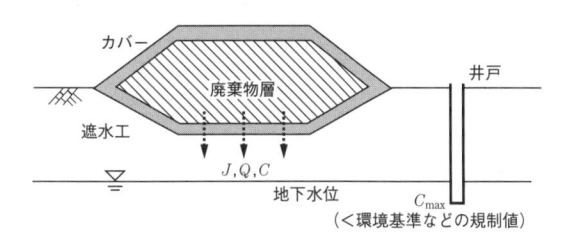

図 10.2.19 廃棄物処分場における性能評価の考え方

表 10.2.6 遮水ライナーからの浸出水漏量の概略値

ライナーの種類	漏出量概路値
粘土ライナー（透水係数 10^{-5} cm/s の場合）	100000 l/ha/d
粘土ライナー（透水係数 10^{-6} cm/s の場合）	10000 l/ha/d
粘土ライナー（透水係数 10^{-7} cm/s の場合）	1000 l/ha/d
ジオメンブレンライナー（施工良の場合）	100 l/ha/d
複合ライナー（粘土の透水係数 10^{-5}～10^{-6} cm/s の場合）	10 l/ha/d
複合ライナー（粘土の透水係数 10^{-7} cm/s の場合）	0.1 l/ha/d
二重複合ライナー（粘土の透水係数 10^{-7} cm/s の場合）	< 0.1 l/ha/d

表10.2.7 各種ライナーからの浸出水漏水量の計算式の例

	無機化学物質を対象	有機化学物質を対象
ジオメンブレンライナー	$J_a = NQc_0$	$J_d = D_g K_g \dfrac{c_0 - c_e}{t_g} (+NQc_0)$
粘土ライナー	$\dfrac{J(t)}{v_s n c_0} = 0.5\, erfc\left[\dfrac{1-T_R}{2\sqrt{T_R/P_L}}\right] + \dfrac{1}{\sqrt{\pi P_L T_R}} = \exp\left[-\dfrac{(1-T_R)^2}{4T_R/P_L}\right]$	
複合ライナー	$J_{total} = J_e(t) \times NA_e$	$\dfrac{J(t)}{nc_0} = \dfrac{1}{\sqrt{\pi t/DR}} = \exp\left[-\dfrac{1}{4Dt/L^2 R}\right]$

1) GM の孔穴径が厚さより小さい場合：$Q = \pi \rho_w h_w d^4 / 128 \mu t_g$
   大きい場合：$Q = C_B a (2gh_w)^{0.5}$
2) 損傷部が円形の場合：$A_e = F_r r L$，損傷部が長い場合：$A_e = F_w L$
3) 使用記号は，廃棄物浸出水について，c_0 は対象化学物質の濃度，ρ_w は密度，μ は粘性係数，h_w は水位，ジオメンブレンについては，t_g は GM の厚さ，d は孔穴の直径，a は孔穴の面積，r は損傷部の半径，w は損傷部の幅，D_g は有機化学物質に対する拡散係数，K_g は有機化学物質に対する分配係数，N は単位面積あたり孔穴数，Q は孔穴一つあたり漏水量，C_B は実験定数，粘土ライナーについて，ρ_d は乾燥密度，n は間げき率，L は層厚，D は拡散係数，K_P は分配係数，R は($=1+\rho_d K_P/n$)，T_R は($=v_s t/RL$)，P_L は($=v_s L/D$)，v_s は浸透流速，複合ライナーについて，A_e は等価換算面積，Q_e は等価換算流量，そのほか，t は時間，c_e は GM より下層の化学物質濃度

さを仮定し，漏出量を算出する．有機化学物質については，前述のように分子レベルの拡散浸透量を計算する．

② 粘土ライナー単独の遮水工の場合は移流と拡散・分散を考慮し，一次元移流分散の解析解を用いて求める．

③ ジオメンブレンと粘土ライナーによる複合ライナーの場合，無機化学物質についてはジオメンブレンの損傷部からの漏水を考慮した経験式[30]を用いる．無機化学物質については，粘土ライナーにおける拡散（移流なし）と仮定して漏水量を求める．

b. 構造安定性

遮水工には，粘土ライナーのように低透水性材料や，ジオメンブレンのように水の移動を妨げるような材料を使用するため，水が滞りがちになり，せん断強度の不足により構造的な不安定をきたす場合がある．米国では，大規模処分場の遮水工システムに起因する斜面崩壊の事例が報告されており[32]，遮水工材料のせん断強度特性の評価とその安定性評価への適用に関する研究が行われている[33]．とくに，遮水材料間のせん断強度が低いことが指摘されており，さらに地下水位の上昇による有効直応力の減少によってせん断強度が低下

表10.2.8 遮水材料の接触面せん断強度の概略値

材料	強度概略値
HDPE ジオメンブレン-砂	$\phi = 15 \sim 28°$
HDPE ジメオンブレン-粘土	$\phi = 5 \sim 29°$
ジオテキスタイル-砂	$\phi = 22 \sim 44°$
HDPE ジオメンブレン-砂	$\phi = 15 \sim 28°$
GCL-砂	$\phi = 20 \sim 25°$
GCL-粘土	$\phi = 14 \sim 16°$
表面処理された HDPE-締固め粘土	$\phi = 7 \sim 35°$, $c' = 20 \sim 30$ kPa
表面処理された HDPE-豆粒大の礫	$\phi = 20 \sim 25°$
表面処理された HDPE-砂	$\phi = 30 \sim 45°$
ジオテキスタイル-粘土	$\phi = 15 \sim 33°$
ジオネット-HDPE ジオメンブレン	$\phi = 6 \sim 10°$
HDPE ジオメンブレン-ジオテキスタイル	$\phi = 8 \sim 18°$
ジオテキスタイル-ジオネット	$\phi = 10 \sim 27°$
GCL-表面処理された HDPE	$\phi = 15 \sim 25°$
GCL-HDPE ジオメンブレン	$\phi = 8 \sim 16°$
GCL-GCL	$\phi = 8 \sim 25°$, $c' = 8 \sim 30$ kPa
表面処理された HDPE-ジオネット	$\phi = 10 \sim 25°$
表面処理された HDPE-ジオテキスタイル	$\phi = 14 \sim 52°$

し，処分場の崩壊にいたる例も報告されている．表10.2.8には代表的な遮水工材料の組合せによるせん断強度の例を示した[4]． 　（勝見　武）

参　考　文　献

1) 地盤工学会編：廃棄物と建設発生土の地盤工学的有

効利用, 1998.
2) 廃棄物最終処分場システム研究会：廃棄物最終処分場技術システムハンドブック, 環境産業新聞社, 1999.
3) 田中信壽：環境安全な廃棄物埋立処分場の建設と管理, 技報堂出版, 2000.
4) M. Manassero, W. F. van Impe and A. Bouazza : *Environmental Geotechnics*, **3**, 1425-1474, 1997.
5) D. E. Daniel and R. M. Koerner : Waste Containment Facilities, ASCE Press, 1995.
6) M. Manassero, R. Parker, E. Pasqualini, I. Szabo, M. S. S. Almeida, A. Bouazza, D. E. Daniel and R. K. Rowe : *Environmental Geotechnics*, **3**, 1001-1038, 1998.
7) 嘉門雅史監訳, 勝見　武・近藤三二共訳：廃棄物処分場の最終カバー, 技報堂出版, 2004.（原著；R. M. Koerner and D. E. Daniel : *Final Covers for Solid Waste Landfills and Abandoned Dumps*, ASCE, 1997.）
8) （財）港湾空間高度化センター・運輸省港湾局監修：管理型廃棄物埋立護岸, 設計・施工・管理マニュアル, 2000.
9) D. E. Daniel and C. H. Benson : *Journal of Geotechnical Engineering*, **116**(12), 1811-1830, 1990.
10) C. H. Benson, D. E. Daniel and G. P. Boutwell : *Journal of Geotechnical and Geoenvironmental Engineering*, **125**(5), 390-403, 1999.
11) 水野克己, 嘉門雅史, 星野　實, 氏原康博：土と基礎, **51**(8), 30-31, 2003.
12) R. J. Petrov and R. K. Rowe : *Canadian Geotechnical Journal*, **34**, 863-885, 1997.
13) C. D. Shackelford, C. H. Benson, T. Katsumi, T. B. Edil and L. Lin : *Geotextiles and Geomembranes*, **18**(2), 133, 2000.
14) D. E. Daniel, R. M. Koerner, R. Bonaparte, R. E. Landreth, D. A. Carson and H. B. Scranton : *Journal of Geotechnical and Geoenvironmental Engineering*, **124**(7), 628-637, 1998.
15) D. E. Daniel : State-of-the-art : Laboratory hydraulic conductivity tests for saturated soils, Hydraulic Conductivity and Waste Contaminant Transport in Soils, ASTM STP 1142, (D. E. Daniel and S. J. Trautwein, eds.), ASTM, pp. 30-78, 1994.
16) J. J. Bowders : *Journal of Geotechnical Engineering*, **114**(8), 947-949, 1988.
17) C. D. Shackelford, M. A. Malusis, M. J. Majeski and R. T. Stern : *Journal of Geotechnical and Geoenvironmental Engineering*, **125**(4), 260-270, 1999.
18) C. H. Benson, F. S. Hardinato and E. S. Motan : Representative specimen size for hydraulic conductivity assessment of compacted soil liners, Hydraulic Conductivity and Waste Contaminant Transport in Soils, ASTM STP 1142, (D. E. Daniel and S. J. Trautwein, eds.), ASTM, pp. 3-29, 1994.
19) J. K. Mitchell, D. R. Hooper and R. G. Campanella : *Journal of Soil Mechanics and Foundation Division*, **94**(4), 41-65, 1965.
20) R. T. Stern, and C. D. Shackelford : *Journal of Geotechnical and Geoenvironmental Engineering*, **124**(3), 231-241, 1998.
21) A. Bouazza, J. G. Zornberg, and D. Adam : Geosynthetics in waste containment facilities : recent advances, Proceedings of the Seventh International Conference on Geosynthetics, Ph. Delmas, J. P. Gourc, and H. Girard, (eds.), Balkema, pp. 445-507, 2002.
22) Y. G. Hsuan and R. M. Koerner : *Journal of Geotechnical and Geoenvironmental Engineering*, **124**(6), 532-541, 1998.
23) J. K. Park, J. P. Sakti and J. A. Hoopes : *Journal of Environmental Engineering*, **122**(9), 807-813, 1996.
24) R. K. Rowe : *Sixth International Conference on Geosynthetics Conference Proceedings*, **1**, 27-102, 1998.
25) H. P. Sangam and R. K. Rowe : Permeation of organic pollutants through a 14 year old field-exhumed HDPE geomembrane, Proceedings of the Seventh International Conference on Geosynthetics (Ph. Delmas, J. P. Gourc, and H. Girard, eds.), Balkema, pp. 531-534, 2008.
26) 古土井光昭, 片山猛雄：港湾技研資料, No. 115, 1971.
27) J. P. Giroud, K. Badu-Tweneboah and K. L. Soderman : Evaluation of landfill liners, Proceedings of the Fifth International Conference on Geotextiles, Geomembranes and Related Products, pp. 981-986, 1994.
28) M. Kamon : Solution scenarios of geo-environmental problems, Proceedings of the Eleventh Asian Regional Conference on Soil Mechanics and Geotechnical Engineering, Seoul, 1999.
29) J. P. Giroud, K. L. Soderman, M. V. Khire and K. Badu-Tweneboah : *Sixth International Conference on Geosynthetics Conference Proceedings*, **1**, pp. 261-268, 1998.
30) G. J. Foose, C. H. Benson and T. B. Edil : *Journal of Geotechnical and Geoenvironmental Engineering*, **128**(5), 391-403, 2002.
31) 勝見　武, C. H. Benson, G. J. Foose, 嘉門雅史：廃棄物学会誌, **10**(1), 75-85, 1999.
32) J. K. Mitchell, R. B. Seed and H. B. Seed : *Journal of Geotechnical Engineering*, **116**(4), 647-668, 1990.
33) T. D. Stark, H. T. Eid, W. D. Evans and P. E. Sherry : *Journal of Geotechnical and Geoenviron-*

mental Engineering, **126**(5), 408-419, 2000.

10.3 廃棄物最終処分場の修復と再生

10.3.1 地盤環境から見た最終処分場によるリスク

a. 最終処分場機能とリスク管理

最終処分場におけるリスクとは,「最終処分場に埋め立てられる廃棄物を主因とし,自然条件,人為的条件,その他条件により,自然環境や人間の健康あるいは社会的生活に不都合や不利益が発生する可能性」[1]と定義されている.これに対して,最終処分場の機能は,

① 廃棄物の保管・処理機能
② 環境保全機構
③ 地域還元機能

である.この場合,上記機能①は,リスクの主因である廃棄物を保管するとともに,廃棄物が潜在的にもつ「自然や人間の健康あるいは社会生活に及ぼす不都合や不利益の度合い」を最小化(廃棄物の無害化・安定化)するものである.また上記機能②は,「環境へ及ぼす廃棄物主因の不都合や不利益」を発生・波及させない機能である.さらに,上記機能③は,最終処分場の立地(廃棄物の保管・処理などに伴う)起因の「生態系や人間(周辺住民)へ及ぼす不都合や不利益(便益の損失)」を補う機能と位置づけられる[2].

最終処分場のリスクの考え方は,上記のように自然や人間の健康のみならず,社会生活までも含む広い概念であるが,本節では,まずリスクを,最終処分場に埋め立てられた廃棄物が有する汚濁物質,あるいは有害物質が周辺環境および周辺の人間の健康に及ぼす影響と考えることとし,とくに地盤環境から見た最終処分場のリスクについて述べたい.

b. 廃棄物最終処分場の環境影響

最終処分場が及ぼす周辺環境への影響は,図10.3.1のようにまとめられる.

(i) 浸出水(液) 最終処分場が及ぼす周辺環境への影響のうち,その影響の可能性がもっとも懸念されているのが,浸出水による地下水汚染の問題である.10.2節で述べたように,現行の構造基準にしたがって設計され,また適切に建設(施工)・維持管理されている処分場においては,遮水工によって浸出水の漏えいは防止され,また浸出水は集められ適切な処理が施されているので,浸出水の漏えいによる地下水汚染の可能性はきわめて小さい.しかし,以下のような最終処分場の場合は,地下水汚染を引き起こしてしまう可能性が高くなると考えられる.

① 昭和52年の構造基準以前に建設された最終処分場(遮水工あるいは浸出水処理施設がない処分場であり,不適正最終処分場と呼ばれている.詳細は10.3.3項参照)
② 適切に設計や建設が行われておらず,構造上不備のある最終処分場
③ 適切な埋立て作業や維持管理が行われていないため,遮水シートの一部が損傷してしま

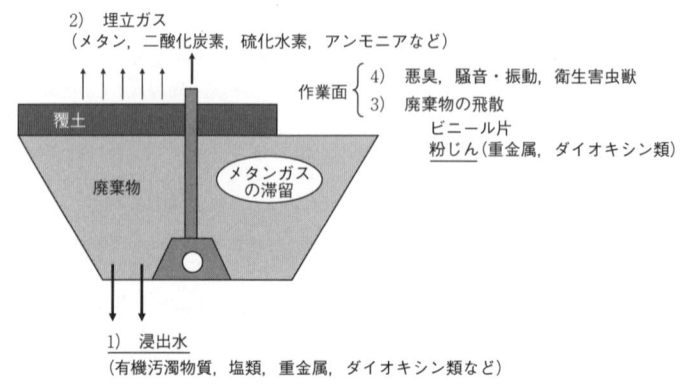

図 10.3.1 最終処分場が及ぼすと考えられる環境影響

1) 浸出水
(有機汚濁物質,塩類,重金属,ダイオキシン類など)
2) 埋立ガス
(メタン,二酸化炭素,硫化水素,アンモニアなど)
3) 廃棄物の飛散
ビニール片
粉じん(重金属,ダイオキシン類)
4) 悪臭,騒音・振動,衛生害虫獣

覆土 / 廃棄物 / メタンガスの滞留 / 作業面

った最終処分場（天災などの事故も含む）
④ 安定型最終処分場に，不法に管理型あるいは遮断型最終処分場に埋め立てられるべき廃棄物が投棄された処分場（不法投棄）

浸出水中に含まれる汚濁物質や有害物質の種類や濃度は，埋め立てられる廃棄物の種類によって異なるが，一般的に，BODやCODの有機汚濁物質，アンモニアなどの窒素，鉛や亜鉛などの重金属，それからダイオキシン類などの微量有機化合物が問題になる場合が多い．また，焼却灰主体の処分場では，上記に加えて塩類濃度が高いことも問題となる．欧米では，トリクロロエチレンなどの有機塩素化合物を廃溶剤として直接最終処分場に投棄してきた経緯があることから，有機塩素化合物による周辺地下水汚染が大問題となったが，幸い日本の場合，廃溶剤などは焼却処理することが主流となっているため，通常の最終処分場で，これら有機塩素化合物による汚染が問題となるケースは，多くは報告されていない．

（ii）**埋立ガス**　最終処分場内では，一般に有機物の微生物分解によりメタン，二酸化炭素などがおもに発生する．その発生量や組成割合は，埋立廃棄物の種類や，好気・嫌気条件などの場の条件によって異なる．また，硫黄系，窒素系の悪臭物質や廃製品中の化学物質も含まれる．

有機物を多く含む埋立地が嫌気的な状態になっている場合は，メタンガスが燃焼または爆発するような濃度で発生することが知られている．また，埋立中のみならず埋立終了後も生じる可能性があるので，必要に応じて埋立ガス処理施設を設けたり，埋立地上部に建物を建造する場合は，ガスの滞留などを防止するような措置を講じておく必要がある[3]．また，周辺環境への影響としては，最終処分場から発生したメタンは，周辺草木や農作物を枯らし，住宅地の地下室などに滞留し爆発を起こしたりする[4]．また，硫化水素に関しては，人体に毒性があるが，最近まで埋立地で発生する場合は悪影響を与えるほどの濃度に達することは少ないと考えられていた．しかし，近年，産業廃棄物の最終処分場で人身事故が発生し，埋立て物によっては高濃度の硫化水素が発生することが判明した[3]．

なお，地球環境規模の環境影響としては，二酸化炭素，メタン，亜酸化窒素の発生が問題となっており，最終処分場からの発生量測定に関する研究がさかんに行われているところである．

（iii）**廃棄物の飛散**　最終処分場からの廃棄物の飛散については，飛散防止ネットなどの設置による，ビニール片などの軽量物への対応が中心であった．しかしながら，近年，焼却灰などの粉じんの飛散対策が課題となっている．とくに，ダイオキシンや重金属類を含む焼却灰やばいじんが，搬入時の荷下ろし（ダンピング）やブルトーザーなどによる埋立地成形時に飛散し，周辺地のダイオキシン類や重金属による土壌汚染を引き起こす可能性がある．ばいじんに対しては，飛散や流出しないよう，キレート剤の添加，もしくはセメント固形化などを行うことが定められている[5]．

（iv）**そのほか**　そのほかの環境影響としては，悪臭，騒音・振動，そして衛生害虫獣（はえ，ねずみ，からす，野犬など）がある[3]．

c. 地盤環境から見た最終処分場のリスク管理の考え方

最終処分場が及ぼす環境影響のうち，地盤環境汚染に関連しているのは，図10.3.1のうち，①浸出水の漏えいによる周辺地盤環境（土壌と地下水環境）の汚染，それから，③粉じんの飛散による周辺表層土の汚染である．とくに，本節では，社会問題としても大きくとりあげられることが多い浸出水の漏えいによる周辺地盤環境汚染問題に絞って述べることにする．

浸出水による地盤環境汚染リスク低減に関連する要素についてまとめたものが図10.3.2である．最終処分場で発生する浸出水から地盤環境を保全するためには，浸出水の適正処理（適切な集水と処理）と安全性の高い遮水機能の確保が必要となる．そのためには，図10.3.2に示したように，立地や施設整備といったハード要素と処分場管理といったソフト要素の両面から考える必要がある．

安全性の高い遮水工を整備するためには，立地

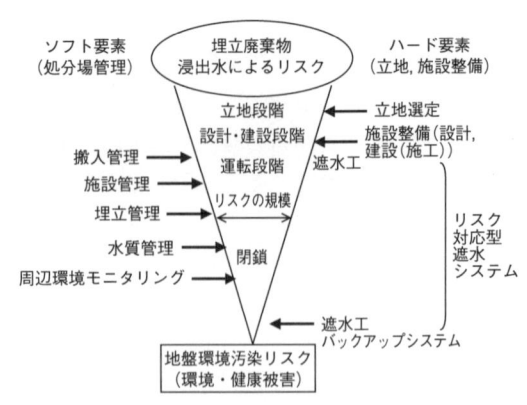

図10.3.2 浸出水による地盤環境汚染リスク低減化の考え方[6]

図10.3.3 地盤環境を考慮した立地選定手法

場所の地形・地質構造，地下水などの水理条件に応じた遮水工の選択と適切な建設が行われる必要がある．すなわち，地盤環境を保全するためには，まず，ハード要素として，適切な立地選定を行うこと，そして，その立地場所の地形・地質構造や水理条件に応じた遮水工の設計を行い，それから適切に施工を行うことがきわめて重要となる．また，万が一，浸出水が漏えいしたことが判明した際には，遮水工を修理したり，敷地境界に鉛直遮水壁を設置するなどのバックアップシステムも必要である．それから，ハード要素を補完するよう，図10.3.2に示すソフト要素を付加することが重要である．これは，運転段階のモニタリングによるリスク管理が重要であることを示している．このことは，10.3.2項c.維持管理（モニタリングシステム）で詳細に述べる．このように，最終処分場の立地から埋立完了，そして廃止までの各段階で，リスクを管理する必要がある．

10.3.2 地盤環境を考慮した最終処分場の建設と維持管理

a. 立地選定と計画・設計

最終処分場の立地選定時の選定項目やとくに注意すべき地形地質的条件に関しての概略については数多くの報告がある[7]が，地盤環境条件に焦点を絞って検討した例としては，図10.3.3のような手順がある[8]．計画・設計に関しては，参考文献2）を参照されたい．

b. 建　　設

建設段階においては，計画・設計どおりに必ずしも施工されるとは限らない．さらに，計画・設計段階では予期できなかった事態が，建設段階には起こる可能性も否定できない．すなわち，計画・設計どおりに適切に建設すること，および，計画・設計段階で予期できなった事態が起こったときには，適切にそれらに対処する必要がある．

小谷ら[9]は，実際に携わった50か所以上の処分場の建設事例で発生した異種のトラブル事例48種を対象に，そのトラブルの生じた原因，実施した対策などについて整理しており，建設段階に生じたトラブルの原因の多くは，地盤環境との関係が密接に関係していることと，その多くは，立地，計画・設計段階で対処すべきだった（対処できた）ものであるとしている．

c. 維持管理（モニタリングシステム）

最終処分場の維持管理における，その管理項目や方法については，非常に多岐にわたっているので，詳細は参考文献1）を参照されたい．ここでは，浸出水による地盤環境汚染防止するためのモニタリングシステムについて述べる．

古市[10]は，図10.3.4に示すように，一般論と

10.3 廃棄物最終処分場の修復と再生

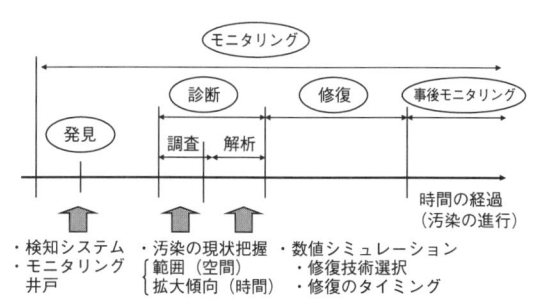

図10.3.4 最終処分場のモニタリング[10]

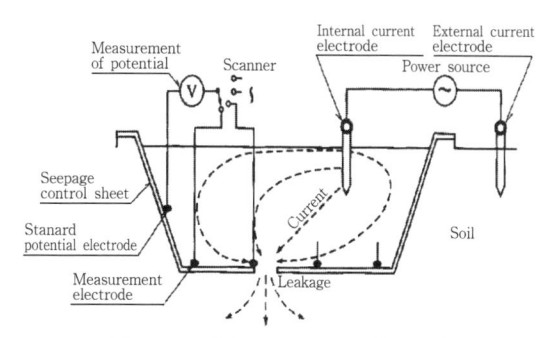

図10.3.5 検知システムの測定原理[11]

しての汚染の発見から修復後のモニタリングまでの一連のフローについて時間軸を基準に表現した．汚染は，廃棄物の処理・処分に起因する場合，施設に設置された漏水検知システムや敷地内外のモニタリング井戸での定期検査のおりに水質異常として発見されることが多い．汚染が「発見」されると現状把握のために「調査」をし，その結果の「解析」をもとに修復対策が検討されるが，これらの段階を「診断」と呼んでいる．解析段階で汚染の範囲（空間）と拡散傾向（時間）を予測するために数値シミュレーションが行われ，その結果にもとづいて，いつ修復を行うかというタイミングと複数の技術の代替案をいかに現実的かつ効果的に選択するかという問題について検討される．このフロー全体について，現場をさまざまな形で監視しているという意味で広義の「モニタリング」であると定義できる．

つぎにモニタリングの一手法としての漏水検知システムに関して述べる[11,12]．漏水検知システムは，地下水集水管や検査井戸の水質から漏水を検知する方法以外に，二重に遮水シートを敷設して遮水シート管の真空度や遮水シート間に浸入した浸出水を検出することで漏水をモニタリングする方法と，電気的に漏水をモニタリングする方法が提案されている．電気的に漏水をモニタリングする方法では，電位分布のひずみから検出する方法，電流の流れやすさや電流分布から検出する方法が提案されている．

図10.3.5は，電位分布ひずみを測定する漏水検知システムの測定原理を示している．合成ゴム系や合成樹脂系の遮水シートは，電気的に高絶縁性を示すことから，埋立地の内外に一定の電圧を加えても遮水シートに穴がなければ電流はほとんど流れない．しかし，穴が開くと，この穴を通って埋立地の内外に電流が直接流れるようになる．この電流が発生すると，この電流を中心とした電位分布のひずみが発生する．

図10.3.6と図10.3.7は，一般廃棄物処分場に適用した状況を示している．図形中の黒点は，底面部の遮水シート上部にすでに保護層が施工された場所であり，この部分に電位測定電極が埋まっていることを示している．図10.3.6は，電位分布のひずみが見られず，遮水シートに破損が生じていないことがわかる．一方，図10.3.7は遮水シートに破損が生じた状態を示したものであり，＋印が破損位置を示しており，破損した箇所の座標が推定される．

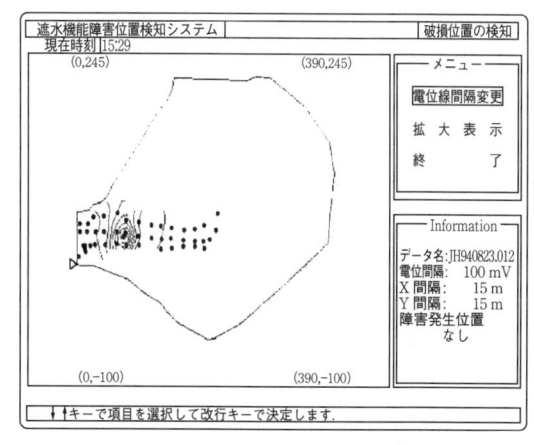

図10.3.6 検知システムの表示例[11]
（遮水シートに破損がない場合）

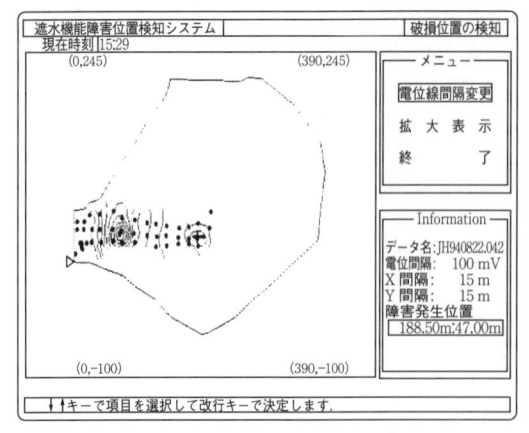

図 10.3.7 検知システムの表示例[11]
（遮水シートに破損がある場合）

10.3.3 不適正最終処分場の修復と再生
a. 不適正最終処分場の現状

本項では，地盤環境への影響が懸念されている不適正最終処分場を例として，最終処分場が原因の地盤環境汚染とその適正化（修復）について述べる．

平成10年3月に厚生省より「一般廃棄物最終処分場における処理の適正化について」として，遮水工または浸出液処理設備を有しない不適正最終処分場が，表10.3.1のように発表された[13]．

ただし，「共同命令」とは，「一般廃棄物の最終処分場及び産業廃棄物の最終処分場の技術上の基準を定める命令」（昭和52年3月14日総・厚令1号）[14]をいい，施設の構造基準，維持管理基準が定められている．また「処分基準」とは，廃棄物処理法施行令第3条第3号ロ[15]をいい，「埋立処分の場所からの浸出液によって公共の水域及び地下水を汚染するおそれがある場合には，そのおそれがないように必要な措置を講ずること．」とされている．全国で1901施設中538施設が不適正であると発表されたが，実際には，ほかにも公表されていない不適正な最終処分場がある可能性もある．とくに，素掘の処分場に焼却灰が埋め立

表10.3.1 基準の適用別の最終処分場の状況（平成9年12月末時点）[13]

区　　　　　分	施設数
市町村の設置する一般廃棄物最終処分場	1901
遮水工または浸出液処理設備を有しない最終処分場 （浸出液の処理が必要ない廃棄物のみを処理するものを除く）	538
うち共同命令違反と認められ，かつ，処分基準違反のおそれが強い最終処分場	80
うち共同命令の適用はないが，処分基準違反のおそれが強い最終処分場	343
うち共同命令，処分基準ともに適用はないが，不適切と考えられる最終処分場	115

表10.3.2 市町村における最終処分場の適正化に係る対応予定（平成9年12月末時点）[13]

区　　　　　分		施設数 （重複回答）
搬入停止	自ら共同命令に適合した最終処分場を新たに確保	233
	他市町村，民間などの共同命令に適合した最終処分場に搬入	103
水処理が不要な 廃棄物のみ搬入	水処理が必要な廃棄物は，自ら共同命令に適合した最終処分場を新たに確保	41
	水処理が必要な廃棄物は，他市町村，民間などの共同命令に適合した最終処分場に搬入	97
最終処分場の改造 （遮水工またはそれ と同等以上の不透水 性地盤がある場合）	浸出液処理設備を設置	3
	鉛直遮水を設け，地下水を汲み上げて処理	1
その他（溶融固化，RDF化，適正保管など）		39
検討中		54

てられているケースも多いと想定され，昨今のダイオキシン問題，浸出液による地下水汚染問題という観点から早急な周辺環境汚染の有無の確認，および適正化のための対策が望まれている．

不適正最終処分場に対する市町村の当時の対応予定に関して表 10.3.2 にまとめる．あくまでも平成 9 年 12 月の段階ではあるが，搬入停止を行い市町村自ら共同命令に適合した最終処分場を確保するか，他市町村・民間などの共同命令に適合した最終処分場に搬入する予定と回答している自治体が多かった．

発表された当時よりこれまでの間，最終処分場の適正化事業は行われてきたが，実際の実施例は多いとはいえず，多くの不適正最終処分場が，当時発表されたままの状態である可能性が高い．

b. 不適正最終処分場の修復・再生の目的

不適正最終処分場の修復・再生の目的は，以下のとおりである[16]．

（ⅰ）適正化

① 最終処分場の構造を現行の基準に適正化し，周辺環境への影響を最小限にすること．

② また，周辺環境に汚染が見られる場合には，その修復を行うこと．

（ⅱ）資源化

① 掘り起こした廃棄物を分別し，資源化可能なものは資源化すること．この場合，熱処理による熱回収やバイオマスの処理によるコジェネシステムなども考えられる．

② 早期に安定化を達成することにより，維持管理費用や投入資源量の削減すること，さらに，跡地としての空間的資源化を行うこと．

（ⅲ）延命化

① 掘り起こした廃棄物の一部を資源化し，適正処理せざるを得ない廃棄物のみ埋め立てる．つまり，最終処分場の残余容量を増加し，最終処分場の延命化を行うこと．

② 廃棄物撤去工事の後，拡張工事を行うことにより，容量を増大することにより，延命化を行うこと．

c. 不適正最終処分場の修復・再生のための調査・対策フロー

図 10.3.8 に不適正最終処分場の適正化のため

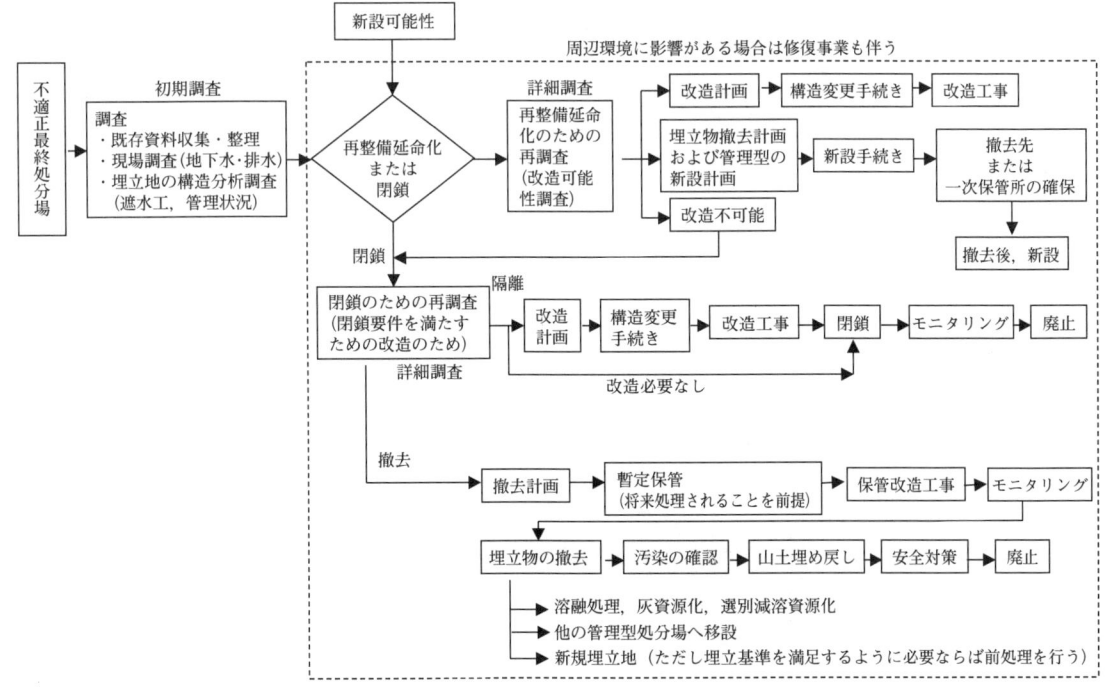

図 10.3.8 不適正最終処分場の適正化のための調査・対策フロー[17]

の調査・対策フロー[17]を示す．不適正最終処分場は，再整備を行って延命化し継続使用（再生）するか，または閉鎖を前提とした適正化が行われる．これらの判断は，最終処分場の構造，地形，地質，地下水，取水，土地利用状況，汚染の有無などの周辺環境の状況のみならず，最終処分場の新設可能性やその計画の進行度，廃棄物処分計画量など多くの因子で決定されると思われる．したがって，これらの判断を行うための材料となる初期調査は重要であり，この部分で周辺住民も考慮に入れた情報収集が必要である．場合によっては，やむ終えず継続しなくてはならない場合や，新設してでも既存の処分場を閉鎖する場合も考えられ，今後の対策方針に大きく影響を及ぼすと考えられる．また初期調査の段階で，あるいはそれ以降の調査により汚染が確認された場合には，処分場の適正化と平行して汚染修復のための調査・対策が行われることになる．

再整備延命化（再生）には，廃棄物を撤去せずに改造を行う場合と，廃棄物を撤去し新設の管理型処分場として延命化させる場合に分かれる．前者は表面遮水工の設置は事実上不可能であるので，鉛直遮水工が前提となる．そのためには，廃棄物下層に不透水性地盤が存在することがこの選択を行ううえでの条件となる．一方，後者は新設手続きや廃棄物の撤去先，一次保管所の確保が必要である．また詳細調査の結果，改造不可能（延命化不可能）の場合も考えられる．

つぎに，閉鎖を選択する場合には，隔離―閉鎖―廃止か，廃棄物撤去―廃止のいずれかに分かれる．隔離―閉鎖―廃止は，共同命令（昭和52年3月14日）[14]にしたがう必要があるが，不透水層が得られない場合は，鉛直遮水と地下水位制御を組み合わせて，汚染拡散抑制することも認められている．この場合は，構造変更手続きが必要であり，廃止までの長期間にわたるモニタリング，維持管理も必要である．また，廃棄物撤去―廃止は，全量撤去することを前提として，簡易的な覆土のみで暫定的な保管を行うことが認められている．この場合，撤去された廃棄物の処分先が必要である．溶融処理によって減溶化，資源化を行ったり有価物を回収したり，あるいはそのままほかの管理型処分場へ移動したり，新規埋立地へ移動することが考えられる．

d. 調査の考え方

不適正最終処分場に対する適正化を行うためには，図10.3.5で示したフローにおける調査が重要である．大きく初期調査と詳細調査に分類され，詳細調査はさらに再整備延命化のための詳細調査と閉鎖のための詳細調査に分かれる．以下に，それぞれの調査の特徴づけを行う[18]．

（ⅰ）初期調査 初期調査は，既存資料の収集と現場調査からなる．表10.3.3に初期調査で把握すべき項目を整理した．初期調査により表10.3.3の評価事項について検討し，判断事項について判断を行う．評価事項に関して特筆すべき点をあげておく．

（1）最終処分場起因の汚染 周辺の表流水や地下水濃度を最終処分場の上流側と下流側で測定しておく必要がある．また，降雨状況によっても濃度が変化する恐れがあるので，経時的な変化をとらえておく必要がある．

（2）埋立廃棄物の種類 廃棄物の種類に関しては，とくに焼却灰や産廃の混入が考えられるので，搬入廃棄物に関する資料を入手するとともに，廃棄物層内のボーリングにより廃棄物の種類を把握する必要がある．また，発生ガス，温度などにより廃棄物層内の雰囲気，分解状況を推測することも重要である．

（3）埋立廃棄物の量 廃棄物を撤去することが可能な場合には，将来に対するリスクをもっとも削減することができる．その判断の一つの材料として，撤去対象となる廃棄物の量を把握する必要がある．また，水処理の必要な廃棄物（たとえば焼却灰）のみ撤去可能な場合も想定されるので，埋立分布なども可能な限り把握しておく必要がある．

（4）汚染ポテンシャル，リスク（短期，長期） 埋立廃棄物の種類はもとより，廃棄物層内の浸出液の水質も正確に把握しておく必要がある．短期的には浸出液の系外流出を抑制できるような対策を施し，地下水汚染の恐れのないような

表10.3.3 初期調査項目と評価項目の例[18]

分類	項目	評価項目	判断事項
(1)最終処分場	・一般事項(埋立量,面積,埋立期間)	1. 最終処分場起因の汚染か否か	1. 修復対策の必要性
	・構造(基盤),施設配置		
	・埋立内容物(搬入廃棄物)の種類,性状(熱灼減量,溶出試験値,物性値)	2. 埋立廃棄物の種類	2. 新規最終処分場建設の可能性
	・作業履歴(廃棄物分布)		
	・浸出液の質,量	3. 埋立廃棄物量	3. 廃棄物の撤去可能性
	・発生ガスの成分		4. 延命化し継続使用するか閉鎖するか
	・モニタリング井戸の水質	4. 汚染ポテンシャル,リスク(短期,長期)	
(2)周辺環境	・地形,地質構造		
	・地下水(地下水位,流れ方向,勾配,透水係数)	5. 改造可能性の見込み	
	・周辺環境媒体の濃度(表流水,地下水,大気,土壌)	6. 住民の意見	
	・気象(降雨量,風向)		
	・水収支	7. 廃棄物処理計画上の行政の意見	
(3)周辺土地利用	・周辺住民の分布		
	・井戸分布と使用状況,取水口分布		
	・農業,漁業などの存在		
(4)社会的状況	・住民の意見		
	・廃棄物処理計画との関係		

対策を施すことが必要である．また，閉鎖後の維持管理や，災害時などのリスクなど長期的な視点での評価も必要である．

（5）**改造可能性の見込み** 改造を行う場合，延命化をする場合には改正共同命令にしたがうこと，5年以上使用することなどが要件である．廃棄物を撤去し同じ場所に新設の処分場を再生しない限りは，これらの要件を満たさなければ，閉鎖あるいは廃止ということになる．また，閉鎖を行う場合でも，共同命令にしたがう必要があるので，対象処分場の構造，周辺地形，地質，地下水状況はこの段階である程度把握しておく必要がある．つぎの段階の詳細調査は，具体的な設計を行うための調査である．

（6）**住民の意見** 不適正最終処分場への行政の対応に関する住民の関心は大きいと考えられる．とくに，昨今のダイオキシン問題，地下水汚染問題には敏感である．したがって，まず汚染の有無に関するデータ，将来のリスクについての情報を十分に公開したうえで住民と調整を図る必要がある．

（7）**廃棄物処理計画上の行政の意見** 廃棄物処理計画上，不適正最終処分場の閉鎖が困難な状況や，新設とのタイミングのずれなどさまざまな問題が考えられる．また，補助金なども含めた予算などを考慮した実行可能性を十分に検討する必要がある．

（ⅱ）**詳細調査** つぎに，詳細調査について表10.3.4にまとめる．詳細調査は，図10.3.1のフローにあるように，延命化を行う場合と閉鎖を行う場合とでは目的が異なるので，評価事項の部分についてのみ両者に共通する項目とそれぞれに特有な項目に分けて整理した．また，調査を行う際には，次章で説明する適正化工法について可能性のあるものをピックアップしておくことが，調査の効率化という面で重要である．そして詳細調

表10.3.4 詳細調査項目と評価項目の例[18]

分　類	項　目	評価項目
(1) 改造可能性	・地質構造，地下水　　難透水性地盤の確認　　透水係数の把握　　　・ボーリング調査　　　・透水試験（現場，室内）　　　・標準貫入試験　　　・弾性波試験　　　・電気探査など	○ 共通事項　1. 共同，あるいは改正共同命令にしたがうか　2. 廃棄物撤去の実行性　3. 時間とコスト（補助金も含む）　4. 住民の意見　5. 行政の意向
(2) 廃棄物撤去可能性	・浸出液発生量と水質	○ 閉鎖を行う場合　6. 閉鎖後の維持管理の期間とコスト
	・撤去対象廃棄物量および種類	
	・撤去先，処理先，一時保管先	
	・撤去時の安全性	○ 延命化を行う場合
(3) タイミングコスト	・改造に要する時間，コスト	7. 5年以上使用できるか　8. 容量拡張あるいは再生した場合のメリット
	・撤去作業着手までの時間　・撤去に要する時間，コスト	

査により，具体的な対策を行ううえでの時間，タイミング，コストを検討しながら最終的な対策を選択する．それから具体的な整備計画を作成し，改造手続き，新設手続き，補助金の申請を行う．つまり詳細調査は，その代替案の実行可能性の評価，および具体的な設計を行うために行われる．

また周辺環境の汚染が生じている場合の調査に関しては，ここでは詳しく述べないが汚染範囲と汚染レベルの確認をすることが重要であり，詳細調査と平行してこれらの調査が行われるべきである．

e．適正化工法

つぎに，適正化を行う際の要素技術について述べる．上記適正化の代替案を実施する際に必要な要素技術としては，①遮水工の設置（汚染拡散防止対策），②浸出水処理施設の設置，③廃棄物の撤去工法と資源化がある．以下に説明を加える．

（ⅰ）遮水工の設置（汚染拡散防止対策）

まず，不適正最終処分場は，埋立物によっては周辺地下水へ悪影響を及ぼす可能性が否定できないので，汚染拡散防止対策を行う必要がある．これはおもに，鉛直遮水壁の設置とつぎに述べる浸出水処理施設の設置による．またこのような対策は，延命化して継続使用する場合，あるいは閉鎖し，廃止に向けた管理を行う際の必要な要件となっている．また，廃棄物の撤去を行う際には，廃棄物層の攪乱により，浸出水中の汚濁成分，有害成分の濃度が上昇することが考えられることからも必要な措置であるといえる．

おもな遮水工の対策パターンを図10.3.9に整理する[19]．大略的には，いずれかのパターンに該当するものと考えられるが，遮水工と貯留せき堤の関係や最終覆土，浸出水集水設備・ガス抜き設備などに関しては，個別の状況によって異なる．とくに，遮水工法の選択については，図10.3.10に示すように，地質や地下水条件によって多くの選択肢があり，経済性や遮水性能，耐久性などにも差が生じるため十分な検討が必要である．また，図10.3.9のように遮水工の設置とともに，雨水の侵入を防ぎ過剰の浸出水の発生を抑制するためのオーバーキャッピング工法や周辺地下水位を制御することにより，汚染拡散防止を図る地下水制御工法および廃棄物中の有害物質の分解，溶出抑制を目的とした埋立物安定化工法も組み合わせて採用される場合が多い．

（ⅱ）浸出水処理施設　浸出水処理施設の規模に関しては，処分場の表面に難透水性の覆土を施工することで，浸出水量を削減し，水処理設備

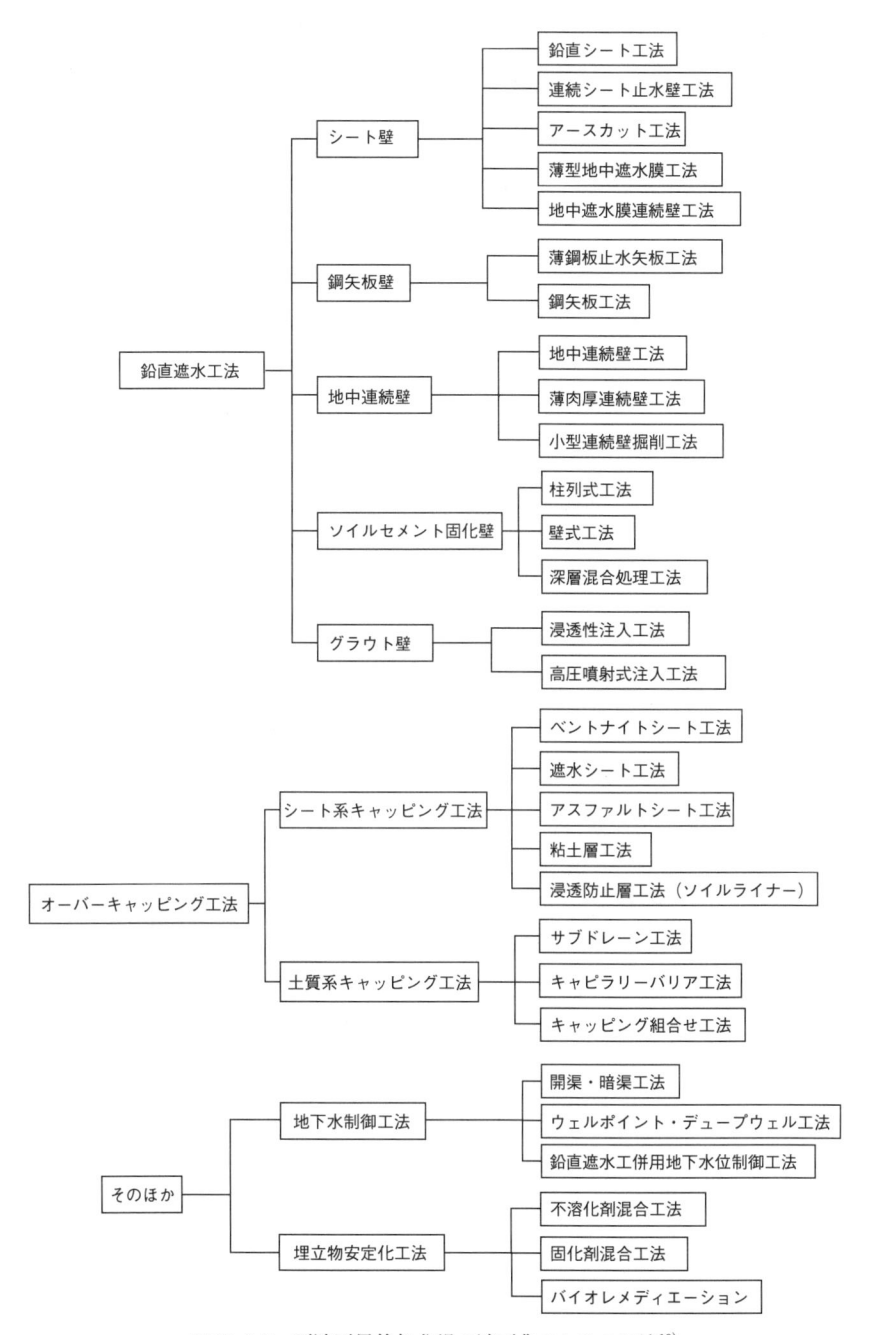

10.3 廃棄物最終処分場の修復と再生

```
鉛直遮水工法
├─ シート壁
│   ├─ 鉛直シート工法
│   ├─ 連続シート止水壁工法
│   ├─ アースカット工法
│   ├─ 薄型地中遮水膜工法
│   └─ 地中遮水膜連続壁工法
├─ 鋼矢板壁
│   ├─ 薄鋼板止水矢板工法
│   └─ 鋼矢板工法
├─ 地中連続壁
│   ├─ 地中連続壁工法
│   ├─ 薄肉厚連続壁工法
│   └─ 小型連続壁掘削工法
├─ ソイルセメント固化壁
│   ├─ 柱列式工法
│   ├─ 壁式工法
│   └─ 深層混合処理工法
└─ グラウト壁
    ├─ 浸透性注入工法
    └─ 高圧噴射式注入工法

オーバーキャッピング工法
├─ シート系キャッピング工法
│   ├─ ベントナイトシート工法
│   ├─ 遮水シート工法
│   ├─ アスファルトシート工法
│   ├─ 粘土層工法
│   └─ 浸透防止層工法（ソイルライナー）
└─ 土質系キャッピング工法
    ├─ サブドレーン工法
    ├─ キャピラリーバリア工法
    └─ キャッピング組合せ工法

そのほか
├─ 地下水制御工法
│   ├─ 開渠・暗渠工法
│   ├─ ウェルポイント・デュープウェル工法
│   └─ 鉛直遮水工併用地下水位制御工法
└─ 埋立物安定化工法
    ├─ 不溶化剤混合工法
    ├─ 固化剤混合工法
    └─ バイオレメディエーション
```

図 10.3.9 不適正最終処分場の適正化のための工法[19]

を小規模にするという考え方と，最終処分場の埋立廃棄物の質や安定化の度合いによっては，埋立物の安定化を優先させ，降雨を積極的に浸透させるという考え方もある．浸出水処理施設の規模の設計に関しては，参考文献19) を参照されたい．

また，廃棄物の種類や埋立開始からの時間などによって浸出水の質が大きく異なることから，自ずと浸出水処理プロセスも大きく変わってくる．ここでは，検討の1例を紹介する．

浸出水処理プロセスを検討する際の一つのポイントは，BODの値である．すなわち，生物処理が必要か否かが重要である．そこで，生物処理を

1) 山谷型処分場の場合
   (1) ケース1（浸出液　自然流下方式）

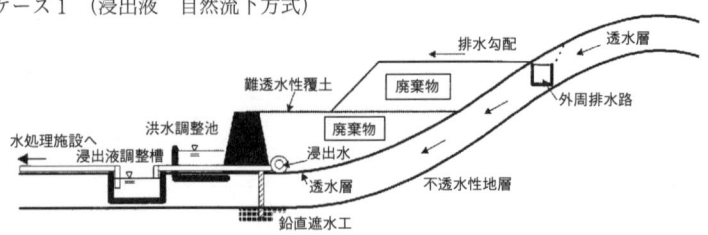

*周囲の地下水が集まることにより，自然流下で浸出液を排除する．浸出液量は多くなる．

   (2) ケース2（浸出液　ポンプアップ方式）

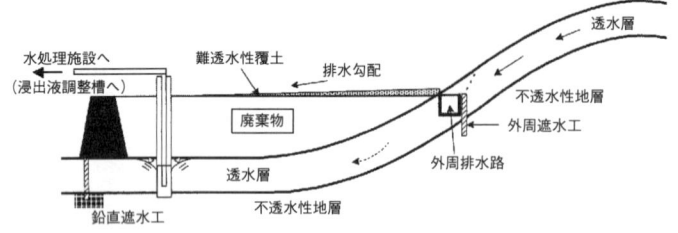

*揚水ポンプにより強制的に浸出液を排除するため，外周の地下水を遮断することにより，浸出液量を低減させることができる．

   (3) ケース3（浸出液　封じ込め方式）

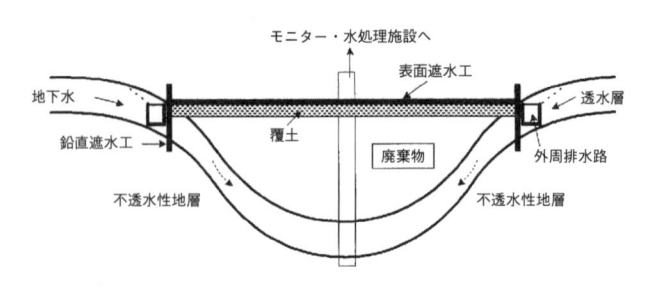

*外周をすべて仕切り，表面を遮断することで封じ込める．ガス抜設備を必ず設けることが必要である．通常は浸出液のモニターを行い，万一，異常が発生した場合はモニター井を使って揚水し，水処理が行えるようにしておくことが望ましい．

図10.3.10 遮水工の対策パターン(1)[18]

主体とした場合のプロセスと生物処理を必要としない場合のプロセス[19]を，図10.3.11に示す．

(iii) 廃棄物の撤去工法と資源化　廃棄物の撤去工法に関しては，バックホウによる掘削が用いられる場合が多い．その際，廃棄物分解によって高温になった廃棄物からの水蒸気や廃棄物から発生する硫化水素などの有害ガスや臭気などへの対策が必要である．さらに，バックホウなどの重機で作業を行う場合，通常地盤とは異なり廃棄物層の強度が弱い部分が，不連続に存在する可能性があるので注意を要する．

また，掘削された廃棄物は，図10.3.12に示すように，分別され適正に処理される．図10.3.12に示す例は，掘削された廃棄物をふるいにより選別し，粒径の小さな土砂類は，別の管理型最終処分場に埋め立てられたり，焼却・溶融処理される．また，粒径の大きなもののなかには，金属類が多く含まれているため，破砕機によって破砕し，磁選器により金属を回収する．また，40〜20 mmの粒径のものは手選別により，可燃物とそ

2) 平地・沢型処分場の場合
(1) ケース4 （山止め壁工法）

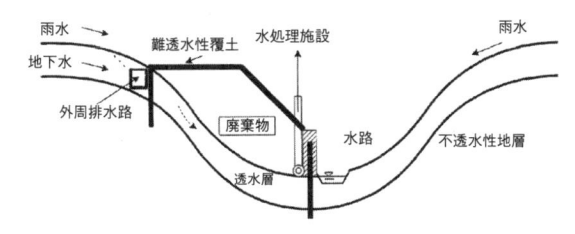

＊沢や谷津田の片側のみを利用して，埋立処分されているケースに通用する．埋立のり面の下端部に鉛直遮水兼山留めを設置し，埋立地表面を覆土することにより，適正化を図る．地形条件によっては，浸出液はポンプアップ，自然流下のどちらでも可能である．

(2) ケース5 （鉛直遮水＋地下水制御工法）

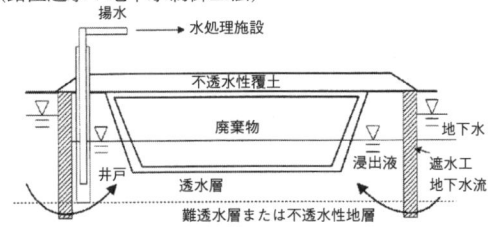

＊平地型埋立地で地下水位が高い場合の対策方法である．外周を鉛直遮水工によって仕切り，内部地下水を揚水することにより，内部地下水位を低下し，汚染の拡散を防止する．十分な不透水性地層が得られない場合も有効な手法である．

(3) ケース6 （移動保管＋表面遮水工法）

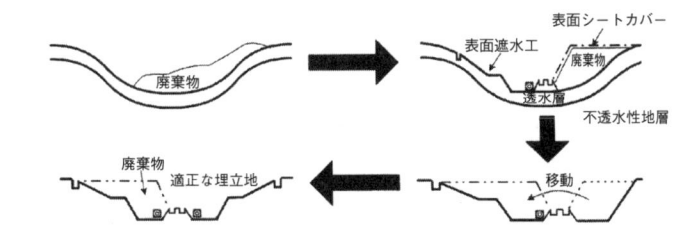

＊敷地・埋立容量に十分余裕がある場合，廃棄物を場内移動させ，場内の一部分に表面遮水工による処分場を確保する．そこに，既埋立廃棄物を移動して，適正処分後，さらに適正な埋立地を確保する．なお，工事中は既埋立廃棄物にシートカバーを行い，浸出液の発生を防止する．

図 10.3.10 （つづき）(2)

れ以外のものに分けられる．その後，可燃物は焼却・溶融処理される．また，それ以外の，不燃物または混合廃棄物は，別の管理型最終処分場で処分されるか，あるいは，再生された最終処分場で処分される． （石井 一英）

参 考 文 献

1) 最終処分場技術システム研究会編：廃棄物最終処分場技術システムハンドブック，環境産業新聞社，1999．
2) (社) 全国都市清掃会議：廃棄物最終処分場整備の計画・設計要領，p.27, 環境産業新聞社，2001．
3) (社) 全国都市清掃会議：廃棄物最終処分場整備の計画・設計要領，p.83, 環境産業新聞社，2001．
4) 田中信壽：環境安全な廃棄物埋立処分場の建設と管理，p.71, 技報堂出版，2000．
5) (社) 全国都市清掃会議：廃棄物最終処分場整備の計画・設計要領，p.82, 環境産業新聞社，2001．
6) 福本二也，花嶋正孝，古市 徹，和田卓也：都市清掃，**52**(232), 473-480, 1999．

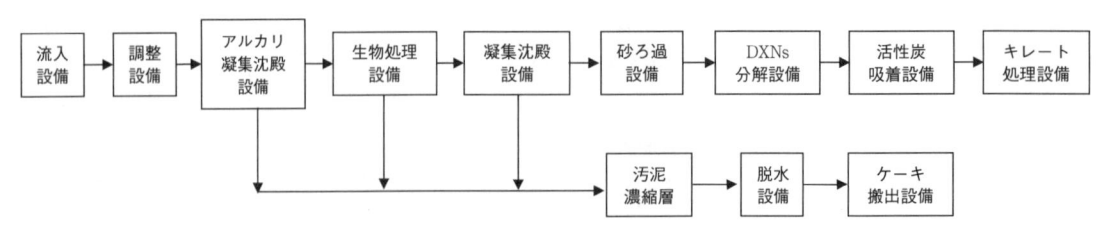

(1) パターン1　生物処理を主体としたシステム例

(対象物質：カルシウム，BOD，COD，SS，T-N，重金属，ダイオキシン類(DXNs))

(a) 凝集沈殿タイプ

(b) 凝集膜分離タイプ

(2) パターン2　物理化学処理を主体としたシステム例

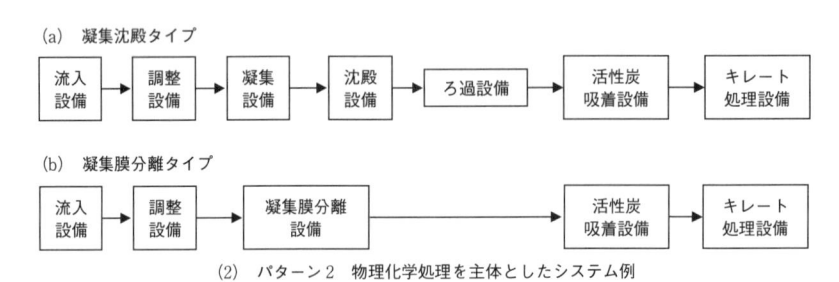

図10.3.11　浸出水処理プロセスのパターン例[19]

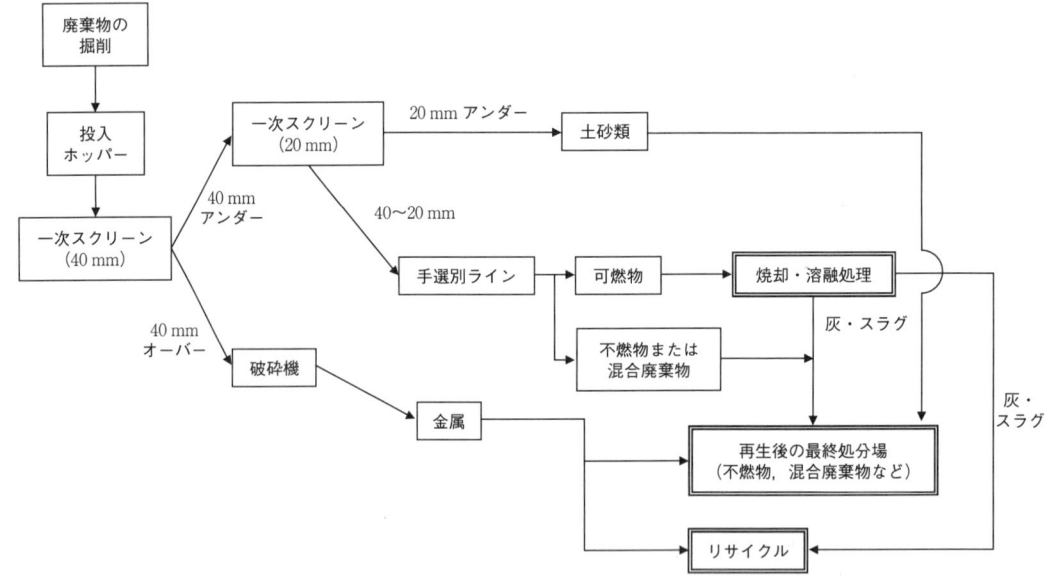

図10.3.12　廃棄物の撤去に伴う資源化・適正処理フローの例

7) 最終処分場技術システム研究会編：廃棄物最終処分場技術システムハンドブック，pp.38-49，環境産業新聞社，1999．
8) 福本二也，古市　徹，石井一英，蛯名由美子，花嶋正孝：廃棄物学会論文誌，**11**(2)，101-110，2000．
9) 小谷克己，古市　徹，石井一英：廃棄物学会論文誌，**16**(6)，453-466，2005．
10) 古市　徹，生村隆司，寺尾　康：日本地下水学会誌，**40**(2)，133-144，1998．
11) 押方利朗，古市　徹，田中　勝，花嶋正孝：廃棄物学会論文誌，**6**(5)，198-261，1995．
12) 古市　徹，押方利朗，海老原正明，田中　勝，花嶋正孝：廃棄物学会論文誌，**7**(5)，253-261，1996．
13) 「一般廃棄物最終処分場における処理の適正化について」，平成10年3月5日，厚生省報道発表資料．
14) 「一般廃棄物の最終処分場及び産業廃棄物の最終処分場の技術上の基準を定める命令」，昭和52年3月14日総・厚令1号．
15) 「廃棄物の処理及び清掃に関する法律施行令」，昭和46年9月23日．

16) 古市 徹監修, 土壌・地下水汚染診断, 修復支援システム開発研究会編著：土壌・地下水汚染—循環共生をめざした修復と再生, オーム社, 2006.
17) 古市 徹：都市清掃, **51**(225), 347-353, 1998.
18) 国立公衆衛生院廃棄物工学部：最終処分場のリスク管理のための監視および修復技術の総合化に関する研究, 1998.
19) 特定非営利活動法人 最終処分場技術システム研究協会：不適正最終処分場の再生・閉鎖における構造物の改修法—汚染拡散防止手法編—, 2001.

10.4 廃棄物埋立地盤と跡地利用

10.4.1 廃棄物最終処分場の安定化評価と廃止基準

a. 埋立廃棄物の安定化[1]

管理型最終処分場では、埋め立てた廃棄物そのものが、埋立地内で空気や雨水などと接触し、時間とともに生物的作用や物理化学的作用により次第に安定化していく。埋立廃棄物のうち、有機物などの分解性廃棄物は生物学的作用により分解して減容化し、そのほかの廃棄物は物理化学的作用により圧縮・分解・劣化していく。その結果、浸出水が排出基準値以下、ガス・臭気の発生がなくなり、地中温度が周辺地盤と同様となる。さらに、埋立地盤の沈下が終了した時点をもって埋立地は安定した状態となる。

(i) 分解性廃棄物
分解可能な物質として、ちゅうかいや焼却残渣の未燃分に含まれる易分解性物質、紙、繊維、草木類、汚泥などの中・難分解性物質がある。分解性物質を栄養源とする微生物の増殖活動は、埋立層内の条件によって変化する。この分解過程は複雑であるが、図10.4.1に示すように、炭水化物やタンパク質のような高分子化合物が次第に低分子化され、糖類や有機物、アルコールなどの中間生成物を経て、最終的には水や気体（二酸化炭素、メタンガス）、無機塩類となる減容化・安定化過程と考えられる。微生物による廃棄物の分解速度は、廃棄物の種類により異なり、易分解性物質は速く、紙・草木類・繊維では遅いという傾向がある。

(ii) そのほかの廃棄物
微生物分解しない廃棄物として、土砂、がれき、プラスチック類、金属類、ガラス、スラグ類があげられる。これらの廃棄物は、主として自重による圧縮や金属腐食、プラスチックの劣化による変形などがあり、埋立て当初の空隙が減少して物理的に安定していく。

東京都清掃局では、1980年以降15号埋立処分場、中央防波堤内側埋立地の水質調査を行っている。埋立て中および系統的な調査が実施される前の期間も含めて、浸出水の経年的な変化を示したのが図10.4.2である。このタイムスパンで見ると、各水質指標は経年的に低下し、最終処分場は安定化の傾向を示していることがわかる。同時に、近年の値の減少速度は低下してきており、安

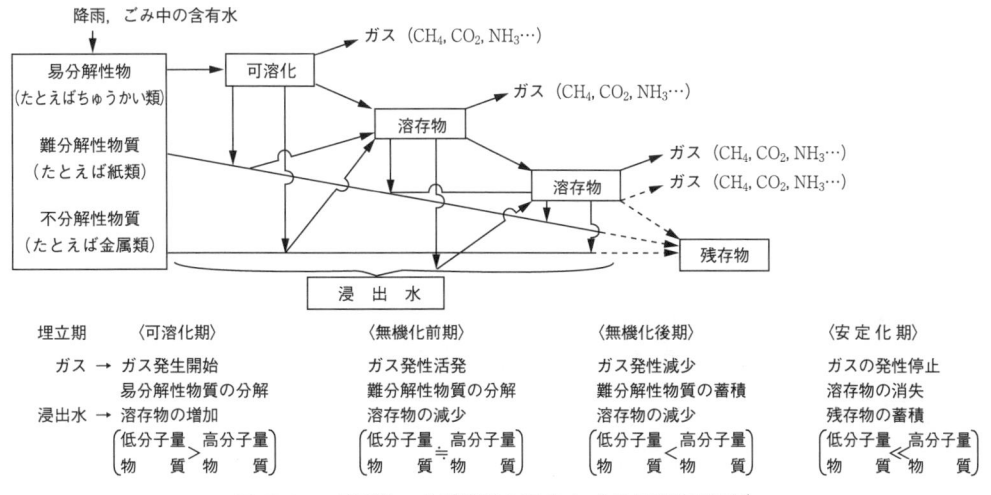

図10.4.1 廃棄物の分解過程と浸出水（東京都清掃局）[2]

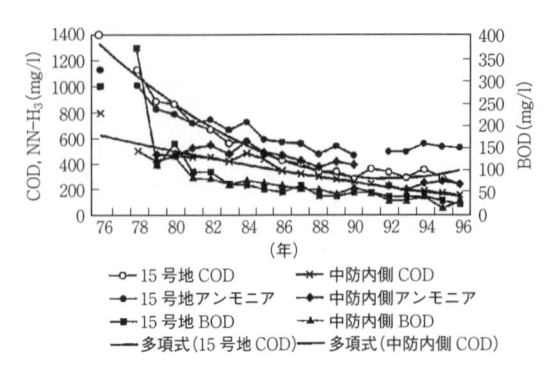

図10.4.2 浸出水水質の経年変化（東京都清掃研究所）[3]

定化の速度は非常に緩慢であることもわかる．

b. 基準省令の安定化の考え方[4]

平成10年6月の基準省令「一般廃棄物の最終処分場及び産業廃棄物の最終処分場に係わる技術上の基準を定める命令」の改正では，最終処分場の構造強化や廃止の基準が盛り込まれた．最終処分場の廃止については，ガス発生量の増加が2年以上認められないことや浸出水が2年以上排水基準に適合していることなど具体的な基準値が示された．最終処分場は，廃棄物の埋立中，埋立完了後，埋立層の安定後廃止されるまで，その機能を保持しなければならない．その期間は，一般には数十年，維持管理によっては半永久的に継続されることになる．図10.4.3に，その概要を示す．最終処分場は，埋立終了後，閉鎖の処置がなされ，埋立層が安定化した後に廃止される．表10.4.1に，最終処分場の廃止基準を示す．

最終処分場の廃止基準のうち，一般廃棄物処分場と管理型処分場の基準として定められた「排水

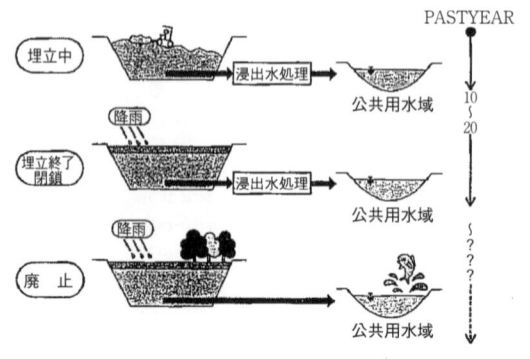

図10.4.3 埋立地のライフ[6]

基準に2年以上適合している」の排水基準とは，維持管理計画に定めた基準である．未規制水質項目を含め，自主排水基準を維持管理計画に定めた場合，それが廃止基準となる．つまり，最終処分場建設時に高度の水質目標を立て，浸出水処理施設を高度化すればするほど廃止要件は厳しくなり，場合によっては半永久的管理を余儀なくされることになる．

最終処分場の廃止により「廃棄物処理法」の規制が解除された場合，「土壌の汚染に関する環境基準（土壌環境基準）」の適用が考えられるが，廃止後の最終処分場の跡地に対する土壌環境基準の適用については，平成10年7月16日「環水土第51号，環境庁水質保全局長土壌農薬課長通知」により，引き続き一般環境から区別されているものについては，土壌環境基準は適用されない．一般環境から区別されていない状態，すなわち掘削による遮水工の破損や埋め立てられた廃棄物の攪乱により，一般環境から区別する機能を損なうような利用が行われる場合には，土壌環境基準が適用とされている[5]．

ただし，平成16年の廃棄物処理法の改正では，廃止された最終処分場の跡地は都道府県知事により「指定区域」として指定され，その後も「廃棄物処理法」の規制が適用されること，またその形質変更にあたっては，都道府県知事への届出が必要となった．都道府県知事は，基準に適合しない施行方法については，変更を命ずることができることになった．

c. 埋立廃棄物の安定化評価の考え方

a.に述べた本来の埋立廃棄物の安定化とb.に示す最終処分場廃止基準の考え方には隔たりがある．廃止の判断基準としての安定化の評価はむずかしく，さまざまな考え方があり議論されている．

現在の処分場安定化の考え方（基準省令）では，廃棄物層内のごみ質ではなく，最終処分場外部への浸出水の水質目標をクリアすれば最終処分場を廃止できる．すなわち，周辺環境に影響が出るか出ないかが基準になっており，廃棄物が安定化しているかいないかが基準になっているわけで

表 10.4.1 最終処分場の廃止基準（抜粋）

○適用，×適用なし

基　準　の　内　容	一般廃棄物	産業廃棄物 安定	産業廃棄物 管理	産業廃棄物 遮断
1) 廃棄物最終処分場が囲い，立て札，調整池，浸出液処理設備を除き構造基準に適合していないと認められないこと．	○	×	○	×
2) 最終処分場の外に悪臭が発散しないように必要な措置が講じられていること．	○	○	○	○
3) 火災の発生を防止するために必要な措置が講じられていること．	○	○	○	○
4) ねずみが生息し，はえその他の害虫が発生しないように必要な措置が講じられていること．	○	○	○	○
5) 地下水等の水質検査の結果，次のいずれにも該当していなこと．ただし，水質の悪化が認められない場合においてはこの限りでない． イ．現に地下水質が基準に適合していないこと ロ．検査結果の傾向に照らし，基準に適合しなくなるおそれがあること	○		○	○
6) 保有水等集排水設備により集められた保有水等の水質が，次に掲げる項目・頻度で2年以上にわたり行った水質検査の結果，排水基準等に適合していると認められること． (1) 排水基準等6月に1回以上 (2) BOD, COD, SS 3月に1回以上	○	×	○	×
7) 埋立地からガスの発生がほとんど認められない，又はガスの発生量の増加が2年以上にわたり認められないこと．	○	○	○	×
8) 埋立地の内部が周辺の地中温度に比して異常な高温になっていないこと．	○	○	○	×
9) おおむね50cm以上の覆いにより開口部が閉鎖されていること．	○	○	○	×
10) 雨水が入らず，腐敗せず保有水が生じない廃棄物のみを埋め立てる処分場の覆いについては，沈下，亀裂その他の変形が認められないこと．	○	×	○	×
11) 現に生活環境保全上の支障が生じていないこと．	○	○	○	○
12) 地滑り，沈下防止工及び外周仕切設備が構造基準に適合していないと認められないこと．	×	×	×	○
13) 外周仕切設備と同等の効力を有する覆いにより閉鎖されていること．	×	×	×	○
14) 埋め立てられた廃棄物又は外周仕切設備について，環境庁長官及び厚生大臣の定める措置が講じられていること．	×	×	×	○
15) 地滑り，沈下防止工，雨水等排出設備について，構造基準に適合してないと認められないこと．	×	○	×	×
16) 浸透水の水質が次の要件を満たすこと． ・地下水等の検査項目：基準に適合 ・BOD：20mg/l以下	×	○	×	×

はない．これは，本来目指すべき「もうそれ以上何の変化も起こさない状態で，広義には環境に影響を与えない状態」とはほど遠い．また，廃棄物処分場の管理基準は，法律上，一番ゆるい総理府令にもとづき，各処分場ごとにそれ以下の基準を管理基準として設定して管理している場合が多い．こうした，個別の処分場基準を継続的に満足するか否かで安定化を判断することになっている．しかし，法令を解釈するための現実的な評価法として，浸出水やガスなどの性状や量で間接的に廃棄物の安定化を評価することが合理的で，「第1段階の安定化」などとする廃棄物学会の廃止基準に対する考え方もある．

以上のことから，ただ単に安定化を促進し無条件にその後の土地利用を考えるだけではなく，廃止後も埋立地盤を管理しながら土地の利用を考え

ることが重要である．この場合，遮水工の保全が跡地利用上での基本条件となる．

10.4.2 廃棄物最終処分場の跡地利用
a. 跡地利用の現状[7]

最終処分場の跡地の有効利用は，地域の福祉向上や地域の活性化・発展に役立ち，いわゆる地域還元をもたらすばかりでなく，次世代の最終処分場の建設に関する住民の理解を得て，持続的に最終処分場の立地を推進するために重要である．

最終処分場の跡地の利用状況を調査した資料として，昭和59年に厚生省生活衛生局水道環境部が行った実態調査がある．これによると，利用状況は農地が全体の約29％ともっとも多く，つぎに公共用地，公園の順になっている．しかし，どの規模の最終処分場においても土地利用されていないものが多く，全体の33％にも達している．15年前の利用形態では，農地や山林など原状復帰に近い低利用度が多く，計画段階での利用計画が検討されていないものが多いと推定される．

一方，NPO法人・最終処分場技術システム研究協会が平成7年に行った一般廃棄物最終処分場の跡地利用に関するアンケート調査結果[8]は，図10.4.4のようであった．これによると，跡地利用されていないものが1割以下であり，公園として利用されているものが半数以上を占め，山林・緑地と公共用地がこれに続いている．また，同法人が平成11年に行った調査でも，ほとんどが公園，緑地，スポーツ広場などとして使用されており，同様の結果であった．

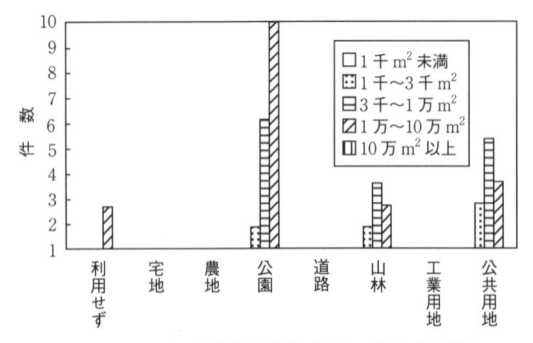

図10.4.4 一般廃棄物最終処分場の跡地利用状況（規模別）

以上のように，最終処分場の跡地は高度利用されているものが少なく，跡地利用については多くの検討事項と利用の可能性を残している．

b. 跡地利用の事例[9]

最終処分場の跡地が有効利用されている事例を，陸上埋立てと海面埋立ての場合で示す．

（ⅰ）**陸上埋立処分場** 一般廃棄物埋立処分場の跡地を農地として利用した事例として，福岡市西部（今津）埋立場がある（図10.4.5）．埋立区域を借地し，埋立終了後に土地改良事業として圃場整備を行い，跡地を農地として地権者に返している．現在では，都市近郊型の優良農地となっており，地権者に好評であった．本方式は，後に今津方式と呼ばれ，跡地利用の典型例として紹介されている．

（ⅱ）**海面埋立処分場** 東京湾や大阪湾では，いくつかの処分場の跡地利用が進められている．東京港14号地（夢の島）は，図10.4.6に示すように江東清掃工場，総合体育館，展示館などの箱物施設が建設されている．一方，15号埋立地（新夢の島）には，ゴルフ場，キャンプ場，多目的広場，マリーナ，海釣り施設などが整備され，「若洲海浜公園」となっている．

c. 最終処分場の地盤工学的検討

（ⅰ）**埋立地盤の工学的特性**[12] 跡地利用に際しては，地盤工学上の問題（物理特性，力学特性），化学特性上の問題，環境保全上の問題を解決しておく必要があり，それぞれについて対策を検討しておくことが重要である．また，廃棄物の処理方法，埋立方法，埋立地の立地条件，管理方法により，埋立地盤の性質は大きく影響を受けることも忘れてはならない．

廃棄物埋立地盤の地盤特性を，埋立廃棄物の種類により整理して表10.4.2に示す．一般の地盤と比較して，力学的安定性に欠ける最大の要因は，時間の経過とともに腐食・分解が生じることである．

埋立地盤の粒度組成については，廃棄物の種類により大きな違いが見られる．表10.4.3に，焼却灰，MC灰（マルチサイクロンにより捕捉された灰），EP灰（電気集塵機により捕捉された灰）

10.4 廃棄物埋立地盤と跡地利用

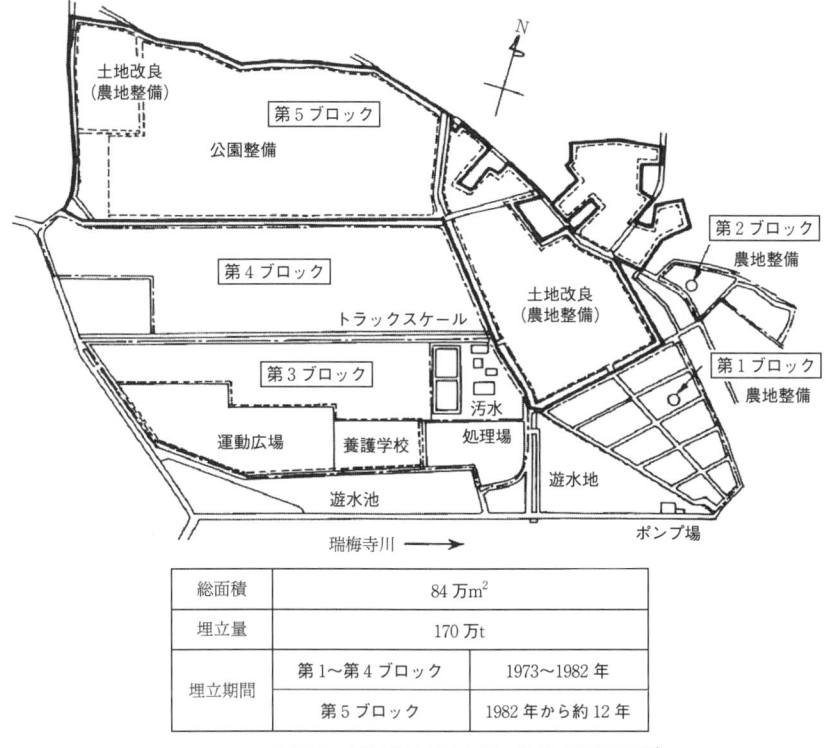

総面積	84万m²	
埋立量	170万t	
埋立期間	第1～第4ブロック	1973～1982年
	第5ブロック	1982年から約12年

図 10.4.5 福岡市西部(今津)埋立場の跡地利用計画[10]

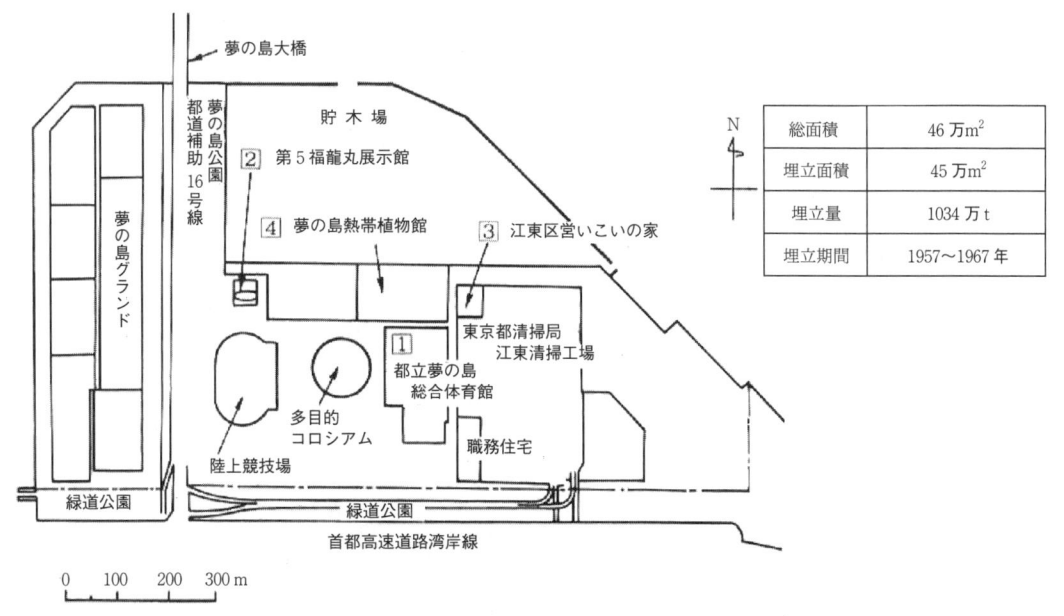

総面積	46万m²
埋立面積	45万m²
埋立量	1034万t
埋立期間	1957～1967年

図 10.4.6 東京都港14号埋立地（夢の島）の跡地利用[11]

表10.4.2 埋立材の種類と地盤性状[13]

埋立材の種類	埋立地盤の工学的性質	単位体積質量空中(水中)(t/m³)	地盤性状	問題点
(良質土砂)，がれき類，金属類，ガラス類，鉱さい類	良質土砂を主体とした混合物は，一般に単位質量が大きく，締固めによる密度増大，透水性改良効果大である．	1.8 (1.0)	沈下や支持力に関しても十分安定な地盤を造成することができる．	安定な地盤を造成できるので，構造物の建設上問題はない．粗大がれき類の捨込みは地域を定めて行うことが必要である．
灰，焼却残渣，石灰がら	各工場より排出される灰類および焼却場からの焼却残渣である．粒度は，細砂から礫程度である．単位質量が小さく一部浮遊することもあるが，透水性はよい．	1.2 (0.4)	十分に締固めを行うことによって，安定な地盤を造成することができる．締固めが不足すれば流動化をきたす．	1. 締固め程度により，基礎地盤としての判定を行う必要がある． 2. 焼却残渣による水質汚濁がある．
不良土 (浚渫粘土)	高塑性無機質粘土であり締固め性，透水性，強度など不良である．	1.45 (0.45)	沈下，強度とも不良であり，また圧密時間も非常に長く，不安定な地盤となる．1～2年放置後1m程度の覆土をすることにより，機材の搬入が可能である．	1. 軟弱土のみの場合，施工時トラフィカビリティーが悪く，ほかの良質材と混合する必要がある． 2. 重量構造物に対しては，沈下が著しいので，サンドドレーンなどの地盤改良が必要である．
紙くず，木くず，繊維くず，わらくず，合成樹脂くず，動物性残渣，植物性残渣，雑ごみ	これらの廃棄物は一般に間げきが多く，単位質量小である．放置しておけば，しだいに圧縮していくが，締固めは困難であることから，腐敗化によって断続的な沈下や水質汚濁を伴う．	1.0 (0.3)	完成後，最初の10年間ぐらいは，腐敗による沈下が著しく強度的にも不安定な地盤となる．また，構造物に対しては腐食を考えて設計を行う必要がある．	1. 跡地利用としては，緑地，公園，駐車場として計画できる． 2. 沈下安定後は軽量構造物程度の建設も可能である． 3. 発生ガスや浸出水などの対策を必要とする．

注 「埋立材の種類」欄の（ ）は廃棄物に含まれない．

表10.4.3 廃棄物の物理的性質

		焼却灰	EP灰	MC灰	降 灰
土粒子の密度(t/m³)		2.63	2.76	2.66	2.63
コンシステンシー	溶性限界(%)	N.P.	45.7	52.8	N.P.
	塑性限界(%)	N.P.	21.8	51.4	N.P.
	塑性指数	N.P.	23.9	1.4	N.P.
粒度組成	礫 分(%)	52	0	0	0
	砂 分(%)	42	0	0	54
	シルト分(%)	6	8	85	46
	粘土分(%)	0	92	15	0

の物理的性質を示す．また，破砕された廃棄物は細砂に，脱水下水汚泥および上水汚泥は粘土からシルトに分類される[14]．

破砕された一般廃棄物について，圧密試験にかわる圧縮試験を行った結果を図10.4.7に示す．

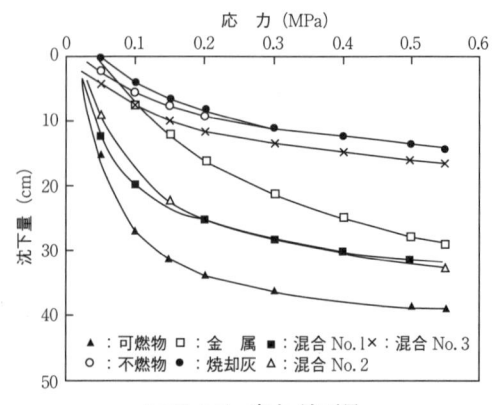

図10.4.7 応力-沈下量

可燃分と金属分が大きな圧縮性を示すのに対し，不燃分と焼却灰の圧縮性は小さい．いずれの試料も応力が約0.2MPa前後で圧縮は鈍化するが，

金属分の場合は鈍化が明確でなく応力に比例した圧縮性を示している[15]．

図10.4.8は，最終処分場が焼却灰などにより海面埋立てされた場合の，繰返し載荷回数と繰返し応力振幅比の関係を示したものである．焼却灰，EP灰，火山灰の液状化強さは，比較的密詰めの標準砂（$D_r=74\%$）とほぼ同じであるが，MC灰の液状化強さは，比較的緩詰めの標準砂（$D_r=50\%$）とほぼ同じである．MC灰は液状化しやすいので，MC灰を含んだ廃棄物による埋立てでは液状化防止に注意が必要である[14]．

つぎに，埋立地盤と発生ガスの種類について検討する．ごみ層中の腐敗性バクテリアにより，初期段階では好気性の，それ以降では嫌気性のごみの分解過程でガスが発生する．東京港15号地におけるガスの主成分は，表10.4.4に示すように，メタンと二酸化炭素が中心であるが，処分後の経過年数によってもこの値は変化する[16]．

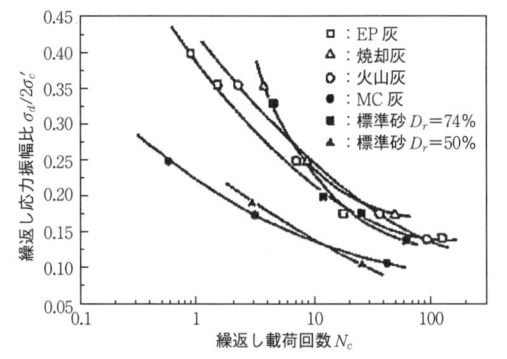

図10.4.8 繰返し応力振幅比-繰返し載荷回数

表10.4.4 15号地発生ガス状

項目	組成（%）		
	下限	上限	全試料平均
CH_4	54.6	58.2	56.5
CO_2	40.8	44.5	42.9
N_2	0.1	1.6	0.5
O_2	trace*	0.4	0.1
CO	0.0	0.0	0.0
比重	0.989	0.989	0.975	計算値
熱量（kcal/m³）	5210	5560	5390	

* trace：化学用語で「僅少」，「きわめて微量」の意

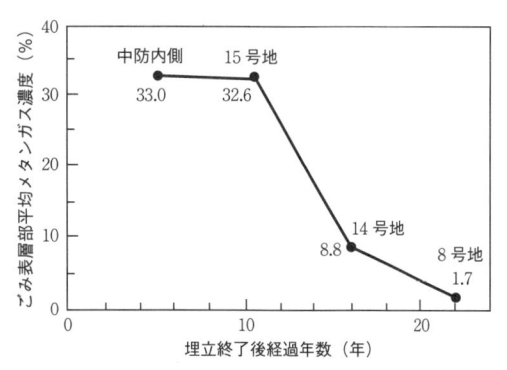

図10.4.9 ごみ表層部メタンガス濃度の経年変化

図10.4.9は，東京港ごみ埋立地のうち，8号地，14号地，15号地，中央防波堤内側でのメタンガス濃度の観測結果である．埋立終了後の経過年数とともにメタンガスの濃度は低下する傾向が見られる[16]．

東京港の一般廃棄物埋立地盤におけるこれらの特性を総合的に示したのが，図10.4.10である．海面埋立処分場の廃棄物埋立終了後における沈下，メタンガス濃度，地中温度，C/N比（炭素率：土壌に含まれる炭素と窒素の重量比）は，埋立終了後20年を経過してようやく安定化領域に入る．

また，最終処分場の跡地利用にかかわる行為が，経時的に跡地内部の地盤工学的，生物化学的組成に影響を及ぼすことが知られており，表10.4.5に示すような事例がある．とくに，埋立地の廃止前の跡地利用については，その影響に留意する必要がある．

d. 廃棄物埋立地盤の調査[20]

最終処分場は，多種多様な廃棄物で埋め立てられているので，跡地利用を考慮した廃棄物埋立地盤の特性評価は重要である．そのためには，廃棄物層から乱さない試料を採取したり，浸出水や発生ガスを採取する技術が必要となる．資料の採取位置は，廃棄物の分布がまったく不均質であることを配慮すること．廃棄物の安定化状態を把握することが目的であるので採取位置を格子状に配置するなどして，区画ごとに均等になるようにする．観測井があるところでは，これを利用して採水する．流入口では，工業用水・工場排水の試料

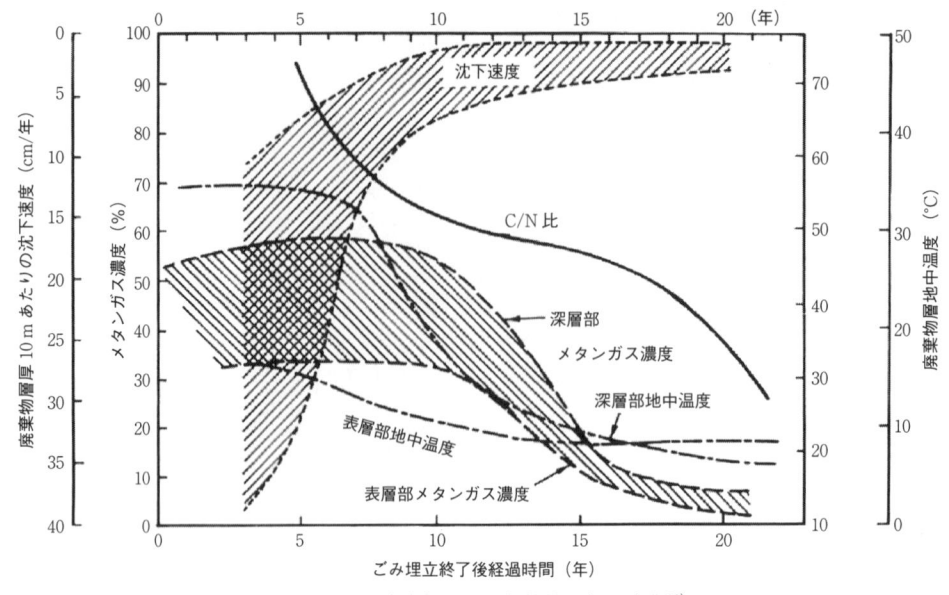

図10.4.10 廃棄物埋立地盤特性の経時変化[18]

表10.4.5 最終処分場の跡地利用にかかわる基本的留意事項[19]

	跡地利用にかかわる行為	基 本 的 留 意 事 項
表層部	覆土部分の掘削	沈下の促進ないし浸出水の水質変化
	構造物設置による被覆	通気性のよい表層部でのガス湧出,沈下の遅延
廃棄物層内部	廃棄物層内の掘削	周辺に悪臭発生,沈下促進,浸出水の水質変化
	構造物の設置	構造物の腐食
	薬剤などの散布・混入	石灰など強アルカリ物質によるアンモニアガスの発生
	内部浸出水の汲み上げ	沈下促進,表層に亀裂発生
底部	遮水層を貫通する基礎杭の打設	地下水汚染防止

採取方法［JIS K 0094］に準じた方法とする.廃棄物層内ガスの採取は,既設のガス抜き管などの発生ガス処理施設を利用する.採取は,排ガスの採取方法［JIS K 0095］を参考にして行う.ガス量の測定は,ガス流速計あるいは微量熱線風速計（アネモメーター）を用いて行う.

（ⅰ）**廃棄物埋立地盤の工学的特性調査** 原位置におけるボーリング調査や現場計測を実施して,廃棄物埋立地盤としての性状を明らかにする.廃棄物の個々の特性に支配される物理特性の調査項目としては,現場における電気探査法,密度検層や室内試験による組成および成分分析,含水比,間隙比,湿潤密度などがあげられる.

廃棄物埋立地盤は,埋立後に腐食・分解が進み,通常の地盤と比べて力学的安定性が低下する.力学的特性の調査項目としては,強度・変形特性として標準貫入試験 N 値,孔内水平載荷試験による変形係数（E_p）,三軸圧縮試験による内部摩擦角（ϕ）と粘着力（c）があげられる.また,圧縮・圧密特性として標準圧密試験による圧縮指数（C_c）,圧密係数（C_v）が,透水・浸透特性として室内・現場透水試験結果による透水係数（k）があげられる.

（ⅱ）**廃棄物埋立地盤の化学的特性調査** 廃棄物埋立地盤におけるガス発生,浸出水の水質,地盤沈下などを左右する要因は,有機物含有量であり,一般に強熱減量によって表される.また,廃棄物埋立地盤に設置されたコンクリート製ある

表10.4.6 廃棄物埋立地盤の改良工法

対策・原理			工　法	工　法　の　概　要	改良目的		
					廃棄物の改良	バリア	汚染対策
地盤（改良）対策	置換	掘削	掘削置換工法	掘削機械を用いて，対象層を部分的ないしは全面的に排土し良質材で埋戻す．			
		強制	強制置換工法	盛土荷重による，対象層の一部を押出して盛土を沈め，強制的な良質材と置き換える．			
	高密度化	脱水 圧縮	プレローディング工法	設計荷重以上の載荷を盛土で行い，沈下を早期に達成する．	◎		
			バーチカルドレーン工法	地盤中に砂柱，プラスチックボードなどを埋設し，排水距離を短縮して圧密促進を図る．			
			生石灰パイル工法	地盤中に生石灰を柱状に打設して，生石灰の脱水圧密促進および膨張化学固化を図る．			
			大気圧工法	間げき水圧を真空で低下させ地盤の圧密を図る．			
		揚水	水位低下工法	地下水を揚水し，有効応力の増大を図ることで圧密を促進する．	○		
		電気的	電気浸透工法	電位差を利用して集水し圧縮を図る．			
		化学的	半透膜工法	溶液の濃度差を利用して集水し圧縮を図る．			
		締固め 化学的	サンドコンパクションパイル工法	地盤中に締固めた砂柱あるいは砂礫柱を，振動・衝撃荷重によって打設する．	◎		
			バイブロフローテーション工法	棒状の振動機を地盤中に挿入して，砂を補強しながら砂地を締固める．	○		
			バイブロタンパー工法	振動機を地表面で走行させながら地盤を締固める．	◎		
			重錘落下締固め工法	地盤上にハンマーを自由落下させて地盤を締固める．	◎		
		電気的	電気衝撃工法	放電の衝撃で地盤を締固める．			
	固結	化学的	深層混合処理工法	セメントなどの安定処理材を攪拌翼で軟弱土と混合し，地中に柱状の改良地盤を造成する．	◎		
			浅層混合処理工法	表土にセメント，石灰などの安定処理材を混合し，浅層地盤の圧縮性・強度を改善する．	◎		
			薬液注入工法	地盤に薬液を圧力注入し，強度増加や不透水性化を図る．	◎		
		熱的	凍結工法	地盤を一定期間人工的に凍結して固化させる．			
			焼結工法	地中に熱風などを吹き込み，地盤の乾燥固化を図る．			
		電気的	電気溶融処理工法	電気浸透作用により地盤の脱水圧密や固結化を図る．	◎		
	補強	拘束	覆土工法	地表をある厚さで覆土し，応力の分散を図る．	◎		
			敷設材工法	シートなどの引張り力を利用して，盛土荷重を分散させて，不同沈下や側方変位を減じる．	◎		
			構造物工法	埋立のり尻部などに矢板やくいを打設して，側方地盤の変位を低減させ，地盤破壊を抑制する．	◎		
		複合	補強土工法	ジオテキスタイル，鋼材などを地盤中に埋め込み，地盤との摩擦を利用し，せん断強度などを補強する．	○		
汚染対策			物理処理工法（真空抽出工法）	抽出井からのガスの吸出しと汚染域などの注入井から空気を送って土中ガスを排出する．			○
			化学処理工法（浄化処理）	薬液などを用いて，汚染土を原位置で洗浄あるいは安定化する．			◎
			固定・安定化工法	石灰・セメント系材料や有機系材料を用いて，汚染土の物理的性質を改善し有害物質を固定化する．	◎		◎
			熱処理工法	有害物質を原位置で高温熱処理して無害化する．	◎		◎
			生物処理工法	微生物による有機化合物の分解を行い毒性化学物質を除去する．			○
			ガス抜き工法	地盤中の発生ガスを排気孔を利用して，自然排気あるいは強制排気する．			○
バリア			工学バリア工法	有害物質を土中に封じ込め，地盤中のほかのゾーンに物質が移動するのを防ぐ．		◎	

注　◎：とくに有効，○：有効

いは鋼製の構造物，埋設管などは，各種の酸，塩類により侵食，腐食などの悪影響を受ける可能性がある．

調査項目としては，強熱減量，コンクリートおよび鋼材の耐食性ということになる．強熱減量（有機物含有量）は，土の強熱減量試験［JIS T 221］によって概略値を求めることができる．コンクリートは，埋立地盤内の各種イオンによって侵食される．土の水溶性成分試験法［JIS T 241］により浸出液を採取し，JIS K 0101 または JIS K 0102 にしたがってイオン含有量分析を行う．鋼材は，一般に地盤内の比抵抗が小さいほど腐食しやすい．比抵抗は，地盤間げき水中の溶解成分の濃度が増加するほど減少する．したがって，土のpH試験方法［JIS T 211］によりpH測定を行い評価する．

(iii) 廃棄物埋立地盤の環境要因特性調査
廃棄物埋立地盤は，通常の地盤と工学的にも化学的にも異なっている．環境要因は，埋立処分された廃棄物が時間の経過とともに，安定な状態に変質するときの目安ともなるもので，安定化指標と呼ばれている．

調査項目としては，地盤沈下，発生ガス，浸出水質，地中温度，植生などがあげられる．廃棄物埋立地盤の沈下は，受入れ完了後も長期にわたって継続することが予想される．跡地利用時の残留沈下は大きな障害となり，周辺環境に及ぼす影響も大きい．発生ガスは，メタンガスが火災や爆発の原因となり，硫化水素やアンモニアなどは，臭気の原因となる．

e. 廃棄物埋立地盤の改良[21]
廃棄物埋立地盤の改良は，従来から地盤工学分野で研究開発が行われてきた地盤改良工法が有効に適用できると考えられる．表10.4.6に，各工法の概要と有効性について示す．表中には，地盤の汚染対策についても併せて示す．

10.4.3 廃棄物最終処分場の安定化や跡地利用に関する今後の課題

a. 安定化過程にある既往の最終処分場
廃止された最終処分場の跡地利用に際しては，土地の形質変更により生活環境保全上の支障が生じるおそれがある「指定区域」であることを忘れてはならない．跡地は，廃止されたとはいえ土壌および地下水の環境基準をクリアしていることは少ない．そのため，遮水工の保全が跡地利用の基本的な条件となる．平成17年に省令で「最終処分場跡地形質変更に係る施行ガイドライン」が定められたので参考にするとよい．廃棄物埋立地盤は，地下水・土壌・大気汚染の可能性を有しており，地盤環境リスクを明らかにしつつ評価・管理を行う必要がある．つまり，跡地利用を考えた場合，廃棄物に対する評価・管理および地盤の工学的特性の評価・管理が重要で，このことを抜きに計画の検討は考えられない．

b. 跡地利用を前提とした最終処分場
最終処分場の跡地利用に関しては，計画段階でその利用について検討されることが少なく，このことが跡地の高度利用を妨げていると考えられる．とくに，発生ガスと地盤の沈下対策については，跡地利用を考慮した埋立方法，跡地利用を先取りした基礎構造など，当初の立地選定，計画・設計時点から検討すべき事項が多い．しかし，これらの技術的な要因にかかわる制約条件は，事前の検討を十分に行うことにより，解決できるものも多いと考えられる．　　　　　〈川口光雄〉

参 考 文 献

1) (社) 全国都市清掃会議：廃棄物最終処分場整備の計画・設計要領，p.154，環境産業新聞社，2001．
2) 東京都清掃局：中央防波堤外側処分場汚水処理の基本調査報告書，㈱野村証券，1976．
3) 東京都清掃局：東京都清掃研究所報告「浸出水水質の推移について」，1991〜1996．
4) 一般廃棄物の最終処分場及び産業廃棄物の最終処分場に係わる技術上の基準を定める命令の一部を改正する命令，総理府・厚生省令第2号，1998．
5) 藤倉まなみ：廃棄物学会誌，10(2)，24-31，1999．
6) 樋口壮太郎ほか：廃棄物洗浄型埋立処理システムの開発，第20回全国都市清掃研究発表会講演論文集，pp. 323-325，1999．
7) (社) 全国都市清掃会議：廃棄物最終処分場整備の計画・設計要領，p.99，環境産業新聞社，2001．
8) NPO法人・最終処分場技術システム研究協会：平成8年度報告書「最終処分場システム計画編」，pp. (6-1)-(6-3)，1997．

9) （社）地盤工学会：廃棄物と建設発生土の地盤工学的有効利用，pp.197-201，（社）地盤工学会，1998．
10) 酒井　勉：都市清掃，**45**(9)，49-55，1997．
11) 清水恵助：地質と調査，**66**，16-28，1991．
12) 井上啓司ほか：土と基礎，**45**(8)，43-48，1997．
13) （社）地盤工学会：廃棄物と建設発生土の地盤工学的有効利用，p.215，（社）地盤工学会，1998．
14) 平田登基男，前野祐二：土と基礎，**40**(6)，29-34，1992．
15) 小林康彦ほか：都市と廃棄物，**12**(12)，15-22，1982．
16) 小野昭彦，根本康雄ほか：生活と環境，**26**(6)，20-28，1981．
17) 清水恵助ほか：東京港におけるごみ埋立地盤の土質工学的研究［その9］，第24回土質工学研究発表会講演集，pp.145-148，1989．
18) （社）地盤工学会：廃棄物と建設発生土の地盤工学的有効利用，p.224，（社）地盤工学会，1998．
19) （社）全国都市清掃会議：廃棄物最終処分場整備の計画・設計要領，p.101，環境産業新聞社，2001．
20) 竹内　均監修：地球環境調査計測事典，第1巻　陸域編，pp.1262-1279，2002．
21) 小野　諭ほか：土と基礎，**45**(9)，49-55，1997．

11. 水域の地盤環境

11.1 水域の水と地盤が果たす環境への貢献

11.1.1 水の機能

生物が生きていくうえで欠くことのできない資源の一つである水は，地球の表面の71%をおおう海のなかに大部分存在し，そこから蒸発し，大気を循環した後，地表に降水し，一部は表層水や地下水として循環し（陸水），一部は氷河や湖沼に滞留するが，やがて海に戻り循環を続ける（海水）（図11.1.1）．

海から陸上に回帰する場合には，気象現象として蒸発，滞留・結露，降雨といったプロセスを経るので，数日から十数日という時間がかかる．一方，陸上から海に回帰する場合には，地表水（河川・湖沼・万年雪・氷河），地下水（伏流水・自由地下水・被圧地下水）という経路を複雑にたどり，それぞれの経路ごとに，数時間から数千年という幅の広い時間をかけて循環することとなる．この循環の過程で水は熱や物質を移流・拡散させ，地圏や大気圏との相互作用を生じる．

そうした相互作用の源は，水の物性にある．水は，液相・固相・気相を自在に変化し，地盤と比べて密度の低さ，熱伝導率の高さ，溶解力の高さなどが特徴である（表11.1.1）．

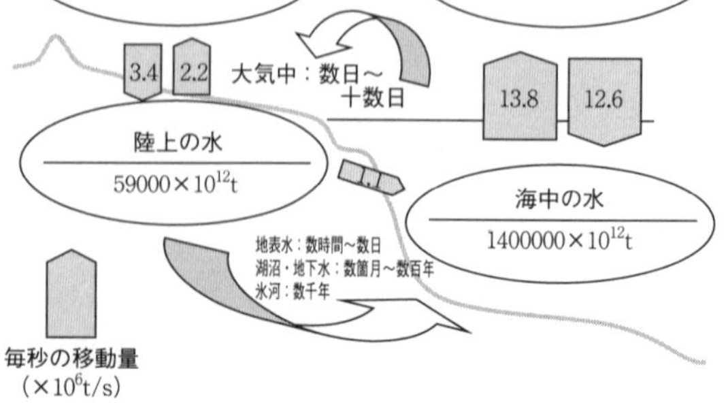

水は大変優秀な溶媒であり，0°C，1気圧の条件下で，気体である二酸化炭素（CO_2）を$1\,cm^3$あたり$1.73\,cm^3$，無機物である塩化ナトリウム（NaCl）を100gの飽和溶液中26.3g，有機物であるショ糖（$C_{12}H_{22}O_{11}$）を100gの飽和溶液中179g溶かすことができる．また，懸濁状態で「溶けている」物質として，微生物や微粒子状の鉱物なども多く含んでいることがある．

水の流れによるせん断力（τ）は，粘性係数（μ）と流速の勾配（du/dz）に比例する．大気のそれと比べると，水がいかに圧倒的な地形を削りだす力をもっているかが推察される．また，河川は浮遊懸濁物や有機物を陸から海に運ぶという重要な役割を担っており，湖沼や扇状地，河口デルタにおいて堆積地形をつくり出す原動力となっているし，海においては，波浪や潮流といった海水の流動が地形をダイナミックに変化させている．

水の熱伝導率は高く，かつ固相から液相へ液相から気相へ変化する際に，それぞれ融解熱（6.01

図11.1.1 地球を循環する水の存在量と移動量

表11.1.1 水の物性

物　性	温度	水	大気(1気圧)
単位重量γ ($kg\cdot m^{-3}$)	0°C	999.8	1.293
	4°C	1000	—
	20°C	998.2	1.205
粘性係数μ ($Pa\cdot s$)	0°C	1.792×10^{-3}	17.1×10^{-6}
	20°C	1.002×10^{-3}	18.0×10^{-6}
	100°C	0.282×10^{-3}	21.6×10^{-6}
熱伝導率k ($W\cdot m^{-1}\cdot K^{-1}$)	0°C	0.561	0.0241
	80°C	0.673	—
	100°C	—	0.0317

kJ·mol^{-1})と気化熱(40.66 kJ·mol^{-1})が必要であるし,温度を1℃上げるための熱量(比熱容量)は約4.2 J·K^{-1}·g^{-1}である.このため,水は熱をよく伝えるが,溶けにくく,蒸発しにくく,温度変化させにくい媒体であることがわかる.

このことにより,陸水・海水とも気候の緩衝効果をもつとともに,海陸風や季節風などの気象擾乱の支配要素の一つとなっている.たとえば,エルニーニョと呼ばれるペルー沖を中心とする太平洋の昇温現象は,地球規模の異常気象を引き起こしていると考えられている.

多くの機能をもつ水は,山の冠雪,渓流の瀬と淵,滝,ゆったりとした河川の流れ,潮の干満,波などその動き・音を通して景観をつくり出す.20億年前に生物を発生させた水は,人間にとって情緒の源としての機能も内包しており,地盤環境を考えるうえでの重要な視点となりえる.

11.1.2 水 際 線

水際線は,水と地盤が地表で交わっている交線であり,地形がつくられている最前線である.さらに,水際線は生産の場,交易の場,居住の場として社会活動にとっても重要な位置を占めている場合が多い.

水際線は,内陸であれば河岸や湖・沼岸,沿岸部であれば海岸の地形として現れる.その地形的な特徴から分類すると

① 侵食地形:崖,岩礫地
② 堆積地形:砂浜,砂丘,礫浜,泥浜(干潟),塩沼地
③ そのほか:生物(サンゴ礁海岸),構造物(護岸,岸壁)

などがあげられる.

山岳地での河岸,島嶼や丘陵の迫る海岸においては侵食地形である崖や岩礫地が発達し(図11.1.2),内湾の奥部や河川の河口域には干潟が発達する(図11.1.3).なお,干潟は潮の干満で干出・浸水を繰り返す地形であり,底質や勾配で砂浜・泥浜,立地条件で河口干潟・前浜干潟・潟湖干潟などに分類される.

また,生物がつくり出す水際線としてはサンゴ

図11.1.2 崖・岩礫地

図11.1.3 前浜干潟

図11.1.4 サンゴ礁海岸

礁海岸があげられる(図11.1.4).サンゴ礁は,造礁生物が累重し,つくり出したユニークな水際線であり生態系である.サンゴ礁そのものが裾礁(きょしょう)として陸に接しているものや,サンゴ礁が波などの作用で削られ,サンゴ砂となって堆積したものもサンゴ礁海岸に分類できる.

さらには,人間が人為的につくり出す水際線と

して護岸や岸壁がある（図11.1.5）．多くは防災や経済活動の目的で建設されるものであるが，親水機能や環境保全機能を期待した構造をもった護岸も各地に設置されてきている．

このように変化に富んだ環境に囲まれ，さまざまな構造をもつ水際線は，その場を構成する生物活動や場の特性により，さまざまな機能と価値を発揮すると考えられている．ここで，機能とは，物理的，化学的，生物的な過程の中で発揮されるものであり，

① 生物生息場としての機能
② 物質循環（水質浄化）の機能
③ 生物生産の機能
④ その他の機能（水理的バッファ，親水性機能，社会的活動の場を提供する機能など）

があげられる（図11.1.6）．

一方，価値は利用者ごとに定義されるものであり，同一の機能であっても異なる価値が与えられうるものである．たとえば，①の生物生息場としての機能について，生物の多様性を確保する立場にたてば，多くの生物が共存できる場合に高い評価が与えられる．しかし，産業として養殖を行う立場からは，単一種をより多く生産することが重要であり，そうした生態系の確立に高い評価が与えられることになる．このように，客観的に評価できる機能と，立場ごとに変化する価値は異なることがあることに注意しなければならないが，水際線のもつ機能の高さから，その価値の高いことに疑いはなく，保全・再生の対象としていく必要がある．

11.1.3 干　潟

前述のように干潟とは，潮汐の干満により干出と水没を繰り返す勾配の緩い砂泥質の地帯（図11.1.7）で，前浜干潟，河口干潟，潟湖干潟の三タイプに分類される（図11.1.8）．2003年，現在わが国に現存する干潟は前浜干潟約33000 ha，河口干潟約16000 ha，潟湖干潟約3000 haである．1992年から見ると，4％程度減少しており，失われた干潟を再生するプロジェクトが各地で実施されているところである．

干潟の代表的な底質・勾配・地盤高さは表11.1.2に示すように，

① 砂質から泥質の底質

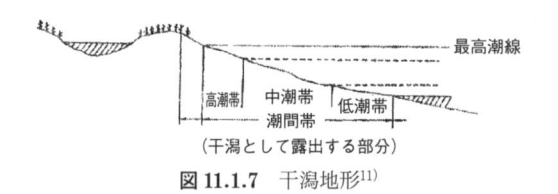

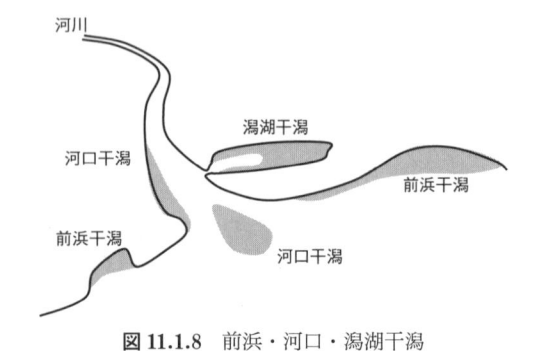

図11.1.5　親水護岸

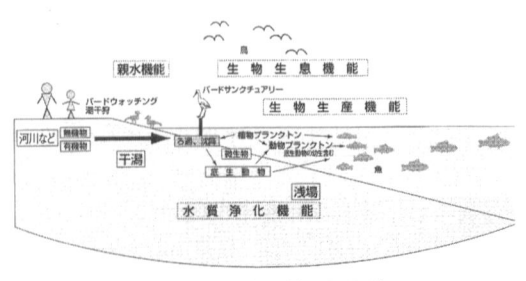

図11.1.6　水際線の機能[11]

図11.1.7　干潟地形[11]

図11.1.8　前浜・河口・潟湖干潟

11.1 水域の水と地盤が果たす環境への貢献

表 11.1.2 干潟の代表諸元[12]

名前	所在地	面積(ha)	勾配	潮位差(m)	有義波高(m)	波向	粒径(mm)
柳川	福岡県	1191.5	1/560〜1/100	4.5	2.0	S	シルト・粘土
諫早	長崎県	860.0	1/520	4.5	2.0	ENE	シルト・粘土
大牟田	福岡県	470.0	1/400	4.5	2.5	W	0.004〜0.25
佐賀	福岡県	368.0	1/360	4.5	2.0	S	シルト・粘土
小櫃川河口	千葉県	311.0	1/1000	1.6	3.0	WSW	0.06〜0.25
千鳥浜	山口県	226.0	1/730	2.1	1.0		0.5〜1.0(34%) 0.25〜0.5(28%) 0.125〜0.25(16%)
球磨川河口	熊本県	158.2	1/220〜1/90	3.3			0.06〜0.25
大海湾	山口県	125.6	1/400〜1/300	1.9	1.0		0.004〜0.06
山口湾	山口県	62.5	1/270	2.6	1.0		0.06〜0.25
木曽川河口	三重県	39.1	1/120	1.9	4.0	SSE	0.25〜0.5(26%) 0.125〜0.25(43%) <0.0625(25%)
一宮川河口	千葉県	22.8	1/110	0.9	5.0	SE	0.25〜0.5(45%) 0.125〜0.25(30%) <0.0625(15%)
大井川河口	静岡県	9.8	1/6250	0.1	4.5	SSE	砂質土
夷隅川河口	千葉県	6.8	1/190	0.9	5.0	SE	砂泥質
相模川河口	神奈川県	6.3	1/180	1.1	6.5	S	砂質土
幕張	千葉県	6.3	1/80	1.6	3.5	SW	0.06〜0.25 0.004〜0.06
高瀬川河口	青森県	5.2	1/130	0.9	0.6	ENE	0.25〜0.5(46%) 0.125〜0.25(47%) <0.0625(7%)
小瀬川河口	広島・山口県	4.3	1/30	2.9	1.0	SE	砂泥質
浜甲子園	兵庫県	0.7	1/50	1.1	3.0	SSE	0.25〜0.5(42%) 0.125〜0.25(12%) <0.0625(18%)

② 1/30 から 1/1000 程度の勾配
③ LWL から HWL の間の地盤高さに分布している.

　干潟は，干出・水没の繰り返し，河川流入などによる塩分濃度の変化，波や流れによる地形の変化など，さまざまな要因がからみ合った複雑な環境を有しており，アサリなどの貝類をはじめとして，魚類，プランクトン，水生植物や鳥類などの多様な生物が生息している．すなわち，陸水と海水，そして生物がつくり出した場であると位置づけられる．

　それぞれの生物は，地盤高や底質により棲み分けている（図 11.1.9）．したがって，生息環境として，地形や粒径分布，有機物含有量といった地盤環境を保全・管理していくことが，干潟生態系の保全・創出のために必要である．

　さらに，個々の場や生態系が相互に連関をもっているというエコロジカル・ネットワークとしての干潟の重要性も指摘されている．たとえば，東京湾において，アサリの浮遊幼生が湾スケールで

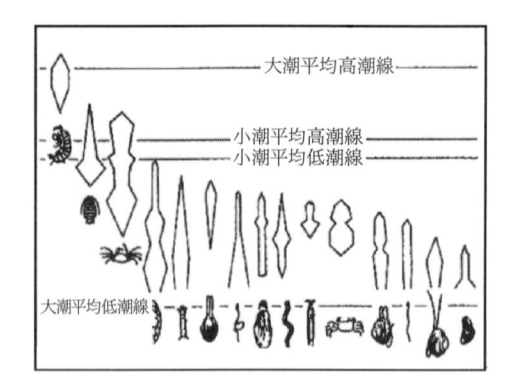

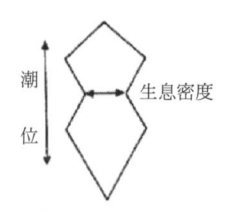

図 11.1.9 干潟面に生息する生物の分布[3]

移動し、複数の干潟同士で幼生が供給されたり受け入れられたりする実態が解明されようとしている。

干潟では潮の干満に伴い海水が砂泥層でろ過されるとともに、干出・水没の繰り返しによる酸素の供給により有機物の分解・無機化が進むなど、高い水質浄化機能を有しているといわれている。

加えて、干潟は内湾の奥部や河口付近に形成されるため、比較的都市部に近接した地域に存在していることが多く、潮干狩りやバードウオッチングなど人々が海と親しむことができる空間ともなっている。

こうした多くの有用な機能をもつ干潟を保全・再生することは、沿岸域における水域・地盤環境の保全に有効である。しかし、干潟は、前述のように単なる無機的な地形ではなく、生物の生息、環境との相互作用の上に成立している生態系（場）であるので、その保全・再生には以下のような多様な視点が必要である。

a. 生息基盤の安定性
① 地形条件：地形、水深、勾配
② 海象条件：波浪、潮汐、潮流
③ 気象条件：風、降雨
④ 底質・地盤条件：粒径、比重、含水率
⑤ 水文条件：河川流量、懸濁物供給

b. 生物生息のための環境条件
① 水質条件：水質濃度・フラックス
② 底質条件：底質濃度・フラックス、舞い上がり、有機物堆積
③ 生物条件：加入、生活史ごとの場の利用、食物網、生態系ネットワーク
④ 気象条件：気温、日射

さらに、こうした生息基盤・環境条件は多様な外力・周囲の環境と相互作用をもっている。このため、干潟の保全、再生、創出には、周囲の環境の変動に応じて柔軟に対応できる順応的な取組みをすることが望ましい。

11.1.4 水底土砂の水環境における位置づけ

水底土砂は、水と物質のやりとりを行うことで、物質循環の一端を担う重要な役割をもっているとともに、底生生物の生息基盤としての役割も果たしている。

物質循環からみた水底土砂は、陸水起源の、あるいは水中で発生した生物由来の有機物（デトリタス）の堆積場所であり、有機・無機の栄養塩類の溶出・吸着場所でもある。

デトリタスは水底土砂上に沈降・堆積し、その表面に生息する底生生物の代謝機能により分解・無機化される。堆積物中に永久堆積物として取り込まれる以外の栄養塩の一部については、再び水中に懸濁・溶出し、有光層に移流・拡散することで内部生産過程に回帰する（図 11.1.10）。

底生生物の生息基盤として水底土砂を見た場合には、その粒度分布と栄養状態（貧栄養・富栄養、還元・酸化状態など）がおもな支配要因にな

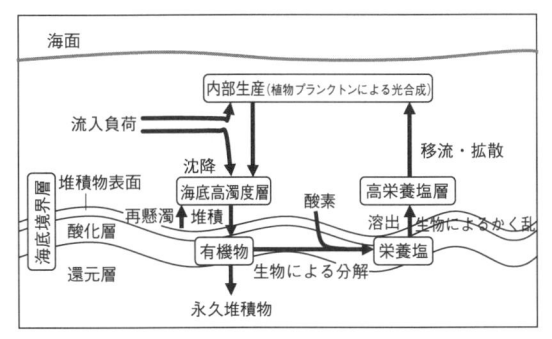

図 11.1.10 水底土砂近傍の物質循環の概念図
(文献13), 図4-1より加筆修正)

る.

粒度分布を例にすると, 潜砂性の二枚貝であるアサリは比較的砂分を多く含む海底を好んで定着する一方で, ゴカイなどは, より泥分を含む海底を好んで定着する. これは, おもに食性と在位 (表在性・内在性) による選択性が発揮された結果ではないかと推定されている.

また, 水底土砂の栄養状態と底生生物の定着の構造は, 密接な関係がある. たとえば, 還元状態の土壌に底生生物が定着し, 土壌内を酸化状態にするという時間的な変化と還元状態の汚染域から酸化状態の正常な場への空間的な変化はよい一致を示す (図11.1.11).

このように水底土砂は, 水塊の化学的・生物的環境を支配する重要な制御因子である. もし, 汚泥が海底に堆積すると, 水質の悪化および生息生物の減少が生じる. そこで, 水域の環境改善を目

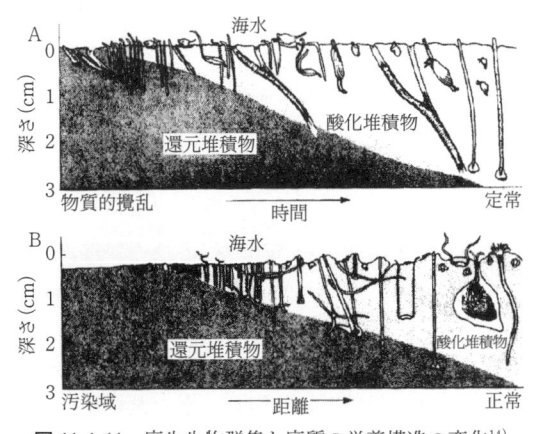

図 11.1.11 底生生物群集と底質の栄養構造の変化[14]

図 11.1.12 覆砂工法の概念図
(国土交通省港湾局:シーブルー事業パンフレット)

指して, 海底の汚泥を清浄な浚渫土砂などを用いておおう工法が開発され, 覆砂工法として実施されている (図11.1.12). 覆砂工法の実施にあたっては,

① 覆砂材の安全性 (汚染物質が含まれていないこと) の確認や粒度の選択
② 下層の汚泥からの溶出を制限するための覆砂厚さの決定
③ 覆砂の効果の持続性の評価 (新生堆積物による効果の減少)

などを行うことが望ましい. 　　　（古川恵太）

11.2 水域, 水際線の水環境と地盤環境

11.2.1 水域, 水際線における物質の動きと底質へのインパクト

11.1.4で概説したように, 水底土砂は水環境と密接な関係をもっている. 本節では, 水底土砂としての地盤環境に着目し, 地盤環境と水環境の関連を水域, 水際線における物質の動きに着目し整理する.

水域, 水際線における物質の動きは, 栗原 (1998年) によってストック型, フロー型に分類されている. これは, 生態系における物質の動きを, 有機物, 無機物に対する「入力」,「出力」,「物質の変化」,「貯蔵」に分けて考える方法である.

一般的な生態系においては, 生物も含む有機物と無機物による入力と出力がある. 入出力は流れによる移流・拡散といった物理的な外力によるもののほかに, 生物の加入・進入・移動, 栄養物質の添加といった人為的なものによって引き起こされる. いったん場に入った物質はたえず変化する

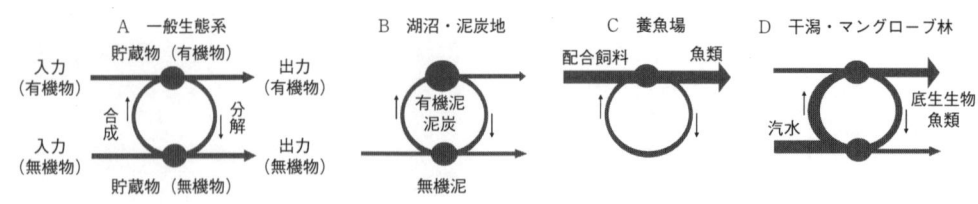

図 11.2.1 水域，水際線における物質の動き
(文献 4) より，加筆修正)

が，無機物から有機物に変化する合成と，有機物が無機物にこわれていく分解という過程が関与する．こうした動きと貯蔵状態を，有機物・無機物に対する4本の入出力の矢印の太さ，それらを結びつける合成と分解のリングの太さ，さらにストックを表す円の大きさにより表すことで，場の特徴を物質の動きで明快に示すことができる（図11.2.1）．すなわち，水域，水際線における入力・出力や物質の変化の結果，底質に貯蔵されるというメカニズムが存在するのである．

たとえば，湖沼は閉鎖的な水域であり，低濃度の負荷が流入し，静穏な湖内において非常に長い滞留時間をもつストック型の水域である．自然状態においても森林などからの栄養塩の供給を受け，貧栄養な湖沼は，藻類の増加とともに中栄養となり，さらには湖底への有機物の堆積，沿岸植生の増加などを受けて富栄養化する．その結果，数百年〜数十万年かけて沼沢化，陸地化が進行する（図11.2.2）．ただし，閉鎖的かつ人為的な負荷を受ける湖沼においては，そうした富栄養化の進行が促進され，数年〜数十年で水域が富栄養化する場合もある．すなわち，地盤環境は水域のストックの恒久的な担い手として水域の歴史を蓄積しながら構成される．

河川は，山間地から平野部を経て河口部へと接続する多様な地形を持ち，流水の変化に伴う輸送形態の変化を受けながら移流・拡散と堆積・侵食が交互に卓越するフロー型の水域である．その過程で底質は，ダイナミックに侵食・輸送・堆積を繰り返し，基本的には上流において侵食，下流において堆積という大きな変化の中で，扇状地・自然堤防・蛇行河川・三日月湖・三角州といった地形が形成されている．河川において，物質のフロ

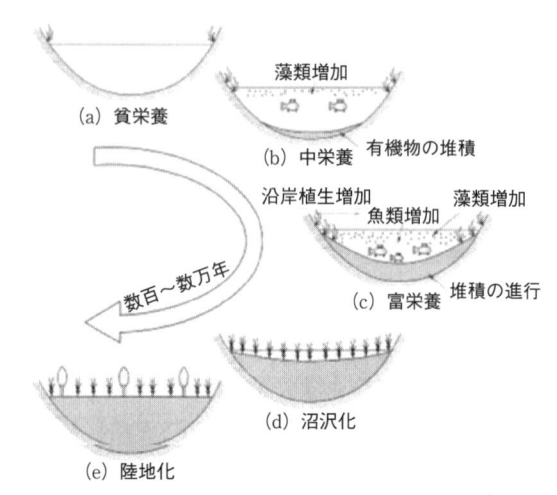

図 11.2.2 湖沼における長期的な堆積の進行[1]

ーは河川流量に強く支配されている．しかし，物質ごとに河川流量の変化に対する様相が異なっている（図 11.2.3）．増水した河川水により希釈される物質（タイプⅠ）は，流量増加に伴って濃度低下を示す．堆積物の細粒分などのように巻き上げられる物質（タイプⅡ）は，流量増加に伴って濃度が上昇する．平衡状態に達しているか，水中に飽和している物質（タイプⅢ）は，河川流量の変化に対応せず水中に一定量存在する．こうした流れとの相互作用により地盤環境が形成されている．

河口域・汽水域に発達する湿地（干潟）やマングローブ林といった水域は，河川の出口境界としてのストック型の堆積環境と，湾域の奥部という沿岸性の環境によるフロー型の循環が発現する一種のバッファーゾーンとして位置づけられる（図11.2.4）．数千年の海面変化に追随して，堆積・侵食，水没・干出を繰り返してきた沿岸地形としての湿地（干潟）やマングローブ林は，その立地

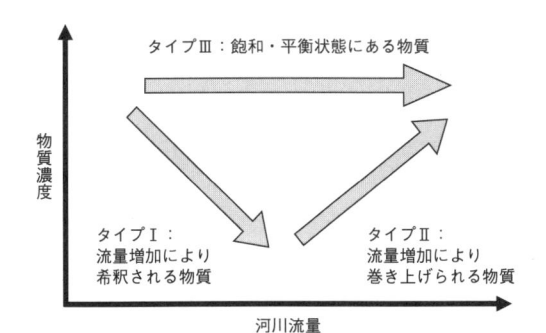

図 11.2.3 河川流水中の物質濃度と流量との関係
（文献1）より，加筆修正）

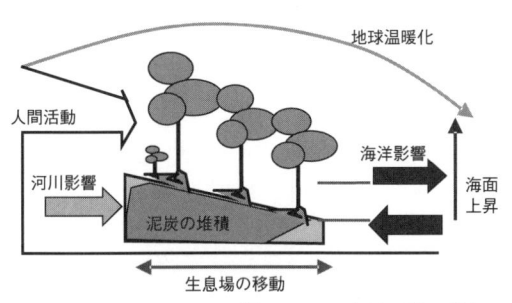

図 11.2.4 マングローブ林における水域環境と地盤環境の相互作用
（文献2），pp. 148-183 から加筆修正）

を海陸方向に移動させながら，有機物（ピート）をたくわえてきたと考えられる．

11.2.2 予測手法と法規制

a. 地盤と水環境の関連に関する予測手法

地盤と水環境の関連に着目すると，①物理的な環境条件について，地盤要素の移動と堆積・沈降，②物質循環については，地盤と水環境との間の物質のやりとり，③生態系については，生物の生息基盤としての地盤に着目し，多様な視点から検討する必要がある．

以下には，具体的な例として干潟生態系に関する検討例を示す．

（ⅰ）物理的な環境条件の予測 干潟の地形は，波流れの影響を受けて侵食堆積を繰り返すとともに，河川からの土砂供給を受け，短期的にも長期的にも変動している．こうした砂泥の輸送形態については，水理模型実験や数値計算により予測する手法がある．

底質が砂の場合には，漂砂における予測手法（浮遊砂・掃流砂移送モデル，海浜安定解析：1ライン・Nライン・三次元）を援用し，干潟面の安定勾配の推定などが行われている．しかし，なお三次元的かつ局所的な地形変動についての予測はむずかしい状況である．

また，輸送による地形変化のほかに，泥分の圧密による地盤の沈下なども考慮する必要がある．圧密沈下モデルによる解析や遠心載加装置を用いた実験などが検討のために用いられることがある．

そうした地形の変化は，単なる物理的な環境条件の変化というだけでなく，干潟上の生物の生息基盤としての環境条件でもあるので，物質循環の予測および生態系の予測と不可分に検討されるべきものである．

（ⅱ）物質循環の予測 干潟の水質浄化機能に関しては，周囲の海域に対する干潟の顕著な役割として，干潟生態系における物質循環の研究と平行して研究が進められてきた．潮間帯周辺海域の浄化機能と生物生産に関する研究として，海洋細菌の有機物分，砂泥中細菌による有機物分解，植物プランクトン，動物プランクトン，メイオベントス，マクロベントスに関する研究が進められてきた．そうした研究を背景に干潟の浄化能力に着目し，有機物の浄化作用の見積もりや，二枚貝のろ過作用と大型藻類による栄養塩のとりこみの重要性，底質への海水浸透とそれに伴う細菌による有機物分解作用の重要性などが指摘されてきた．細川ら（1996）は，干潟実験施設を用いて，人工的につくり出された干潟の浄化機能を測定し，人工干潟においても高い有機物除去作用を観測する場合のあることを確かめている[7]．

こうした，浄化機能について，DO（溶存酸素）の消費機構や底泥表面の酸化層の形成機構のモデル化に工夫し，浮遊系と底質系を接続したモデルが開発されたり，海底境界層における物質の拡散過程を数値的にモデル化されたりしてきた．

（ⅲ）干潟生物の棲み分け 干潟生物の棲み分けの予測に関しては，棲み分けの分析方法に関する議論から，棲み分けを利用した環境の生物指

標化にいたるまでのさまざまな段階での議論がなされてきている．

生物分布の調査方法に関して，明確な指針は提案されていない状況であるが，たとえば，酒井ら(1983)は，山口県大海湾での底生生物現存量調査を通して，季節変動を追跡するために年6回以上の調査の必要性を説いている[6]．また，空間的な調査点の配置も，生物の分布様式を考慮に入れて設定すべきものである（栗原ら，1988)[3]．

生物の棲み分けを説明するために，摂食様式による分類や棲み場所としての底質に着目し，生息生物によるバイオタベーション（生物攪乱）による底質と生息生物の相互作用の重要性が指摘されており，たとえば，多毛類によるバイオタベーションにより硫化物の生成が抑えられることなどが観察されている．こうした棲み分けに関しても，メソコスム実験施設による生物加入実験の実施により，その種類や加入・更新の速度の検討（桑江ら，2002)[5]や，生物の能動的な環境の嗜好性・忌避性を考慮したモデル化などの試みがなされ始めている．

（iv）貧酸素水塊と生物の応答　嗜好や忌避という面から，生物にとって，もっとも好ましくない環境条件とは，生物が生息できない環境である．それは，たとえば，干出する干潟では温度や乾燥も生存を脅かす厳しい環境条件となり得るが，内湾において夏場に発生する貧酸素水塊も非常に厳しい環境条件として生物生息をコントロールしている．

貧酸素水塊の生成機構に関して，柳（1989)[10]に総括されているように，多くの研究者による湾・灘規模のマクロな生成機構の検討や，中村(1993)による底泥―水境界の微細水質構造に立ち入ったミクロな生成機構などが検討されてきた．

その貧酸素水塊が発生した場合には，繁殖速度を上げて時間的棲み分けを図るr型の戦略をとる種と，増殖速度が遅く，世代時間が長いK型の戦略をとる種のあることが示されている（今林，1989)[2]．

上記のように，地盤と水環境の関連に着目した環境の予測手法は徐々に整備されつつあるが，なおも物質循環や生態系の挙動を十分な精度・確度で予測することは困難である．それは，自然のもつ変動や観測に入り込む誤差などによると考えられる．したがって，予測精度を上げていくこととともに，モニタリング手法・評価手法の改良・開発にも努力していく必要がある．

b. 法規制

水域の水質を規制する法律としては，表11.1.1に示すような法律が整備されている．また，そうした規制の背景となる考え方は，環境基本法(1993)において，事前に影響を評価する手続きに関しては，環境影響評価法（1997）において総括されている．

環境基本法にもとづく「新環境基本計画(2002)」においては，「水環境の保全に関しては，水環境を構成する水質，水量，水生生物および水辺地を総合的にとらえ，環境への負荷が水の自然的循環の過程における浄化能力を超えることのないよう，水環境の安全性の確保を含めて，水利用の各段階における負荷を低減し，水域生態系を保全するなど，施策の総合的推進を図ります．（中略）水環境の保全のための取組みは，水環境と密接な関係をもつ土壌環境や地盤環境の保全のための取組みと十分な連携を図ります．」と記述され，土壌・地盤環境と水環境の関連や総合的取組みの必要性が法的にも裏づけられている．

環境影響評価法では第2条で，環境影響評価を「事業の実施が環境に及ぼす影響について環境の構成要素にかかる項目ごとに調査，予測および評価を行うとともに，これらを行う過程においてその事業にかかる環境の保全のための措置を検討し，この措置が講じられた場合における環境影響を総合的に評価することをいう．」と定義している．そして，同法第33条においては，許認可等にあたり「評価書の記載事項および免許等を行うものの意見書に基づいて，当該対象事業につき，環境の保全について適正な配慮がなされるものであるかどうかを審査しなければならない．」とあり，環境影響評価の結果を当該事業の許認可等の意思決定に適切に反映させることを求めている．

表 11.2.1 水環境に関する施策と体系と法律

- 水質の保全
  - 公共用水域の水質の保全
    - 共通の対策
      - 環境基本法（平成 5 年 11 月）
        水質環境基準
      - 水質汚濁防止法（昭和 45 年 12 月）
        工場排水規制，特定施設設置届出制，変更命令
        常時監視，生活廃水対策
    - 閉鎖性水域における特別の対策
      - 湖沼
        - 湖沼水質保全特別措置法（昭和 59 年 7 月）
          湖沼水質保全計画の策定，特別の規制
      - 閉鎖性海域
        - 一般
          - 水質汚濁防止法
            総量規制制度，富栄養化対策
        - 瀬戸内海
          - 瀬戸内海環境保全特別措置法（昭和 48 年 10 月）
            特定施設設置許可制，自然海浜の保全，埋立抑制など
        - 有明海・八代海
          - 有明海及び八代海を再生するための特別措置に関する法律（平成 14 年 11 月）
            基本方針の制定，調査の実施，委員会による評価
    - 水道水源水域
      - 特定水道利水障害の防止のための水道水源の水質の保全に関する特別措置法（平成 6 年 3 月）
        計画の策定，特別の規制
  - 地下水の水質の保全
    - 水質汚濁防止法
      工場・事業場からの有害物質の地下浸透規制，汚染された地下水の浄化措置命令，常時監視
- 土壌環境の保全
  土壌の汚染に係る環境基準
  - 市街地等
    - 土壌汚染対策法（平成 14 年 5 月）
      土壌汚染の状況の把握，人の健康被害の防止措置
  - 農用地
    - 農用地の土壌の汚染防止に関する法律（昭和 45 年 12 月）
      対策地域の指定，回収事業の実施
- 地盤環境の保全
  - 地盤沈下の防止
    - 建物用地下水の採取の規制に関する法律（昭和 37 年 5 月）
    - 工業用水法（昭和 31 年 6 月）
      地下水の汲み上げ規制
    - 地盤沈下防止等対策要綱
      濃尾平野，筑後・佐賀平野および関東平野北部において自主対策などを推進
- 農薬による環境汚染の防止
  - 農薬取締法（昭和 23 年 7 月）
    環境保全の観点からの農薬登録保留基準の設定など
- ダイオキシン類対策
  - ダイオキシン類対策特別措置法（平成 11 年 7 月）
    水質および土壌の汚染にかかわる環境基準の設定，工場排水規制，土壌汚染対策の推進
    水質（水底の底質を含む）と土壌の常時監視

このように環境影響評価は，開発事業の環境影響を総合的に評価し，その結果を事業の許認可等の意思決定に適切に反映しようとする手続き体系である．この中で，事業の可否を判断するための判定基準は，大まかにいえば，環境面では「環境の保全について適正な配慮がなされるものであるか」だということになる．これは，「環境をすべてそのままに保全することができること」が要件なのではない．環境をすべてそのままに保全することができることは望ましいことであるが，大規模な開発には必然的に何らかの無視しえない環境の改変を伴うので，環境をすべてそのままに保全するという条件のもとでは実行可能な解は存在しない．このような認識のもとに，環境保全と開発の必要性を比較考慮し，必要な環境をそのままに保全し，失われることがやむをえない環境は可能な範囲で代償し，必要な範囲で開発を行うことが重要であるとされている．

こうした取組みを可能にするためにも，土壌・地盤環境と水環境を総合的にとらえ，評価することが肝要であり，そのための予測手法，モニタリング手法，評価手法の確立が急務である．

〔古川恵太〕

参 考 文 献

1) 有田正光：水圏の環境，東京電機大学出版局，1998.
2) 今林博道：富栄養海域における底生動物群集と貧酸素水塊の相互作用，沿岸海洋研究ノート，**26**，2，1989.
3) 栗原　康：河口・沿岸域の生態とエコテクノロジー，東海大学出版会，p.335，1998.
4) 栗原　康：共生の生態学，岩波新書，岩波書店，1998.
5) 桑江朝比呂，三好英一，小沼　晋，中村由行，細川恭史：干潟実験生態系における底生動物群集の6年間にわたる動態と環境変化に対する応答，海岸工学論文集，**49**，2002.
6) 酒井保次，会沢安志：大海湾潮間帯における底生生物現存量と生息環境，東海区水産研究所，南西海区水産研究所，研究成果報告書，pp.175-181，1983.
7) 細川恭史，桑江朝比呂，三好英一ら：干潟実験施設を用いた物質収支観測，港湾技研資料，No.832，1996.
8) 中村由行：水環境学会誌，**16**，10，1996.
9) 宮城豊彦：熱帯潮間帯，マングローブ域における地形・植生の相互作用，水辺環境の保全と地形学，古今書院，1998.
10) 柳　哲雄：シンポジウム「貧酸素水塊」のまとめ，沿岸海洋研究ノート，**26**，2，1989.
11) 海の自然再生ワーキンググループ：海の自然再生ハンドブック（第2巻），ぎょうせい，2003.
12) 高　隆二ほか：港湾，**66**(12)，71，1989.
13) 小池薫夫編：海底境界層における窒素循環の解析手法とその実際，p.195，(社)産業環境管理境界，丸善，2000.
14) 高橋正征ほか訳：ベントス，生物海洋学4，p.273，東海大学出版会，1996.

11.3　水域の開発利用と環境

11.3.1　沿岸域・海洋の開発利用と環境

沿岸域・海洋は，そこに内陸の河川などから継続的に流水および土砂が流入するとともに，環境負荷となる各種の物質が流入するという意味で，その背後にある内陸地域との間で，物理的・化学的・生物学的に密接な関係を有している．また，自然現象としての関係に加え，人間の経済社会活動としての開発利用により，各種の流入負荷がより複雑化しており，それを踏まえ，沿岸域・海洋の開発利用と環境との関係について，総合的に分析する必要がある．

大阪湾泉州沖の関西空港プロジェクトに関連して集中的に実施された海底地盤のボーリング調査などにより，大阪湾の地質堆積状況が確認されているが，それによれば，海底地盤の地層断面が，沿岸部から沖合に向けて扇状に広がりつつ堆積しているのが，明確に確認されている[1]．また，地盤環境と海洋環境との関係でいえば，汚濁物質のフローに関し，河川水の海洋への直接的な流入，海水中から海底地盤への沈降・堆積，海底地盤から海水中への溶出，海底地盤から底生生物・魚類などによる捕食による食物連鎖などにかかわるさまざまな関係があり，複合的な相互関係を有していることが，多くの研究により確認されている．

人間による長い経済社会活動の歴史の中で，沿岸域においては集中的に開発利用がなされてきた．人間にとっての安全性，利便性，経済性を追求して，水際線には護岸，港湾施設，漁港施設，

エネルギー・資源開発に関連する施設などが整備され，また，国土の狭小なわが国において各種用途の用地確保のための埋立てがなされた．その結果として，沿岸域において高度な利便性を有する空間が整備されるとともに，環境に対するさまざまなインパクトを及ぼしてきた．

たとえば，国土交通省港湾局および環境省自然環境局によってとりまとめられた"干潟ネットワークの再生に向けて—東京湾の干潟等の生態系再生研究会報告書—"によれば，高度利用が集中的に行われた東京湾について見た場合，干潟面積は，1945年以前には約9450 haあったが，1965年頃には半減している（図11.3.1参照）[2]．

沿岸域の開発利用を環境との調和を図りつつ行うため，今日，開発プロジェクトによる環境へのインパクトを評価する環境影響評価手法の適用が定着するとともに，さらに積極的に自然再生を図るべく，より高次元の議論がなされてきている．なお，国土交通省が定めている"港湾の開発，利用及び保全並びに開発保全航路の開発に関する基本方針"においても，"良好な港湾環境の形成"のための"自然環境の積極的な保全"などが位置づけられている．

2002年3月に策定された新・生物多様性国家戦略においては，"沿岸域の生態系は，海岸線の人工化，埋立てなどの直接改変や汚濁などの影響を受けており，高度経済成長期には，都市化や産業の発達に伴い海岸線の人工的改変が急速に進められてきた"としており，それへの対応として，"干潟・藻場の保全・再生など，沿岸域における良好な環境の保全に積極的に取り組んで行く必要がある"としている[3]．

国土交通白書2006によれば，"過去に劣化・喪失してきた自然環境を可能な限り再生・創出していくことが重要"であり，国土交通省は，"浚渫土砂等を有効利用した干潟造成や覆砂により，沿岸域の豊かな自然環境の保全・再生・創出に積極的に取り組んでいる"としている[4]．

他方，平成18年版環境白書によれば，閉鎖性海域において，その水環境の保全のため，各種の施策を総合的に実施することとしている[5]．さらに，平成18年版水産白書によれば，水産動植物の生育環境である海洋，河川などにおいて，水質保全対策を実施するとともに，赤潮対策，藻場・干潟の保全・創造などを推進している[6]．このように，今日，各関係機関に共通の政策課題として，沿岸域・海洋の環境における自然再生が位置づけられているところである．

今後，我が国の沿岸域・海洋を巡っては，国際的観点も視野に入れての総合的な施策展開が求められてくる．その中においても，開発利用と環境との調和を図っていくことが，ますます，重要な課題となってくるものと考えられる．

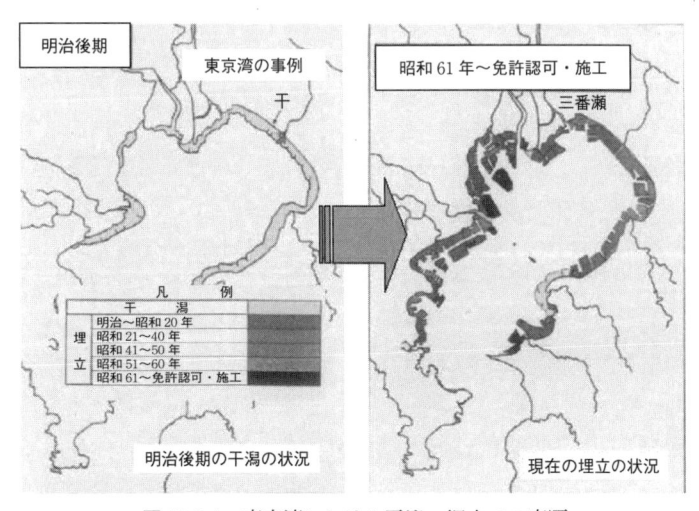

図11.3.1 東京湾における干潟・埋立ての変遷

11.3.2 港湾・海洋環境政策
a. 港湾・海洋環境政策の経緯

その当時のエポックとなった公害国会（1970年）とストックホルムの地球環境宣言（1972年）を経て，1973年の港湾法改正により，港湾行政の中に環境整備の観点が明確に位置づけられた．そして，水俣を初めとする公害問題への対応を行い，緑地や廃棄物埋立護岸の整備を行うところから，港湾・海洋の環境整備行政が始まった．

また，1974年より，直轄海洋環境整備事業が3大湾において開始され，港湾区域外の一般海洋での環境対策への取組みが開始された．さらに，1979年より，閉鎖性内湾での有機汚泥の除去を目指す底質浄化事業にかかわる実施設計調査がなされるようになった．ここで，内湾の汚染実態およびそのメカニズム，あるいは薄層浚渫・覆砂などの施工技術について，学識経験者を交えた重点的な検討がなされ，その後のシーブルー事業（直轄・補助）の事業化への展開へとつながっている．

つぎに，時代の要請としては，"地球環境問題"への対応となる．そこで概念化された"持続可能性（sustainability）"とは，もともとは，漁業資源の保全の観点での概念（最大維持可能漁獲量）であったが，社会システム一般に敷衍されることにより，1987年のブルントラント委員会（環境と開発に関する世界委員会）において"持続可能な開発（sustainable development）"の概念が打ち出され，"開発を行う場合でも環境保全の枠内で考えないと開発自体が失敗する．環境保全を考える場合でも，ベーシックなヒューマンニーズを補償していくことを考えないと，意味のない概念になってしまう"こととされた．その後，1992年，ブラジルで環境と開発に関する国連会議（UNCED）が開催され，"環境と開発に関するリオ宣言"が出され，"アジェンダ21"が採択された．また，同時期に，生物多様性条約が採択された．

これらの時代環境を踏まえ，1992年，"人と地球にやさしい港湾の技術をめざして－港湾の技術開発の長期政策－"の策定がなされるとともに，1994年には，"新たな港湾環境政策－環境と共生する港湾〈エコポート〉－"の策定がなされ，港湾においても，従来以上に環境との共生を視座にとらえた取組みが理念化された（2005年に"今後の港湾環境政策の基本的な方向"として改定され，"港湾行政のグリーン化"を図ることとなった）．その後，海岸法に引き続き，2000年の港湾法の改正（法目的に"環境保全への配慮"を明記）がなされ，法制的な位置づけも明確になされた．さらには，自然再生法の制定とともに，NPOなどの多様な関係者の取組みを重視した対応を図りつつ，今日にいたっている．

他方，廃棄物対策については，従来から，港湾およびその背後地域で発生する廃棄物の受入れ要請に応えるべく，港湾における廃棄物埋立護岸の整備による対応が進められ，また，広域融通の観点から，広域廃棄物処分場の整備（大阪湾フェニックス事業），首都圏の建設発生土について全国の港湾などでの建設資材としての広域的な有効活用（スーパーフェニックス事業）による取組みがなされてきた．さらに今日，単に処分するのみではなく，リサイクルの推進による循環型社会の形成に資するための"リサイクルポート"施策が推進されている．

b. 個別事業

現在，港湾・海洋の環境整備関係事業としては，以下のようなものが実施されている（図11.3.2～11.3.6参照）．

○海域環境創造・自然再生（シーブルー）等事業
　水底質改善のための覆砂，干潟造成，沈廃船処理など
○廃棄物処理施設整備事業
　廃棄物埋立護岸などの整備
○緑地等施設整備事業
　港湾緑地などの整備
○港湾公害防止対策事業
　汚泥浚渫，防塵柵などの整備
○海洋環境整備事業
　海面浮遊ごみ・油の回収
○ボートパーク整備事業
　プレジャーボートの保留・保管施設の整備

図 11.3.2　干潟造成

図 11.3.3　廃棄物埋立護岸

図 11.3.4　港湾緑地

図 11.3.5　大型油回収船

図 11.3.6　沈廃船処理

○静脈物流関係（リサイクルポート）
　事業循環資源を取り扱う岸壁などの整備

c. 底質ダイオキシン類対策

　港湾環境の保全へのニーズが高度化し，自然再生などの動きが進む中，さらに 21 世紀に残された公害問題として，底質ダイオキシン類にかかわる問題がある．設定された環境基準に照らした結果の問題箇所が，残念ながら，港湾地域にも数箇所存在することが判明している．国としても，現在，関係自治体などと連携を図りながら対応を進めているところである．

　2000 年 1 月にダイオキシン類対策特別措置法が施行されたことを受け，ダイオキシン類による水底底質の汚染に係る環境基準（150 pg-TEQ/g）が 2002 年 7 月に告示され，同年 9 月から施行された．これに伴い，港湾整備あるいは維持のための浚渫にあたって，底質ダイオキシン類について，従来の有害物質と同様に安全性を確認しつつ対応することが必要となった．また，2000 年度から全国的に実施された公共用水域の底質ダイオキシン類調査により，数箇所の港湾において環境基準値を超えるものが確認され，除去・無害化などによる対策を講じることが必要となっている．さらに，海防法施行令が 2003 年 6 月に改正され，同年 10 月から施行されており，それによって，水底土砂の排出（埋立て，海洋投入）にかかわる基準としてダイオキシン類にかかわるもの（10 pg-TEQ/L）が追加されることとなった．

　環境基準値を上回る底質のダイオキシン類汚染が確認された場合，その対策を講じる際に，それ

を安全かつ的確に実施するための方策をとりまとめ，実施検討の場における指針とすべく，2003年3月に，国土交通省港湾局は，"港湾における底質ダイオキシン類対策技術指針"をとりまとめた．その後，海防法施行令の改正による投入基準が設定されたことを踏まえ，該当箇所を修正した改訂版を同年12月にとりまとめている[7]．

底質ダイオキシン類の除去無害化の実施上，汚染土の無害化をいかに安全・効率的・安価に行うかということが重要な課題となる．国土交通省では，この技術分野を集中的に検討するための対応を行っている．具体的な検討方法としては，民間技術の公募・評価を行うことにより技術的知見の集約を図ることとし，応募技術についての実証実験を，2003～2004年度にかけて実施し，その成果をデータブックとしてとりまとめた．

d．自 然 再 生

港湾・海洋における自然再生については，各地において，クリーンな浚渫土砂を有効活用した干潟造成などが行われてきている（図11.3.7参照）．その結果，施工後のモニター調査において，生物相の回復などの環境効果に顕著なものが確認されたとの報告が多くなされている．

港湾整備における自然生態系との調和については，従来より継続的に実践的な取組みがなされてきており，とくに港湾・海洋の場の特徴として，水産資源を中心とする生物環境との調和について，水産協調型港湾構造物の技術的検討などがなされてきた．その後，地球環境問題への対応と持続可能な開発の理念化，生物多様性条約の採択，さらには自然再生推進の動きが高まる中で，"自然再生"が，政策目標としてより明確な位置づけをえて，今日にいたっているものである．

2005年に策定された"今後の港湾環境政策の基本的な方向"においては，"港湾のあらゆる機能に環境を取り込んでいくことが不可欠"であるとし，"港湾行政のグリーン化"を図っていく一環として，"劣化・喪失した自然環境の再生・創出"などを行っていくこととしている．

また，生物多様性条約第6条の規定にもとづき，わが国においても，生物多様性国家戦略が策定されている（1995年策定，2002年見直し）．港湾については，複数箇所で実施しているところもあるが，1箇所と計上（平成15年3月末現在）

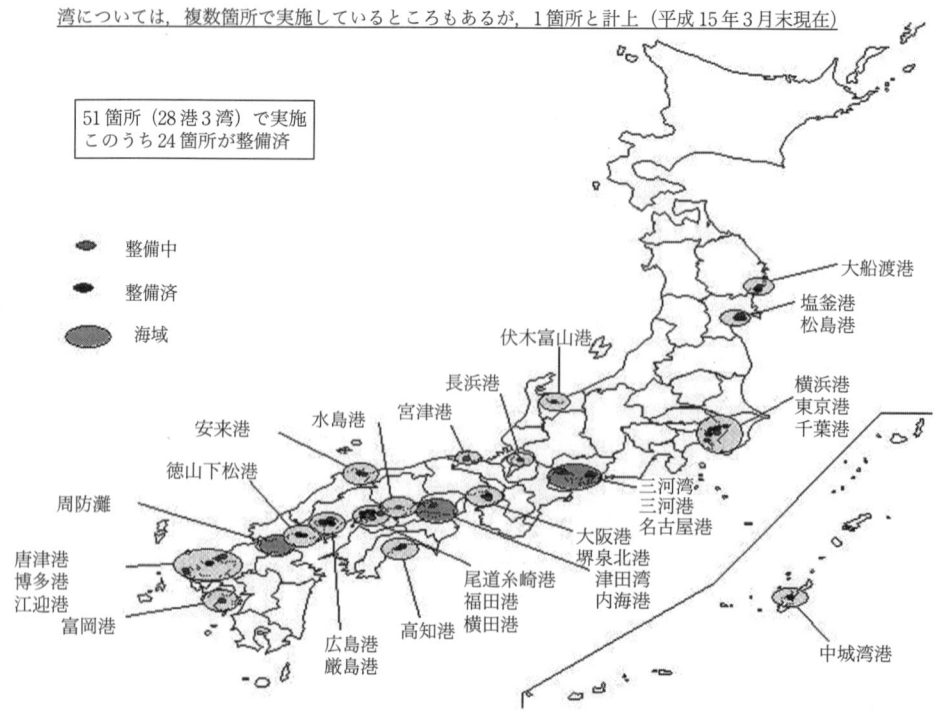

図11.3.7 干潟・藻場などの保全・再生・創造事業

湾・海洋における自然再生も，本国家戦略の中における位置づけをえて，関係省庁が連携を図りつつ対応しているところである．

個別地域ごとでの対応事例をあげれば，たとえば，"東京湾再生のための行動計画"が，都市再生プロジェクト三次決定"海の再生"（2001年12月）にもとづき設置された東京湾再生推進会議によって進められている．この中には，ごみ・油の回収と水質監視の強化，測量船による堆積物調査，海域環境の改善などが位置づけられている．

自然再生に関する近年の立法措置としては，"自然再生推進法"が2002年12月に成立，2003年1月に施行となった．本法は，地域の多様な主体の参加による自然再生を推進するための枠組み，手続きなどを規定した法律であり，地域主導のボトムアップ方式により，地域住民，NPOが中心となって自然再生事業を立ち上げることができるような枠組みを定めたものである．具体的には，協議会の設置，事業の実施，行政機関としての対応などについて定めている．

自然再生推進法の制定を契機として，個々の自然再生プロジェクトを進めるうえでの手引きとすることを目的として，既往の検討成果や技術的知見，実施実績などを集約して，2003年11月に"海の自然再生ハンドブック―その計画・技術・実践―"が発刊された．本ハンドブックは，総論編・干潟編・藻場編・サンゴ礁編の全4巻からなり，海の自然再生ワーキンググループによりとりまとめられた．そのメンバーは国土交通省港湾局，国土技術政策総合研究所，独立行政法人港湾空港技術研究所および関係の学識者，民間団体などであり，さらに，自然再生の専門家の査読もいただいたうえでとりまとめられている[8]．

他方，海辺の自然体験活動・環境教育を目的とした取組みとして，各地において，国の港湾事務所や港湾管理者などの支援のもと，海や港の自然環境を活用した干潟観察会などの自然体験イベントや学習プログラムが実施されている．また，"海辺の自然学校"の開催（図11.3.8），"海辺の達人（自然体験活動指導者）養成講座"の開催などが行われている．

図11.3.8 海辺の自然学校

e． 廃棄物の処分とリサイクルの推進

わが国において，廃棄物の最終処分場の残余年数は短くなっており，その受入容量は逼迫状態にある．とくに，産業廃棄物の海面処分場の残余年数は，全国平均3.9年，首都圏1.2年，近畿圏1.9年（2000年，環境省資料）である．また，内陸での新規最終処分場の整備を行うことが非常にむずかしくなってきている．これらの事情を踏まえて，海面処分場においては，廃棄物埋立護岸の整備を着実に進めるとともに，大阪湾における広域廃棄物処分場の整備（大阪湾フェニックス事業），首都圏の建設発生土について全国の港湾などでの建設資材としての広域的な有効活用（スーパーフェニックス事業）を行い，また，廃棄物の減量化などによる廃棄物海面処分場の延命化対策を推進しているところである．

海面処分場については，陸上処分場に比べて，以下のような特徴を有している．

① 廃棄物埋立護岸が，波浪，高潮，津波などに対して安全であるとともに，保有水などが海域へ流出することがない構造とする必要があること．
② 遮水工について，波浪，海面処分場内外の水位差などの影響を考慮する必要があること．
③ 粘性土地盤への対策工を実施するとともに，地盤変形による遮水工への影響を考慮する必要があること．
④ 海上・海中施工における施工精度の確保が

⑤ 海面処分場内の海水・雨水の処理・排出について考慮する必要があること．
⑥ 跡地利用の可能性が高いことに配慮する必要があること．

これらを踏まえた技術マニュアルとして"管理型廃棄物埋立護岸マニュアル"があり，その初版については，"一般廃棄物の最終処分場及び産業廃棄物の最終処分場に係る技術上の基準を定める省令"が1998年6月に改正され，遮水工，維持管理基準などの強化，明確化がなされたことに対応して，2000年11月に発刊されている[9]．

その後，さらなる技術開発などによる新たな知見の蓄積がなされたことを踏まえ，近時の港湾の施設の技術上の基準の改定（2007年4月発効）に際しては，廃棄物埋立護岸を基準適用対象施設として追加し，所要の対応を図っていくこととなった．

廃棄物対策と環境創造にかかわる構想としては，LANDFILL島構想（一廃棄物等の大規模埋立による新しい空間創造をめざして一）が（社）土木学会土構造物および基礎委員会・LANDFILLによる新しい水辺空間創造研究小委員会において検討され，足掛け4年間にわたる検討の結果，1995年10月にとりまとめられている[10]．本構想は，わが国において，廃棄物および建設発生土の処分場不足の問題に抜本的に対応するとともに，高度な環境・防災機能を有する空間の創出を図るための構想であり，それにより，わが国における環境創造のテクノロジーの集大成を目指すものとされている．なお，東京湾をモデルケースとして検討がなされており，その一環として"LANDFILL島建設における環境収支"についても検討がなされている．その中で，閉鎖性内湾である東京湾の環境の実態からして，LANDFILL島が建設されることによる新たな自然環境の創出，自然浄化作用の向上などの効果を評価している．

一方，廃棄物処分場跡地における自然空間を創造するための個別検討としては，近年，東京港の海面処分場にかかわるものがある．"臨海部の森づくり研究会"（座長：岡島成行大妻女子大学教授）は，東京港中央防波堤内側埋立地（廃棄物海面処分場跡地）における森づくりについて，臨海部特有の厳しい環境条件下において豊かな生態系を育み，自然体験などを可能とする森を創出するために求められる機能，整備手法，高度な植栽技術，維持管理方策などの課題について検討した（2002年7月～2004年1月）．検討の一環として，東京港中央防波堤内側埋立地で，"根株移植実証試験"を実施し，移植試験も行われた．

なお，現在，わが国で営まれている生産行為の中で，全資源投入量に占める循環資源の比率は10%であり，政府の計画では，これをさらに高めることとしている．循環型社会を目指して，関係省庁・自治体・民間企業などがそれぞれ強い問題意識をもって取り組んでいる中，国土交通省においては，"港湾を核とした総合的な静脈物流システムの構築"を目指した"リサイクルポート"施策の推進がなされている．

地域内に限定した流動では廃棄物のままであるが，広域的な流動によりオールジャパンでのリサイクルを図ることが可能となる．すなわち，リサイクルを推進するために，低廉な流動システムを構築することがきわめて重要である．大量かつ運賃負担力の低い循環資源を環境負荷を小さくして運ぶには海運への期待が大きく，その流通結節点である港湾の果たす役割も大きい．また，港湾は，流通の結節点であると同時に，リサイクル産業自体の立地地点としての機能も含め，総合的な機能発揮が期待されるものである．

施策具体化のため，現在，全国21港のリサイクルポートを指定し，静脈物流施設の整備，リサイクル施設の立地促進，関連技術開発（梱包・荷役・輸送など関連技術）と併せ，施設運用のルール化，官民連携の枠組みづくりなどに取り組んでいる（図11.3.9）．また，関係者からなる"リサイクルポート推進協議会"との間で，各種の検討を行っているところである．さらに，特記的課題としては，国際静脈物流，土壌（汚染土壌を含む）の輸送問題への対応などについても検討を行っている．

リサイクルの実務においては，環境保全のため

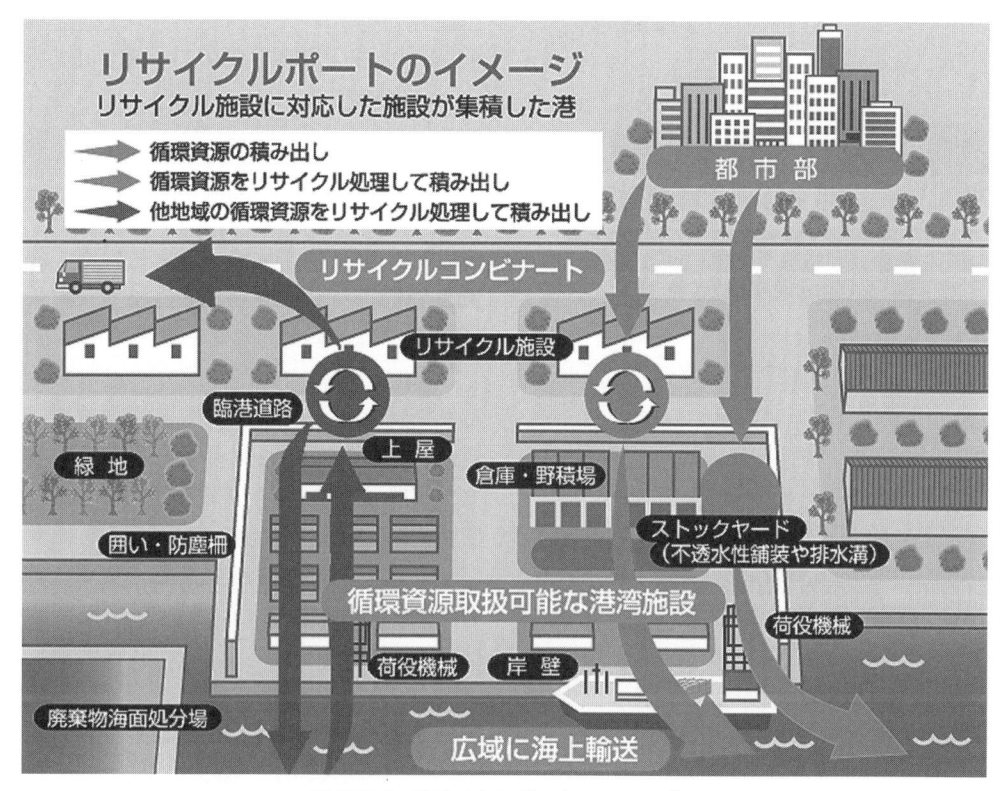

図11.3.9 リサイクルポートのコンセプト

の規制措置と再生利用・物流の円滑化との調和，企業としての採算ベースでのアプローチと社会貢献との折合いなど，現在，循環型社会へ向けての行動理念と社会システムの構築がなされている最中ではないかと考えられる．港湾としても，今後，個別地域でのトライアルと実績の積重ねに加え，全国的な規範となるガイドラインなどの整備も必要と考える．社会問題としての重要性を十分認識し，また，ユーザーとの意思疎通を密に行い，港湾としての使命を果たし，一方では，地域活性化にも資する．その実現に向けては，"ソフトとハードによる対応"が必要であり，今後，関係者として一体的な取組みが期待される．

f. 国際条約への対応

港湾・海洋の環境政策は，随所で国際条約との関係を保ちつつ対応がなされる．その中で，とくに，直接的に関連のあるものとして，以下の二つの条約がある．

一つは，LONDON DUMPING条約（廃棄物そのほかの物の投棄による海洋汚染の防止に関する条約）であるが，これは，廃棄物そのほかの物を船舶，航空機またはプラットフォームそのほかの人工海洋構造物から海洋へ投棄，貯蔵などすることについて規制するための条約である．わが国の国内法としては，"海防法（海洋汚染及び海上災害の防止に関する法律）"により担保している．港湾工事で発生する浚渫土砂の海洋投入についても規制の対象となるものであり，近時，環境により一層配慮した新たな枠組みについての国際的な議論を踏まえ，新たな条約の批准および国内法改正がなされたところである．なお，わが国の港湾における浚渫土砂の処分については，埋立てなどによる有効活用がきわめて進んでおり，純然たる海洋投入（海洋投棄）は極小に抑えられている（図11.3.10参照）．

いま一つが，MARPOL条約（船舶による汚染の防止のための国際条約）であり，これは，船舶からの油そのほかの有害物質の排出により，海洋

処分量合計：3977万t

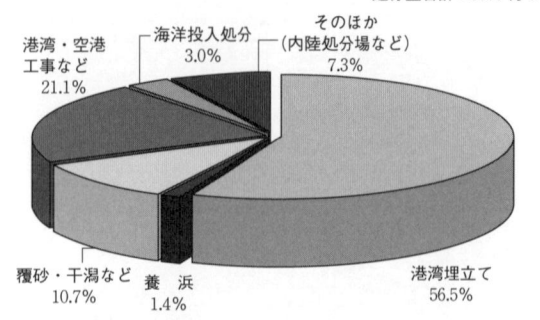

図 11.3.10 港湾における浚渫土砂の処分実績（平成14年度）
- 港湾・空港工事など 21.1%
- 海洋投入処分 3.0%
- そのほか（内陸処分場など）7.3%
- 覆砂・干潟など 10.7%
- 養浜 1.4%
- 港湾埋立て 56.5%

環境が汚染されることを防止するための条約である．わが国の国内法としては，上記と同じ"海防法（海洋汚染及び海上災害の防止に関する法律）"により担保している．港湾サイドとしては，必要に応じて受入施設の確保を行うことが必要となるものであり，近時，船舶からの排出ガスについての規制にかかわる新たな条約の批准および国内法改正がなされたところである．　　（東山　茂）

参　考　文　献

1) 土質工学会関西支部・大阪湾海底地盤情報の活用に関する研究委員会：海底地盤—大阪湾を例として—，1995.
2) 国土交通省港湾局・環境省自然環境局：干潟ネットワークの再生に向けて—東京湾の干潟等の生態系再生研究会報告書—，2004.
3) 環境省：新・生物多様性国家戦略，2002.
4) 国土交通省：国土交通白書2006，2006.
5) 環境省：平成18年版環境白書，2006.
6) 農林水産省：平成18年版水産白書，2006.
7) 国土交通省港湾局：港湾における底質ダイオキシン類対策技術指針，2003.
8) 海の自然再生ワーキンググループ：海の自然再生ハンドブック—その計画・技術・実践—，ぎょうせい，2003.
9) (財) 港湾空間高度化センター港湾・海域環境研究所：管理型廃棄物埋立護岸設計・施工・管理マニュアル，2000.
10) (社) 土木学会土構造物および基礎委員会・LANDFILLによる新しい水辺空間創造研究小委員会：LANDFILL島構想—廃棄物等の大規模埋立による新しい空間創造をめざして—，1995.

11.4　水域の環境保全のコンセプトと保全のシステム

11.4.1　ミティゲーション

ここでいうミティゲーションとはさまざまな人間活動の影響を事前の対策などで緩和する自然環境保全措置のことである．環境影響評価法（1997）では，個々の事業においてミティゲーションが位置づけられ，代償措置の検討も義務づけられた．一方，自然再生推進法（2003）では，「自然再生」について，劣化した自然を多様な主体が連携しつつ，再生に取り組むことと定義し，開発行為に伴う代償行為ではないとしている．

しかし，ここでは特定の事業の環境影響の緩和も，すでに劣化した自然の再生も，技術的側面では共通のことも多いので，とくに区別せずに取り扱う．

a.　ミティゲーションの考え方

ミティゲーションには，表11.4.1に示したような方法がある．一般に，自然環境の豊かな地域では，方法は優先順位をつけて検討する．事業が重要な生物生息環境に影響を与えることが予測される場合，それを「回避」することがもっとも望ましい．まずそうした場合，場所の変更が可能か検討し，不可能な場合に，できるだけ改変面積を小さくする「最小化」を検討し，その際に発生する環境負荷は「修復」や「軽減」を図り，それでも残る負荷については「代償」措置を検討する．これらの全体の措置を通して，享受できる自然環境の総量を確保しようとする考え方を「ノーネットロス（no net loss）」という．なお，一切減少を許さない（ノーロス）自然は回避が必須となる．

上記の措置はあくまで考え方であり，表に示したように，実際の遷移途上や外来種なども含む生態系では，場合によってそれぞれ長所と欠点をもつ．

b.　指　標　種

環境影響評価法では，動物，植物だけでなく，生態系が評価項目としてあげられている．これ

表 11.4.1　ミティゲーションの行為と例および意義

行　為	定　義	環境保全措置の例	長所・短所
回　避 Avoid	行為を実行しないことによって影響を回避	・造成区域や路線の変更により改変を回避	・自然性の高い地域では最良 ・劣化傾向にある二次的自然の問題先送り
最小化 Minimize	行為の実施の程度や規模を制限することにより影響を最小化	・造成面積の縮小や道路の地下化により改変を最小化	・地域個体群が存続できれば有効→MVP, MAR の評価が必要* ・単独事業の効果
修　復 Rectify	影響を受けた環境を修復・再生することで影響を修復	・改変地を復元緑化 ・工事中の希少種の緊急避難	・繁殖速度の速い種や遷移初期生態系で有効 ・極相群落, 亜寒帯以北で困難
軽　減 Reduce	行為期間中, 環境を保護および維持管理し影響を軽減	・けもの道などの補充設備の設置 ・営巣期間中の工事中断	・効果の不確実性（マイナス効果の可能性も）
代　償 Compensate	代替の資源や環境を提供することにより影響を代償	・同種類または別種類の混地を創造 ・劣化した湿地を改良	・計画的な保全事業の可能性・ミティゲーション・バンキング ・成果は対象と技術に依存

＊MVP：最小存続可能個体群, MAR：存続最小必要面積

は，これまで希少種の個体を移植保全しても，生態系が変質したところでの存続が保証されないことが多かったことへの反省でもある．しかし，生態系という全体を示す言葉の意味するものは逆にあいまいでもあるという矛盾も抱えている．

現在，環境省は「生態系」の評価方法として，「特殊性」「上位性」「典型性」の観点から指標種を選び出して，その種に対する影響で生態系を評価することを推奨している．たとえば，愛知万博の海上の森については，「特殊性」として，湧水湿地に依存する東海丘陵要素のシデコブシや極せき悪地のウンヌケ，「上位性」としてオオタカやムササビ，「典型性」の観点からコナラなどが選択され，開発による影響が検討された．

陸水域ではカワセミやサギ類，ペリカンなど魚食性の鳥類が重要な「上位種」となる．沿岸域では，砂浜，礫浜，塩性湿地，岩礁海岸，藻場など場所の特性に応じて特有の多様な生物種の潮位に対する帯状の分布が見られる．干潟では特有のカニ類であるハクセンシオマネキなどの指標性が高く，また希少性の観点から，シギ，チドリ類の生息環境としての重要性も指摘される．

c.　定量的評価手法

米国では HEP（habitat evaluation procedure）や HGM（hydro geomorphic）をはじめ，生態系への影響とその緩和措置の定量化手法が開発されて，湿地生態系のノーネットロス政策が展開されている．日本ではまだ生態系への影響評価とその緩和措置の定量化は遅れているが，「生態系」が評価項目となったため，その定量化の基礎となる指標性の高い生物の適正曲線（HSI）や，ハビタットモデルの検討，が進みつつある．

生態系は複雑で，その状態と変化を予測し，評価することは簡単でない．これまで開発されてきた手法は合意形成ツールとしての使用に耐えることを目標としているが，逐次改良が加えられている．

HEP は野生生物生息環境としての質と量を評価して，開発と保全の合意を得る手順である．その手順はつぎのようである．(1) HEP チームを組む．(2) 調査目的の確認．(3) 区域の設定．(4) 利用可能データセット収集．(5) カバータイプとその区域の輪郭線を引く．(6) 評価種と HSI モデルを選択する（野生生物，資源目標の設定）．(7) 記録方法の決定．

野生生物生息環境としての価値，HU（habitat unit）を少なくとも影響前の状態と影響後，さらに50年とか100年後の最終年度などの基準年度について計算し，インパクトとともに代替ミティゲーションの効果を査定することになる．

カバータイプとは，調査区域を植生，水系，地形などから総合的に判断し，均質なものごとに区分けしたものであり，わが国でよく使われてきた植物社会学的植生図とは性格を異にし，優占種やその大きさ，密度など景観生態学的な特徴が重要である．評価種はカバータイプごとに選ばれる指標性の高い1，2種の野生生物である．HSIは対象地のハビタットの状態の理想的な状態に対する値であり，0から1の間の値をとる．これは評価対象種に関する繁殖や生活に関するさまざまな環境要因に対する適性（SI：最適が1，最低が0）を評価し，それらの意義を検討しつつ相加平均や相乗平均などの方法で総合化したものである．

d. ミティゲーションのキーワード

ミティゲーション・バンキングとは開発による自然環境のロスに備え，開発者だけでなく，自治体部局などが野生生物生息環境を復元したり，創造したりする事業にクレジットを与え，開発者はそのクレジットを購入することで保全をしたと認める制度のことである．いくつかの欠陥はあるものの，それまで個々の事業で発生していた小さなロスをまとめて，戦略的に重要な，まとまった保全に資することができるという本質的なメリットがある．

米国では，たとえば影響を受ける相対的に重要性の少ない淡水湿地に対して，より重要な干潟のミティゲーション・バンクの創造へ導くような場合は，影響を受ける自然の場所（on site）の同種類（in kind）でなく，別種類（out of kind）の少し離れた（off site）自然との置換（replacement）が行われることもある．

e. ミティゲーション・サイトの目標設定

個々のミティゲーションのプランニングでは，どのような目標をとるかは慎重に検討する必要がある．前述のHEPによって，ノーネットロスを目標とするのが望ましく，オンサイトでできなければ，オフサイトでの検討が必要である．米国では湿地ミティゲーションのサイトの計画では，三つのアプローチのしかたがある（J.W. Rogers, 1995）という．まず第1に，自然環境復元，つまり歴史時代より前の状況を基本におく考え方であり，デラウェア川のミティゲーションプロジェクトのように，利点としては大きなオフサイトでアウトオブカインドのミティゲーションの機会を提供することができる．また，もともとの植生パターンを復元することによる，未知の価値が発生する可能性も指摘されている．一方，復元の正当性の判断の困難性，自然環境の変動，実際に代償を必要とする湿地のタイプに適合しない可能性もあるという欠点がある．第2に，湿地のいろいろな機能を最大限に発揮できるように計画する考え方であり，ロサンジェルス港などで見られる．小さな多様な湿地の代償が必要な場合に有効なアプローチであり，流域における湿地の多くの機能を提供することができる．しかし，あまりに多くの機能を期待するのはむずかしく，コストがかかる．第3に，単一の機能を最大限とするアプローチで，フロリダの野生生物湿地保全保護地域のように一般的に簡単で，コストがかからない．モニタリングは簡単である．洪水調節，野生生物コリドー，沈砂などの機能に限れば有効である．

f. 順応的管理

ミティゲーションで担保されたサイトの管理は，とくに復元や創造されたものの場合，その生態学的目標とも密接に関連した，たいへん重要なテーマとなる．セキュリティ，（道路，排水，草刈りなどの）一般的管理，帰化種防除，野火管理，モニタリング，運営管理，などが必要である．しかし，復元型のビオトープとか，よく生活史が判明していない絶滅危惧種の保全を目的としたミティゲーションの場合，不確実な情報をもとに，予防的に管理せざるをえず，臨機応変な管理が余儀なくされる．米国の生態学会（N.L. Christensen et al. 1996）では，生態系の管理にあたっては，説明する責任（accountability）を伴った順応的管理（adaptive management）を提案しているのが参考となる．つまり，(1) 管理

の当面の目的を設定し，(2) モニタリングを継続し，(3) 予測と評価を行いつつ管理を実行し，(4) 問題が発生したら改めて方針を検討し直して総括する，という姿勢が不可欠となろう．

（森本幸裕）

11.4.2 人工養浜
a. 人工養浜の概要

わが国の海岸線延長は，環境省の自然環境保全基礎調査結果によれば，昭和53年度の集計では約32000 km であった．表11.4.2に示すように，このうち自然海浜，とくに砂浜の減少が著しく，平成9年までに約870 km の自然砂浜が開発や侵食で失われてしまった[1],[2]．こうした背景のもと，人工的に砂浜を復元・創出する人工養浜の事業が進められている．

人工海浜の造成は，陸域の面的防護や侵食海浜の修復を目的とした「海岸保全」，および海水浴場造成などを目的とした「海浜利用」のために，造成されてきた．これらの人工養浜は，防災とレジャー空間を兼ね備えた海岸施設で，2002年現在，約2200 ha の砂浜が復元・創出されているといわれている[3]．1999年の海岸法改正により，海岸事業は「環境への配慮と環境再生」も事業目的と位置づけられるようになった．すでに，2000年度より海岸関係省庁の共通事業として，周辺の自然環境に配慮する必要性が高く，自然環境の保全・回復効果が期待される海岸に対しては，「エコ・コースト事業」が実施されている[4]．今後，平成19年までに海岸侵食で失われた砂浜延長460 km の2割（92 km），約600 ha の復元・再生が目標となっている[3]．

なお，人工養浜は海水浴場を中心に施工事例が蓄積されており，これらの事例をもとに人工養浜の設計・施工のマニュアルがつくられている[5]．

b. 人工養浜の設計・施工

人工的に砂浜を造成する養浜工法は，外力に対して安定な海浜を造成する静的養浜と，砂の移動を前提に砂を供給し続ける動的養浜に大別される[6]．

静的養浜は，現状において砂浜が成立していない場所，あるいは海浜の不安定な場所に実施することが多い．投入した砂の流失を防ぐための波浪制御や砂留め構造物を配置して海浜を安定させ，継続的な砂の供給を前提としない場合がほとんどである．一般に，人工海浜といえばこのタイプである．典型的な事例を図11.4.1に示す．

静的養浜の海浜安定断面は表11.4.3に示す提

表11.4.2 日本の汀線の変化[1],[2]

年度		昭和53年度	昭和59～61年度	平成6年度	平成10年度
調査回		第2回調査	第3回調査	第4回調査	第5回調査
		汀線延長 (km)	第2回調査からの汀線増減 (km)		
自然海岸	磯浜	5287.5	−138	−227	−209
	砂浜	4413.1	−346	−491	−873
	泥浜（干潟）	231.8	−7	−12	−15
	自然（崖など）	9034.8	−73	−132	−210
半自然海岸	磯浜	1008.4	12	−9	122
	砂浜	2498.3	154	154	−64
	泥浜（干潟）	179.7	−1	−6	−32
	海浜なし	653.9	7	−11	18
人工海岸	埋立て護岸	3855.9	668	1215	2103
	干拓護岸	432.5	−10	−13	−43
	人工海浜など	4310.6	38	121	534
河口		263.7	0	0	52

表 11.4.3 海浜安定勾配算定の提案式[6]

断面形状の諸元	レクターの提案	スワートの提案	砂村の提案
後浜高 Y_s	$Y_s/L_0=0.18(H_0/L_0)^{0.5}$ [$H_0/L_0<0.018$ の場合] $Y_s/L_0=0.024$ [$H_0/L_0≧0.018$ の場合]	$Y_s/d_{50}=7644-7706\exp A$ $A=-0.000143(H_0^{0.488}T^{0.93})/d_{50}^{0.786}$	$Y_s=1.1H_b$
前浜勾配 Y_s/X_s	$Y_s/X_s=0.3(H_0/L_0)^{-0.3}(d_{50}/L_0)^{0.2}$ $Y_t/X_t=0.07(H_0/L_0)^{-0.42}(d_{50}/L_0)^{0.1}$		$\tan\beta=0.45(d_{50}/H_0)^{0.5}(H_0/L_0)^{-0.3}$
地形変化の沖端の水深 d_z	$d_z/L_0=3.5(H_0/L_0)(d_{50}/L_0\times10^4)^A$ $A=-0.75(H_0/L_0)^{0.20}$	$d_z/L_0=0.0063\exp B$ $B=4.347H_0^{0.473}/(T^{0.894}d_{50}^{0.093})$	
摘　要	模型実験データにもとづく関係式	模型実験にもとづく関係式・周期は秒単位，それ以外は m 単位	現地データにもとづく関係式．$\tan\beta$ は小さすぎる値を当てる傾向がある．

ここに，H_0，L_0；沖波の波高と波長，d_{50}；砂の中央粒径，$\tan\beta=Y_s/X_s$；前浜勾配

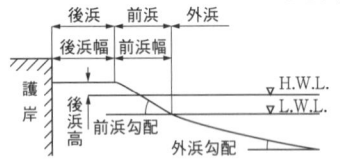

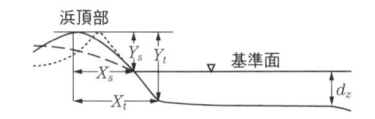

図 11.4.1　呉市狩留賀海岸人工海浜

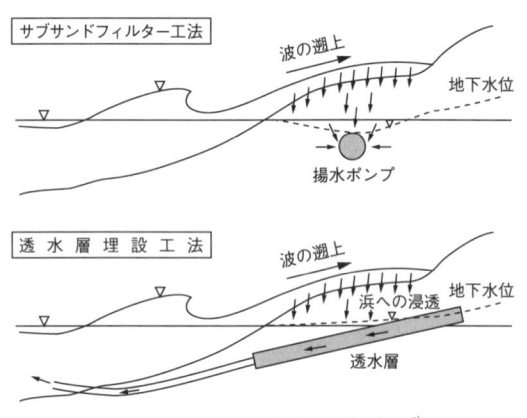

図 11.4.2　海浜安定化工法概念図[6]

案式[6]で決定される．海浜断面の設計に用いる波浪条件は，多くの場合 1 年に 1 回～数回訪れるものを用いる．海浜に作用する波浪が大きい場合には，離岸堤や人工リーフを用いて入射波高を低減する．養浜の安定平面は波浪の入射方向とヘッドランド，人工岬（突堤），離岸堤の配置などによって決定される．

構造物によらない静的養浜工法として，砂浜の地下水位を制御する海浜安定化工法がある．これは，図 11.4.2 に示すように，波浪遡上時の地下水位を吸水管や透水層を用いて低下させ，遡上した海水が地下水として流下するときに発生する砂の流失を緩和させる工法である[4]．

動的養浜は，過去には河川や漂砂の上手側から土砂が供給され，海浜が安定していたが，土砂供給の減少により侵食された海浜の保全対策として用いられる．この方法には，図 11.4.3 に示すように漂砂の上手に土砂を供給し，漂砂の下手側海岸に砂を流すサンドバイパスと，漂砂の下手側海岸に堆積した砂を再度上手海岸に移送するサンドリサイクルがある．砂の人工的移動は，1 年に 1 回程度の頻度で実施する．動的養浜では対象海域の漂砂量，養浜材質および土砂投入頻度が設計上

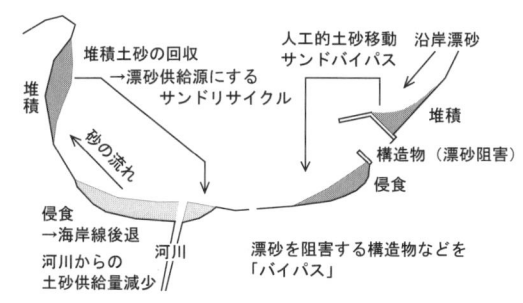

図 11.4.3 動的養浜工法概念図[6]

の留意点になる[6]．動的養浜の代表的事例としては，天の橋立，富士海岸，駿河海岸などの海岸保全事業があげられる．

c. 海浜の生態的特性

砂浜海岸はハマグリ・アサリ・コタマガイなどの二枚貝類の産地として認識されているが，これら以外は地形も単純であり，生物相が貧弱であると思われることがある．しかしながら，実際には図 11.4.4 に示すように，砂浜海岸には独特の環境ユニットが形成されており，これに応じた複雑な生物相を形成していることが認識されるようになってきた．

さらに，砂浜海岸はアカウミガメやコアジサシなどが産卵場所として利用する場所[7]，ルイスハンミョウのような貴重な昆虫が分布する場所として重要であるのみならず，表 11.4.4 に示すように，仔稚魚の保護場として，水産資源涵養上も重要な場所である[8]．また，海水の遡上，地下水位や，波浪による粒子の安定性に応じ，スナホリムシ類，ヨコエビ類，各種多毛類など各種のベントス（底生生物）が砂粒の間隙を生息場としてい

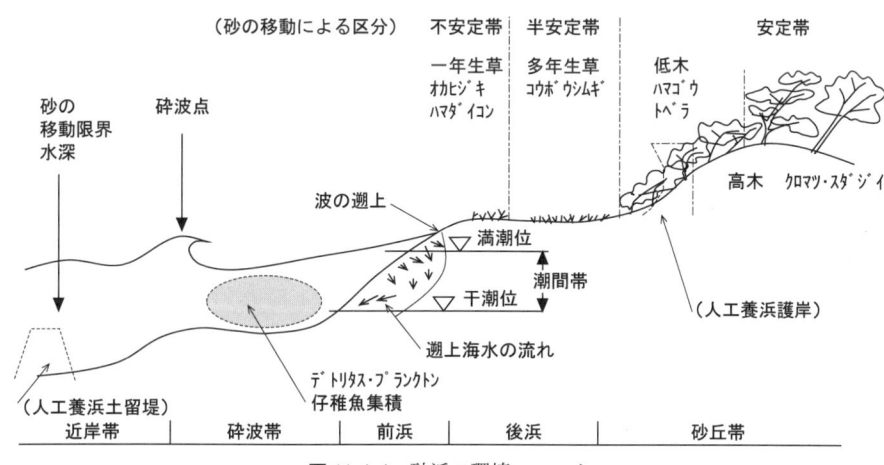

図 11.4.4 砂浜の環境ユニット

表 11.4.4 海浜を利用する仔稚魚の種類[8]

水平分布	汀線付近				−5 m 程度の浅海域	
鉛直分布	表層性	表層性		底生性	底生性	底生性
時間的分類	回遊型（仔魚）	回遊型（稚魚）	滞在型	滞在型	回遊型	滞在型
主要出現種	カライワシ科・マイワシ・サビヒー・シラウオ・トウゴロウイワシ科・カマキリ・スズキ属・クロサギ・コショウダイ・ヘダイ亜科・ハ	サケ・コマイ・ボラ科・コチ・コバンアジ属・シマイサキ科・メジナ・クサフグ	サッパ・コノシロ・アユ・シロギス・ムツ・ニベ・ササウシノシタ・クロウシノシタ	ホウボウ・オオクチイシナギ・ネズッポ属・ヒラメ・アラメガレイ・カレイ科	カマキリ・スズキ	コチ・ホウボウ・マダイ亜科・ネズッポ属・ヒラメ

る.

植物群落も砂浜に独特のものが形成されており，地盤表面の波浪や風に対する安定性（安定帯～不安定帯），飛砂や飛沫分布，地下水位，土壌間げき水の塩分量に応じてハマゴウ・ハマヒルガオ・コウボウシバなどの砂浜植物群落やクロマツ林などが分布している．なお，人工養浜の背後地の植栽には風や塩分に対する耐性の大きいクロマツ，トベラ，シャリンバイなどの耐塩性植物を用いることが一般的である．

また，砂浜には海水のろ過層として水質浄化効果がある．海水が砂浜の潮間帯から潮下帯へ流下する際，海水は砂層を通過することでろ過される．このとき，物理的なろ過と同時に，砂粒子表面の微細藻類やバクテリアの作用による有機物の分解や栄養塩の固定が行われる．

d. 人工養浜の問題点

いままでの養浜は「白砂青松」に代表される砂浜景観を公園的に保全し，かつ背後地を砂浜という「面」により防護することが中心であった．このような砂浜をつくる技術については，かなりの蓄積がある．

近年，砂浜はいろいろな生物が生活史の重要な一部分を過ごす場所であることが認識されつつある．しかし，生物相や生物のはたらきに応じ，どのような配慮が必要であるかについては未整理の部分が多い[4]．また，いままでの人工養浜は，海浜と陸域とが構造物で分断されており，植生帯の遷移や動物の移動に対する配慮がほとんどなされていない．

今後は，生物的な情報と養浜にかかわる工学的情報を融合することが重要である．防護・利用・環境の機能を併せもつ人工養浜を実施するためには，砂浜生物の生態学的特性を考慮し構造の工夫を行い，地形や生物生息状況，植生状況のモニタリングを通じて，これらの情報を蓄積・整理し，これを活用してゆく必要がある．（中瀬浩太）

11.4.3 干潟・浅場

a. 人工干潟の概要

わが国には，1945年当時約84100 ha の干潟があったとされている．これが1977年までに約28800 ha が，1978年以降に約3900 ha が消滅したといわれている[9]．一方，いままでに2100 ha の人工干潟が造成され，さらに2002年度現在計画中のものは1400 ha である．これらのうち，国土交通省は過去の開発により失われた干潟4000 ha の30%の回復を，また農水省は干潟・藻場を含め5000 ha の回復を目標としている[10]．

人工干潟はアサリなどの漁場造成，潮干狩りの場所の確保や，埋立てや港湾整備などにおいて，現在進行中の事業により消失する干潟，あるいは過去の沿岸開発により消失した干潟を代償するものとして計画されてきた．近年ではこれらに加えて，港湾関係の環境整備事業，シーブルー事業や各省庁の自然再生事業として積極的に干潟や浅場の創出が計画されるようになってきた．これらの各地で行われた干潟浅場造成事例をもとに，干潟の計画や設計に関する手引き書もつくられている[11]．

b. 干潟・浅場の地形

干潟は「干潮時に露出する砂泥質の平坦な地形」または「潮汐の干満周期により露出と水没のサイクルを繰り返す平坦な砂泥質の地帯」である．浅場は地形的にも環境的にも干潟と一体をなし，干潟の沖側に続く「浅い場所」である．天然の干潟はおおむね平均1/300程度，最大1/1000～1/1500程度の勾配の平坦な地形であるが，人工干潟の勾配は，立地場所の制限などから1/100程度のものが多い．

干潟はその地形より，表11.4.5に示すように「前浜干潟」，「河口干潟」，および「潟湖干潟」に，干潟表面を構成する底質の性状により「砂質干潟」と「泥質干潟」に大別される．いままでに造成された人工干潟は，ほとんどが前浜干潟であり，かつ干潟表面の底質中央粒径が $d_{50}=0.2\sim0.5$ mm 程度の砂質干潟である．

c. 干潟・浅場の機能

干潟の機能は，干潟特有の地形と立地に起因する環境条件，生息する生物活動によって支えられているもので，表11.4.6に示すように，生物生息，水質浄化，生物生産，親水・環境学習の四つ

11.4 水域の環境保全のコンセプトと保全のシステム

表 11.4.5 干潟の地形別分類と事例[11]

種類	構造	自然干潟の事例	人工干潟の事例
前浜干潟	河川などに運ばれた砂泥が海に面した前浜部に堆積したもの	東京湾盤州干潟・有明海沿岸	葛西人工渚・五日市人工干潟
河口干潟	河口感潮部に河川の運んだ砂泥が堆積したもの	吉野川河口干潟・小櫃川河口干潟	長良川下流（土砂供給）
潟湖干潟	砂州などによって外海から隔てられた池	仙台蒲生干潟・松川浦・谷津干潟	東京港野鳥公園・大阪南港野鳥園

表 11.4.6 干潟の機能[11]

機能	内容	人工干潟の事例
生物生息	干潟に特有の生物相の存在および貴重な生物の生息場	葛西海浜公園東なぎさ（生物相再生）・具志川造成干潟（トカゲハゼ保全）
水質浄化	生物・物理・化学的作用による水質改善，悪化底質の被覆による水質改善	三河湾竹島（シーブルー事業）
生物生産	干潟の高い基礎生産に支えられた，アサリ・ノリなど有用生物資源の生産	各地の大規模増殖場（アサリなど対象，水産事業）
親水・環境学習	潮干狩り・バードウォッチングなど自然にふれ合い学習する場	横浜海の公園（潮干狩り），東京港野鳥公園・大阪南港野鳥園（バードウォッチング）

に大別される．これらの機能は互いに関連している．

なお，人工干潟や浅場の造成目的の一つには，浚渫土砂などの処分場の確保という側面もある．この場合には，図 11.4.5 に示す広島県似島人工干潟[12]のように，静穏な海域に土留堤を設け，その内側に浚渫土や建設発生土を投入して干潟・浅場の地形を形成し，その表面に生物の生息に適した砂を，層厚 0.5～1 m 程度で散布する方法が一般的である．

d. 干潟の水質浄化能力

干潟の単位面積あたりの有機物生産性は，表11.4.7 に示すように外洋に比べて高く，干潟は水質浄化に対する寄与が大きな場であるといえる[13]．これは，干潟表面の微生物や微細藻類の活発な栄養塩消費によるものである．さらに，干潟の地盤内部に豊富に生息するアサリなどの二枚貝類・ゴカイなどの多毛類・カニ類およびアナジャコなどの甲殻類による水中や地盤内の懸濁物や有機物の捕食が活発で，このことが水質・底質の維持に効果的である．

干潟は，細粒分や有機物が堆積しやすい場所に立地するため，地盤内が嫌気的雰囲気になりやすいが，高い生物生産性をもっている．これは，満

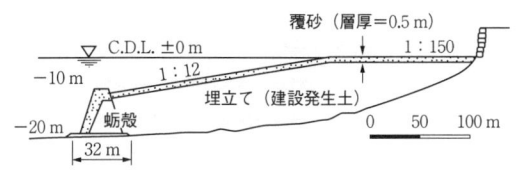

図 11.4.5 建設発生土を利用した人工干潟の事例（広島県似島二階地区）[12]

表 11.4.7 海洋の場所別基礎生産量[13]

場所	生産速度 (g-C/m²・年)	備考
外洋	18～50	植物プランクトンによる一次生産量
沿岸域	42～250	
上昇流海域	85～420	
塩生湿地（干潟）	200～400	ベントスを含まず
海草群落（アマモ場）	200～1100	葉表面生物を含む

潮時に新鮮な海水が供給されたり，干出時に底質と空気が直接接触することによる酸素供給によるものである．また，図11.4.6に示すような干潟地盤内のベントス生息孔を通じて，干潟地盤内外に海水が交流することにより，干潟内部のガス交換が促進され，干潟地盤内部に好気的雰囲気を維持することに寄与する．

人工干潟のバクテリア数や単位容積あたりの有機物や栄養塩類消費量は，天然の干潟や海浜に比較して少ないといわれる．しかし，人工干潟の地盤表面は多くは覆砂による砂地盤であるので透水性が高く，表面から干潟の深い部分まで酸化的分解が行われ，その水質浄化能力は自然の干潟や海浜に劣るものではないとの報告もある[14]．

干潟の水質浄化能力は，その場所に分布する生物や，その海域の水質によって左右される．干潟の単位面積あたりの水質浄化効果は，現場の生物分布や水質・底質のデータにもとづき検討する必要がある．

e. 干潟・浅場の生物分布

干潟・浅場の地盤は，生物，とくに二枚貝・ゴカイなどの環形動物・カニやスナモグリなどの甲殻類を代表とする底生生物が生息する場である．これらの生物は，地盤表面から表面下50〜70 cm程度（アナジャコなど一部の生物は数 m）までの場所に分布する．なお，地盤内の底生生物の分布下限は，地盤内の還元層（底質内の酸素消費が酸素供給を上回る酸素欠乏状態の層）の分布によって規定される．還元状態は，底質中の有機物含有量，粒度組成，透水性および周辺海域の水質などにより規定される．

底生生物は，種類別に粒径や有機物量に対する嗜好，および乾燥や高温に対する耐性が異なる．このため，底質の粒度組成，有機物量，あるいは地盤高さや保水性が底生生物の分布を決定する．

たとえば，図11.4.7に示すように生物の種類別に出現場所のシルト以下含有割合（地盤の保水性，透水性や底質の還元状態に関連）が異なっている[15]〜[17]．また，図11.4.8に示すように，干潟の地盤高（干潟が干出する時間や地盤の湿潤状態を規定）に応じて，分布する生物種や分布量が変化する．また，生物により地盤に対する穿孔，掘削の能力が異なるため，図11.4.9に示すように，コーン陥入強度などで表される地盤の硬さも，その場所における生物相の決定要因の一つとなっている[18]．

また，干潟には塩分に適応した特有の植物が分布している．高潮線付近には，満潮時に定期的に海水につかる場所に生育し，塩分耐性の強いヨシ・シオクグ・アツケシソウ・ハママツナ・シチメンソウなどの塩生植物が分布している．潮間帯にはアオサ・オゴノリなどの藻類が分布し，低潮線以深にはこれに加えてL.W.L.付近にはコアマ

図11.4.6 干潟地盤における生物穿孔状況（東京都大田区大森ふるさとの浜辺公園人工干潟）

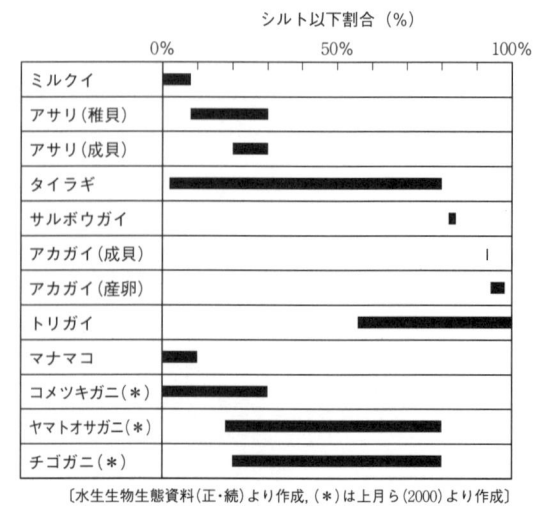

図11.4.7 干潟生物種別分布とシルト以下割合の関係[15]〜[17]

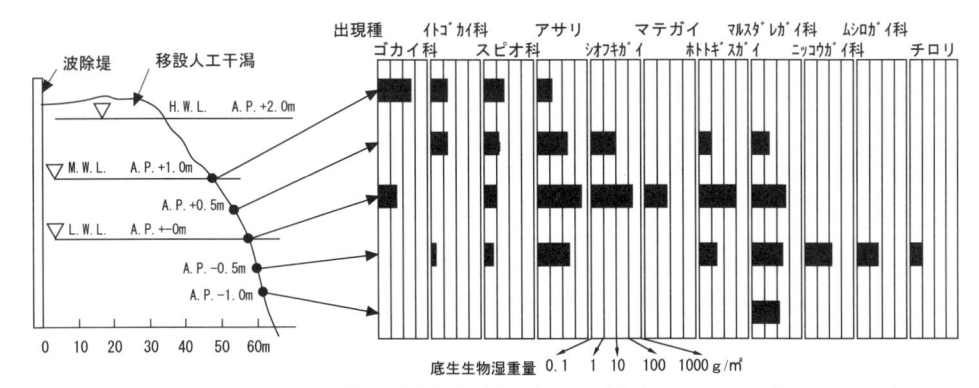

図11.4.8 人工干潟における生物の垂直分布（東京都大田区大森ふるさとの浜辺公園人工干潟・施工1年後の状況）

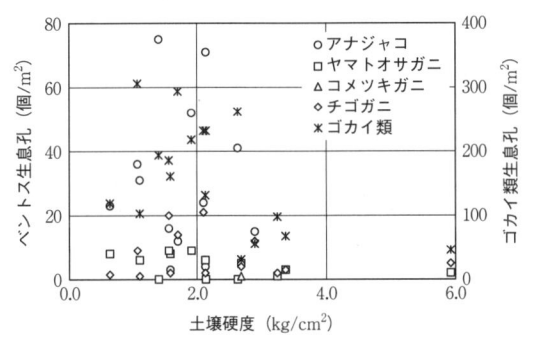

図11.4.9 山中式土壌硬度計による土壌硬度と生物生息孔数の関係（東京港野島公園）[18]

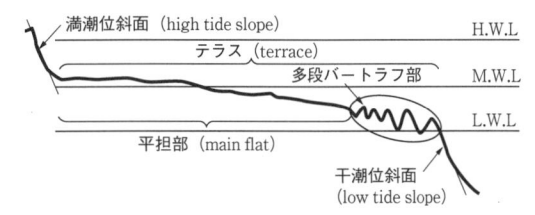

図11.4.10 干潟の断面地形（千葉県盤洲干潟）[19]

モ，それ以深ではアマモ（いずれも顕花植物＝海草）が分布している．

f. 人工干潟の設計

干潟の設計・施工は，基本的には人工養浜（静的養浜）と同様の考え方で設計され，土留め構造物・波浪制御構造物，および土砂投入や覆砂で構成される．

干潟の勾配は，その干潟に作用する外力と底質の状況（中央粒径や比重）とによって決定される．これらの波浪に対する安定勾配の算定は人工養浜と同様の考え方で行われている．しかしながら，細粒分からなる泥質干潟については，波浪に対する安定勾配算定式がいまだ確立されていない．

なお，干潟は波浪などに対してリジッドな地形ではなく，とくに先端部の地形は変動が激しい．図11.4.10に示す沖側前縁部に形成されるバートラフの地形が波浪により変化して，テラス部分（平坦部）に作用する波浪のエネルギーが減衰することで，干潟地形が安定するという説もある[19]．

干潟造成の目的が生物生息や生物生産である場合には，対象生物の生息条件に適したものにする必要がある．先に述べたように生物の種によって，好む底質条件や地盤高があるので，これらを考慮することが基本である．さらに，干潟の生物は，それらの分布が底質の波浪に対する安定性により左右されることが多いので，底質の物理的安定性も考慮する必要がある．たとえば，アマモやアサリのように「通常の高波浪時でも底質表面が全体的に動かない」などの条件が必要であることがわかっているので，これらの情報を設計に活用することが求められる．

g. 人工干潟の施工

多くの人工干潟は，図11.4.11に示すように，まず土留め堤の内部に浚渫土などを底開バージなどを用いて直接投入し，水深が浅くなった段階で海上あるいは陸上よりベルトコンベヤなどを用いて土砂投入し，最後に表面に覆砂を行うという手順で施工する[20]．

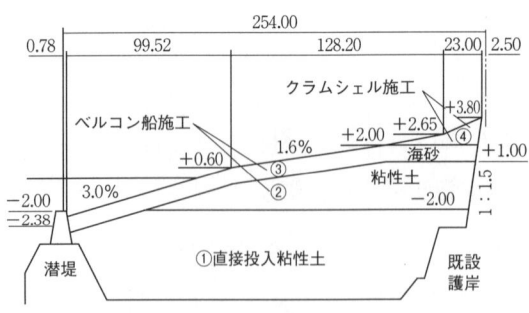

図 11.4.11 広島県五日市人工干潟の施工順序
（①〜④の順に施工）[20]

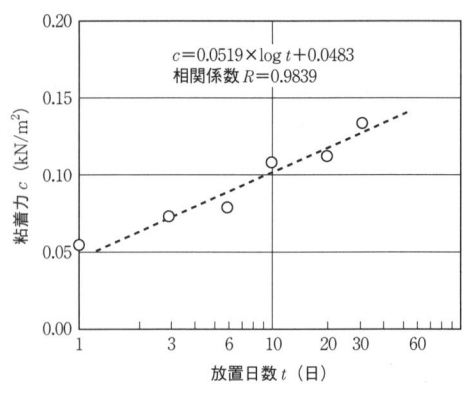

図 11.4.12 粘性土投下後の粘着力回復実験
（広島県五日市人工干潟）[20]

なお，内部充てん材に粘性土や浚渫土を用い，表面に覆砂を行った干潟では，投入土砂の安定性や圧密沈下に対しても適切な対応が必要である．広島県五日市人工干潟では，図 11.4.12 に示すように，海中に直投入して強度の低下した浚渫土（粘性土）について，経過時間による強度の回復状況を測定した．この結果にもとづき，投入した浚渫土の強度回復を待ってから，投入した浚渫土の上に直接覆砂した[20]．

h. 人工干潟の管理

人工干潟は完成後に，その地形形状や生物相がその場の外力や環境条件によって変化してゆく．このことは，自然の自己デザイン（self design）であるが，この変化傾向が当初の目標から乖離してゆくこともある．このため，モニタリングを行いつつ，変化に応じた管理や，必要に応じた改善（順応的管理：adaptive management）を行うことが必要である．

粘性土を内部充てん材として利用した人工干潟は，図 11.4.13 に示すように，圧密沈下により地盤高や勾配が変化する場合がある[21]．干潟が沈下すると，生物が利用できる水深帯の面積が減少し，干潟勾配の増大が起こることもある．干潟勾配が増大すると，干潟面に作用する波浪エネルギーが相対的に増大するため，波浪に対して地形が不安定になり，図 11.4.14 に示すような底質粒子の淘汰（粗粒化）や生物相の変化が起こる場合がある[21]．このような変化に対しては，沈下予測や地盤高や生物のモニタリングを行い，施工後の干潟の変化に応じて，追加盛砂などの配慮を行う必要がある．なお，干潟の沈下によりアサリやアマモなどの分布に適した水深が拡大することもあり得るので，この意味からも地形と生物の両面からのモニタリングが重要である．

一方，潟湖干潟や静穏海域にあり外力による攪乱が少ない干潟では，攪乱が発生しにくいためミ

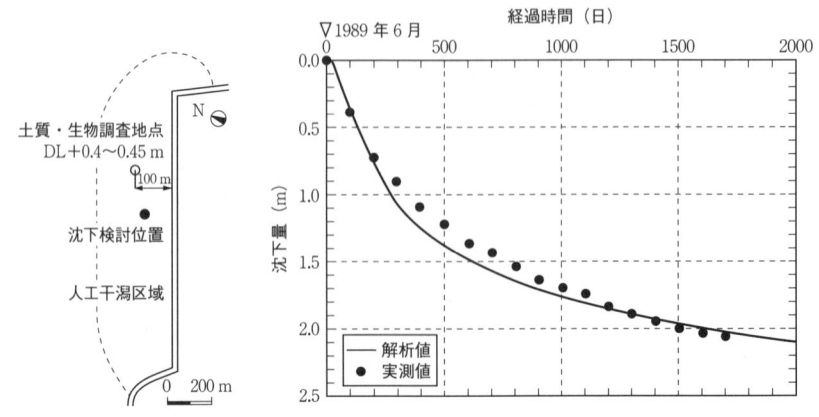

図 11.4.13 粘性土を用いて造成した人工干潟の沈下状況（広島県五日市人工干潟）[21]

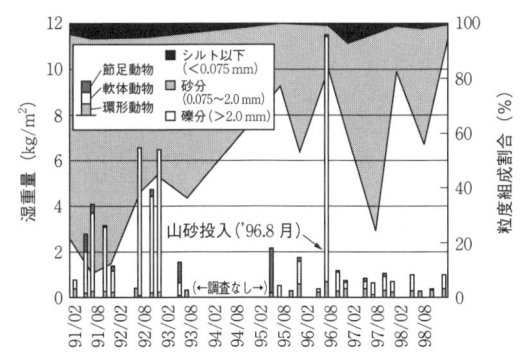

図11.4.14 人工干潟の底質変化と生物相の変化（広島県五日市人工干潟）[21]

図11.4.15 市民参加による人工干潟の微地形（タイドプール）造成（東京港野鳥公園）

オスジやタイドプールといった微地形が形成されにくい．微地形の存在は，干潟の生物相を多様化させるために有効であることから，これを人工的に造成することも試みられている．これらの作業を図11.4.15に示すように，市民ボランティアが実施している事例もある．

人工干潟や浅場が建設されるようになってから，約30～40年程度が経過している．しかしながら，これらの地形や生物相がどのように推移しているかについての情報が公開されている事例は少ない．

各地の人工干潟や浅場におけるモニタリングや管理の実績を蓄積し，これらデータを公開して，今後の計画に活用してゆくことが今後の課題である．

〔中瀬浩太〕

参 考 文 献

1) 環境庁自然保護局：第4回自然環境保全基礎調査・海岸調査報告書，全国版，p.75，1994．
2) 環境庁自然保護局：第5回自然環境保全基礎調査・海辺調査，総合報告書，全国版，pp.170-178，1998．
3) 警察庁・農林水産省・国土交通省：社会資本整備重点計画参考資料（平成15年10月），pp.4-63，2003．
4) エコ・コースト（港湾海岸）技術WG：エコ・コースト事業リファレンス・ブック，p.52，（財）港湾空間高度化センター港湾・海域環境研究所，2000．
5) （社）日本マリーナ・ビーチ協会：ビーチ計画・設計マニュアル，p.118，山海堂，1992．
6) 土木学会海岸施設設計便覧小委員会：海岸施設設計便覧，第5章 設計，pp.297-493，（社）土木学会，2000．
7) 自然共生型海岸づくり研究会：自然共生型海岸づくりの進め方，p.73，（社）全国海岸協会，2003．
8) 千田哲資，木下 泉：砂浜海岸における仔稚魚の生物学，水産学シリーズ（116），pp.122-133，恒星社厚生閣，1998．
9) 環境庁自然保護局：第4回自然環境保全基礎調査海域生物環境調査報告書（干潟，藻場，サンゴ礁調査）第1巻干潟，pp.14-17，1994．
10) 警察庁・農林水産省・国土交通省：社会資本整備重点計画参考資料（平成15年10月），pp.4-63，2003．
11) 海の自然再生ワーキンググループ：海の自然再生ハンドブック第2巻干潟編，p.138，ぎょうせい，2003．
12) 今村 均，羽原浩史，福田和国：海岸工学論文集，**40**，pp.1111-1115，1993．
13) 鈴木 款編：海洋生物と炭素循環，3章海洋における有機物の生産，pp.47-125，東海大学出版会，1997．
14) Okada, J. G. Lee, Nishijima：A Comparatibe Study on the Structure and functions of natural and man-made tidal flat ecosystems，第18回有害底質の処理処分に関する日米専門家会議資料，pp.12-19，1997．
15) 水産資源保護協会：水生生物生態資料，p.360，1981．
16) 水産資源保護協会：水生生物生態資料（続），p.172，1983．
17) 上月康則，倉田健吾，村上仁士，鎌田磨人，植田薫郎，福崎 亮：海岸工学論文集，No.47，pp.1116-1120，2000．
18) 有田繁生，中瀬浩太，田中 勉，加澤良夫：市民参加による干潟の環境調査および環境管理事例，第3回海環境と生物および沿岸環境修復技術に関するシンポジウム発表論文集，pp.1-6，2004．
19) 姜 閏求，高橋重雄，奥平敦彦，黒田豊和：自然・人工干潟の地形及び地盤に関する現地調査—前浜干潟の耐波安定性に関する検討—，港湾空港技術研究

所資料, No.1010, p.77, 2001.
20) 小倉隆夫, 今村 均：人工干潟の造成技術について, ヘドロ, **64**(1), 61-78, 1995.
21) 車田佳範, 小久保 裕 (2002)：浚渫土を利用した人工干潟の造成技術, 粘土地盤における最新の研究と実際に関するシンポジウム発表論文集, pp.291-296, 2002.

11.4.4 底質汚染対策と汚染底質の浄化事業
a. 21世紀初頭における主たる緊急の課題

底質浄化・水域浄化の分野において, 21世紀初頭における主たる緊急の課題はつぎの2点に要約できよう. まず, 第1に, 20世紀の負の遺産の解消に向けた課題の一つであり, ダイオキシン類などの有害物質に汚染された底質の処理に関する問題である. 第2としては, 衰弱しつつあるわが国の自然生態系を健全なものに蘇らせていくための海の再生事業に関する問題である.

b. ダイオキシン類汚染底質の処理

ダイオキシン類に汚染された底質に関しては, 平成12年のダイオキシン類対策特別措置法の施行後, 平成14年にダイオキシン類による水底の底質の汚染に係る環境基準（環境基準値：150 pg-TEQ/g）が公示されている. 引き続いて, 環境省から平成14年に「底質の処理・処分等に関する指針」が通知され, 平成15年には, 国交省の港湾局さらには河川局が底質ダイオキシン類対策の技術指針あるいはマニュアル（案）を策定している.

直轄事業を実施している重要港湾では, たとえば, 千葉港・伏木富山港・田子の浦港・大阪港・水俣港で環境基準値以上に汚染したダイオキシン汚染底質が確認され, その対策として, 浚渫・処理処分が望まれている. ダイオキシン汚染底質の対策技術を図11.4.16[1]に, 港湾局の指針による最終処分の選定フローを図11.4.17[2]に示しておく.

さて, ダイオキシン汚染底質に対する工事を安全で確実に進めるうえで重要なことは, ダイオキシンの水域への拡散を防止することである. 人為的なにごりとダイオキシン類との挙動の検討結果の一部を図11.4.18に示す[3]. ダイオキシン汚染

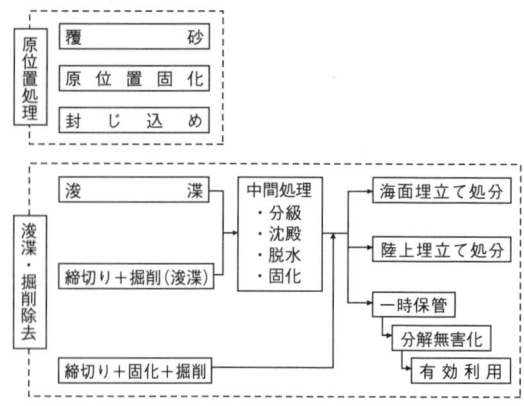

図11.4.16 ダイオキシン類汚染底質の対策技術の分類

底質の懸濁液で, 一定時間経過後の上水中のダイオキシン濃度とSSおよび濁度の挙動は類似しており, 底質に含まれるダイオキシン類の大部分は底質中の微細な土粒子に付着して移動すると判断できる. したがって, ダイオキシン類汚染底質の対策工事においては, 工事における水域環境への濁りの拡散を防止あるいは低減するための汚濁防止対策技術がきわめて重要である. 浚渫工事であれば, 汚濁発生が極力少ない方式を採用するとともに, 浚渫船の周囲あるいは作業船の周囲では, 汚濁防止枠・汚濁防止膜の設置あるいは鋼矢板などによる締切りなどを行い, 濁りの拡散を極力防止する対策を施すこととなる.

ところで, ダイオキシン類濃度が3000 pg-TEQ/gを超えるものは, 廃棄物処理法で「そのままでの埋立ての禁止」が定められていることから, 底質を処理せずそのまま埋立て処分場にもち込むことはできない. したがって, ダイオキシン類濃度が3000 pg-TEQ/gを超える場合は, 先の図11.4.17に示されるように, 分解無害化処理を行い, 処理後のダイオキシン類汚染濃度に応じて適切に有効利用, あるいは埋立て処分を行う必要がある.

ダイオキシン類の分解無害化技術には, 溶融固化法, 高温焼却法, 低温還元熱分解法, 酸化雰囲気低温加熱法, 化学分解法, 溶媒抽出法, バイオレメディエーション法などがあるが, 現在の分解無害化処理技術は開発段階にあるものが多く, 処理コストが高いのが現状である. これらのダイオ

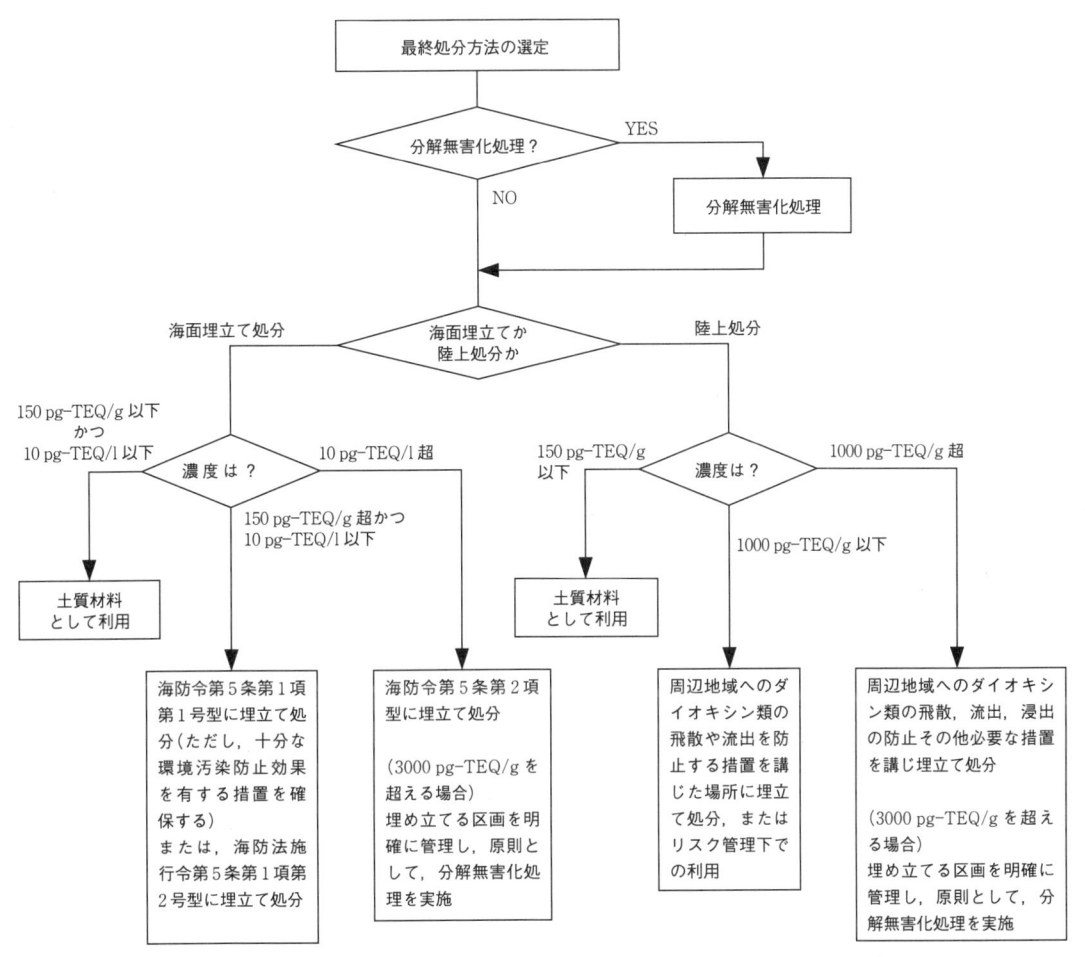

11.4 水域の環境保全のコンセプトと保全のシステム

図 11.4.17 ダイオキシン類汚染底質の最終処分の選定フロー（港湾局指針）

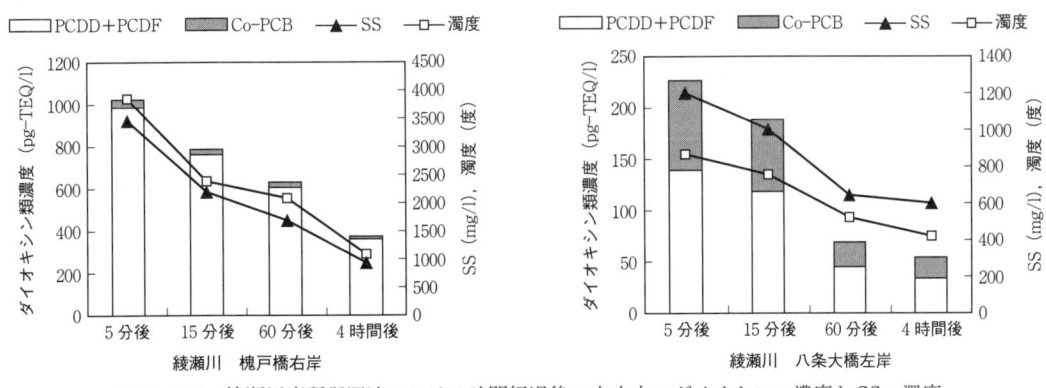

図 11.4.18 綾瀬川底質懸濁液における時間経過後の上水中のダイオキシン濃度とSS・濁度

キシン類汚染底質の無害化処理技術に関して，平成15～16年度には国土交通省から技術公募がなされ，実証実験などが実施されている．北陸地方整備局の公募事業に関しては平成17年3月に，「港湾における底質ダイオキシン類分解無害化処理技術　データブック」としてまとめられている[4]．

c. 大都市圏における『海の再生』

平成14年都市再生特別措置法にもとづき，内閣官房都市再生本部は都市再生プロジェクト（第3次決定）の一つとして，水質汚濁が慢性化している大都市圏の「海の再生」を図るとした．この第3次決定に応えて，平成15年には東京湾再生行動計画[5]が，平成16年には大阪湾再生行動計画[6]が策定されており，平成19年度中には伊勢湾・広島湾でも再生行動計画が策定される予定とされている．合わせて，平成15年10月には社会資本整備重点計画法が改革され，国土交通省から，良好な自然環境・良好な水環境の創出に向けて，失われた自然の水辺の再生（約2割），失われた湿地・干潟の再生（約3割），港内青潮などの発生期間の短縮（平成14年比で約5％減）などについて平成19年度までの成果目標が宣言されている．

東京湾および大阪湾の再生行動計画においては，目標として，従来の環境基準項目だけでなく，底生生物の生息に必要な底層のDOも項目として新たに挙げている．その目安は「年間を通して底生生物が生息できる限度」とし，具体的な目標値は大阪湾の再生行動計画において，表11.4.8に示すように，底層のDOで5 mg/l以上（当面は3 mg/l）とされている．

再生行動計画においては，表11.4.9に東京湾の海域における具体的な施策を示すように，汚濁負荷の削減策として湾奥部・運河部などでの底質の浚渫・覆砂などがあり，海域の浄化能力の向上策としては干潟などの保全・再生などがある．

表11.4.9 東京湾再生行動計画における海域の具体的施策[5]

・施策
 1. 陸域負荷低減策
 2. 海域における環境改善対策
  ・海域の汚濁負荷の削減
    底泥浚渫・覆砂
  ・海域の浄化能力の向上
    干潟，浅場・海浜・磯場の保全・再生
    生物付着の港湾構造物
    生物生息の緩傾斜護岸
 3. 東京湾のモニタリング

11.4.5 水域浄化・底質浄化の関連技術とその課題

水域浄化・底質浄化に関する技術の概要を表11.4.10に示し，河川・湖沼・港湾などで要請されている事項と課題を流入負荷対策，内部負荷低減対策すなわち底質対策，水域の直接浄化対策，水の流れの促進対策および水理・水質の予測技術別に，表11.4.11に示す．

a. 流入負荷対策

次のb.で述べるように，底質対策として浚渫あるいは覆砂などの対策がとられても，水域への流入負荷が低減されない限り，流入物あるいは水

表11.4.8 大阪湾再生にかかわる具体的な目標および指標[6]

具体的な目標	指　標
年間を通して底生生物が生息できる水質レベルを確保する	底層DO ・5 mg/l以上（当面は3 mg/l以上）
海域生物の生息に重要な場を再生する	干潟，藻場，浅場などの面積 砂浜，磯浜などの延長
人々の親水活動に適した水質レベルを確保する	表層COD ・散策，展望：5 mg/l以下 ・潮干狩り：3 mg/l以下 ・海水浴：2 mg/l以下 ・ダイビング：1 mg/l以下
人々が快適に海に触れ合える場を再生する	自然的な海岸線延長
臨海部での人々の憩いの場を確保する	臨海部における海に面した緑地の面積
ごみのない美しい海岸線・海域を確保する	浮遊ごみ，漂着ごみ，海底ごみ

11.4 水域の環境保全のコンセプトと保全のシステム

表 11.4.10 水域浄化・底質浄化に関する技術の概要

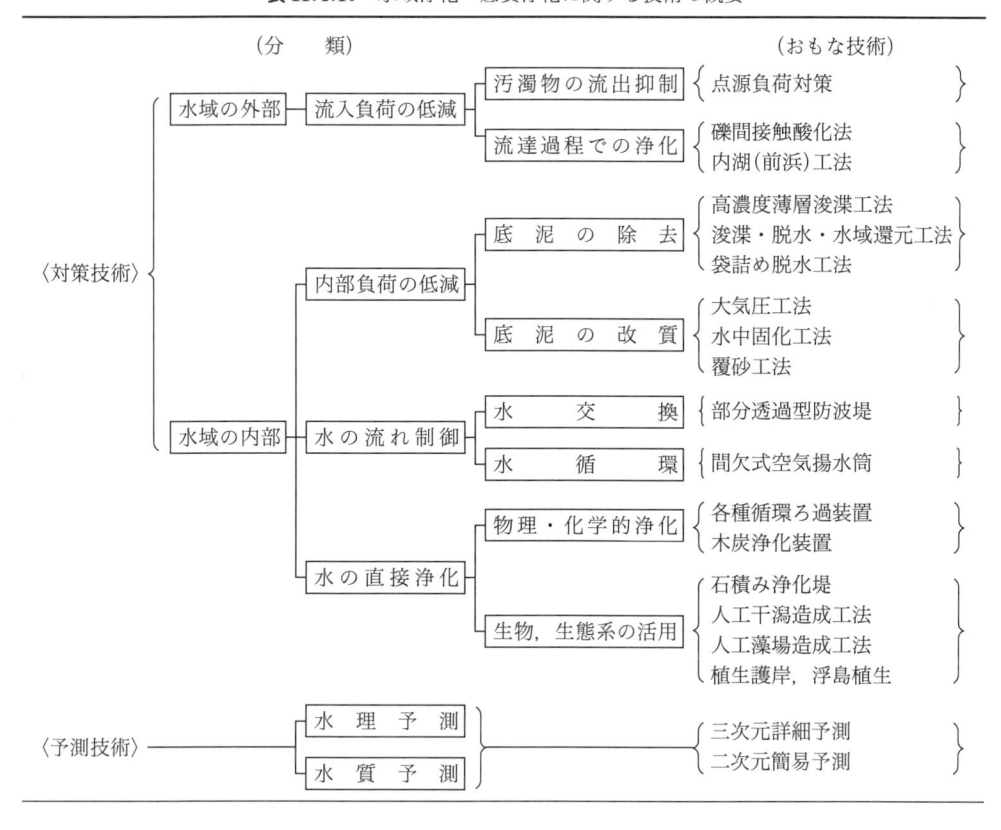

```
                    (分 類)                                    (おもな技術)

                  ┌─水域の外部─流入負荷の低減─┬─汚濁物の流出抑制──点源負荷対策
                  │                          └─流達過程での浄化──┬礫間接触酸化法
                  │                                              └内湖(前浜)工法
                  │
                  │              ┌─内部負荷の低減─┬─底 泥 の 除 去─┬高濃度薄層浚渫工法
〈対策技術〉──────┤              │                │                ├浚渫・脱水・水域還元工法
                  │              │                │                └袋詰め脱水工法
                  │              │                │
                  │              │                └─底 泥 の 改 質─┬大気圧工法
                  │              │                                  ├水中固化工法
                  │─水域の内部─┤                                  └覆砂工法
                  │              │
                  │              ├─水の流れ制御──┬─水  交  換────部分透過型防波堤
                  │              │                └─水  循  環────間欠式空気揚水筒
                  │              │
                  │              └─水の直接浄化──┬─物理・化学的浄化─┬各種循環ろ過装置
                  │                                │                  └木炭浄化装置
                  │                                └─生物，生態系の活用┬石積み浄化堤
                  │                                                    ├人工干潟造成工法
                  │                                                    ├人工藻場造成工法
                  │                                                    └植生護岸，浮島植生

〈予測技術〉──────┬─水 理 予 測─┬─三次元詳細予測
                  └─水 質 予 測─┴─二次元簡易予測
```

表 11.4.11 河川・湖沼・港湾などで要請されている事項と技術課題

水域 \ 工事種	土木構造物	流れの制御		直接浄化		底泥対策(浚渫, 処理・処分)			底泥対策(原位置)			流入負荷対策	水理・水質予測技術
		水交換	水循環	物理化学	生態系	浚渫	脱水・有効利用	埋立地の再生	減容化	覆砂	改質		
河川	河川改修など		導水	ばっ気	礫間接触	多自然型護岸					—		雨水貯留	
湖沼ダム湖ため池	水門せき排水機場護岸のり面など		ゲート間欠ばっ気揚水筒	木炭浄化	植生浄化	高濃度薄層浚渫	脱水+水域還元 袋詰め脱水	表層固化	大気圧工法	浚渫後,覆砂	ばっ気酸化好気消化脱窒	湖内湖(前浜)	三次元詳細予測
港湾漁港	防波堤護岸水門埋立てなど	部分透過型防波堤		石積み浄化堤	人工藻場 干潟			水際植生		覆砂		河口対策	
緊急の技術課題	・環境共生型の土木構造物への志向大	・停滞域の貧酸素化防止は緊急課題 ・水循環装置の維持費の低減		・湖沼，ため池などで，水際植生の回復と水質の浄化が生活環境保全面から要望大 ・自然再生型事業への要請大		・ダイオキシンなどによる汚染底質があり，その処理が急務 ・浚渫土砂の処分地不足 脱水+水域還元 脱水+改質+有効利用 への要望大			・減容化対策として大気圧工法が注目 ・浚渫or覆砂後の再堆積への危惧			・流入負荷対策が必要	・費用対効果の予測のため，精度の高い予測が必要

域で発生したプランクトンなどが再堆積することが危惧される．底質対策と並行して，流入負荷への対策が進められることが重要である．

湖沼などでは，降雨時に河川から流入する汚濁物質の量が平水時のそれに比べて大きく，無視できない．そこで，湖沼などに流入し広範囲に広がる前に汚濁物を沈殿除去することが有用となることも多い．その方法の一つとして，湖沼の流入部に湖内湖あるいは前浜を造成し，効率的にそこで流入汚濁物を除去する試みが霞ヶ浦で実施され[7]，現在諏訪湖さらには琵琶湖で検討されている．

b. 底質対策

（i）浚渫・掘削除去工法　水域の浄化に向けて，水底に堆積している底質からの溶出負荷を低減すべく，底質の浚渫が行われる．底質浚渫に際しては，主として二次汚染を防止するために，下記の三つの条件が基本的に要求され，図11.4.19に示す各種の方式から最適な方法が採用される．

A. 浚渫時の底質の攪乱による汚濁の発生を最小限にする．
B. 底質を掘残しなく完全に除去する．
C. 余水処理の負荷低減のため，底質をできる限り高濃度（高含泥率）で浚渫する．

最近では，薄層の底質を高濃度で浚渫できる高濃度薄層浚渫船が各種開発され，鋭意底質の浚渫が進められている．浚渫された底質は土木的あるいは機械的に脱水され，処分あるいは有効利用される．有効利用にあたっては，表11.4.12に示すように各種の材料として処理されている．しかし，近年浚渫土の処分場所が不足してきている．そこで，浚渫土を減容化し，さらにその処理土を覆砂材あるいは干潟などの水際線の植生基盤材などに有効利用して水域に還元する技術への要望が大きくなっている[8]．

（ii）原位置処理工法　原位置における底質対策として，大気圧工法で圧密・脱水して減容化し，そのまま処分する方法も検討されつつある[9]．適用できる水域は，堆積している底質が高圧縮性でかつそのまま処分しても水域の水容量が確保できる水域に限られるが，浚渫土の処分場所が不足してきている現状から注目されている．

また，覆砂工法の一つとして，底質の下部に砂層が存在する場所での工法として水ジェット流で砂を流動化して浮上させ覆砂材とする方法も試みられている[10]．

（iii）水域の直接浄化対策　上述したa.流入負荷対策とb.底質対策は水域浄化のうえで不可欠の対策であり，事業として進められているが，事業費の面から短い期間で完了することはまれである．

その対策として，水域を直接浄化する技術も必要となっている．

ため池などの狭い水域では，物理化学的な循環浄化装置の導入が図られており，より低廉な浄化

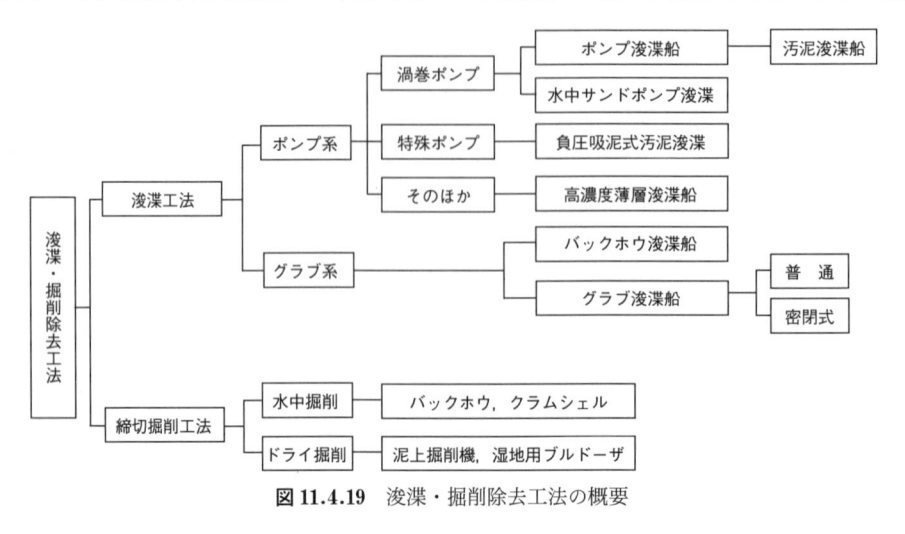

```
浚渫・掘削除去工法
├─ 浚渫工法
│   ├─ ポンプ系
│   │   ├─ 渦巻ポンプ
│   │   │   ├─ ポンプ浚渫船 ── 汚泥浚渫船
│   │   │   └─ 水中サンドポンプ浚渫
│   │   ├─ 特殊ポンプ ── 負圧吸泥式汚泥浚渫
│   │   └─ そのほか ── 高濃度薄層浚渫船
│   └─ グラブ系
│       ├─ バックホウ浚渫船
│       └─ グラブ浚渫船 ┬─ 普通
│                        └─ 密閉式
└─ 締切掘削工法
    ├─ 水中掘削 ── バックホウ，クラムシェル
    └─ ドライ掘削 ── 泥上掘削機，湿地用ブルドーザ
```

図11.4.19　浚渫・掘削除去工法の概要

表11.4.12 浚渫底質の有効利用の方法とその処理法

有効利用の方法		対象底質注		特徴	処理法の概要
		有機	有害		
埋立用土（水域・陸上）	公園，グランドなどの造成	○	○	多量処分に適．有害底質の場合，溶出による汚染防止が必要．	土木的脱水・機械的脱水あるいは化学的固化したのち良質土を1m程度覆土．
	工場用地，宅地などの造成	○	△	多量処分に適．公園，グランドと比べて良好な地盤とすることが必要．有害底質の場合，溶出による汚染防止が必要．	
	農地造成	○	×	多量処分に適．有機物が多い場合，当初の施肥不要．有害物質を含む場合，不適．	土木的脱水・機械的脱水を行い整地．
	農地客土材	○	×		一般に層厚数10cmで吹き上げ，天日乾燥，土木的脱水を行い整地．
	築堤材	○	△	有機物があまり多くないヘドロに適．高含水状態のままで用いると収縮が問題．有害底質の場合，溶出による汚染防止が必要．	天日乾燥，土木的脱水・機械的脱水あるいは化学的固化して使用．
	路床材	○	△		
	裏込材	○	△		一般に固化材を添加してスラリー状で注入．
	人工骨材	○	×	処理コストは高いが，製品価値も高い．有機物があまり多くない底質に適．多量処分に不適．	天日乾燥，土木的，機械的脱水を行ったのち，造粒整形して焼結．

注 ○：適，△：不可能ではないがあまり適さない，×：不適

装置の開発が望まれるところである．また，河川における礫間接触酸化法に加えて，その原理を応用した海域における石積み浄化堤などの自然のもつ浄化機能を活用した浄化技術も開発されている．

さらに，湖沼やため池などでは，水際植生の回復と水質の浄化が生活環境保全の面から要望が大きく，水際の植物による植生浄化工法が注目されている[11]．植生の浄化機能の定量的把握と維持管理に欠かせない冬季における刈り取りや刈り取り物の処分・有効利用のシステムとしての確立が必要である．湖沼や河川の水際線に限らず，海域における干潟や藻場などの再生事業も，自然再生型事業として今後大いに進展が期待されている．

d. 水域の流れの促進対策

水域の浄化にあたっては，流入負荷の低減対策，内部負荷の低減に向けた底質対策とともに，水域の流れの促進技術も不可欠である．水域の水理特性にあわせて，水平方向の水交換や垂直方向の水循環を適切に促進することが肝要である．

港湾などで水の流れがとくに悪い停滞性の水域では，貧酸素化の防止が緊急の課題となっており，透過型防波堤などの土木構造物による水域の流れの促進も試みられている[12]．

e. 水理・水質の予測技術

水域浄化事業を推進するうえには，事業による水質改善効果の精度の高い予測技術の確立が必要である[13]．現在では，三次元の詳細な予測まで可能となっており，二次元の手軽で簡便な予測技術とともに，その適切な運用と活用が望まれている．

〔辻 博和〕

参 考 文 献

1) 辻 博和，角田省吾，岡田哲一：廃棄物学会誌，**16**(2)，84-97，2005．
2) 国土交通省港湾局：港湾における底質ダイオキシン類対策技術指針，2003．
3) 国土交通省河川局：平成13年河川におけるダイオキシン類に関する実態調査等の結果について，2002．

4) 国土交通省北陸地方整備局新潟港湾空港技術調査事務所：港湾における底質ダイオキシン類分解無害化処理技術　データブック, 2005.
5) 東京湾再生推進会議：東京湾再生のための行動計画（最終とりまとめ）, 2003.
6) 大阪湾再生推進会議：大阪湾再生行動計画, 2004.
7) 中村圭吾：環境浄化技術, **2**(7), 59-62, 2003.
8) 岩本裕之, 岡村知忠：現地発生土を利用した人工干潟造成, ヘドロ, **91**, 28-34, 2004.
9) 佐々木　徹：水面下の大気圧工法による底泥処理, ヘドロ, **82**, 42-48, 2001.
10) 勝井秀博, 小林峯男, 岡田和夫：底泥置換覆砂工法の開発, ヘドロ, **86**, 50-53, 2003.
11) 前川丈夫：水耕生物ろ過法による水質浄化, ヘドロ, **75**, 22〜30, 1999.
12) 西守男雄, 日比野忠史, 鶴谷広一, 石原弘一：実海域における下部透過型防波堤の海水交換特性, 海岸工学論文集, 第46巻, pp.1081-1085, 1999.
13) 浜畑秀男, 二階堂清志, 沓掛洋志：富栄養化した湖沼の浄化水質予測と浄化施設による検証, ヘドロ, **85**, 21-34, 2002.

付 録

1. 地盤環境工学に関連するわが国の法令
2. 土壌汚染に関する外国の法令の例
3. 地盤環境工学に関する環境基準
4. 地盤環境工学に関する略語

1. 地盤環境工学に関連するわが国の法令（主なもの）

分　類	法　令
環境保全全般に関するもの	環境基本法 環境影響評価法 大気汚染防止法 水質汚濁防止法 悪臭防止法 騒音規制法 振動規制法 土壌汚染対策法 農用地の土壌の汚染防止等に関する法律 地球温暖化対策の推進に関する法律 特定物質の規制等によるオゾン層の保護に関する法律
廃棄物の処理や資源の有効活用に関するもの	循環型社会形成推進基本法 国等による環境物品等の調達の推進等に関する法律 廃棄物の処理及び清掃に関する法律 ポリ塩化ビフェニル廃棄物の適正な処理の推進に関する特別措置法 資源の有効な利用の促進に関する法律 特定放射性廃棄物の最終処分に関する法律 建設工事に係る資材の再資源化等に関する法律
水域に関するもの	海岸法 河川法 港湾法 公有水面埋立法 湖沼水質保全特別措置法 海洋汚染等及び海上災害の防止に関する法律
有害物質に関するもの	農薬取締法 化学物質の審査及び製造等の規制に関する法律 ダイオキシン類対策特別措置法 特定化学物質の環境への排出量の把握等及び管理の改善の促進に関する法律
自然環境や生態系に関するもの	自然環境保全法 自然公園法 自然再生推進法 温泉法 鳥獣の保護及び狩猟の適正化に関する法律 絶滅のおそれのある野生動植物の種の保存に関する法律 特定外来生物による生態系等に係る被害の防止に関する法律
国土・防災に関するもの	国土利用計画法 国土総合開発法 道路法 都市計画法 都市再開発法 生産緑地法 景観法 都市緑地法 都市公園法 宅地造成等規制法 砂防法 急傾斜地の崩壊による災害の防止に関する法律 地すべり等防止法 土砂災害警戒区域等における土砂災害防止対策の推進に関する法律
農林水産業に関するもの	土地改良法 農地法 森林法 水産資源保護法

各省庁ホームページほか，環境に関連する情報を提供しているホームページ，EICネット（www.eic.or.jp），（財）九州環境管理協会（www.keea.or.jp/）などを参照

2. 土壌汚染に関する外国の法令の例

国	法律名
アメリカ合衆国	包括的環境対応・補償・責任法（Comprehensive Environment Response Compensation & Liability Act：CERCLA）（1980年） スーパーファンド修正および再授権法（Superfund Amendments and Reauthorization Act：SARA）（1986年） （CERCLA/SARAを含む1990年改正を一般的にスーパーファンド法とよぶ）
ドイツ	連邦土壌保護法（1999年）
オランダ	新土壌保護法（1994年）
英国	環境保護法（The Environmental Protection Act）（1995年）

3. 地盤環境工学に関する環境基準

(1) 大気汚染に係る環境基準

1) 大気汚染に係る環境基準

物質	環境上の条件（設定年月日等）	測定方法
二酸化硫黄 (SO_2)	1時間値の1日平均値が 0.04 ppm 以下であり，かつ，1時間値が 0.1 ppm 以下であること．(48.5.16 告示)	溶液導電率法又は紫外線蛍光法
一酸化炭素 (CO)	1時間値の1日平均値が 10 ppm 以下であり，かつ，1時間値の8時間平均値が 20 ppm 以下であること．(48.5.8 告示)	非分散型赤外分析計を用いる方法
浮遊粒子状物質 (SPM)	1時間値の1日平均値が $0.10\ mg/m^3$ 以下であり，かつ，1時間値が $0.20\ mg/m^3$ 以下であること．(48.5.8 告示)	濾過捕集による重量濃度測定方法又はこの方法によって測定された重量濃度と直線的な関係を有する量が得られる光散乱法，圧電天びん法若しくはベータ線吸収法
二酸化窒素 (NO_2)	1時間値の1日平均値が 0.04 ppm から 0.06 ppm までのゾーン内又はそれ以下であること．(53.7.11 告示)	ザルツマン試薬を用いる吸光光度法又はオゾンを用いる化学発光法
光化学オキシダント (OX)	1時間値が 0.06 ppm 以下であること．(48.5.8 告示)	中性ヨウ化カリウム溶液を用いる吸光光度法若しくは電量法，紫外線吸収法又はエチレンを用いる化学発光法

備考 1. 環境基準は，工業専用地域，車道その他一般公衆が通常生活していない地域または場所については，適用しない．
   2. 浮遊粒子状物質とは大気中に浮遊する粒子状物質であってその粒径が 10 μm 以下のものをいう．
   3. 二酸化窒素について，1時間値の1日平均値が 0.04 ppm から 0.06 ppm までのゾーン内にある地域にあっては，原則としてこのゾーン内において現状程度の水準を維持し，又はこれを大きく上回ることとならないよう努めるものとする．
   4. 光化学オキシダントとは，オゾン，パーオキシアセチルナイトレートその他の光化学反応により生成される酸化性物質（中性ヨウ化カリウム溶液からヨウ素を遊離するものに限り，二酸化窒素を除く）をいう．

2) 有害大気汚染物質（ベンゼン等）に係る環境基準

物質	環境上の条件	測定方法
ベンゼン	1年平均値が $0.003\ mg/m^3$ 以下であること．(H 9.2.4 告示)	キャニスター又は捕集管により採取した試料をガスクロマトグラフ質量分析計により測定する方法を標準法とする．また，当該物質に関し，標準法と同等以上の性能を有するものを使用可能とする．
トリクロロエチレン	1年平均値が $0.2\ mg/m^3$ 以下であること．(H 9.2.4 告示)	
テトラクロロエチレン	1年平均値が $0.2\ mg/m^3$ 以下であること．(H 9.2.4 告示)	
ジクロロメタン	1年平均値が $0.15\ mg/m^3$ 以下であること．(H 13.4.20 告示)	

備考 1. 環境基準は，工業専用地域，車道その他一般公衆が通常生活していない地域または場所については，適用しない．
   2. ベンゼン等による大気の汚染に係る環境基準は，継続的に摂取される場合には人の健康を損なうおそれがある物質に係るものであることにかんがみ，将来にわたって人の健康に係る被害が未然に防止されるようにすることを旨として，その維持又は早期達成に努めるものとする．

3. 地盤環境工学に関する環境基準

3) ダイオキシン類に係る環境基準

物　質	環境上の条件	測定方法
ダイオキシン類	1年平均値が 0.6 pg-TEQ/m³ 以下であること．（H 11.12.27 告示）	ポリウレタンフォームを装着した採取筒をろ紙後段に取り付けたエアサンプラーにより採取した試料を高分解能ガスクロマトグラフ質量分析計により測定する方法．

備考 1. 環境基準は，工業専用地域，車道その他一般公衆が通常生活していない地域または場所については，適用しない．
　　 2. 基準値は，2,3,7,8-四塩化ジベンゾ-パラ-ジオキシンの毒性に換算した値とする．

(2) 騒音に係る環境基準

1) 騒音に係る環境基準

地域の類型	基　準　値	
	昼　間	夜　間
AA	50 デシベル以下	40 デシベル以下
A 及び B	55 デシベル以下	45 デシベル以下
C	60 デシベル以下	50 デシベル以下

備考 1. 時間の区分は，昼間を午前 6 時から午後 10 時までの間とし，夜間を午後 10 時から翌日の午前 6 時までの間とする．
　　 2. AA を当てはめる地域は，療養施設，社会福祉施設等が集合して設置される地域など特に静穏を要する地域とする．
　　 3. A を当てはめる地域は，専ら住居の用に供される地域とする．
　　 4. B を当てはめる地域は，主として住居の用に供される地域とする．
　　 5. C を当てはめる地域は，相当数の住居と併せて商業，工業等の用に供される地域とする．

2) 道路に面する地域の騒音に係る環境基準

地域の区分	基　準　値	
	昼　間	夜　間
A 地域のうち 2 車線以上の車線を有する道路に面する地域	60 デシベル以下	55 デシベル以下
B 地域のうち 2 車線以上の車線を有する道路に面する地域及び C 地域のうち車線を有する道路に面する地域	65 デシベル以下	60 デシベル以下
幹線交通を担う道路に面する地域	70 デシベル以下	65 デシベル以下

備考　個別の住居等において騒音の影響を受けやすい面の窓を主として閉めた生活が営まれていると認められるときは，屋内へ透過する騒音に係る基準（昼間にあっては 45 デシベル以下，夜間にあっては 40 デシベル以下）によることができる．

3) 航空機騒音に係る環境基準

地域の類型	基準値（単位　WECPNL）
I	70 以下
II	75 以下

備考 1. I をあてはめる地域は専ら住居の用に供される地域とし，II をあてはめる地域は I 以外の地域であって通常の生活を保全する必要がある地域とする．
　　 2. 測定は，原則として連続 7 日間行い，暗騒音より 10 デシベル以上大きい航空機騒音のピークレベル（計量単位デシベル）及び航空機の機数を記録するものとする．
　　　 評価は（1）のピークレベル及び機数から次の算式により 1 日ごとの値（単位　WECPNL）を算出し，そのすべての値をパワー平均して行うものとする．
　　　 算式
$$\overline{dB(A)} + 10 \log_{10} N - 27$$
　　　 $\overline{dB(A)}$ とは，1 日すべてのピークレベルをパワー平均したものをいい，N とは，午前 0 時から午前 7 時までの間の航空機の機数を N_1，午前 7 時から午後 7 時までの間の航空機の機数を N_2，午後 7 時から午後 10 時までの間の航空機の機数を N_3，午後 10 時から午後 12 時までの間の航空機の機数を N_4 とした場合における次により算出した値をいう．
$$N = N_2 + 3N_3 + 10(N_1 + N_4)$$

4) 新幹線鉄道騒音に係る環境基準

地域の類型	基準値
I	70 デシベル以下
II	75 デシベル以下

備考　Iをあてはめる地域は主として住居の用に供される地域とし，IIをあてはめる地域は商工業の用に供される地域等I以外の地域であって通常の生活を保全する必要がある地域とする．

(3) 水質汚濁に係る環境基準

1) 人の健康の保護に係る環境基準

項　目	基　準　値	測　定　方　法
カドミウム	0.01 mg/l 以下	日本工業規格 K 0102（以下「規格」という．）55 に定める方法
全シアン	検出されないこと．	規格 38.1.2 及び 38.2 に定める方法又は規格 38.1.2 及び 38.3 に定める方法
鉛	0.01 mg/l 以下	規格 54 に定める方法
六価クロム	0.05 mg/l 以下	規格 65.2 に定める方法
砒　素	0.01 mg/l 以下	規格 61.2 又は 61.3 に定める方法
総水銀	0.0005 mg/l 以下	付表 1 に掲げる方法
アルキル水銀	検出されないこと．	付表 2 に掲げる方法
PCB	検出されないこと．	付表 3 に掲げる方法
ジクロロメタン	0.02 mg/l 以下	日本工業規格 K 0125 の 5.1，5.2 又は 5.3.2 に定める方法
四塩化炭素	0.002 mg/l 以下	日本工業規格 K 0125 の 5.1，5.2，5.3.1，5.4.1 又は 5.5 に定める方法
1,2-ジクロロエタン	0.004 mg/l 以下	日本工業規格 K 0125 の 5.1，5.2，5.3.1 又は 5.3.2 に定める方法
1,1-ジクロロエチレン	0.02 mg/l 以下	日本工業規格 K 0125 の 5.1，5.2 又は 5.3.2 に定める方法
シス-1,2-ジクロロエチレン	0.04 mg/l 以下	日本工業規格 K 0125 の 5.1，5.2 又は 5.3.2 に定める方法
1,1,1-トリクロロエタン	1 mg/l 以下	日本工業規格 K 0125 の 5.1，5.2，5.3.1，5.4.1 又は 5.5 に定める方法
1,1,2-トリクロロエタン	0.006 mg/l 以下	日本工業規格 K 0125 の 5.1，5.2，5.3.1，5.4.1 又は 5.5 に定める方法
トリクロロエチレン	0.03 mg/l 以下	日本工業規格 K 0125 の 5.1，5.2，5.3.1，5.4.1 又は 5.5 に定める方法
テトラクロロエチレン	0.01 mg/l 以下	日本工業規格 K 0125 の 5.1，5.2，5.3.1，5.4.1 又は 5.5 に定める方法
1,3-ジクロロプロペン	0.002 mg/l 以下	日本工業規格 K 0125 の 5.1，5.2 又は 5.3.1 に定める方法
チウラム	0.006 mg/l 以下	付表 4 に掲げる方法
シマジン	0.003 mg/l 以下	付表 5 の第 1 又は第 2 に掲げる方法
チオベンカルブ	0.02 mg/l 以下	付表 5 の第 1 又は第 2 に掲げる方法
ベンゼン	0.01 mg/l 以下	日本工業規格 K 0125 の 5.1，5.2 又は 5.3.2 に定める方法
セレン	0.01 mg/l 以下	規格 67.2 又は 67.3 に定める方法
硝酸性窒素及び亜硝酸性窒素	10 mg/l 以下	硝酸性窒素にあっては規格 43.2.1，43.2.3 又は 43.2.5 に定める方法，亜硝酸性窒素にあっては規格 43.1 に定める方法
ふっ素	0.8 mg/l 以下	規格 34.1 に定める方法又は付表 6 に掲げる方法
ほう素	1 mg/l 以下	規格 47.1 若しくは 47.3 に定める方法又は付表 7 に掲げる方法

備考　1.　基準値は年間平均値とする．ただし，全シアンに係る基準値については，最高値とする．
　　　2.　「検出されないこと」とは，測定方法の欄に掲げる方法により測定した場合において，その結果が当該方法の定量限界を下回ることをいう．
　　　3.　海域については，ふっ素及びほう素の基準値は適用しない．
　　　4.　硝酸性窒素及び亜硝酸性窒素の濃度は，規格 43.2.1，43.2.3 又は 43.2.5 により測定された硝酸イオンの濃度に換算係数 0.2259 を乗じたものと規格 43.1 により測定された亜硝酸イオンの濃度に換算係数 0.3045 を乗じたものの和とする．

3. 地盤環境工学に関する環境基準

2) 生活環境の保全に係る環境基準
(a) 河川(湖沼を除く)
(a-1) 利用目的による分類

類型	利用目的の適応性	基準値				
		水素イオン濃度 (pH)	生物化学的酸素要求量 (BOD)	浮遊物質量 (SS)	溶存酸素量 (DO)	大腸菌群数
AA	水道1級 自然環境保全 及びA以下の欄に掲げるもの	6.5以上 8.5以下	1 mg/l 以下	25 mg/l 以下	7.5 mg/l 以上	50 MPN/100 ml 以下
A	水道2級 水産1級 水浴 及びB以下の欄に掲げるもの	6.5以上 8.5以下	2 mg/l 以下	25 mg/l 以下	7.5 mg/l 以上	1,000 MPN/100 ml 以下
B	水道3級 水産2級 及びC以下の欄に掲げるもの	6.5以上 8.5以下	3 mg/l 以下	25 mg/l 以下	5 mg/l 以上	5,000 MPN/100 ml 以下
C	水産3級 工業用水1級 及びD以下の欄に掲げるもの	6.5以上 8.5以下	5 mg/l 以下	50 mg/l 以下	5 mg/l 以上	—
D	工業用水2級 農業用水 及びEの欄に掲げるもの	6.0以上 8.5以下	8 mg/l 以下	100 mg/l 以下	2 mg/l 以上	—
E	工業用水3級 環境保全	6.0以上 8.5以下	10 mg/l 以下	ごみ等の浮遊が認められないこと.	2 mg/l 以上	—
測定方法		規格12.1に定める方法又はガラス電極を用いる水質自動監視測定装置によりこれと同程度の計測結果の得られる方法	規格21に定める方法	付表8に掲げる方法	規格32に定める方法又は隔膜電極を用いる水質自動監視測定装置によりこれと同程度の計測結果の得られる方法	最確数による定量法

備考 1. 基準値は、日間平均値とする(湖沼,海域もこれに準ずる).
2. 農業用利水点については、水素イオン濃度6.0以上7.5以下,溶存酸素量5 mg/l 以上とする(湖沼もこれに準ずる).
3. 水質自動監視測定装置とは、当該項目について自動的に計測することができる装置であって、計測結果を自動的に記録する機能を有するもの又はその機能を有する機器と接続されているものをいう(湖沼海域もこれに準ずる).
4. 最確数による定量法とは、次のものをいう(湖沼,海域もこれに準ずる).
試料10 ml, 1 ml, 0.1 ml, 0.01 ml……のように連続した4段階(試料量が0.1 ml以下の場合は1 mlに希釈して用いる.)を5本ずつ BGLB 醱酵管に移植し、35～37℃, 48±3時間培養する. ガス発生を認めたものを大腸菌群陽性管とし、各試料量における陽性管数を求め、これから100 ml 中の最確数を最確数表を用いて算出する. この際、試料はその最大量を移植したものの全部か又は大多数が大腸菌群陽性となるように、また最少量を移植したものの全部か又は大多数が大腸菌群陰性となるように適当に希釈して用いる. なお、試料採取後、直ちに試験ができない時は、冷蔵して数時間以内に試験する.

(注)
- 自然環境保全：自然探勝等の環境保全
- 水道1級：ろ過等による簡易な浄水操作を行うもの
  水道2級：沈殿ろ過等による通常の浄水操作を行うもの
  水道3級：前処理等を伴う高度の浄水操作を行うもの
- 水産1級：ヤマメ，イワナ等貧腐水性水域の水産生物用並びに水産2級及び水産3級の水産生物用
  水産2級：サケ科魚類及びアユ等貧腐水性水域の水産生物用及び水産3級の水産生物用
  水産3級：コイ，フナ等，β-中腐水性水域の水産生物用
- 工業用水1級：沈殿等による通常の浄水操作を行うもの
  工業用水2級：薬品注入等による高度の浄水操作を行うもの
  工業用水3級：特殊の浄水操作を行うもの
- 環境保全：国民の日常生活（沿岸の遊歩等を含む．）において不快感を生じない限度

(a-2) 水生生物の生息状況による分類

類型＼項目	水生生物の生息状況の適応性	基準値 全亜鉛
生物A	イワナ，サケマス等比較的低温域を好む水生生物及びこれらの餌生物が生息する水域	0.03 mg/l 以下
生物特A	生物Aの水域のうち，生物Aの欄に掲げる水生生物の産卵場（繁殖場）又は幼稚仔の生育場として特に保全が必要な水域	0.03 mg/l 以下
生物B	コイ，フナ等比較的高温域を好む水生生物及びこれらの餌生物が生息する水域	0.03 mg/l 以下
生物特B	生物Bの水域のうち，生物Bの欄に掲げる水生生物の産卵場（繁殖場）又は幼稚仔の生育場として特に保全が必要な水域	0.03 mg/l 以下
測定方法		規格53に定める方法（準備操作は規格53に定める方法によるほか，付表9に掲げる方法によることができる．また，規格53で使用する水については付表9の1(1)による．）

備考 基準値は，年間平均値とする．（湖沼，海域もこれに準ずる．）

(b) 湖沼（天然湖沼及び貯水量が1000万立方メートル以上であり，かつ，水の滞留時間が4日間以上である人工湖）

(b-1) 利用目的による分類

類型＼項目	利用目的の適応性	基準値				
		水素イオン濃度（pH）	化学的酸素要求量（COD）	浮遊物質量（SS）	溶存酸素量（DO）	大腸菌群数
AA	水道1級 水産1級 自然環境保全及びA以下の欄に掲げるもの	6.5以上 8.5以下	1 mg/l 以下	1 mg/l 以下	7.5 mg/l 以上	50 MPN/ 100 ml 以下
A	水道2, 3級 水産2級 水浴及びB以下の欄に掲げるもの	6.5以上 8.5以下	3 mg/l 以下	5 mg/l 以下	7.5 mg/l 以上	1000 MPN/ 100 ml 以下
B	水産3級 工業用水1級 農業用水及びCの欄に掲げるもの	6.5以上 8.5以下	5 mg/l 以下	15 mg/l 以下	5 mg/l 以上	—

C	工業用水2級 環境保全	6.0以上 8.5以下	8 mg/l 以下	ごみ等の浮遊が認められないこと.	2 mg/l 以上	—
	測定方法	規格12.1に定める方法又はガラス電極を用いる水質自動監視測定装置によりこれと同程度の計測結果の得られる方法	規格17に定める方法	付表8に掲げる方法	規格32に定める方法又は隔膜電極を用いる水質自動監視測定装置によりこれと同程度の計測結果の得られる方法	最確数による定量法

備考 水産1級, 水産2級及び水産3級については, 当分の間, 浮遊物質量の項目の基準値は適用しない.

項目 類型	利用目的の適応性	基準値	
		全窒素	全燐
I	自然環境保全及びII以下の欄に掲げるもの	0.1 mg/l 以下	0.005 mg/l 以下
II	水道1,2,3級（特殊なものを除く.）水産1種 水浴及びIII以下の欄に掲げるもの	0.2 mg/l 以下	0.01 mg/l 以下
III	水道3級（特殊なもの）及びIV以下の欄に掲げるもの	0.4 mg/l 以下	0.03 mg/l 以下
IV	水産2種及びVの欄に掲げるもの	0.6 mg/l 以下	0.05 mg/l 以下
V	水産3種 工業用水 農業用水 環境保全	1 mg/l 以下	0.1 mg/l 以下
測定方法		規格45.2, 45.3又は45.4に定める方法	規格46.3に定める方法

備考 1. 基準値は年間平均値とする.
2. 水域類型の指定は, 湖沼植物プランクトンの著しい増殖を生ずるおそれがある湖沼について行うものとし, 全窒素の項目の基準値は, 全窒素が湖沼植物プランクトンの増殖の要因となる湖沼について適用する.
3. 農業用水については, 全燐の項目の基準値は適用しない.

(注)
・「特殊なもの」とは, 臭気物質の除去が可能な特殊な浄水操作を行うものをいう.

(b-2) 水生生物の生息状況による分類

項目 類型	水生生物の生息状況の適応性	基準値
		全亜鉛
生物A	イワナ, サケマス等比較的低温域を好む水生生物及びこれらの餌生物が生息する水域	0.03 mg/l 以下
生物特A	生物Aの水域のうち, 生物Aの欄に掲げる水生生物の産卵場（繁殖場）又は幼稚仔の生育場として特に保全が必要な水域	0.03 mg/l 以下
生物B	コイ, フナ等比較的高温域を好む水生生物及びこれらの餌生物が生息する水域	0.03 mg/l 以下
生物特B	生物Bの水域のうち, 生物Bの欄に掲げる水生生物の産卵場（繁殖場）又は幼稚仔の生育場として特に保全が必要な水域	0.03 mg/l 以下

測定方法	規格53に定める方法（準備操作は規格53に定める方法によるほか，付表9に掲げる方法によることができる．また，規格53で使用する水については付表9の1(1)による．）

(c) 海域

(c-1) 利用目的による分類

項目＼類型	利用目的の適応性	基準値				
		水素イオン濃度（pH）	化学的酸素要求量（COD）	溶存酸素量（DO）	大腸菌群数	n-ヘキサン抽出物質（油分等）
A	水産1級 水浴 自然環境保全及びB以下の欄に掲げるもの	7.8以上 8.3以下	2 mg/l 以下	7.5 mg/l 以上	1000 MPN/100 ml 以下	検出されないこと．
B	水産2級 工業用水 及びCの欄に掲げるもの	7.8以上 8.3以下	3 mg/l 以下	5 mg/l 以上	—	検出されないこと．
C	環境保全	7.0以上 8.3以下	8 mg/l 以下	2 mg/l 以上	—	—
測定方法		規格12.1に定める方法又はガラス電極を用いる水質自動監視測定装置によりこれと同程度の計測結果の得られる方法	規格17に定める方法（ただし，B類型の工業用水及び水産2級のうちノリ養殖の利水点における測定方法はアルカリ性法）	規格32に定める方法又は隔膜電極を用いる水質自動監視測定装置によりこれと同程度の計測結果の得られる方法	最確数による定量法	付表10に掲げる方法

備考　1. 水産1級のうち，生食用原料カキの養殖の利水点については，大腸菌群数 70 MPN/100 ml 以下とする．
　　　2. アルカリ性法とは，次のものをいう．
　　　試料50 mlを正確に三角フラスコにとり，水酸化ナトリウム溶液（10 w/v%）1 mlを加え，次に過マンガン酸カリウム溶液（2 mmol/L）10 mlを正確に加えたのち，沸騰した水浴中に正確に20分放置する．その後よう化カリウム溶液（10 w/v%）1 mlとアジ化ナトリウム溶液（4 w/v%）1滴を加え，冷却後，硫酸（2+1）0.5 mlを加えてよう素を遊離させて，それを力価の判明しているチオ硫酸ナトリウム溶液（10 mmol/L）ででんぷん溶液を指示薬として滴定する．同時に試料の代わりに蒸留水を用い，同様に処理した空試験値を求め，次式によりCOD値を計算する．

$$\text{COD}(O_2 \text{mg/l}) = 0.08 \times ((b)-(a)) \times fNa_2S_2O_3 \times 1000/50$$

　　　(a)：チオ硫酸ナトリウム溶液（10 mmol/L）の滴定値（ml）
　　　(b)：蒸留水について行った空試験値（ml）
　　　$fNa_2S_2O_3$：チオ硫酸ナトリウム溶液（10 mmol/L）の力価

(注)
・水産1級：マダイ，ブリ，ワカメ等の水産生物用及び水産2級の水産生物用
　水産2級：ボラ，ノリ等の水産生物用
・環境保全：国民の日常生活（沿岸の遊歩等を含む．）において不快感を生じない限度

類型＼項目	利用目的の適応性	基準値 全窒素	基準値 全燐
I	自然環境保全及びII以下の欄に掲げるもの（水産2種及び3種を除く．）	0.2 mg/l 以下	0.02 mg/l 以下
II	水産1種 水浴及びIII以下の欄に掲げるもの （水産2種及び3種を除く．）	0.3 mg/l 以下	0.03 mg/l 以下
III	水産2種及びIVの欄に掲げるもの （水産3種を除く．）	0.6 mg/l 以下	0.05 mg/l 以下
IV	水産3種 工業用水 生物生息環境保全	1 mg/l 以下	0.09 mg/l 以下
測定方法		規格45.4に定める方法	規格46.3に定める方法

備考 1. 基準値は，年間平均値とする．
2. 水域類型の指定は，海洋植物プランクトンの著しい増殖を生ずるおそれがある海域について行うものとする．

(c-2) 水生生物の生息状況による分類

類型＼項目	水生生物の生息状況の適応性	基準値 全亜鉛
生物A	水生生物の生息する水域	0.02 mg/l 以下
生物特A	生物Aの水域のうち，水生生物の産卵場（繁殖場）又は幼稚仔の生育場として特に保全が必要な水域	0.01 mg/l 以下
測定方法		規格53に定める方法（準備操作は規格53に定める方法によるほか，付表9に掲げる方法によることができる．また，規格53で使用する水については付表9の1(1)による．）

(4) 地下水の水質汚濁に係る環境基準

項目	基準値	測定方法
カドミウム	0.01 mg/l 以下	日本工業規格 K 0102（以下「規格」という.）55 に定める方法
全シアン	検出されないこと.	規格 38.1.2 及び 38.2 に定める方法又は規格 38.1.2 及び 38.3 に定める方法
鉛	0.01 mg/l 以下	規格 54 に定める方法
六価クロム	0.05 mg/l 以下	規格 65.2 に定める方法
砒素	0.01 mg/l 以下	規格 61.2 又は 61.3 に定める方法
総水銀	0.0005 mg/l 以下	付表 1 に掲げる方法
アルキル水銀	検出されないこと.	付表 2 に掲げる方法
PCB	検出されないこと.	付表 3 に掲げる方法
ジクロロメタン	0.02 mg/l 以下	日本工業規格 K 0125 の 5.1, 5.2 又は 5.3.2 に定める方法
四塩化炭素	0.002 mg/l 以下	日本工業規格 K 0125 の 5.1, 5.2, 5.3.1, 5.4.1 又は 5.5 に定める方法
1,2-ジクロロエタン	0.004 mg/l 以下	日本工業規格 K 0125 の 5.1, 5.2, 5.3.1 又は 5.3.2 に定める方法
1,1-ジクロロエチレン	0.02 mg/l 以下	日本工業規格 K 0125 の 5.1, 5.2 又は 5.3.2 に定める方法
シス-1,2-ジクロロエチレン	0.04 mg/l 以下	日本工業規格 K 0125 の 5.1, 5.2 又は 5.3.2 に定める方法
1,1,1-トリクロロエタン	1 mg/l 以下	日本工業規格 K 0125 の 5.1, 5.2, 5.3.1, 5.4.1 又は 5.5 に定める方法
1,1,2-トリクロロエタン	0.006 mg/l 以下	日本工業規格 K 0125 の 5.1, 5.2, 5.3.1, 5.4.1 又は 5.5 に定める方法
トリクロロエチレン	0.03 mg/l 以下	日本工業規格 K 0125 の 5.1, 5.2, 5.3.1, 5.4.1 又は 5.5 に定める方法
テトラクロロエチレン	0.01 mg/l 以下	日本工業規格 K 0125 の 5.1, 5.2, 5.3.1, 5.4.1 又は 5.5 に定める方法
1,3-ジクロロプロペン	0.002 mg/l 以下	日本工業規格 K 0125 の 5.1, 5.2 又は 5.3.1 に定める方法
チウラム	0.006 mg/l 以下	付表 4 に掲げる方法
シマジン	0.003 mg/l 以下	付表 5 の第 1 又は第 2 に掲げる方法
チオベンカルブ	0.02 mg/l 以下	付表 5 の第 1 又は第 2 に掲げる方法
ベンゼン	0.01 mg/l 以下	日本工業規格 K 0125 の 5.1, 5.2 又は 5.3.2 に定める方法
セレン	0.01 mg/l 以下	規格 67.2 又は 67.3 に定める方法
硝酸性窒素及び亜硝酸性窒素	10 mg/l 以下	硝酸性窒素にあっては規格 43.2.1, 43.2.3 又は 43.2.5 に定める方法, 亜硝酸性窒素にあっては規格 43.1 に定める方法
ふっ素	0.8 mg/l 以下	規格 34.1 に定める方法又は付表 6 に掲げる方法
ほう素	1 mg/l 以下	規格 47.1 若しくは 47.3 に定める方法又は付表 7 に掲げる方法

備考 1. 基準値は年間平均値とする．ただし，全シアンに係る基準値については，最高値とする．
　　 2. 「検出されないこと」とは，測定方法の欄に掲げる方法により測定した場合において，その結果が当該方法の定量限界を下回ることをいう．
　　 3. 硝酸性窒素及び亜硝酸性窒素の濃度は，規格 43.2.1, 43.2.3 又は 43.2.5 により測定された硝酸イオンの濃度に換算係数 0.2259 を乗じたものと規格 43.1 により測定された亜硝酸イオンの濃度に換算係数 0.3045 を乗じたものの和とする．

(5) 土壌の汚染に係る環境基準

項目	環境上の条件	測定方法
カドミウム	検液1lにつき0.01 mg以下であり,かつ,農用地においては,米1kgにつき1 mg未満であること.	環境上の条件のうち,検液中濃度に係るものにあっては,日本工業規格K 0102(以下「規格」という.)55に定める方法,農用地に係るものにあっては,昭和46年6月農林省令第47号に定める方法
全シアン	検液中に検出されないこと.	規格38に定める方法(規格38.1.1に定める方法を除く.)
有機燐(りん)	検液中に検出されないこと.	昭和49年9月環境庁告示第64号付表1に掲げる方法又は規格31.1に定める方法のうちガスクロマトグラフ法以外のもの(メチルジメトンにあっては,昭和49年9月環境庁告示第64号付表2に掲げる方法)
鉛	検液1lにつき0.01 mg以下であること.	規格54に定める方法
六価クロム	検液1lにつき0.05 mg以下であること.	規格65.2に定める方法
砒(ひ)素	検液1lにつき0.01 mg以下であり,かつ,農用地(田に限る.)においては,土壌1 kgにつき15 mg未満であること.	環境上の条件のうち,検液中濃度に係るものにあっては,規格61に定める方法,農用地に係るものにあっては,昭和50年4月総理府令第31号に定める方法
総水銀	検液1lにつき0.0005 mg以下であること.	昭和46年12月環境庁告示第59号付表1に掲げる方法
アルキル水銀	検液中に検出されないこと.	昭和46年12月環境庁告示第59号付表2及び昭和49年9月環境庁告示第64号付表3に掲げる方法
PCB	検液中に検出されないこと.	昭和46年12月環境庁告示第59号付表3に掲げる方法
銅	農用地(田に限る.)において,土壌1kgにつき125 mg未満であること.	昭和47年10月総理府令第66号に定める方法
ジクロロメタン	検液1lにつき0.02 mg以下であること.	日本工業規格K 0125の5.1,5.2又は5.3.2に定める方法
四塩化炭素	検液1lにつき0.002 mg以下であること.	日本工業規格K 0125の5.1,5.2,5.3.1,5.4.1又は5.5に定める方法
1,2-ジクロロエタン	検液1lにつき0.004 mg以下であること.	日本工業規格K 0125の5.1,5.2,5.3.1又は5.3.2に定める方法
1,1-ジクロロエチレン	検液1lにつき0.02 mg以下であること.	日本工業規格K 0125の5.1,5.2又は5.3.2に定める方法
シス-1,2-ジクロロエチレン	検液1lにつき0.04 mg以下であること.	日本工業規格K 0125の5.1,5.2又は5.3.2に定める方法
1,1,1-トリクロロエタン	検液1lにつき1 mg以下であること.	日本工業規格K 0125の5.1,5.2,5.3.1,5.4.1又は5.5に定める方法
1,1,2-トリクロロエタン	検液1lにつき0.006 mg以下であること.	日本工業規格K 0125の5.1,5.2,5.3.1,5.4.1又は5.5に定める方法
トリクロロエチレン	検液1lにつき0.03 mg以下であること.	日本工業規格K 0125の5.1,5.2,5.3.1,5.4.1又は5.5に定める方法
テトラクロロエチレン	検液1lにつき0.01 mg以下であること.	日本工業規格K 0125の5.1,5.2,5.3.1,5.4.1又は5.5に定める方法
1,3-ジクロロプロペン	検液1lにつき0.002 mg以下であること.	日本工業規格K 0125の5.1,5.2又は5.3.1に定める方法

チウラム	検液1lにつき0.006 mg以下であること.	昭和46年12月環境庁告示第59号付表4に掲げる方法
シマジン	検液1lにつき0.003 mg以下であること.	昭和46年12月環境庁告示第59号付表5の第1又は第2に掲げる方法
チオベンカルブ	検液1lにつき0.02 mg以下であること.	昭和46年12月環境庁告示第59号付表5の第1又は第2に掲げる方法
ベンゼン	検液1lにつき0.01 mg以下であること.	日本工業規格K 0125の5.1, 5.2又は5.3.2に定める方法
セレン	検液1lにつき0.01 mg以下であること.	規格67.2又は67.3に定める方法
ふっ素	検液1lにつき0.8 mg以下であること.	規格34.1に定める方法又は昭和46年12月環境庁告示第59号付表6に掲げる方法
ほう素	検液1lにつき1 mg以下であること.	規格47.1若しくは47.3に定める方法又は昭和46年12月環境庁告示第59号付表7に掲げる方法

検液は,次の方法により作成するものとする.
1. カドミウム,全シアン,鉛,六価クロム,砒(ひ)素,総水銀,アルキル水銀,PCB及びセレンについては,次の方法による.
   (1) 採取した土壌の取扱い
       採取した土壌はガラス製容器又は測定の対象とする物質が吸着しない容器に収める.試験は土壌採取後直ちに行う.試験を直ちに行えない場合には,暗所に保存し,できるだけ速やかに試験を行う.
   (2) 試料の作成
       採取した土壌を風乾し,中小礫,木片等を除き,土塊,団粒を粗砕した後,非金属製の2 mmの目のふるいを通過させて得た土壌を十分混合する.
   (3) 試料液の調製
       試料(単位g)と溶媒(純水に塩酸を加え,水素イオン濃度指数が5.8以上6.3以下となるようにしたもの)(単位ml)とを重量体積比10%の割合で混合し,かつ,その混合液が500 ml以上となるようにする.
   (4) 溶出
       調製した試料液を常温(おおむね20℃)常圧(おおむね1気圧)で振とう機(あらかじめ振とう回数を毎分約200回に,振とう幅を4 cm以上5 cm以下に調整したもの)を用いて,6時間連続して振とうする.
   (5) 検液の作成
       (1)から(4)の操作を行って得られた試料液を10分から30分程度静置後,毎分約3000回転で20分間遠心分離した後の上澄み液を孔径0.45 μmのメンブランフィルターでろ過してろ液を取り,定量に必要な量を正確に計り取って,これを検液とする.
2. ジクロロメタン,四塩化炭素,1,2-ジクロロエタン,1,1-ジクロロエチレン,シス-1,2-ジクロロエチレン,1,1,1-トリクロロエタン,1,1,2-トリクロロエタン,トリクロロエチレン,テトラクロロエチレン,1,3-ジクロロプロペン及びベンゼンについては,次の方法による.
   (1) 採取した土壌の取扱い
       これらの物質は揮発性が高いので,採取した土壌は密封できるガラス製容器又は測定の対象とする物質が吸着しない容器に空げきが残らないように収める.試験は土壌採取後直ちに行う.試験を直ちに行えない場合には,4℃以下の冷暗所に保存し,できるだけ速やかに試験を行う.ただし,1,3-ジクロロプロペンに係る土壌にあっては,凍結保存するものとする.
   (2) 試料の作成
       採取した土壌からおおむね粒径5 mmを超える中小礫,木片等を除く.
   (3) 試料液の調製
       あらかじめかくはん子を入れたねじ口付三角フラスコに試料(単位g)と溶媒(純水に塩酸を加え,水素イオン濃度指数が5.8以上6.3以下となるようにしたもの)(単位ml)とを重量体積比10%の割合となるようにとり(注1)(注2),速やかに密栓する.このとき,混合液が500 ml以上となるようにし,かつ,混合液に対するねじ口付三角フラスコのヘッドスペースができるだけ少なくなるようにする.
   (4) 溶出
       調製した試料液を常温(おおむね20℃)常圧(おおむね1気圧)に保ちマグネチックスターラーで4時間連続してかくはんする(注3).
   (5) 検液の作成
       (1)から(4)の操作を行って得られた試料液を10分から30分程度静置後,ガラス製注射筒に静かに吸い取り,孔径0.45 μmのメンブランフィルターを装着したろ紙ホルダー(用いるメンブランフィルターの直径に適合するも

のであってステンレス製又はこれと同等以上の材質によるもの）を接続して注射筒の内筒を押し，空気及び始めの数ml を排出し，次に共栓付試験管にろ液を分取し，定量に必要な量を正確に計り取って，これを検液とする（注4）．

(注1) 使用するねじ口付三角フラスコに使用するかくはん子を入れ質量を測定する．これに水を満たして密栓し，その質量を測定する．前後の質量の差からねじ口付三角フラスコの空げき容量（単位ml）を求める．一度空げき容量を測定しておけば，同一容器及び同一かくはん子を用いることとすれば毎回測定する必要はなく，2回目以降はその空げき容量を用いてよい．

(注2) 試料1g 当たりの体積（ml）を測定し，(注1) により求めた空げき容量からヘッドスペースを残さないように加える水の量を調整してもよい．

(注3) 試料と水が均一に混じってかくはんされるようマグネチックスターラーを調整すること．また，試料液が発熱しないようにすること．

(注4) ろ液の分取後測定までの操作中，測定の対象とする物質が損失しないように注意すること．

3. 有機燐（りん），チウラム，シマジン及びチオベンカルブについては，次の方法による．
   (1) 採取した土壌の取扱い
       採取した土壌はガラス容器又は測定の対象とする物質が吸着しない容器に収める．試験は土壌採取後直ちに行う．試験を直ちに行えない場合には，凍結保存し，できるだけ速やかに試験を行う．
   (2) 試料の作成
       採取した土壌を風乾し，中小礫，木片等を除き，土塊，団粒を粗砕した後，非金属製の2mm の目のふるいを通過させて得た土壌を十分混合する．
   (3) 試料液の調製
       試料（単位g）と溶媒（純水に塩酸を加え，水素イオン濃度指数が5.8以上6.3以下となるようにしたもの）（単位ml）とを重量体積比10% の割合で混合し，かつ，その混合液が1000 ml 以上となるようにする．
   (4) 溶出
       調製した試料液を常温（おおむね20℃）常圧（おおむね1気圧）で振とう機（あらかじめ振とう回数を毎分約200回に，振とう幅を4cm 以上5cm 以下に調整したもの）を用いて，6時間連続して振とうする．
   (5) 検液の作成
       (1) から (4) の操作を行って得られた試料液を10分から30分程度静置後，毎分約3,000回転で20分間遠心分離した後の上澄み液を孔径0.45 μm のメンブランフィルターでろ過してろ液を取り，定量に必要な量を正確に計り取って，これを検液とする．

4. ふっ素及びほう素については，次の方法による．
   (1) 採取した土壌の取扱い
       採取した土壌はポリエチレン製容器又は測定の対象とする物質が吸着若しくは溶出しない容器に収める．試験は土壌採取後直ちに行う．試験を直ちに行えない場合には，暗所に保存し，できるだけ速やかに試験を行う．
   (2) 試料の作成
       採取した土壌を風乾し，中小礫，木片等を除き，土塊，団粒を粗砕した後，非金属製の2mm の目のふるいを通過させて得た土壌を十分混合する．
   (3) 試料液の調製
       試料（単位g）と溶媒（純水に塩酸を加え，水素イオン濃度指数が5.8以上6.3以下となるようにしたもの）（単位ml）とを重量体積比10% の割合で混合し，かつ，その混合液が500 ml 以上となるようにする．
   (4) 溶出
       調製した試料液を常温（おおむね20℃）常圧（おおむね1気圧）で振とう機（あらかじめ振とう回数を毎分約200回に，振とう幅を4cm 以上5cm 以下に調整したもの）を用いて，6時間連続して振とうする．振とう容器は，ポリエチレン製容器又は測定の対象とする物質が吸着若しくは溶出しない容器を用いる．
   (5) 検液の作成
       (1) から (4) の操作を行って得られた試料液を10分から30分程度静置後，毎分約3,000回転で20分間遠心分離した後の上澄み液を孔径0.45 μm のメンブランフィルターでろ過してろ液を取り，定量に必要な量を正確に計り取って，これを検液とする．

(6) ダイオキシン類による大気の汚染，水質の汚濁及び土壌の汚染に係る環境基準について

媒 体	基 準 値	測 定 方 法
大 気	0.6 pg-TEQ/m^3 以下	ポリウレタンフォームを装着した採取筒をろ紙後段に取り付けたエアサンプラーにより採取した試料を高分解能ガスクロマトグラフ質量分析計により測定する方法
水 質 (水底の底質を除く)	1 pg-TEQ/l 以下	日本工業規格 K 0312 に定める方法
水底の底質	150 pg-TEQ/g 以下	水底の底質中に含まれるダイオキシン類をソックスレー抽出し，高分解能ガスクロマトグラフ質量分析計により測定する方法
土 壌	1000 pg-TEQ/g 以下	土壌中に含まれるダイオキシン類をソックスレー抽出し，高分解能ガスクロマトグラフ質量分析計により測定する方法

備考 1. 基準値は，2, 3, 7, 8-四塩化ジベンゾ-パラ-ジオキシンの毒性に換算した値とする．
   2. 大気及び水質（水底の底質を除く．）の基準値は，年間平均値とする．
   3. 土壌にあっては，環境基準が達成されている場合であって，土壌中のダイオキシン類の量が 250 pg-TEQ/g 以上の場合には，必要な調査を実施することとする．

(7) 油による土壌汚染について

油による汚染については，物質としてベンゼンのみが環境基準にあげられているが，平成 18 年に環境省より「油汚染対策ガイドライン」が出された．ガイドラインでは，鉱油類を含む土壌による生活環境保全上の支障の防止を目的とし，嗅覚や視覚といった人の感覚をおもとにして油臭や油膜を把握するとともに，それらを補完し関係者の共通の理解を得るための手段として TPH（Total Petroleum Hydrocarbon）濃度を用いることとされている．

4. 地盤環境工学に関する略語

略語	正式名	日本語訳	本書での掲載箇所
AE	acoustic emission	アコースティックエミッション	4.4.2 c (v)
AGNPS	agricultural non-point source pollution model	農地ノンポイント汚染モデル	2.2.6 a (ii), 2.2.6 a (iii)
ASTER	Advanced Spaceborne Thermal Emission and Reflection radiometer	高度宇宙熱放出反射ラジオメーター	4.6.2 b
ASTM	American Society of Testing and Materials	米国材料試験協会	8.5.1 b, 10.2.3 c
BOD	biochemical oxygen demand	生物化学的酸素要求量	4.4.4 b (iii), 10.3.1 b (i), 10.3.2 e (ii)
BTEX	benzene, toluene, ethylbenzene, and xylen	ベンゼン，トルエン，エチルベンゼン，キシレンの総称	8.5.1 b
CBD	central business district	中心商業地区	5.1.3 b
CBEP	community-based environmental protection	地域をもとにした環境保護	10.1.3 b
CBL	community based landfill	地域融和型の処分場	10.1.1 c, 10.1.3 b, 10.1.5
CBR	California Bearing Ratio	路床土支持力比	4.3.5 c
CBS	concentrated benthic suspension	高濃度浮泥層	3.2.3 d
CCL	compacted clay liner	締固め粘土ライナー	9.1.2 c, 10.2.3 a
CEC	cation exchange capacity	陽イオン交換容量	2.3.3, 4.4.2 b (iv), 4.4.2 d (i)
CEN	European Committee for Standardization	欧州標準化委員会	9.1.4 e
COD	chemical oxygen demand	化学的酸素要求量	4.4.4 b (iii), 10.3.1 b (i)
COP 3	The 3rd Conference of the Parties to the United Nations Framework Convention on Climate Change	地球温暖化防止京都会議	1.1.1
CPT	cone penetration test	コーン貫入試験	3.5.3 c
CREAMS	chemical, runoff, and erosion from agricultural management systems		2.2.6 a (ii)
CRP	community relation plan	地域関連計画	10.1.3 b
CSL	critical state line	限界状態線	3.6.1 b
CSO	combined sewer overflow	合流式下水道越流水	5.1.4 b
DEM	digital elevation model	数値標高データ	4.2.1 a
DNAPL	dense non-aqueous phase liquid	水より重い難水溶性液体	8.3.1, 8.3.1 a, 8.3.1 b, 8.3.4 a (iii)
DO	dissolved oxygen	溶存酸素量	4.4.4 b (iii), 8.3.4 a (iii)
ECD	electron capture detector	電子捕獲検出器	4.4.3 b (ii), 4.4.4 b (i)
ECe	electric conductivity of saturated water	水飽和抽出液の電気伝導度	2.3.3
ECMWF	European Centre for Medium-range Weather Forecast	欧州中規模気象予測センター	3.2.1 c
EPA	Environmental Protection Agency	米国環境保護庁	8.2.5, 8.2.6 d (i), 10.2.2 c, 10.2.2 d

EPIC	erosion/productivity impact calculator	侵食・生産影響計算	2.2.6 a (ii)
EPS	expanded polystyrene	発泡スチロール	6.3.3 a (v), 7.2.4
ERSDAC	Earth Remote Sensing Data Analysis Center	(財) 資源・環境観測解析センター	4.6.2 b
ESP	exchangeable sodium percentage	陽イオン交換容量に対する交換性 Na の割合	2.3.3
ESR	electron spin resonance	電子スピン共鳴	4.4.2 d (ii)
FEM	finite element method	有限要素法	3.6.3, 5.3.1 b, 6.3.2 a (v)
FID	flame ionization detector	水素炎イオン化検出器	4.4.3 b (ii), 4.4.4 b (i)
FPD	flame photometric detector	炎光光度検出器	4.4.3 b (ii), 4.4.4 b (i)
FTD	flame thermionic detector	アルカリ熱イオン化検出器	4.4.3 b (ii), 4.4.4 b (i)
FWD	falling weight defrectmeter	重錘式たわみ試験機	4.3.5 e
GC	gas chromatograph	ガスクロマトグラフ	4.4.3 b (ii), 4.4.4 b (i), 4.4.4 b (ii)
GC-FID	gas chromatography with flame ionization detector	水素炎イオン化検出器付きガスクロマトグラフ	8.5.1 b, 8.5.4 a
GCL	geosynthetic clay liner	ジオシンセティッククレイライナー	10.2.3 b
GCP	ground control point	地上基準点	4.6.4 a
GC-PID	gas chromatography with photo ionization detector	ガスクロマトグラフ-光イオン化検出法	4.3.3 b (iv)
GIS	geographical information system	地理情報システム	4.2.1 a, 4.6.4 b, 4.9
GLASOD	global assessment of soil degradation	地球規模影響評価	2.1.3 a (ii)
GPV	grid point value	格子点データ	3.2.1 c
HBS	hybrid soil	ハイブリッドソイル	9.3.3 a, 9.3.3 b
HDPE	high-density polyethylene	高密度ポリエチレン	10.2.4 a, 10.2.4 c
HPLC	high performance liquid chromatograph	高速液体クロマトグラフ	4.4.3 b (ii), 4.4.4 b (i), 8.4.8 a (ii)
HRGC-HRMS	high resolution gas chromatograph-highresolution mass spectrometer	高分解能ガスクロマトグラフ質量分析計	4.4.3 e, 4.4.4 b (iv), 4.4.5 d
HWL	high water level	計画高水位	11.1.3
ICEG	International Congress on Environmental Geotechnics	環境地盤工学国際会議	1.3.1
ICP	inductively coupled plasma	誘導結合プラズマ	4.4.3 b (ii), 4.4.4 b (ii)
IR 法	infrared spectroscopy	赤外分光分析法	8.5.4 a
ISO	International Organization for Standardization	国際標準化機構	6.3.1 b, 9.1.4 e, 10.1.3 b
ISSMGE	International Society for Soil Mechanics and Geotechnical Engineering	国際地盤工学会	1.3.1
IUCN	International Union for the Conservation	国際自然保護連合	1.2.4
JACIC	Japan Construction Information Center	(財) 日本建設情報総合センター	9.2.4 a
JPDR	Japan Power Demonstration Reactor	動力試験炉	5.4.2 a (i)
LDT	local deformation transducer	局所変位計	3.5.2 a

LHWP	Lesotho Highlands Water Project	レソト・ハイランド・ウォーター・プロジェクト	5.1.4 a (i)
LNAPL	light non-aqueous phase liquid	水より軽い難水溶性液体	8.3.2, 8.3.2 a, 8.3.4 a (iii)
LPG	liquefied petroleum gas	液化石油ガス	5.3.2 a
LRT	light rapid transit/light rail transit		5.1.2 a
LRTAP	Convention on Long-range Transboundary Air Pollution	大気汚染物質長距離移動計測共同技術計画	2.4.1
LSM	land surface model	陸面過程モデル	3.2.2 b
LWL	low water level	低水位	11.1.3
MASCON	mass consistent model	質量不変モデル	3.2.1 d
MBARCI	Multiple, Before, After, Reference, Control and Impact		1.2.8
MM 5	the PSU/NCAR mesoscale model	ペンシルベニア大とNCARが開発したメソスケールモデル	3.2.1 d
MMST	Multi-Micro Shield Tunneling Method		5.2.2
MNA	monitored natural attenuation	科学的自然修復	1.3.2 a, 8.3.4 c
MOX	mixed oxide	混合酸化物	5.4.2 b (i)
MRT	mass rapid transit	大量高速輸送	5.1.2 a
MSF	magnitude scaling factor	マグニチュードスケーリングファクタ	3.5.3 d
MWD	Measurement While Drilling	リアルタイム掘削情報検知システム	4.3.6 b
NAPAP	National Acid Precipitation Assessment Program	米国全国酸性降下物調査計画	2.4.1
NASA	National Aeronautics and Space Administration	米国航空宇宙局	4.6.2 b
NATM	New Austrian Tunnelling Method	新オーストリアトンネル工法	5.1.4 b, 5.2.1 a, 5.2.2, 5.2.3, 7.3.3
NCAR	National Center for Atmospheric Research	米国大気研究所	3.2.1 c
NCEP	National Center for Environmental Prediction	米国環境予測センター	3.2.1 c
NOAA	National Oceanic & Atmospheric Administration	米国海洋大気庁	3.2.2 b
NOx	nitrogen oxide	窒素酸化物	1.1.1, 2.4.1, 7.7.2 a (i)
NPO	non-profit organization	民間非営利団体	11.3.2 a
OCR	overconsolidation ratio	過圧密比	3.5.3 b (iii)
OECD	Organization for Economic Cooperation and Development	経済協力開発機構	2.4.1
PAC	poly aluminum chloride	ポリ塩化アルミニウム	7.7.3 d (i)
PAH	polycyclic aromatic hydrocarbon	多環芳香族炭化水素類	8.3.2 b, 8.5.1 b
PAM	polyacrylamide	ポリアクリルアミド	2.2.8 b (iii)
PC	precast concrete	プレキャストコンクリート	6.3.3 c (ii)
PCB	polychlorinated biphenyl	ポリ塩化ビフェニル	4.4.3 e, 4.7.3 e, 8.1.2, 8.4.1, 8.4.5, 8.4.8 a (ii)
PCDD	polychlorinated dibenzo-p-dioxin	ポリ塩化ジベンゾ-パラ-ジオキシン	4.4.3 e, 8.4.1, 8.4.3, 8.4.9

PCDF	polychlorinated dibenzofuran	ポリ塩化ジベンゾフラン	4.4.3 e, 8.4.1, 8.4.3
PEG	polyethyleneglycol	ポリエチレングリコール	2.2.8 b (iii)
PVA	polyvinyl alcohol	ポリビニルアルコール	2.2.8 b (iii)
PVC	polyvinyl chloride	塩化ポリビニル	10.2.4 a, 10.2.4 c
RBCA	risk-based corrective action	リスクに基づく修復措置	1.3.2 b, 8.5.1 b
RCRA	Resourse Conservation and Recovery Act	資源再生保全法	10.2.2 c
RESTEC	Remote Sensing Technology Center of Japan	リモート・センシング技術センター	4.6.2 b
RI	radioisotope	放射性同位元素	4.3.5 e
RUSLE	revised USLE	一般土壌流出方程式（改訂）	2.2.6 a (i), 2.2.6 b, 2.2.7
SAR	sodium adosorption ratio	ナトリウム吸着比	2.3.3
SAR	synthetic apature radar	合成開口レーダー	4.6.2 c
SDRI	sealed double-ring infiltrometer method	シール式二重リング浸透法	10.2.3 d
SNI	separation of nitrogen index	窒素と硫黄の比	8.6.3 (ii)
SOx	sulfur oxide	硫黄酸化物	1.1.1, 2.4.1
SPT	Standard Penetration Test	標準貫入試験	3.5.3 c
SS	suspended solid	浮遊物質量	4.4.4 b (iii), 11.4.4 b
SSL	steady state line	定常状態線	3.6.1 b
TBM	Tunnel Boring Machine	トンネルボーリングマシン	5.1.4 b, 5.2.2, 5.2.3 a, 7.7.1 d (ii)
TC 5	Technical Committee No.5	第5技術委員会（ISSMGEの環境地盤工学に関する委員会）	1.3.1
TCDD	tetrachlorodibenzo-p-dioxin	四塩化ジベンゾ-パラ-ジオキシン	8.4.9
TCE	trichloroethylene	トリクロロエチレン	8.2.6 c, 10.2.4 c
TDI	tolerable daily intake	耐容一日摂取量	9.1.4 d
TeCDD	tetrachlorodibenzo-p-dioxins	四塩化ジベンゾ-パラ-ジオキシン	4.4.3 e
TEF	2,3,7,8-T_4CDD, toxicity equivalency factor	毒性等価係数	4.4.3 e, 8.4.9
TEQ	2,3,7,8-T_4CDD, toxicity equivalency quantity	毒性等量	4.4.3 e, 8.1.2, 8.4.9, 8.4.12 a, 8.4.12 b, 8.4.12 d, 8.4.12 e, 8.4.12 h, 8.4.12 j, 11.3.2 c, 11.4.4 b
TPH	total petroleum hydrocarbon	全石油系炭化水素	8.5.1 b, 8.5.4 a, 8.5.4 b (i)
UN	United Nations	国連	
UNCED	United Nations Conference on Environment and Development	国連環境開発会議	2.1.3 a (ii), 11.3.2 a
UNCOD	United Nations Conference on Desertification	国連砂漠化会議	2.1.3 a (i)
UNECE	United Nations Economic Commission for Europe	国連欧州経済委員会	2.4.1
UNEP	United Nations Environment Program	国連環境計画	2.1.3 a (i), 2.1.3 a (ii), 5.1.2 b
USDA	United States Department of Agriculture	米国農務省	2.2.6 b
USLE	Universal Soil Loss Equation	一般土壌流出方程式	2.2.6 a (i), 2.2.6 b

UU 試験	unconsolidated-undrained test	非圧密非排水試験	3.6.1e (iii)
VOC	volatile organic compounds	揮発性有機化合物	8.2.3, 8.2.7b (iii)
WEE	wind erosion equation	風食式	2.2.6b
WEPP	water erosion prediction project	水食予測プロジェクト	2.2.6a (ii), 2.2.6a (iii), 2.2.6b
WEPS	wind erosion prediction system	風食生産システム	2.2.6b
WHO	World Health Organization	世界保健機関	8.3
WIPP	waste isolation pilot plant	廃棄物隔離パイロットプラント	5.4.2b (i)
WMO	World Meteorological Organization	世界気象機関	4.8.1b

索　引

欧　文

AGNPS　33
ALOS 衛星　170
ASTER　178
AVHRR　178

CBEP　447
CBL　445
CBR 試験　130, 147
CEC 試験　150, 151
C/N 比　484
Cooper-Jacob 法　124
Cooper らの公式　123
CREAMS　33
CRP　447
^{137}Cs　391
CSO　219

Darcy 流速　124
DEM　174
DN　171

ECe　37
EMT 探査法　139
EM 探査法　139
EPA　346
EPIC　33
EPS 工法　300
EPS ブロック　278
ERSDAC　170
ESP　37
ETM　170

FEM 解析　231

GC-PID　120
GCL　458
GCP　173
GIS　173
GLASOD　24

GPS　199

HDPE　460
HEP　509
HRV　174
HSI　509
Hvorslev　122

IKONOS　170
ill-posed problem　448
InSAR　174

JERS-1　170
JGS　146
JHS　148

LCA　446
LNAPL　355
LPG 備蓄　236
LRT　216, 217

M BARCI デザイン　12
MNA　15, 362, 363
MODIS　170
MOS-1　169
MOX　240
MRT　216
MSS　170

N 値　88, 101
NAPL　355
NASA　170
NATM　220, 224, 226
NDVI　173
NOAA　170
N-ニトロソ化合物　381

OECD　41
OPS　174

P 波　83

P 波速度　84
PAH　356
PATH　221
^{210}Pb　394
PCDD　363
PCDF　363, 364
PC 壁体　278
pH　41, 327, 331, 403, 405
pH 依存性試験　406
poor-posed problem　448
PRISM　175
^{239}Pu　391
PVC　460

QuickBird　170

3 R　15, 395
RESTEC　170
RI　240
RI 廃棄物　240, 243
RI 法　126, 127
RUSLE　29, 32

S 波　83
S 波速度　84
SAR　37, 170, 258
SNI　385
SPOT　169
^{90}Sr　391
SS　327
SWOT　219

2, 4, 5-T　363
TARP　219
TBM　220, 226
2, 3, 7, 8-TCDD　366
TDI　405
TEF　366
TEQ　366
Terra　170
Terra/Aqua　170

Theis 法　124
Thiem 法　124
time-lag　122
TM　170
TPH　372
TPH 試験　375
TPH 濃度　374, 375, 376
TRU 廃棄物　240

USLE　29, 32

VEGETATION　170
VOC　345

WEE　33
well-posed problem　448
WEPP　33
WEPS　33

X 線回折　345
X 線分析　150, 151

あ　行

青潮　522
赤土　3
アクティブレメデーション　15
アグロフォレストリー　34
浅岡法　297
アサリ　515
亜硝酸性窒素　381
暖かい雨　58
圧気ケーソン工法　293
圧気シールド工法　293
圧密　251, 497
圧密試験　148
圧密沈下　255
圧裂引張試験　151
跡地利用　443, 481
アーバンフリンジ　7, 11
油汚染対策ガイドライン　372, 374
油汚染問題　373, 374
アベイラビリティー試験　406
アマモ　517
アルカリ触媒化学分解法　367
アルカリ中和能力　404
アルカリ土壌　37
アルカリ二次公害　402
安全率　260
安息角　100
安定解析法　260

安定海浜工法　66
安定化促進　449
安定型　446
安定型処分場　452
安定処理　421, 424
安定処理土　17, 46
安定同位体　389
アンブレラ種　191
アンモニア揮散　381
アンモニア性窒素　383

硫黄酸化物　41
イオン交換反応　393
イオン交換法　386
イオン交換容量　351
石積み浄化堤　524
一軸圧縮試験　151
一軸引張試験　151
一次元波動透過・反射理論　279
一次的現象　312
一面せん断試験　151
逸散減衰　86
一斉水位測定　124
一般廃棄物　16, 398
遺伝子レベル　189
糸魚川-静岡構造線　49
移動荷重　273
移動経路　190
移動限界水深　199
移動抑制　344
井戸枯れ　311, 314
易分解性物質　479
異方圧密　87
移流・拡散・吸着解析　16
移流現象　78
移流分散方程式　78

ウィンズケール原子炉事故　390
羽越豪雨災害　259
ウォッシュロード　61
浮き上がり　283, 315
雨水貯留管　223
雨水貯留施設　220, 223
雨滴侵食　26
海の再生　522
埋立ガス　467
埋立地盤の工学的特性　482
埋立廃棄物の安定化　479
裏込め充てん材　431
ウラン廃棄物　240, 242

エアスパージング法　359
永久変位　284
影響評価　312
影響予測計算　313
営巣場所　190
営団地下鉄の予測式　274
栄養状態　494
液状化　86, 204, 281, 315, 339, 485
　────の予測方法　86
液状化安全率　91
液状化強度曲線　87
液状化強度の評価　87
液状化強度比　87, 91
液状化対策　285, 287
エコ・コースト事業　511
エコトープ　8
エコトーン　7
エコロジカル・ネットワーク　493
エコロード　190
エスチャリー　65
エッジ　8
エッジ種　11
塩害　38
塩化ポリビニル　460
沿岸漂砂量　199
円弧すべり解析　231
塩水化　311, 314
塩水溯上　250
塩生植物　516
塩成土壌　36
鉛直遮水工　452
鉛直浸透速度　391
塩分耐性　516
延命化　471
塩類化　36
塩類土　4
塩類土壌　37
塩類の集積　3

覆い　350
大阪湾再生行動計画　522
オーガー法　122
オーガーボーリング　114
オスマン男爵　214
汚染土壌　414
汚染物質　14
汚染リスク　182
オゾン層の破壊　2
汚濁防止対策　520
汚泥　337

索　引

オフサイト　510
オフサイト処理施設　367
オープン型　448
オープンカット工法　293
オープンスタンドパイプ式ピエゾメーター　165
オリストストローム　112
オンサイト　510
温度検層　140
温度差　124
音波探査　200

か　行

過圧密せん断挙動　73
過圧密比　94
過圧密不飽和土　73
過圧密履歴　88
海岸侵食　66
海峡トンネル　228
開削工法トンネル　223
海上最終処分場　143
海水　489
海成泥岩　203
回避　176, 509
海浜安定断面　511
海浜地形　198
海浜流　63
海防法　507
海面埋立処分場　482
界面活性剤　347, 348
海面処分場　456
海面処分場護岸　456
外来種　9
概略調査　105
改良材　422
改良材混合掘削　423
改良土　422
改良土杭　277
カオリン鉱物　55
下界定理　99
化学的酸化分解　377, 380
化学的試験　146
科学的自然減衰　362
科学的自然修復　15
化学的風化作用　54
化学的劣化　24
化学プラント　450
各環境要素区分　175
閣議アセス　175
拡散係数　80

拡散浸透　461
拡散防止　381
核燃料サイクル　240
攪乱　518
攪乱依存型　11
隔離　350
確率密度　61
崖　491
河口域　496
花崗岩類　52
河口テラス　65
河口デルタ海岸　65
河口干潟　514
鹿児島豪雨災害　259
火災　228
火砕サージ　207
火砕流　206
火山工学　210
火山砕屑岩　52
火山性ガス　207
火山ハザードマップ　208
火山噴火　201
火山噴火災害　206
可視光　170
荷重計　164
過剰間げき水圧　283
河床変動計算　267
ガスクロ法　120
化石年代測定法　151
河川　496
河川環境　60
河川勾配　60
加速侵食　25
過大幅振　283
価値　492
活断層調査　112
カドミウム　344
カナート　214
加熱　344
可燃性ガス　321
カバーシステム　455
過マンガン酸カリウム法　361
カムリグランデ流域　266
ガラス固化体　368
カラム溶出試験　405
カルデラ陥没　209
枯葉剤　363
簡易解析　290
簡易計算法　313
簡易動的解析　290

簡易吹付のり枠工　330
簡易分析　345
灌漑用水　305, 335
環境安定同位体　384
環境影響評価　5, 405, 499
環境影響評価法　175, 292, 498, 508
環境基準　182
環境基本計画　5
環境基本法　5, 158, 249, 498
環境地盤工学　5, 13
環境振動　270
環境庁告示46号　403
環境調査　109
環境負荷　433
環境保全　5, 190
環境保全機構　466
環境保全協定　368
環境保全措置　176
環境ボーリング　116
環境ホルモン物質　405
環境用水　338
環境要素　200
環境用ボーリングマシン　116
環境リスク評価　15
間隙　78
間隙水　282
間隙水圧　121, 282
間隙比幅　88
還元化　344
還元加熱脱塩素　366
還元加熱法　367
還元状態　516
還元層　516
感受性乾燥地　20
干渉 SAR　174
緩衝孔　300
緩衝作用　17, 44
かん水　324
含水比試験　146
含水比低下掘削　423
含水率　260
含水量試験　148
乾性降下物　44
岩石圏　2, 13
岩石試験　148
岩石の地質鉱物学的試験　151
岩石の物理的試験　148
岩石の力学的試験　150
岩石崩壊　203
間接作動型土圧計　164

間接熱脱着工法 367
間接被害 289
完全塑性材料 99
乾燥側 94
乾燥処理 421
観測輝度温度 173
観測井 165
観測地点 253
岩盤 138
  ——のせん断特性 131
  ——の変形特性 128, 129
岩盤せん断試験 231
岩盤等級とせん断強さ 133
岩盤物性 231
岩盤分類 110, 130
岩盤変位測定 233
岩盤ボーリング 113
岸壁 491
陥没地形 52
含有量試験 154
涵養 315
涵養域 335
涵養量 335
管理型 446
管理型処分 241
管理型処分場 16, 452
管理基準値 297
管理値 318
岩礫地 491

飢餓前線 22
幾何補正 173
気圏 2
危険降雨 27
岸沖漂砂量 199
技術者倫理 17
技術的側面 443
基準項目 313
基準値 313
気象モデル 58
汽水域 496
キーストーン種 8
気相水素還元 366
軌道高剛性化 277
軌道低ばね係数化 276
機能 492
機能被害 289
揮発性有機塩素系化合物 340, 353, 354, 355
揮発性有機化合物 152, 167, 345, 353

揮発分離 348
キーブロック解析 231
気泡混合処理土 421
気泡混合土工法 426
気密性 237
逆浸透膜法 386
逆洗 318
逆断層 50
ギャップ 8
キャパシティー法 139
吸水膨張試験 150
吸水率試験 148
吸着 81
共資化 355
凝集剤 348
行政代執行 367
強制脱水 423
共同溝 215, 216
極限解析法 99
極限支持力 128, 129
極限つりあい法 99
局所安全率 238
局所せん断 98
局所フォールアウト 394
曲動地形 49
許容値 294, 299, 313
許容被害程度 289
許容変形量 290
近接施工 294, 296, 297
近接程度の判定 296
金属スラグ 435
金属ナトリウム分散体 366
金属ナトリウム分散体法 367

杭基礎 284, 286, 287
空間スケール 136
空溝 278
掘削後バイオレメディエーション 377
掘削除去 379, 381
雲物理過程 58
クラシファイアー 348
グラベルドレーン工法 286
繰返し負荷効果 255
クリマトープ 9
グリーンタフ 52
クレーガー法 77
クローズド型 448
グローバル・フォールアウト 391
クロム 345

クーロンの破壊規準式 95
警戒区域 203, 264
景観 5, 7
軽減 509
蛍光 X 線 345
軽質油類 373
傾度風 59
軽量盛土工法 295
下水貯留施設 223
下水貯留トンネル 219
下水道 214
下水道ネットワーク 219
原位置安定処理工法 422
原位置ガラス固化技術 351
原位置岩盤試験 231
原位置混合方式 424
原位置浄化 381
原位置土壌洗浄法 360
原位置分解法 360
限界塩分耐性値 38
限界状態 93
限界状態線 93
限界線 261
限界値 313
限界地下水位 238
限界流速 317
研究所等廃棄物 240, 243
健康項目 156
健康リスク 372, 374
原子力政策大綱 240
減衰 81
懸垂水不飽和状態 70
減衰定数 85
建設汚泥 401, 408, 417
  ——の再生利用に関するガイドライン 401
  ——の判断時点 417
建設汚泥処理土 401, 419
  ——の適用用途標準 419, 420
建設汚泥リサイクル指針 399
建設廃棄物処理指針 408
建設発生土 338, 402, 408, 417
建設発生土情報交換システム 414
建設発生土利用率 415
建設副産物 16
建設副産物実態調査 399
建設リサイクル計画 2002 402
現地踏査 109, 198
顕熱 58

現場 CBR　131
現場透水試験　123
現場密度試験　125

コアカッター法　126, 127
コアボーリング　114
広域海浜流　64
広域漂砂　64
降雨強度　260
豪雨　201
高温焼却　366
公害対策基本法　4, 248
光化学分解　366
甲殻類　515
降下浸透量　196
鋼管矢板　462
好気バクテリア　322
公共工事土量調査　414
工業用水法　251
耕作　29
工事間利用　408
高水位方式　60
洪水災害の原因　59
合成開口レーダ　258
構成則　232
構造安定性　464
構造帯　51
構造的対策　287
構造被害　289
構造物の浮き上がり　338
高速鉄道網　216
公定法　186, 365
高度安定処理　422
行動計画　413
高度脱水処理　421
高濃度ダイオキシン類　366
高濃度薄層浚渫船　524
高濃度浮泥層　65
降灰　207
鉱物油　372
後方散乱係数　171
高密電気探査法　140
高密度界面　65
高密度弾性波法　139
高密度ポリエチレン　460
鋼矢板　278
鋼矢板工法　295, 298
鉱油類　373, 374, 376
高レベル放射性廃棄物　240
高炉　435

高炉水砕スラグ　439
港湾環境政策　502
固化　344, 351
固化材　421
護岸　288, 492
固結　287
湖沼　495
古紙リサイクル　432
コスト　136
5地点混合方式　365
国家備蓄　236
固定　382
固定ピストン式シンウォールサンプラー　119
コドラード調査　189
コプラナー PCB　364
個別指定　421
個別指定制度　399
こま型基礎　286
コミュニティ　444, 448
固有透過係数　76
コリオリ力　57
孤立化　11
コリドー　7
コンクリートピット処分　242
コンクリート壁　278
混作・間作　34
コーン指数の測定方法　413
コントロール　448
混播　332
コンポスト化　447

さ 行

災害規模　210
災害実績図　210
災害履歴　108
載荷問題　97
サイクロン分級器　348
再資源化　338
再資源化率　399
最終処分システム　442
最終バリア　445
最小化　509
再生　472, 494
再生活用業者　421
再整備延命化　472
再生輸送業者　421
再生利用業者　421
再生利用指定制度　421
再生利用制度　399

再生利用認定制度　399, 419
最大乾燥密度　67
最適含水比　67
在来線鉄道振動　274
細粒化　66
細流侵食　26
細粒分　88
細粒分含有率　88, 89
再利用　395
材料減衰　85
サウンディング　134
サクション　68, 70
砂漠化　2, 3, 19
砂漠化前線　22
砂漠化対処条約　20
サヘル　22
砂防施設の効果　267
砂粒子　281
酸化　344
酸化還元状態　345
酸化還元電位　351, 406
山岳工法　223, 224
山岳工法トンネル　223
酸化防止剤　462
酸緩衝機構　44
産業廃棄物　16, 398, 408, 416
酸化空気　321
サンゴ礁海岸　491
三軸圧縮試験　151
三次元場　314
酸消去能力　44
酸性雨　2, 17, 41
酸素同位体比　385
酸中和作用　44
酸中和能力　44
酸中和容量試験　407
サンドイッチ工法　425
サンドコンパクションパイル工法　286
サンドバイパス　512
サンドリサイクル　512
サンプリング　116, 345
1/3 オクターブバンド分析　271
3 m プロフィルメータ　275
散乱　170
残留強度　96

ジェッティング　318
ジオシンセティッククレイライナー　458

索引

ジオシンセティック材料　401
ジオテキスタイル　426
ジオメルト工法　367, 368
ジオメンブレン　452
時間率レベル　271
ジグ選別　348
軸対称　98
陸面過程　61
地隙侵食　26
資源化　471, 476
資源循環型社会　395
自己硬化性　429
事後調査　177
自己デザイン　518
支持力　128, 282
支持力特性　126
地震　201, 281
地震応答解析　204, 290
地震工学　210
地震災害　203
地震動の不規則性　89, 91
地震波　83
JIS　146
止水　122
止水材　122
システム化　443
システム計画　444
地すべり　56, 203
地すべり調査　112
自然環境の再生・創出　504
自然環境保全措置　12
自然減衰　362
事前混合処理工法　286
自然再生　12
自然再生推進法　12
自然再生法　508
自然水封　236
自然的原因　416
自然とのふれあい　11
仔稚魚　513
湿潤側　93
湿潤密度試験　146
湿性降下物　44
実体波　83
室内試験　146
室内透水試験　147, 150
実流速　124
指定基準　168, 187
指定区域　480
シーティングジョイント　54

シートパイル　286, 462
地盤　333
　　──の経時変化　143
　　──の特徴　134
地盤汚染　108
地盤改良工法　286
地盤改良範囲　290
地盤環境　5, 14
地盤環境汚染　152
地盤環境工学　13
地盤環境調査　104
地盤環境リスク　488
地盤工学　12
地盤工学会基準　146
地盤構造　134
地盤災害　200, 281
地盤災害GIS　201
地盤調査　107
地盤沈下　201, 248, 311, 315, 322, 338
地盤沈下防止等対策要綱　252
地盤反力係数　128, 129
市販品　401
地盤物性　134
指標生物　190
支保機能　223
支保設計　231
締固め曲線　67
締固め工法　285
締固め試験　147
締固め土　68
締固め特性　68
締固め粘土ライナー　456
社会環境の変化　334
社会基盤整備　13
社会的側面　443
遮水　344
遮水工　401, 452, 474
遮水工構造　16
遮水構造　452
遮水層　143
遮水壁　377, 378
遮水ライナー　452
遮断型　446
遮断型処分場　453
遮断槽　344
斜面工学　210
斜面土砂災害　59
斜面の安定　258
斜面の保護　329
斜面崩壊　56, 200

車両軽量化　276
終局強度　73
重金属　14
重金属類　167, 340
集塵装置　349
集水　315
重錘落下工法　286
修正CBR　130, 131
従属栄養性脱窒　387
集中型モデル　61
重波選別　348
$^{18}O/^{16}O$　385
修復　509
柔壁型透水試験装置　457
周辺地盤の沈下と変形　294
住民参加　443
重力式構造物　282
主観的リスク　445
樹幹流　44
縮小　11
受食性　27
主働　97
受働　97
受動サンプリング　121
シュミットネット　111
循環型社会　13
循環型社会形成推進基本計画　398
循環型社会形成推進基本法　395
浚渫・掘削除去工法　524
順応的管理　12, 510, 518
順応的な取組み　494
上位性　509
硝化　381
浄化　344
上界定理　99
浄化土壌　352
蒸気圧　348
焼却灰　401
　　──の処分場　143
衝撃型波形　91
小孔径水中ポンプ　119
詳細調査　105, 472
硝酸イオン　42
硝酸呼吸　382
硝酸性窒素　341, 381
硝酸性窒素汚染　383
上水道　214
焼成処理　422
状態パラメータ　94
蒸発散　4, 60

上部構造物　283	浸水崩壊度試験　150	スキーム　375, 376
情報化施工　226, 234, 297	深浅測量　198	スキン効果　123
情報公開　443	深層混合処理工法　286, 295, 298, 300	スクリーニング　175
情報交換システム　415	深層風化　56	スコーピング　175
消耗　11	迅速分析法　366	スティグマ　18
除荷問題　97	人体振動感覚補正　270	ステファン・ボルツマンの法則　171
初期せん断弾性係数　84, 90	浸透特性　354	ストーカー式　439
初期地圧　231	振動　325	ストック型　495
初期地圧測定　231	振動荷重　180	ストックヤード　410
初期調査　472	振動型波形　91	ストレス耐性型　11
植生　61, 189, 200	振動規制法　325	砂置換法　126, 127
植生管理工　329, 333	振動規正法　270	砂の最小密度試験　146
植生工　329	振動遮断ブロック　280	砂の最大密度試験　146
植生指標　173	振動数　180	砂浜植物群落　514
植生浄化工法　525	振動測定　181	スプートニク　169
植生生育阻害　45	振動調査　181	スプラッシュカップ法　30
植生マット　330	振動伝搬経路での対策　278	素掘り処分　241
触媒脱窒法　387	振動の影響　181	棲み分け　493
植物吸収　381	振動の伝播経路　181	スメクタイト　38, 55
植物群落　189, 331	振動棒工法　286	スラグ　435
植林　23	振動防止対策　326	スラグ法　123
処分場　515	振動レベル　270	スリップライン解析　231
処理適用性試験　344	森林保全　5	スリーマイル島原発　390
徐冷スラグ　440		スレーキング　26, 46, 202
シラス台地　207	水圧式波高計　198	スレーキング試験　150
資料収集　198	推移帯　7	
資料等調査　105	水位流量曲線　193	生育基盤　331
磁力選別　346	水銀　344	生活環境項目　156, 158
シールド工法　225, 226	水圏　2, 13	生活用水　305
シールドトンネル　293	水砕スラグ　438, 440	正規圧密　73
シールドの裏込め　430	水際線　491	製紙スラッジ焼却灰　432
事例調査　105	水質　364	正常侵食　25
新幹線鉄道振動　270, 271	水質汚濁防止法　156, 183, 328	生息孔　516
──の発生・伝搬モデル　273	水質環境基準　5, 18, 156	生態系　188, 315
深基礎　97	水質浄化　515	生態系保全　5
シングルライナー　453	水質調査　197	正断層　50
人工化学物質　14	水質分析試験　156	静的養浜　511
人工降雨装置　31	水食　24, 25	精度　136
人工地盤タイプ　449	水素イオン濃度　327	精度向上　139
人工水封　236	水素イオン濃度指数　41	性能試験　317
人工島　430	吹送流　63	性能性設計　205
人工養浜　511	水底土砂　494	性能目標　288
新指標 SNI　385	水田　335	生物学的浄化　387
浸出水　466	水封機能　237	生物圏　2, 6
浸出水処理施設　474	水封方式　236	生物多様性　2
侵食　330	水平地殻変動　49	生物多様性国家戦略　9
侵食許容量　33	水平方向土圧　282	生物的処理法　361
侵食速度　3, 265	水溶性天然ガス　256, 323	生物の棲み分け　498
侵食防止　330	水理地質調査　195	生物の生息　494
侵食力　27	水理特性　236	生物の多様性　188

生物分布　498
世界砂漠化アトラス　20
世界測地系　173
潟湖干潟　514
積算雨量　260
石炭灰　428
石分を含む地盤材料の粒度試験　146
石油備蓄　236
石礫型土石流　262
セグメント　225
セシウム137　31
設計CBR　130
設計値　318
設計目標値　318
石膏　40
接触面せん断強度　464
絶対傾斜角　299
設置間隔　317
セベソ　363
セメンティング　122
セメントおよびセメント系固化材　422
セメント改良土　321
セレン　344, 345
ゼロ空隙曲線　68
ゼロメートル地域　338
繊維混合土工法　426
全沿岸漂砂量　62
浅基礎　97
穿孔　10
潜在植生　9
潜在生息地　9
洗浄　347
せん断型レール締結装置　277
せん断強度　28
せん断挙動　73
せん断弾性係数　85
先端抵抗値　90
せん断抵抗力　262
せん断変形　282
せん断力　262, 490
全土壌含有量　152
潜熱　58
全般せん断　98
全量分析　155

ソイルセメント杭　279
ソイルフラッシング　360
騒音　325
騒音規制法　325

騒音・振動　161, 300
騒音・振動測定　300
騒音防止対策　326
総合的アプローチ　450
草本植物　331
掃流　265
掃流砂　61
掃流状集合流動　265
藻類　516
測定物性　139
速度　84
速度検層　140
側方変位　162
側方流動　204
疎水化　347
ソフト対応　191

た 行

ダイアフラム式ピエゾメーター　166
第1種建設発生土　409
第1種処理土　419
第1種特定有害物質　405
耐塩性植物　514
ダイオキシン　152, 363
ダイオキシン類　153
　　——の水質分析方法　158
　　——の毒性等量　152
　　——の土壌分析方法　156
ダイオキシン類汚染底質　520
ダイオキシン類汚染土壌浄化技術実証調査　366
ダイオキシン類汚染土壌浄化技術等確立調査　367
ダイオキシン類対策特別措置法　5, 156, 158, 363, 365, 405, 520
ダイオキシン類に係る環境基準　158
ダイオキシン類による水質の汚濁に係る環境基準　156
ダイオキシン類の環境基準　364
大気　364
大気圧工法　524
大気圧補正　122
大気汚染に係る環境基準　158
大気汚染防止法　327
大気圏　13
大気圏核実験　390
大気の窓　171
大気分析試験方法　160
大規模地すべり　112
大気・陸面過程　58

対策目標　374, 376
対策目標例　377
第3管理区分　370
第3種建設発生土　409
第3種処理土　419
第3種特定有害物質　405
代償　176, 500, 509
帯状栽培　34
耐震性能グレード　288
耐震性能照査　289
耐震性能設計　288
大深度化　337
大深度地下　177, 221
大深度地下使用法　221
　　——の公共的使用に関する特別措置法　292
大臣認定制度　419
帯水層　253
堆積速度　265
第2管理区分　370
第2種建設発生土　409
第2種処理土　419
第2種特定有害物質　405
台風モデル　59
タイムラグ　165
タイヤシュレッズ　434
耐容一日摂取量　405
第4種建設発生土　409
第4種処理土　419
ダイラタント流体モデル　265
対流圏　57
ダイレタンシー　93
高潮　250
多環芳香族炭化水素類　356
濁水　327
濁水逸散　319
濁水処理対策　328
蛇行河川　60
多孔式揚水試験　123, 319
ダスト・ボウル　24
多相流物質移行解析　354
脱温暖化社会　395
脱水　348
脱水処理　421
脱窒　44, 381
縦波　83
多点方式温度検層　125
ダム堆砂　66
多面的機能　333
多毛類　515

索　引

ダルシーの法則　75
タンクリーチング試験　406
単孔式現場透水試験　319
探査深度　139
弾性係数　84
単体分離　344
断片化　10, 11
断面二次元場　314
団粒安定性　27

地域還元　443, 482
地域還元機能　466
地域融和型　443
チェルノブイリ原発事故　390
地温の深度増温特性　336
地下街　220, 221, 222
地下空洞　202
地殻変動　208
地下水　108, 249, 250, 301, 333
　　──の容れ物　333
　　──の汚染　4
　　──の汲み上げ　161
　　──の水収支　196
　　──の流況保全対策　5
地下水位　121
地下水位低下工法　287
地下水位変動　255
地下水汚染　341, 353
地下水温　197
地下水環境基準　18, 156
地下水涵養量調査　196
地下水基準　156
地下水採水　119
地下水対策工法　305
地下水・帯水層ボーリング　113
地下水保全工法　293
地下水ポテンシャル　197
地下水盆　251
地下水問題　301
地下水揚水　377, 378
地下水揚水法　359
地下水流況阻害　293
地下水流向　168
地下水流向速度の測定　124
地下水流出　60
地下水流動系　334
地下水流動阻害　309
地下水流動調査　198
地下水流動保全工法　315
地下駐車場道路ネットワーク　222

地下鉄　215, 216
地下鉄振動　274
地下道路　217, 218
地下ネットワーク　222
地下発電所　229
地下備蓄　235
地下歩行者ネットワーク　221, 222
地下レーダー　139
置換　287
置換工法　286
地球環境問題　2, 13, 19
地球の温暖化　2
軸重　273
地形発達史　110
地形変化の限界水深　199
地圏　13
地質形成史　110
地質鉱物学的試験　148, 150
地質図　110
地質断面図　110
地質調査　109
地質調査標準示方書　149
地質踏査　109
地上基準点　173
地生態断面図　189
地層処分　241
地中ガス　321
地中構造物　283
地中壁　278, 350
地中埋設構造物　290
窒素固定　381
窒素酸化物　41
窒素施肥量　384
窒素同位体比　385
地表面の水収支　196
中央構造線　51
中間層流出　60
中性化　46
注入固化工法　286
チューブ鉄道　215
チューブ法　122
超音波式波高計　198
超音波速度試験　150
超音波流速計　194
調査坑　234
調査指標　364, 365
調査指標値　365
調査測定マニュアル　364
調査・対策フロー　471
調整池　220

頂設導坑先進工法　224
長半減期低発熱放射性廃棄物　240, 242
超臨界水酸化分解　366
直接基礎　288
直接基礎構造物　284
直接溶融炉　440
直線勾配法　124
直下型地震　205
直行河川　60
貯留トンネル　219
地理情報システム　173
地歴調査　184
沈下測定　162
沈降　348
沈降抑制効果　65
沈埋トンネル　223

通水　315
通水施設　315
突固め試験　126, 128
突き砂法　126, 127
土の液性限界試験　146
土の化学的試験　148
土の細粒分含有率試験　146
土のせん断試験　148
土の塑性限界試験　146
土の動的特性　180
土の保水性試験　146
土の力学的試験　146
土の粒度試験　146
津波　250
冷たい雨　58

低減　177
低減効果　299
ディザスターマップ　201
底質　363, 364
底質環境基準　5
底質ダイオキシン類　503
底質対策　524
底質堆積速度　393
底質調査　199
低周波音　325
定常法　122
泥水　125
定水位透水試験　147
底生生物　516
底層のDO　522
低ばねレール締結装置　276

低比抵抗の汚染水　143
ディープウェル工法　286
泥流　206
低レベル放射性廃棄物　240
適正化　471
適正化工法　473,474
適用用途標準　409
デジタル粉じん計　369,370
撤去工法　476
鉄鋼スラグ　435,437
鉄道での発生源対策　276
鉄道トンネルの火災　228
鉄粉法　361
デュープレックス　111
テラス化　35
テラス部分　517
テリトリー　191
電位差　124
電位分布ひずみ　469
電気泳動現象　349
電気化学的方法　360
電気検層　140
電気浸透　344
電気浸透現象　349
電気透析膜法　386
電気炉　435,437
典型性　509
典型7公害　4
電磁波　170
電磁流速計　198
天然ダム　203
天日乾燥　423
電離　389
転炉　435,437
転炉スラグ　439

土圧計測　162
東海三県地盤調査会　253
透過型防波堤　525
等価起振力法　273
透過性地下水浄化壁工法　388
透過性反応壁　351
東京湾再生行動計画　522
島弧-海構系　49
同種類　510
凍上　330
動植物油　373
撥水機能付杭　286
透水係数　75,237,260,455
動水勾配　76,237

透水試験　122
透水性舗装　4
透水層試験　121
透水能　28
動的解析　290
動的養浜　511
動物調査　191
道路陥没　202
道路交通振動　270,274
道路交通振動予測式　275
道路での発生源対策　278
道路トンネル火災　228
時のアセスメント　177
特殊性　509
毒性等価係数　366
毒性等量　156,366
毒性評価　404
特定汚染物質　358
特定建設作業　325
特定有害物質　5,415
特別管理廃棄物　16
特別警戒区域　203,264
独立栄養性脱窒　388
都市化　334
都市ゴミ熔融スラグ　439
都市再生　222
都市再生特別措置法　521
土質改良　423
土質改良工法　425
土質改良材　422
土質区分　409
土質区分基準　410
土質材料の工学的分類　410
土質試験　146
土質ボーリング　113
都市の過密問題　215
土砂災害　201,258
　──の実態　258
　──の発生件数　259
土砂災害ハザードマップ　264
土砂災害防止法　264
土砂収支　199
土壌　61,364
土壌汚染　4,340
土壌汚染状況調査　184
土壌汚染対策計画　367
土壌汚染対策地域　367
土壌汚染対策法　5,18,183,338,340,
　352,356,414
土壌汚染調査　345

土壌改良剤　35
土壌ガス吸引　377,380
土壌ガス吸引法　358
土壌ガス採取　121
土壌ガス抽出法　358
土壌環境基準　5,18,480
土壌含有量　152
土壌硬度　331
土壌酸度　331
土壌侵食　2,25
土壌水分　173,196
土壌洗浄　377,379
土壌体　6
土壌断面　189
土壌・地下水汚染　161
土壌分析試験　152
土壌溶出量　152
土壌粒子　394
土壌劣化　24
土石流　161,200
　──の発生原因　262
　──の発生条件　262
　──の流動機構　264
土石流危険渓流　263
土石流危険渓流Ⅰ　263
土石流危険渓流Ⅱ　263
土石流危険渓流に準ずる渓流Ⅲ　263
土石流災害　259
土石流氾濫災害　263
土石流氾濫・堆積の解析モデル　264
土地荒廃　19
土地収用法　221
土地取り引き　182
土地履歴調査　184
土木試験基準（案）　148
土木地質図　110
トラフィカビリティ　300
トリクロロエチレン　460
土粒子の密度試験　146
トレーサー　197
トレーサー試験　124
ドレーン工法　285
トレンチ調査　200
トンネル内湧水　309
トンネル漏水　338

な　行

内空変位測定　239
内生脱窒法　388
内部充てん材　518

索　引

長崎原爆　394
長崎豪雨災害　259
流れ・潮位の特性　198
ナチュラルアナログ　245
鉛　344
軟弱地盤　202
難透水層　251, 350
難分解性物質　479

二次塩類化　36
二次的現象　312
西山地区　391
二重吸引法　359
2.5次元振動解析　273
日本工業規格　146
日本測地系　173
日本道路公団基準　148
二面せん断試験　151
ニューマチックケーソン　321
ニューマチック式　166

熱安定化　348
熱環境　173
熱処理　377, 379
熱水活動　54
熱帯林の減少　2
熱泥流　208
熱的方法　360
熱伝導率　490
ねばり　288
粘性型土石流　262
粘性係数　78, 490
年代測定　151
粘着性底質　65
粘土鉱物　55, 348
粘土ライナー　451

農耕地の侵食量　393
能動サンプリング　121
農薬　152
農薬類　167
ノーネットロス　508
ノルマルヘキサン抽出物質　327
ノンコアボーリング　114

は　行

バイオアッセイ　407
バイオオーギュメンテーション　362
バイオスパージング　362
バイオベンティング法　362

バイオレメディエーション　379, 380, 381
廃棄物　416
　──の処理及び清掃に関する法律　328
　──の物理的性質　484
　──の保管・処理機能　466
廃棄物埋立護岸　505
廃棄物埋立地盤の改良　488
廃棄物埋立地盤の化学的特性調査　486
廃棄物埋立地盤の環境要因　487
廃棄物埋立地盤の工学的特性調査　486
廃棄物最終処分場　451
廃棄物焼却施設内作業におけるダイオキシン類ばく露防止対策要綱　370
廃棄物処理法　16, 396
廃棄物混じり土　415
廃止基準　480
排出　364
排出ガス対策型建設機械　327
排水基準　480
排水処理　348
廃タイヤ　433
ハイドロリック式ピエゾメーター　166
パイピング　202
廃プラスチック　435
パイルスラブ工法　295
配列構造　78
パーカッション式ボーリング　114
薄流選別　348
曝露　344
曝露経路　15, 405
波向　198
ハザードマップ　201, 263
パッカー法　122
バックアップシステム　468
パッシブレメデーション　15
発生土　401, 408
　──の土質区分　409
発生土利用基準　410
発生頻度　210
発生抑制　395
パッチ　7
発破振動　326
発泡ウレタン壁　278
波動インピーダンス　278
ハード対策　191

バー・トラフ　517
ハドレー循環　57
パノプロフローテーション工法　286
バーム高さ　199
バラストマット　276
バリア井戸　377, 378
波浪推算　63
波浪流　63
パロマレス　391
半減期　389
反射　171
阪神大震災　259
阪神大水害　259
氾濫浸水災害　252

被圧　332
ピエゾメーター　122, 166
ピエゾメーター法　122
ビオトープ　8, 190
被害形態　285
干潟　491, 492, 514
　──の地形　497
ピーク強度　96
非構造格子　267
飛砂　200
被災形態　282, 283, 284
被災原因　282, 283, 284
比重液　125
比重試験　148
比重分離　348
ビショップ簡便法　101
ピストンポンプ　119
ひずみの大きさ　180
ひずみレベル　82
微生物処理　350
非接触型流速計　194
ヒ素　344, 345
比体積　93
微地形　189, 519
引張り割れ目　54
非定常法　122
ヒートアイランド　174, 335, 336
微動探査法　139
避難計画　210
避難システム　201
非排水強度　95
被覆作物　34
漂砂　497
　──の移動限界水深　63
　──の移動高さ　199

索　引

漂砂系　197
漂砂量　62, 199
標準荷重強さ　130
標準貫入試験　101
標準曲線一致法　124
標準項目　175
標準トンネル工法　224
表層斜面崩壊　259
表層地質　109
表層土壌ガス　121
表層流出　60
表面遮水工　451
表面波　83
表面波探査法　139
表面流去　26
表面流出　4
ビル用水法　251
貧酸素水塊　498

ファイトレメディエーション　344, 349
$\phi_u=0$ 材　101
$\phi_u=0$ 法　96
ファン・ゲニッヒテン　260
不安定渓床土砂　203
フィジオトープ　8, 9
フィックの法則　80
フィルター材　122
風食　24, 25
封入不飽和状態　70
富栄養化　496
フェレニウス　101
フェントン法　360, 361
付加機能　425
付加帯　50
不完全飽和　84
不均質性　134
複合流浜断面形状　66
覆砂工法　524
復水井戸　294
覆土　455
袋詰脱水処理工法　425
浮子測法　194
物質収支　346
物質循環　497
物質の動き　495
フッ素　344, 345
物理検層　140
物理的試験　146, 148
物理的風化作用　54

物理的劣化　24
不適正最終処分場　466, 470
不同沈下　203
不飽和土　74
不飽和透水係数　147
浮遊　267
浮遊砂　61
浮遊砂濃度　62
浮遊砂濃度計　199
浮遊砂量式　62
浮遊選鉱法　347
浮遊物質量　327
浮遊物の移動　124
不溶化　351
フライアッシュ　428
フラクタル性　112
プラント安定処理工法　422
プラント混合方式　424
ふるい選別　424
ふるい分け試験　200
プレッシャーデマンド型エアーラインマスク　370
プレート運動　49
プレロード工法　287
不連続面　231
フロー型　495
プロセスの透明化　450
フロック　65
ブロックせん断　132
ブロックせん断試験　131, 133
フローティングスラブ軌道　277
分解性廃棄物　479
分解速度　479
分解能　138
分解無害化処理　521
分割施工　317
分割法　100
分級　347
噴砂　204
分散現象　80
分散構造　69
粉じん　327, 370
粉じん対策　327
分断　10
分配係数　393
分布型流出モデル　61
分別搬出　424

平均流速　198
平衡海浜断面形状　63

米国環境保護庁　346
閉鎖　472
平板載荷試験　231
平面二次元場　314
平面ひずみ　98
壁面土圧計　164
ベッドマテリアルロード　61
ベノぐい　319
ベルグランド　214
偏圧　231
変形係数　298
変形特性　128
ベンケルマンビーム　133, 134
偏光顕微鏡観察　151
変状防止効果　295
変水位透水試験　147
変成作用　51
偏西風　57
ベントス　513
ベントチューブ　122
ベントナイト　57, 457

ポアソン比　84
ボアホールテレビ　140
貿易風　57
崩壊発生時刻　261
防災　13
防災計画　210
放射　170
放射性同位体　389
放射性廃棄物　240
放射線　389
放射年代測定法　151
放射能汚染源　391
膨潤　38
防振直結軌道　276
ホウ素　344, 345
ホウ素過剰　38
防潮堤　289
方法書　175
放牧　29
泡沫浮上法　346
飽和透水係数　69, 147
ボーガス台風　59
補強土工法　426
保全　494
ポゾラン活性　429
ポドゾル化　47
ボトムアッシュ　428
ポリ塩化ジベンゾ-パラ-ジオキシン

363
ポリ塩化ジベンゾフラン　363
ボーリング　113
ボーリング調査　200
幌延深地層研究計画　246

ま　行

マイクロゾーニング　206
マイクロ波　170
前浜干潟　514
マグニチュードスケーリングファクター　91
曲げ試験　151
摩擦材　101
マトリックス　7
マネジメントシステム　448
マルチング　34
マングローブ林　496

未固結地盤　138
未固結滞水層地山　223
水　490
水環境　333
水切り　423
水資源　251
水収支　335
水収支モデル　60
水循環　334
水循環系　250
水置換法　126, 127
瑞浪超深地層研究所計画　246
水の惑星　4
水みち　319
ミチゲーション　188
密詰め　73
密度試験　148
ミティゲーション　12
緑のダム　66

無機化　381
無機性汚泥　408
無機態窒素　382
無限斜面の安定　99

迷惑施設　450
メソ気象モデル　59
メソコスム実験施設　498
メタン　467
メタンガス爆発事故　323
メトヘモグロビン血症　381

面状侵食　26
メンテナンス　318
綿毛化構造　69

猛禽類　191
網状河川　60
木本植物　331
モーダルシフト　222
戻り流れ　64
モニタリング　14, 15, 162, 190
モニタリングシステム　467
もらい汚染　185
盛土　286, 288
盛土管理　344
モール・クーロンの破壊規準式　95
モンモリロナイト　56

や　行

矢板式構造物　282
薬液注入工　319

有害ガス　327
有害大気汚染物質に係る環境基準　158
有害物質使用特定施設　415
有機化　381
有機化学物質　461
有機態窒素　382
有義波高　198
有義波周期　198
有限体積法　267
有効応力　93
　　──の原理　93
有効間隙率　79
有効間隙率試験　148
有効掃流力　62
有効飽和度　260
有償譲渡　417, 419
有償売却　399
湧水　315
有道床弾性まくらぎ　276
遊離ガス　324
油臭　374
油臭遮断　377
輸送トレーサー　394
油分　378
　　──の拡散防止　377, 378
油膜　374
油膜遮へい　377
緩詰め　73

揚圧力　311
揚水循環法　360
溶結凝灰岩　52
溶出試験　152, 405
揚水式発電所　229
揚水処理　293
溶脱　381
揺動テーブル　348
溶媒　348
溶媒抽出法　365
養浜　66
養浜工法　511
溶融　366
溶融固化　348, 351
溶融固化法　367
用量-反応関係　446
横波　83
予測の不確実性　177
余裕深度処分　242

ら　行

ライナー　401
ラインセンサス法　191
ラインモデル　63
ラスター型　173
ラディエーション応力　63
ラブカナル　363
ランドサット　169
ランニングコスト　317
乱流型土石流　262

リアルタイム　210
リアルタイムレーダー雨量　193
力学的試験　146, 148
陸上埋立処分場　482
陸水　490
リサイクル　395, 417, 449
リサイクル法　396
リサイクルポート　506
リスク　466
リスク管理　443, 467
リスクコミュニケーション　367, 371, 407, 445
リスクマップ　201
リチャーズ　260
立地選定　468
リニアメント　112, 174
リモートセンシング　169
硫化水素　467
流向流速　300

硫酸イオン　42
硫酸還元　44
硫酸と硝酸イオンの比　385
流出土壌　393
流掃力　60
流体災害　60
流動化処理　421
流動化処理工法　425
流動床炉　439
粒度特性　76
粒度分布　495
流入負荷対策　522
良質土混合　424
緑化　23, 34
緑化基礎工　329
緑化工　329
　　——の基本的役割　329
緑化目標　331
リーランド大学　170

履歴調査　108
林内雨　44

ルジオンマップ　110
ルートマップ　109

礫間接触酸化法　525
列車速度依存性　272
レッドリスト　9, 191
レベル1地震動　288
レベル2地震動　205, 288
連結性　10
連続地中壁工法　286

漏水検知システム　163, 469
労働安全法　322
ロータリーキルン　349
ロータリーサウンディング　116
ロータリー式機械ボーリング　114

ロータリー式三重管サンプラー　119
ロータリー式スリーブ内蔵二重管サンプラー　119
ロータリー式二重管サンプラー　119
ロータリーパーカッションドリル　115
六価クロム　321, 344, 402, 403, 422
ロッキーフラット　391
ロックせん断　132
ロックせん断試験　131, 133
ロックボルト軸力測定　239
路盤改良　277, 278
路面凹凸　275
路面平担化　278

わ　行

ワイヤーライン式ボーリング　114

資　料　編
——掲載会社索引——
(五十音順)

株式会社環境地質………………………………………………	1
五洋建設株式会社…………………………………………………	2
大成基礎設計株式会社……………………………………………	3
三井不動産株式会社………………………………………………	4

環境地質

景観を子供に残すために何ができるのか？

<調査> 地質解析・環境調査・生態系調査・
動植物調査・景観調査・廃棄物調査・
地質踏査・防災調査・地形解析
<分析> 水質分析・土壌分析・理化学分析
<点検> 斜面点検・地盤点検・各種メンテナンス

株式会社 環境地質

〒210-0014　神奈川県川崎市川崎区貝塚1-4-15-203（ライオンズマンション第10）
TeL :044-221-1910
Fax :044-201-2606
http://www.kankyo-c.com

ワクワク未来 創りたい

Mr. PENTA

揺るぎない技術力と時代の先見性をベースに、人が、自然が、地球が夢見る理想の姿へ向けて前進する。私たち五洋建設は、潤い豊かな未来を育んで参ります。

つくることから 育むことへ——

五洋建設
PENTA-OCEAN CONSTRUCTION

東京都文京区後楽2-2-8
http://www.penta-ocean.co.jp

お客様のニーズに技術力を結集して、総合コンサルティングでお応えします。

地質・土質調査

地下水調査
・当社固有の地下水流動の測定技術
・当社固有の放射性廃棄物地層処分に関する地下水調査技術

地盤防災・土木設計
・地すべり、急傾斜地など地盤防災に係わる調査、設計技術

シミュレーション
・地質調査結果に基づく現況把握、将来予測を求める解析技術

計測
・光ファイバ等先端技術を用いた地盤や構造物の変状監視技術

土壌・地下水汚染対策
・地質調査技術に培われた調査解析技術や汚染に関するコンサルティング
・対象地の地盤環境、汚染機構に応じた浄化対策工事の立案と施工

建設コンサルタント、土質・地質・地下水・構造物・環境調査、土壌浄化工事、土木・建築設計

大成基礎設計株式会社

〒113-0022
東京都文京区千駄木三丁目43番3号
TEL 03-5832-7181 FAX 03-5832-7411
URL www.taiseikiso.co.jp
E-mail info@taiseikiso.co.jp

首都圏事業部：
　地盤エンジニアリング事業部
　環境エンジニアリング事業部
　リニューアル事業部
　コンサルティング事業部

支社：北海道、東北、名古屋、大阪、中四国、九州

地球を考えて、
日本を考えて、
東京を考えて、
六本木を考えた。

特別なことを考えたわけではありません。

たとえば、豊かな生活だけではなく、豊かな自然が守られていること。

グローバルな視点だけではなく、この国独自の美意識が垣間見れること。

時代の流行だけではなく、その土地ならではの歴史が感じられること。

経済を動かすだけではなく、心が動き出す場所であること。

一見相反するように見えるさまざまな価値観が、ここには共存しています。

人と街が、共に生きていくために。

そこから新しい何かを、生みだしていくために。

私たちが考える都市づくりの理想を、この街から、世界へ。

２００７年３月、東京ミッドタウン、誕生

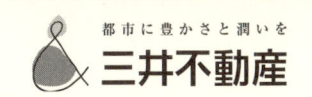

都市に豊かさと潤いを
三井不動産

編集者略歴

嘉門雅史（かもんまさし）

1945年　愛知県に生まれる
1973年　京都大学大学院工学研究科交通土木工学専攻博士課程修了
現　在　京都大学大学院地球環境学堂教授
　　　　工学博士

日下部治（くさかべおさむ）

1948年　東京都に生まれる
1975年　東京工業大学大学院理工学研究科修了
1982年　ケンブリッジ大学大学院工学研究科博士課程修了
現　在　東京工業大学大学院理工学研究科土木工学専攻教授
　　　　Ph. D

西垣誠（にしがきまこと）

1949年　兵庫県に生まれる
1977年　京都大学大学院工学研究科交通土木工学科博士課程修了
現　在　岡山大学大学院環境学研究資源循環専攻教授
　　　　工学博士

地盤環境工学ハンドブック　　　定価は外函に表示

2007年9月25日　初版第1刷

編集者	嘉門雅史
	日下部治
	西垣誠
発行者	朝倉邦造
発行所	株式会社 朝倉書店

東京都新宿区新小川町6-29
郵便番号　162-8707
電話　03(3260)0141
FAX　03(3260)0180
http://www.asakura.co.jp

〈検印省略〉

© 2007 〈無断複写・転載を禁ず〉

中央印刷・渡辺製本

ISBN 978-4-254-26152-3　C 3051　　Printed in Japan

東工大 池田駿介・名大 林 良嗣・京大 嘉門雅史・
東大 磯部雅彦・東工大 川島一彦編

新領域 土木工学ハンドブック

26143-1　C3051　　　B 5 判 1120頁 本体38000円

〔内容〕総論（土木工学概論，歴史的視点，土木および技術者の役割）／土木工学を取り巻くシステム（自然・生態，社会・経済，土地空間，社会基盤，地球環境）／社会基盤整備の技術（設計論，高度防災，高機能材料，高度建設技術，維持管理・更新，アメニティ，交通政策・技術，新空間利用，調査・解析）／環境保全・創造（地球・地域環境，環境評価・政策，環境創造，省エネ・省資源技術）／建設プロジェクト（プロジェクト評価・実施，建設マネジメント，アカウンタビリティ，グローバル化）

前千葉大 丸田頼一編

環境都市計画事典

18018-3　C3540　　　A 5 判 536頁 本体18000円

様々な都市環境問題が存在する現在においては，都市活動を支える水や物質を循環的に利用し，エネルギーを効率的に利用するためのシステムを導入するとともに，都市の中に自然を保全・創出し生態系に準じたシステムを構築することにより，自立的・安定的な生態系循環を取り戻した都市，すなわち「環境都市」の構築が模索されている。本書は環境都市計画に関連する約250の重要事項について解説。〔項目例〕環境都市構築の意義／市街地整備／道路緑化／老人福祉／環境税／他

産総研 中西準子・産総研 蒲生昌志・産総研 岸本充生・
産総研 宮本健一編

環境リスクマネジメントハンドブック

18014-5　C3040　　　A 5 判 596頁 本体18000円

今日の自然と人間社会がさらされている環境リスクをいかにして発見し，測定し，管理するか——多様なアプローチから最新の手法を用いて解説。〔内容〕人の健康影響／野生生物の異変／PRTR／発生源を見つける／in vivo試験／QSAR／環境中濃度評価／曝露量評価／疫学調査／動物試験／発ガンリスク／健康影響指標／生態リスク評価／不確実性／等リスク原則／費用効果分析／自動車排ガス対策／ダイオキシン対策／経済的インセンティブ／環境会計／LCA／政策評価／他

水文・水資源学会編　京大 池淵周一総編集

水文・水資源ハンドブック

26136-3　C3051　　　B 5 判 656頁 本体35000円

きわめて多様な要素が関与する水文・水資源問題をシステム論的に把握し新しい学問体系を示す。〔内容〕【水文編】気象システム／水文システム／水環境システム／都市水環境／観測モニタリングシステム／水文リスク解析／予測システム【水資源編】水資源計画・管理のシステム／水防災システム／利水システム／水エネルギーシステム／水環境質システム／リスクアセスメント／コストアロケーション／総合水管理／管理・支援モデル／法体系／世界の水資源問題と国際協力

日本水環境学会編

水環境ハンドブック

26149-3　C3051　　　B 5 判 760頁 本体32000円

水環境を「場」「技」「物」「知」の観点から幅広くとらえ，水環境の保全・創造に役立つ情報を一冊にまとめた。〔目次〕「場」河川／湖沼／湿地／沿岸海域・海洋／地下水・土壌／水辺・親水空間。「技」浄水処理／下水・し尿処理／排出源対策・排水処理（工業系・埋立浸出水）／排出源対策・排水処理（農業系）／用水処理／直接浄化。「物」有害化学物質／水界生物／健康関連微生物。「知」化学分析／バイオアッセイ／分子生物学的手法／教育／アセスメント／計画管理・政策。付録

前東大 不破敬一郎・国立環境研 森田昌敏編著

地球環境ハンドブック（第 2 版）

18007-7　C3040　　　A 5 判 1152頁 本体35000円

1997年の地球温暖化に関する京都議定書の採択など，地球環境問題は21世紀の大きな課題となっており，環境ホルモンも注視されている。本書は現状と課題を包括的に解説。〔内容〕序論／地球環境問題／地球・資源・食糧・人類／地球の温暖化／オゾン層の破壊／酸性雨／海洋とその汚染／熱帯林の減少／生物多様性の減少／砂漠化／有害廃棄物の越境移動／開発途上国の環境問題／化学物質の管理／その他の環境問題／地球環境モニタリング／年表／国際・国内関係団体および国際条約

上記価格（税別）は 2007 年 8 月現在